U0839620

海南植被志

(第二卷)

杨小波　陈宗铸　李东海 等　著

科学出版社

北京

内 容 简 介

《海南植被志》的编研是作者从 1987 年第一次进入海南文昌铜鼓岭开展森林植被调查研究开始的，历经三十年。《海南植被志》共分三卷。

本书为第二卷，全书共分 6 章，分别介绍了海南植被的植物资源种类及植物区系特征、植物多样性及其变化规律、植物种群与群落动态变化规律、种间关系及物种功能群特征、生产力与碳储量特点、生物与非生物因素对海南植被的影响及其防范与保护措施等研究的成果。

本书可供植被研究与保护工作者，热带雨林国家公园建设、管理与保护工作者，植物地理学、植物种群和群类学、植被生态学、景观生态学、植物多样性保护学的科研工作者和学生参考，亦可供环境保护、农业、林业（含湿地）、园林园艺等行业工作人员参考。

审图号：琼 S（2019）104 号

图书在版编目（CIP）数据

海南植被志. 第二卷 / 杨小波等著. —北京：科学出版社，2020.3

ISBN 978-7-03-062709-4

Ⅰ.①海…　Ⅱ.①杨…　Ⅲ.①植物志–海南　Ⅳ.①Q948.526.6

中国版本图书馆 CIP 数据核字（2019）第 242199 号

责任编辑：韩学哲　孙　青 / 责任校对：郑金红

责任印制：肖　兴 / 封面设计：刘新新

科学出版社 出版

北京东黄城根北街 16 号

邮政编码: 100717

http://www.sciencep.com

中国科学院印刷厂 印刷

科学出版社发行　各地新华书店经销

*

2020 年 3 月第　一　版　开本：787×1092　1/16

2020 年 3 月第一次印刷　印张：37 3/4

字数：870 000

定价：598.00 元

（如有印装质量问题，我社负责调换）

《海南植被志》全体作者名单

杨小波　陈宗铸　李东海　陈玉凯　陈　辉　林泽钦　王力军　丁　琼
李意德　莫燕妮　周亚东　洪小江　王世力　邓　勤　卢　刚　龙文兴
黄　瑾　岑举人　车秀芬　欧芷阳　郭　涛　黄运峰　罗　涛　党金玲
叶　凡　杨立荣　徐中亮　农寿千　吕晓波　张孟文　张彩凤　吕洁杰
罗召美　汪小平　龙　成　周　威　卜广发　万春红　杨　琦　周文嵩
陶　楚　冯丹丹　罗文启　邢莎莎　李英英　张育霞　张　凯　李苑菱
周双清　周　婧　张萱蓉　李　丹　吴庭天　刘子金　熊梦辉　赵瑞白
苏　凡　李嘉昊　黄绪壮

第一卷

第一章主要完成人：杨小波　陈宗铸　李东海　李意德　丁　琼
第二章主要完成人：杨小波　李东海
第三章主要完成人：杨小波　李东海　陈玉凯　林泽钦
第四章主要完成人：杨小波　李东海　李意德　陈玉凯　黄　瑾
第五章主要完成人：杨小波　李东海　张　凯　丁　琼　龙文兴
郭　涛　徐中亮
第六章主要完成人：杨小波　陈　辉　李东海　陈玉凯　林泽钦
第七章主要完成人：王力军　卢　刚　杨小波
第八章主要完成人：丁　琼　杨小波

第二卷

第九章主要完成人：杨小波　李东海　罗　涛　欧芷阳　黄运峰
邢莎莎　龙　成　杨立荣

第十章主要完成人：杨小波　李意德　李东海　丁　琼　车秀芬
陈　辉　周　威　叶　凡　党金玲

第十一章主要完成人：杨小波　李东海　陈玉凯　龙文兴　龙　成
杨立荣　陈　辉

第十二章主要完成人：杨小波　李东海　陈玉凯　龙　成　陈　辉

第十三章主要完成人：杨小波　李东海　陈玉凯　邢莎莎　陈　辉

第十四章主要完成人：杨小波　李东海　罗文启　陈玉凯　陈　辉
杨　琦

第三卷

主要完成人：杨小波　陈宗铸　李东海　林泽钦　陈　辉　杨　琦
黄绪壮

说明：《海南植被志》每一卷成果由杨小波负责解释。

致谢：运用现代生态学理论与研究方法对海南植被开展调查研究工作已历经 70 年，全体作者感谢近 70 年在海南从事植被调查研究的科学家们，没有你们的艰苦努力，《海南植被志》也无法完成出版。你们在海南开展的植被研究案例，无论是引用到还是没有引用到，都对《海南植被志》的出版作出了贡献，在此，全体作者再次表示感谢！

全体作者

2018 年 7 月 16 日星期日

作 者 简 介

杨小波　海南海口人，1962 年 9 月 14 日出生。1985(本科)、1993(硕士研究生)和 1996 年(博士研究生)毕业于中山大学植物学专业，获学士、硕士和博士学位，1998 年 7 月中国科学院南京土壤研究所博士后流动站出站。现为海南大学二级教授，生态学、植物学博士生导师。研究方向：森林生态学与植物资源学。

主持的科研项目有“973”前期专项、国家自然科学基金、国家科技支撑计划子课题、海南省重点项目和横向项目等 48 项。曾获省科技进步奖一等奖 1 项(第一完成人)，二等奖 1 项(第一完成人)，三等奖 2 项(第一、第二完成人)等科研成果奖，发表学术论文 170 多篇，其中 SCI 收录 19 篇，EI 收录的有 5 篇，第一作者或通讯作者有 100 余篇，其中 SCI 收录 10 篇，EI 收录的有 5 篇，第一作者或通讯作者最高影响因子 4.529，第二作者最高影响因子 6.89，参与合作文章最高影响因子 9.68(PNAS，2015，2018)。已出版著作 39 部，其中第一作者 25 部(含《海南植物图志》14 卷、《海南植被志》3 卷)，第二作者有 2 部，参与的有 12 部。曾先后获得国务院特殊津贴专家、省有突出贡献优秀专家、省“515”人才第一层次人选，省委省政府直接联系重点专家、省优秀科技工作者、省优秀教师、省青年科技奖等荣誉称号获得宝钢优秀教师、省级教学名师、省优秀教师、校首届十佳教师等荣誉称号，于 2007 年获国家级精品课程(负责人)，2009 年获得国家级教学团队(负责人)，2016 年获国家级精品资源共享课(负责人)。现任国际生物多样性计划中国委员会委员、中国生态学会常务理事、教育部自然保护与环境生态类专业教学指导委员会委员、海南省生态学会理事长、海南省植物学会副理事长等。

陈宗铸　海南省海口市人，副研究员，硕导，海南省生态学会理事，海南省林学会学科带头人。从事热带森林资源监测、景观生态学、森林生态学、林业遥感、林业资源信息、森林碳汇等方面的研究。近年来主持科研项目十三项，其中省部级项目六项，作为骨干参与海南省重大科技计划、重点研发等科研项目七项。发表论文二十余篇，出版专著四部，获专利、软著等十余项。

李东海　广东兴宁人，1971 年生，汉族。海南大学热带农林学院，高级实验师，硕士生导师，从事城市生态学和植物学的教学和科研工作，中国生态学会会员，海南省生态学会常务理事。主持省部级、重点实验室开放课题和政府委托项目10多项，作为骨干成员参与国家自然科学基金等项目20多项。发表学术论文40多篇，其中SCI收录2篇，EI收录2篇，参与出版著作20多部，获海南省科技进步奖二等奖1项，海南省科技进步奖三等奖2项。国家精品课程《城市生态学》骨干成员，《植物学》国家级教学团队骨干成员。

序　　言

海南植物种类繁多，仅维管束植物就有 6000 多种。这些植物在不同的生态环境中构成了复杂多样的植被类型。因此，要完成《海南植被志》的撰写工作是十分困难的。自《广东植被》(1976 年) 出版，到《广西植被》(2014 年) 问世的近 40 年间，我国各省份陆续出版了各自的植被志书。《中国植被》也早在 1980 年出版问世，而《海南植被》却迟迟没有出来。欣喜的是，由海南大学杨小波教授团队完成的《海南植被志》一书终于出版了。我由衷地为他们感到高兴，祝贺并感谢他们所付出的艰辛努力。

海南是全球生物多样性研究的热点区域之一，多年来，吸引了不少国内外学者涉足海南开展植被与植物资源的调查研究工作，但由于学者们多集中在一些保护区内开展调查，到目前还没有人完成海南植被的研编工作。历史上，海南植被的相关内容主要记述在《广东植被》和《中国植被》中，但很不全面，关于海南植被的类型更是争论不断，不同的学者多从他们所研究的区域或某一山区的植被类型出发，试图描述海南植被的全貌，因此常出现同一植被类型却出现不同的描述，导致的分类结果也常常不一致。其中争议最大的是对常绿季雨林、季雨林、热带雨林、沟谷雨林、稀树草原、山地常绿阔叶林等术语的使用和记述不一致，这对海南植被资源的保护与开发利用是十分不利的。

实际上，海南分布的植被类型虽然复杂多样，但我看了杨小波教授等完成的《海南植被志》后，感到他们把海南的植被类型理顺了。我个人认为，《海南植被志》把海南的主要原生植被类型区分为海草床、红树林、半红树林、淡水湿地草丛、海岸(海岛、河岸)沙质丛林、热带季雨林、热带雨林、高山云雾林和山顶灌丛等类型是科学合理的。

杨小波教授及其团队多年专注于海南的植被调查研究工作，并于 2015 年出版了《海南植物图志》。作者采用了植物图鉴与植物志相结合的方式记载了全省有历史记录的维管束植物种类 6036 种(含变种)，应该说是对传统植物志编写的重要创新。继《海南植物图志》之后，他们完成的《海南植被志》也即将问世，这两部著作无疑是对海南及中国热带地区植物和植被保护的一个重要贡献。

《海南植被志》的主要内容包括：海南植被研究的历史、各植被类型的分布与组成和结构特征、各植被类型的主要动物群、各植被类型的代表性真菌类群及其生态特性以及乡镇级尺度的植被分布图等。我认为，《海南植被志》在如下方面有独到之处。

(1) 科学论证了海南植被的水平地带性植被类型就是热带季雨林和热带雨林，这对规范海南植被类型，指导生态环境保护工作有重要的指导意义。

(2) 对植被类型的分布绘制到乡镇级水平，其工作量是巨大的。一般省(自治区)植被在这方面的工作达到县级水平就已经不容易了。

(3) 在非地带性植被类型中，比以往出版的各类“植被”专著增加了“海草床”、“热带海岸(河岸、海岛)丛林”、“藤蔓丛”等新的植被类型。这为未来植被志编写工作提供了重要参考。

(4) 作者对各植被类型的主要动物群和代表性真菌类群进行了记述，这在以往的植被志书中似未出现过。这反映了作者对海南植被生态系统的深刻理解和作者所拥有的植物、动物和微生物的广博知识。

(5) 作者以案例的方式诠释了海南植被的生态学特征；通过比较分析，揭示了海南不同地区、不同植被类型的生态学特点及其差异，这对读者理解海南植被的特点有重要帮助。读者从《海南植被志》中，不仅可以了解到海南植被类型的分布、组成和结构，还能深入了解海南植被的生物多样性、植物种群与群落动态、种间关系及物种功能群、生产力和碳储量等生态功能特点与环境因素之间的关系，以及台风、人为因素和外来入侵植物对植被与植物多样性的影响及防范与保护措施等。

(6) 作者以植被的利用功能为主要分类原则，对海南的人工植被进行了较为系统详细的描述。虽然人工植被常常是多功能性的，但人类种植这些植物总是有其首要目的，因此，作者以首要利用目的把人工植被区分为农业生产、防护和景观功能三大类是符合海南实际的。

总之，我衷心祝贺《海南植被志》的出版，也很乐意为此作序，以表贺意和感谢。

中国科学院植物研究所学术所长

中国科学院院士

2017年12月16日

前　言

《海南植被志》一书终于完成了。1987 年作者跟随《中国植被》作者之一林英先生进入文昌铜鼓岭开展沿海森林植被调查研究工作，林先生对我们说，在我国好多省的植被专著已经出版，《中国植被》也早在 1980 年就出版，“海南植被”应如何撰写，这一重任要落到你们这一代人的身上。经历 30 多年，从文昌的铜鼓岭到三亚的六道岭，从沿海的红树林到五指山、尖峰岭、霸王岭、吊罗山、鹦哥岭、佳西岭的高山云雾林，从海口羊山农村到琼中什运的农村等，作者走遍海南的山山水水，通过大量的样方数据和路线调查记录数据，在前人工作的基础上，完成了这一艰难的任务。它是作者的劳动结晶，也是海南或到海南工作的广大植被生态学、地植物学和植物生态学工作者的劳动结晶。本项任务的完成得到了海南大学、海南省科学技术厅、海南省生态环境厅和海南省林业局及国家林业和草原局、国家自然科学基金委和生态环境部的支持。

海南为我国热带岛屿省份，其陆域以海南本岛为核心，包括了三沙市管辖的南海诸岛屿。海南岛植被从浅海的海草床开始，一直分布到陆域海拔 1867m 的五指山山顶。海南植物种类繁多，生态类型多样、复杂，到 2015 年，《海南植物图志》记载了海南维管植物种类 6036 种(含变种和亚种)，分布在各种不同植被类型中。这些植物种类构成了我国特殊的热带岛屿型地带性植被类型和非地带性植被类型。最有代表性的地带性植被类型有热带雨林、季雨林和高山云雾林，非地带性植被类型有热带针叶林、海草床、红树林、滨海与岛屿丛林、滨江丛林、沿海藤蔓丛、火山岩湿地草丛和石灰岩山顶灌丛等。由于环境特殊、植物组成多样复杂、植被类型多样等原因，植被分类一直是海南植物生态学研究中最难的事情。本书作者开展了详细的分析工作，在过去百家争鸣的基础上，遵循国际研究前沿并与国际接轨，基本理顺了海南植被分类系统，以飨读者。作者在各植被类型描述中，附上该植被类型的优势种，让读者在野外便于识别。正是因为海南植物种类多样，环境多样复杂，植物多样性变化规律，物种分布格局和种间联结关系、生态功能及植被动态变化规律等错综复杂，在热带地区开展植被生态学研究尤其困难。本书以研究案例展现了 30 年来海南植被生态研究的结果，使读者能从书中了解到海南不同植被类型的生态学特性。作者基于丰富的野外调查结果，完成了各市县(自治县)、各乡镇植被分布图，并附有较详细的说明，在阅读任何一个乡镇的植被分布图时，读者都能知道该乡镇的主要植被类型和构成植被类型的主要植物，可为读者进一步开展研究工作，或完成其他与植被有关的工作提供最基础的本底资料。

在海南丰富的植被资源和复杂的植被类型中蕴藏着丰富的动物资源和微生物资源。本书还介绍了海南各主要植被类型的陆栖脊椎动物和真菌，使读者对海南植被生态系统有一个全面的了解，有利于植被生态系统保护工作的全面展开。保护好植被， 特别是保护好自然植被，就是保护好青山绿水，保护好我们的“金山”和“银山”。作者希望本书能为保护好植被及促进植被资源的可持续利用作出应有的贡献。

《海南植被志》得到海南省重点计划项目(080801)、973 计划前期研究专项(2010CB134512)、国家自然科学基金项目(31760170、30160070、31060073、31460120、31260109、31660163、30900143、31260519、31360107、31760119)、国家重点研发计划项目(2016YFC0503104)、国家科技支撑计划项目(2012BAC18B04-3-1)、国家林业局全国重点保护野生植物资源调查(林函护字〔2012〕47 号)(海南省重点保护野生植物资源调查)、林业公益性行业科研专项(200904028)、中医药行业科研专项(201207002- 03)项目的资助。

在本书的完成过程中，感谢全体成员对本工作的热情支持和帮助，在此，还特别感谢教导和帮助过我们的老师们，如中山大学的张宏达教授、王伯荪教授、胡玉佳教授、余世孝教授，也感谢帮助过我们的朋友，如海南师范大学的刘强教授、海南大学的余雪标教授，感谢曾在海南开展植被生态研究的前辈，如中国林业科学研究院的蒋有绪院士、海南省林业厅的符国瑗先生。同时感谢海南省各保护区相关工作人员，特别是配合我们进行野外工作的人员，如陈庆、钟才荣、陈焕强、王享存、梁宜文、孙硕、范高攀和洪明昌等同志。

尽管本书的完成历时三十年，而且工作也非常努力，但由于作者水平有限，可能仍然存在很多遗漏或不完善的地方，恳请读者批评指正。

作　者

2018 年 7 月

目　　录

第九章　海南植被的植物资源分布特点

第一节　不同植被类型植物资源的空间分布

一、植物资源的水平分布差异性

依据生态环境特点，海南植被在水平分布方面，可划分为热带雨林分布区、季雨林分布区、滨河丛林分布区、滨海丛林分布区、淡水湿地分布区及海草床分布区。其中滨海丛林分布区、滨河丛林分布区、淡水湿地分布区及海草床分布区所分布的植物种类资源相对独特，热带雨林分布区与季雨林分布区分布的植物种类组成有一定的关联性，相似性系数相对较高。目前在海南发现的海草床植物主要有海菖蒲(*Enhalus acoroides*)、泰来草(*Thalassia hemprichii*)、二药藻(*Halodule uninervis*)、喜盐草(*Halopila ovalis*)、海神草(*Cymodocea rotunda*)、针叶藻(*Syringodium isoetifolium*)、齿叶海神草(*Cymodocea serrulata*)、小喜盐草(*Halophila minor*)等；红树林植物水椰(*Nypa fruticans*)、海南海桑(*Sonneratia hainanensis*)、拟海桑(*Sonneratia paracaseolaris*)、木果楝(*Xylocarpus granatum*)已载入《中国植物红皮书》(傅立国，1991)；半红树林植物有黄槿(*Hibiscus tiliaceus*)、银叶树(*Heritiera littoralis*)、水黄皮(*Pongamia pinnata*)、海杧果(*Cerbera manghas*)等；滨海沙质植物有海岸桐(*Guettarda speciosa*)、银毛树(*Tournefortia argentea*)、草海桐(*Scaevola taccada*)等；淡水湿地植物有香蒲(*Typha orientalis*)、水菜花(*Ottelia cordata*)、水车前(*O. alismoides*)等；滨河(湖)植物有水柳(*Homonoia riparia*)、水石榕(*Elaeocarpus hainanensis*)、风箱树(*Cephalanthus tetrandrus*)等；季雨林分布植物有海南榄仁(*Terminalia nigrovenulosa*)、厚皮树(*Lannea coromandelica*)、木棉(*Bombax ceiba*)等；热带雨林分布区植物有青梅(*Vatica mangachapoi*)、蝴蝶树(*Heritiera parvifolia*)、陆均松(*Dacrydium pectinatum*)、鸡毛松(*Dacrycarpus imbricatus* var. *patulus*)等；高山云雾林和山顶灌丛分布有毛棉杜鹃(*Rhododendron moulmainense*)、广东松(*Pinus kwangtungensis*)、南华杜鹃(*Rhododendron simiarum*)、厚皮香(*Ternstroemia gymnanthera*)、厚皮香八角(*Illicium ternstroemioides*)、蚊母树(*Distylium racemosum*)等。各不同植被类型的植物组成特点可参阅第五章。

(一)沿海低丘陵地区与中部山区森林植物组成比较分析

不同的植被分布区，其植物种质资源既有一定的关联性，又有一定的差异性。胡玉佳和李玉杏(1992)曾比较过尖峰岭、霸王岭、吊罗山和五指山等地区相同样方面积内的树种相似性，结果发现，在每两个山区的森林群落里，树木种类的相似性为30%～40%。《海南植被志》以海南北部文昌铜鼓岭森林植物资源种类与海南中部五指山森林植物资源种类进行比较分析(钟义等，1991；杨小波等，2011)，进一步了解海南沿海森林植被与中部丘陵、山区森林植被植物资源的分布特征及区域间的差异性。

1. 地理概况与研究方法

1)地理概况

海南省文昌市铜鼓岭地处海南省东北部沿海，北纬 19°38"～19°44"、东经 110°58"～111°03"，保护区总面积 1050hm^2，其中核心区面积 500hm^2。该地区总体上属热带海洋岛屿季风气候区，多云雾，风速大：云雾天数约占总观察天数的 50%，月平均风速大多在 8～10m/s；全年无霜，年平均气温在 23～24℃，年平均降水量 1721.6mm，植被四季常青。铜鼓岭大部分区域坡度陡，保护区内有 18 座小山峰，主峰海拔 338.12m，是海南岛东北部的最高峰；岩石裸露率为 40%～60%，土壤以砖红壤为主，土层浅薄、土壤发育程度低。随着地形的变化，土壤分为：砖红壤、滨海沙土、滨海盐渍沼泽土，随着地形及生态环境的变化，沿海河边主要分布有红树林、半红树林、滨海沙生植被、沿海热带雨林及人工林等植被类型，沿海热带雨林为顶级植被类型，但由于受台风的影响，动态变化明显。主要植物有鸭脚木(鹅掌柴)(*Schefflera heptaphylla*)、假赤楠蒲桃(*Syzygium buxifolioideum*)、海南大风子(*Hydnocarpus hainanensis*)、降真香(*Acronychia pedunculata*)、肖蒲桃(*S.acuminatissimum*)、无患子(*Sapindus saponaria*)、禾串树(*Bridelia balansae*)和白茶树(*Koilodepas hainanense*)等，其中海南大风子为该森林的优势种之一，也是国家重点保护植物。

五指山位于海南岛中部山区，地处北纬 18°49′20″～18°58′54″，东经 109°39′38″～109°47′50″，年平均气温 22.5℃，最热月均温 25.7℃，最冷月均温 18.0℃，有短期霜冻。年降水量 2350.9～2488.3mm，但雨量分布不均匀，80%的雨量集中在 5～10 月，形成明显的干湿季。成土母岩为花岗岩和流纹岩。自低海拔到高海拔发育着赤红壤(海拔 500～700m)、黄色赤红壤(海拔 700～1100m)、灰化黄壤(海拔 1100～1600m)和南方山地灌丛草甸土(海拔 1600m 以上)。植被类型随海拔的变化而不同，从山脚到山顶依次为枫香林(海拔 700m 以下)、低地雨林(海拔 750～900m)、山地雨林(海拔 1000～1500m)、亚高山矮林(海拔 1500～1700m)和山顶灌丛(海拔 1700～1867m)，其中海拔 950～1050m 为低地雨林和山地雨林的过渡带，海拔 1450～1550m 为山地雨林和亚高山矮林的过渡植被类型(杨小波，1994)。

2)研究方法

将样方与路线调查方法相结合，课题组总结了近 30 年的调查数据，整理出比较区域的植物名录，然后开展物种组成与区系的比较分析。

2. 结果与分析

1)物种组成概况

历年来(1989～2012 年)铜鼓岭自然保护区植物资源调查资料显示，该保护区的植物种类有 1019 种，隶属 170 科，651 属。其中蕨类植物 41 种，隶属 21 科，31 属；裸子植物 2 种，隶属 2 科，2 属；被子植物 976 种，隶属 147 科，620 属，在被子植物中，双子叶植物 834 种，隶属 120 科，523 属；单子叶植物 142 种，隶属 27 科，95 属(表 9-1-1)。在这些野生植物中海南特有种有 35 种，占总种数的 3.4%，表现出一定的地区特性。

表 9-1-1　铜鼓岭自然保护区植物科、属及物种组成

Tab.9-1-1　Family，genus and species diversity patterns in Tongguling National Nature Reserve

类群	物种组成		
	科	属	种
蕨类植物	21	31	41
裸子植物	2	2	2
双子叶植物	120	523	834
单子叶植物	27	95	142
合计	170	651	1019

依据历年来(1991～2014 年)五指山自然保护区植物资源调查资料的整理，该保护区共有维管植物 2146 种(其中野生 2103 种，隶属 241 科，897 属)，隶属 197 科，907 属。其中蕨类植物 216 种，隶属 31 科，85 属；裸子植物 21 种，隶属 7 科，8 属；被子植物 1909 种，隶属 159 科，814 属(表 9-1-2)。在 2103 种野生植物中海南特有种有 284 种，五指山特有种有 16 种。

表 9-1-2　五指山自然保护区植物科、属及物种组成

Tab.9-1-2　Family，genus and species diversity patterns in Wuzhishan National Nature Reserve

类群	物种组成		
	科	属	种
蕨类植物	31	85	216
种子植物			
裸子植物	7	8	21
被子植物			
双子叶植物	134	628	1510
单子叶植物	25	186	399
合计	197	907	2146

显然，两个地区在种类数量及特有成分等多个方面都有显著的差异。由于平原绝大多数的森林已经被人工植被替代，自然森林面积已经退缩到了较小面积的山区，植物种的数量与特有成分明显不如中部地区保护好的森林植被。但在平原、台地地区，其植物种类组成是否具有一定的特色，需要从科、属、种及植被的表征类型开展深入的分析。

2)科的组成分析及比较

铜鼓岭自然保护区植物区系中蕨类植物有 21 科，占中国蕨类总科数的 33.3%（中国蕨类植物 63 科）；种子植物共有 149 科，占中国种子植物总科数的 39.52%（中国种子植物有 377 科），其中，裸子植物 2 科，双子叶植物 120 科，单子叶植物 27 科。五指山自然保护区植物区系中蕨类植物有31科，占中国蕨类总科数的49.21%；种子植物共有166科，占中国种子植物总科数的44.03%，其中裸子植物7科，双子叶植物134科，单子叶植物25科。

按科的大小划分，铜鼓岭含51～100种的有2科，为大戟科(Euphorbiaceae)和蝶形花科(Papilionaceae)；含21～50种的有5科，包括芸香科(Rutaceae)、桑科(Moraceae)、马鞭草科(Verbenaceae)、茜草科(Rubiaceae)、菊科(Asteraceae)；含11～20种的有18科，包括葫芦科(Cucurbitaceae)、玄参科(Scrophulariaceae)、苋科(Amaranthaceae)、紫金牛科(Myrsinaceae)、含羞草科(Mimosaceae)、天南星科(Areaceae)、萝藦科(Asclepiadaceae)、桃金娘科(Myrtaceae)、茄科(Solanaceae)、棕榈科(Palmae)、唇形科(Labiatae)、樟科(Lauraceae)、旋花科(Convolvulaceae)、夹竹桃科(Apocynaceae)、莎草科(Cyperaceae)、锦葵科(Malvaceae)、爵床科(Acanthaceae)、禾本科(Gramineae)；含2～10种的有89科，包括五椏果科(Dilleniaceae)、金丝桃科(Hypericaceae)、鼠李科(Rhamnaceae)、牛栓藤科(Connaraceae)、山矾科(Symplocaceae)、马钱科(Loganiaceae)、报春花科(Primulaceae)、紫葳科(Bignoniaceae)、千屈菜科(Lythraceae)、天料木科(Samydaceae)、山茶科(Theaceae)、椴树科(Tiliaceae)、柿科(Ebenaceae)、龙舌兰科(Agavaceae)、野牡丹科(Melastomataceae)、使君子科(Combretaceae)、红树科(Rhizophoraceae)等科；单种科有54科，包括大部分蕨类植物及粘木科(Ixonnathaceae)、交让木科(Daphniphyllaceae)、金莲木科(Ochnaceae)、海桐花科(Pittosporaceae)等科。

五指山含100种以上的有1科，即兰科(Orchidaceae)；含51～100种的有6科，包括菊科(Asteraceae)、樟科(Lauraceae)、蝶形花科(Papilionaceae)、大戟科(Euphorbiaceae)、禾本科(Gramineae)和茜草科(Rubiaceae)；含21～50种的有18科，包括爵床科(Acanthaceae)、山茶科(Theaceae)、紫金牛科(Myrsinaceae)、夹竹桃科(Apocynaceae)、桃金娘科(Myrtaceae)、水龙骨科(Polypodiaceae)、萝藦科(Asclepiadaceae)、壳斗科(Fagaceae)、番荔枝科(Annonaceae)和桑科(Moraceae)等；含11～20种的有34科，包括木兰科(Magnoliaceae)、杜英科(Elaeocarpaceae)、鼠李科(Rhamnaceae)、胡椒科(Piperaceae)、锦葵科(Malvaceae)和金缕梅科(Hamamelidaceae)等科；含2～10种的有99科，包括山龙眼科(Proteaceae)、大风子科(Flacourtiaceae)、秋海棠科(Begoniaceae)、椴树科(Tiliaceae)、瑞香科(Thymelaeaceae)、天料木科(Samydaceae)、马钱科(Loganiaceae)、紫草科(Boraginaceae)等科；单种科有39科，包括起源古老的大血藤科(Sargentodoxaceae)、热带性质比较强的五列木科(Pentaphylacaceae)等科。

从科的水平看，铜鼓岭与五指山共有的科有138科，科的相似性系数为83.13%，但这并不能很好地说明铜鼓岭与五指山植物区系之间的关系，因为某些科的组成在科级水平上相同，但其属或种的组成并不相同。一些起源古老的科，如柏科(Cupressaceae)、粗榧科(Cephalotaxaceae)、木兰科(Magnoliaceae)、金缕梅科(Hamamelidaceae)、五味子科(Schixandraceae)、松科(Pinaceae)等在铜鼓岭植物区系中并未出现，中国特有科大血藤科在铜鼓岭也未见其踪影，说明五指山植物区系比铜鼓岭起源更为古老。热带性质强的科五列木科(Pentaphylacaceae)以及亚洲热带雨林表征科龙脑香科(Dipterocarpaceae)

也没有出现在铜鼓岭植物区系中，说明五指山比铜鼓岭更接近于热带亚洲植物区系。而滨海植物草海桐科(Goodeniaceae)、莲叶桐科(Hernandiaceae)等则未出现在五指山植物区系中，反映了铜鼓岭处于滨海生态环境这一特性。铜鼓岭单种科达 54 科，占其维管植物科总数的 32.14%；五指山单种科为 35 科，占其维管植物科总数的 17.86%，两者对比表明铜鼓岭作为次生植被类型，植被发育尚未完善，群落不及五指山的稳定。单种科在铜鼓岭植物群落中所占比例更大，种的消失就意味着科在该区系中的消失，说明铜鼓岭植物群落比五指山更为脆弱，保护铜鼓岭的植物多样性具有保护沿海植物多样性的重要意义。

3)属的组成分析及比较

在系统分类学上，同一属的种常常具有相同的起源和相似的进化趋势，其分类学特征和形态学特征较科更接近，因而，属比科更能反映植物进化和变异的情况，在区系分析上比科更能反映区系的特征。

铜鼓岭自然保护区野生植物属有 627 属。属的数量结构分析表明，本区中单种属有 431 属，占全部属数的 68.74%，所含种数占全部种数的 43.80%；少种属(2～5 种的属)有 181 属，占全部属数的 28.86%，所含种数为 442 种，占全部种数的 44.91%；种数 6 种以上的属有 15 属，占全部属数的 2.40%，所含种数为 109 种，占全部种数的 11.08%。其中单种属与少种属达到 612 属，占属总数的 97.61%，比五指山森林植被的相应值(91.03%)要高(表 9-1-3)。从属的种数来看，铜鼓岭森林比五指山原始森林更加脆弱。与海南其他地区植物区系比较表明，雀舌木属(*Andrachne*)、蔓草虫豆属(*Cantharospermum*)、马蹄金属(*Dichondra*)、红葱属(*Eleutherine*)、猪仔笠属(*Eriosema*)、珊瑚菜属(*Glehnia*)、鹧鸪花属(*Heynea*)、刺芋属(*Lasia*)、水车前属(*Ottelia*)、灵芝草属(*Rhinacanthus*)及腺叶藤属(*Stictocartia*)等在铜鼓岭地区记录到，其中雀舌木属的海南黑钩叶(*A. hainanensis*)为海南特有种。

表 9-1-3　铜鼓岭及五指山自然保护区野生植物属的统计

Tab.9-1-3　Statistics of the floristic genera in Tongguling and Wuzhishan National Nature Reserve

类群	铜鼓岭			五指山		
	单种属/%*	少种属/%*	中等-大属/%*	单种属/%*	少种属/%*	中等-大属/%*
蕨类植物	23(76.7)	7(23.3)		45(54.22)	28(33.73)	10(12.04)
裸子植物	2(100.0)			3(37.5)	4(50.0)	1(12.5)
被子植物	406(68.23)	174(29.4)	15(2.5)	448(55.17)	294(36.20)	70(8.62)

*单种属：仅出现 1 种的属。小属：2～5 种。中等-大属：6 种以上。

五指山野生植物属数达 903 属。属的数量结构分析表明，单种属有 496 属，占全部属数的 54.93%，占全部种数的 23.11%，少种属(出现 2～5 种的属)有 326 属，占全部属数的 36.10%，所含种数为 918 种，占全部种数的 42.78%，种数多于 6 种的属有 81 属，占全部属数的 8.97%，所含种数为 736 种，占全部种数的 34.30%。与海南其他地区的植物区系比较表明，澳杨属(*Homalanthus*)、半夏属(*Pinellia*)、老虎刺属(*Pterolobium*)、刺毛头黍属(*Setiacis*)等属仅在五指山记录到，而刺毛头黍属为中国特有属。这些属在五指山的消失意味着它们在海南岛的消失；单种属较多，这么多的单种属是如何演化出现的仍有待于研究，因而保护五指山森林植物种类是极为重要的。

根据数据分析，铜鼓岭与五指山共有种子植物属 363 属(已除去世界分布属)，属相似性系数为 64.13%，这表明尽管五指山自然保护区海拔总体上比铜鼓岭高，地形地貌更复杂，植物种类更丰富，但两地的植物区系关系仍然十分密切。

4)种的组成分析及比较

铜鼓岭植物区系中共有维管植物 1019 种，其中蕨类植物 41 种，裸子植物 2 种；被子植物 976 种，其中双子叶植物 834 种，单子叶植物 142 种。在 1019 种植物中草本植物 372 种，占 36.51%，木本植物 480 种，占 47.11%，其中乔木有 251 种，占 24.63%，灌木有 229 种，占 22.47%，藤本植物 169 种，占 16.58%。在这些野生植物中海南特有种有 35 种，占全部海南特有种的 6.53%，占本区总种数的 3.43%；无本区特有种，总体上表现出一定的地区特性。五指山植物区系中共有维管植物 2146 种(野生 2103 种，隶属 241 科，897 属)。其中蕨类植物 216 种，裸子植物 21 种；被子植物 1909 种，其中双子叶植物 1510 种，单子叶植物 399 种。在 2146 种植物中草本植物 839 种，木本植物 1096 种，藤本植物 211 种。在 2103 种野生植物中，海南特有种有 284 种，占全部海南特有种的 52.99%，占本区总种数的 13.23%；此外还有 16 种五指山特有种。五指山海南特有种众多，表明五指山在海南植物区系中具有相当重要的地位。铜鼓岭与五指山植物区系中共有的维管植物有 461 种，种的相似性系数为 29.46%。从种的水平上看，铜鼓岭与五指山植物区系的差异性更大，即使是在科、属上组成相同的，在种的组成上也表现出较大的差异。

5)表征类群

某一科或属含种的数量，可以在一定程度上反映其所在植物区系的组成，但不足以代表该植物区系的主要特征。代表某一植物区系主要特征的表征类群，可以通过计算植物区系重要值(value of floristic importance，VFI)，结合现代地理分布来确定，而不能单纯局限于种类数量较大的科属。表征类群主要是根据分类群所含的属种占全球植物区系或中国植物区系的比值来确定，也称为区系重要值，比值越高代表性越强。由于表征类群属于区系的主要组成部分，因此单型科、寡种属不在比较之内。

(1)种子植物表征科

表征科通过该科所含种数占中国植物区系以及世界植物区系的比值来确定，单型科不在比较之列。铜鼓岭和五指山种子植物区系中主要科的中国植物区系重要值和世界植物区系重要值分别见表 9-1-4 和表 9-1-5。由于铜鼓岭和五指山两个植物区中，均以含 2～10 种的小型科为主，因此将比较范围扩大至含 6 种以上的科。铜鼓岭含 6 种以上科的中国植物区系重要值的平均值为 11.92%，五指山含 6 种以上科的中国植物区系重要值的平均值则为 17.96%，达到相应比例的科就分别被确定为五指山或铜鼓岭的表征科。从表 9-1-4、表 9-1-5 中可以看出，锦葵科、含羞草科、无患子科(Sapindaceae)、大风子科、白花菜科(Cleomaceae)、苋科、棕榈科、大戟科、桑科等 20 科是铜鼓岭的表征科，所包含的 311 种占该地区的植物区系总种数的 31.61%；五指山的表征科为罗汉松科(Podocarpaceae)、番荔枝科、天料木科、棕榈科、大风子科、山龙眼科、楝科(Meliaceae)、胡椒科等，共计 35 科，所包含的 796 种占该地区的植物区系总种数的 37.09%。虽然菊科、禾本科、蝶形花科在这两个植物区系中拥有的种数较多，但它们都是世界性分布科或泛热带分布科，反而在上述两个植物区系中所占重要值较小，不能成为表征科。大风子科、棕榈科以及防己科(Menispermaceae)等为铜鼓岭和五指山共同的表征科，说明两个山区科的组成联系比较紧密。据《海南植物志》[陈焕镛(华南植物研究所)，1964～1977 年]，大风子科在我国分布有 10 属 24 种，海南就分布有 6 属 13 种；棕榈科在中国分布有 17 属 61 种，海南包括栽培的共有 17 属 27 种，因此海南是这两个科的中国分布中心。罗汉松科主要分布于热带及亚热带，以南半球为分布中心，在中国分布有 2 属 12 种，五指山就分布有 2 属 8 种，既是五指山的群落优势科又是其区系表征科，也说明海南是其中国分布中心。另外，马蛋果(*Gynocardia odorata*)在海南是否有自然分布种群有争议(王祝年和肖邦森，2009；杨小波，2013)。

表 9-1-4　五指山种子植物区系中主要科的区系重要值及大小排序

Tab.9-1-4　The value of floristic importance of seedplants and its order of the major families in flora of Wuzhishan

科	VFIC* /%	排名	VFIW ** /%	排名	科	VFIC* /%	排名	VFIW** /%	排名
罗汉松科 Podocarpaceae	66.67	1	8	2	梧桐科 Sterculiaceae	25.71	21	2	26
番荔枝科 Annonaceae	39	2	2.6	19	樟科 Lauraceae	24.67	22	3.7	11
天料木科 Samydaceae	38.89	3	1.75	29	紫金牛科 Myrsinaceae	24.03	23	3.1	15
棕榈科 Palmae	37.7	4	0.92	54	千屈菜科 Lythraceae	23.33	24	1.27	42
大风子科 Flacourtiaceae	33.33	5	1.6	32	桑寄生科 Loranthaceae	23.33	25	1.08	47
山龙眼科 Proteaceae	33.33	6	0.62	61	鸭跖草科 Commelinaceae	22.64	26	2	27
楝科 Meliaceae	32.65	7	2	25	野牡丹科 Melatomataceae	22.5	27	0.9	55
胡椒科 Piperaceae	32.56	8	0.58	63	茜草科 Rubiaceae	21.56	28	1.08	46
柿科 Ebenaceae	31.71	9	2.89	18	含羞草科 Mimosaceae	20	29	0.38	74
希藤科 Hippocrateaceae	31.58	10	2.4	21	马钱科 Oganiaceae	20	30	1.25	44
桃金娘科 Myrtaceae	30.16	11	1.27	43	姜科 Zingiberaceae	20	31	1.47	36
防己科 Menispermaceae	30	12	4.05	10	马鞭草科 Verbenaceae	20	32	3.56	12
山矾科 Symplocaceae	29.87	13	7.67	3	远志科 Polygalaceae	19.61	33	1	51
大戟科 Euphorbiaceae	28.33	14	1.05	49	冬青科 Aquifoliaceae	18.64	34	5.5	7
白花菜科 Capparidaceae	28.13	15	1.29	41	葫芦科 Cucurbitaceae	18	35	2.4	22
苋科 Amaranthaceae	28	16	1.56	33	金缕梅科 Hamamelidaceae	17.95	36	10	1
桑科 Moraceae	27.33	17	2.93	17	木兰科 Magnoliaceae	17.57	37	6.5	6
茶茱萸科 Icacinaceae	27.27	18	3	16	锦葵科 Malvaceae	17.5	38	1.4	38
无患子科 Sapindaceae	26.32	19	0.5	67	天南星科 Araceae	15.67	39	1.05	48
杜英科 Elaeocarpaceae	26	20	6.5	5	夹竹桃科 Apocynaceae	15.5	40	1.55	34

*中国植物区系重要值；**世界植物区系重要值，下同。

表 9-1-5 铜鼓岭种子植物区系中主要科的区系重要值及大小排序

Tab.9-1-5 The value of floristic importance of seedplants and its order of the principle families in flora of Tongguling

科	VFIC/%	排名	VFIW/%	排名	科	VFIC/%	排名	VFIW/%	排名
锦葵科 Malvaceae	37.50	1	3.00	2	胡椒科 Piperaceae	16.28	13	0.29	42
含羞草科 Mimosaceae	26.67	2	0.50	30	马鞭草科 Verbenaceae	16.25	14	2.89	3
无患子科 Sapindaceae	26.32	3	0.50	31	芸香科 Rutaceae	15.33	15	1.35	9
大风子科 Flacourtiaceae	25.00	4	1.20	11	梧桐科 Sterculiaceae	14.26	16	1.11	16
白花菜科 Capparidaceae	25.00	5	1.14	14	茄科 Solanaceae	14.26	17	0.50	32
苋科 Amaranthaceae	24.00	6	1.33	10	苏木科 Caesalpiniaceae	12.50	18	0.46	38
棕榈科 Palmae	22.95	7	0.56	25	楝科 Meliaceae	12.24	19	0.75	21
大戟科 Euphorbiaceae	19.67	8	0.74	22	榆科 Ulmaceae	12.00	20	4.29	1
鸭跖草科 Commelinaceae	18.87	9	1.67	7	桃金娘科 Myrtaceae	11.90	21	0.50	33
防己科 Menispermaceae	18.00	10	2.43	4	爵床科 Acanthaceae	11.80	22	0.84	20
旋花科 Convolvulaceae	17.00	11	1.06	18	葫芦科 Cucurbitaceae	11.00	23	1.467	8
桑科 Moraceae	16.67	12	1.76	6					

(2)种子植物表征属

表征属根据它们所含的种相对于中国植物区系以及世界植物区系种数的比值大小来确定。由于属一级分类群更为丰富，铜鼓岭与五指山种子植物属均以单种属及含 2～5 种的寡种属占绝大多数，而且前者区系属数比后者少但包含的单种属比例却最高，为加强确定的表征属的真实性，特将铜鼓岭种子植物属比较的范围扩大至含 4 种以上的属而五指山的扩大至含 5 种以上的属。具体分析内容见表 9-1-6(铜鼓岭)、表 9-1-7(五指山)。

表 9-1-6 铜鼓岭植物区系中含 4 种以上属的区系重要值及其排序

Tab.9-1-6 The value of floristic importance and its order of genus containing more than 4 species in flora of Tongguling

属	VFIC /%	排名	VFIW /%	排名	属	VFIC /%	排名	VFIW /%	排名
黄葵属 *Abelmischus*	100.00	1	26.67	1	槌果藤属 *Capparis*	16.00	19	1.90	21
刺柊属 *Scolopia*	80.00	2	8.89	3	胡椒属 *Piper*	15.00	20	0.30	35
土蜜树属 *Bridelia*	80.00	3	6.67	7	猪屎豆属 *Crotalaria*	14.71	21	0.91	31
木槿属 *Hibiscus*	40.00	4	2.00	16	艾纳香属 *Blumea*	13.33	22	8.00	4
黄花稔属 *Sida*	38.46	5	5.56	9	紫珠属 *Callicarpa*	11.90	23	3.33	11
水竹叶属 *Murdannia*	27.78	6	12.50	2	省藤属 *Calamus*	11.76	24	1.07	29
母草属 *Lindernia*	26.92	7	7.00	6	榕属 *Ficus*	11.67	25	1.75	22
鱼藤属 *Derris*	25.00	9	7.14	5	豆腐柴属 *Premna*	11.11	26	2.50	14
五月茶属 *Antidesma*	25.00	8	2.35	15	鸡血藤属 *Callerya*	10.00	27	2.00	19
牡荆属 *Vitex*	25.00	10	2.00	17	山蚂蝗属 *esmodium*	10.00	28	1.33	26
番薯属 *Ipomoea*	24.00	11	2.00	18	菝葜属 *Smilax*	9.84	29	2.00	20
茄属 *Solanum*	23.08	12	0.75	33	蒲桃属 *Syzygium*	9.72	30	1.40	25
耳草属 *Hedyotis*	20.00	15	6.67	8	木姜子属 *Litsea*	9.36	31	3.00	12
算盘子属 *Glochidion*	20.00	13	1.67	23	薯蓣属 *Dioscorea*	8.75	32	2.80	13
莎草属 *Cyperus*	20.00	14	1.09	28	紫金牛属 *Ardisia*	8.70	33	1.50	24
叶下珠属 *hyllanthus*	18.18	16	1.00	30	柿属 *Diospyros*	6.67	34	0.80	32
野桐属 *Mallotus*	17.50	17	4.93	10	大戟属 *Euphorbia*	6.67	35	0.20	36
斑鸠菊属 *Vernonia*	16.67	18	0.50	34	蓼属 *Polygonum*	3.33	36	1.33	27

表 9-1-7　五指山植物区系中含 5 种以上属的区系重要值及其排序

Tab.9-1-7　The value of floristic importance and its order of genus containing more than 5 species in flora of Wuzhishan

属	VFIC/%	排名	VFIW/%	排名	属	VFIC/%	排名	VFIW/%	排名
求米草属 *Oplismenus*	66.67	4	25	1	野桐属 *Mallotus*	22.5	48	6.34	24
巴戟天属 *Morinda*	87.5	1	8.75	12	羊耳蒜属 *Liparis*	22.22	49	4	48
节节菜属 *Rotala*	71.43	2	10.42	9	耳草属 *Hedyotis*	22	50	7.33	15
马钱属 *Strychnos*	71.43	3	2.5	70	紫金牛属 *Ardisia*	21.74	51	3.75	51
流苏树属 *Chionanthus*	62.5	5	6.25	25	玉叶金花属 *Mussaenda*	21.43	52	5	41
五月茶属 *Antidesma*	56.25	6	5.29	37	石斛属 *Dendrobium*	20.63	53	0.93	85
银叶树属 *Herlera*	55.56	8	12.5	6	含笑属 *Michelia*	20	57	12.73	5
丁香蓼属 *Ludwigia*	55.56	7	6.25	26	艾纳香属 *Blumea*	20	54	12	7
野牡丹属 *Melastoma*	55.56	9	5	38	画眉草属 *Eragrostis*	20	55	6	29
罗汉松属 *Podocarpus*	53.85	10	7	18	斑鸠菊属 *Vernonia*	20	56	0.6	92
紫玉盘属 *Uvaria*	50	12	4	45	山姜属 *Alpinia*	19.57	58	3.6	54
桫拉木属 *Salacia*	50	11	2.5	71	毛兰属 *Eria*	19.44	59	1.87	77
核果木属 *Drypetes*	42.86	13	3	64	母草属 *Lindernia*	19.23	60	5	42
厚壳桂属 *Cryptocarya*	42.11	14	4	46	冬青属 *Ilex*	18.64	61	5.5	36
暗罗属 *Polyalthia*	41.18	15	5.83	32	山矾属 *Symplocos*	18.4	62	6.57	23
兰属 *Cymbidium*	40	16	20	2	菝葜属 *Smilax*	18.03	63	3.67	52
巴豆属 *Croton*	36.84	17	0.93	84	猪屎豆属 *Crotalaria*	17.65	64	1.09	82
木槿属 *Hibiscus*	35	18	3.5	55	鸡血藤属 *Callerya*	17.5	65	3.5	57
粗叶木属 *Lasianthus*	34.38	19	6.11	27	远志属 *Polygala*	17.5	66	1.4	78
鸭嘴草属 *Ischaemum*	33.33	20	10	10	泡花树属 *Meliosma*	17.24	67	5.56	34
山龙眼属 *Helicia*	33.33	22	6.67	20	豆蔻属 *Amomum*	17.24	68	3.33	61
蒲桃属 *Syzygium*	33.33	23	4.8	43	大青属 *Clerodendrum*	16.67	69	1.25	79
九节属 *Psychotria*	33.33	21	0.71	90	茄属 *Solanum*	15.38	70	0.5	93
隔距兰属 *Cleisostoma*	30	24	6	28	樟属 *Cinnamomum*	15.22	71	2.8	67
黍属 *Panicum*	30	25	1.2	80	叶下珠属 *Phyllanthus*	15.15	72	0.83	89
胡椒属 *Piper*	30	26	0.6	91	飘拂草属 *Fimbristylis*	14.89	73	3.5	58
乌口树属 *Tarenna*	29.41	27	4.17	44	润楠属 *Machilus*	14.71	74	11.11	8
省藤属 *Calamus*	29.41	28	2.67	68	虾脊兰属 *Calanthe*	14.63	75	6	30
琼楠属 *Beilschmiedia*	28.57	29	5	39	素馨属 *Jasminum*	13.64	76	2	75
(山黄皮)茜树属 *Aidia*	27.78	30	2.5	72	荛花属 *Wikstroemia*	12.5	77	7.14	17
球兰属 *Hoya*	27.27	31	3	65	(栲)锥栗属 *Castanopsis*	11.67	78	5.74	33
紫珠属 *Callicarpa*	26.19	32	7.33	14	柃属 *Eurya*	11.25	79	6.92	19
杜茎山属 *Maesa*	25.93	33	3.5	56	山胡椒属 *Lindera*	11.11	81	6	31
榕属 *Ficus*	25.83	34	3.88	49	崖爬藤属 *Tetrastigma*	11.11	80	5.56	35
柯属 *Lithocarpus*	25.71	35	18	3	薯蓣属 *Dioscorea*	10	82	3.2	63
鱼藤属 *Derris*	25	36	7.14	16	青冈属 *Cyclobalanopsis*	10	83	2.44	73
酸藤子属 *Embelia*	25	37	3.85	50	秋海棠属 *Begonia*	8.89	84	0.89	86
蛇根草属 *Ophiorrhiza*	25	38	3.33	60	木蓝属 *Indigofera*	8.57	85	0.86	88
檀属 *Dalbergia*	24	39	5	40	蓼属 *Polygonum*	8.33	87	3.33	62
蚕豆属 *Vicia*	24	40	4	47	山蚂蝗属 *Desmodium*	8.33	86	2	76
槌果藤属 *Capparis*	24	41	2.86	66	荚迷属 *Viburnum*	6.76	88	2.31	74
娃儿藤属 *Tylophora*	23.53	42	13.33	4	卫矛属 *Euonymus*	6.67	89	3.41	59
新木姜属 *Neolitsea*	23.53	43	10	11	堇菜属 *Viola*	5	90	1.2	81
木姜子属 *Litsea*	23.44	44	7.5	13	山茶属 *Camellia*	4.21	91	3.64	53
柿属 *Diospyros*	23.21	45	2.6	69	薹草属 *Carex*	3.25	92	0.87	87
红豆属 *Ormosia*	22.86	46	6.67	21	悬钩子属 *Rubus*	2.14	93	1	83
瓜馥木属 *Fissistigma*	22.73	47	6.67	22					

铜鼓岭植物区系中含有 4 种以上属的中国植物区系重要值的平均值为 22.67%，本区中达到此值的属共有 12 属，包含 62 种，占植物区系种数的 6.3%。本区系的表征属包括黄葵属(*Abelmischus*)、刺柊属(*Scolopia*)、土蜜树属(*Bridelia*)、木槿属(*Hibiscus*)、黄花稔属(*Sida*)、水竹叶属(*Murdannia*)、母草属(*Lindernia*)、鱼藤属(*Derris*)、五月茶属(*Antidesma*)、牡荆属(*Vitex*)、番薯属(*Ipomoea*)、茄属(*Solanum*)。物种分布较广的蓼属(*Polygonum*)以及数量较多的属，如大戟属(*Euphorbia*)、柿属(*Diospyros*)、紫金牛属(*Ardisia*)等的区系重要值很小，说明在本区不具有特有性，不构成该区的表征属。而黄葵属在世界植物区系的重要值达 26.67%，说明其主要分布于热带或亚热带地区。

五指山植物区系中含有 5 种以上属的中国植物区系重要值的平均值为 26.55%，本区中达到此值的属共有 31 属，包含 223 种，占植物区系种数的 10.39%。据《海南植物志》(陈焕镛(华南植物研究所)，1964～1977 年)，巴戟天属(*Morinda*)中国产 8 种，海南有 7 种；节节菜属(*Rotala*)中国产 7 种，海南有 5 种；马钱属(*Strychnos*)中国产 10 种，海南有 5 种，说明这些属主要集中分布于海南等热带、亚热带地区。五指山 31 个表征属中就有 2 属兰科植物，说明该地区高温多雨、潮湿的生境有利于兰科植物的生长与繁育，是我国热带兰分布中心之一。而物种分布较广、种数众多的悬钩子属(*Rubus*)、薹草属(*Carex*)、堇菜属(*Viola*)、蓼属等在本区的区系重要值都很小，说明这些属在该区不具有特有性，不构成本区的表征属。

(二)琼南与琼北沿海低丘陵植物资源的比较研究

《海南植被志》以海南南部三亚六道岭、火岭沿海森林与海南北部文昌铜鼓岭沿海森林(钟义等，1991)进行比较研究为例，从植物资源种类、属、科的组成和特有种类、濒危植物与重点保护植物等方面开展比较分析。

1. 案例的地理概况与研究方法

1)地理概况

文昌铜鼓岭地理概况见“沿海低丘陵地区与中部山区森林植物组成比较分析”章节。

三亚六道岭位于三亚市市区东南约 15km 处，吉阳镇境内，东、西、南三面濒海。本案例研究的样地位于北纬 18°12′25.9″～18°14″23.3″，东经 109°33″15.8″～109°34′56.4″，具体的 4 个坐标点为东：北纬 18°12″25.9″，东经 109°33″15.8″，南：北纬 18°13″14.9″，东经 109°34″22.6″，西：北纬 18°13″3.9″，东经 109°34″3.1″，北：北纬 18°14″23.3″，东经 109°34″56.4″。海拔为 8～466m，研究地区总面积 1233.73hm^2。

研究地区包括六道岭的大部分山体及其虎头岭西南边缘一小部分区域，境内最高海拔达 466m。六道岭的两个山体呈八字形排列，两个山体中间形成地势较低矮的海成阶地(广州地理研究所，1985)。土壤类型主要以花岗岩褐色砖红壤为主，还有部分石灰岩褐色砖红壤。迎海面山坡土壤较为干燥，表层岩石较多，裸露面积稍大；背海面山坡天然林下土壤湿润，土层较厚、较肥沃，表层岩石块大、量较多。

该地属海南岛南部沿海半干旱气候区。光资源丰富，年日照时数达 2400～2600h，年辐射总量 130～135ka/cm^2，与海南岛其他地区相比属中上水平；年平均气温达 25℃以上，日平均气温≥10℃的年积温在 9200℃左右，年最低气温 9℃以上；年均降雨量约 1400mm，雨季(5～10 月)降雨量 1100～1200mm，旱季(1～4 月)降雨量 100～200mm，总降雨量在海南岛算较低水平；每年受东南方向台风重度影响。

该地区东、南、西三面临海，中间为台地地形，区内没有河流形成，只在相邻山体之间形成较小的山涧，把雨季过多降水迅速排入大海。该地区分布有季雨林及季雨林与低地雨林的过渡类型。

三亚市火岭位于三亚市大东海西岸，东濒大东海，南临南海，西依鹿回头峰，北枕滨海旅游区和三亚市区。具体地理位置为北纬 18°12′32″～18°13′10″，东经 109°30′05″～109°30′35″，具体的 4 个坐标点为东：北纬 18°12′56″，东经 109°30′35″，南：北纬 18°12′32″，东经 109°30′10″，西：北纬 18°12′46″，东经 109°30′05″，北：北纬 18°13′10″，东经 109°30′26″。海拔为 5～171m，研究地区总面积 75hm^2。

该区位于海南岛南部山地丘陵的陵水—榆林沿海平原变质岩山地丘陵区地貌分区内，大尺度范围内的地貌以花岗岩高丘为主；土壤类型主要为海相沉积燥红土，迎海面山坡土壤较为干燥，背海面山坡下土壤相对湿润，土层较厚、较肥沃。

该地区属海南岛南部沿海半干旱气候区，是典型的海洋性气候。光照资源丰富，年日照时数达 2400～2600h，年辐射总量 130～135ka/cm^2，与海南岛其他地区相比属中上水平；年平均气温达 25℃以上，日平均气温≥10℃的年积温在 9200℃左右，年最低气温 9℃以上；年平均降雨量 [illegible] 年台风季降雨量 500mm 左右，雨季(5～10 月)降雨量 1000～1200mm，旱 [illegible] 雨量 100～200mm，总降雨量在海南岛算较低水平；每年受东南方向台 [illegible]

自然植被为季雨林 [illegible]

2)研究方法

植物种类调查方法为：样方、样带及路线调查相结合的方法。

2. 结果与分析

1)两个地区植物种类组成比较

通过实地调查发现，两地的植物种类都较为丰富(表 9-1-8)。琼南(QN)沿海丘陵地区有维管植物 882 种，隶属 115 科，487 属，其中蕨类植物 6 种，隶属 3 科，3 属；种子植物中，裸子植物 4 种，隶属 2 科，2 属，被子植物 872 种，隶属 110 科，482 属。琼北(QB)有维管植物 1019 种，隶属 170 科，651 属，其中蕨类植物 41 种，隶属 21 科，31 属；裸子植物 2 种，隶属 2 科，2 属；被子植物 976 种，隶属 147 科，620 属。

2)特有种类、濒危植物和重点保护植物

由表 9-1-9 可以看出，琼南与琼北两个植物区系分布有较多的海南特有成分，海南特有种分别有 72 种和 35 种，占各地区植物总数的 8.16%和 3.43%，约占海南特有植物总数的 15.00%和 7.24%。其中琼南地区分布有海南苏铁(*Cycas hainanensis*)、囊瓣木(*Saccopetalum prolificum*)、海南栲(*Castanopsis hainanensis*)和海南榄仁(*Terminalia hainanensis*)等；琼北分布有海南苏铁、茶槁楠(*Phoebe hainanensis*)、海南青牛胆

表 9-1-8 琼南与琼北两个地区的植物组成

Tab.9-1-8 Plant species composition in coastal hilly areas in southern and northern Hainan Island

项目	地点	蕨类	种子植物				合计
			裸子植物	被子植物		小计	
				双子叶植物	单子叶植物		
科数	QN	3	2	94	16	112	115
	QB	21	2	120	27	149	170
属数	QN	3	2	402	80	484	487
	QB	31	2	523	95	620	651
种数	QN	6	4	729	143	876	882
	QB	41	2	834	142	978	1019

(*Tinospora hainanensis*)、海南荛花(*Wikstroemia hainanensis*)等，两地均有分布的海南苏铁为国家一级保护植物。在濒危保护植物方面，琼南有 28 种，占该地区植物总数的 3.17%，如青梅(*Vatica mangachapoi*)、野生龙眼(*Dimocarpus longan*)、海南龙血树(*Dracaena angustifolia*)、蝴蝶树(*Heritiera parvifolia*)和疣粒野生稻(*Oryza meyeriana*)等；琼北有 12 种，占该地区植物总数的 1.18%，具体有金毛狗(*Cilotium barometz*)、海南苏铁、蕉木(*Oncodostigma hainanense*)、海南大风子(*Hydnocarpus hainanensis*)、野生荔枝(*Litchi chinensis*)和海南石梓(*Gmelina hainanensis*)等。特别要提到的是，在分别对两个地区进行实地调查时，我们发现琼南沿海丘陵有较大面积疣粒野生稻的分布，琼北有海南苏铁和野生荔枝的野生种群分布。

表 9-1-9 琼南与琼北两个植物区系中海南特有种和濒危保护物种

Tab.9-1-9 Endemic species and endangered species in coastal hilly areas in southern and northern Hainan Island

项目	琼南	琼北
海南特有种	72	35
特有植物总数占该地区植物总数的百分比/%	8.16	3.43
占海南总特有植物总数的百分比/%	15.00	7.24
濒危保护植物	28	12
占该地区植物种类的百分比/%	3.17	1.18

3)科的组成

根据各科所含种数，将科分为 5 级，琼南与琼北种子植物科的基本组成对比见表 9-1-10。由表 9-1-10 可以看出，两地植物区系单种科和寡种科所占的比例都较大，但从科内属、种的个数来看，两个植物区系又主要是以寡种科和中等科为主。实际上在一些大科组成上，两区具有一定的相似性(表 9-1-11)，如禾本科(Gramineae)、大戟科(Euphorbiaceae)、蝶形花科(Papilionaceae)、茜草科(Rubiaceae)和菊科(Asteraceae)等在两个区系中占有比较重要的地位，但在这些大科中，除大戟科、茜草科、番荔枝科(Annonaceae)、芸香科(Rutaceae)等少数属木本植物外，其余各科均多为草本植物，它们在沿海山地森林中的作用并不明显，如在琼北沿海地区，含属种较少的樟科(Lauraceae)、大风子科(Flacourtiaceae)和无患子科(Sapindaceae)等在该地区森林植被中占主要成分。

表 9-1-10　琼南与琼北海岸森林植物群落种子植物科属组成

Tab.9-1-10　The composition of families and genera of seed plants of forest communities in coastal hilly areas in southern and northern Hainan Island

类别	琼南				琼北			
	科数	占总科的比例/%	属数	占总属的比例/%	科数	占总科的比例/%	属数	占总属的比例/%
单种科	28(28：28)*	25.00			38(38：38)	25.50		
单种属			295(295)**	60.95			453(453)	72.83
寡种科(2～10 种)	64(193：314)	57.14			83(227：340)	55.70		
寡种属(2～5 种)			171(451)	35.33			154(416)	24.76
中等科(11～20 种)	15(125：265)	13.39			24(228：377)	16.11		
中等属(9～10 种)			17(118)	3.51			14(95)	2.25
较大科(21～50 种)	2(39：69)	1.79			2(57：94)	1.34		
较大属(11～20 种)			1(12)	0.21			1(14)	0.16
大科(51 种以上)	3(99：200)	2.68			2(72：129)	1.34		
大属(21 种以上)			0(0)	0.00			0(0)	0.00
合计	112(484：876)	100.00	484(876)	100.00	149(622：978)	100.00	622(978)	100.00

*(属：种)；**括号内为种数的统计数。

表 9-1-11　两个地区种子植物优势科的组成对比

Tab.9-1-11　A comparison of dominant families of seed plants of forest communities in coastal hilly areas in southern and northern Hainan Island

科名	琼南		科名	琼北	
	属数	种数		属数	种数
1. 禾本科 Gramineae	38	70	1. 蝶形花科 Papilionaceae	41	67
2. 大戟科 Euphorbiaceae	29	66	2. 大戟科 Euphorbiaceae	31	62
3. 蝶形花科 Papilionaceae	32	64	3. 菊科 Asteraceae	33	48
4. 茜草科 Rubiaceae	20	37	4. 茜草科 Rubiaceae	24	46
5. 菊科 Asteraceae	19	32	5. 马鞭草科 Verbenaceae	11	26
6. 莎草科 Cyperaceae	8	23	6. 桑科 Moraceae	8	24
7. 马鞭草科 Verbenaceae	8	23	7. 芸香科 Rutaceae	10	21
8. 番荔枝科 Annonaceae	11	23	8. 禾本科 Gramineae	18	20
9. 旋花科 Convolvulaceae	8	22	9. 锦葵科 Malvaceae	9	20
10. 芸香科 Rutaceae	10	21	10. 爵床科 Acanthaceae	15	20

4) 属的组成

根据每个属植物所含种数的多少，将琼南与琼北种子植物属分为 5 级。两地种子植物区系均以单种属和寡种属为主，琼南沿海低丘陵单种属有 295 个，寡种属有 171 个，两者共占该区系总属数的 96.28%；中等属有 17 个，占总属数的 3.51%，如叶下珠属(*Phyllanthus*)、柿属(*Diospyros*)和李榄属(*Linociera*)等，在该地区森林乔灌木组成中具有较为重要的作用。琼北沿海低丘陵单种属有453个，寡种属有154个，两者共占该区系总属数的97.59%；在14个中等属中，木姜子属(*Litsea*)、蒲桃属(*Syzygium*)和野桐属(*Mallotus*)等都是该地区典型植被类型中的主要组成部分。另外，两个地区含21种以上的大属都没有，而较大属(11～20种)都只有一属，且都为桑科(Moraceae)的榕属(*Ficus*)。

5)两个地区的植物组成相似性分析

由于不同地区植物区系之间既有相互联系的一面，又有独立发展的方面，具体来说植物组成不仅可以反映地区间植物区系的联系，而且能够反映不同地区环境条件和自然演化历史的共同性程度或者关系的密切程度。为此，需要进行植物区系的相似性比较分析。由表9-1-12可以看出，琼南与琼北两地种子植物区系在科、属层次的相似系数分别为62.45%和58.83%，特别是那些热带性较强的科，体现出两地较为密切的关系。琼南与琼北共有的表征科有番荔枝科、大戟科、梧桐科(Sterculiaceae)、桑科、茜草科等，而两地在种相似性比较上相差较大，相似系数为39.23%，这反映了两地气候和自然地理环境分异引起植物类型分布的明显变化，也说明了两地植物区系在种的层次上不如科、属层次交流密切。

表9-1-12 琼南与琼北种子植物科、属、种的相似系数

Tab.9-1-12 The similarity coefficients and numbers of family, genus, and species of seed plants of forest communities in coastal hilly areas in southern and northern Hainan Island

植物区系	科数	属数	种数
琼南	112	484	876
琼北	149	622	1019
两地相似系数/%	62.45	58.83	39.23

(三)海南中部五指山与西南部尖峰岭森林植物组成比较分析

1. 案例的地理概况与研究方法

1)地理概况

海南中部五指山的地理概况见“沿海低丘陵地区与中部山区森林植物组成比较分析”章节。

尖峰岭位于海南省西南部乐东县和东方市交界处(北纬18°23′～18°50′，东经108°36′～109°05′)。属低纬度热带岛屿季风气候。年均气温24.5℃，≥10℃年积温9000℃，最冷月平均气温19.4℃，最热月平均气温27.3℃。干湿两季明显(李意德，1997)；土壤成土母岩主要为花岗岩，土壤为砖黄壤，土层深厚，具有完整的剖面结构；养分较丰富，能为森林的发育提供良好的养分供给。尖峰岭热带山地雨林分布在海拔600(700)～1200m处，往下分布有低地雨林，往上分布有高山云雾林，具有较明显的热带森林特征，植物种类组成丰富(蒋有绪和卢俊培，1991)。

2)研究方法

本案例的研究采用样方法与路线调查法结合的方法。

2. 结果与分析

1) 植物种类组成分析

(1) 五指山植物组成概况

海南岛地处热带多雨地区，地形地貌复杂，生态系统多样，植被类型多样，且保存着完好的热带雨林，植物种类丰富，区系成分复杂。目前五指山自然保护区记录了维管植物 2146 种(天然野生 2103 种，隶属 241 科，897 属)，隶属 197 科，907 属。其中蕨类植物 216 种，隶属 31 科，85 属；裸子植物 21 种，隶属 7 科，8 属；被子植物 1909 种，隶属 159 科，814 属。在 2146 种植物中草本植物 839 种，木本植物 1096 种，藤本植物 211 种，分别占 39.10%、51.07%和 9.84%(表 9-1-13)。在 2103 种野生植物中海南特有种 284 种，占野生种的 13.50%，体现出较高的地区特性。

表 9-1-13　五指山自然保护区组成及性状统计表

Tab.9-1-13　The composition of plants in Wuzhishan National Nature Reserve of Hainan Island

组成统计						性状统计					
类群			科	属	种	木本		草本		藤本	
						种数	占百分比*/%	种数	占百分比*/%	种数	占百分比*/%
蕨类植物			31	85	216	5	0.23	210	9.79	1	0.05
种子植物	裸子植物		7	8	21	18	0.84	0	0	3	0.14
	被子植物	双子叶植物	134	628	1510	1043	48.60	296	13.79	171	7.97
		单子叶植物	25	186	399	30	1.40	333	15.52	36	1.68
合计			197	907	2146	1096	51.07	839	39.10	211	9.83

*占种总数的百分比。

(2) 尖峰岭植物组成概况

尖峰岭自然保护区记录了野生维管植物 2258 种，隶属 222 科，987 属。其中蕨类植物 134 种，隶属 37 科，74 属；裸子植物 14 种，隶属 6 科，6 属；被子植物 2110 种，隶属 179 科，907 属，在被子植物中，双子叶植物 1677 种，隶属 150 科，698 属；单子叶植物 433 种，隶属 29 科，209 属。在 2258 种植物中草本植物 860 种，占 38.09%，木本植物 1028 种，占 45.53%，藤本植物 370 种，占 16.39%(表 9-1-14)。在这些野生植物中海南特有种有 239 种，占该地区野生种的 10.63%，体现出较高的地区特性。

2) 植物属组成特性分析

(1) 五指山属的组成类型分析

五指山天然野生植物达 897 属，所有植物为 907 属。在 907 属中，物种数的变化范围为 1～31 种，少种属和单种属占绝大多数，达 90.63%(表 9-1-15)。特别是单种属达 496 个。

表 9-1-14 尖峰岭自然保护区植物组成及性状统计表

Tab.9-1-14 The composition of plants in Jianfengling National Nature Reserve of Hainan Island

组成统计						性状统计					
类群			科	属	种	木本		草本		藤本	
						种数	占百分比*/%	种数	占百分比*/%	种数	占百分比*/%
蕨类植物			37	74	134	5	0.22	124	5.49	5	0.21
种子植物	裸子植物		6	6	14	12	0.53	0	0	2	0.09
	被子植物	双子叶植物	150	698	1677	986	43.67	367	16.25	324	14.35
		单子叶植物	29	209	433	25	1.11	369	16.34	39	1.73
合计			222	987	2258	1028	45.53	860	38.08	370	16.38

*占种总数的百分比。

表 9-1-15 五指山自然保护区植物属的统计表

Tab.9-1-15 The composition of genera of plants in Wuzhishan National Nature Reserve of Hainan Island

类群	单种属	占属总数/%	少种属(2～5 种)	占属总数/%	中等至大属(6 种以上)	占属总数/%
蕨类植物	45	54.22	28	33.73	10	12.04
裸子植物	3	37.5	4	50.0	1	12.5
被子植物	448	55.17	294	36.20	70	8.62

(2)尖峰岭属的组成类型分析

尖峰岭地区天然野生植物达 987 属，属内物种数介于 1～33 种，单种属达 573 个，占属总数的 58.05%，单种属与少种属达到 913 个，占属总数的 92.50%(表 9-1-16)。

表 9-1-16 尖峰岭自然保护区植物属的统计表

Tab.9-1-16 The composition of genera of plants in Jianfengling National Nature Reserve of Hainan Island

类群	单种属	占属总数/%	少种属(2～5 种)	占属总数/%	中等至大属(6 种以上)	占属总数/%
蕨类植物	48	64.86	23	31.08	3	4.05
裸子植物	3	50	2	33.33	1	16.67
被子植物	522	57.55	315	34.73	70	7.72

3)科的组成特性分析

(1)五指山植物科组成特点

根据本区系 197 科所含种数多少，分为以下五级(表 9-1-17)，可以看出，单种科与寡种科占总科数的 70.05%，特别是单种科达 39 个，表明五指山森林植物组成与典型的热带植物区系有一定的区别，其优势种类已经趋向明显，且往往是某一物种或几个物种的消失意味着这一科的消失。同时也表明，五指山森林植物区系组成是以热带—亚热带分布型为主，表现出热带森林向南亚热带常绿阔叶林过渡的特征(表 9-1-17)。

表 9-1-17 五指山自然保护区植物所属科的统计表

Tab.9-1-17 The composition of families of plants in Wuzhishan National Nature Reserve of Hainan Island

类群	单种科	寡种科(2～10 种)	中等科(11～30 种)	较大科(31～50 种)	大科(51 种以上)
蕨类植物	6	18	6	1	0
裸子植物	2	5			
被子植物	31	76	37	8	7
合计	39	99	43	9	7
占总科/%	19.80	50.25	21.83	4.57	3.55

(2)尖峰岭植物科组成特点

根据本区系 222 科所含种数多少，分为以下五级(表 9-1-18)，可以看出，单种科与寡种科占总科数的 75.23%，比五指山的 70.05%要高出近 5.18 个百分点，特别是单种科达 61 个，比五指山(39 个)多出 22 个，表明尖峰岭地区森林植物组成相比五指山，其优势种类更加趋向明显，且往往是某一物种或几个物种的消失意味着这一科的消失。

表 9-1-18 尖峰岭自然保护区植物所属科的统计表

Tab.9-1-18 The composition of families of plants in Jianfengling National Nature Reserve of Hainan Island

类群	单种科	寡种科(2～10 种)	中等科(11～30 种)	较大科(31～50 种)	大科(51 种以上)
蕨类植物	11	24	2		
裸子植物	3	3			
被子植物	47	79	37	7	9
合计	61	106	39	7	9
占总科/%	27.48	47.75	17.57	3.15	4.05

从尖峰岭与五指山的属种比较分析来看，两个地区野生种子植物种类、种数有一定的差异，尖峰岭为 913 个属 2124 个种，五指山为 822 个属 1930 个种，这可能是由于后者不如前者研究深入和全面的缘故。在这些已经记录的植物种类中，共有属仅 516 个，占尖峰岭的 56.5%，占五指山的 62.5%。在中国特有属种方面，尖峰岭与五指山的情况较为接近，前者为 14 属 20 种，后者为 16 属 20 种。但共有的中国特有属种却有很大的差异，仅有 9 个属是相同的。这说明了虽同属海南岛热带雨林，但尖峰岭的热带雨林与五指山的热带雨林在组成成分上有很大的不同，随着研究的深入，还会发现更大、更多的差异，这些差异的原因与机理也会不断地被揭示。

另外，尖峰岭地区由于雨量偏低，加上曾有过度的采伐(蒋有绪等，1991)，单种属及单种科所占的比例较大，如单种科与寡种科占总科数的 75.23%，比五指山的 70.05%要高出近 5.18 个百分点，特别是单种科达 61 个，比五指山(39 个)多出 22 个；尖峰岭单种属达 573 个，总数占属总数的 58.05%，单种属与少种属达到 913 个，占属总数的 92.50%，比五指山(90.63%)要高，说明森林植物组成较五指山的脆弱，植物多样性更容易受到破坏。

两个地区虽然森林植被类型可以认为是类似的，但组成优势种方面有一定的差异。在五指山地区的山地雨林中，陆均松(*Dacrydium pectinatum*)是典型的代表种，没有海南紫荆木(子京，*Madhuca hainanensis*)的分布，而尖峰岭的海南紫荆木却为该地区山地雨林的代表树种之一，陆均松不论是分布密度还是频度都不如五指山地区的大。在低地雨林中，两个地区的青梅(*Vatica mangachapoi*)都占有重要的位置，但在五指山地区成为优势种的蝴蝶树(*Heritiera parvifolia*)，于尖峰岭却没有发现自然分布种群，而尖峰岭优势种之一的盆架树(*Alstonia rostrata*)，在五指山仅偶尔发现等。

有必要对海南中部地区五指山森林植被与西南部尖峰岭森林植被开展全面的比较研究，研究的结果对海南保护区的保护工作将有重要的科学指导意义。

(四)琼西与琼北火山岩植被的植物组成特点与差异性分析

1. 案例的地理概况与研究方法

1)地理概况

海南岛是我国历史上火山活动最强烈、最频繁以及持续时间最长的地区之一，境内的火山熔岩主要分布于海口、琼山、文昌、琼海、定安、澄迈、临高、儋州 8 个市县及洋浦经济开发区，面积约 4000km^2(卢永健，2005)。但海南火山岩植物的组成特点却较少被学者关注，《海南植被志》选择海口市的羊山地区和儋州市峨蔓地区等火山岩地区为研究对象，描述海南火山岩地区植物组成特点。其中海口羊山火山岩地区位于海口市西南部，峨蔓滨海熔岩台地位于儋州市西北部，距离儋州市中心那大镇 58km，距离洋浦经济开发区 12km，濒临北部湾，与越南和中国广西隔海相望(图 9-1-1)。

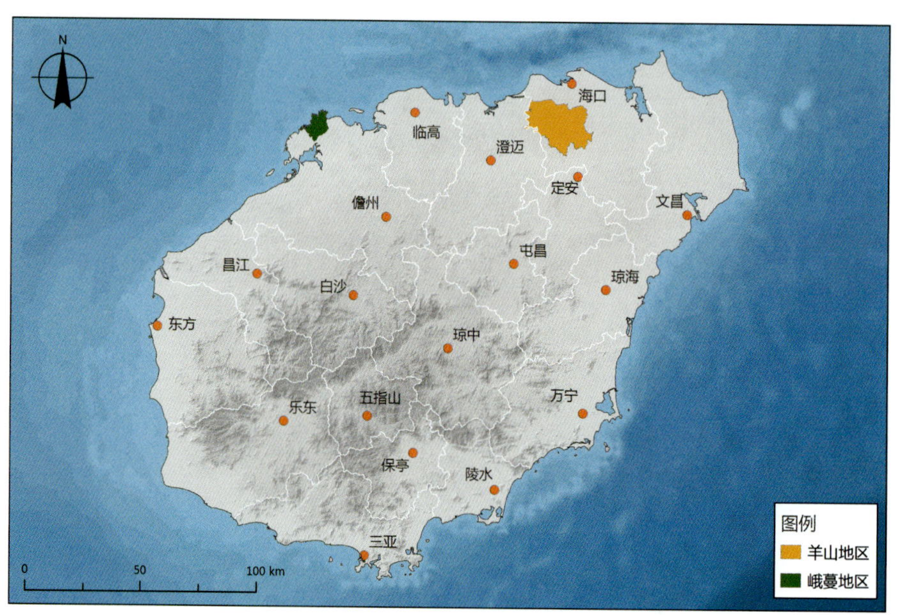

图 9-1-1 两个研究区域在海南岛的分布位置

Fig.9-1-1 Locality of the two researched sites in Hainan

羊山地区是海口市重要的水源涵养地和绿色屏障，被称为“海口之肺”。该区域属热带海洋性气候，全年日照时间长，辐射能量大，年平均日照时数2000h以上，太阳辐射量可达到110～120ka/cm^2；年平均温度23.8℃，≥10℃的年积温为8700℃，年均降雨量1664mm；峨蔓地区属热带季风气候，太阳辐射强度大，气温较高，年平均气温24℃；年均降雨量为900～1200mm，并且降雨分布不均，具有明显的干湿季(表9-1-19)。

表9-1-19　羊山与峨蔓主要自然地理要素比较

Tab.9-1-19　The comparison of physiographical conditions of Yangshan and E'man

自然地理要素	海口羊山火山岩	儋州峨蔓火山岩
主要气候类型及特点	热带海洋性气候	热带季风气候
母岩、母质	玄武岩	玄武岩
地貌、地形	玄武岩和火山碎屑岩组成的火山岩台地	玄武岩熔岩台地、滨海滩涂
降水、日照、温度	年平均降雨量1685mm，年平均日照时数2000h以上；年平均温度23.8℃，年积温为8700℃，最冷月平均气温17.2℃	年平均降雨量900～1200mm，年平均日照时数2022h左右；年平均温度24℃，最冷月份平均气温17.3℃
自然植被	热带雨林及半自然荔枝林	滨海丛林、红树林
主要土壤类型	砖红壤	砖红壤

2)研究方法

本案例采用样方与路线调查法完成。

(1)野外调查方法

植物种类的调查采用路线调查与标准样方调查相结合的方法，分别于2008年和2014年完成了羊山和峨蔓两个地区的植被调查。群落调查根据植被类型分布状况布设样地，路线调查主要通过走访样方调查不可达的区域的方式完成。样方调查根据不同的植被类型进行，样方设置的大小为：乔木层样方面积为10m×10m(或20m×20m)，灌木层样方面积为5m×5m，草本层样方面积为1m×1m，所设样方个数按照物种复杂程度及所调查记录的物种不再增加来确定。样方调查记录指标包括群落各层次的主要植物的名称和个体数，各层次群落的平均高度和盖度以及周围的环境参数等。群落调查分别在羊山和峨蔓地区调查了6900m^{2}和5100m^{2}样地。

(2)植物区系分析方法

植物区系分析方法采用常规的方法(见海南植物区系的相关章节)；运用Czehanowski 1913年提出的公式(又称Czehanowski 系数)对两个地区维管植物的科、属、种相似性系数进行计算(武吉华等，2005)。其计算公式为：$Sc=2c/(A+B)\times100\%$。式中，Sc为科、属、种相似性系数，A、B分别为两个地区植物科、属、种数，c为两个地区共有植物科、属、种数。

2. 结果与分析

1)琼北与琼西火山岩地区植物组成与多样性

(1)植物基本组成比较分析

多次的野外调查发现，海口羊山火山岩地区共记录808种植物；参照万方浩等(2012)

和杨小波等(2013)对本地植物和外来入侵植物属性的划分标准，除去本地栽培种和外来植物共127种，该地区有野生维管植物681种，隶属129科，461属，其中蕨类植物有25种，隶属13科，18属；裸子植物1种，隶属1科，1属；被子植物655种，隶属115科，442属；在峨蔓火山岩地区共调查记录419种植物，除去本地栽培种和外来植物共54种，该地区有野生维管植物365种，隶属90科，244属；其中蕨类植物有6科7属12种，被子植物有84科237属353种，从野生植物种类组成上看，羊山地区的植物种类在科、属、种的水平上分别比峨蔓地区多了39科，217属，316种，体现出较高的植物多样性(表9-1-20)。

表9-1-20 羊山与峨蔓地区野生维管植物多样性的基本组成

Tab.9-1-20 Family，genus and species composition of vascular plant species of different groups in Yangshan and E'man

类别	琼北羊山地区			琼西峨蔓地区			海南		
	科数	属数	种数	科数	属数	种数	科数	属数	种数
蕨类植物	13	18	25	6	7	12	57	145	566
裸子植物	1	1	1	0	0	0	9	24	76
双子叶植物	98	342	511	74	194	282	176	1286	3956
单子叶植物	17	100	144	10	43	71	44	483	1438
合计	129	461	681	90	244	365	286	1938	6036
占海南的比例/%	45.10	23.79	11.28	31.47	12.59	6.05	—	—	—

(2)植物组成分析

按科的大小分析，种数为51～100种的大科在羊山地区仅有禾本科(Poaceae)(60种)1科；含21～50种的较大科在羊山地区有6科，占科总数的4.65%，分别为桑科(Moraceae)(22)、莎草科(Cyperaceae)(26)、菊科(Asteraceae)(28)、茜草科(Rubiaceae)(31)、蝶形花科(35)和大戟科(Euphorbiaceae)(36)；在峨蔓地区仅有3科，占科总数的3.33%，分别为莎草科(Cyperaceae)(21)、大戟科(31)和禾本科(33)。含11～20种的中等科在羊山有7科，占科总数的5.43%，在峨蔓有5科，占科总数的5.56%。含2～10种的寡种科在羊山有70科，占科总数的54.26%，而在峨蔓地区有53科，占科总数的58.89%。单种科在羊山有46科，占科总数的35.66%，这些科包括马兜铃科(Aristolochiaceae)、猪笼草科(Nepenthaceae)、金莲木科(Ochnaceae)、田基麻科(Hydrophyllaceae)、茅膏菜科(Droseraceae)、清风藤科(Sabiaceae)等及大部分的蕨类植物；峨蔓地区的单种科有29科，占科总数的32.22%，这些科包括刺茉莉科(Salvadaraceae)、苦槛蓝科(Myoporaceae)、柿树科(Ebenaceae)、马钱科(Oganiaceae)和胡颓子科(Elaeagnaceae)等。羊山和峨蔓地区含1～10种的寡种科分别占了89.92%和91.11%(表9-1-21)，表明两个地区的植物区系中，科内的种系分化程度比较弱，大多科属中仅有少数的种类分布在该区域，体现出火山岩环境对植物类群的选择性。

表 9-1-21 海口羊山与儋州峨蔓火山岩地区种子植物科的统计

Tab.9-1-21 Statistics of the family of seed plants of Yangshan and E'man

地区	单种科	小型科(2～10 种)	中等科(11～20 种)	较大科(21～50 种)	大科(50 种以上)	合计
羊山地区	46(35.65%)	69(53.50%)	7(5.43%)	6(4.65%)	1(0.78%)	129
峨蔓地区	29(32.22%)	53(58.89%)	5(5.56%)	3(3.33%)	—	90

2)植物区系分析

(1)两个地区科的分布类型的比较研究

从表 9-1-22 可以看出，羊山火山岩地区植物区系中的 116 科种子植物所属的科，可归为 12 个分布区类型及变型，其中泛热带分布及其变型所占比例最大，共有 56 科，占科总数的 48.28%；其次为东亚及热带南美间断分布及其变型，共有 7 科，占科总数的 6.03%；而北温带分布及其变型共 6 科，占科总数的 5.17%(表 9-1-22)；峨蔓地区的 84 科种子植物可归为 7 个分布区类型及变型，其中泛热带分布及其变型所占比例最大，共有 46 科，占科总数的 54.76%；其次为东亚及热带南美间断分布及其变型，共有 4 科，占科总数的 4.76%。从科级水平上看，羊山和峨蔓地区的植物区系均以泛热带分布为主，热带分布性质的科(2～7 科)在非广布类型科中分别占 88.10%和 96.49%，反映了两地植物区系均具有明显的热带成分性质。而与羊山地区相比，峨蔓地区的植物区系在科级水平上少了 5 个分布类型，如中亚、东亚以及中国特有的分布类型在该区域都没有发现，体现了峨蔓地区植物分布类型不如羊山地区全面，但其热带分布类型的科所占的比例要高于羊山地区。

表 9-1-22 羊山与峨蔓火山岩地区种子植物科的分布区类型

Tab.9-1-22 The composing of families of seed plants in Yangshan and E'man

分布区类型	羊山火山岩地区		峨蔓火山岩地区	
	科数	占科总数的/%	科数	占科总数的/%
1. 广布	32	27.59	27	32.14
2. 泛热带分布及其变型	56	48.28	46	54.76
3. 东亚及热带南美间断分布	7	6.03	4	4.76
4. 旧世界热带分布	3	2.59	3	3.57
5. 热带亚洲至热带大洋洲分布	4	3.45	1	1.19
6. 热带亚洲至热带非洲分布	3	2.59	1	1.19
7. 热带亚洲分布及其变型	1	0.86	—	—
8. 北温带分布及其变型	6	5.17	2	2.38
9. 旧世界温带分布	1	0.86	—	—
10. 中亚	1	0.86	—	—
11. 东亚	1	0.86	—	—
12. 中国特有	1	0.86	—	—
合计	116	100%	84	100%

(2)两个地区属的分布类型的比较研究

将羊山与峨蔓地区种子植物各属的分布区类型进行分类研究，从表 9-1-23 可以看出，羊山植物区系中的 442 属种子植物可归为 14 个分布类型，其中泛热带分布属占的比例最大，占区系属总数的 36.20%，共有 160 属；旧世界热带分布次之，有 70 个属，占区系属总数的 15.84%；再次是热带亚洲分布，共有 63 属，占区系属总数的 14.25%，而北温带分布共有 12 属，占区系属总数的 2.71%。峨蔓地区所含的 237 属可以划分为 14 个分布区类型，其中泛热带分布属占的比例最大，占区系属总数的 38.82%，共有 92 属；旧世界热带分布次之，有 38 属，占区系属总数的 16.03%，而北温带分布共有 6 属，占区系属总数的 2.53%。

表 9-1-23　海口羊山与儋州峨蔓火山岩地区种子植物属、种的分布区类型

Tab.9-1-23　Comparison of distribution types of genera and species of seed plants in Yangshan and E'man

分布区类型	羊山地区				峨蔓地区			
	属数	占属总数/%	种数	占种总数/%	属数	占属总数/%	种数	占种总数的/%
1. 世界分布	25	5.66	44	6.71	17	7.17	34	9.63
2. 泛热带分布	160	36.20	242	36.89	92	38.82	155	43.9
3. 热带亚洲和热带美洲间断分布	10	2.26	35	5.34	11	4.64	18	5.1
4. 旧世界热带分布	70	15.84	109	16.62	38	16.03	51	14.4
5. 热带亚洲至热带大洋洲分布	46	10.41	51	7.77	16	6.75	21	5.9
6. 热带亚洲至热带非洲分布	35	7.92	44	6.71	17	7.17	22	6.2
7. 热带亚洲分布	63	14.25	78	11.89	28	11.81	25	7.1
8. 北温带分布	12	2.71	20	3.05	6	2.53	9	2.5
9. 东亚和北美洲间断分布	9	2.04	10	1.52	3	1.27	3	0.8
10. 旧世界温带分布	3	0.68	8	1.22	5	2.11	5	1.4
11. 温带亚洲分布	—	—	1	0.15	1	0.42	3	0.8
12. 地中海区，西亚至中亚分布	1	0.23	3	0.46	1	0.42	1	0.3
13. 东亚分布	7	1.58	7	1.07	1	0.42	2	0.6
14. 中国特有	1	0.23	4	0.61	1	0.42	4	1.1
总计	442	100.0	656		237		353	

羊山地区热带分布成分的属(2～7 项)有 384 个，分别占该地区非世界性属总数的 92.09%和总属数的 86.88%；峨蔓地区热带分布成分的属(2～7 项)有 202 个，分别占该地区非世界性属总数的 91.80%和总属数的 85.20%。结果表明，羊山和峨蔓地区在属级的水平上，均有明显的热带成分性质，以泛热带分布类型为主。而相比羊山地区，峨蔓地区泛热带分布类型属占的比例有所增加，温带分布类型属占的比例稍有下降，表明峨蔓植物区系在属级水平上表现出更为明显的热带地理成分性质。从属的特有性方面分析，两个地区均没发现地区特有属，仅含东亚特有属，如轮环藤属(*Cyclea*)和中国特有属，如木姜子属(*Litsea*)、慈竹属(*Bambusa*)等，说明该地区属级的特有性成分比较少。

参照吴征镒关于种的分布区类型划分方法，可将羊山和峨蔓地区种子植物种的分布区分为 14 个类型(表 9-1-23)。可以看出，羊山与峨蔓在泛热带分布、旧世界热带分布、热带亚洲至热带大洋洲分布区类型上占有优势，特别是泛热带分布占有明显的优势，分别占两地非世界广布种的 37.09%和 47.60%。而热带分布类型(2～7 项)的种分别占两地非世界广布种的 93.60%和 88.75%。这种现象表明，两个地区在种的水平上，均表现为热带分布的性质，羊山地区热带分布类型的种所占比例(93.60%)要高于峨蔓地区(88.75%)。

(3)两个地区植物组成差异的成因探讨

有研究表明，琼西峨蔓地区的火山岩形成年代距今约 21 万年，而羊山地区的火山岩属早全新世，其形成年代距今约为 1.72 万年(张仲英等，1989)，因此，从地质历史上看，峨蔓地区的植物区系可能更为古老而丰富，但是该地区的植物多样性却低于羊山地区，如峨蔓地区仅有蕨类植物 6 科 7 属 12 种，而羊山地区有蕨类植物 13 科 18 属 25 种；裸子植物，如买麻藤科(Gnetaceae)仅在羊山有分布而在峨蔓没有分布，说明单从地质条件分析，并不能解释两个地区植物多样性的差异。这种差异可能与两个地区的气候条件有较大的关系，并且也受到地形地貌的影响。本案例选取月平均气温、每月降雨量、每月日照时数和每月干燥度 4 个环境因子，对比了两个地区近 50 年时间的气候条件(图 9-1-2a～d)，结果表明，羊山地区的月平均气温和日照时数均相对高于峨蔓地区，但羊山地区在雨季的降雨量要低于峨蔓地区(图 9-1-2b)。两个地区的大气干燥度有很大差别，如羊山地区的大气干燥度年变化为 0.49～0.96，峨蔓地区为 0.81～0.98(图 9-1-2d)，峨蔓地区的大气干燥度明显高于羊山地区，表明峨蔓地区虽然有相对较高的降雨量，但同时蒸散量也很大，也在一定程度上反映了峨蔓地区涵养水源的功能比较低，这可能与该地区的植被组成和土地利用模式有关。这种干旱的气候条件可能是导致峨蔓地区植物多样性较低的因素之一；而羊山地形异质化的程度较高，其相对湿润的气候条件使得这个地方出现了多样化的微环境，能为不同类型的植物种类提供栖息地，从而使该地区的植物组成较丰富。从植物区系相似性方面分析，羊山和峨蔓地区在科的层次上相似性程度较高，相似性系数为 65.70%，而属、种层次的相似性系数较低，特别是种的相似性系数不及 40.00%，反映了两个地区气候和自然地理环境分异引起植被类型分布的明显变化。与峨蔓地区相比，羊山地区的植被类型较为丰富，分布有阔叶林、灌丛、草地和湿地植被 4 种植被型组，共 15 个群落(罗涛，2009)。例如，该地区湿地生态系统为水生或湿生植物类群提供了栖息地，因此出现了在峨蔓地区没有分布的水鳖科(Hydrocharitaceae)、田基麻科(Hydrophyllaceae)、黄眼草科(Xyridaceae)的植物，并出现了茅膏菜科、猪笼草科等捕虫植物种类。羊山地区还分布有兰科、姜科(Zingiberaceae)的植物，为附生植物或是林下的植物植被组成成分，而这些类群在峨蔓地区均没有发现，体现出羊山地区较为丰富的植物生活型。峨蔓地区是滨海火山岩台地，区内分布有较大的沿海滩涂地，因此分布有红树科(Rhizophoraceae)、苦槛蓝科(Myoporaceae)以及草海桐科(Goodeniaceae)等耐盐碱的半红树植物，并且有耐干旱的刺茉莉科(Salvadaraceae)、藜科(Chenopodiaceae)的南方碱蓬等植物，体现了滨海盐碱地环境下植物物种的变化。这表明在同样以火山岩为基质发育而成的植被中，因为小生境的变化和异质化程度的差异，植物组成也会有一定的差异。

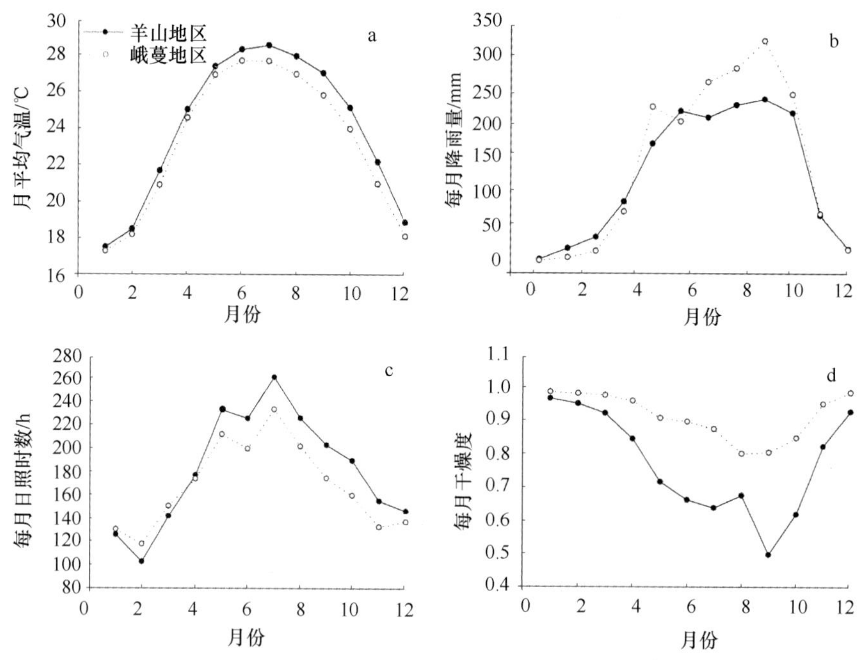

图 9-1-2 羊山和峨蔓地区气候因子的年变化曲线

Fig.9-1-2 Curves of annual variations in climatic factors of Yangshan and E'man

(4) 植物组成的相似性及特殊性分析

从表 9-1-24 可以看出，羊山与峨蔓地区植物组成在科的层次上相似性系数较高，而属、种之间的相似性系数较低，特别是种的相似性系数不及 40%，说明两个地区植物组成在属和种的层次上不如科的层次交流密切，反映了两个地区气候和自然地理环境分异引起植被组成的明显变化。

表 9-1-24 羊山与峨蔓火山岩地区种子植物科、属、种的相似性系数比较

Tab.9-1-24 The comparability coefficients of families, genera and species of seed plants of Yangshan and E'man

地区 Area	科数 Num. of families	属数 Num. of genera	种数 Num. of species
羊山	129	442	681
峨蔓	90	244	353
两个地区总数	219	686	1034
两个地区共有种数	72	151	193
相似性系数	0.6570	0.44	0.3730

两个区域共有的科、属分别有 72 科，151 属，共有的物种有 193 种，共有的植物类群，如蒲桃属(*Syzygium*)、高山榕(*Ficus altissima*)、厚皮树(*Lannea coromandelica*)、木棉(*Bombax ceiba*)、苦楝(*Melia azedarach*)等，通常是火山岩地区乔木层的优势树种；而牛筋果(*Harrisonia perforata*)、毛果扁担杆(*Grewia eriocarpa*)、槌果藤(*Capparis hastigera*)、银柴(*Aporusa dioica*)、方叶五月茶(*Antidesma ghaesembilla*)、海南留萼木

(*Blachia siamensis*)、刺桑(*Streblus ilicifolius*)等是灌木层的优势种；草本层的植物主要由一二年生的禾本科(Poaceae)、莎草科(Cyperaceae)和菊科(Asteraceae)植物组成，如白茅(*Imperatacylindrica*)、砖子苗(*Mariscus sumatrensis*)、咸虾花(*Vernonia patula*)、夜香牛(*Vernonia cinerea*)等，间有大戟科(Euphorbiaceae)的地杨桃(*Sebastiania chamaelea*)、艾堇(*Sauropus bacciformis*)和蝶形花科(Papilionaceae)的蔓草虫豆(*Cajanus scarabaeoides*)等，说明两个地区在植被组成上，植物群落各层次的优势种具有较大的相似性，而这些共有的植物种类也是两个火山岩地区植被的主要组成成分。

但在共有的科、属上，羊山地区的植物种类更丰富，并含有更多的灌乔木树种，植物种类倾向于向演替中后期的树种转变。例如，大戟科是两个地区共有的科，含有21～50种，在羊山和峨蔓地区分别有18属及16属、38种及26种，而科下的乔灌木种类分别有24种及17种，在羊山地区体现出更强的种系分化，这可能与两个地区生境异质化程度的差异或所处的植被演替阶段有关。物种数的差异与空间异质性相关联，环境的空间异质性越高，就包含有更多类型的微生境和更大范围的微气候，从而提高了生态位数量，最终导致适应各种生态位的物种数量增加(Tilman，1982)。一方面，由于羊山地区的地形相对复杂，并有湿地、火山溶洞等生境类型，这为不同类型的植物提供栖息空间；另一方面，羊山地区还有残存热带季雨林植被类型(罗涛，2009)，而峨蔓地区植被组成以滨海灌丛为主，这些因素也能导致两个地区植物物种组成的差异。

3. 特点与讨论

1)火山岩与其他非火山岩地区植物组成的比较

从植物区系中的优势科来看，海南火山岩地区与非火山岩地区优势科的组成差异不大(表9-1-25)，如羊山地区与琼北铜鼓岭滨海雨林相比，有8个相同的优势科，如爵床科(Acanthaceae)、莎草科(Cyperaceae)、菊科(Compositae)、芸香科(Rutaceae)等；而峨蔓地区与铜鼓岭滨海季雨林有 7 个相同的优势科，如菊科、桑科(Moraceae)、锦葵科(Malvaceae)等，两个火山岩地区与非火山岩地区在优势科的相似性程度上，都达到了70%以上。峨蔓地区与海南滨海沙地植物区系优势科的相似程度达 100%，体现该地区具有滨海沙地植物区系的特征，而与海南石灰岩地区的植物区系相比，羊山、峨蔓与海南石灰岩地区的共有优势科均为7科，如茜草科(Rubiaceae)、蝶形花科(Papilionaceae)、大戟科(Euphorbiaceae)等，优势科的相似性也都达到了70%，说明火山岩地区与石灰岩地区在优势科的组成上，也具有较高的相似性。此外，大戟科、蝶形花科、茜草科以及菊科4科在比较的7个研究地区均为优势科，但稍有不同的是，萝藦科(Asclepiadaceae)在羊山火山岩地区是优势科，而在其他非火山岩的研究区域均没有出现，体现出火山岩生境的特殊性。是否在火山岩地区的特殊环境下，萝藦科植物具有更好的适应性并有较高程度的分化，还需要进一步的调查研究。

从科的分布区类型分析，5个研究地区科的分布类型均表现出热带分布为主的特征，这与海南岛处于热带北缘的地理位置是相吻合的。且相比其他地区而言，在羊山、峨蔓和湛江火山沟三个火山岩地区中，寡种科所占的比例都更高，可能是火山岩地区的生境特殊性抑制了植物类群的种系分化。本案例的两个火山岩地区均没有火山岩特有种，海

表 9-1-25　火山岩地区与其他研究地区的植被组成比较

Tab.9-1-25　Floristic comparison between volcanic and no-volcanic regions

研究地区	海南特种	热带成分比例/%	研究尺度/m²	种数	优势科	狭域分布种	寡种科占的比例/%	参考文献
海口羊山	0	91.33	6900	656	AC，AS，**CO***，CY，**E***，**F***，P，MO，**R***，RU，V	4	89.2	
儋州峨蔓	0	91.5	5100	365	**CO***，CY，COM，**E***，**F***，P，MA，MO，RU，**R***	2	91.3	
琼北铜鼓岭	35	69.7	3300	975	AC，**CO***，**E***，**F***，P，MO，MA，**R***，RU，V	—	82.3	(黄运峰等，2009)
琼南六道岭	78	68.1	6600	882	A，CY，**CO***，CON，**E***，**F***，P，**R***，RU，V	1	72.14	(黄运峰等，2009)
石灰岩地区	63	—	全岛	1176	A，CY，**CO***，**E***，**F***，P，**R***，L，MO，O	44	79.58	(秦新生等，2014)
海南滨海沙地	32	80.0	全岛	714	**CO***，CY，COM，**E***，**F***，P，MA，MO，**R***，RU	—	—	(单家林，2006)
湛江火山沟	0	—	2000	238	AM，**CO***，**E***，**F***，MO，MY，P，R*，RU，V	—	94.67	(王发国等，2006)

—表示不详；*表示共有科。**A：** 番荔枝科(Annonaceae)；**AC：** 爵床科(Acanthaceae)；**AS：** 萝藦科(Asclepiadaceae)；**CO：** 菊科(Compositae)；**CY：** 莎草科(Cyperaceae)；**CON：** 旋花科(Convolvulaceae)；**E：** 大戟科(Euphorbiaceae)；**F：** 蝶形花科(Papilionaceae)；**L：** 樟科(Lauraceae)；**MO：** 桑科(Moraceae)；**MA：** 锦葵科(Malvaceae)；**O：** 兰科(Orchidaceae)；**R：** 茜草科(Rubiaceae)；**RU：** 芸香科(Rutaceae)；**V：** 马鞭草科(Verbenaceae)；**MY：** 桃金娘科(Myrtaceae)。

南特有种也仅占 2.40%，体现出火山岩地区植物组成特有性较低的特点。但却有一些狭域分布的植物，如分布于云南等地的全缘火麻树(*Dendrocnide sinuata*)，在海南仅分布在琼北羊山火山岩地区；分布于中南半岛等地的抱茎白点兰(*Thrixspermum amplexicaule*)，在中国也仅分布于羊山地区的火山岩台地上，具有明显的狭域分布特征；产于缅甸、泰国及柬埔寨等地的水菜花(*Ottelia cordata*)，在中国也仅在琼北火山岩地区的湿地或沟渠生境中有分布；而苦槛蓝(*Myoporum bontioides*)虽然在国内广泛分布于华南各省、台湾地区及南海西沙群岛上，但在海南本岛上，目前也仅在琼西火山岩地区和东部的万宁有少量分布，说明羊山和峨蔓火山岩地区虽然缺乏火山岩特有种，并且在植物区系优势科的组成上，与之邻近的非石灰岩地区表现出较高的相似性，但却有一些狭域分布的植物种类。在海南的气候条件下，这些植物可能仅能在火山岩地区具有较好的生态适应性，因此，对火山岩地区火山灰土和火山岩生境的保护，对于这些狭域分布的植物类群的保育具有重要的意义。

2)与其他火山岩地区植物组成的分析比较

本案例研究发现，寡种科(含 1～10 种)在羊山与峨蔓地区分别占了科总数的 89.92%和 91.11%，并且高于海南邻近的非火山岩地区，表明两个地区的植物区系中，适应火山岩生境的植物种类较少，导致科内的种系分化程度弱，体现出火山岩生境对分布植物的选择作用。

对植物区系特有性的分析表明，羊山与峨蔓地区均没有火山岩特有种，峨蔓地区也缺乏海南特有种，仅羊山地区分布有 12 个海南特有种，占总种数的 1.83%，两个地区分布的中国特有种也仅占各自地区植物总数的 1%左右，体现出较低的特有性。这和 Kougioumoutzis(2012)等对希腊 Methana 火山岩半岛植物区系的研究结果较一致，该地区缺乏地方特有种，仅分布有少数希腊特有种，约占区系组成的 5.60%；而 Christie(2008)

对美国亚利桑那州火山岩地区植物区系的研究结果表明，该地区的特有植物也仅占植物总数的 1.60%，体现出很低的特有性；此外，Edwards 和 Thornton（2001）在新几内亚岛研究了滨海火山岩岛屿“长岛”和 Motmot 岛的植物区系组成，发现“长岛”和 Motmot 岛分别有 305 种和 45 种植物，均缺乏特有植物。

在植被组成上，均以本地习见种为主，体现出很低的植物多样性。张荣涛等（2014）对五大连池火山地区植物区系的研究表明，该地区约有中国特有植物 11%，其丰富度在国内非火山岩地区的比例偏低，并缺乏火山岩地区特有种，这与我们在两个火山岩地区的研究结果是一致的，体现出火山岩地区植物多样性较低、特有成分缺乏或偏低的区系特征。与内陆火山地区相比，滨海火山地区的植物多样性可能更低。这可能与滨海的环境特征有关，因为一方面滨海砂地土质松散，透水性好，但肥力低，同时土壤受海风与海水影响，盐分较高；太阳辐射强烈，地表温度可高达 60℃左右，常风大，蒸发强（邓义等，1988）；因此，其中分布的植物大多数是较耐盐、耐旱、耐土壤贫瘠、耐热的物种。另外，滨海或独立的岛屿结构也限制了其他植物种类的进入，可能是以上这些因素导致滨海火山地区植物多样性较低而寡种科所占的比例偏高（Edwards and Thornton，2001）。

3）两个地区植物区系分布类型及组成的差异

对羊山和峨蔓植物区系的分析表明，两个地区植物区系均以热带分布区类型为主，羊山和峨蔓火山岩地区在科、属的水平上，热带分布性质的分布类型所占的比例分别占各区域非世界广布科、属和种的 96.50%（88.10%）、92.09%（91.82%）和 91.34%（91.54%），体现出明显的热带地理成分，这与海南处于热带北缘的地理位置相吻合。对比属级分布类型后发现，与羊山地区相比，峨蔓地区泛热带分布类型属占的比例有所增加，而温带分布类型属占的比例稍有下降，说明在属级水平上，峨蔓地区的植物区系表现出更为明显的热带地理成分性质。从特有性方面分析，两个地区均未发现地区特有分类单元，两个地区仅含东亚特有属，如轮环藤属和中国特有属，如木姜子属、慈竹属等，说明两个地区植物区系的特有性成分比较弱。

羊山与峨蔓的植物组成在科的层次上相似性程度较高，相似性系数为 65.70%，而属、种之间的相似性系数相对较低，特别是种的相似性系数仅为 37.30%，反映了两个地区气候和自然地理环境分异引起植被类型分布的明显变化。

二、自然植物资源的垂直分布特点

海南岛不同物种的植物资源的垂直分布也有很大的差异。这种差异，在热带雨林（低地雨林和山地雨林）、高山云雾林和山顶灌丛等植物类型中已经进行了较详细的描述。在同一山区，不同海拔的森林植被类型不同，其植物组成有较大的差异，有经验的学者，有时凭借植物种类基本上可判定所处位置的海拔。

当然，在海南确实存在有的物种跨海拔较大，但也有的物种仅在某一较窄的海拔段里分布。因此，从海拔来区分，海南的植物资源可分为广幅种，即在低地热带雨林、山地热带雨林、高山云雾林、山顶灌丛都有分布的种，如鹅掌柴（*Schefflera heptaphylla*）；中幅种，即可在上述的植被类型中，跨2～3个植被类型分布的种，如青梅(*Vatica mangachapoi*)、五列木(*Pentaphylax euryoides*)、海南栲(*Castanopsis hainanensis*)、橄榄(*Canarium album*)和木荷(*Schima superba*)等；狭幅种，即仅在上述植被类型中的一个类型分布的种，如柄果木(*Mischocarpus sundaicus*)、蝴蝶树(*Heritiera parvifolia*)、鸡毛松(*Dacrycarpus imbricatus* var. *patulus*)、竹叶青冈(*Cyclobalanopsis neglecta*)、毛棉杜鹃(*Rhododendron moulmainense*)和红脉南烛(*Lyonia rubrovenia*)等。不同海拔植物资源的适应性或生态位宽度测定案例可参阅本章第三节第三个案例。由于海南东部、中部与西部的水热条件有一定的差异，同一个种在海南的东部、中部与西南的垂直分布也有一定的差异。这种差异的分析研究，可更好地了解海南森林植被、植物资源种群在分布上的空间差异与规律。依据现状的了解，如果以尖峰岭为西部的代表，五指山为东部、中部的代表，那么它们最大的垂直方面的差异是，尖峰岭的低地雨林的海拔上限为600m左右，局部沟谷雨量稍大，可达海拔800m，而五指山的低地雨林海拔上限可达850m，局部沟谷可达900m；尖峰岭的山地雨林的海拔上限为1000m左右，而五指山的低地雨林海拔上限可达1400m；尖峰岭的云雾林在海拔为1000m左右便可出现，而五指山的低地雨林上限可在海拔1400～1500m后出现。

第二节　海南农村地区自然植被与人工植被植物资源的差异性分析

海南农业植被类型多样，构成农业植被类型的种类亦较为多样，除主要的农作物外，还有其他多种多样、种植面积大小不一的小规模作物种类，而且在这些农业植被生态系统中，还发育有多种其他植物种类。在少数民族地区农村的屋前屋后还种植有小面积的药用植物，像个“家庭植物园”。由于农业植被的多样化，《海南植被志》仅以海南中部地区琼中县什运乡为例，简单介绍海南中部地区农村自然植被与人工植被植物组成特点。

一、地理概况与研究方法

(一)地理概况

什运乡地区地处海南省中部山区，位于琼中黎族苗族自治县的南部，与五指山市和白沙县接壤，乡政府所在地坐落于海榆中线中段169km处。地理坐标北纬18°55'39.58"～19°4'24.92"，东经109°31'28.75"～109°40'20.99"(图9-2-1)，总面积为12 730hm^2，其中耕地面积仅占总面积的1.30%，有部分面积属于鹦哥岭省级自然保护区。

什运乡的地貌分区类型为混合花岗岩山地丘陵区，成土母质主要有花岗岩、砂页岩与河流冲积物。其境内峰岭重叠，高低起伏，绵延不断，海南第二高峰鹦哥岭主峰(海拔1811m，第一高峰五指山海拔1867m)位于什运乡境内的西北部，全乡境内分布有白水岭、大岭、鹦哥岭、黑毛岭、马岭、什太岭等81座山岭，境内海拔范围200～1811m(海南省地图集编纂委员会，2006)。

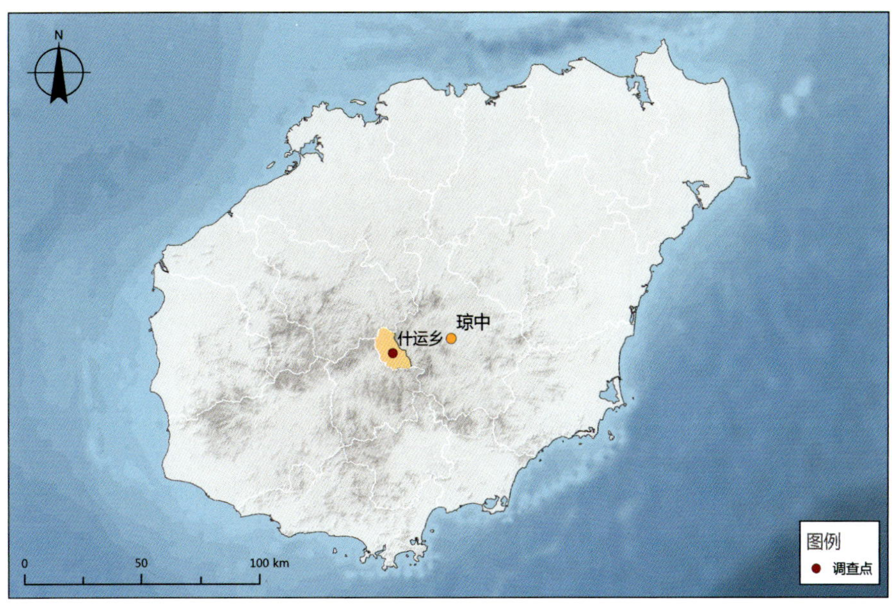

图 9-2-1　调查点的位置
Fig.9-2-1　Location of the investigation site

该地区地形复杂，山高林密，由于四周群山环绕，形成了昼热夜凉的山区气候特征，且冬季寒冷，夏天酷热，具有南亚热带气候特征。降雨量较多，2005～2007 年的年均降雨量为 1191.3mm，干湿季明显，全年降雨集中在 5～10 月；年平均气温 22.5℃，昼夜温差大于 10℃；年均日照时数 2400～2500h。

全乡共分布有水稻土、砖红壤、赤红壤、黄壤和草甸土 5 个土壤类型。其中，砖红壤是该乡分布面积最大的土壤类型，占全乡总面积的 43.7%，特点是风化层深厚，土壤酸性强，分布于海拔 400m 以下的低丘、台地和缓坡。赤红壤分布于海拔 400～800m 的高丘低山上，所占面积比例为 36.2%，仅次于砖红壤。黄壤分布于海拔 800m 以上的地段，占总面积的 17.8%。水稻土主要分布在河流两岸及低山丘陵的沟谷低洼处，占总面积的 1.3%。草甸土分布于鹦哥岭海拔 1600m 以上的平缓地段，占总面积的 1%。

流经境内的最大水系为昌化江，此外还有五指山河、便保河、什隆河、南般河、刀牙水、深水等水系，其流量在一年中的变化极大，洪水期与枯水期流量相差 3 倍，枯水期只有上游部分农田可得到灌溉。

全乡的土壤和灌溉水源的水质都没有受到污染，可作为优质农产品和无公害食品生产基地。由于境内植物种类多样且生长繁茂，土壤侵蚀量不算太高，但是，随着人口的增长和经济的发展，当地村民缺少土地资源合理利用和水土流失防治意识，在坡度＞25°的山坡上垦荒种植，增加了土壤侵蚀的可能。

什运乡有 6 个村委会，26 个自然村，30 个村小组，总人口约 5320 人，其中农村人口 4699 人，全部为黎族，分散居住在山间。水稻播种面积 324hm^2，农村人均占有水稻播种面积约 0.069hm^2。其他经济来源有橡胶及瓜菜、粉蕉、槟榔、杧果、甘蔗等种植业，另外各村庄还有少量的养殖业。

(二)研究方法

1. 野外调查方法

自然植被及人工林的调查于 2007 年 11 月进行，采取路线调查法与标准样方法相结合的方法。选择有代表性的森林、灌木林、草地、人工林设置样地，这些样地基本代表了什运地区植被的各类型。什运乡境内的天然林地镶嵌分布在草地、人工林地、农田、村落之间，各种人工植被将原本连续的大面积的天然林隔成了小面积的林地，无法获得较大面积的样地，因此采用小面积样地的方法进行样地调查。由于受人工的影响，自然植被较为破碎，样方设计的大小视实际情况而定，自然森林大小为 10m×10m，灌木林为 5m×5m，草地为 1m×1m。天然林取样面积为 100～900m^2(表 9-2-1)，所有调查点见图 9-2-2。

表 9-2-1　什运乡调查样地表

Tab.9-2-1　Survey plots of Zhayun township

样地	地理坐标	海拔/m	面积/m^2
1	N18°59′45.6″；E109°34′20.2″	330	200
2	N18°56′56.4″；E109°34′42.7″	363	400
3	N18°56′19.6″；E109°37′32.1″	602	400
4	N 19°00′30.5″；E 109°36′27.2″	327	100
5	N19°00′30.5″；E109°36′27.0″	309	100
6	N19°02′26.8″；E109°34′20.4″	589	200
7	N18°57′27.4″；E109°38′22.3″	428	400
8	N18°58′46.7″；E109°34′20.1″	358	400
9	N19°01′26.4″；E109°34′08.1″	515	200
10	N19°02′46.0″；E109°34′04.0″	586	100
11	N19°04′21.4″；E109°33′19.2″	716	100
12	N19°02′16.3″；E109°34′24.9″	601	100
13	N 19°02′18.3″；E 109°34′27.3″	606	100
14	N19°02′32.3″；E109°33′27.9″	1007	900
15	N19°02′55.9″；E109°33′45.1″	765	100
16	N 18°57′21.7″；E 109°38′51.8″	449	100

人工植被的调查于 2007 年 12 月进行，分别在什运乡的中部、中南部和南部选取了什运村、什太村和南流村三个村进行调查。采用访问调查与路线调查相结合的方法，对村庄内的植物种类(包括品种)进行详细记录，重点记录每一植物的分布位置、生境及村民对该种植物的利用方式。

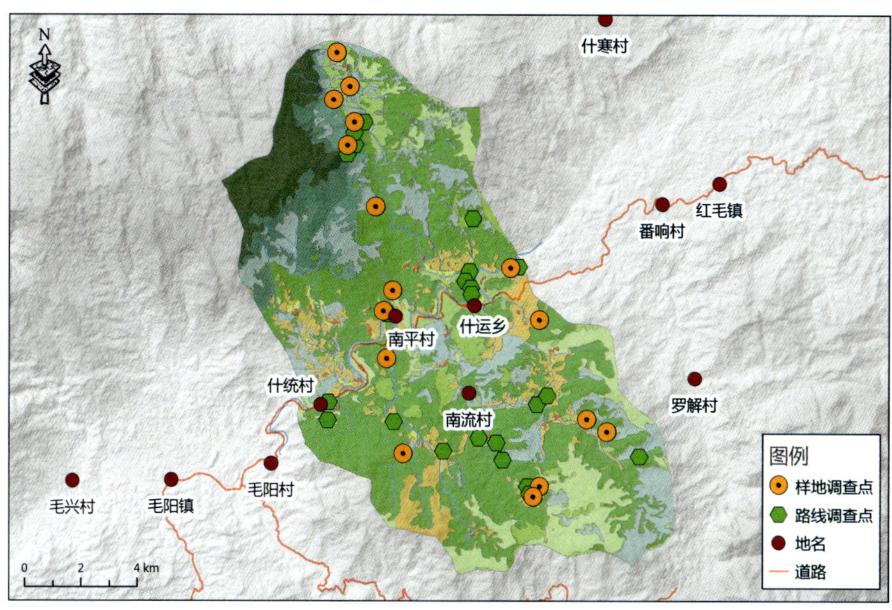

图 9-2-2 调查点分布图

Fig.9-2-2 Distribution of survey points

人工林样方大小约 666m^2(一亩)。用 GPS 对样点进行定位，记录每一样方内的物种及数目，并记录≥1.5m 的乔木、灌木的树高、枝下高、胸径及冠幅。

2. 植物区系分析方法

植物区系分析方法采用常规的方法(见海南植物区系的相关章节)。

3. 植被数量分类与排序方法

植被分类与排序采用目前国际上广泛采用的二元指示种分析(two-way indicator species analysis，TWINSPAN)和除趋势对应分析(detrended correspondence analysis，DCA)方法进行。

选取重要值≥5 的群落优势种进行分类，共选取了 54 个木本植物，形成 16×54 的数据矩阵。重要值取值范围为 1～100，DCA 排序和 TWINSPAN 分类在 PC-ORD(Version 5.0)上完成。在 DCA 计算中，把选项(Downweight rare species)选中，其他采用默认值。TWINSPAN 设置中全部采用默认值，假种切割水平(Pseudospecies Cut Levels)为：0、10、20、40、60、80、100。

4. 物种重要值的计算

物种重要值计算采用常规的方法，参见植被类型相关章节。

5. 数据整理

应用 Microsoft office 2003 软件完成了野外数据的录入统计、各类图表及植物名录制作，群落分类、排序及多样性指数的计算用 PC-ORD5.0 软件完成。

二、结果与分析

（一）什运乡植被类型分析

由于人为因素与非人为因素长期协同作用的结果（覃凤飞和安树青，2003），研究地内的天然林地破碎化，与草丛、灌丛、人工林地、农田、村落镶嵌分布，各种人工植被将原本连续的大面积的天然林隔成了小面积的林地，无法获得较大面积的样地，因此本案例中大部分的样地面积较小，具体样地信息见表 9-2-1。本案例分别应用 TWINSPAN 和 DCA 对什运乡 16 块典型天然林样地进行科学分类与排序，以揭示该地区次生林类型以及各群落类型特征，为海南中部山区的植物保护利用及土地的可持续利用提供参考。

1. TWINSPAN 分类

通过图 9-2-3 分析，TWINSPAN 第一级的划分以指示种长圆叶新木姜（*Neolitsea oblongifolia*）将样方 14 首先划分出来，组成以长圆叶新木姜和南岛青冈（*Cyclobalanopsis phanera*）为优势种的群落Ⅴ，命名为长圆叶新木姜、南岛青冈群丛。第二级的划分以木荷（*Schima superba*）为指示种将 15 个次生林样方划分为两类，样方 1、8、2、3、7、16、15 内的立木树种均没有木荷，被划分为一类；而样方 10、11、12、13 内木荷是重要值第二的优势种，样方 4、5、6 内木荷的重要值虽不是很大，但也是重要的立木树种；样方 9 内立木树种虽无木荷的存在，但其物种的组成与样方 4、5、6、10、11、12、13 的更为相似，都有青蓝（*Xanthophyllum hainanensis*）、海南杨桐（*Adinandra hainanensis*）等，因此被划分为一类。第三级划分的指示种为毛柿（*Diospyros strigosa*）和青蓝。毛柿将样方 1、8 分出，组成以毛叶青冈（*Cyclobalanopsis kerrii*）、毛柿和香合欢（*Albizzia odoratissima*）为优势种的群落Ⅰ，命名为毛叶青冈、香合欢、毛柿群丛。指示种黄叶树将样方 9 划出，组成以黄叶树、皂帽花（*Dasymaschalon trichophorum*）和美叶菜豆树（*Radermachera frondosa*）为优势种的群落Ⅶ，此群落中还有一种柿科的未定种的重要值也很大，将此群落命名为黄叶树、皂帽花、美叶菜豆树群丛。第四级划分的指示种为枫香（*Liquidambar formosana*）和海南杨桐（*Adinandra hainanensis*）。枫香将样方 2、3、7、16 分出，组成以枫香为优势种的群落Ⅱ和以黧蒴栲（*Castanopsis fissa*）为绝对优势种的群落Ⅵ，分别命名为枫香、岭南山竹子、黄椿木姜子群丛和黧蒴栲单优群丛。海南杨桐将样方 10、11、12、13 与样方 4、5、6 分开，组成以鹅掌柴（*Schefflera octophylla*）和木荷为优势种的群落Ⅳ和以黄牛木（*Cratoxylum cochinchinense*）为优势种的群落Ⅲ，海南杨桐在群落Ⅳ的重要值为 5.428，而在群落Ⅲ的重要值仅为 0.602，将群落Ⅳ和Ⅲ分别命名为鹅掌柴（鸭脚木）、木荷、泥椎柯（短穗探柯，*Lithocarpus fenestratus*）群丛和黄牛木、九节（*Psychotria asiatica*）、青梅（*Vatica mangachapoi*）群丛。

2. DCA 排序

DCA 三轴的特征值分别为：X_1=0.867，X_2=0.714，X_3=0.467，在此仅讨论 X_1 与 X_2 的二维散点图。由图 9-2-3 和图 9-2-4 可以看出，DCA 排序与 TWINSPAN 的分类结果相吻合，TWINSPAN 划分的每一类群都能在 DCA 样方排序图上被很好地划分出来。分类

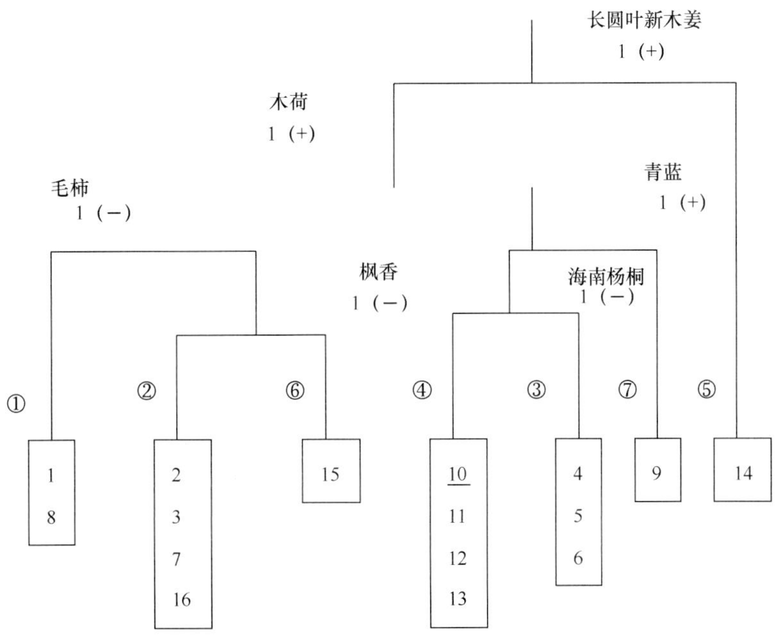

图 9-2-3　什运乡天然林 TWINSPAN 分类树状图

Fig.9-2-3　Dendrogram of natural forests based on TWINSPAN classification in Zhayun township

图与排序图的唯一不同在于对样方 10 的划分，样方 10 是在划分群落III和群落IV时产生的边界样地，根据样地的原始数据，样方 10 的物种组成及优势种与群落IV更为相似，因此接受 DCA 排序对样方 10 的处理结果，将样方 10 与样方 11、12、13 划分在一起。DCA 第一轴反映了样地自南向北的空间分布情况，群落 I 和群落 II 位于什运乡的中南部，群落III、IV、V、VI、VII位于什运乡的北部。第一轴同时也反映了温度的变化情况，自南向北温度逐渐下降。DCA 第二轴反映的环境意义不明显。

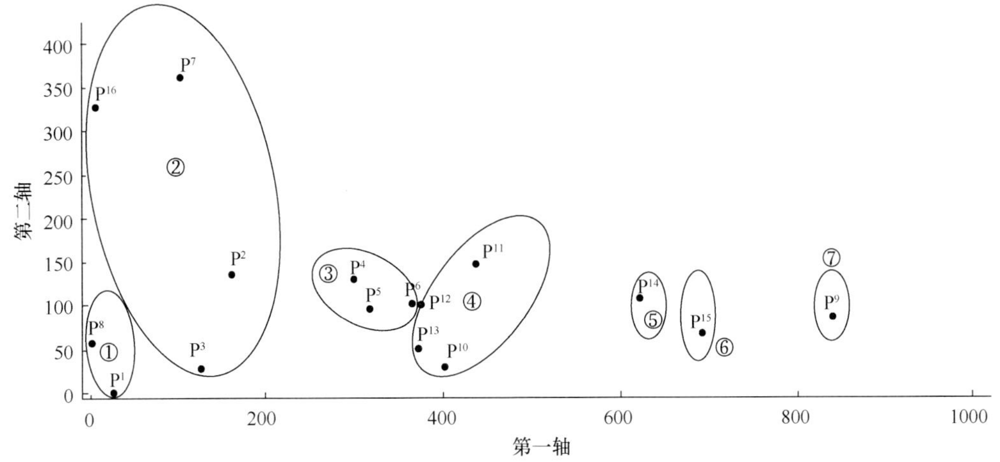

图 9-2-4　什运乡 16 个天然林样地 DCA 二维排序图

Fig.9-2-4　Two-dimensional ordination diagram of 16 natural forest plots produced by DCA

3. 什运乡次生林的群落类型

结合 TWINSPAN 分类和 DCA 排序结果及调查区域的实际生态意义，将该乡的天然次生林分为 7 个群落类型(群丛)，可归为三个类群：①枫香、木荷林(Gr. *Liquidambar formosana*，*Schima superba*)；②青梅、鹅掌柴(鸭脚木)、木荷林(Gr. *Vatica mangachapoi*，*Schefflera octophylla*，*Schima superba*)；③黧蒴椎、陆均松林(Gr. *Castanopsis fissa*，*Dacrydium pierrei*)。

经调查分析，什运乡植被类型多样，有原始林热带高山矮林(热带亚高山矮林或云雾林)和山地雨林(镶嵌分布有少量的热带针叶林)、有受到干扰的低地雨林(热带湿润雨林)及相应的次生林、灌丛和草地，人工植被主要有桉树林、橡胶林、槟榔园、农田作物和其他人工林(园)(图 9-2-5)，各植被类型占整体景观的百分比见图 9-2-6。

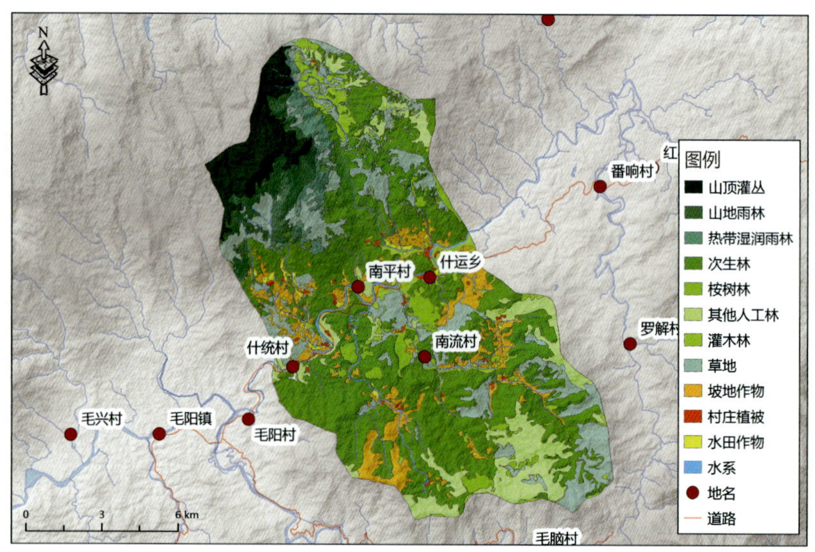

图 9-2-5　什运乡植被分布图

Fig.9-2-5　Distribution of vegetation in Zhayun township

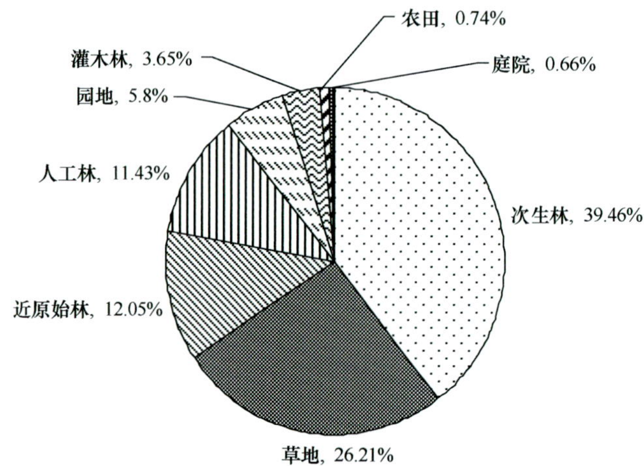

图 9-2-6　什运乡各植被类型占整体景观的百分比图

Fig.9-2-6　Statistics of percentage for each landscape type

(二) 自然植被植物资源

1. 植物组成分析

1) 物种组成概况

根据野外调查，整理确认什运乡自然植被中有维管植物 1493 种，隶属 172 科，739 属(表 9-2-2)。其中蕨类植物 90 种，隶属 25 科，54 属；裸子植物 22 种，隶属 6 科，8 属；被子植物 1381 种，隶属 141 科，677 属，包括双子叶植物 1061 种，隶属于 122 科，514 属，占该地区自然区系种数的 71.06%，是构成该地区自然区系的主体；单子叶植物 320 种，隶属于 19 科，163 属。

表 9-2-2　什运乡自然植被植物物种及性状组成

Tab.9-2-2　Species composition and forms of natural vegetations in Zhayun township

类型	物种组成			性状组成			
	科	属	种	乔木/%	灌木/%	草本/%	藤本/%
蕨类植物	25	54	90	3(0.20)	—	87(5.83)	—
种子植物	147						
裸子植物	6	8	22	16(1.07)	3(0.20)	—	3(0.20)
被子植物	141	677	1381				
双子叶植物	122	514	1061	378(25.32)	381(25.52)	190(12.73)	112(7.50)
单子叶植物	19	163	320	13(0.87)	16(1.07)	268(17.95)	23(1.54)
合计	172	739	1493	410(27.46)	400(26.79)	545(36.50)	138(9.24)

在 1493 种野生维管植物中，木本植物有 810 种，占总种数的 54.25%，其中乔木有 410 种，占总种数的 27.46%，灌木有 400 种，占总种数的 26.79%；草本植物有 545 种，占总种数的 36.50%；藤本植物有 138 种，占总种数的 9.24%。该地区的植物性状组成体现了该地区的植物区系具有一定的完整性，种类相对丰富的藤本植物反映了该植物区系的热带性质。

在这些野生植物中，海南特有种有 104 个，占总种数的 6.97%，表现出较高的地区特性。有国家级保护植物 20 种，海南省级非兰科保护植物 34 种。

2) 科的组成分析

什运乡自然植被中蕨类植物有 25 科，占中国蕨类总科数的 48.08%，占海南蕨类总科数的 58.14%；种子植物有 147 科，占全国种子植物总科数的 49.00%，占海南种子植物总科数的 66.52%，其中有裸子植物 6 科，被子植物 141 科，包括 122 科双子叶被子植物和 19 科单子叶被子植物。

根据各科所含种数，将野生维管植物 172 科分为 5 类。由表 9-2-3 可以看出，含 2～10 种的小型科所占的比例最大。含 10 种以上的科有 40 科，共含 433 属 1029 种，占总属数的 58.59%，占总种数的 68.92%，如番荔枝科(Annonaceae)、菊科(Compositae)、桑科(Moraceae)、樟科(Lauraceae)、蝶形花科(Papilionaceae)、大戟科(Euphorbiaceae)、茜草科(Rubiaceae)、兰科(Orchidaceae)、禾本科(Gramineae)等在该地区占有主导地位。单种科也占有较大的比例，是该地区植物组成中需要加强保护的部分。从科的水平看，一些起源古老的科，如柏科、木兰科、三尖杉科等均在该地区出现，说明该地区的植物区系较为古老，丰富的植物种类显示了该地区植物区系发育的完整性。

表 9-2-3 什运乡自然植被植物科的统计

Tab.9-2-3 Statistics of the floristic family of natural vegetations in Zhayun township

类群	单种科(1 种)	小型科(2～10 种)	中等科(11～20 种)	较大科(21～50 种)	大科(>50 种)
蕨类植物	7	17	1	—	—
裸子植物	1	5	—	—	—
被子植物	28	74	25	9	5
维管植物合计/%	36(20.93)	96(55.81)	26(15.12)	9(5.23)	5(2.91)

3)属的组成分析

什运乡自然植被中有天然野生维管植物 739 属，占全国 3140 属的 23.54%，占海南 1210 属的 61.07%，说明该地区的植物在海南植物区系中具有重要作用，在中国植物区系中具有一定的作用。根据属内所含种数进行统计(表 9-2-4)，结果表明，仅含一种的属有 454 属，含 454 种，占总属数的 61.43%，占总种数的 30.47%，在属的水平上占有较大的比例;含 2～5 种的属有 243 属，含 667 种，占总属数的 32.88%，占总种数的 44.77%;含 6 种及以上的属有 42 属，含 369 种，占总属数的 5.68%，占总种数的 24.77%。由于仅含一种的属占有较高的比例，因此，从属的水平看，该地区的植物区系具有一定的脆弱性，应加强保护。

表 9-2-4 什运乡自然植被植物属的统计

Tab.9-2-4 Statistics of the floristic genera of natural vegetations in Zhayun township

类群	单种的属	占总属数/%	小属(2～5 种)	占总属数/%	中等至大属(6 种及以上)	占总属数/%
蕨类植物	39	5.28	13	1.76	2	0.27
裸子植物	3	0.41	4	0.54	1	0.14
被子植物	412	55.75	226	30.58	39	5.28
合计	454	61.43	243	32.88	42	5.68

2. 自然植被植物区系分析

植物的分布区是指某一植物分类单位，如科、属或种分布的区域。植物区系的地理成分分析可以为植被区划提供参考依据。

1) 种子植物科的分布区类型分析

科是植物分类学和系统学研究中较为自然的分类单位，利用其分析某一植物区系科的分布状况，对于了解该区系的性质、起源与发展尤其是区系区划具有重要意义(黄世能和张宏达，2000；王荷生，1992)。本案例参考吴征镒等(吴征镒，2003；吴征镒等，2003)关于世界种子植物科的分布区类型划分方法，将什运乡自然植被中的147科种子植物进行区分(表9-2-5)。结果表明，世界广布科有34科，占总科数的23.13%，如苋科

表 9-2-5　什运乡自然植被植物的分布区类型

Tab.9-2-5　The areal-types of seed plants of natural vegetations in Zhayun township

分布区类型	科数	占总科数/%	属数	占总属数/%*
1. 世界广布	34	23.13	27	3.94
2. 泛热带分布	54	36.73	159	23.21
2-1. 热带亚洲-大洋洲和热带美洲	2	1.36	4	0.58
2-2. 热带亚洲-热带非洲-热带美洲	5	3.40	10	1.47
2S. 以南半球为主的泛热带	4	2.72	—	—
3. 热带亚洲和热带美洲间断分布	11	7.48	24	3.50
4. 旧世界热带	4	2.72	75	10.95
4-1. 热带亚洲、非洲和大洋洲间断分布	—	—	3	0.44
5. 热带亚洲至热带大洋洲	5	3.40	64	9.34
6. 热带亚洲至热带非洲	1	0.68	49	7.15
6-1. 华南、西南到印度和热带非洲间断分布	—	—	1	0.15
6-2. 热带亚洲和东非或马达加斯加间断分布	—	—	2	0.29
6d. 南非(主要是好望角)	1	0.68	—	—
7. 热带亚洲(印度-马来西亚)分布	—	—	163	23.80
7-1. 爪哇、喜马拉雅间断或星散分布到华南、西南	—	—	8	1.17
7-2. 热带印度至华南(尤其云南南部)分布	—	—	3	0.44
7-4. 越南至华南(或西南)分布	—	—	9	1.31
7a. 西马来	1	0.68	—	—
7c. 东马来	1	0.68	—	—
7d. 全分布区东达新几内亚	2	1.36	—	—
8. 北温带分布	5	3.40	23	3.36
8-4. 北温带和南温带间断分布	11	7.48	3	0.44
9. 东亚及北美洲间断分布	3	2.04	19	2.77
10. 旧世界温带分布	—	—	5	0.73
10-3. 欧亚和南部非洲(有时也在大洋洲)间断分布	—	—	1	0.15
11. 温带亚洲	—	—	1	0.15
12. 地中海区、西亚至中亚分布	—	—	1	0.15
12-3. 地中海区至温带—热带亚洲，大洋洲和(或)北美洲南部至南美洲间断分布	—	—	1	0.15
14. 东亚分布	2	1.36	13	1.90
14(SH). 中国—喜马拉雅分布	—	—	6	0.88
14(SJ). 中国—日本	—	—	4	0.58
15. 中国特有	—	—	7	1.02
16. 澳大利亚、新西兰、新喀里多尼亚、北可达新几内亚至菲律宾和温带南美洲(特别西部)间断分布	1	0.68	—	—
合计 Total	147	100	685	100

*不包括世界分布。

(Amaranthaceae)、鼠李科(Rhamnaceae)、木犀科(Oleaceae)、旋花科(Convolvulaceae)、蔷薇科(Rosaceae)、唇形科(Labiatae)、莎草科(Cyperaceae)、菊科(Compositae)等。热带性分布的科有 96 科，占总科数的 65.31%，其中泛热带分布的科最多，有 54 科，占总科数的 36.73%，是组成该地区自然植被植物区系的重要成分，如无患子科(Sapindaceae)、含羞草科(Mimosaceae)、天南星科(Araceae)、胡椒科(Piperaceae)、荨麻科(Urticaceae)、爵床科(Acanthaceae)、野牡丹科(Melastomataceae)、梧桐科(Sterculiaceae)、楝科(Meliaceae)、棕榈科(Palmae)等。温带性分布的科有 22 科，占总科数的 14.97%，如松科(Pinaceae)、百合科(Liliaceae)、金缕梅科(Hamamelidaceae)、壳斗科(Fagaceae)等。通过以上分析可以看出，什运乡自然植被的植物区系以热带成分为主，但温带成分也占有一定的比例，呈现出由热带向亚热带过渡的趋势。

2)种子植物属的分布区类型分析

属的分类群的分布区通常体现着植物演化迁移扩散过程，是植物区系历史与地理特征的集中表现。在分类学上，属中所包含的种通常具有同一起源和相似的进化趋势，属的分类特征也相对稳定，占有比较稳定的分布区，同时在进化过程中，随着地理环境的变化发生分异，因而有比较明显的地区性差异。因此植物属的分布区比科更能反映植物的演化扩展过程、区域分异及地理特征。

本案例根据吴征镒(1991)关于中国种子植物属的分布区类型，将什运乡自然植被中的种子植物 685 属划分为 16 个分布区类型和 18 个分布区变型(表 9-2-5)。其中世界广布属有 27 属；热带性成分属有 574 属，占非世界广布属总数的 87.23%；温带性分布属有 84 属，占非世界广布属的 12.77%。

从属的分布区类型分析来看，什运乡自然植被的植物区系以热带成分为主，但也有一定比例的温带成分属，这与该地区地处海南中部的地理位置相吻合，显示出其区系成分由热带向亚热带过渡的趋势。

3. 珍稀保护植物分析

根据调查结果和国务院环境保护委员会于 1984 年颁布(1987 年经修改后再次公布)的《中国珍稀濒危植物保护名录》，以及国家林业局和农业部于 1999 年联合颁布的《国家重点保护植物名录(第一批)》和 2006 年完成并由海南省政府颁布的“海南省重点保护植物名录”等，确定什运乡自然植被中有珍稀濒危及保护植物 134 种，隶属于 34 科 48 属(表 9-2-6)。其中 20 种为国家级保护植物，有国家Ⅰ级保护植物 3 种，Ⅱ级保护植物 17 种；在 116 种省级保护植物中有 34 种非兰科植物和 82 种兰科植物。

表 9-2-6 什运乡自然植被分布的濒危保护物种*

Tab.9-2-6 The endangered and protected species of natural vegetations in Zhayun* township

物种	濒危级别	保护级别
1. 坡垒 *Hopea hainanensis*	濒危 2	国家级Ⅰ级
2. 华南苏铁 *Cycas rumphii*		国家级Ⅰ级
3. 黑桫椤 *Cyathea podothylla*		国家级Ⅱ级
4. 大羽桫椤 *C. contaminans*		国家级Ⅱ级

续表

物种	濒危级别	保护级别
5. 海南粗榧 *Cephalotaxus hainanensis*	濒危 2	国家级Ⅱ级
6. 广东松 *Pinus kwangtungensis*		国家级Ⅱ级
7. 翠柏 *Calocedrus macrolepis*	渐危 3	国家级Ⅱ级
8. 油丹 *Alseodaphne hainanensis*	渐危 3	国家级Ⅱ级
9. 青梅 *Vatica mangachapoi*	濒危 3	国家级Ⅱ级
10. 白木香 *Aqullaria simensis*	渐危 3	国家级Ⅱ级
11. 海南紫荆木 *Madhuca hainanensis*	渐危 3	国家级Ⅱ级
12. 海南吹风楠 *Horsfieldia hainanensis*	渐危 3	国家级Ⅱ级
13. 海南油杉 *Keteleeria hainanensis*	濒危 2	国家级Ⅱ级
14. 降香檀 *Dalbergia odorifera*(栽培)		国家级Ⅱ级
15. 蝴蝶树 *Heritiera paruifolia*	渐危 3	国家级Ⅱ级
16. 海南梧桐 *Firmiana hainanensis*	濒危 3	国家级Ⅱ级
17. 见血封喉 *Antiaris toxicaria*	稀有 3	国家级Ⅱ级
18. 疣粒野生稻 *Oryza granulata*	渐危 2	国家级Ⅱ级
19. 海南大风子 *Hydnocarpus hainanensis*	渐危 3	省级Ⅱ级
20. 红花天料木 *Homalium ceylanicum*(*H. ainanense*)		省级Ⅱ级
21. 粘木 *Ixonanthes chinensis*		省级Ⅱ级
22. 野生龙眼 *Dimocarpus longa*	濒危 3	省级Ⅱ级
23. 乐东拟单性木兰 *Parakmeria lotungensis*	渐危 3	省级Ⅱ级
24. 红椤 *Aglaia spectabilis*(*A. dasyclada*)		省级Ⅱ级
25. 细子龙 *Amcsiodcndron chinensis*		省级Ⅱ级
26. 海南韶子 *Nephelium topengii*		省级Ⅱ级

*表中只列出国家第一批保护植物和部分省级保护植物。

(三)人工植被植物资源

1. 植物组成分析

1)物种组成概况

通过对位于什运乡中部的什运村、中南部的什太村和南部的南流村三个村进行调查，在什运乡的人工植被中记录到维管植物 314 种，隶属于 96 科 240 属(表 9-2-7)。其中，蕨类植物 7 种，隶属于 6 科 6 属；裸子植物 3 种，隶属于 3 科 3 属；被子植物 304 种，占总种数的 96.82%，隶属于 87 科 231 属，包括 242 种双子叶植物和 62 种单子叶植物。通过对 314 种植物性状组成进行统计分析，可以看出草本植物所占的比例最高，为 46.18%，乔木和灌木所占的比例相当，分别为 23.89%和 20.70%，藤本植物最少，但也占有一定的比例，占总种数的 9.24%。记录到 10 种重点保护植物，包括国家级重点保护植物海南苏铁(*Cycas hainanensis*)、海南荷斯菲木(*Horsfieldia hainanensis*)、降香檀(*Dalbergia odorifera*)和疣粒野生稻(*Oryzagr anulate*)共 4 种，省级重点保护植物野荔枝(*Litchi chinensis*)、野龙眼(*Euphoria longan*)、重阳木(*Bischoffia javanica*)、见血封喉(*Antiaris toxicaria*)、安诺兰(*Anota hainanensis*)和多花脆兰(*Acampe rigida*)共 6 种。

表 9-2-7 什运乡人工植被植物组成及植物性状组成

Tab.9-2-7 Species, genus and family composition and life forms of artificial ecosystem in Zhayun township

类型	物种组成			性状组成			
	科	属	种	乔木/%*	灌木/%*	草本/%*	藤本/%*
蕨类植物	6	6	7	—	—	7(2.23)	—
种子植物							
裸子植物	3	3	3	2(0.64)	1(0.32)	—	—
被子植物	87	231	304				
双子叶植物	66	186	242	65(20.70)	58(18.47)	92(29.30)	26(8.28)
单子叶植物	21	45	62	8(2.55)	6(1.91)	46(14.65)	3(0.96)
合计	96	240	314	75(23.89)	65(20.70)	145(46.18)	29(9.24)

* 表示占种总数的百分比。

2)科的组成分析

根据科内所含的种数将什运乡人工植被中的 96 科归为 4 种类型，见表 9-2-8。

仅含 1 种的科和含 2～10 种的科所占比例很大，分别占科总数的 44.79%和 51.04%，仅含 1 种的科有凤梨科(Bromeliaceae)、番木瓜科(Caricaceae)、紫草科(Boraginaceae)、藜科(Chenopodiaceae)、景天科(Crassulaceae)、莎草科(Cyperaceae)、车前科(Plantaginaceae)等，含 2～10 种的科有无患子科(Saplndaceae)、葡萄科(Vitaceae)、伞形科(Umbellierae)、桃金娘科(Myrtaceae)、马鞭草科(Verbenaceae)、唇形科(Labiatae)、茜草科(Rubiaceae)、茄科(Solanaceae)、姜科(Zingiberaceae)、桑科(Moraceae)等。而含 10 种以上的科仅有 4 科，仅占科总数的 4.17%，它们是禾本科(Gramineae)、蝶形花科(Papilionaceae)、菊科(Compositae)和大戟科(Euphorbiaceae)。

表 9-2-8 什运乡人工植被植物科的统计

Tab.9-2-8 Statistics of the floristic family of artificial ecosystem in Zhayun township

类群	单种科	小型科(2～10 种)	中等科(11～20 种)	较大科(21～50 种)	大科(>50 种)
蕨类植物	5	1	—	—	—
裸子植物	3	—	—	—	—
被子植物	35	48	3	1	—
合计/%	43(44.79)	49(51.04)	3(3.13)	1(1.04)	—

从属内所含的种数分析(表 9-2-9)，什运乡三个村人工植被中，仅含 1 种的属有 192 属，占有极高比例，占人工植被属总数的 80%，有花生属(*Arachis*)、番木瓜属(*Carica*)、南瓜属(*Cucurbita*)、假连翘属(*Duranta*)、红葱属(*Eleutherine*)、橡胶树属(*Hevea*)等；含 2～5 种的属有 47 属，占属总数的 19.58%，有茄属(*Solanum*)、叶下珠属(*Phyllanthus*)、辣椒属(*Capsicum*)、悬钩子属(*Rubus*)、山麻杆属(*Alchornea*)、大青属(*Clerodendrum*)、薯蓣属(*Dioscorea*)、大戟属(*Euphorbia*)等；而含 6 种及以上的属仅有榕属 1 种。

表 9-2-9　什运乡人工植被植物属的统计

Tab.9-2-9　Statistics of the floristic genera of artificial ecosystem in Zhayun township

类群	含一种的属	占属总数/%	小属（2～5 种）	占属总数/%	中等至大属（6 种及以上）	占属总数/%
蕨类植物	5	2.08	1	0.42	—	—
裸子植物	3	1.25	—	—	—	—
被子植物	184	76.67	46	19.17	1	0.42
合计	192	80.00	47	19.58	1	0.42

2. 人工植被植物区系分析

1) 种子植物科的分布区类型分析

参考吴征镒等(吴征镒，2003；吴征镒等，2003)关于世界种子植物科的分布区类型划分方法，将什运乡三个村人工植被中的种子植物 90 科分为 17 个分布区类型和 9 个分布区变型(表 9-2-10)。世界分布科有 24 科，占什运乡人工植被科总数的 26.67%，如十字花科(Cruciferae)、旋花科(Convolvulaceae)、蔷薇科(Rosaceae)、伞形科(Umbellierae)、

表 9-2-10　什运乡人工植被植物的分布区类型

Tab.9-2-10　The areal-types of seed plants of artificial ecosystem in Zhayun township

分布区类型	科数	占科的百分比/%	属数	占属的百分比/%*
1. 世界分布	24	26.67	8	3.42
2. 泛热带分布	37	41.11	70	29.91
2-1. 热带亚洲—大洋洲—热带美洲	1	1.11	2	0.85
2-2. 热带亚洲—热带非洲—热带美洲	3	3.33	5	2.14
2S. 以南半球为主的泛热带	2	2.22	—	—
3. 热带亚洲和热带美洲间断分布	6	6.67	23	9.83
4. 旧世界热带分布	4	4.44	31	13.25
5. 热带亚洲至热带大洋洲分布	4	4.44	17	7.26
6. 热带亚洲至热带非洲分布	—	—	15	6.41
7. 热带亚洲(印度—马来西亚)分布	—	—	29	12.39
7-1. 爪哇、喜马拉雅间断或星散分布到华南、西南	—	—	1	0.43
7-4. 越南至华南(或西南)分布	—	—	1	0.43
8. 北温带分布	4	4.44	10	4.43
8-4. 北温带和南温带间断分布	3	3.33	1	0.43
9. 东亚及北美洲间断分布	—	—	6	2.56
10. 旧世界温带分布	—	—	2	0.85
10-3. 欧亚和南部非洲(有时也在大洋洲)间断分布	—	—	1	0.43
12. 地中海区、西亚至中亚分布	—	—	3	1.28
14. 东亚分布	—	—	6	2.56
14(SH). 中国—喜马拉雅分布	—	—	1	0.43
14(SJ). 中国—日本	—	—	1	0.43
15. 中国特有	—	—	1	0.43
17. 热带非洲—热带美洲间断分布	2	2.22	—	—
合计	90	100	234	100

*不包括世界分布。

唇形科(Labiatae)、茜草科(Rubiaceae)、茄科(Solanaceae)等。热带性分布的科有 59 科，占种子植物科总数的 65.56%，其中泛热带分布的科最多，有 37 科，占种子植物科总数的 41.11%，是组成该地区人工植被植物区系的主要成分，如橄榄科(Burseraceae)、美人蕉科(Cannaceae)、鸭跖草科(Commelinaceae)、柿树科(Ebenaceae)、樟科(Lauraceae)、楝科(Meliaceae)、防己科(Menispermaceae)、雨久花科(Pontederiaceae)、梧桐科(Sterculiaceae)、薯蓣科(Dioscoreaceae)等。温带性分布的科仅有 7 科，占种子植物科总数的 7.78%，为忍冬科(Caprifoliaceae)、金丝桃科(Hypericaceae)、松科(Pinaceae)、百合科(Liliaceae)、金缕梅科(Hamamelidaceae)、杨柳科(Salicaceae)、杉科(Taxodiaceae)。通过以上分析可以看出，什运乡人工植被的植物区系热带性质较强，热带分布的科构成人工植被植物区系的主体，世界性分布成分也占有一定的比例，温带成分占有的比例较小。

2)种子植物属的分布区类型分析

根据吴征镒(1991)关于中国种子植物属的分布区类型，将什运乡三个村人工植被中的种子植物 234 属划分为 14 个分布区类型和 9 个分布区变型(表 9-2-10)。其中世界分布属有 8 属；热带性成分属有 194 属，占非世界性属总数的 85.84%；温带性属有 32 属，占非世界性属总数的 14.16%，其中包括中国特有属 1 属，即杉木属(*Cunninghamia*)(外来引种的栽培种)。

从属的区系组成来看，什运乡人工植被中的植物仍然以热带成分为主体，但相对于科的水平，属的区系组成中世界性分布属的比例有所降低，而温带性属的比例却有所提高。热带性属中，仍然是泛热带分布属最多，有 77 属，占热带性属的 39.69%，但热带亚洲和热带美洲间断分布、旧世界热带、热带亚洲(印度—马来西亚)分布等其他类型的热带性属也占有不少的比例，说明人工植被热带性属的组成更为多样和均匀。这可能与人为的移植行为有关。

3. 人类所利用的植物资源分析

1)植物资源利用组成分析

对 314 种植物用途的统计表明(图 9-2-7)，药用植物所占的比例最大，其他依次是瓜菜类植物、其他用途类植物(作为调料、香料、染料和饮料的植物)、水果类植物和观赏类植物，木材类、粮食类和经济类植物的比例都较小。有些植物具有多种用途，如龙眼既是水果又是药用植物，其果实晒干后有健脾的功效，同时也是木材植物，适于造船。另外未被利用的植物所占比例也较大，仅次于药用植物所占的比例。由于什运乡的经济较为落后，交通闭塞，村民只好依靠村里的赤脚医生和长期积累下来的药用植物的经验治病，为了方便，他们会将这些药用植物移植到自家的庭院中，或屋前屋后的边角地上，经过长期积累，被利用的药用植物越来越多，这是药用植物占最大比例的重要原因。在少数民族家庭的庭院中，可发现的药用植物有海南荷斯菲木(*Horsfieldia hainanensis*)、海南地不容(*Stephania hainanensis*)、见血封喉(*Amtoaros toxicaria*)、降香檀(花梨木，*Dalbergia odorifera*)(木材与药用)、海南假砂仁(*Amomum chinense*)、大高良姜(红豆蔻，*A.galanga*)、草豆蔻(*A. katsumadai*)、海南砂仁(*A. Longiligulare*)、益智(*A. oxyphylla*)、黄姜(*Curcuma domestica*)、山奈(沙姜，*Kaempferia galangal*)、两面针(*Zanthoxylum nitidum*)、接骨草(*Sambucus javanica*)、小驳骨(接骨草，*Justicia gendarussa*)、仙茅(*Curculigo orchiodes*)、芦荟(*Aloe vera*)、沿阶草(*Ophiopogon japonicus*)、罗勒(*Ocimum basilicum*)、草珊瑚(*Sarcandra glabra*)、赪桐(*Clerodendrum japonicum*)等多种；蔬菜类植物也较多，主要有树仔菜(*Sauropus androgynus*)、扁豆(*Lablab purpureus*)(外来植物)、直生刀豆(*Canavalia ensiformis*)、刺天蒌(*Eryngium foetidum*)、两色三七草(鹿舌菜，*Gynura bicolor*)、姜(*Zingiber officinale*)、芋(*Colocasia esculenta*)等。另外，水果类、观赏类和其他用途类植物一般分布在庭院生态系统中，用于满足村民多样化的日常需求，同时农民对庭院生态系统的植物种类具有完全的自主选择权，可以根据自己的需求选择不同的植物种植，因此庭院生态系统的植物多样性较高。而木材类、粮食类和经济类的植物多分布在人工林地、农田和园地生态系统中，种植的种类是乡政府推荐或推广化种植的植物种类，因此种类较为单一，相对应的，这些生态系统的植物多样性就较低。

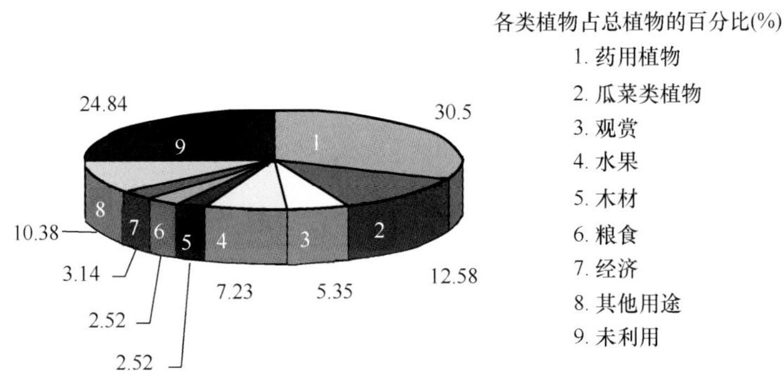

图 9-2-7 什运乡人工植被中不同用途的植物资源百分比组成

Fig.9-2-7 Percentage number of plant species by agricultural usage in artificial vegetations of Zhayun township

2) 栽培植物多样性分析

据不完全统计，什运乡人工植被中有 314 种维管植物，其中栽培植物 83 种，可能有遗漏，如桉树(*Eucalyptus* spp.)等可能有多个种。另外，在林下、园中和田间的植物种类亦可能调查不完全。在 83 种栽培植物中有 17 种拥有多个品种，共调查到 40 个品种，包括 8 种种植在庭院中的水果类植物(以下简称庭院水果植物)、5 种种植在庭院中的食用植物(以下简称庭院食用植物)和 4 种种植在农田中的作物(以下简称农田作物)(表 9-2-11)；目前调查了解到有 66 个种是单品种植物，实际上可能是多品种，如橡胶(*Hevea brasiliensis*)、玉米(*Zea mays*)等可能也是多品种。在 66 种常见的单一品种植物中，有 24 种庭院食用植物、17 种种植在庭院中的观赏植物、9 种庭院水果植物、7 种常见种植在庭院中的药用植物、4 种种植在林地中的经济植物、2 种种植在园地中的经济植物、3 种农田作物和 1 种种植在农田周围的绿篱植物(表 9-2-12)。

表 9-2-11 什运乡多品种栽培植物

Tab.9-2-11 Cultivated plants with multiple varieties in Zhayun township

种名	品种	种植地点及用途
1. 甘蔗 *Saccharum officinarum*	品种 1，果蔗，皮深紫色；品种 2，糖蔗，皮黄绿色	农田经济作物
2. 木薯 *Macaranga esculenta*	品种 1 有毒；品种 2 无毒	农田经济作物
3. 稻 *Oryza sativ*	杂交水稻；山栏稻	农田粮食作物
4. 番薯 *Ipomoea batata*	品种 1 心形叶，茎叶绿色；品种 2 叶三裂，茎叶绿色 品种 3 心形叶，茎紫色叶绿色；品种 4 心形叶，茎叶都是紫色	农田粮食作物
5. 茄子 *Solanum melongena*	品种 1 叶无刺，果紫色长形；品种 2 叶有刺，果紫色长形； 品种 3 叶有刺，果紫色圆形	庭院食用植物
6. 芋 *Colocasia esculenta*	品种 1 秆紫色，较矮高，块茎可食；品种 2 秆褐色， 较矮小，块茎可食；品种 3 秆绿色，中等，块茎可食； 品种 4 三年芋，块茎大，三年后才能吃	庭院食用植物
7. 葫芦瓜 *Lagenaria siceraria*	品种 1 果长；品种 2 果圆	庭院食用植物
8. 木豆 *Ajanus flavus*	品种 1 成熟荚果果荚浅绿色；品种 2 成熟荚果果荚紫色	庭院食用植物
9. 扁豆 *Dolichos lablab*	品种 1 紫色豆荚；品种 2 绿色豆荚；品种 3 红色豆荚	庭院食用植物
10. 杨桃 *Averrhoa carambola*	品种 1 果酸；品种 2 果甜	庭院水果植物
11. 番木瓜 *Carica papaya*	品种 1 黄色的长果；品种 2 黄色的圆果	庭院水果植物
12. 波罗蜜 *Artocarpus heterophyllus*	品种 1，干苞波罗蜜，可食苞片较干脆；品种 2，湿苞波罗蜜， 可食苞片湿软	庭院水果植物
13. 龙眼 *Dimocarpus longan*	本地种，核大肉少，有的酸，有的甜；外地种，广东引进， 核小果大，很甜	庭院水果植物
14. 荔枝 *Litchi chinensis*	本地种，核大肉少，有的酸，有的甜；外地种，广东引进， 核小果大，很甜	庭院水果植物
15. 杧果 *Mangifera indica*	本地种，核大，成熟时果酸；外地种，广东引进，核小，较好吃	庭院水果植物
16. 香蕉 *Musa nana*	品种 1，板蕉，果皮厚；品种 2，粉蕉，果皮薄有白粉，较好吃	庭院水果植物
17. 椰子 *Cocos nucifera*	品种 1，绿色椰子；品种 2，红色椰子	庭院水果植物

3）什运村与南流村的植物资源比较分析

什运乡乡政府位于海榆中线中段 169km 处，什运村位于乡政府以北的什白公路(什运乡到白沙县的公路)上，距离乡政府约 3km。据不完全统计，在 2010 年前后该村是一个拥有 215 户 898 人的大村，位于什运乡重点公益林区外。南流村位于乡政府南面，距离乡政府约 20km。据不完全统计，在 2010 年前后该村是一个仅有 67 户 298 人的小村，位于重点公益林区内。实地调查后统计得出，什运村有 158 种植物，其中栽培植物 49 种；南流村有植物 152 种，其中栽培植物 48 种。从村庄规模和村庄的植物种数及栽培植物种数来看，南流村所拥有的植物资源种数比什运村的高。什运村交通方便，种植了较大面积的橡胶、槟榔等经济作物，村民的生活相对富裕，生活资料主要从市场购买，植物多样性较低；南流村经济发展水平较低，村民生活比较贫穷，村民的生活资料以自己种植为主。两个村的初步比较说明了村庄的位置和村庄的经济发展水平与村庄的植物种类多样性之间具有一定的关联。但其具体关联还有待于通过更多的调查进一步研究。具体见表 9-2-13。

表 9-2-12　什运乡单品种栽培植物

Tab.9-2-12　Single-variety cultivated plants in Zhayun township

种名	种植地点及用途	种名	种植地点及用途
1. 玉米 *Zea mays*	农田粮食作物	34. 南瓜 *Cucurbita moschata*	庭院食用植物
2. 花生 *Arachis hypogaea*	农田粮食作物	35. 黄瓜 *C. Sativus*	庭院食用植物
3. 麻疯树 *Jatropha curcas*	农田绿篱植物	36. 水瓜 *Luffa cylindrica*	庭院食用植物
4. 鸡冠花 *Celosia cristata*	庭院观赏植物	37. 苦瓜 *Momordica charantia*	庭院食用植物
5. 富贵竹 *Dracaena sanderiana* var.*virescens*	庭院观赏植物	38. 直生刀豆 *Canavalia ensiformi*	庭院食用植物
6. 凤仙花 *Impatiens balsamina*	庭院观赏植物	39. 四棱豆 *Psophocarpus tetragonolobus*	庭院食用植物
7. 仙人掌 *Opuntia dillenii*	庭院观赏植物	40. 芹菜 *Apium graveolens*	庭院食用植物
8. 虎尾兰 *Sansevieria trifasciata*	庭院观赏植物	41. 芫荽 *Coriandrum sativum*	庭院食用植物
9. 一品红 *Euphorbia pulcherrima*	庭院观赏植物	42. 胡萝卜 *Daucus carota* var.*sativa*	庭院食用植物
10. 垂柳 *Salix babylonica*	庭院观赏植物	43. 小粒咖啡 *Coffea arabica*	庭院食用植物
11. 鸡蛋花 *Plumeria rubra*	庭院观赏植物	44. 大粒咖啡 *C. liberica*	庭院食用植物
12. 海南地不容 *Stephania hainanensis*	庭院观赏植物	45. 辣椒 *Capsicum annuum*	庭院食用植物
13. 美人蕉 *Canna indica*	庭院观赏植物	46. 蕹菜 *Ipomoea aquatica*	庭院食用植物
14. 竹芋 *Maranta arundinacea*	庭院观赏植物	47. 姜 *Zingiber officinale*	庭院食用植物
15. 花叶竹芋 *M. bicolor*	庭院观赏植物	48. 韭菜 *Allium tuberosum*	庭院食用植物
16. 芦荟 *Aloe vera* var. *chinensis*	庭院观赏植物	49. 蒜 *Allium sativum*	庭院食用植物
17. 万年青 *Rohdea japonica*	庭院观赏植物	50. 大薯 *Dioscorea alata*	庭院食用植物
18. 朱蕉 *Cordyline fruticosa*	庭院观赏植物	51. 薯蓣 *D. opposita*	庭院食用植物
19. 海南苏铁 *Cycas hainanensis*	庭院观赏植物	52. 鸡蛋果 *Passiflora edulis*	庭院水果植物
20. 扶桑 *Hibiscus rosa-sinensis*	庭院观赏植物	53. 番石榴 *Psidium guajava*	庭院水果植物
21. 基及树 *Carmona microphyl*la	庭院药用植物	54. 菠萝 *Ananas comosus*	庭院水果植物
22. 蓖麻 *Ricinus communis*	庭院药用植物	55. 草莓 *Fragaria xananassa*	庭院水果植物
23. 酸豆 *Tamarindus indica*	庭院药用植物	56. 桃 *Prunus persica*	庭院水果植物
24. 烟草 *Nicotiana tabacum*	庭院药用植物	57. 橙 *Citrus sinensis*	庭院水果植物
25. 芝麻 *Sesamum indicum*	庭院药用植物	58. 黄皮 *Clausena lansium*	庭院水果植物
26. 紫苏 *Perilla frutescens*	庭院药用植物	59. 柚 *Crtrus grandis*	庭院水果植物
27. 红葱 *Eleutherine plicata*	庭院药用植物	60. 洋蒲桃 *Syzygium samarangens*	庭院水果植物
28. 胡椒 *Piper nigrum*	庭院食用植物	61. 桉 *Eucalyptus* sp.	林地经济植物
29. 长羽萝卜 *Raphanus sativus* var. *longipinnatus*	庭院食用植物	62. 马占相思 *Acacia mangium*	林地经济植物
30. 菠菜 *Spinacia oleracea*	庭院食用植物	63. 非洲楝 *Khaya senegalensis*	林地经济植物
31. 青菜 *Brassica chinensis*	庭院食用植物	64. 加勒比松 *Pinus caribaea*	林地经济植物
32. 甘蓝 *B.oleracea* var.*capitata*	庭院食用植物	65. 槟榔 *Areca cathecu*	园地经济植物
33. 白菜 *B.pekinensi*	庭院食用植物	66. 橡胶树 *Hevea brasiliensis*	园地经济植物

表 9-2-13 什运村与南流村的植物多样性比较(个)

Tab.9-2-13 Comparision in plant diversity between Zhayun village and Nanliu village (N)

村名	户数	人口	植物总数	相同植物数	户均植物资源	人均植物资源	栽培植物总数	相同栽培植物数	户均栽培植物资源	人均栽培植物资源
什运村	215	898	158	65	0.735	0.176	49	27	0.228	0.055
南流村	67	298	152	65	2.269	0.510	48	27	0.716	0.161

不同地区，农村、农业生态系统中的植物资源与人类活动有一定的关系。据不完全调查统计，2009 年在三亚市吉阳镇的上鹿村和下鹿村有 239 种，隶属 75 科，197 属，栽培植物 53 种，其中有 14 个栽培种为多品种作物，共 42 个品种；保亭响水乡的南梗村和保城镇的抄芭村有 251 种，隶属 88 科，212 属，栽培植物 61 种，其中有 19 个栽培种为多品种作物，共 86 个品种；五指山水满乡水满村、新村、方龙村有 249 种，隶属 90 科，203 属，栽培植物 64 种，其中有 21 个栽培种为多品种作物，共 52 个品种。三个市县所调查的村庄共有 447 种植物与农村、农业有关，其中，国家级保护植物有黑桫椤(*Alsophila podophylla*)、海南苏铁(*Cycas hainanensis*)、野生荔枝、野生龙眼、疣粒野生稻(*Oryza meyeriana*)等，海南省级保护植物有海南韶子(*Nephelium topengii*)、海南假韶子(*Paranephelium hainanense*)、重阳木(*Bischofia javanica*)、乌墨(*Syzygium cumini*)、白木香、降香檀(花梨木)等。其中野生荔枝、野生龙眼、疣粒野生稻为国家级农业保护种类。就当地农业栽培作物来说，当地农村还能保留较多稀有珍贵的作物种类或品种，如山栏稻(一种旱生的糯米稻或黏稻品种)、糯米稻、番薯、大薯、木薯、茄子、芋头、豆类、蔬菜类和果树类植物等。有的农户保留的山栏稻就有 14 个品种；在一家农户庭院发现的茄子品种就达 4 种；在不足 20m^2 的农用边角地上发现有 5 个番薯品种等，表现出极高的农业生物遗传多样性；另外调查区内可发现多种农业生物的近缘种，如野生荔枝(栽培种：荔枝)、野生龙眼(栽培种：龙眼)、海南韶子(栽培种：红毛丹)、薯莨(栽培种：大薯)、水芹(栽培种：芹菜)等；但同时也发现外来作物种类有较大的经济价值，对传统农业生物多样性的保存有着很大的冲击力，目前 6 个村的主要经济作物基本都是外来植物，如橡胶(原产于巴西)、槟榔(原产于马来西亚)及杂交水稻等。同时也发现由于种种原因，一些外来植物仅存有少数个体，对当地农业生物多样性影响较小，如咖啡、腰果等。

三、特点与讨论

通过以上的比较分析得出，什运乡人工生态系统与自然生态系统植物性状组成较为相似，均是草本＞乔木＞灌木＞藤本，但人工生态系统中的草本植物占有的比例更高；乔木和灌木占有的比例，在人工生态系统中均有下降；藤本植物的比例一样，均为 9.24%。从植物科及属的分布区类型组成的分析来看，人工生态系统和自然生态系统均具有较高的区系地理成分多样性，且组成相似，以热带性分布为主体。从科或属的组成来看，仅含一种的科或属在什运乡的人工生态系统中所占的比例要高于自然生态系统中的，说明人工生态系统的植物区系更加脆弱。因此，在加强自然生态系统保护的同时，一定不能忽视对人工生态系统的保护。通过对两个生态系统物种多样性的比较得出，自然生态系统的物种多样性要高于人工生态系统，两个生态系统的物种组成差异性较大，说明人类的干扰活动降低了物种的多样性(覃凤飞和安树青，2003)。从景观与生态系统的角度来看，什运乡的自然景观正在向更为破碎化和面积逐渐减少的趋势发展，人工景观正在慢慢蚕食自然景观，向着连续化和面积逐渐增大的趋势发展。人为景观以中部庭院为中心，在中部，园地有连接成片并逐渐占领中部次生林和草地的趋势，而在南部和北部大面积出现的人工林，呈现出从南北两侧逐渐替代次生林和草地的趋势。因此，要加强对保护区外自然景观的保护，阻止人为景观的进一步扩大，在保护整个什运乡的植物多样性时，要针对两个生态系统的不同物种组成及组成特点制定合理的保护措施，以达到最好的保护效果。

第三节　植物资源在植被群落中的分布地位与分布格局

一、植物种类在自然植物群落中的重要性

不同的植被类型其植物组成结构都有一定的差异，且不同的植物种类在群落中所起的作用不尽相同，不同植物种类的功能的合理分化对维持群落的复杂性、稳定性具有重要的意义。目前的研究水平多停留在研究不同植物种类的密度、频度、显著度和重要值等数量测算方面。当然，目前不少学者开始进行植物群落不同功能群的研究工作，但要具体到某一个植物种类在群落中具体担当什么样的功能，可能较难。目前较成熟的方法是通过计算植物某一种群的重要值，计算不同的植物种类在群落中的重要性，通过生态位的研究方法计算植物种类在群落中占有资源空间的大小。常用的植物种重要值研究方法已经在第六章介绍，本节主要介绍生态位的研究方法及其在海南植被研究中的应用。

二、植物资源种群生态位研究

在生态学中最早使用生态位(niche)一词的是 Grinnel(1917)，他把生态位定义为种的终极分布单位(ultimate distributional unit)，强调生态位的空间概念。1927 年，Elton 把生态位确定为种在其群落中的功能角色和地位(functional role and position)，强调一个种与其他种的营养关系(May，1980)。生态位是现代生态学的重要理论之一，生态位研究在理解群落结构和功能、群落内物种间关系、生物多样性、群落动态演替和种群进化等方面有重要的作用，因此得到了广泛的应用，并已取得了许多研究成果，这使生态位理论成为近 30 年来生态学研究的热点之一，成为解释自然群落中物种共存与竞争机制的基本理论(Westman，1991；林开敏和郭玉硕，2001；张桂莲和张金屯，2002；林思祖等，2002；王正宁等，2005；彭逸生等，2007；刘春生等，2009；Mustshinda et al.，2011；陈玉凯等，2014)。因此，生态位在研究生物多样性的保护及保护物种的评价方面具有较大的生态学意义，反映了种群对资源和空间的利用能力，同时也解释了不同的种群适

应不同环境的生存策略和机制(Robert et al.，2003)。

(一)生态位的宽度

生态位的宽度或广度(niche breadth)是指一个种群(或其他生物单位)在一个群落中所利用的各种不同资源的总和。在可利用资源量较少的情况下，生态位宽度一般应该增加，以使种群得到足够的资源。在可利用资源量丰富的环境中，可导致选择性利用资源(选择采食等)，使得生态位宽度变窄。一个种的生态位越宽，该种的特化程度就越小，也就是说它更倾向于是一个泛化种；相反，一个种的生态位越窄，该种的特化程度就越强，即它更倾向于是一个特化种。泛化种，生态位宽，具有较强的竞争能力，尤其是在可利用资源量非常有限的情况下更是如此；而特化种生态位窄，在资源竞争中处于劣势。

(二)生态位的重叠和竞争

当两个物种利用同一资源或共同占有某一资源因素(食物、营养成分、空间等)时，就会出现生态位重叠现象(niche overlap)。在这种情况下，就会有一部分空间为两个生态位所共占。假如两个物种具有完全一样的生态位，就称为完全重叠(complete overlap)。但多数情况下，生态位之间只会发生部分重叠，即一部分资源是被共同利用的，而其他部分则被各自物种所占据。

Hutchinson(1957)认为生态位重叠是两个种间发生竞争的前提条件。他假设环境已充分饱和，此时在生态位重叠部分必然要发生竞争排斥作用(competitive exclusion)。这种生态位重叠引起的竞争常被称做资源利用性竞争(exploitation competition)。但实际上生态位重叠并不一定能导致竞争，除非共用资源供应不足(May，1980)。

(三)生态位的测度方法

生态位测度包括两个方面的内容，即生态位宽度和生态位重叠的计测(Schoener，1970；王刚等，1984；李登武等，2005；彭逸生等，2007)，它们都是基于种群在一系列资源状态中的分布数据。首先列出资源矩阵(表 9-3-1)，矩阵中的 n_{ij} 表示第 i 个种在第 j 个资源状态下的个体数或者是种 i 对第 j 个资源状态的利用量；S 为总种数(i=1，2，…，S)；r 为资源状态数(j=1，2，…，r)；N_{i+}为第 i 个种的所有个体数；N_{+j} 为第 j 个资源状态下的全部种个体数之和；N 为资源矩阵中的全部个体总数，然后依照相应的计算公式进行计算。

1. 生态位宽度指数(coefficient of niche breadth)

1) Levins(1968)指数

$$B_i = \frac{1}{\sum_{j=1}^{r}(P_{ij})^2}$$

表 9-3-1 生态位测度资源矩阵

Tab.9-3-1 Thematrix of niche measures

		资源状态					
		1	2	3	…	r	
种类	1	n_{11}	n_{12}	n_{13}	…	n_{1r}	N_{1+}
	2	n_{21}	n_{22}	n_{23}	…	n_{2r}	N_{2+}
	3	n_{31}	n_{32}	n_{33}	…	n_{3r}	N_{3+}
	…	…	…	…	…	…	…
	S	n_{S1}	n_{S2}	n_{S3}	…	n_{Sr}	N_{S+}
		N_{+1}	N_{+2}	N_{+3}	…	N_{+r}	

式中，B_i为种 i 的生态位宽度；$P_{ij}=n_{ij}/N_{i+}$，它代表种 i 在第 j 个资源状态下的个体数占该种所有个体数的比例。因此，该公式实际上是 Simpson(1949)的多样性指数。

2)信息指数(Shannon-Wiener)指数

$$B_i = -\sum_{j=1}^{r}(P_{ij}\ln P_{ij})$$

该指数是以 Shannon-Wiener 信息公式为基础的。以上的两个指数 B_i 值越大，说明生态位越宽。当一个种的个体以相等的数目利用每一资源状态时，B_i 最大化，即该种具有最宽的生态位；当种 i 的所有个体都集中在某一个资源状态下时，B_i 最小，该种具有最窄的生态位。

3) Smith(1982)指数

1982 年 Smith 提出生态位宽度指数，允许考虑资源的可利用性：

$$B_i = \sum\sqrt{P_{ij}a_j}$$

式中，a_j 为第 j 个资源状态下该资源占总资源的比例。这一指数对实验数据更为有用，因为实验设计中资源量可以准确量化。

4)资源利用频率

最简单的一种测定种生态位宽度的方法是计测某一量值之上的资源利用频率(Krebs，2000)，或者称为常用资源的利用次数，这一量值是人为确定的。在样方调查资料中，就是指含该种多少个体以上(量值)的样方数，其确实反映了种生态位的宽度。资源利用频率与其他生态位宽度指数有着密切关系。

2. 生态位重叠指数(coefficient of niche overlap)

1) Levins 重叠指数

$$O_{ik} = \frac{\sum_{j=1}^{r}(P_{ij}P_{kj})}{\sum_{j=1}^{r}(P_{ij})^2}$$

式中，O_{ik} 为种 i 的资源利用曲线与种 k 的资源利用曲线的重叠指数。从上式的分母可以看出，该指数实际上与种 i 的生态位宽度有关。当种 i 和种 k 在所有资源状态中的分布完全相同时，O_{ik} 最大，其值为 1，表明种 i 与种 k 生态位完全重叠。相反，当两个种不具有共同资源状态时，它们的生态位完全不重叠，$O_{ik}=0$。

2) Schoener 重叠指数

$$O_{ik}=1-\frac{1}{2}\sum_{j=1}^{r}\left|P_{ij}-P_{kj}\right|$$

同样地，$0\leqslant O_{ik}\leqslant 1$，该指数是以相似百分率为基础的。

(四)研究案例

1. 国家重点保护野生植物的生态位研究——以霸王岭为例

海南霸王岭国家级自然保护区位于海南岛西南部山区，保护区的主要植被类型是热带雨林，而热带雨林作为生态系统重要的组成部分，拥有最高的物种多样性。热带雨林生物的多样性导致了热带雨林群落结构的复杂性，因此，对于热带地区重点野生保护植物的调查与研究就显得更为重要。目前对该地区的热带雨林群落已有较多的研究，主要集中在植物多样性和群落结构特征及优势种的研究(胡玉佳和丁小球，2000；臧润国等，2001；刘万德等，2009)。近年来，由于人为对环境的破坏、生态旅游的开发等，霸王岭国家级自然保护区一些濒危植物所在的生境面临着较大的威胁，而对该区的国家重点保护野生植物在整个保护区生存的群落及不同种群利用资源和占据生态空间能力等方面的研究均未见报道。为此，本案例对国家重点保护植物在不同群落中的生态位状况进行分析，对阐明国家重点保护植物种群与其他种群之间的相互关系，制定国家重点保护植物种群保护措施提供依据。

1) 案例的地理概况与研究方法

(1) 地理概况

海南霸王岭国家级自然保护区位于海南岛西南部山区，地理坐标为北纬 18°52′～19°12′，东经 108°53′～109°20′，属森林生态系统类型的自然保护区。保护区总面积 29 980hm²，核心区面积为 10 540hm²，缓冲区面积为 8910hm²，实验区面积为 10 530hm²。该地区属于热带季风气候，干湿季节较明显。海拔为 100～1700m，保护区内的土壤以花岗岩作为母质而发育成以砖红壤为代表的类型，随着海拔的增加不断过渡为山地红壤(胡玉佳和丁小球，2000)。低地雨林和山地雨林是该地区分布最广的两个主要植被类型，低地雨林以青梅(*Vatica mangachapoi*)、野荔枝(*Litchi chinensis*)等为优势种，受人为干扰强度较大。以鸡毛松(*Podocarpus imbricatus*)、陆均松(*Dacrydium plerrei*)等为优势种的山地雨林分布海拔较高，人为干扰强度较小，因而至今仍保存一定面积的原始山地雨林植被。霸王岭林区大部分的原始森林都经过了刀耕火种和商业性采伐的破坏，自 1994 年海南岛实施全岛森林禁伐以来，霸王岭的热带森林大部分都处于自然恢复状态(张志东和臧润国，2007)。

(2) 研究方法

A. 样地调查

在霸王岭保护区内沿着不同的海拔、坡向、坡度和不同管护点或监测点设置样地，根据 2011 年国家林业局对中国重点保护野生植物资源调查的技术方法(国家林业局，2009)，乔木树种及大灌木的样方面积为 400m^2，即每个样地为 20m×20m，同时记录各样地的海拔、坡度、坡向等生境指标，将每个样地再划分成 5m×5m 的小样方，对其进行每木调查，具体包括胸径、枝下高、树高、冠幅等。总共设置有 70 个样地，总面积 2.8hm^2。同时，对分布在大面积森林群落中且出现于三个以上不同小生境中的海南梧桐(*Firmiana hainanensis*)、香籽含笑(*Michelia hypolampra*)、陆均松(*Dacrydium pectinatum*)、粘木(*Ixonanthes reticulata*)、鸡毛松(*Dacrycarpus imbricatus* var. *patulus*)、海南粗榧(*Cephalotaxus mannii*)、海南油杉(*Keteleeria hainanensis*)、油丹(*Alseodaphne hainanensis*)、乐东拟单性木兰(*Parakmeria lotungensis*)、海南韶子(*Nephelium topengii*)、白木香(*Aquilaria sinensis*)、野茶(*Camellia sinensis* var. *assamica*) 12 种国家重点保护植物的生态位进行研究，12 个物种所分布的森林可划分为 14 个不同的群落，具体为：厚皮香八角(*Illicium ternstroemioides*)、厚壳桂(*Cryptocarya chinensis*)群落(A)；陆均松、乐东拟单性木兰群落(B)；小红栲(*Castanopsis carlesii*)［海南白椎(*Castanopsis carlesii* var. *hainanica*)，这个变种可能有误］、九节(*Psychotria asiatica*)群落(C)；红椆(柯)(*Lithocarpus fenzelianus*)、谷木(*Memecylon ligustrifolium*)群落(D)；厚壳桂(*Cryptocarya chinensis*)、药用狗牙花(*Tabernaemontana bovina*)群落(E)；油丹(*Alseodaphne hainanensis*)、黄叶树(*Xanthophyllum hainanensis*)群落(F)；线枝蒲桃(*Syzygium araiocladum*)、九节(*Psychotria asiatica*)群落(G)；厚壳桂(*Cryptocarya chinensis*)、线枝蒲桃(*Syzygium araiocladum*)群落(H)；海南山龙眼(*Helicia hainanensis*)、厚壳桂群落(I)；蓝树(海南倒吊笔，*Wrightia laevis*)、郎伞木(*Ardisia crispa*)群落(J)；药用狗牙花(*Tabernaemontana bovina*)，黄丹木姜(*Litsea elongata*)群落(K)；白背厚壳桂(*Cryptocarya maclurei*)、药用狗牙花群落(L)；海南韶子鹅掌柴(鸭脚木)(*Schefflera heptaphylle*)群落(M)；重阳木(*Bischofia javanica*)、阴香(*Cinnamomum burmanni*)群落(N)。以这 14 个不同群落作为“不同的资源状态”，计算这 12 种国家重点保护植物在不同群落中的重要值(表 9-3-2)，进而得出它们的生态位宽度以及生态位重叠度，并分析它们在不同群落中的地位及相互之间利用资源的状况。

B. 数据分析方法

采用常用的生态位测度方法。

2)结果与分析

(1)生态位宽度

由表 9-3-3 可知，白木香、海南韶子和野茶生态位宽度值比较大，分别为 2.017、1.923 和 1.907，表明这 3 个物种能够出现在霸王岭的多个群落中，其分布相对较广，生态适应能力也相对其他保护植物强。在我们的实际调查中，发现在霸王岭国家级自然保护区内分布范围较广的这些保护物种，在各种群落中都有植株存在，反映出它们对不同环境的生态适应力。香籽含笑、粘木和陆均松的生态位宽度值较小，分别为 0.969、0.859 和 0.806，说明这三个物种在霸王岭地区分布的范围比较窄，我们的实际调查也表明这三个物种在空间的分布上极不均匀，反映出它们对群落生境的要求更为苛刻，导致其适宜生存的生境也比较少。同时，我们发现生态位宽度较小的这 3 种植物在不同的群落中的分布也较少，其中有香籽含笑分布的森林，植被类型为药用狗牙花、黄丹木姜群落，白背

表 9-3-2 12 种保护植物在不同的群落中的重要值*

Tab.9-3-2 Importance value of 12 national protected plants in different plant communities

	A	B	C	D	E	F	G	H	I	J	K	L	M	N
鸡毛松	0.000	0.000	0.208	0.546	0.000	0.000	0.383	0.362	0.000	0.000	0.000	1.364	2.096	0.000
海南油杉	6.705	0.000	2.476	1.295	8.648	0.518	3.352	0.000	0.000	0.000	0.000	0.000	0.000	0.000
油丹	0.000	1.692	0.000	1.205	0.437	10.227	6.789	11.898	9.311	0.000	0.199	0.000	0.912	0.000
海南韶子	0.000	0.000	0.000	0.295	0.000	3.536	2.002	1.380	2.458	0.676	1.539	0.572	5.109	0.000
白木香	0.000	0.160	0.989	0.000	0.000	0.745	0.921	0.177	0.000	0.676	0.198	0.848	0.358	0.000
野茶	3.849	0.289	1.526	0.000	3.807	1.418	0.000	1.177	0.000	0.000	0.398	1.502	0.555	0.000
海南梧桐	0.000	0.000	0.000	0.000	0.000	0.000	0.000	0.000	0.000	5.184	0.000	3.627	3.074	10.927
乐东拟单性木兰	0.000	6.262	10.379	2.344	0.000	0.113	0.327	0.000	0.000	0.000	0.000	0.000	0.000	0.000
香籽含笑	0.000	0.000	0.000	0.000	0.000	0.000	0.000	0.000	0.000	0.000	0.286	1.181	0.000	0.811
陆均松	0.000	13.585	0.000	0.000	0.000	0.000	4.056	1.908	0.000	0.000	0.000	0.000	0.000	0.000
粘木	0.000	0.000	0.214	2.070	0.000	0.000	1.809	0.000	0.000	0.000	0.000	0.000	0.000	0.000
海南粗榧	0.000	0.000	0.000	0.000	0.000	0.000	0.000	0.000	0.000	6.568	15.056	10.592	0.000	0.000

*鸡毛松(*Dacrycarpus imbricatus* var. *patulus*)、海南油杉(*Keteleeria hainanensis*)、油丹(*Alseodaphne hainanensis*)、海南韶子(*Nephelium topengii*)、白木香(*Aquilaria sinensis*)、野茶(*Camellia sinensis* var. *assamica*)、海南梧桐(*Firmiana hainanensis*)、乐东拟单性木兰(*Parakmeria lotungensis*)、香籽含笑(*Michelia hypolampra*)、陆均松(*Dacrydium pectinatum*)、粘木(*Ixonanthes reticulata*)、海南粗榧(*Cephalotaxus mannii*)。

表 9-3-3 12 种保护植物的生态位宽度值

Tab.9-3-3 Niche breadth of 12 national protected plants

序号	种名	生态位宽度	序号	种名	生态位宽度
1	鸡毛松 *Dacrycarpus imbricatus* var. *patulus*	1.484	7	海南梧桐 *Firmiana hainanensis*	1.252
2	海南油杉 *Keteleeria hainanensis*	1.495	8	乐东拟单性木兰 *Parakmeria lotungensis*	1.054
3	油丹 *Alseodaphne hainanensis*	1.706	9	香籽含笑 *Michelia hypolampra*	0.969
4	海南韶子 *Nephelium topengii*	1.923	10	陆均松 *Dacrydium pectinatum*	0.806
5	白木香 *Aquilaria sinensis*	2.017	11	粘木 *Ixonanthes reticulata*	0.859
6	野茶 *Camellia sinensis* var. *assamica*	1.907	12	海南粗榧 *Cephalotaxus mannii*	1.045

厚壳桂、药用狗牙花群落和重阳木、阴香群落，并且在这三种群落中分布的香籽含笑数量极其少；粘木分布的森林群落类型为小红栲、九节群落，红椆(柯)、谷木群落和线枝蒲桃、九节群落，分布的数量相对较多，尤以红椆(柯)、谷木群落分布的数量较多；陆均松相对香籽含笑和粘木分布的植株数量较多，但在不同的林分中数量分布不均匀，在厚皮香八角、厚壳桂群落的分布数量最多，表明陆均松在厚皮香八角、厚壳桂群落类型的生境中较适应；同时由于人为干扰及物种自身生物学和生态学特性，使得其分布的地理范围变得越来越窄。

不同的物种在不适宜自身的不利环境条件下会选择不同的适应对策，对不利环境条件的适应能力较强的物种，可以扩大它们的地理分布以保持有足够的植株数量，而适应能力较差的物种则只能选择在较适宜自身发展的环境中保持优势的个体数量来维持种群的生存。

(2)生态位相似性

由表 9-3-4 可知，12 个物种间的生态位相似性比例值差异显著，其中生态位相似性比例值在 0.6 以上的共 11 对，占总数的 16.67%；比例值在 0.8 以上的有 4 对，分别是鸡毛松和香籽含笑、海南油杉和油丹、海南油杉和海南粗榧以及白木香和香籽含笑，说明这几对物种之间利用资源的相似性程度基本一致；而多数对物种(31 对，占总数的 46.97%)之间的生态位相似性比例值较小，为 0.1～0.4，说明多数物种对环境以及资源的要求差异性较大；另外，还有 2 个物种对之间的生态位相似性比例值不到 0.01，即鸡毛松和海南油杉、白木香和海南粗榧，说明这两个物种之间对环境的要求基本不同。同时，生态位宽度较大的物种，它们之间的生态位相似性比例值也较大。例如，海南油杉和油丹、海南油杉和海南粗榧其生态位相似性比例值均在 0.85 以上；而一些生态位宽度较小的物种之间的生态位相似性比例值有时要高于那些生态位宽度值较大的物种对，如香籽含笑和鸡毛松为 0.804，这主要与它们对环境资源利用的相似程度以及物种自身的生物学特性有关。

表 9-3-4　12 种保护植物的生态位相似性*

Tab.9-3-4　Niche similarity of 12 national protected plants

物种	鸡毛松	海南油杉	油丹	海南韶子	白木香	野茶	海南梧桐	乐东拟单性木兰	香籽含笑	陆均松	粘木	海南粗榧
鸡毛松	1											
海南油杉	0.004	1										
油丹	0.403	0.930	1									
海南韶子	0.481	0.362	0.292	1								
白木香	0.778	0.071	0.409	0.453	1							
野茶	0.431	0.337	0.681	0.101	0.520	1						
海南梧桐	0.177	0.798	0.213	0.165	0.088	0.295	1					
乐东拟单性木兰	0.283	0.203	0.784	0.189	0.306	0.052	0.516	1				
香籽含笑	0.804	0.011	0.467	0.356	0.828	0.469	0.174	0.294	1			
陆均松	0.389	0.214	0.478	0.098	0.442	0.079	0.351	0.199	0.459	1		
粘木	0.733	0.170	0.345	0.327	0.720	0.292	0.069	0.477	0.741	0.437	1	
海南粗榧	0.059	0.862	0.340	0.395	0.006	0.382	0.248	0.579	0.058	0.414	0.132	1

*植物学名同表 9-3-2。

(3)生态位重叠

由表 9-3-5 可知，虽然不同保护植物之间的生态位重叠值存在一定的差别，但多数保护植物之间的生态位重叠值较小，可见多数国家保护物种适宜的生境较少，而且在适宜生态资源方面表现出分异或趋同的特性。生态位宽度和生态位重叠之间存在较大的相关性。例如，海南韶子的生态位宽度较大，与鸡毛松和油丹等物种的生态位重叠值也较大，分别为 0.672 和 0.656；生态位宽度较大的野茶与海南油杉的生态位重叠值最大，为

0.872；生态位宽度较小的香籽含笑、陆均松、粘木、海南梧桐、乐东拟单性木兰及海南粗榧与一些保护植物之间的生态位重叠值为 0。但有些生态位宽度都较小的物种之间的生态位重叠值却较大。例如，香籽含笑的生态位宽度较小，但与海南梧桐和海南粗榧的生态位重叠值分别为 0.693 和 0.589；而有些生态位宽度较大的物种的生态位重叠值却不高，如海南油杉与鸡毛松的生态位重叠值为 0.081，说明生态位宽度较大的物种，虽然对资源的利用能力较强，分布较广，但与其他种群间的生态位重叠值不一定大；反之，生态位宽度较小的物种，与其他种群间的生态位重叠值也不一定小。

表 9-3-5 12 种保护植物的生态位重叠*

Tab.9-3-5 Niche overlap of 12 national protected plants

物种	鸡毛松	海南油杉	油丹	海南韶子	白木香	野茶	海南梧桐	乐东拟单性木兰	香籽含笑	陆均松	粘木	海南粗榧
鸡毛松	1											
海南油杉	0.081	1										
油丹	0.184	0.144	1									
海南韶子	0.672	0.103	0.656	1								
白木香	0.496	0.258	0.436	0.546	1							
野茶	0.245	0.872	0.259	0.243	0.365	1						
海南梧桐	0.334	0.000	0.011	0.223	0.304	0.089	1					
乐东拟单性木兰	0.110	0.205	0.069	0.019	0.485	0.234	0.000	1				
香籽含笑	0.420	0.000	0.002	0.104	0.372	0.210	0.693	0.000	1			
陆均松	0.059	0.081	0.261	0.102	0.225	0.070	0.000	0.489	0.000	1		
粘木	0.258	0.285	0.273	0.209	0.350	0.019	0.000	0.225	0.000	0.186	1	
海南粗榧	0.282	0.000	0.008	0.235	0.431	0.182	0.285	0.000	0.589	0.000	0.000	1

*植物学名同表 9-3-2。

3)特点与讨论

某一物种的生态位宽度可以通过该种在某一资源轴上的适应实验来测定，但目前较多的森林生态学研究多从某一物种在资源轴上的分布实况来计算该物种的生态位宽度(杨小波，2002)，不同的物种在不同的资源轴上，其生态位宽应有一定的差异，而不是等价的，当然这一问题存在争议(杨小波，2002；Hubbell，2001，2006；牛克昌等，2009)。本案例一样是采用某一物种在资源轴上的分布实况来计算该物种的生态位宽度，支持物种间在同一资源轴上非等价。研究结果表明，海南霸王岭自然保护区的国家重点保护植物的生态位特点有：①生态位宽度值从大到小依次为白木香、海南韶子、野茶、油丹、海南油杉、鸡毛松、海南梧桐、乐东拟单性木兰、海南粗榧、香籽含笑、粘木和陆均松；②物种的生态位宽度值的大小与其自身地理分布范围密切相关，如陆均松等的生态位宽度较小的原因与其分布海拔范围狭窄有关；生态位宽度值较大的种群对资源利用能力较强，与其他物种的生态位重叠值一般较大，而一些生态位宽度较小的物种与其他物种的生态位重叠值也较高，与它们对环境资源利用的相似程度以及物种自身的生物学特性密切相关；③香籽含笑、粘木等的生态位宽度较小，而且个体数量较少，适宜其生存的群落和生境极少，应该给予更多的关注和优先保护；④未来对濒危植物的保护不仅要考虑各物种自身的生物学特性，还应从植物群落的角度考虑，只有保护好这些濒危植物的生存群落，如山地雨林等，才能实现对濒危植物的有效保护。

2. 红树植物种间生态位研究——以东寨港为例

在海南对湿地植物群落物种生态位开展的研究较少，廖宝文等(2005)在海南东寨港对几种红树植物种间生态位的研究，基本反映了海南的红树林植被中一些物种的生态位情况，是海南目前红树林生态位研究较好的案例，《海南植被志》引用该研究案例(全文引用)说明在红树林中植物种间的生态位特点。

1)案例的地理概况与研究方法

(1)地理概况

试验地设在我国海南省东北部的东寨港红树林区(东经 110º32′～110º37′，北纬 19º51′～20º01′)。该区为热带季风海洋性气候，年平均气温为 23.3～23.8℃，极端最高温度 38.9℃，极端最低温度 2.6℃；年均日照时数在 2000h 以上，年平均相对湿度 85%；年均降水量 1676.4mm，雨季平均始期为 5 月上旬，终期为 10 月下旬。潮型为不规则的半日潮，最大潮差 1.8m，平均潮差 1.1m。潮差大，潮间带宽广，为红树林生长提供较大的空间。

区内红树林面积 2006hm^2，有真红树植物 13 科 16 属 27 种，其中 9 种为引种(1 种从国外引进)，半红树植物 8 科 10 属 10 种。无瓣海桑于 1985 年从孟加拉国引进海南东寨港，3 年后开花结实，现已大量繁衍，最高植株达 13.5m(廖宝文等，2003)，目前我国华南沿海地区正在扩大无瓣海桑的栽种范围。

(2)研究方法

A. 样地设置

样地设在东寨港自然保护区三江红树林区(红树林面积约 1000hm^2)。该林区 1989 年已存在无瓣海桑种子扩散源(约 1hm^2 无瓣海桑人工林)，1996 年又营造无瓣海桑林约 10hm^2。无瓣海桑主要在演州河和梅坡河两边从下游向上游扩散，扩散范围发生在秋茄(*Kandelia candel*)、桐花树 (*Aegiceras corniculatum*)群落的演替系列中。演替的群落类型及其替代顺序为秋茄、桐花树群落(群落Ⅰ)；桐花树、秋茄群落(群落Ⅱ)；桐花树、秋茄、木榄(*Bruguiera gymnorrhiza*)群落(群落Ⅲ)；桐花树、木榄、秋茄群落(群落Ⅳ)。样方均设在这些群落内，面积为 10m×10m。其中，群落Ⅰ设置样方 32 个，群落Ⅱ设置样方 10 个，群落Ⅲ设置样方 10 个，群落Ⅳ设置样方 14 个。样方起测径阶为 2cm，记录样方中的种数、种的个体数、覆盖度、地径、胸径、树高和样地中植株的经常性浸水深度等。老鼠簕(*Acanthus ilicifolius*)在各群落中均有少量分布，但由于个体小且数量少，故未计入。同时，取适量的土壤样品，带回实验室分析其 pH 及盐分、N、P、K 和有机质的含量。各群落的生态因子测定结果见表 9-3-6。从中可看出群落Ⅰ～Ⅳ的各生态因子均有较明显的梯度变化。

表 9-3-6 各群落(资源位)的生态因子

Tab.9-3-6 Ecological factors in each mangrove community

群落	土壤化学成分(SCC)#/‰						土壤机械组成(SMC)#/%			潮水
	pH	速效N*	速效P*	速效K*	有机质*	含盐量*	>0.25mm	0.25~0.02mm	<0.02mm	浸水深度(SD)#
Ⅰ	5.67	83.82	8.82	536.72	27.12	22.3	9.61	25.77	64.62	30~50
Ⅱ	5.41	70.12	5.36	470.90	20.73	18.9	9.01	29.86	61.13	20~30
Ⅲ	5.37	47.45	2.30	422.73	16.49	16.5	8.05	39.14	52.81	15~20
Ⅳ	5.16	50.46	4.46	393.78	19.42	15.8	25.44	30.21	44.35	10~15

*有效N(mg/kg),Available P(mg/kg),Available K(mg/kg),O.M.(g/kg),盐度:# SCC:土壤化学组成 composition,SMC:土壤,SD:海水深度(cm)。

B. 生态位测度方法

采用常用的 Simpson 公式方法。

2)结果与分析

生态位宽度是指一个种群所利用各种不同资源的总和(王伯荪等,1995;张金屯,1995),以度量种群利用资源多样化的水平(梁士楚,1997)。由表 9-3-7 可见,各种群生态位宽度值的大小排序均是桐花树>秋茄>木榄>白骨壤>无瓣海桑>海桑>角果木>红海榄>海莲。桐花树、秋茄、木榄和白骨壤生态位宽度均较大,尤其是桐花树(灌木)的个体虽不大,但其个体数量较多,表明这些树种生长可利用的资源最为丰富,且

表 9-3-7 无瓣海桑扩散区各群落树种个体数与重要值

Tab.9-3-7 Tree numbers of individuals and important values of each mangrove species for different resource status in the extension area of *Sonneratia apetala*

树种	群落Ⅰ		群落Ⅱ		群落Ⅲ		群落Ⅳ		生态位 Bi
	个体数	重要值	个体数	重要值	个体数	重要值	个体数	重要值	
A	71	6.33	34	5.07	46	7.76	0	0	2.98
B	1328	28.70	1222	42.33	1508	52.65	2040	40.60	3.83
C	1746	45.07	376	19.32	196	15.37	564	23.68	3.34
D	252	7.63	192	11.89	172	11.53	1104	24.33	3.32
E	56	2.66	188	12.56	36	5.54	84	6.11	3.10
F	0	0	20	4.05	12	1.62	0	0	1.69
G	188	9.61	24	4.75	24	3.98	0	0	2.57
H	0	0	0	0	0	0	96	2.52	1.00
I	0	0	0	0	4	1.55	48	2.77	1.85
合计	3641	100	2056	100	1998	100	3936	100	

A. 无瓣海桑 *Sonneratia apetala*; B. 桐花树 *Aegiceras corniculatum*; C. 秋茄 *Kandelia candel*; D. 木榄 *Bruguiera gymnorrhiza*; E. 白骨壤 *Avicennia marina*; F. 红海榄 *Rhizophora stylosa*; G. 海桑 *Sonneratia caseolaris*; H. 海莲 *Bruguiera sexangula*; I. 角果木 *Ceriops taga*。

利用资源谱的能力较强。无瓣海桑的生态位宽度值(Bi=2.98)处于中等水平，比上述几种植物的生态位宽度值(Bi 为 3.10～3.83)小，但比海桑、角果木、红海榄和海莲的生态位宽度值大，反映出无瓣海桑虽为前沿滩涂先锋树种，但其天然扩散受到诸多因子的制约(廖宝文等，2003)。首先，无瓣海桑受海水盐度的制约，种子发芽最适海水盐度小于 5‰，当海水盐度高于 10‰时，其种子的发芽受到抑制，甚至嫩芽受到盐害而变黑腐烂(李云等，1997)；其次，无瓣海桑果实一般在秋季成熟，当年萌发的天然小苗在极端温度低于 5℃时极易冻死，不能越冬；再次，无瓣海桑小苗是阳性苗，不可能在荫蔽的林下实现生长更新，不易入侵已郁闭成林的原生天然红树林；最后，无瓣海桑种子是鸟类和螃蟹的宜食食物(王伯荪等，2002)，在自然状态下发芽率很低。因此，无瓣海桑的生态位宽度值不会太大。但无瓣海桑对低温的适应能力比乡土红树植物海桑高 3℃左右(李意德，1994)，自然扩散定居的无瓣海桑幼苗不易受冬季低温危害，故其生态位宽度计算值略大于海桑。海莲只适生于底质较为硬实、半泥沙质的高潮滩涂，其生态位宽度值最小也是必然的。

3)特点与讨论

研究结果表明，东寨港无瓣海桑扩散区各树种生态位宽度排序为桐花树＞秋茄＞木榄＞白骨壤＞无瓣海桑＞海桑＞角果木＞红海榄＞海莲，较好地反映了各红树植物的生态适应性和利用资源的能力。作为外来引进种，无瓣海桑在群落中的生态位值得关注。生态位宽度的计算结果表明，无瓣海桑生态位宽度值处于中等水平，比中低潮滩的乡土植物(桐花树、秋茄、白骨壤、木榄)低，比中高潮的乡土植物(角果木、红海榄、海莲)高，与同属植物海桑的值较为接近。事实上，在潮间滩涂中，无瓣海桑主要生长于有较多淡水汇入(海水盐度较低，＜15‰)、淤泥深厚的河流型区域的前缘地段，随着滩涂的淤升和林木的郁闭，林内生境可能越来越不适宜其生长，逐渐被更适宜的中高潮滩植物取代。

3. 乐东县不同药用植物种类生态位分析

1)案例的地理概况与研究方法

(1)地理概况

乐东县的地理概况见第四章第四节。

(2)研究方法

A. 调查方法

为了了解不同药用植物资源对环境的适应能力，《海南植被志》以海南西南部的乐东县为例，在全县范围内沿 3 条样带：①佛罗镇－黄流镇－利国镇－九所镇，②尖峰镇－抱由镇－万冲镇，③千家镇－大安镇－志仲镇，开展不同药用植物种类资源的生态位调查与测算。调查方法为传统的路线、样方相结合。沿所设置的 3 条样带，共设随机调查样地 37 个，在样地周边以药用植物为目的种开展样方调查，每一个样地设 5 个，共 185 个 10m×10m 样方。

B. 分析方法

本案例采用生态位测度常用的 Shannon-Wiener 公式计算。

2)研究结果分析

(1)分布于丘陵山地药用植物的生态位宽度

对丘陵山地(海拔 300m 以上)物种生态位宽度进行分析,生态位宽度排列在前的 10 种重点药用植物包括 6 种木本植物和 4 种草本植物(表 9-3-8、表 9-3-9)。

表 9-3-8 分布于丘陵山地的 6 种木本重点药用植物的生态位宽度

Tab.9-3-8 Niche breadth of 6 key medicinal woody plants in hilly and mountain area

序号	种名	生态位宽度	序号	种名	生态位宽度
1	三桠苦 *Melicope pteleifolia*	2.6526	4	粗叶榕 *Ficus hirta*	2.3724
2	九节 *Psychotria asiatica*	2.5089	5	土沉香 *Aquilaria sinensis*	1.4751
3	橄榄 *Canarium album*	2.3757	6	丁公藤 *Erycibe obtusifolia*	1.3863

表 9-3-9 分布于丘陵山地的 4 种草本重点药用植物的生态位宽度

Tab.9-2-9 Niche breadth of 4 key medicinal herbaceous plants in hilly and mountain area

序号	种名	生态位宽度	序号	种名	生态位宽度
1	草豆蔻 *Alpinia hainanensis*	1.8661	3	金毛狗蕨 *Cibotium barometz*	0.6365
2	巴戟天 *Morinda officinalis*	1.0986	4	海金沙 *Lygodium japonicum*	0.6365

由表 9-3-8 可见,在乐东县高海拔分布药用植物的生态位宽度排列在前的 6 个木本植物中,三桠苦生态位宽度最大,为 2.6526,其次为九节(2.5089),橄榄与粗叶榕生态位宽度相当,分别为 2.3757、2.3724。土沉香和丁公藤的生态位宽度最小。土沉香因市场需求大,而它的药用部位为受损后木材的结香部分,特殊的药用部位及取香人欠缺结香技术,使种群受到很大的人为破坏,导致种群数量处于减少的状态。

从表 9-3-9 可知,草本类中草豆蔻的生态位宽度最大,为 1.8661,说明草豆蔻在高海拔山地区域分布范围较广,其种群数量较多,生存能力强。其次为巴戟天,生态位宽度为 1.0986。金毛狗蕨、海金沙的生态位较小,说明这些物种因某种原因种群数量较少,样方中分布稀少。

(2)低丘陵区域药用植物的生态位宽度

对低丘陵区域(海拔 150~300m)物种生态位宽度进行分析,排列在前的 25 种药用植物包括草本植物 14 种、木本植物 11 种,其生态位宽度分析见表 9-3-10、表 9-3-11。

表 9-3-10 低丘陵区域的 11 种木本重点药用植物的生态位宽度

Tab.9-3-10 Niche breadth of 11 key medicinal woody plants in low hill areas

序号	种名	生态位宽度	序号	种名	生态位宽度
1	鸦胆子 *Brucea javanica*	2.6517	7	黄荆 *Vitex negundo*	1.4192
2	余甘子 *Phyllanthus emblica*	2.5029	8	苦楝 *Melia azedarach*	1.3972
3	山芝麻 *Helicteres angustifolia*	2.2984	9	构树 *Broussonetia papyrifera*	0.7963
4	木棉 *Bombax ceiba*	1.9459	10	粗叶榕 *Ficus hirta*	0.6365
5	朱砂根 *Ardisia crenata*	1.8876	11	九节 *Psychotria asiatica*	0.4576
6	龙眼 *Dimocarpus longan*	1.6348			

由表 9-3-10 可见，11 种木本药用植物中，生态位宽度排在前 3 位的物种——鸦胆子、余甘子、山芝麻的值分别是 2.6517、2.5029、2.2984。较高的生态位宽度，表明其对中海拔的生境中各个生态因子的适应性较强，能保持较多的种群数量，为中海拔常见药用植物。木棉、朱砂根、龙眼、黄荆、苦楝、构树这 6 种药用植物，野外调查发现其种群数量较小，说明其分布受到一定限制。而粗叶榕、九节因为耐阴、喜湿，中海拔多为半干旱、干旱生境而不适于其大量生长，故生态位宽度最小。

表 9-3-11　低丘陵 14 种草本重点药用植物的生态位宽度

Tab.9-3-11　Niche breadth of 14 key medicinal herbaceous plants in low hill areas

序号	种名	生态位宽度	序号	种名	生态位宽度
1	白茅 *Imperata cylindrica*	2.4997	8	蜂巢草 *Leucas aspera*	1.7781
2	一点红 *Emilia sonchifolia*	2.2396	9	鸭跖草 *Commelina communis*	1.771
3	穿心莲 *Andrographis paniculata*	1.9351	10	飞扬草 *Euphorbia hirta*	1.7211
4	天门冬 *Asparagus cochinchinensis*	1.9205	11	毛鸡骨草 *Abrus pulchellus*	1.5571
5	青葙 *Celosia argentea*	1.8209	12	草豆蔻 *Alpinia hainanensis*	1.0513
6	叶下珠 *Phyllanthus urinaria*	1.8049	13	鳢肠 *Eclipta prostrata*	0.9165
7	阳春砂 *Amomum villosum*	1.7868	14	海金沙 *Lygodium japonicum*	0.687

由表 9-3-11 可见，白茅生态位宽度最大，为 2.4997，因其为禾本科植物，分布广泛，自身繁殖能力强、耐贫瘠、耐干旱能力强。其次为菊科植物一点红，其生态位宽度为 2.2396；再次为爵床科植物穿心莲、百合科天门冬、苋科植物青葙，其生态位宽度分别为 1.9351、1.9205、1.8209。这三种植物在中海拔分布的生态位宽度比较类似。

(3) 台地平原区域药用植物的生态位宽度

对台地平原地区药用植物生态位宽度进行研究，排列在前的 14 种药用植物包括 6 种木本植物和 8 种草本植物，其生态位宽度分析见表 9-3-12、表 9-3-13。由表 9-3-12 可知，在台地与平原区域，木本黄荆的生态位宽度最大，为 2.0267；其次为龙眼，为 1.8479。鸦胆子、余甘子生态位宽度相差不大，分别是 1.7966、1.7670。九节生态位最小，表明其对该区域环境适应能力差，主要原因可能是较为干旱的环境不利于九节的生长。

由表 9-3-13 可见，在草本植物里，飞扬草生态位宽度最大，为 1.6648，其次为鳢肠草，生态位宽度为 1.1945；再次为海金沙，生态位宽度为 0.9504，这 3 个物种分布较广。由于该区域较为干旱，人为活动强度大，自然分布的能入药的草本植物资源的种群生态位宽度均比较小。

表 9-3-12　台地平原 6 种木本药用植物的生态位宽度

Tab.9-3-12　Niche breadth of 6 key medicinal woody plants in plainand tableland areas

序号	种名	生态位宽度	序号	种名	生态位宽度
1	黄荆 *Vitex negundo*	2.0267	4	余甘子 *Phyllanthus emblica*	1.7670
2	龙眼 *Dimocarpus longan*	1.8479	5	苦楝 *Melia azedarach*	0.6932
3	鸦胆子 *Brucea javanica*	1.7966	6	九节 *Psychotria asiatica*	0.3913

表 9-3-13　平原台地 8 种草本重点药用植物的生态位宽度

Tab.9-3-12　Niche breadth of 8 key medicinal herbaceous plants in plainand tableland areas

序号	种名	生态位宽度	序号	种名	生态位宽度
1	飞扬草 *Euphorbia hirta*	1.6648	5	白茅 *Imperata cylindrica*	0.6890
2	鳢肠草 *Eclipta prostrata*	1.1945	6	叶下珠 *Phyllanthus urinaria*	0.3046
3	海金沙 *Lygodium japonicum*	0.9504	7	蜂巢草 *Leucas aspera*	0.1000
4	天门冬 *Asparagus cochinchinensis*	0.6932	8	一点红 *Emilia sonchifolia*	0.0600

(4)同一药用植物不同海拔梯度的生态位宽度比较

对乐东县范围内包括 7 种木本植物在内、10 种草本植物在内的 17 种重点药用植物的生态位宽度作分析(表 9-3-14、表 9-3-15)。由表 9-3-14 可知，大多数木本药用植物以中海拔、低海拔分布为主。仅九节的分布范围最广，同时生态位宽度也最大，为 3.3577。鸦胆子、余甘子生态位宽度相差不大，在该县的分布特点相似。粗叶榕喜阴湿环境，低海拔干旱、辐射强的生境不适其生存，多出现于中海拔、高海拔。从生态位宽度大小可知，黄荆在低海拔比较多见，龙眼在中低海拔生态位宽度差别不大，而苦楝在中海拔分布较多。

表 9-3-14　7 种木本重点药用植物在不同区域的生态位宽度

Tab.9-3-14　Niche breadth of 7 key medicinal woody plants in different landscapes

序号	种名	生态位宽度			
		整体生态位宽度	台地平原区域	低丘陵区域	丘陵山地
1	九节 *Psychotria asiatica*	3.3577	0.3913	0.4576	2.5089
2	鸦胆子 *Brucea javanica*	2.9802	1.7966	2.6517	—
3	余甘子 *Phyllanthus emblica*	2.8941	1.7670	2.5029	—
4	粗叶榕 *Ficus hirta*	2.5321	—	0.6365	2.3724
5	黄荆 *Vitex negundo*	2.4413	2.0267	1.4192	—
6	龙眼 *Dimocarpus longan*	2.4401	1.8479	1.6348	—
7	苦楝 *Melia azedarach*	1.6596	0.6932	1.3972	—

表 9-3-15　10 种草本重点药用植物在不同区域的生态位宽度

Tab.9-3-15　Niche breadth of 10 key medicinal herbaceous plants in different landscapes

序号	种名	生态位宽度			
		整体生态位宽度	台地平原区域	低丘陵区域	丘陵山地
1	白茅 *Imperata cylindrica*	2.5421	0.6890	2.4997	—
2	一点红 *Emilia sonchifolia*	2.3046	0.0600	2.2396	—
3	草豆蔻 *Alpinia hainanensis*	2.2323	—	1.0513	1.8661
4	天门冬 *Asparagus cochinchinensis*	2.0598	0.6932	1.9205	—
5	穿心莲 *Andrographis paniculata*	1.9778	—	1.9351	0.0420
6	飞扬草 *Euphorbia hirta*	1.9225	1.6648	1.7211	—
7	蜂巢草 *Leucas aspera*	1.8788	0.1000	1.7781	—
8	海金沙 *Lygodium japonicum*	1.5910	0.9504	0.6870	0.6365
9	鳢肠 *Eclipta prostrata*	1.5795	1.1945	0.9165	—
10	叶下珠 *Phyllanthus urinaria*	0.4643	0.3046	1.8049	—

由表 9-3-15 可知，草本中生态位宽度最大的是白茅，为 2.5421，它在低海拔的生态位宽度小于中海拔，较大原因是其在低海拔多分布在田地、路边的群落，因影响农作物生长、行人交通，人们将其作为杂草清除掉。多数草本分布在中海拔、低海拔，而草豆蔻、穿心莲在低海拔未调查到，这是因为其多生长在疏林乔木层下。海金沙分布范围最广，中海拔、高海拔、低海拔均有分布，但是因为其分布数量较小，所以总的生态位宽度并不是最大。

3）特点与讨论

本研究与以往的某一群落的物种生态位的研究方法有较大的不同（杨小波，2002；廖宝文等，2005；陈玉凯等，2014），本研究是通过选择一个县及目的种，并在全县范围内，沿不同资源轴开展目的种的生态位宽调查。调查测定的结果表明，不同的物种其生态位宽差异较大，不同的物种确实对海拔等生态环境有不同的适应能力。

第四节 不同植被群落中的植物分布格局研究

（一）植物种群分布格局研究意义与进展

由于植物分布格局的研究对揭示种群的形成和维持机制有着重要的理论意义，一直以来都是植物生态学领域的研究热点（Nathan，2006）。国内的学者对于此方面的研究也做了一系列的工作。叶万辉等（2008）对照植物种群分布图，对鼎湖山南亚热带常绿阔叶林内的优势物种的格局情况进行了简要分析；张金屯（2005）、李素清等（2007）分别用 DCA 排序与格局分析方法相结合、DCA 排序与双项轨迹方差法相结合的方法，完成了对芦芽山亚高山草甸优势种群和群落的二维格局分析及对山西云顶山亚高山草甸优势种群和群落的格局分析；张金屯和李素清（2008）共同阐述了随机配对法在亚高山草甸优势种群格局分析中的应用；苏志尧等（2000）运用 Greig-Smith（1952）和 Kershaw（1957）的方法对粤北天然林优势种群木荷、栲树、马尾松等种群空间分布格局进行了分析，他们的工作推动了中国植物种群分布格局的研究。还有的学者运用一些传统的测定指标来分析种群的空间格局，如方差均值比（扩散系数）的 T 检验、聚集指数、Lloyd 平均拥挤度、聚块性指数、负二项参数（k）、从生指标（I）、Green 指数、聚集强度、Poisson 分布和负二项分布的拟合 X^2 检验、Cassic 指标 $1/k$、Morisita 指数、聚类分析（吴宁，1995；黄运峰等，2009；安慧君和张韬，2005；张继义和赵哈林，2004；赖江山等，2006；张峰和上官铁梁，2000；武玉珍和张峰，2006；张亚爽等，2005；谢宗强等，1999；孙伟中和赵士洞，1997；杨君珑等，2007）。

按种群个体的聚集程度和方式，种群格局一般有 3 种分布型：①数学模型为泊松分布（poisson distribution）的随机分布型（random distribution）；②数学模型服从正二项分布（positive binomial distribution）的均匀分布型（regular distribution）；③数学模型为负二项分布（negative binomial distribution）的聚集分布型（aggregated distribution）（李景文，1992）。

空间格局对空间尺度具有强烈的依赖性，植物种群在某些尺度上可能服从聚集分布，而在其他尺度上则可能变成随机分布或均匀分布(He et al.，1997)。两个种的关联性在一种尺度下可能是正相关性，而在另一种尺度下则可能是负关联或没有相关性(Sterner et al.，1986)。传统的格局分析方法，如拟合 X^2 检验、方差区组分析、最近邻距离分析等，只能分析一种尺度下的分布格局，得出的结果与实际的群落结构有较大偏差，难以全面反映种群的分布类型、种间关联性与空间尺度的关系，而点格局分析法(张金屯，1998)在很大程度上克服了这些传统分析法的不足。自 20 世纪 90 年代以来，我国学者运用点格局分析法，相继开展了乔木和草本植物种群分布格局与空间关联性的研究，从不同尺度揭示了植物种群的生态学特性和形成过程(张金屯和孟庆平，2004；刘振国和李镇清，2004)。

一直以来，国内学者有关物种空间格局的研究，多采用 Ripley's *K* 函数(李明辉等，2005，2011；刘小恺等，2009；陈列等，2009；龚直文等，2010；宋于洋等，2010)。

二阶统计方法中 Ripley's *K* 函数的产生，有效解决了物种空间格局随空间尺度的变化、决定物种空间分布格局的因素等传统研究格局的方法所不能解释的问题(张健等，2007)。由于该方法是基于配对点之间的距离统计，克服了传统方法只能分析单一尺度空间分布格局的缺点，很快被应用到植物种群多尺度空间分布格局和物种间空间关联性的研究之中(Dale et al.，2002；Druckenbrod et al.，2005)，并且很好地从多尺度上探究了植物种群的生态学特性及过程(闫海冰等，2010)。但是，Ripley's *K* 函数也不是完美无缺的，因其本身是一个累积分布函数(张震等，2010)，具有积累效应，会影响结果的准确性(郭垚鑫等，2011)，即随着距离(尺度)的增大，大距离(尺度)上的分析结果就包括了较小距离尺度的信息，这种累积效应在计算过程中混淆了大尺度与小尺度的效应(Condit et al.，2000；Schurr et al.，2004)。近些年来，基于 Ripley's K 和 Mark 相关函数的 O-ring 统计方法因其能避免累积效应，更真实地反映种群任意尺度的空间分布格局而得到广泛的应用(Condit et al.，2000；韩文衡等，2010)。

由于 O-ring 统计的种种优点，更多的学者开始应用 O-ring 统计方法分析植物的空间格局。在长白山地区，潘春芳等(2010)以 5.2hm^2 的中龄林和 1.0hm^2 的老龄林固定监测样地内簇毛槭(*Acer barbinerve*)雌、雄植株的定位观测数据为基础，对比分析了长白山不同林龄的阔叶红松林中簇毛槭的性比格局、空间分布及其与环境因子间的关系。张健等(2007)以长白山阔叶红松林 25hm^2 样地调查数据为基础，采用点格局分析法的 O-ring 统计，分析了红松与紫椴两个优势树种在主林层、次林层和林下层的空间分布格局，以及各林层之间的种内和种间关联性。潘春芳等(2011)在长白山 5.2hm^2 固定监测样地内以山杨(*Populus davidiana*)雌、雄植株的长期定位观测数据为基础，分析了长白山次生杨桦林内山杨种群的性比格局、空间分布及其与环境因子间的关系。杜志等(2012)则采用点格局分析法的 O-ring 统计对长白山云冷杉针阔混交林、云冷杉针叶混交林和近原始云冷杉林三种典型群落内各建立的一块样地的主要树种的空间分布格局及树种间的空间关联性进行分析。在川西，敖建华和蔺雨阳(2010)通过对川西南攀西大裂谷地盘松(*Pinus yunnanensis* var. *pygmaea*)的典型地貌大样地调查资料，采用点格局分析法的 O-ring 函数研究探讨了地盘松种群不同尺度下的空间分布格局特征。缪宁等(2009)以红桦-岷江冷杉林 4hm^2 样地调查数据为依据，分析了红桦和岷江冷杉 2 个优势种群不同龄级的空间分布格局，以及各龄级间的种内和种间关联性。尤海舟等(2009)对点格局分析和其他格局分析方法进行了比较，指出了点格局分析方法在格局分析中的重要地位，并且阐述了 Ripley's K 函数与 O-ring 统计的区别，以及点格局分析的研究趋势。

(二)植物种类分布格局研究方法

现可应用 O-ring 统计的单变量 O-ring 函数，来计算每个优势种种群的分布格局，对于优势种群与其他种群种间关联性的分析则采用双变量 O-ring 函数。O-ring 统计函数是在 Ripley's K 函数和 Mark 相关函数之上发展起来的，它使用圆环代替 Ripley's K 函数中所使用的圆来计算距离中心点一定长度上的指定圆环宽度内目标的分布状况，这样就有效地消除了 Ripley's K 函数在分析大尺度格局时，易受小尺度累积效应影响的缺点(杜志等，2012)。

根据 Wiegand 等(2004)的定义，双变量 O-ring 统计值的计算公式为：

$$O_{12}^{w}(r)=\frac{\frac{1}{n_i}\sum_{i=1}^{n_i}\text{Points}_2\left[R_{1,i}^{w}(r)\right]}{\frac{1}{n_i}\sum_{i=1}^{n_i}\text{Area}\left[R_{1,i}^{w}(r)\right]} \tag{9-4-1}$$

式中，n_i 为格局 1(双变量统计中的对象 1)的点数目；$R_{1,i}^{w}(r)$ 是格局 1 中以第 i 点为圆心、半径为 r、宽为 w 的圆环。函数 Points$_2$ (X)计算了区域 X 内格局 2(双变量统计中的对象 2)的点数目；

$$\text{Points}_2\left[R_{1,i}^{w}(r)\right]=\sum_x\sum_y S(x,y)P_2(x,y)I_r^{w}(x_i,y_i,x,y) \tag{9-4-2}$$

$$I_r^{w}(x_i,y_i,x,y,)=\begin{cases}1 & r-\frac{w}{2}\leqslant\sqrt{(x-x_i)^2+(y-y_2)^2}\leqslant r+\frac{w}{2}\\ 0 & \text{other}\end{cases} \tag{9-4-3}$$

Area (X)为区域 X 的面积。

其中，

$$\text{Area}\left[R_{1,i}^{w}(r)\right]=Z^2\sum_x\sum_y S(x,y)I_r^{w}(x_i,y_i,x,y) \tag{9-4-4}$$

式中，(x_i,y_i) 为格局 1 中第 i 点的坐标；若坐标 (x_i,y_i) 在研究区域 X 内，则 $S(x,y)=1$，否则 $S(x,y)=0$；$P_2(x,y)$ 为分布在每个单元格内格局 2 的点的数目；$I_r^{w}(x_i,y_i,x,y)$ 是一个随格局 1 中第 i 点为中心、半径为 r 的圆而变化的变量；Z^2 表示一个单元格的面积大小。

单变量 O-ring 统计值 $O_{ii}(r)$ 是通过设定格局 1 等于格局 2 来计算的。在 O-ring 统计中，基于空间异质性、植物繁殖特征的差别等原因，对于零值模型(null model)的准确选择尤为重要，否则将导致空间格局的误判(Wiegand，2004)。对于单变量统计，结合样地树种的空间分布图，如果树种没有呈现明显聚集分布，则采用完全空间随机分布过程(complete spatial randomness，CSR)模型；若树种分布表现出明显的空间异质性，则要使用异质性 Poisson 过程(heterogeneous Poisson process，HP)模型。用 Monte Carlo 方法模拟结果，对于单变量统计，若$O_{ii}(r)$在上包迹线以上，则为聚集分布(+)；若在下包迹线以下，则为均匀分布(−)；若在上下包迹线之间，则为随机分布(r)。

双变量O-ring统计是为了比较样地内的主要树种两两间的空间关联性，采用移动圆环法进行检验，依然根据Monte Carlo方法模拟结果，若函数值在上包迹线以上，则两者在空间上是正关联关系(+)；若在下包迹线以下，则两者在空间上是负关联关系(−)；若在上下包迹线之间，表明其接受零假设，两者之间相互独立(r)。

本案例O-ring统计的计算通过Programita(2004年版)软件完成。采用本案例样地边长一半的空间尺度0～80m(张金屯，1998)，根据相应的零假设模型，经过19次模拟，将模拟结果中第五个最大模拟值与第五个最小模拟值之间的数值范围作为置信区间，从而得到95%的置信区间。

(三)研究案例

1. 海南山地雨林优势种种群空间分布格局研究——以霸王岭为例

1)案例的地理概况与研究方法

(1)地理概况

海南霸王岭分布有海南典型的山地雨林，以陆均松(*Dacrydium pectinatum*)为优势种，也分布有以壳斗科(Fagaceae)植物为优势的山地雨林。本研究样地位于海南霸王岭自然保护区东二站东北方的山脊上，样地中心地理坐标为北纬19°05′44″，东经109°10′47″，海拔980～990m，坡度20°～30°，东北坡向，土壤为山地黄壤。此区域属热带季风气候，干湿季明显，5～10月为雨季，11月至翌年4月为旱季，年平均气温23.6℃，年平均降水量1500～2000mm(刘万德等，2009)。20世纪70年代，在自然保护区未建立之前，此区域曾作为林场采伐木材，植被受到一定程度的破坏。1980年建立自然保护区后，此区域的植被开始恢复，郁闭度0.7左右，乔木层主要有红椎(*Castanopsis hystrix*)、越南白椎(*C. tonkinensis*)、鹅掌柴(鸭脚木)(*Schefflera octophylla*)、黄杞(*Engelhardia roxburghiana*)等；灌木层主要有药用狗牙花(*Ervatamia officinalis*)、郎伞(*Ardisia elegans*)、罗伞(*Brassaiopsis glomerulata*)、岭罗麦(解油)(*Tarennoidea wallichii*)等；草本层主要有三羽新月蕨(*Pronephrium triphyllum*)、中华复叶耳蕨(*Arachniodes chinensis*)、圆裂短肠蕨(*Allantodia uraiensis*)等；层间植物主要有扁担藤(*Tetrastigma planicaule*)、大叶钩藤(*Uncaria macrophylla*)、单叶省藤(*Calamus simplicifolius*)、楠藤(*Mussaenda erosa*)等藤本植物。

(2)研究方法

本研究采用常用的种群分布格局研究方法。

2)结果与分析

(1)群落主要乔灌木的分布格局

对样地群落中8个主要的优势乔木种群进行分布格局检验，结果见表9-4-1。样地群落8个主要的优势乔木种群的分布格局中，红椎种群、红椆种群和肉实树种群3个种群为随机分布类型，公孙椎种群、鹅掌柴(鸭脚木)种群、岭罗麦种群、黄杞种群和狭叶泡花种群 5 个种群为集群分布类型，没有均匀分布类型。在 5 个集群分布的种群中，以公孙椎种群的聚集强度最高，鹅掌柴(鸭脚木)种群次之，红椆种群的聚集强度最低。有研究表明在热带森林群落中，种群主要是随机分布或是集群分布，一般没有均匀分布，样地群落的种群分布格局与之相吻合。此外，有人认为若群落中多数种群呈随机分布，就说明该群落已进入了群落演替的顶级阶段(柴勇等，2005)，就样地群落种群分布格局的情况而言，样地群落还处在群落演替的中期，未进入演替的顶级阶段。

表 9-4-1 海南霸王岭壳斗科植物为优势种的山地雨林群落主要树种的种群分布格局

Tab.9-4-1 Population pattern of the major plant population of Fagaceae dominating montane rain forest in Bawangling

物种	数量	方差	均值	扩散系数	从生指数	t 值	类型
红椎	30	0.593 22	0.5	1.186 441	0.186 441	0.922 834	R
公孙椎	39	1.871 186	0.6	3.118 644	2.118 644	10.486 75	C
鹅掌柴(鸭脚木)	107	5.325 141	1.783 333	2.986 061	1.986 061	9.830 498	C
黄杞	22	0.914 124	0.366 667	2.493 066	1.493 066	7.390 301	C
狭叶泡花	57	1.607 627	0.95	1.692 239	0.692 239	3.426 409	C
肉实树	55	1.060 734	0.916 667	1.157 165	0.157 165	0.777 926	R
岭罗麦	58	2.390 96	0.933 333	2.561 743	1.561 743	7.731 403	C
红椆	15	0.283 898	0.25	1.135 593	0.135 593	0.671 254	R

注：标准误差为 0.202 031；R 为随机分布，C 为集群分布；$t_{0.05}$=2.001，$t_{0.01}$=2.662(自由度 59)。

(2) 群落主要乔灌木的种群分布格局动态

乔灌木种群生命周期漫长，目前还无法监测其整个生命周期内分布格局的动态变化过程，只能以空间的差异代替时间的变化，也就是用不同级别种群的分布格局变化替代整个种群发育过程中分布格局的动态变化过程。

群落主要乔灌木种群各龄级分布格局情况见表 9-4-2～表 9-4-6，从各种群在各龄级的分布类型来看，ii 级和 iii 级的种群多为随机分布类型，i 级的种群随机分布类型和集群分布类型的数量差不多。由此可以看出群落中主要乔木种群的分布格局总的变化趋势是向着随机分布类型转变的，但是，转变的过程有所区别，主要有 5 种转变类型。

表 9-4-2 集群—随机—随机类型

Tab.9-4-2 Cluster—Random—Random type

物种	级别	数量	方差	均值	扩散系数	从生指数	t 值	类型
红椎(刺栲)	i	13	0.308 192	0.216 667	1.422 425	0.422 425	2.090 892	C
	ii	1	0.016 667	0.016 667	1	0	0	R
	iii	16	0.266 667	0.266 667	1	0	0	R
公孙椎	i	27	1.234 746	0.45	2.743 879	1.743 879	8.631 742	C
	ii	7	0.138 701	0.116 667	1.188 862	0.188 862	0.934 817	R
	iii	5	0.111 582	0.083 333	1.338 983	0.338 983	1.677 876	R
狭叶泡花	i	37	1.155 65	0.616 667	1.874 027	0.874 027	4.326 2	C
	ii	15	0.292 373	0.25	1.169 492	0.169 492	0.838 938	R
	iii	5	0.111 582	0.083 333	1.338 983	0.338 983	1.677 876	R

注：标准误差为 0.202 031；R 为随机分布，C 为集群分布；$t_{0.05}$=2.001，$t_{0.01}$=2.662(自由度 59)。

表 9-4-3 集群—集群—随机类型

Tab.9-4-3 Cluster—Cluster—Random type

物种	级别	数量	方差	均值	扩散系数	从生指数	t 值	类型
鹅掌柴(鸭脚木)	i	73	3.359 04	1.216 667	2.760 854	1.760 854	8.715 764	C
	ii	23	0.986 158	0.383 333	2.572 587	1.572 587	7.783 888	C
	iii	11	0.186 158	0.183 333	1.015 408	0.015 408	0.076 267	R

注：标准误差为 0.202 031；R 为随机分布，C 为集群分布；$t_{0.05}$=2.001，$t_{0.01}$=2.662(自由度 59)。

表 9-4-4 随机—集群—集群类型

Tab.9-4-4 Random—Cluster—Cluster type

物种	级别	数量	方差	均值	扩散系数	从生指数	t 值	类型
黄杞	i	4	0.063 277	0.066 667	0.949 153	–0.05 085	–0.25 168	R
	ii	7	0.206 497	0.116 667	1.769 976	0.769 976	3.811 176	C
	iii	11	0.423 446	0.183 333	2.309 707	1.309 707	6.482 704	C

注：标准误差为 0.202 031；R 为随机分布，C 为集群分布；$t_{0.05}$=2.001，$t_{0.01}$=2.662(自由度 59)。

表 9-4-5 随机—随机—随机类型

Tab.9-4-5 Random—Random—Random type

物种	级别	数量	方差	均值	扩散系数	从生指数	t 值	类型
肉实树	i	46	0.995 48	0.766 667	1.298 452	0.298 452	1.477 261	R
	ii	4	0.063 277	0.066 667	0.949 153	–0.050 85	–0.251 68	R
	iii	5	0.077 684	0.083 333	0.932 203	–0.067 8	–0.335 58	R
红椆	i	6	0.125 424	0.1	1.254 237	0.254 237	1.258 407	R
	ii	2	0.032 768	0.033 333	0.983 051	–0.016 95	–0.083 89	R
	iii	7	0.104 802	0.116 667	0.898 305	–0.101 69	–0.503 36	R

注：标准误差为 0.202 031；R 为随机分布，C 为集群分布；$t_{0.05}$=2.001，$t_{0.01}$=2.662(自由度 59)。

表 9-4-6 随机—集群—随机类型

Tab.9-4-6 Random—Cluster—Random type

物种	级别	数量	方差	均值	扩散系数	从生指数	t 值	类型
岭罗麦	i	42	0.823 729	0.7	1.176 755	0.176 755	0.874 893	R
	ii	15	0.665 254	0.25	2.661 017	1.661 017	8.221 594	C
	iii	1	0.016 667	0.016 667	1	0	0	R

注：标准误差为 0.202 031；R 为随机分布，C 为集群分布；$t_{0.05}$=2.001，$t_{0.01}$=2.662(自由度 59)。

I 型为集群分布—随机分布—随机分布，变化过程见表 9-4-2，群落中主要乔木种群的红椎种群、公孙椎种群和狭叶泡花种群 3 个种群呈现这种变化过程。但是从上面种群整体分布格局的数据来看，3 个种群整体的分布格局类型存在着差别，红椎种群呈现随机分布，公孙椎和狭叶泡花两个种群呈现集群分布。结合以上种群龄级结构数据分析，其原因可能是红椎种群和公孙椎种群两者同科同属，生活习性比较相近，因此表现为相似的分布格局动态变化过程。然而，由于两者种群的年龄结构不同，导致它们向随机分布转变的趋势强度不同，前者强于后者，因此表现在整体的分布格局上就是红椎种群随机分布，公孙椎种群还是集群分布。而狭叶泡花种群与公孙椎种群的龄级结构比较相似，因此其分布格局变化过程较为相似。

Ⅱ型为集群分布—集群分布—随机分布，变化过程见表 9-4-3，只有鹅掌柴(鸭脚木)种群的分布格局变化过程是这种类型。结合以上的整体分布格局和龄级结构的数据，i 级呈现集群分布是因为其自身较喜阴湿环境，样地环境条件较为适应；ii 级个体数量较多，具有强竞争力，因此表现为集群分布类型；随着个体不断发育，需要资源较多，种间竞争加剧，种群内部竞争也比较剧烈，出现自疏现象，因此在 iii 级时种群呈现随机分布。

Ⅲ型为随机分布—集群分布—集群分布，变化过程见表 9-4-4，只有黄杞种群的动态变化过程是这种类型。这是由其本身的种子传播方式和喜光的生物特性决定的。黄杞种群进入群落的时间较早，光照比较充足，因此早期的生长比较集中，随着群落的不断发展，群落郁闭度不断增加以及黄杞物种飞播方式散种的随机性，决定了其 i 级种群个体多为随机分布类型，而其 ii 级和 iii 级的种群个体却因集中早期进入群落并且有较强的竞争力，表现为集群分布的类型。

Ⅳ型为随机分布—随机分布—随机分布，变化过程见表 9-4-5。肉实树种群和红椆种群的分布格局变化过程都是这种方式，但两者的成因却存在着区别。肉实树因为其本身喜阴湿的环境，样地群落处在沟谷地带，很适宜其生长，但是由于种子雨的变化和动物采食的影响使其 i 级种群个体数量减少，因此呈现随机分布；由于环境适宜，种内的竞争比较激烈，自疏作用下 ii 级和 iii 级呈现随机分布。红椆的这种变化过程，是因为其进入群落的时间较晚，种群的更新能力有限，各龄级的种间竞争比较激烈，随机分布有利于获得更多的资源，因此其各龄级都表现为随机分布类型。

Ⅴ型为随机分布—集群分布—随机分布，变化过程见表 9-4-6，只有岭罗麦种群是这种方式。因为其进入群落时间较晚，iii 级个体数量较少，因此呈现随机分布；其 ii 级同批种子进入群落萌发成长的个体数量较多，种间竞争力比较强，多集中分布在一起，表现的就是集群分布；因 ii 级个体产生的种子数量比较多及受自身种子散播方式和种间、种内竞争的影响，i 级个体数量较多，但为了获得更多的资源，采取了随机分布。

3)特点与讨论

(1)本次研究样地群落主要乔灌木种群的空间分布格局，采用了比较经典的样方法采样和方差均值比的方法来进行种群分布格局类型的判断。采用样方法进行种群格局研究时会有一些缺点，那就是样方的大小会影响格局类型的判断，因此在研究森林群落中的种群分布格局时，最好将样方大小规范化。本次研究采用的是 10m×10m 的样方，因此本次研究的种群分布格局类型的结果只适用于 10m×10m 的样方。另外本研究之所以使用方差均值比的检验方法，是因为其适合各种数据结构，不像其他检验方法那样限制较多。但是，如果数据结构合适，应尽可能选用多种检验方法，有利于提高结果的科学性(郑元润，1998)。

(2)从群落主要乔木种群的整体空间分布格局分析来看，群落中的主要种群以集群分布类型为主，随机分布次之，未见均匀分布，这与 Forman 等(1980)的研究结果相符，即热带雨林群落中种群主要是随机分布和集群分布，一般不会出现均匀分布。柴勇等(2005)研究莱阳河自然保护区山地雨林主要乔木种群分布格局时阐述了一般群落主要种群的分布格局多数为随机分布时，群落就接近了演替的顶级阶段。从样地群落主要种群随机分布类型的比例来看，样地群落应该还处于群落演替的中期。

(3)从群落主要乔灌木种群不同阶段的分布格局可以看出种群空间分布格局的动态

变化过程，样地群落中的种群总体上都呈现从集群分布向随机分布转变的趋势，这种群落种群分布格局动态变化的趋势与郑元润（1998）、柴勇等（2005）和林珊等（2010）的研究结果比较相似，即种群分布格局的变化趋势主要向着随机分布转变。样地群落主要乔木种群分布格局的动态变化过程总结为5种类型，其中Ⅰ型、Ⅱ型和Ⅳ型也在郑元润（1998）和柴勇（2005）研究结果中出现，至于与以上研究存在差别的转变类型，是因为研究的群落和其中优势种存在差别造成的。通过对研究结果的成因分析的对比，发现无论是相似类型还是不同的类型其根本原因都较为相似，都主要是由种内竞争、种间竞争、自身生物学特性和环境因子的影响造成的。

2. 森林优势种种群空间分布格局研究——以文昌沿海铜鼓岭为例

1）案例的地理概况与研究方法

（1）地理概况

铜鼓岭自然保护区地处海南省东北部文昌市内的滨海低丘陵区，位于北纬19°37′20″～19°41′10″，东经111°00′00″～111°02′30″。保护区内有18座山峰，主峰海拔338.12m，是海南东北部的最高峰。保护区面积1050hm^2，其中核心区面积500hm^2。保护区显著的气候特点是云雾多，风速大，云雾天约占总观察天数的50%，月平均风速多为8～10m/s；年平均气温为23～24℃，年均降水量1721.6mm，年均蒸发量1872.7mm，全年日照时数2137h。铜鼓岭大部分地区坡度陡，广泛露出的岩石主要为花岗岩，岩石裸露率为40%～60%。土壤主要成分为砖红壤、滨海沙土、滨海盐渍沼泽土等，其中以砖红壤为主，土层浅薄、土壤发育程度低。因地形及生态环境的差异，保护区内主要分布有红树林、半红树林、滨海沙生植被、山麓丛林、热带沿海森林及人工林6种植被类型，热带沿海森林为顶级群落类型。

目前，已知热带沿海森林是分布在热带有周期性干湿季节变化地区的顶级森林群落类型之一。因其分布在沿海山丘上，深受强风的影响，高度多为5～10m，极少超过10m，林冠低矮，呈矮林状态。铜鼓岭地区的热带沿海森林群落外貌深绿色，林冠稠密，稍有波状起伏，总郁闭度0.85～0.9。群落层次结构复杂，分层不很明显。由于铜鼓岭离居民点较近，历史上长期受人为干扰，主要为采伐其中的优良用材林，采薪、采药及烧炭等的破坏。自20世纪80年代后期起，森林在一定程度上受到保护，使热带沿海森林有所恢复。

（2）研究方法

本案例涉及的8个优势种种群是以文昌沿海（铜鼓岭）森林为野外调查点，并对数据通过常用的重要值分析方法获得的。数据分析以这8个优势物种的二维空间点坐标为依据，然后采用点格局分析法中目前应用较为广泛的O-ring统计的单变量O-ring函数，来计算每个优势种群的分布格局；对于优势种种群与重要值前25位的植物种群种间关联性的分析则采用双变量O-ring函数。O-ring统计函数是在Ripley's K函数和Mark相关函数之上发展起来的，具体计算方法见本节介绍。

2）结果与分析

（1）优势种群的空间分布点图

以野外调查的优势种群的空间二维坐标数据为依据，通过Excel软件绘制8个优势种群在样地内大致的分布图（图9-4-1），从图9-4-1中可以看出，各个优势种群在沿海森

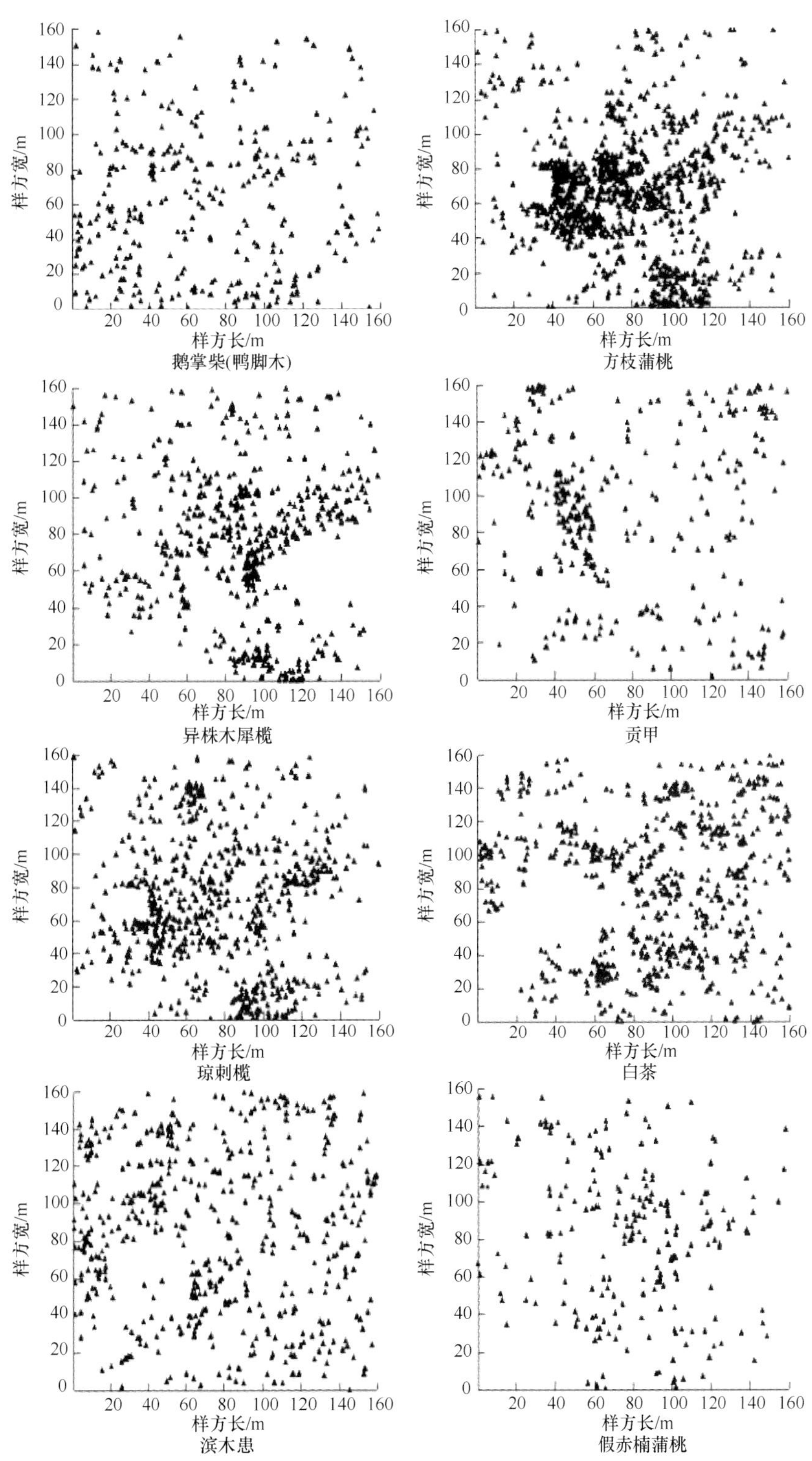

图 9-4-1　优势种群的个体空间分布点图

Fig.9-4-1　Spatial distribution of dominant species of forests

林固定样地内的分布有很大差异。鹅掌柴(鸭脚木)主要分布在靠近样地 X 轴和 Y 轴的区域，在原点的对角处分布较少；方枝蒲桃主要分布在靠近原点的样地中部以及靠近 X 轴的区域；异株木犀榄主要分布于样地中部以及东北部；贡甲主要分布在靠近 Y 轴的一侧及东北部与原点相对的区域；琼刺榄则主要分布于靠近 X 轴以及样地中部的区域；白茶主要分布在样地中部到东部的广大地域；滨木患则在样地内几乎每处均有分布；假赤楠蒲桃主要分布于样地中部。

另外，从图 9-4-1 上直观来看，各个优势种群的聚集程度也有不同。聚集程度较高的种群有方枝蒲桃、琼刺榄、白茶，其中以方枝蒲桃的聚集程度最高，而琼刺榄、白茶种群则呈现小范围聚集，在聚集斑块以外，则表现得分布不均匀。其他的植物种群大多在小范围内有聚集的趋势，但在整体上分布也不均匀。只有少数几个种群，像鹅掌柴(鸭脚木)、滨木患等在样地内分布较为均匀。

(2)优势种群的空间分布格局

不同的种群在相同的地区，往往由于其自身的特性和对环境的反应不同而产生不同的分布格局。图 9-4-2 为沿海森林群落中的 8 个优势种群分布格局分析结果。从图 9-4-2 中可以看出，鹅掌柴(鸭脚木)在 1～8m、10～13m、15～20m 等尺度范围呈现显著的聚集分布，在 24～27m、29m、31m、33m、41～44m、47～49m、49m、51～53m、55～57m、59m、61m、68m 等尺度范围内呈不明显的聚集分布，其他尺度上为随机分布与均匀分布，但在 72～80m 的尺度范围内都是均匀分布。在尺度达到 1m 时，有最大的聚集程度 $O_{11}(r)$= 0.085 830 7，最大聚集规模为 3.14m^2；方枝蒲桃在 1～7m 的尺度范围内呈典型的聚集分布，在 14～15m、19～21m、44～45m 呈现不明显的聚集分布，从 22m 以后几乎都是随机分布与均匀分布交替出现。其在尺度达到 1m 处，聚集强度最大 $O_{11}(r)$=0.736 378 4，最大聚集规模为 3.14m^2；异株木犀榄在 1～8m 的尺度范围呈典型的聚集分布，大于 8m 的尺度范围以随机分布和均匀分布为主，但在有些小尺度范围，像 18m、28～29m、35m、38～39m、40～42m、51m、58m、65m、76m 范围内呈不显著的聚集分布，其在尺度达 1m 的时候有最大的聚集强度 $O_{11}(r)$=0.399 542 7，最大聚集规模为 3.14m^2；贡甲在 1～8m 的尺度范围呈典型的聚集分布，在 28～30m、70～71m、79m 等尺度范围呈不显著的聚集分布，其他的尺度范围为随机分布与均匀分布交替出现，其在尺度 1m 时有最大的聚集强度 $O_{11}(r)$=0.241 78，最大的聚集规模为 3.14m^2；琼刺榄在 1～5m 为显著的聚集分布，在 7m、9m、36m、41m、44～47m、50～52m、54～57m、80m 等尺度范围内呈现不显著的聚集分布，其他的尺度上随机分布和均匀分布交替出现，其在达到尺度 2m 时有最大的聚集强度 $O_{11}(r)$=0.217 353 3，最大聚集规模为 12.566m^2；白茶在 1～3m 呈显著的聚集分布，在 20m、36m、45～47m、55～57m、65m、70～71m 等尺度范围内呈不显著的聚集分布，其他的尺度上为随机分布与均匀分布交替出现，其最大的聚集强度 $O_{11}(r)$=0.305 033 4 出现在尺度 1m 处，最大的聚集规模为 3.14m^2；滨木患仅在 1～3m 处呈现显著的聚集分布，在 8m、44m、65m、67～68m、72m 等尺度上呈不显著的聚集分布，其他尺度随机分布与均匀分布交替出现，在 73m 以后都为随机分布，在尺度达到 1m 的时候有最大的聚集强度 $O_{11}(r)$=0.104 028 2，最大的聚集规模为 3.14m^2；假赤楠蒲桃在 1～3m、6m 等尺度范围内呈典型的聚集分布，在 22m、36m、50～51m、63m 等尺度上呈不显著的聚集分布，而

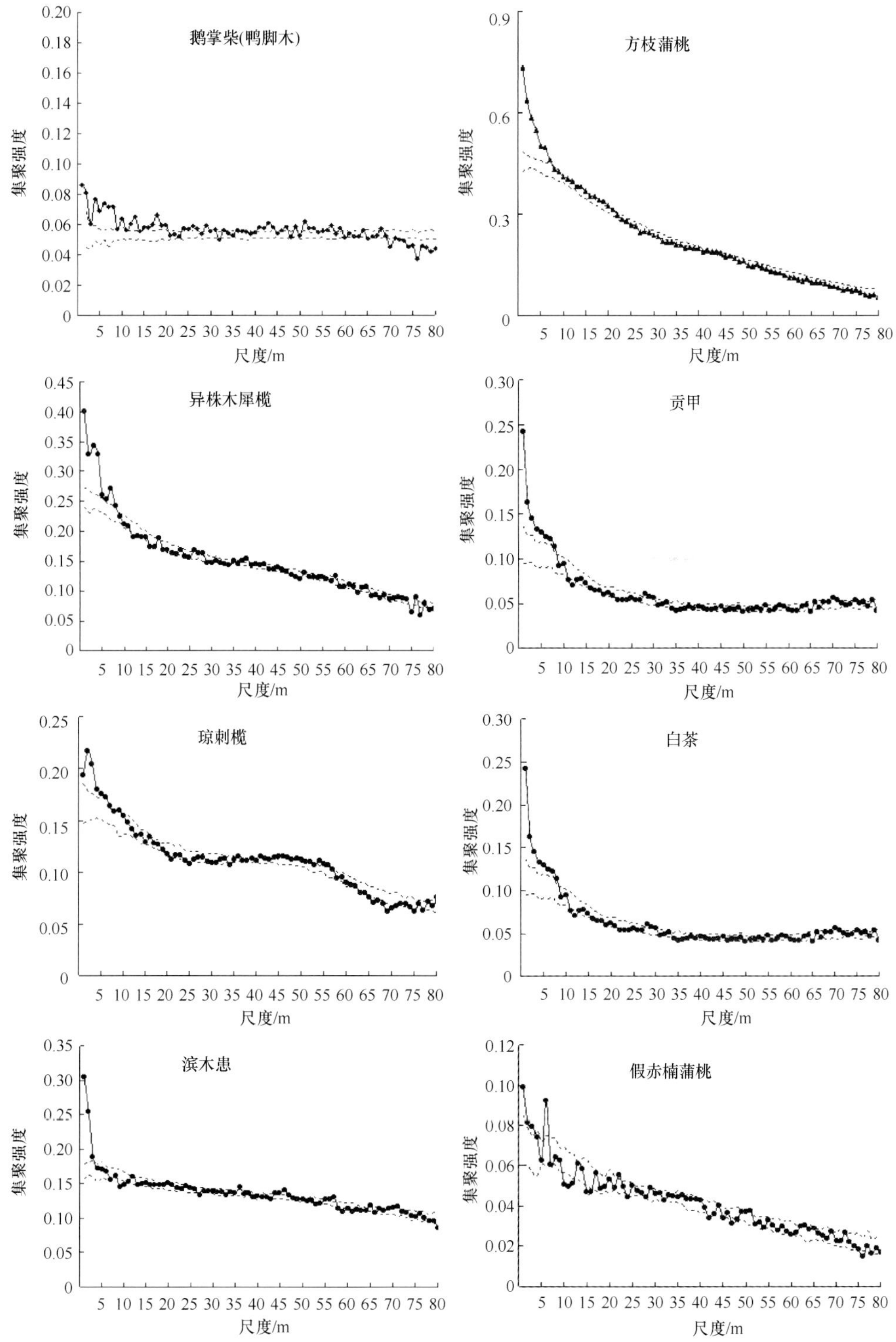

图 9-4-2　热带滨海低丘雨林 8 个优势种群的分布格局

Fig.9-4-2　Distribution pattern of dominant species in tropical rain forests on coastal areas

在 10～12m 呈典型的均匀分布，其他尺度上以随机分布为主，在尺度达到 1m 时有最大

的聚集强度 $O_{11}(r)$=0.098 956 6，最大聚集规模为 3.14m^2。

从沿海森林 8 个优势种群的分布格局分析结果来看，虽然各自的显著聚集尺度范围不同，但都表现出共同的规律。不仅在小尺度上呈显著的聚集分布，而且显著聚集尺度范围随着物种的优势度降低而逐渐缩小，从鹅掌柴(鸭脚木)的 1～20m 到假赤楠蒲桃的 1～3m；在大尺度范围内则呈现不显著的聚集夹杂着随机分布与均匀分布。这种结果不仅反映了这些种群自身的特性，同时也是种间相互作用的外在表现。因此，对种群之间的相互关系的研究就显得尤为重要，可以揭示优势种群呈现不同分布格局的原因。

3)特点与讨论

目前，植物种群空间分布格局一直是森林生态学领域的研究热点。从本案例中的 8 个极优种群的空间分布格局来看，总体上的趋势是在小尺度范围内呈显著的聚集分布，在较大的尺度内就表现为随机分布或均匀分布。这与已有的文献报道相似(缪宁等，2009)。在小尺度上的聚集分布，一方面是由于种子散布有一定的范围，成熟的植物个体产生种子并散布在母株的周围，这些种子进而萌发形成幼苗和幼树，在母株周围的植物个体就呈聚集分布。从物种的生物学特性上来看，聚集分布的模式使生长在小范围内的植物种群能更有效地利用环境的资源，从而避免了对资源的浪费(杨秀清和韩有志，2010)。但是随着距离尺度的增大以及植物个体径级的增大，小范围以内的环境资源已经远远不能满足需要，从而产生种群内部的竞争和与其他物种间的竞争，致使优势种群内部个体的死亡率显著增大，种群整体密度降低，就逐渐地由聚集分布向随机分布与均匀分布发展。

从研究结果中可以看出，种群之间的影响是有一定范围的，超出这个范围，种群间的影响就会减弱甚至到没有关联性(闫海冰等，2010)。另外，这些种群在各自的聚集尺度上均有其他种群对其产生正相关作用或负相关作用，不同的植物种群作用的结果不同。产生正关联影响的种群，为该种群的聚集分布提供良好互惠作用；产生负关联影响的种群，对该种群产生排斥作用，影响该种群的发育。如果该种群的种子散落在排斥范围以外，这些种子可以良好地生长并发育成幼苗、幼树，这些“逃过”排斥的种子形成的细苗有可能集中分布，以“躲避”负相关种群对其的不良作用，形成小尺度范围内的聚集(闫海冰等，2010)。

在较大的尺度上，本案例重要值前 8 的种群的分布格局呈现小范围不显著的聚集分布夹杂着随机分布与均匀分布。这是由于在显著聚集分布的后期，随着植物径级的增大，在小聚集范围内的资源状况已经不能再满足其生长发育的需求，所以就产生个体间的竞争，来争夺对环境资源的利用。随着竞争变得激烈，势必导致植物种群个体出现大面积的死亡，种群密度迅速下降，直至趋于最适密度，自疏作用强度才降低，这时种群就由聚集分布转变为随机分布和均匀分布(郭垚鑫等，2011)，而这样的近似最适密度的情况也是聚集分布发生的前提，所以在以后还会继续出现聚集分布，这样循环往复地进行下去，直至种群达到其自身真正意义上的环境承载力下的最适密度，聚集也将不再产生。这就是重要值前 8 的种群在达到某一尺度之后就总是呈现随机分布和均匀分布的原因。

参考文献

安慧君，张韬. 2005. 聚集指数边界效应的校正方法与应用[J]. 南京林业大学学报（自然科学版），29（3）：57-60.

敖建华，蔺雨阳. 2010. 川西南攀西大裂谷地盘松种群的空间格局特征研究[J]. 四川林勘设计，（2）：9-10.

陈焕镛（华南植物研究所）. 1964～1977. 海南植物志 1-4 卷[M]. 北京：科学出版社.

陈列，赵秀海，张赟. 2009. 长白山北坡椴树红松林空间分布及其空间关联[J]. 北京林业大学学报，31（3）：9-10.

陈玉凯，杨琦，莫燕妮，等. 2014. 海南岛霸王岭国家重点保护植物的生态位研究[J]. 植物生态学报，38（6）：579-584.

杜志，亢新刚，包昱君，等. 2012. 长白山云冷杉林不同演替阶段的树种空间分布格局及其关联性[J]. 北京林业大学学报，34（2）：14-19.

傅立国. 1991. 中国植物红皮书[M]. 北京：科学出版社.

龚直文，顾丽，亢新刚，等. 2010. 长白山森林次生演替过程中林木空间格局研究[J]. 北京林业大学学报，32（2）：92-99.

广州地理研究所. 1985. 海南岛热带农业自然资源与区划[M]. 北京：科学出版社.

郭垚鑫，康冰，李刚，等. 2011. 小陇山红桦次生林物种组成与立木的点格局分析[J]. 应用生态学报，22（10）：2574-2580.

海南省地图集编纂委员会. 2006. 海南省地图集[M]. 广州：广东省地图出版社.

韩文衡，向悟生，叶铎，等. 2010. 广西木论保护区喀斯特常绿落叶阔叶混交林优势种空间格局及其相关性[J]. 应用生态学报，21（11）：2769-2776.

胡玉佳，丁小球. 2000. 海南岛霸王岭热带天然林植物物种多样性研究[J]. 生物多样性，（8）：370-377.

胡玉佳，李玉杏. 1992. 海南岛热带雨林[M]. 广州：广东高等教育出版社.

黄世能，张宏达. 2000. 海南岛峰岭地区种子植物区系组成及地理成分研究[J]. 广西植物，20（2）：99-106.

黄运峰，杨小波，党金玲. 2009. 海南霸王岭南亚松种群结构与分布格局[J]. 福建林业科技，36（2）：1-5.

蒋有绪，卢俊培. 1991. 中国海南岛尖峰岭热带林生态系统[M]. 北京：科学出版社.

赖江山，张谧，谢宗强. 2006. 三峡库区常绿阔叶林优势种群的结构和格局动态[J]. 生态学报，26（4）：1073-1079.

李登武，张文辉，任争争. 2005. 黄土沟壑区狼牙刺群落优势种群生态位研究[J]. 应用生态学报，16，2231-2235.

李景文. 1992. 森林生态学. 2 版[M]. 北京：中国林业出版社.

李明辉，何风华，刘云，等. 2005. 天山云杉种群空间格局与动态[J]. 生态学报，25（5）：1000-1006.

李明辉，何风华，潘存德. 2011. 天山云杉天然林不同林层的空间格局和空间关联性[J]. 生态学报，31（3）：620-628.

李素清，杨斌盛，张金屯. 2007. 山西云顶山亚高山草甸优势种群和群落的格局分析[J]. 应用与环境生物学报，13（1）：9-13.

李意德. 1994. 海南岛尖峰岭热带山地雨林主要种群生态位特征研究[J]. 林业科学研究，（1）：79-85.

李意德. 1997. 海南岛尖峰岭热带山地雨林的群带结构特征[J]. 热带亚热带植物学报，5（1）18-26.

李云，郑德璋，廖宝文，等. 1997. 盐度与温度对红树植物无瓣海桑种子发芽的影响[J]. 林业科学研究，10（2）：139-142.

梁士楚. 1997. 红海榄群落演替中种群生态位的研究[J]. 广西科学，4（2）：120-123.

廖宝文，李玫，郑松发，等. 2005. 海南岛东寨港几种红树植物种间生态位研究[J]. 应用生态学报，

16(3): 403-407.
廖宝文，李玫，郑松发. 2003. 外来种无瓣海桑种内种间竞争关系的研究[J]. 林业科学研究，16(4): 418-422.
林开敏，郭玉硕. 2001. 生态位理论及其应用研究进展[J]. 福建林学院学报, 21(3): 283-287.
林思祖，黄世国，洪伟，等. 2002. 杉阔混交林主要种群多维生态位特征[J]. 生态学报, 22(6): 962-968.
刘春生，刘鹏，张志祥，等. 2009. 九龙山濒危植物南方铁杉的生态位研究[J]. 武汉植物学研究，27: 55-61.
刘万德，臧润国，丁易. 2009. 海南岛霸王岭两种典型热带季雨林群落特征[J]. 生态学报，29: 3465-3476.
刘万德. 2009. 海南岛热带季雨林群落生态学研究[D]. 北京：中国林业科学研究院.
刘小恺，刘茂松，黄峥，等. 2009. 宁夏沙湖4种干旱区群落中主要植物种间关系的格局分析[J]. 植物生态学报, 33(2): 320-330.
刘振国，李镇清. 2004. 不同放牧强度下冷蒿种群小尺度空间格局[J]. 生态学报, 24(2): 229-234.
卢永健，魏琼珍. 2005. 海南琼北火山监测与研究[J]. 防灾科技学院学报, 7(3): 33-36.
罗涛, 2009. 海口火山地区植物多样性及濒危植物种群研究[D]. 海口：海南大学.
缪宁，刘世荣，史作民，等. 2009. 川西亚高山红桦—岷江冷杉林优势种群的空间格局分析[J]. 应用生态学报, 20(6): 1263-1270.
牛克昌，刘怿宁，沈泽昊，等. 2009. 群落构建的中性理论和生态位理论[J]. 生物多样性，17(6): 579-593.
潘春芳，张春雨，赵秀海，等. 2010. 不同林龄阔叶红松林林下簇毛槭的性比格局及雌雄个体的空间分布[J]. 生物多样性, 18(3): 292-299.
潘春芳，赵秀海，夏富才，等. 2011. 长白山山杨种群的性比格局及其空间分布[J]. 生态学报，31(2): 297-305.
彭逸生，郑明轩，莫罗坚，等. 2007. 珠海市陆生天然次生林优势种的生态位[J]. 生态学杂志，26: 483-488.
宋于洋，李园园，张文辉. 2010. 梭梭种群不同发育阶段的空间格局与关联性分析[J]. 生态学报, 30(16): 4317-4327.
苏志尧，吴大荣，陈北光. 2000. 粤北天然林优势种群结构与空间格局动态[J]. 应用生态学报，11(3): 339-341.
孙伟中，赵士洞. 1997. 长白山北坡椴树阔叶红松林群落主要树种分布格局的研究[J]. 应用生态学报, 8(2): 119-122.
覃凤飞，安树青. 2003. 景观破碎化对植物种群的影响[J]. 生态学杂志, 22(3): 43-48.
万方浩，刘全儒，谢明，等. 2012. 生物入侵：中国外来入侵植物图谱(M). 北京：科学出版社.
王伯荪，李鸣光，彭少麟. 1995. 植物种群学[M]. 广州：广东高等教育出版社.
王伯荪，廖宝文，王勇军，等. 2002. 深圳湾红树林生态系统及其持续发展[M]. 北京：科学出版社.
王刚，赵松岭，张鹏云，等. 1984. 关于生态位定义的探讨及生态位重叠计测公式改进的研究[J]. 生态学报, 4: 119-127.
王荷生. 1992. 植物区系地理[M]. 北京：科学出版社.
王正宁，贺康宁，张卫强，等. 2005. 半干旱地区植被恢复过程中林下植被生态位特征的研究[J]. 水土保持学报, 19(5): 162-165.
王祝年，肖邦森. 2009. 海南药用植物名录[M]. 北京：中国农业出版社.
吴宁. 1995. 贡嘎山麦吊杉群落优势种群的分布格局及相互关系[J]. 植物生态学报, 19(3): 270-279.
吴征镒. 1991. 中国种子植物属的分布区类型[J]. 云南植物学研究，(增刊Ⅳ): 1-139.
吴征镒. 2003. 《世界种子植物科的分布区类型系统》的修订[J]. 云南植物研究, 25(5): 535-538.
吴征镒，周浙昆，李德铢. 2003. 世界种子植物科的分布区类型系统[J]. 云南植物研究, 25(3): 245-257.

武玉珍, 张峰. 2006. 山西桑干河流域湿地植被优势种群分布格局研究[J]. 植物研究, 26(6): 735-741.

谢宗强, 陈伟烈, 刘正宇. 1999. 银杉种群的空间分布格局[J]. 植物学报, 41(1): 95-101.

闫海冰, 韩有志, 杨秀清, 等. 2010. 华北山地典型天然次生林群落的树种空间分布格局及其关联性[J]. 生态学报, 30(9): 2311-2321.

杨君珑, 王辉, 王彬, 等. 2007. 子午岭油松林灌木层主要树种的空间分布格局和种间关联性研究[J]. 西北植物学报, 27(4): 0791-0796.

杨小波. 2002. 南亚热带4个不同演替阶段树种苗木环境适应性研究[J]. 林业科学, 38(1): 59-60.

杨小波. 2013. 海南植物名录[M]. 北京: 科学出版社.

杨小波, 林英, 梁淑群. 1994. 海南岛五指山的森林植被 I 五指山的森林植被类型[J]. 海南大学学报(自然科学版), 12(3): 220-236.

杨小波, 吴庆书, 李东海. 2011. 海南岛陆域国家级森林生态系统自然保护区森林植被研究[M]. 北京: 科学出版社.

杨秀清, 韩有志. 2010. 关帝山次生杨桦林种群结构与立木的空间点格局[J]. 西北植物学报, 30(9): 1895-1901.

叶万辉, 曹洪麟, 黄忠良, 等. 2008. 鼎湖山南亚热带常绿阔叶林20公顷样地群落特征研究[J]. 植物生态学报, 32(2): 274-286.

尤海舟, 贾成, 樊华, 等. 2009. 格局分析的最新方法——点格局分析[J]. 四川林业科技, 30(6): 109-110.

臧润国, 蒋有绪, 杨彦承. 2001. 海南岛霸王岭热带山地雨林林隙更新生态位的研究[J]. 林业科学研究, 14: 19-22.

张峰, 上官铁梁. 2000. 山西翅果油树群落优势种群分布格局研究[J]. 植物生态学报, 24(5): 590-594.

张桂莲, 张金屯. 2002. 关帝山神尾沟优势种生态位分析[J]. 武汉植物学研究, 20(3): 203-208.

张继义, 赵哈林. 2004. 科尔沁沙地草地植被恢复演替进程中群落优势种群空间分布格局研究[J]. 生态学杂志, 23(2): 1-6.

张健, 郝占庆, 宋波, 等. 2007. 长白山阔叶红松林中红松与紫椴的空间分布格局及其关联性[J]. 应用生态学报, 18(8): 1681-1687.

张金屯. 1995. 植被数量生态学方法[M]. 北京: 中国科学技术出版社.

张金屯. 1998. 植物种群空间分布的点格局分析[J]. 植物生态学报, 22(4): 344-349.

张金屯. 2005. 芦芽山亚高山草甸优势种群和群落的二维格局分析[J]. 生态学报, 25(6): 1264-1268.

张金屯, 李素清. 2008. 随机配对法在亚高山草甸优势种群格局分析中的应用[J]. 生物数学学报, 23(2): 325-329.

张金屯, 孟东平. 2004. 芦芽山华北落叶松林不同龄级立木的点格局分析[J]. 生态学报, 24(1): 35-40.

张亚爽, 苏智先, 胡进耀. 2005. 四川卧龙自然保护区珙桐种群的空间分布格局[J]. 云南植物研究, 27(4): 395-402.

张震, 刘萍, 丁易, 等. 2010. 天山云杉林物种组成及其种群空间分布格局[J]. 南京林业大学学报(自然科学版), 34(5): 159-160.

赵天梁. 2015. 山西崦山自然保护区侧柏林植物生态位特征[J]. 北京林业大学学报, 37(8): 24-30.

钟义, 杨小波, 符气浩, 等. 1991. 铜鼓岭国家级自然保护区的植被与植物资源[J]. 海南大学学报(自然科学版), 9(1): 1-10.

Condit R, Ashton P S, Baker P, et al. 2000. Spatial patterns in the distribution of tropical tree species. Science, 288: 1414-1418.

Dale M R T, Dixon P, Fortin M J, et al. 2002. Conceptual and mathematical relationships among methods for spatial analysis. Ecography, 25: 558-577.

Druckenbrod D L, Shugart H H, Davies I. 2005. Spatial pattern and process in forest stands with in the Virginia piedmont. Joumal of Vegetation. Science, 16(1): 37-48.

Greig-Smith P. 1952. The use of random and contiguous quadrats in the study of the structure of plant communities[J]. Ann Bot, 16: 293-316.

He F, Legendre P, La Frankie J V. 1997. Distribution patterns of tree species in a Malaysian tropical rain forest. Journal of Vegetation Science, 8: 105-114.

Hubbell S P. 2001. The Unified Ueutral Theory of Biodiversity and Biogeography[M]. Princeton and Oxford: Princeton University Press.

Hubbell S P. 2006. The neutral theory and evolution of ecological equivalence[J]. Ecology, 87: 1389-1398.

Kershaw K. 1957. The use of cover and frequency in the detection of pattern in plant communities. Ecology, 38: 291-299.

May R M. 1980. 理论生态学[M]. 北京: 科学出版社.

Mustshinda C M, O'hara R B. 2011. Integrating the niche and neutral perspectives on community structure and dynamics[J]. Oecologia, 166: 241-251.

Nathan R. 2006. Long-distance dispersal of plants[J]. Science, 313: 789-788.

Robert M, Christoph N, Wilhelm B, et al . 2003. Biodiversity and endemism mapping as a tool for regional conservation planning—case study of the Pleurothallidinae (Orchidaceae) of the Andean rain forests in Bolivia[J]. Biodiversity and Conservation, 12: 2005-2024.

Schoener T W. 1970. Non-synchronous spatial overlap of Lizards in patchy habitats[J]. Ecology, 51: 408-418.

Schurr F M, Bossdorf O, Milton S J, et al. 2004. Spatial pattern formation in semi-arid shrubland: a priori predicted versus observed pattern characteristics. Plant Ecology, 173(2): 271-282.

Sterner R W, Ribic C A, Schatz G E. 1986. Testing for life historical changes in spatial patterns of four tropical tree species[J]. Journal of Ecology, 74(3): 621-633.

Westman W E. 1991. Measuring realized niche spaces climatic response of chaparral and coastal sage scrub. Ecology, 72: 1678-1684.

Wiegand T, Moliney K A. 2004. Rings, circles and nullmodels for point pattern analysis in ecology. Oikos, 104: 209-229.

第十章　海南植被的植物多样性

第一节　植物群落植物多样性

一、概述

(一) 生物物种多样性的相关概念

生物多样性简单地说是生物及它们组成的系统的总体多样性和变异性(McNeely，1990)，确切地说是指地球上生物圈中所有的生物，包括由动物、植物、微生物等生命体及其所拥有的基因和生存环境一起构成的生态综合体，是生命系统的基本特征(汪松和陈灵芝，1990；陈灵芝，1997)，一般认为生物多样性可以分为：遗传(基因)多样性、物种多样性、生态系统(群落)多样性与景观多样性 4 个层次(马克平，1993)。物种多样性是指物种水平上的生物多样性，是指有生命的有机体，即动物、植物、微生物等生物种类的丰富程度，包括两个方面：一方面是指一个地区内物种的多样化，即物种的多寡，主要是从分类学、系统学和生物地理学角度对一定区域内物种的状况进行研究，可称为区域物种多样性；另一方面是指从生态学角度对群落的组织水平进行研究(Magurran，1988；Lubchenco et al.，1991；马克平，1993)。植物多样性(plantdiversity)是生物多样性的一个分支，是指以植物为主体，植物、植物与环境之间形成的复合体及与其有关的生态过程的总和，是生物多样性研究和保护的主要内容(Menhiniek，1964)。

(二) 生物物种多样性的价值

生物多样性是生态系统功能和服务的必然前提(Naeem et al.，1994；Duff，2009；Bai et al.，2010)，是自然生态系统和人类社会发展和维持的基本保障，它不仅可以直接为人类提供物质资源而具有巨大的直接价值，而且还为人类提供生态、科学、美学等间接价值及还有未被人们发现的潜在使用价值(Wilson，1988)。可以说，保护生物多样性就等于保护了人类生存和社会发展的基石，就是保护了人类自身。

上述众多生物多样性价值当中，植物物种多样性的贡献最大。人类历史上约有 3000 种植物被用作食物，另有 75 000 种可食性植物。但当前被人类种植的有 150 余种，人类 90% 的粮食来源于约 20 种植物，仅小麦、水稻和玉米三个物种就提供了 70%以上的粮食(Ehrlich，1992)。植物多样性还为人类提供多种多样的工业原料，如木材、纤维、油料、橡胶、造纸原料、能源(乙醇)、淀粉等。植物多样性与人类医疗保健的关系也很密切，我国第三次中药资源普查就收集到药用植物 11 020 种，隶属于 383 科，2313 属(谢宗万，1997)，第四次中药资源普查的数据正在统计中。美国 1/4 的药物中包含有活性植物成分（陈灵芝，1994）。

植物多样性在维持生态平衡和稳定环境方面也发挥着巨大作用，如植物通过光合作用固定太阳能并产生氧气，为绝大部分生物提供能量基础和氧气；森林生态系统能调节局部气候及大气候，包括温度、降水和气流；稳定水文，维持水体的自然循环，减弱旱涝，保护土壤，防止水土流失及各种自然灾害；自然界中有各种物质循环，绿色植物和非绿色植物在其中起着重要的作用；有些植物还能吸收并分解环境中有机废物及污染物；储存必需营养元素，促进元素循环；由植物构成的各种生态系统为绝大多数其他生物提供了栖息地（北京大学生命科学学院编写组，2000）。总之，地球离不开植物，人类需要植物。植物物种多样性的研究有着重要的意义，因为植物多样性的各种积极作用都是建立在植物物种多样性基础之上的。

（三）植物物种多样性研究进展

1. 基于物种水平的植物多样性研究

物种水平的植物多样性研究主要是从分类学、系统学和生物地理学角度对一定区域内物种的状况进行研究。物种水平的生物物种多样性编目是一项艰巨而又亟待加强的课题，是了解物种多样性现状的最有效途径，这些现状包括物种的受威胁现状及特有程度等。目前我们甚至不能将地球上的物种估计到一个确定的数量级，其变化幅度为 500 万～3000 万种，甚或 200 万至 1 亿种［世界资源研究所（WRI）等，1993］。由美国夏威夷大学（University of Hawaii）和加拿大 Dalhousie 大学的 Camilo Mora 博士领导的海洋生物普查科学家在《公共科学图书馆·生物学》（*PLoS Biology*）杂志网站上发表文章，称地球上的物种有 870 万种（正负误差 130 万），其中 650 万种物种生活在陆地上，220 万种（占总数的大约 25%）生活在海洋深处（Camilo et al.，2011）。令人吃惊的是陆地全体物种的 86%和海洋全体物种的 91%有待于被发现、描述和分类。澳大利亚科学家牛津大学教授罗伯特·梅（Robert M.May）在《科学》杂志上发表文章，声称地球上存在的物种数量远低于普遍认为的 200 万～800 万，更大大低于之前所估计高达 1 亿的数量（Mark et al.，2013）。即使是目前已定名或描述的物种数目也不十分清楚，一种说法为 140 万种，一种说法为 170 万种［世界资源研究所（WRI）等，1993］。要想搞清楚这些问题，困难是相当大的。

250 多年前林奈创立了生物的分类系统和命名法，从此可以更加科学地对新物种进行命名。生物世界在人类的眼中变得井然有序（Maddison et al.，2007），这也极大地促进了分类学的发展和人类对未知生物世界的探索。生物系统学 2000 年议程（Systematics Agenda 2000）以发现、描述和分类地球上的物种为宗旨，其主要任务就是对全球物种多样性的发现、描述和编目（美国植物分类学家学会等，2007）。国际生物多样性科学研究项目之一的“DIVERSITAS”的一个重要任务就是完成 2000 年的物种（Species 2000）——全世界已知物种的索引（汪永华和陈北光，2000）。物种 2000（Species 2000）是一个在英国注册的非营利组织，由 52 个全球性的生物多样性数据库组织以联邦的形式联合而成，是由国际生物科学联合会（IUBS）、科学技术数据委员会（CODATA）和国际微生物科学联合会（IUMS）共同组织的，计划每年发布一个年度名录和一个动态的、累积的更新全球生物物种名录，并建立了网站(http://www.sp2000.org/)(Bisby，2000)。迄今为止，最重要的生物物种名录——《全球生物物种名录》2010年度光盘，于2010年5月19日，在内罗毕举行的联合国生物多样性大会上正式发布，详细记录了地球上125万个生物物种。

1992年，我国成为世界上首先批准《生物多样性公约》的6个国家之一，并成立了生物多样性保护委员会，制定了《中国生物多样性保护行动计划》。我国积极履行《生物多样性公约》，参与国际谈判和相关规则制定，加强与相关国际组织和非政府组织的合作与交流，开展了一系列合作项目。2012年9月，《中国生物物种名录》2012年版光盘由物种2000中国节点编制完成，并由科学出版社出版发行，收录了以下生物类群(物种数)：病毒(348)、细菌界(158)、色素界(1540)、真菌界(140)、原生动物界(1291)、植物界(35 487)、动物界(23 103)。国内有关部门先后组织了多项全国性或区域性的物种调查，建立了相关数据库，出版了《中国植物志》、《中国动物志》、《中国孢子植物志》及《中国濒危动物红皮书》、《中国海洋生物名录》等物种编目志书，也出版了大量的地方志，对中国植物物种的认识作出了巨大贡献。各相关部门相继开展了各自领域物种资源科研与监测工作，建立了相应的监测网络和体系。在海南主要著作有《海南植物志》、《海南植物物种多样性编目》和《海南植物图志》(1～14卷)等。

2. 基于群落的组织水平的生态学研究

物种多样性是对一个群落的结构和功能复杂性的度量，通过对物种多样性的研究可以更好地认识群落组成、变化和发展情况，不仅可以反映群落或生境中物种的丰富度、变化程度或均匀度，也可以反映不同自然地理条件与群落的相互关系，还可量度生态系统稳定性(黄建辉，1994；茹文明和张金屯，2006)，可以直接或间接地定量表征群落和生态系统的结构类型、组织水平、发展阶段、稳定程度、生境差异等(张丽霞等，2000)。

1)基于群落动态的物种多样性研究

(1)植物群落在自然演替下的物种多样性研究

植物群落的演替过程就是群落中物种组成不断发生变化、更替及群落环境变化的过程(严岳鸿等，2004)。有关植物群落演替的概念和理论，一直是生态学理论的中心问题，但大部分研究都集中在对不同演替阶段群落的物种组成、演替模型以及演替顶极理论方面，对演替过程中物种多样性变化的研究资料非常有限(尚文艳等，2005)。关于群落演替过程中物种丰富度的变化格局，主要有两种假说：一种为经典学说，即物种丰富度随演替逐渐增加，至演替后期时物种丰富度达最大(Chitra et al.，2009)；另一种为中期物种丰富度假说，即演替进程中的物种丰富度呈单峰模型，演替中期物种丰富度最高(Bazzaz，1996)。两种学说一直处于争论阶段，但越来越多的研究支持中期物种丰富度假说(Sheil，2001)。争论的焦点表面为群落物种多样性(丰富度)的最大值出现在哪个时期，其实质为物种多样性与群落稳定性的关系。因而，植物物种多样性研究在这方面主要向物种多样性对演替过程中生境异质化的响应、多样性与稳定的关系方面发展。

近年来从长期研究中发现两个方面的因素在维持世界不同森林的树种多样性中具有重要的作用，即林隙阶段演替(gap-phase succession)和微生境的特化(microhabitat specialization)(Ress et al.，2001)。林隙是林冠层一株或几株树死亡后形成的一种小尺度自然干扰，是森林循环更新的一个重要阶段(臧润国等，2002)。林隙的形成过程和基本特征对森林的结构、动态和物种多样性都有重要影响(臧润国和刘静艳，1999)。目前国内外有关林隙形成及林隙更新的研究集非常多，当林隙形成后，林隙周围的树木将对林隙的形状、林隙内的微环境条件及林隙内的生物物种组成产生重大影响(臧润国和刘静艳，1999)。林隙内的物种多样性(特别是灌木层与草本层)高于非林隙的，林隙的形成极大地丰富了林隙内树木的种类，也提高了树木特别是幼龄树的密度(陶建平和臧润国，2004)。林隙的产生一般会创造适合于某些种子萌发、传播和幼苗生长的环境，因此林隙对森林的种子与幼苗动态变化起着非常重要的调节作用。因此林隙更新、幼苗更新及种子更新与植物物种多样性之间的研究是与群落演替密切相关的。

(2)植物群落在人为干扰(退化、恢复)下的物种多样性研究

人为干扰主要包括烧荒种地、森林砍伐、矿山开发、放牧、土地经营方式的改变、化肥和农药的施用、道路和水库等基础设施建设等(李政海等，1997)。人为干扰对群落的动态演替、结构组成和物种多样性起着重要作用(包维楷等，2009)。人为干扰可直接或间接地加速、减缓和改变生态系统退化的方向和过程(彭少麟，1996)。许多研究表明，人为干扰主要是通过改变群落的各种生态环境因子或资源的有效性而影响群落结构和物种多样性(孔国辉和莫江明，2002)。

大多数研究表明，热带雨林随着人为干扰强度的增强，植物物种多样性有显著减少的趋势(Chittibabu，2000；施济普和朱华，2002)。但朱锦懋等研究了亚热带常绿阔叶林森林群落在人为干扰后的物种多样性的变化后发现，物种丰富度和多样性指数与保护的森林群落相近或略高，但物种组成却存在本质的差别，保护的森林群落含有较多的珍贵稀有植物和渐危种(包维楷等，2000)。包维楷等对暖温带落叶阔叶林退化植物群落在人为干扰梯度上的响应研究表明，除密度外，群落木本层的其他结构特征(高度、生物量、木本植株胸径面积、物种丰富度等)与干扰强度呈负相关关系，而草本层物种丰富度、生态优势度与干扰强度呈正相关关系，但地上生物量变化则相反(朱锦懋等，1997)。针叶林在人为干扰下，群落结构和物种多样性也呈显著下降的趋势(江明喜和金义兴，1995)。李永宏(1993)对放牧干扰下羊草草原和大针茅草原植物多样性的变化研究部分地验证了中度干扰假说，即群落植物的均匀度和多样性在中度放牧干扰下最高，但群落物种丰富度则随着放牧强度的增大而降低。李愈哲等(2013)对典型温性草原群落在不同土地利用方式下物种组成和多样性的研究发现，长时间的围封对群落物种组成和物种多样性影响不大，火烧显著增加群落物种多样性。Kessler(2001)比较了安第斯山成熟林和人为干扰(砍伐、放牧、火烧)下形成的次生林、次生灌丛、草地的物种多样性发现，人为干扰形成的次生林物种多样性比成熟林高，但在人为干扰梯度上物种多样性呈下降趋势。总之，对不同类型植物群落与人为干扰的关系的研究说明，在多数情况下，人为干扰对群落结构有显著的负效应，人为干扰造成群落结构层次的简化、物种组成和优势种的改变、物种丰富度和多样性的减少。

人为干扰活动也在不同程度上影响土壤种子库的组成和结构，进而影响到地上植被的更新方式和发展状态。研究表明，随着人为干扰强度的增大，森林土壤种子库的物种丰富度和储量显著减少，种子库结构发生改变，耐干扰力强的种类的种子比例提高(杨小波和陈明智，1999）。草原土壤种子库的物种组成和种子密度在不同形式的人为干扰下均发生明显变化，而且随着干扰强度的增强，土壤种子库的物种丰富度和多样性显著减少，但人为干扰可增加草原土壤种子库分布的均匀度（苏德毕力格等，2000）。

不同类型和强度的干扰对多样性有着不同的影响，我们如何能够在保持高物种多样性和保持生态系统稳定的前提下，进行人类活动，这正是可持续发展的重大问题。研究人为干扰下植物群落及土壤种子库的组成、结构、更新和发展，对预测和指导退化生态系统植被的恢复具有重要的意义。

3. 基于对植物群落物种多样性的环境解释

1）水平梯度上的物种多样性研究

水平梯度上，物种多样性的纬度梯度变化最为明显。大尺度上，从赤道向两极，物种丰富度和多样性是降低的；在南北半球，从低纬度向高纬度生物多样性的减少速率是不对称的；热带森林群落物种多样性之间存在着极大差异，温带森林之间差异较小；南半球的温带森林和北半球相比多样性较低（贺金生和陈伟烈，1997）。Currie 和 Paquin（1987）系统地研究了北美洲树木物种多样性随纬度梯度的分布特征，在北美洲东部，存在着明显的纬度梯度，在西部由于地形等因素的影响，这种梯度特征表现不太明显，结果还表明，物种丰富度与年蒸散关系极密切，与地形和距海洋的远近也相关。美洲森林群落物种多样性也存在纬度梯度性，研究发现美洲森林群落β多样性随纬度增加显著下降，热带和亚热带地区β多样性高于温带地区；美洲南半球森林群落β多样性高于其北半球的，这可能反映了区域间物种进化和环境变迁历史的差异（陈圣宾等，2011）。在我国，谢晋阳、陈灵芝对南部、中部、北部温带森林植物群落的物种多样性研究的结果表明，随着从北到南纬度的不断降低，落叶阔叶林的物种多样性指数不断增加，其中乔木层、灌木层的物种多样性指数遵循上述规律，草本层的物种多样性先增加后又降低（谢晋阳和陈灵芝，1994）。黄建辉和陈灵芝（1994）对温带和亚热带森林群落物种多样性研究的结果也符合上述的纬度梯度特征。植物多样性出现上述规律主要是因为地球表面的热量随所在纬度位置而变化，水分则随着距离海洋的远近，以及大气环流和洋流特点而变化。水热结合导致气候、植被、土壤等出现相应的变化。

2）与土壤因子相关的物种多样性研究

土壤是植物生长的重要物质基础，土壤理化性质不同，土壤母质不同，都可能影响生长于其中的植物，因而土壤养分因子有可能是影响物种多样性形成的一个重要因子（杨万勤等，2001）。植被演替过程中，植物群落种类丰富度与土壤化学变量之间具有显著的相关关系。例如，一些学者对草原群落进行研究后发现，土层较厚的洼地比土层浅薄的高地有更低的物种丰富度（Hartnett，1998）。然而，也有一些研究发现，物种丰富度随土壤厚度的增加显著增加，但物种的多样性和组成并没有显著改变，增加的丰富度被下降的均匀度所抵消（Dornbush，2010）。另外，土壤养分特征的变化会对植被演替过程产生影响，不仅影响着植物种的生态学特征，而且影响着植物群落的结构组成，进而影响植被演替进程，是植被演替的重要驱动力因素之一（张庆费等，1999；张健等，2009）。Gartlan 等（1986）的研究显示土壤中磷、镁、钾的水平与热带植物群落物种多样性之间存在着显著的相关关系，土壤中可溶性钾与物种多样性显著相关。许涵等(2013)对海南尖峰岭不同热带雨林类型与物种多样性变化关联的环境因子研究发现，原始林的物种丰富度与海拔和土壤交换性钙含量显著相关，径级择伐后恢复热带天然林的物种丰富度和海拔、土壤全磷含量和速效钾含量显著相关，皆伐后恢复热带天然林的物种丰富度仅和海拔显著相关。安树青等在研究土壤因子对次生森林群落物种多样性的影响时，发现乔木种数的变率与土壤厚度、土壤速效磷含量呈负相关，显示群落营养条件的改善，不一定增加其种数，而可能增加其个体数或改进其个体的生长状，灌木种数的变率则表现了不同的结果，与土壤厚度、有效氮和速效磷呈正相关，与土壤含水量呈负相关(安树青等，1997)。

土壤 pH 是土壤供应养分能力和土壤中有毒元素活性的一个重要参数(Pausas，2001)。很多研究认为物种丰富度随土壤 pH 分布出现单峰格局，即在 pH 接近中性的位置物种最丰富，如 Hájek 等(2007)对俄罗斯南西伯利亚植物物种丰富度的研究发现，物种丰富度随土壤 pH 的增加而增加，直到土壤变得非常干燥，物种丰富度又因水分胁迫而下降；Chytrý 等(2007)在对泥沼植被的研究中也发现，总物种库在近中性 pH 时有最高值。这是因为只有很少数的物种能够适应高酸性或高碱性的土壤。Chytrý 等(2007，2010)研究认为不同功能组植物物种丰富度与土壤 pH 关系不同，一年生植物、地下芽植物和半灌木状的地上芽植物丰富度随土壤 pH 的增加而增加，但地面芽植物和灌木的物种丰富度与土壤 pH 没有明显关系。群落分布及物种组成与土壤 pH 的关系通常用排序的方法来分析，在许多研究中土壤 pH 往往解释了较多的群落分布及物种组成变异量。

3) 与地形因子相关的物种多样性研究

地形作为决定山地植被格局的重要因子，在景观和群落尺度的植被格局分析中已经引起广泛关注(Hara et al.，1996；沈泽昊等，2000；杨永川等，2006；Poulos，2010；Wei et al.，2010)。地形影响一方面可以表现在植被垂直带谱、群落分布和种群分布等不同生物组建层次上；另一方面也可以表现在生物多样性分布、群落结构甚至物种的能量结构上(Clark，2000)。在大的气候相对一致的情况下，生境异质性是形成群落及物种多样性的决定因子。地形为植物群落提供生境多样性的最重要的环境梯度(Hara et al.，1996)，地形差异形成的异质生境为物种提供了共存的条件，有利于生物多样性的维持(沈泽昊等，2001；李冬梅，2004)。在有关微地形单元上植被分异格局的研究方面，有学者对日本的低山丘陵常绿阔叶林(Kikuchi，1993；Sakai，1994)以及温带的落叶阔叶林开展了大量研究，同时这些相关的工作在中国的亚热带常绿阔叶林地区也相继展开，这些研究揭示了物种分布与微地形单元间存在很好的应对关系，是区域内多物种共存的先决条件(沈泽昊，2000；Sakio，2002；Nagamatsu，2003；Okubo，2005)。

山地植被植物群落物种多样性随海拔的变化规律一直是生态学家感兴趣的问题。这方面的资料也很多，但研究结果是不一致的。大部分研究认为植物群落物种多样性随海拔的升高，植物群落物种多样性降低(Itow，1991；余世孝，2001)。也有很多学者认为植物群落物种多样性在中等海拔最大，称之为“中间高度膨胀”(苗莉云，2004；郑开基，2009；井学辉等，2010)。也有研究认为连续海拔可以分为几个层次，而每个层次物种多样性有相应的变化规律，如三峡大老岭森林群落乔木层、灌木层、草本层在海拔 1000m 以下、1000～1700m 及 1700m 以上有不同的物种多样性水平及多样性变化规律(沈泽昊，2000)。也有多样性随海拔升高而增加的相关报道(Itow，1991)。还有，由于其他影响因子的作用较大，多样性沿海拔梯度无明显的规律(Wilson，1988；朱彪，2004)。

在山地生态研究中，坡度和坡向也是决定植被生境其他要素分异的主导因子(邱扬和张金屯，2000)。对于苔藓植物层片来说，坡向是形成其物种多样性组成和结构差异的重要环境因素(雷波等，2004)，这可能与其引起的生境差异有关。沈泽昊等(2000)发现三峡大老岭森林地形因子对α多样性影响的大小顺序是：坡位＞海拔＞坡向＞坡面＞坡度＞坡形。而张旭研究地形天然次生林植被分异格局影响时发现区域内地形因子对植物α多样性格局影响的顺序是：坡向＞坡位＞坡度＞海拔＞坡面＞坡形(张旭和国庆喜，2007)，表明生物多样性空间格局受到局部地形因子的强烈影响。也有研究表明不同坡向上的 a 多样性差异不显著，从阳坡到阴坡丰富度的变化不是很明显(聂莹莹，2007)。

二、研究方法

(一)群落α物种多样性计算方法

物种丰富度指数 R，即样地中物种总数

Shannon-Wiener indice：$H=-\sum P_i \ln P_i$

Simpson indice：$D=\dfrac{N(N-1)}{\sum n_i(n_i-1)}$

Margalef' s indice：$E=\dfrac{(S-1)}{\ln N}$

Mclntosh indice：$D=\dfrac{N-U}{N-\sqrt{N}}$　$U=\sqrt{\sum n_i^2}$

Pielous 的均匀度指数：$J_{sw}=\dfrac{H}{H_{max}}$　$J_{sp}=\dfrac{D}{D_{max}}$

其中：$H_{max}=\log_2 S$　$D_{max}=\dfrac{S(N-1)}{N-S}$

Sheldon 均匀度指数：$E_s=\dfrac{\exp\left(-\sum p_i \log p_i\right)}{S}$

Alatalo 均匀度指数：$E_a=\dfrac{\left(\sum p_i^2\right)^{-1}-1}{\exp\left(-\sum p_i \log p_i\right)-1}$

式中，N 为种 i 所在样地的各个种的重要值之和；P_i 为种 i 的相对重要值；n_i 为种 i 的重要值；S 为样地中物种总数。

(二)群落β物种多样性计算方法

β多样性是指物种沿着群落内或群落间某一环境梯度的变化，不同群落或梯度位置间共有种越少，β多样性越高(马克平等，1995)。群落种类组成的多样性是群落结构的重要特征之一，研究植被演变过程中不同阶段的群落物种组成变化，可以为认识和评价植被动态变化提供有价值的信息。Cody 指数(β_c)：

$$\beta_c = [g(H) + l(H)]/2$$

式中，$g(H)$ 是沿生境梯度 H 增加的物种数目；$l(H)$ 是沿生境梯度 H 失去的物种数目，即在上一个梯度存在而在下一个梯度中没有的物种数目。

Bray-Curtis 指数：

$$C_n = 2jN/(aN + bN)$$

式中，aN 为样地 A 的物种数目；bN 为样地 B 的物种数目；jN 为样地 A(jNb) 和 B(jNb) 共有种个体数目较小者之和，即 $jN = \sum \min(jNa + jNb)$。

Jaccard 指数：

$$C_j = j/(a + b - j)$$

Sorenson 指数：

$$C_s = 2j/(a + b)$$

式中，j 为两个群落或样地共有种数；a 和 b 分别为样地 A 和样地 B 的物种。

三、研究案例

(一)海南代表性热带雨林植物多样性指数大小——以五指山与霸王岭为例

1. 案例的地理概况与研究方法

1)地理概况

(1)五指山的地理概况

五指山的地理概况见第九章第一节。

(2)霸王岭的地理概况

霸王岭的地理概况见第九章第三节。

2)研究方法

本案例仅五指山的工作为《海南植被志》撰写组的工作，其他的数据来自陆阳等(1986)的工作，虽然已经过去了 30 年，但仍较为经典。五指山森林生物多样性指数计算采用常用的计算方法。

2. 结果与分析

物种多样性指数是定量表征群落的重要指标，在反映植物群落的生境差异、群落的结构类型、演替阶段等方面均有一定的意义。在一定的环境条件中，群落的类型和动态，在某种意义上取决于群落的种子数、个体数和均匀度，表 10-1-1 的数据显示了热带雨林比南亚热带湿润雨林有较高的多样性指数和较大的均匀度，说明了热带雨林比其他地区的森林具有较高的物种丰富度和均匀度。陆阳等(1986)计算霸王岭的 Shannon-Wiener 指数为 5.82，臧润国等(2001)研究的下一个案例为 5.24；杨小波(2011)计算五指山的低地雨林为 5.38，山地雨林为 5.34，两者差别不大。因此，海南热带雨林的 Shannon-Wiener 指数一般为 5.0～6.0。

表 10-1-1　7 个植物群落(立木层)物种多样性指数与均匀度比较*

Tab.10-1-1　A comparison of species diversity and evenness indexes in difference forests

序号	群落名称	地点	Shannon-Wiener 指数	均匀度(J_{sw})
1	常绿阔叶林	鼎湖山	4.12	69.47
		南昆山	4.84	70.38
2	山地常绿阔叶林	黑石顶	4.57	80.99
3	热带山地雨林	霸王岭	5.19	74.08
4	低地(湿润)雨林	五指山	5.38	77.08
5	山地雨林	五指山	5.34	82.60
6	低地(湿润或沟谷)雨林	霸王岭	5.82	81.87
7	热带雨林	缅甸	5.40	
		巴西	6.21	

* 五指山数据来自杨小波(2011)，其他数据来自陆阳等(1986)。

海南热带雨林分布区，尽管雨量丰富，但为热带北缘，森林的组成与结构相对典型热带多雨地区的热带雨林都简单一些，因此，森林植被的物种多样性和均匀度比其他热带地区的雨林小，这是符合客观规律的。但与南亚热带的常绿阔叶林相比，森林植被的物种多样性和均匀度相对要大一些。在海南低地(湿润或沟谷,《海南植被志》认为沟谷为通俗名称，有低地湿润沟谷雨林，也有山地沟谷雨林。通常，同一个地区，同一海拔，沟谷的湿度相对要比非沟谷环境的湿度大一些)雨林的种数比山地雨林丰富，但它们的物种多样性差不多大小，而山地雨林的均匀度比湿润雨林的均匀度大。一般情况是湿润雨林比山地雨林稳定。此现象的原因如上所述，物种多样性指数除了与群落中的种数和个体总数有关外，与物种均匀度基本上呈线性相关，一个种数少、个体数少而均匀度高的群落，可以和另一个种数多、个体数多但均匀度低的群落具有相同或相近的多样性指数。另外，在群落的正演替过程中，多样性(多样性指数和均匀度)是增大的，多样性的增大提高群落的稳定性；同样在群落的逆替过程中，多样性减小，从而降低了群落的稳定性。由于低地雨林受到干扰比山地雨林受到的干扰稍大，前者尽管物种较后者丰富，但群落的稳定性有所下降，因此，均匀度较小。反过来，也可以从多样性大小定量反映群落的稳定性程度。

(二)沿海低地雨林铜鼓岭森林群落物种多样性与群落结构研究——以文昌铜鼓岭为例

1. 案例的地理概况与具体研究方法

1)地理概况

铜鼓岭地理概况见第九章第一节。

2)研究方法

(1)野外调查方法

沿大样地外，森林内另设 5 个样地，样地内共设置 10m×10m 样方 28 个，总面积 $2800m^2$(大多数沿海热带雨林的最小取样面积在 $2500m^2$ 左右)；灌木林内设 4 个样地，样地内共设置 10m×10m 样方 5 个，总面积 $500m^2$，这两种主要植被类型总面积 $3300m^2$。对每个样方内高 1.5m 以上的林木进行每木调查，记录其种名、树高、胸径、枝下高和冠幅(王伯荪等，1996)。对常绿沿海森林内的灌木层和草本层调查时，记录小样方内灌木(含乔木树种的幼苗和层间植物)和草本的物种名、高度、株数、盖度；藤本植物记录其种名和株数；同时，记录各样地所在位置和生境因子(包括海拔、坡向、坡度、土壤类型及样方周围情况等)。

(2)物种多样性的测度

①物种丰富度指数的计算

物种的丰富程度一般用单位面积的物种数目，即物种密度来测度，植物多样性研究中常采用此方法。一般用每平方米的物种数目表示，而实践中样方大小往往是不同的，所以，在可能的情况下尽量采用同样大小的样方，以提高比较的精度；为避免这一不便，物种丰富度又可以用物种数目与样方大小或个体总数的不同数学关系(d)来测度，d 是物种数目随样方增大而增大的速率。已有多种指数提出，其中比较重要的有 Gleason 丰富度指数和 Margalef 丰富度指数(孙儒泳和李庆芬，2002)：

$$d_{Gl}=S/\ln A \tag{10-1-1}$$

$$d_{Ma}=(S-1)/\ln N \tag{10-1-2}$$

式中，S 为物种数目；N 为观察到的所有物种的个体总数；A 为样方面积。

②Simpson 指数、Shannon-Weiner 指数及其均匀度的测定

Simpson 指数、Shannon-Weiner 指数及其均匀度的测定见植物多样性测算常用方法。

2. 结果与分析

1)热带滨海雨林与灌丛物种多样性

由于各个样地的取样面积不同，我们首选 Gleason 丰富度指数(d_{Gl})来计算各个样地的物种丰富度，这样既消除了植物群落调查面积的差异性，又定量地描述了各植物群落多样性的相对大小，还可以作区间比较(王拍荪等，1996；孙儒泳和李庆芬，2002)。此外，又计算了 Margalef 丰富度指数(d_{Ma})作对比。由表 10-1-2 可知，森林 $2800m^2$ 的样地中共记录 1.5m 高以上物种 81 个，灌丛 $500m^2$ 的样地中记录 1.5m 高以上物种 59 个，其 Gleason 丰富度指数分别为 10.2049 和 9.4938。

表 10-1-2 两种主要植被类型的物种多样性

Tab.10-1-2 The species diversity indexes of the tropical coastal rain forest and shrub

植被类型	d_{Gl}	d_{Ma}	Shannon-Wiener 指数	J_{sw}	Simpson 指数	J_D
热带滨海雨林	10.2049	11.0809	4.7485	0.7490	0.9247	0.9363
灌丛	9.4938	9.4598	4.5738	0.7775	0.9207	0.9366

在同一植被类型的不同地段，物种多样性也有一定的差异(表 10-1-3)。样地 1～5 为矮林，其中 Shannon-Wiener 指数的大小为样地 3＞样地 1＞样地 4＞样地 5＞样地 2，Simpson 指数大小为样地 3＞样地 5＞样地 4＞样地 1＞样地 2，各样地海拔大小为样地 5＞样地 3＞样地 1=样地 4＞样地 2。样地 3 海拔 264m，位于西北坡背海面，受海风影响小，整个生态环境较为温和，植物多样性较高；样地 1 海拔也较高，坡向为东北，森林林相发育较好，而样地 4 虽然海拔与样地 1 相同，但坡向为东，也受到一定程度海风的影响。样地 5 虽然海拔最高，但为东南坡向，受海风影响较大；样地 2 为东南坡向，且海拔最低，多样性指数也最低。可见，在本案例的研究区域内热带森林不同地段的物种多样性在一定程度上受到海拔、坡向等环境因素的影响，整体上的趋势为高海拔地段物种多样性指数较大，阴坡、受海风影响小的地段物种多样性指数较大。

表 10-1-3　热带滨海雨林和灌丛不同地段的物种多样性

Tab.10-1-3　The species diversity index of difference sites in the tropical coastal rain forest and shrub

样地号	物种数 S	d_{Gl}	d_{Ma}	Shannon-Wiener 指数	J_{sw}	Simpson 指数	J_D
1	59	7.9970	9.1176	3.9914	0.6785	0.8806	0.8958
2	15	2.6298	3.2736	3.1126	0.7967	0.8317	0.8435
3	38	6.3424	6.5022	4.3994	0.8383	0.9180	0.9428
4	27	5.8630	5.1959	3.9182	0.8240	0.9084	0.9433
5	26	4.3395	4.8905	3.9129	0.8324	0.9085	0.9448
8	24	4.5297	4.7327	3.3649	0.7339	0.8305	0.8667
11	28	6.0801	5.0405	3.7807	0.7864	0.8814	0.9140
12	9	2.3006	2.2880	2.9570	0.9328	0.8564	0.8823
13	20	4.3429	4.2767	3.2241	0.7460	0.7931	0.8348

样地 8、11、12、13 为灌丛，均处于海拔较低的山麓及近海岸地区。Shannon-Wiener 指数大小为样地 11＞样地 8＞样地 13＞样地 12。样地 11 位于铜鼓岭保护区东南角，坡向为西南方向，Shannon-Wiener 指数最高；样地 8 位于灌丛与森林交替处；样地 13 位于铜鼓岭地区内部的阳坡面，远离海边，样地内主要物种为岭南山竹子；样地 12 海拔 22m，面向大澳湾，位于海边迎风面，植物种类较少，多样性指数较低，但均匀度相对较大。各样地的具体位置及环境状况列于表 10-1-4。

2) 植物种数与个体数的关系分析

除多样性指数外，能够直接反映多样性指标的是与物种数和个体数有关的参数。种数(S)-个体数(N)关系直接反映了低密度种(low-density species)(具有单个个体的单株种和单位面积内仅有 2 株的物种)在群落中所占的比例，该比例越大，说明群落的物种越丰富。热带雨林丰富的物种多样性很大程度上来源于低密度种的贡献。

表 10-1-4 各样地地理位置及环境参数

Tab.10-1-4 Geographical and topographical characteristics of the study plots

样地号	地理坐标	面积/m^2	坡向	坡度/(°)	海拔/m
热带森林	Tropical evergreen monsoon elfin forest				
1	E111°01′16.5″，N19°40′17.3″	1600	东北	13	225
2	E111°01′9.9″，N19°40′18.5″	300	东南	17	179
3	E111°01′10.3″，N19°40′13.1″	400	西北	20	264
4	E111°01′6.0″，N19°40′20.3″	100	东	18	225
5	E111°01′02.2″，N19°40′17.5″	400	东南	15	287
灌丛	Shrubs				
8	E111°00′59.9″，N19°40′33″	200	西	18	60
11	E111°02′02.6″，N19°38′21.6″	100	西南	18	61
12	E111°02′05.5″，N19°38′33.3″	50	北	16	22
13	E111°00′50.8″，N19°39′46.5″	100	南	15	66

在铜鼓岭自然保护区内所调查的热带沿海森林和灌木林的 3300m^2 标准样地中，共记录树高 1.5m 以上的物种有 101 种，其中单个体种有 20 种，双个体种有 13 种，占所记录的物种总数的 32.7%(表 10-1-5)。单个体种包括白树(*Suregada glomerulata*)、滨木犀榄(*Olea brachiata*)、枝花李榄(*Linociera ramiflora*)、海南栀子(*Gardenia hainanensis*)、白花龙船花(*Ixora henryi*)、山茶(*Camellia japonica*)、异木患(*Allophylus viridis*)、棒花蒲桃(*Syzygium claviflorum*)、乌口树(*Tarenna attenuata*)、细叶谷木(*Memecylon scutellatum*)、肖蒲桃(*Acmena acuminatissima*)、斜叶榕(*Ficus tinctoria*)、牛矢果(*Osmanthus matsumuranus*)、白木香(*Aquilaria sinensis*)、山杜英(*Elaeocarpus sylvestris*)、青果榕(*Ficus variegata* var. *chlorocarpa*)等；双个体种包括伞花冬青(*Ilex godajam*)、毛茶(*Antirhea chinensis*)、膜叶嘉赐树(*Casearia membranacea*)、黄果厚壳桂(*Cryptocarya concinna*)、暗罗(*Polyalthia suberosa*)、白桐(*Claoxylon indicum*)、巴豆(*Croton tiglium*)、白花灯笼(*Clerodendrum fortunatum*)、金莲木(*Ochna integerrima*)、九里香(*Murraya exotica*)、野生荔枝(*Litchi chinensis*)等。这些低密度种对于维持铜鼓岭山地雨林丰富的植物物种多样性具有十分重要的意义，但同时又容易受到各种因素影响而导致消亡，所以对低密度种保护的意义极其重大。

表 10-1-5 铜鼓岭自然保护区植物种-个体数关系

Tab.10-1-5 The relationship between the mumber of plant species and individual in Tongguling National Nature Reserve

个体数	1	2	3	4	5	6	7	8	9	10	11	12	13	14	15	17	20	22
种数	20	13	10	5	4	5	1	4	4	2	1	3	3	1	2	1	2	1
个体数	23	26	27	30	34	35	38	42	48	51	53	54	55	63	107	192	366	
种数	1	2	2	1	2	1	1	1	2	1	1	1	1	1	1	1	1	

3) 与其他植被类型物种多样性的比较

表 10-1-6 列出了铜鼓岭自然保护区热带常绿沿海森林与海南岛五指山和霸王岭林

区的三种植被类型的物种多样性指数的比较数据。因为这三个群落中的数据均是记录1.5m 高以上的个体，较有可比性。4 个群落乔木层树种的物种多样性指数(Shannon-Wiener 指数)大小为：五指山低地雨林＞五指山山地雨林＞铜鼓岭热带滨海雨林＞霸王岭山地雨林；而物种均匀度指数为：五指山山地雨林＞铜鼓岭热带滨海雨林＞五指山低地雨林。说明铜鼓岭自然保护区内植物物种多样性水平和均匀度水平与海南岛的其他主要热带天然林区的相关指标相差不大，证明它也是海南岛一个重要的天然林区。因此，为维护海南岛天然林的总面积和物种多样性，尤其是保持海南岛东北部沿海地区唯一的天然林的稳定性，加强对该地区的保护是非常重要的。

表 10-1-6　海南岛 4 个区域森林群落(立木)多样性指数比较

Tab.10-1-6　A comparison of species diversity and evenness indexes in the four difference forests

群落类型		树高/m	海拔/m	样地面积/m^2	Shannon-Wiener 指数	均匀度指数	数据来源
铜鼓岭自然保护区	热带滨海雨林	≥1.5	200～300	2800	5.12	0.758	
海南岛五指山	低地雨林	≥1.5	700～1000	2600	5.38	0.771	杨小波等，1994
海南岛五指山	山地雨林	≥1.5	1000～1400	2200	5.34	0.826	杨小波等，1994
海南岛霸王岭	山地雨林	≥1.5	1100～1600	2000	4.872	—	胡玉佳和丁小球，1994

4) 物种多样性与群落乔木层结构的关系

对于群落内不同层次物种多样性的分析，多数研究主要是对乔木层、灌木层和草本层作比较分析，而对于乔木层内不同高度层的物种多样性，很少有人做过比较分析。本研究结合铜鼓岭热带滨海雨林的结构特征，把乔木层划分为不同的树高级，分别为 1.5～3m、3～5m、5～7m、7～9m 和 9m 以上，然后对每个样地和这 5 个样地的整体中这几个树高级的物种多样性分别进行计算，以比较各个树高层次的物种多样性变化情况。

由图 10-1-1 可以看出，对整个植被类型来说，乔木各层 Gleason 指数随树高增加呈明显的降低趋势。1.5～3m 的高度级具有最大的丰富度指数，随树高增加 Gleason 丰富度指数逐渐降低，其中 7～9m 的树高级中丰富度指数急剧降低，由 7.649 降至 4.717。而样地 3、4 则为 3～5m 处的丰富度指数最大，随后逐渐降低。样地 2 的 Gleason 丰富度指数先随树高增加有所降低，至 5～7m 降至最低，而后又逐渐升高，至 9m 以上的高度级中，Gleason 丰富度指数达到此样地各树高级中最大值，但仍低于样地 1 和 5 以及整体上此高度级的丰富度指数。Shannon-Wiener 指数随树高变化的情况如图 10-1-2 所示。

样地 1 中随树高增加 Shannon-Wiener 指数逐渐降低，直至 7～9m 的树高层后，该指数降至最低。随后 9m 以上的树高级中又稍有所增加；样地 2、3、4 中，随树高增加，Shannon-Wiener 指数逐渐升高，至 5～7m 处 Shannon-Wiener 指数达最高，然后至 7～9m 处又降至最低。9m 以上的树高中样地 2 的 Shannon-Wiener 指数又有所增加，样地 3、4 中此树高级指数为零，样地 5 各树高级的 Shannon-Wiener 指数大小为 1.5～3m＞5～7m＞3～5m＞9m～＞7～9m。5 个样地的整体分析中，Shannon-Wiener 指数大小随树高增加呈逐渐降低的趋势。对于 Simpson 指数，各样地的结果与上述 Shannon-Wiener 指数的变化情况相似。样地 1 中，1.5～3m 的树高中物种多样性指数最高，随树高的增加，物种多样性逐渐降低，直至7～9m的树高级中物种多样性降至最低，随后9m以上的树高级物种多样性指数又有所增加，高于5～7m而低于3～5m的物种多样性(图 10-1-3)。样地2、3、4的物种多样性先随树高增加而增加，至5～7m处多样性指数达最高，然后7～9m处又降至最低，而后又有所增加。样地5各树高级的物种多样性顺序为1.5～3m＞5～7m＞3～5m＞9m～＞7～9m。5个样地的整体分析中，则1.5～3m的Simpson指数最高，其余各高度级差别不大。

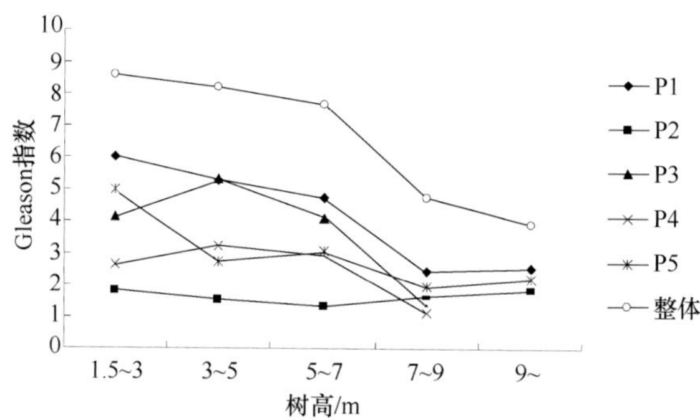

图 10-1-1　热带沿海森林不同树高层次的物种丰富度

Fig.10-1-1　The species richness of trees at different heights in tropical coastal forests

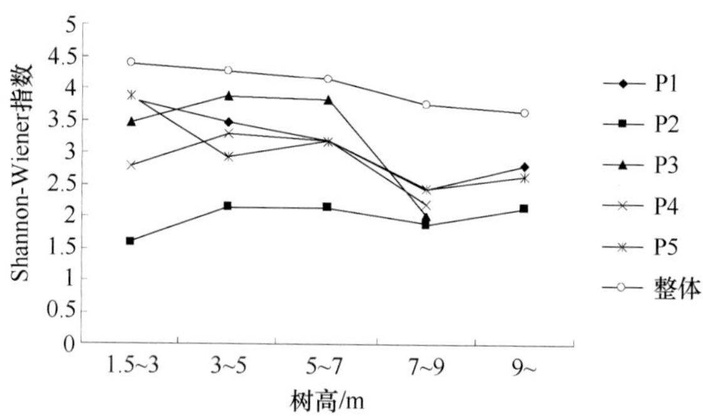

图 10-1-2　热带沿海森林不同树高层次的 Shannon-Wiener 多样性指数

Fig.10-1-2　The Shannon-Wiener diversity index of trees at different heights in tropical coastal forests

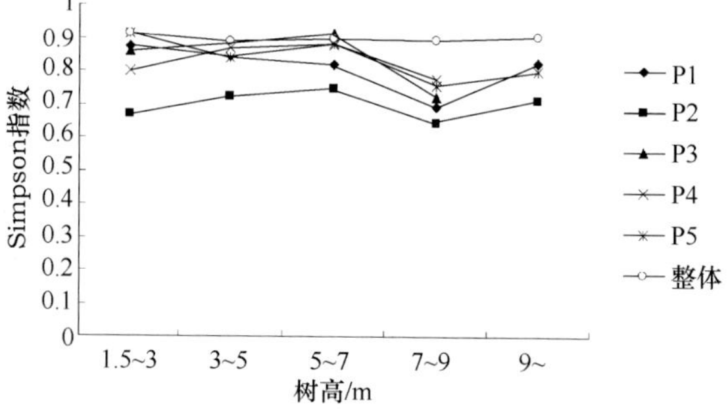

图 10-1-3　热带沿海森林不同树高层次的 Simpson 多样性指数

Fig.10-1-3　The Simpson diversity index of trees at different heights in tropical coastal forests

3. 特点与讨论

通常情况下，森林群落的生物组成结构会直接影响到生物多样性的表征。一方面，群落内组成物种越丰富，则群落多样性值越大；另一方面，群落内有机体分配越均匀，则物种均匀度越大，群落多样性值越大(郑师章等，1994)。在此，我们比较了热带常绿沿海森林和灌木林共 9 个样地的物种多样性指数与物种丰富度的关系，并结合“热带滨海雨林乔木层不同高度级的物种多样性分析”中的结果，比较了热带常绿沿海森林不同树高层次的物种多样性指数与物种丰富度的关系。结果发现，物种多样性(特别是 Shannon-Wiener 指数)与物种丰富度的变化呈明显的一致趋势。

如表 10-1-3 所示，样地 1 和样地 3 的物种数分别是 59 和 38，其 Gleason 丰富度指数分别是 7.9970 和 6.3424，Margalef 丰富度指数分别是 9.1176 和 6.5022，均为 9 个样地中最高的，其所对应的 Shannon-Wiener 指数(分别是 3.9914 和 4.3994)和样地 3 的 Simpson 指数(0.9180)也高于其他样地，样地 1 的 Simpson 指数略低于样地 4 和 5。样地 4、5、8、11 和 13 的物种数较接近，分别为 27、26、24、28 和 20，这几个样地对应的 Shannon-Wiener 指数也较接近，分别为 3.9182、3.9129、3.3649、3.7807 和 3.2241，均低于样地 1 和样地 3 的 Shannon-Wiener 指数，而这几个样地的 Simpson 指数同样也不那么规则，与 Gleason 丰富度指数的变化关系不存在明显一致性。样地 2 和 12 的物种数分别为 15 和 9，Gleason 丰富度指数分别为 2.6298 和 2.3006，所对应的 Shannon-Wiener 指数分别为 3.1126 和 2.9570，均低于其他几个样地。由图 10-1-1 和图 10-1-2 也可以看出，热带常绿沿海森林样地 1～5 和 5 个样地整体上不同树高层次的 Shannon-Wiener 指数与 Gleason 丰富度指数呈明显的相关变化，曲线走势基本一致，只是样地 5 在 3～5m 和 5～7m 的树高层次上略不一致。而 Simpson 指数与物种丰富度的变化仍是没有此种相关性。据此可见，Shannon-Wiener 多样性指数明显随着物种丰富度的降低而下降，而 Simpson 指数与物种丰富度则没有明显的相关变化规律。

群落均匀度与物种丰富度也不呈相关变化规律。在物种数目一定的情况下，均匀度只与个体数目或生物量等指标在各个物种中分布的均匀度有关，如样地 12 物种数仅为 9，物种丰富度指数仅为 2.3006，为 9 个样地中最低值，但其均匀度指数高达 0.9328，高于其他 8 个样地。

物种多样性与群落稳定性之间的关系问题，一直是一个复杂的生态学理论问题。一个森林群落的物种数目及物种所包含的个体数量，在一定程度上反映了群落的特征，体现了群落的发展阶段和稳定程度，用物种多样性来反映群落的稳定性以及演替特征有一定的意义。一般的，稳定的群落具有较高的物种多样性。但不能机械地以多样性的高低来判断某具体群落的稳定性。要结合群落的结构、物种多样性、树种特性、立地生境进行具体分析，否则易产生片面的结论(刘小阳和吴开亚，1999)。

结合实际观察和分析各样地优势种群的年龄结构，判断铜鼓岭保护区森林物种多样性与群落结构的关系。以种群胸径大小代替年龄结构来分析沿海森林和灌木林各样地中优势种群在群落中的现状和发展趋势。以往的研究中多利用五级标准来分析，因本次调查只记录了 1.5m 高以上的立木，没有记录小苗木的株数，所以我们只分析 5 个级别的胸径结构，分别为<2.5cm、2.5～5cm、5～7.5cm、7.5～10cm 和 10cm 以上。图 10-1-4 列出了 9 个样地中优势种群各胸径级别的个体所占的比例。

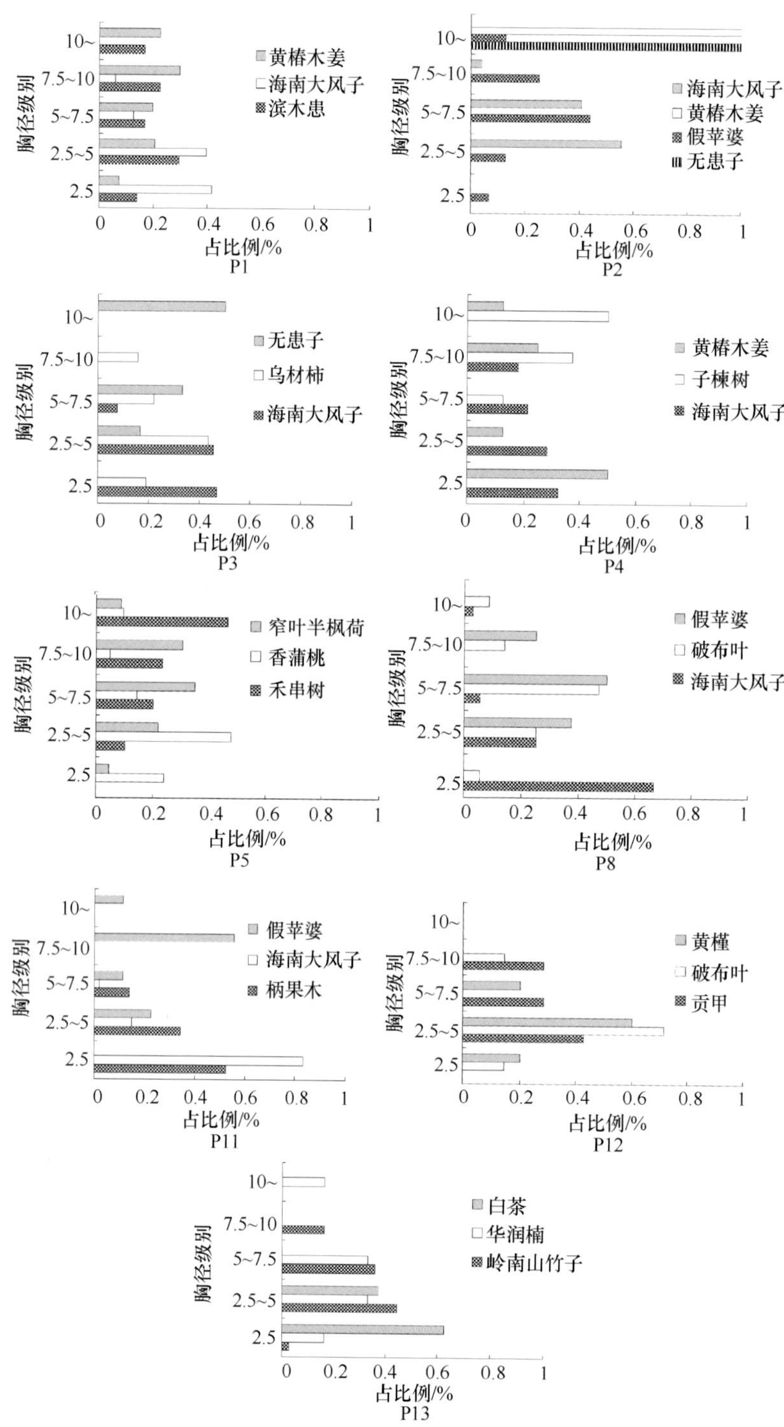

图 10-1-4 9 个样地优势树种的结构分布

Fig.10-1-4 The structure of dominant tree species in the 9 plots

我们把各优势种群的生长状况分为三种类型：增长型、稳定型和衰退型。增长型：种群内胸径 5cm 以下的个体占种群个体数的比例较大，随胸径增大，个体所占比例逐渐减少；稳定型：种群内胸径 2.5cm 以下的个体所占比例极少或没有，2.5～7.5cm 胸径个体所占比例较大，以上各级胸径的个体所占比例相当；衰退型：年龄结构呈倒金字塔形，随胸径增加个体所占比例逐渐减少，甚至没有胸径 2.5cm 或 5cm 以下的个体种群。

由图 10-1-4 可以看出，热带常绿沿海森林样地内，样地 1、3、4 种群结构相似，每个样地内的 3 个优势种群均为有一个增长型，一个稳定型，一个衰退型。样地 1 中，海南大风子(*Hydnocarpus hainanensis*)为增长型，黄椿木姜(*Litsea variabilis*)为衰退型，滨木患(*Arytera littoralis*)为稳定型。样地 3 中，海南大风子为增长型，无患子(*Sapindus saponaria*)为衰退型，乌材柿(*Diospyros eriantha*)为稳定型。样地 4 中，黄椿木姜为增长型，海南大风子为稳定型，子楝树(*Decaspermum gracilentum*)为衰退型。但这三个样地相比较来说，样地 3 内小径级个体所占比例明显高于大径级个体，样地 1 整体上各级胸径的个体所占比例相当，样地 4 整体上为大径级的个体所占比例较大。而且由我们的观察并结合 1987 年的调查结果可知，样地 3 处于演替阶段，位于竹林与沿海森林的交界处，大量的乔木树种尤其是海南大风子发展迅速，逐渐取代原来林仔竹(*Oligostachyum nuspiculum*)占优势的局面。三个样地的 Shannon-Wiener 多样性指数为样地 3＞样地 1＞样地 4。相对而言，样地 2 和样地 5 的群落结构较相似，且不同于以上 3 个样地。样地 2 有 4 个明显的优势种群，海南大风子和假苹婆(*Sterculia lanceolata*)种群呈稳定型，黄椿木姜和无患子种群则呈衰退型，这两个种群明显的只有胸径 10cm 以上的个体。样地 5 有 3 个优势种群，窄叶半枫荷(*Pterospermum acerifolium*)和香蒲桃(*Syzygium odoratum*)种群呈稳定型，而禾串树(*Bridelia balansae*)种群呈衰退型。整体上，样地 5 比样地 2 的群落结构要复杂，Shannon-Wiener 多样性指数大小也为样地 5＞样地 2。对于灌木林内的样地，优势种群的年龄结构也较明显。样地 8 中海南大风子种群为增长型，假平婆和破布叶(*Microcos paniculata*)种群为稳定型；样地 11 内，海南大风子和柄果木(*Mischocarpus sundaicus*)为增长型种群，假苹婆为衰退型种群；样地 12 内，黄槿(*Hibiscus tiliaceus*)、破布叶为稳定型种群，贡甲(*Maclurodendron oligophlebium*)为衰退型种群；样地 13 中，白茶(*Koilodepas hainanense*)为增长型种群，华润楠(*Machilus chinensis*)为稳定型种群，岭南山竹子(*Garcinia oblongifolia*)为衰退型种群。而这 4 个样地的 Shannon-Wiener 多样性指数大小为样地 11＞样地 8＞样地 13＞样地 12。

由此可见，铜鼓岭自然保护区内的热带沿海森林和灌木林与一般的群落结构有所不同，并非群落越稳定其物种多样性指数越高，而是群落内的优势种群处于增长型、群落结构越复杂，其物种多样性指数越高。

(三)海南单优势种低地雨林群落结构与物种多样性——以三亚甘什岭无翼坡垒林为例

甘什岭森林为海南特殊的、以无翼坡垒(*Hopea reticulata*)为单优势种的低地次生雨林，受人为干扰历史悠久。无翼坡垒是 1978 年才发现的龙脑香科植物(林万涛，1978)，仅分布在甘什岭一带，构成单优林。深入开展无翼坡垒单优林群落结构和物种多样性的研究，有助于了解无翼坡垒林中森林植物及其与环境因子的相互关系，从而了解该群落中众多物种共存和多样性维持的奥秘。自20世纪50年代后，陆续有许多学者对甘什岭无翼坡垒单优林开展了研究工作，取得了较为丰富的成果(邢福武等，1993；杨小波等，1995，1996a，1996b；胡荣桂等，1997；洪小江等，2008；黄瑾等，2013)。

毛超等(2014)以海南甘什岭无翼坡垒林为研究对象，对其群落组成、结构和物种多样性特征进行研究，该案例研究过程与结果都较为经典，《海南植物志》以该案例为例说明海南南部低海拔热带雨林次生林(单优势种)的群落结构与物种多样性特点。

1. 研究区概况与方法

1)样地概况

甘什岭位于海南岛东南部，三亚市境内，地理坐标为北纬18º21′～18º26′，东经109º34′～109º42′。海拔50～681m，坡度30º～50º，地势自南向北依次升高，是典型的热带低地次生雨林。这里气候温暖，水湿条件优越，年均气温为24.5℃，最冷月的平均气温在19℃以上；年降水量约为1800mm。土壤以中生代花岗岩发育而成的红壤为主(邢福武等，1993)。

甘什岭森林为低地雨林，群落外貌全年常绿。无翼坡垒林主要有乔木3层，灌木、草本各1层。乔木A层主要由无翼坡垒、青皮(*Vatica mangachapoi*)和长柄琼楠(*Beilschmiedia longepetiolata*)等组成；乔木B层主要由细子龙(*Amesiodendron chinense*)、白背算盘子(*Glochidion wrightii*)和硬核(*Scleropyrum wallichianum*)等组成；乔木C层主要由白茶树(*Koilodepas hainanense*)、粗毛野桐(*Mallotus hookerianus*)和阿芳(*Alphonsea monogyna*)等组成；灌木层主要有三角瓣花(*Prismatomeris teranda*)、九节(*Psychotria rubra*)、钟萼粗叶木(*Lasianthus trichophlebus*)和皂帽花(*Dasymaschalon trichophorum*)等组成；草本层主要由草豆蔻(*Alpinia katsumadai*)、海南假砂仁(*Amomum chinense*)和海南复叶耳蕨(*Arachniodes exilis*)等组成；层间植物主要以木质藤本为主，主要有钩枝藤(*Ancistrocladus tectorius*)、光叶紫玉盘(*Uvaria boniana*)和牛栓藤(*Connarus paniculatus*)等(邢福武等，1993)。

2)研究方法

2012年4月10～15日在甘什岭自然保护区选择立地条件基本一致且具有典型性、代表性的无翼坡垒林，设置50m×60m的样地。海拔为270～280m。采用相邻格子样方法将样地划分为30个10m×10m的样方。记录样方中所有DBH≥1.0cm的乔木、大藤本的种名、物种数、株数和胸径；同时在每个样方的对角线上设3个5m×5m的小样方，记录灌木的种名、物种数、株数和覆盖度，3个1m×1m的小样方，记录草本的种名、物种数和覆盖度。数据计算采用常用的方法。多样性指数计算采用一般的方法。

2. 结果与分析

1)物种组成及群落数量特征

根据样方资料统计，该无翼坡垒林群落共有维管植物163种，隶属于64科128属，其中蕨类植物6科7属8种，被子植物58科121属155种，包括单子叶植物9科16属17种和双子叶植物49科105属138种。从科的水平上看(表10-1-7)，以重要值之和计算，龙脑香科、棕榈科和莎草科占较大优势，柿科、胡桃科、大戟科和乌毛蕨科也占有一定比重。从种属丰富度来看，大戟科(11 属 14 种)、茜草科(10 属 13 种)、番荔枝科(6 属 6 种)、夹竹桃科(5 属 6 种)和樟科(3 属 6 种)是比较重要的科，且有 27 个科只有 1 属 1 种(表 10-1-7)。从种的水平上来看(表 10-1-8)，无翼坡垒、刺轴榈(*Licuala spinosa*)和高秆珍珠茅(*Scleria elata*)占据优势，重要值分别为 24.528、19.610 和 10.816。此外，样地内的单个体种和双个体种(低密度种)分别有 51 种和 20 种，占调查的物种总数的 32.30% 和 12.70%。低密度种在群落中所占的比例越大，说明该群落的物种越丰富。

表 10-1-7 甘什岭中各科拥有的属、种数及其重要值

Tab.10-1-7 The number of genera，species and important values of each family in forest in Ganzhaling

科名	属	种	重要值	科名	属	种	重要值
安息香科(Styracaceae)	1	3	1.593	牛栓藤科(Connaraceae)	2	2	1.052
百合科(Liliaceae)	2	2	0.373	茜草科(Rubiaceae)	10	13	4.908
茶茱萸科(Icacinaceae)	1	1	0.574	蔷薇科(Rosaceae)	2	2	0.404
大风子科(Flacourtiaceae)	1	1	0.057	清风藤科(Sabiaceae)	1	1	0.197
大戟科(Euphorbiaceae)	11	14	5.304	桑科(Lygodium)	1	5	0.446
蝶形花科(Papilionaceae)	2	2	0.071	莎草科(Cyperaceae)	3	3	12.138
冬青科(Aquifoliaceae)	1	2	0.195	山茶科(Theaceae)	3	3	0.821
杜英科(Elaeocarpaceae)	1	1	0.305	山矾科(Symplocaceae)	1	3	1.248
番荔枝科(Annonaceae)	6	6	2.021	柿科(Ebenaceae)	1	4	7.721
防己科(Menispermaceae)	2	2	0.172	水龙骨科(Polypodiaceae)	1	1	0.580
橄榄科(Burseraceae)	1	1	0.795	苏木科(Caesalpiniaceae)	1	1	0.094
钩枝藤科(Ancistrocladaceae)	1	1	0.057	桃金娘科(Myrtaceae)	2	3	1.215
海金沙科(Lygodiaceae)	1	1	1.315	藤黄科(Clusiaceae)	2	4	1.357
海桐花科(Pittosporaceae)	1	1	0.062	天料木科(Samydaceae)	2	3	0.639
禾本科(Gramineae)	2	2	2.593	卫矛科(Celastraceae)	1	1	0.062
胡桃科(Juglandaceae)	1	1	6.862	乌毛蕨科(Blechnaceae)	1	1	5.148
黄叶树科(Xanthopyllum)	1	1	0.312	无患子科(Sapindaceae)	3	3	2.035
火筒树科(Leeaceae)	1	1	0.059	梧桐科(Sterculiaceae)	4	5	0.827
夹竹桃科(Apocynaceae)	5	6	1.515	五桠果科(Dilleniaceae)	2	2	0.570
姜科(Zingiberaceae)	2	2	4.157	玄参科(Scrophulariaceae)	1	1	0.211
金莲木科(Ochnaceae)	1	1	0.792	野牡丹科(Melastomataceae)	3	3	0.725
金星蕨科(Thelypteridaceae)	2	3	1.705	芸香科(Rutaceae)	3	3	0.426
壳斗科(Fagaceae)	2	5	1.141	樟科(Lauraceae)	3	6	4.468
兰科(Orchidaceae)	1	1	0.373	竹叶蕨科(Taenitidaceae)	1	1	0.397
楝科(Meliaceae)	3	3	0.291	紫金牛科(Myrsinaceae)	2	4	0.557
鳞始蕨科(Lindsaeaceae)	1	1	1.253	棕榈科(Palmae)	2	2	19.735
龙脑香科(Dipterocarpaceae)	2	2	27.091	菝葜科(Smilacaceae)	1	2	0.373
萝藦科(Asclepiadaceae)	1	1	0.115	白花菜科(Cleomaceae)	1	1	0.057
马兜铃科(Aristolochiaceae)	2	2	2.343	胡椒科(Piperaceae)	1	1	0.041
马钱科(Loganiaceae)	1	1	0.202	露兜树科(Pandanaceae)	1	1	0.047
木兰科(Magnoliaceae)	1	1	0.060	天南星科(Araceae)	2	2	0.273
木犀科(Oleaceae)	2	3	0.677	五加科(Araliaceae)	1	1	0.094

表 10-1-8 甘什岭不同层次优势物种

Tab.10-1-8 The dominant species of different forest layers in Ganzhaling

层次	种名	相对多度/%	相对频度/%	相对优势度/%	重要值
草本	高秆珍珠茅(*Scleria elata*)	1.988	1.103	29.355	10.816
草本	乌毛蕨(*Blechnum orientale*)	0.261	0.414	14.771	5.149
草本	华山姜(*Alpinia chinensis*)	7.855	3.035	0.790	3.893
灌木	刺轴榈(*Licuala spinosa*)	7.888	4.000	46.942	19.610
灌木	侯柿(*Diospyros howii*)	3.292	2.345	1.655	2.431
灌木	线果兜铃(*Thottea hainanensis*)	3.162	2.069	1.590	2.274
乔木	无翼坡垒(*Hopea reticulata*)	30.965	4.138	38.480	24.528
乔木	黄杞(*Engelhardtia roxburghiana*)	1.173	2.207	17.206	6.862
乔木	侯柿	2.542	3.310	5.049	3.634
层间植物	楠藤(*Mussaenda erosa*)	2.314	2.621	0.914	1.950
层间植物	瓜馥木(*Fissistigma oldhamii*)	0.750	1.103	0.183	0.679
层间植物	小叶红叶藤(*Rourea microphylla*)	0.554	1.241	0.077	0.624

表 10-1-9 甘什岭群落中不同频度对应的物种数

Tab. 10-1-9 Frequencies of plant ranked by their number of species in forest of Ganzhaling

频度/%	物种数
3.33	60
6.67	25
10.00	15
13.33	10
16.67	11
20.00	9
23.33	2
26.67	3
30.00	3
33.33	2
36.67	2
40.00	2
43.33	2
46.67	3
50.00	1
53.33	2
56.67	2
60.00	1
63.33	2
70.00	1
73.33	1
80.00	2
96.67	1
40.00	1

按 Raunkiaer 频度级对群落中的植物种群进行分类：A 级有 130 种，占总物种数的 79.75%；B 级有 14 种，占总物种数的 8.59%；C 级有 11 种，占总物种数的 6.75%；D 级有 6 种，占总物种数的 3.68%；E 级有 2 种，占总物种数的 1.23%，群落中 5 个频度级关系为 A＞B＞C＞D＞E。属于 A 频度级的种类远远多于 B、C 和 D 频度级的种类，说明了群落中低频度种的数目较多的事实；E 级植物是群落中的优势种和建群种，却占最低的比例，说明群落中种的分布不均匀，预示植被分化和演替的趋势(表 10-1-9)。

该无翼坡垒林主要由常绿种类组成，根据结构可分为乔木层、灌木层、草本层和层间植物。乔木层中记录的 *DBH*≥1cm 的乔木有 1566 株，共有 90 种，隶属于 40 科 66 属。但群落中缺乏高大的乔木，其中 5m 以上的个体有 999 株，10m 以上的个体有 101 株，15m 以上的个体仅 18 株，且最高个体为 16.9m。乔木层中高度为 5～10m 的个体占据多数。胸径在 20cm 以上的仅有 41 株，最大胸径为 41cm 且仅有 1 株。乔木优势树种为侯柿、黄杞(*Engelhardtia roxburghiana*)和无翼坡垒(表 10-1-8)。灌木层和草本层分别有 17 科 24 属 29 种和 14 科 20 属 21 种。灌木中线果兜铃(*Thottea hainanensis*)、侯柿和刺轴榈占优势；草本华山姜(*Alpinia chinensis*)、乌毛蕨(*Blechnum orientale*)和高秆珍珠茅占优势。*DBH*≥1cm 的木质藤本有 156 株，种数为 25 种，隶属于 18 科 23 属，其中楠藤(*Mussaenda erosa*)、瓜馥木(*Fissistigma oldhamii*)和小叶红叶藤(*Rourea microphylla*)占据较大优势。

2) 群落不同层次物种丰富度、均匀度及多样性

物种丰富度指数反映了群落内物种数的多少，该无翼坡垒林群落中乔木层的物种 Margalef 丰富度指数明显高于其他层次，其排序为乔木层>灌木层>层间植物>草本层(表 10-1-10)，说明了在群落中乔木层物种数最多，草本层物种数最少。

表 10-1-10　甘什岭群落各层次物种多样性变化

Tab.10-1-10　The variation of species diversity at different forest layers in Ganzhaling

层次	*R*	*H'*	*D*	*J*sw	*C*
乔木	19.326	3.142	0.859	0.698	0.132
草本	4.342	1.701	0.648	0.558	0.344
灌木	6.080	2.102	0.788	0.624	0.203
层间植物	5.211	2.067	0.800	0.642	0.191
群落	27.038	3.647	0.943	0.716	0.053

R. Margalef 丰富度指数；*H'*. Shannon-Wiener 指数；*D*. Simpson 指数；*J*sw. Pielou 均匀度指数；*C*. 生态优势度。

群落的均匀度指数可以理解为群落中不同种的重要值的均匀程度，生态优势度表示不同种的优势程度。均匀度大小排序为：乔木层>层间植物>灌木层>草本层，生态优势度排序为：草本层>灌木层>层间植物>乔木层，说明乔木层和层间植物分布较均匀，草本层中优势种明显(表 10-1-10)。

群落各层的 Shannon-Wiener 指数排序为乔木层>灌木层>层间植物>草本层，Simpson 指数排序为乔木层>层间植物>灌木层>草本层(表 10-1-10)。2 种多样性指数均以乔木层较高，以草本层最低，说明在乔木层中物种数较多且个体间分布相对比较均匀。

海南无翼坡垒林的植物种类组成比较丰富，在样地内维管植物共有 163 种，乔木层中缺乏高大乔木，最高高度达 16.9m，无翼坡垒占据绝对优势；灌木层主要由小灌木和乔木的幼苗组成，其中常绿植物刺轴榈占较大优势；草本层中种类和个体均较少，其中数量最多的是高秆珍珠茅；层间植物主要由木质藤本组成，占据优势地位的有楠藤、瓜馥木和小叶红叶藤。从群落的多样性分析中可知，乔木层的 Margalef 丰富度指数、Shannon-Wiener 指数、Simpson 指数和均匀度指数最大，说明乔木层物种最丰富，优势种的优势地位不明显。在物种的频度分布分析中，群落的建群种和优势种占据最低的比例，预示群落植被分化和演替的趋势。通过与其他热带群落相比，海南无翼坡垒林群落处于最低海拔，种群密度较大，并形成了以无翼坡垒为优势的单优热带雨林，这是该群落比较特殊的地方。

3) 不同群落物种多样性比较

与海南低地雨林相比，海南山地雨林海拔均>700m，水热条件优越，具有较高的物

种多样性，其中以尖峰岭的物种多样性最大(表 10-1-11)。在最小的取样面积及最大的乔木起测直径下，尖峰岭具有最多的物种数和最大的 Shannon-Wiener 指数，这可能与其受保护时间较长、人为干扰少有关。

海拔＜700m 的霸王岭和无翼坡垒同属于低地雨林，但物种数和物种多样性指数差距较大。霸王岭的取样面积小于无翼坡垒林的面积，物种数和 Shannon-Wiener 指数却大于无翼坡垒林的相应指标，这可能是由于无翼坡垒林受到的人为干扰的影响仍然存在，群落处于演替阶段，尚未达到稳定。

表 10-1-11 6 个海南热带森林群落物种多样性指数与均匀度比较

Tab.10-1-11 A comparison of species diversity index and evenness index in the six difference forests

序号	地点	海拔/m	面积/m^2	种数	个体数	胸径或株高	Margalef 丰富度指数	Shannon-Wiener 指数	
								H'	Jsw
1	海南无翼坡垒林	270～279	3000	57	557	≥5cm	12.160	2.863	0.708
2	海南霸王岭 a	＜700	2000	99	—	≥1.5m	—	5.029	
3	海南霸王岭 b	700～1250	—	—	—		—	5.190	0.748
4	海南五指山 c	820～870	5000	117	671	≥5cm	17.822	5.900	0.859
5	海南吊罗山 d	900～980	5000	118	666	≥5cm	18.147	4.195	0.880
6	海南尖峰岭 e	790	1000	153	690	≥10cm	—	6.281	0.880

a. 胡玉佳和丁小球，2000；b. 陆阳等，1986；c. 杨小波等，1994；d. 王峥峰，1999；e. 李意德，1997。

3. 特点与讨论

海南无翼坡垒林的植物种类组成比较丰富，其中维管植物共有 163 种，乔木层中缺乏高大乔木，最高高度达 16.9m，无翼坡垒占据绝对优势；灌木层主要由小灌木和乔木的幼苗组成，其中常绿植物刺轴榈占较大优势；草本层中种类和个体均较少，其中数量最多的是高秆珍珠茅；层间植物主要由木质藤本组成，占据优势地位的有椭藤、瓜馥木和小叶红叶藤。从群落的多样性分析中可知，乔木层的 Margalef 丰富度指数、Shannon-Wiener 指数、Simpson 指数和均匀度指数最大，说明乔木层物种最丰富，优势种的优势地位不明显。在物种的频度分布分析中，群落的建群种和优势种占据最低的比例，预示群落植被分化和演替的趋势。通过与其他热带群落相比，海南无翼坡垒林群落处于最低海拔，种群密度较大，并形成了以无翼坡垒为优势的单优热带雨林，这是该群落比较特殊的地方。

甘什岭位于海南岛东南部，地势较低，是典型的热带低地次生雨林，水热条件优越，具有较为丰富的物种；但由于开发移民、刀耕火种以及中华人民共和国成立初期对热带雨林的掠夺式采伐与破坏，导致现在无翼坡垒林仍处于不稳定的状态，具有一定的波动性。通过比较发现，与单优青梅林群落形成原因不同，甘什岭无翼坡垒群落是以龙脑香科植物为优势种的混合雨林受多次人为干扰破坏形成的(黄瑾等，2013)。从甘什岭科属种分析的结果看，热带雨林特征科之一的楝科(8 属 11 种)(邢福武等，1993)，在甘什岭样地中只发现了 3 属 3 种，说明楝科植物在该无翼坡垒林中分布少，频度较小，也说明了该群落仍处在不稳定状态，需要加以保护。调查发现，群落中物种数随着取样面积的增加而呈现先快后缓的增长趋势，丰富度指数与物种数有直接的关系，因此丰富度指数与取样面积的关系也出现类似的趋势；而 Shannon-Wiener 指数、均匀度指数和 Simpson-Wiener 指数均未表现出与取样面积的显著相关关系。与之相反，方精云等（2004）研究发现，尖峰岭热带森林群落的 Shannon-Wiener 指数、均匀度指数和 Simpson 指数均表现出随取样面积的增大而先快速增长后缓慢增长的趋势。这说明与稳定的尖峰岭原始热带雨林相比，甘什岭无翼坡垒林距离稳定群落仍有差距，也需要更加合理的管护。甘什岭土壤较为贫瘠，大部分具有热带雨林特征的树种难以生长，因此，在群落的恢复演替过程中，耐贫瘠、耐干旱的无翼坡垒排挤了其他种群的发展，最终占据优势。海南岛低地雨林特有的优势种，如青皮、蝴蝶树（*Heritiera parvifolia*）、细子龙（*Amesiodendron chinense*）和荔枝（*Litchi chinensis*）等，在无翼坡垒群落中仍然存在（黄瑾等，2013），且这些植物立木齐全，具有一定数量的幼苗，只是目前数量较少（杨小波和胡荣桂，2000），无法在无翼坡垒群落中构成优势树种，因此根据 Raunkiaer 频度级，该群落中的优势种或建群种比例较低。同时由于样地分布于东南坡和西北坡，两坡交界处较为平坦且土壤湿度较大，乔木和灌木较少，郁闭度小，为草本植物尤其是高秆珍珠茅提供了良好的生长环境，而坡上乔木郁闭度大，草本植物零星分布且数量很少。因此，在整个样方中，草本层的生态优势度较高，均匀度指数较小。

与 1996 年的无翼坡垒林相比（杨小波等，1996a），群落中楝科植物从零增长到现在的 3 属 3 种（或许是当时调查有遗漏），且目前与物种多样性息息相关的低密度种也占群落总物种数的 45%，说明甘什岭无翼坡垒林群落的演替趋势良好，具有较好的物种多样性。但这些低密度种对于群落的主要种来说，更容易受到各种胁迫的影响而在群落中绝灭，从而使群落的物种多样性降低（安树青等，1999）。而且，无翼坡垒林在特定的面积里，有较大的密度群体，幼苗多，树高结构偏矮，较难进入成熟稳定的种群结构，体现了该群落的脆弱性（洪小江等，2008）。如果停止人为干扰，受土壤、地形与人为干扰综合影响所形成的单优无翼坡垒林群落可以向混合雨林演替系列发展，最终成为混合雨林（黄瑾等，2013）。因此，需要在现有的基础之上进行保护，减少人为干扰，采取全封闭式的管理，保证无翼坡垒林自然演替的顺利进行。

第二节 植物多样性与生态环境的关系研究

一、概述

基于生态环境变化与植物多样性的关系研究概况在本章第一节已经基本表述。另外，植物物种多样性的空间分布格局也是植被生态学研究的基础和核心，它可以让人进一步了解生物多样性的维持机制，同时对生物多样性保护也有重要的指导意义。随着低地森林被破坏，山地森林物种多样性的空间分布格局研究历来为生态学家所关注，特别是沿海拔梯度的分布格局研究：一方面它比较常见且容易测量，另一方面它综合反映了温度、湿度和光照等多种环境因子的变化（唐志尧等，2004；朱源等，2008）。

现有研究表明，由于不同区域地形地貌、气候条件等方面的差异，形成各式各样的物种多样性沿海拔梯度的分布格局(McCoy，1990；Rahbek，1997；王国宏，2002)。总的来说，物种多样性随海拔的变化主要呈现 5 种格局：物种多样性随海拔升高而降低、物种多样性在中等海拔处最高、物种多样性在中等海拔处最低、物种多样性随海拔升高而升高、物种多样性与海拔无关(贺金生和陈伟烈，1997)。前 2 种格局的研究报道相对较多(Rahbek，2005；Rowe et al.，2009；Baniya et al.，2010)。

二、研究方法

植物多样性一般的研究方法也已经在本章第一节中有所表述，植物多样性与环境关系的研究案例的研究方法分别在以下的案例中表述。

三、研究案例

1. 种多样性沿海拔梯度分布格局分析——以尖峰岭为例

尖峰岭是我国热带原始森林保存最为完整的林区之一，属热带北缘类型，有典型的地带性植被——热带常绿季雨林，由于受气候条件、地形等因素的综合影响，从山顶到海边形成特定的植被垂直带谱，包含 8 种植被类型：山顶苔藓矮林、热带山地常绿阔叶林、热带山地雨林、热带北缘沟谷雨林、热带常绿季雨林、热带半落叶季雨林、稀树草原和滨海有刺灌丛(蒋有绪和卢俊培，1991；李意德等，2002)。而尖峰岭地区植物绝大多数为热带区系植物(占总属数的 88.55%)，随海拔上升，出现部分温带区系植物(占总属数的 10.25%)(蒋有绪和卢俊培，1991)。

近 100 年来大规模的森林采伐已经给全球物种多样性的维持带来巨大威胁(Brown et al.，2004；Berry et al.，2008；宋新章等，2007)。由于采伐、农业用地以及居民用地，热带北缘沟谷雨林、热带季雨林以及部分热带山地雨林都已经转变为次生林和人工林，保存的原始林主要分布在热带山地雨林中(蒋有绪和卢俊培，1991；李意德等，2002)。这种大规模的森林采伐必然对物种多样性的空间分布特别是沿海拔梯度的分布格局产生深刻影响。吴裕鹏等(2013)在海南尖峰岭开展了森林乔灌木层物种多样性在垂直尺度上受森林采伐影响的变化研究。该研究是目前海南在这方面研究的经典案例，《海南植被志》引用这个案例来说明这一问题。该研究基于在海南尖峰岭沿海拔梯度设立的 164 块 25m×25m 样地，分析尖峰岭林区乔灌木层物种多样性随海拔梯度的变化格局，并分析森林采伐对乔灌木物种多样性沿海拔梯度的分布格局产生的影响，为海南岛地区的热带生物多样性保护和经营管理提供理论依据。

1)地理概况与研究方法

(1)地理概况

尖峰岭的地理概况见第九章第一节。

(2)研究方法

在海南尖峰岭沿 259～1265m 海拔梯度共设置 164 块 25m×25m 样地，在海拔 259～

349m、350～449m、450～549m、550～649m、650～749m、750～849m、850～949m、950～1049m、1050～1149m 和 1150～1265m 分别设置了 7 块、7 块、5 块、19 块、19 块、25 块、52 块、21 块、8 块和 1 块样地(尖峰岭最高峰海拔 1412m)。基于样地数量、面积及海拔跨度，该研究基本可以代表尖峰岭林区不同海拔梯度的乔灌木层植物的组成和分布信息。样地调查时间为 2007.06～2009.06，记录所有胸径≥1.0cm 植株的种名、胸径和高度；利用 GPS 在样地中心位置记录每个样地的经纬度和海拔；最后查阅相关文档资料及访问伐木工人确定每个样地的干扰历史，其中 52 块样地为原始林，73 块样地在径级择伐后经历了 15～50 年的自然恢复，39 块样地在皆伐后经历了 15～51 年的自然恢复(许涵等，2012)。

物种多样性沿海拔梯度的分布格局运用广义加合模型(generalized additive model，GAM)进行拟合(Yee et al.，1991；朱源等，2005)，绘制沿海拔梯度的乔灌木物种多样性分布图。GAM 拟合得出的关系曲线能最大限度地符合原始数据的规律，因为它没有预先设定变量之间的关系，而是通过环境变量的“平滑”函数代替回归参数的功能。在该研究中，GAM 模拟以物种多样性(分别指代物种丰富度和 Simpson 多样性指数 2 种指标)为因变量，以海拔为自变量。GAM 分析的联系函数为对数函数(log)，指数分布分别为 Poisson 和 Quasipoisson，平滑函数运用样条函数(cubic smooth spline)，自由度设定为 1。

所有统计分析均在 R 软件(R Development CoreTeam，2009)中进行。

2)结果与分析

(1)物种组成

164 块样地中共记录 65 144 个胸径≥1.0cm 的植株，分属 84 科 259 属 596 种。樟科(Lauraceae)和茜草科(Rubiaceae)是尖峰岭地区最具优势的 2 个科，这 2 个科的植株数占总植株数的 29.07%以上，且有较多的属、种。植株比例超过 5%的有壳斗科(Fagaceae)和大戟科(Euphorbiaceae)。有 4 个科只有 1 属 1 种 1 株：白花菜科(Capparidaceae)、黄杨科(Buxaceae)、绣球科(Hydrangeaceae)和山茱萸科(Cornaceae)，属偶见种科(表 10-2-1)。

164 块样地中共有 19 个种的重要值大于 1，这些种的多度、频度、胸高断面积分别占总多度、频度和胸高断面积的 27.94%、15.46%和 47.32%。其中大叶蒲葵(*Livistona saribus*)、黧蒴栲(*Castanopsis fissa*)和大叶白颜(*Gironniera subaequalis*)3 个种的重要值大于 2.0，另有 16 个种重要值为 1.0～2.0(表 10-2-2)。

按照 Hubbell 等(1986)的定义，每公顷个体数≤1 的物种为稀有种，每公顷个体数＞1 的物种则为常见种。本研究中 164 块样地总面积为 102 500m^2，所以个体数≤10 的物种为稀有种。本研究共统计到 269 个稀有种，占总种数的 45.13%，略低于鼎湖山(52.38%)和西双版纳(49.14%)，高于古田山(37.1%)(兰国玉等，2008；叶万辉等，2008；祝燕等，2008)，但仅占总植株数的 1.37%；128 个种类仅有 2～5 个植株，占总种数的 21.48%；89 个种类仅有 1 个植株，占总种数的 14.93%。

表 10-2-1　所有样地科、属、种组成

Tab.10-2-1　Numbers of individual，species and genera by families of all plots

科名	个体数	属数	种数	科名	个体数	属数	种数
樟科 Lauraceae	9754	11	66	金莲木科 Ochnaceae	199	2	2
茜草科 Rubiaceae	9181	23	47	金缕梅科 Hamamelidaceae	195	4	4
壳斗科 Fagaceae	5044	4	32	红树科 Rhizophoraceae	182	1	1
大戟科 Euphorbiaceae	3402	27	49	天料木科 Samydaceae	140	2	7
山矾科 Symplocaceae	3148	2	19	第伦桃科 Dilleniaceae	138	1	2
桃金娘科 Myrtaceae	2545	4	23	省沽油科 Staphyleaceae	129	1	1
野牡丹科 Melastomataceae	2353	5	9	瑞香科 Thymelaeaceae	101	2	5
茶科 Theaceae	2258	9	26	椴树科 Tiliaceae	101	2	2
紫金牛科 Myrsinaceae	2190	5	12	马鞭草科 Verbenaceae	93	7	9
蝶形花科 Papilionaceae	1813	2	6	漆树科 Anacardiaceae	83	2	2
榆科 Ulmaceae	1772	3	3	大风子科 Flacourtiaceae	77	3	3
芸香科 Rutaceae	1585	9	10	海桐花科 Pittosporaceae	72	1	3
无患子科 Sapindacea	1465	7	9	紫葳科 Bignoniaceae	68	2	4
茶茱萸科 Icacinaceae	1304	4	5	紫草科 Boraginaceae	66	2	2
桑科 Moraceae	1276	5	26	楝科 Meliaceae	61	7	10
木犀科 Oleaceae	1263	3	10	荨麻科 Urticaceae	54	2	2
棕榈科 Palmaceae	962	5	6	桫椤科 Cyatheaceae	51	1	1
远志科 Polygalaceae	898	1	1	卫茅科 Celastraceae	38	2	5
藤黄科 Guttiferae	880	3	5	八角科 Illiciaceae	33	1	2
橄榄科 Burseraceae	761	1	2	苏木科 Caesalpiniaceae	32	2	2
冬青科 Aquifoliaceae	734	1	22	金丝桃科 Hypericaceae	29	1	2
木兰科 Magnoliaceae	680	4	6	牛栓藤科 Connaraceae	26	1	1
龙脑香科 Dipterocarpaceae	653	2	2	龙舌兰科 Agavaceae	24	1	1
番荔枝科 Annonaceae	584	10	15	杜鹃花科 Ericaceae	24	1	1
胡桃科 Juglandaceae	579	1	5	忍冬科 Caprifoliaceae	21	2	3
梧桐科 Sterculiaceae	560	3	7	松科 Pinaceae	19	1	1
夹竹桃科 Apocynaceae	554	6	7	粘木科 Ixonanthaceae	15	1	1
杜英科 Elaeocarpaceae	521	2	11	小盘木科 Pandaceae	15	1	1
山榄科 Sapotaceae	456	4	4	单室茱萸科 Mastrixiaceae	13	1	1
五加科 Araliaceae	349	3	4	鼠李科 Rhamnaceae	13	2	2
蔷薇科 Rosaceae	349	5	7	苦木科 Simarubaceae	10	1	1
含羞草科 Mimosaceae	332	2	5	古柯科 Erythroxylaceae	8	1	1
山龙眼科 Proteaceae	327	2	9	翅子藤科 Hippocrathaceae	8	1	1
鼠刺科 Escalloniaceae	321	2	3	交让木科 Daphniphyllaceae	6	1	1
柿树科 Ebenaceae	314	1	9	桦木科 Betulaceae	5	1	1
罗汉松科 Podocarpaceae	295	3	3	八角枫科 Alangiaceae	4	1	2
杉科 Taxodiaceae	281	1	1	铁青树科 Olacaceae	2	1	1
槭树科 Aceraceae	280	1	2	檀香科 Santalaceae	2	2	1
清风藤科 Sabiaceae	265	1	7	黄杨科 Buxaceae	1		1
安息香科 Styracaceae	247	2	3	白花菜科 Capparidaceae	1		1
肉实科 Sarcospermataceae	246	1	1	山茱萸科 Cornaceae	1		1
五列木科 Pentaphylaceae	202	1	1	绣球科 Hydrangeaceae	1		1

表 10-2-2 所有样地中重要值≥1 的优势种类

Tab.10-2-2 Dominant species with important values greater than or equal to 1 in all plots

种名	相对频度	相对密度	相对胸高断面积	重要值
大叶蒲葵 *Livistona saribus*	0.69	0.61	10.13	3.81
黧蒴栲 *Castanopsis fissa*	0.61	1.58	6.34	2.84
大叶白颜 *Gironniera subaequalis*	1.15	2.72	4.16	2.68
九节 *Psychotria asaitica*	1.00	4.43	0.47	1.97
毛荔枝 *Nephelium topengii*	1.02	2.01	2.20	1.74
厚壳桂 *Cryptocarya chinensis*	1.03	2.36	1.76	1.71
黄叶树 *Xanthophyllum hainanense*	1.05	1.38	2.13	1.52
橄榄 *Canarium album*	1.06	1.12	2.11	1.43
红椆 *Lithocarpus fenzelianus*	0.77	0.55	2.79	1.37
托盘青冈 *Cyclobalanopsis patelliformis*	0.89	0.81	1.98	1.23
油丹 *Alseodaphne hainanensis*	0.81	0.78	1.95	1.18
木荷 *Schima superba*	0.83	0.79	1.86	1.16
尖峰岭锥 *Castanopsis jianfenglingensis*	0.61	1.17	1.67	1.15
红锥 *Castanopsis hystrix*	0.43	0.60	2.37	1.13
青皮 *Vatica mangachapoi*	0.27	0.98	2.14	1.13
香楠 *Randia cathioides*	0.94	2.06	0.23	1.07
粗叶木 *Lasianthus chinensis*	0.91	2.10	0.20	1.07
硬壳桂 *Cryptocarya chingii*	0.97	1.46	0.68	1.04
细刺栲 *Castanopsis tonkinensis*	0.42	0.43	2.16	1.00

(2) GAM 拟合模型解释变差

分析 6 条 GAM 拟合曲线的确定系数(r^2)和变差解释百分比(表 10-2-3、表 10-2-4),可得出以下结论:原始林中物种丰富度及 Simpson 物种多样性指数沿海拔梯度分布格局的 GAM 拟合曲线有较大的 r^2 和变差解释百分比,说明海拔及其关联因子是原始林中物种分布的主导因素;在径级择伐和皆伐森林中,GAM 拟合曲线的 r^2 和变差解释百分比都有所下降,说明采伐对物种沿海拔分布有一定影响。

表 10-2-3 3 种森林类型物种丰富度沿海拔梯度分布格局的 GAM 拟合模型的参数值

Tab.10-2-3 Coefficients of fitted GAM model for the relationship between species richness and elevation gradient of three forest types

森林类型	确定系数	变差解释百分比/%
原始林	0.421	47.2
径级择伐	0.204	28.7
皆伐	0.336	45.7

表 10-2-4　3 种森林类型 Simpson 物种多样性指数沿海拔梯度分布格局的 GAM 拟合模型的参数值
Tab.10-2-4　Coefficients of GAM model fitted for the relationship between Simpson species diversity index and elevation gradient of three forest types

森林类型	确定系数 r^2	变差解释百分比/%
原始林	0.235	26.1
径级择伐	0.116	14.0
皆伐	0.053	13.5

（3）物种丰富度随海拔的变化

物种丰富度随海拔的变化如图 10-2-1 所示。由图 10-2-1 可以揭示出以下几点：原始林的物种丰富度随海拔的变化呈现出一种近似倒“S”形的格局，物种丰富度在海拔 300～550m 表现为下降，然后逐渐上升，海拔 800～1000m 变化较为平缓，海拔 1100m 处物种数达到最高点，继而缓慢下降；径级择伐森林物种数整体表现为随着海拔的升高波动上升；皆伐森林的物种数随海拔梯度大幅度波动；总体上沿海拔梯度平均物种丰富度表现为皆伐森林＞径级择伐森林＞原始林，无论是径级择伐森林还是皆伐森林都比原始林有着更高的物种丰富度，说明森林采伐改变了原有的物种丰富度随海拔梯度变化的格局。

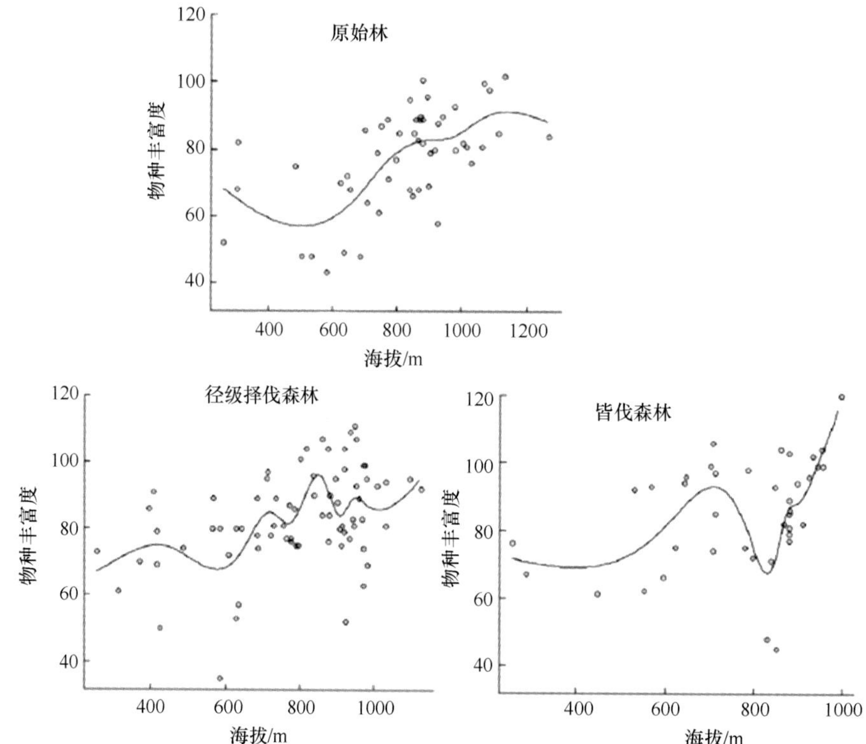

图 10-2-1　3 种森林类型的物种丰富度随海拔梯度的变化
Fig.10-2-1　Changes of species richness along the elevational gradient in three forest types

海拔以 100m 梯度上升时 3 种森林类型物种丰富度的变化如图 10-2-2 所示(两点之间没有线段连接是因为该海拔段没有该种森林类型的样地)：3 种森林类型均表现为在各 100m 海拔段的物种丰富度呈现出规律性变异，变化趋势和图 10-2-1 比较接近；而且不同森林类型的物种丰富度也存在明显的差异，说明海拔和采伐均对物种丰富度产生影响。

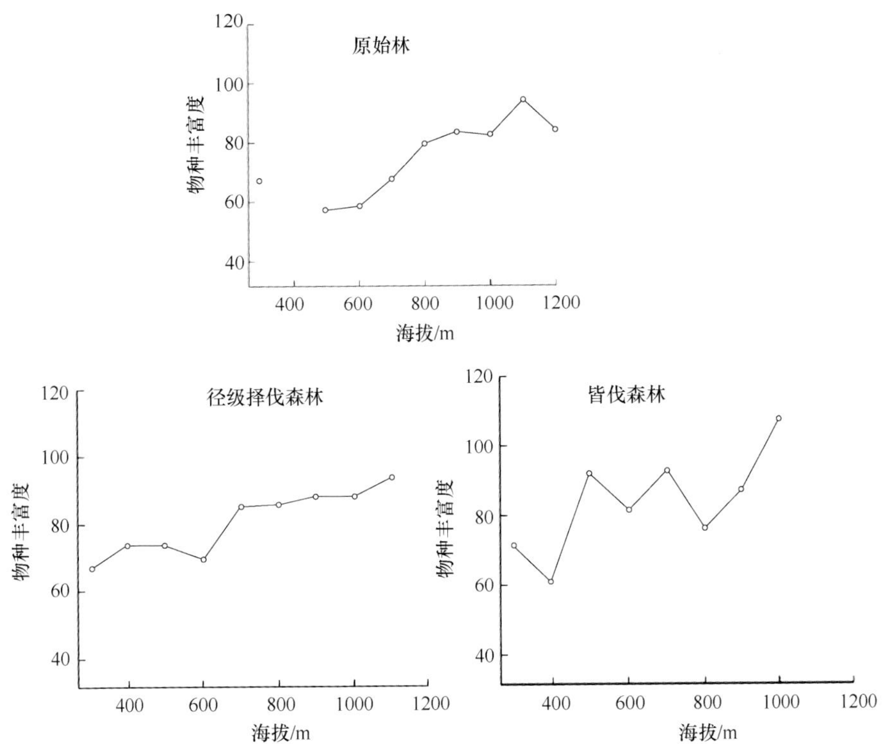

图 10-2-2　海拔以 100m 梯度上升时 3 种森林类型物种丰富度的变化

Fig.10-2-2　Changes of species richness with the 100m elevation gradient in three forest types

(4) Simpson 物种多样性指数随海拔的变化

图 10-2-3 表明，原始林中，Simpson 物种多样性指数随海拔的升高而缓慢上升；径级择伐森林中，Simpson 物种多样性指数首先随海拔的升高而平缓上升，海拔 800m 处达到最大，继而又有缓慢下降的趋势；皆伐森林中，Simpson 物种多样性指数随海拔的变化表现出一定的波动性，首先 Simpson 物种多样性指数随海拔升高而上升，到海拔 680m 处达到一个峰值，然后随海拔升高而下降，到海拔 850m 处又继续上升，说明皆伐对物种多样性有较大的影响；径级择伐导致 Simpson 物种多样性指数的提高，而皆伐则降低 Simpson 物种多样性指数，总体上平均 Simpson 物种多样性指数表现为径级择伐森林＞原始林＞皆伐森林。

3)特点与讨论

尖峰岭最高海拔 1412.5m，该研究 164 块样地分布于海拔 259～1265m，基本覆盖了整个森林分布区域。以往的研究已经阐明了尖峰岭 8 个主要植被类型种类组成(蒋有绪和卢俊培，1991)。从海边到海拔 259m 这个区域内主要分布有刺灌丛、稀树草原和热

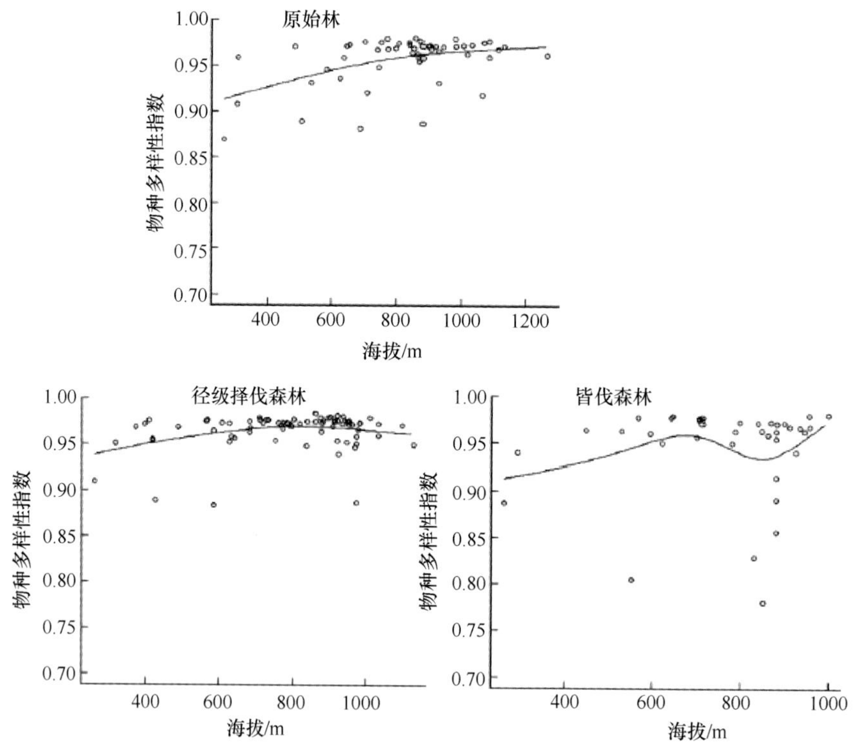

图 10-2-3 3 种不同森林类型的 Simpson 物种多样性指数随海拔梯度的变化规律

Fig.10-2-3 Changes of Simpson species diversity index along the elevational gradient in three forest types

带半落叶季雨林，物种丰富度相对较低，并且 3 种植被类型的物种丰富度从海边到海拔 259m 这个区域内是沿海拔逐渐上升的。结合图 10-2-1 中原始林物种丰富度随海拔变化的曲线形式，可以描绘出一条尖峰岭地区天然林物种丰富度沿海拔梯度变化的完整曲线（“双峰型”）。这种分布格局可能与尖峰岭地区的水热平衡及土壤等环境因素紧密相关。

低海拔地区环境条件相对恶劣，气温高(年均气温 24.73℃)，降雨少(年均降雨量 1659.14mm)(李意德等，2012)，而且风大，土壤贫瘠，不但无法发挥高温对植物生长的影响，反而加剧蒸发，因而只适合旱生植物生长，物种丰富度较低。当海拔升高到 300m 左右时，风速变小，湿度也变得适合植物生长，形成半落叶季雨林，物种丰富度显著上升。随着海拔继续上升，在海拔 350～650m 物种丰富度又有所降低，因为这一区域群落被乌材柿(*Diospyros eriantha*)、青皮(*Vatica mangachapoi*)、细子龙(*Amesiodendron chinense*)和白茶树(*Koilodepas hainanense*)等优势种占据，其他的植物种类相对较少(许涵，2010)。随着海拔的继续上升，环境条件越来越适合植物生长，物种丰富度越来越高，到山地雨林时物种丰富度达到最大值。但是随着海拔进一步升高，到海拔 1150m 以上的区域，由于光照强度逐渐减弱，温度越来越低，越来越不适合植物生长，因此这个区域的物种多样性又表现出随海拔上升而降低的趋势。

采伐过的森林，其物种多样性随海拔的分布格局与原始林有较大差异，具有较大的不稳定性和波动性。以往研究表明，一定强度的干扰能提高物种多样性，而过强的干扰则降低物种多样性，这是被学者所认知的(Connell，1978)。采伐可以改变原有的光照、水热条件、土壤性质和凋落物分解等，进而改变物种组成和分布格局，加之采伐方式、采伐强度、恢复时间以及群落差异等因素，最终导致物种多样性的改变。例如，采伐形成了许多林窗或裸地，由于失去林冠的保护，强光照和变化剧烈的气温及地表温度已经不再适宜原有的耐阴树种的天然更新，而结实频繁和种子扩散能力强的先锋物种迅速占据了次生裸地(阳含熙和伍业钢，1988)；Brkenhielm 等(1998)认为采伐后枝叶残体直接改变了演替进程，强调土壤养分特别是氮的作用，以及伐后很多微生境的产生对多样性的提高有很大作用；还认为后期物种多样性的升高主要是由于物种数目的上升而均匀度变化相对稳定。近年的一些研究也强调养分在物种更新中的作用(徐少辉，2008；丁易等，2011；Cleveland et al.，2011；Wright et al.，2011)。采伐后物种多样性指数增加的另一个原因可能主要是择伐往往采伐了那些占优势的树种，使得伐后林的生态优势度降低，林分内不同树种的分布相对均匀，从而表现出物种多样性指数较大(杨彦承等，2008)。因此，采伐后物种的多样性维持和恢复主要受物种更新能力和资源可获得性两个方面的影响(Benitez-Malvido，1998；Kennard，2002)，尖峰岭地区有着丰富的种子库来源和适宜的水热条件，这都为植物的快速扩散和定居提供有利条件，导致采伐后不同海拔梯度具有较高的物种多样性。

2. 热带森林物种多样性的垂直空间分析——以霸王岭为例

现有物种多样性时空变化的研究方法主要集中在各群落物种多样性的测度上，这种计测的结果反映在空间尺度上一般是以离散的形式来表示，而如何反映物种多样性在空间的连续变化，迄今仍乏有效的方法与技术。由于在热带森林植被类型之间界限不明显，因此，相邻植被类型之间的物种多样性差异并不能像传统的计测那样，完全是由 2 个代表样地数据计测出来的 2 个多样性值(设为 a 与 b)之间的差异所反映，即群落 A 的物种多样性是 a，而群落 B 的物种多样性就是 b，或直接采用β多样性来度量，而应该是有渐进的空间变化过程。如何刻划诸如物种多样性的这种空间变化，是野外生态学研究应该引起注意的一个问题。海南霸王岭，地处热带北缘，是我国具有最高生物多样性的地区之一，典型的热带森林包括了热带低地雨林、山地雨林、高山云雾林、山地矮林-灌丛等植被类型。余世孝等(2001)在海南霸王岭选择具有代表该地区植被垂带分布的垂直带，对不同海拔植被类型的物种多样性进行比较分析，并进一步借助地理信息系统的空间分析技术，来刻划物种多样性在空间的渐进变化过程。《海南植被志》引用该案例说明这一问题。

1)地理概况与具体的研究方法

(1)地理概况

霸王岭的地理概况见第九章第一节。

(2)研究方法

①样地设置

有关霸王岭热带森林生态系统的初期调查及定位研究自 20 世纪 80 年代以来一直在进行中，并已有多篇报道(余世孝等，1993，1994，1998；臧润国等，1999)。涉及本项研究以南端的石峰(海拔 1391m)，经第三、第二斧头岭到北端的第一斧头岭(霸王岭主峰，海拔 1438m）一线下侧的西偏北、位于海拔 800～1430m 的样带，这是目前霸王岭保护区内人为影响较小、各类热带植被保存较好的地区，各样地的垂直分布示意图如图 10-2-4 所示。除了样地 8，由于地处第一斧头岭峰顶物种较少因而样地面积设置为 $500m^2$ 外，每一样地的面积为 $2500m^2$，调查对象是胸径在 1cm 以上的植株。

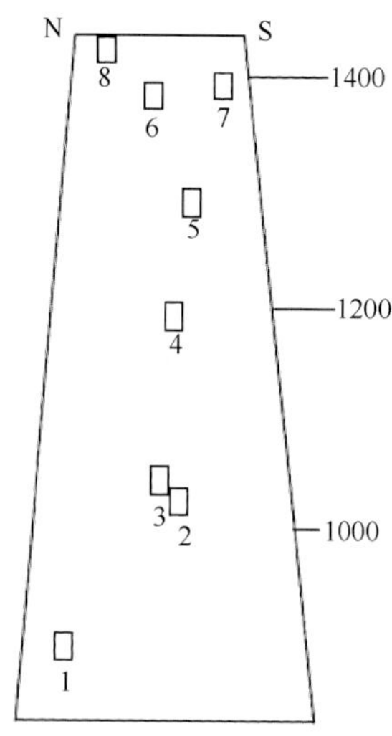

图 10-2-4 海南霸王岭垂直带的样地示意图

Fig.10-2-4 The sample plot site along the altitudinal gradient at Bawangling Nature Reserve，Hainan Island

样地 1 属热带低地（山）雨林，海拔约 860m，样地植物有 116 种，上层主要优势树种为鸭脚木（*Schefflera octophylla*），常见树种为黄叶树（*Xanthophyllum hainanense*）、公孙锥（*Castanopsis tonkinensis*）、黄桐（*Endospermum chinensis*）等，下层优势种为白颜树（*Gironniera subaequalis*）、灰木（*Symplocos caudata*）、谷木（*Memecy lonligustrifolium*）等，灌木层优势种为罗伞（*Ardisia quinquegona*）等。

样地 2 属热带山地雨林，海拔 1030m，样地植物有 156 种，乔木上层主要优势种为陆均松（*Dacrydium pierrei*）、黄叶树，下层乔木线枝蒲桃（*Syzygium araiocladum*）占较大优势，其次为谷木；灌木层优势种为三角瓣花（*Prismatomeris tetranda*）、九节（*Psychotria rubra*）、鸡屎树（*Lasianthuscy anocarpus*）等。

样地 3 属热带山地雨林，海拔 1050m，样地植物有 143 种，乔木上层主要优势种为陆均松，常见树种为厚壳桂（*Cryptocarya chinensis*）、乐东拟单性木兰（*Paratkmeria rotungensis*）、五列木（*Pentaphylax euryoides*）等，下层乔木主要优势种为线枝蒲桃、谷木；灌木层优势种为三角瓣花、九节等。

样地 4 属热带山地雨林，海拔 1180m，样地植物有 77 种，乔木上层优势种为陆均松和厚壳桂，常见树种有红椆（*Lithocarpus feniestratus*）、五列木、黄背青冈（*Quercus hui*）、白花含笑（*Michelia mediocris*）、黄叶树，乔木下层优势种为厚皮香八角（*Illicium ternstroemioides*）、隐脉红淡比（*Cleyera obscurinervia*）、丛花灰木（*Symplocos poilanei*）、谷木等，灌木层优势种为冬青（*Ilex purpurea*）、九节等。

样地 5 属热带山地雨林，海拔 1280m，样地植物有 104 种，乔木上层优势种为陆均松、黄叶树、厚壳桂(*Cryptocarya chinensis*)等，常见树种有五列木、黄背青冈等，下层优势种为丛花灰木、碎叶蒲桃(*Syzygium buxifolium*)、谷木、异株木犀榄(*Olea divoca*)等，灌木层优势种为九节、罗伞(*Ardisia quinquegona*)等。

样地 6 属热带山地雨林，海拔 1340m，样地植物有 97 种，乔木上层优势种为陆均松，常见树种为黄叶树、五列木等，乔木下层优势种为谷木、红鳞蒲桃(*Syzygium hancei*)，常见树种为薄叶灰木(*Symplocos anomala*)、厚皮香八角、线枝蒲桃等，灌木层优势种为三角瓣花、冬青、九节等。

样地 7 属热带高山云雾林，海拔 1360m，样地植物有 104 种，乔木上层优势种为钝叶水丝梨(*Sycopsis tutcheri*)、线枝蒲桃等，下层优势种为托盘青冈(*Quercus patelliformis*)，灌木层优势种为罗伞、狗骨柴(*Diplospora dubia*)、省藤(*Alamus* sp.)等。

样地 8 属热带高山云雾林-灌丛，海拔 1430m，样地植物有 35 种，由于地处保护区主峰第一斧头岭顶，主要由于风力影响树木极为矮化，群落高度一般只有 5～6m，物种较为稀少，乔木层常见种包括硬壳椆(*Lithocarpus hancei*)、梨果椆(*Lithocarpus howii*)、红椆、乌脚木(十棱山矾，*Symplocos chunii*)、毛叶杜英(*Elaeocarpus limitaneus*)、碎叶蒲桃(*Syzygium buxifolium*)、香港大头茶(*Gordonia axillaris*)等，灌木层常见树种包括乌饭树(*Vaccinium carlesii*)、狗骨柴、美丽新木姜(*Neolitsea pulchella*)等。

取样调查的过程是用样绳将每一样地划分为若干个 10m×10m 的样方，逐一记录样地范围内胸径在 1cm 以上的植株，包括植物名称、高度、枝下高、胸围、冠幅等指标以及植株的生长状况。对于永久样地，则同时在植株挂上或钉上已印上序码的塑料牌，并在记录纸的样方位置图(精确到 0.1m)上标示该株植物的坐标位置(x，y)。

②分析方法

物种多样性的测度

物种多样性的传统测度有多种方法(王伯荪和余世孝，1996；马克平，1994)，采用常用的 Shannon-Wiener 指数、Simpson 多样性指数，同时考虑到热带雨林里一定面积样地中相当多的物种仅有 1 个、2 个个体，因此也采用了两个近些年才提出的非参数指数，即 Chao 多样性指数和二阶刀切法多样性指数：

Chao 多样性指数(Chao，1984)

$$C = S + \left(\frac{S_1^2}{2S_2} \right)$$

式中，S_1 是仅有 1 个个体的物种数；S_2 是仅有 2 个个体的物种数；S 是所有物种数。

刀切法(Jack knife)多样性指数(Heltsche，1983；Colwell，1994)

$$J = S + \left\{ \frac{S_2(2N-3)}{N} - \frac{S_2(N-2)^2}{N(N-1)} \right\}$$

S_1、S_2、S 的含义与 Chao 多样性指数相同，而 N 为个体总数目。

计算过程以 C++语言编程。

多样性的空间分析

地理信息系统(geographic information system，GIS)的空间分析通常采用逆距离加权法(inverse distance weighted)及样条(spline)两种插值方法。研究采用逆距离加权法，它的基本思想是，每个确定点对某区域的影响随着距离的增加而减少，即样带每一空间位置上植被的物种多样性可以由其周围其他样地已计算出的物种多样性指标来模拟计算。采用 GIS 软件来分析霸王岭垂直带的物种多样性变化，先将图 10-2-4 设置于不同海拔的一系列代表样地的分布图建立为 GIS 专题图，然后将上述各样地计测的各种多样性指数建立数据库作为 GIS 空间分析中各样地的属性数据，借助 GIS 的空间分析技术逐一分析各种多样性指数的变化，并将结果以带谱的方式来表示。

2)结果与分析

霸王岭垂直样带各样地的物种多样性如图 10-2-5 所示，空间分析的结果如图 10-2-6 所示。由于 Chao 及刀切法多样性指数的计测在很大程度受到仅有 1 个、2 个个体的物种数的影响，图 10-2-6 列出了各样地中物种的丰富度与仅有 1 个、2 个个体的物种数。

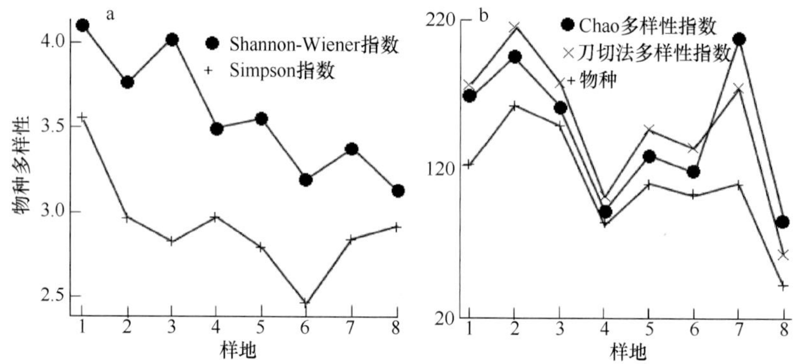

图 10-2-5　海南霸王岭垂直带样地的物种多样性与丰富度

Fig.10-2-5　Species diversity and richness along the altitudinal gradient at Bawangling

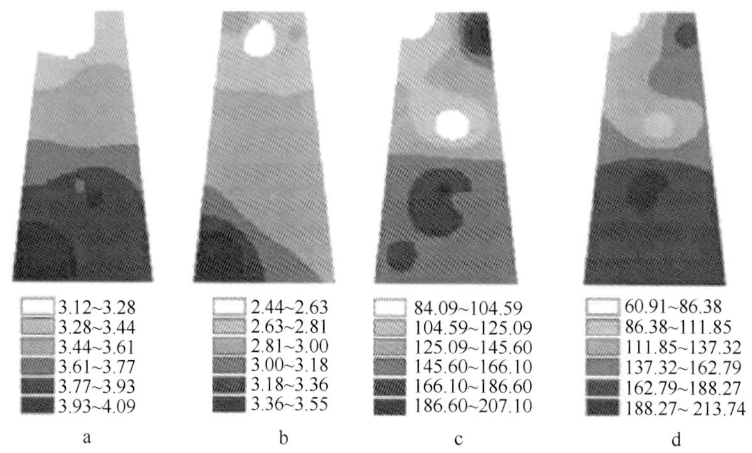

图 10-2-6　海南霸王岭垂直带样地的物种多样性的空间分析

Fig.10-2-6　The spatial analysis of species diversity along the altitudinal gradient at Bawangling

a. Shannon-Wiener 指数(Shannon-Wiener's index)；b. Simpson 指数(Simpson's index)；c. Chao 多样性指数(Chao's index)；d. 刀切法多样性指数(Jack-knife index)

就所有计测指数而言，垂直带下部(样地 1～4)的物种多样性明显高于上部的(样地 5～8)，例外的是根据 Chao 多样性指数，样地 7 具有最高的物种多样性(图 10-2-5b、图 10-2-6c)，主要是该样地具 1 个个体的物种数明显地高于具 2 个个体的物种数(图 10-2-7)。就各个计测指数而言，依据 Shannon-Wiener 指数，物种多样性在空间的变化基本上表现出随海拔梯度增加而降低的特点(图 10-2-5a、图 10-2-6a)，比较图 10-2-5 与图 10-2-7，样地 2 的 Shannon-Wiener 指数较低，虽然其具最高的物种丰富度，但由于优势种非常明显，如线枝蒲桃个体数占样地总个体数的 15.18%，加上谷木、三角瓣花、九节、鸡屎树等共占总个体数的 42.74%，物种个体分布的均匀度较低而导致采用 Shannon-Wiener 指数计算的物种多样性较低。而通过空间分析，则可得出该区域附近的物种多样性仍较高的结论，从而有助于克服单一样本分析所得出的有可能有误差的结论。

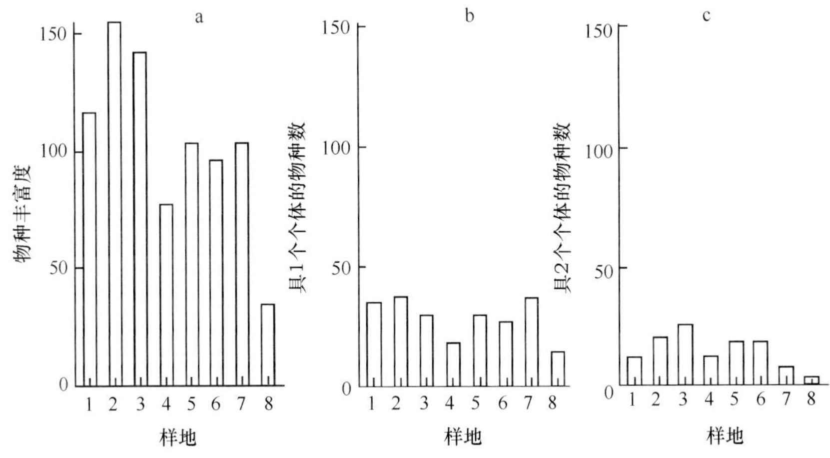

图 10-2-7　海南霸王岭垂直带样地的物种数

Fig.10-2-7　Species characters along the altitudinal gradient at Bawangling

依据 Simpson 指数，物种多样性在样地 1 最高，而样地 6 最低，其他样地的物种多样性较为相近。例如，具最低物种丰富度的样地 8，其物种多样性仍居于各样地的前列，与采用其他指数的计测结果存在着一定程度的差异，而在此基础上所进行的空间分析结果(图 10-2-6b)也与其他指数进行分析的结果(图 10-2-6a、图 10-2-6c、图 10-2-6d)存在着明显的差异。

在样地 7，仅具 1 个个体的物种数占所有物种数的比例高达 36.54%，明显高于其他样地，而具 2 个个体的物种数占所有物种数的比例又几乎最低，其结果是采用 Chao 多样性指数计测的物种多样性最高，而具 1 个和 2 个个体的物种数相差不大的样地 4，其物种多样性除略高于样地 8 之外，均低于其他样地(图 10-2-5b、图 10-2-6c)。

依据刀切法指数所计测的物种多样性指数，具最高物种丰富度的样地 2 仍具最高的物种多样性(图 10-2-5b、图 10-2-6d)，然后依次是样地 3、1、7、5，与物种丰富度高低的顺序有一致的结果(图 10-2-5b)。就整体而言，垂直带下部的物种多样性高于上部，而南部又高于北部(图 10-2-6d)。

作为影响物种多样性测度的因素之一，物种总数随海拔变化的总趋势是由下而上随着植被类型的变化逐渐减少。理论上，作为热带低山雨林的样地 1，物种总数应高于热带山地雨林(样地 2～6)，但由于在本地区，一方面，热带低山雨林的面积非常有限，另一方面，地处低海拔的热带低山雨林受人为干扰影响较大，因此，同样面积的热带低山雨林样地物种总数可能少于热带山地雨林样地。另一例外的情况是样地 4 的物种总数较少，主要的原因可能是同一植被类型不同群落存在着差异或者是群落结构异质性，也可能是样地选择的代表性问题，而 GIS 空间分析的结果有助于克服这种总的趋势的个别波动情况。

3)特点与讨论

物种多样性的测度主要考虑了两个因素，即物种丰富度与物种个体的相对多度，或者说“它是把物种数和均匀度混淆起来的一个统计量”(Pielou，1969)，或者说是群落的α物种多样性(Whittaker，1972)。国内外通常的分析方法是，基于某一具体群落的取样，借助诸如 Shannon-Wiener 指数的形式得出该群落的物种多样性值。一方面，这种方法所得出的结果是离散型的，即每一群落由一确定值所反映，难以反映群落内的结构异质性；另一方面，由于代表样地的局限性，不同群落间的物种多样性在空间上的变化也难以用这种测度得到很好的反映。本研究提出借助 GIS 空间分析技术来模拟绘制连续植被的物种多样性变化，既是传统分析方法的进一步改进，也为将这一方法应用于相类似的群落结构分析提供了一条新的途径。

GIS 空间分析技术在生态学的应用，目前主要是应用于环境因子的分析，如对某一区域范围内若干个气候观测站的气候观测，通过空间分析得出整个区域气候的空间变化，而应用于植被结构分析的还罕有报道。本案例的分析结果表明，在具有严格数学理论的插值方法的基础上来应用 GIS 的空间分析技术，它既可以形象地揭示物种多样性在空间的连续变化，基于传统的物种多样性测度而又进一步通过分析以不同于传统测度方法的结果来表示，是一种适于区域范围内植被类型物种多样性比较的分析方法。如果进一步结合到植被生态环境条件的空间分析中，相信将有助于揭示热带森林群落中物种多样性的维持机制。

对于不同物种多样性测度公式的评价问题目前还没有一个客观的标准，应用到两类的测度公式——Shannon-Wiener 指数和 Simpson 指数主要考虑的是所有物种的个体多度比例，其中 Simpson 指数特别强调了常见种的作用。从计测结果来分析，如果从物种的多样性反映群落的结构复杂性这一点来考虑，Shannon-Wiener 指数应是较为适宜的指标。群落层次结构最为复杂、在本地区并不具最高物种丰富度的热地低山雨林具有最高的物种多样性，而群落结构最为简单的热带山地矮林具有最低的物种多样性。而 Chao 多样性指数与刀切法指数的计测显然与传统的方法不同，在考虑物种丰富度的基础上，主要考虑单个个体物种的作用，这种方法主要是突出罕见或偶见种在维持群落物种多样性方面的作用。而刀切法指数在考虑具 1 个、2 个个体物种数的同时，更进一步考虑将所有物种的总个体数作为权数来计测，从分析结果来看，采用刀切法指数优于应用 Chao 多样性指数。

就霸王岭的植被而言，垂直带物种多样性的分析结果表明物种多样性基本上是呈随海拔梯度增加而降低的特点，作为该地区主体植被的热带山地雨林的物种丰富度最高。

对于该地区南北走向的山脉来说，南部的物种多样性与丰富度较高于北部。从绘制整个梯度的多样性变化谱来言，在条件允许的情况下，适当增加样本的数量并在空间有较好的配置将有助于增加空间分析的准确性。

3. 植物群落物种多样性的环境解释——以铜鼓岭为例

环境因子如何影响植物物种的分布并导致物种多样性的空间格局变异一直是一个重要的生态学问题。在过去的几十年间，许多研究发现物种多样性的形成与生境异质性、能量-水分平衡和养分平衡等密切相关(徐远杰等，2010)，人们提出许多假说解释环境因子如何调节物种多样性。生境异质性假说认为物种多样性随生境异质性的增加而增加；能量-水分平衡假说认为能量和水分之间的关联是物种多样性分布格局形成的一个重要原因；养分平衡假说认为物种多样性的形成与养分梯度紧密相关。不同的假说说明了影响物种多样性格局形成环境因素的复杂性。在过去的 100 年里，大规模的人类活动对森林生态系统造成巨大的影响，影响到森林群落的物种分布及物种多样性分布格局的形成，森林内的环境因子也因为森林采伐产生变化(Brown and Gurevitch，2004；Berry et al.，2008)。

1) 案例地理概况与具体的研究方法

(1) 地理概况

文昌铜鼓岭的地理概况见第九章第一节。

(2) 案例具体研究方法

①生物多样性指数计算方法

生物多样性指数计算方法采用常规的 Simpson 指数和 Shannon-Wiener 指数计算。

②环境因子数据的采集

铜鼓岭主峰山势较缓，最大坡度大约 40°，因此，本实验选的样方尽量能反映出铜鼓岭主峰的所有坡度梯度，按照此标准共选择了 21 个 10m×10m 的样方，样方编号为 1～21 号。

地形因子数据的采集：地形因子指标有坡度(ANG)、坡向(ASP)、坡位(POS)。其中坡度用坡度仪进行实测，坡向、坡位等非数值指标按经验公式建立隶属函数换算成编码(刘世梁等，2003)。坡向：阳坡 0.3，半阳坡 0.5，半阴坡 0.8，阴坡 1.0；坡位：上坡位 0.4，中坡位 1.0，下坡位 0.8。

土壤环境因子数据的采集：土壤环境因子有土壤自然含水量、土壤 pH 等。用土钻取样，每个样方内土壤取样为 3 次重复随机取样，分别取 0～10cm、10～20cm 土层土样，用于土壤五项常规测定的土样需要每个采样点采集土样 500～1000g 装入已知准确重量并编号的布袋中，土样袋内外同时标记，并记录采样人、采样时间、采样地点和采样深度等内容回实验室进行内业操作，分析土壤的 pH、氮、磷、钾、有机质含量。用于测量土壤重量含水量的土样装在直径为 50mm、高为 30mm 的已经编号的标准土样铝盒中，并迅速称得湿重。土壤自然含水量采用烘干法，土壤有机质采用高温外热重铬酸钾氧化-容量法，土壤碱解氮采用氢氧化钠蒸馏法，土壤有效磷采用盐酸氟化铵法，土壤速效钾采用乙酸铵提取法，pH 采用电位法测定(鲁如坤，2000)。

③数据处理

主成分分析：用于主成分分析的样方数据有 21 个，植被指标、地形因子指标和土壤性质指标共 18 个。其中植被指标为群落物种丰富度(*R*)、物种多样性指数(SW)、均匀度指数(*E*)；地形因子指标为坡度(ANG)、坡向(ASP)、坡位(POS)；土壤因子指标为 0～10cm 土层的土壤重量含水量(SM_1)、土壤的 pH(pH_1)、土壤有机质含量(SOM_1)、碱解氮含量(N_1)、土壤速效磷(P_1)、速效钾(K_1)和 10～20cm 土层的土壤重量含水量(SM_2)、土壤的 pH(pH_2)、土壤有机质含量(SOM_2)、碱解氮含量(N_2)、土壤速效磷(P_2)、速效钾(K_2)(表 10-2-5、表 10-2-6)。这样就建立起了原始数据矩阵表 X(21，18)。本研究主成分分析采用 SAS9.0(statistical analysis system)软件完成。

典范相关分析：典范相关分析是研究两组指标(变量)间的一种多变量统计分析方法，其目的是寻找这一组指标的线性组合与另一指标的线性组合，使两者之间的相关达到最大(即两组典型变量的相关达到最大值)，这两组指标多是同一研究对象的两组不同指标。本研究将 21 个样方的植物物种多样性指标、地形环境因子指标、土壤环境因子指标两两分别进行典范相关分析。本研究典范相关分析采用 SAS9.0 软件完成。

RDA 约束排序分析：为了找到影响铜鼓岭热带常绿沿海森林物种多样性的最重要的环境因子，使用软件 CANOCO4.5(TerBraak，2002)对实验数据进行了 RDA 约束排序分析。RDA 分析需要两个矩阵，分别是物种数据和环境数据。物种数据是每个样方所测植物丰富度指数(*R*)、多样性指数(SW)、均匀度指数(*E*)，环境数据则是指 3 个地形参数：坡度(ANG)、坡向(ASP)、坡位(POS)和 12 个土壤因子指标：0～10cm 土层的土壤重量含水量(SM_1)、土壤的 pH(pH_1)、土壤有机质含量(SOM_1)、碱解氮含量(N_1)、土壤速效磷(P_1)、速效钾(K_1)和 10～20cm 土层的土壤重量含水量(SM_2)、土壤的 pH(pH_2)、土壤有机质含量(SOM_2)、碱解氮含量(N_2)、土壤速效磷(P_2)、速效钾(K_2)(表 10-2-6)。这样就建立起了原始数据矩阵表 X(21，18)。排序之前，对所有量纲不同的参数都进行了标准化处理，因此在排序图(biplot)中，每个环境因子箭头长度所代表的特征向量的长度，可以看作是环境因子对物种多样性的解释量的相对大小。两个箭头的夹角可以看作是环境因子和物种多样性指标的相关性大小。当夹角角度为 0º～90º时，两个变量之间呈正相关关系；当夹角角度为 90º～180º时，两者之间呈负相关关系，当夹角角度为 90º时，表示两者没有显著的相关关系(Lepš，2003)。

相关分析：相关分析是反映各变量之间相关密切程度和性质的统计数。Pearson 相关系数用来衡量两个数据集合是否在一条线上面，它用来衡量定距变量间的线性关系。相关系数的绝对值越大，相关性越强，相关系数越接近于 1 或–1，相关度越强，相关系数越接近于 0，相关度越弱。

逐步回归分析：逐步回归分析按自变数对 *y* 作用的程度，从大到小逐个引入方程，当先引入的变数由于在后面引进的变数而变得不那么显著时，随时将它们从回归分析中剔除，直到回归变数都不能被剔除，而又没有新的变数可引入时，逐步回归过程即告结束，得到最优回归方程。

2)结果与分析

(1)不同群落样方物种多样性及环境因子的一般特征

不同群落样方的物种多样性指标和环境因子指标见表 10-2-5 和表 10-2-6。在调查的 21 个样方中，共记录 115 种植物，主要组成种有方枝蒲桃、异株木犀榄、黄椿木姜(*Litsea variabilis*)、海南大风子、贡甲、白茶、粗毛野桐(*Hancea hookeriana*)等。从表 10-2-5 可知，21 个样方的物种丰富度指数和 Shannon-Wiener 物种多样性指数平均值均较高，分别为 25 和 4.2239，说明铜鼓岭热带常绿沿海森林的物种较丰富。从不同群落的环境因子指标表(表 10-2-6)中可以看出，土壤含水量、有机质含量、养分含量都是 0～10cm 土层的比 10～20cm 土层的高，说明表层土壤更肥沃。但是 pH 并无太大差别，都是偏酸性的，说明铜鼓岭主峰为偏酸性的土壤。从表 10-2-5 中可以看出，物种丰富度最大的是 12 号和 21 号样方，丰富度指数都为 30，物种丰富度最低的是 4 号样方，其他都比较接近。12 号和 21 号样方物种丰富度一样，但是从坡度层面来看相差很大，分别是 19.7º和 35.5º，说明坡度可能对该两个样方的物种多样性影响不大，而跟坡度以外的其他环境因子有很大的相关性。而 4 号样方由于靠近山路旁边，人为干扰比较严重，因而物种丰富度比较低。

样方 17 的物种多样性指数最大，其次是样方 12 和 7，这三个样方的坡向和坡位是一样的，但是坡度上的差异比较大，由于作用于它的还有土壤环境因子，因而影响的因子不明确。最低的是 3 号样方，是接近平地的谷地，土壤有机质和养分含量都比较高，应该是较适宜物种生长的，但出现了反常的现象，不难发现，该样方的土壤 pH 是所有样方中最高的(4.89)，有可能物种多样性与该指标有一定的关系，也有可能是其他原因造成的。

4 号样方和 17 号样方的均匀度指数高，样方 8 和 11 低。样方 4 和 17 不同物种的个体数目和盖度分布比较均匀，均匀度指数高。而样方 8 中有大量的琼刺榄，样方 11 中有大量的多脉紫金牛，这两种灌木个体数量多，成群分布，使得组成群落的种类均匀度低，均匀度指数相应也低。

表 10-2-5 不同群落样方的物种多样性指标

Tab.10-2-5 Species diversity of difference plots in Tongguling National Nature Reserve

样方(Plot)	物种丰富度指数(*R*)	Shannon-Wiener 指数(SW)	均匀度指数(*E*)
1	22	4.066 543	0.911 897
2	21	4.099 173	0.933 26
3	20	3.968 799	0.918 294
4	18	4.106 891	0.984 884
5	23	4.249 975	0.939 52
6	23	4.116 193	0.909 945
7	26	4.376 441	0.931 071
8	28	4.178 585	0.869 207
9	26	4.150 386	0.882 978
10	26	4.226 55	0.899 182
11	28	3.984 924	0.828 922
12	30	4.387 017	0.894 052
13	25	4.162 5	0.896 346
14	26	4.194 909	0.892 45
15	23	4.366 64	0.965 31
16	26	4.329 241	0.921 029
17	20	4.444 904	0.982 178
18	28	4.264 22	0.887 02
19	27	4.360 146	0.916 982
20	27	4.338 172	0.912 361
21	30	4.330 092	0.882 451

表 10-2-6　不同群落样方地形和土壤环境因子指标

Tab.10-2-6　The terrain factors and soil characteristics of 21 different plots in Tongguling National Nature Reserve

PLOT	ANG	ASP	POS	SM_1	pH_1	SOM_1	N_1	P_1	K_1	SM_2	pH_2	SOM_2	N_2	P_2	K_2
1	3	1	1	32.69	4.31	48.36	208.75	3.69	179.21	18.89	4.46	38.27	178.25	1.69	138.29
2	4.5	1	1	32.53	4.47	40.57	173.25	2.55	189.44	17.51	4.57	37.05	163.00	1.03	133.64
3	3.5	0.5	1	31.66	4.89	50.48	175.75	2.45	123.88	14.60	4.46	32.64	170.75	0.74	75.98
4	9.8	0.5	0.4	29.51	4.50	47.35	172.75	2.07	105.74	13.69	4.39	28.05	117.50	0.84	73.19
5	8.7	0.5	0.4	28.20	4.51	49.73	143.00	3.23	91.79	23.16	5.00	34.23	103.37	0.60	89.47
6	7.7	0.5	1	30.55	4.76	48.78	123.00	2.14	87.14	19.51	4.72	30.20	96.50	0.27	73.19
7	14.2	1	0.4	27.14	4.55	52.69	158.25	1.46	154.10	22.53	4.67	28.69	140.00	0.55	101.09
8	13.7	0.5	0.4	26.97	4.31	49.02	150.75	1.83	118.30	20.79	4.16	29.42	148.25	0.65	77.84
9	13.7	0.5	0.8	26.51	4.14	53.70	140.75	2.69	112.25	15.53	4.44	31.55	126.00	0.84	152.24
10	18.8	0.8	1	25.00	4.32	48.94	120.75	1.46	115.04	20.92	4.22	37.09	119.25	0.36	89.47
11	19.8	0.8	1	26.95	4.26	47.58	126.50	1.60	115.04	21.90	4.34	30.33	105.75	0.55	108.53
12	19.7	0.5	1	27.01	4.40	54.21	130.75	1.41	140.15	21.81	4.53	29.69	105.75	0.27	133.64
13	21.7	0.8	0.4	31.35	4.51	47.16	151.75	2.50	163.87	22.01	4.54	27.38	140.75	1.60	122.48
14	21.5	0.5	0.4	26.93	4.48	48.55	209.50	2.45	115.04	16.82	4.56	24.83	135.75	0.84	109.46
15	22	0.8	1	28.13	4.17	51.85	170.75	2.28	125.55	16.84	4.20	36.80	138.25	0.79	118.53
16	27.3	0.5	1	23.49	4.45	50.59	185.75	5.59	169.91	18.37	4.45	31.19	90.25	1.69	155.03
17	26.9	0.8	1	26.99	4.26	56.76	178.00	2.55	145.73	18.20	4.29	33.19	125.75	0.84	87.14
18	29.2	0.5	0.8	26.32	4.22	48.51	200.75	1.55	87.14	18.91	4.24	37.60	146.75	0.55	91.79
19	33.8	0.3	0.8	24.88	4.36	54.38	203.25	3.36	146.66	17.96	4.39	44.20	137.00	2.01	138.29
20	33.3	0.3	0.8	28.93	4.47	50.56	179.50	2.55	189.44	20.31	4.56	40.86	158.25	1.50	166.19
21	35.5	0.3	0.8	22.92	4.61	51.35	153.00	3.23	171.77	15.74	4.60	46.50	138.25	1.60	160.61

注：ANG. 坡度；ASP. 坡向；POS. 坡位；SM_1. 0～10cm 土层的土壤重量含水量(%)；pH_1. 0～10cm 土层的土壤 pH；SOM_1. 0～10cm 土层的土壤有机质含量(g/kg)；N_1. 0～10cm 土层的土壤碱解氮含量(mg/kg)；P_1. 0～10cm 土层的土壤速效磷含量(mg/kg)；K_1. 0～10cm 土层的速效钾含量(mg/kg)；SM_2. 10～20cm 土层的土壤重量含水量(%)；pH_2. 10～20cm 土层的土壤 pH；SOM_2. 10～20cm 土层的土壤有机质含量(g/kg)；N_2. 10～20cm 土层的土壤碱解氮含量(mg/kg)；P_2. 10～20cm 土层的土壤速效磷含量(mg/kg)；K_2. 10～20cm 土层的速效钾含量(mg/kg)。

(2)地形因子对物种多样性的影响

①地形因子与物种多样性因子的典范相关分析

由表 10-2-7 可以看出，地形因子与植被因子的第一对典型相关系数是 0.796 559，在显著性水平 a=0.01 下，相关程度极显著(P=0.0072)，第二对典型相关性不显著。第一对典型相关变量的贡献率为 79.75%。地形因子与植被因子标准化典型系数公式是：$V_1=1.0649x_1+0.1579x_2-0.0675x_3$；$W_1=-0.1448y_1+1.1462y_2-0.6576y_3$。

表 10-2-7　地形因子对物种多样性因子影响的典范相关分析

Tab.10-2-7　Canonical correlation analysis of terrain effects on plant species diversity

地形与植被因子	特征值	百分比	累积百分比	典型相关系数	P 值 Pr>F
第一对典型变量(V_1、W_1)	1.6809	0.87	0.87	0.7918	0.0185
第二对典型变量(V_2、W_2)	0.2372	0.12	0.99	0.4378	0.4421

典型变量 V_1 主要代表 x_1(坡度)，相关系数为 1.0649，而典型变量 W_1 主要代表 y_2(物

种多样性指数)，相关系数为 1.1462，表明物种多样性主要受地形因子中坡度的影响，且 x_1(坡度)对 y_2(物种多样性指数)为正相关，即坡越陡，物种多样性越高。

②地形因子与物种多样性因子的 RDA 约束排序分析

对 3 个植物物种多样性因子与 3 个地形因子的 RDA 约束排序分析结果见图 10-2-8。结果表明：坡度对植被变异的影响最大，接下来是坡向，坡位对植被变异几乎没有影响，因而可知各地形因子中对植物物种多样性影响大小为：坡度(ANG)＞坡向(ASP)＞坡位(POS)。从图 10-2-8 中可以看出，物种丰富度和物种多样性指数均与坡度呈正相关关系，物种丰富度和物种多样性指数随着坡度的增加而增加。但是坡度与均匀度指数呈负相关关系，坡位与物种丰富度和物种多样性呈负相关。

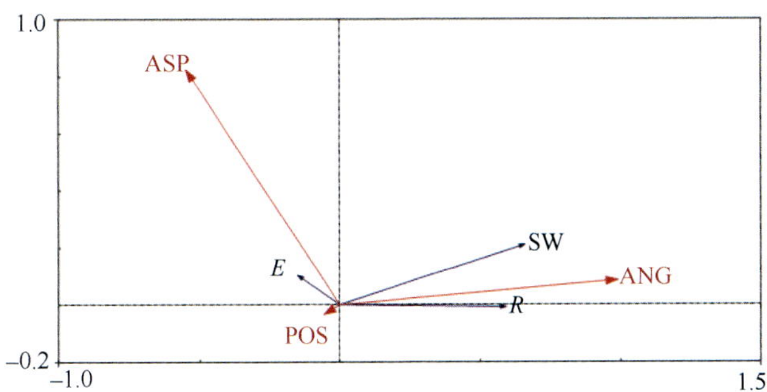

图 10-2-8　物种多样性与地形因子的 RDA 约束排序分析的双标图

Fig.10-2-8　Biplots based on redundant analysis of relationships between species diversity and terrain factors

③铜鼓岭物种多样性指标与地形因子的相关分析

利用 SAS 软件对植被因子及地形因子测定值进行 Pearson 多变量相关分析，相关系数如表 10-2-8 所示，结果表明：各地形因子中只有坡度(ANG)因子对物种多样性指数(SW)和物种丰富度指数(R)具有显著相关性，其他地形因子与表征物种多样性的相关指数无显著相关性。物种丰富度指数与坡度的相关系数为 0.510 29，为显著正相关关系($P<0.05$)，物种多样性指数与坡度的相关系数为 0.675 43，为极显著正相关关系($P<0.01$)，均匀度指数与地形因子无明显的相关性。这均与 RDA 约束排序分析的结果一致。

表 10-2-8　铜鼓岭多样性指数与地形因子的偏相关系数

Tab.10-2-8　Partial correlation coefficient between different diversity Indexes and terrain factors in Tongguling National Nature Reserve

	R	SW	*E*	ANG	ASP	POS
R	1					
SW	0.223 28	1				
E	−0.781 78**	0.424 66*	1			
ANG	0.510 29*	0.675 43**	−0.021 49	1		
ASP	−0.381 83	−0.185 74	0.221 98	−0.459 37	1	
POS	−0.090 93	−0.028 29	0.077 81	0.041 67	0.139 35	1

注：**表示其显著性水平为 1%，达到极显著；*表示其显著性水平为 5%，达到显著。*R*. 物种丰富度，SW. 物种多样性指数；*E*. 均匀度指数；ANG. 坡度；ASP. 坡向；POS. 坡位。

从 Pearson 多变量相关分析来看，坡度因子成为影响铜鼓岭热带沿海森林群落物种丰富度及其多样性发展的主要地形因子。

为进一步检验这些关系是否成立，本研究利用 SAS 软件，采用 Stepwise 法对各地形因子测定值与群落各多样性指数进行逐步回归分析。

将物种丰富度、物种多样性指数、均匀度指数与地形各因子利用 SAS 软件进行逐步回归分析后，发现物种丰富度指数与物种多样性指数与各地形因子回归分析均极显著，而均匀度指数与地形因子的逐步回归未达到显著水平，且得到的最优方程只有坡度这一地形因子引入，得到方程分别为：

$$R=21.246+0.1979(\text{ANG})\ (R^2=0.3561,\ P=0.0043) \tag{10-2-1}$$

$$\text{SW}=4.0551+0.0091(\text{ANG})\ (R^2=0.4562,\ P=0.0008) \tag{10-2-2}$$

由式(10-2-1)和图 10-2-9 可知物种丰富度与坡度呈线性正相关关系，坡度越大，物种越丰富。由式(10-2-2)和图 10-2-10 可知物种多样性指数与坡度呈线性正相关关系，坡度越大，物种多样性越高。

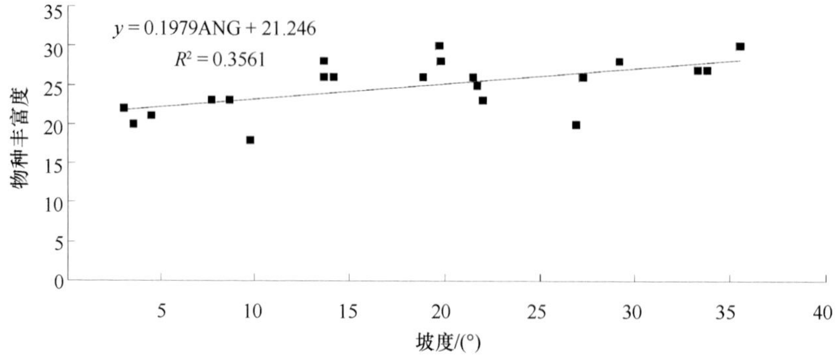

图 10-2-9 物种丰富度与坡度地形因子的回归分析图

Fig.10-2-9 Regression of species abundance index against slope (ANG) for the 21 plots

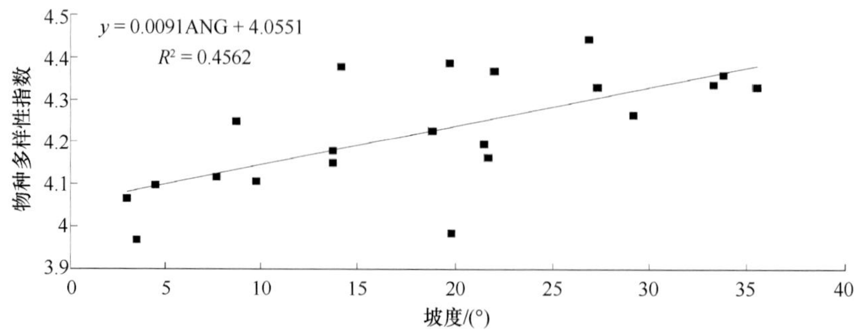

图 10-2-10 物种多样性与坡度地形因子的回归分析图

Fig.10-2-10 Regression of species diversity index against slope (ANG) for the 21 plots

(3)土壤因子对物种多样性的影响

①土壤因子与物种多样性因子的典型相关分析

由表 10-2-9 可以看出，前两对典型相关变量相关关系均不显著，*P* 值分别为

0.4399 和 0.7213。典型变量的典型相关系数无统计学意义，不能说明各变量之间的相关关系。

表 10-2-9 土壤因子与植物物种多样性因子的典型相关分析结果

Tab. 10-2-9 Canonical correlation analysis of soil factors and plant species diversity factors

土壤与植被因子	特征值	百分比	累积百分比	典型相关系数	*P* 值 Pr>F
第一对典型变量(V_1、W_1)	1.1534	0.6832	0.6832	0.731856	0.4399
第二对典型变量(V_2、W_2)	0.3088	0.1829	0.8661	0.485737	0.7213

②土壤因子与物种多样性因子的 RDA 约束排序分析

3 个植物物种多样性因子与 12 个土壤因子的 RDA 约束排序分析结果见图 10-2-11。根据箭头的长短可知，对植物物种多样性影响较大的土壤因子依次为：0～10cm 土层的土壤含水量(SM_1)、0～10cm 土层的土壤有机质含量(SOM_1)、10～20cm 土层的速效钾含量(K_2)、10～20cm 土层的土壤含水量(SM_2)。其他土壤因子对植被变异影响较小。从排序图中可以看出，物种丰富度指数与 10～20cm 土层的速效钾含量(K_2)、0～10cm 土层的土壤有机质含量(SOM_1)、10～20cm 土层的土壤含水量(SM_2)呈正相关关系，且物种丰富度与 10～20cm 土层的土壤含水量(SM_2)相关性最大。物种丰富度指数还与 0～10cm 土层的土壤含水量(SM_1)和速效磷含量(P_1)呈负相关关系。物种多样性指数与 0～10cm 土层的土壤有机质含量(SOM_1)有较大的正相关性，而与 0～10cm 土层的土壤含水量(SM_1)呈负相关关系。

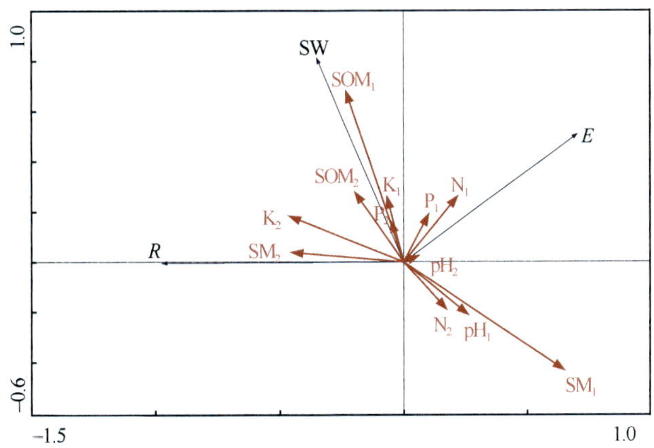

图 10-2-11 物种多样性与土壤因子的 RDA 约束排序分析的双标图

Fig.10-2-11 Biplots of RDA analysis between species diversity and soil factors

③土壤因子与物种多样性的相关关系分析

利用 SAS 软件对植被因子及土壤因子测定值进行 Pearson 多变量相关分析，相关系数如表 10-2-10 所示，结果表明：各土壤因子中 0～10cm 土层的土壤重量含水量(SM_1)与物种丰富度和物种多样性指数呈极显著负相关关系，*P* 值分别为 0.0017 和 0.0062，而 0～20cm 土层的速效钾含量(K_2)与物种丰富度指数呈显著正相关关系(*P*=0.0449)，另外 0～10cm 土层的土壤有机质含量与物种多样性指数呈极显著正相关(*P*=0.0017)。其他土壤因子与表征物种多样性的相关指数无显著相关性。

表 10-2-10　铜鼓岭物种多样性因子与土壤因子的偏相关系数

Tab.10-2-10　The correlation coefficient between different diversity indexes and soil factors in Tongguling National Nature Reserve

	R	SW	E	SM_1	pH_1	SOM_1	N_1	P_1	K_1	SM_2	pH_2	SOM_2	N_2	P_2	K_2
R	1														
SW	0.338 07	1													
E	–0.748 12	0.340 02	1												
SM_1	–0.641 71**	–0.576 75**	0.238 99	1											
pH_1	–0.245 56	–0.270 69	0.103 07	0.311 83	1										
SOM_1	0.227 48	0.642 61**	0.160 39	–0.510 84	–0.193 66	1									
N_1	–0.216 61	0.126 51	0.303 46	0.091 61	–0.082 49	–0.008 03	1								
P_1	–0.114 68	0.109 77	0.181 29	–0.151 49	0.092 11	0.064 99	0.424 02	1							
K_1	0.062 81	0.231 20	0.087 56	0.114 56	0.061 66	–0.065 04	0.313 70	0.427 33	1						
SM_2	0.413 21	0.197 22	–0.322 85	–0.027 52	–0.113 88	–0.005 37	–0.417 37	–0.239 05	0.008 17	1					
pH_2	–0.070 53	-0.015 79	0.087 30	0.222 65	0.582 89	–0.107 25	–0.157 62	0.225 99	0.078 06	0.257 03	1				
SOM_2	0.192 31	0.284 55	0.021 72	–0.230 94	-0.105 97	0.111 86	0.224 39	0.259 02	0.371 89	–0.164 26	–0.065 21	1			
N_2	–0.171 69	–0.211 60	0.020 11	0.475 30	0.046 38	–0.227 88	0.531 81	–0.079 01	0.437 59	–0.253 74	–0.190 59	0.341 94	1		
P_2	0.043 72	0.141 12	0.061 94	–0.057 24	0.000 73	0.023 59	0.568 35	0.729 14	0.699 23	–0.231 37	0.026 59	0.487 49	0.336 80	1	
K_2	0.441 82*	0.300 36	–0.212 30	–0.239 77	-0.219 78	0.120 38	0.209 24	0.510 61	0.712 21	–0.063 97	0.120 09	0.467 37	0.136 12	0.673 86	1

注：**表示其显著性水平为 1% level，达到极显著；*表示其显著性水平为 5% level，达到显著。R. 物种丰富度；SW. 物种多样性指数；E. 均匀度指数；SM_1. 0～10cm 土层的土壤重量含水量(%)；pH_1. 0～10cm 土层的土壤 pH；SOM_1. 0～10cm 土层的土壤有机质含量(g/kg)；N_1. 0～10cm 土层的土壤碱解氮含量(mg/kg)；P_1. 0～10cm 土层的土壤速效磷含量(mg/kg)；K_1. 0～10cm 土层的速效钾含量(mg/kg)；SM_2. 10～20cm 土层的土壤重量含水量(%)；pH_2. 10～20cm 土层的土壤 pH；SOM_2. 10～20cm 土层的土壤有机质含量(g/kg)；N_2. 10～20cm 土层的土壤碱解氮含量(mg/kg)；P_2. 10～20cm 土层的土壤速效磷含量(mg/kg)；K_2. 10～20cm 土层的速效钾含量(mg/kg)。

从 Pearson 多变量相关分析来看，0～10cm 土层的土壤含水量(SM_1)、0～10cm 土层的土壤有机质含量(SOM_1)和 10～20cm 土层的速效钾含量(K_2)因子成为影响铜鼓岭热带沿海森林群落物种丰富度及其多样性发展的主要土壤因子，这与 RDA 排序结果基本一致。

④物种多样性指标与各土壤因子的逐步回归分析

将物种丰富度与土壤各因子利用 SAS 软件进行逐步回归分析，得到物种丰富度指数与土壤因子的最优回归方程：

$$R=32.961\,12-0.687\,82(SM_1)-1.349\,88(P_1)+0.418\,83(SM_2)+0.057\,65(K_2)$$
$$(R^2=0.779\,4,\ P=0.000\,5) \qquad (10\text{-}2\text{-}3)$$

回归方程的显著性检验为极显著(P=0.0005)，由方程(10-2-3)可知，影响物种丰富度的土壤因子是多样的，从方程看影响最大的是 0～10cm 土层的速效磷含量(P_1)，系数为–1.349 88，其次是 0～10cm 土层的土壤含水量(SM_1)和 10～20cm 土层的土壤含水量(SM_2)，均对物种丰富度有较大影响，系数分别为–0.687 82 和 0.418 83，10～20cm 土层的速效钾含量(K_2)对物种丰富度的影响相对较小。

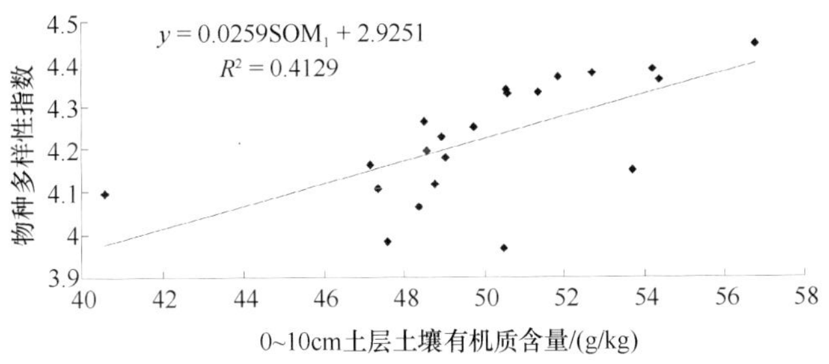

图 10-2-12　物种多样性与坡度地形因子的回归分析图

Fig.10-2-12　Regression between species diversity index and soil organic matter(SOM_1) for the 21 plots

将物种多样性指数与土壤各因子进行逐步回归分析，得到的最优方程只有 0～10cm 土层的土壤有机质含量(SOM_1)这一土壤因子被引入，回归极显著方程为：

$$SW=2.9251+0.0259(SOM_1)\ (R^2=0.4129,\ P=0.0017) \qquad (10\text{-}2\text{-}4)$$

由式(10-2-4)和图 10-2-12 可知，物种多样性指数与 0～10cm 土层土壤有机质含量(SOM_1)呈线性正相关关系，表层土壤有机质含量越高，物种多样性指数的值越大。

(4)地形因子对土壤因子的变异影响

①地形环境因子与土壤环境因子的相关分析

利用 SAS 软件对植被因子及地形因子测定值进行 Pearson 多变量相关分析，相关系数如表 10-2-11 所示，结果表明：各地形因子中坡度(ANG)因子与坡向因子(ASP)显著正相关(P=0.0362)，其他地形因子间无显著相关性。坡度(ANG)与土壤环境因子中 0～10cm 土层的含水量(SM_1)呈极显著负相关，P=0.0003，相关系数为–0.714 98，也就是说坡度越大，表层土壤的含水量越低。坡度(ANG)还与土壤环境因子中 0～20cm 土层的速效钾含量(K_2)呈显著正相关，P=0.0348，相关系数为 0.462 37，即坡度越大，10～20cm 土层的速效钾含量(K_2)越高。坡向(ASP)与 0～10cm 土层的土壤含水量(SM_1)呈显著正相关关系，P=0.0466，相关系数为 0.438 85，也就是说，阴坡的土壤表层含水量高，阳坡的表层

表 10-2-11 地形因子与土壤因子的偏相关系数表

Tab.10-2-11 The correlation coefficient between terrain factors and soil factors in Tongguling National Nature Reserve

	ANG	ASP	POS	SM_1	pH_1	SOM_1	N_1	P_1	K_1	SM_2	pH_2	SOM_2	N_2	P_2	K_2
ANG	1														
ASP	–0.459 37*	1													
POS	0.041 67	0.139 35	1												
SM_1	–0.714 98**	0.438 85*	0.006 82	1											
pH_1	–0.287 16	–0.223 33	–0.119 50	0.311 83	1										
SOM_1	0.44136	–0.315 15	0.104 60	–0.510 84	–0.193 66	1									
N_1	0.200 12	–0.060 25	–0.067 95	0.091 61	–0.082 49	–0.008 03	1								
P_1	0.148 02	–0.199 13	0.144 4	–0.151 49	0.092 11	0.064 99	0.424 02	1							
K_1	0.224 58	0.226 97	–0.199 13	0.114 56	0.061 66	–0.065 04	0.313 70	0.427 33	1						
SM_2	0.035 34	0.270 78	–0.165 99	–0.027 52	–0.113 88	–0.005 37	–0.417 37	–0.239 05	0.008 17	1					
pH_2	–0.248 83	–0.112 59	–0.285 30	0.222 65	0.582 89	–0.107 25	–0.157 62	0.225 99	0.078 06	0.257 03	1				
SOM_2	0.425 54	–0.231 40	0.400 10	–0.230 94	–0.105 97	0.111 86	0.224 39	0.259 02	0.371 89	–0.164 26	–0.065 21	1			
N_2	–0.148 02	0.221 97	–0.019 85	0.475 30	0.046 38	–0.227 88	0.531 81	–0.079 01	0.437 59	–0.253 74	–0.190 59	0.341 94	1		
P_2	0.400 99	–0.170 94	–0.001 90	–0.057 24	0.000 73	0.023 59	0.568 35	0.729 14	0.699 23	–0.231 37	0.026 59	0.487 49	0.336 80	1	
K_2	0.462 37*	–0.160 47	0.244 03	–0.239 77	–0.219 78	0.120 38	0.209 24	0.510 61	0.712 21	–0.063 97	0.120 09	0.467 37	0.136 12	0.67 386	1

注：**表示其显著性水平为 1% level，达到极显著，*表示其显著性水平为 5% level，达到显著。ANG=坡度、ASP=坡向、POS=坡位、SM_1=0～10cm 土层的土壤重量含水量(%)、pH_1=0～10cm 土层的土壤 pH、SOM_1=0～10cm 土层的土壤有机质含量(g/kg)、N_1=0～10cm 土层的土壤碱解氮含量(mg/kg)、P_1=0～10cm 土层的土壤速效磷含量(mg/kg)、K_1=0～10cm 土层的速效钾(mg/kg)、SM_2=10～20cm 土层的土壤重量含水量(%)、pH_2=10～20cm 土层的土壤 pH、SOM_2=10～20cm 土层的土壤有机质含量(g/kg)、N_2=10～20cm 土层的土壤碱解氮含量(mg/kg)、P_2=10～20cm 土层的土壤速效磷含量(mg/kg)、K_2=10～20cm 土层的速效钾(mg/kg)。

土壤含水量低。从表 10-2-11 中还可以发现，坡度与 0～10cm 土层的有机质含量（SOM_1）及 10～20cm 土层的有机质含量（SOM_2）的相关系数的绝对值相比其他土壤因子的相关系数的绝对值要大得多，相关系数分别为 0.441 36、0.425 54，说明坡度对土壤有机质的含量有较大影响。

从 Pearson 多变量相关分析来看，地形因子主要对土壤表层的含水量（SM_1）和 10～20cm 土层的速效钾含量（K_2）影响较大，对土壤有机质的含量也有一定影响，对其他养分因子影响并不大。且各地形因子中对土壤各因子起主要影响作用的是坡度（ANG）因子。

为进一步检验这些关系是否成立，本研究利用 SAS 软件，采用 Stepwise 法进行逐步回归分析。

②地形环境因子与土壤环境因子的逐步回归分析

从前面的偏相关分析可知，土壤因子中 0～10cm 土层的土壤含水量（SM_1）和土壤有机质含量（SOM_1）以及 10～20cm 土层的速效钾含量（K_2）受地形因子的影响最大，因此，将上述各土壤因子作为因变量，分别与地形各因子进行逐步回归分析，得到方程如下：

$$SM_1=31.443-0.1948(ANG)\ (R^2=0.5112,\ P=0.0003) \tag{10-2-5}$$

$$SOM_1=47.321+0.1478(ANG)\ (R^2=0.1948,\ P=0.0452) \tag{10-2-6}$$

$$K_2=88.227+1.3992(ANG)\ (R^2=0.2138,\ P=0.0348) \tag{10-2-7}$$

以上各方程回归性都达到显著水平，说明各方程能很好地表达各因子间的相关关系。由 0～10cm 土层土壤含水量（SM_1）与地形因子的回归方程（10-2-5）和图 10-2-13 可知，影响其大小的主要是地形因子的坡度（ANG），且坡度越大，土壤含水量越低。由方程（10-2-6）、方程（10-2-7）和图 10-2-14、图 10-2-15 可以看出，0～10cm 土层的有机质含量（SOM_1）和 10～20cm 土层的速效钾含量（K_2）随着坡度的增加而增加。

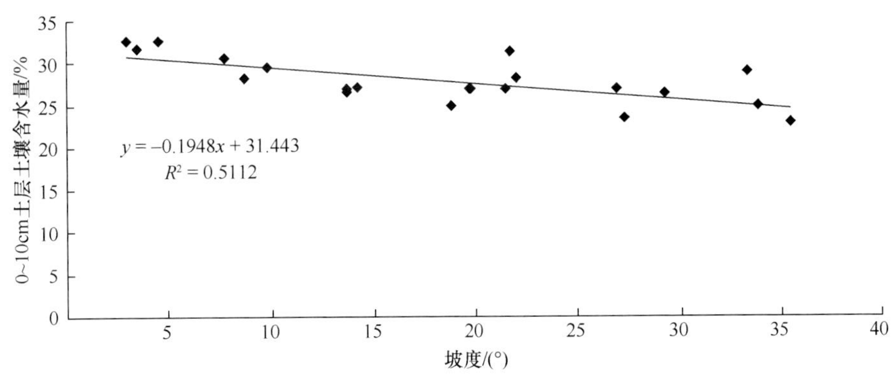

图 10-2-13　0～10cm 土壤含水量与地形因子的回归分析图

Fig.10-2-13　Regression between 0～10cm soil moisture and terrain factors of the 21 plots

3）特点与讨论

（1）地形因子对植物物种多样性的影响

地形的差异形成的异质生境为物种提供了共存的条件，环境的异质性越高，物种也越丰富。因此，地形是为植物群落提供生境多样性的最重要的环境梯度之一（沈泽昊等，2000）。作为重要的环境因子，地形因子强烈地影响物种、群落和生态系统的格局

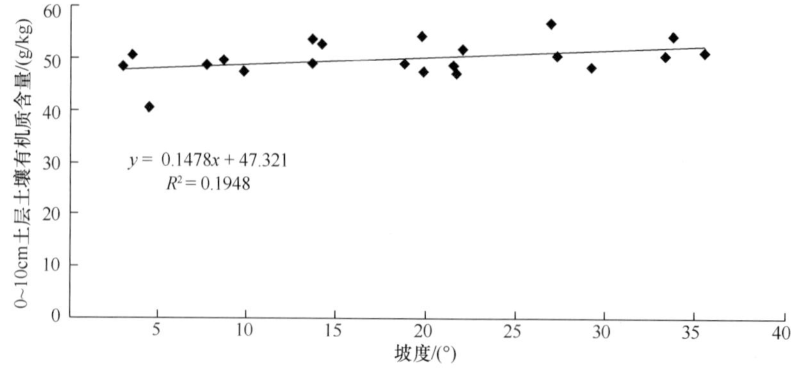

图 10-2-14　0～10cm 土层土壤有机质含量与地形因子的回归分析图

Fig.10-2-14　Regression between 0～10cm soil organic matter content and terrain factors of the 21 plots

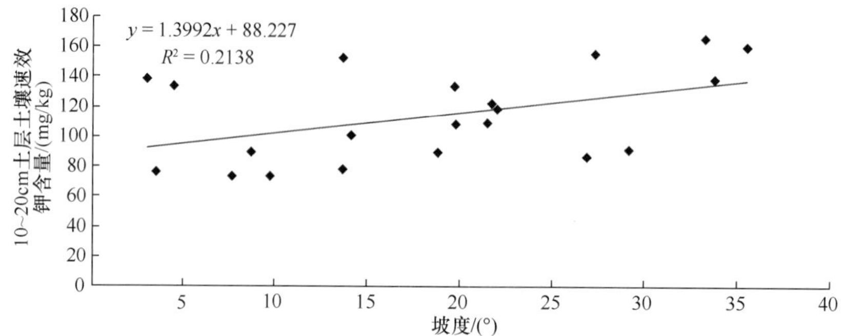

图 10-2-15　10～20cm 土层土壤速效钾含量与地形因子的回归分析图

Fig.10-2-15　Regression between 10～20cm soil available potassium content and terrain factors of the 21 plots

(Kamrani et al.，2011)，从而影响物种多样性(Ellum，2007)。由地形与植物多样性因子的第一对典型变量可知，铜鼓岭热带沿海森林的物种多样性指数主要受地形因子中的坡度影响，且坡度与物种多样性指数呈正相关，即坡越陡，物种多样性越高。物种多样性因子与地形环境因子的 RDA 排序及偏相关分析都说明了这一点，而且很好地反映了各地形因子对植物物种多样性变异的影响大小：坡度(ANG)＞坡向(ASP)＞坡位(POS)。这与沈泽昊等(2000)以及张旭和国庆喜(2007)的研究结果不一样。这是由于每个植物群落有它自己独特的地形条件，是一个多维变量，包括坡度、坡向、坡位、海拔等，每一维都会对该局部小生境的光照、热量和水分等植物必需的生存因子产生影响，而这些影响往往具有方向不同的分布梯度，彼此交错而又有作用叠加，所以物种多样性的格局反映了多尺度、多成因的特征，很难有唯一不变的规律，但是在众多的地形环境因子中，影响会有侧重，会有一个或者多个地形环境因子起主要作用。坡度与物种多样性的关系表现出多种形式，如线性相关和陡坡及缓坡物种丰富度最高。从植被因子与地形因子的逐步回归结果可以看出，物种丰富度指数和物种多样性指数均与坡度呈显著的线性正相关，且陡坡物种更丰富，这与袁建英等(2004)和 Pinder 等(1997)的研究结果类似。逐步回归得到的两个线性方程再次说明了坡度是影响铜鼓岭热带沿海森林植物物种多样性的最主要的地形因子。

(2)土壤环境因子对植物物种多样性的影响

土壤是植物生长的重要物质基础，土壤理化性质的不同，土壤母质的不同，都可能影响生长于其中的植物，因而土壤养分因子有可能是影响物种多样性形成的一个重要因子(杨万勤，2001)。由 3 个植物物种多样性因子与 12 个土壤因子的 RDA 约束排序分析和相关分析的结果可知：0～10cm 土层的土壤含水量(SM_1)、0～10cm 土层的土壤有机质含量和 0～20cm 土层的速效钾含量(K_2)成为影响铜鼓岭热带沿海森林群落物种丰富度及其多样性发展的主要土壤因子。在土壤湿度的范围内，物种丰富度指数与 0～10cm 土层的土壤含水量之间呈显著的负相关关系，这与刘庆和安树青等的研究结果相似(安树青等，1997；刘庆，2000)。但也有很多研究结果表明物种多样性与土壤含水量呈正相关关系(徐学华等，2007；高国刚等，2009)，这主要是因为这些研究的所在区域属于北方较干旱地区，在缺水的环境中，物种多样性自然会随着土壤含水量的增加而增加。

有机质作为植物生长的重要的营养元素，对群落物种多样性产生重要影响，有学者认为物种多样性最高的植物群落在土壤最肥沃的地方，如吴彦等对亚高山针叶林不同恢复阶段群落物种多样性与土壤理化性质关系研究及白永飞等对草原群落物种多样性与环境因子关系研究也都证明了该观点(白永飞等，2000；吴彦等，2001)，本研究案例也得出相同的结论，即铜鼓岭热带常绿沿海森林群落物种丰富度和物种多样性均与 0～10cm 的土壤有机质含量(SM_1)呈正相关关系，且物种多样性指数与 0～10cm 的土壤有机质含量(SM_1)呈极显著线性正相关关系，线性方程为 SW=2.925 08+0.025 95 (SOM_1) (P=0.0017)，这也与杨小波等对海南琼北地区不同植被类型物种多样性与土壤肥力的关系的研究结果一致(杨小波等，2002)。

Gartlan 等(1986)的研究显示，土壤中 P、Mg、K 的水平与热带植物群落物种多样性之间存在着显著的相关关系，土壤中可溶性 K 与物种多样性显著相关，本研究也发现物种丰富度与 10～20cm 土层的土壤速效钾含量(K_2)呈显著正相关关系。

0～10cm 土层的速效磷含量(P_1)对物种丰富度有较大负作用，这可以从物种丰富度指数与土壤各因子的回归方程看出，方程中 0～10cm 土层的速效磷含量(P_1)的系数为 –1.349 88，相比其他几个因子的系数要大得多，0～10cm 土层的速效磷含量(P_1)的一点点变化将给物种丰富度带来较大的负面影响。这与杨万勤等对缙云山森林土壤速效磷的分布特征及其与物种多样性的关系研究的结果不同(杨万勤等，2001)。出现负相关的可能原因是高磷含量促进植物快速生长，特别是优势种的生长加快，造成群落更加郁闭，从而一些土壤种子库的种子没有光照和适宜温度难以萌发，林下植物缺少阳光难以生长，物种丰富度自然就会降低。

(3)地形环境因子对土壤环境因子的影响

地形支配着微气候、水分运动以及物质的重新分配进程，因此它能够显著地影响土壤的属性(Hunekler，1997)。地形(坡向、坡度、坡位等)对土壤水分有着重要影响，它对土壤水分的作用是通过改变其他影响因子来实现的。从宏观上讲，特殊的地形可能形成独特的小气候，从而间接影响土壤水分的含量和分布。地形因子也可通过改变太阳辐射强度、降水在土壤中的再分配来影响土壤水分含量。从地形环境因子与土壤环境因子的相关分析可知，坡度(ANG)与土壤环境因子中0～10cm土层的含水量(SM_1)呈极显著负相关，也就是说坡度越大，表层土壤的含水量越低。有研究表明，坡度增加，降雨就地入渗率减少，径流量增加，在相同的蒸发蒸腾潜力下，土壤中的含水量也就相应减少(何福红，2002)，正是因为这个原因，造成坡度增加土壤表层的含水量(SM_1)降低，0～10cm土层的土壤含水量与各地形因子的逐步回归方程也说明了这个结论，回归方程为：SM_1=31.442 69–0.194 76(ANG)(R^2=0.5112，P=0.0003)。从土壤与地形因子的偏相关系数表10-2-11可知，坡度与0～10cm土层的有机质含量(SOM_1)及10～20cm土层的有机质含量(SOM_2)的相关系数的绝对值相比其他土壤因子的相关系数的绝对值要大得多，相关系数分别为0.441 36、0.425 54，说明坡度对土壤有机质的含量有较大影响，刘世梁等(2003)从两种不同尺度研究了土壤理化性质对环境因子的响应，结果表明，坡度是影响土壤养分的重要因子，小流域尺度上，坡度和土壤养分呈正相关。本案例研究结果显示坡度与各养分因子的相关系数除了与10～20cm土层的碱解氮(N_2)相关系数为负值外，其他均为正值，尤其与0～10cm土层的有机质含量(SOM_1)和10～20cm土层的速效钾含量(K_2)呈显著线性正相关，回归方程分别为：

$$SOM_1=47.321\,30+0.147\,75(ANG)\ (R^2=0.1948,\ P=0.0452)$$

$$K_2=88.226\,87+1.399\,21(ANG)\ (R^2=0.2138,\ P=0.0348)$$

坡向对土壤含水量也有一定影响，杨磊等对黄土丘陵沟壑区深层土壤水分空间变异及其影响因子的研究发现坡向对表层土壤的含水量有显著影响，但对深层土壤的含水量基本没有影响(杨磊等，2012)，本研究也有类似的结果，地形环境因子与土壤及土壤环境因子的相关分析表明：坡向(ASP)与0～10cm土层的土壤含水量(SM_1)呈显著正相关关系，阴坡的土壤表层含水量高，阳坡的表层土壤含水量低。

(4)地形、土壤、植物多样性三者之间的相互关系

地形、土壤、植物多样性三者的相互关系研究一直是植物生态学的研究热点问题，像以上提到的，绝大多数研究多偏重于其中的两两之间关系的研究，对三者之间的关系缺乏深入探讨。本研究将地形因子、土壤因子、植物多样性指标三者进行主成分分析发现，各主成分的贡献率均较低，表明铜鼓岭热带常绿沿海森林生态系统具有高度异质性，研究因子之间的相互作用要重视各因子的分异，全面考虑植被、土壤和地形三者之间的关系。

地形通过高低起伏控制了资源因子(光、热、水、土壤养分)的空间再分配，通过地貌过程(一种通过风力作用，完成表层土的搬运和堆积；另一种通过风力、水力综合作用，造成表层土的土壤侵蚀)造成了表层土壤特征的显著差异，从而在极小的范围内形成了非常明显的差异，提供了多样化的生存环境(Pe’er et al.，2006)，为不同物种提供了相当多的异质性生存空间，从而影响植物物种的多样性。研究结果表明，坡度是影响该地区植物物种多样性的主要环境因子，这是地形因子直接对植物物种多样性产生影响。地形也能通过作用于土壤因子间接对植物物种多样性发生作用，本研究中坡度显著影响土壤表层的含水量，坡度越大，含水量越低。而植物物种丰富度指数与土壤表层的含水量呈显著负相关关系，地形因子中的坡度通过作用于土壤含水量而影响物种丰富度。同时坡度也与 0～10cm 土层的有机质含量(SOM_1)及 10～20cm 土层的土壤速效钾含量(K_2)呈显著线性正相关，而物种多样性指数与 0～10cm 土层的有机质含量(SOM_1)呈正相关关系，物种丰富度与 10～20cm 土层的土壤速效钾含量(K_2)呈显著正相关关系，地形因子通过作用于土壤养分而影响物种的差异。

土壤是植物生长的重要物质基础，土壤理化性质的不同，土壤母质的不同，都可能影响生长于其中的植物，因而土壤养分因子有可能是影响物种多样性形成的一个重要因子。研究结果表明，物种多样性指数与 0～10cm 土层的有机质含量(SOM_1)呈正相关关系，反过来说植物物种多样性的增加会使土壤有机质含量增加，这也就是说植被演替不断改善土壤肥力，反过来土壤促进植被的演替。这是因为在植被演替过程中，由于土壤中植物凋落物分解、根系活动及土壤微生物和动物作用，土壤结构和性质发生改变，土壤日趋成熟，有机质含量也会相应增加。同时土壤肥力的提高又为生态系统的发育和演替提供基础，即植物群落在利用土壤的同时也在不断地改善土壤肥力，当改善后的土壤条件更适合下一代群落的生长时，系统就发生演替。植被演替变化影响许多土壤理化指标，尤其是土壤水分和养分等特征(Wang et al.，2009)。总体而言，植物群落物种组成与土壤养分之间关系密切，相互作用，在不同的演替类型、演替序列和演替环境下，这种植物-环境关系的表现不尽相同，其互作机制还需要进一步针对性的分析和研究。许涵和李意德(2013)以尖峰岭森林为例开展了更为深入的研究。

4. 不同热带雨林类型与物种多样性变化关联的环境因子分析——以尖峰岭为例

许涵和李意德(2013)在尖峰岭开展了详细的不同热带雨林类型与物种多样性变化关联的环境因子分析。该研究案例是目前海南在这方面研究的代表性案例。《海南植被志》选择这一案例说明这方面的问题。该研究案例基于海南尖峰岭地区 164 个 625m² 样地的植被和环境因子调查数据，探讨 17 个环境因子如何影响物种分布和物种丰富度，寻找驱动区域水平物种多样性维持机制的主要环境因子，探讨多元环境因子如何调节典型热带雨林地区的物种多样性。

1)案例的地理概况与具体的研究方法

(1)地理概况

尖峰岭的地理概况见第九章第一节。

(2)案例具体研究方法

A. 样地调查

本研究数据来源于尖峰岭地区 164 个 $625m^2$ 植被样地，样地分布在尖峰岭林区最主要的原始森林分布区——五分区及其周边采伐过的区域内，总面积达 $10.25hm^2$。调查方法是将尖峰岭林区的腹地划分成 164 个 1km×1km 的网格，在每个网格的节点或近缘分别设置 1 个 25m×25m 的样地。调查时间从 2007 年 6 月起至 2009 年 6 月止。每个 $625m^2$ 样地调查的内容包括群落指标、地理坐标和采伐历史。①群落指标：每株胸径≥1.0cm 乔灌木的种名、胸径和树高。②地理坐标：利用在林下信号比较好的手持全球定位系统在样地的中心位置记录每个样地的经度、纬度及海拔。③采伐历史：通过查阅尖峰岭林业局相关档案资料，并访问当地当年伐木工人，确定每个样地所在森林的采伐历史(许涵等，2012)。

B. 物种多样性和环境因子测定

本研究使用最基本的物种丰富度作为物种多样性指标，即直接统计每个样地所包含的物种数目。164 个样地根据采伐历史分成原始林(52 个样地)、径级择伐后恢复的森林(73 个样地)和皆伐后恢复的森林(39 个样地)三类。17 个环境因子可以划分为以下三类指标：地形因子、土壤养分因子和土壤水分-物理性质因子。①地形因子：每个样地共记录 4 个指标(包括海拔、坡度、坡向和坡位)。②土壤养分因子：每个样地共采集 5 个 0～30cm 剖面深的土壤样品，将其混合成 1 个样品后测定 9 个指标(有机碳含量、全氮含量、全磷含量、全钾含量、交换性钙含量、交换性镁含量、速效钾含量、碱解氮含量和速效磷含量)。③土壤水分-物理性质因子：每个样地共采集 5 个土壤环刀样品，测定土壤的 4 个指标(土壤密度、土壤最大持水量、毛细管持水量和毛管孔隙度)；再将 5 个测定的数值取平均值作为代表样地水平的土壤物理性质指标。

C. 空间自相关

空间自相关是指某一特定变量的样本间的相似性，与空间距离呈函数关系(Legendre and Legendre，1998；Rossi and Queneherve，1998)。对于数量或连续变量，如物种丰富度，Moran's *I* 指数是在单变量自相关分析中最常用的指数，其公式形式为：

$$I=\left(\frac{n}{s}\right)\left[\frac{\sum_i\sum_j(y_i-\overline{y})\left(y_j-\overline{y}\right)w_{ij}}{\sum_i(y_i-\overline{y})^2}\right]$$

式中，n 是样方数目；y_i 和 y_j 是样方 i 和 j 的物种丰富度；$\overline{y}$ 是 y 的平均值；w_{ij} 是矩阵 W 的矩阵元。在这个矩阵中，如果成对的样方 i 和 j 在某一特定的距离等级间隔中(表明样方在这个距离等级中是“相关”的)，w_{ij}=1；反之，w_{ij}=0。s 指代矩阵 W 的联结数目。零假设条件下，无空间自相关的值是–1/(n–1)。Moran's *I* 指数通常为–1.0～1.0，即表示存在最大的负自相关和正自相关。Moran's *I* 值不等于 0 表明在一定水平距离内的样方的物种丰富度比随机选取的成对样方更相似(正自相关)或更不相似(负自相关)。

D. 数据分析

为了揭示不同环境因子对物种分布及物种丰富度的影响，该研究首先分析了 17 个环境因子间的相关关系；接着区分原始林、径级择伐后恢复的森林和皆伐后恢复的森林 3 种不同的森林类型，通过典范对应分析(canonical correspondence analysis，CCA)探讨每个森林类型中影响物种分布的环境因子组成，再通过比较 2 种多元回归模型的优劣来揭示每个森林类型中影响物种丰富度形成的环境因子组成。

采用多元逐步回归评价 17 种环境因子对物种丰富度影响的显著程度，在多元回归模型中最终仅保留 $P<0.05$ 的环境因子。普通最小二乘法和联立空间自相关(spatial simultaneous autoregressive error，SAR)2 种模型用于筛选影响物种丰富度最显著的环境因子。使用 R 软件的 spdep 程序包建立 SAR 模型。定义每个样地与邻近样地的空间结构时，邻体距离设置为 0～4km，以包含足够数量的样地供分析，相应的最大滞后等级

设置为 5；邻体距离的设置原则是尽量减少分析结果中空间结构的影响。并通过计算物种丰富度和环境因子在不同最大滞后等级（maximum lag order）的 Moran's *I* 指数来绘制空间自相关结构图（spatial correlograms）。空间自相关结构图反映了在不同空间格局有多少空间结构被移除（Badgley and Fox，2000；van Rensburg et al.，2002；Diniz-Filho et al.，2003）。如果空间自相关图中至少有一个参数在 0.05/5（*P* 除以最大滞后等级）上显著，那么表明数据中存在显著的空间自相关。基于 Moran's *I* 数值，可以确定 SAR 模型是否应该被优先考虑（Dormann，2007）；并采用赤池信息准则（alkaike's information criterion，AIC）评价 OLS 和 SAR 模型的优劣，AIC 值越小，说明该模型越合适。所有统计分析都在 R 软件中进行。

以上分析的目的在于检验生境异质性假说、能量-水分平衡假说和养分平衡假说的适用性。①生境异质性假说通过分析 4 个地形因子来检验。②能量-水分平衡假说通过分析 4 个土壤水分-物理因子来检验。③养分平衡假说通过分析 9 个土壤养分因子来检验。通过以上分析可以明确以上各环境因子哪个最能反映物种分布和物种多样性的变异。

2）结果和分析

（1）17 个环境因子间的相关性分析

17 个环境因子间的相关分析显示（表 10-2-12），海拔和 11 个土壤环境因子显著或极显著相关，但坡度、坡向和坡位 3 个地形因子仅分别和 17 个环境因子中的 6 个、4 个和 1 个其他环境因子相关。9 个土壤养分因子（有机碳含量、全氮含量、全磷含量、全钾含量、交换性钙含量、交换性镁含量、速效钾含量、碱解氮含量、速效磷含量）分别与 17 个环境因子中的 4～11 个其他环境因子相关，而 4 个指标（土壤密度、土壤最大持水量、土壤毛细管持水量和毛管孔隙度）分别和 17 个环境因子中的 10～12 个其他环境因子显著相关。

（2）基于典范对应分析探讨影响物种分布的环境因子组成

典范对应分析 CCA 表明，在不同的森林类型中，影响物种分布的环境因子存在差异（表 10-2-13）。从 17 个环境因子与第 1、第 2 和第 3 排序轴的相关关系可以看出：在原始林中，物种分布与土壤交换性钙、土壤交换性镁、海拔 3 个环境因子有密切的相关关系，与 4 个指标（土壤密度、土壤最大持水量、毛细管持水量和毛管孔隙度）有着较为密切的相关关系。在径级择伐后恢复的森林中，除了原始林中起主要作用的 7 个环境因子外，土壤全磷含量和速效磷含量的作用变得比森林采伐前更加重要。在皆伐后恢复的森林中，土壤交换性钙含量和交换性镁含量对物种分布的影响作用减弱，海拔的影响也略有下降，但仍然是重要的影响因子；同样，土壤全磷含量和速效磷含量的作用也明显增强。

（3）基于多元回归分析探讨影响物种丰富度的环境因子组成

本研究发现影响物种丰富度形成的环境因子组成随着森林类型的变化而变化，只有海拔作为一个唯一不变的环境因子一直存在于 OLS 和 SAR 多元回归模型中。

表 10-2-12　17 个环境因子间的相关系数交互矩阵

Tab.10-2-12　Cross-products matrix contains correlation among 17 environmental factors

Ef	El	Sd	Sa	Sp	Socc	Stnc	Stphc	Stpoc	Secc	Semc	Sapc	Sacnc	Sapc	Sd	Smwhc	Scwhc	Scp
El	–																
Sd	0.006																
Sa	–0.002	–0.298**															
Sp	0.009	–0.190*	0.146														
Socc	0.352**	–0.011	0.019	–0.09													
Stnc	0.366**	0.070	0.079	–0.013	0.775**												
Stphc	0.079	0.029	0.123	0.638	0.276**	0.452**											
Stpoc	–0.230**	0.309**	–0.098	–0.029	–0.144	–0.031	0.104										
Secc	–0.126	0.037	0.017	0.097	0.069	0.157**	0.718**	0.130									
Semc	–0.238**	0.072	–0.010	0.055	0.037	0.130	0.691**	0.242**	0.932**								
Sapc	–0.409**	0.216**	–0.171*	–0.070	–0.155*	–0.127	–0.041	0.620**	0.131	0.302**							
Sacnc	0.411**	–0.04	0.131	–0.018	0.521**	0.667**	0.444**	–0.109	0.034	0.017	–0.180*						
Sapc	–0.204**	0.083	0.032	0.098	0.134	0.247**	0.587*	0.306**	0.480**	0.498**	0.136	0.172*					
Sd	–0.799**	0.071	–0.033	0.062	–0.345**	–0.371**	–0.186*	0.327**	0.045	0.168	0.403**	–0.597**	0.171*				
Smwhc	0.570**	–109	0.138	–0.019	0.142	0.261**	0.202**	–0.239**	0.065	–0.032	–0.283**	0.431**	–0.175*	–0.691**			
Scwhc	0.493**	–0.169*	0.173*	0.029	0.107	0.161*	0.098	–0.304*	0.064	–0.058	–0.395**	0.158*	–0.304**	–0.405**	0.743**		
Scp	0.499**	–0.167*	0.173*	0.026	0.109	0.161*	0.097	–0.304**	0.062	–0.060	–0.395**	0.200*	–0.336**	–0.405**	0.743**	1.000**	–

注：*：$p<0.05$；**：$p<0.01$；Ef. 环境因子(environmental factor)；El. 海拔(elevation)；Sd. 坡度(slope degree)；Sa. 坡向(slope aspect)；Sp. 坡位(slope position)；Socc. 土壤有机碳含量(soil organic carbon content)；Stnc. 土壤全氮含量(soil total nitrogen content)；Stphc. 土壤全磷含量(soil total phosphorus content)；Stpoc. 土壤全钾含量(soil total potassium content)；Secc. 土壤交换性钙含量(soil exchangeable calcium content)；Semc. 土壤交换性镁含量(soil exchangable magnesium content)；Sapc. 土壤速效钾含量(soil available potassium content)；Sacnc. 土壤碱解氮含量(soil alkali cispelled nitrogen content)；Sapc. 土壤速效磷含量(soil available phosphorus content)；Sd. 土壤密度(soil density)；Smwhc. 土壤最大持水量(soil maximum water holding content)；Scwhc. 土壤毛细管持水量(soil capillary water holding content)；Scp. 土壤毛管孔隙度(soil capillary porosity)。

表 10-2-13　基于典范对应分析的 3 种森林类型 17 个环境因子与第 1、第 2 和第 3 排序轴的相关性
Tab.10-2-13　Correlations between 17 environmental factors and the first，second，third ordination axes on canonical correspondence analysis for three forest types

环境因子	原始林			径级择伐后恢复的森林			皆伐后恢复的森林		
	第 1 轴 Axis 1	第 2 轴 Axis 2	第 3 轴 Axis 3	第 1 轴 Axis 1	第 2 轴 Axis 2	第 3 轴 Axis 3	第 1 轴 Axis 1	第 2 轴 Axis 2	第 3 轴 Axis 3
海拔	0.01	–0.18	0.31	–0.03	0.36	0.15	0.11	–0.32	–0.07
坡度	–0.14	0.12	–0.39	0.03	–0.03	0.04	–0.04	–0.02	0.42
坡向	–0.01	–0.09	–0.53	0.10	–0.21	–0.63	–0.09	–0.12	0.38
坡位	0.34	–0.83	–0.11	–0.09	0.87	0.08	–0.60	–0.51	0.24
土壤有机碳含量	0.11	–0.54	0.11	0.07	0.14	0.26	–0.05	0.54	–0.18
土壤全氮含量	–0.07	–0.57	–0.11	0.10	0.31	0.07	–0.21	–0.02	0.28
土壤全磷含量	–0.26	–0.10	–0.54	0.79	0.12	–0.33	0.08	0.09	0.76
土壤全钾含量	–0.27	0.11	–0.25	0.01	–0.23	–0.50	0.10	–0.33	0.14
土壤交换性钙含量	–0.91	–0.13	–0.08	0.97	0.04	–0.11	0.13	0.14	–0.42
土壤交换性镁含量	–0.51	0.23	–0.24	0.92	–0.04	–0.17	0.32	0.37	–0.33
土壤速效钾含量	–0.15	0.26	–0.23	–0.04	–0.14	–0.43	0.20	0.23	–0.45
土壤碱解氮含量	0.04	–0.61	–0.21	0.09	0.53	0.05	–0.46	–0.19	0.55
土壤速效磷含量	–0.34	0.29	–0.31	0.60	–0.27	–0.14	0.81	–0.13	0.47
土壤密度	–0.29	0.65	0.23	–0.04	–0.63	–0.18	0.59	0.26	–0.49
土壤最大持水量	0.17	–0.56	–0.38	0.11	0.68	0.05	–0.35	–0.52	0.37
土壤毛细管持水量	0.15	–0.65	–0.03	0.14	0.51	0.15	–0.25	–0.60	0.20
土壤毛管孔隙度	0.15	–0.65	–0.03	0.13	0.51	0.15	–0.26	–0.60	0.20

对于原始林(表 10-2-14)，在 OLS 和 SAR 模型中，17 个环境因子中有 2 个环境因子(海拔、交换性钙含量)和物种丰富度显著关联；而其他 15 个环境因子未包含在最终的物种丰富度和环境因子回归模型中。SAR 模型(AIC=404.4)的 AIC 值较 OLS 模型(AIC=402.4)的稍大，而且 SAR 和 OLS 模型的残差自相关值相似，两者均接近于 0(图 10-2-16)。因此，数据中不存在明显的空间自相关，OLS 模型较 SAR 模型更适合用来揭示影响原始林物种丰富度形成的环境因子组成。

表 10-2-14　原始林的物种丰富度与 17 个环境因子的多元回归参数及其显著性检验
Tab.10-2-14　Coefficients of the multiple regression and associated *t*-tests for species richness regressed against 17 environmental factors of the old-growth forests

环境因子	普通最小二乘法模型			联立空间自相关模型		
	估计值±标准误差	*t* 值	显著性检验 $Pr(>\|t\|)$	估计值±标准误差	*t* 值	显著性检验 $Pr(>\|t\|)$
截距	50.838 ± 6.561	7.749	＜0.001	51.120 ± 6.277	8.144	＜0.001
海拔	0.037 ± 0.007	5.021	＜0.001	0.037 ± 0.007	5.206	＜0.001
土壤交换性钙	–12.629 ± 3.537	–3.570	＜0.001	–12.779 ± 3.414	–3.743	＜0.001

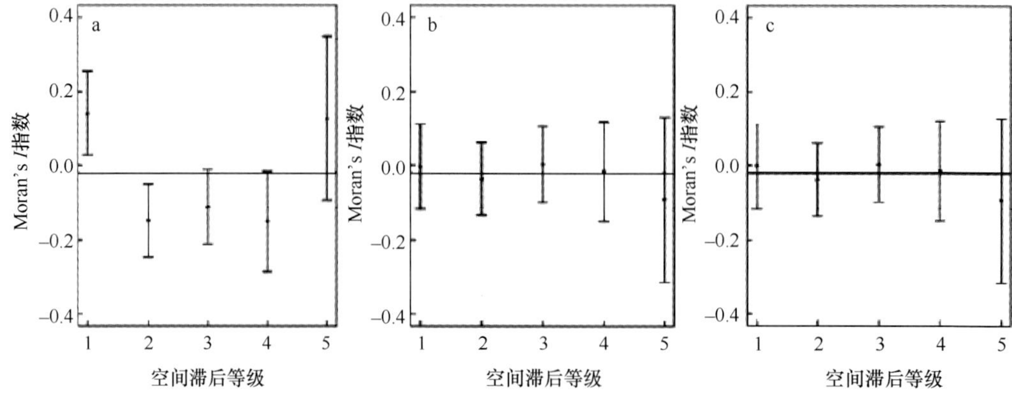

图 10-2-16 原始林通过检验模型的残差自相关性评价模型的适用性

a. 原始数据；b. 普通最小二乘法模型的残差；c. 联立空间自相关模型的残差

Fig.10-2-16 Assessing model adequacy by testing the autocorrelation in residuals of the models of the old-growth forests

a. Original data，b. Residuals of ordinary least-squares model，c. Residuals of spatial simultaneous autoregressive error model

对于径级择伐后恢复的森林(表 10-2-15)，在 OLS 和 SAR 模型中，17 个环境因子中有 3 个环境因子(海拔、土壤全磷含量、土壤速效钾含量)和物种丰富度显著关联，而其他 14 个环境因子未包含在最终的物种丰富度和环境因子回归模型中。SAR 模型(AIC=563.7)的 AIC 值较 OLS 模型(AIC=564.7)的小，SAR 模型的残差自相关值较 OLS 模型的值更接近于 0(图 10-2-17)。因此，数据中存在正的空间自相关，SAR 模型较 OLS 模型更适合用来揭示影响径级择伐后恢复的森林中物种丰富度形成的环境因子组成。

表 10-2-15 径级择伐后恢复的森林的物种丰富度与 17 个环境因子的多元回归参数及其显著性检验

Tab.10-2-15 Coefficients of the multiple regression and associated *t*-tests for species richness regressed against 17 environmental factors of the recovered forests after diameter-limit logging

环境因子	普通最小二乘法模型			联立空间自相关模型		
	估计值±标准误差	*t* 值	显著性检验 $Pr(>\|t\|)$	估计值±标准误差	*t* 值	显著性检验 $Pr(>\|t\|)$
截距	84.918 ± 8.199	10.357	<0.001	81.388 ± 8.887	9.158	<0.001
海拔	0.024 ± 0.007	3.254	0.002	0.026 ± 0.008	3.056	0.002
土壤全磷含量	−100.354 ± 20.090	−4.996	<0.001	−89.345 ± 19.793	−4.514	<0.001
土壤速效钾含量	−20.187 ± 7.743	−2.607	0.011	−18.620 ± 7.218	−2.580	0.010

对于皆伐后恢复的森林(表 10-2-15)，在 OLS 和 SAR 模型中，17 个环境因子中仅有 1 个环境因子(海拔)和物种丰富度显著关联，其他 16 个环境因子未包含在最终的物种丰富度和环境因子回归模型中。SAR 模型(AIC=330.0)的 AIC 值较 OLS 模型(AIC=328.0)的大，而且 SAR 和 OLS 模型的残差自相关值相似，两者均接近于 0(图 10-2-18)。因此，数据中不存在明显的空间自相关，OLS 模型较 SAR 模型更适合用来揭示影响皆伐后森林中物种丰富度的环境因子组成。

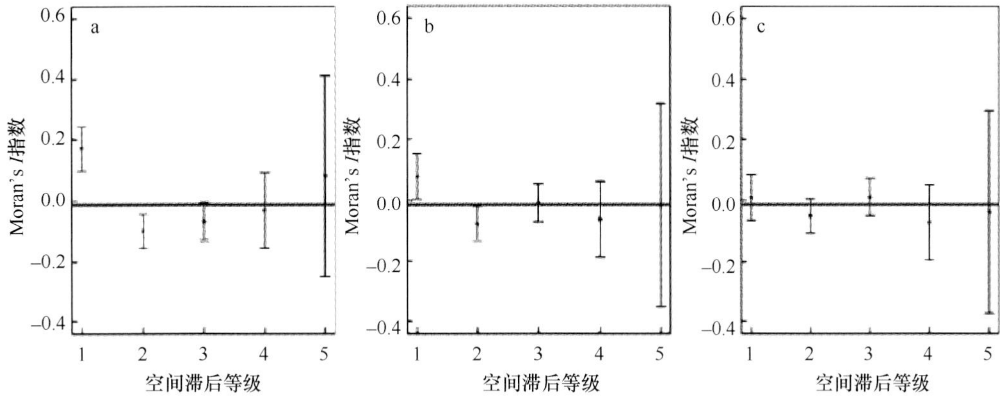

图 10-2-17 径级择伐后恢复的森林通过检验模型的残差自相关性评价模型的适用性

a. 原始数据；b. 普通最小二乘法模型的残差；c. 联立空间自相关模型的残差

Fig.10-2-17 Assessing model adequacy by testing the autocorrelation in residuals of the models of the recovered forests after diameterlimit logging

a. Original data，b. Residuals of ordinary least-squares model，c. Residuals of spatial simultaneous autoregressive error model

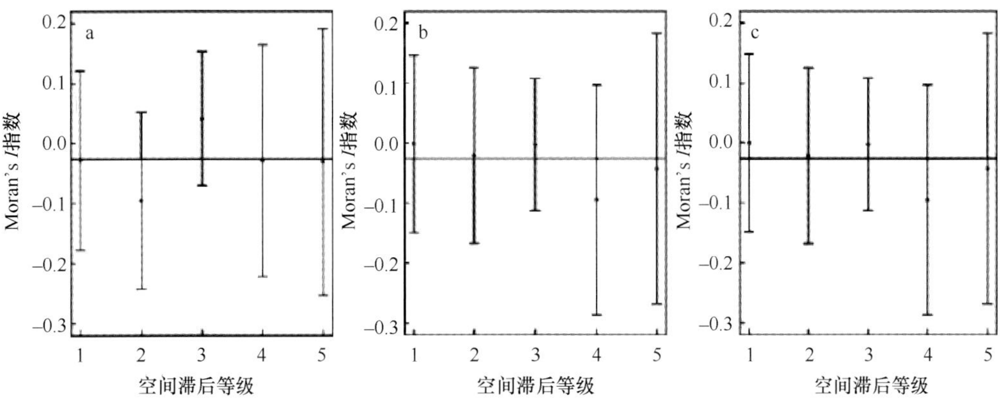

图 10-2-18 皆伐后恢复的森林通过检验模型的残差自相关性评价模型的适用性

a. 原始数据；b. 普通最小二乘法模型的残差；c. 联立空间自相关模型的残差

Fig.10-2-18 Assessing model adequacy by testing the autocorrelation in residuals of the models of the recovered forests after clear-cutting

a. Original data，b. Residuals of ordinary least-squares model，c. Residuals of spatial simultaneous autoregressiveerror model

3）特点与讨论

（1）森林采伐前后影响物种多样性格局的环境因子分析

该研究结果显示除森林采伐历史外，海拔是影响海南尖峰岭 160km^2 区域空间尺度上热带雨林物种多样性最重要的环境因子，它反映了地形因子的变异，在以往的研究中，通常被用于表述生境异质性导致物种多样性梯度格局的形成（Lomolino，2001；Vetaas and Grytnes，2002；Beck and Chey，2008），它是形成区域或全球格局水平物种多样性的主要因子（Cannon et al.，1998；Lomolino，2001；Brown and Gurevitch，2004；Rowe and Lidgard，2009）。这一点在本研究结果中得到进一步证实：即使森林采伐历史变异较大，海拔梯度(地形异质性)一直作为一个强有力和广泛适用的决定因子影响物种的分布和物种丰富度的形成，虽然在 CCA 分析中对皆伐后森林的物种分布的解释略有减弱。这种海拔与物种分布、物种丰富度的紧密关系支持生境异质性假说适用于解释物种多样性差异的形成。

养分平衡假说在径级择伐和皆伐后恢复的森林中可以更有效地用于解释物种分布和物种丰富度变化。CCA 分析显示，在原始林中土壤交换性钙和土壤交换性镁明显比其他土壤养分因子更显著地影响了物种分布；在土壤未受明显干扰的径级择伐后恢复森林中这两个因子能起到显著的作用，但在土壤受严重干扰的皆伐后恢复森林中这两个因子的作用变得不显著。相反，受采伐干扰后，土壤全磷含量和速效磷含量对物种分布的影响力明显增强。因为森林采伐后土壤磷流失比较明显，特别是在皆伐后恢复的森林中土壤磷含量明显降低(原始林、径级择伐后恢复的森林和皆伐后恢复的森林的土壤总磷含量平均值分别为 0.125g/kg、0.122g/kg 和 0.108g/kg，速效磷含量分别为 2.085mg/kg、1.825mg/kg 和 1.710mg/kg，植物对包括磷等养分元素的大量需求导致原来影响物种分布的环境因子的平衡被打破。因此，不同的土壤养分元素所起的作用随着森林采伐历史的变化而变化，一些元素在径级择伐和皆伐后恢复的森林中将起到比原始林中更大的作用。与 CCA 分析相似，基于 2 种模型的多元回归分析也揭示了不同森林类型中影响物种丰富度的土壤养分因子存在差异：除海拔因子外，原始林中仅有土壤交换性钙影响到物种丰富度的形成，径级择伐后恢复的森林中土壤全磷含量和速效钾含量与物种丰富度形成密切相关；皆伐后恢复的森林中仅有海拔梯度是显著影响物种丰富度的因子。

能量-水平衡假说的有效性并没有随森林采伐而发生显著改变，4 个指标(土壤密度、土壤最大持水量、土壤毛细管持水量和毛管孔隙度)在 3 种森林类型中一直是影响物种分布和物种丰富度形成的关键因子。总地来说，干扰不仅改变了地上植被物种组成及其丰富度(Cannon et al.，1998；Brown and Gurevitch，2004；Dumbrell et al.，2008)，也导致许多环境变量发生改变，从而导致物种多样性空间分布重新配置。本研究结果进一步表明驱动物种分布和物种多样性形成的环境因子在森林采伐前后并不是一成不变的，而是会随时间和空间发生变化，是非静止的(Foody，2004)；或者可理解为不同环境因子会在不同采伐历史的森林或不同森林恢复阶段中起作用。

(2)数据的空间自相关对分析结果及模型选择的影响

通过野外大规模样地调查获得区域水平详细的实地调查数据，可以更精确地揭示物种多样性的空间变异规律。但在以往的研究中，这种可以反映物种多样性变异的精细数据很少(Hurlbert and White，2005)。该研究基于 160km^2 区域范围内 164 个千米网格样地的调查数据来揭示影响物种多样性形成的环境因子，可以真实和详细地揭示环境因子在区域空间水平上的变异及阐明森林采伐对于维持区域物种多样性的重要性。但从另一个角度来说，本研究使用的是生物地理数据，数据结构中可能存在空间自相关属性。空间自相关是生物地理数据的一个内在属性(Rahbek and Graves，2000；Pimm and Brown，2004)，基于空间网格调查法获得的物种多样性等方面的生态学数据大都呈现空间自相关属性(Rahbek and Graves，2000；Diniz-Filho et al.，2002)，这种数据结构中存在的非独立性可能使标准回归模型中的基本假设失效，并影响 P 值和模型的其他参数值，以及最后回归模型的选择(Diniz-Filho et al.，2003；Tognelli and Kelt，2004)。但是，这不代表所有生态分析的空间数据中一定存在空间自相关属性。正如该研究结果显示，SAR 模型的 AIC 值并不总是比 OLS 模型的小，而且 SAR 和 OLS 模型的残差的自相关值相似 Moran's *I* 数值相对较小，这说明模型中残差的空间自相关几乎可以忽略，也就是说空间自相关并不总是存在的。一些研究还表明引入空间自相关分析不仅可以使原先显著的环境变量变得不显著，也可能改变环境变量的相对重要程度的大小和顺序(Diniz-Filho et al.，2003)。本研究中的多元逐步回归分析过程显示，空间自相关没有使之前的环境变量由显著变得不显著，它只是改变了模型中环境变量估计值大小，并没有改变环境变量重要性的大小顺序。

因此，空间自相关问题并不是一个新的问题，比较合理的选择是在利用生物地理数据构建多元回归模型时，应该考虑到数据的空间自相关性属性(Diniz-Filho et al.，2003)，即使它并不总是存在。如果数据中存在空间自相关，建立模型时就应该采用 SAR 空间模型或是其他考虑了空间自相关属性的模型。正如 Legendre 和 Legendre(1998)指出的，空间自相关应该成为地理生态学的一个新的分析准则；不仅因为它让我们更好地理解空间分布格局，也能帮助我们避免一些在多元回归分析中常见的陷阱。

第三节　农业生态系统植物多样性

农业生物多样性可持续发展的研究是当今农业生态学研究的热点之一。但这方面的内容，一直是被植被生态学忽视的内容。《海南植被志》为了让读者能初步了解海南农业生态系统的植物多样性，以地处海南中南部分布于不同地貌类型的三亚市(沿海丘陵平原)、保亭县(山区丘陵地貌)和五指山市(中山地貌)的 6 个村(田独镇大茅村、响水乡南梗村和保城镇抄芭村、水满乡方龙村、新村和水满村)为研究对象，采用无样地取样、走访农户、问卷调查及参与性农村评估法，分别对农业生态系统类型、植物资源种类、品种和利用情况进行调查，接着进行统计和比较研究，然后分析在农业生态系统中，自然因素如(气候)和海拔等因子对农业植物多样性的影响。

一、概述

农业生物多样性是在 300 万年前随着人类的出现才开始逐渐形成和发展的，是人类与自然相互作用的结果和人类文明的重要成就，通过自然生态系统植物多样性与农业生态系统植物多样性的比较研究，更能看出两者的不可替代的重要性(Paokit et al.，1992；陈海坚等，1995)。“农业生物多样性”(agriculture biological diversity，ABD)由中国学者郭辉军、刀志灵和澳大利亚学者 Harold Brookfield 联合于 1995 年提出(郭辉军等，1998)。从研究层次看，许多研究者都认同农业生物多样性有 4 个层次，即作物品种遗传多样性(种内多样性)、物种多样性(包括半家化栽培种、栽培种和受到管理的野生种)、农业生态系统多样性和农地景观多样性。狭义的农业生物多样性是指物种水平上的多样性，即所有的农作物、牲畜和它们的野生近缘种以及与之相互作用的授粉者、共生成分、害虫、寄生植物、肉食动物和竞争者等的多样性，也可以指与食物及农业生产相关的所有生物的总称(朱立民，1996；戴兴安，2003)。就农业本身而言，农业生物多样性也可分为农业产业结构多样性、农业景观多样性、农田生物多样性、农业种质资源与基因多样性几个尺度水平(于德运，1997)；而从人类活动层次看，还可划分为人类农业文明多样性、农业生产方式多样性、农民生活方式多样性、农民传统文化多样性、农区自然和人工生物多样性(栽培物种的多样性、基因多样性、人工生态系统多样性和景观多样性)以及相关的技术、政策和物质信息流动的多样性(Paokit et al.，1992)。而农业植物多样性是农业生物多样性关于植物方面的研究。西欧和日本将农业植物多样性界定为三类：传统作物品种及遗传多样性、农业生产的野生种以及野生近缘种(倪长春，2008)。

农业生物多样性(包括农业植物多样性和农业动物多样性)自 1995 年提出以来受到世界的广泛关注，1996 年 6 月中国成都生物所承办了“横断—喜马拉雅地区：中国、印度、尼泊尔、巴基斯坦和不丹农业生物多样性现状与对策”国际研讨会(高立志，1996)，会中强调了农业生物多样性的重要性。2002 年在罗马举行的世界粮食首脑会议五年回顾会议，又有 19 个国家签署了粮食和农业植物基因资源国际协定，指出粮食和农业的基因资源对实现农业可持续发展和全球粮食安全极其重要。2004 年 10 月 12 日中国举行了东盟热带生物资源保护与生物技术应用研讨会(翁朝健，2004)，会上各国指出了其农业植物资源的研究概况。菲律宾指出生物转基因技术已经应用到该国玉米、棉花、大豆等 17 个农作物的繁殖和田间试验，泰国指出其进行了番木瓜基因工程和耐盐水稻品系的选育，缅甸已将生物技术应用到农业食品工业中，新加坡用 1%的土地建立自然保护区保护了该国 50%的动植物资源，越南采用了政策手段和技术手段来保护农业生物多样性，印度尼西亚着重在胡椒、水稻种质资源、热带药用植物研究等方面做研究。德国提出鼓励农民采用低化肥、农药投入，发展生态农业、有机农业，以保护农村生态环境，提高农产品品质，保护农产品生物多样性的农业发展政策(卢剑波，2000)。彭华(2000)通过研究中国西南地区农业植物资源，提出可以在农业植物多样性丰富的区域建立与国外一致的文化耕作保护区，李玉(2000)进行了农业植物多样性可持续研究，提出发展当地农业植物多样性的技术途径。除此之外，刘玉萃等(2005)对河南的农业生物多样性做过初步研究，王玉美(2007)进行过湖北农作物种质资源的发展趋势的分析，薛玉中和唐建军(2002)对浙江的农业生物多样性做过研究。2005 年 12 月 8 日“中德农业生物多样性项目”合作签字仪式在北京市举行，2005 年 12 月和 2006 年 6 月湖南和海南分别与德国签订了为期 4 年的“中德农业生物多样性可持续管理项目”，该项目是在湖南和海南两省选择不同农业生物多样性类型地区，以技术合作形式与德国共同开展农业生物多样性保护活动。2008 年 10 月 20 日由德国技术合作公司实施，中国农业部为项目实施伙伴，项目期为 5 年的“中国南部山区生物多样性可持续管理”项目启动会在北京召开，该项目将在安徽、重庆、海南、湖北和湖南 5 省(直辖市)的大别山区、武陵山区、五指山区的生物多样性研究区实施创新性的策略和方法，从而促进农业生物多样性友好型耕作方式的推广(梁宝忠，2008)，贵州也开展了较好的农业生物多样性比较研究，取得丰硕成果(汤翠凤等，2015)。

综上可知，农业植物多样性的调查、评价和保护工作已经成为当今中国发展农业的焦点，国内外很多专家、学者开展农业植物多样性的评价方法和保护工作的研究，具体如下所述。

农业植物多样性的评价方法(agro-biodiversity assessment，ABA)最早由中国学者郭辉军、刀志灵和澳大利亚学者 Harold Brookfield 联合于 1995 年提出(郭辉军等，1998；Daniel et al.，2000)。随后郭辉军等又提出了热带地区景观水平农业生物多样性评价方法(该方法选取不同的土地利用阶段样方、重要物种统计、生活型、相似系数等进行分析并作为划分农业植物多样性保护的优先等级的基本依据)(付永能等，2000)和户级水平农业生物多样性评价方法(郭辉军等，2000a，2000b)(以农户为单位将农作物按照作用类型进行分类比较，提出加强生物多样性研究，促进农业可持续发展应着重发展的可持续技术途径)。认为农户是农业生物多样保护和农业可持续发展的基本单元，农家保护是农业生物多样性就地保护的重要途径，不同研究者进行的几种农业生态系统的农业生物多样性户级水平研究，其结论相似(Brookfield，1999；叶凡，2009)。

近年来，农业植物多样性已越来越受到国内外的广泛关注，各学者专家对农业植物多样性的保护提出了不同的建议。卢宝荣等(2002)认为农作物地方品种的有效保护是农业生物多样性可持续利用的基础；王玉美(2007)在研究湖北农作物种质资源发展趋势中提出应该运用法律手段对野生农作物的遗传多样性进行保护；2003 年 10 月 1 日起国家开始实施《农作物种质资源管理办法》，该政策法规提出要对农业种质资源进行收集、鉴定、登记和保存，并强调了应建立重要农作物野生种和野生近缘种的原生地及其他野生农业植物资源富集区的保护区或保护地；郑殿升(2005)在对中国农业野生植物原生境保护的现状分析的基础上提出了应规范化建立原生境保护、在保护区内开展保护生物学研究、建立信息网络系统和预警系统以及加大投资力度等建议；2007 年 12 月 18 日由全球环境基金资助(GEF)、联合国开发计划署(UNDP)执行、中国农业部(MOA)负责实施的“作物野生近缘植物保护与可持续利用”项目在选定的中国 8 个省，对水稻、大豆和小麦的野生近缘物种的保护与农业生产相结合，开展野生近缘种的保护和可持续利用工作(曹茸，2008)。

许健民等(1997)在我国 5 个典型农业类型区(松嫩平原海伦地区、下辽河平原沈阳地区、华北平原衡水地区、黄土丘陵延安地区、南方红壤丘陵常德地区)农田生态系统多样性基础上，提出了保护农业植物多样性的有效途径是构建多样化的农田生态系统结构。蒋菊生等(1998)指出农业生态系统的构建必须从系统、物种、遗传基因三个水平层次的多样性进行考虑。章家恩(1999)从农业生物多样性丧失的原因，提出一系列相应的保护对策。李波(1999)分析了中国农业生物多样性的特性，提出了保证农业持续、稳定、协调地发展的战略措施。

目前国内外对农业植物多样性的影响因素研究的工作主要趋向于非自然环境因素的研究。国内外一些学者分析了土地的农业利用、农业耕作方式、农田杂草防治措施、放牧、作物间套轮作、农作物植物品种改良等对农业植物多样性的影响(Cowan，1993；Boutin et al.，1994；郭水良和赵铁桥，1996；Wyss，1996；Stinson，1994)，论述了农业植物多样性保护对提高农业生产力的作用，提出应在发展农业生产的同时减少对农业植物多样性的影响(陈欣，1997)。吴春华等(2004)研究了农药对农区生物多样性的影响，指出农药的大量使用，已造成了许多生态环境问题，其中对生物多样性的影响尤为重要。农药的不合理使用，对生物群落的结构与功能产生了严重影响，降低了生物多样性。陈爱国等（2001）研究了人口增长、社会经济发展与农业系统变化，指出人口增长导致轮歇农业规模减少，也导致农业景观的更换、新农业技术的引进、传统作物种类和品种逐渐减少。黄昭奋等（2005）对海南农业生物多样性与社会经济发展水平关系进行研究，结果表明：农业生物多样性与社会经济发展水平显著相关，即社会经济越发达，农业生物多样性越减少。蒋菊生和谢贵水（1997）研究山区少数民族迁移和文化差异对农业生物多样性的影响，认为人类迁移对少数民族文化和社会进步会产生好的促进作用，而对农业生物多样性与自然生物多样性的发展与保护都会带来许多麻烦和困难。植物多样性与气候的关系早在 21 世纪初就被生态学家所关注，气候是决定地球上植被类型及其分布的最主要因素，植物多样性则是地球气候最鲜明的反映和指标（邢福，1996）。在长期的研究实践中，生态学家利用不同的分析方法，指出气候决定植被的分布主要体现在两个方面：气候的热量条件是植物生命活动的基础和能量来源，气候的水分条件是植物生理活动的源泉和构成植物的基本成分（方精云，1991）。杨持等（1996）采用湿润系数（综合考虑气温和降水两个主要气候要素）气候类型指标研究了物种多样性与气候的关系。但是气候对农业植物多样性影响的研究总体来说还欠缺。

有部分学者研究了一些环境因素对农业植物多样性的影响。祝增荣等（2000）从生物多样性及其含义出发，聂呈荣和骆世明等（2003）主要在遗传多样性、物种多样性和生态系统多样性 3 个层次上，概述了近年来转基因植物对农业生态系统生物多样性影响的研究进展。杜雪飞（2015）、杜雪飞和崔景云（2001）通过对云南西双版纳大卡寨的民族民间医药与农业植物多样性保护的关系提出利用庭院保护民间医药的对策。

本研究仅涉及海南中南部地区的三个市县，包括三亚、保亭和五指山，它们位于海南岛中南部（五指山脉东麓），该区地处热带低纬区，属热带雨林或季雨林气候，年平均气温 22～26℃，日均温≥10℃的积温为 8200～9200℃，水分充足，年降雨量一般＞1600mm，属于海南岛生物多样性丰富的地区，同时也是少数民族人口众多的地区，是植物多样性和少数民族民间医药研究的热点区域。

对该地区植被的研究主要集中在三亚的甘什岭自然保护区和五指山自然保护区。1993 年邢福武等对甘什岭自然保护区植物区系的研究、杨小波等（1995，1996a，1996b）对甘什岭自然保护区内无翼坡垒种群特征做全面研究、洪小江等（2008）对甘什岭自然保护区植被类型的分析、安树青等（1999）对五指山热带山地雨林植物物种多样性研究、胡玉佳等（2003）对五指山不同坡向的植物物种多样性进行研究、杨小波等（1994）对五指山开展过森林植被分类研究及种子植物区系分析等。而位于保亭的七仙岭森林公园主要是温泉比较出名，对其植被的研究近年来未见报道。除此之外，有不少人针对海南少数民族地区药用资源，从资源总量及入药部位等方面对药用植物资源的物种多样性进行了研究，对医药和当地经济的发展都具有极其重要的意义（林诗泉，1991；黄春荣；1995；中南民族学院《海南黎族社会调查》编写组，1992；钟义，1995；甘炳春等，2007；党金玲等，2008；黄春燕等，2015）。

综上所述，前人对农业生物多样性的内涵、意义、保护及评价做了大量的研究，对于农业生物多样性与社会经济关系、人为因素影响的关系也做了大量工作，并给出了确切的结论，但对于海南农业植物多样性的调查研究及其与自然环境因子的关系研究甚少，仍然需要更多具体的研究案例给予解释。五指山、保亭、三亚位于海南岛中南部(五指山脉东麓)，分别分布在中山地貌(内环)、山区丘陵地貌(中环)、沿海丘陵平原(外环)这 3 个环上，具有较好的地形代表性，该区地处热带低纬区，属热带雨林或季雨林气候，植物多样性丰富，其中农业植物多样性也极其丰富，弄清楚该地区农业植物多样性的特征，对于海南岛农业植物多样性的可持续管理及生态农业的建设具有极其重要的意义，还能为农业新品种和药用新资源的发现提供基础资料。

二、研究方法

(一)野外调查方法

首先从景观尺度分析项目区提供的土地利用规划图(等高线图、平面图和卫星影像图)，实地 GPS 定位项目区范围的地理坐标并注明土地利用性质。

对农业植被的调查采取的是无样地取样法的中心四点法[是指不设立样方而设立中心点，围绕中心点周围的面积分成 4 个象限，测定中心点到每个象限的最近个体，可依据调查目标随机布点(样点)，中心点与任一样点重合。森林群落可每隔 25～30m 取一个点，或视具体情况而定](王伯荪和余士孝，1996)，在 6 个研究区中围绕村庄一圈在各个方位共选择大约 20 个中心点，用 GPS 记录中心点的地理坐标、海拔、坡向，每两个中心点的距离相距大约 50m(由于绕村庄的植被密集度小于森林，所以选择了 50m 作为两点间的距离)，记录中心点 4 个象限到中心点的最近个体，并采集那些不确定的物种压制标本，拍摄相片，结合土地利用情况从生态系统和物种两个尺度调查农业植物资源的组成。

采取中心四点法的原因是：①所调查的研究区四周环山，村庄周围的植被总体为非长条形，不方便选取样方进行取样；②中心四点法具有比“典型样方”速度快、操作简便、工作量小的优点；③中心四点法比其余的几种无样地取样法准确度高、耗时少；④20 个中心点的数据可以与 2 个 500m^2 样方的精确度相当(吴章钟，1983)。

农作物资源及品种的调查方法主要运用参与性农村评估法(participatory rural appraisal，PRA，是在农村发展项目的设计、实施、评估、验收中常用的一种农村调查研究方法，其核心是开展调查时强调村民的参与)(张芙蓉，2007)，通过走访农户，对村民进行问卷调查的方法调查各类植物(按作用方式)的种类、分布、种植面积、品种来源、产量等，并对这些植物进行实地采集、定位、拍摄；通过询问当地的技术人员、有经验的农民、当地的赤脚医生的方法调查当地的药用及特色农业植物资源，了解药用植物的功效、用法等，特色资源的种类、分布、品质、用法、保存及保护现状，并对这些植物进行实地采集、定位、拍摄；由农民提供农作物种子和实地采集、定位、拍摄相结合的方法从种类组成尺度调查农业生物品种组成。

(二)植物区系、物种及品种遗传多样性分析方法

依据《海南植物志》《海南及广东沿海岛屿植物名录》等资料开展植物标本、图片的鉴定，植物区系组成及科的地理分布区类型的比较分析，查阅《黎族药志》《海南药用植物现代研究》等相关的药用文献对调查的药用类植物进行鉴定、比较，查出目前还没有被广泛应用的物种，没有被记载的物种，并对药用类植物进行物种组成和科的分布特征分析(陈焕镛等，1964，1965，1974，1977；吴德邻，1994；戴好富等，2007，2008；刘明生，2008；党金玲等，2008)。

物种多样性主要是以户级水平的农业生物多样性评价方法对农作物进行评价，选取农业物种种数和相似性指数进行不同的研究区间的比较：

$$相似性指数\ S=2T/(A+B)$$

式中，T 为 A 和 B 两村共有的物种种类数；A 为 A 村的总物种种类数；B 为 B 村的总物种种类数。

植物品种的遗传多样性分析主要采用统计含有不同品种的物种数、单独一个物种所含有的品种数、村与村之间进行物种数及同一物种的品种数比较以及品种间的不同形态和农艺性状比较(郭辉军等，2000)。

(三)农业植物多样性与气候和海拔的关系的分析方法

由于我们所调查的村庄在 2006 年以后才逐步开始建立地方气象站，根据省气象局的数据也只能找到(截至 2008 年年底)零星的几个数据，没有系统的数据，所以采用 6 个村所处的 3 个市县的大的气候特点数据进行定性分析，主要分析 3 个地区的降雨量、温度及海拔因子对研究区的农业植物多样性的影响。

(四)数据处理方法

使用 Photoshop 处理原始图片，原始数据的合成、统计计算以及图表制作使用 Microsoft Excel 2003 和 Word 2003。

三、研究案例

(一)海南少数民族地区农业生物多样性研究——以五指山、保亭与三亚等少数民族村庄为例

1. 地理概况与具体研究方法

1)地理概况

(1)三亚市研究区地理概况

①自然地理概况

三亚市的研究区为大茅村(包括上鹿和下鹿村)村委会，该村村委会位于三亚市田独

镇区东北部，东北部与甘什岭无翼坡垒自然保护区相距约 4km，东部紧邻海拔为 371m 的北山岭，西部约 1.5km 为落牙岭。属热带海洋性季风气候，光照充足，热量丰富，气温高；冬春干旱少雨，夏秋降雨集中，干湿明显。季风变化明显，每年秋季受东南方向台风影响较大，属中度风害区。地理位置北纬 18º20′48.5″～18º21′39.4″，东经 109º38′04.3″～109º39′13.4″。总面积 2490.5 亩(166.0hm^2)。土壤以花岗岩褐色砖红壤和变质岩褐色砖红壤为主。旱地土壤较为干燥，耕种土地土层较厚(广州地理研究所，1985a，1985b)。地理位置图见图 10-3-1。

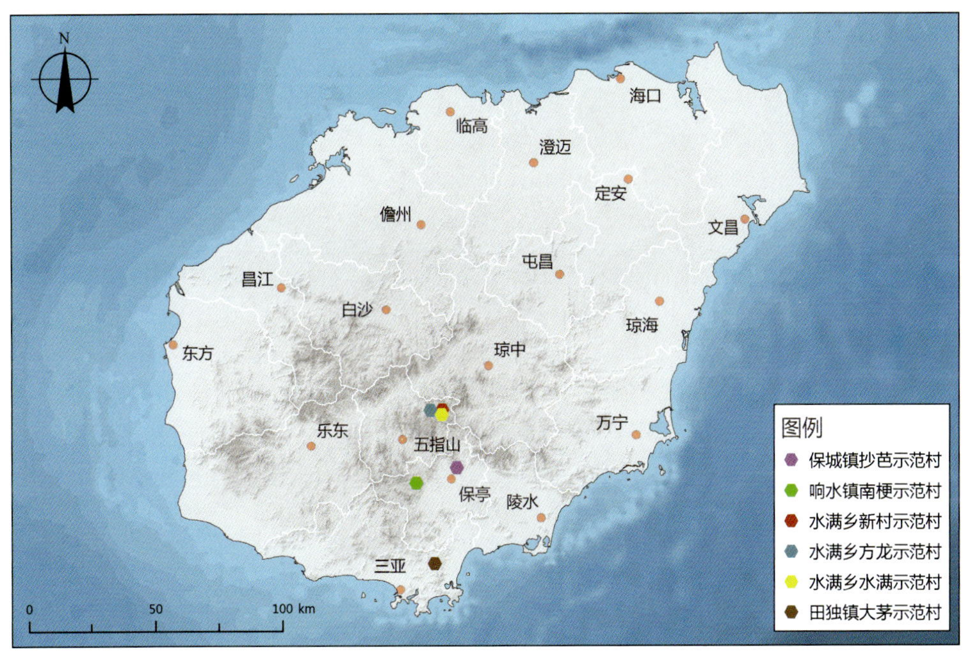

图 10-3-1 海南岛农业生态系统生物多样性研究区位置图
Fig.10-3-1 The site for studing agri-biodiversity in Hainan Island

大茅村周边主要的自然植被由无翼坡垒林及其他的次生植被构成。以项目区东北方向的甘什岭为分布中心，向西南方向分布到项目区的农村林地范围内，森林覆盖率为 85%左右，植被主要以龙脑香科的无翼坡垒(*Hopea reticulata*)和青梅(*Vatica mangachapoi*)为建群种组成的热带雨林等，其中无翼坡垒占绝对优势。本区植物区系较为丰富，有野生维管植物 171 科 679 属 1144 种(邢福武等，1993)，常见的植物有蝴蝶树(*Heritiera parvifolia*)、细仔龙(*Amesiodendron chinense*)、荔枝(*Litchi chinensis*)、长柄银叶树(*Hertlera angustata*)、单果阿芳(*Alphonsea monogyna*)、谷木(*Medinilla ligustrifolium*)等；其他的次生植被由次生疏林和灌木林构成。这一带的次生疏林和灌木林发育一般。植被覆盖率一般为 50%左右，以厚皮(*Lannea grandis*)、黄牛木(*Cratoxylon ligustrinum*)小乔木为优势，常见的有银柴(*Aporosa chinensis*)、土蜜树(*Bridelia monoica*)、光滑黄皮(*Clausena lenis*)、土花椒(*Zanthoxylum nitidum*)、黑面神(*Breynia fruticosa*)、刺篱木(*Flacourtia indica*)、紫毛野牡丹(*Melastoma penicillatum*)、山猪菜(*Merremia umbellata*)等。在灌丛群落发育较好的区域，还常见一些中乔木的小树，常见的种类有重阳木

(*Bischoffia javanica*)、山杜英(*Elaeocaepus sylvestris*)、美叶菜豆树(*Radermachera frondosa*)、幌伞枫(*Heteropanax fragrans*)、中平树(*Macaranga denticulata*)、山乌桕(*Sapium discolor*)、木棉(*Gossampinus malabarica*)和黄杞(*Engelhardtia chrysolepis*)等；常见的草本植物有金腰箭(*Synedrella nodiflora*)、白茅(*Inperata cylindrica*)、飞机草(*Eupatorium odoratum*)、加拿大蓬(*Erigeron canadensis*)、五节芒(*Miscanthus floridulus*)、竹节草(*Chrysopogon aciculatus*)等；灌木林下草地植物组成以禾本科植物的斑茅(*Saccharum arundinaceum*)、芒和白茅为优势。调查估算植被覆盖率一般为40%左右。常见的草本植物有五节芒、斑茅、褐毛狗尾草(*Setaria glauca*)、地毯草(*Axonopus compressus*)、茅根(*Perotis indica*)、革命菜(*Gynura crepidioides*)、飞机草、白花地胆头(*Elephantopus tomentosus*)、艾纳香(*Blumea balsamifera*)、加拿大蓬、葫芦茶(*Desmodium triquetrum*)、锈毛千斤拔(*Moghania ferruginea*)等；常见的灌木和乔木有野牡丹、桃金娘、毛叶黄杞(*Engelhardtia colebroodenne*)、余甘子(*Phyllanthus emblica*)、叶被木(*Phyllochiamys taxoides*)、土花椒、苦楝(*Melia azedarach*)、布渣叶(*Microcos paniculata*)、厚皮、黄牛木、木棉等多种。民间一些药用植物多分布于无翼坡垒林和灌丛群落发育较好的区域类型中。

②社会地理概况

三亚市田独镇大茅村村委会位于三亚市东北部，距县城很近。总户数为80户，绝大部分为黎族，总人口387人，其中，男197人，女190人，主要经济作物为：橡胶(*Hevea brasiliensis*)、槟榔(*Areca catechu*)、荔枝、龙眼(*Euphoria longan*)和水稻(*Oryza sativa*)。2006年村民的人均收入为2000元左右(2007年数据)。

(2)保亭县研究区地理概况

①自然地理概况

保亭县的研究区选在南梗村和抄芭村。

南梗村位于保亭县响水镇西南方向约10km处，三亚市与保亭县的边界附近。北面近邻毛感乡，东面为新政镇，南面是三道镇。属热带季风气候区，热量丰富，雨水充沛，蒸发量大，季风变化明显，每年受东南方西台风影响较小，属轻度风害区。地理坐标为：北纬18º37′11.5″～18º38′06.8″，东经109º32′58.0″～109º34′03.8″。面积有1313.2亩(67.55hm^2)。土壤类型有花岗岩山地褐色砖红壤和安山岩山地赤红壤，还有部分安山岩山地黄壤。土壤总体较湿润，耕地土层厚，坡地土层较厚(广州地理研究所，1985a，1985b)。地理位置图见图10-3-1。

南梗村周边分布的自然植被主要由草灌丛组成。在草灌丛中镶嵌分布有人工橡胶林和槟榔园等人工植被。但是这一区域的草灌丛与海南常见的草灌丛有所不同，在灌木林和草地中，分布有较多的高大乔木个体，乔木覆盖率为10%左右，灌丛与草地覆盖率达到60%左右。主要的草本植物有斑茅、白茅、飞机草、类芦(*Neyraudia reynaudiana*)等，常见的灌木类植物或小乔木植物有厚皮、马缨丹、桃金娘、野牡丹、黑面神和九节等。高大的乔木种类主要有野生荔枝、野生龙眼、重阳木和木棉。其他常见的植物有槟榔青(*Spondias pinnata*)、大叶蒲桃(*Syzygium latilimbum*)、乌墨(*Syzygium cumini*)和多种竹类植物。重要的果树红毛丹(*Nephelium lappaceum*)的近缘种海南韶子(*Nephelium tophelium*)

就分布其中，许多民间药用植物也分布其中，如两面针（土花椒）、草珊瑚（*Sarcandra glabra*）、海南地不容（*Stephania hainanensis*）、接骨草（*Sambucus chinensis*）等多种，植物种类相当丰富。

抄芭村位于保亭县保城镇西北方向约 3km 处，村东北方中山区域为七仙岭外围。村北低山部分区域为野生稻保护区。属热带季风气候区，热量丰富，雨水充沛，蒸发量大，季风变化明显，每年受东南方西台风影响较小，属轻度风害区。村委会地理坐标范围为：北纬 18º40′33.5″～18º41′17.8″，东经 109º42′45.4″～109º43′23.5″。面积有 1069.0 亩（71.27hm^2）。抄芭村村委会区域内土壤类型以花岗岩砖红壤为主，还有部分运积物砖红壤。土壤总体较干旱，耕地土层厚，坡地土层较浅薄，林地内有较多裸露岩石（广州地理研究所，1985a，1985b）。地理位置图见图 10-3-1。

抄芭村周边分布的自然植被主要由次生林和草灌丛组成。次生林主要分布在七仙岭地区，在七仙岭森林公园范围内有野生维管植物 151 科 1113 种。主要植物种类有梧桐科植物，特别是海南苹婆（*Sterculia hainanensis*）个体较多，为该森林的优势种，另外大戟科、桑科、蝶形花科、樟科、桃金娘科、壳斗科、楝科和山茶科植物等种类也较多。植被类型主要有次生林、灌丛和坡地作物，如橡胶林和槟榔园镶嵌分布，常见的植物有槟榔青、厚皮、叶被木、圆叶刺桑（*Taxotrophis aquifolioides*）、苦楝、白薯莨（*Dioscorea hispida*）等多种，保护植物疣粒野生稻（*Oryza meyeriana*）就分布其中。

②社会地理概况

保亭县响水镇南梗村，位于保亭县中部，距县城 28km，全村共 42 户，均为黎族，总人口 202 人，其中，男 99 人，女 103 人，森林覆盖率 78%，主要经济作物为：橡胶、益智（*Alpinia oxyphylla*）、椰子（*Cocos mucifera*）、杧果（*Mangifera indica*）、荔枝、龙眼和水稻。2006 年农民人均收入 1200 元左右（2007 年数据）。

保亭县抄芭村，位于保亭县东北部，距县城 12km，全村共 23 户，均为黎族，总人口 183 人，其中，男 101 人，女 82 人，森林覆盖率 70%，主要经济作物为：橡胶、槟榔、椰子、粉蕉（*Musa acuminatac*）（香蕉的一种）、荔枝、龙眼和水稻。2006 年农民人均收入 1700 元左右（2007 年数据）。

(3) 五指山市研究区地理概况

①自然地理概况

在五指山市，我们选择水满乡的水满村、新村和方龙村为研究区。这 3 个村位于海南省五指山山脚下西部，东与琼中县毗邻，南与保亭县和五指山市南圣镇交接，西与红山乡、毛阳镇相依，北靠琼中县。距五指山市市区 34km，距海榆中线 28km。该研究区属热带海洋季风气候，夏长无酷暑，冬短无严寒；光、热、水气候资源极为丰富。季风小，热带气旋影响不大，每年受东南方向台风影响小，属于轻度风害区，新村地理坐标为：北纬 18°52′26.4″～18°53′06.6″；东经 109°38′58.1″～109°40′05.1″，面积有 2049.2 亩（136.6hm^2）；方龙村地理坐标为：北纬 18°53′00.5″～18°54′12.0″，东经 109°39′26.9″～109°40′00.1″，面积有 2038.4 亩（135.7hm^2）；水满村地理坐标为：北纬 18°51′06.6″～18°52′26.9″，东经 109°39′51.6″～109°41′01.5″，面积有 3314.4 亩（221.0hm^2）。水满村、新村、方龙村位于海南岛南部山地丘陵的琼中混合花岗岩山地丘陵区。区域范围内地貌以冲积平原和花岗岩中山为主。该区域东面和北面边缘地区为海南最高峰五指山边界区域。该区域基岩类型以中生代—古生代花岗岩为主。地形东北高，西南低，山岭地势险峻，该区域主要成土母岩为花岗岩，土壤类型为麻砖红壤、壤土至黏壤土质，排水良好。土层深厚肥沃，有机质含量丰富，大多在2%以上，部分地区高达4%(广州地理研究所，1985a，1985b)。地理位置图见图10-3-1。

水满村、新村、方龙村周边的自然植被可分为草地、次生灌丛、次生热带雨林、热带湿润雨林、热带山地雨林、热带亚高山矮林和山顶灌丛。五指山自然保护区记录的维管植物有2146种(天然野生2103种，隶属241科897属)，隶属196科910属。以代表性的植被类型热带湿润雨林及分布在农村周边的次生植被简单说明如下。

热带湿润雨林，由于人类的经济活动加剧，人类对森林资源的盲目开发，分布在五指山山区的热带湿润雨林已经遭到一定程度的破坏。目前，在五指山，热带湿润雨林(含沟谷雨林)仅分布在西南、东南和西北方向，海拔700～1000m地段的坡面和山谷中及东北方向，海拔500～1000m地段的坡面和山谷中。该类型主要为青梅、蝴蝶树和鸡毛松(*Dacrycarpus imbricatus* var. *patulus*)略占优势。

次生植被，五指山地区的次生植被目前多与人工植被镶嵌分布，为五指山山区农民农业活动的主要区域之一。次生植被可分为单一的枫香林、混合的枫香林、灌丛和草地四大类型。单一的枫香群落，群落外貌为春夏秋初显绿色，秋末和冬初落叶，季相变化明显。混合的枫香林群落外貌为春秋初显绿色，整齐，秋末和冬季落叶与常绿混合，外貌不整齐，有一定的季相变化，群落组成成分复杂，其中以枫香(*Liquidambar formosana*)、鸭脚木(*Seheffiera minutistellata*)占优势。灌丛主要分布在五指山自然保护区边缘，与草地镶嵌分布或与次生林镶嵌分布。灌木植物比较发达，以桃金娘、野牡丹为优势，草地主要分布在五指山自然保护区的西北坡和西南坡边缘及外围。五指山草地植物组成以禾本科植物的芒、五节芒和白茅为优势(安树青等，1999；杨小波等，1994)。

②社会地理概况

方龙村村委会，位于五指山市区东北面，距离市区53km，全村217户均为黎族，总人口1012人，其中，男503人，女509人，主要经济作物为：益智、槟榔、龙眼、荔枝、水满茶、竹子和水稻。2006年农民人均收入1050元左右。

新村村委会，位于五指山市区东北面，距离市区53km，该村委会是1995年由乡政府批准成立的一个新村(只有一个自然村)，全村97户均为苗族，总人口482人，主要经济作物为：香蕉、益智、龙眼、荔枝、野菜和水稻，有较多的旱田。2006年农民人均收入1000元左右。

水满村村委会，位于五指山市区东北面，距离市区53km，所调查的自然村共40户，均为黎族，总人口200人，主要经济作物为：益智、水满茶、龙眼、荔枝和水稻。2006年农民人均收入1100元左右。

2)研究方法

本案例采用了一般的农业生态系统生物多样性调查研究的方法。表10-3-1～表10-3-6分别为研究区调查取样中心点基本情况。

表 10-3-1　三亚大茅村取样中心点的基本情况

Tab.10-3-1　The basic information of central points of study sites in Damao of Sanya

中心点	地理坐标		海拔/m	坡向
1-1	18°21′22.6″N	109°38′29.3″E	35	西
1-2	18°21′21.0″N	109°38′30.3″E	36	西南
1-3	18°21′21.6″N	109°38′34.5″E	37	西南
1-4	18°21′33.3″N	109°38′49.4″E	22	东南
1-5	18°21′33.4″N	109°38′52.0″E	45	东南
1-6	18°21′06.7″N	109°38′23.0″E	35	西北
1-7	18°21′08.4″N	109°38′30.9″E	32	东南
1-8	18°21′10.2″N	109°38′26.0″E	35	北
1-9	18°21′04.7″N	109°38′24.1″E	39	南
1-10	18°21′29.8″N	109°38′37.8″E	62	东
1-11	18°21′28.2″N	109°38′35.3″E	64	西北
1-12	18°21′34.5″N	109°38′54.2″E	60	东
1-13	18°21′34.5″N	109°38′59.0″E	63	东
1-14	18°21′35.7″N	109°39′01.1″E	69	东北
1-15	18°21′37.1″N	109°39′02.0″E	76	东北
1-16	18°21′38.5″N	109°39′03.5″E	85	东北
1-17	18°21′39.0″N	109°39′05.6″E	110	东北
1-18	18°21′39.5″N	109°39′07.4″E	116	东北

表 10-3-2　保亭南梗村取样中心点的基本情况

Tab.10-3-2　The basic information of central points of study sites in Nangeng of Baoting

中心点	地理坐标		海拔/m	坡向
2-1	18°37′31.0″N	109°33′54.8″E	225	东
2-2	18°37′35.4″N	109°33′39.6″E	296	东南
2-3	18°37′35.4″N	109°33′41.9″E	289	东南
2-4	18°37′37.7″N	109°33′41.9″E	284	东南
2-5	18°37′35.4″N	109°33′39.6″E	226	南
2-6	18°37′28.5″N	109°33′34.0″E	283	西南
2-7	18°37′26.8″N	109°33′38.4″E	296	西南
2-8	18°37′29.8″N	109°33′41.6″E	300	西北
2-9	18°37′31.5″N	109°33′46.1″E	300	西北
2-10	18°37′31.7″N	109°33′48.3″E	305	北
2-11	18°37′28.0″N	109°33′57.5″E	259	南
2-12	18°37′32.5″N	109°34′04.0″E	264	西南
2-13	18°37′37.9″N	109°33′59.5″E	271	西南
2-14	18°37′38.3″N	109°33′59.6″E	274	西
2-15	18°37′38.5″N	109°33′58.5″E	272	西
2-16	18°37′37.0″N	109°33′54.7″E	270	西
2-17	18°37′40.0″N	109°33′57.7″E	276	西北
2-18	18°37′40.4″N	109°33′55.7″E	303	北
2-19	18°37′40.0″N	109°33′57.1″E	323	北

表 10-3-3 保亭抄芭村取样中心点的基本情况

Tab.10-3-3 The basic information of central points of study sites in Chaoba of Baoting

中心点	地理坐标		海拔/m	坡向
3-1	18°40′43.4″N	109°43′10.5″E	98	东南
3-2	18°40′40.7″N	109°43′13.7″E	104	东
3-3	18°40′42.5″N	109°43′07.0″E	99	东北
3-4	18°40′49.0″N	109°43′06.2″E	102	东北
3-5	18°40′50.8″N	109°43′05.2″E	106	北
3-6	18°40′53.0″N	109°43′02.9″E	112	西北
3-7	18°40′54.4″N	109°42′56.4″E	121	北
3-8	18°40′56.3″N	109°42′55.5″E	98	西
3-9	18°40′51.4″N	109°43′00.5″E	101	西
3-10	18°40′47.7″N	109°42′52.3″E	98	北
3-11	18°40′45.5″N	109°42′59.2″E	107	北
3-12	18°40′39.8″N	109°43′59.3″E	104	东
3-13	18°40′50.7″N	109°43′10.8″E	102	东
3-14	18°40′53.4″N	109°43′10.0″E	92	南
3-15	18°40′56.4″N	109°43′10.3″E	99	东南
3-16	18°40′57.1″N	109°43′08.5″E	104	东
3-17	18°41′02.1″N	109°43′04.2″E	101	东
3-18	18°41′04.7″N	109°43′01.2″E	120	东北
3-19	18°41′08.0″N	109°42′58.7″E	128	北
3-20	18°41′52.0″N	109°42′57.9″E	110	北
3-21	18°41′58.1″N	109°43′01.3″E	112	西北
3-22	18°41′57.5″N	109°43′02.9″E	109	西北

表 10-3-4 五指山方龙村取样中心点的基本情况

Tab.10-3-4 The basic information of central points of study sites in Fanglong of Wuzhishan

中心点	地理坐标		海拔/m	坡向
4-1	18°53′05.9″N	109°39′45.5″E	618	南
4-2	18°53′05.6″N	109°39′45.9″E	615	南
4-3	18°53′05.8″N	109°39′46.8″E	622	西南
4-4	18°53′09.0″N	109°39′43.4″E	625	西
4-5	18°53′11.3″N	109°39′41.6″E	630	西南
4-6	18°53′12.2″N	109°39′45.9″E	636	西北
4-7	18°53′13.9″N	109°39′49.5″E	648	西北
4-8	18°53′12.2″N	109°39′50.7″E	645	东
4-9	18°53′07.4″N	109°39′44.9″E	644	东北
4-10	18°53′05.6″N	109°39′42.4″E	645	东北
4-11	18°53′04.4″N	109°39′41.4″E	644	东
4-12	18°53′03.7″N	109°39′40.6″E	647	东北
4-13	18°53′04.3″N	109°39′40.8″E	653	北
4-14	18°53′02.5″N	109°39′41.0″E	650	北
4-15	18°53′01.0″N	109°39′43.2″E	635	东
4-16	18°53′01.6″N	109°39′42.3″E	630	西
4-17	18°53′00.3″N	109°39′41.4″E	639	西

表 10-3-5　五指山新村取样中心点的基本情况

Tab.10-3-5　The basic information of central points of study sites in Xincun of Wuzhishan

中心点	地理坐标	海拔/m	坡向
5-1	18°52′48.6″N　109°39′40.8″E	640	东
5-2	18°52′47.7″N　109°39′39.6″E	638	东南
5-3	18°52′47.3″N　109°39′38.7″E	638	东
5-4	18°52′47.3″N　109°39′38.4″E	641	东北
5-5	18°52′46.2″N　109°39′38.3″E	640	东北
5-6	18°52′45.9″N　109°39′38.6″E	635	东
5-7	18°52′45.5″N　109°39′38.8″E	626	东南
5-8	18°52′45.4″N　109°39′37.1″E	632	东南
5-9	18°52′45.4″N　109°39′35.6″E	629	南
5-10	18°52′46.3″N　109°39′35.5″E	639	西南
5-11	18°52′47.1″N　109°39′36.1″E	647	西南
5-12	18°52′48.1″N　109°39′36.5″E	644	西
5-13	18°52′49.3″N　109°39′38.3″E	653	西北
5-14	18°52′48.2″N　109°39′38.4″E	640	西北
5-15	18°52′47.7″N　109°39′40.2″E	648	北
5-16	18°52′47.7″N　109°39′41.2″E	644	西北
5-17	18°52′47.0″N　109°39′46.1″E	661	西
5-18	18°52′49.8″N　109°39′43.8″E	641	西
5-19	18°52′53.8″N　109°39′49.4″E	636	西北
5-20	18°52′54.1″N　109°39′51.5″E	633	西
5-21	18°52′07.4″N　109°39′42.3″E	684	北

2. 结果与分析

1）海南中南部研究区农业植物资源特点分析

(1) 农业植物多样性生态系统类型及分布特点分析

依据当地农业土地利用图、卫星影像图、地形图及野外实地调查结果，将研究区 6 个村的农业生态系统分为农田作物、园地作物、林地、庭院作物四大农业植物多样性生态系统类型，并将各个村的农业生态系统类型特点进行分析。

①三亚大茅村四大农业生态系统类型及分布特点分析

大茅村的农田作物生态系统主要植物组成成分有：水稻、番薯（*Ipomoea batatas*）、果蔗（*Saccharum officinarum*）、花生（*Arachis hypogaea*）和瓜菜类植物[主要是常见的葫芦科（Cucurbitaceae）植物与十字花科（Crucifcrac）植物]，有季节性变化；园地作物生态系统主要植物组成成分有：杧果、荔枝、橡胶、槟榔、木薯（*Manihot esculenta*）及园林苗圃（重

表 10-3-6 五指山水满村取样中心点的基本情况

Tab.10-3-6 The basic information of central points of study sites in Shuiman of Wuzhishan

中心点	地理坐标		海拔/m	坡向
6-1	18°52′07.4″N	109°40′27.3″E	613	南
6-2	18°52′07.3″N	109°40′30.3″E	615	西南
6-3	18°52′08.1″N	109°40′33.6″E	613	南
6-4	18°52′09.1″N	109°40′36.2″E	616	东南
6-5	18°52′09.1″N	109°40′37.0″E	614	东南
6-6	18°52′04.8″N	109°40′37.5″E	613	东
6-7	18°52′09.8″N	109°40′39.0″E	613	东
6-8	18°52′10.5″N	109°40′41.1″E	617	东北
6-9	18°52′10.5″N	109°40′42.1″E	612	西北
6-10	18°52′10.5″N	109°40′44.8″E	617	西北
6-11	18°52′09.8″N	109°40′47.2″E	613	西
6-12	18°52′08.8″N	109°40′49.4″E	614	西
6-13	18°52′08.6″N	109°40′49.9″E	613	西南
6-14	18°52′11.4″N	109°40′52.6″E	638	西
6-15	18°52′10.1″N	109°40′51.1″E	621	西北
6-16	18°52′11.4″N	109°40′53.4″E	644	北
6-17	18°52′07.8″N	109°40′31.6″E	618	东北
6-18	18°52′09.4″N	109°40′25.4″E	613	东北
6-19	18°52′07.4″N	109°40′25.7″E	667	北
6-20	18°52′06.7″N	109°40′23.5″E	620	南

阳木苗圃)；林地生态系统主要植物组成成分有：无翼坡垒、青梅、细仔龙等构成的热带雨林次生林(与无翼坡垒林的分布中心不同的是，没有蝴蝶树的分布)和由厚皮、黄牛木小乔木为优势种的次生林，有常见的斑茅、芒、白茅、银柴、土蜜树、野牡丹、马缨丹、光滑黄皮、土花椒、黑面神等构成的灌丛和草丛；庭院作物生态系统主要植物组成成分有：黄皮、杧果、荔枝、龙眼、槟榔、椰子、土坛树(*Alangium salviifolium*)、腰果(*Anacardium occidentale*)、大红花(*Hibiscus rosa-sinensis*)、接骨草、芋(*Colocasia esculenta*)、落葵(*Basella rubra*)、野芋(*Colocasia antiquorum*)、蒌叶(*Piper betle*)、假蒟(*Piper Sarmentosum*)等多种(图 10-3-2)。从图 10-3-2 中可以看到，该研究区内总体上是人工生态系统面积远远大于自然生态系统面积，自然生态系统占的比例不足 25%。四大农业生物多样性生态系统所占面积的大小顺序是：农田作物生态系统(约为 45%)＞园地作物生态系统(约为 25%)＞林地生态系统(约为 20%)＞庭院作物生态系统(约为 10%)，农业植物及品种在自然林中的分布较少。

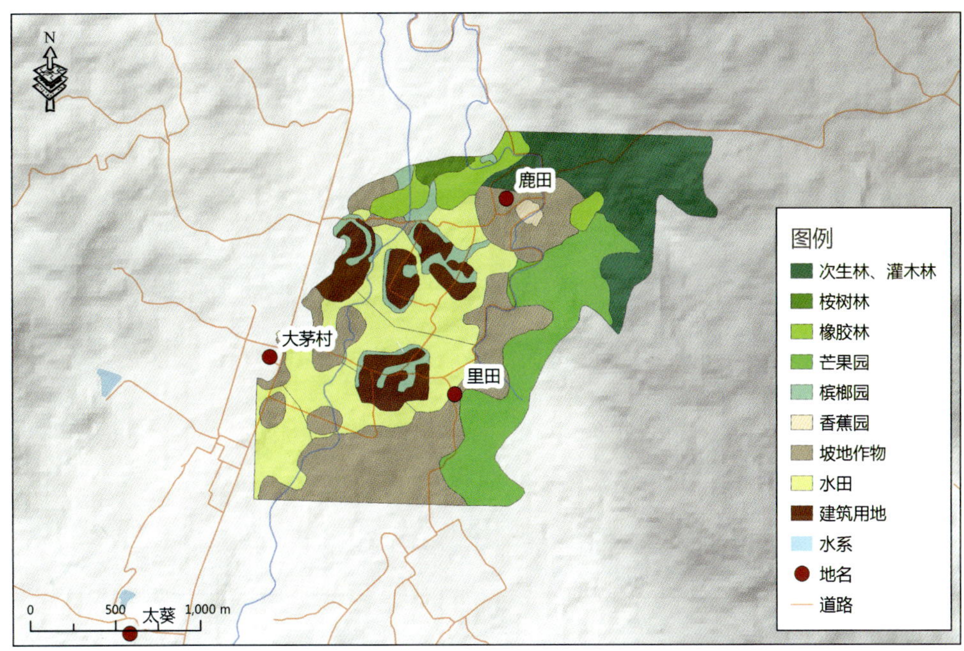

图 10-3-2　三亚大茅村生态系统分布图

Fig.10-3-2　The distribution of ecosystems in Damao of Sanya

②保亭南梗村四大农业生态系统类型及分布特点分析

南梗村农田作物生态系统主要植物组成成分有：水稻和瓜菜类植物，有季节性变化；园地作物生态系统主要植物组成成分有：香蕉、槟榔、橡胶和益智；林地生态系统主要植物组成成分为草灌丛，主要种类有：斑茅、白茅、飞机草、类芦、厚皮、马缨丹、桃金娘、野牡丹、黑面神、九节、荔枝、龙眼、重阳木、木棉、槟榔青、大叶蒲桃、乌墨和多种竹类植物；庭院作物生态系统主要植物组成成分有：黄皮、杧果、荔枝、龙眼、槟榔、椰子、接骨草、芋、野芋、蒌叶、假蒟等多种。从图 10-3-3 可以看出南梗自然生态系统面积约占 70%，远远大于人工生态系统面积，人工生态系统中农田作物生态系统大于园地作物生态系统与庭院作物生态系统之和，庭院生态系统面积较小，仅占约 2%，四大农业生物多样性生态系统所占面积的大小顺序是林地生态系统（自然次生林）＞农田生态系统＞园地生态系统＞庭院生态系统，农业植物种类与品种较多分布在林地、农田和园地生态系统中（图 10-3-3）。

③保亭抄芭村四大农业生态系统类型及分布特点分析

抄芭村农田作物生态系统的主要植物组成成分有：水稻、番薯、芋、山姜（*Alpinia chinensis*）、瓜菜类植物，有季节性变化；园地作物生态系统主要植物组成成分有：槟榔、木薯、橡胶和益智等；林地生态系统主要植物组成成分有：海南苹婆、槟榔青、木棉、厚皮、叶被木、圆叶刺桑、白薯莨、疣粒野生稻等多种；庭院作物生态系统主要植物组成成分有：槟榔、椰子、杧果、蒌叶、假蒟、芋、野芋等多种，但与另外三大生态系统的界线不明显，如图 10-3-4 所示。从图 10-3-4 中还可以看出抄芭村的橡胶园所占的面积相当大，有 70%左右，自然生态系统占的面积很小，不足 10%，庭院生态系统所占面积较小。各农业生态系统所占面积的大小顺序为园地生态系统>农田生态系统>林地生态系统>庭院生态系统，农业植物种类及品种较多地分布在人工生态系统中(图 10-3-4)。

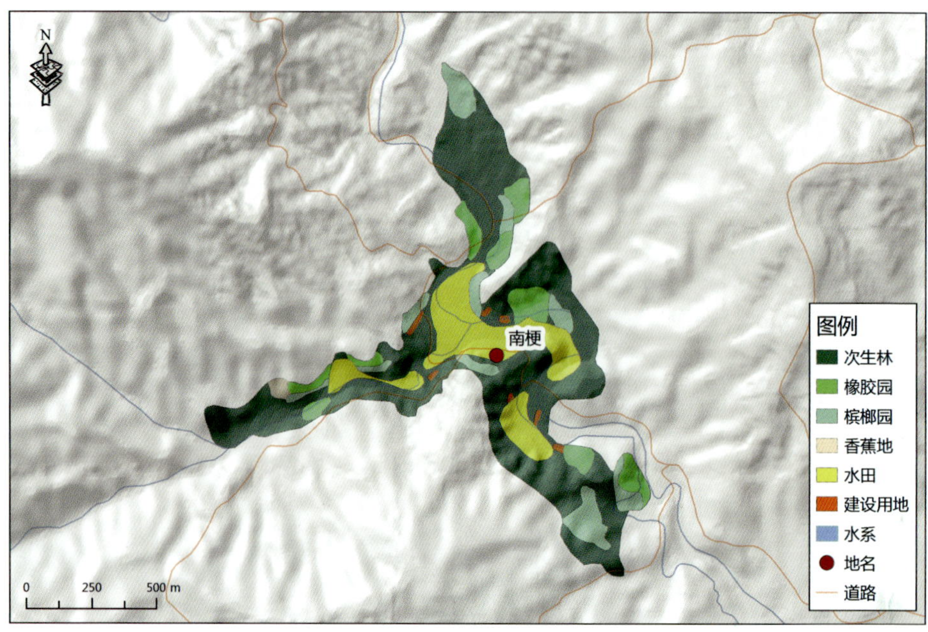

图 10-3-3 保亭南梗村生态系统分布图

Fig.10-3-3 The distribution of ecosystems in Nangeng of Baoting

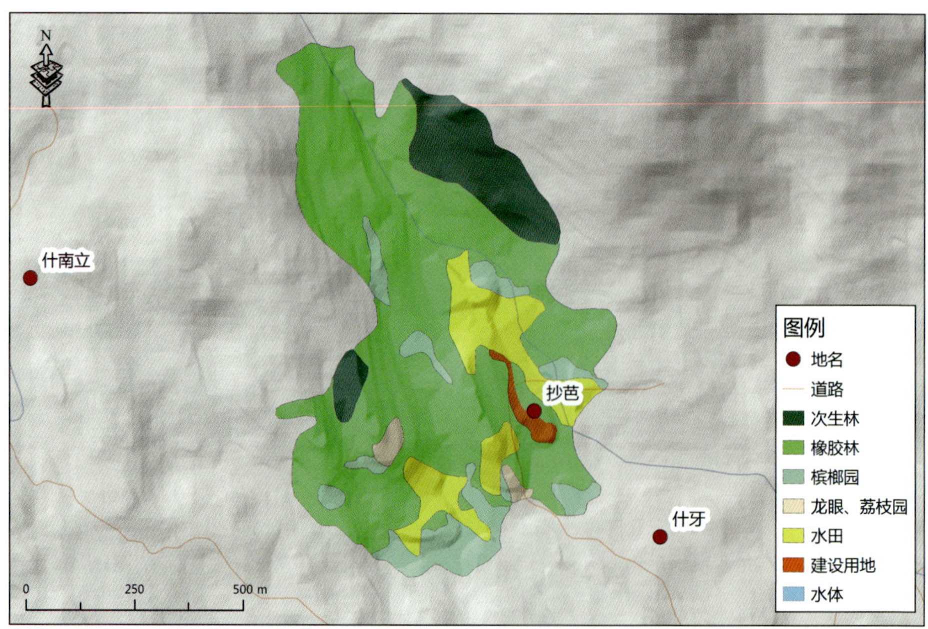

图 10-3-4 保亭抄芭村生态系统分布图

Fig.10-3-4 The distribution of ecosystems in Chaoba of Baoting

④五指山市方龙村四大农业生态系统类型及分布特点分析

五指山市方龙村农田作物生态系统的主要植物组成成分有：水稻和瓜菜类植物(葫芦科与十字花科)，有季节性变化；园地作物生态系统主要植物组成成分有：瓜菜类、香蕉、橡胶、槟榔、番石榴(*Psidium guajava*)等；林地生态系统主要植物组成成分为草灌丛，主要种类有：枫香、芒、白茅、类芦、桃金娘、厚皮、九节、野生荔枝、重阳木、木棉等；庭院作物生态系统主要植物组成成分有：番石榴、黄皮、杧果、荔枝、龙眼、槟榔、椰子等多种。图 10-3-5 显示，方龙村的农业生态系统关系是林地生态系统所占的面积较大，其中次生林(疏林)、灌木林和松树林比例差不多，各占 25%左右，有小面积人工种植的竹林；农田生态系统次之，接着是园地生态系统，而庭院生态系统面积较小，但大多数的植物种类却分布在面积最小的庭院生态系统中，这是因为农民都喜欢把自己认为有用的植物移种到房前的庭院中。

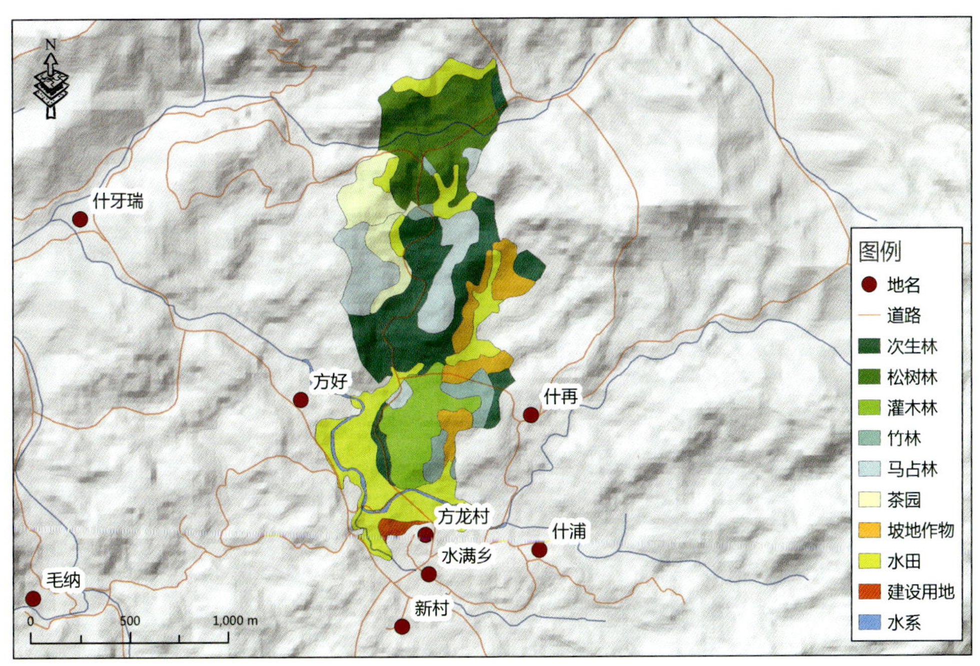

图 10-3-5　五指山市方龙村生态系统分布图

Fig.10-3-5　The distribution of ecosystems in Fanglong of Wuzhishan

⑤五指山新村四大农业生态系统类型及分布特点分析

五指山市新村农田作物生态系统的主要植物组成成分有：水稻、瓜菜类植物，有季节性变化；园地作物生态系统主要植物组成成分有：橡胶、益智、槟榔；林地生态系统主要植物组成成分有：枫香、海南梣、木棉、厚皮等多种；庭院作物生态系统主要植物组成成分有：槟榔、椰子、杧果等多种。从图 10-3-6 中可以看到该村的四大农业植物多样性生态系统组成情况是：有一片较大的人工混合林(当地农民种上自己喜欢的植物种类，有橡胶、益智、沉香、花梨木等多种)，面积占总面积的 40%左右，马占林次之，占 25%左右，自然次生林(疏林和灌木林)约占 15%，水田与其他占 20%，因此各农业生态系统所占面积的大小顺序是林地生态系统（含次生林生态系统和混合林）>园地生态系统>农田生态系统>庭院生态系统，新村农业植物种类丰富，主要分布于人工生态系统中，林地生态系统中的人工混合林开发程度较弱。

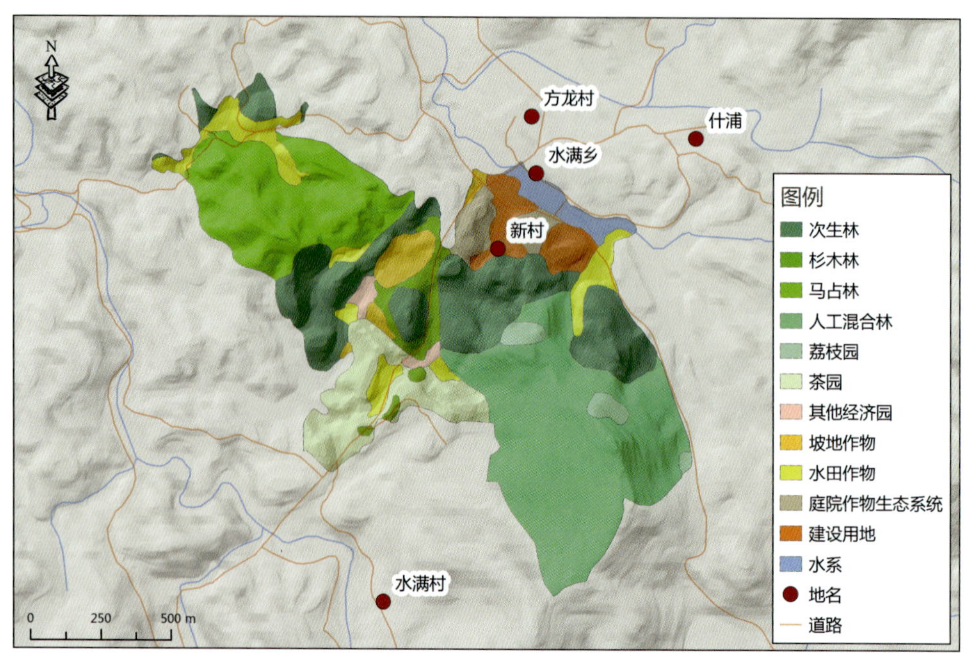

图 10-3-6　五指山市新村生态系统分布图

Fig.10-3-6　The distribution of ecosystems in Xincun of Wuzhishan

⑥五指山水满村四大农业生态系统类型及分布特点分析

五指山市水满村农田作物生态系统的主要植物组成成分有：水稻、瓜菜类植物，有季节性变化；园地作物生态系统主要植物组成成分有：槟榔；林地生态系统主要植物组成成分有：重阳木、枫香、野生荔枝、鸭脚木等多种，有以枫香为优势种的林地生态系统，也有斑块状分布的，以荔枝为优势种的次生林，紧连着次生林为五指山自然保护区区域，分布有次生或原生的热带雨林，低地雨林以青梅、蝴蝶树、海南柿（*Diospyros hainanensis*）等为优势种；山地雨林以鸡毛松、陆均松（*Dacrydium pectinatum*）、线枝蒲桃（*Syzygium araiocladum*）和竹叶青冈（*Cyclobalanopsis neglecta*）为优势种；庭院作物生态系统面积较小，主要植物组成成分有：黄皮、荔枝、龙眼等。水满村的特点是自然林所占的面积很大，约达 80%，农业生态系统所占面积大小顺序为林地生态系统>农田生态系统（含坡地生态系统）>园地生态系统>庭院生态系统，农业植物种类及品种主要分布在自然林中（图 10-3-7）。

⑦海南中南部研究区农业生态系统类型总体特征

通过以上对 6 个研究区的农业生态系统的分析，可以得出在海南中南部研究区农业生态系统类型的总体特征如表 10-3-7 所示。

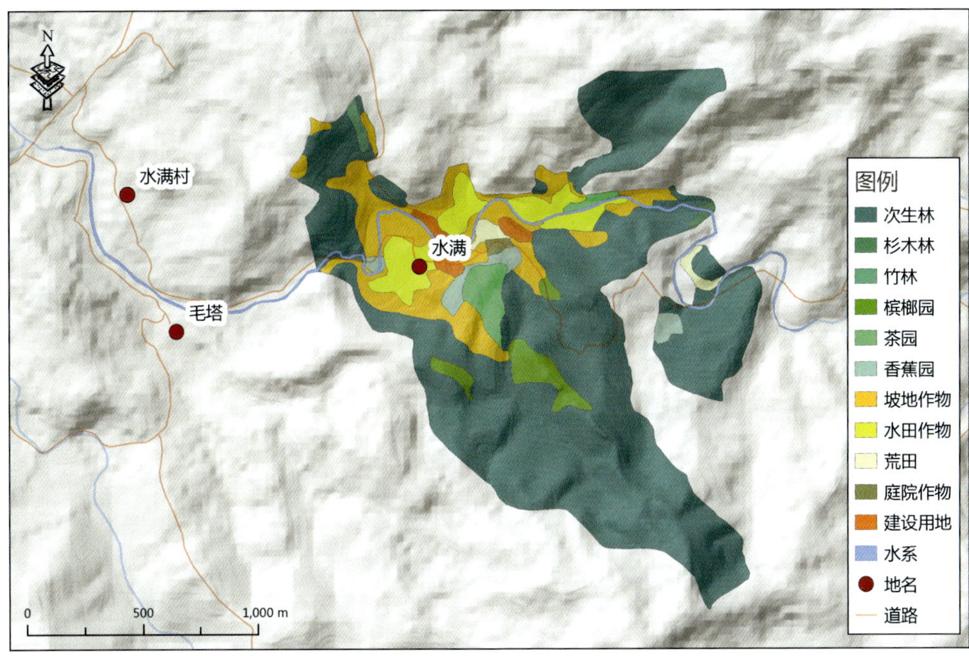

图 10-3-7　五指山市水满村生态系统分布图
Fig.10-3-7　The distribution of ecosystems in Shuiman of Wuzhishan

表 10-3-7　海南中南部研究区农业生态系统类型的总体特征
Tab.10-3-7　The overall characteristics of agro-ecosystems in demonstration of South central Hainan

地点	面积排序及大约所占比例	农业物种集中地
三亚大茅村	Ⅰ(45%)＞ Ⅱ(25%)＞ Ⅲ(20%)＞ Ⅳ(10%)	Ⅰ、Ⅱ
保亭南梗村	Ⅲ(70%)＞Ⅰ(16%)＞ Ⅱ(12%)＞ Ⅳ(2%)	Ⅰ、Ⅱ、Ⅲ
保亭抄芭村	Ⅱ(80%)＞Ⅰ(10%)＞ Ⅲ(8%)＞ Ⅳ(2%)	Ⅰ、Ⅱ
五指山方龙村	Ⅲ(80%)＞Ⅰ(15%)＞ Ⅱ(4%)＞ Ⅳ(1%)	Ⅳ
五指山新村	Ⅲ(80%)＞Ⅱ(10%)＞ Ⅰ(7%)＞ Ⅳ(3%)	Ⅰ、Ⅱ
五指山水满村	Ⅲ(80%)＞Ⅰ(10%)＞ Ⅱ(8%)＞ Ⅳ(1%)	Ⅲ

注：Ⅰ. 农田作物生态系统；Ⅱ. 园地作物生态系统；Ⅲ. 林地生态系统；Ⅳ. 庭院作物生态系统。

从表 10-3-7 中我们可以看出：6 个研究区的庭院作物生态系统所占的比例均最小，五指山的 3 个研究区的林地生态系统所占比例均较大，其次是保亭南梗村，三亚大茅村和保亭抄芭村的林地生态系统都比较小，它们分别用于发展农田生态系统和园地生态系统，从农业植物物种的集中地看，三亚和保亭的研究区都主要集中在农田生态系统和园地生态系统中，但保亭南梗村还集中在林地生态系统中，这些资源在林地中趋向野生，具有很好的保护意义，五指山的 3 个研究区的农业植物资源分布各有特色，方龙村的村民将大量野生农业资源移种到庭院，新村由于林业生态系统的人工混合林开发程度弱，其农业植物资源主要集中在农田生态系统和园地生态系统中，水满村的农业植物资源则利用开发较少，主要分布在林地生态系统中，应该在保护的基础上加大开发力度。

(2)农业植物资源的物种组成及生活型特点分析

①三亚研究区的农业植物资源物种组成及生活型特点分析

根据调查记录到三亚大茅村维管植物共有 89 科 232 属 289 种。其中蕨类植物 6 种，隶属于 5 科 5 属，裸子植物 1 种，隶属于 1 科 1 属，被子植物 282 种，隶属于 83 科 226 属。其中乔木 66 种，灌木 81 种，藤本 46 种，草本 96 种(表 10-3-8)，其中蕨类植物全为草本，裸子植物只有 1 种，为藤本，被子植物生活型的比例大小关系为：草本(34.04%)>灌木(28.72%)>乔木(23.40%)>藤本(16.31%)，从整个维管植物来说，也是草本最多，共有 96 种，说明三亚大茅村的草本植物比较发达。在这 289 种植物中海南特有种有 13 种，特有种占总种数的 4.50%，国家级保护植物 8 种，占总种数的 2.77%。

表 10-3-8 三亚大茅村农业植物生活型组成

Tab.10-3-8 Life forms of agri-plants in Damao of Sanya

类群	乔木/%	灌木/%	藤本/%	草本/%	合计
蕨类植物	0(0)	0(0)	0(0)	6(100)	6
裸子植物	0(0)	0(0)	1(100)	0(0)	1
被子植物	66(23.40)	81(28.72)	45(15.96)	90(31.91)	282
合计	66(22.84)	81(28.03)	46(15.92)	96(33.22)	289

②保亭研究区的农业植物资源物种组成及生活型分析

保亭研究区维管植物共记录了 87 科 213 属 263 种，蕨类植物 7 种，隶属于 6 科 6 属，裸子植物 2 种，隶属于 2 科 2 属，被子植物 254 种，隶属于 79 科 205 属。包括乔木 68 种，灌木 48 种，藤本 42 种，草本 105 种(表 10-3-9)，其中蕨类的 7 种中有 6 种为草本，1 种为乔木，2 种裸子植物均为乔木。被子植物 4 种生活型按种数多少排列顺序与整个维管植物相同，都是草本>乔木>灌木>藤本。从单个村来看，南梗村共有 203 种维管植物，乔木 61 种，灌木 31 种，藤本 33 种，草本 78 种，分别占的百分比为 30.05%、15.27%、16.26%、38.42%，抄芭村的 177 种维管植物中草本占了 44.63%(79 种)，其他三种所占比例差不多，乔木 34 种(19.21%)，灌木 33 种(18.64%)，藤本 31 种(17.51%)，不管是分开看还是合并后看整体生活型特征都是草本>乔木>灌木>藤本，但是南梗村的乔木种类要更多一些。在这 263 种植物中海南特有种有 14 种，占总种数的 5.32%，国家级保护植物 10 种，占总种数的 3.8%。

表 10-3-9 保亭研究区植物生活型组成

Tab.10-3-9 Life forms of agri-plants in Baoting demonstration

类群	乔木/%	灌木/%	藤本/%	草本/%	合计
蕨类植物	1(14.29)	0(0)	0(0)	6(85.71)	7
裸子植物	2(100)	0(0)	0(0)	0(0)	2
被子植物	65(25.98)	48(18.90)	42(16.54)	99(38.98)	254
合计	68(25.86)	48(18.25)	42(15.97)	105(39.92)	263

③五指山研究区的农业植物资源物种组成及生活型分析

五指山的 3 个研究区共有维管植物 94 科 229 属 285 种，蕨类植物 11 种，隶属于 9 科 9 属，裸子植物 1 种，隶属于 1 科 1 属，被子植物 273 种，隶属于 84 科 219 属。其中乔木占总种数的 21.75%，灌木占 22.81%，藤本占 15.09%，草本占 40.35%（表 10-3-10），可见，在五指山研究区中草本占明显优势，从各类群植物来看，蕨类除了 1 种是乔木其余的都是草本，裸子植物 1 种，为乔木。其中方龙村的 178 种植物中乔木有 35 种，灌木 34 种，藤本 28 种，草本 81 种，即草本（45.51%）＞乔木（19.66%）＞灌木（19.10%）＞藤本（15.73%）。新村的跟方龙村的差不多，也是草本最多，占到 171 种中的 45.61%，其次为灌木，占 20.47%，再次为乔木，占 19.30%，藤本最少，只占 14.62%。水满村的乔木有 42 种，占 179 种的 23.46%，灌木 37 种，占 20.67%，藤本 28 种，占 15.64%，草本最多，有 72 种，占了 40.22%，与方龙村的生活型大小排序一样，横向比较五指山的 3 个研究区发现草本生活型所占比例的关系为新村＞方龙村＞水满村，乔木所占比例的关系为水满村＞方龙村＞新村，灌木所占比例的关系为水满村＞新村＞方龙村，藤本所占比例的关系是方龙村＞水满村＞新村。3 个研究区共有海南特有种 11 种，占总物种数的 3.86%。国家级保护植物 10 种，占总种数的 3.51%。

表 10-3-10　五指山研究区植物生活型组成

Tab.10-3-10　Life forms of agri-plants in Wuzhishan demonstration

类群	乔木/%	灌木/%	藤本/%	草本/%	合计
蕨类植物	1(9.09)	0(0)	0(0)	10(90.91)	11
裸子植物	1(100)	0(0)	0(0)	0(0)	1
被子植物	60(21.98)	65(23.81)	43(15.75)	105(38.46)	273
合计	62(21.75)	65(22.81)	43(15.09)	115(40.35)	285

④海南中南部研究区的农业植物资源物种组成及生活型变化规律

通过对海南中南部 3 个研究区的农业植物资源物种组成进行研究，发现蕨类植物种数由少到多，总物种数、被子植物的物种数都是三亚＞五指山＞保亭，保亭的裸子植物最多，其余的两个研究区均为 1 种。保亭研究区的海南特有种最丰富，有 14 种，国家级保护植物所占比例最大，占 3.8%。

生活型的分析显示：草本生活型的种数在逐渐增加，其他三种生活型的种数要么五指山研究区居中，要么三亚研究区居中。三个研究区的农业植物生活型都是草本最多，各个研究区的藤本最少，乔木和灌木在不同的村排序不相同，海南中南部研究区的农业植物生活型特点为：524 种植物中乔木有 116 种，占总种数的 22.14%；灌木 139 种，占总种数的 26.53%；藤本 82 种，占总种数的 15.65%；草本 187 种，占总种数的 35.69%；即草本＞灌木＞乔木＞藤本。这种生活型比例应该是由于我们调查的是农业植被，植被都受到人为活动（如砍伐木材）的较大影响。

2）农业植物区系组成及重要物种分析

海南中南部研究区的农业植物资源共记录有 524 种，隶属 121 科，其中包括 110 科种子植物，对这 110 科植物进行区系分析，结果显示：这 110 科有 11 种分布区类型，其中泛热带科(热带广布)最多，为 53 科(48.18%)，包括大戟科(Euphorbiaceae)、葫芦科(Cucurbitaceae)、锦葵科(Malvaceae)、夹竹桃科(Apocynaceae)、天南星科(Araceae)、无患子科(Saplndaceae)、葡萄科等，其次是广布科，有 30 科(27.27%)，包括蝶形花科、菊科、桑科(Moraceae)、禾本科(Gramineae)、茄科、茜草科(Rubiaceae)等。接着是热带、亚热带科和温带科，都为 6 科，如马鞭草科(Verbenaceae)、龙舌兰科(Agavaceae)、马钱科(Loganiaceae)、百部科、苏铁科等。其余的 7 种分布区类型都只有 1～2 科，研究区内有 1 科中国特有科——爵床科(Acanthaceae)。

在研究植物科的区系时通常把含 10 种以上的科称为优势科(温远光，1998)，海南中南部研究区调查到的 110 科植物中，优势科有 16 科，占总科数的 14.55%，分别为蝶形花科(34 种)、大戟科(33 种)、菊科(20 种)、桑科(19 种)、禾本科(16 种)、马鞭草科(16 种)、茄科(15 种)、茜草科(14 种)、葫芦科(12 科)、姜科(12 种)、锦葵科(11 种)、芸香科(11 种)、夹竹桃科(10 科)、天南星科(10 科)、无患子科(10 科)、葡萄科(10 科)共 252 种，占物种总数的 48.09%，其次为含 4～9 种的科有 26 科，包括唇形科、棕榈科(Palmze)、伞形科、桃金娘科、爵床科、防己科、紫金牛科(Myrsinaceae)、梧桐科等，共 148 种，占物种总数的 28.24%，这两部分共占物种总数的 76.33%，其余的 68 科共有 111 种植物，如车前科、马齿苋科、雨久花科、箭根薯科、买麻藤科、罗汉松科、苏铁科等，共占物种总数的 21.18%。在植物区系成分中优势科的属性有 3 种：广布科(世界广布，118 种)、泛热带科(热带广布，107 种)、热带和亚热带科(28 种)，其所占的百分比分别为 22.52%、20.42%和 5.34%。

综合可见整个海南中南部研究区主要还是泛热带分布，但广布科的比例很大，说明该地区受到外界影响很大，可能是由于农业活动的影响，栽培了一些世界分布种。

1984 年国务院环境保护委员会公布的《中国珍稀濒危植物保护名录》国家级保护植物有 17 种，隶属于 13 科，其中濒危保护的有 2 种(海南梧桐和海南假砂仁)，渐危保护的有 12 种(黑桫椤、海南苏铁、无翼坡垒、蝴蝶树等)，稀有保护植物 3 种(土沉香、野生茶、见血封喉)。

根据《海南植物志》《海南及广州沿海岛屿植物名录》记载，发现这 524 种植物中有 29 种海南特有种，分布在 20 科。其中无患子科有 4 种：分别为海南韶子、细仔龙、海南柄果木和海南假韶子；梧桐科 2 种：海南梧桐和蝴蝶树；桃金娘科 2 种：海南蒲桃和水竹蒲桃；茜草科 2 种：海南玉叶金花和乐东玉叶金花；姜科：草豆蔻和海南假砂仁；防己科 2 种：海南地不容和海南轮环藤；蝶形花科 2 种：降香檀和红果檀；其余的 9 种隶属 9 科，有苏铁科的海南苏铁、龙脑香科的无翼坡垒、大戟科的海南巴豆等。这些特有种中有 7 种属于国家级保护植物，它们是海南苏铁、无翼坡垒、蝴蝶树、海南梧桐、海南巴豆、降香檀、海南假韶子。

3) 农业植物资源品种遗传多样性

本案例的农业植物品种遗传多样性是指栽培及野生的农业植物的品种多样性，根据我们的野外调查和农户的参与调查，记录了很多栽培和野生的多品种植物资源，三亚大茅村的 289 种维管植物中有 15 种为栽培和野生的多品种植物资源，共 42 个品种，保亭的 263 种维管植物中有 21 种栽培和野生的多品种植物资源，共 87 个品种，五指山的 285

种维管植物中有21种栽培和野生的多品种植物资源，共56个品种，在此将多品种作物合并，并按照粮食作物、瓜菜类、水果类、能源类等进行分类分析(本地种表示农民自留种，外地种是从市场购买的，野生种为自然状态下无人管理的变种)。

(1)粮食类植物

三亚大茅村的粮食类多品种的有7种作物，包括稻类8个品种(3个为杂交稻品种，在市场上购买的种子，其余5个均为本地种，其中有3个水稻品种都是糯米性质的，2个为山栏稻类型，1个是籼稻类，1个是粳稻类)、玉米2个品种(分别是甜糯玉米和水玉米，前者是市场购买的种子，后者是本地种)、番薯3个品种(2个是市场上购买的种子，1个是本地种，可以从叶形和薯皮的颜色来辨别)、芋3个品种(3个本地品种，其茎秆颜色、高矮程度、块茎的大小各不相同)、大薯2个品种(均为本地种，主要从茎皮的颜色来区别)、豆薯2个品种(本地种，1个块茎是白色，1个块茎是红色)、甘薯2个品种(本地种，甜薯和地薯，甜薯块根比地薯的要大一些、毛少一些、略甜一些)，这7种共有22个品种，其中有16个是自留种，6个外来种。

保亭研究区的粮食作物多品种的作物也是7种，种类是完全一样的，但品种有较大差别，共有46个品种，41个本地种，5个外地种。7种作物中有2种品种数、品种特征和种子来源都与大茅村完全相同，它们是豆薯和甘薯。其余5种作物的品种数、品种特征和种子来源与大茅村不尽相同，这5种作物的信息为稻类23个品种(包含水稻5个，2个为市场购买的种子，3个是本地种，其余为山栏稻品种)、玉米3个品种(与三亚大茅村不一样的是这些种子全是市场购买的)、番薯5个品种(均是在保亭抄芭村东的一块农户地里发现的，2个为市场购买种，比较好吃，3个为本地种)、芋4个品种(均为本地种，比大茅村多一个品种，但每个品种的性状也有所不同，最让人吃惊的是有一种芋称为3年芋，要3年芋的块茎才能吃，块茎成熟周期如此长，可能是一种良好的种质资源，可以对其开展研究)、大薯7个本地种，可见保亭研究区的粮食作物的遗传多样性是相当丰富的。

五指山研究区粮食作物中的多品种的作物相对三亚和保亭研究区来说要少一点，总共5种，分别为稻、芋、番薯、甘薯、大薯，其中甘薯有2个品种，品种特征和品种来源与三亚、保亭研究区相同，甘薯和大薯有2个品种，品种特征和品种来源与三亚研究区相同。芋的品种为2个，其品种特征与三亚大茅村的3个品种中的2个相同，均为本地种。稻的品种有13个，其中11个为五指山农业局提供的腊叶标本，均为本地种，2个为市场购买的杂交稻品种。番薯有6个品种，2个是市场购买的，4个是本地种。这5种作物共有25个品种，其中外地品种4种，21个本地品种。

综合上述信息可知，五指山研究区的多品种农作物种类最少(5种)，但是总品种最少的是三亚研究区，按各个品种来看，山栏稻遗传多样性最丰富的是保亭研究区(18个)，番薯的遗传多样性五指山最丰富，芋的遗传多样性保亭最丰富，大薯的遗传多样性也是保亭最丰富，从品种来源来看，三亚的外来种最多，传统物种受到的冲击最大，五指山的外来种最少，传统作物受到的冲击最小。

(2)瓜菜类植物

大茅村的瓜菜类中有4种多品种植物，共有10个品种，其中5个本地种，2个野生种，3个外地种。其中南瓜有3个品种，外地种称为蜜本南瓜，瓜皮橙黄色，外形长瓢形，2个本地种，1个瓜皮黄绿相间，扁圆形，另一个瓜皮黄色，花生形，长30～40cm，粗径10～15cm；葫芦瓜品种2个，均为本地种，1个瓜长形，长可达40cm，另一个瓜近圆形，最大可达20cm；豇豆有3个品种，1个是本地种，嫩荚粉红色，2个是市场购买的种子，嫩荚都是青绿色，但是1个长约20cm，1个长可达40cm以上；革命菜品种2个，均为野生种，从叶形可以区别，1个叶浅裂，1个叶深裂。

保亭研究区的瓜菜类有7种，21个品种，9个本地种，2个野生种，10个外地种。这7种植物是南瓜、葫芦瓜、苦瓜、扁豆、豇豆、茄子、革命菜，其中南瓜(2个品种，1个特征为瓜皮色彩多、瓜大、可达3～3.5kg/个，另一个特征为瓜皮绿色、瓜小、1kg/个)、葫芦瓜(2个品种，品种1：瓜圆形，3kg/个，品种2：瓜长形，5kg/个)、苦瓜(2个品种，品种1：瓜较短，15cm左右，品种2：瓜较长，25cm左右)、豇豆(在一块菜地上找到4个品种，品种1：皮红，豆角长，品种2：白皮，长条豆角，品种3：皮红，豆角短，品种4：矮秆，其仁能吃，皮绿)种类品种都是市场购买的。2个野生种与大茅村相同。扁豆有3个品种，都是本地种，1个品种是红色豆荚，另两个为白色豆荚，这两个品种的区别在于豆荚的硬度和大小，豆荚大的品种豆荚软。除此之外，在保亭南梗村的一块菜地就发现了4个茄子品种(品种1～4)，在整个保亭研究区发现6个茄子品种，这6个品种的特征如下。品种1：叶小，叶上有刺，果小，成熟前皮为绿色，成熟后皮为黄色。品种2：叶大，叶上没刺，果小，果皮紫色。品种3：叶大，叶上没刺，果小，果皮为绿色，成熟后仍为绿色。品种4：叶小，叶上有刺，果小，果皮紫色。品种5：茄子果大而长圆形。品种6：绿茄。

五指山研究区的多品种瓜菜类有8种，每一种都有2个品种，其中南瓜、黄瓜、豇豆均是1个外来种，1个本地种。南瓜的外地种为蜜本南瓜，瓜皮橙黄色，外形长瓢形，本地种瓜皮青黄相间，扁圆形，成熟瓜平均4～5斤[①]重，但是成长的周期要更长。黄瓜的外来种果棒状，皮嫩时绿色，熟时黄色，果嫩时周身有短刺，本地种为旱种，果圆筒状，皮嫩时青白色，成熟后黄白色，少刺，个体比普通黄瓜大两三倍，也是成长周期长，豇豆的本地种比外地种要短一些，但当地人称本地种味道更好。2种为野菜，即两色三七草(当地名鹿舌菜，有紫茎和绿茎2个品种)和革命菜(有浅裂和深裂2个品种)，还有3种品种来源均是本地的瓜菜，分别是苋菜(品种1：茎、花序、叶柄全为红色，品种2：整株青色)、葫芦瓜(品种1：本地种，瓜皮白色，长棒状，长可达100cm，品种2：瓜近圆形，最大可达20cm)和扁豆(品种1：豆荚红色，品种2：豆荚白色)。也就是说在这16个品种中有3个外来种，9个本地种，4个野生种。

由上可知，瓜菜类的种数五指山最多(8种)，品种总数保亭最多(21个)，但是外来种占到10个，说明在瓜菜类方面，保亭物种的遗传多样性受到外来种的冲击最大，五指山的野生种类最多，保亭最值得关注的瓜菜类是茄子，该研究区共有6个品种的茄子，且都为本地种，三亚研究区的南瓜品种有必要保留，防止其失传。

---

① 1斤=500g，下同。

(3) 水果类植物

大茅村有 3 种多品种水果，为波罗蜜、杧果和椰子，共 7 个品种，6 个本地种和 1 个外地种。波罗蜜有 2 个当地品种，1 个干苞 1 个湿苞，干苞波罗蜜苞片较干脆，金黄色，湿苞波罗蜜苞片湿软，黄色；杧果有 2 个品种，1 个市场购买种 1 个当地品种，市场购买的品种比当地种(青杧)果大、纤维少但是没有当地种香甜；椰子有 3 个品种，均为本地种，2 个外皮青色，但 1 个高秆 1 个矮秆，另一个品种外皮红色，中秆，可以综合外皮颜色和秆的高度来区别。

保亭研究区的多品种水果有 5 种，共有 14 个品种，只有 1 个外地品种(杧果的品种)，有 2 个野生品种，11 个本地品种。其中杧果的品种、特征及来源与大茅村都相同，含有 2 个野生品种的是生长在水沟边的阔叶蒲桃，当地拿它当野果，两个品种在成熟时都是红色，嫩果颜色不一样，一种嫩果红色一种嫩果绿色，吃了就知道有些树上的果实红了还是涩的。另外三种为番木、香蕉和椰子，它们都是本地种，番木瓜有 3 个品种，主要区别在果，品种 1：果长形，品种 2：果圆形，品种 3：果小，最大径约 10cm；香蕉为栽培种，有 5 个品种，名称各异，野蕉：有种子，牛蕉：果个子大且酸，牙蕉果较长，成熟时为绿色，米蕉：果个子小、甜，粉蕉：果中等个，成熟后果皮黄色。椰子主要有两个品种，品种 1，红椰子，品种 2，绿椰子。

五指山研究区发现多品种的水果类 7 种，共 15 个品种，其中有 3 种野生品种，2 个外地品种，10 个本地品种。野生水果大果榕有 2 个品种，一种成熟时是红的，春节前熟的可以吃，另一种成熟时果是绿的，不能吃，因此要注意合理食用。黄皮和杧果均有外来品种 1 个和本地品种 1 个，黄皮的外来品种果大，味甜，坐果率高，本地种果小，味酸，坐果率低但不意味着本地种没有其他未被开发的优良性状，应坚持种植，并将其收入种质资源库，杧果的外来种比本地种大，纤维少但是味道不如本地种香甜。椰子 2 个本地品种的主要区分在果皮，1 种青色 1 种橙红色。番木瓜有 2 个本地品种，品种 1：本地种，果大，圆形，纵裂浅，品种 2：本地种，果小，葫芦形，纵裂较深。波罗蜜有干苞、湿苞 2 个本地种，湿苞品种果肉黏度大，苞片湿软，黄色；干苞果肉黏度小，苞片较干脆，金黄色。香蕉有 3 个品种，红蕉、木棉蕉和附生香蕉(为野生香蕉的一种)。

由此可见，五指山研究区的多品种水果种类是最多的(7 种)，品种数最多的也是五指山研究区，从各个种类的遗传多样性来看，保亭研究区的香蕉具有最丰富的遗传多样性，三亚研究区的椰子具有最丰富的遗传多样性，从品种来源来看，三个研究区的外来品种均比较少，受到外来品种的冲击较小，五指山研究区的野生品种最丰富。

(4) 能源类植物

大茅村的能源类植物只有木薯一个物种是多品种的，有 3 个品种，一个是华南热带农业研究院提供的，另两个是本地品种，叶柄红色，一个高秆一个矮秆，村民主要用其做饲料喂猪。

保亭研究区有木薯和海南地不容两种，木薯的品种与大茅村相同。海南地不容是一种珍贵的药用物种，其药用价值在前面已描述，现在只讨论它的品种，在保亭我们发现了 3 个品种，都是药农从山上采集回来栽培的，从块茎和叶汁可以很好的区分，金不换的块茎内皮红色，叶汁也是红色；白金不换块茎内皮绿色，叶汁黄绿色；银不换块茎内皮黄绿色，叶汁黄绿色。

五指山的该类多品种种类只有 1 种，即海南地不容，有 3 个品种，也是本地野生种的栽培品种。品种区分同上。

从这部分来看，海南中南部整个研究区的多品种资源为木薯和海南地不容两种，都是很有发展潜力的物种，在保亭研究区最为丰富，应加强这两种物种的研究和开发。

综上可见，海南中南部研究区的农业植物品种遗传多样性丰富，应该将这些品种加入海南省种质资源库加以保存，并鼓励农民在发展经济的同时不要放弃这些资源的种植，防止其大量流失。

4) 农业植物资源利用组成分析

采用无样地取样法和村民参与调查的方式，对海南中南部研究区的农业植物物种进行记录，以下列出在 6 个研究区调查出的物种，按利用特点将其分为粮食作物、能源作物、经济作物、药用植物、观赏植物、瓜菜类、水果类、木材类、饮料类、染料类、香料类及其他类(如有些植物的茎皮纤维可以做绳子，但只是村民自己用并没有用于生产)共 12 类，计算各类植物所占比例并对 6 个村所出现的物种总数进行相似指数分析。

(1) 三亚大茅村的农业植物资源利用特点

三亚大茅村共记录到农业物种 89 科 289 种，粮食作物有 9 种，主要有稻、玉米(*Zea mays*)、豆薯(*Pachyrhizus erosus*)、番薯、竹芋(*Maranta arundinacea*)等；能源作物有 3 种，如麻疯树(*Jatropha curcas*)、木薯和野漆(*Toxicodendron succedaneum*)；经济作物有 11 种，主要有橡胶树、花生、龙眼、荔枝、槟榔、椰子等；药用植物有 162 种；观赏植物有 26 种；瓜菜类有 42 种；水果类有 27 种，如杧果、槟榔青、菠萝(*Ananas comosus*)、甘蔗等；饮料类有 5 种，如山苦茶、基及树、酸豆、鸡蛋花、东风橘；染料类有 3 种，如厚皮、苋、酸豆；香料类有 3 种，如土沉香(*Aquilaria sinensis*)、罗勒、贡甲(*Acronychia oligophlebia*)；木材类有 16 种，如苦楝、厚皮、倒吊笔(*Wrightia pubescens*)等；其他类 52 种。这些植物中有些兼具多种用途，如木薯既是能源作物又是粮食作物；酸豆是木材，可做饮料还可以做染料等。各类用途植物分别占该地记录农业物种总数的百分比为 3.1%、1.0%、3.8%、56.0%、9.0%、14.5%、9.3%、1.7%、1.0%、1.0%、5.5%和 18.0%。从图 10-3-8 可以看出三亚大茅村的农业植物资源的利用大小关系为药用植物＞其他类＞瓜菜类＞水果类＞观赏植物＞木材类＞经济作物＞粮食作物＞饮料类＞香料类=染料类=能源作物(由于一些植物有多种用途，总和大于植物种类总数，各类所占比例之和也超过 100%，下同)。

(2) 保亭南梗村的农业植物资源利用特点

记录的保亭南梗村农业植物资源共有 71 科 283 种，粮食作物有 8 种，主要有稻、玉米、豆薯、甘薯(*Dioscorea esculenta*)、竹芋等；能源作物有 4 种(比三亚大茅村多一种：梧桐树)；经济作物有 13 种，主要有野生茶、橡胶树、花生、龙眼、荔枝、柊叶、椰子等；药用植物有 145 种；观赏植物有 17 种；瓜菜类有 34 种；水果类有 21 种，如杧果、番荔枝、番木瓜、木奶果、大果榕、余甘子、小果野葡萄等，其中野生类水果较多；饮料类有 4 种(海南韶子、酸豆、基及树、野生野茶)；染料类有 4 种(厚皮、苋、酸豆、姜黄)；香料类有 4 类(白兰、圣罗勒、罗勒、大高良姜)；木材类有 12 种，主要有竹叶松、黄桐、苦楝、厚皮、海南菜豆树(*Radermachera hainanensis*)等；其他类 17 种，其中比较有发展前景的有黄桐、海南梧桐(可以做木材、能源植物而且当地人还用其叶治疗癌症)。各类用途植物分别占物种总数百分比为 2.8%、1.4%、4.6%、51.2%、6.0%、12.0%、7.4%、1.4%、1.4%、1.4%、4.2%和 6.0%。从图 10-3-9 可以看出：南梗村的农业植物资源利用除了药用植物外，瓜菜类最多，水果类也相对较多，但是其他类比较少，说明在植物开发程度上南梗村没有大茅村强，经济作物少于观赏植物但经济作物中含有野生茶、柊叶等，这是与三亚不同的，粮食作物不多但其品种较多，尤其是含有丰富的山栏稻种质资源，在一农户家中就有 8 个品种的山栏稻，木材类、香料类、饮料类、染料类、能源作物的利用种数都差不多。

(3) 保亭抄芭村的农业植物资源利用特点

保亭抄芭村的农业植物资源共有 64 科 242 种，粮食作物有 8 种，主要有稻、玉米、大薯(*Dioscorea alata*)、豆薯、芋、竹芋等；能源作物有 3 种(与三亚一样，但有些种类的品种有所不同)；经济作物有 11 种(主要有白茅、橡胶树、花生、龙眼、荔枝、槟榔、椰子等)；药用植物有 129 种；观赏植物有 15 种(主要有海金沙、野牡丹、扶桑、粉团蔷薇、羽叶南洋杉等；瓜菜类有 37 种；水果类有 16 种(有橘子、柚子、黄皮等常见种类)；饮料类 2 种(该村有基及树和栽培后无人管理逸为野生的咖啡)；染料类有 3 种(厚皮、苋、姜黄)；香料类有 3 种，如罗勒、大高良姜、黄葵(*Abelmoschus moschatus*)；木材类有 6 种，有降香檀(*Dalbergia odorifera*)、山石榴(*Randia spinosa*)、厚皮、假柿木姜

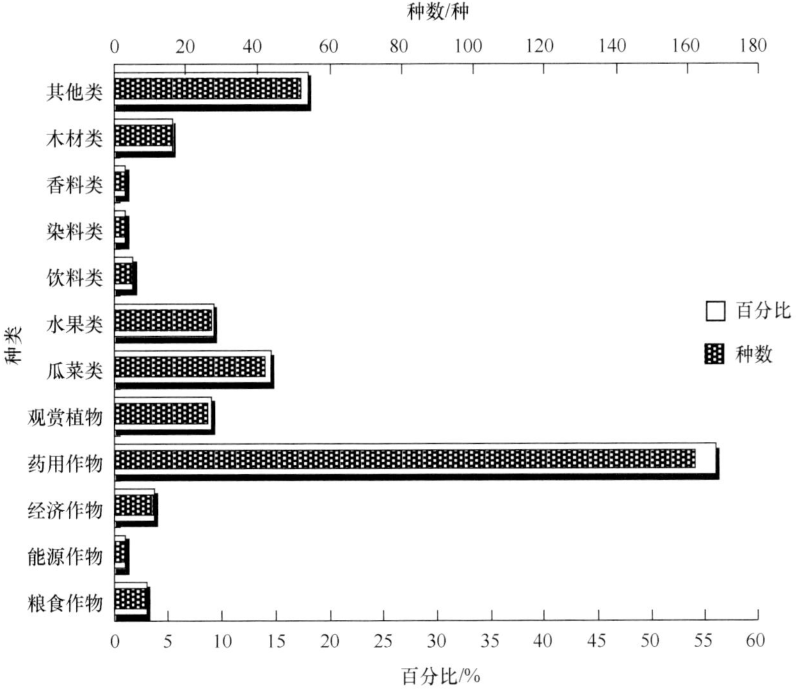

图 10-3-8　三亚大茅村农业植物利用分类基本数据图

Fig.10-3-8　Percentage of or number of species by plant groups based on their agricultural usage in Damao of Sanya

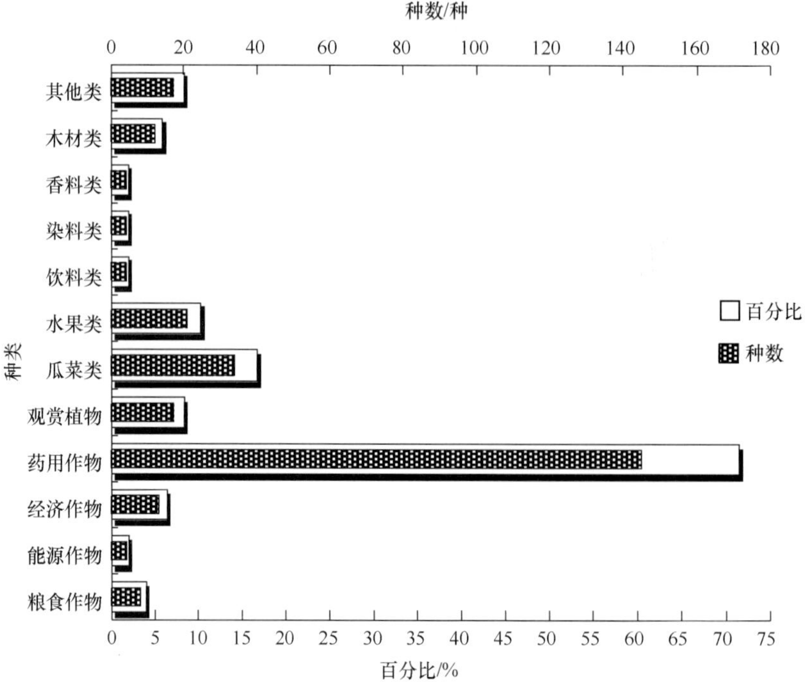

图 10-3-9 保亭南梗村农业植物利用分类基本数据图

Fig.10-3-9 Percentage of or number of species by plant groups based on their agricultural usage in Nangeng of Baoting

子(*Litsea monopetala*)、海南菜豆树、苦楝等；其他类 9 种(如灰叶是做牧草的)，抄芭村的农业植物资源中最值得一提的是由于附近有个野生稻保护区，在保护区周围发现有疣粒野生稻。

以上各类植物占抄芭村种类总数的百分比分别为 3.3%、1.2%、4.5%、53.3%、6.2%、15.3%、6.6%、0.8%、1.2%、1.2%、2.5%和 3.7%。从图 10-3-10 可以看出：抄芭村的药用植物资源也显著大于其他类资源，接着就是瓜菜类、水果类、观赏植物、经济作物、粮食作物，该村的木材比较少但栽培有比较珍贵的降香黄檀(其心材是上好的木材)，其余几类的种数及比例都比较少。

(4) 五指山方龙村的农业植物资源利用特点

记录的五指山方龙村的农业植物资源共有 71 科 178 种，其中粮食作物有 10 种，主要有稻、玉米、豆薯、大薯、甘薯、竹芋等；能源作物有 5 种，分别为乌榄(*Canarium pimela*)(为油料作物)、野漆、麻疯树、木薯、蓖麻(*Ricinus communis*)；经济作物有 8 种，主要有桑(*Morus alba*)、野生茶、槟榔、椰子、黑面神等；药用植物有 129 种(占 72.5%)；观赏植物有 12 种，有桃树(*Prunus persica*)、野牡丹、花叶芋(*Caladium bicolor*)、龟背竹(*Monstera deliciosa*)、安诺兰(*Anota hainanensis*)等；瓜菜类有 27 种，除常见的瓜类、豆类、菜类外，该村还有茴香(*Foeniculum vulgare*)、黄鹌菜(*Youngia japonica*)、大蒜(*Allium sativum*)等；水果类有 17 种，有杨桃(*Averrhoa carambola*)、番木瓜、野杏(*Prunus armeniaca*)等；饮料类有 3 种，栽培咖啡、山茶(*Camellia japonica*)、野生野茶；

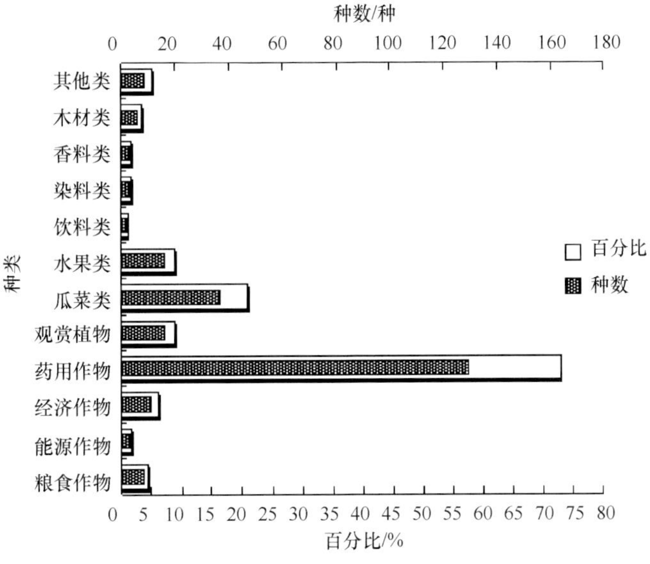

图 10-3-10　保亭抄芭村农业植物利用分类基本数据

Fig.10-3-10　Percentage of or number of species by plant groups based on their agricultural usage in Chaoba of Baoting

染料类有 7 种，其中包括黎族三月初三煮 3 色饭的染料枫香、山蓝(*Peristrophe* sp.)和姜黄；香料类有 2 种，紫苏(*Perilla frutescens*)和枫香，木材类有 4 种，有苦梓(*Gmelina hainanensis*)、榄仁树、厚皮、栽培的降香檀；其他类 17 种。从图 10-3-11 可以看出：五指山方龙村的农业植物资源的利用大小关系为药用植物＞瓜菜类＞水果类＞其他类＞观赏植物＞粮食作物＞经济作物＞染料类＞能源作物＞木材类＞饮料类＞香料类。

(5)五指山新村的农业植物资源利用特点

五指山新村的农业植物资源共有 77 科 171 种，粮食作物有 7 种，主要有稻、玉米、大薯、芋、竹芋、高粱(*Sorghum vulgare*)和粟(*Setaria italica*)；能源作物有 4 种，如麻疯树、乌榄、白背叶(*Mallotus apelta*)(其种子可以榨油)、野漆；经济作物有 8 种，主要有野生茶、花生、橡胶树、烟草(*Nicotiana tabacum*)、粉单竹、椰子等；药用植物有 119 种；观赏植物有 9 种；瓜菜类有 26 种(与五指山方龙村的基本一样)；水果类有 14 种，主要有杨桃、番石榴(*Psidium guajava*)、木奶果、野杏、大果榕、柚子、野生龙眼、野生荔枝、南酸枣(*Choerospondias axillaris*)等，其中野生类水果较多；饮料类有 3 种，它们是鲫鱼胆(*Maesa perlaria*)(其嫩叶可代茶叶饮品)、栽培咖啡、野生茶；染料类有 6 种(基本上跟方龙村相同，但由于文化差异，全为苗族人民的新村并没有利用姜黄做染料)；香料类有 3 种(与方龙村不同的是新村中有土沉香)；木材类有 6 种，如降香檀、八角枫(*Alangium chinense*)等；其他类 19 种，各类植物占植物种类总数的百分比分别为 4.1%、2.3%、4.7%、69.6%、5.3%、15.2%、8.2%、1.8%、3.5%、1.8%、3.5%和 11.1%。从图 10-3-12 可以看出：五指山新村的农业植物资源的利用大小关系为药用植物＞瓜菜类＞其他类＞水果类＞观赏植物＞经济作物＞粮食作物＞染料类=木材类＞能源作物＞饮料类≥香料类。

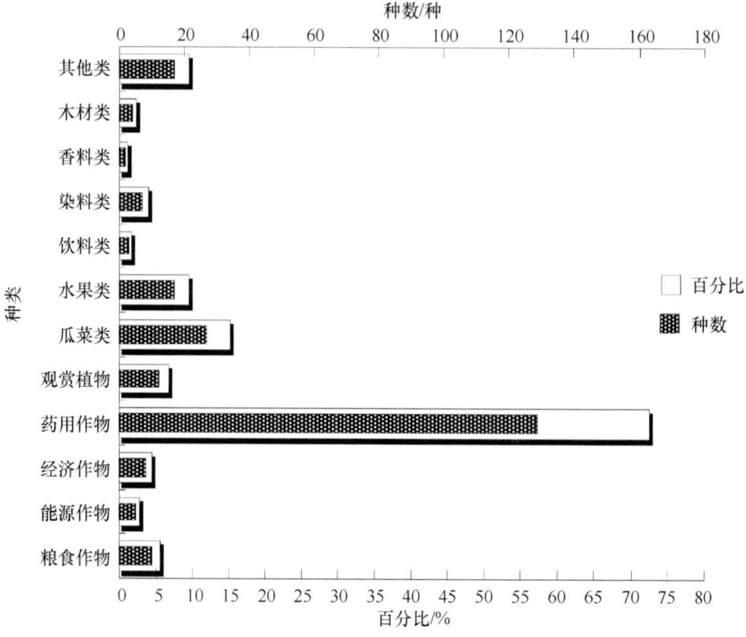

图 10-3-11　五指山方龙村农业植物利用分类基本数据

Fig.10-3-11　Percentage of or number of species by plant groups based on their agricultural usage in Fanglong of Wuzhishan

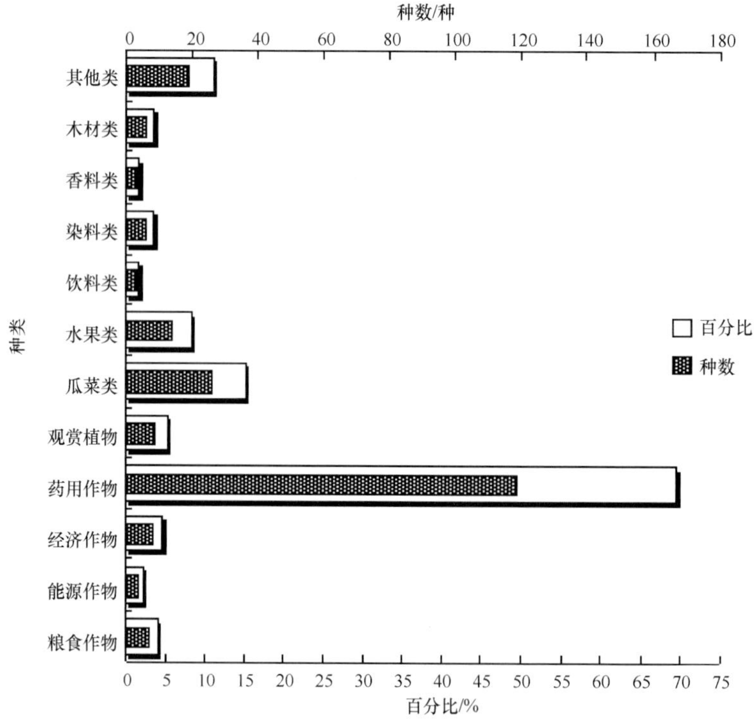

图 10-3-12　五指山新村农业植物利用分类基本数据

Fig.10-3-12　Percentage of or number of species by plant groups based on their agricultural usage in Xincun of Wuzhishan

(6)五指山水满村的农业植物资源利用特点

五指山水满村的农业植物资源共有 77 科 179 种，总体来看与新村的农业植物资源很相似，粮食作物有 7 种(种类与新村完全一样)；能源作物有 4 种(种类与新村完全一样)；经济作物有 7 种，与新村相比，没有花生和粉单竹；药用植物有 128 种；观赏植物有 8 种；瓜菜类有 21 种，其含有的种类五指山方龙村和新村均含有，且与那两个村一样都是野菜类居多；水果类有 19 种，在五指山的三个村中，水满村的水果种类最多，很多都是野生种，与保亭南梗村的情况比较相似，且 6 个研究区中只在这两个村发现有红毛丹的唯一近缘种海南韶子(*Nephelium topengii*)；饮料类有 3 种，它们是海南韶子、栽培咖啡、野生野茶；染料类有 6 种(所含种类与五指山方龙村的情况基本相似)；香料类有 1 种(土沉香)；木材类有 8 种；其他类 20 种。从图 10-3-13 可以看出：五指山水满村的农业植物资源的利用大小关系为药用植物＞瓜菜类＞其他类＞水果类＞观赏植物=木材类＞经济作物=粮食作物＞染料类＞能源作物＞饮料类＞香料类。

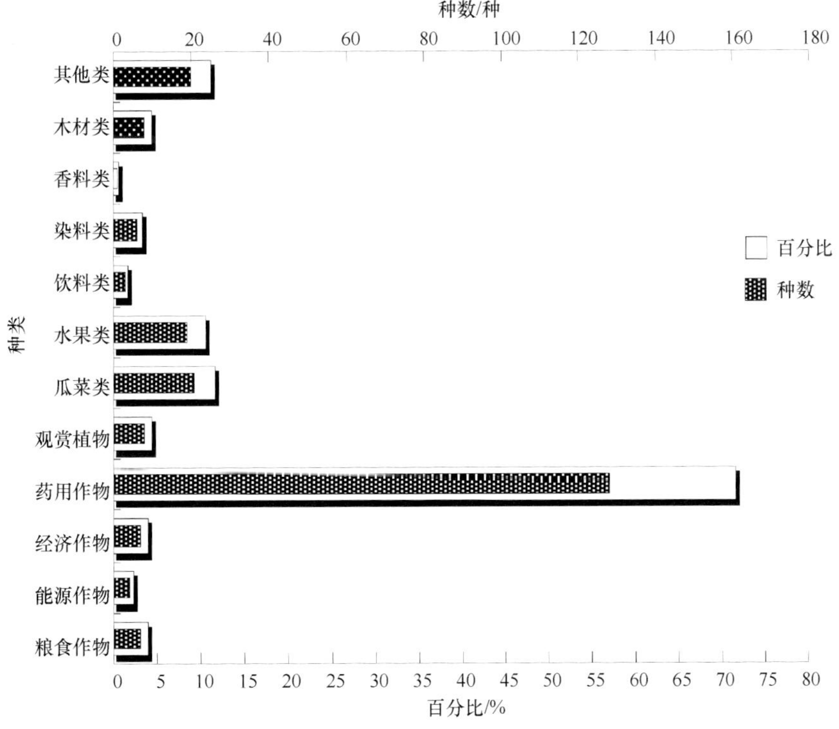

图 10-3-13 五指山水满农业植物利用分类基本数据

Fig.10-3-13 Percentage of or number of species by plant groups based on their agricultural usage in Shuiman of Wuzhishan

(7)海南中南部研究区农业资源利用总体特点

通过以上对各个村的农业植物资源利用分析来看，利用特点有很多相似之处，总体的表现都是药用植物资源丰富，其他各类资源有些变化，还有很多植物有两种或两种以上的利用方式。例如，最为常见的黄瓜、南瓜，它们除了做瓜菜外还有药用价值，黄瓜藤可以治疗高血压、黄水疮，果实治疗扁桃体炎、咽喉肿痛、小儿腹泻、下肢水肿、火烫伤等，南瓜子可以驱虫、通乳等。为了更好地突出整个研究区的农业植物资源利用特点，首先对6个村的农业植物资源种类总数进行相似性指数分析，然后再对上面六点分析各类植物资源的利用特点，并将最具有特色的民间药用植物单独讨论。表10-3-11为6个村的农业植物资源物种组成的相似性分析。

从表10-3-11中可以看出，三亚大茅村与保亭两个研究区的相似性指数普遍高于三亚大茅村与五指山的3个村的相似性指数，且三亚大茅村与保亭两个村的相似性指数差不多，均在0.5000左右，三亚大茅村与五指山的3个村的相似性指数为0.3000～0.4000；保亭南梗村与保亭抄芭村的相似性指数较高，达到了0.6316，保亭南梗村与五指山3个村的相似性指数都比较低，分别为0.3622、0.3316、0.3613；保亭抄芭村与五指山的方龙村、五指山新村的相似性指数均略高于保亭南梗村与它们的相似程度，保亭抄芭村与五指山水满村的相似性指数略低于保亭南梗村与五指山水满村的相似程度；五指山方龙村与五指山新村和五指山水满村的相似性指数都很高，与其他3个村的相似性指数从高到低为保亭抄芭村、三亚大茅村、保亭南梗村；五指山新村与五指山水满村的相似性指数最高，达到0.7143；五指山水满村与五指山其他两个村的相似性指数比较高，与其他村的相似程度均不超过0.4000，但相对而言与保亭南梗村的相似性更大一点。

比较了6个村的相似性指数我们来看看各类植物的利用情况，如表10-3-12所示。

表10-3-11　6个村的农业植物资源物种组成的相似性分析

Tab.10-3-11　Analysis of similarity in species composition of agricultural plants among six villages

	DM	NG	CB	FL	XC	SM
DM	1					
NG	0.4919	1				
CB	0.5021	0.6316	1			
FL	0.3769	0.3622	0.4000	1		
XC	0.3435	0.3316	0.3678	0.7049	1	
SM	0.3205	0.3613	0.3146	0.6779	0.7143	1

注：DM. 三亚大茅村；NG. 保亭南梗村；CB. 保亭抄芭村；FL. 五指山方龙村；XC.五指山新村；SM. 五指山水满村。

表10-3-12　6个村的农业植物资源利用统计简表

Tab.10-3-12　The statistical of agri-plants's utilization in six villages

类型	DM*	NG*	CB*	FL*	XC*	SM*
粮食(种数/%)	9/3.1	8/3.9	8/4.5	10/5.6	7/4.1	7/3.9
能源(种数/%)	3/1.0	4/2.0	3/1.7	5/2.8	4/2.3	4/2.2
经济(种数/%)	11/3.8	13/6.4	11/6.2	8/4.5	8/4.7	7/3.9
药用(种数/%)	162/56.0	145/71.4	129/72.9	129/72.5	119/69.6	128/71.5
观赏(种数/%)	26/9.0	17/8.3	16/9.0	12/6.7	9/5.3	8/4.5
瓜菜(种数/%)	42/14.5	34/16.8	37/20.9	27/15.2	26/15.2	21/11.7
水果(种数/%)	27/9 .3	21/10.3	16/9.0	17/9.6	14/8.2	19/10.6
饮料(种数/%)	5/1.7	4/2.0	2/1.1	3/1.7	3/1.8	3/1.7
染料(种数/%)	3/1.0	4/2.0	3/1.7	7/3.9	6/3.5	6/3.4
香料(种数/%)	3/1.0	4/2.0	3/1.7	2/1.1	3/1.8	1/0.6
木材(种数/%)	16/5.5	12/6.0	6/3.4	4/2.2	6/3.5	8/4.5
其他(种数/%)	52/18.0	17/8.3	9/5.1	17/9.6	19/11.1	20/11.2

注：DM. 三亚大茅村；NG. 保亭南梗村；CB. 保亭抄芭村；FL. 五指山方龙村；XC.五指山新村；SM. 五指山水满村。

通过表 10-3-12 可以看出，三亚沿海的农村，虽然也是少数民族村，但植物资源的利用方式最丰富。粮食作物的种类(不含品种)数各村相差不大，综合各村可以看出海南中南部研究区的主要粮食作物有稻、玉米、高粱、粟、番薯、甘薯、大薯、豆薯、竹芋等种类，但各个村含有的粮食作物品种各不相同，将在遗传多样性一节专门阐述；能源作物主要有麻疯树、野漆(果可以取腊)、海南梧桐(可以做灯油)、花生、蓖麻、乌榄(油料树种)、白背叶(种子可以榨油)几种；经济作物种类有所不同，但都种有椰子、龙眼、荔枝，其余有的村种橡胶，有的村种竹子，有的村种野生茶等；药用植物区别较大，很多是野生的，可能与其成长的环境有关；观赏植物主要是人工栽培的，如胭脂花等；瓜菜类主要有些常见的豆类、瓜类、叶菜类、茄科的茄子、辣椒等，在五指山地区和保亭南梗村，野菜比较多，野生水果也比较多，都分布有野生红毛丹的唯一近缘种海南韶子；饮料类除了栽培的咖啡外就是基及树、酸豆、野生茶、山苦茶等；染料主要与当地的民族习惯有关，如黎族人民用枫香做染料染黑色，海康钩粉草染红色，用姜黄染黑色做成当地的情人节(三月初三)吃的 3 色饭，村民用假蓝靛将布染成深蓝色等；香料类比教少，其中最有特色的是土沉香；木材类大茅村开发使用最多，与经济发展程度有着密切关系，但是在五指山的几个研究区村民庭院发现有移栽的著名树种降香黄檀；其他类比较杂，有做饲料的、牧草的等，不再详细叙述，主要对药用植物资源做重点分析。

5) 药用植物资源分析

根据上面对 6 个村的植物资源总种数的相似性分析，发现保亭的两个研究区、五指山的 3 个研究区之间的相似程度都很高，故分析药用植物和特色资源时都采用三亚、保亭、南梗 3 个研究区去分析。我们所调查的研究区都是少数民族居住的村庄，其村庄周围的民族药用植物相当丰富，下面分别对 3 个研究区调查的药用植物资源进行分析。

(1) 三亚研究区药用植物资源特点分析

根据统计三亚大茅村共有有药用价值的植物 69 科 162 种。其中包含蕨类植物 3 科 4 种，包括海金沙科(Lygodiaceae)的海金沙(*Lygodium japonicum*)(清热利尿)和小叶海金沙(*L. scandens*)(主治肝炎、肾炎)、凤尾蕨科(Pteridaceae)的凤尾草(*Vteris multifida*)(主治细菌性痢疾)及金星蕨科(Thelypteridaceae)的华南毛蕨(*Cyclosorus parasiticus*)(主治风湿关节痛)；裸子植物 1 科 1 种，为买麻藤科(Gnetaceae)的小叶买麻藤(*Gnetum parvifolium*)(主治蜈蚣咬伤)；被子植物 65 科 157 种。以科为单位对含 5 种及 5 种以上的科进行统计(党金玲等，2008)，含种类最多的科是菊科(Asteraceae)(10 种)，其次分别是大戟科(Euphorbiaceae)(8 种)、蝶形花科(8 种)、马鞭草科(Verbenaceae)(7 种)、姜科(Zingiberaceae)(7 种)、桑科(Moraceae)(5 种)、无患子科(5 种)、夹竹桃科(Apocynaceae)(5 种)和芸香科(Rutaceae)(5 种)，只在该地区分布 1 种的科较多，有 41 个，占被子植物总科数的 63.08%，表明大茅村的药用被子植物在科的分布上比较分散。这 157 种被子植物中包含有 8 种海南特有种［桃金娘科(Myrtaceae)的海南蒲桃(*Syzygium cumini*)、无患子科的细仔龙等］；6 种国家级保护植物，即瑞香科的土沉香、桑科的见血封喉(*Amtoaros toxicaria*)(其余 5 个研究区都没有发现)、白桂木(*Artocarpus hypargyreus*)和海南巴豆、无患子科的野生龙眼和野生荔枝。

2007 年中国医学科学院药用植物研究所海南分所编著了《南药园植物名录》，其中记载了海南省本地种和引种的植物共 201 科 1598 种(蕨类 19 科 34 种，裸子植物 8 科 23 种，被子植物 174 科 1541 种，其中包括了从未记载但民间使用的或珍贵的海南特有种 94 种)，注明了药用功能调查清楚、已经开发利用的植物和一些民间使用待开发的但未记载的植物，对于海南省药用植物资源检索、开发，新药用植物的判定有着极其重要的意义，现将我们调查的三亚大茅村的药用类植物种类与海南省《南药园植物名录》做比较，结果如表 10-3-13 所示。

表 10-3-13　三亚大茅村与南药园药用植物的比较

Tab.10-3-13　Family and species composition of different types of medicinal plant in South China Medicinal Plant Garden and Damao of Sanya

类群	南药园		三亚大茅村			
	科数	种数	科数	百分比/%	种数	百分比/%
蕨类植物	19	34	3	15.79	4	11.76
裸子植物	8	23	1	12.50	1	4.35
被子植物	174	1541	65	37.36	157	10.19
海南特有种	—	94	8	—	8	8.51
合计	201	1598	69	34.33	162	10.14

从表 10-3-13 可以看出，三亚大茅村的药用植物资源相当丰富，一个村所调查的药用植物资源从科数就占到了南药园药用植物科数的 34.33%，超过了 1/3，但是从种类来看只占到 10.14%，说明三亚每个科的药用植物资源还是比较少。分别从各个类群科的比例来看，三亚大茅村的被子植物使用得最多，占到 37.36%，蕨类与裸子植物在种类本来就相对少的情况下利用的数量也就很少了，分别只占了 15.79%和 12.50%，从种数来看裸子植物所占比例最小，这点跟裸子植物本来数量就很少有关系，蕨类种数所占的比例最大，说明总体上蕨类植物利用趋势与南药园更为相似。

除此之外，在我们这次调查的药用植物中还有一些是南药园没有记录的或仅记录种而没有说明其功用的，通过查阅其他的大量药用植物的文献、书籍，将 6 个村的这些药用植物进行分类：在民间有药用但未见文献记载(待深入调查)和只是在南药园名录中提到而不注明其具体药用的植物(待开发)，待开发的植物中有一部分我们调查到了药用价值，在表 10-3-14 标出我们调查的功效，一部分是我们没有调查到的，只在表 10-3-14 中标明南药园名录记载。

对大茅村的药用植物资源进行分类，发现在这 162 种植物中，有 24 种是待开发和待深入调查的(表 10-3-14)，其中无翼坡垒、蝴蝶树、海南巴豆、细仔龙为海南特有种，这 24 种植物中有 21 种是海南《南药园植物名录》没有记载的，21 种中有 3 种是当地药农提到的有药用价值的植物，即番荔枝科的细基丸(可以治肾炎)、蝶形花科的海南红豆(*Ormosia pinnata*)(可以治疗喉咙痛)、芸香科的贡甲(用来治疗内伤)，其余 18 种调查时没有记录到其药用价值，这 21 种资源是确定其有药用价值，应该根据其作用加强开发的。而大戟科的算盘子(*Glochidion puberum*)、木犀科的樟叶素馨和茄科的刺天茄 3 种是未见记载的，据调查是有民间药用的：据说算盘子可以治疗痢疾，樟叶素馨

(*Jasminum cinnamomifolium*)用来治疗牛皮癣，刺天茄(*Solanum indicum*)有毒但可以入药治疗喉咙痛，但是遗憾的是我们没能问出其具体药用部位以及如何用，这可能跟当地民众对黎族药用资源的保护意识以及语言的差异有关系，应组织医药方面的专家对这些药用植物进行调查，弄清其药用方式，有必要的话应该组织专业人员分析其药用机制。

表 10-3-14 三亚大茅村未记录和有待开发的民族药用植物

Tab.10-3-14 The medicinal plant resources which not recorded and need development of Minority in Damao of Sanya

种名	科名	种拉丁名	民间用法	状态
细基丸	番荔枝科 Annonaceae	*Polyalthia cerasoides*	南药园名录有记载，治肾炎	待开发
光叶紫玉盘	番荔枝科 Annonaceae	*Uvaria boniana*	南药园名录有记载，民间有药用	待开发
赤果鱼木	白花菜科 Capparidaceae	*Crataeva erythrocarpa*	南药园名录有记载，民间有药用	待开发
红瓜	葫芦科 Cucurbitaceae	*Coccinia cordifolia*	南药园名录有记载，民间有药用	待开发
钩枝藤	钩枝藤科 Ancistroladaceae	*Ancistrocladus tectorius*	南药园名录有记载，民间有药用	待开发
无翼坡垒	龙脑香科 Dipterocarpaceae	*Hopea exalata*	南药园名录有记载，民间有药用	待开发
阔叶蒲桃	桃金娘科 Myrtaceae	*Syzygium latilimbum*	南药园名录有记载，民间有药用	待开发
海南榄仁	使君子科 Combretaceae	*Terminalia hainanensis*	南药园名录有记载，民间有药用	待开发
蝴蝶树	梧桐科 Sterculiaceae	*Heritiera parvifolia*	南药园名录有记载，民间有药用	待开发
海南巴豆	大戟科 Euphorbiaceae	*Croton laui*	南药园名录有记载，民间有药用	待开发
树仔菜	大戟科 Euphorbiaceae	*Sauropus androgynus*	南药园名录有记载，民间有药用	待开发
算盘子	大戟科 Euphorbiaceae	*Glochidion puberum*	治疗痢疾	待深入调查
海南红豆	蝶形花科 Papilionaceae	*Ormosia pinnata*	南药园名录有记载，治疗喉咙痛	待开发
贡甲	芸香科 Rutaceae	*Acronychia oligophlebia*	南药园名录有记载，内伤药	待开发
海南山小橘	芸香科 Rutaceae	*Glycosmis hainanensis*	南药园名录有记载，民间有药用	待开发
细仔龙	无患子科 Saplndaceae	*Amesiodendron chinense*	南药园名录有记载，民间有药用	待开发
槟榔青	漆树科 Anacrdiaceae	*Spondias pinnata*	南药园名录有记载，民间有药用	待开发
樟叶素馨	木犀科 Oleaceae	*Jasminum cinnamomifolium*	治牛皮癣	待深入调查
毛茶	茜草科 Rubiaceae	*Antirhea chinensis*	南药园名录有记载，民间有药用	待开发
刺天茄	茄科 Solanaceae	*Solanum indicum*	有毒，但可以入药治咽喉炎	待深入调查
黄脉爵床	爵床科 Acanthaceae	*Sanchezia nobilis*	南药园名录有记载，民间有药用	待开发
莺哥木	马鞭草科 Verbenaceae	*Vitex pierreana*	南药园名录有记载，民间有药用	待开发
白藤	棕榈科 Palmze	*Calamus tetradactylus*	南药园名录有记载，民间有药用	待开发
刺轴榈	棕榈科 Palmze	*Licuala spinosa*	南药园名录有记载，民间有药用	待开发

(2)保亭研究区药用植物资源特点分析

根据进一步统计，保亭研究区有药用价值的植物共 83 科 225 种，在调查的药用植物资源中，蕨类植物有 6 科 6 种，分别为木贼科(Equisetacea)的笔管草(纤弱木贼，*Equisetum ramosissimum* subsp. *debile*)(黎族地区用其全草治骨折、尿路感染、感冒咳嗽、胆结石)、海金沙科的海金沙、凤尾蕨科的凤尾草、铁角蕨科(Aspleniaceae)的(鸟)巢蕨(*Neottopteris nidus*)(全草强筋壮骨、活血祛淤)、金星蕨科的华南毛蕨和国家Ⅱ级保护植物黑桫椤(*Cyathea podophylla*)(叶主治跌打损伤，全株主治风湿骨痛)；裸子植物 2 科 2 种，苏铁科的海南苏铁和罗汉松科(Podocarpaceae)的竹叶松(*Podocarpus imbricatus*)(枝叶主治风湿、骨折，果实主治关节红肿、水肿)，它们均为海南特有种，其中海南苏铁属于国家 1 级渐危保护植物；被子植物有 75 科 217 种，对其进行统计分析发现列在前 8 位的科分别是：蝶形花科(15 种)、大戟科(14 种)、菊科(13 种)、姜科(9 种)、芸香科(7 种)、无患子科(7 种)、伞形科(Umbelliffrae)(7 种)、茜草科(Rubiaceae)(7 种)，37 个只在该地区分布 1 种的科，差不多是被子植物总科数的一半，可见其被子植物在科的分布上比大茅村要集中。同样将保亭两个研究区的药用植物资源汇总与南药园药用植物进行比较，得到的结果如表 10-3-15 所示。

表 10-3-15 保亭研究区与南药园药用植物的比较

Tab.10-3-15 Family and species composition of different types of medicinal plant in South China Medicinal Plant Garden and Baoting demonstration

类群	南药园		保亭南梗村、抄芭村			
	科数	种数	科数	百分比/%	种数	百分比 /%
蕨类植物	19	34	6	31.58	6	17.65
裸子植物	8	23	2	25.00	2	8.70
被子植物	174	1541	75	43.10	217	14.08
海南特有种	—	94	12	—	14	14.89
合计	201	1598	83	41.29	225	14.08

通过以上对比，发现保亭研究区比三亚研究区的药用植物更丰富，科的比例占到了 41.29%，种的比例也达到了 14.08%，对比被子植物前 8 位的科可知保亭的药用植物在科的分布上相对集中，即每个科所含的药用植物种类更多，蕨类植物所占比例也比较高，在保亭发现了 6 科蕨类植物，占南药园植物的 31.58%，裸子植物也比三亚要多，且两种都是海南特有种，在此基础上也进行民间药用植物的查阅、核对，结果发现了这些药用植物中包含了 15 种民间药用，但未见记载或仅记录民间有药用而未开展深入研究的药用植物(表 10-3-16)。

从表 10-3-16 可知，这 15 种植物隶属于 13 科 14 属，其中 5 种未见记载，当地人在用的植物分别为葫芦科的爪哇帽儿瓜(全草做催吐剂)、大苞栝楼(当地医生称其果实润肺化痰、散结滑肠，种子润肺滑肠，块根清热解毒、催吐截疟)、马鞭草科的白花赪桐(根、叶清热)、紫金牛科的钝叶紫金牛(据说其根可入药)和山茱萸科单室茱萸(当地村民说其可以入药)，这些有待进一步的调查核实，其余 9 种在《南药园植物名录》中均有记录(我们调查到其中的红叶下珠可以治疗肝炎），这些资源有待开发，综上可见保亭黎族地区具有很丰富的药用资源和较大的开发利用前景。

表 10-3-16 保亭研究区文献未记载，当地人在用的民族药用植物

Tab.10-3-16 Undocumented medicinal plant resources being used by local people in Baoting

种名	科名	种拉丁名	民间用法	状态
膜叶嘉赐树	天料木科 Samydaceae	*Casearia membranacea*	南药园名录有记载，民间有药用	待开发
爪哇帽儿瓜	葫芦科 Cucurbitaceae	*Mukia javanica*	全草做催吐剂	待深入调查
大苞栝楼	葫芦科 Cucurbitaceae	*Trichosanthes bracteata*	果实润肺化痰、散结滑肠，种子润肺滑肠，块根清热解毒、催吐截疟	待深入调查
水竹蒲桃	桃金娘科 Myrtaceae	*Syzygium jambos*	南药园名录有记载，民间有药用	待开发
阔叶蒲桃	桃金娘科 Myrtaceae	*S. latilimbum*	南药园名录有记载，民间有药用	待开发
红叶下珠	大戟科 Euphorbiaceae	*Phyllanthus ruber*	南药园名录有记载，全草治疗肝炎	待开发
距瓣豆	蝶形花科 Papilionaceae	*Centrosema pubescens*	南药园名录有记载，民间有药用	待开发
海南山小橘	芸香科 Rutaceae	*Glycosmis hainanensis*	南药园名录有记载，民间有药用	待开发
细仔龙	无患子科 Saplandaceae	*Amesiodendron chinense*	南药园名录有记载，民间有药用	待开发
槟榔青	漆树科 Anacardiaceae	*Spondias pinnata*	南药园名录有记载，民间有药用	待开发
单室茱萸	山茱萸科 Cornaceae	*Mastixia alternifolia*	可以入药	待深入调查
钝叶紫金牛	紫金牛科 Myrsinaceae	*Ardisia obtuse*	根可以入药	待深入调查
白花赪桐	马鞭草科 Verbenaceae	*Clerodendrum japonicum* var. *album*	根、叶清热	待深入调查
短柄吊球草	唇形科 Labiatae	*Hyptis brevipes*	南药园名录有记载，民间有药用	待开发
露兜草	露兜树科 Pandanaceae	*Pandanus Austrosinensis*	南药园名录有记载，民间有药用	待开发

(3) 五指山研究区药用植物资源特点分析

综合五指山三个研究区的信息，统计出五指山研究区的药用植物资源共有 87 科 246 种，蕨类植物 9 科 10 种，与保亭研究区相比多了 3 科 4 种，分别为木贼科的木贼(地上部分有疏风散热、止血的功能)、石松科(Lycopodiaceae)的千层塔(*Lycopodium serratum*)(孢子及植株可治疗跌打损伤、肿胀、精神分裂等疾病)、七指蕨科(Helminthostachyaceae)的七指蕨(*Helminthostachys zeylanica*)(主治痨热、痢疾、跌打损伤、淤血疼痛等)以及苹科(Marsileaceae)的苹(*Marsilea quadrifolia*)(水稻田中难除的杂草，可供药用，治疗热疮和蛇毒)；裸子植物 1 科 1 种，为海南苏铁；被子植物有 77 科 235 种，占有最多种类的科是菊科(14 种)，10 种以上的科有 5 个，分别为菊科、大戟科(13 种)、蝶形花科(11 种)、茄科(11 种)、禾本科(11 种)，排名第十的天南星科有 7 种，只在该地区分布 1 种的科仅为 30 科，占被子植物总科数的 38.96%，可见五指山的药用被子植物在科的分布上比较集中。五指山的 246 种药用植物中有 8 种海南特有种，有姜科的草豆蔻(*Alpinia katsumadai*)和海南假砂仁(*Amomum chinense*)，茜草科的海南玉叶金花(*Mussaenda hainanensis*)等(表 10-3-17)。

从表 10-3-17 可以看出，五指山研究区的蕨类药用植物利用得最充分，占总科数的 47.37%，种的比例也占到了 29.41%，其次是被子植物，裸子植物最少，在五指山研究区只发现 1 种药用裸子植物，总体来看药用植物资源占南药园植物的比例很大，科的比

例占了 43.28%，种的比例为 15.39%(与保亭相比高了 1.31%)。在此基础上进一步查阅文献，发现了 18 种未记录和有待开发的药用植物(表 10-3-18)，海南柄果木和海南假韶子是海南特有种。18 种中有 6 种是无文献记载的，它们是当地人用来治疗牛皮癣的樟叶素馨、夹竹桃科的蓝树(其根和叶用来治疗跌打损伤)和帘子藤(果泡酒可治风湿)、治疗四肢麻木的细脉斑鸠菊、治疗妇科病的长蒴母草、马钱科的胡蔓藤(做兽药)，12 种《南药园植物名录》有记载但只记其名的植物也应加强研究，开发这些药用资源的药用价值。

表 10-3-17　五指山研究区与南药园药用植物的比较

Tab.10-3-17　Family and species composition of different types of medicinal plant in South China Medicinal Plant Garden and Wuzhishan demonstration

类群	南药园		五指山研究区			
	科数	种数	科数	百分比%	种数	百分比%
蕨类植物	19	34	9	47.37	10	29.41
裸子植物	8	23	1	12.50	1	4.35
被子植物	174	1541	77	44.25	235	15.25
海南特有种	—	94	7	—	8	8.51
合计	201	1598	87	43.28	246	15.39

表 10-3-18　五指山研究区文献未记载，当地人在用的民族药用植物

Tab.10-3-18　Undocumented medicinal plant resources being used by local people in Wuzhishan

种名	科名	种拉丁名	民间用法	状态
膜叶嘉赐树	天料木科 Samydaceae	*Casearia membranacea*	南药园名录有记载，民间有药用	待开发
橄树	大戟科 Euphorbiaceae	*Aporosa yunnanensis*	南药园名录有记载，民间有药用	待开发
海南柄果木	无患子科 Saplandaceae	*Mischocarpus hainanensis*	南药园名录有记载，民间有药用	待开发
海南假韶子	无患子科 Saplandaceae	*Paranephelium hainanense*	南药园名录有记载，民间有药用	待开发
胡蔓藤	马钱科 Loganiaceae	*Gelsemium elegans*	可作兽药，有驱虫/健胃/快肥的效果	待深入调查
樟叶素馨	木犀科 Oleaceae	*Jasminum cinnamomifolium*	治牛皮癣	待深入调查
蓝树	夹竹桃科 Apocynaceae	*Wrightia laevis*	根和叶供药用，治跌打/刀伤	待深入调查
帘子藤	夹竹桃科 Apocynaceae	*Pottsia laxiflora*	果泡酒可治风湿	待深入调查
细脉斑鸠菊	菊科 Compositae	*Vernonia andersonil*	治疗四肢麻木	待深入调查
长蒴母草	玄参科 Scrophulariaceae	*Lindernia anagallis*	治疗妇科病	待深入调查
美叶菜豆树	紫葳科 Bignoniaceae	*Radermachera frondosa*	南药园名录有记载，民间有药用	待开发
海南老鸦嘴	爵床科 Acanthaceae	*Thunbergia hainanensis*	南药园名录有记载，民间有药用	待开发
苦梓	马鞭草科 Verbenaceae	*Gmelina hainanensis*	南药园名录有记载，民间有药用	待开发
龟背竹	天南星科 Araceae	*Monstera deliciosa*	南药园名录有记载，民间有药用	待开发
刺轴榈	棕榈科 Palmae	*Licuala spinosa*	南药园名录有记载，民间有药用	待开发
大叶蒲葵	棕榈科 Palmae	*Livistona saribus*	南药园名录有记载，民间有药用	待开发
刺葵	棕榈科 Palmae	*Phoenix hanceana*	南药园名录有记载，民间有药用	待开发
光叶仙茅	仙茅科 Hypoxidaceae	*Curculigo glabrescens*	南药园名录有记载，民间有药用	待开发

对 3 个研究区的药用植物资源特点进行分析，结果表明：从物种组成上来看，药用植物总资源最丰富的是五指山研究区(246 种)，其次是保亭研究区(225 种)，药用资源最少的是三亚(162 种)。从药用植物资源的各个类群来看，五指山的蕨类(10＞6＞4)和被子植物(235＞217＞157)最丰富，保亭发现的裸子植物最多，虽然只有两种但都是海南特有种。从被子植物科的分布来看，三亚排在前五位的科为菊科＞大戟科=蝶形花科＞马鞭草科＞姜科，保亭的为蝶形花科＞大戟科＞菊科＞姜科＞芸香科=无患子科=伞形科=茜草科，五指山的为菊科＞大戟科＞蝶形花科＞茄科＞禾本科，可见不管在哪个研究区菊科、大戟科、蝶形花科都占优势，而相对而言这些药用植物在科中的分布三亚最分散(41 科只在该地区分布 1 种，占被子植物总科数的 63.08%)，其次是保亭(只在该地区分布 1 种的有 37 科，占 49.33%)，科中分布最集中的是五指山(只在该地区分布 1 种的有 30 科，占 38.96%)，说明三亚研究区的物种更脆弱，因为种的消失就意味着只在该地区分布 1 种的科的消失。

与《南药园植物名录》比较并统计未记载及待开发的药用植物资源，显示保亭的海南特有种最丰富(14 种)，三亚含有未记载和待开发的药用植物资源最丰富(24＞18＞15)，但未记载的种类五指山最多，为 6 种；保亭其次，有 5 种；三亚最少，只有 3 种。这可能跟三个地区的发展状况有关，越发达的地区资源开发得越多，没被发现的资源越少(表 10-3-18)。

除此之外，在三个地区还发现了一些有特色的药用类植物，主要如下所述。

海南地不容。海南特有种。它是一种珍贵的药材，目前文献记载(戴好富等，2008)的药用功能为：块茎，清热解毒、镇痛。《海南药用植物现代研究》中也提到了海南地不容的药用原理和一些用法，但没提到品种是否有区别。该物种在保亭研究区和五指山研究区都有分布，深为当地人所喜爱，可药用也可做庭院观赏，具有巨大的发展潜力，在民间用它来治疗很多种疾病，特别是脓疮。这种植物在自然界中还形成了三个品种(品种是在人类种植培育过程中形成的，或称为变种更合适，但目前还没有这方面的记录，所以在本书中还是称其为品种。具体品种见农业植物资源品种遗传多样性分析)，海南地不容主要分布在森林中，需要一定的遮阴。

土沉香(白木香)。国家 2 级稀有、重点保护植物。不仅是很好的园林绿化植物、香料，同时也是非常高级、珍稀的药用植物，其药用部位为茎上结的沉香，含有树脂的木材主治胸腹胀闷疼痛、胃寒呕吐、肾虚气逆喘急(中国医学科学院药用植物研究所海南分所，2007)。这一物种在五指山研究区和三亚大茅村都有分布，其中大茅村村后的山丘里有自然分布种，因此如果有足够的土地，在大茅村可以发展白木香种植业。

鸦胆子和长春花。这两种植物都可以做观赏植物，同时又具有很好的药用价值，两种植物在三亚和保亭研究区都有分布。鸦胆子药用部位是果，果实清热解毒、截疟、止痢(《全国中草药汇编》编写组，1975)，生长在中性环境中，需要一点遮阴，不耐旱，在自然界中多分布在灌木林中，且在有一些遮阴的环境中长得好一些，但果期需要阳光。长春花，全草入药，降血压，治疗白血病、癌症等。它是热带沿海发育较好的植物，为阳性植物，但要获得收割丰收，必须开展长春花生长与水分的研究工作，特别是要搞清楚在什么样的土壤水分环境中，长生最好，最丰收等。这两种植物都是新兴药用植物，具有很大的发展潜力。

海南苏铁。海南特有种，国家1级渐危、重点保护植物。既是良好的观赏植物又是珍贵的药用植物，其叶治疗胃出血、高血压、神经痛、闭经、癌症；花序治疗胃痛、遗精、白带、痛经；种子平肝降压；根补肾、祛风活络(中国医学科学院药用植物研究所海南分所，2007)。保亭和五指山研究区都发现其分布，但五指山分布较广一些，主要生长在次生林、次生灌木林的环境中，较耐阴植物，长大后需要一定的阳光。在水满新村人工移种的植株发育非常好，可结合水满乡旅游业保护，研究和开发这种资源。

益智。海南四大南药之一。果实有暖胃、温脾、摄唾涎、缩小便的功能(戴好富等，2008)。在三个研究区都有分布，但是保亭研究区更多，特别是南梗村种有较大面积的益智，但管理不到位，多数是种而不管，产量低，市场也打不开，属于种多少，自然结多少，能卖多少就是多少的最低级农业经济模式。益智是耐阴植物，一定遮阴的坡地环境生长较好，应该关注这一种植业的形成与壮大。

海南假砂仁(土砂仁)。海南特有种。这是另一四大南药春砂仁(*Amomum villosum*)的近缘种。海南假砂仁果实药用，安胎(《广东中药志》编写组，1996)，在五指山和保亭研究区内都有分布，在保亭南梗村次生林环境中生长良好，春砂仁在广东(阳春)发展得很成功，相信海南假砂仁也具有巨大发展潜力。

海南草珊瑚(*Sarcandra hainanensis*)。为草珊瑚(*Sarcandra glabra*)的近缘种。海南草珊瑚可治疗咽喉炎，全株消肿止痛、通利关节、接骨，在五指山和保亭研究区内都有分布，主要生长在林下，属阴生植物，五指山研究区的生长最好，草珊瑚产业在江西做得很成功，而海南草珊瑚在海南仅是民间应用，没有人开展研究工作。可以试着在海南发展海南草珊瑚的产业。

两面针。在保亭和五指山研究区内都发现有分布，主要生长在次生林环境中，在林中一定遮阴的环境中生长良好。这一物种的产业在广西发展得很好，具有较大的潜力，但在海南仅药农用来治牙痛病。

牛大力。为蝶形花科藤本植物，在保亭抄芭村有分布。为著名的中药植物(壮阳)，主要生长在灌木林环境中，为中性植物，没有形成种植业。另外，当地农民还应用一种木本小乔木为壮阳药，他们也称其为牛大力，据说壮阳功能比藤本牛大力更强，经鉴定为紫草科(Nyctaginaceae)的胶果木(*Pisonia umbellifera*)，如果村民说的功能属实，其开发价值将会很大。

总之，海南中南部研究区的药用植物相当丰富，特色药用植物也很多，当地药用植物具有较大的发展潜力。

6)特色农业植物资源的分析

通过以上对各类植物的特点分析，发现在三个研究区都有一些特色的农业植物资源，它们是具有巨大发展潜力的野生种、栽培种、栽培变种及重要物种的近缘种(药用植物在上节中已分析过，在此不再重复，也不详细叙述作物的品种，具体见农业植物资源遗传多样性分析)，下面将按照上节利用方式的分类来分别表述。

(1)粮食作物

粮食作物中最有特色的是山栏稻和野生稻。

山栏稻是在原始时代，黎族人民根据海南特殊的自然环境培育出的适于旱地的旱稻品种，其米质白，黏性强，芳香可口，并可以酿山栏酒，主要用在重大节日或招待贵宾(黄春燕等，2015)。其最大的优点是抗旱性强(若能将其抗旱机制研究透彻，运用传统方法与水稻杂交育种或运用现代分子育种的方法从中提取抗旱基因，得到高产抗旱的稻种，将对中国乃至世界粮食问题的缓解产生重大影响)。但是由于其种植需要大量的烧山，破坏生态环境且产量低，所以在海南禁止种植，禁种后其品种大量失传。所幸的是在我们调查的研究区都发现了糯稻和黏稻两个类型的丰富的山栏稻品种，在三亚我们发现了两种山栏稻品种，在保亭南梗村一农户家里就存有 14 个品种，在保亭研究区内有 18 个品种，其中有 4 个在种植，有部分已经失传，在五指山研究区发现 11 种山栏稻品种的腊叶标本(五指山农业局提供)，问题是保存条件有限，很多山栏稻种子都已经被老鼠吃掉，该问题应引起注意，想出妥善保存和合理利用的方法。

野生稻，长期在野生环境下生长，在不良环境的自然选择下，形成了很多有利的基因变异类型，抗逆性强，具有胞质雄性不育、节间生长能力强等优良性状，1973 年“杂交水稻之父”袁隆平以海南的普通野生稻为雄性不育系，成功育种了三系杂交水稻，使中国的粮食问题得到极大的缓解(吴妙荣，1990)，可见野生稻的价值之巨大。在我们调查的研究区内，发现了两种野生稻资源，一种是疣粒野生稻，生长在灌木林的林缘环境中，为中性植物，是国家 2 级保护植物，在保亭抄芭村保护区周围有分布，遗憾的是我们在保亭调查时，却发现有一个普通野生稻的保护点被完全破坏，建议相关部门追查此事，并加强野生稻的保护。另一种是保存于五指山农业部门的小粒野生稻的腊叶标本，在《海南植物志》中记录了该种野生稻种，学名为 *Oryza minuta*，但近年的报道中，常认为中国只有三种野生稻：普通野生稻(*Oryza rufipogon*)、药用野生稻(*Oryza officinalist*)和疣粒稻(*Oryza meyeriana*)，没有小粒野生稻的报道。从实物来看，小粒野生稻与疣粒野生稻较接近，据海南省农业厅能源保护站符少华的描述，小粒野生稻叶子带红色，与疣粒野生稻有差别，由于这一次没有看到活的小粒野生稻标本，只采集到腊叶标本，还比较难确定，有待进一步研究。

其他的就是一些粮食作物的品种，如水稻的品种：黑糯品种(三亚研究区内，城里人喜欢用其煮黑米粥做早餐，营养丰富。该作物为当地自留种，适应性好，产量为 200～300 斤/亩，如果以原种为材料，通过人工培育出高产优质的品种，是很有发展前景的)、香糯和红糯品种(保亭研究区内，是市场上少而奇的粮食作物品种，具有很大的发展潜力)；玉米的品种：水玉米(为大茅村的一种自留种子的甜玉米品种，也是目前城市居民喜欢的食品之一，只要产量能提高，潜力也是巨大的)等。

(2)能源作物

能源作物中的特色植物主要为麻疯树、木薯和竹芋。

麻疯树种子含油量高，种仁含油约 50%，目前国内外利用强酸、强碱或复合固定化脂肪酶催化麻疯树籽油和甲醇酯化可以转化得到生物柴油(高静，2009)，是一种良好的生物能源树种。麻疯树是在海南农村各地都能生长的阳生树，在三个研究区中均有分布，目前在农村多为田地的绿篱树，没有将其应用于生物能源的生产，并且在自然条件下，麻疯树果产量很低，如果能通过改良育种，选育出高产的品种，提高果实产量，用于生物柴油的生产，那么将是很有发展潜力的生物能源。

木薯中含有大量的淀粉，加工出来的木薯粉是饲养肉猪的良好饲料(梁明振等，2008)，木薯淀粉加工的下脚料木薯渣能够产生大量乙醇，能用于乙醇的生产，加工成“木薯汽油”，2008 年 4 月 1 日“木薯汽油”在广西成功启动，湖北、河北、江苏、江西、重庆五地也在发展非粮乙醇汽油，为中国的替代能源打开了新的格局(杨海霞，2008)。木薯在海南中南部三个研究区内均有种植，但主要用于加工饲料，在已经有先例的情况下，海南应该大力开发“木薯汽油”产业。

竹芋中含有大量淀粉，它不仅是一种粮食作物、动物的饲料，也是生产有机酸、燃料乙醇等的优良原料，目前并没有用于能源的生产，不过其具有很大的发展成为粮食乙醇汽油的潜力(陈晓等，2008)。在海南三亚、保亭、五指山区均有分布，但目前保留种源很少，应加强保护、研究与应用。

(3) 水果类

水果类中特色的植物主要有木奶果、野生龙眼、野生荔枝、海南韶子、葡萄和野生香蕉。

木奶果，在保亭和五指山研究区有分布，这一野生水果为当地人较喜欢的水果，黎族地区用其果治黄疸肝炎、肠炎、皮肤脓疮，有些学者正在开展它的药用方面的研究工作，它还有一个特色是老茎开花，生长在森林环境中，也是很好的观赏植物，由于其兼具水果、药用和观赏功能，还是很有发展前景的(刘明生，2008)。

在《中国珍稀濒危植物保护名录》中注明野生龙眼、野生荔枝都是国家Ⅱ级渐危保护植物，均可以做水果，在 3 个研究区中均有分布。野生龙眼为栽培种龙眼的近缘种，与龙眼一样晒干后为桂圆，具有益脾健脑的功效，主要分布在次生林或灌木的林缘环境中(肖培根等，2002)。野生荔枝在保亭分布最广，特别是南梗村，分布有株数密度较大的野生荔枝种群，且老树龄的植株很多，次生林林缘的环境较适宜它的生长。

海南韶子是红毛丹的近缘种，当地人称之为野生红毛丹，在保亭和五指山研究区有分布，发现的植株生长在橡胶林林缘环境。红毛丹是著名的热带水果，目前在海南仅保亭县种植，是该县的名牌产品之一。海南韶子与红毛丹近缘关系最近，是否能在海南韶子上找到一些优良的特性，是值得关注的问题。

葡萄和野生香蕉都是在五指山研究区发现的，葡萄为北方种类，在海南较少有栽培植株，在新村一家农户的庭院里有一株生长良好，由于环境与北方差别很大，应有较大的差异性，希望能得到重点保护，如果能培育出优良的、能在南方生长的葡萄，那其价值就不可估量了。野生香蕉为栽培香蕉的同源种，喜欢生长在山坡潮湿的环境中，能形成以它为优势的小群落，最特别的是在五指山研究区我们发现由一药农采集的分布在五指山深山里的野生附生香蕉，据药农称该香蕉是附生的，这在海南是绝无仅有的发现，这些野生香蕉一定具有一些独特的基因，有必要开展深入的研究。

(4) 饮料、染料类

饮料类的特色植物包括在三亚大茅村发现的野生山苦茶(鹧鸪茶)和酸豆、保亭南梗村发现的野生茶、五指山研究区的野生茶。

三亚研究区发现的野生山苦茶(鹧鸪茶)，尽管海南其他地区也有分布，但自然分布数量不多，没有一个地方能形成产业。该植物多分布在坡地灌木林环境中。种植并开发出有影响的产品，应该比较容易，潜力还是巨大的。就三亚来说，酸豆是很好的园林绿化植物，实际上它还是甜酸性饮料的材料，但目前并没有开发，如果有公司做酸豆的饮料课题，应具有巨大的发展潜力。酸豆在三亚周边的农村已经有相当长的栽培历史，但却没有一家把它的产品开发出来，如果能在酸豆上做文章，可能会获得成功。

野生茶为目前栽培茶的同源种，在保亭南梗村和五指山研究区都有发现。五指山的野生茶从该地区的农村周边一直分布到深山里，可生长在农村周边的灌木林中，也能生长在原始林环境中，为中偏阳性小乔木或灌木类植物。茶质品味很好，目前已经有一定的影响，有实力的公司进入与当地农民合作，加强包装和宣传的力度，发展潜力巨大；保亭南梗村的野生茶，主要生长在灌木林环境中，尽管没有五指山地区多，但不同区域的种类在品味上一定会有差异，值得保护和开发。

染料类的特色植物当数五指山研究区染三色饭的 3 种染料，即用来染黄色的黄姜、染黑色的枫香和染红色的山蓝属(*Peristophe*)植物，这 3 种染料与黎族的"三月三"节日合在一起就很具有民族特色，在五指山这个旅游胜地，若能将三色饭加工包装成小吃，其发展潜力还是很大的。

(5)瓜菜类

瓜菜类主要为一些野菜，包括三亚和保亭研究区发现的量天尺，目前人们在高级宾馆中食用的霸王花汤中的花就是量天尺的花，但由于自然条件下量天尺产花量很低，形成不了产业，如果能通过育种改良，在栽培条件下增加产花量，这是潜力巨大的产业之一。

还有主要分布于各研究区的一些野菜，但是开发力度不一样。例如，伞形科的积雪草(*Centella asiatica*)，又称崩大碗，在田埂边野生，五指山区称之为雷公根，用来煮汤喝，清热解毒。菊科的两色三七草(*Gynura bicolor*)被当地称为鹿舌菜等，很受欢迎，在其他两个研究区也有分布，但没有五指山利用程度强。这些野菜在其他市县的一些野菜店里通常是找不到的，因此很有开发潜力。

除此之外，还有一些特色的豆类，如饭豆、棉豆、菜豆、荷兰豆等都是当地的自留种豆类，在市场上很少见，有些已经失传，应收集其种质资源，并作为民族特色的菜类进行推广。

(6)观赏植物

三亚大茅村为三亚市管辖的少数民族村庄，理应受三亚市发展的影响，但从调查结果来看，这方面的信息还比较少。该村一些农户的门前屋后栽种的植物有很多是野生的植物种类，也是很好的城市绿化植物，主要有赪桐、野牡丹、桃金娘、重阳木、土坛树、鹊肾树、酸豆、土沉香(白木香)、无翼坡垒和蝴蝶树等。尤其是无翼坡垒和蝴蝶树，无翼坡垒是三亚独有的植物，为小乔木类植物，树冠树形都很优美，蝴蝶树是海南热带雨林代表性植物，树体高大，板根突出，树形优美，为郊区农村的上好绿化植物。

降香檀，为国家Ⅱ级渐危植物，在保亭南梗村和五指山研究区均有发现。其是很好的木材不用再说，但是我们在五指山方龙村看到的栽培在园中的降香檀，其树形也是很优美的，如果能像重阳木一样发展成园林绿化植物，一方面可以有效保护该树种，另一方面可以观赏并成为储备木材，是很有意义的。

除上述的一些植物类外，还有一些农业栽培种的当地自留品种，如番薯、木薯、竹芋、玉米、豆类、瓜类植物等，也是未来栽培种改良的遗传物质基础，具有潜在的发展前景，希望加强保护。

3. 特点与讨论

由于研究某个群落时，无法对一个群落的整体进行全面的研究，为了以尽可能低的代价获得较高的信息量，有必要采用取样分析的方法，目前常用的取样方法有样地取样法和无样地取样法，无样地取样法是 20 世纪中叶迅速发展并广泛应用的取样技术，其中的中心点四分法是最简单有效的方法。本案例即采用无样地取样法的中心点四分法，在村庄周围的植被总体为非长条形的情况下，每个村庄选取 20 个左右的中心点数据，以便尽量全面地记录研究区的农业植物资源。由于农作物资源是有季节性的，若样地调查需要分不同的季节分几次做重复调查，耗时要三年左右，为了更好地收集农作物资源及品种，本调查主要采用无样地调查、参与性乡村评估法和问卷调查的方法，让村民参与、收集不同季节的作物种子，取得了理想的效果。

生态系统是从较大的方面反映农业植物多样性的方法，在《试论农业生态系统的多样性》中提到农业生态系统可以分为人工生态系统和自然生态系统，而人工生态系统又可以根据不同的情况细分。我们依据当地农业土地利用图、卫星影像图、地形图及野外实地调查结果，将 6 个村的生态系统分成 4 类：农地生态系统、园地作物生态系统、林地生态系统和庭院作物生态系统。4 类生态系统在 6 个村的组成各不相同，三亚大茅村的农地生态系统面积最大，保亭南梗村和五指山的 3 个研究区都是林地生态系统面积最大，保亭抄芭村的园地作物生态系统面积最大，反映了各地的发展状况，即越发达的地区林地生态系统面积被其他生态系统占用得越多。

将我们调查的农业植物资源进行统计，发现三亚大茅村共记录农业植物资源 89 科 289 种；保亭南梗村共记录农业植物资源 71 科 203 种；保亭抄芭村共记录农业植物资源 64 科 177 种；五指山方龙村共记录农业植物资源 71 科 178 种；五指山新村共记录农业植物资源 77 科 171 种；五指山水满村共记录农业植物资源 77 科 179 种。农业植物资源物种多样性的一个表现方面是农业植物资源的利用状况，刀志灵等（2000）在研究百花岭村的农业植物多样性时将调查的植物按用途分为药用、蔬菜、水果、观赏、调料及其他，其中药用植物占 23%，是利用途径中物种数最多的。本研究将 6 个研究区的植物分为粮食作物、经济作物、药用植物、瓜菜类、水果类等 12 类，结果发现不管哪个村其药用植物资源所占比例都是最大的，其余类别的利用种数排名各不相同，可见农业植物资源中的药用植物资源应引起足够的重视。

海南中南部研究区的农业植物资源的遗传性比较丰富，很多的稻类、瓜菜类、水果类具有不同的品种，如记录的保亭南梗村的山栏稻品种就有 18 个，这些品种都是当地农民的自留种，分籼稻和糯稻两大类，各个品种在有无芒、米壳的颜色、茎秆高低等方面有差别，是很珍贵的旱稻品种。龚志莲等（2001）研究西双版纳地区旱稻品种多样性中提到品种资源的多样性可以从籼、糯，壳色，芒，高矮秆等形态和农艺性状方面去研究。

此外，还有在保亭抄芭村一农户的荔枝、龙眼园里的一小块地上发现了 4 种不同的茄子，这些茄子都结有果，其叶的大小、颜色不完全一样，有的叶上有刺，有的叶上无刺，果的颜色大小也不一样，表现出很强的遗传多样性。

(二)海南中部山区自然生态系统与人工生态系统中的野生植物多样性比较研究——以什运乡为例

海南中部山区是海南岛主要江河的发源地，是重要的水源涵养区，又地处海南岛的中部，是岛屿生态系统的“核心”，在保持水土、调节全岛气候、维持全岛生态平衡等方面具有重要作用。但同时海南中部山区社会经济发展落后，海南大部分的贫困人口集中在中部山区。由于生活贫困，不合理的资源利用方式，如砍伐天然林种植经济作物，不断破坏着当地的生态环境，造成中部山区生态系统服务功能下降，日益威胁到海南中部山区及全岛的生态安全和经济的发展。随着中部山区人口的增加和经济的发展，海南中部山区的生物多样性面临着前所未有的挑战。因此，如何在保护中部山区生物多样性与生态系统服务功能的基础上，寻求资源的可持续利用方式，实现社会经济的可持续发展，是海南中部山区目前面临的重要课题。

为解决这一问题，以琼中县什运乡为例开展调查研究，分别从自然生态系统和人工生态系统的植物物种组成、植物区系组成和植物资源组成及次生林的群落类型 4 个方面研究了该区域的植物多样性和植物资源特点，为海南中部山区的植物多样性保护、植物资源的可持续性利用和科学管理提供理论依据。

1. 案例的地理概况与具体研究方法

1)地理概况

(1)地理位置

什运乡地处海南省中部山区，位于琼中黎族苗族自治县的南部，与五指山市和白沙县接壤(图 9-2-1)，乡政府所在地坐落于海榆中线中段 169km 处。地理坐标为北纬 18º55′39.58″～19º4′24.92″，东经 109º31′28.75″～109º40′20.99″，总面积为 12 730hm^2，其中耕地面积仅占总面积的 1.3%，有部分面积属于鹦哥岭国家级自然保护区。

(2)地质地貌

什运乡的地貌分区类型为混合花岗岩山地丘陵区，成土母质主要有花岗岩、砂页岩与河流冲积物。其境内峰岭重叠，高低起伏，绵延不断，海南第二高峰鹦哥岭主峰(海拔 1811m，第一高峰五指山海拔 1867m)位于什运乡境内的西北部，全乡境内分布有白水岭、大岭、鹦哥岭、黑毛岭、马岭、什太岭等 81 座山岭，境内海拔范围 200～1811m。

(3)气候特征

该地区地形复杂，山高林密，冬季寒冷，夏天酷热，具有南亚热带气候特征，雨量较多，2005～2007 年的年均降雨量为 1191.3mm，干湿季明显，全年降雨集中在 5～10 月；年平均气温 22.5℃，由于四周群山环绕，形成了昼热夜凉的山区气候特征，昼夜温差大于 10℃；年均日照时数 2400～2500h。

（4）土壤水系

全乡共分布有水稻土、砖红壤、赤红壤、黄壤和草甸土 5 个土壤类型。其中，砖红壤是该乡分布面积最大的土壤类型，占全乡总面积的 43.70%，其特点是风化层深厚，土壤酸性强，分布于海拔 400m 以下的低丘、台地和缓坡。赤红壤分布于海拔 400～800m 的高丘低山上，所占面积比例为 36.20%，仅次于砖红壤。黄壤分布于海拔 800m 以上的地段，占总面积的 17.80%。水稻土主要分布在河流两岸及低山丘陵的沟谷低洼处，占总面积的 1.30%。草甸土分布于鹦哥岭海拔 1600m 以上的平缓地段，占总面积的 1.00%。

流经境内的最大水系为昌化江，此外还有五指山河、便保河、什隆河、南般河、刀牙水、深水等水系，其流量在一年中的变化极大，洪水期与枯水期流量相差 3 倍，枯水期只有上游部分农田可灌溉。

全乡的土壤和灌溉水源水质都没有受到污染，可作为优质农产品和无公害食品生产基地。由于境内植物种类多样且生长繁茂，土壤侵蚀量不算太高，但是，随着人口增长和经济的发展，当地村民缺少土地资源合理利用和水土流失防治意识，在坡度大于 25°的山坡上垦荒种植，增加了土壤侵蚀的可能。

（5）社会经济

什运乡有 6 个村委会，26 个自然村，30 个村小组，水稻播种面积 324hm^2。粮食作物为其主要经济来源，其他经济来源有橡胶及瓜菜、粉蕉、槟榔、杧果、甘蔗等种植业，另外各村庄还有少量的养殖业。

2）案例具体研究方法

（1）野外调查方法

自然生态系统及人工林的调查于 2007 年 11 月进行，采取路线调查法与标准样方法相结合的方法。选择有代表性的森林、灌木林、草地、人工林设置样地，这些样地基本代表了什运地区植被的各类类型。什运乡境内的天然林地镶嵌分布在草地、人工林地、农田、村落之间，各种人工生态系统将原本连续的大面积的天然林隔成了小面积的林地，无法获得较大面积的样地，因此采用小面积样地的方法进行样地调查。样方设计的大小为：自然森林大小为 10m×10m，灌木林为 5m×5m，草地为 1m×1m，样方面积尽可能达到群落最小面积要求，或自然森林达 800～1000m^2，灌木林达到 200～500m^2，草地达 20～50m^2，具体总样方面积视具体情况而定。人工林样方大小约 666m^2（一亩），从而达到获得足够的野外信息量的样方面积。用 GPS 对样点进行定位，记录每一样方内的物种及数目，并记录≥1.5m 的乔木、灌木的树高、枝下高、胸径及冠幅。

人工生态系统的调查于 2007 年 12 月进行，分别在什运乡的中部、中南部和南部选取了什运村、什太村和南流村三个村进行调查。采用访问调查与路线调查相结合的方法，对村庄内的植物种类（包括品种）进行详细记录，重点记录每一植物的分布位置、生境以及村民对该种植物的利用方式。

（2）植物物种多样性分析方法

植物多样性包括α多样性和β多样性等均为常用方法。

2. 结果与分析

1) 生态系统类型及分布

生态系统是指由生物群落和无机环境构成的统一整体。生态系统类型众多，一般可分为自然生态系统和人工生态系统。与自然生态系统相比，人工生态系统具有一些十分鲜明的特点：动植物种类相对较少。人工生态系统也可以看成是自然生态系统与人类社会的经济系统复合而成的复杂生态系统。结合当地农业土地利用图、卫星影像图、地形图及野外实地调查结果，得出什运乡生态系统有林地生态系统、草地生态系统、农田生态系统、庭院生态系统和园地生态系统 5 种类型。其中林地生态系统和草地生态系统为自然生态系统，它们远离村庄，受人类活动干扰较小。农田生态系统、庭院生态系统和园地生态系统为人工生态系统(郭辉军等，1998)。

林地生态系统包括阔叶林、灌木林和小面积的人工林。由于人工林所占面积比例很小，不适合作为一个单独的人工生态系统，又分布在远离村庄的阔叶林内，因此将其放在林地生态系统中。林地生态系统的面积最大，约占整个乡总面积的 80%，主要分布在该乡的西北部、西南部和南部区域，以西北部的最为典型和原始，西南部和南部多为次生林，灌木林多分布在中部。草地生态系统面积约占整个乡面积的 15%，镶嵌分布在林地生态系统内。人工生态系统的面积较小，仅占整个乡面积的 5%左右，分布在中部和中南部的河流两侧。农田生态系统主要有水稻田、木薯田和甘蔗田，分布在地形较为平坦、水源较充足的地方。庭院生态系统一般位于农田生态系统边缘，是当地农民在各自的房前屋后种植与日常生活密切相关的植物构成的较有特色的人工生态系统。园地生态系统多为当地农民在山坡上砍伐部分原有的森林植被，种植经济效益较高的经济作物形成的，主要有橡胶园、槟榔园，主要分布在坡地上。综上所述，什运乡生态系统的组成特点仍然以天然生态系统为主，人工生态系统所占的比例较小。在人工生态系统中有约 80%为砍伐天然森林后种植经济作物形成的园地生态系统，几乎改变了原有的传统农业性质，对海南中部山区天然林保护和生物多样性保护产生了一定的影响。

2) 自然生态系统与人工生态系统物种多样性比较分析

(1) 自然生态系统物种多样性

A. 自然森林群落类型

什运乡的自然森林群落类型主要有如下几种。

群落类型①：毛叶青冈、香合欢、毛柿群落(Asso. *Cyclobalanopsis kerrii*，*Albiza odoratissima*，*Diospyros strigosa*)；**群落类型②**：枫香、岭南山竹子、黄椿木姜子群落(Asso. *Liquidambar formosana*，*Garcinia oblongifolia*，*Litsea variabilis*)；**群落类型③**：黄牛木、九节、青梅群落(Asso. *Cratoxylum cochinchinense*，*Psychotria rubra*，*Vatica mangachapoi*)；**群落类型④**：鹅掌柴、木荷群落(Asso. *Schefflera octophylla*，*Schima superba*)；**群落类型⑤**：长圆叶新木姜、南岛青冈群落(Asso. *Neolitsea oblongifolia*，*Cyclobalanopsis phanera*)；**群落类型⑥**：黧蒴栲单优群落(Asso. *Castanopsis fissa*)；**群落类型⑦**：青蓝、皂帽花、美叶菜豆树群落(Asso. *Xanthophyllum hainanense*，*Dasymaschalon trichophorum*，*Radermachera frondosa*)。

B. α多样性分析

在什运乡调查发现该区域分布有 7 种不同的植物群落，由表 10-3-19 可以看出，群落②和群落⑤的α多样性指数比其他群落的要高，因为这两个群落均远离人工生态系统，它们的演替发展基本上不受人类活动的干扰，而其他 5 个群落则处于人工生态系统的周围，尽管群落Ⅵ在保护区内，但历史上受到人类的影响，植物多样性指数也较低。

表 10-3-19　7 个次生林群落类型的 α 多样性指数比较

Tab.10-3-19　Comparison of α diversity indices among seven communities of secondary forest

群落类型	群落位置/海拔	是否在保护区内	与人工生态系统距离	物种丰富度指数(D_{Gl})	Simpson 指数(D)	Shannon-Wiener 指数(H')	Pielou 指数
①	中/＜400m	保护区外	近	13.131	0.960	3.677	0.830
②	南/400～600m	保护区外	远	23.152	0.982	4.417	0.864
③	中北/＜600m	保护区外	近	14.854	0.909	3.236	0.721
④	北/600～700m	保护区外	近	19.027	0.956	3.720	0.785
⑤	北/700～1000m	保护区内	远	22.345	0.967	4.125	0.821
⑥	北/＜500m	保护区内	近	8.252	0.922	2.993	0.823
⑦	北/＜300m	保护区外	近	7.361	0.942	3.294	0.899

生物多样性最高的是群落②，即枫香+岭南山竹子+黄椿木姜子群落，Shannon-Wiener 指数为 4.417。该群落为什运乡面积较大的次生林，分布在什运乡的南部，分布范围较广，是原始林被破坏后的主要植被演替过渡类型。乔木层以下的灌木层和草本层发达，植物种类丰富，尤其是在草本层，植物群落覆盖率为 60%左右。其次是群落⑤，即长圆叶新木姜+南岛青冈群落，Shannon-Wiener 指数为 4.125。本群落是鹦哥岭热带山地垂直自然带的代表性植被类型之一，但是由于人类的影响，目前仅分布在什运乡北部鹦哥岭海拔 700～1000m 的山坡与沟谷中，本群落结构复杂，群落稳定性高，植物群落覆盖率为 80%左右。

生物多样性最低的是群落⑥，黧蒴栲单优群落，Shannon-Wiener 指数为 2.993。该群落位于鹦哥岭海拔 500m 以下坡度较大的山坡上。本群落是一个较为特殊的群落类型，植物种类组成较少，黧蒴栲为明显优势种，灌木层植物种类也较少，林仔竹和刺轴榈在灌木层形成均匀的小群落，草本层植物很少，植物群落覆盖率为 80%左右。其次是群落③，黄牛木+九节+青梅群落，Shannon-Wiener 指数为 3.236。该群落位于什运乡西北部海拔 600m 以下的山地沟谷边，边缘受到人类活动的影响较大。但植物种类还比较多样，乔木层的树种较少，灌木层植物种类丰富，植物群落覆盖率为 65%左右。

C. β多样性分析

β多样性的测定值可以用来比较不同植被类型的生境多样性。由表 10-3-20 可以看出，任意两群落类型之间的β多样性指数都很低，最高的是群落②和群落④之间的β多样性指数，但也仅有 0.186，说明什运乡各次生林群落类型间具有较高的生境异质性。由于人类活动的干扰，什运乡的景观破碎化较为严重，各次生林呈小斑块状镶嵌分布，导致群落类型间的物种组成相似性较低，群落的生境异质性较高。

表 10-3-20 次生林代表群落类型的 β 多样性指数比较

Tab.10-3-20 Comparison of β diversity indices among different community type

群系	群落Ⅱ		群落Ⅳ		群落Ⅴ		群落Ⅶ	
	j*	Cs	j*	Cs	j*	Cs	j*	Cs
群落②	—	—	26	0.186	10	0.063	4	0.039
群落④			—	—	17	0.128	3	0.039
群落⑤					—	—	2	0.021
群落⑦							—	—

*j 表示两不同取样地森林群落间共有的物种数。

(2) 自然生态系统植物多样性与人工生态系统植物多样性的比较

A. 物种性状组成比较

由表 10-3-21 看出，什运乡自然生态系统与人工生态系统的植物性状组成较为相似，均是草本＞乔木＞灌木＞藤本，但人工生态系统中的草本植物占有的比例为 46.18%，比自然生态系统的高；乔木和灌木占有的比例，在人工生态系统中均有下降；藤本植物的比例一样，均为 9.24%。通过以上分析可以得出，人类活动的干扰，使生态系统中的草本植物比例升高，使乔木、灌木的比例下降。

B. 植物多样性比较

自从 20 世纪 80 年代开始封山育林后，陆续有天然林保护、生态公益林等建设项目投入其中，到 2006 年建立鹦哥岭自然保护区，什运乡幸存下来的自然植被得到了有效的保护和恢复，原始林生态系统所受的人类轻微干扰基本停止，分布在鹦哥岭主峰的次生林、灌木林和草地生态系统受到的干扰程度很弱，但分布在非鹦哥岭主峰的次生生态系统仍然受到人类活动的干扰。

表 10-3-21 自然生态系统与人工生态系统的植物性状组成比较

Tab.10-3-21 Comparsion of life forms between natural and artificial ecosysytem

类群	自然生态系统				人工生态系统			
	乔木/%	灌木/%	草本/%	藤本/%	乔木/%	灌木/%	草本/%	藤本/%
蕨类植物	3(0.20)	—	87 (5.83)	—	—	—	7 (2.23)	—
裸子植物	16 (1.07)	3 (0.20)	—	3 (0.20)	2 (0.64)	1 (0.32)	—	—
被子植物	391 (26.19)	397 (26.59)	458 (30.68)	135 (9.04)	73 (22.61)	64 (20.36)	138 (43.95)	29 (9.24)
合计	410 (27.46)	400 (26.79)	546 (36.57)	138 (9.24)	75 (23.89)	65 (20.70)	145 (46.18)	29 (9.24)

从表 10-3-22 中可看到，什运乡各类生态系统与原始林生态系统差距最大的是人工林生态系统，其次是草地生态系统，第三是灌丛生态系统，最后是次生林生态系统。次生林生态系统是最接近原始林的生态系统，但在什运乡由于过去刀耕火种及烧山养牛的生产方式对自然森林生态系统破坏较大，除了枫香较耐火烧及其生长较快，较容易形成枫香林，以枫香林为优势种的群落的连接度较大外，其他的次生群落多为小拼块，镶嵌分布在草地、灌木林或人工桉树林、橡胶林和槟榔园等之间，较为破碎。这部分次生林生态系统较为脆弱，容易受到外界的进一步干扰，这是落后的生产方式对森林生态系统

产生的最大的负面影响；近些年采取了封山育林、停止种植山栏稻等措施，种植较高经济效益的橡胶林、槟榔园和桉树林的保护性生产方式，目前橡胶林、槟榔园和桉树林多种植在过去的草坡上，因不再烧山，有利于次生林的保护，自然植被得到了一定程度的恢复，林分从较简单发展为较复杂的程度，有些次生林逐渐形成片，特别是分布在什运乡的灌木林恢复速度较快，灌木分布的密度很大，有一定的抗干扰力，受外界威胁较小，由此看到只要有效提高现有耕地的生产效益，自然植被生态系统就有可能得到有效的保护。但由于灌木林与原始林的差距还比较大，要进一步演替到森林类型还需要花一定的时间。如果要恢复森林植被，不必人工的介入，如果要开发灌木林地，可选择坡度较小的、灌木林发育差一些的区域；草地在不计算生物多样性指数的前提下，与原始林的差距比人工生态系统与原始林的差距还要大一些，生态系统质量较差，劣于人工林生态系统，因此，在保护区外的草地，可发展林业等人工林，也可选择让其自然演替，慢慢恢复，但人工植被不宜进入自然保护区。

表 10-3-22　什运乡不同生态系统与自然林生态系统植物多样性的差异性

Tab.10-3-22　The difference of plant biodiversity between natural and artificial vegetations

生态系统代表类型	样地面积/m^2	植被覆盖度(%)/相对值	物种多样性指数(Shannon-Wiener 指数)/相对值	植物种数/相对值%	木本植物种数(≥1.5)/相对值	欧氏距离(D_{ji})
原始林	900	90/0.25	6.5641/0.38	152/0.41	95/0.51	0
次生林	900	65/0.18	4.3836/0.25	121/0.32	56/0.30	0.2710
灌丛	400	80/0.22	3.5866/0.21	38/0.10	21/0.11	0.5334
草地	100	80/0.22	0	43/0.12	6/0.03	0.6787*
人工林	100	45/0.12	2.8425/0.16	19/0.05	10/0.05	0.6325

*计算中未包括 Shannon-Wiener 指数。

3. 特点与讨论

1) 自然生态系统的植物多样性保护

海南岛自古就覆盖着茂密的热带雨林，但由于人类活动的干扰，全岛的原生植被遭到严重破坏，景观变得破碎。景观破碎化产生边缘效应，从而改变了群落内部生物及非生物环境，影响植物种群动态过程，导致植物群落组成发生变化。同时破碎化的生境斑块更易受到外界因素的干扰，更为脆弱。所调查的样地均是原始植被被破坏后处于不同演替时期的次生植被类型。这些次生植被受人为因素干扰大，被破坏后长时期停留在草丛或灌丛阶段，很难向次生林恢复，特别是人工林植被，如橡胶林、桉树林、马占相思林等的不断扩大，对整个乡的自然植被构成了很大的威胁。什运乡植被是鹦哥岭自然保护区的重要区域，是海南重要的水源涵养林之一，同时还起着联系海南东、西、南、北不同区域保护区的纽带作用，具有重要的生态保护意义(张荣京等，2007)。在什运乡小斑块的次生林内生物多样性比较丰富，仍保留着很多重要的保护物种，如坡垒(*Hopea hainanensis*)、黑桫椤(*Cyathea podothylla*)、海南粗榧(*Cephalotaxus hainanensis*)等国家濒危重点保护植物。因此有必要加强这一区域自然植被的保护，同时要加强对人工植被的研究和小斑块生境下的植物多样性研究，寻找到与自然和谐共存的土地可持续利用模式，以减小人类活动对植被演替的影响。

2) 人工生态系统的植物多样性保护

迁地保护虽然是植物资源物种及遗传多样性保护经济有效的方法，但不能同时保护植物资源本身所依赖的生态系统及其多样性。因而集物种、遗传及其生态系统多样性的植物资源就地保存方法已被广泛认同(伍少云等，2005)。国际植物遗传资源研究所高度评价农民通过农田和土著知识对当地植物资源多样性保护所作出的重要贡献(Eyzaguirre et al.，1999)。针对什运乡的实际情况，建议采用生物多样性参与性管理下的原位保存法，在专家的指导参与下，让当地村民来保护自己家的物种多样性，保存物种多样性的同时，也保存了当地生态系统的完整性和多样性。海南中部山区的什运乡，庭院生态系统对人工生态系统生物多样性贡献最大，但占用面积却最小。因此，加强少数民族地区什运乡庭院生态系统的植物多样性的保护，并进一步研究与开发具有市场潜力的栽培种、野生种及其野生近缘种是保护相类似的少数民族地区植物多样性的重要途径之一。在记录到的 10 种重要植物中，海南苏铁、大叶风吹楠(海南风吹楠)、降香檀是当地村民从自然生态系统中移植到自家庭院中而成为了庭院植物的。村民的移植行为使这些重点保护植物扩大了分布范围，可以视为一种近距离的迁地保护方式，其利弊还有待于进一步的研究。同时研究还表明，什运乡园地生态系统的植物物种数较少，但它却是该地区人工林生态系统最大的类型，约占总数的 80%。因此，如何提高该地区园地生态系统的土地利用效率，阻止当地农民为进一步扩大园地经营面积而对天然林的破坏行为，也是保护该地区植物多样性最有效的办法之一。

参 考 文 献

安树青, 王峥峰, 朱学雷, 等. 1997. 土壤因子对次生森林群落物种多样性的影响[J]. 武汉植物学研究, 15(2): 143-150.

安树青, 朱学雷, 王峥峰, 等. 1999. 海南岛五指山热带山地雨林植物物种多样性研究[J]. 生态学报, 19(6): 803-809.

白永飞, 李凌浩, 王其兵, 等. 2000. 锡林河流域草原群落植物多样性和初级生产力沿水热梯度变化的样带研究[J]. 植物生态学报, 24(6): 667-673.

包维楷, 陈庆恒, 刘照光. 2000. 退化植物群落结构和物种组成在人为干扰梯度上的响应[J]. 云南植物研究, 22(3): 307-316.

北京大学生命科学学院编写组. 2000. 生命科学导论[M]. 北京: 高等教育出版社.

曹茸. 2008. 农业部加大野生近缘物种保护[J]. 北京农业, (1): 38.

陈爱国, 付永能, 郭辉军, 等. 2001. 人口增长、社会经济发展与农业系统变化——以西双版纳大卡老寨、巴卡小寨为例[J]. 云南植物研究, (增刊): 50-58.

陈海坚, 黄昭奋, 黎瑞波, 等. 2005. 农业生物多样性的内涵与功能及其保护[J]. 华南热带农业大学学报, 11(2): 24-27.

陈焕镛, 等. 1964, 1965, 1974, 1977. 海南植物志(I-Ⅳ)[M]. 北京: 科学出版社.

陈灵芝. 1994. 生物多样性保护现状及其对策[A]. 北京: 中国科学技术出版社.

陈灵芝. 1999. 对生物多样性研究的几个观点[J]. 生物多样性, 7(4): 308-311.

陈圣宾, 欧阳志云, 郑华, 等. 2011. 美洲森林群落 beta 多样性的纬度梯度性[J]. 生态学报, 31(5): 1334-1340.

陈晓, 刘欣, 赵力超. 2008. 竹芋淀粉的性质研究[J]. 食品科学, 29(12): 132-136.
陈欣, 唐建军, 王兆骞. 1999. 农业活动对生物多样性的影响[J]. 生物多样性, 7(3): 234-239.
戴好富, 梅文莉, 等. 2007. 海南药用植物现代研究[M]. 北京: 中国科学技术出版社.
戴好富, 梅文莉, 等. 2008. 黎族药志(第一册)[M]. 北京: 中国科学技术出版社.
戴兴安. 2003. 论农业生物多样性的功能与价值[J]. 中国可持续发展, 6(19): 35-39.
党金玲, 杨小波(通讯作者), 吴庆书, 等. 2008. 三亚大茅村药用植物资源调查研究[J]. 19(6): 1393-1395.
刀志灵, 郭辉军, 陈文松, 等. 2000. 高黎贡山集体林农业生物多样性评价——以百花岭村汉龙为例[J]. (增刊): 74-80.
丁易, 臧润国. 2011. 采伐方式对海南岛霸王岭热带山地雨林恢复的影响[J]. 林业科学, 47(11): 1-5.
杜雪飞, 崔景云. 2001. 民族民间医药与农业生物多样性保护——以西双版纳大卡老寨为例[J]. 云南植物研究, (增刊): 164-169.
杜雪飞. 2015. 云南民族地区农业生物多样性的形成及其保护[J]. 生态经济, 31(9): 109-112.
方精云. 1991. 我国森林植被的生态气候学分析[J]. 生态学报, 11(4): 377-387.
付永能, 陈爱国, 崔景云, 等. 2000. 热带地区景观水平农业生物多样性评价——以西双版纳大卡老寨和巴卡小寨不同土地利用阶段植物多样性为例[J]. 云南植物研究, (增刊): 52-66.
甘炳春, 李榕涛, 杨新全. 2007. 海南五指山区黎族药用民族植物学研究[J]. 中国民族民间医药杂志, 89(6): 194-198.
高国刚, 胡玉昆, 李凯辉, 等. 2009. 高寒草地群落物种多样性与环境因子的关系[J]. 水土保持通报, 29(3): 118-122.
高静, 马丽, 李伟杰, 等. 2009. 复合固定化脂肪酶催化麻疯树油生产生物柴油[J]. 化工学报, 60(3): 750-755.
高立志. 1996. "横断2喜马拉雅地区: 中国、印度、尼泊尔、巴基斯坦和不丹农业生物多样性的现状与对策"国际研讨会简介[J]. 生物多样性, 4(4): 221.
龚志莲, 郭辉军, 周开元. 2001. 西双版纳社区旱稻品种多样性现状调查报告——以巴卡小寨、大卡老寨和曼那龙寨为例[J]. (增刊): 178-186.
广东中药志编写组. 1996. 广东中药志[M]. 广州: 广东科技出版社.
广州地理研究所. 1985a. 海南岛热带自然资源图[M]. 北京: 科学出版社.
广州地理研究所. 1985b. 海南岛热带农业自然资源与区划[M]. 北京: 科学出版社.
郭辉军, Christine Padoch, 付永能, 等. 2000. 农业生物多样性评价与就地保护[J]. 云南植研究, (增刊): 27-41.
郭辉军, 陈爱国, 刀志灵, 等. 1998. 农业生物多样性评价: 定义、实践和分析[M]. 昆明: 云南科技出版社.
郭辉军, 李恒, 刀志灵. 2000. 社会经济发展与生物多样性相互作用机制研究——以高黎贡山为例[J]. 云南植物研究, (增刊): 42-51.
郭辉军, 龙春林. 1998. 云南的生物多样性[M]. 昆明: 云南科技出版社: 107-120.
郭水良, 赵铁桥. 1996. 杂草的基本特点及其在丰富栽培地生物多样性中的作用[J]. 自然资源, (3): 48-52.
何福红. 2002. 黄土高原沟壑区小流域土壤水分空间分布特征[J]. 水土保持通报, 22(4): 7-9.
贺金生, 陈伟烈. 1997. 陆地植物群落物种多样性的梯度变化特征[J]. 生态学报, 17(1): 91-99.
洪小江, 陈焕强, 陈庆, 等. 2008. 甘什岭自然保护区的植被类型[J]. 热带林业, 36(3): 49-52.
胡荣桂, 梁淑群, 林英, 等. 1997. 海南岛无翼坡垒营养状况研究[J]. 热带林业, 25(1): 5-8.
胡玉佳, 汪永华, 丁小球, 等. 2003. 海南岛五指山不同坡向的植物物种多样性比较[J]. 中山大学学报(自然科学版), 42(2): 86-89.
黄春荣. 1995. 海南黎族医疗史话[J]. 中国民族民间医药杂志, 14(8): 22-23.

黄春燕, 罗文启, 王波, 等. 2015. 海南中南部地区旱稻(山兰稻)种质资源及保育模式[J]. 广西植物, 35(6): 905-912.

黄建辉, 陈灵芝. 1994. 北京东灵山地区森林植被的生态多样性分析[J]. 植物学报, 36(增刊): 178-186.

黄建辉. 1994. 物种多样性的空间格局及形成机制初探[J]. 生物多样性, 2(2): 103-107.

黄瑾, 杨小波, 龙文兴, 等. 2013. 海南单优龙脑香科植物群落特征[J]. 热带作物学报, 34(3): 578-583.

黄昭奋, 黎瑞波, 麦全法. 2005. 海南农业生物多样性与社会经济发展水平关系研究[J]. 热带农业科学, 25(2): 25-28.

江明喜, 金义兴. 1995. 人为干扰对马尾松次生林多样性的影响[J]. 长江流域资源与环境, 4(4): 356-361.

蒋菊生, 谢贵水, 林位夫. 1998. 农业生物多样性与攀西地区南亚热带水果布局和持续发展[J]. 四川农业大学学报, 16(4): 480-486.

蒋菊生, 谢贵水. 1997. 山区少数民族迁移和文化差异对农业生物多样性的影响——以对海南黎族研究为例[J]. 热带作物研究, (2): 55-61.

蒋有绪, 卢俊培. 1991. 中国海南岛尖峰岭热带林生态系统[M]. 北京: 科学出版社.

井学辉, 臧润国, 丁易, 等. 2010. 新疆阿尔泰山小东沟北坡植物多样性沿海拔梯度分布格局[J]. 林业科学, 46(1): 23-28.

孔国辉, 莫江明. 2002. 人为干扰对鼎湖山马尾松种群动态的影响. 热带亚热带植物学报, 10(3): 193-200.

雷波, 包维楷, 贾渝, 等. 2004. 不同坡向人工油松幼林下地表苔藓植物层片的物种多样性与结构特征[J]. 生物多样性, 12(4): 410- 418.

李波. 1999. 中国的农业生物多样性保护及持续利用[J]. 农业环境与发展, 16(4): 9-15.

李冬梅. 2004. 植物生态与植物景观[J]. 陕西林业科技, 4(11): 73-74.

李意德, 陈步峰, 周光益. 中国海南岛热带森林及其生物多样性保护研究[M]. 北京: 中国林业出版社, 2002.

李永宏. 1993. 放牧干扰下羊草草原和大针茅草原植物多样性的变化[J]. 植物学报, 35(11): 877-884.

李玉. 2000. 吉林省农业生物多样性与农业的可持续发展[J]. 吉林农业大学学报, (专辑): 1-5.

李愈哲, 樊江文, 张良侠, 等. 2013. 不同土地利用方式对典型温性草原群落物种组成和多样性以及生产力的影响[J]. 草业学报, 22(1): 1-9.

李政海, 田桂, 鲍雅静. 1997. 生态学中的干扰理论及其相关概念[J]. 内蒙古大学学报(自然科学版), 28(1): 130-134.

梁宝忠. 2008. 中国南部山区生物多样性可持续管理项目进入全面实施阶段[J]. 北京农业, (10): 26.

梁明振, 李维娇, 蒋亮, 等. 2008. 发酵木薯对生长猪营养价值的评定[J]. 饲料研究, (4): 24-26.

林诗泉. 1991. 海南黎族医药[J]. 中华医史杂志, 21(2): 105-106.

林万涛. 1978. 海南坡垒属一新种[J]. 植物分类学报, 16(3): 87-88.

刘明生, 等. 2008. 黎药学概论[M]. 北京: 人民卫生出版社.

刘庆. 2000. 青海湖北岸环境梯度上植物群落的生物量与物种多样性及其相互关系[J]. 西北植物学报, 20(2): 259-267.

刘世梁, 马克明, 傅伯杰, 等. 2003. 北京东灵山地区地形土壤因子与植物群落关系研究[J]. 植物生态学报, 27(4): 496-502.

刘小阳, 吴开亚. 1999. 天童森林植被的群落稳定性与物种多样性关系的研究[J]. 生物学杂志, 16(5): 17-18.

刘玉萃, 孙治强, 赵勇, 等. 2005. 河南省农业生物多样性初步研究[J]. 河南农业科学, (3): 16-20.

卢宝荣, 朱有勇, 王云月. 2002. 农作物遗传多样性农家保护的现状及前景[J]. 生物多样性, 10(4): 409-415.

卢剑波. 2000. 德国的农业发展政策[J]. 世界农业, (5): 11-12.

鲁如坤. 2000. 土壤农业化学常规分析法[M]. 北京: 中国农业科技出版社.
陆阳, 李鸣光, 黄雅文, 等. 1986. 海南岛坝王岭长臂猿自然保护区植被[J]. 植物生态学与地植物学学报, 10(2): 106-114.
马克平, 刘灿然, 刘玉明. 1995. 生物多样性的测度方法Ⅱ β多样性的测度方法[J]. 生物多样性, 3(1): 38-43.
马克平. 1993. 试论生物多样性的概念[J]. 生物多样性, 1(1): 20-22.
毛超, 漆良华, 刘琦蕊, 等. 2014. 海南岛甘什岭无翼坡垒林群落结构与物种多样性[J]. 生态学杂志, 33(11): 2959-2965.
美国植物分类学家学会, 生物系统学家学会, Willi Hennig 学会及系统学标本馆联合会组成的联合体. 1997. 2000 年系统学议程: 制订生物圈计划: 全世界物种的发现、描述和分类的全球计划技术报告.
苗莉云, 王孝安, 王志高. 2004. 太白红杉群落物种多样性与环境因子的关系[J]. 西北植物学报, 24(10): 1888-1894.
倪长春. 2008. 西欧和日本对农业生物多样性的概念和价值观[J]. 世界农药, 30(5): 23-26.
聂呈荣, 骆世明. 2003. 转基因植物对农业生物多样性的影响[J]. 应用生态学报, 14(8): 1729-1734.
聂莹莹. 2007. 阳坡-阴坡生境梯度上植物群落物种多样性和地上生物量的变化特点[D]. 兰州: 兰州大学.
彭华. 2000. 中国西南地区植物资源与农业生物多样性[J]. 云南植物研究, (增刊): 26-36.
彭少麟. 1996. 南亚热带森林群落动态学[M]. 北京: 科学出版社.
钱迎倩, 马克平. 1994. 生物多样性研究的原理与方法[M]. 北京: 科学技术出版社.
邱扬, 张金屯. 2000. DCcA 排序轴分类及其在关帝山八水沟植物群落生态梯度分析中的应用[J]. 生态学报, 20(2): 199-206.
《全国中草药汇编》编写组. 1975. 全国中草药汇编(上、下册)[M]. 北京: 人民卫生出版社.
茹文明, 张金屯. 2006. 历山森林群落物种多样性与群落结构研究[J]. 应用生态学报, 4(17): 516-566.
尚文艳, 吴钢, 付晓, 等. 2005. 陆地植物群落物种多样性维持机制[J]. 应用生态学报, 16(3): 573-578.
沈泽昊, 金义兴, 赵子恩, 等. 2000. 亚热带山地森林珍稀植物群落的结构与动态[J]. 生态学报, 20(5): 800-807.
沈泽昊, 李道兴, 王功芳. 2001. 三峡大老岭山地常绿落叶阔叶林混交林林隙干扰研究[J]. 植物生态学报, 25(3): 276-282.
沈泽昊, 张新时. 2000. 三峡大老岭地区森林植被的空间格局分析及其地形解释[J]. 植物学报, 23(增刊): 1059-1095.
施济普, 朱华. 2002. 三种干扰方式对西双版纳热带森林群落植物多样性的影响[J]. 广西植物, 22(2): 129-135.
世界资源研究所(WRI), 等. 1993. 全球生物多样性策略[M]. 中国科学院生物多样性委员会译. 北京: 中国标准出版社.
宋新章, 李冬生, 肖文发, 等. 2007. 长白山区次生阔叶林采伐林隙更新研究[J]. 林业科学研究, 20(3): 302-306.
苏德毕力格, 李永宏, 雍世鹏, 等. 2000. 冷蒿草原土壤可萌发种子库特征及其对放牧的响应[J]. 生态学报, 20(1): 43-48.
孙儒泳, 李庆芬. 2002. 基础生态学[M]. 北京: 高等教育出版社.
汤翠凤, 张恩来, 李卫芬, 等. 2015. 贵州省贞丰县和松桃县农业生物资源调查及物种多样性比较分析[J]. 植物遗传资源学报, 16(5): 976-985.
陶建平, 臧润国. 2004. 海南霸王岭热带山地雨林林隙幼苗和幼树动态规律的研究[J]. 林业科学, 40(3): 33-38.
汪松, 陈灵芝. 1990. 中国未来经济发展与生物多样性的维护、永续利用和研究. 中国科学院生物多样性研讨会会议录, 中国科学院生物科学与技术局.

汪永华, 陈北光. 2000. 生物多样性研究的进展[J]. 生态科学, 19(3): 50-54.
王伯荪, 余世孝. 1996. 植物群落学实验手册[M]. 广州: 广东高等教育出版社.
王世雄, 王孝安, 李国庆, 等. 2010. 陕西子午岭植物群落演替过程中物种多样性变化与环境解释[J]. 生态学报, 30: 1638-1647.
王玉美. 2007. 湖北省农作物种质资源发展趋势分析[J]. 湖北农业科学, 46(3): 325-328.
温远光, 和太平, 赖家业, 等. 1998. 大明山退化生态系统的植物区系分析[J]. 广西农业大学学报, 17(2): 138-146.
翁朝健. 东盟国家热带生物资源研究概况[N]. 海南日报. 2004-10-12.
吴春华, 陈欣. 2004. 农药对农区生物多样性的影响[J]. 应用生态学报, 15(2): 341-344.
吴德邻. 1994. 海南及广东沿海岛屿植物名录[M]. 北京: 科学出版社.
吴妙荣. 1990. 野生稻资源研究论文选编[M]. 北京: 中国科学技术出版社: 3-103.
吴彦, 刘庆, 乔永康, 等. 2001. 亚高山针叶林不同恢复阶段群落物种多样性变化对其土壤理化性质的影响[J]. 植物生态学报, 25(6): 648-655.
吴裕鹏, 许涵, 李意德, 等. 2013. 海南尖峰岭热带林乔灌木层物种多样性沿海拔梯度分布格局[J]. 林业科学, 49(4): 16-23.
吴章钟, 韩若真, 魏守珍. 1983. 几种无样方抽样技术在常绿阔叶林中的应用问题探讨[J]. 植物生态学与地植物学丛刊, 7(4): 330-337.
伍少云, 戴陆园, 等. 2005. 云南昆明市双哨乡双桥村户级植物资源多样性保护与利用[J]. 植物遗传资源学报, 6(4): 431-436.
肖培根, 杨世林, 等. 2002. 实用中草药原色图谱[(一)-(四)][M]. 北京: 中国农业出版社.
谢晋阳, 陈灵芝. 1994. 暖温带落叶阔叶林的物种多样性特征[J]. 生态学报, 14(4): 337-344.
谢宗万. 1997.《中国中药资源丛书》评介[J]. 中国中药杂志, 22(11): 700-701.
邢福, 刘晓丽. 1996. 生物多样性与气候[J]. 国外畜牧学-草原与牧草, (1): 20-22.
邢福武, 李泽贤, 吴德邻. 1993. 海南岛南部甘什岭植物区系的初步研究[J]. 植物研究, 13(3): 227-242.
徐少辉. 2008. 不同采伐强度对闽南山地马尾松林下植被和土壤肥力的影响试验[J]. 林业调查规划, 33(4): 136-139.
徐学华, 张金柱, 张慧, 等. 2007. 太行山片麻岩区植被恢复过程中物种多样性与土壤水分效益分析[J]. 水土保持学报, 21(2). 133-136.
徐远杰, 陈亚宁, 李卫红, 等. 2010. 伊黎河谷山地植物群落物种多样性分布格局及环境解释[J]. 植物生态学报, 34: 1142-1154.
许涵, 李意德, 骆土寿, , 等. 2013. 海南尖峰岭不同热带雨林类型与物种多样性变化关联的环境因子[J]. 植物生态学报, 37(1): 26-36.
许涵, 李意德, 骆土寿, 等. 2012. 森林采伐对尖峰岭海南特有种子植物多样性的影响[J]. 生物多样性, (02): 168-176.
许健民, 闻大中, 罗良国, 等. 1997. 我国主要类型农业地区农田生态系统多样性的研究[J]. 应用生态学报, 8(1): 37-42.
薛玉中, 唐建军. 2002. 浙江省农业生物多样性的保护, 利用与 WTO[J]. 当代生态农业, (2): 60-65.
严岳鸿, 易绮斐, 黄忠良, 等. 2004. 广东古兜山自然保护区蕨类植物多样性对植被不同演替阶段的生态响应[J]. 生物多样性, 12(3): 339-347.
阳含熙, 伍业钢. 1988. 长白山自然保护区阔叶红松林林木种属组成、年龄结构和更新策略的研究[J]. 林业科学, 24(1): 18-27.
杨持, 叶波, 邢铁鹏. 1996. 草原区区域气候变化对物种多样性的影响[J]. 植物生态学报, 20(1): 35-40.
杨海霞. 2008. 木薯汽油引领替代能源革命[J]. 中国投资, (6): 62-65.
杨磊, 卫伟, 陈利顶, 等. 2012. 黄土丘陵沟壑区深层土壤水分空间变异及其影响因子[J]. 生态与农村环境学报, 28(40): 355-362.
杨万勤, 钟章成, 陶建平. 2001. 缙云山森林土壤速效 P 的分布特征及其与物种多样性的关系研究[J]. 生态学杂志, 20(1): 24-27.
杨小波. 2011. 海南岛陆域国家级森林生态系统自然保护区森林植被研究[M]. 北京:科学出版社.
杨小波, 陈明智. 1999. 热带地区不同土地利用系统土壤种子库的研究[J]. 土壤学报, 36(3): 327-333.
杨小波, 胡荣桂. 2000. 热带滨海沙滩上森林植被的组成成分与土壤性质的研究[J]. 生态学杂志, 19(4): 6-11.
杨小波, 黄世满, 梁淑群, 等. 1996a. 海南岛无翼坡垒林植物物种多样性和物种空间配置研究[J]. 海南大学学报(自然科学版), 14(2): 140-145.
杨小波, 林英, 梁淑群, 等. 1995. 海南岛无翼坡垒种群结构与分布格局研究[J]. 海南大学学报(自然科学版), 13(4): 299-303.
杨小波, 林英, 梁淑群. 1994. 海南岛五指山的森林植被Ⅱ 五指山森林植被的植物种群分析与森林结构分析[J]. 海南大学学报(自然科学版), 12(4): 311-323.
杨小波, 林英, 王琼梅, 等. 1996b. 海南岛无翼坡垒种群调节研究[J]. 海南大学学报(自然科学版), 14(3): 140-145.
杨小波, 张桃林, 吴庆书. 2002. 海南琼北地区不同植被类型物种多样性与土壤肥力的关系[J]. 生态学报, 22(2): 190-196.
杨彦承, 张炜银, 林瑞昌, 等. 2008. 海南霸王岭陆均松类热带山地雨林伐后林结构与物种多样性研究[J]. 林业科学研究, 21(1): 37-43.
杨永川, 达良俊. 2006. 丘陵地区地形梯度上植被格局的分异研究概述[J]. 植物生态学报, 30(3): 504-513.
叶凡. 2009. 海南中南部三个市县六个自然村农业植物多样性特点研究(D), 海口: 海南大学.
于德运. 1997. 吉林省农业可持续发展研究[M]. 长春: 长春出版社: 40-80.
余世孝, 臧润国, 蒋有绪. 2001. 海南岛霸王岭垂直带热带植被物种多样性的空间分析[J]. 生态学报, 21(9): 1438-1443.
余世孝, 臧润国, 蒋有绪. 2001. 海南岛霸王岭垂直带热带植被物种多样性的空间分析[J]. 生态学报, 25(3): 291-297.
余世孝, 张宏达, 王伯荪. 1993. 海南岛霸王岭热带山地植被研究 I. 永久样地设置与群落类型[J]. 生态科学, 12(2): 13-18.
余世孝, 张宏达, 王伯荪. 1994. 海南岛霸王岭热带山地植被研究Ⅱ. 群落结构分析[J]. 生态科学, 13(1): 21-31.
余世孝, 宗国威, 陈兆莹, 等. 1998. 随机与系统取样的生态学信息量比较[J]. 植物生态学报, 22(5): 473-480.
袁建英, 张金屯, 席跃翔. 2004. 山西关帝山亚高山灌丛、草甸物种多样性的研究[J]. 草业学报, 13(3): 34-39.
臧润国, 蒋有绪, 余世孝. 2002. 海南霸王岭热带山地雨林森林循环与树种多样性动态的研究[J]. 生态学报, 22(1): 24-32.
臧润国, 刘静艳, 董大方. 1999. 林隙动态与森林生物多样性[M]. 北京: 中国林业出版社.
臧润国, 杨彦承, 蒋有绪. 2001. 海南岛霸王岭热带山地雨林群落结构及树种多样性特征的研究[J]. 植物生态学报, 25(3): 270-275.
臧润国, 余世孝, 刘静艳, 等. 1999. 海南岛霸王岭热带山地雨林林隙更新规律的研究[J]. 生态学报, 19(2): 151-158.
张芙蓉. 2004. 调动村民参与生物多样性保护的对策[J]. 林业与社会, 12(3): 46-48.
张健, 文国彬, 许明祥, 等. 2009. 黄上丘陵区植被次生演替灌木初期的土壤养分特征[J]. 西北林学院学报, 24: 53-57.
张丽霞, 张峰, 上官铁梁. 2000. 芦山植物群落的多样性研究[J]. 生物多样性, 8(4): 361-369.
张庆费, 宋永昌, 由文辉. 1999. 浙江天童植物群落次生演替与土壤肥力的关系[J]. 生态学报, 19: 174-178.
张荣京, 邢福武, 萧丽萍, 等. 2007. 海南鹦哥岭的种子植物区系[J]. 生物多样性, 15(4): 382-392.
张旭, 国庆喜. 2007. 地形对天然次生林空间格局的影响[J]. 东北林业大学学报, 35(1): 68-70.
章家恩. 1999. 中国农业生物多样性及其保护[J]. 农村生态环境, 15(2): 36-40.
郑殿升. 2005. 中国农业野生植物原生境保护现状及建议[J]. 中国野生植物资源, 24(3): 17-18, 22.
郑开基, 何东进, 洪伟, 等. 2009. 天宝岩自然保护区不同海拔天然柳杉林物种多样性[J]. 四川农业大学学报, 27(3): 289-294.
郑师章, 吴千红, 王海波, 等. 1994. 普通生态学——原理、方法和应用[M]. 上海: 复旦大学出版社.
中国科学院生物多样性委员会. 生物多样性译丛(三)[M]. 北京: 科学出版社: 194-220.
中国医学科学院药用植物研究所海南分所. 2007. 南药园植物名录[M]. 北京: 中国农业出版社.
中南民族学院《海南黎族社会调查》编写组. 1992. 海南黎族社会调查[M]. 南宁: 广西民族出版社.
钟义. 1995. 海南南岛药用植物资源的研究[J]. 海南师范学院学报, 7(增刊): 9-16.
朱彪, 陈安平, 刘增力. 2004. 南岭东西段植物群落物种组成及其树种多样性垂直格局的比较[J]. 生物多样性, 12(1): 53-62.
朱锦懋, 姜志林, 蒋伟, 等. 1997. 人为干扰对闽北森林群落物种多样性的影响[J]. 生物多样性, 5(4): 263-270.
朱立民. 1996. 浅谈生物多样性概念及意义[J]. 天津农业科学, 2(4): 42-43.
朱源, 康慕谊, 江源, 等. 2008. 贺兰山木本植物群落物种多样性的海拔格局[J]. 植物生态学报, 32(3): 574-581.
祝增荣, 李红叶, 程家安. 2000. 农业生物多样性与农业的可持续发展[J]. 农业现代化研究, 21(2): 100-104.
Badgley C, Fox D L. 2000. Ecological biogeography of North American mammals: species density and ecological structure in relation to environmental gradients[J]. Journal of Biogeography, 27: 1437-1467.
Bai Y F, Wu J G, Clark C M, et al. 2010. Tradeoffs and thresholds in the effeets of nitrogen addition on biodiversity and ecosystem functioning: evidence from inner Mongolia Grasslands [J]. Global Change Biology, 16(1): 358-372.
Bazzaz F A. 1996. Plants in changing environments: linking physiological, population, and community ecology[M]. Cambridge: Cambridge University Press.
Beck J, Chey V K. 2008. Explaining the elevational diversity pattern of geometrid moths from impact of forest fragmentation on seedling abundance in a tropical rain forest[J]. Conservation Biology, 12(2): 380-389.
Benitez-Malvido J. 1998. Borneo: a test of five hypotheses[J]. Journal of Biogeography, 35: 1452-1464.
Berry N J, Phillips O L, Ong R C, et al. 2008. Impacts of selective logging on tree diversity across a rain forest landscape: the importance of spatial scale[J]. Landscape Ecology, 23: 915-929.
Bisby F A. 2000. The quite revolution: biodiversity informaties and the internet[J]. Science, 289: 2309-2312.
Boutin C, Jobin B, Des G J L. 1994. Modifications of field margins and other habitats in agricultural areas of Quebec, Canada, and effects on plants and birds[J]. Field Margins Integrating Agriculture and Conservation, 58(3): 139-144.
Brkenhielm S, Liu Q. 1998. Long-term effects of clear-felling on vegetation dynamics and species diversity in a boreal pine forest[J]. Biodiversity and Conservation, 7(2): 207-220.
Brookfield H, Stocking M. 1999. Agrodiversity: definition, description and design[J]. Global Environmental Change, 9: 77-80.
Brown K A, Gurevitch J. 2004. Long-term impacts of logging on forest diversity in Madagascar. Proceedings of the National Academy of Sciences of the United States of America, 101: 6045-6049.

Camilo Mora, Derek P. Tuttensor, et al. 2011. How many species are there on earth and in the ocean?[J]. PLOS BLOLOGY, 10(1371).

Cannon C H, Peart D R, Leighton M. 1998. Tree species diversity in commercially logged Bornean rainforest. Science, 281: 1366-1368.

Chao A. 1984. Non-parametrices timation of the number of classes in a populati on Scandinavan[J]. Journal of Statistics, 11: 265-270.

Chitra Bahadur Baniya, Torstein Solhy, Ole R Vetaas. 2009. Temporal changes in species diversity and composition in abandoned fields in a trans-Himalayan landscap, Nepal[J]. Plant Ecology, 201(2): 383-399.

Chittibabu, C V, Parthasarathy N. 2000. Attennated tree species diversity in human-impacted tropical evergreen forest sites at Kolli hills, Eastern Ghats, India. Biodiversity & Conservation, 9(11): 1493-1519.

Chytrý M, Danihelka J, Axmanová I, et al. 2010. Floristic diversity of an eastern Mediterranean dwarf shrubland: the importance of soil pH. Journal of Vegetation Science, 21: 1125-1137.

Chytrý M, Danihelka J, Ermakov N, et al. 2007b. Plant species richness in continental southern Siberia: effect of pH and climate in the context of species pool hypothesis. Global Ecol Biogeogr, 16: 668-678.

Clark D B, Clark D A. 2000. Landscape- scale Variation in Forest Structure and Biomass in a Tropical Rain Forest. Forest Ecology and Management, 137(1-3): 243-254.

Cleveland C C, Townsend A R, Taylor P, et al. 2011. Relationships among net primary productivity, nutrients and climate in tropicalrain forest: a pan-tropical analysis[J]. Ecology Letters, 14(12): 1313-1317.

Colwell R K, Coddington J A. 1994. Estimating terrestrial biodiversity through extrapolation[J]. Philosophical Transactioins of the Royal Society of London, B345: 101-118.

Cowan W F. 1993. Direct seeding: potential socio-economic and conservation benefits. Holroyd GL(ed.)[J]. Proceedings of the Third Prairie Conservation and Endangered Species Workshop, 19(1): 16-18.

Cramer M J, Willig M R. 2002. Habitat heterogeneity, habitat associations, and rodent species diversity in a sandshinnery-oak landscape. Journal of Mammalogy, 83: 743-753.

Currie D J, Paquin V. 1987. Large-scale biogeographical patterns of species richness of trees. Nature, 329: 326-327.

Daniel J Zarin, 郭辉军, Lewis Enu-Kwesi. 2000. 复杂的农业景观系统中植物物种多样性的评价方法-PLEC农业生物多样性指导小组(PLEC-BAG)对资料搜集与分析的指南[J]. 云南植物研究, (增刊): 18-26.

De Deyn G B, Raaijmakers C E, van der Putten W H. 2004. Plant community development is affected by nutrients and soil biota. Journal of Ecology, 92: 824-834.

Diniz-Filho J A F, Bini L M, Hawkins B A. 2003. Spatial autocorrelation and red herrings in geographical ecology. Global Ecology and Biogeography, 12: 53-64.

Diniz-Filho J A F, de Campos Telles M P. 2002. Spatial autocorrelation analysis and the identification of operational units for conservation in continuous populations. Conservation Biology, 16: 924-935.

Diniz-Filho J A F, Rangel T F L V B, Hawkins B A. 2004. A test of multiple hypotheses for the species richness gradient of South American owls. Oecologia, 140: 633-638.

Dipterocarpaceae: evidence for niche partitioning by tropical rain forest trees. Journal of Ecology, 94: 157-170.

Dormann C F. 2007. Effects of incorporating spatial autocorrelation into the analysis of species distribution data. Global Ecology and Biogeography, 16: 129-138.

Dornbush M E, Wilsey B J. 2010. Experimental manipulation of soil depth alters species richness and co-occurrence in restored tallgrass prairie. Journal of Ecology, 98(1): 117-125.

Duff J E. 2009. Why biodiversity is important to the functioning of real-world ecosystems[J]. Frontiers in Ecology and the Environment, 7(8): 437-444.

Dumbrell A J, Clark E J, Frost G A, et al. 2008. Changes in species diversity following habitat disturbance are dependent on spatial scale: theoretical and empirical evidence. Journal of Applied Ecology, 45: 1531-1539.

Ehrlich P R, Ehrlich A H. 1992. The value of biodiversity[J]. Ambio Stoekholm, 21(3): 219-226.

Ellum D S. 2007. Demographic patterns and disturbance responses of understory vegetation in a managed forest of southern New England: Implications for sustainable forestry and biodiversity maintenance[D]. Yale University.

Eyzaguirre B Pablo, Pons B. 1999. Farmer participatory research on coconut diversity: workshop report on methods and field protocols[J]. IPGRI-APO, Serdang, Malaysia.

Firn J, Erskine P D, Lamb D. 2007. Woody species diversity influences productivity and soil nutrient availability in tropical plantations. Oecologia, 154: 521-533.

Foody G M. 2004. Spatial nonstationarity and scaledependency in the relationship between species richness and environmental determinants for the sub-Saharan endemic avifauna. Global Ecology and Biogeography, 13: 315-320.

Ganch H G. 1989. 群落生态学中的多元分析. 杨持, 等译. 北京: 科学出版社.

Gartlan J S, Newbery D M, Thomas D W, et al. 1986. The influence of topography and soil phosphorus on the vegetation of Korup Forest Reserve. Cameroun. Vegetatio, 65 : 131-148.

Hájek M, Tichý L, Schamp B S, et al. 2007a. Testing thespecies pool hypothesis for mire vegetation: exploring the influence of pH specialists and habitat history[J]. Oikos, 116: 1311-1322.

Hara M, Hirata K, Fujiliara M. 1996. Vegetation structure in relation to micro-terrain in an evergreen broad-leaved forest on Amami Ohshima Island, South-West Japan. Ecol Res, 11: 325-337.

Hartnett D C, Fay P A. 1998. Plant populations: patterns and processes. *In*: Knapp A, Briggs J, Hartnett D, et al. Grassland Dynamics: Long-term Ecological Research in Tallgrass Prairie. New York: Oxford University Press: 81-100.

Hawkins B A, Field R, Cornell H V, et al. 2003. Energy, water, and broad-scale geographic patterns of species richness. Ecology, 84: 3105-3117.

Heltsche J F, Forrester N E. 1983. Estimating species richnes susingthe jackknife procedure[J]. Biometerics, 39: 1-11.

Higgins K F. 1977. Duck nesting in intensively farmed areas of North Dakota[J]. Journal of Wildlife Management, 41(3): 232-242.

Hunekler R V R, Schactzl J. 1997. Spodosol development as affected by geomorphic aspect. Baraga County. Michigan [J]. Soil Soc. Am. Spodosol, 61: 1105-1115.

Hurlbert A H, White E P. 2005. Disparity between range mapand survey-based analyses of species richness: patterns, processes and implications. Ecology Letters, 8: 319-327.

Itow, Syuzo. 1991. Species turn over and diversity patterns along an elevation broadleaved forest coenocline. Journal of Vegestation Science, 2: 477-484.

Kaboli M, Guillaumet A, Prodon R. 2006. Avifaunal gradients in two arid zones of central Iran in relation to vegetation, climate, and topography. Journal of Biogeography, 33: 133-144.

Kamrani A, Jalili A, Naqinezhad A, et al. 2011. Relationships between environmental variables and vegetation across mountain wetland sites, N. Iran. Biologia, 66: 76-87.

Kennard D K. 2002. Secondary forest succession in a tropical dry forest: patterns of development across a 50-year chronosequence in lowland Bolivia[J]. Journal of tropical ecology, 18(1): 53-66.

Kessler M. 2001. Maximum Plant-Community Endemism at Intermediate Intensities of Anthropogenic Disturbance in Bolivian Montane Forests. Conservation Biology, 15(3): 634-641.

Kikuchi T, Miura O. 1993. Vegetation patterns in relation to micro-scale land forms in hilly land regions. Vegetatio, 106: 147-154.

Kühn I. 2007. Incorporating spatial autocorrelation may invert observed patterns. Diversity and Distributions, 13: 66–69.

Legendre P, Legendre L. 1998. Numerical Ecology. 2nd ed. Amsterdam: Elsevier Science.

Lepš J, Šmilauer P. 2003. Multivariate Analysis of Ecological Data Using CANOCO. Cambridge, UK:

Cambridge University Press: 149-166.

Lomolino M V. 2001. Elevation gradients of species-density: historical and prospective views. Global. Ecology and biogeography Letters, 10: 3-13.

Lubchenco, Jane, Annette M, Olson, Linda B, Brubaker, et al. 1991. The sustainable biosphere initiative: An Eeologieal Researeh Agenda[J]. Eeology, 72(2): 371-412.

Maddison D R, Schulz K S, Maddison W P. 2007. The Tree of Life Web Project. Zootaxa, 1668: 19-40.

Magurran A E. 1988. Eeological diversity and its measurement[M]. New Jersey: Princeton University Press.

Mark J, Costello Robert, M May, Nigel, E Stork. 2013. Can we name earth's species before the go extinct. Science, 25(339): 413-416.

McNeely J A, et al., 1992. 保护世界的生物多样性[M]. 李文军, 等译. 北京: 中国科学技术出版社: 1-194.

Menhiniek E F. 1964. Acomparison of some species-individuals diversity indices applied to samples of field insects. Ecology, 45: 859-861.

Naeem S, Thompson L J, Lawler S P , et al. 1994. Declining biodiversity can alter the performance of ecosystems [J]. Nature, 368(6473): 734-737.

Nagamatsu D, Hirabuki Y, Moehida Y. 2003. Influence of micro-terrains on forest structure, tree death and recruitment in a Japanese temperate mixed forest. Ecol Res, 18: 533-547.

Okubo S, Kamiyama A, Kitagawa Y, et al. 2005. Management and micro-scale terrain determine the ground flora of seeondary woodlands and their verges in the Tama Hills of Tokyo, Japan. Biodivers Conserv, 14: 2137-2157.

Paokit M G, Pimental D, Stinner B R. 1992. Agro-ecosystem biodiversity: Matching production and conservation biology[J]. Agriculture, Ecosystems and Environment, 40(1-4): 3-23.

Pausas J G, Austin M P. 2001. Patterns of plant species richness in relationto different environments: An appraisal[J]. Journal of Vegetation Science, 12: 153-166.

Pe'er G, Heinz S K, Frank K. 2006. Conneetivity in heterogeneous landscapes: analyzing the effect of topography[J]. Landscape Ecology, 21(l): 47-61.

Pielou E C. 1969. An In troducti on to Mathematical Ecology. New York: John Wiley& Sons.

Pimm S L, Brown J H. 2004. Domains of diversity. Science, 304: 831-833.

Pinder J E, Kroh G C, White J D, et al. 1997. The relationships between vegetation types and topography in Lassen Vocalnic National Park. Plant Ecology, 131: 17-29.

Poulos H M, Caxnp A E. 2010. Topographic influences on vegetation mosaics and tree diversity in the Chilltlahuan Desert Borderlands. Ecology, 91: 1140-1151.

Qian H, Wang S, Li Y, et al. 2009. Breeding bird diversity in relation to environmental gradients in China. Acta Oecologica, 35: 819-823.

Rahbek C, Graves G R. 2000. Detection of macro-ecological patterns in South American humming birds is affected by spatial scale. Proceedings of the Royal Society of London Series B, 267: 2259-2265.

Ress M, Condit R, Crawley M, et al. 2001. Long-term studies of vegetation dynamics. Science, 293: 650-655.

Rodgers R D. 1983. Reducing wildlife losses to tillage in fallow wheat fields[J]. Wildlife Society Bulletin, 11(1): 31-38.

Rossi J P, Queneherve P. 1998. Relating species density to environmental variables in presence of spatial autocorrelation: a study case on soil nematodes distribution. Ecography, 21: 117-123.

Rowe R J, Lidgard S. 2009. Elevational gradients and species richness: do methods change pattern perception? Global Ecology and Biogeography, 18: 163-177.

Sakai A, Ohsawa M. 1994. Topographical pattern of the forest vegetation on a river basin in a Warm-temperature hilly region, central Japan. Ecol Res, 9: 269-280.

Sakio H, Kubo M, Shimano K, et al. 2002. Coexistence of three canopy tree species in a riparian forest in the Chichibu Mountains, Ceniral Japan. Folia Geobot, 37: 45-61.

Sheil D. 2001. Long- termobservations of rain forest succession, tree diversity and responses to distur bance[J]. Plant Ecol, 155: 183-199.

Stinson E R, Hayes L E, Bush P B, et al. 1994. Carbofuran affects wildlife on virginia cornfields. Wildlife Society Bulletin, 22(1): 566-575.

TerBraak C J F, Smilauer P. CANOCO reference manual and CanoDraw for Windows user's guide: software for canonical community ordination. Version 4.5 Microcomputer Power, Ithaca, New York, USA. 2002.

Tognelli M F, Kelt D A. 2004. Analysis of determinants of mammalian species richness in South America using spatial autoregressive models. Ecography, 27: 427-436.

Van Rensburg B J, Chown S L, Gaston K J. 2002. Species richness, environmental correlates, and spatial scale: a test using South African birds. The American Naturalist, 159: 566-577.

Vetaas O R, Grytnes J A. 2002. Distribution of vascular plant species richness and endemic richness along the Himalayan elevation gradient in Nepal. Global Ecology and Biogeography, 11: 291-301.

Wang G L, Liu G B, Xu M X. 2009. Above-and belowground dynamics of plant community succession following abandonment of farmland on the Loess Plateau, China[J]. Plant and soil, 316: 227-239.

Wei X Z, Jiang M X, Huang H D, et al. 2010. Relationships between environment and mountain riparian plant communities associated with two rare tertiary-relict tree species, Euptelea pleiospermum (Eupteleaceae) and Cercidiphyllum japonicum (cercidiphyllaceae). Flora, 205: 841-852.

Whittaker R H. 1972. Evolution and measurement of species diversity[J]. Taxon, 21: 213-251.

Wilson E O. 1988. Biodiversity[M]. Washington DC: National Aeademy Press.

Wilson J B, Sydes M T. 1988. Some tests for niche limitation by examination of species diversity in the Dunedin area, New Zealand N Z J Bot, 26: 237-244.

Wright S J, Yavitt J B, Wurzburger N, et al. 2011. Potassium, , phosphorus, or nitrogen limit root allocation, tree growth, or litter production in a lowland tropical forest[J]. Ecology, 92(8): 1616-1625.

Wyss E. 1996. The effects of artificial weed strips on diversity and abundance of the arthropod fauna in a Swiss experiment alapple orchard[J]. A griculture, Ecosystem and Environment, 60(2): 47-59.

Yee T W, Mitchell N D. 1991. Generalized additive models in plant ecology. Journal of Vegetation Science, 2(5): 587-602.

第十一章 海南植被的植物种群与群落动态

植物种群动态学是植物种群生态学研究的重要内容之一。种群生态学不仅包括了植物种群动态学，还包括了：①解释物种种群生存与适应的生理生态学与分子遗传学；②植物种群繁殖生态学；③植物行为生态学，这是一个比较有趣的领域，主要对植物觅源生态学进行研究，并集中在资源分配格局、表型可塑性、资源异质性以及觅源行为和进化等方面；④无性系种群生态学；⑤植物构件生态学等。而种群动态学主要研究种群大小、密度、多度、频度、显著度、优势度和重要值，还涉及种群稀疏、分布格局、生态对策(竞争)、物种的共存机制(生态位与中性理论)、植物种群的进化与生态型的关系等科学问题(钟章成和曾波，2001；周淑荣和张大勇，2006；王锋刚和曾晓东，2015)。

第一节 种 群 大 小

一、概述

在热带森林群落中植物种群大小永远是一个难于回答的问题，尤其是，要回答某一个地区的某一种植物的个体数是多少时，如海南有多少株飞机草？更是回答不了，也许回答了也没有意义。但对一些濒危植物种类，如果能回答其种群大小，对进一步了解它的种群动态及可能采取的保护措施，则意义重大。尽管最近出现了两篇在国际上有影响的论文，估算了全球热带地区树木的总量和全世界范围内树木的种群密度(Slik et al.，2015；Crowther et al.，2015)，但是，除极小种群可用实测法计算外，真正能较准确估算每一个物种的总个数仍然没有很好的办法，仍然需要更多的研究案例来研讨。目前在海南可以实测或估算其种群大小的树木有：海南海桑、水椰、葫芦苏铁等极小种群或重点保护植物。1997 年开展了全国重点保护植物在海南各大林区的种群大小调查，基本估算了调查目的种在各林区的种群大小；2011 年开展海南极小种群大小调查，也基本实测了调查目的种的种群大小［Yukai Chen(陈玉凯)et al.，2014］。李意德等(2002)曾在尖峰岭运用分布密度、频度和群落面积开展过该地区珍稀濒危植物及其丰富度的调查研究，计算在一定面积内的某种群的数量，取得良好的效果。2013 年开展全国重点保护植物在海南的分布情况及种群大小调查，也初步调查清楚目的种的种群大小。《海南植被志》撰写组参与了第一次海南国家重点保护植物的调查研究，主持第二次海南国家重点保护植物的调查研究及极小种群的调查研究，认为全国重点保护植物调查的方法既简易，又科学，而且可推广应用到其他非保护植物种群中，特别是对植被类型面积已知且较大，而无法进行实测的某一目的种种群大小的估算是较为合理的，在此介绍这一调查研究方法。

二、研究方法

(一)野外调查

1. 样方法

1)适用范围

适用于目的物种散生或团状分布，且连片分布面积较大的调查区。

2)典型选样

在目的物种所处植物群落或生境中选取代表性的地段设置主样方，即兼顾目的物种不同的种群密度合理设置样方进行调查，主样方(图 11-1-1)不能设在群落边缘。

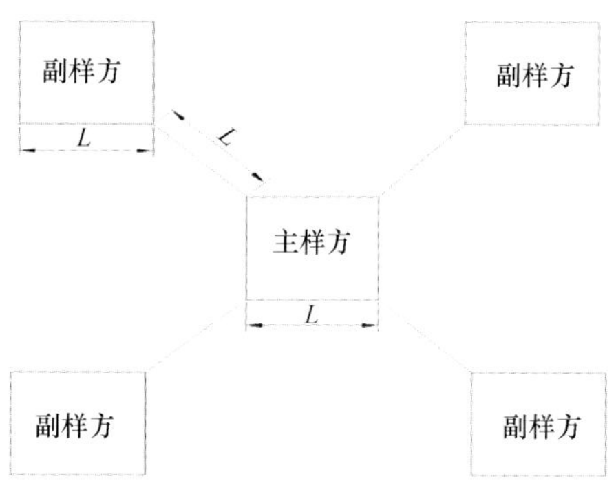

图 11-1-1　主样方、副样方设置示意图(*L*=20m)

Fig.11-1-1　Diagram of main plot and sub plots(*L*=20m)

根据目的物种分布生境实际情况，主样方也可设置为样圆。

3)主样方(样圆)面积

(1)主样方(样圆)面积因目的物种生活型而异，原则上主样方(样圆)面积如下：

——乔木树种及大灌木主样方边长 *L* 为 20m，面积为 20m×20m。主样方通常设置为正方形，特殊情况下也可设为长方形，但长方形的最短边长不小于 5m。乔木树种及大灌木主样圆半径 *R* 为 10～20m。

——灌木树种及高大草本主样方边长 *L* 为 5m，面积为 5m×5m；主样圆半径 *R* 为 3～5m。

——草本植物主样方边长 *L* 为 1m，面积为 1m×1m；主样圆半径 *R* 为 1m。

——藤本物种：生长在乔木林中的主样方边长 *L* 为 20m，面积为 20m×20m，主样圆半径 *R* 为 10～20m；生长在灌木丛中的主样方边长 *L* 为 5m，面积为 5m×5m，主样圆半径 *R* 为 3～5m。

(2)主样方(样圆)面积可根据不同地区群落类型或生境情况、调查物种特性做适当调整，在海南调查可适当减小样方(样圆)面积。同一个物种同一种群落类型调查，宜采用相同类型的调查样地，即均统一采用样方或样圆。

4)主样方(样圆)数量

(1)目的物种所处的群落或生境面积小于 500hm^2 的设 5 个主样方(样圆)；大于 500hm^2 的每增加 100hm^2 增设 1 个主样方(样圆)，同一群落或生境类型，主样方(样圆)总数量不超过 10 个。

(2)目的物种所处植物群落或生境分布在 2 个以上地段时，小的地段可少设或不设主样方(样圆)，大的地段可多设样方(样圆)，但一般最多不超过 5 个。未设主样方(样圆)的地段，需在踏查过程中，记录目的物种相关信息，至少记录 10 株(10 株以下，则全部记录)目的物种的分布经纬度、树高、胸径等相关信息(表 11-1-1、表 11-1-2)，并拍摄目的物种个体及所处群落照片。

表 11-1-1　目的物种记录表 1

Tab.11-1-1　The record sheet of target species 1

<table>
<tr><td colspan="2">目的物种</td><td colspan="4"></td></tr>
<tr><td colspan="2">目的物种生活型</td><td colspan="4">□乔木，□灌木，□草本，□藤本，□常绿，□落叶
□一年生，□多年生，□木质，□肉质</td></tr>
<tr><td colspan="2">主样方(样圆、样线)编号</td><td></td><td colspan="2">主样方(样圆、样形)面积</td><td>_____×_____m</td></tr>
<tr><td colspan="2">副样方(样圆)数</td><td></td><td colspan="2">出现目的物种的副样方(样圆)数</td><td></td></tr>
<tr><td colspan="2">照片编号</td><td colspan="4"></td></tr>
<tr><td>序号</td><td>高度/m</td><td>胸/地径/cm</td><td>冠幅/m</td><td>健康状况</td><td>地理坐标</td></tr>
<tr><td>01</td><td></td><td></td><td></td><td></td><td></td></tr>
<tr><td>02</td><td></td><td></td><td></td><td></td><td></td></tr>
<tr><td>03</td><td></td><td></td><td></td><td></td><td></td></tr>
<tr><td>04</td><td></td><td></td><td></td><td></td><td></td></tr>
<tr><td>05</td><td></td><td></td><td></td><td></td><td></td></tr>
<tr><td colspan="2">幼树株数</td><td colspan="4"></td></tr>
<tr><td colspan="2">幼苗株数</td><td colspan="4"></td></tr>
</table>

填表说明：

1. 目的物种生活型选是者打“√”，草本需注明一年生或多年生，藤本注明木质或肉质。

2. 就地保护状况：填写所处保护区(小区、点)名称、类型、级别，如果不在保护区内，由周边保护区、森林公园、风景名胜区等机构代管，应注明相应名称、级别等。

3. 照片编号：以样方编号、照片特征(花、果、枝、叶、单株)开头，两者之间用“—”分隔，顺序编号，即样方编号—花—01(02 03 04 05…)。

4. 地理坐标：目的物种为极小种群物种的，应填写每株所处的地理坐标。

5. 乔木树种只对大树测量树高、胸径和冠幅，幼树和幼苗仅统计株数；灌木、草本和藤本只测株(丛)高，且不填幼树和幼苗两项。

6. 乔木、灌木和藤本的高度以米为单位，草本高度以厘米为单位。

7. 健康状况，填写代码，健康、亚健康、中健康、不健康分别填写 1、2、3、4。

8. 幼树(苗)株数采用划记(正)。

调查日期：____年____月____日，调查者：____________________

5)实地调查

(1)定位：采用 GPS 定位(使用 WGS84 坐标系)，以获取样方(样圆)所处的地理坐标。精确读取到秒，写作“东经(E)x x°(度)x x′(分)x x″(秒)”。主样方(样圆)宜设置为固定样地，即做明显标记，在主样方的第一个顶角或样圆的中心点埋设固定标桩(或永久性磁铁)。

(2)生境调查：按要求逐项调查主样方(样圆)所处地理位置，目的物种所处生境类型；植物群落的名称、种类组成、郁闭度或盖度；地貌、海拔、坡度、坡向、坡位、土壤类型等；人为干扰方式与程度；保护状况等；记载目的物种所处植物群落概况。

(3)目的物种调查：调查记载主样方内目的物种的分布格局、株数、树高、胸径、健康等级及幼树数量，其中胸径≥5cm的乔木、小乔木树种要求每木检尺，灌木树种及草本以丛或株为单位调查记载；填记目的物种记录表(表11-1-1、表11-1-2)。

6)出现度调查

(1)为避免在主样方(样圆)设置时因人为主观因素所造成的误差，需采用出现度作为目的物种总量的修正系数。

表 11-1-2　目的物种记录表 2

Tab.11-1-2　The record sheet of target species 2

<table>
<tr><td colspan="2">目的物种</td><td colspan="6"></td></tr>
<tr><td>县</td><td></td><td>乡镇</td><td></td><td>村</td><td></td><td>自然村</td><td></td></tr>
<tr><td colspan="2">就地保护状况</td><td colspan="2">□保护区、□保护小区、□森林公园、□风景名胜区</td><td>名称</td><td></td><td>级别</td><td></td></tr>
<tr><td colspan="2">地点(小地名)</td><td></td><td>图幅号</td><td colspan="2"></td><td>地理坐标</td><td></td></tr>
<tr><td colspan="2">主样方(样圆、样线)或目的物种附近特征描述或位置示意图</td><td colspan="6"></td></tr>
<tr><td colspan="2">照片编号</td><td colspan="6"></td></tr>
<tr><td>序号</td><td>高度/m</td><td>胸/地径/cm</td><td>冠幅/m</td><td>序号</td><td>高度/m</td><td>胸/地径/cm</td><td>冠幅/m</td></tr>
<tr><td>01</td><td></td><td></td><td></td><td>06</td><td></td><td></td><td></td></tr>
<tr><td>02</td><td></td><td></td><td></td><td>07</td><td></td><td></td><td></td></tr>
<tr><td>03</td><td></td><td></td><td></td><td>08</td><td></td><td></td><td></td></tr>
<tr><td>04</td><td></td><td></td><td></td><td>09</td><td></td><td></td><td></td></tr>
<tr><td>05</td><td></td><td></td><td></td><td>10</td><td></td><td></td><td></td></tr>
<tr><td colspan="2">知情者</td><td colspan="6"></td></tr>
<tr><td colspan="2">知情者</td><td colspan="6"></td></tr>
</table>

填表说明：

1. 本表适用于采取典型抽样法，未做样地的目的物种分布点的物种信息采集。

2. 就地保护状况：填写所处保护区(小区、点)名称、类型、级别，如果不在保护区内，由周边保护区、森林公园、风景名胜区等机构代管，也请注明相应名称、级别等。

3. 照片编号：以省(自治区、直辖市)简称、县名、物种名、照片特征(群落、花、果、枝、叶、单株)开头，四者之间用“—”分隔，顺序编号，即琼—昌江—油丹—花—01(02 03 04…)。

5. 乔木树种只对大树测量树高、胸径和冠幅，幼树和幼苗仅统计株数；灌木、草本和藤本只测株(丛)高，且不填幼树和幼苗两项。

6. 乔木、灌木和藤本的高度以米为单位，草本高度以厘米为单位。

7. 知情者：填写踏查访问中，对目的物种分布地点知情的相关人员的姓名、单位和电话等。

调查日期：____年____月____日，调查者：____________________。

(2)出现度采用等距设置副样方(样圆)进行调查求算，即在每一主样方(样圆)4 个对角线方向上(如目的物种呈狭条带状分布，也可与主样方并排等距布设)设置 4 个副样方(样圆)，其形状和大小与主样方(样圆)相同。主样方与副样方的间距，同样方的边长长度；主样圆与副样圆的间距，同样圆半径的 2 倍。如果某一方向的副样方(样圆)超出群落范围或因地形等而不能设置，可共同偏离一定角度布设。副样方(样圆)仅调查目的物种的有或无，不计目的物种的数量，记录出现目的物种(出现 1 株就作有)的副样方(样圆)数。

(3)副样方(样圆)的设置见图 11-1-1、图 11-1-2。

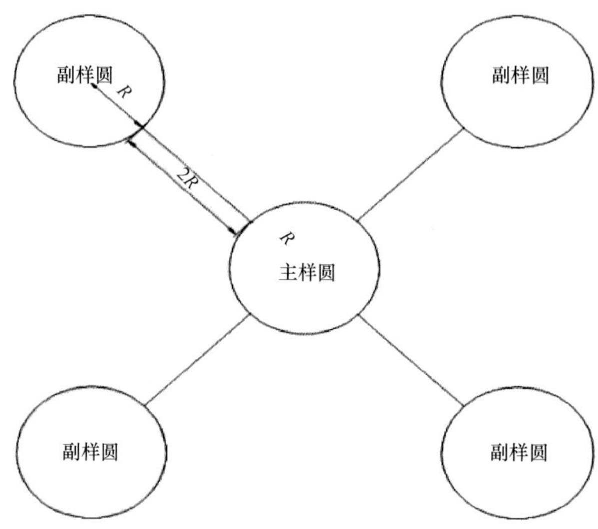

图 11-1-2　主样圆、副样圆设置示意图(*R*=10～20m)

Fig.11-1-2　Diagram of main sample circle and sub sample circles(*R*=10～20m)

2. 样带法

1)适用范围

本方法适用于分布区域已知、连片分布面积较小、呈条带状分布的目的物种，以及昌江、东方等石灰岩地区或高山山脊的植物群落及沿海红树林群落等特殊生境分布的目的物种。

2)典型选样

在查询和范围界线实地踏查的基础上，确定目的物种分布范围，在目的物种分布范围内选取典型地带布设样带，即兼顾目的物种不同的生境、分布密度，布设样带进行调查。

3)样带布设

沿物种分布生境布置样带，采用罗盘仪或 GPS 定向，沿样带行走调查。样带宽度，原则上沿样带中轴线，每侧宽度(*L*)乔木树种为 10m、灌木为 5m(图 11-1-3)；样带长度不小于 300m。根据生境不同，样带宽度和长度可适当调整，宽度以能清晰观察到目的物种为准，长度保证调查人员一天能完成一条样带调查。

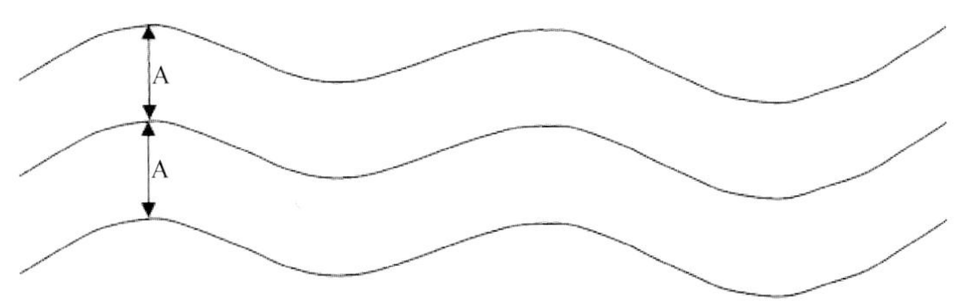

图 11-1-3　样带设置示意图
Fig.11-1-3　Diagram of survey transect

4) 样带数量

(1) 按样带长 300m 设计，目的物种所处的群落或生境面积小于 500hm^2 的设 5 条样带；大于 500hm^2 的每增加 100hm^2 增设 1 条样带，同一群落或生境类型，样带总数量不超过 10 条。当样带长超过 300m 时，可相应减少样带数量，以 10%～15%的面积抽样比例控制，但样带数不少于 5 条。

(2) 目的物种所处植物群落或生境分布在 2 个以上地段时，小的地段可少设或不设样带，大的地段可多设样带。未设样带的地段，需在踏查过程中，记录目的物种相关信息，至少记录 10 株(仅 10 株以下，则全部记录)目的物种的分布经纬度、树高、胸径等相关信息，并拍摄目的物种个体及所处群落照片。

5) 实地调查

采用 GPS 定位，以获取样带起止处中心点地理坐标，并在样带起止处中心点埋设固定标桩(或永久性磁铁)。按要求进行目的物种群落(生境)概况调查和目的物种调查，调查内容同样方法，填写调查表。

3. 样线结合样方(样圆)法

1) 适用范围

适用的目的物种类型与样带法相同。在采用样带调查时，若计数的工作量过大，可采用本方法。

2) 样线及样方(样圆)布设

在生境调查和范围界线实地踏查的基础上，勾绘目的物种分布图，在目的物种分布范围内选取典型地带布设样线。

在样线上，沿物种分布生境等距离(非直线距离)布设样方(样圆)。样方(样圆)的布置间距可根据实际情况进行调整(图 11-1-4、图 11-1-5)；样方(样圆)的数量以能满足统计学要求为佳。

(1) 样方：以样线为中心轴，乔木树种样方边长 L 为 20m，面积为 20m×20m；灌木样方边长 L 为 10m，面积为 10m×10m。

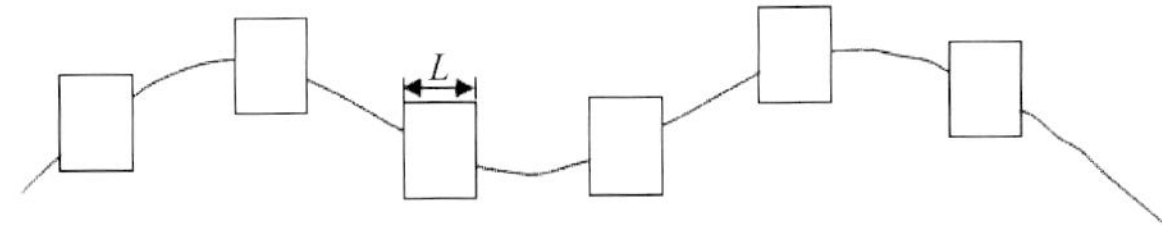

图 11-1-4　样线结合样方法设置示意图
Fig.11-1-4　Diagram of survey transect and quadrats

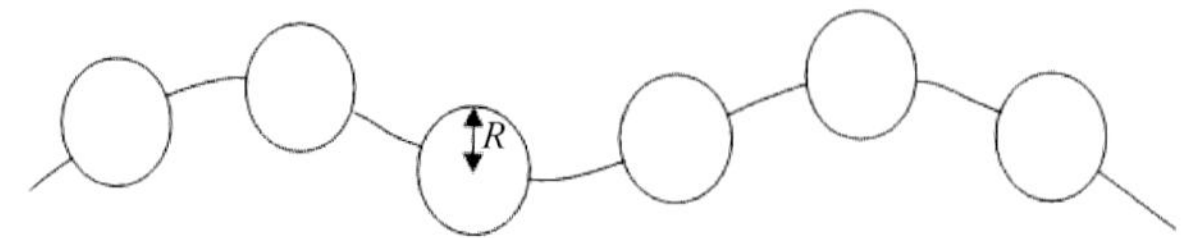

图 11-1-5 样线结合样圆法设置示意图
Fig.11-1-5 Diagram of survey transect and circles

(2)样圆：以样线点为圆心，乔木树种样圆半径 R 为 10～20m，灌木树种样圆半径 R 为 3～5m。具体半径以能准确鉴别目的物种为原则，根据生境、通视条件等情况调整。

(3)实地调查

采用 GPS 定位，以获取样线起止点地理坐标，并在样线起止点埋设固定标桩(或永久性磁铁)。按要求进行目的物种群落(生境)概况调查和目的物种调查，调查内容同样方法，填写调查表。

4. 系统抽样法

1)适用范围

本方法适用于一般调查的目的物种，在调查单元内呈随机分布、且分布零星广泛、数量相对较多、易于识别的目的物种。在海南有些一般的目的种分布在保护区外围的广大地区(或山区)，如墨兰、巴戟天、小钩叶藤、龙眼、野茶和海南龙血树等树种可采用这一类调查方法。

2)调查过程

(1)准备工作：通过查询，确定目的物种的分布区域，综合分析，确定其适生的分布范围和面积。

(2)样方布设：在总体范围内，结合区域内森林资源清查，按照系统抽样的技术要求，等距离布设样方。必要时可系统加密布设临时样地。原则上抽样精度达到 80%以上。

(3)实地调查：具体调查内容同样方法的调查内容，填写有关表。

(二)种群大小计算

1. 样方法

1)计算出现度，计算公式如下：

$$F = \frac{n}{N_1 + N_2}$$

式中，F 为目的物种在某种植物群落(生境)的出现度；n 为在该植物群落(生境)中出现目的物种的主、副样方(样圆)总数；N_1 为在该植物群落(生境)中所设主样方(样圆)数；N_2 为在该植物群落(生境)中所设副样方(样圆)数。

2)量算植物群落或生境面积

在不小于 1∶5 万比例尺的地形图、植被图或林相图上，勾绘修正目的物种所处植物群落的分布范围(建议以植被亚型或植被型为单位，如在海南热带低地雨林、山地雨林植物亚型或季雨林植被型等)，输入计算机用 GIS 软件进行面积求算；或利用森林资源二类调查材料，统计目的物种所处植物群落或生境的面积。单位：hm^2。

3) 目的物种在某种植物群落中每公顷的数量：

$$X=\sum N_i/\sum S_i$$

式中，N_i 为目的物种在第 i 个样方中的数量；S_i 为第 i 样方的面积。

4) 计算目的物种总量

某一植物群落（生境）目的物种总量的求算公式如下：

$$W=F \cdot X \cdot S$$

式中，W 为目的物种在某种植物群落（生境）中的株数；F 为目的物种在该植物群落（生境）中的出现度；X 为目的物种在该植物群落（生境）中的密度（每公顷的株数）；S 为目的物种在该植物群落（生境）中的分布总面积。

2. 样带法

1) 计算植物群落或生境面积

在不小于 1∶5 万比例尺的地形图、植被图或林相图上，对野外勾绘修正的目的物种所处植物群落的分布范围，输入计算机用 GIS 软件进行面积求算；或利用森林资源二类调查材料，统计目的物种所处植物群落或生境的面积。单位：hm^2。

2) 计算密度

计算密度的方法如下：

$$D=\frac{N}{2LA}$$

式中，D 为种群密度（株/hm^2）；N 为样带内目的物种株数；L 为样线总长度；A 为单侧样带宽度。

3) 计算某植物群落（生境）目的物种株数

$$W=D \cdot S$$

式中，W 为目的物种在该植物群落（生境）的株数；S 为目的物种在该植物群落（生境）的分布总面积。

3. 样线结合样方（样圆）法

1) 量算植物群落或生境面积

同样线（样带）法。

2) 计算密度

$$样圆：D=\frac{N}{nR^2}$$

$$样方：D=\frac{N}{nL^2}$$

式中，D 为种群密度（株/hm^2）；N 为样线内目的物种株数；n 为样线内样圆个数；R 为样圆半径；L 为样方边长。

3) 计算某植物群落（生境）目的物种株数

$$W=D \cdot S$$

式中，W 为目的物种在该群落或生境中的株数；S 为目的物种在该群落或生境中的分布总面积。

4. 系统抽样法

1) 目的物种分布面积及相关指标采用成数抽样计算公式

第 i 群落(或生境)分布面积估计值：$\hat{A}_i = A\dfrac{n_i}{n} = Ap_i$

式中，A 为总体面积；n_i 为第 i 群落(或生境)样点数；n 为总样点数；p_i 为第 i 群落(或生境)总体成数。

第 i 群落(或生境)分布面积的绝对误差限 $\Delta p_i = t_\alpha\sqrt{p_i(1-p_i)/(n-1)}$

式中，t_α 为可靠性指标，当α取 95%水平时，t_α=1.96。

分布面积的相对误差限：$Ep_i\% = EA_i\% = \Delta p_i / p_i = t_\alpha\sqrt{(1-p_i)/\left[p_i(n-1)\right]}$

分布面积的抽样精度：$P_C\% = 100 - EA_i$

分布面积的绝对误差：$\Delta A_i = t_\alpha A\sqrt{p_i(1-p_i)/(n-1)}$

分布面积的置信区间：$\hat{A}_i \pm \Delta A_i$

2) 目的物种株数及相关指标采用简单抽样计算公式

总体平均数的估计值：$\hat{\bar{Y}} = \bar{y} = \dfrac{1}{n}\sum_{i=1}^{n} y_i$

总体株数的估计值：$\hat{Y} = \dfrac{A\cdot\hat{\bar{Y}}}{n\cdot s}$

式中，A 为总体面积；n 为总样点数；s 为调查样点的面积。

抽样调查样本标准差：$S_y = \sqrt{\dfrac{1}{n-1}\left[\sum_{i=1}^{n} y_i^2 - \dfrac{1}{n}\left(\sum_{i=1}^{n} y_i\right)^2\right]}$

抽样调查标准误：$S_{\bar{y}} = S_y / \sqrt{n}$

抽样调查绝对误差：$\Delta = t_\alpha * S_{\bar{y}}$

式中，t_α 为可靠性指标，当α取 95%水平时，t_α=1.96。

抽样调查相对误差：$E\% = \Delta / \bar{y} \times 100\%$

抽样调查精度：$P_C\% = (1-E) \times 100\%$

抽样估计值的置信区间：$\dfrac{A}{n\cdot s}(\bar{y} \pm \Delta)$

三、研究案例

(一)海南极小种群大小调查研究——以国家林业局 2011 年确定的目的种为例

海南的极小种群野生植物名录是根据 2011 年国家林业局出台的《中国极小种群野

生植物拯救保护工程规划》(以下简称《规划》)划定的一类极度濒危的野生植物，海南共分布有 24 个种。“极小种群”是指分布地域狭窄，长期受到外界因素胁迫干扰，种群和个体数量都极少，呈现出种群退化和个体数量持续减少的特点，已经低于稳定存活界限的最小生存种群而随时濒临灭绝的珍稀濒危的野生植物。这些极小种群是最易丧失的生物资源，多数为中国特有植物，具有重要的生态、科学、文化和经济价值(国家林业局，2011)。极小种群的分布与大小调查研究是进一步研究极小种群数目极度濒危甚至即将灭绝机制的基础。

1. 案例的地理概况与研究方法

1)地理概况

海南的地理概况见第二章。

2)研究方法

(1)调查对象

以《规划》(2011～2015 年)为基础，确定了海南目前有分布记录的极小种群野生植物 24 种；另外，这些极小种群现多分布在受人为干扰严重的森林斑块“生境岛屿”中，具体为：葫芦苏铁(*Cycas changjiangensis*)、观光木(*Michelia odora*)、蕉木(*Chieniodendron hainanense*)、扣树(*Ilex kaushue*)、海南风吹楠(*Horsfieldia kingii*)、海南假韶子(*Paranephelium hainanense*)、海南海桑(*Sonneratia hainanensis*)、红榄李(*Lumnitzera littorea*)、坡垒(*Hopea hainanensis*)、海南石豆兰(*Bulbophyllum hainanense*)、牛角兰(*Ceratostylis hainanensis*)、象牙白(*Cymbidium eburneum*)、美花兰(*Cymbidium insigne*)、昌江石斛(*Oxystophyllum changjiangense*)、海南石斛(*Dendrobium hainanense*)、华石斛(*Dendrobium sinense*)、梳唇石斛(*Dendrobium strongylanthum*)、五唇兰(*Doritis pulcherrima*)、五脊毛兰(*Pinalia quinquelamellosa*)、海南毛兰(*Dendrolirium tomentosum*)、镰叶盆距兰(*Gastrochilus acinacifolius*)、海南鹤顶兰(*Phaius hainanensis*)、海南大苞兰(*Sunipia hainanensis*)、芳香白点兰(*Thrixspermum odoratum*)。

(2)调查方法

采取先寻找极小种群的分布点，然后采用实测法对海南极小种群植物每一个分布点的种群数量进行统计的方法，调查区域基本涵盖整个海南。

2. 结果与分析

目前，在海南有分布记录的 24 种极小种群野生植物中，本次调查发现的极小种群野生植物有 20 种，占海南有分布记录的 83.33%。另外 4 个种未被发现，是否已经消失，有待更加深入的调查，它们是：扣树、海南石豆兰、海南鹤顶兰、海南大苞兰。

在这 20 种极小种群野生植物中，海南特有植物有 9 种，收录在《世界自然保护联盟濒危物种红色名录》的有 7 种；野外株数在 10 株以下的有 3 种，野外株数 10～99 株的有 9 种，野外株数 100～999 株的有 8 种；野外只有 1 个分布点的有 7 种，野外仅存 2 个分布点的有 3 种，野外有 3 个分布点及以上的有 10 种；野外种群全部分布在国家级自然保护区的仅有 5 种，部分种群分布在国家级自然保护区的有 11 种，全部分布在省级自然保护区的有 1 种，全部分布在自然保护区外的有 3 种(表 11-1-3)。目前海南的极小种群野生植物部分处在保护区路边、林缘、旅游栈道边或人为活动强烈的非保护区，其中在路边个体数量较多的为兰科植物中的海南石斛、昌江石斛、海南毛兰 3 种，葫芦苏铁在南亚松林中呈集中分布，五脊毛兰、华石斛、牛角兰等 9 种兰科植物多分布在高海拔地区。

表 11-1-3 海南极小种群野生资源的现状

Tab.11-1-3 Status of extremely small populations in Hainan

序号	物种	IUCN 等级	特有种	分布区域	分布点	株数或丛数	生境特征
1	葫芦苏铁	CR	是	全部在国家级保护区	1	320	分布于南亚松林中
2	观光木	NT	否	全部在国家级保护区	1	7	分布于林缘、路边
3	海南风吹楠		否	部分在国家级保护区	5	13	分布于林缘、路边
4	坡垒	CR	否	部分在国家级保护区	12	155	多分布于人工林旁、路边
5	蕉木	VU	否	部分在国家级保护区	6	40	多分布于路边及石头缝中
6	海南假韶子		是	在自然保护区外	1	30	分布于旅游栈道边
7	海南海桑	CR	是	省级自然保护区	1	3	生于靠近路边的海滩
8	红榄李		否	在自然保护区外	2	11	生于靠近路边的海滩
9	海南石斛		是	部分在国家级保护区	19	800	生于路边岩石或树干上
10	昌江石斛	EN	是	部分在国家级保护区	12	200	生于路边岩石或树干上
11	华石斛	EN	是	全部在国家级保护区	5	300	附生于树干上
12	梳唇石斛		否	全部在国家级保护区	1	20	附生于林缘树干上
13	芳香白点兰		否	部分在国家级保护区	3	30	附生于路边树干上
14	镰叶盆距兰		是	在自然保护区外	1	50	附生于树干上
15	五唇兰		否	部分在国家级保护区	2	50	生于路边岩石上
16	象牙白		否	部分在国家级保护区	2	5	附生于路边树干上
17	美花兰		否	部分在国家级保护区	3	50	地生于山脊上
18	五脊毛兰		是	全部在国家级保护区	1	110	附生于树干上
19	海南毛兰		否	部分在国家级保护区	8	110	生于路边石壁或树干上
20	牛角兰		是	部分在国家级保护区	5	200	附生于树干上

注：CR. 极度濒危；EN. 濒危；NT. 近危；VU. 渐弱。

3. 特点与讨论

目前野外发现的 20 种海南极小种群野生植物资源均表现出了极度濒危的趋势，部分处于人为活动强烈的路边、林缘、旅游栈道边(表 11-1-3)，这与前人研究的珍稀濒危植物的致濒原因情况相同，其主要原因仍是生境的破坏、过度的开发利用等(张文辉等，2002；Ren et al.，2012)。同时许多极小种群野生植物因具有重要的经济价值，其野生植物资源长期受到人为干扰，而4个曾经有记录的物种现已难觅其野生踪迹，再次表明海南极小种群已处在亟待保护状态，如不采取措施，许多物种将面临灭绝。

(二)海南甘什岭省级自然保护区国家重点保护植物种群大小研究

1. 案例的地理概况与研究方法

1)地理概况

甘什岭位于海南岛东南部，三亚市境内，地理坐标为北纬18º21′～18º26′，东经109º34′～109º42′。海拔50～681m，坡度30º～50º，地势自南向北依次升高，是典型的热带低地次生雨林。这里气候温暖，水湿条件优越，年均气温为24.5℃，最冷月的平均气温在19℃以上；年降雨量约为1800mm，是海南雨量较少的地区之一。土壤主要以中生代花岗岩发育而成的红壤为主(邢福武等，1993)。甘什岭自然保护区面积约为1715.46hm^2，地带性森林类型为低地雨林，群落外貌全年常绿。无翼坡垒林主要有乔木3层，灌木、草本各1层。乔木A层主要由无翼坡垒(*Hopea reticulata*)、青梅(*Vatica mangachapoi*)和长柄琼楠(*Beilschmiedia longepetiolata*)等组成；乔木B层主要由细仔龙(*Amesiodendron chinense*)、白背算盘子(*Glochidion wrightii*)和硬核(*Scleropyrum wallichianum*)等组成；乔木C层主要由白茶树(*Koilodepas hainanense*)、粗毛野桐(*Mallotus hookerianus*)和阿芳(*Alphonsea monogyna*)等组成；灌木层主要有三角瓣花(*Prismatomeris teranda*)、九节(*Psychotria rubra*)、钟萼粗叶木(*Lasianthus trichophlebus*)和皂帽花(*Dasymaschalon trichophorum*)等；草本层主要由草豆蔻(*Alpinia katsumadai*)、海南假砂仁(*Amomum chinense*)和海南复叶耳蕨(*Arachniodes exilis*)等组成；层间植物主要以木质藤本为主，主要有钩枝藤(*Ancistrocladus tectorius*)、光叶紫玉盘(*Uvaria boniana*)和牛栓藤(*Connarus paniculatus*)等(邢福武等，1993)。

杨小波等(1995a)在该保护区植被发育最好而且无翼坡垒种群发育最好的区域，开展过3900m^{2}面积的实树测量，50cm高以上的个体有2265株，种群密度为0.58株/m^2，50cm高以上的个体有2079株，种群密度为0.59株/m^2。然后估算代表性区3000hm^{2}的种群大小为1782×10^{4}株。在整个保护区内，可能无翼坡垒种群的密度要小一些，但需要采用更合理和省力的方法完成。

2)调查目的种和调查研究方法

(1)调查目的种

本次调查的目的种主要有无翼坡垒(铁凌 *Hopea reticulata*)、青梅(*Vatica mangachapoi*)、蝴蝶树(*Heritiera parvifolia*)、白桫椤(*Sphaeropteris brunoniana*)、海南苏铁(*Cycas hainanensis*)、野生荔枝(*Litchi chinensis*)、蕉木(*Chieniodendron hainanense*)、油楠(*Sindora glabra*)。

(2)调查研究方法

依照以上介绍的全国重点保护植物调查的方法并结合实地踏查情况，在甘什岭保护区内，共设置了3个实测点和18个主样方，共21个调查点(表11-1-4)。

表 11-1-4　调查点概况

Tab.11-1-4　Status of the plots

调查点编号	目的物种	调查法	经度	纬度	海拔/m	郁闭度/%	盖度/%	坡向	坡度/(°)	坡位
1	海南苏铁	样方法	109°39′45.40″	18°23′20.79″	317	95	100	西	15	上
2	蝴蝶树	样方法	109°39′56.30″	18°23′54.19″	358	96	97	南	—	脊
3	蝴蝶树	样方法	109°40′08.59″	18°22′59.07″	290	96	98	南	5	中
4	蝴蝶树	样方法	109°40′25.72″	18°23′00.21″	220	—	—	—	—	—
5	蝴蝶树	样方法	109°40′38.20″	18°22′57.68″	232	—	—	南	10	下
6	蕉木	样方法	109°40′25.60″	18°23′00.27″	207	—	—	—	—	—
7	青梅	样方法	109°39′56.30″	18°23′54.19″	358	96	97	南	—	脊
8	青梅	样方法	109°39′45.40″	18°23′20.79″	317	95	100	西	15	上
9	青梅	样方法	109°40′08.59″	18°22′59.07″	290	96	98	南	5	中
10	青梅	样方法	109°40′38.20″	18°22′57.68″	232	—	—	南	10	下
11	青梅	样方法	109°39′43.58″	18°23′40.37″	302	96	100	东	10	上
12	无翼坡垒	样方法	109°39′56.30″	18°23′54.19″	358	96	97	南	—	脊
13	无翼坡垒	样方法	109°39′45.40″	18°23′20.79″	317	95	100	西	15	上
14	无翼坡垒	样方法	109°40′08.59″	18°22′59.07″	290	96	98	南	5	中
15	无翼坡垒	样方法	109°40′25.60″	18°23′00.27″	207	—	—	—	—	—
16	无翼坡垒	样方法	109°40′38.20″	18°22′57.68″	232	—	—	南	10	下
17	无翼坡垒	样方法	109°39′43.58″	18°23′40.37″	302	96	100	东	10	上
18	野荔枝	样方法	109°40′25.60″	18°23′00.27″	207	—	—	—	—	—
19	油楠	实测法	109°39′45.40″	18°23′20.79″	317	95	100	西	15	上
20	油楠	实测法	109°40′38.20″	18°22′57.68″	232	—	—	南	10	下
21	白桫椤	实测法	109°39′59.43″	18°23′02.80″	285	10	—	东南	80	中

注：一为没有记录。

(3)调查内容

经实地踏查，在调查图上勾绘目的物种分布区并求算目的物种所处群落面积。对每一处调查点，逐项调查目的物种所处生境概况：植物群落类型、种类组成、郁闭度、盖度；地貌、海拔、坡度、坡向、坡位、土壤类型；人为干扰方式和程度及保护状况等。对在调查点分布的乔木类目的物种，立木(胸径≥5cm)每木检尺记录树高、胸径、冠幅及健康等级，幼树(胸径＜5cm 且高度≥50cm)和幼苗(高度＜50cm)记录数量。对于以样方法调查的目的物种，在主样方 4 个角上分别设置一个副样方(40m×40m)，记录目的物种出现的副样方数。根据实地踏查情况，在调查图上勾绘目的物种分布区，录入计算机通过 GIS 10.2 软件自带的几何计算功能求算目的物种所处群落面积 S。

2. 结果与分析

21 个调查点所处群落类型均为湿润雨林—青皮、蝴蝶树、坡垒林群丛，在该植物群落中，通过数据处理分析得到甘什岭保护区内国家重点保护物种的密度、出现度、分布面积及种群大小(表 11-1-5)。幼树与立木的数量有 456 288 株，密度为 0.28 株/m^2。

表 11-1-5　在海南甘什岭省级自然保护区内国家重点保护物种密度、出现度、分布面积及种群大小

Tab.11-1-5　The size, area of the distribution, frequence, and density of populations of state protected plants in Ganzhaling reserves in Hainan

编号	目的物种	调查法	出现度	幼树密度/(株/m²)	立木密度/(株/m²)	分布群落面积/m²	幼树资源量/株	立木资源量/株
1	海南苏铁	样方法	0.8	0	0.015	13 700	0	164
2	蝴蝶树	样方法	0.65	0.005 625	0.000 625	1 004 900	36 370	4 081
3	蕉木	样方法	0.4	0.002 5	0	22 500	23	0
4	青梅	样方法	0.84	0.012 5	0.004 5	1 004 900	105 481	37 973
5	无翼坡垒	样方法	1	0.24	0.04	1 004 900	406 858	513 455
6	野荔枝	样方法	0.8	0.005	0	64 200	257	0
7	油楠	实测法	—	—	—	800	2	0
8	白桫椤	实测法	—	—	—	400	0	1

3. 特点与讨论

种群密度、分布频度和同质群落的面积大小是影响估算某植物种群大小的最重要的三大因素，本案例在一个植被类型相对简单的环境中完成，仅供读者参考。尽管植被类型相对简单，但要准确勾画植被类型或不同保护植物种类所在同质性的群落面积，获得相对准确的种群密度和分布频度也不容易。杨小波等(1995a)在该保护区植被发育最好且无翼坡垒种群发育最好的区域，开展过 $3900m^2$ 面积的实树测量，估算过代表性区 $3000hm^2$ 的种群大小为 1782×10^4 株，这种方法虽然相对准确，但工作量大，而且也只能准确计算样地内的数量，用这一数据估算样地外该种群的数量可能偏大，如果取样的地区为非代表性地区，可能估算又偏小。李意德等(2002)在尖峰岭的工作可能也类似这种情况。本案例似乎相对准确一些，更能真实反映该保护区各保护植物的种群大小。当然可能也有不准确的地方，像白桫椤仅有 1 株，油楠仅有 2 株，可能是调查还不全面的原因，也可能确实是这样。

第二节　种群稀疏、调节及其动态变化

一、概述

在结构复杂、种类丰富的森林植物群落中，植物种群的数量变化受到多种因素的影响，其中影响最大的是生物竞争。一般来说，种群大小由两个方面的作用所控制：一是种群密度的压力导致种内竞争；二是不同种群争夺有限资源而导致种间竞争。植物种内竞争的结果将出现自疏现象，种间竞争的结果可能导致他疏现象的发生。对于一个植物种群来说，随初始种群密度的增加和个体的生长而密集，并因种群内个体之间为争夺各生态因子(如光、水、营养等)而发生竞争，到达一定程度时，导致部分个体死亡，即自疏。他疏普遍存在于自然和人工植物群落中，与农业、林业以及牧草生产有着密切的联系。研究他疏不仅有着极为重要的实践意义，同时对于深刻理解和发展达尔文的生存竞争学说，揭示物种进化的机制也是十分重要的。他疏是群落所具有的自我调节机能之一，

通过密度调控把个体适应、种群数量动态、生物群落演替与生态系统稳定性联系起来，一直是生态学领域研究的热点问题，林木密度反映了林木对其空间的利用程度，是影响林分生长和木材产量的重要因子；同时，在森林生态系统发挥其他功能作用中起着主导作用。密度能引起植株个体间因生长资源的强制分配而产生相互作用，密度的增加导致植物种内产生竞争，使种群中单株生长量和生物量发生改变，从而影响植物个体的异速生长模式。

广大生态学家和林业工作者对于植物种群所特有的自疏现象进行了大量的理论研究，得出了反映同龄植物种群存活密度和平均个体质量之间关系的–3/2 自疏法则，该法则是 Yoda（1963）基于植物生长是几何相似的理论提出的；其表达式为：$W=CN^{3/2}$（其中 W 为平均个体质量，N 为种群密度，C 为常数）。这是植物种群生态学中已颇为成熟的理论，被很多实验数据所支持。例如，Gorham（1979）收集 29 个种的最密林分的资料，用这些资料求出这些种共同自然稀疏线的斜率均为–3/2。White（1981）收集已发表的有关自然稀疏线的资料和一些林分资料，在平均个体质量（一般采用鲜重）和种群密度的双对数图上绘出一条自然稀疏线，其平均斜率为–3/2。这些研究结果使得自然稀疏法则逐渐被人们所接受。到目前为止，已有 100 多种植物种群，包括人工种植种群和天然种群、较小的草本植物种群和高大乔木种群的自疏斜率均接近–3/2。–3/2 自疏定律往往针对由同龄、同种植物组成，且为单层结构，种群内生境条件均一的单一种种群，但也有一些研究表明在形态和生长型具有明显差异的两种植物混合种群中，个体平均生物量与密度间的异速关系斜率也很接近–3/2，并且有些生态学家还认为–3/2 法则同样适用于多物种的混合种群。周永斌等（2011）就以白石砬子自然保护区 14 个天然林为研究对象，利用近 30 年间 14 次的连续定位观测数据，其中 9 个天然林的自疏指数约为 1.5；其他 5 个天然林由于人为干扰和生长时间的影响而不满足–3/2 法则。天然林植物群落存在种内竞争，同时也存在他疏现象，其植物的密度-生物量关系是否满足–3/2 法则目前没有研究结论。大多数研究只是针对种群的稀疏来开展工作的，对天然植物群落的稀疏规律的探究较少。天然植物群落自然稀疏是重要的生态学过程，它包括自疏和他疏（王伯荪等，1995），天然群落中不仅存在同种群内随个体增长而密度减降的自疏现象（龙成等，2013），也存在异种群之间密度与个体大小的他疏现象（王伯荪等，1995）。以往对自然稀疏的研究多集中在单一种群自疏现象（Gorham，1979；White，1981）。其研究结果表明，自疏指数并不一致稳定在日本学者 Yoda 等（1963）所提出的–3/2（Zhang et al.，2013），它只是动态过程中的一个短暂值，Sea（2012）则认为以–4/3 作为自疏斜率更为合适。随后 Zhang 等（2013）的研究更加说明自疏边界线随着立地质量变化而变化的特点。

二、一般的研究方法

在样方的基础上，植物种群稀疏、调节和动态变化多采用以下的方法开展研究。

（一）种群大小级年龄图的绘制

在我国径级的划分一般为Ⅴ级或Ⅵ级，但每一径级划分范围却因不同的学者及其研究的样地的实际情况有较大的变化。在我国经典的划分范围是林英（1983）的划分方法。

Ⅰ级：小苗木高度 33cm 以内；Ⅱ级：大苗木高度＞33cm，胸径＜2.5cm；Ⅲ级：小树胸径 2.5～7.5cm；Ⅳ级：壮树胸径 7.5～22.5cm；Ⅴ级：大树胸径＞22.5cm。有的研究是依据小树 1.5cm 开始测量的数据进行划分，如周威等(2013)的划分方法如下。Ⅰ级：DBH＜4.5cm；Ⅱ级：4.5cm≤DBH＜7.5cm；Ⅲ级：7.5cm≤DBH＜10.5cm；Ⅳ级：10.5cm≤DBH＜13.5cm；Ⅴ级：13.5cm≤DBH＜16.5cm；Ⅵ级：16.5cm≤DBH＜19.5cm；Ⅶ：19.5cm≤DBH。因此说，径级的划分范围可视情况而定。

(二)林分密度

林分密度的计算公式为：$N=n/A$，其中 N 为林分密度(株/m^2)；n 为个体数(株)；A 为固定样地面积(m^2)。

(三)稀疏模型

选择 Yoda 和 Reineke 等提出的自然稀疏规律进行模拟：$W=CN^{-\alpha}$；其中 W 为平均个体质量(g)；N 为种群密度(株/m^2)；C、α为常数。

(四)生物量模型

采用 Chave(2005)等提出的干旱森林类型(dry forest stands)的地上生物量计算模型：

$$\mathrm{AGB} = \exp\left[-2.187+0.916\times\ln(\rho D^2 H)\right]\times 1000=112\times(D^2 H)^{0.916}$$

Chave 等在文中提到的森林类型是基于蒸发量、降水量和海拔来划分的，铜鼓岭地区这些指标均与干旱森林类型比较符合，且该地区旱季长达半年之久，常常出现春旱，另外土层浅薄，发育程度低，以重石质砂壤、轻壤-石质土为主，土壤的持水能力弱，再加上风速大造成水分大量蒸发，而且从植物组成来看，存在一定比例的落叶树种，更好地说明该森林类型为干旱森林，因而认为采用该模型比较好。其中 AGB 为植物地上生物量(g)，ρ为木材密度(g/cm^3)，D 为胸径(cm)，H 为树高(m)。

(五)静态生命表的编制和存活曲线的绘制

静态生命表一般包括如下参数：

x 为大小级，在静态生命表中代替年龄等级；

N_x 为在 x 大小级内出现的某种群个体数；

L_x 为存活数标准化，$L_x=(N_x+N_{x+1})/2$；

$\lg L_x$ 为 L_x 取以 10 为底的对数；

D_x 为从 x 到 $x+1$ 大小级的死亡数，$D_x=N_x-N_{x+1}$；

Q_x 为从 x 到 $x+1$ 的死亡率，$Q_x = D_x / N_x$；

T 为从 x 大小级起超过 x 大小级的存活个体总数，$T=\sum L_x$；

E_x 为生命期望，表示第 x 大小级的个体在未来所能存活的平均年数，$E_x = T_x / N_x$。

以各生命表的大小级为横坐标、$\lg L_x$ 为纵坐标，绘制该种群的存活曲线。

三、研究案例

由于不同的生态环境，或不同的植物种群，种群特征的变化都有不同。限于水平，《海南植被志》将采用案例从不同角度陈述这一问题。主要涉及 6 个方面：①多优势种森林群落优势种种群稀疏规律研究；②单优势种森林群落优势种种群调节规律研究；③海南沿海农村地区常见植物种群动态变化研究；④海南中部地区次生林优势植物种群特征研究；⑤自然保护区对树木种群保护效果比较研究；⑥种群特征与生态环境的关系研究。

(一)多优势种森林群落优势种种群稀疏规律研究——以文昌铜鼓岭海南大风子(*Hydnocarpus hainanensis*)种群为例

1. 样地地理概况与研究方法

1)地理概况

海南省文昌市铜鼓岭的地理概况见第九章第一节。

2)研究方法

在铜鼓岭主峰东南迎海方向的热带常绿沿海森林内建立一个 160m×160m 的固定样地，作为主要观测样地，面积为 2.56hm^2；另外又在主峰西南方向约 2km 远的小山峰的背海面灌丛内建设同样面积的样地，作为比较观测样地。本案例采取主观测样地与比较观测样地相对比的方法进行优势种群密度变化过程中自然稀疏的研究。为了方便说明，把热带常绿沿海森林样地记做 1 号样地；灌丛样地记做 2 号样地。两个样地分别包括 5m×5m 的小样方 1024 个；10m×10m 的小样方 256 个；20m×20m 的小样方 64 个。对胸径≥1.5cm 的海南大风子个体进行每木调查，测定并记录每株的胸径、株高、冠幅、活立木枝下高，以及在样方内的坐标等因子。

2. 结果与分析

1)径级的划分与分析

乔木种群个体年龄难以准确地测定，在分析中采用径级代替龄级的方法(宋于洋等，2011)。对径级的划分需要根据具体的研究而定，目前有的研究对径级的划分采用每 5cm 为一个径级(宋丁全等，1999)，但由于调查区内的群落类型是热带常绿沿海森林和灌丛，植被胸径与高度都相对较小，所以我们在具体研究中，采用每 1.5cm 为一个径级区间，见表 11-2-1。

由表 11-2-1 及图 11-2-1 可以看出，两个样地海南大风子种群个体总数，2 号样地比 1 号样地要多出很多；在径级 3(胸径≤6.0cm)之前，个体数随径级的增大而减少的变化较为激烈，但在径级 3 以后这种变化趋于平缓。而表 11-2-2 的数据告诉我们，2 号样地海南大风子种群个体数占该样地个体总数比例较 1 号样地大。

表 11-2-1　海南大风子种群径级划分与径级内个体数

Tab.11-2-1　The classification of the population size class and the number in each class of *Hydnocarpus hainanensis*

径级等级	径级范围/cm	1 号样地个体数/株	2 号样地个体数/株
1	1.5～3.0	332	2558
2	3.0～4.5	288	1133
3	4.5～6.0	116	255
4	6.0～7.5	38	49
5	7.5～9.0	16	14
6	9.0～10.5	7	1
7	10.5～12	6	0
8	12～13.5	3	1
9	13.5～15	0	3
	总数	806	4014

表 11-2-2　海南大风子种群个体数所占比例

Tab.11-2-2　The proportion of the population number of *Hydnocarpus hainanensis*

样地编号	个体数/株	群落个体总数/株	所占百分比/%
1 号样地	806	19 385	4.16
2 号样地	4014	27 136	14.79

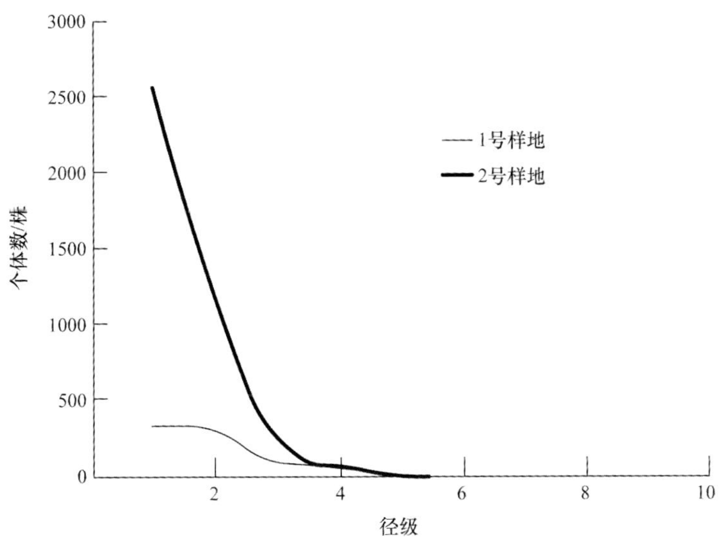

图 11-2-1　海南大风子种群个体数随径级的变化情况

Fig.11-2-1　The variation of *Hydnocarpus hainanensis* population number with the diameter at breast height change

2) 生物量的计算与分析

现今，生物量的计算国内外有很多方法。对于热带森林来说建立单种回归模型较为复杂，外国一些学者采用混合种的资料来建立回归模型，由于所考虑的树种多，而且样本数量大，使得种间差异相互抵销，提高了模型的精度。李意德等(1993)在对海南黎母山和尖峰岭的热带山地雨林区进行生物量的回归模型研究的基础上，提出了适用于中海拔热带山地雨林的生物量混种回归方程；而 Brown(1989)则针对全球划分的不同干湿气候区，提出了适用于不同气候区的生物量混种回归模型。

由于本研究在铜鼓岭自然保护区内进行，在本着不破坏森林植被的原则下，采用前人已拟合的回归模型来估测生物量，即采用董汉飞(1985)提出的经验公式：B=0.000 036DBH^2H 对生物量进行计算，式中 B 为个体的生物量；DBH 为胸径；H 为树木的高度。本研究对 DBH 和 H 分别取其各自所在径级的平均值。应用该经验公式分别计算 1 号样地和 2 号样地的生物量及其对应的 ln 值，结果见表 11-2-3 与表 11-2-4。

表 11-2-3　1 号样地海南大风子种群生物量与密度*

Tab.11-2-3　The biomass and the density of *Hydnocarpus hainanensis* population in the plot 1

径级等级	径级范围/cm	B	D	ln$B$	ln$D$
1	1.5～3.0	0.000 706	129.687 5	–7.256 153	4.865 128
2	3.0～4.5	0.002 030	112.5	–6.199 904	4.722 953
3	4.5～6.0	0.004 545	45.312 5	–5.393 700	3.813 583
4	6.0～7.5	0.008 342	14.843 75	–4.786 425	2.697 579
5	7.5～9.0	0.012 894	6.25	–4.350 966	1.832 581
6	9.0～10.5	0.021 126	2.734 375	–3.857 252	1.005 903
7	10.5～12	0.027 046	2.343 75	–3.610 206	0.851 752
8	12～13.5	0.029 833	1.171 875	–3.512 143	0.158 605

*D=每个径级的种群密度(株/hm^2)；B=每个径级的生物量。

表 11-2-4　2 号样地海南大风子种群生物量与密度*

Tab.11-2-4　The biomass and the density of *Hydnocarpus hainanensis* population in the plot 2

径级等级	径级范围/cm	B	D	ln$B$	ln$D$
1	1.5～3.0	0.000 494	999.218 75	–7.612 966	6.906 974
2	3.0～4.5	0.001 375	442.578 125	–6.588 959	6.092 617
3	4.5～6.0	0.003 034	96.484 375	–5.797 743	4.569 381
4	6.0～7.5	0.005 600	19.140 625	–5.184 957	2.951 813
5	7.5～9.0	0.007 904	5.468 75	–4.840 415	1.699 050
6	9.0～10.5	0.011 328	0.390 625	–4.480 452	–0.940 007

*D=每个径级的种群密度(株/hm^2)；B=每个径级的生物量。

3)种群稀疏规律

(1)回归方程的建立与回归分析

利用表 11-2-3 及表 11-2-4 的数据，应用统计软件 SPSS 对 1 号样地和 2 号样地胸径 1.5cm 以上各径级的 ln$B$ 与 ln$D$ 的相关性进行分析，1 号样地与 2 号样地的 ln$B$、ln$D$ 都在 0.01 水平上显著相关(表 11-2-5)。1 号样地线性回归方程：ln$B$= –3.1080.707ln$D$；2 号样地线性回归方程：ln$B$=4.409–0.378ln$D$。再转化为非线性方程，1 号样地：B=0.044 690 247$D^{-0.707}$(图 11-2-2)；2 号样地：B=0.012 167 34$D^{-0.378}$(图 11-2-3)。

表 11-2-5 1 号样地与 2 号样地回归分析相关数据

Tab.11-2-5 The regression analysis of the biomass and density of *Hydnocarpus hainanensis* in the plot 1 and 2

样地编号	b_0	b_1	R	R^2	t(常量)	t(lnD)	非标准化(Sig.)	标准化(Sig.)
1 号样地	–3.108	–0.707	–0.964	0.929	–8.871	–12.915	0	0
2 号样地	–4.409	–0.378	–0.939	0.881	–5.448	–14.31	0	0.006

注：b_0=回归系数；b_1=非标准化回归系数；R=相关系数；R^2=判定系数。

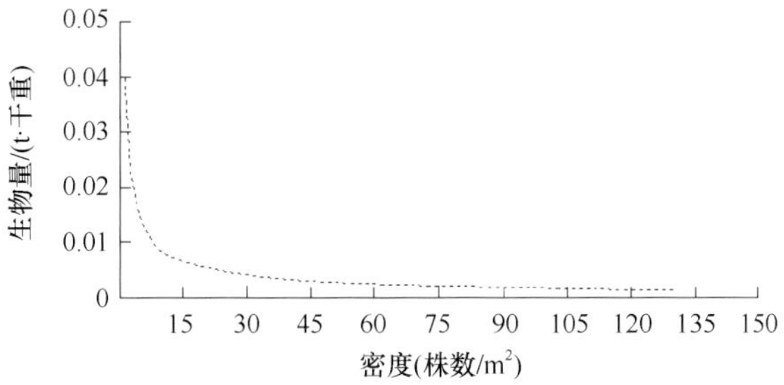

图 11-2-2 1 号样地的海南大风子种群生物量与密度的相关曲线

Fig.11-2-2 The relationship between the biomass and density of *Hydnocarpus hainanensis* population in plot 1

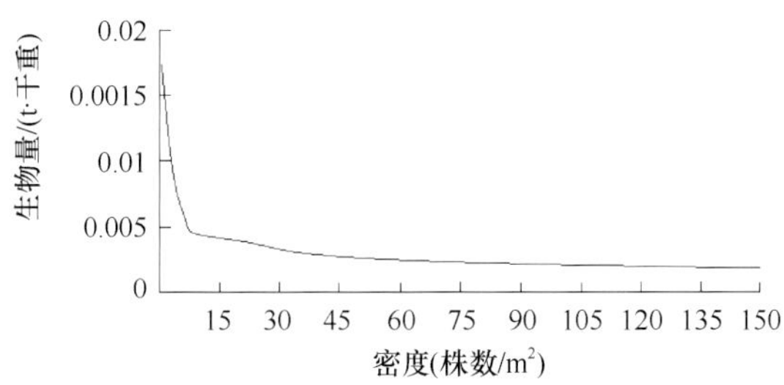

图 11-2-3 2 号样地的海南大风子种群生物量与密度的相关曲线

Fig.11-2-3 The relationship between the biomass and density of *Hydnocarpus hainanensis* population in plot 2

由图 11-2-2 和图 11-2-3 可以看出，1 号样地和 2 号样地内不同径级海南大风子密度随生物量的减小而急剧增大，密度≥45 株/hm^2，趋于平缓。

(2)回归方程的显著性检验

应用 SPSS 软件对两个回归方程进行显著性检验，结果见表 11-2-6。

表 11-2-6 海南大风子种群生物量与密度关系回归模型的显著性检验

Tab.11-2-6 The regression model significant test of biomass and density of *Hydnocarpus hainanensis* population

样地编号	回归平方和	残差平方和	总平方和	F	Sig.
1 号样地	11.586	0.883	12.47	78.689	0.000
2 号样地	6.112	0.824	6.935	29.683	0.006

表 11-2-6 中的数据表明，F 检验统计量，两个样方模型分别为 78.689 和 29.683，其对应的 P-值（Sig.）分别为 0.000 和 0.006，在 0.05 的显著性下也能拒绝零假设，即估计回归方程在总体大样方中是显著的。又根据表 11-2-5 的数据，表示回归方程的截距分别为–3.108 和–4.409，它们对应的 t 统计量为–12.915 和–14.31，P-值分别为 0 和 0，这两个 P-值很小，即使在 0.01 显著性水平下，也是显著的。表 11-2-5 中与 ln$D$ 对应的非标准化回归系数分别是–0.707 和–0.378，其标准误差为 0.08 和 0.069，标准化以后为–0.964 和–0.939，对应的 t 统计量分别为–8.871 和–5.448，两个 t 统计量的 P-值（Sig.）为 0 和 0.006，由于两个 P-值很小，在 0.05 的显著性水平下是显著的。所以拒绝零假设，说明估计回归方程在总体中是显著的。

综上所述，可以看出回归方程拟合良好，并在热带常绿沿海森林和灌丛中具有显著的代表性。

3. 特点与讨论

由表 11-2-1 中数据可知，两个样地内胸径≥1.5cm 的海南大风子种群的个体数有很大差异，1 号样地为 806 株；2 号样地为 4014 株。这是由于沿海热带雨林群落是保护区内顶级群落类型，而灌丛群落还在演替更新阶段，还要经历种内与种间的相关作用，种群不断稀疏，所以个体数目上的差异是符合相关生态学规律的。

森林群落的种群密度随胸径的增大而减小是植物种群动态的基本规律，本案例对于海南沿海植被的研究结果是与其相符合的。但是不同的森林群落、不同植物种群的密度与胸径变化规律有一定的差异。

两个样地内，海南大风子个体数占物种个体总数的比例差别也很大。1 号样地占 4.16%，2 号样地则是 14.79%。由于 2 号样地总个体数（27 136 株）远大于 1 号样地的总个体数（19 385 株），所以海南大风子种群受到的他疏作用在 2 号样地比 1 号样地中更强，说明稀疏作用不仅受种群自身个体数的影响，也受群落内种间竞争的影响，这符合刘彤等（2007）对天然东北红豆杉（*Taxus cuspidata*）种内和种间竞争规律的研究结果。

从种群密度动态观察，密度基本稳定在胸径=6.0cm 处，这与其他研究中种群密度稳定在胸径为 20cm 和 35cm（宋于洋等，2011）处显著不同，表现出不同的生态环境、不同的植物种群，它们的种群密度稳定情况有较大的差别。种群密度急剧降低是在胸径≤6.0cm 的径级区间内，说明此阶段种群正处于密度调节的高峰期，整个种群在通过自疏与他疏作用调节自身的密度，以及与其他种群的种间密度，以达到环境容纳量下种内种间最优的密度组合。这种趋势在胸径＞6.0cm 的径级内趋于平缓，表明经过一系列的种内种间竞争以及外界的各种干扰，海南大风子种群密度逐渐趋于环境承载力下的合理密度。而种群生物量的变化则基本稳定于密度=45 株/hm^2。又由于海南大风子种群稀疏的主要动力为他疏作用，胸径≤6.0cm 的个体竞争力较弱，应给予较多的关注。

两个样地回归方程的判定系数 R^2 值都较为理想（0.929 和 0.881），可以说明方程的拟合是较为成功的，经过了 F 检验和 t 检验，相关性显著，具有代表性。

Yoda 等（1963）提出的–3/2 种群稀疏定律，斜率正好等于–3/2，是在纯林中没有他疏作用的前提下，只考虑种群自疏变化的较为理想的过程。本研究对于海南铜鼓岭国家级自然保护区内沿海热带雨林和灌丛的海南大风子种群个体数、径级、密度、生物量进行统计计算及分析。沿海热带雨林内的稀疏方程：$B=0.044\ 690\ 247D^{-0.707}$，灌丛内的稀疏方程：$B=0.012\ 167\ 34D^{-0.378}$。

种群稀疏线的斜率分别为–0.707 和–0.378。这与 Yoda 提出的在同龄纯林内种群的稀疏线等于–3/2 相差较远，说明在铜鼓岭自然保护区热带混交林林分内，海南大风子种群稀疏过程中，自疏虽然占有一定比例，但影响种群密度变化的却是他疏作用，是多个物种综合作用的结果，海南大风子与其他主要伴生种的相互关系还有待于今后深入研究。而滨海环境下，分别处在不同迎风与背风面的群落在演替过程中，其种群都稳定在相同的胸径与密度范围内，这是否意味着无论是处于迎风面还是背风面，海南文昌铜鼓岭地区的沿海森林都将有类似的演替结果？

(二) 单优势种森林群落优势种种群调节规律研究——以三亚甘什岭无翼坡垒种群为例

1. 样地地理概况与研究方法

1) 地理概况

研究样地自然环境条件见本章第一节。

2) 研究方法

本研究所设置的样地面积为 3900m^2，由 4 小块组成，其中山谷样地 3 块，共 3000m^2，山脊样地 1 块，900m^2，4 块样地均在无翼坡垒林自然保护区的核心区里，样方 10m×10m，对 1.5m 高以上的立木进行每木调查，设置 20 个 2m×2m 的小样方进行苗木调查，从而分析种群不同高度（代替年龄）的个体群与密度的关系，同时以树高为自变量，密度为因变量进行回归分析，并建立它们之间的关系式。

种群个体生物量，采用公示 $B_{mf}=0.000\ 033\ 96D^2H$ 进行计算，式中 B_{mf} 为个体的生物量（t·干重）；D 为胸径（cm）；H 为树木的高度（m），D 和 H 的取值是采用 H 为实测值，D 为同一高度个体群的平均值，然后计算同一高度的个体的生物量之总和，以便研究种群生物量与密度的数量关系。

2. 结果与分析

1) 种群密度动态

20 个 2m×2m 样地中，无翼坡垒种群高度和种群密度的实测统计值为（树高 H_1 为米，密度 D_1 为株/m^2）：0.15，29.00；0.35，0.74；0.55，0.83；0.75，0.71；1，0.91；1.25，0.35；1.5，0.53；1.75，0.35；2，0.58；2.5，0.35；2.75，0.29；3，0.2。

转化为树高的对数 lgH_1 和密度的对数 lgD_1，相应的值为：–0.824，1.440；–0.456，–0.13；–0.26，–0.08；–0.123，–0.148；0，–0.041；0.09，–0.454；0.176，–0.276；0.243，–0.456；0.301，–0.236；0.398，–0.456；0.439，–0.538；0.477，–0.699。

3900m^2 样地里，种群高度和种群密度的实测统计值为（树高 H_2 为米，密度 D_1 为株/m^2）：3，0.088；4，0.015；5，0.026；6，0.025；7，0.015；8，0.020；9，0.01；10，0.004；11，0.003；12，0.003；13，0.002；15，0.001；16，0.003。转化为相应的 lgH_2 和密度

的对数 $\lg D_2$ 的值分别为：0.477，–1.056；0.602，–1.824；0.699，–1.585；0.778，–1.602；0.845，–1.824；0.903，–1.699；0.954，–2；1，–2.398；1.04，–2.523；1.079，–2.523；1.114，–2.699；1.176，–3；1.204，–3.523。

根据最小二乘法进行回归分析得种群密度与高度的关系数学模式为

$$20\text{个 }2m\times 2m\text{：}\lg D_1 = -0.1026 - 1.187\ 16\lg H_1 \quad (11\text{-}2\text{-}1)$$

相关系数$|r|$=0.8518　　$r(0.05)(f=11)=0.5529$

线性回归关系显著。

式(11-2-1)转化为非线性方程式为：

$$D_1 = 0.791\ 026 H_1^{-1.187\ 16} \quad (11\text{-}2\text{-}2)$$

$$3500m^2\text{：}\lg D_2 = -0.263\ 048 - 2.667\ 821\lg H_2 \quad (11\text{-}2\text{-}3)$$

相关系数$|r|$=0.8805　　$r(0.05)(f=12)=0.5324$

线性回归关系显著。

式(11-2-3)转化为非线性方程式为：

$$D_2 = 1.832\ 516 H_2^{-2.667\ 821} \quad (11\text{-}2\text{-}4)$$

生长密度较大的幼苗，它的高度增长与密度变化的数学模式为 $D_1 = 0.791\ 026 H_1^{-1.187\ 16}$；在 35 个 10m×10m 样地里，3m 高以上立木的高度增长与密度变化的数学模式为：

$$D_2 = 1.832\ 516 H_2^{-2.667\ 821}$$

根据式(11-2-2)和式(11-2-4)，分别绘制了无翼坡垒种群两个阶段的种群密度动态。图 11-2-4 为 3m 高以下的曲线，图 11-2-5 为 3m 高以上的曲线。

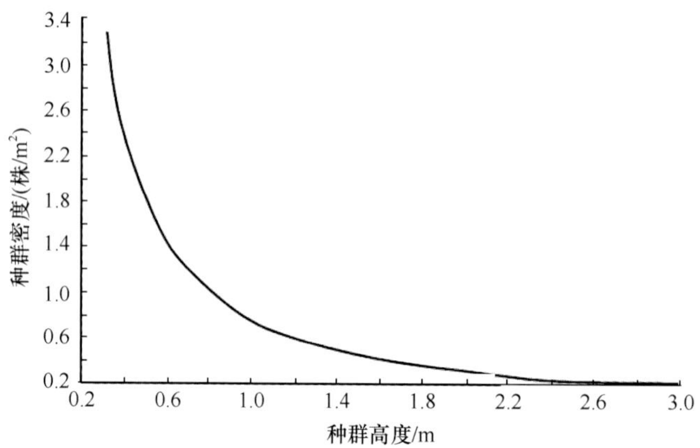

图 11-2-4　无翼坡垒种群 3m 高以下个体密度动态

Fig.11-2-4　The density dynamic of *Hopea reticulata* population in difference classes of tree height ≤3m

2)种群生物量

表 11-2-7 为无翼坡垒种群的个体高度与平均胸径关系的分析结果。依据表 11-2-7 的数据，按公式 $B_{mf}=0.000\ 0339\ 6D^2H$，可计算无翼坡垒种群的个体生物量和某一高度个体群总生物量的结果(表 11-2-8)。

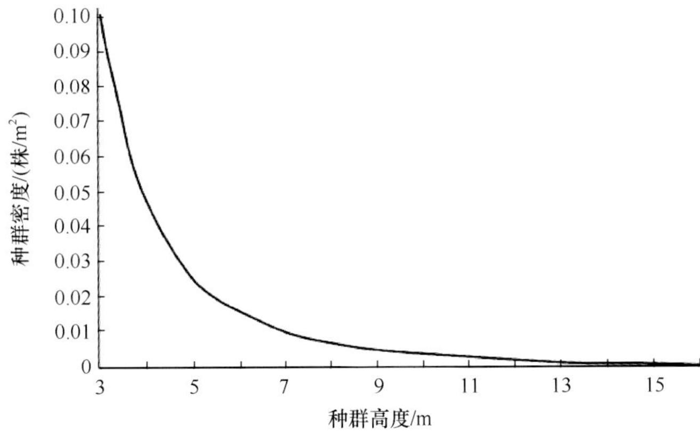

图 11-2-5　无翼坡垒种群 3m 高以上密度动态

Fig.11-2-5　The density dynamic of *Hopea reticulata* population in difference classes of tree height >3m

表 11-2-7　海南甘什岭无翼坡垒种群个体高度与胸径的关系

Tab.11-2-7　The relationship between the tree height and diameter at breast height of *Hopea reticulata* population

H/m	3	4	5	6	7	8	9	10	11	12	13	14	15	16
个体数	308	53	91	88	51	69	36	15	9	10	6	0	4	1
平均胸径/cm	2.5	3.2	3.5	5.0	6.5	8.5	12.5	17.5	19.0	23.5	26.5	0	33.0	36.0

依据表 11-2-7 的数据，不难发现无翼坡垒种群在 7m、8m、9m、10m、11m 高度阶段，其生物量增长最快。

表 11-2-8　海南甘什岭无翼坡垒种群生物量分析

Tab.11-2-8　The analysis of biomass of *Hopea reticulata* population

H/m	*D*/cm	*N*	B_{mf}/(t·干重)	ΣB_{mf}/(t·干重)
3	2.5	308	63.675×10^{-5}	12.867×10^{-7}
4	3.2	53	13.91×10^{-4}	7.372×10^{-2}
5	3.5	91	20.08×10^{-4}	18.273×10^{-2}
6	5.0	88	50.94×10^{-4}	44.827×10^{-2}
7	6.5	51	10.04×10^{-3}	51×10^{-2}
8	8.5	69	19.628×10^{-3}	13.543×10^{-1}
9	12.5	36	33.697×10^{-3}	12.131×10^{-1}
10	17.5	15	8.1589×10^{-2}	12.238×10^{-1}
11	19.0	9	13.480×10^{-2}	12.132×10^{-1}
12	23.5	10	22.51×10^{-2}	22.51×10^{-1}
13	26.5	6	31.001×10^{-2}	18.6×10^{-1}
14	0	0	0	0
15	33.0	4	55.474×10^{-2}	22.188×10^{-1}
16	36.0	1	70.419×10^{-2}	7.042×10^{-1}

注：*H*. 树高；*D*. 胸径；*N*. 个体数；B_{mf}. 平均生物量。

尽管高度在6m以下的个体数很多，但个体生物量增长的速度还是缓慢的，由此发现，无翼坡垒种群的个体发育在6m以下阶段是受压抑的，7m高以后，其增长速度开始加快，但是树高长到12m后，种群个体数减少很快，树高和总的生物量增长速度缓慢。图11-2-6为无翼坡垒种群生物量增长曲线，小树到树高13m之间的总生物量增长情况基本上符合Logistic增长。但到树高14m后，总生物量增长速度明显较低。

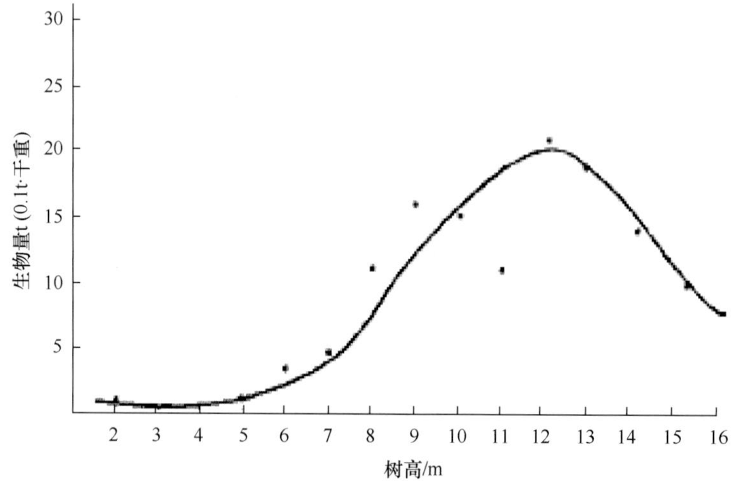

图 11-2-6　海南甘什岭无翼坡垒种群生物量增长曲线

Fig.11-2-6　The growth of biomass of *Hopea reticulata* population

3) 种群稀疏规律

表11-2-9为无翼坡垒种群平均植株生物量和密度的关系分析结果。

表 11-2-9　海南甘什岭无翼坡垒种群的平均植株生物量和种群密度的关系分析

Tab.11-2-9　The releationship between biomass and density of *Hopea reticulata* population

高度/m	平均植株生物量 B_{mf}/kg	种群密度 D/(株/m²)	$\lg B_{mf}$	$\lg D$
3	0.6367	0.088	–0.1961	–1.056
4	1.3910	0.015	0.1433	–1.824
5	2.0080	0.026	0.3028	–1.585
6	5.0940	0.025	0.7071	–1.602
7	10.0400	0.015	1.0017	–1.824
8	19.6280	0.020	1.2929	–1.699
9	33.6971	0.010	1.5276	–2.00
10	81.5890	0.004	1.9116	–2.598
11	134.800	0.003	2.1290	–2.523
12	225.100	0.003	2.3524	–2.523
13	310.010	0.002	2.4914	–2.699
14				
15	554.74	0.001	2.7440	–3.000
16	704.190	0.0003	2.8477	–3.523

依据表 11-2-9 的数据，按最小二乘法原理进行回归分析，得出无翼坡垒种群平均植株生物量 B_{mf} 和种群密度 D 的数学模式如下：

$$\lg B_{mf} = -1.605\ 539 - 1.4204 \lg D \tag{11-2-5}$$

相关系数 $|r| = 0.6561$　　$r(0.05)(f=12) = 0.5324$

因此，线性回归显著。

式(11-2-5)转化为非线性方程式为：

$$B_{mf} = 0.024\ 801\ 97 D^{-1.4204} \tag{11-2-6}$$

Yoda 等(1963)提出–3/2 稀疏定律，也就是说，一个植物种群，在自疏及他疏过程中，其平均植株生物量与密度间存在幂函数关系：

$$B_{mf} = CD^{-2/3} \tag{11-2-7}$$

式中，B_{mf} 为植物种群某一个龄级的平均植株生物量；D 为相应的植株密度；C 为系数。经过以上的无翼坡垒种群不同高度级的个体平均植株与相应植株密度的回归分析，得式(11-2-6)。式(11-2-6)基本上与 Yoda 的–3/2 稀疏定律相吻合，从而表明了如今的无翼坡垒种群在自我稀疏的过程中是符合单优势森林群落自然规律的，基本上不受人为干扰，受其他种群的影响也较小。

3. 特点与讨论

上一个案例的海南大风子种群在群落中受其他种群影响较大(龙成，2013)，离 Yoda 的–3/2 稀疏定律较远，而无翼坡垒种群在群落中，优势明显，基本上呈单优势状态，与 Yoda 的–3/2 稀疏定律相吻合。因此，这两个案例可说明纯林的 Yoda 的–3/2 稀疏定律是科学的，而在复杂的森林群落中，某一种群的稀疏规律受到其他种群的影响却较为明显。

(三)海南沿海农村地区常见植物种群动态变化研究——以海口市农村地区的见血封喉种群为例

1. 样地地理概况与研究方法

1)地理概况

海口火山地区又称羊山地区，是火山喷发后形成的火山熔岩地区，该区位于海南岛北部，海口市西南部，离海口市约 20km，最近处 8km。包括 5 个城镇，分别为永兴镇、龙桥镇、龙泉镇、遵谭镇和石山镇，本调查研究的重点区域在石山镇(图 11-2-7)。

火山喷发形成特殊的地形地貌和地质结构，使羊山地区具有丰富的动植物、矿石资源。羊山地区因特殊的地理和生态环境而成为城市重要的水源涵养地和绿色屏障，被称为“海口之肺与肾”。

海口火山地区北临琼州海峡，东南临南渡江，总的地势是南高北低，微向海倾。一般海拔为 50～100m，海拔超过 100m 的有雷虎岭(海拔 130m)，最高的有风炉岭(海拔为 222m)，本区土壤母质为玄武岩，已风化发育成典型的砖红壤性土。除了海口至火山岩地区之间土壤较深厚(可达 100～150cm)，为红色土外，其余如石山、永新、雷虎(岭南)、遵谭、十字路、龙桥、龙塘等的土壤就很浅薄(15～20cm)，为暗灰色土，地面石

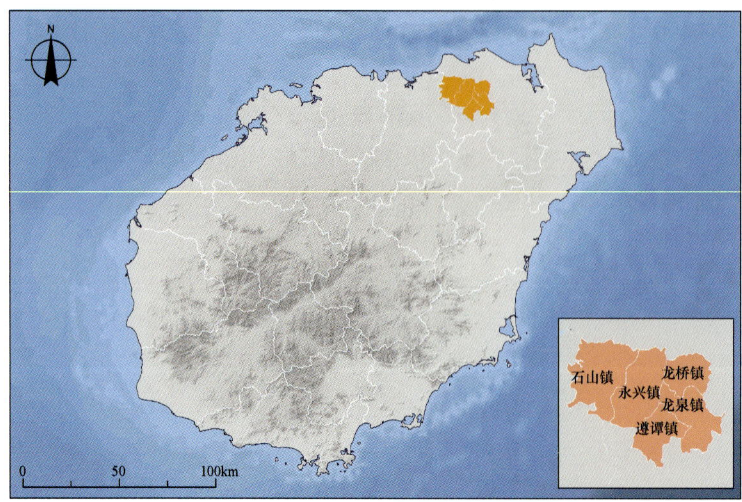

图 11-2-7 调查区域示意图
Fig.11-2-7 Location of research areas

砾块较普遍，地下水位低（常在 10m 以下），土壤透水性强，无河流，水田少，为明显的缺水地区。

海口火山地区属热带海洋性气候，春季温暖少雨多旱，夏季高温多湿，秋季多台风暴雨，冬季冷气侵袭时有阵寒。全年日照时间长，辐射能量大，年平均温度 23.8℃，年降雨量为 1793mm 左右，年平均蒸发量 1834mm，平均相对湿度 85%。常年以东北风和东风为主，年平均风速 3.4m/s，常有台风侵袭。

2）研究方法

（1）取样方法

在全面考察琼北地区见血封喉群落组成、结构和种群历史的基础上，选择有代表性的分布地段设置样地，各样地根据具体情况分成若干个 20m×20m 的样方进行调查，对每个样方内高 1.5m 以上的林木进行每木调查，记录其名称、树高、胸径和冠幅，灌草层分种调查其盖度及其高度，藤本分种调查其多度及攀援高度；对乔木植物的幼树幼苗进行详细统计，并记录其高度、数量。

（2）数据处理分析

A. 大小级年龄图的绘制

见血封喉在海口广大农村地区较为常见，但亦是国家Ⅱ级保护植物。本研究用胸径大小作为度量见血封喉年龄大小级的指标。根据种群生活史特点和研究目的，划分为：Ⅰ级（个体高度＜30cm）、Ⅱ级（胸径 *DBH*＜3cm）、Ⅲ级（胸径 *DBH*：3～20cm）、Ⅳ级（胸径 *DBH*：21～45cm）、Ⅴ级（胸径 *DB*H：46～70cm）、Ⅵ级（胸径 *DBH*：70cm 以上）。以大小级为纵坐标，各大小级个体数百分比为横坐标，绘制琼北农村周边见血封喉种群的大小级结构柱状图。

B. 静态生命表的编制和存活曲线的绘制

统计各大小级内的见血封喉株数，按照静态生命表的普通编制方法，对琼北农村周边见血封喉种群编制静态生命表。

C. 种群空间分布格局与动态研究

种群空间分布格局研究采用相邻格子样方数据进行方差/均值比率$S^2/\bar{x}$、负二项参数(k)、格林指数(GI)、Cassie 指标(CA)、扩散指数(I_δ)、丛生指数(I)、均值(m)、平均拥挤度(m^*)和聚块指数(m^*/m)来进行种群集聚强度的测定(李先琨等，2000)。

2. 结果与分析

1)见血封喉种群的大小级结构

图 11-2-8 是琼北农村周边见血封喉种群的大小级结构图(由于Ⅰ级个体数太多，图 11-2-8 中没有列出Ⅰ级个体的比例)。从图 11-2-8 中可以看出整个琼北农村周边，见血封喉种群胸径在 15cm 以下的幼树(Ⅱ级)最少，占见血封喉样本的 10.0%；胸径为 21～45cm 的中龄树(Ⅳ级)最多，占见血封喉样本数的 32.5%；胸径为 3～20cm(Ⅲ级)小树次之，占总样本的 25%，再次为胸径 46～70cm(Ⅴ级)的老龄树，占总样本数的 20.0%；胸径为 70cm(Ⅵ级)以上的老龄树更少，占总样本数的 12.5%。因此，纵观琼北地区见血封喉种群的大小级结构，呈现为中龄树比例最大、老龄树比例次之和幼龄树比例最小的纺锤形结构，表明琼北农村周边的见血封喉种群属于衰退型种群。海口火山地区见血封喉种群幼苗个体丰富，但幼树个体缺乏，整个幼龄期总体表现为个体缺乏；中龄期个体相对丰富；老龄期个体数量较少；纺锤形的大小级结构表明种群属于衰退型。幼树缺乏的主要原因是见血封喉种群大都分布在村落的周围，受到人为干扰的强烈影响，幼苗很难长成幼树。如果群落中人为活动的干扰不减弱，见血封喉的幼树很难存活。没有幼树的补充，随着演替的进行，见血封喉的个体不断死亡，数量逐渐减少，最终势必会被更新能力更强的物种取代。因此，幼龄期个体的补充对群落的发展起着决定性的作用(陈国科等，2006；梁士楚等，2003)。

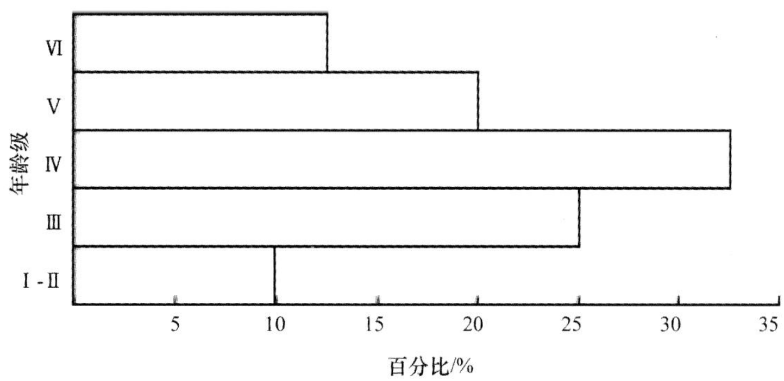

图 11-2-8　见血封喉种群的大小级结构图

Fig.11-2-8　The size structure of *Antiaris toxicaria* population

虽然缺乏幼树，但是一旦长成小树，见血封喉存活率就有所提高。可能的原因有两个：一是因为在生产力高度发展的今天，传统利用见血封喉的方法和习惯已经被遗弃；二是自古以来见血封喉以剧毒出名，带有浓重的神秘色彩，其成年个体被人们自发地保护了起来，特别是那些树龄比较大的个体，常常被当地视为神灵崇拜(管志斌等，2003)。

2) 见血封喉种群的静态生命表和存活曲线

(1) 见血封喉种群的静态生命表

按照静态生命表的编制方法，根据野外调查所得的数据编制见血封喉种群的静态生命表(表 11-2-10)。从表 11-2-10 可以看出，由于第Ⅱ和第Ⅲ级个体数均小于其后面一级，导致出现死亡率为负的现象；但是从第Ⅲ级开始，见血封喉的死亡率随大小级的增加呈上升趋势；在第Ⅵ级达到最大值，这与存活数一栏第Ⅵ级见血封喉数量较少吻合。从表 11-2-10 中生命期望一栏可以看出，见血封喉种群在第Ⅱ级时生命期望较高，而随着大小级的增加，生命期望值呈递减趋势。

表 11-2-10 见血封喉种群的静态生命表

Tab.11-2-10 Static life table of *Antiaris toxicaria* population

大小级 x	存活数 Nx	存活数标准化 Lx	$\lg Lx$	死亡数 Dx	死亡率 Qx	从第 x 大小级起超过 x 大小级的存活个体总数 T	生命期望 Ex
Ⅰ	2266.00	1137. 00	3.06	2258.00	1.00	1213.00	0.54
Ⅱ	8.00	14.00	1.15	—	—	76.00	9.50
Ⅲ	20.00	23.00	1.36	—	—	62.00	3.10
Ⅳ	26.00	21.00	1.32	10.00	0.38	39.00	1.50
Ⅴ	16.00	13.00	1.11	6.00	0.38	18.00	1.13
Ⅵ	10.00	5.00	0.70	10.00	1.00	5.00	0.50

Ⅱ级和Ⅲ级个体死亡率出现负值；Ⅰ级和Ⅵ级个体死亡率最高。现存的Ⅱ级和Ⅲ级个体数较少是导致死亡率为负的原因。人类活动的破坏性干扰是见血封喉种群在Ⅰ级具有最低的生命期望的主要原因；第Ⅱ级时具有最高的生命期望，这是因为这个时期人类活动对个体的影响较大，现存Ⅱ级很少造成的；Ⅲ级生命期望降低是因为随着个体的增大，对空间、光照和营养的竞争激烈，出现自疏现象造成的。见血封喉Ⅳ级和Ⅴ级生命期望基本保持不变，这是因为经历了第Ⅲ级的自疏作用后，激烈的竞争得以缓解，生存压力减小，个体均能生存下来。这表明生命期望的变化与死亡率的变化有着密切关系(陈国科等，2006)。Ⅵ级死亡率达到最高，生命期望最低，这与存活栏第Ⅵ级见血封喉数量较少相吻合。因此，见血封喉的迁地保护中，在个体胸径达到Ⅲ级之前(即 3cm 以前)时，要对其进行分散和移栽。

(2) 见血封喉种群的存活曲线

从图 11-2-9 和图 11-2-10 可以看出，见血封喉的存活示意图从整体上看接近 Deevey Ⅲ型，示意图呈凹形；但如果剔除人为干扰在幼树阶段的影响，存活示意图属于Ⅰ型，呈凸形。Ⅰ级幼苗存活率最高，Ⅱ级幼树存活率急剧下降，Ⅲ级小树存活率转为升高，尔后存活率开始下降，至Ⅵ级老龄树存活率达到最小值。

对于多数珍稀植物而言，存活曲线多接近 Deevey Ⅱ 型或Ⅲ型。对海口火山地区的见血封喉种群来说，由于其种子的萌发率很高，存在大量的幼苗，但是幼树的存活率较低，存活曲线接近 DeeveyⅢ型。如果从幼树阶段开始考虑种群的存活曲线，我们发现其生存

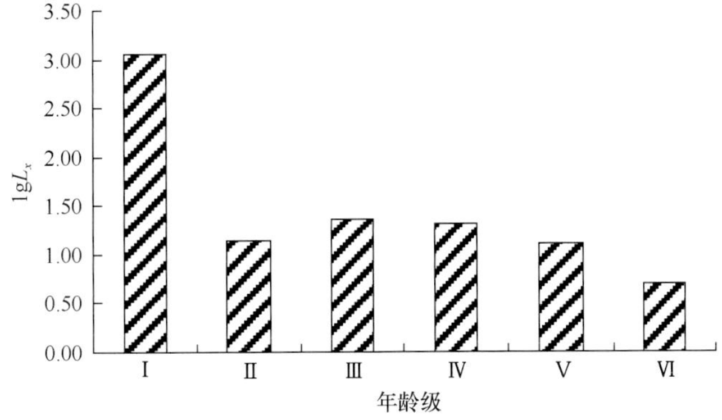

图 11-2-9　见血封喉种群的存活图

Fig.11-2-9　Survivorship of *Antiaris toxicaria* population by age class

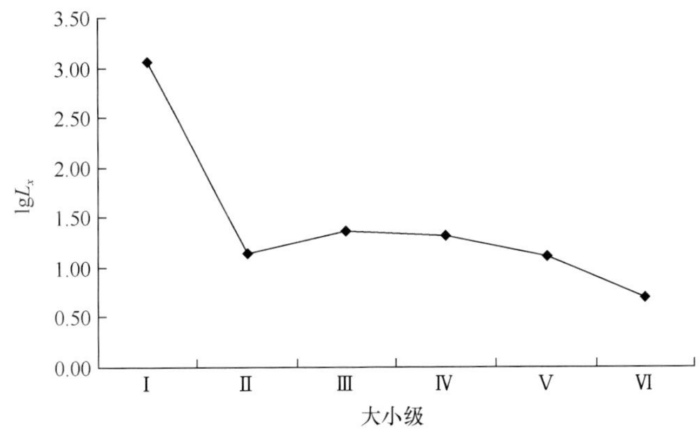

图 11-2-10　见血封喉种群的存活曲线

Fig.11-2-10　Survivorship curves of *Antiaris toxicaria* population

曲线属于Ⅰ型，呈凸型，这说明海口地区的生态环境适宜见血封喉的生存。见血封喉种群大都分布在村落周围，种群受到人类活动的负面干扰非常严重；此外，群落结构也受到严重的破坏，林下灌丛与草本均以外来植物占优势，与见血封喉幼树竞争土壤水分和营养物质，也在一定程度上导致见血封喉幼树的存活率较低。进入III级后，见血封喉个体生长迅速，平均树高增加，竞争力增强，存活力逐渐增高。随后，由于个体的长大，对生存空间要求的加大，种内竞争产生自疏现象，从而使存活率开始下降。到第Ⅵ级，个体接近生理寿命，死亡率达到最高峰，生命期望也达到最低。

3) 见血封喉种群空间分布格局与动态变化

(1) 见血封喉种群空间分布格局

将各样方的调查数据，应用上述方法进行种群分布格局和集群强度分析(表 11-2-11)，结果表明(表 11-2-12)，从见血封喉种群整体来看，空间分布格局类型为聚群分布，$S^2/\bar{x}$=186.278，t=524.045，差异系数显著；k=0.745，这个系数显示为集群分布；GI=0.115，集群分布；CA=1.343＞0，I_δ=2.344＞1，I=185.278＞0，m^*/m=2.343＞1，表明见血封喉种群总体为集群分布，而且聚群强度较强。

表 11-2-11 见血封喉种群空间格局各参数

Tab.11-2-11 Paramters of distribution pattren of *Antiaris toxicaria* population

个体级	方差/均值	t 值	负二项参数 k	格林指数 GI	Cassic 指标 CA	扩散型指数 I_δ	从生指数 I	平均拥挤度	聚块指数
Ⅰ	183.808	517.060	0.729	0.114	1.371	2.373	182.808	316.102	2.371
Ⅱ	0.779	−0.624	−2.133	−0.014	−0.469	0.607	−0.221	0.250	0.531
Ⅲ	1.424	1.198	2.778	0.026	0.360	1.432	0.424	1.600	1.360
Ⅳ	1.855	2.419	1.788	0.053	0.559	1.622	0.855	2.385	1.559
Ⅴ	1.559	1.581	1.684	0.035	0.594	1.700	0.559	1.500	1.594
Ⅵ	1.412	1.165	1.429	0.026	0.700	1.889	0.412	1.000	1.700
总数	186.278	524.045	0.745	0.115	1.343	2.344	185.278	323.278	2.343

表 11-2-12 见血封喉种群空间格局分析

Tab.11-2-12 Rsults of the study for distribution pattern of *Antiaris toxicaria* population

个体级	$S^2/\bar{x}$	K 法	GI 法	CA 法	I_δ 法	I 法	聚块指数法
Ⅰ	C	C	C	C	C	C	C
Ⅱ	E	偏离 C	偏离 E	E	偏离 E	E	E
Ⅲ	C	偏离 C	偏离 C	C	C	C	C
Ⅳ	C	C	C	C	C	C	C
Ⅴ	C	C	C	C	C	C	C
Ⅵ	C	C	偏离 C	C	C	C	C
总体	C	C	C	C	C	C	C

注：C. 聚群分布；E. 均匀分布。

(2) 见血封喉种群大小级空间分布格局及其动态

通过对所有样地中见血封喉种群Ⅰ级、Ⅱ级、Ⅲ级、Ⅳ级、Ⅴ级、Ⅵ级个体的空间分布格局进行分析(表 11-2-11、表 11-2-12)，可以看出，见血封喉种群幼苗(Ⅰ级)为聚群分布、幼树(Ⅱ级)变为偏离随机分布；小树(Ⅲ级)又转变为聚群分布，且聚集程度有增强的趋势；中龄树(Ⅳ级)为聚群分布，聚集度达到最大；大树(Ⅴ、Ⅵ级)仍为聚群分布，但聚群程度在减弱。

将见血封喉种群中Ⅰ级、Ⅱ级、Ⅲ级、Ⅳ级、Ⅴ级和Ⅵ级 6 个发育阶段的聚集强度指标作一比较(图 11-2-11)。由图 11-2-11 可知，根据各参数的生物学意义，可以认为Ⅳ级个体的聚集强度最大，Ⅰ级个体的聚集强度次之，Ⅲ级、Ⅵ级和Ⅴ级个体均为集群分布，Ⅱ级个体为偏离随机分布。其中聚块指数 m^*/m 曾被用来分析种群中个体的聚集或扩散的趋势，可以看出见血封喉种群各阶段的趋势：Ⅰ级幼树→Ⅱ级小树 m^*/m 减小，种群表现分散的趋势；Ⅱ级幼树→Ⅲ级小树 m^*/m 增大，种群变为聚集分布，聚集强度较大；Ⅲ级中龄树→Ⅳ级中龄树 m^*/m 仍为增加，但聚集程度增强变缓；Ⅳ级中龄树→

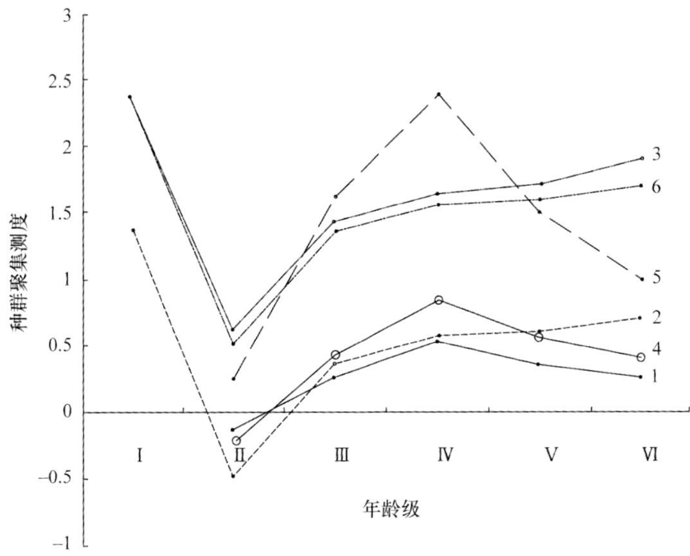

图 11-2-11　见血封喉种群集聚度测度变化图

Fig.11-2-11　Change of clump index for *Antiaris toxicaria*

1. GI×10；2. CA；3. I_δ；4. I；5. m^*；6. m^*/m

Ⅴ级、Ⅵ级大树 m^*/m 基本保持不变，种群表现为聚群分布。从图 11-2-10 可见，以 CA、I_δ、I、m^*、m^*/m 等参数作出变化曲线都在Ⅱ级个体处形成转折，说明Ⅱ级个体有扩散分布的趋势，且扩散程度明显，呈偏离随机分布。

3. 特点与讨论

见血封喉种群的分布格局及其动态，取决于种群生物学特性和生境条件两个方面及其相互作用。植物生境条件在时间和空间上都是变化的，生境异质性不仅在较大尺度(生态系统、群落)上存在，而且在小尺度(个体、构件)上也被探测到，除梯度变化外，生境异质性也表现为斑块性，生境条件在斑块内是一致的，而在斑块间却有明显差异。由于生境条件的斑块性可有不同的尺度和格局，所以植物的萌生苗和(或)克隆片段往往生长在条件不同的小生境中(李先琨等，2000)。幼苗阶段聚集分布是由于见血封喉种群主要以有性繁殖来延续其种群繁殖特征和生境造成的。成年个体可以产生大量的种子，且成活率较高，可能有两个原因导致幼苗阶段极大强度的聚集分布：一是该地区缺乏有效的种子传播途径，二是 40℃的高温是见血封喉种子的致死温度(海口火山地区植被破坏严重和土壤含石砾较多，地表温度偏高)，故大部分种子只在母树周围萌发成幼苗，表现为极大强度的聚集现象(田长城，2006)。

由幼苗向幼树转化的过程中，种群表现有随机分布的趋势，总体表现为偏离均匀分布。在这一过程中，由于人类的负面干扰，使幼苗都变为幼树的可能性非常小，造成空间分布格局的较大变动。究其原因，可以认为这是因为人类活动强烈干扰幼树的生存，幼树只在一些适宜的小生境下得以生存下来。与此同时，我们注意到小树有聚集分布的趋势，这就说明随着大小级的增大，小环境不适应小树的生长发育，环境筛对小树的影响在加强。总之，这一时期环境筛对小树的分布格局有重要影响，种群的分布格局随之变化。

小树向中龄树转化的过程中，表现明显的聚集趋势。在这一阶段，环境筛对个体的影响越来越明显，大部分的个体不能存活，只有少部分个体在特殊的环境里才生存下来，而且通常是聚集在一起。在随后的几个大小级中，分布格局的主要影响因素由环境筛转为种内的竞争及自身的生物特性，在Ⅲ级小树向Ⅳ级中龄树和Ⅳ级中龄树向Ⅴ级大树转变的两个过程中，种群内部竞争、分化的作用明显，个体之间的竞争加剧，出现一定强度的扩散，聚集强度变弱。这和其他学者认为随龄期增加，种群趋向随机分布、聚集强度呈减小趋势的观点相一致(张文辉等，2005；Manue，2000)。Ⅴ级大树向Ⅵ级大树转化，仍呈现为一定的集聚趋势，主要是因为有些村落的人们对该时期的个体进行了保护，使得个体能够存活较长的时间并呈一定聚集强度。

(四)海南中部地区次生林优势植物种群特征研究——以枫香种群为例

枫香是海南中部山区森林演替的先锋树种，在海南分布较广。原始热带雨林被砍伐后，多发育为以枫香为优势种的次生林，也有人把它称为季雨林，或转化季雨林(刘万德，2009)，原因是枫香落叶，枫香林的伴生树种厚皮、黄牛木等也多落叶，但实际上是热带雨林被砍伐或被其他形式破坏后形成的次生林。

1. 样地地理概况与研究方法

1)地理概况

阿陀岭和五指山位于海南省中部山区腹地，属热带季风气候区，兼有山区的气候特点，年平均气温22.4℃，1月均温17℃，7月均温25.7℃，年平均降雨量为2000～3000mm，年平均相对湿度为 84%～86%，两样地土壤均为赤红壤，分布有典型的，以枫香树(*Liquidambar formosana*)为优势的次生林。

2)研究方法

在五指山和阿陀岭选择典型的4个次生群落类型设置样地。每一个样地，根据群落类型的分布状况、大小和位置设置50m×5m标准样带(每个小样方面积为10m×5m)，其中五指山8条，阿陀岭4条，其中一条由于地形的影响，仅有25m，见表11-2-13。在每个小样方里，对1.5m高以上的林木进行每木调查，记录其名称、树高、胸径和冠幅等。同时记录样方内所有枫香种群个体，及每株枫香个体的生长状况，并采用解析木法与立木径级法相结合对枫香进行种群结构分析。其中解析木法是分别在1号、2号、3号样地中伐倒标准木21株，然后从样木胸高(离基部上坡高度1.3m)开始，每向上1m锯取圆盘(圆盘厚度3～4cm)，共36个，经刨平磨光后，数清年轮。

表 11-2-13 研究样地的基本特征

Tab.11-2-13 The suituation of study sites

地点(Y)	次生林年龄	样方号	海拔/m	坡向	坡度/(°)	样地面积/m^2
阿陀岭	20	1	600	正东	20～30	975
五指山	14	2	645	南偏西	10～5	500
五指山	45	3	690	西南	30	1000
五指山	45	4	650	西北	15～20	500

2. 结果与分析

1) 年龄与树高的关系

枫香是冬季落叶树种，每年形成一个生长轮。依照它的年轮数目就可以推出其实际的年(树)龄或茎龄。树木解析圆盘分析见表 11-2-14 和表 11-2-15。

表 11-2-14　阿陀岭枫香年轮测定

Tab.11-2-14　Determination of tree-ring of *Liquidambar formosana* population in Atuoling

树号	取样高度/m	树高/m	茎宽(带皮)/cm			年轮
			东西	南北	平均	
1	1.3	5.0	4.7	4.6	4.65	7
2	1.3	7.0	11.5	11.0	10.50	15
3	1.3	15.0	17.3	16.2	16.70	20
4	1.3	7.5	7.4	7.0	7.20	10
5	1.3	9.0	14.2	10.7	12.45	15
3	4.3	15.0	14.8	12.5	13.65	16
3	7.3	15.0	13.4	11.2	12.30	13
3	12.3	15.0	9.7	8.2	8.95	9

表 11-2-15　五指山枫香年轮测定

Tab.11-2-15　The determination of tree-ring of *Liquidambar formosana* population in Wuzhishan

树号	取样高度/m	树高/m	茎宽(带皮)/cm			年轮
			东西	南北	平均	
1	1.3	5.5	5.9	6.5	6.2	7
1	2.3	5.5	5.5	5.3	5.4	6
2	1.3	8.5	12.4	16.7	14.6	11
2	2.3	8.5	13.9	11.2	12.5	10
2	3.3	8.5	11.8	9.9	10.9	9
2	4.3	8.5	9.8	8.6	9.2	8
2	5.3	8.5	7.6	7.5	7.6	7
2	6.3	8.5	5.2	5.4	5.3	6
3	1.3	6.4	4.8	4.3	4.6	6
4	1.3	5.7	4.9	4.8	4.9	6
5	1.3	3.8	3.1	2.7	2.9	4
6	1.3	3.3	2.8	3.0	2.9	4
7	1.3	3.0	4.0	3.8	3.9	4
8	1.3	2.6	1.3	1.3	1.3	2
9	1.3	5.1	5.2	4.5	4.9	6
10	1.3	6.1	7.2	6.2	6.7	6
10	2.3	6.1	5.2	5.6	5.4	5
11	1.3	2.8	2.1	2.1	2.1	4
12	1.3	8.8	8.4	7.0	7.7	7
12	2.3	8.8	6.1	6.3	6.2	6
16	1.3	9.4	7.0	17.1	12.1	14
16	2.3	9.4	9.9	10.3	10.1	12
16	3.3	9.4	9.8	8.9	9.4	10
6	4.3	9.4	8.5	7.6	8.1	9
16	6.3	9.4	6.3	6.5	6.4	8

对枫香圆盘(不同个体不同部位,同个体同部位的年龄与树高(表 11-2-14、表 11-2-15)在算机上进行回归分析,得出年龄与树高之间关系的回归方程如下:

① $Y=-0.125\,534+1.0057X$(R=0.9520　T=14.593>$T_{0.01}$=2.878 df=18 相关显著)

② $Y=1.618\,677+0.6142X$(R=0.9062　T=8.5715>$T_{0.01}$=2.797 df=24 相关显著)

虽然①和②两个方程有差异,但从①和②分析结果可以看出,在取样的这个年龄段里枫香年龄与树高呈正相关,直线回归相关显著,树高随着年龄的增大而增高,大约为每年增长 0.807m,增长速度比较快,图 11-2-12(a、b)为依方程①和②在计算机拟合的直线图。

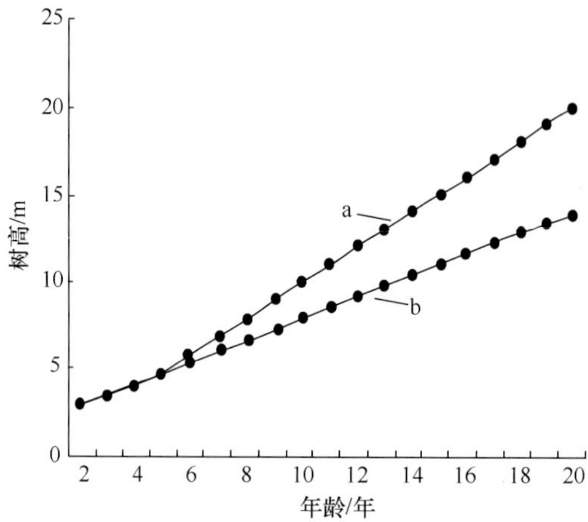

图 11-2-12　枫香种群年龄与树高关系

a 为同一个体;b 为不同个体

Fig.11-2-12　The relationship between years and tree height of *L. formosana* population

a. the same individual; b. the difference individual

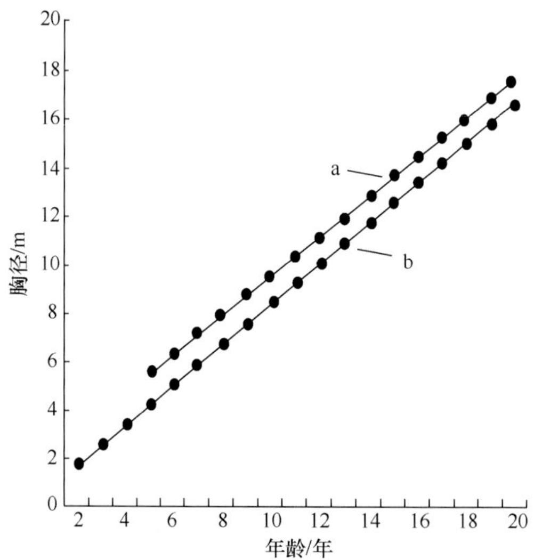

图 11-2-13　枫香种群年龄与胸径关系

a 为同一个体;b 为不同个体

Fig.11-2-13　The relationship between years and diameter at breast height of *L. formosana* population

a. the same individual; b. the difference individual

2) 年龄与胸径的关系

对枫香圆盘(同个体的不同部位和不同个体的同一部位)的年龄与树高的相应实测值(表 11-2-14、表 11-2-15)在计算机上进行回归分析，得到年龄与胸径关系的回归方程：

③ Y=1.439 83+0.813 714X(R=0.8750 T=7.8773＞$T_{0.01}$=2.845　df=20　相关显著)

④ Y= 0.074 36+0.826 19X(R=0.8907　T=7.8391＞$T_{0.01}$=2.878　df=18　相关显著)

从③和④分析结果可以看出，在取样的年龄段里枫香年龄与茎宽亦呈正相关，线性回归关系显著，茎宽随着年龄增大而增大，且拟合的两条直线是平行的(图 11-2-13)，平均每年增加 0.819cm。同样说明了枫香种群在发育的中间阶段(起码是 2～20 年)的生长速度是比较快的事实。

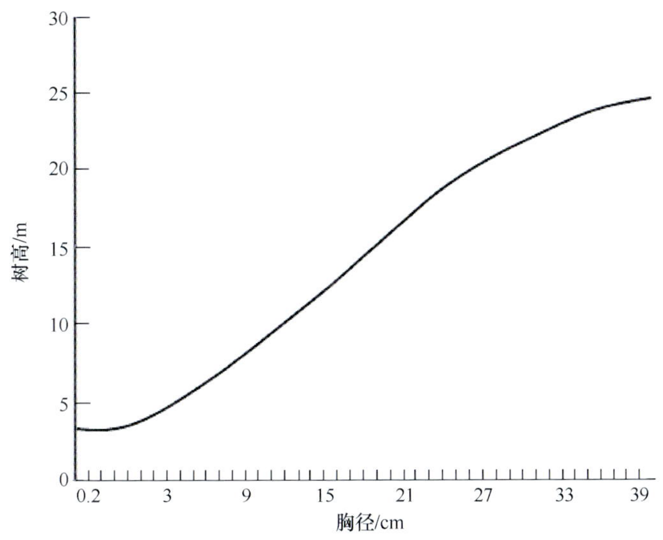

图 11-2-14　枫香树高与胸径关系图

Fig.11-2-14　The relationship between tree height and diameter at breast height of *L. formosana* population

3) 树高与胸径的关系

然而植物个体的生长不可能呈直线上升，应呈 S 曲线模型生长。只不过其模型因物种和环境的不同而有别。现以枫香胸径(D)为自变量，树高(H)为因变量，对样地 1、2、3 调查记录的枫香个体(679 个)进行分析，得到该种群树高随胸径变化具有 Logistic 增长形式，可用下式表述：

$\ln(25H/H)=\ln C-rD$…⑤或 $H=25/(1+Ce^{-rD})$…⑥，⑤和⑥式中的 25 为最大树高，H 为某株枫香的树高，D 为相应植株的胸径，C 为常数，r 为相关指数。将样地 1、2、3 测定的相应数据，依⑤式在计算机上作回归分析得回归方程：

$$\ln(25H/H)=1.960-0.1173D \text{ 或 } H=25/(1+7.098e^{-0.1173D})$$

从图 11-2-14 中的拟合曲线可以看出，枫香树高随着胸径的变化呈 S 形分布，其增长符合 Logistic 增长。胸径为 2～27cm 阶段，枫香个体几乎呈直线生长，该阶段的两头呈曲线生长，当树高达到峰值(25m)时，枫香树高生长则趋停滞，但胸径继续增大。

这里要指出的是，由于每一个群落中的枫香种群总是缺少 2～3 个立木级的个体，因此必须用多个不同演替阶段的群落中的枫香种群个体进行分析。

4) 枫香种群年龄结构

利用立木级结构代替年龄结构分析种群的动态特征，这是研究植物种群动态最常用的方法之一。根据上述立木级法，将枫香种群在 4 个样地上的实测数据进行整理分级，见表 11-2-16。

表 11-2-16　枫香种群树木分级分析

Tab.11-2-16　The class of *L. formosana* population

样地	立木分级				
	Ⅰ	Ⅱ	Ⅲ	Ⅳ	Ⅴ
1	0	0	8	33	11
			20*	124 *	33*
2	11**	18**	0	41	23
3	0	75	130	17	0
		41*	57*	8*	0
4	7	92	0	0	0

* 样方外的个体数；**在人为砍伐形成的大林窗中出现。

从表 11-2-16 可以看出：样地 1 缺少Ⅰ级幼苗和Ⅱ级苗木，样地 2 缺少Ⅲ级小树，样地 3 缺少Ⅰ级幼苗和Ⅴ级成熟树，样地 4 缺少Ⅲ级以上的立木。而一般的正常种群分为初生正常种群、旺盛种群、成熟种群。初生正常种群仅具有Ⅰ级幼苗，或仅具有Ⅰ级幼苗及Ⅱ级幼树；旺盛种群除具有Ⅰ级幼苗和Ⅱ级幼树之外，尚具有Ⅲ级小树，或者再具有Ⅳ级壮树；成熟种群具有 5 个级别的个体。除了在枫香种群发生的初始阶段(样地 4)似属于初生正常种群外，其他样地的枫香种群立木级分布均不具备以上的种群特征，而表现出演替系列中特殊的种群发育特征——种群在其发生地缺少自我更新能力。

3. 特点与讨论

采用解析木法进行分析和大量个体的实测值分析枫香种群个体的发育动态规律结果基本一致。枫香种群个体的发育动态规律是：在胸径 2～27cm 的范围内，年龄与树高、年龄与茎宽都表现出显著的直线关系，但在整个生长过程中，其树高随胸径的变化呈 S 形分布，符合 Logistic 增长模型。这与亚热带地区的演替先锋植物马尾松的生物量增长模型亦有类似的结果，在演替阶段的初期，先锋树种经过一小阶段的缓慢生长后，进入快速的生长(约 30 年)，然后生长速度逐渐降低，最后停止生长(董鸣，1986)。对于 4 个群落中所有的枫香个体来说，其树高与胸径呈 S 形曲线关系。但是由于每一个群落中的枫香种群总是缺少 2～3 个立木级的个体，因此，必须用多个不同演替阶段的群落中的枫香种群个体进行分析，才能得出较为准确的结果。由于不得不采用空间代替时间，从而忽视了不同立地条件对植物种群发育的影响，因此，所建立起的生长发育动态模型仍有待于进一步地完善。枫香立木径级分析结果充分说明：枫香在不同演替阶段的群落中的种群年龄结构差别较大，同时表现出演替系列中特殊的种群发育特征，即种群在其发生地缺少连续性和自我更新能力，其幼苗和幼树的生长需要一定的阳光，因此，其种群多向外扩散。

(五)自然保护区对树木种群保护效果比较研究——以昌江县境内青梅种群动态变化为例

建立自然保护区是保护典型生态系统和生物多样性及珍稀濒危物种资源的基本途径(Myers，2003)。多年的实践证明，建立自然保护区是保护生物多样性的最佳手段，也是建设生态环境、维护区域生态安全的有效措施(马建章，1992；王献溥等，2003；崔国发等，2004；陈家宽等，2010；张镱锂等，2015；海南省政府，2014)。

青梅(*Vatica mangachapoi*)，属龙脑香科(Dipterocarpaceae)青皮属，是我国稀有濒危植物。青梅是海南低地雨林的优势种。在森林中拥有很强的适应性和更新能力，它既能在瘦瘠干燥的石山上继续更新，也能在海岸沙滩上扎根成林，具有很强的经济价值和科研价值。但近些年来，由于生境破坏，青梅面积越来越小，植株数量急剧下降。目前，青梅已列为国家Ⅱ级保护物种，并开展了迁地保护和原地保护(谭业华和陈珍，2006)。

在海南，已经有很多学者对青梅开展了许多方面的研究工作(张宏达，1963；胡玉佳，1988，1991；李意德等，2006；李希娟等，2008；刘淑菊和郝清玉，2011；黄瑾和杨小波，2013)。这些研究工作，基本上揭示了青梅种群在森林中的发育规律，为进一步探索保护区对青梅等一些濒危物种种群的保护效果打下了良好的基础。

那么，自然保护区对濒危物种种群的保护效果如何，本案例在海南昌江县开展相关调查研究工作，试图说明建立自然保护区、保护热带雨林的连续性、保证足够大的保护区面积等方法措施，对保护濒危物种种群的重要性。

1. 地理概况与研究方法

1)地理概况

昌江县处于海南岛的西部，东边与白沙黎族自治县相邻，南边与乐东黎族自治县相接，地理位置是北纬18º52′50″～19º30′41″，东经108º31′39″～109º17′35″。该县地势东南较高、西北较低，由东南至西北倾斜(海拔由东南1654m逐步下降至西北30m)，依次形成了山地、丘陵、台地、平原等地貌类型。由于地理位置处于热带北缘，为典型的热带海洋季风性气候，干湿交替较明显。

近十几年来，人类活动(开荒、开发)对森林生态环境的破坏日益加重。非保护区域山地和丘陵地区多被开发，原始森林遭到严重破坏，被槟榔、橡胶、杧果等农业经济作物取代，造成森林植被退化和土壤肥力下降，阻碍群落的恢复。而且这些人工林结构简单，物种种类单一，使得生物多样性减少。但在这些森林中，还分布有一定数量的国家级或省级保护植物，如青梅、荔枝和龙眼等。与此同时，一些保护性措施也在实施，如霸王岭国家级自然保护区、保梅岭省级自然保护区和昌化岭县级保护区的建立。

2)研究方法

(1)野外调查

选取具有代表性的地段(物种所处的植物群落或生境)设置 20m×20m 的样方。昌江县青梅所占样方共为 16 个(非自然保护区域和自然保护区域各 8 个),样方总面积共 6400m^2。根据设置的样地进行样方调查,对样方内的目的物种进行每木调查,记录样方中所调查目的物种、株数、树高、胸径及幼树数量,记录每个样方的地理坐标、植被类型、海拔等(表 11-2-17)。

表 11-2-17 调查青梅种群的样方分布

Tab.11-2-17 Location of the study plots of *Vatica mangachapoi*

目的物种	县市	乡镇	名称	级别	调查方法	主样方编号	纬度	经度	海拔/m
青梅	昌江	七叉镇	七差岭		样方	琼-昌江-青梅-01	19°07′63.81″	109°06′15.16″	680
青梅	昌江	七叉镇	七差岭		样方	琼-昌江-青梅-02	19°07′71.38″	109°06′16.92″	726
青梅	昌江	七叉镇(红峰)	乌烈林场		样方	琼-昌江-青梅-03	19°10′35.43″	109°00′03.36″	162
青梅	昌江	七叉镇(红峰)	乌烈林场		样方	琼-昌江-青梅-04	19°10′38.38″	109°59′53.70″	113
青梅	昌江	七叉镇(红峰)	乌烈林场		样方	琼-昌江-青梅-05	19°10′39.69″	109°59′49.50″	111
青梅	昌江	七叉镇(红峰)	乌烈林场		样方	琼-昌江-青梅-06	19°10′41.33″	109°59′46.52″	100
青梅	昌江	七叉镇(红峰)	乌烈林场		样方	琼-昌江-青梅-07	19°10′41.77″	109°00′03.57″	153
青梅	昌江	七叉镇(红峰)	乌烈林场		样方	琼-昌江-青梅-08	19°09′08.81″	109°03′38.36″	434
青梅	昌江	保护区	霸王岭(8.5km 处)	国家	样方	琼-昌江-霸王岭-青梅-01	19°07′09.58″	109°08′06.48″	582
青梅	昌江	保护区	霸王岭(东六电站叉河口)	国家	样方	琼-昌江-霸王岭-青梅-02	19°03′06.90″	109°11′25.40″	627
青梅	昌江	保护区	霸王岭(雅加)	国家	样方	琼-昌江-霸王岭-青梅-03	19°04′19.31″	109°07′25.20″	745
青梅	昌江	保护区	霸王岭(雅加)	国家	样方	琼-昌江-霸王岭-青梅-04	19°04′51.34″	109°07′23.02″	594
青梅	昌江	保护区	霸王岭(雅加)	国家	样方	琼-昌江-霸王岭-青梅-05	19°04′51.76″	109°07′19.30″	623
青梅	昌江	保护区	霸王岭(雅加)	国家	样方	琼-昌江-霸王岭-青梅-06	19°04′52.10″	109°07′18.00″	628
青梅	昌江	保护区	霸王岭	国家	样方	琼-昌江-霸王岭-青梅-07	19°04′49.19″	109°07′15.69″	690
青梅	昌江	保护区	霸王岭	国家	样方	琼-昌江-霸王岭-青梅-08	19°04′55.24″	109°07′03.79″	793

(2)种群特征分析法

A. 径级划分

划分龄级是研究种群生命表、生存分析、存活曲线等的关键。因热带树木的立木径级与年龄具有较好的相关关系,所以一般采用空间代替时间的方法,即以立木级代替年龄进行分析。由于青梅为保护植物,把青梅种群个体按曲仲湘等(1952)标准作如下处理:

胸径＜2.5cm，按其树高(*H*)划分为＜33cm 的为Ⅰ级幼苗阶段，≥33cm 的为Ⅱ级幼树阶段；胸径≥2.5cm，按其胸径大小分级：2.5cm≤*D*＜7.5cm 为Ⅲ级小树阶段，7.5cm≤*D*＜22.5cm 为Ⅳ级中龄树阶段，22.5cm≤*D*＜40.5cm 为Ⅴ级老龄树阶段，*D*≥40.5cm 为Ⅵ级老龄树阶段。以种群各大小级的个体数百分比作为横坐标，种群的大小级作为纵坐标，绘制昌江县青梅种群的径级结构柱状图。

B. 编制静态生命表和绘制存活曲线

静态生命表是判定种群趋势的重要指标，可反映种群现实状况、种群与环境的竞争关系(陈远征等，2006)。把胸径作为度量树龄的指标，将青梅种群年龄结构划分为 6 个径级。统计各径级物种植株数目，依据野外调查各径级存活数(N_x)，计算出标准存活数(L_x)、死亡数(D_x)、死亡率、平均存活数(L_x)、从第 *x* 径级起超过 *x* 径级的有活个体总数(T_x)、生命期望值(E_x)等编制种群生命表(陈国科和彭华，2006)。各参数计算方式如下：

$$L_x=(N_x+N_{x+1})/2\;;\quad D_x=N_x-N_{x+1}\;;\quad Q_x=D_x/N_x\;;\quad T=\sum L_x\;;\quad E_x=T_x/N_x\;;$$

$$S_x=N_{x+1}/N_x;\quad K_x=\mathrm{Ln}(L_x/L_{x+1})\text{。}$$

以各生命表的大小级为横坐标、$\lg L_x$ 为纵坐标，绘制青梅种群的存活曲线。Deevey 将个体存活概率随相对年龄的变化分为 3 个基本模式，即Ⅰ型、Ⅱ型和Ⅲ型。Ⅰ型：凸形曲线，表明年轻个体存活率较高；Ⅱ型：对角线，表明各年龄阶段死亡率相等；Ⅲ型：凹形曲线，表明幼年期死亡率很高。

2. 结果与分析

1) 青梅种群空间分布格局

对于青梅种群的空间分布格局和集群程度进行分析(表 11-2-18、表 11-2-19)。

从表 11-2-18 中对于空间分布格局进行分析的 8 项指数可以得出，非自然保护区域青梅种群的空间分布格局为集群分布(表 11-2-19)，并且通过方差均值比率法、X^2 检验、Morisita 指数检验和 Meore 检验(表 11-2-19)来验证。同理，自然保护区域青梅种群的空间分布格局也为集群分布。结果表明：非自然保护区和自然保护区的青梅种群均为集群分布。

表 11-2-18 青梅种群空间分布格局

Tab.11-2-18 Distribution pattern of *Vatica mangachapoi* population

生境	均值	方差	$S^2/\bar{x}$	*t* 值	负二项参数(*k*)	格林指数(GI)	Cassie 指标(CA)	扩散型指数(I_δ)	从生指标(*I*)	平均拥挤度(m^*)	聚块性指数(m^*/m)
非自然保护区	2.8125	12.2958	4.3718	6.5295	0.8341	0.2248	1.1989	2.5374	3.3718	6.1843	2.1989
自然保护区	2.1250	5.8393	2.7479	3.2700	1.2157	0.2497	0.8225	1.7647	1.7479	3.8729	1.8225

表 11-2-19 青梅种群空间分布格局结果

Tab.11-2-19 Statistic of distribution pattern results of *Vatica mangachapoi* population

生境	方差均值比率法 $S^2/\bar{x}$			(实测值～预期值)X^2 检验		Morisita 指数			Meore(ϕ)检验		
		t 值	Pa	X_1^2	Pa	I_δ	*F*	Pa	ϕ	*R*	Pa
非自然保护区	4.3718	6.5295	c	20.6286	c	2.5374	5.5097	c	12.00	31.11	c
自然保护区	2.7479	3.2700	c	103.3777	c	1.7647	2.7479	c	2.50	100	c

2)青梅种群特征分析

(1)青梅径级结构分析

种群的年龄结构是指不同年龄个体数量在种群内的分布状况，这不仅是对种群年龄个体分配情况的反映，也是对种群数量动态和发展趋势的反映，同时也反映了种群与环境间的相互关系及其在群落中的作用和地位(黄志伟等，2001)。分析种群的年龄结构不仅能够揭示种群结构的现状和更新策略，还能有效地探索种群动态(闫桂琴等，2001)。

从青梅种群的径级结构图(图11-2-15)上看，非自然保护区域青梅种群中径级Ⅱ、径级Ⅲ、径级Ⅳ、径级Ⅴ和径级Ⅵ个体数分别为1株、5株、8株、1株和1株，占6.25%、31.25%、50%、6.25%和6.25%，径级Ⅰ个体数缺失；自然保护区域青梅种群中径级Ⅰ、径级Ⅲ、径级Ⅳ、径级Ⅴ和径级Ⅵ个体数分别为9株、4株、2株、1株和1株，占52.94%、23.53%、11.76%、5.88%和5.88%，径级Ⅱ个体数缺失。由图11-2-15看出，非自然保护区域青梅种群的幼年个体严重缺失，种群几乎没有更新资源，更新存在障碍，种群呈现衰退趋势，这表明，青梅种群为衰退型种群；自然保护区域青梅种群幼年个体较多，幼苗(龄级Ⅰ)数量大于成年个体，种群属于增长型。

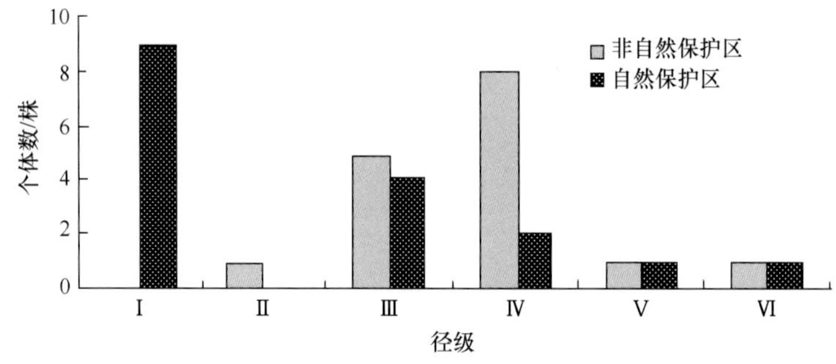

图11-2-15　青梅种群径级结构

Fig.11-2-15　The structure of DBH classes of *Vatica mangachapoi* population

(2)青梅静态生命表分析

种群统计是研究种群动态的众多方法之一，它的核心是静态生命表(王蒙，2012)，因此根据生命表进一步比较分析自然保护区内外青梅的种群特征差异。对青梅静态生命表(表11-2-20)进行分析，结果表明：非自然保护区域中，由于第Ⅰ级个体数缺失，导致出现死亡率为负的现象，从龄级Ⅳ开始死亡率变为正数；种群至第Ⅳ级死亡率高达88%，成为青梅种群死亡率高峰；Ⅴ级至Ⅵ级，死亡率为0，说明青梅种群在这个过渡阶段发育稳定；Ⅳ级至Ⅴ级的存活数大大减少，出现死亡率大于存活率的现象，种群呈衰落状态；由生命期望值分析，Ⅱ级最高，说明该种群龄级Ⅳ的个体具有较强的生命力，然后逐级递减，虽然在Ⅴ级处有所增加，但不明显，所以这一阶段为青梅种群的生理衰退期，生命力逐渐下降。自然保护区域中，由于第Ⅱ级个体数缺失，导致出现死亡率为负的现象，种群至第Ⅲ级和第Ⅳ级死亡率相同，为50%，成为青梅种群死亡率高峰；Ⅴ级至Ⅵ级，死亡率为0，证明青梅种群在这个过渡阶段发育稳定；Ⅰ级至Ⅱ级的存活数大大减少到0，出现死亡率大于存活率的现象，种群呈衰落状态；Ⅰ级至Ⅳ级，死亡率由负数突然增加至最大，因此出现Ⅳ级存活数最多的现象；由生命期望值分析，III级至Ⅴ级相同，说明该种群的龄级III至龄级Ⅴ的个体具有稳定较强的生命力，然后递减，所以龄级Ⅴ至龄级Ⅵ这一阶段，为青梅种群的生理衰退期，生命力逐渐下降。

表 11-2-20　青梅静态生命表

Tab.11-2-20　The static life table of *Vatica mangachapoi* population

生境	龄级	存活数(N_x)	存活数标准化(L_x)	$\lg L_x$	D_x	Q_x	T_x	E_x	K_x	S_x
非自然保护区	Ⅰ	0	0.50	—	—	—	16	—	—	—
	Ⅱ	1	3.00	0.48	—	—	16	16.00	—	5.00
	Ⅲ	5	6.50	0.81	—	—	15	3.00	0.37	1.60
	Ⅳ	8	4.50	0.65	7	0.88	10	1.25	1.50	0.13
	Ⅴ	1	1.00	0.00	0	0.00	2	2.00	0.69	1.00
	Ⅵ	1	0.50	—	1	1.00	1	1.00	0.00	0.00
自然保护区	Ⅰ	9	4.50	0.65	9	1.00	17	1.89	0.81	0.00
	Ⅱ	0	2.00	0.30	—	—	8	—	—	—
	Ⅲ	4	3.00	0.48	2	0.50	8	2.00	0.69	0.50
	Ⅳ	2	1.50	0.18	1	0.50	4	2.00	0.41	0.50
	Ⅴ	1	1.00	0.00	0	0.00	2	2.00	0.69	1.00
	Ⅵ	1	0.50	—	1	1.00	1	1.00	0.00	0.00

(3)存活曲线、死亡率曲线及消失率曲线

种群存活曲线、死亡率曲线、消失率曲线可反映种群各龄级存活率和消失率变化趋势，通过对 3 种曲线(图 11-2-16)的分析，可以对青梅种群动态的本质及其内在规律有更加深刻的了解。

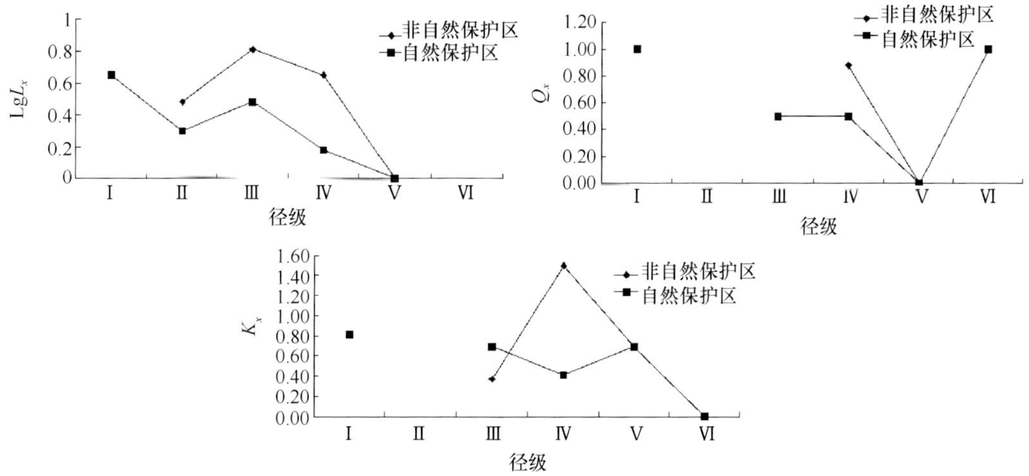

图 11-2-16　青梅种群存活($\lg L_x$)曲线、死亡率(Q_x)曲线及消失率(K_x)曲线

Fig.11-2-16　Survival curve($\lg L_x$)，mortality rate(Q_x) and hazard rate(K_x) of *Vatica mangachapoi* population

由图 11-2-16 看出，昌江地区非自然保护区域青梅的存活曲线从整体上看接近Deevey Ⅰ型，曲线呈凸形；于Ⅴ级个体数量为 0 而出现了断点，中树、大树个体数量较多，说明了其种群更新的能力较差；Ⅱ级到Ⅲ级存活率呈上升趋势，并在第Ⅲ级存活率达到最高值，说明现有生境仅适合成年青梅生长；由于人为破坏和现有生境的改变使青梅种群从Ⅲ级到Ⅴ级存活率逐渐下降，并在Ⅴ级降为 0；该种群死亡率曲线呈“Ⅴ”形，消失率曲线呈倒“Ⅴ”形，消失率曲线第Ⅳ级出现峰值，这种消失高峰的出现是由于青梅种群接近生理衰老形成的。而自然保护区域青梅的存活曲线开始时呈 DeeveyⅢ型，说明在龄级Ⅰ到龄级Ⅱ这一阶段，死亡率较高，表明青梅种群林下实生苗较多，能良好地完成自我更新，而在龄级Ⅱ到龄级Ⅲ这一阶段，死亡率逐渐降低；随着龄级的增加，青梅种群的存活曲线呈 Deevey Ⅰ型，龄级Ⅲ的存活率较高，说明龄级Ⅲ为该种群的生理寿命，在达到该种群的生理寿命后，死亡率开始增大，至龄级Ⅴ达到最小值。

3. 特点与讨论

种群分布格局的形成，一方面取决于自身的特性，另一方面与群落环境相关，群落环境包括生物因子和非生物因子。种群分布格局是该种群生物学特性和生境条件相互作用的结果。各种指数表明，无论是非自然保护区域还是自然保护区域，青梅种群均为集群分布，这一格局与许多珍稀、保护植物种群空间分布格局基本一致(张文辉等，2002；莫锦华等，2007)。结果表明：青梅种群的集群分布主要与物种的生物学特性有关，但是，物种生境的不同对于种群的分布也会产生一定的影响。

对比两种不同生长环境，非自然保护区方差/均值为 4.3718，Morisita 指数为 2.5374，平均拥挤度(m^*)指数为 6.1843，而自然保护区方差/均值为 2.7479，Morisita 指数为1.7647，平均拥挤度(m^*)指数为 3.8729，这说明在水湿条件较差的非自然保护区域内，青梅种群的集聚程度较强。从青梅自身特性分析，光照能强烈抑制青梅幼苗的生长，荫蔽下的青梅幼苗比在全光照下生长迅速。因此，青梅幼苗的这一特性决定了种群的聚集分布。但是，青梅种子轻，具翅，可随风传播，在种群繁殖过程中，又由于青梅种子属于非干燥性(顽拗型种子)，不能暴晒，种子含水量过低会失去发芽能力，其种子和幼龄种群表现脆弱，生命力受外界条件影响较大(王贵等，2012)，萌发后形成的幼苗需要一定程度的遮阴条件，森林被破坏后，其环境相对干燥，特别是林缘和林外的环境，不利于青梅幼苗的生长，从而限制了青梅种群的分布范围，活下来的植株表现更加集中。森林植被破坏严重的非自然保护区无法提供适宜的林下遮阴条件供青梅种子萌发。

青梅是亚洲热带雨林的典型树种之一，也是海南岛热带雨林的优势种。物种本身的遗传特性和对外界的环境压力(生境和干扰机制)的适应性共同决定其采取何种更新对策(李小双等，2007)。研究结果表明：非自然保护区域青梅种群结构表现为衰退型，野外调查过程未发现Ⅰ级幼苗，Ⅱ级幼树个体数量较少，Ⅲ级小树和Ⅳ级中龄树个体数量比较丰富，而Ⅴ级、Ⅵ级老龄树个体数量则比较少。幼苗的严重缺失不仅与青梅种群自身的更新机制有关，更与生存环境遭到破坏有关(彭闪江等，2004)。由于非自然保护区的当地居民毁林种植经济作物，毁掉了原来以青梅为主的热带山地雨林(吴伟和张军丽，2006)，因此破坏了青梅种群的生存环境。在青梅林发育的早期，如果受到人为因素的较大干扰或破坏，其种群便很难重新建立。

而自然保护区域青梅种群结构表现为增长型，Ⅰ级幼苗个体数量较多，保证了青梅种群自身良好的更新。自然保护区域青梅林中大树较少，而幼苗较多，随着青梅林群落的发展，以及种内竞争和自疏作用，必然使得青梅的个体数量减少，进入主林层的其他物种必然增多，利于群落向着多样性高的方向发展。

从对比分析看出，非自然保护区域和自然保护区域两种不同的生境，青梅种群受外界环境影响严重。青梅种子的生命力受外界条件影响较大，种子寿命短，不宜久存，对环境的适应能力比较脆弱(胡玉佳，1986)。由于缺乏幼苗的补充，随着演替的不断进行，青梅的个体不断死亡，数量不断减少，最终会被比其更新能力强的物种所代替。由此可知，群落的发展与幼苗的不断补充有很大关系，为了保证青梅种群等濒危物种的天然更新，有必要建立自然保护区。

非自然保护区域青梅种群存活曲线接近 Deevey Ⅰ型，青梅种群由于第Ⅰ级个体数缺失，出现死亡率为负的现象，种群至第Ⅳ级死亡率高达 88%，表明Ⅳ级到Ⅴ级这一过渡阶段，青梅数量急剧减少；Ⅳ级种群数量达到最大，可能是由于随着个体数量增大，对于光照、水分、营养等资源的竞争愈发激烈，种内个体竞争加剧，导致死亡率较高。由生命期望值分析，Ⅱ级种群生命值最高，且明显高于其他各级，这是由于种群Ⅰ级个体的缺失，导致Ⅱ级个体种内竞争压力减小。自然保护区域青梅种群存活曲线开始时接近 Deevey Ⅲ型，现存的Ⅱ级幼树的个体数缺失是导致死亡率为负的主要原因，Ⅲ级和Ⅳ级个体死亡率最高。然而，青梅耐瘠薄、喜湿耐旱、喜光耐阴、抗风、抗逆性较强(汪永华等，2003)，使青梅种群在Ⅲ级、Ⅳ级和Ⅴ级时生命期望较高且保持不变，说明这一阶段，种群竞争小，生存压力也随之减小，个体基本上都能生存。而幼龄期个体生命期望较高也表明年轻种群平均生存年较长，也就是说平均生存能力较强。这一对比结果说明，青梅种群在保护状况相对良好的自然保护区内得到了较稳定的生长条件，幼苗存活数多，保证了青梅种群的增长。

本案例的结果表明，青梅的数量正急剧减少，已被列为濒危植物，在保护濒危和稀少树种时，除了重点保护中树、大树之外，同时也要加强幼树的保护，从而达到保护整个森林生态系统的目的。近 10 年来，保护生物学家已经明确指出(宋萍，2006；郑道君等，2010)，人类活动导致生境丧失是对生物多样性的最大威胁，人为干扰很可能是造成青梅种群致濒的原因。天然青梅林在维持生态系统平衡、维护生态环境及科学研究方面都具有极为重要的意义，海南天然青梅林的减少将伴随大量物种的消失与灭绝，对生物多样性来说将是灾难性的。保护区对濒危物种种群的保护取得了较为明显的保护成效，通过相关保护措施的展开和实质性落实，大大减少了保护区内濒危植物种群受到的负面人为干扰因素的影响，使得濒危植物种群获得了利于自身生存、生长与发育的环境条件。因此，建立保护区对保护和恢复青梅种群有益。

(六)热带雨林种群特征与生态环境的关系研究——以五指山黑莎椤种群为例

在海南的植物种群生态研究中，植物种群动态变化的研究案例较为多见一些，但种群特征与生态环境的关系研究案例却较少，《海南植被志》以五指山热带雨林中的黑莎椤种群为例，尝试性探讨该种群特征与生态环境的关系。

黑桫椤（*Gymnosphaera podophylla*）为桫椤科（Cyatheaceae）、桫椤属、黑桫椤亚属木本蕨类植物，从起源距今已有 3 亿多年，由于地球质地变化、气候变迁和黑桫椤生存环境改变，致使该物种处于渐危状态，被列为国家二级保护植物。现在已有一些学者对四川荣县、重庆磨盘沟、福建笔架山和瓜溪、贵州赤水等地的桫椤进行了种群和群落生态研究，报道了桫椤群落学特征、物种多样性、种间连结性、种群大小和结构特征等（傅立国，1992；张思玉，2002；尚进等，2003；周崇军，2005）；也有人进行了相关遗传多样性研究和移栽技术研究（黄儒珠和王经源，2003；马文辉等，2003；宋萍等，2005）。有学者对海南岛的桫椤进行了遗传结构和组织培养等方面的研究（蒋胜军等，2002；莫新寿和刘瑞强，2004；苏应娟等，2004），但没有关于种群、群落生态学研究的报道；对于桫椤与环境的关系，周崇军（2005）定性分析认为水分和热量条件是影响种群特征的最大因子，袁守良和梁盛（2002）通过调查得出贵州赤水桫椤生长最适的海拔、土壤 pH、气温等生长因子。植物分布和土壤养分含量及分布密切相关（苏应娟等，2004；Hall，2004），或因某一种群密度增加或个体增长，引起另一种群个体死亡（王伯荪等，1995）。本研究在对海南岛五指山黑桫椤所在群落进行调查及数据分析处理的基础上，分析海南岛五指山黑桫椤种群数量和结构特征，土壤等环境因子与种群定量关系。其目的在于揭示五指山黑桫椤的分布规律、种群动态和生态因子与黑桫椤间数量关系，为黑桫椤的有效保护、繁殖培育和进一步研究提供借鉴。

1. 样地地理概况与研究方法

1）地理概况

五指山位于海南岛中部山区，该地区的环境特征见第九章第一节。植被类型随海拔的变化而不同，从山脚到山顶依次为枫香林（海拔 700m 以下）、低地雨林（海拔 750～900m）、山地雨林（海拔 1000～1500m）、亚高山矮林（海拔 1500～1700m）和山顶灌丛（海拔1700～1867m）（杨小波等，1995）。样地分别设置在黑桫椤分布的低地雨林和山地雨林中，为了说明环境因子对低地雨林和山地雨林黑桫椤分布的影响，保证样地间的可比性，不同样地间除了海拔不同外，坡向、坡度和坡位基本相同（表 11-2-21），以避免小地形对土壤及水热条件的影响。黑桫椤所在群落特征是：山地雨林群落郁闭度 0.85 左右，植被保护较完好，演替基本达顶极阶段（Robert et al.，2007）。高位芽植物、地上芽植物、地面芽植物和地下芽植物所占比例依次为 82.5%、6.12%、6.12%和 4.08%。乔木分为三个亚层，主要树种有鸡毛松（*Dacrycarpus imbricatus* var. *patulus*）、陆均松（*Dacrydium pierrei*）、蝴蝶树（*Heritiera parvifolia*）、青蓝（*Xanthophyllum hainanese*）、谷木（*Memecylon ligustrifolium*）、线枝蒲桃（*Syzygium araiocladum*）等，灌木分为两个亚层，主要有三角瓣花（*Prismatomeris tetrandra*）、海南虎皮楠（*Daphniphyllum paxianum*）及线枝蒲桃、三角瓣花的幼苗，生物多样性 Shannon-Wiener 指数为 5.305，均匀度为 0.811；低地雨林黑桫椤所在群落郁闭度为 0.80 左右，高位芽植物、地上芽植物、地面芽植物和地下芽植物所占比例依次为 89.38%、2.65%、4.42%和 2.65%，群落曾遭破坏，现处于恢复阶段。乔木可分为三个亚层，优势树种有蝴蝶树、长芒杜英(*Elaeocarpus apiculatus*)、海南柿(*Diospyros hainanensis*)、短药蒲桃(*Syzygium branchyantherum*)等，灌木分为两个亚层，以高脚罗伞占优势，常见的物种有三角瓣花、染木(*Saprosma ternatum*)、鸡屎树(*Lasianthus cyanocarpus*)等，群落生物多样性 Shannon-Wiener 指数为 5.348，均匀度为 0.761。

表 11-2-21　样地的立地条件

Table 11-2-21　The conditions of plots

样地号	位置	海拔/m	坡向	坡度/(°)	坡位
Q_1	N 18°54′0.5″ E 109°41′20.8″	1015	SW	28～35	中部
Q_2	N 18°54′0.2″ E 109°41′23.2″	1045	SW	27～33	中部
Q_3	N 18°54′18.8″ E 109°41′0.4″	805	SW	32～37	中部
Q_4	N 18°54′17.45″ E 109°41′0.89″	815	SW	30～36	中部

注：样地 Q_1 和 Q_2 位于山地雨林，样地 Q_3 和 Q_4 位于低地雨林，下同。

黑桫椤主要分布在群落灌木层，低地雨林样地内黑桫椤植株最高 2.5m，胸径最大 0.25m，山地雨林样地内黑桫椤植株最高 2.5m，胸径最大 0.17m。

2)研究方法

(1)野外调查及室内数据处理方法

在原来对低地雨林和山地雨林黑桫椤所在群落研究基础上(样地面积分别为 $2600m^2$、$2200m^2$)，再次在黑桫椤所在群落中随机设置样地调查黑桫椤的个体数量、高度、胸径和冠幅，其中山地雨林设置面积为 $900m^2$ 和 $1200m^2$ 的两个样地，低地雨林的两个样地设置面积都为 $600m^2$，采用相邻格子样方法将样地划分为 10m×10m 的样方，测量、记录黑桫椤相关数据；室内数据处理用相关方法计算种群密度、相关性指数，用方差均值比法和 Morisita 指数检验法分析种群空间分布格局；在划分黑桫椤种群的年龄结构时，参考了周崇军(2005)、宋萍等(2005)的研究方法，结合实际情况采用茎秆高度作为个体大小的指标划分年龄级：茎秆高小于 0.25m 为Ⅰ级幼苗阶段，0.25～0.5m 为Ⅱ级小型植株阶段，0.5～1m 为Ⅲ级中型植株阶段，1～1.5m 为Ⅳ级大中型植株阶段，大于 1.5m 为Ⅴ级大型植株阶段，求不同年龄级个体百分数并作年龄结构图。

(2)土壤的采集和测定

采集山地雨林和低地雨林黑桫椤所在群落的土壤，采土深度分别为 0～0.1m、0.1～0.2m 及大于 0.2m，同一样地按要求多点采样，用常规土壤分析方法测土壤自然含水量、有机质、全氮、全磷、全钾含量和 pH(中国土壤学会农业化学专业委员会，1983)。

(3)逐步回归分析

用 SAS/STAT(statistics analysis system)软件(Version 8.0)中的 REGRESSION 过程分别对黑桫椤种群密度、胸径、高度与土壤因子关系进行逐步回归分析，拟合出相关回归方程。

2. 研究结果

1)黑桫椤种群年龄结构特征

种群的年龄结构是种群内不同年龄的个体的分布或组配情况，它不仅反映了种群动态及其发展趋势，并在一定程度上反映了种群与环境间的相互关系，以及它们在群落中的作用和地位。合并山地雨林 Q_1、Q_2 样地及低地雨林 Q_3、Q_4 样地，不同地段的黑桫椤种群年龄结构不同，基本上可分为两种类型(图11-2-17)。①稳定型：各大小级个体数目接近，种群数量在一段时间内维持相对不变，如山地雨林黑桫椤种群，其幼年期、青年期(Ⅰ级、Ⅱ级)的黑桫椤株数与壮年期、老年期(Ⅲ级、Ⅳ级、Ⅴ级)的黑桫椤株数比为 68∶58。②增长型：幼年期个体数量多，老年期个体数量少，大致呈下宽上窄金字塔形状，有较强的更新能力，种群数量不断增多。包括低地雨林黑桫椤种群，其幼年期、青年期(Ⅰ级、Ⅱ级)的黑桫椤株数与壮年期、老年期(Ⅲ级、Ⅳ级、Ⅴ级)的黑桫椤株数比为 97∶47，种群处于较高生产期。

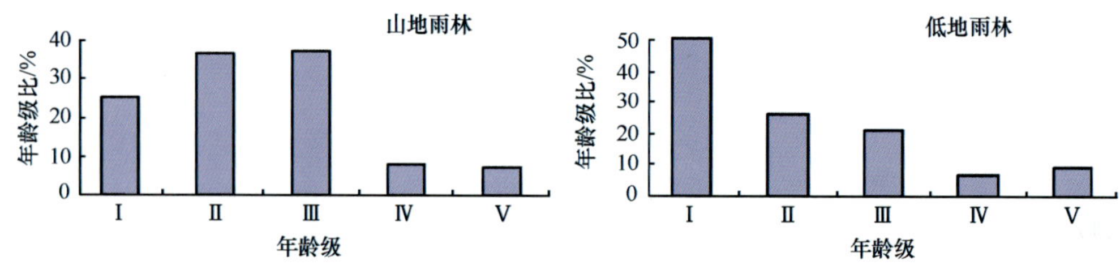

图 11-2-17　不同样地黑桫椤种群年龄组成

山地雨林包含 Q_1 和 Q_2 样地，低地雨林包含 Q_3 和 Q_4 样地，下同。Ⅰ级表示幼苗阶段，Ⅱ级表示小型植株阶段，Ⅲ级表示中型植株阶段，Ⅳ级表示大中型植株阶段，Ⅴ级表示大型植株阶段

Fig.11-2-17　Age structer of *Gymnosphaera podophylla* populations in different plots

Plot Q_1 and Q_2 are combined into Mountain Rainforest sample，plot Q_3 and Q_4 are combined into Lowland Rainforest sample，The same below；Ⅰ class means seedling phase，Ⅱ class means small plants phase，Ⅲ class means medium-sized plants phase，Ⅳ class means large and medium-sized plants phase，Ⅴ class means large plants phase.

2)黑桫椤种群数量分布

将表 11-2-22 中的样地按照海拔高低进行排列(Q_2、Q_1、Q_4、Q_3)，黑桫椤平均密度基本上随海拔的降低而增大；合并山地雨林和低地雨林各自两个样地，黑桫椤在山地雨林和低地雨林的平均密度分别为 0.06 株/m^2 和 0.12 株/m^2，后者是前者的 2 倍。此外，同一群落不同样方间的黑桫椤分布密度也不同，如低地雨林中样方五(Q_3)黑桫椤的密度(0.22 株/m^2)最大，而样方二和样方五(Q_4)中黑桫椤密度(0.04 株/m^2)最小；山地雨林样地中样方九(Q_1)黑桫椤的密度(0.14 株/m^2)最大，而样方一和样方二(Q_1)等黑桫椤密度(为 0)最小，黑桫椤数量呈现水平分布。

3)黑桫椤种群与环境因子关系

(1)黑桫椤种群密度与立木密度相关性

山地雨林和低地雨林立木平均密度分别为 0.51 株/m^2、0.34 株/m^2(表 11-2-22)，前者是后者的 1.5 倍，反映了山地雨林群落较郁闭，立木分布密度大。分析山地雨林与低地雨林立木平均密度与黑桫椤平均密度的相关性，山地雨林中两者的相关系数 r 值为

表 11-2-22　各样方黑桫椤种群和立木平均密度分布　(单位：株/m^2)

Tab.11-2-22　Average density distribution of *Gymnosphaera podophylla* population and stumpage in plots

样方	Q_1		Q_2		Q_3		Q_4	
	A	B	A	B	A	B	A	B
样方一	0	0.72	0.13	0.31	0.08	0.49	0.13	0.30
样方二	0	0.46	0.15	0.36	0.18	0.36	0.04	0.25
样方三	0.05	0.50	0.13	0.30	0.17	0.50	0.06	0.39
样方四	0.02	0.45	0.04	0.35	0.13	0.24	0.08	0.30
样方五	0.03	0.35	0.13	0.25	0.22	0.51	0.04	0.26
样方六	0.11	0.43	0.07	0.47	0.15	0.33	0.16	0.18
样方七	0.04	0.74	0.11	0.70				
样方八	0.04	0.32	0	0.53				
样方九	0.14	0.54	0.03	0.72				
样方十			0.07	0.94				
样方十一			0	0.61				
样方十二			0.02	0.71				
平均密度	0.05	0.50	0.07	0.52	0.16	0.41	0.09	0.28

注：A 黑桫椤平均密度，B 立木平均密度。

–0.120，t 值为 0.527，查 t-分布表 P 值大于 0.05(自由度 N–2)；低地雨林中两者的相关系数 r 值为 0.340，t 值为 1.142，查 t-分布表 P 值大于 0.05(自由度 N–2)，山地雨林和低地雨林中立木平均密度与黑桫椤平均密度均为负相关关系。

(2)不同样地的土壤成分特点

比较山地雨林和低地雨林黑桫椤所在群落的土壤因子(表 11-2-23)，山地雨林的土壤肥力总体上比低地雨林的高，第一层土壤相比较有如下特征：①因山地雨林群落结构较复杂，土壤有机质、全氮含量较高；②随海拔升高，pH、土壤水含量总体上表现为逐渐增大趋势，而全磷、全钾含量总体上表现为逐渐下降的趋势。

表 11-2-23　黑桫椤所在群落土壤成分分析

Tab.11-2-23　Analysis of soil components of communities located by *Gymnosphaera podophylla*

样地	取样深度/m	有机质/(g/kg)	全氮/(g/kg)	全磷/(g/kg)	全钾/(g/kg)	pH	水/%
Q_1	0～10	59.64	2.58	0.18	45.66	3.99	34.78
	10～20	57.77	1.70	0.12	83.74	4.40	30.17
	大于 20	40.56	1.27	0.154	77.75	4.52	30.31
Q_2	0～10	58.91	5.16	0.16	13.74	3.88	36.00
	10～20	57.97	2.53	0.19	48.55	4.31	35.08
	大于 20	41.34	1.18	0.13	44.51	5.44	31.50
Q_3	0～10	51.51	2.01	0.23	35.27	3.67	30.24
	10～20	15.48	0.70	0.14	50.04	4.71	28.01
	大于 20	13.50	0.58	0.15	33.77	4.44	26.63
Q_4	0～10	50.66	2.79	0.30	44.66	3.97	29.94
	10～20	28.03	1.74	0.25	35.39	4.21	29.19
	大于 20	32.83	1.26	0.24	31.19	4.35	26.65

(3)种群特征参数与土壤因子回归分析

以土壤有机质、全氮、全磷、全钾含量、pH和土壤水含量作自变量，黑桫椤密度、高度和胸径作因变量进行逐步回归(表11-2-24)，根据变量参数估计拟合回归方程：

密度与土壤因子回归方程：D=1.165+0.276 EP–0.293 PH ①

高度与土壤因子回归方程：H=0.80+0.67 EP–0.11 EK ②

胸径与土壤因子回归方程：DBH = –41.70+16.22 PH–5.03 EK ③

式中，D为黑桫椤密度；H为高度；DBH为胸径；EP表示土壤全磷含量；PH表示pH，EK表示全钾含量；截距、全磷含量、pH、全钾含量等变量F检验均有显著性差异(P>0.05)，模型R^2判定系数均在0.86以上，土壤因子解释种群特征参数变异的程度好，因而方程拟合程度好。

从方程①、②、③可以看出，全磷、全钾含量和pH均进入方程中，它们对以上种群特征参数影响较大；而有机质、全氮和水含量被剔除，对以上种群特征参数影响较小。分析方程偏相关系数，土壤酸碱度对黑桫椤种群密度有负面影响，对胸径大小有正面影响；全磷含量对密度和高度均有正面影响；全钾含量对黑桫椤高度和胸径都有负面影响。

表11-2-24 黑桫椤种群特征参数与土壤因子多元回归分析

Tab.11-2-24 Multiple regression analysis among average density of *Gymnosphaera podophylla* and soil factors

	变量	参数估计	模型 R^2	F值	F检验
①	截距	1.165 48		2 980.85	0.011 7
	全磷	0.276 48	0.999 7	456.26	0.029 8
	pH	–0.292 90	0.862 9	2 881.77	0.011 9
②	截距	0.797 94		1 134.0	0.006 0
	全磷	0.671 57	0.999 98	248.10	0.040 4
	全钾	–0.105 67	0.942 7	3 584.91	0.010 6
③	截距	–41.702 09		213.82	0.043 5
	pH	16.222 44	0.999 8	464.70	0.029 5
	全钾	–5.033 74	0.899 7	4 639.48	0.009 3

3. 特点与讨论

目前山地雨林黑桫椤种群年龄组成为稳定型，预计将来一段时间种群数量基本保持稳定；低地雨林黑桫椤种群年龄组成是增长型，种群数量处于增长时期。这可能与森林群落的演变发展有一定关系，山地雨林群落已接近演替顶级，因而群落不同物种间关系相对稳定，种群数量也在一定时间内保持相对不变，而低地雨林曾遭干扰破坏，现处于恢复阶段，群落中物种发生更替，种群数量也发生变化，黑桫椤种群变化正好说明这个现象。在低地雨林和山地雨林中，在一定范围内随海拔升高，黑桫椤密度呈减小趋势，这与贵州赤水桫椤保护区的桫椤种群特征相似，体现出低海拔地区的种群密度高于高海拔地区的种群密度的特征(周崇军，2005)。

黑桫椤密度、高度、胸径与土壤因子的关系可定量地用方程表示为密度=1.165+0.27

全磷–0.293PH，高度=0.80+0.67 全磷–0.11 全钾，胸径= –41.70+16.22 PH–5.03 全钾。随海拔升高，黑桫椤密度呈减小趋势，这与贵州赤水桫椤保护区的桫椤种群特征相似，其低海拔地区桫椤平均密度最大（12 株/100m^2），高海拔地区桫椤平均密度最大（7 株/100m^2），低海拔地区的种群密度高于高海拔地区的种群密度（张思玉，2002）。其影响因素可能是山地雨林立木密度比低地雨林大，立木密度与黑桫椤密度是负相关关系，因而对黑桫椤排斥作用也越强，使得黑桫椤占有生态位、幼苗平均密度及种群平均密度越小；也可能是随海拔升高，山地雨林土壤的 pH 比低地雨林土壤大，而全磷含量比低地雨林小，黑桫椤密度受土壤 pH 和全磷含量影响所致；特别需要指出，黑桫椤属蕨类植物，对水的依赖性很强。从本研究结果可以看出土壤水分含量对种群密度影响小，一方面与土壤取样点和调查的样地土壤湿度大有关系，另一方面说明降雨、雾水及空气湿度可能对黑桫椤影响较大，环境水分对黑桫椤的影响机制有待进一步深入研究。

另外，由于样地的坡度、坡向及坡位的一致性排除了小地形的变化对两样地的水热条件影响，黑桫椤种群密度随海拔梯度变化还可能与温度差异有关。有些学者在研究霸王岭低地雨林和山地雨林植被时指出：山地雨林地处热带，多雨高湿，但又因海拔高而温度较低，特别是台风来临时，气温下降非常显著，气温的变化导致山地雨林群落生境与低地雨林生境的差异。五指山也有同样的特点，虽然山地雨林空气湿度大，土壤水分含量丰富，但气温垂直逆减率为 0.7℃/100m，表现出明显的气温垂直变化，山地雨林和低地雨林样地气温相差将近 2℃。随海拔升高，黑桫椤密度变化与温度变化有正相关关系。

五指山黑桫椤主要分布在低地雨林和山地雨林内，应采取就地保护的措施，防止外界干扰的破坏。在路线调查中，我们发现枫香林（海拔 700m 左右）中面积约 200m^2 黑桫椤群落，黑桫椤平均密度约 0.26 株/m^2，一些自然因素和生物因素正使黑桫椤和周围乔木遭到破坏，黑桫椤呈斑块状分布，建议采取紧急有效的措施进行保护。

第三节 植物群落大小

一、概述

植物群落大小与植物种群大小的研究方法有较大的差异，植物群落大小实际上是绘制某一植被类型的分布图（位置与占地范围），而种群大小还需要进一步获得在一定面积内，某一种植物的个体株数。随着遥感技术、全球定位技术与地理信息系统技术（简称“3S”技术）与植物群落学的结合越来越紧密，植物群落大小的研究越来越准确。但是，在热带雨林区域，由于森林组成、结构的复杂，依靠“3S”技术和野外调查相结合，在森林群落里，基本能区划植被类型到植被亚型，但划分到类群（中级单位，过去的“群系”）还是有一定的困难（单优植物群落可能可以实现，或边界信息很清楚的情况下方可实现）。在森林里，如果面积很大，而且多种类群混在一起，很难区划。在海南热带雨林大概可划分到低地雨林（亚型）与山地雨林（亚型）；由于海南的季雨林、滨海丛林、滨江丛林类群较少，分布的环境较为特殊，且一般较窄小，因此，有可能区划到类群；在红树林里，有的地方可能可以区划到类群，有的地方可能较难；在灌丛、草丛和藤蔓丛里，也需要详细的野外调查数据方能实现中级单位分布范围的划分，进而计算其面积。因此，植物群落大小的研究工作，几乎等同于植被类型分布图的研究与制作工作。

二、一般的研究方法

(一)绘制方法

1. 资料收集与软硬件配置

基础资料：购买工作区范围地形图，比例大小视情况而定。一般情况可购买 1∶5 万及 1∶25 万两种比例的地形图及基础地理要素数字化图。硬件配置：手持 GPS 接收机和计算机。软件平台：配置最新制图软件和数据库软件。

2. 外业调查

采用路线调查与样方法，进行植被类型定位、勾绘图斑(一般是在 1∶5 万的地形图上勾绘)，确定和勾绘植物群落边界和分布位置。

3. 室内数据转化

1)植物群落分类与编码

依据植物群落调查结果，进行植物群落类型分类，分类的详细程度视工作区的范围、植物群落的复杂性及工作需要而定。小范围可到群丛，中等范围可到类群，大范围和相当复杂的植被类型可到植物亚型或植被型。在分类基础上，采用阿拉伯数字设计植被类型代码，该代码体系系统完整、结构清晰、逻辑性强，具有易于计算机信息表示和处理方便等特点，为建立数字化植被类型空间数据库和属性数据库奠定良好的基础。

2)植物群落大小与分布的绘制

在外业调查和植被分类后，便着手进行内业整理制图。

首先将野外勾绘的植物群落轮廓(1∶5 万地形图上的)透绘到聚酯薄膜上，经扫描、矢量化后，投影转换成(1∶25 万)植被类型矢量化图，然后与具备基础地理要素数字化图(1∶25 万)叠加，获得目的地植物群落分布图。经过 1～2 次校对后，最后对校对后的图赋予 ID 地址码、调整颜色、整饰，这样便完成了《××的植被类型(植物群落)现状分布图》的编绘工作。

(二)属性数据库建立

植被分布图(植物群落分布图)能直观、形象地表达植物群落分布状况，而更详细的植物群落属性信息需要属性数据库来补充丰富。属性数据库的建立可通过一般的数据库软件，如 Visual FoxPro、Excel 来建立，也可在 MapGIS 的属性库管理子系统中建立。根据要求，建立的属性数据库包括以下字段项：分类 ID 图上面积、实地面积、图上周长、实地周长、群落代码、群落中文名、学名。在 MapGIS 中，植被类型属性数据库通过关键字段(分类 ID)与植被类型图层挂接，图斑与属性可以一一对应，图与库能做到联动查询与修改。

由于《海南植被志》(第三卷)较详细绘制海南植被分布图，故此，仅以海口市两个镇的植被类型与分布图的调查研究与绘制为例说明植物群落大小的研究方法与结果。

三、案例分析

1. 非沿海平原地区的植被类型与分布图——以海口红旗镇为例

1)样地概况与研究方法

(1)样地概况

红旗镇位于海口市琼山区中部，东邻大致坡镇，西靠旧州镇，南接三门坡镇，北连云龙镇。全镇南北向最大纵间距 13km，东西向最大横间距约 9km，全镇总面积 112.4km^2。其他地理环境要素参阅海口市的情况。

(2)研究方法

采用以上的一般方法完成。

2)结果与分析

(1)植被类型

结合红旗镇植被外貌、组成与结构特点、环境条件、《海南植被志》撰写小组 2007 年的野外调查研究成果(杨小波，2009)和 2012 年的野外调查结果，红旗镇地区自然植被型可分为草丛(面积小，主要分布在人工林林缘或一些小面积的弃荒耕地中，没有计算面积大小)、次生灌木丛(面积小，多分布在人工林林缘，没有计算面积大小)，主要分布有厚皮(*Ternstroemia gymnanthera*)、黄牛木(*Cratoxylum cochinchinense*)灌丛和白楸(*Mallotus paniculatus*)、白背叶(*Mallotus apelta*)灌丛；村庄植被(自然、半自然植被或称之为村庄防风林或风水林，实际为热带雨林次生林)主要是榕树(多种，*Ficus* sp.)、荔枝(*Litchi chinensis*)林，其中分布有较多的荔枝、高山榕(*Ficus altissima*)和小叶榕(*Ficus microcarpa*)等，也分布有见血封喉(*Antiaris toxicaria*)(图 11-3-1)；把人工植被划分为水(农)田作物；旱地作物，主要为橡胶(*Hevea brasiliensis*)林、果园；人工(商品)用材林，主要有桉树(*Eucalyptus* sp.)林和木麻黄(*Casuarina* sp.)林。其中村庄植被最有特色，也最有地区代表性；橡胶林占的面积最大，达 75.769km^2，占 67.41%的土地面积，为主要的景观元素(表 11-3-1)。

表 11-3-1　海口市红旗镇各植物群落大小(面积)及占总面积的百分比(2012 年)

Tab.11-3-1　The size of plant communities in Hongqi of Haikou(2012)

高尔夫球场和其他	居民点	村庄植被	农田作物	果园	水体	人工用材林	橡胶林	总面积
植被类型大小(面积)/km^2								
0.263	5.145	6.554	14.42	3.002	5.342	1.905	75.769	112.4
各植被类型占总面积的百分比/%								
0.233	4.58	5.83	12.83	2.67	4.75	1.69	67.41	100

图 11-3-1 发育良好的村庄植被，有见血封喉(*Antiaris toxicaria*)、荔枝(*Litchi chinensis*)和古老的高山榕(*Ficus altissima*)等(东经 110.5419°；北纬 19.7873°和东经 110.5482°；北纬 19.7774°)

Fig.11-3-1 The rural vegetations of Hongqi of Haikou(*Antiaris toxicaria*，*Litchi chinensis* and *Ficus altissima*)(E 110.5419°；N19.7873°和 E110.5482°；N19.7774°)

(2)植物群落大小与植被分布图

依据表 11-3-1 和植被分布野外调查的基本情况，采用常规绘图方法绘制完成了 1∶75 000 的植被分布图(图 11-3-2)。

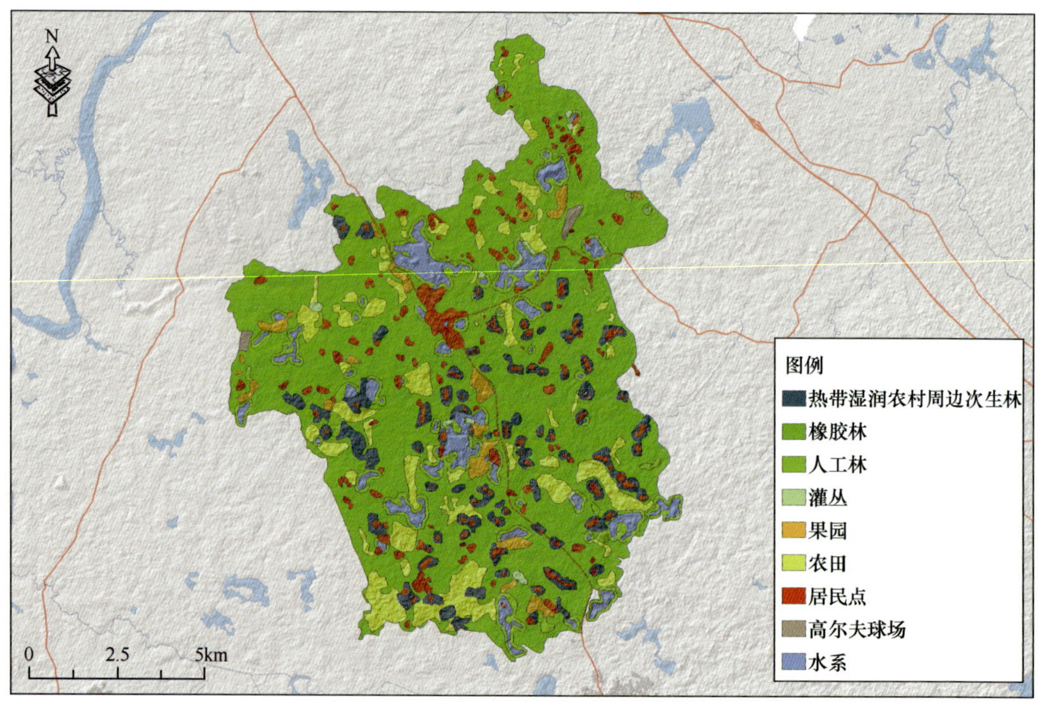

图 11-3-2 海口市红旗镇植被分布图(辛琨绘制)

Fig.11-3-2 The map of vegetation distribution in Hongqi of Haikou(by Xin kun)

2. 沿海地区的植被类型与大小——以海口市演丰镇为例

1) 样地概况与研究方法

(1) 样地概况

演丰镇位于海口市美兰区东部沿海砖红壤地区，总面积 119.78km^2。其他地理环境要素参阅海口市的情况。

(2) 研究方法

采用以上介绍的一般方法完成。

2) 结果与分析

(1) 植被类型

结合演丰镇植被外貌、组成与结构特点、环境条件、《海南植被志》撰写小组 2007 年的野外调查研究成果(杨小波等，2009)和 2014 年的野外调查结果，演丰镇地区自然植被型可分为草丛(次生草丛)、次生灌木丛(灌丛)，主要分布有白楸(*Mallotus paniculatus*)、白背叶(*Mallotus apelta*)灌丛；红树林，分布有几乎所有的海南植物种类，红树林植物 17 科 28 种(不包括引入的外国种在内)，占世界红树林植物总种数 86 种的 32.6%，占中国红树林植物总种数 37 种的 75.7%。以演丰为主体的东寨港红树林保护区于 1986 年 7 月经国务院批准晋升为国家级自然保护区，是我国建立的第一个红树林类型的湿地自然保护区，1992 年被列入国际重要湿地名录，保护区总面积 3337.6hm^2，核心区面积 1635hm^2，缓冲区面积 1167.1hm^2，实验区面积 535.5hm^2，其中红树林面积 1578.2hm^2(2007 年)，滩涂面积 1759.4hm^2(包括演丰镇与三江镇)，在演丰镇境内红树林覆盖面积近 1000hm^2；演丰镇的村庄植被(自然、半自然植被或称之为村庄防风林或风水林，实际为热带雨林次生林)与红旗镇的相似，较多的是高大的榕树(*Ficus* sp.)、荔枝(*Litchi chinensis*)林，林中还分布有一些见血封喉(*Antiaris toxicaria*)、高山榕(*Ficus altissima*)和小叶榕(*Ficus microcarpa*)等。人工植被可划分为水(农)田作物、旱地作物(有橡胶林、较大面积的草本坡地作物以及在农村周边分布的多种小面积作物，在此称之为农村混合作物)、人工(商品)用材林，主要有桉树林和木麻黄林及竹林。其中村庄植被最有特色，也最有地区代表性。另外，人工植被中还有一定面积的生态景观植被，如人工草丛等。各植被类型的植物群落大小见表 11-3-2。

表 11-3-2　演丰镇植被类型及其他类型的面积分类统计表

Tab.11-3-2　The size of vegetations in Yanfeng of Haikou

植被类型	面积		
	m^2	hm^2	亩(Mu，666.6m^2)
红树林	9 676 241	967.62	14 514.36
热带湿润农村周边次生林	9 496 480	949.65	14 244.72
木麻黄	2 135 119	213.51	3 202.68
桉树林	1 535 014	153.50	2 302.52
橡胶林	6 114 122	611.41	9 171.18
竹林	1 195 630	119.56	1 793.44
热带灌丛	577 798	57.78	866.70

续表

植被类型	面积		
	m^2	hm^2	亩(Mu，$666.6m^2$)
热带次生草丛	2 491 018	249.10	3 736.53
园林苗圃及树木假植园	9 958 486	995.85	14 937.73
农村混合作物	6 181 461	618.15	9 272.19
坡地作物	10 234 491	1 023.45	15 351.74
水田作物	21 429 436	2 142.94	32 144.15
人工草丛	2 411 385	241.14	3 617.08
建设地	11 117 728	1 111.77	16 676.59
水塘水域	9 706 533	970.65	14 559.80
海(水)域	22 227 669	2 222.77	33 341.50
荒地	868 256	86.83	1 302.38
合计	127 356 865	12 735.69	191 035.30

(2)植物群落大小与植被分布图

依据当时工作需要和植被分布图绘制方法完成了 1∶75 000 的植被分布图(图 11-3-3)。

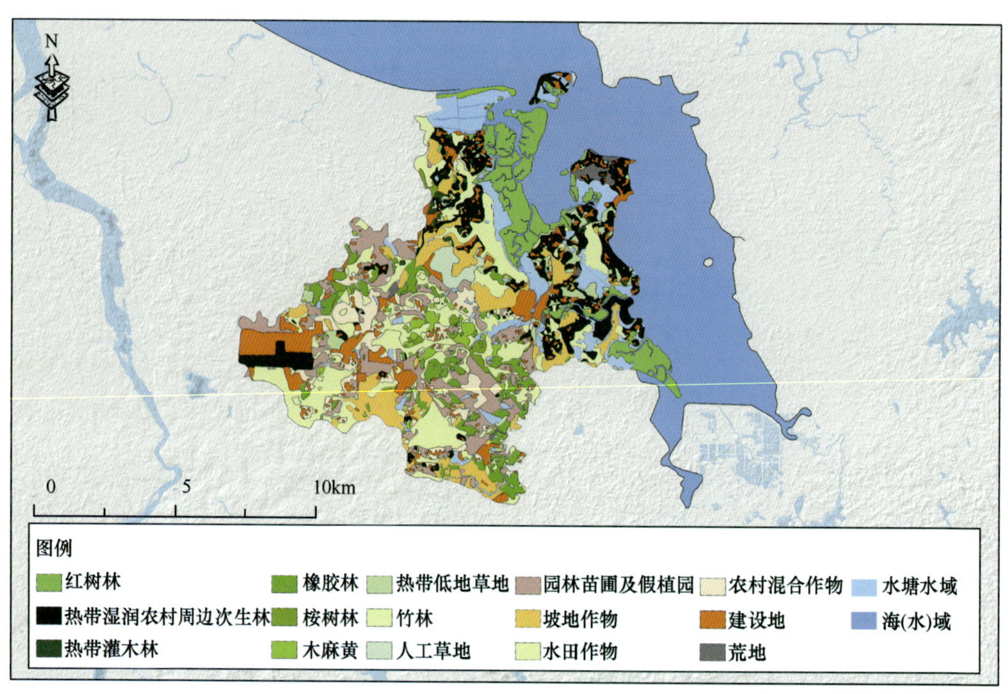

图 11-3-3　海口市演丰植被分布图(陈宗铸、辛琨绘制)

Fig.11-3-3　The map of vegetations of Yanfeng in Haikou(By Chen zongzhu and Xin kun)

从海口市两个镇的植物群落大小及植被分布图的研究来看，很难在同一张图中表达不同植被类型的同一级别单位，如演丰镇的红树林仅能表达到植物型，而两个镇的灌丛和草丛，仅能表达到植被型纲；但在人工植被中，橡胶林、桉树林、木麻黄林却为类群。

因此，在开展植物群落大小或植被分布图的研究时，不必或根本不可能要求植被分类单位的统一性，应依据情况及可操作性来完成这项研究工作。在海南的农村周边一般都分布有组成与结构较复杂的森林植被，现在还没有统一的名称。《海南植被志》把在热带雨林分布区的农村地区周边的森林植被称为热带湿润农村周边次生林，或为农村植被、村庄植被，然后再分为热带湿润农村周边次生林、次生灌丛和次生草丛等；把在热带季雨林分布区域的农村周边森林植被称为热带干旱、半干旱农村周边次生林，或为农村植被、村庄植被，然后再分为热带干旱、半干旱农村周边次生林、次生灌丛和次生草丛等。一般来说，在海南的热带湿润(干旱、半干旱)农村周边次生林的属性多为自然、半自然状况，自然属性保留的程度因不同村庄人类活动强度不同而不同。一般来说，在海南每一市县都有一些农村保留有自然属性很强的次生林，尤其是海口市东南部、文昌、琼海、万宁和定安等市县更为突出。在《海南植被志》中，依据这些农村周边森林保留的自然属性的强弱，有的归入自然植被分类体系中，有的归入人工植被分类体系中。

第四节 植物群落稀疏、调节及其组成动态变化

一、概述

植物群落的地带性演替方向一直被广大学者认为是由气候(水和热)决定的。但是在相似性质的气候地带里，由于土壤的类型和性质不同，对植物群落的发生、发育和演替的速度都有较大的影响，在一定时间内，土壤的类型和性质与植被类型有着必然的联系。这是因为植物群落演替的过程实质就是在时间和空间上，沿着一维或多维的生态环境梯度上的物种替代过程。土壤是植物群落的主要环境因子之一，土壤的性质影响着植被的变化，同时也因植被的变化而发生改变。它们之间的相互作用是强烈和有一定规律的。特殊的土壤不但在一定的时间内影响着植物群落的发生、发育和演替的速度，而且在同一相似的气候地带里，决定着植物群落演替的方向，在退化的土地上，由于人们治理的方式和强度不一，植被恢复的速度也不同(Bormann and Sidle，1990；Crocker and Major，1955；高贤明等，1998)。

在海南不同地区，因生态环境的差异，其植被演替路线及顶极群落也不同，有红树林演替系列，也有热带雨林演替系列等。由于海南森林(植被)生态系统定位站建立较晚，目前多是在砍伐后更新植被中研究其动态变化过程，或采用空间代替时间方法研究植被的动态变化(李意德，1997；臧润国等，1999；黄世能等，2000)。在研究植被动态变化这一领域里，多从组成、生物多样性、结构与功能及土壤等生态因子方面开展研究工作。特别是在实施天然林保护工程后，海南有大量刀耕火种弃耕地、农耕地和森林采伐后自然恢复处于不同演替阶段的群落，为采用空间代替时间方法来研究植被演替中群落的各种组成、结构和功能的变化提供了良好的样地。

生态学家和林业工作者对于植物种群所特有的自疏现象进行了大量的理论研究，尤以 Yoda 提出的反映同龄单一植物种群存活密度和平均个体质量之间关系的–3/2 自疏法则被广泛接受。自疏法则的诸多研究中大部分都是对某一种群进行模拟和建立模型，很少有对天然林的自疏规律和现象进行揭露和研究。

周永斌等(2011)以白石砬子自然保护区14个天然林为研究对象，利用近30年间14次的连续定位观测数据，分析了各林分自然稀疏过程中Reineke方程指数β值的变化范围，阐明了β值恒定的机制与影响因素。结果表明，14个天然林中，平均胸径与林分密度的幂函数相关性均达到极显著水平，其中9个天然林的幂指数β值约为1.5；其他5个天然林由于认为干扰和生长时间的影响而不满足–3/2自疏法则。该研究认为天然林是存在自疏现象和自疏规律的，但在植物群落中，其植物的密度-生物量关系是否满足–3/2自疏法则目前也没有研究结论。

黄世能等(2000)开展过海南尖峰岭热带山地雨林两类采伐迹地次生群落在过去15年的演替过程中胸径≥7.0cm林木种类、个体数及胸高断面积的消长格局研究，结果发现：①常遭人为活动干扰、源于大面积采伐迹地的群落(A)比位于保护区核心区、源于小面积采伐迹地的群落(B)具有较高的物种多样性，但两样地林木的个体密度随演替进程的变化均较缓慢，前者减少3.9%，后者增加14.2%。②常见种［即1984年在0.2hm^{2}样地中个体数≥5(株)的种类，绝大多数为群落优势种或先锋树种］在15年演替过程中种类数量保持不变，非常见种种类数量增加31%，常见种与非常见种个体密度在时间上的变化呈显著的负相关。③林木死亡率总体上随胸径增大而减少。常见种的林木死亡率显著高于非常见种的林木死亡率，与此相反，林木的个体增补主要来自非常见种(占89.3%)，B样地的个体置换率(增补数量/死亡数量)比A高90%；不同观测年份个体增补数量的变化与死亡数量的变化存在显著的正相关。④林分胸高断面积的相对增长量主要受常见种的消长及样地总置换率的影响。总体上看，B样地的相对增长量高于A样地，B为2.48%，A为1.69%。表明了植物群落在演替动态中，存在消长的作用。实际上，植物群落的自疏与他疏可以看成是一种综合性的“植物类自疏”作用。

二、研究方法

植物群落的稀疏、调节规律研究一般的研究方法与森林树木种群的**稀疏、调节规律**研究方法类似。具体案例的研究方法在案例中介绍。

三、研究案例

在海南开展植物群落组成或林分稀疏、调节规律等方面研究的案例还比较少，特别是尚未发现森林群落的林分稀疏、调节规律等方面的研究。《海南植被志》仅能依靠近期在灌丛群落中开展的研究案例来说明这一问题。

(一)灌丛(灌木林)植物群落物种及个体的稀疏规律研究——以文昌铜鼓岭灌丛群落为例

1. 地理概况与研究方法

1)地理概况

文昌铜鼓岭的地理概况见第九章第一节。

2）研究方法

（1）野外调查

2011～2012 年，在铜鼓岭自然保护区热带灌丛（灌丛）内建立 1 块 160m×160m 的固定样地，总面积达 $2.56hm^2$。参照美国史密森热带森林科学研究中心（Centerfor Tropical Forest Science，CTFS）监测样地的建设方法，用全站型电子速测仪（GTS-102N，ToPCon Corporation，Tokyo，Japan）将每个样地划分为 256 个 5m×5m 的小样方，标定并调查样方内所有胸径（*DBH*）≥1cm 的木本植物，调查内容包括：记录每株植物的学名、胸径大小、树高和坐标等，不能现场鉴定的植物种，制成标本内业鉴定。共记录胸径数据 27 137 个，记录树高数据 23 650 个，记录植株个体数 15 821 株，且调查记录了 8862 个分枝和 3054 个萌条的数据。

（2）数据处理

A. 林分密度

林分密度 $N=n/S$；N 为林分密度（株/m^2）；n 为个体数（株）；S 为固定样地面积（m^2）。

B. 自疏模型

选择 Yoda 提出的幂函数方程对自然稀疏规律进行模拟：$W=CN^{-\alpha}$，其中 W 为平均个体质量（g）；N 为种群密度（株/m^2）；C、α为常数（Yoda，1963）。

C. 生物量模型

采用 Chave 等（2005）提出的地上生物量（above ground biomass，AGB）计算模型：

$$AGB = \exp(-2.187+0.916\times\ln(\rho DBH^2H))=0.112\times(\rho DBH^2H)^{0.916} \tag{11-4-1}$$

$$AGB=\rho\times\exp(-0.667+1.784\ln(DBH)+0.207(\ln(DBH))^2-0.0281(\ln(DBH))^3) \tag{11-4-2}$$

式中，AGB 为地上生物量（g）；ρ 为木材密度（g/cm^3）；DBH 为胸高直径（cm）；H 为树高（m）。

Chave 根据降水量、蒸发量、海拔来区分森林类型，并提出适用于不同森林类型的地上生物量估计模型。式（11-4-1）和式（11-4-2）是干旱森林类型生物量估计模型，从海拔、年降水量、年蒸发量考虑，均符合本研究地的情况。Chave 还指出，式（11-4-1）是在 H 可利用的情况下的估计模型；而式（11-4-2）是 H 不可利用情况下生物量估计模型。故而，本研究为减小误差，尽量接近林分实际地上生物量蓄积，利用式（11-4-1）估计正常乔灌木的地上生物量，并利用式（11-4-2）估计木质藤本、断头未死树木等植株的地上生物量。

D. 径级划分

乔木种群生命周期长，要追踪整个生命过程中密度-生物量的动态变化是不可能的。通常的方法就是以空间差异代替时间变化，即用不同大小等级的种群的密度-生物量变化来代替群落发育过程中密度-生物量的变化动态。将野外数据按不同的大小等级进行分级，然后判定每一等级的密度-生物量关系。本研究采用曲仲湘采用的空间代替时间的方法，根据径级划分为不同林龄。将此次调查的胸径数据划分为 7 个径级。

Ⅰ级：$D<4.5$cm，Ⅱ级：4.5cm$\leqslant D<$7.5cm，Ⅲ级：7.5cm$\leqslant D<$10.5cm，Ⅳ级：10.5cm$\leqslant D<$13.5cm，Ⅴ级：13.5cm$\leqslant D<$16.5cm，Ⅵ级：16.5cm$\leqslant D<$19.5cm，Ⅶ：19.5cm$\leqslant D$。

（3）数据处理软件

数据处理软件主要是 Excel 和 SASS。

2. 结果与分析

1)灌丛群落植物组成

本研究样地(样地面积：160m×160m)位于文昌铜鼓岭国家级自然保护区，在样地中共记录了木本植物94种，隶属32科，74属，种类较多的有大戟科(Euphorbiaceae)(9属 10 种)、茜草科(Rubiaceae)(8 属 8 种)、芸香科(Rutaceae)(6 属 8 种)、无患子科(Sapindaceae)(6 属 7 种)，其中乔木 68 种，灌木 26 种，主要以贡甲(*Maclurodendron oligophlebium*)、海南大风子(*Hydnocarpus hainanensis*)、柄果木(*Mischocarpus sundaicus*)、猪肚木(*Canthium horridum*)、多脉紫金牛(*Ardisia crassinervosa*)、无患子(*Sapindus saponaria*)等为优势种。整个群落的落叶树种占到15%，如常见的有猪肚木、无患子、黄牛木(*Cratoxylum cochinchinense*)、美叶菜豆树(*Radermachera frondosa*)、算盘子(*Glochidion puberum*)、菲岛算盘子(*G. philippicum*)、白背算盘子(*G. wrightii*)、毛茶(*Antirhea chinensis*)、山石榴(*Catunaregam spinosa*)等。尽管该群落出现了较多的乔木树种，有向该地区顶极群落沿海森林演替的趋势，但目前还是属于灌丛，因为灌木树种个体数达到了70%，且群落外观表现的也是灌丛。

2)群落各径级的林分密度和种群数的变化趋势

胸径<4.5cm的幼年个体占有最大百分数(64%)(表11-4-1)，而且，从表11-4-1和图11-4-1可以看出，研究样地内不同胸径级植株在群落中呈“倒J型”分布，个体平均密度都是幼树>小树>成年树，该群落正处于稳定状态。且Ⅰ级到Ⅱ级、Ⅲ级、Ⅳ级、Ⅴ级、Ⅵ级、Ⅶ级的个体数、密度及种群数均迅速减少，存在明显的稀疏现象。

表11-4-1　植物群落不同植物各径级个体数、地上生物量及种群数统计表

Tab.11-4-1　The individual number and biomass of difference tree classes in plant community

径级	个体数/株	百分比/%	密度/(株/m^2)	地上生物量/g	种群数
Ⅰ	15 237	64.00	0.595 2	23 110 409.64	86
Ⅱ	5 602	23.52	0.218 8	31 795 788.96	70
Ⅲ	2 037	8.55	0.079 6	26 486 958.36	53
Ⅳ	665	2.79	0.026 0	15 377 882.39	42
Ⅴ	223	0.94	0.008 7	8 194 912.65	28
Ⅵ	50	0.21	0.002 0	2 611 702.08	15
Ⅶ	9	0.04	0.000 4	1 087 379.30	9

3)群落各径级地上生物量与林分密度的关系

各径级植株地上生物量随径级方向呈现减少的趋势，基本与林分密度随径级方向减少的规律一致，但是从Ⅰ级到Ⅱ级的植株地上生物量与总体趋势不一致(表11-4-1)。

各径级生物量与林分密度具有极显著的正相关关系(图11-4-1)。群落各径级生物量随着密度增加呈幂函数增加，幂函数方程为：

$AGB=6\times10^7N^{-0.4626}$ 或 $\ln AGB=0.4626\ln N+17.855$ ($R^2=0.9068$，$P<0.0001$)

该模型能较好地说明群落各径级生物量与林分密度的关系；且当密度趋于0.6株/m^{2}时，地上生物量变化缓慢，趋于恒定值。

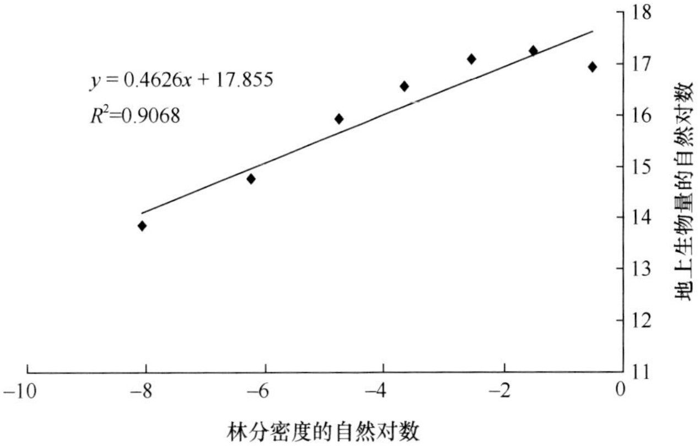

图 11-4-1　各径级地上生物量与林分密度的回归分析

Fig.11-4-1　Regression between the stand density and aboveground biomass (AGB) for the seven size class

4) 平均胸径与林分密度的动态关系

群落林分密度与群落各径级平均胸径间呈显著负相关关系(图 11-4-2)。林分密度与平均胸径呈幂函数关系，关系式为 N=70.1$d^{-3.5506}$(R^2=0.8808，P=0.0017)。

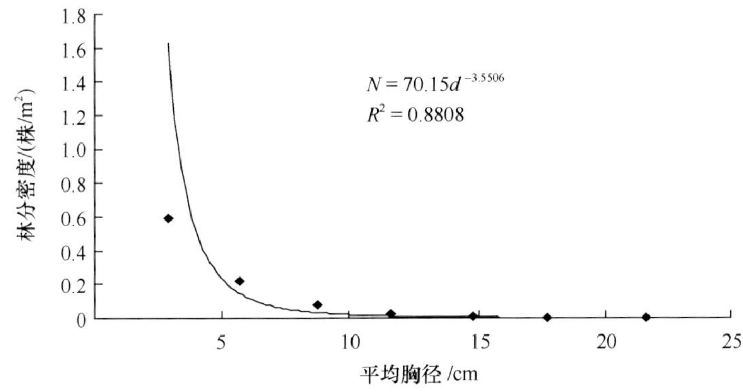

图 11-4-2　平均胸径与林分密度的相关关系

Fig.11-4-2　Corrilation between stand density and average DBH

5) 各径级植株平均地上生物量与密度的关系

通过图 11-4-3a 可以看出，铜鼓岭灌丛自然稀疏现象明显，且具有连续性。随着林分密度的降低，平均胸径提高。林分密度与平均生物量之间具有显著相关性(图 11-4-3b)。用回归分析得到平均生物量与林分密度的关系式为：W=2219.1$N^{-0.5374}$ 或 LnW=7.7048–0.5374LnN(R^2=0.9292，r = –0.9640，P=0.0005)，稀疏指数α值为 0.5374。

6) 群落各径级种群变化规律

由表 11-4-1 可以看出，种群数随径级增大而减少，但是具体相关情况需要进一步探究。为了便于分析，本研究参照 Milton 对物种的划分方法，将 0.2hm² 样地中个体数≥5 的种作为常见种，这样就将所有植物种群分为常见种和偶见种两种类型。此次调查的物种有常见种 41 种，偶见种 53 种。

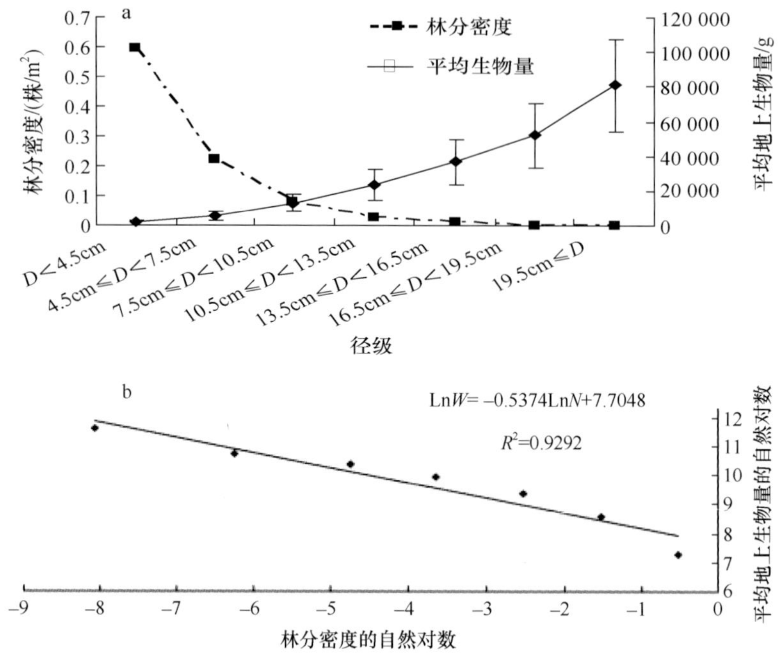

图 11-4-3 灌丛自疏、各径级林分密度与平均地上生物量的回归分析

Fig.11-4-3 The thinning of the shrubbery. The regression between the stand density and average aboveground biomass for the seven size class

从图 11-4-4 中可以看出，常见种和偶见种随径级增大均减少，但是常见种在Ⅰ级、Ⅱ级、Ⅲ级的数量基本没有变化，到了Ⅲ级以后，物种数呈直线下降，减少的速度较快；而偶见种在前三个径级内物种减少非常快，后四个径级也一直在减少，但减少幅度相比前三个径级内的减少幅度要小。因此，前三个径级所有物种数的减少主要是偶见种的减少，而后四个径级的所有种的减少是两者共同减少的结果。将偶见种和常见种的数据进行相关分析发现，两者呈显著正相关关系(R^2=0.6461，P=0.0294)。进一步分析各径级的物种组成发现，Ⅰ级以后偶见种有 8 种新出现记录的种，分别是大青(*Clerodendrum cyrtophyllum*)、白桐(*Claoxylon indicum*)、盾柱卫矛(*Pleurostylia opposita*)、海南胶核木(*Myxopyrum pierrei*)、鸭脚木、鱼尾葵(*Caryota mitis*)、褐叶柄果木(*Mischocarpus pentapetalus*)、肖蒲桃(*Syzygium acuminatissimum*)。这些种绝大多数都是林下较耐阴植物。从图 11-4-4 也可以看出Ⅰ级径级内非常见种要比常见种多，偶见种是 45 种，常见种是 41 种。

7) 群落稀疏强度对群落物种多样性的影响

本研究分别计算了 9 个 80m×80m 样方的林木植株稀疏指数与植物物种多样性的相关指数，见表 11-4-2。以稀疏指数α为因变量，以各物种多样性相关指数为自变量进行回归分析，得到 4 个回归方程如下：

$$\alpha = -0.002R - 0.3373 \quad (R^2=0.5182，r=-0.7199，P=0.0288) \qquad (11\text{-}4\text{-}3)$$

$$\alpha = -0.1025\text{SW} - 0.0349 \quad (R^2=0.5131，r=-0.7163，P=0.0299) \qquad (11\text{-}4\text{-}4)$$

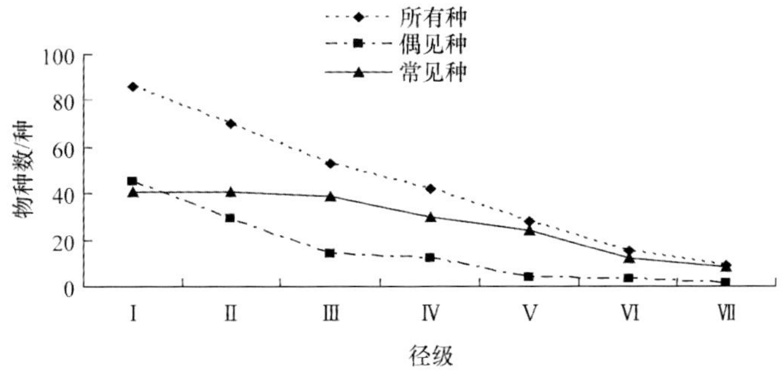

图 11-4-4　各径级的物种组成图

Fig.11-4-4　The chart of the species composition of different tree stands

$$\alpha=-1.5698\text{SP}+0.9182\,(R^2=0.3861,\ r=-0.6214,\ P=0.0740) \quad (11\text{-}4\text{-}5)$$

$$\alpha=-0.7324E-0.0051\,(R^2=0.2658,\ r=-0.5155,\ P=0.1555) \quad (11\text{-}4\text{-}6)$$

由方程(11-4-3)～方程(11-4-6)可知，群落的稀疏指数与各物种多样性指数为负相关关系，相关系数分别为–0.7199、–0.7163、–0.6214、–0.5155，也就是说群落的稀疏指数随着物种多样性的增加，指数值变小，绝对值变大，稀疏强度增强。前三个方程的显著性检验均达到显著，能很好地拟合各数值(图 11-4-5～图 11-4-7)，因此可以说，植物群落在稀疏过程中，有利于生物多样性的增加。或者是因为随着植物群落的演替进展，生态环境得到改善，植物种类增加，而种类的增加促进了植物群落的稀疏过程。但均匀度指数与稀疏指数的回归方程未达到显著水平，群落的稀疏强度与物种均匀度指标关系不大。

表 11-4-2　物种多样性指数与群落稀疏指数统计表

Tab.11-4-2　The statistics of the species diversity index and the thinning index of the community

样方	R	Shannon-Wiener 指数(SW)	Simpson 指数(SP)	E	群落稀疏指数(α)
1	94	5.105 277	0.952 497	0.778 886	–0.527 7
2	89	4.753 308	0.909 166	0.734 018	–0.482 4
3	86	4.531 2	0.906 497	0.705 106	–0.545 4
4	90	4.728 688	0.928 133	0.728 403	–0.528 8
5	141	5.379 582	0.948 172	0.75 349	–0.637 9
6	126	5.677 151	0.968 636	0.813 662	–0.665 8
7	114	5.283 357	0.954 126	0.773 224	–0.539 4
8	120	5.608 346	0.966 541	0.811 993	–0.568 6
9	129	4.985 43	0.937 22	0.711 064	–0.537 4

注：R. 物种丰富度；SW：Shannon-Wiener 指数；SP：Simpson 指数；E：基于 Shannon-Wiener 指数的均匀度指数；α：群落稀疏指数。

3. 特点与讨论

森林或灌木植物群落中不同径级树种的数量分布是反映群落结构稳定状态的重要指标(方精云等，2004)。本案例中不同胸径级植株在群落中呈“倒 J 型”分布，林分密度是幼树＞小树＞成年树。“倒 J 型”径级数量分布说明森林群落正处于稳步发展状态。

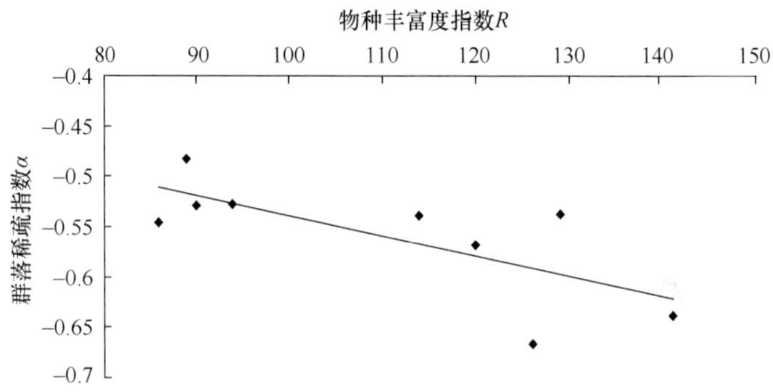

图 11-4-5　群落物种丰富度与群落稀疏指数的回归分析

Fig.11-4-5　The regression between the species abundance index and thinning index for the community

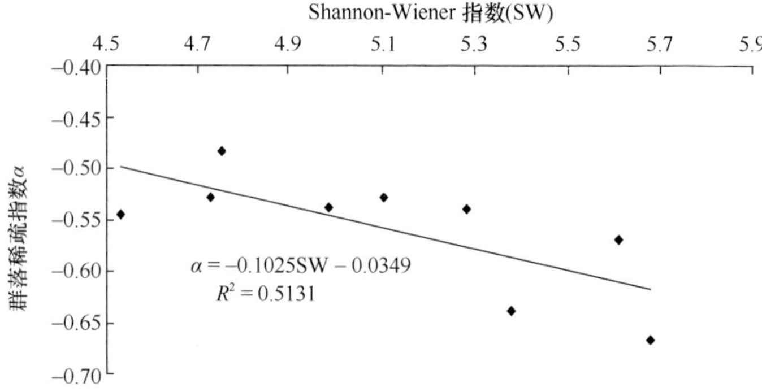

图 11-4-6　群落物种 Shannon-Wiener 多样性指数与群落稀疏指数的回归分析

Fig.11-4-6　The regression between the Shannon-Wiener index and thinning index for the community

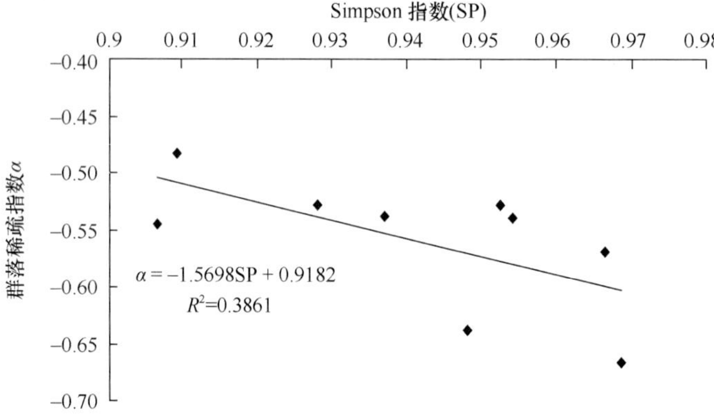

图 11-4-7　群落物种 Simpson 多样性指数与群落稀疏指数的回归分析

Fig.11-4-7　The regression between the Simpson index and thinning index for the community

这与霸王岭、尖峰岭、五指山等地的山地雨林群落径级结构特征一致(杨小波等，1994；方精云等，2004；臧润国等，2001)。不同径级植株的数量和密度差异必然与植物竞争作用有关(Detzin，2006)。同种个体具有同样的生长习性和资源需求，由于资源有限，同种邻体之间发生资源(光照、营养、空间等)竞争，这样就可导致同种个体生长量下降、死亡率升高(Comita，2009)。随着幼苗的继续生长和需光量的增加，个体间为争夺更多的生存空间和资源而必然会发生强烈的自疏和他疏作用，从而出现表 11-4-1 中密度迅速下降，导致年龄结构上出现 I 级以后个体数量急剧减少的现象。本研究样地各径级植株地上总生物量随着密度增加呈幂函数增加，幂函数方程为：$AGB=6\times10^7N^{-0.4626}$ 或 $\ln AGB=0.4626\ln N+17.855$（$R^2=0.9068$，$P<0.0001$）。

很多研究表明，胸径生长与密度密切相关，两者之间多呈负相关关系（郑海水等，2003；段爱国等，2004），本次研究也得出了类似的结论。本研究的林分密度与平均胸径的幂函数关系式为：$N=70.15d^{-3.5506}$（$R^2=0.8808$，$P=0.0017$）。林分密度与群落平均胸径呈负相关关系，密度越大，平均胸径越小。这是因为高密度林分条件下，林木间竞争加剧，林木生长营养空间减小，导致林木的胸径减小；而低密度林分条件下，林木间竞争减小，林木个体拥有足够的营养空间，则林木的胸径较大。

植物多样性的灌丛群落与 Yoda 提出的纯林自疏模型得出的稀疏指数为–0.5376，与–3/2 相去甚远，与周永斌等以白石砬子自然保护区 14 个天然林为研究对象所得出的结果也不一样（周永斌，2011）。这主要是因为热带地区天然植物群落组成复杂，其自疏与他疏作用并存，共同作用于整个天然林群落，造成群落的稀疏。至于自疏作用强弱与群落演替的时期之间的关系以及是否物种越单一、越接近纯林的天然林的稀疏指数越接近–3/2 等问题可以在以后的研究中进一步去探究。另外，–3/2 自疏指数本身的普适性就一直存在争议，本书得出的稀疏指数也有其存在的地位，也许是对该指数又一新证与补充。因为越来越多的研究者们发现 α 值并不是恒定的，它是可变的，而且其可变性比以前预测的大得多（方精云，1992；Silvertown，1993；Bi，2004；Wang，2004）。事实上，密度-生物量他疏指数并不恒定在–3/2 或–4/3，而是受到诸多环境因子（如土壤营养水平、冠层光资源）的约束，这一观点已获得越来越多生态学家的认可。很多研究发现，种群个体平均生物量与种群密度的他疏指数会随种群的物种基因型而变化，也会随着水分梯度、盐分浓度、海拔以及光照条件等环境变化而有相应的响应（Deng et al.，2006；Dai et al.，2009；Chu et al.，2008，2010；Marie et al.，2012）。

天然林的稀疏不仅仅是密度层面的变化，在物种的构成上也会出现一定的规律，本研究发现，种群数沿着径级方向也呈现减少，但是常见种在 I 级、II 级、III级的数量基本没变化，只是偶见种减少迅速。当然也有部分偶见种会进入后面几个径级的生长与适应，所以在前 3 个径级的偶见种出现减少，且减少的速度比后 4 个径级也明显要快。而常见种就刚好相反，它往往就是本群落中已经占据并适应该群落小气候的物种，所以常见种在 I 级、II 级、III级的物种数量基本没变化。由于到了III级以后，径级变大，个体已经得到壮大，由于发生资源（光照、营养、空间等）竞争，所有种、常见种、偶见种都会继续减少，三者减少速率基本一致。偶见种和常见种数据的个体变化呈显著正相关，这就意味着常见种树木会对偶见种的生长有一定的促进作用，这与黄世能等（2000）等对海南岛尖峰岭两类热带山地雨林次生群落在 15 年演替过程中的林木消长的研究得出的结果不一致，常见种相比偶见种适应能力强，生长快，会为偶见种种子的萌发和幼树的生长提供一定有利条件，这也是一种促进作用。Finegan 认为，理论上新热带次生林的演替将出现原始林树种或耐阴树种不断侵入的结果（Finegan，1996）。我们研究发现 I 级以后补充到群落的 8 个树种绝大多数都是林下耐阴植物，与 Finegan 的结论类似。

本研究物种多样性与群落稀疏强度的相关关系表明：群落的稀疏指数与各物种多样性指数为负相关关系，相关系数分别为–0.7199、–0.7163、–0.6214、–0.5155，且前三者的相关系数达到显著水平，可以用线性方程表示，即群落的稀疏指数随着物种丰富度指数 *R*、Shannon-Wiener 指数、Simpson 指数的增加而减小，绝对值变大，稀疏强度增强，也就是说物种多样性的增加，导致群落稀疏强度增加。这可以用竞争排斥原理进行解释，高斯的竞争排斥原理是说“两个种的生活需求越接近，这两个种的竞争也就越激烈；两个要求完全一致的种不能共存，其中一个种，经过一定时间必然被排斥掉”(Gause et al.，1935)。在森林生态系统中树木之间的竞争表现为间接竞争，即资源利用性竞争，这种竞争主要是树木间对养分、水分、光照等资源和对空间的争夺而产生的。对于处在同一生境的植物群落而言，能为植物提供的资源是有限的，那么群落物种的增加极有可能导致具有类似生态位的物种出现，从而导致种间竞争加剧，造成个体生长量(生物量)下降、死亡率升高(Comita，2009)，经过一段时间的演替，必然会出现某些物种被排斥掉的现象，这也就是群落的稀疏现象。这似乎在支持生态位理论，但事实就是这个结果。也许，在热带多雨地区，复杂的生物多样性维持机制，可用“生态位理论”与“中性理论”(周淑荣和张大勇，2006)共同解释，即在资源丰富时，物种的定居、生存、生长与发育是随机的、“中性”的，但当资源紧张时，势必引起竞争，遵循生态位原理。

因为群落稀疏指数的值与物种多样性之间是负相关关系，也就是说群落稀疏强度与物种多样性是正相关的，特别是以他疏为主要的稀疏方式的情况，更加明显。反过来看也说明了群落的稀疏为物种的多样共存提供了条件。因为群落的稀疏是由自疏和他疏共同作用的，群落稀疏强度的增加，也有可能是群落自疏作用增加的结果。植物群落物种共存机制的负密度制约假说认为同种个体之间由于资源竞争、有害生物侵害(如病原微生物、食草动物等)和化感作用导致个体之间相互侵害，从而为其他物种的生存提供空间和资源，促进物种共存(Janzen，1970)。换句话说就是种内竞争(群落自疏)是负密度制约发生的基础。那么群落的稀疏也就有可能为物种多样共存提供条件。

(二)沿海森林群落林分稀疏规律研究——以文昌铜鼓岭森林群落为例

1. 地理概况与研究方法

1)地理概况

文昌铜鼓岭地理概况见第九章第一节。

2)研究方法

(1)野外调查方法

2011～2012 年，在铜鼓岭自然保护区热带常绿沿海森林内建立 2 块 160m×160m 的固定样地，然后细分成 8 块 50m×50m 的样方，总面积达 5.12hm^2。野外记录同案例 1。

本案例中的径级划分、林分密度、稀疏模型、生物量估计方法同上一个。

(2)数据处理

本研究通过 SPSS 19.0 和 Excel 2010，分别采用一元线性回归和 Pearson 相关性分析对数据进行统计分析。

2. 结果与分析

1) 植物个体径级分布

从图 11-4-8 可以看出，在各研究样地中，径级Ⅰ（*DBH*＜4.5cm）的个体数都占据绝大多数。其中，尤以样地 7 和样地 2，分别占各自总体的 64.32%和 60.89%。随着径级的变化，各样地中的个体数目大致都呈现“倒 J 型”分布。说明林分幼树幼苗更新良好，群落潜力巨大。在 8 块研究样地中，径级Ⅰ～径级Ⅵ内的个体数都随径级的增大而减小。除样地 8 以外，其他 7 块样地径级Ⅶ的个体数均多于径级Ⅵ，说明群落在龄级Ⅵ这一段时间内，林分密度与环境资源的配置较之前更为合理，自然更新过程顺利进行。

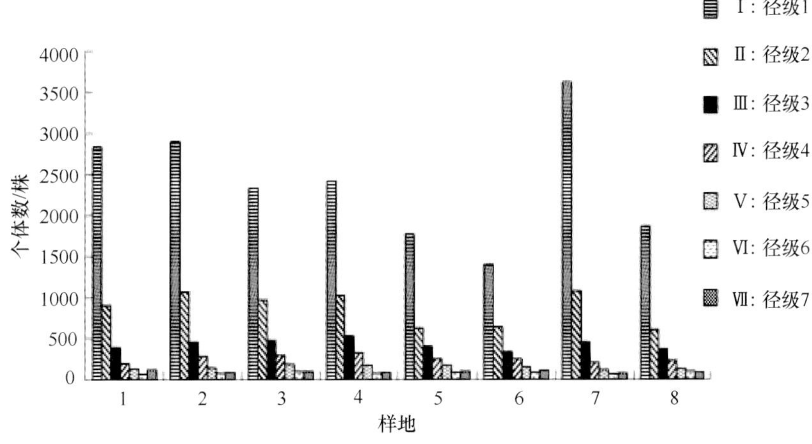

图 11-4-8　样地 1～8 中植物个体数的分布

Fig.11-4-8　Distribution of plant individual numbers in plots 1～8

2) 林分密度和地上生物量与径级的关系

在各个研究样地中，林分密度总体上随着径级的增大而减小，这与图 11-4-9 中所示的个体数变化相吻合。地上生物量随着林分密度的减小，先增大，后降低，最后再升高(图 11-4-9)。各样地总生物量，样地 2 最高(242 558g)，样地 7 最低(81 671g)，总生物量与总密度无显著相关性(r=0.252，P＞0.05)。

3) 林分稀疏规律

样地 1～8 中，林分密度与地上平均生物量的自然对数值呈显著线性关系，除样地 2 中 R^2 稍低(0.798)以外，其他回归方程的决定系数都大于 0.9，且所有回归方程的显著性(P 值)也都较好(图 11-4-10)。总之，回归方程拟合良好，具有统计学意义和群落代表性。根据 Yoda 林分稀疏模型的变形，$\ln W = \ln C - \alpha \ln N$，可以得出样地 1～8 的稀疏指数 α。样地 1：1.173，样地 2：1.345，样地 3：1.250，样地 4：1.163，样地 5：1.528，样地 6：1.577，样地 7：1.046，样地 8：1.493。可以看出，虽然在同一林分下，但不同物种组成及分布的研究样地，林分稀疏指数不同。

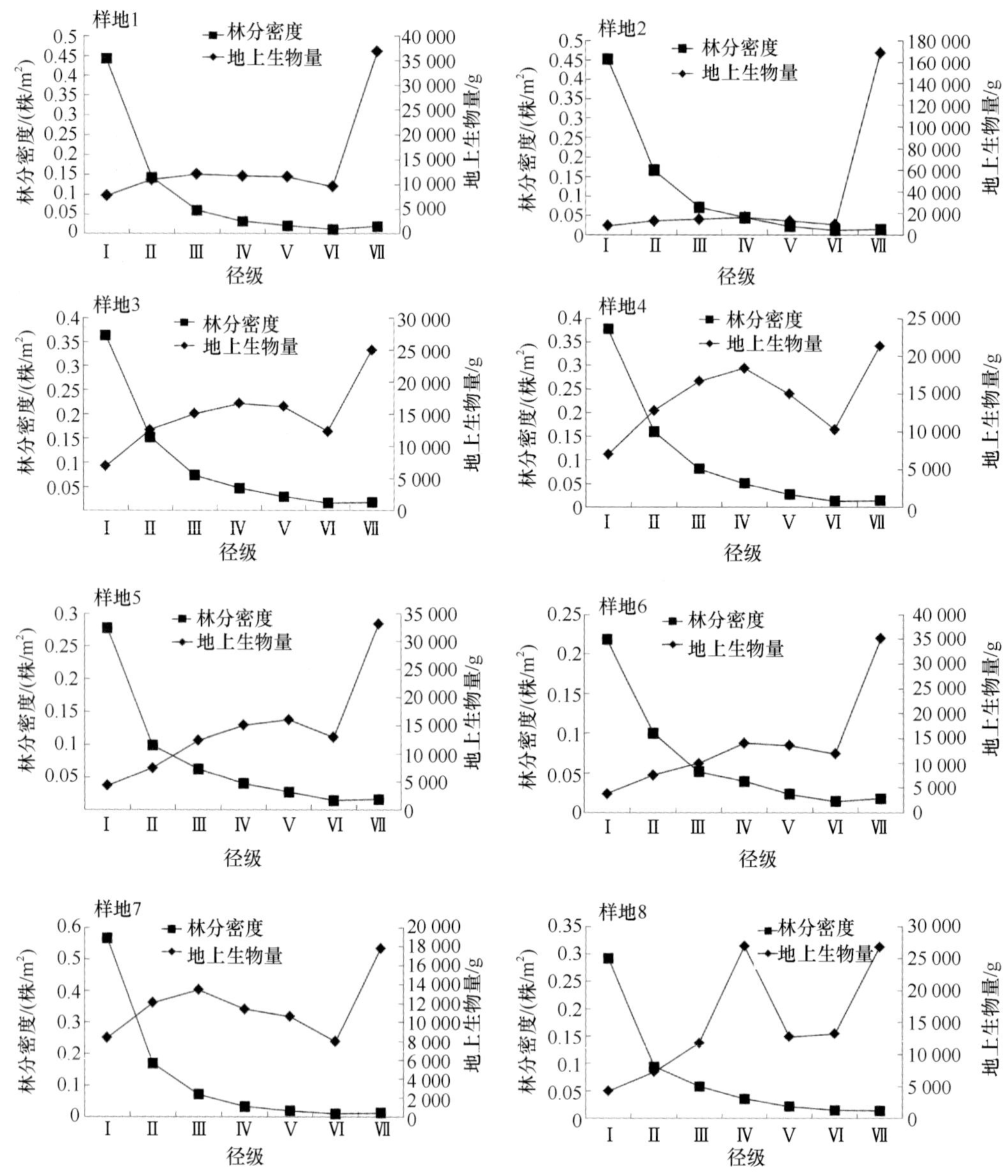

图 11-4-9 样地 1～8 中各径级地上生物量与林分密度的关系

Fig.11-4-9 Relationship of aboveground biomass and stand density of each diameter class in plots 1～8

3. 特点与讨论

与上述灌丛的案例一样，在本案例的各研究样地内，植株数目和密度都随着径级的增大而减小，这符合一般林分生长规律(李俊清，2010)。样地 1～8 中，个体数在各径级内大致呈 “倒 J 型”，径级 I 的个体数在样地之间的变化较为明显。只是，在一个大群落中，不同的局部略有不同，其中，样地 7 的径级 I 个体占其总体的百分比最高(64.32%)，样地 6 最低(46.93%)。这些结果说明该林分中幼龄个体更新良好，该类型的群落在未来也将保持稳定生长，演替将顺利进行，同时也表明 8 块样地间，植物个体的

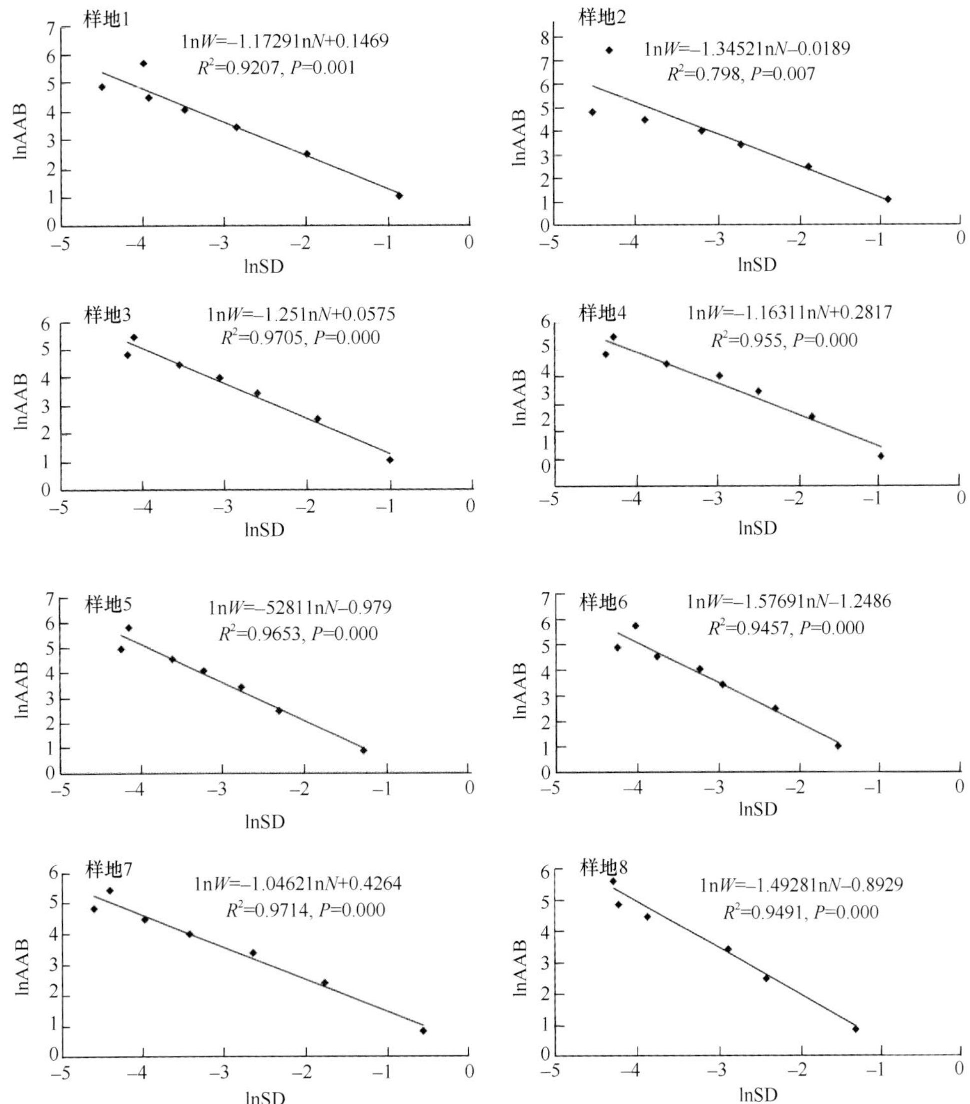

图 11-4-10　样地 1～8 中林分密度和地上平均生物量自然对数值的关系

lnAAB：地上平均生物量自然对数值；lnSD：林分密度自然对数值

Fig.11-4-10　Relationship of natural logarithm value of stand density and average above ground biomass in plots 1～8

Natural logarithm of aboveground average biomass, Natural logarithm of stand density

不同更新能力，可能与样地之间资源环境的差异有关，在资源丰沛样地的种子及幼龄个体更新，有较好的成活率，这样，也就导致相同林分下，不同研究样地内，分布的植株数目不同。各研究样地中，除样地 8 以外，其他 7 块样地都存在径级Ⅵ的个体数小于相邻径级的情况，再结合每块样地 7 个径级地上生物量的变化，说明群落中存在以林分稀疏来调节群落疏密程度的自然更新现象。这种现象可能是由于林分个体的数量已达到单位面积生境上所容纳的最大限度，因而发生强烈的林分稀疏现象，以调节林分的密度。在龄级Ⅲ和Ⅳ之前的龄级内，林分个体数下降幅度是最大的，之后则较为平缓。在龄级

Ⅲ和龄级Ⅳ时期的森林蓄积量达到顶峰，说明随着林分的生长和个体生物量的逐渐增大，个体死亡率由高转低，但这并不是稀疏现象的终结，可能是由于小径级个体抵御不良竞争的能力弱，从而更容易导致个体死亡，大径级个体则与之相反，所以经过龄级Ⅲ和龄级Ⅳ的时期后，林分个体的死亡率变化就趋于平缓，但林分稀疏依然进行，这可以从下降的个体数目看到这一结果。而恰恰在龄级Ⅵ处，林分密度调节迎来了新的拐点，此时，林分个体数目处于最低状态。当稀疏过程由强转弱，林分密度又趋于合理化，逐渐小于环境最大承载力，并且由于一些大树的个体死亡，余下的空间以及可利用资源则更多，经历了强烈稀疏的林分得以在龄级Ⅵ(径级Ⅵ)这一时期显得平缓一些。恰恰在这一时期内，林分地上生物蓄积量最低(较大径级个体的死亡导致)，这样，空间与资源条件又重新满足植物生长的需要而不必发生不良竞争，因而，龄级Ⅶ(径级Ⅶ)这一时期的个体，可以进行良好的生长，森林生物量又开始重新蓄积，在该龄级时期便呈现出个体数目大于龄级Ⅵ以及生物量升高的现象。龄级Ⅵ这一时期作为稀疏调节林分密度现象的“暂停”阶段，表征便是林分个体数目低于相邻龄级(径级)。

各研究样地的总地上生物量(总 AGB)，样地 2 最大，这不仅是由于样地 2 拥有较多的个体数(5015 株)，还因为总体之中没有过多小径级个体的占据。相反，样地 7 中总个体数(5639 株)多于样地 2，为 8 块样地中最高，但总 AGB 却最低，这可能是由于样地 7 中径级Ⅰ的个体数所占比例为所有样地中最高(64.32%)，而作为 DBH 最小的径级区间，为 AGB 增加作出的贡献远没有较大径级个体多，孙美欧等(2014)的研究结果与这一推断相似，表现出林分生物量的大小与林分平均胸径呈正相关。所以，虽然个体数最多，林分总体密度最大，但是样地 7 的总 AGB 却最低。但这与 Xue 等(2011)关于林分密度与生物量的研究结果相反。样地 1～8 中，AGB 和林分密度(N)随着径级的增大，大致的变化趋势相反，N 的变化与各样地中个体数随径级的变化趋势相符。总体上，AGB 的变化趋势是随径级的增大，先增大，后减小，最后再增大。样地 1～8 中，第一个 AGB 高峰基本都出现在径级Ⅲ和径级Ⅳ，可能因为植物个体从幼龄期(径级Ⅰ和径级Ⅱ)到中龄期(径级Ⅲ和径级Ⅳ)这段时间内，因稀疏而导致的林分个体死亡为余下的优胜竞争者提供了足够蓄积自身生物量的空间与资源，从而保证了 AGB 的蓄积，而最初死亡的个体多为竞争力弱的小径级个体，对林分生物量蓄积的贡献远没有较大径级个体多(孙美欧等，2014)，所以林分生物量呈现升高状态。而随着林龄的增大，植物个体体积变大，对空间以及资源的需求量也相应逐渐增大，而此时经稀疏过程被排除的个体径级较大，对林分生物量的贡献也相应大(孙美欧等，2014)，它们的死亡使林分 AGB 急剧减少，但当稀疏效应达到一定的程度时，单位面积上林分的密度又趋于合理化，这样，对 AGB 的蓄积又开始进行，更新继续进行，AGB 值就再一次升高，这从另一个侧面说明了森林稀疏可以反映林分水平下最大承载力大小(Sea and Hanan，2012)。值得注意的是，在铜鼓岭热带沿海森林内，林分 AGB 一般是在中龄期(径级Ⅲ和径级Ⅳ)达到最大，然后进入林分生物量急剧下降的状态，所以，对森林进行抚育时应予以足够重视(Frost and Rydin，2000)。

样地 1～8 中，林分密度与地上平均生物量的自然对数值呈线性变化。根据 Yoda 林分自然稀疏模型，表明样地 1～8 中的林分都存在稀疏现象。计算得出的稀疏指数 α 分别为：①1.173；②1.345；③1.250；④1.163；⑤1.528；⑥1.577；⑦1.046；⑧1.493。表现出不同立地质量的研究样地中，林分稀疏指数不同的现象。这一研究结果与 Zhang 等(2013)对于自疏线的重新评估结果相似。样地 1～8 的稀疏指数，有的近似于前人的研究结果，有的则与之相去较远，但总体上比灌丛更接近前人的研究结果，如 Reineke 的 1.605(Zeide，2010)；Yoda 的 1.5(Zeide，2010)；Sea 和 Hanan(2012)的 1.333 等。

第五节　植物群落组成动态变化与群落稳定性

一、概述

植被演替中的植物组成变化特点研究一般采用固定样地方法进行，但由于演替时间较长，早在 19 世纪中叶，欧洲一些国家就开始了生态系统定位研究，对植被演替的研究有一定的帮助。特别是，20 世纪 70 年代后期，美国提出宏大的长期生态学研究(long-term ecological research，LTER)项目，有力地推进了植被动态研究的准确性。森林大样地的定位研究最早是在 1975 年建立在哥斯达黎加的被火侵入或是荒废的 13hm^2 的干旱森林(兰国玉等，2007)，但真正意义的热带森林大样地研究是在美国的热带研究所成立了热带森林研究中心(Center for Tropical Forest Science，CTFS)后，该中心联合世界各国科学家和科研机构，通过建立热带森林动态监测的大样地网络来从事热带森林的科学研究。该中心于 1980 年在 Barro Colorado Island(BCI)地区建立了 50hm^2 的大样地。BCI 早期的研究结果表明，BCI 森林物种的组成是随机变化的，也就是大多数的物种具有大致相同的竞争力，因此这些物种的多度变化是随机的。短期内，植物植株的死亡与新的植株的出现可能是随机的。自 1983 年在马来西亚建立了一个 50hm^2 的固定样地(兰国玉等，2007)，此后，世界各国科学家们围绕着各种科学问题在热带森林建立了各自的大样地，到 2007 年，加入 CTFS 的有 18 个样地。2004 年，在中国云南的西双版纳开始筹建中国大陆第一个热带森林定位观测的大样地，同年中国台湾富山样地加入 CTFS 研究中心。

实际上，从 20 世纪 50 年代起，中国已经在云南和四川开始了森林生态系统定位研究。随后 60～90 年代先后在湖南、广东、海南、吉林、黑龙江、陕西、甘肃、江苏、江西、山西、北京、西藏、内蒙古、新疆、福建、贵州、河南等地建站，开展热带、亚热带、暖温带、温带和寒温带，以及西部高山地带的森林生态系统定位研究。相信随着时间的推移，定位站数据的完整，植被动态研究的成果越来越接近自然。

但是，由于全球很多地区在过去很长的时间里并没有建立定位站，因此，有不少的研究是采用空间代替时间的方法完成的。这种方法研究得出的结果，可能没有定位站观测的结果准确，但也能回答某一地区植被动态的一些科学问题。

随着森林生态系统演替的进程，植物群落趋向稳定，或反过来，稳定的森林群落在外部干扰的压力下，其稳定性被破坏，日趋退化。因此，森林群落的稳定性研究也越来越引起学者的关注(张立敏等，2010)。不同学者对群落稳定性有着不同理解，因而关于群落稳定性至今没有一个大家都普遍接受的概念。有的学者认为，群落稳定性应该是群落受到干扰后恢复到初始状态的能力，即群落恢复力稳定性。而有的学者认为，群落稳定性是群落抵抗外界干扰并使自身的结构和功能保持原状的能力，即群落抵抗力稳定性。还有另外一部分学者则认为，群落稳定性应该是群落经过一段时间演替之后出现的能够进行自我更新并维持群落结构和功能长期保持在一个波动较小的水平时的状态。从以上概念看，实际上都对，只是因侧重点不同而提出不同的见解。当群落受到非正常干扰时，抵抗力和恢复力应为群落稳定性的主要指标；而对正常的自然干扰而言，持久性和变异性更适合用来评价群落的稳定性(王国宏，2002)。植物群落是生态系统的组成单元，也是维持生态系统相对稳定的基础，因此生态系统的稳定性在很大程度上取决于植物群落对干扰的抵抗能力和自我修复能力。

测定群落在某一时刻是否处于稳定状态以及如何对它进行测度，是群落稳定性研究中一个最基本的问题(Grimm and Wissel，1997)。随着群落稳定性研究的不断深入，对于不同生境、不同群落结构以及不同群落年龄有着不同的稳定性测定方法，综合起来主要可归纳为两大类：一类是数学生态学方法，如运用转移概率的方法测定群落稳定性(阳含熙等，1988)和通过群落演替模型测定群落稳定性(桑卫国等，1999)；另一类是生物生态学方法，主要通过测定群落中的种群数量、年龄结构、优势种、相对多度型、物种组成以及生产力等指标进行综合分析评价(韩博平，1993)，这种方法是目前森林群落稳定性研究最常用也是最成熟的方法。

群落是生物和环境的共同体，生物与群落通过环境相互交流、相互影响，因此群落的稳定性也与其内种群的变化有重要的关系，特别是一些关键种的动态变化(许再富和刘宏茂，1995；葛宝明等，2004)。此外，在一些特殊的环境条件下，群落内的一些特殊种群，如具有特殊的生理功能和适应机制往往能在维持群落稳定性中起关键的作用(孙儒泳等，2002)，而有关稳定群落是如何通过物种组成和结构来维持其稳定性，即稳定性维持机制，尚没有一致的理论解释(党承林等，1998)。为解释群落或生态系统的稳定性机制，全球生态学家先后提出了不少理论，其中比较重要的有：多样性或复杂性理论、反馈控制理论、冗余理论等(Odum，1982)。群落稳定性的维持机制可能因群落类型、群落生境甚至群落物种组成的差异而不同，具体的群落可能有具体的维持机制。

二、一般的研究方法

(一)固定样地的研究方法

1. 样地建设

热带森林大样地大小一般为 50hm^2，但各国由于受各种条件的限制，大样地的大小在(5～)16～52(～60)hm^2。采用全站仪将整个样地划分为 n 个 20m×20m 的样方；测量时，每隔 20m 设一个基点，插上聚氯乙烯(PVC)管作标记，并记录两点之间的相对高差、测量方向、斜面距离等指标，并于中间 10m 处也用 PVC 管进行标记。整个固定样地测定完成后，将每个基点的 PVC 管用 8cm×8cm×70cm 的水泥桩替换，以备长期使用；根据样地建立时所测资料，并配合 GPS 测量其经纬度和海拔，计算样地内每个基点的相对海拔，并绘制等高线地形图。

2. 树种调查

植物调查时以 20m×20m 样方为单位，并将其区分成 16 个 5m×5m 的小样方。每一个样方以其西南角基点坐标命名，依顺时针方向逐步进行，将 20m×20m 样方内的小样方，以坐标系统命名为(1.1)、(1.2)、(1.3)等。记录并鉴定每个 20m×20m 样方内胸径大于 1(1.5)cm 的所有木本植物(包括胸径大于 1cm 的藤本植物和灌木)，于高度 1.3m 处漆上红漆，用围尺测量植物的胸径；胸径较大的树木测量周长，在备注栏注明；在每株木本植物钉上不锈钢牌(或铝合金牌)加以编号。并记录植物的编号、树种名称、胸径、样区位置、生长状况。如果植株 1.3m 以下有分枝，在最粗的分枝离地面高 1.3m 处漆上油漆，并测量其胸径，钉上不锈钢牌(或铝合金牌)；其他分枝的胸径也要测量，并记录。藤本植物调查需在整个样地内全面调查，样方的大小为 $400m^2$，藤本植物的胸径测量点为长 1.3m 处。

3. 树木编号

固定样地内每个 20m×20m 样方内植株的编号规则为：号码共 8 位数，号码前 4 位数是样方的行号和列号，第 5 位数为预留编号，后三位则是样方树牌编号(000～999)。每一个样方内按顺时针依序挂牌，且不得任意跳号，完成样方调查后所剩牌号留至下次复查时使用，不得用于其他样方的调查。

4. 复查

固定样地建立后每隔 5 年复查一次。死亡的树木要标记出来，新进入起测径阶(1cm)的小树要测量其胸高、直径和挂牌。

5. 数据库

用 TXT 文本文件或 Excel 电子表格处理软件建立数据库。主数据库包括树木编号(tag)、物种名称(sp.)、树木在样地中的 *x* 和 *y* 坐标(g*x*，g*y*)、胸径(dbh)、代码(codes，用来描述树木的具体情况)、胸径测量点(POM)、日期(date)。

(二)空间代替时间法

由于森林演替时间较长，人们常用空间代替时间的方法来研究演替的相关科学问题，尽管不是很准确，但也基本上能说明一些问题。因此，空间代替时间是目前人们常用的方法。

用空间代替时间的方法，须选择具有代表性的草丛、灌丛、次生林和原始林演替阶段的 8 块样地，每个阶段 2 个重复。样地选择标准为：①面积足够大；②植被的年龄可查；③土壤、地形及原生植被类型相似；④无明显的人为干扰。或针对具体问题选择相应的样地，如只想了解次生林向原始林演替的过程中发生的变化，可只选择 4 块样地，2 块为次生林，2 块为原始林等，以此类推。

群落稳定性研究方法见第四个案例。

三、研究案例

(一)海南森林植被演替阶段及其物种的差异简单分析——以海南中部一些山区次生植被为例

1. 样地概况与研究方法

1)样地概况

研究区域位于海南岛中部山区，地理坐标为北纬 18º14′～19º25′，东经 109º31′～110º09′。属热带季风性海洋气候，平均气温 22℃，年平均相对湿度为 80%～85%，年平均蒸发量为 1824.1mm，年平均降水量为 2651mm。年内雨量分布不均匀，80%的雨量集中在 5～10 月，形成明显的干湿季。土壤主要为花岗岩砖红壤。1994 年以前，海南中部山区海拔 700m 以下的热带雨林由于刀耕火种和森林砍伐，退化为草丛、灌丛和次生林。

2)研究方法

本案例所有样地的坡度范围为 28º～33º，海拔范围为 400～750m，坡向为东南坡。草丛群落的年龄为 3～6 年，灌丛群落的年龄为 10～15 年，次生林群落的年龄为 40～60 年，上述 3 种群落都由退化森林恢复形成；原始林群落年龄为 100 年以上。草丛、灌丛和次生林都是在弃耕地基础上演变而来，植被恢复过程中没有受到过多的人为因素干扰。因而，根据植被演替的气候顶级学说，所选样地都是同一类型生态系统的不同演替阶段，群落最终将向同一方向演替(李俊清，2010)。

各个演替阶段单位样地面积分别是草丛 100m^2、灌丛 400m^2、次生林 1200m^2、原始林 2500m^2。采用相邻格子法分别将森林、灌丛和草丛样地分割为 10m×10m、5m×5m 和 1m×1m 的小样方。森林和灌丛样地内胸径大于 1cm 的植株进行每木调查，确定种名，测定胸径和高度，记录其冠幅；草丛样方中确定每个个体种名，测定每个植株高度，记录其冠幅。

2. 结果与分析

1)不同的植被演替阶段的植被类型及所处的演替阶段

根据优势种差异将 8 个样地的植被划分为(A)：白茅、毛竹叶草、加拿大蓬群落(Asso. *Imperata cylindrica*，*Oplismensus compositus*，*Conyza canadensis*)；(B)：假臭草、弓果黍、飞机草群落(Asso. *Praxelis clematidea*，*Cyrtococcum patens*，*Eupatorium odoratum*)；(C)：银柴、猪肚木、白茅群落(Asso. *Aporusa dioica*，*Jasminum amplexicaule*，*Imperata cylindrica*)；(D)：银柴、桃金娘、白茅群落(Asso. *Aporosa dioica*，*Rhodomyrtus tomentosa*，*Imperata cylindrica*)；(E)：岭南山竹子、假苹婆、银柴群落(Asso. *Garcinia oblongifolia*，*Sterculia lanceolata*，*Aporosa dioica*)；(F)：枫香、鸭脚木、九节群落(Asso. *Liquidambar formosana*，*Schefflera octophylla*，*Psychotria rubra*)；(G)：鸡毛松、蝴蝶树、海南暗罗群落(Asso. *Podocarpus imbricatus*，*Heritiera parvifolia*，*Polyalthia laui*)；

(H)：蝴蝶树、线枝蒲桃、树参群落(Asso. *Heritiera parvifolia*，*Syzygium araiocladum*，*Dendropanax dentiger*)。其中，A 和 B 处于植被演替的草丛阶段，C 和 D 处于植被演替的灌丛阶段，E 和 F 处于植被演替的次生林阶段，G 和 H 处于植被演替的原始林阶段。从以上的描述中，可发现植被随着演替从草丛→灌丛→森林的进展，植物种类与群落结构渐渐丰富与复杂。

2)不同植被类型植物组成部分特点

植物群落(A)：平均 $1m^2$ 样方内有植物约 19 种，常见物种有五节芒(*Miscanthus floridulus*)、飞机草(*Eupatorium odoratum*)、地毯草(*Axonopus compressus*)、桃金娘(*Rhodomyrtus tomentosa*)、余甘子(*Phyllanthus emblica*)和叶被木(*Phyllochlamys taxoides*)等。植物群落(B)：平均 $1m^2$ 样方内物种数为 6 种，常见物种有丰花草(*Borreria stricta*)、肖梵天花(*Urena lobata*)、葫芦茶(*Desmodium triquetrum*)和白茅等。植物群落(C)：平均 $100m^2$ 样方内有木本植物 21 种，草本和藤本植物 12 种。常见物种有银柴、猪肚木、山石榴(*Randia spinosa*)、伞花冬青(*Ilex godajam*)、白楸(*Mallotus paniculatus*)和长叶算盘子(*Glochidion eriocarpum*)等。植物群落(D)：乔木层平均每 $100m^2$ 样方有乔木树种 45 株，平均高度约 2.23m，灌木层平均每 $100m^2$ 样方内有个体 16 株，平均高度 1m 左右。常见物种有短翅黄杞(*Engelhardtia colebrookiana*)、毛叶黄杞 (*Engelhardia spicata* var. *colebrookeana*)、黄杞(*Engelhardia roxburghiana*)、黄牛木(*Cratoxylum cochinchinense*)、余甘子(*Phyllanthus embaliea*)和枫香(*Liquidambar formosana*)等。植物群落(E)：平均每 $100m^2$ 样方内有乔木树种 26 种 58 株，灌木 16 种 24 株，草本 6 种。常见物种有大叶胭脂(*Artocarpus lingnanensis*)、鸭脚木(*Schefflera octophylla*)、水石梓(*Sarcosperma laurinum*)、细子龙(*Amesiodendron chinense*)、鱼骨木(*Canthium dicoccum*)、喙果安息香(*Styrax agrestis*)和粗毛鱼藤(*Derris trifoliata*)等。植物群落(F)：乔木层平均每 $100m^2$ 样方内有植株 74 株，灌木层每 $100m^2$ 样方内有植株 13 株。常见种有柃木三叉苦、猴欢喜(*Sloanea hainanensis*)、黑面神(*Breynia fruticosa*)和草珊瑚(*Sarcandra hainanensis*)等。植物群落(G)：平均 $100m^2$ 样方内胸径在 1cm 以上的植株有 34 种 48 株。常见植物有尖叶杜英(*Elacocarpus apiculatus*)、海南柿(*Polyalthia laui*)、海南韶子(*Nephelium topengii*)、三角瓣花和高良姜(*Alpinia officinarum*)等。植物群落(H)：蝴蝶树、线枝蒲桃、树参群落(Asso. *Heritiera parvifolia*，*Syzygium araiocladum*，*Dendropanax dentiger*)，乔木层平均每 $100m^2$ 样方内有植株 35 株，灌木层每 $100m^2$ 样方内有植株 40 株。常见植物有五列木(*Pentaphylax euryoides*)、海南蕈树(*Altingin obovata*)、谷木(*Memecylon ligustrilium*)、青蓝(*Xanthophyllum hainanensis*)和卷柏(*Selaginalla tamariscina*)等。

3. 特点与讨论

这个案例虽然简单，但能很好地说明在海南中部山区的自然植被的植物组成特点及其随演替的进行发生的变化，当然不是所有种的变化过程全记录。本案例所说明的问题是，从草丛到灌丛到森林的发展过程中，植物种类从阳生性草本植物、乔灌木植物过渡到中生性和耐阴性植物种类的变化过程，海南的自然植被遵循着植被演替的规律(Reiners et al.，1971；Saldarriaga et al.，1988；李俊清，2010)。白茅(*Imperata cylindrica*)、五节芒(*Miscanthus floridulus*)、飞机草(*Chromolaena odorata*)、假臭草(*Praxelis clematidea*)、银柴(*Aporosa dioica*)、桃金娘(*Rhodomyrtus tomentosa*)、厚皮(*Lannea coromandelica*)、木棉(*Bombax ceiba*)、黄牛木(*Cratoxylum cochinchinense*)、枫香(*Liquidambar formosana*)、岭南山竹子(*Garcinia oblongifolia*)、鸭脚木(*Schefflera heptaphylla*)、细子龙(*Amesiodendron chinense*)、鱼骨木(*Canthium dicoccum*)、九节(*Psychotria asiatica*)、黑面神(*Breynia fruticosa*)、鸡毛松(*Dacrycarpus imbricatus*)、蝴蝶树(*Heritiera parvifolia*)、海南暗罗(*Polyalthia laui*)、三角瓣花(*Prismatomeris tetrandra*)、线枝蒲桃(*Syzygium araiocladum*)、海南覃树、青蓝(*Xanthophyllum hainanensis*)等植物种类都是海南不同演替阶段的代表性植物。

(二)海南山地雨林更新演替的植物种类变化规律——以尖峰岭热带山地雨林为例

尖峰岭属海南岛三大热带林区之一，面积 472.27km^2，保存有较好的热带雨林，具有众多的植被类型和明显的垂直带谱，基本代表了海南岛南部的植被类型。其中，热带山地雨林是尖峰岭发育最完善、结构最为复杂的类型(黄全等，1986；蒋有绪等，1991；李意德，1997)。1958～1992 年，在尖峰岭禁伐区(1956 年设立)外围经过了长达 34 年的商业采伐，对热带雨林的物种组成、物种多样性及森林结构等造成了巨大影响(蒋有绪等，1991)。1993 年，尖峰岭林区在全国率先停止森林的商业采伐，并于 1998 年实施了天然林保护工程。到 2005 年为止，全面停止采伐已经有 10 余年，采伐区的植被结构已逐渐复杂化，物种多样性不断增加(李意德，1997；方精云等，2004)。停止采伐后尖峰岭的森林植被不断恢复，是研究不同恢复阶段植物群落的组成结构、物种多样性及其演替趋势的良好样地。在 1988 年黄全、李意德的研究基础上，许涵和李意德(2009)在尖峰岭皆伐区设立 2 块不同更新时间和更新方式的热带山地雨林固定样地，并在原始林设立 1 块固定样地做参照。对 3 块样地森林群落的物种组成、物种相似性、丰富度及多样性、植株密度和稳定性等进行比较分析，同时预测森林群落优势种群龄级结构与群落的发展趋势。《海南植被志》认为该案例为海南森林更新演替动态研究的经典案例，特此引用。

1. 地理概况与研究方法

1)地理概况

尖峰岭地理概况见第九章第一节。

2)研究方法

作者于 2005 年 5～6 月，在位于尖峰岭国家级自然保护区内的五分区和四分区(天池)附近设置了 3 块样地，代表热带山地雨林原始林和皆伐后不同更新方式和更新时间的群落：0501 样地为原始林，未经采伐，位于五分区；0502 样地为 1964 年皆伐后天然更新的次生林，位于天池植物园西侧；0503 样地为 1980 年皆伐后人工促进天然更新的次生林，当时人工种植了少量乡土树种鸡毛松(*Dacrycarpus imbricatus*)和陆均松(*Dacrydium pierrei*)，位于天池二队场部旁。这 3 个样地的直线距离在 3km 之内，其自然条件(气候、土壤类型等)基本相同。样地概况见表 11-5-1。

表 11-5-1 样地概况

Tab.11-5-1 The background of plots

样地	面积/m^2	海拔/m	坡度/(°)	坡向
0501	10 000	800	3	正北
0502	6 200	830	22～30	西偏北 57°
0503	3 000	700	22～30	东偏北 60°

野外调查采用相邻样方格子法，分别将 3 个样地划分为 100 个、62 个和 30 个 10m × 10m 的小样方，记录样地内所有胸径≥1.0cm 的植株的种名、胸径及树高等林分因子。

群落数量分析时，按胸径大小将所有植株分成 3 个林层。下木层：1.0cm≤*DBH*<2.5cm；幼树层：2.5cm≤*DBH*<7.5cm；乔木层：*DBH*≥7.5cm。计算的群落结构和多样性指标包括相对重要值、Shannon-Wiener 多样性指数(*H'*)和 Pielou 均匀度指数(*J*)(王伯荪等，1996)，相对重要值 IV =(相对胸高断面积+相对多度+相对频度)/3 。所有数据均采用 Microsoft Excel 2003R、SPSS11.0R 和 The Natural History Museum Scottish Association for Marine Science 开发的 BioDiversity ProR 软件进行计算。

森林稳定性的测度方法参见文献(郑元润，2000)，该方法是在 Godron(1972)的稳定性测定方法基础上的改进。该方法采用平滑曲线模拟 2 次方程的方法来判断种百分数与累积相对频度比值的交点坐标，但本研究采用 3 次方程进行模拟；该交点坐标越接近 20/80(横坐标/纵坐标)这一点，群落就越稳定，20/80 这一点是群落的稳定点。在群落稳定性分析基础上，采用龄级结构分析法来判断群落内主要优势种群(相对重要值 IV≥1.5)的发展趋势，以此来预测群落演替方向。

2. 结果与分析

1)物种组成

原始林 0501 样地未受人为干扰，乔木层以厚壳桂(*Cryptocarya chinensis*)、大叶白颜(*Gironniera subaequalis*)、粗毛野桐(*Mallotus hookerianus*)等为优势种类，相对重要值 IV 为 4.0～6.3；幼树层和下木层优势种明显，分别以粗毛野桐(IV 为 10.61)和柏拉木(*Blastus cochinchinensis*)(IV 为 14.35)为优势种。天然次生林 0502 样地皆伐后未受人为干扰，乔木层以越南白锥(*Castanopsis tonkinensis*)(IV 为 11.40)为优势种，其次为鸭脚木(*Schefflera octophylla*)(IV 为 6.66)和拟赤杨(*Alniphyllum fortunei*)(IV 为 5.30)；幼树层和下木层优势种较明显，前者以九节(*Psychotria rubra*)为优势种，相对重要值 IV 达 23.67；后者以九节和柏拉木为优势种，相对重要值 IV 分别为 19.68 和 15.44。人工促进天然更新林 0503 样地乔木层以木荷(*Schima superba*)(IV 为 10.91)、陆均松(IV 为 10.26)和两叶黄杞(*Engelhardia unijuga*)(IV 为 9.24)等为优势种；幼树层以鸡毛松、大叶白颜、闭花木(*Cleistocalyx montanum*)等为优势种，相对重要值 IV 为 5.0～7.5；下木层以荔枝叶红豆(*Ormosia semicastrata* f. *litchiifolia*)为优势种，相对重要值 IV 超过 12.0，另有 3 个种相对重要值 IV 也超过 5.0。其中，陆均松和鸡毛松大部分是人工种植的。

2)物种相似性

从图 11-5-1 可以看出，天然更新林 0502 样地与原始林 0501 样地的相似物种数，比人工促进天然更新林 0503 样地与原始林 0501 样地的相似物种数目多。物种相似性与群落的恢复程度相关联，物种相似数目越多，说明该天然更新林 0502 样地和原始林 0501 样地越相似，有丰富的物种数，恢复程度较高。人工促进天然更新林 0503 样地与原始林 0501 样地的物种相似数目少，说明该样地的物种储备较少，恢复程度中等。

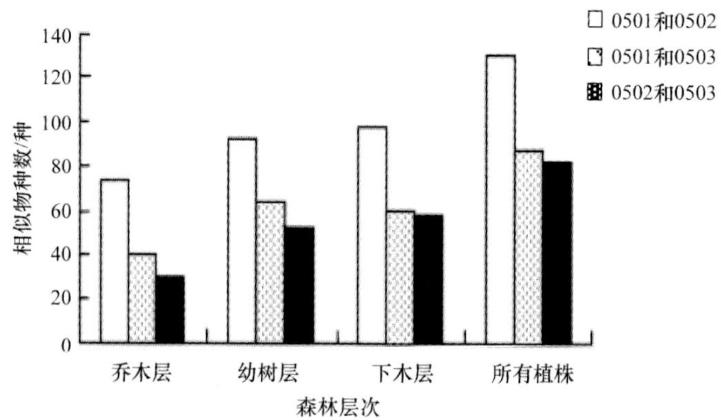

图 11-5-1　3 个群落间的物种相似数目

Fig.11-5-1　Similar species number among three communities

从图 11-5-2 看出，原始林 0501 样地的 3 个林层间相似种类比例高，以幼树层和下木层间最大，表明各层间均有较好的树种储备。天然更新林 0502 样地层间种类相似比例也较高，以乔木层和幼树层间最大，物种储备也较好。0503 样地在皆伐后人工促进天然更新，改变了群落林下层的种类组成，因而乔木层和下木层、幼树层和下木层相似比例相对较小。

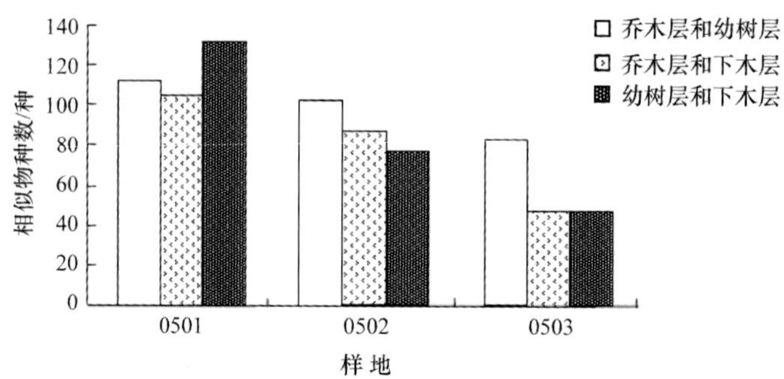

图 11-5-2　3 个林层的物种相似数目

Fig.11-5-2　Similar species number among three layers

3) 物种植株密度

从图 11-5-3 可以看出，3 个群落的 3 个林层的植株密度均以 0503 样地最大，0502 样地居中，0501 样地最小。人工促进更新林 0503 样地林内多萌生植株，显著增加了其植株密度。而原始林 0501 样地未受干扰，植株数目较稳定，即人为干扰会导致群落内植株密度的增加，并随恢复时间的增长和干扰强度的减少而减少。

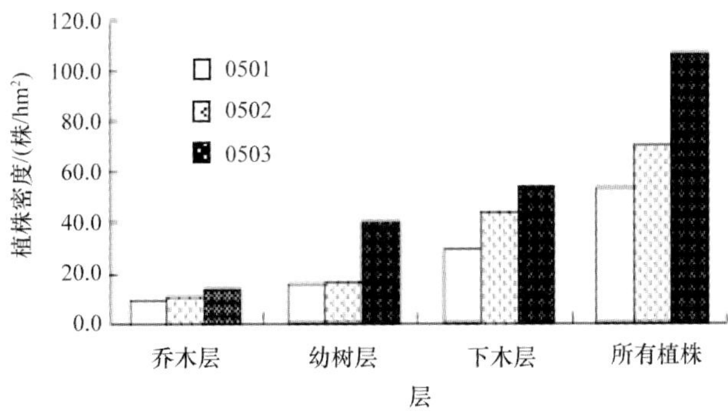

图 11-5-3　3 个林层的植株密度

Fig.11-5-3　Individual density of three layers

4) 群落稳定性

Godron(1972)稳定性测定方法中确定的种百分数与累积相对频度比值(横坐标/纵坐标)越接近于 20/80，该群落越稳定。郑元润(2000)在 Godron 测定方法的基础上，采用了 2 次方程的平滑曲线模拟模型。但在本研究的分析中，发现采用 3 次方程能得到更高的相关系数(表 11-5-2)，得到的曲线更接近于实际情况。

表 11-5-2　3 个样地的 3 林层的稳定性分析

Tab.11-5-2　Stability analysis of three layers of three plots

群落层次	样地	曲线类型	相关系数	横坐标/纵坐标
乔木层	0501	$y=2.03\times10^{-4}x^3-4.29\times10^{-2}x^2+3.13x+14.97$	0.9944	27.4 /72.6
	0502	$y=2.03\times10^{-4}x^3-4.29\times10^{-2}x^2+3.13x+14.97$	0.9949	27.9 /72.1
	0503	$y=2.06\times10^{-4}x^3-4.37\times10^{-2}x^2+3.26x+6.99$	0.9958	29.5 /70.5
下木层	0501	$y=2.29\times10^{-4}x^3-4.72\times10^{-2}x^2+3.31x+15.40$	0.9913	26.2 /73.8
	0502	$y=2.29\times10^{-4}x^3-4.72\times10^{-2}x^2+3.31x+15.40$	0.9910	29.1 /70.9
	0503	$y=2.23\times10^{-4}x^3-4.69\times10^{-2}x^2+3.41x+8.14$	0.9966	28.1 /71.9
幼树层	0501	$y=2.23\times10^{-4}x^3-4.69\times10^{-2}x^2+3.41x+8.14$	0.9937	26.4 /73.6
	0502	$y=1.70\times10^{-4}x^3-3.80\times10^{-2}x^2+2.98x+13.78$	0.9939	28.3 /71.7
	0503	$y=1.92\times10^{-4}x^3-4.21\times10^{-2}x^2+3.26x+6.13$	0.9978	29.5/70.5
所有植株	0501	$y=2.64\times10^{-4}x^3-5.42\times10^{-2}x^2+3.70x+12.60$	0.9913	24.9/75.1
	0502	$y=1.95\times10^{-4}x^3-4.35\times10^{-2}x^2+3.33x+9.24$	0.9964	27.7/72.3
	0503	$y=2.12\times10^{-4}x^3-4.68\times10^{-2}x^2+3.55x+2.61$	0.9989	28.8/71.2

从表 11-5-2 可以看出：在乔木层和下木层，未受干扰的原始林 0501 样地的种百分数与累积相对频度比值均最接近于 20/80，天然更新林 0502 样地稳定性略低，而以人工促进天然更新林 0503 样地最小。但在幼树层，原始林 0501 样地仍最稳定，人工促进天然更新林 0503 样地居中，以天然更新林 0502 样地最小。以上结果显示，人工促进更新手段增加了群落幼树层的稳定性。

5)优势种群的发展趋势

优势种群(相对重要值 IV≥1.5)的龄级结构分析可以用来判断群落现在的组成，并预测群落发展趋势。

从表 11-5-3 可以看出，原始林 0501 样地的 15 个优势种群中柏拉木和厚壳桂等 14 个种群表现为增长或稳定，仅木荷 1 个种群表现为稳定或衰退趋势。说明原始林各主要种群仍处在不断增长或趋于稳定过程中，种群更新良好，这从其具有较高的种百分数与累积相对频度比值也可以得到验证。而木荷是强阳性种类，在郁闭度较高的原始林中生长不良，因而出现了衰退情况，也符合该种本身的生物学特性。

表 11-5-3 3 个样地的主要优势种群的发展趋势预测

Tab.11-5-3 Development trends prediction of the dominant populations in three plots

样地	植物	相对重要值 IV	种群发展趋势
0501	柏拉木 *Blastus cochinchinensis*	4.78	增长
	厚壳桂 *Cryptocarya chinensis*	3.83	增长
	谷姑茶 *Mallotus hookerianus*	3.23	增长
	毛荔枝 *Nephelium topengii*	3.04	增长
	狗骨柴 *Tricalysia dubia*	2.87	增长
	卵叶樟 *Cinnamomum rigidissimum*	2.82	增长
	长眉红豆 *Ormosia balansae*	2.58	增长
	大叶白颜 *Gironniera subaequalis*	2.55	稳定
	薄皮红 *Lithocarpus amygdalifolius* var. *praecipit iorum*	1.95	增长
	韩氏蒲桃 *Syzygium hancei*	1.94	增长
	盘壳栎 *Cyclobalanopsis patelliformis*	1.86	稳定
	红柯 *Lithocarpus fenzelianus*	1.75	增长
	多香木 *Polyosma cambodiana*	1.74	增长
	木荷 *Schima superba*	1.74	稳定或衰退
	高山蒲葵 *Livistona saribus*	1.71	稳定
0502	九节 *Psychotria rubra*	9.94	增长
	越南白锥 *Castanopsis tonkinensis*	8.17	衰退
	柏拉木 *Blastus cochinchinensis*	6.43	增长
	大叶白颜 *Gironniera subaequalis*	3.25	增长
	鸭脚木 *Schefflera octophylla*	3.12	稳定或衰退
	红锥 *Castanopsis hystrix*	2.85	衰退
	山乌桕 *Sapium sebiferum*	2.57	衰退
	闽粤栲 *Castanopsis fissa*	2.49	稳定或衰退
	拟赤杨 *Alniphyllum fortunei*	2.34	衰退
	毛荔枝 *Nephelium topengii*	2.28	增长
0503	荔枝叶红豆 *Ormosia semicastrata* f. *litchiifolia*	5.69	增长
	两叶黄杞 *Engelhardia unijuga*	5.05	增长
	木荷 *Schima superba*	4.72	稳定或衰退
	鸡毛松 *Dacrycarpus imbricatus*	4.17	稳定或衰退

续表

样地	植物	相对重要值 IV	种群发展趋势
0503	陆均松 *Dacrydium pierrei*	4.15	衰退
	花木 *Cleistocalyx montanum*	3.71	增长
	大叶白颜 *Gironniera subaequalis*	3.36	增长
	华润楠 *Machilus chinensis*	3.33	增长
	闽粤栲 *Castanopsis fissa*	3.06	增长
	五列木 *Pentaphylax euryoides*	2.70	增长
	小叶胭脂 *Artocarpus styracifolius*	2.70	衰退
	九节 *Psychotria rubra*	2.40	增长
	长柄山油柑 *Acronychia pedunculata*	2.37	稳定或衰退
	丛花山矾 *Symplocos poilanei*	2.28	稳定或衰退
	粗叶木 *Lasianthus chinensis*	2.25	增长
	青兰 *Xanthophyllum hainanense*	2.13	增长
	橄榄 *Canarium album*	2.03	稳定或衰退
	长柄梭椤 *Reevesia longpetiolata*	1.73	稳定或衰退

天然更新林 0502 样地的 10 个优势种群中，分布于下木层的九节、柏拉木和大叶白颜 3 个种群表现为增长，说明该群落林下自身更新良好；毛荔枝表现为增长，该种为耐阴性种类，该种群的优势度在未来会继续增强。鸭脚木和闽粤栲为阳性或强阳性种类，在后续更新中表现为稳定或逐渐衰退。群落中衰退种群数目较多，越南白锥、红锥为阳性种，山乌桕和拟赤杨为强阳性种类，而且这 4 个种群在群落中有较多的大径级植株，这些阳性种群的逐渐衰退说明群落已经更新到一定阶段，耐阴性树种将逐渐壮大起来。上层乔木主要种类逐渐衰退和下木层植物的增长将导致群落组成结构发生显著变化。

人工促进更新林 0503 样地的 18 个优势种群中，陆均松和小叶胭脂 2 个种群表现为衰退趋势，陆均松是前期人工种植的，在乔木层占有优势地位；木荷和鸡毛松等 6 个种群表现为稳定或衰退趋势，这 6 个种多为阳性；这些种类的衰退将为林下乡土植物的生长让出空间，而具有一定耐阴性的荔枝叶红豆和两叶黄杞等 10 个种群将逐渐成长起来。

3. 特点与讨论

许涵和李意德(2009)的研究结果表明，多次的人为干扰会导致物种丰富度和物种多样性降低，这很可能与土壤结构遭反复破坏、种子库缺少有关；而皆伐后再次经历多次剧烈的干扰会显著降低群落的物种数目及其多样性，造成某些物种在局部区域灭绝(Egler，1954)。因此，皆伐后更新林的恢复时间、更新方式和后续的干扰程度决定了群落现有的物种组成及物种多样性。0502 样地在皆伐后天然更新，恢复时间长达 41 年且未受人为干扰，表现为较高的乔木层物种 Shannon-Wiener 多样性指数，从种类组成、结构和生物多样性来看，已逐渐向原始林靠近，但幼树层和下木层的物种分布没有原始林均匀，群落的高度和胸径与原始林相比还有较明显的差异。

0503样地人工促进天然更新林的恢复时间为25年，乔木层物种Shannon-Wiener多样性指数也较高，与国外的同类研究案例相当(Hardesty et al.，2002)。但幼树层和下木层的Shannon-Wiener多样性指数明显高于乔木层，显示出该群落的林下层植物恢复较好，具有较丰富的物种储备。植株平均密度在3个群落中最大，种间或个体间存在较激烈的竞争。因为0503样地在更新初期就人为引入了热带山地雨林演替中后期的物种鸡毛松和陆均松，干扰后的环境异质性相对较高，为长期被压而生长受到抑制的中林层内林木和林下幼苗、幼树提供了相对丰富的生存空间(Canham et al .，1985；Collins et al .，1995)，使其环境资源比率发生了重大变化，也提供了有利于物种多样性增加的环境条件(彭少麟等，1983)。

引入演替中后期物种来培育目标群落和缩短更新时间这种人工促进天然更新的方式对森林物种组成及其多样性的恢复是有益的(游水生，2001；王仁卿等，2002；王震洪等，2003；吴彦等，2004)，有助于加快植被恢复进程。中度干扰理论认为只有当既有利于竞争种又有利于耐干扰种的中度干扰发生时，群落物种丰富度才能达到最高(Egler，1954)。热带和亚热带地区的研究也表明中等规模的干扰有助于提高热带雨林生物多样性(Phillips et al.，1994)。本研究结果表明，0503样地的幼树层和下木层Shannon-Wiener多样性指数(H')、均匀度指数(J)、植株密度和群落稳定性等指标均大于0502样地；群落的发展趋势分析也表明前期人工引入一些种类，有利于群落前期以阳性种类为优势种到后期以耐阴种类为优势种的演替，适宜的人工促进更新强度可以促进林下植被的恢复更新。因此，在采伐后热带森林恢复过程中，有必要适度增加乡土关键种群或形成顶级群落的主要功能群植物(Aguiar et al.，1996)，通过人工促进更新方式促进森林恢复更新。虽然该措施本身并不能直接显著地增加群落物种数目、物种多样性或稳定性，但是提供了有利于物种多样性增加的环境条件，促进了林下植物的生长和群落后期优势种类的迅速恢复。

该案例很好地说明了森林群落在更新演替的过程中，植物种类的变化主要受群落所在的地理生态环境条件、土壤种子库组成、干扰强度及恢复时间的影响。采伐干扰与自然林窗形成的生态环境条件可能差别较大，但在同一块森林群落中，土壤种子库的组成却可能不因干扰形式的不同而不同，然而，土壤种子库种子萌发的条件及是否能萌发成功、幼苗是否能生长却因干扰的形式不同而异。因此，研究森林演替过程中的土壤种子库特点及萌发机制，对了解森林演替动态规律尤其重要。但是森林群落如果不停地被干扰，形成了不同的生态系统，其后来形成的土壤种子库可能差别较大。也就是说，不同的土地利用生态系统其土壤种子库的组成可能差别较大，因此，从不同的土地利用生态系统中发生的演替，其演替路径、速度等可能有较大的差异。

(三)海南岛热带地区弃荒农田次生植被组成变化特点——以琼北地区海口的弃荒农田为例

海南岛的疏林、灌丛和草丛绝大多数是森林植被过度开采后弃荒形成的次生植被类型。由于弃荒年代不一，不同的植被类型的发生和发展速度有一定的差异，灌丛和草丛多镶嵌分布在海拔 800m 以下的低山、丘陵、台地和平原地区；土壤肥力的空间差异也比较大，平均来说是中东南部＞东北部＞北部＞西北部＞西南部。但是土壤与植物组成性状之间的相互关系非常复杂。《海南植被志》采用以空间代替时间的方法，以琼北地区弃荒农田的植被恢复特点为例说明这一问题。

1. 样地概况与研究方法

1）样地概况

研究样地位于海南省海口市西南部，东西取向 3km，南北取向 1.5km，总面积 4.5km^2。1987～1996 年 10 年的年平均温度为 23.6℃，年平均降雨量为 1650mm（海南省气象局资料）。地形为琼北羊山小丘陵地，土壤类型为玄武岩砖红壤。由于长期受人类经济活动的干扰，原生植被——热带低地雨林已经不复存在，但一些热带雨林的常见乔木种仍然幸存，如鸭脚木（*Schefflera octophylla*）、石枚冬青（*Ilex shimeica*）、毛黄肉楠（*Actinodaphne pilosa*）、海南菜豆树（*Radermachera hainanensis*）和亮叶猴耳环（*Pithecellobium lucidum*）等。

由弃荒农田发生和发育而来的自然植被有较多类型的草丛，主要有：①飞机草群丛（Ass. *Eupatorium odoratum*），这一群丛主要分布在农耕闲地和弃荒 3 年左右的老农耕地里，以飞机草为主，混生少量的灌木植物种类和藤本植物种类；②芒、白茅群丛（Asso. *Miscathus sinensis*，*Imperata cylindrica*），这一群丛主要分布在弃荒 8～10 年的老农耕地里，以芒、白茅等为优势种，亦混生较多的灌木种类和少量的藤本植物种类。

灌丛有：①黄牛木、柳叶密花树群丛（Asso. *Cratoxylon conchinchinense*，*Rapanea linearis*），这一群丛主要分布在弃荒 8～10 年的老农田里，以黄牛木、柳叶密花树为优势种，亦混生有较多的草本植物种类和少量的乔木、藤本植物种类；②桃金娘、银柴群丛（Asso.*Rhodomyryus tomentosa*，*Aporusa dioica*），这一群丛主要分布在弃荒 15 年左右的老农田里，以桃金娘、银柴为优势种，混生较多的草本和少量的乔木、藤本植物种类；③加赐树、九节木群丛（Asso.*Casearia glomerata*，*Psychotria rubra*）等，这一群丛亦主要分布在弃荒 20 年左右的老农田里，以加赐树、九节木为优势种，亦混生较多的草本和少量的乔木、藤本植物种类；④厚皮树、鹊肾树群丛（Asso.*Lannea coromandelica*，*Streblus asper*），这一群丛主要分布于弃荒约 15 年之久的老农田里，以厚皮树和鹊肾树等乔木、灌木混合占优势，但乔木植物的个体数较少，混生有较多的草本植物种类和少量的藤本植物种类。

次生疏林有：厚皮树、潺槁木姜子、黄牛木群丛（Asso.*Lannea coromandelica*，*Litsea glutinosa*，*Cratoxylon conchinchinense*），这一群丛主要分布于弃荒约 20 年之久的老农田里，以厚皮树、潺槁木姜子和黄牛木等乔木、灌木混合占优势，但乔木的个体数较多，亦混生有较多的草本植物种类与少量的藤本植物种类。另外还有三穗飘拂草、水蜈蚣群丛（Asso. *Fimbristylis tristachya*，*Kyllinga brevifolia*）（湿生草丛），这一群丛分布于该区少量的弃荒水田里，以三穗飘拂草、水蜈蚣占优势，有少量的藤本植物种类，没有木本植物的分布。在这些植被类型中，灌丛是该地区代表性植被类型。

2）研究方法

运用样方法对样地各种植被类型（除湿生草丛外）进行基本特征调查。具体过程是：

木本植物每木调查，并记录所有草本植物种类，在每一个样方(10m×10m)内随机取 $1m^2$ 小样方，共 5 小块，数清草本植物个体(丛)数，然后估算每一个样方的草本植物个体(丛)数。样地序号和取样面积为：(0)为农耕闲地草丛，取样面积 $200m^2$，每小样方 $20m^2$，共 10 个小样方；(1)为演替初期的草丛，取样面积共 $500m^2$，每小样方 $50m^2$，共 10 个小样方；(2)和(3)为弃荒 8～10 年的草丛灌丛混合群落(《海南植被志》把这一类型归入灌丛)，取样面积 $500m^2$，每小样方 $50m^2$，共 10 个小样方；(4)为弃荒 15 年左右的灌丛群落，取样面积 $1250m^2$，每个小样方 $50m^2$，共 25 个小样方；(5)和(6)为弃荒 20 年左右的灌丛群落，取样方法同(4)；(7)为弃荒 20 年左右的灌木、乔木疏林群落，取样方法同(4)。野外调查时间为：1997 年 7～8 月。

植被演替动态预测方法为马尔可夫线性模型法(王伯荪等，1996)。

2. 结果与分析

1)不同演替阶段植被类型植物组成特征

在 $4.5km^2$ 的样地里，共有植物种类 503 种，隶属 102 科，346 属。其中蕨类植物有 15 个种(10 科，11 属)，没有裸子植物；被子植物有 488 种(92 科，335 属)。但是不同演替阶段的植物群落的种的性状和区系成分有一定的区别。表 11-5-4 为不同演替阶段的植物群落的组成类型分析结果。从表 11-5-4 中可以看到，在弃荒农田里的植被演替过程中，植物种数增加的速度较快，从 28 种增加到 134 种，且在同一演替时期的植物群落中的草、灌、乔植物占的比例都比较一致。在草灌木群落(3)开始发现演替后期物种的分布，且随着演替的进展，演替后期物种种类越来越多，占所有种的比例也越来越大。

表 11-5-4　弃荒农田自然植被植物组成性状分析

Tab.11-5-4　The analysis of the characters of component on plant on the abandoned field vegetation

植被类型	植被特征										
	全部植物	乔木植物		灌木植物		草本植物		藤本植物		演替后期植物	
	种数	种数	百分比/%	种数	百分比/%	种数	百分比/%	种数	百分比/%	种数	百分比/%
(0)	27	0	0	2	7.4	23	85.2	2	7.4	0	0
(1)	28	1	3.6	2	7.1	21	75.0	4	14.3	0	0
(2)	51	2	3.9	10	19.6	33	64.7	6	11.8	0	0
(3)	60	3	5.0	14	23.3	34	56.6	9	15.0	5	8.3
(4)	120	6	5.0	31	25.8	69	57.5	14	11.7	11	9.2
(5)	119	9	7.6	28	23.5	52	43.7	30	25.1	12	10.1
(6)	124	11	8.9	39	31.5	52	41.9	22	17.7	15	12.1
(7)	134	11	8.0	37	27.8	59	44.0	27	20.1	21	15.8

注：(0)、(1)、(2)、(3)、(4)、(5)、(6)、(7)各植被类型见正文。

2)植物群落演替预测

根据琼北、琼西和琼中地区的实地调查，海南岛弃荒农田的植物群落演替过程为：群落类型草丛→草灌丛(初期灌丛)→灌丛→疏林→密林→中生性顶极群落。

植物群落从草丛向密林的演替过程中，草本、藤本植物、灌木和乔木在群落中所占的百分比随着演替的进展发生有规律的变化。本节根据海南岛琼北、琼西和琼中地区不同植物群落中的土壤种子库、幼苗和其他群体的统计数据（分别用个体数和种数为指标）（杨小波等，1999），得出海南岛弃荒农田的植物群落演替初始状态各成分所占的百分比（平均值）为：

$$X_i = \begin{vmatrix} 95.7 \\ 3.1 \\ 1.2 \end{vmatrix} \qquad X_j = \begin{vmatrix} 89.3 \\ 7.1 \\ 3.5 \end{vmatrix}$$

式中，X_i为植物个体数占的百分比；X_j为植物种数占的百分比。从上往下分别为草本和藤本植物、灌木、乔木。

植物群落演替从一个状态变为另一个状态，可以由不同性状群体的发展与消亡来说明。在运用马尔可夫线性模型预测植被演替动态时，为了保持转移矩阵的稳定，需要假定植物的死亡率是固定不变的。随着植物群落演替的进展，结果是草本和藤本植物、灌木、乔木等都会不断地发生更替，先锋种群不能自然更新而消亡，但是草本植物个体或种群的消亡速度较灌木快，灌木个体或种群的消亡速度又较乔木快。经过多种假设的更新强度的试算，认为这一植物群落演替系列上的更新强度是：15 年后原有的草本和藤本植物、灌木、乔木个体分别剩下 20%、40%、60%，或 20 年后原有种数分别剩下 30%、60%、90%较为合适，比较接近 15 年或 20 年的实际观测值。依这样假设的更新强度，琼北地区的植物群落不同性状群体更替概率如表 11-5-5 所示。

表 11-5-5　弃荒农田植物群落演替过程植物型（个体、种群）更替表*

Tab.11-5-5　The substitution of plant types (individual, population) of the different succession stages of abandoned field vegetation

群落层次	草本和藤本植物	灌木植物	乔木植物
15 年后*			
草本、藤本植物	20+62	14	4
灌木植物	0	40+45	15
乔木植物	0	0	100
20 年后**			
草本、藤本植物	30+46	16	8
灌木植物	0	60+29	11
乔木植物	0	0	90+10

注：表中的主对角线中的数据为该类型 15 年或 20 年后剩下的百分比加上 15 年或 20 年间本类型所更替的百分比，非主对角线中的数据为 15 年或 20 年后被其他类型所取代的百分比。

*以植物个体数为指标。

**以物种数为指标。

依据表 11-5-5 中的两组数据得两个转移矩阵为：

$$P_i = \begin{vmatrix} 0.82 & 0.14 & 0.04 \\ 0.00 & 0.85 & 0.15 \\ 0.00 & 0.00 & 1.00 \end{vmatrix}$$

$$P_j = \begin{vmatrix} 0.76 & 0.16 & 0.08 \\ 0.00 & 0.89 & 0.11 \\ 0.00 & 0.00 & 1.00 \end{vmatrix}$$

根据两种初始状态 X_i、X_j 和两个转移矩阵 P_i、P_j，运用马尔可夫线性模型可预测出琼北地区弃荒农田植物群落不同植物型的(个体和种群)变化情况(表 11-5-6)。从表 11-5-6 中可以发现，无论是用植物生长型，还是用植物种数所进行的植被演替动态预测，与实际的观测值都是比较接近的；同时从这两组预测的百分比的变化情况与典型原始林或次生密林的现有植物成分或土壤种子库的相应比例比较来看，这一弃荒农田的植被需要 100～120 年才能达到次生密林的比例。可见退化土地上的植被恢复与植被的初始状态(含土壤种子库)、更替的强度都有非常紧密的联系。

表 11-5-6　弃荒农田植物群落演替过程植物成分线性预测和实测值(取整数)

Tab.11-5-6　The results of the linear system and practical test of the abandoned field vegetation

类型	群落发育年龄														
	以植物个体数为指标								以物种数为指标						
	0	15	30	45	60	75	90	105	0	20	40	60	80	100	120
预测值															
草本、藤本植物	96	79	65	54	43	35	29	23	89	68	52	39	30	23	17
灌木植物	3	16	24	29	32	33	33	32	7	21	29	32	33	34	33
乔木植物	1	5	11	17	25	32	38	45	4	11	19	29	37	43	50
实测值															
草本、藤本植物	96	82							89	65					
灌木植物	3	14							7	27					
乔木植物	1	4							4	8					

在退化的土地上，由于人们治理的方式和强度不一，植被恢复的速度也不同。例如，在海南琼北地区弃荒 20 年的自然植被是一个较好的研究材料，能够清晰地观察到弃荒农田植被演替初期阶段(草丛、灌丛、疏林)的各种植物组成性状的变化规律。在弃荒农田里的植被演替过程中，植物种数增加的速度较快，从 28 个增加到 134 个，演替后期植物种类也逐渐增加，且在同一演替时期的植物群落中的草、灌、乔植物占的比例都比较一致。

3. 特点与讨论

植物群落的地带性演替方向一直被广大学者认为是由气候(水和热)决定的。但是在相似性质的气候地带里，由于土壤的类型和性质不同，对植物群落的发生、发育和演替的速度都有较大的影响，在一定的时间内，土壤的类型和性质与植被类型有着必然的联系。这是因为植物群落演替的过程实质就是在时间和空间上，沿着一维或多维的生态环境梯度上的物种替代过程。土壤是植物群落的主要环境因子之一，土壤的性质影响着植被的变化，同时也因植被的变化而发生改变。它们之间的相互作用是强烈的、有一定规律的。特殊的土壤不但在一定的时间内影响着植物群落的发生、发育和演替的速度，而且在同一相似的气候地带里，决定着植物群落演替的方向(Bormann and Sidle，1990；高贤明等，1998)。退化的生态系统要恢复植被，并让其向森林方向发展，首先要停止人类的干扰活动。

(四)海南森林群落稳定性研究——以海南不同地区广东松(*Pinus kwangtungensis*)林群落为例

1. 材料与方法

1)研究地概况

鹦哥岭自然保护区位于海南岛中南部，地处东经 109º11′29″～109º34′15″，北纬 18º49′13″～19º08′37″，海拔 170～1812m，相对高差 1642m，总面积 50 464hm^2。地跨白沙、琼中、五指山、乐东、昌江 5 市县，周边环绕黎母山省级自然保护区、霸王岭国家级自然保护区、佳西省级自然保护区、五指山国家级自然保护区及南高岭省级自然保护区 5 个保护区，是海南省重要的种质资源库及生态核心区。保护区属热带季风气候区，雨热充沛，年平均气温 23～35℃，年平均降雨量 1500～2000mm；中高周低的地貌特征形成了与海拔变化相应的土壤和植被类型；其中，海拔 400m 以下具有典型的热带气候，孕育着以燥红壤和砖红壤为基础的热带低地雨林和热带季雨林；海拔 800～1500m 为温凉湿润带，热带山地雨林和热带山地常绿林交错分布，土壤类型以山地黄壤最为典型；海拔 1400m 以上的山顶由于低温、强风、雾重、坡度陡、土层薄等因素，形成了从热带针叶林到热带山顶矮林的过渡变化；整个区域的植被构成体现了热带—亚热带植被垂直谱带(蒋有绪等，2002；刘磊等，2008)。

佳西省级自然保护区位于海南岛西南部乐东县境内，地处东经 109º04′36″～109º13′23″，北纬 18º49′43″～18º55′15″，保护区西连猕猴岭省级自然保护区，南濒昌化江，北与霸王岭及鹦哥岭毗邻，总面积 8326.7hm^2，是我国热带生物资源最丰富的地区之一。植被类型可分为热带低地雨林、热带山地雨林、热带山顶矮林等；至今仍保存有大面积连片的原始热带雨林，其中有我国分布最南的一片广东松林(符腾霆等，2010)。地貌以山地为主，海拔 200～1654.8m，其中海拔高于 1000m 的山峰有 20 多座，构成穹隆山体。全年日照长，热量充足，气候温和；属热带季风气候，冬季偏北风，夏季偏南风；土壤类型有砖红壤、赤红壤和山地黄壤 3 种(陈焕强等，2010)。

2)研究方法

(1)野外调查方法

基于历史文献及实地勘察有关广东松在海南岛的分布地域及特点，本研究分别在鹦哥岭自然保护区及佳西省级自然保护区，综合考虑海拔、坡向和坡度，选取具代表性的广东松群落进行野外群落调查。共设置 4 个大小为 60m×60m 的样方，总面积 14 400m^2，其中鹦哥岭自然保护区设 3 个群落样方，分别为 1 号、2 号、3 号样方，佳西保护区设一个群落样方，为 4 号样方。群落调查中，结合广东松种群的生物学特性，采用相邻格子法将每个 60m×60m 群落样方分割成 36 个 10m×10m 的小样方，对每个小样方内胸径≥1cm 的乔灌木每木调查，同时于每 10m×10m 的小样方中各设一个 2m×2m 的草本样方，共计 36 个，记录其胸径、高度、冠幅、枝下高、盖度等群落数据，以及地理坐标、海拔、郁闭度、坡度、坡向和坡位等环境因子(黄运峰等，2009；龙成等，2015)。

(2)群落稳定性数据分析方法

Godron 稳定性测度方法以群落内各种植物的相对频度与植物种类数量之间的关系作为稳定性的判定依据。将群落中不同物种的频度换算成相对频度，按由大到小的顺序逐步累积相加，建立模糊散点平滑曲线模型，最后求曲线与直线 y=100–x 的交点坐标；具体方法见参考文献(郑元润，2000；高润梅等，2012)。

2. 结果与分析

为研究海南省广东松群落的稳定性，我们对 4 个广东松样方稳定性进行了比较分析，结果显示于表 11-5-7。1 号样方各层次平滑曲线与直线相应的交点坐标分别为：群落整体 31.69/68.31、乔木层 32.97/67.03、灌木层 31.28/68.72 和草本层 32.07/67.93，决定系数(R^2)均＞0.97，各层次稳定性大小分别为灌木层＞群落整体＞草本层＞乔木层(图 11-5-4)；2 号样方的交点坐标分别为：群落整体 32.53/67.47、乔木层 33.4/66.6、灌木层 30.77/69.23 和草本层 32.2/67.8，R^2 均＞0.98，稳定性大小：灌木层＞草本层＞群落整体＞乔木层(图 11-5-5)；3 号样方的交点坐标分别为：群落整体 32.29/67.71、乔木层 30.47/69.53、灌木层 33.21/66.79 和草本层 31.99/68.01，R^2 均＞0.97，稳定性大小：乔木层＞草本层＞群落整体＞灌木层(图 11-5-6)；4 号样方的交点坐标分别为：群落整体 30.46/69.54、乔木层 29.36/70.64、灌木层 29.34/70.66 和草本层 30.36/69.64，R^2 均＞0.95，稳定性大小：灌木层＞乔木层＞草本层＞群落整体(图 11-5-7)；以上各群落的各层次的交点都与稳定点 20/80 存在一定差距，其中各样方整体的稳定性比较中：4 号样方＞1 号样方＞3 号样方＞2 号样方。

表 11-5-7 群落稳定性分析结果

Tab.11-5-7 Results of community stability

群落		曲线类型	决定系数(R^2)	交点坐标		结果
				X	Y	
1 号样方	群落整体	$y=-0.0155x^2+2.4151x+7.3424$	R^2=0.9862	31.69	68.31	不稳定
	乔木层	$y=-0.0137x^2+2.2478x+7.8183$	R^2=0.9906	32.97	67.03	不稳定
	灌木层	$y=-0.0147x^2+2.2882x+11.524$	R^2=0.9792	31.28	68.72	不稳定
	草本层	$y=-0.0123x^2+2.021x+15.778$	R^2=0.9816	32.07	67.93	不稳定
2 号样方	群落整体	$y=-0.0145x^2+2.3288x+7.0642$	R^2=0.9911	32.53	67.47	不稳定
	乔木层	$y=-0.0126x^2+2.1286x+9.5685$	R^2=0.9927	33.40	66.60	不稳定
	灌木层	$y=-0.0132x^2+2.0872x+17.509$	R^2=0.9806	30.77	69.23	不稳定
	草本层	$y=-0.0118x^2+1.965x+16.76$	R^2=0.9808	32.20	67.8	不稳定
3 号样方	群落整体	$y=-0.0136x^2+2.2048x+10.691$	R^2=0.9885	32.29	67.71	不稳定
	乔木层	$y=-0.0142x^2+2.1853x+16.129$	R^2=0.9733	30.47	69.53	不稳定
	灌木层	$y=-0.0121x^2+2.0412x+12.351$	R^2=0.9897	33.21	66.79	不稳定
	草本层	$y=-0.0114x^2+1.9055x+18.719$	R^2=0.9824	31.99	68.01	不稳定
4 号样方	群落整体	$y=-0.0139x^2+2.1511x+16.911$	R^2=0.9737	30.46	69.54	不稳定
	乔木层	$y=-0.0144x^2+2.1629x+19.558$	R^2=0.9588	29.36	70.64	不稳定
	灌木层	$y=-0.012x^2+1.8724x+26.055$	R^2=0.9506	29.34	70.66	不稳定
	草本层	$y=-0.0143x^2+2.203x+15.938$	R^2=0.9791	30.36	69.64	不稳定

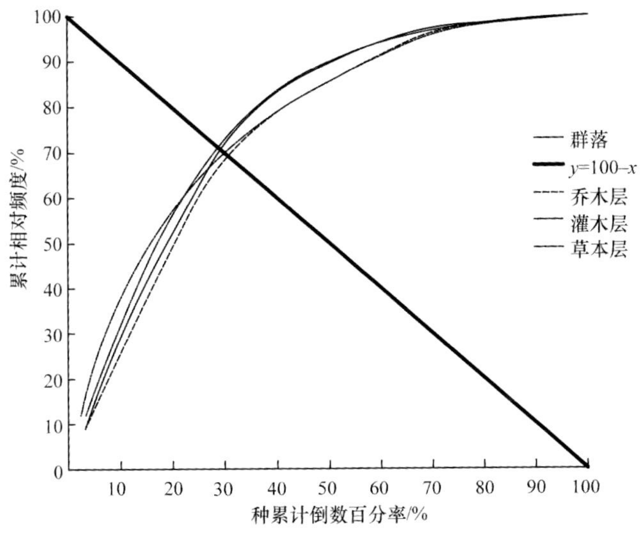

图 11-5-4　1 号广东松样方稳定性图

Fig.11-5-4　Community stability of no.1 *Pinus kwangtungensis* plot

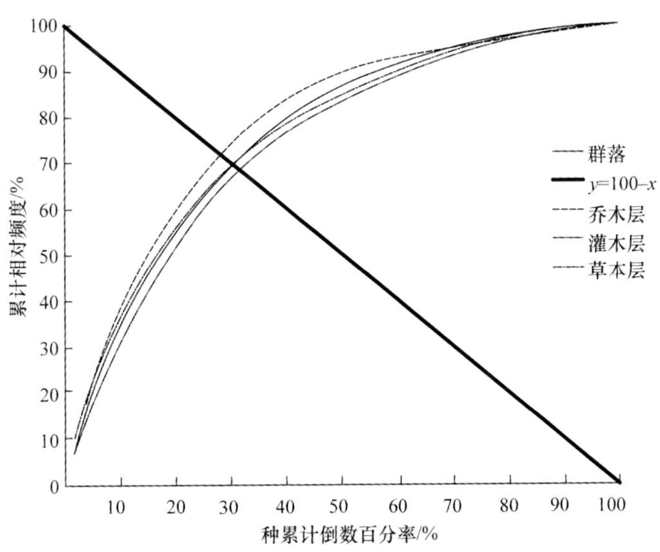

图 11-5-5　2 号广东松样方稳定性图

Fig.11-5-5　Community stability of no.2 *Pinus kwangtungensis* plot

3. 特点与讨论

海南的广东松主要分布在中部山脉的中高海拔地区，从佳西岭与鹦哥岭广东松林物种组成看，两地无明显差异，但在高海拔群落与低海拔群落的物种组成上却有着明显的不同，除共同分布的樟科、壳斗科植物外，位于高海拔的 1 号、2 号样方主要有山茶科、山矾科、水龙骨科等热带高海拔科属伴生；而处于低海拔的 3 号、4 号样方则主要由桃金娘科、茜草科、紫金牛科等热带中低海拔科属组成，海拔差异成为主导群落物种组成的主要因素，也是造成佳西岭与鹦哥岭两地广东松林群落特征差异的主要原因。

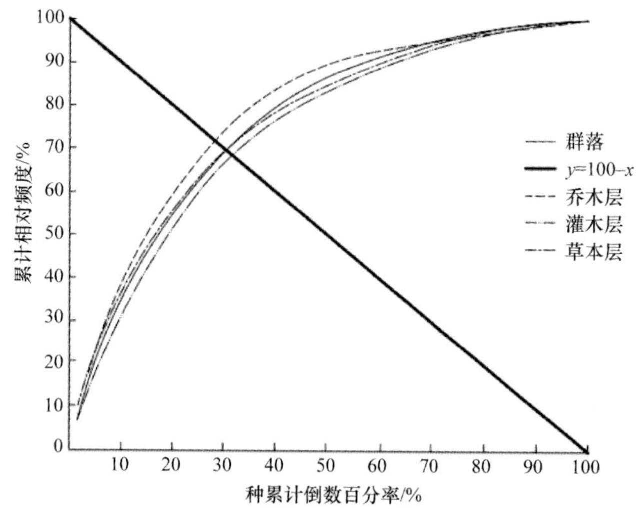

图 11-5-6　3 号广东松样方稳定性图

Fig.11-5-6　Community stability of no.3 *Pinus kwangtungensis* plot

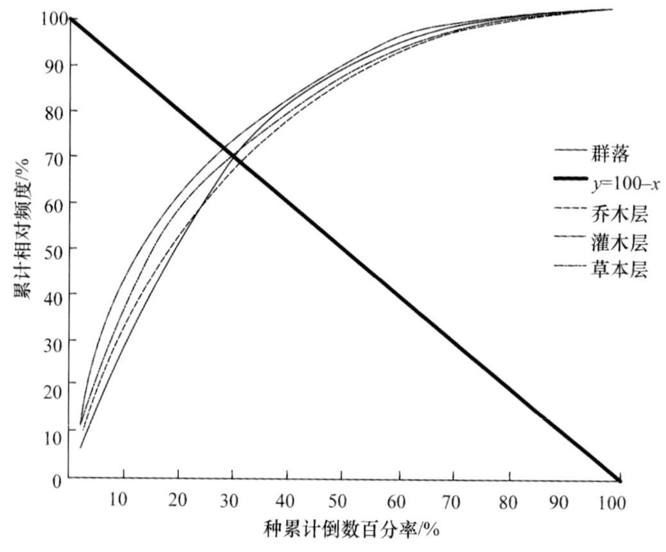

图 11-5-7　4 号广东松样方稳定性图

Fig.11-5-7　Community stability of no.4 *Pinus kwangtungensis* plot

研究表明，作为广东松分布的中心区域，广东(缪绅裕等，2010)、广西(王献溥等，1989)、湖南(沈燕等，2016)、贵州(杜道林等，1996)等地区的广东松种群，均已处于幼苗稀少、树木大龄化的中衰至衰退阶段。而本研究的分析结果也显示，海南的广东松种群同样处于强烈的衰退阶段。生存状况不容乐观。在相似的取样面积下，海南广东松林的物种组成无论从维管植物数量或者是科属组成数量上都明显低于中心分布区(王献溥等，1989；杜道林等，1996；古炎坤等，1993；缪绅裕等，2010；曾阳金等，2006；王厚麟等，2007，2008)，群落物种丰富度低进一步说明了海南的广东松林较中心分布区域的广东松林群落更不稳定，衰退更严重。

海南的广东松林与广东、广西等中心分布区域的广东松林在植物组成上也有着不小差异，其中泛热带和热带亚洲分布的科在海南的广东松林中占有明显的数量优势，而中心分布区域(王献溥等，1989；缪绅裕等，2010；沈燕等，2016)的广东松林却以亚热带成分为主，显示着两地物种组成在水平分布上的差异。以 1 号、2 号广东松林为热带高海拔群落的代表与中心分布区域的广东松林为代表的亚热带中低海拔群落进行比较，发现两者在科属组成上并无太大差别，亚热带、温带、泛热带、热带亚洲等成分都有分布，其差异主要体现在各成分所占的比例不同；亚热带中低海拔地区在科属成分上是以亚热带分布为主，温带和热带分布为辅(吴志敏等，1996；黄俊泽等，2004；李剑雄，2006)，而热带高海拔群落的植物组成则是以热带分布为主，亚热带和温带分布为辅(林泽钦等，2016)，这不仅展现了海南地处热带北缘的热带—亚热带过渡区的独特性质，同时也显示了纬度差异(水平分布)与海拔差异(垂直分布)的复杂关联性。

群落优势种群径级结构分析显示，各群落优势种群中所有的阔叶树种都属于增长型或稳定型种群，种群各龄级更新良好，发展稳定；虽大都存在一定程度的径级缺失现象，但缺失的多为较大径级的立木，且其幼苗、幼树数量多较为丰富，小树、中树等龄级的立木能够不断得到及时更新和补充，以形成良好的自我更新和发展能力，种群呈不断增长或稳定状态；相反，各群落中的广东松个体数分别只有 25 株、17 株、17 株和 29 株，仅占总数的 1.68%、0.97%、1.23%和 1.6%，且幼苗稀缺，几乎都是大径级的大树和老龄树，在龄级上出现极大断层，更新补充困难，整体处于衰退状态。这种鲜明的种群结构差异，会随着演替的发展不断加大，各种群生长的此消彼涨，处于不断老衰且更新困难状态下的广东松种群势必被各群落稳定增长的优势阔叶树种逐渐取代其群落中的绝对优势地位，直至种群消亡，针阔混交林将会逐渐演替成常绿阔叶林。森林群落的稳定是森林生态系统稳定的基础，群落的稳定程度是群落中各种群关系的综合表现，是种间竞争、联结以及自身调节的集中反映(郑元润，2000)。群落稳定性分析表明：4 个样方的乔木层、灌木层、草本层以及群落整体的稳定性的种倒数百分比与累积相对频度比值皆与稳定点 20/80 有着一定的差距，稳定性均不高；各群落的稳定性大小顺序为：4 号样方＞1 号样方＞3 号样方＞2 号样方。

其中，鹦哥岭保护区的 3 个广东松样方稳定性比较中，1 号样方＞3 号样方＞2 号样方；3 号样方较 1 号、2 号样方海拔低，受强风、低温等因素影响小，理应比位于高海拔的 1 号、2 号样方稳定性更高，但由于 3 号样方受火灾和人为因素干扰严重，故其群落稳定性不高；同时，2 号样方因所在坡向为迎风坡，常年受大风影响，树木矮小弯曲，加上高海拔的缘故，因而相对于 1 号和 3 号样方更不稳定；故 3 号样方的稳定性虽不如 1 号样方高，但要高于 2 号样方。在鹦哥岭与佳西岭两个保护区广东松林稳定性的比较中，4 号样方与 1 号、2 号样方，在海拔上有着明显的差距，1 号、2 号样方位于山顶，常年受低温、强风、雾重等因素影响，且群落环境湿度大、坡度陡、土层薄，以至稳定性低于未受以上因素影响的 4 号样方，显示结果为佳西岭的广东松林比鹦哥岭的广东松林稳定性更高。而具有相似海拔、坡向等环境因素，但地点不同的 3 号与 4 号样方比较中，4 号样方的整体坡度要小于 3 号样方，土壤肥力相对更易于保持，且 4 号样方为天然原始林，未受火灾及人为因素干扰，所以 4 号样方的稳定性相比 3 号样方要大。

广东松虽分别为 1 号、2 号、4 号样方的最大优势种群，但其种群结构不合理，老化问题严重，群落中大多为大龄树，无小树，而成熟的广东松种子落地后需要 60 天左右才能萌发(段小平等，1992)，这就增加了群落中生活的动物对其种子的取食机会，降低了萌发率，导致幼苗更新困难，种群稳定性下降；同时，群落中的增长型与稳定型优势种群不断对处于衰退中的广东松种群及其所处的群落地位的冲击，加快了群落格局的改变，造成群落的不稳定。研究表明，广东松个体的生长速度与邻体遮光率和邻体干扰程度是呈显著负相关的(丁忠江等，2000)，其生长受光照因素的影响极大，尤其是幼苗和幼树(肖春旺，2000)；而在所调查的这几个群落中，广东松有几株为大树，枝冠繁茂，很大程度上抑制了邻体植株及乔灌木树种的生长，同时幽闭的群落环境也致使自然光不易到达森林底部，严重影响了林下物种的生长发育，加大了各种群对光照、雨水等资源的相互竞争；这种不同的生态习性和垂直方向上对阳光、空间等生境要求的冲突，制约和影响了林下树木的生长(龙翠玲，2006，2008)，造成林下乔灌木层及草本层的不稳定。而 3 号样方虽然各优势种的种群结构都较合理，但整个群落于 20 世纪 80 年代受过火灾，群落环境遭破坏，且群落中有行道穿过，长期受人为干扰，进而导致了整个群落的不稳定。以上研究结果与毕晓丽等对观光木(*Michelia odora*)、沉水樟(*Cinnamomum micranthum*)和罗浮栲(*Castanopsis fabri*)3 个群落的稳定性分析时得出的结果较为相似(毕晓丽等，2003)，优势种植物本身的生物学特性和环境因素的共同作用致使群落产生不稳定的结果。随着种间竞争的不断加剧，现有的群落环境以及广东松的种群结构决定了群落现有格局改变的必然性，广东松在群落中的优势地位必将被其他强竞争力的阔叶树种逐步取代。

综上所述，海南现存广东松群落整体上已经处于先锋树种衰退，主要优势树种稳定发展，种间关系较为紧密的林分发育阶段；而广东松作为本次研究的目的物种，也是群落最主要的优势种，其种群老化问题严重，龄级断层大，种群结构处于多大树、无幼苗小树的较为极端状态，属于典型的衰退种群；随着演替的发展，群落将继续朝着物种稳定共存的方向前进，群落中种群结构完整的优势阔叶树种势必会逐渐取代广东松在群落中的优势地位，最终导致整个广东松种群在群落中逐渐消亡。目前的广东松种群，其现状基本都已处于中衰至衰退状态，亟须采取保护措施。从自然角度看，广东松随着群落发展而逐渐被取代属于正常演替现象，但该物种本身是濒危保护物种，这为我们制定此类先锋树种的保护策略提出了新的课题。因此，从生物保护的角度来讲，建议除维持物种自身必要的生长条件外，可以通过疏枝伐林促进幼苗幼树更新，完善其种群结构，同时选取优良种子进行人工繁育，扩大其种群数量，以达到濒危物种维护和保护的目的。

第六节　植物群落土壤种子库、林隙(窗)的植物组成动态变化

一、概述

(一)土壤种子库

目前土壤种子库已成为生态学的研究热点，国内外在这一领域开展了大量研究，研究内容主要围绕种子库的物种组成特征(Hahs and Mcdonnell，2013)、种子库与地上植被的关系(Looney and Gibson，1995)、外在干扰对种子库的影响(Pienkowski et al.，1998；Esque et al.，2010)及土壤种子库的功能作用(D'Angela et al.，1988；Vinha et al.，2011)等方面，现在开始研究土壤种子库种子存活与土壤非生物环境与微生物的关系，研究土壤微生物影响土壤种子存活到影响幼苗发育及群落物种构建的关系(Liang et al.，2016；周双清，2017)。

土壤种子来自何方，不同的研究案例有不同的答案。目前的研究水平还很难回答具体的种子来源，只能认为土壤种子库的物种组成不仅受自身地上植被的影响，也受周边植被及历史植被的影响(Puerta-Piñero et al.，2013)，但这并不影响研究土壤种子库的作用功能。较多的实验表明，森林土壤种子库有许多地上植被所没有的草本种类和先锋树种，这些植物多为阳性物种，并推测这些种子具有休眠性或称为待萌芽种子(Daïnou et al.，2011)，在稳定的林下生境中不能萌发，只有当地上植被遭受干扰、周围生境变得不稳定时才会萌发生长，为演替中后期物种的萌发生长提供有利条件，使受干扰的植被系统尽快恢复其系统稳定性(Zang et al.，2007)。在自然条件下，林窗中大量幼苗的快速出现与生长，已基本上说明森林土壤种子库在维持地上植被系统稳定性中具有一定的作用(Vázquez-Yanes and Orozco-Segovia，1987；Puerta-Piñero et al.，2013)。土壤种子库是地上植被的基因储存库，可以缓冲地上植被基因库受到各种外界干扰时灭绝的风险(Kalisz，1991；Pienkowski et al.，1998；Gioria et al.，2012)，同时也是植被重建与恢复的重要种源，土壤种子库通过参与群落的自然更新，影响着地上植被的群落结构与物种多样性维持，对受干扰后的群落恢复具有重要作用(Moles and Drake，1999；Mandak et al.，2012)，在很大程度上决定着生态系统恢复的程度和方向，对于退化生态系统的恢复与重建具有重要的理论和实践意义(Daïnou et al.，2011)。但是林下土壤中储存的种子为什么一定要等待受干扰后才能萌芽？干扰后是什么因素诱导这些休眠种子萌芽？土壤种子库的这一生态行为对地上植被有什么作用和意义？这些问题仍需要更多的研究案例来定量证明和支持。

海南岛是我国主要的热带雨林分布区，物种丰富度很高，拥有6000种高等植物(杨小波等，2015)。由于地处热带北缘，并受一定的季风影响，与赤道雨林相比，海南岛的热带雨林具有一定的独特性，孕育了近500种特有物种(王伯荪等，2005；杨小波，2015)。很多学者都对海南岛的各种类型的热带森林开展过研究，研究内容主要有森林植被的物种

组成、物种分布格局及组配机制、群落结构和动态及林隙更新等(臧润国，2001，2003；龙文兴，2011)，对土壤种子库的研究还较少(杨小波，1999；Zang et al.，2007)。

热带森林系统具有自身的系统稳定性，并通过不断地动态循环过程维持其动态稳定性(Whitmore，1989)，特别是森林系统受干扰后，新的演替会尽快发生，重新建立稳定的森林生态系统是自然规律。土壤种子库作为热带森林生态系统的重要组成部分，应该会通过参与地上植被生态系统的动态循环过程而对地上植被系统稳定性的维持发挥一定的作用(Eager et al.，2013)。《海南植被志》以海南 10 种不同的生态系统为对象开展土壤种子库的比较研究工作，以霸王岭热带山地雨林土壤种子库和地上植被为研究对象，通过种子库萌发实验和林下引入强光实验来尝试解答以下两个问题：热带森林土壤种子库中是否储备有大量的阳性物种？这些物种在稳定的林下生境中不能萌发，光干扰下是否能萌发？进而分析热带森林土壤种子库在维持地上植被系统更新与稳定性中的作用。

(二)林窗

林窗是指森林群落中老龄树死亡或因偶然因素(如干旱、台风、火灾等)导致成熟阶段优势树种的死亡，从而在林冠层造成空隙的现象(Wattas，1947)。林窗的形成和变化构成了森林景观的动态镶嵌结构，对热带雨林的种子分布格局、幼苗生长和植被更新具有重要的作用，是热带雨林生态系统长期变化中必不可少的要素之一。林窗属森林中的一种经常发生的小规模干扰，是森林循环更新的一个重要过程。因此，关于林窗的研究一直是森林生态学研究的热点之一(Denslow，1987；Franklin，1989；Grandpr et al.，2011；Rugani et al.，2013；De，2005)。

在林窗方面的研究可分为三大部分。

第一，对林窗(隙)基本特征和林窗微生境的变化及其对植物多样性影响的研究。在林隙及其土壤性质、土壤微生物等方面国内外学者开展了大量的比较研究，主要关注点为林窗尺寸与森林的土壤理化性质及微生物关系(安树青，1997；Arunachalam，2000；肖文发，2006；张春雨等，2006)；以及对林窗内光、温度、湿度变化和林窗内植物多样性的研究(Barton et al.，1989；Canham，1988，2005；Ritter et al.，2005)。综合分析这些研究成果不难发现，在光、温度、湿度、土壤理化性质等方面的研究都有比较一致的结果。例如，在光方面，未经过滤的日光中红光和远红光的比例差不多(R∶FR≈1.2)。由于林冠层对红光的吸收，林冠层下的光环境中，红光和远红光的比例会低至 0.2～0.3(Daws et al.，2002)，在枯枝落叶层下这一比例会更低，仅有 0.1(Woolley，1978；Vázquez-Yanes et al.，1990)。因此，红光∶远红光会随着林窗的形成而增大，随着林冠或枯枝落叶层的厚度增大而减小；在热带雨林中土壤温度的日变化幅度较小，但当林窗出现后，因林窗大小、方向和季节不同，太阳光在全天的不同时间段内可以直射到森林地面上，土壤温度可能会升高 15℃或远远高于林冠土壤温度；而随着温度的升高，土壤水分蒸发加快，土壤湿度变小，同时由于林窗中林冠层对雨水的截留减少，会有更多的雨水进入土壤，又会使得土壤湿度增大，总体来看土壤湿度的变化幅度增加(Ritter et al.，2005)。林窗对植物多样性及森林更新等方面的影响则主要是通过对土壤种子库种子的萌发、幼苗生长的影响来实现，不同森林、不同的林窗形态、方向对植物多样性的影响略有不同。

第二，对林窗内生理生态学及相关机制等的研究。特别关注森林幼苗对林窗光环境的适应性研究，较多的研究都是努力去解答演替早期种、过渡种和后期种在不同的光照条件下，其幼苗适应光环境的机制。例如，杨小波(2002)关于南亚热带 4 个不同演替阶段树种苗木环境适应性研究；于洋等(2007a)针对光对热带雨林冠层树种绒毛番龙眼种子萌发及其幼苗早期建立的影响研究；闫兴富和曹敏(2007)关于不同光照梯度的遮阴处理对绒毛番龙眼幼苗生长的影响研究以及其他一些研究工作等(Beckage et al.，2000；Portsmuth，2006；闫兴富和曹敏，2008；Romell et al.，2008)。由于森林树木种类的多样性，不同的森林树木幼苗适应林窗光环境的机制也不相同，以上研究工作虽然只限于对某些树种进行研究，但却积累了许多经验，对于以后这方面的研究有着重要的促进作用。

第三，关于林窗与土壤种子库的关系的研究，目前这部分的研究已经涉及的内容有：林窗大小、形状、位置、种子雨与土壤种子库的组成成分的关系(曹敏等，1997；Puerta-piero，2013；Zang，2007)，在研究林窗与其土壤种子库种子萌发的关系时，影响土壤种子库种子萌发的因素很多，形成了多种萌发学说。例如，上面提到光照条件改变可以影响种子萌发的光照影响学说(Nishii et al.，2012；Kyereh et al.，1999；Vázquez-Yanes and Orozco-Segovia，1990)；高温启动种子萌芽之说(Vázquez-Yanes and Orozco-Segovia，1982)；土壤水分影响之说(Mclaren，2003；Warren et al.，2013)；也有火能打破土壤种子库种子休眠，促进土壤种子库种子萌发的研究结论等(Wills，2006)，但是人们首先考虑的还是光因子。因为林窗打开后，第一个变化的是光因子，其他因子的变化与光因子的变化有密切的关系(Nishii et al.，2012；Kyereh et al.，1999；Vázquez-Yanes and Orozco-Segovia，1990)。

为解答林窗环境因子启动土壤种子库种子萌发的机制，目前的研究中，有采种子放入野外林窗或人为建立的荫棚中研究林窗环境对森林植物种子萌发的影响(Kyereh et al.，1999；Orozco-Segovia and Vázquez-Yanes and Orozco-Segovia，1987)，也有采种子在室内利用人工设备，如人工气候箱、加热棒等，研究光照、温度对森林树木种子萌芽的影响(Vázquez-Yanes and Orozco-Segovia，1982；陈辉，2008)。林窗和荫棚研究存在的问题是环境因子中的光照温度因子未分离，无法判断到底是光因子还是温度因子启动了种子的萌芽。要研究林窗环境中的单个环境因子对整个土壤种子库种子萌芽的影响，首先要找到在野外条件下，林窗环境中光照、温度因子的分离方法等。

种子萌芽是一个复杂的调控过程，受种子本身特性和光照、土壤湿度、温度以及土壤化学环境等外在环境因子共同调控(Baskin and Baskin，2001)。Whitmore(1983)认为温度、光照和湿度对种子萌芽特别重要，而这三种环境因子在林冠受到干扰，如林窗和砍伐迹地形成时都会改变(Whitmore，1983)。在热带雨林中影响种子萌芽的环境因子可能是光因子，如光照强度的升高、高比例的红光等(Orozco-Segovia and Vázquez-Yanes，1989；Valio and Joly 1979；Watt，1947)，也可能是温度的变化或者土壤湿度的变化等(McLaren and McDonald，2003；Vázquez-Yanes and Orozco-Segovia，1982；Warren II et al.，2013)。林窗的形成都会促使这些变化的发生(Ritter et al.，2005；Yu et al.，2008；臧润国，2002)。

林窗打开后首先发生变化的是光因子，其他因子的变化与光因子的变化有密切的关系。因此在启动土壤种子库种子萌芽的林窗环境因子中，人们首先考虑的还是光因子，大量的研究案例表明许多先锋植物种子只有在有光的条件下才能萌芽(Vázquez-Yanes and Orozco-Segovia，1987；Vázquez-Yanes et al.，1990；Vázquez-Yanes and Smith，1982)，而非先锋种的种子萌芽则不受光的控制(Whitmore，1989a；Yu et al.，2008)。林窗中光照辐射的增加导致林窗内及表层土壤的温度日变化幅度加大(臧润国，2002)，有些先锋树种的种子萌芽不受光因子的调控，而受温度的调控，其种子只有在高温或变温条件下才能很好地萌芽(Vázquez-Yanes and Orozco-Segovia，1982)。而陈辉等(Chen et al.，2013)的研究则表明 *Ficus hispida* 和 *F. racemosa* 的种子萌芽受林窗光温两种因子的调控。关于土壤湿度变化对种子萌芽影响的研究较少，还没有研究认为林窗环境中土壤湿度的变化可以调控土壤种子库的种子萌芽，目前的研究只是认为土壤湿度及遮阴生境有利于种子的萌芽(McLaren and McDonald，2003；Warren et al.，2013)。基于目前的研究，发现在海南热带雨林土壤种子库中，部分物种的种子萌芽主要受林窗光因子的调控，部分物种的种子萌芽主要受林窗温度因子的调控，还有部分物种的种子萌芽受林窗光、温两因子的综合作用调控。

臧润国和余世孝(1999)在海南的霸王岭热带山地雨林开展的林隙更新研究是海南这方面的研究工作的经典案例。该研究初步揭示了海南热带山地雨林林隙生态环境的变化基本规律及物种更新的规律，他们的研究结果为在海南热带山地雨林中进一步有针对性地开展林隙更新机制的研究奠定了基础。例如，对不同树种组耐阴性相对大小的研究将有助于人们了解各组树种对林隙更新反应的机制；对不同发育阶段林隙的生态因子测定，并对前期、中期、后期高峰型以及双峰型树种耐阴性和水分、养分利用效率的研究，将有助于人们了解不同的树种对林隙生态位在不同时期的利用和占据能力，了解不同树种共存和多样性的维持机制。在生产实验中，可用这些规律促进或抑制不同树种的更新和生长，为森林的可持续经营提供理论依据。

研究土壤种子库时的取样方法有样线法、随机法、小支撑多样点法等。样线法是在样地内选取样线，然后沿样线每隔一段距离取一个样点采取土样；随机法则是在样地内随机选取样点采取土样；小支撑多样点法，即在大样方内的子样方内再分亚单位小样方，形成多级样方，取样点分别设在一级样方、二级样方和三级样方的中心，整个大样方上的取样点为规则的网格结构。此种取样方法比较精确，但较为复杂，在野外较难操作。因此土壤种子库的研究多采用样线法和随机法。取样的时间依据研究目的来确定，若研究持久土壤种子库应该在萌发完成之后而种子成熟和散布开始之前取样，即在夏季取样，若研究瞬时土壤种子库和持久土壤种子库的综合组成应该在种子萌发之前进行，即在冬春两季采两次土样(Thompson et al.，1997；Warr et al.，1994)。由于种子在土壤种子库中的垂直分布具有规律性，不同的植被类型种子的垂直分布不同，因此不同植被类型土壤种子库采样的深度和分层不同。在森林土壤种子库的研究中通常分为三层深度，即 0～2cm、2～5cm、5～10cm，但研究沙地土壤种子库时，取样较深，有的达 30cm 深(周先叶等，2000；Wen-ming et al.，2004)，刘济明(2001)在研究贵州茂兰喀斯特森林中华蚊母树群落种子库时采取 20cm 深的土壤。

土壤种子库的种类鉴定方法有物理分离法和萌发法。物理分离法通过水漂法或筛选法将土壤中的种子挑拣出来，通过鉴定、统计得到土壤种子库的物种组成和数量，由于这种方法挑拣出的种子包括一部分无活性的种子，因此还要对挑拣出的种子测定活性。萌发法是将土样放入萌发筐内，置于合适的光照温度湿度条件下，让土样中的种子萌发成幼苗，然后确定幼苗的种类和数量。在种子萌发过程中，为了能使种子尽可能萌发，通常会在移出已鉴定的幼苗之后，将萌发筐中的土壤进行松动(Warr et al.，1994；安树青等，1996；Thompson et al.，1997；周先叶等，2000；王俊和白瑜，2006；Pereira-Diniz，2006)。另外一种方法是选取几种植物种子放入人工光温条件下进行单因子控制实验(陈辉，2008；陈辉和曹敏，2013)，这种方法可以得到林窗中的光因子或温度单因子对实验物种种子萌芽的作用，可以证明实验物种的种子是光控型、温控型还是受光温两因子的共同调控。

二、研究方法

见以下各研究案例。

三、研究案例

(一)热带地区不同土地利用系统土壤种子库的研究——以 10 个土地利用生态系统比较为例

1. 地理概况与具体研究方法

1)地理概况

种子库研究的土样采集于海南西部八一农场场区和海南中部五指山区。

八一农场场区的土壤是砖红壤，母质多为花岗岩，部分为浅海沉积土。本场干湿季节各占半年，年平均气温为 23.6℃。平均年降雨量为 1771mm。

五指山区土壤类型多样，主要类型有赤红壤(海拔 400～700m)和黄色赤红壤(海拔 700～1100m)，母质为花岗岩；该地区年平均气温为 22.5℃，平均年降雨量为 2000～3000mm。

第一样地为种植木麻黄(12 年)的低丘地，坡向西南，坡度 20°(八一农场)。

第二样地为种植隆缘桉(12 年)的低丘地，坡向西南，坡度 20°(八一农场)。

第三样地为种植橡胶(40 年)的低丘地，坡向西南，坡度 5°(八一农场)。

第四样地为多年种植甘蔗的低丘地，坡向西南，坡度 5°(八一农场)。

第五样地为弃荒农耕旱地(2 年)，平原(八一农场)。

第六样地为原始森林地，坡向西南，坡度 15°(五指山山区)。

第七样地为次生林地，坡向西南，坡度 5°(五指山山区)。

第八样地为灌木地(游耕地弃荒 8 年)，坡向东北，坡度 10°(五指山山区)。

第九样地为茶园(28 年)地，坡向西南，坡度 5°(五指山山区)。

第十样地为刀耕火种地，现种植荔枝，坡向东北，坡度10º（五指山山区）。

在10个样地中，1～5号样地属于八一农场场区；6～10号样地属于五指山山区。

2）研究方法

野外取样和实验资料记录方法的具体过程是：在10个不同土地类型中各设一样线，沿着样线，每隔15m设一个100cm×50cm小样方，一种土地类型5个小样方。各小样方内分三层（0～2cm、2～4cm、4～10cm）采集土壤 10（类型）×5（小样地）×3（层）=150份样带回实验室，放在萌发筐中，萌发筐置于阳光充足的平台上，保持湿度，观察记录萌发情况和种名，实验持续3个月（熊利民等，1992）。

根据得到的资料和数据分析种子库的物种组成、分布特点和相似性。

$$CC=w/(a+b)$$

式中，CC为相似性系数；w为两个样地共有的种数；a和b分别为两个样地各自拥有的种数（王伯荪等，1996）。

2. 结果与分析

1）种子库组成

物种性状和种子数量的变化规律。从记录资料统计可知，10个不同的样地里的植物有97种，隶属68属，31科。其中仅有1个种为裸子植物；蕨类植物有6种。97种植物中，草本植物占绝大多数，有68种，占70.10%；灌木有16种，占16.49%；乔木有13种，占13.40%；但是在不同的样地里，物种的性状比例差别较大。在4号、5号、8号、9号、10号样地里，草本植物均占95%以上；在1号、2号和3号样地里，草本植物分别占80%、82%和88%；在6号和7号样地里，草本植物分别占33.3%和62.8%（表11-6-1）。从表11-6-1中可以发现，土地利用强度越大，土壤中草本植物的种子所占的比例也越大。原始林和次生林土壤中的木本植物种子所占的比例远比其他样地大得多，在植物性状方面表现出较大的空间异质性。

据调查数据分析，各样地的种子数量有一定的差别，平均每一个小样方体积（$0.5m^2 \times 0.1m$）有种子61粒。种子总数量的大小顺序是9号样地＞5号样地＞10号样地＞8号样地＞3号样地＞4号样地＞2号样地＞7号样地＞1号样地＞6号样地（表11-6-1）。但是在人类经常进行经济活动的土地里，大量的种子都是草本植物种子，种子数量较大的植物有：革命菜（*Gynura crepidioides*）、飞机草（*Eupatorium odoratum*）、黄珠子草（*Phyllanthus simplex*）、距花黍（*Ichnanthus vicinus*）、糙叶丰花草（*Borreia articularis*）、蟋蟀草（*Eleusine indica*）、多棱粟草（*Mollugo verticillata*）、竹节草（*Chrysopogon aciculatus*）和胜红蓟（*Ageratum conyzoides*）等次生性草本植物；在热带雨林和次生林中种子数量较多的是木本植物，它们是：八角枫（*Alangium chinense*）、保亭榕（*Ficus tuphapensis*）、海南榕（*F.hainanensis*）、玉叶金花（*Mussaenda* sp.）和柏拉木（*Blastus cochinchinensis*）等。植物区系成分分析说明，人类的干扰常常消灭以前植被的地区性分布成分，同时创造出那些在森林生境中不能成功地与地区性成分竞争的世界分布种的生长环境（王伯荪，1987b）。这在土壤种子库的组成成分上也得到反映。在10个样地的91种被子植物中，热带成分（地区性成分）占80%，但不同的样地热带成分所占的比例有一定的区别，且有一定的规律(表 11-6-1)。从表 11-6-2 的数据中可以发现，土地利用强度越大，土壤种子热带分布成分所占的比例越小，5 号样地<10 号样地<3 号样地<4 号样地<1 号样地<8 号样地<9 号样地<2 号样地<7 号样地<6 号样地。原始林的热带分布成分比例最高；世界分布成分的情况相反。世界分布(广布种)多为次生性植物，其比例越高，系统的次生性越强。

表 11-6-1　不同土地类型种子库植物性状分析

Tab.11-6-1　The analysis of plant properties of soil seed banks in different type of land

样地号	草本植物种数/个	占比/%	灌木植物种数/个	占比/%	乔木植物种数/个	占比/%	种子总数量/个
1	16	80.0	2	10.0	2	10.0	135
2	14	82.0	1	6.0	2	12.0	177
3	23	88.0	3	12.0	0	0.0	306
4	17	100.0	0	0.0	0	0.0	220
5	21	95.0	1	5.0	0	0.0	477
6	7	33.3	3	14.3	11	52.3	129
7	27	62.8	7	16.3	9	20.1	167
8	15	94.0	1	6.0	0	0.0	360
9	25	96.0	1	4.0	0	0.0	585
10	13	100.0	0	0.0	0	0.0	459

表 11-6-2　不同土地类型种子库区系成分分析

Tab.11-6-2　Component analysis of seed floar of soil seed banks in dieffernt type of land

样地号	热带分布成分/%	世界分布成分/%	其他分布成分/%
1	80	10.0	10.0
2	88	12.0	0.0
3	73	19.0	8.0
4	76	18.0	6.0
5	50	27.0	23.0
6	90	0.0	10.0
7	89	5.3	5.3
8	81	12.5	6.5
9	85	9.5	5.5
10	69	23.0	8.0

2) 种子分布规律

土壤种子库的分布可以分为垂直分布和水平分布，垂直分布是指种子在某一利用土地类型里的土壤剖面中的分布情况。在这里，水平分布主要是指种子在某一利用土地类型里的土壤剖面中的分布的频度和密度。

从记录资料上看，种子在土壤里的垂直分布规律是：种子多集中分布在土壤的上表层，向下递减速度较快。在 10 个样地中，土壤各层(0～2cm、2～4cm、4～10cm)种子数量之比是：1 号样地为 101∶29∶5；2 号样地为 156∶16∶3；3 号样地为 212∶64∶30；4 号样地为 62∶47∶23；5 号样地为 294∶100∶83；6 号样地为 61∶37∶23；7 号样地 123∶29∶

15；8 号样地为 210∶89∶16；9 号样地为 267∶207∶111；10 号样地为 272∶110∶77。

在水平分布方面，10 个样地的种子分布规律分析结果见表 11-6-3。从表 11-6-3 中可以看到，在各土地利用系统中，多数种子的分布频度为 0.2 或 0.4，密度为 0.4～2 个/m^2，表现出较小的分布频度和密度。这可能是土壤种子库水平分布的共性。

表 11-6-3 种子水平分布规律分析结果

Tab.11-6-3 The analysis of biodivesrity of the soil seed banks

样地号	频度					密度/(个/m^2)			
	0.2(%)	0.4(%)	0.6(%)	0.8(%)	1(%)	0.4(%)	0.8～2(%)	2.4～8(%)	>8(%)
1	50.0	10.0	15.0	10.0	15.0	40.0	15.0	35.0	10.0
2	47.2	29.4	5.8	11.8	5.8	29.4	52.9	5.9	11.8
3	30.8	30.8	11.6	7.6	19.2	19.2	30.8	23.1	26.9
4	58.8	29.4	5.9	0.0	5.9	35.3	35.3	5.9	23.5
5	42.9	19.0	4.8	14.3	19.0	28.6	23.8	19.0	28.6
6	66.4	9.5	9.5	9.5	4.8	38.1	38.1	14.3	9.5
7	63.6	13.6	11.4	9.1	2.3	41.9	44.4	11.4	2.3
8	43.7	31.2	12.5	6.3	6.3	26.9	37.5	11.6	29.3
9	69.2	15.4	7.7	7.7	0.0	38.5	23.0	11.5	27.0
10	53.9	15.4	11.5	7.7	11.5	15.4	53.8	0.0	30.8

3)种子库的空间相似性分析

从表 11-6-4 中可以看到，在 10 个不同土地利用系统中，两两间的种子库组成成分相似性系数变化范围为 0.000～0.533，表现出它们之间较大的异质性。其中热带原始林与其他森林类型的相似性最小，其系数为 0；次生林与其他类型(除原始林外)的相似性亦很小，变化范围为 0.063～0.143；灌丛和其他 9 个植被类型的土壤种子库相似性大小顺序是甘蔗园(0.364)>刀耕火种地(0.344)>木麻林(0.278)>茶园(0.270)>桉树林(0.242)>弃荒农田(0.216)>胶园(0.143)>次生林(0.102)>原始林(0.000)。这些都说明了原始林和次生林与其他的土地系统在种子库的组成成分方面有较大的区别，仅从土壤种子库的角度来看，从灌丛向次生林演替仍需要较长的时间。

表 11-6-4 不同土地利用系统土壤种子库相似性分析结果

Tab.11-6-4 The analysis of the horizontal distribution of the seed

1	1									
2	0.281	1								
3	0.304	0.390	1							
4	0.108	0.457	0.522	1						
5	0.216	0.263	0.425	0.263	1					
6	0.049	0.053	0.000	0.000	0.000	1				
7	0.063	0.068	0.089	0.069	0.067	0.250	1			
8	0.278	0.242	0.143	0.364	0.216	0.000	0.102	1		
9	0.261	0.419	0.231	0.326	0.316	0.000	0.063	0.270	1	
10	0.424	0.533	0.359	0.400	0.467	0.000	0.143	0.344	0.235	1

以上研究结果可说明：不同植被类型下的土壤种子库在植物种类组成上有较大的区别，即土地利用强度越强，木本植物种子越少，草本植物种子越多；演替后期物种的种子仅在原始林和次生林中出现。较大的空间异质性说明了在人类经常干扰的弃荒地上，植被自然恢复需要较长的时间。在海南中部山区轮种或每年火烧草坡，不仅会造成水土流失，而且土壤种子库在质和量方面也会发生严重的退化，这是尚未引起人们注意的土地退化的生物学问题。种子的垂直分布规律是，随着土层的加深，种子在数量上递减的速度较快；在水平分布方面，大多数物种的种子呈零星分布，仅几个优势种呈集群分布。

3. 特点与讨论

根据前人对土壤种子库的研究，演替早期阶段的土壤体积要达到 400cm^3，灌丛阶段为 500～600cm^3，顶级群落为 4000～6000cm^3，或为 10 000cm^3。我们取样中每一种土地类型取样体积达 25 000cm^3，因此，这样的体积对研究热带地区不同土地类型的种子库是充足的。关于热带地区土壤种子库观察时间问题，曾经有学者开展过比较研究，他们的结论是，只要连续 6 个星期无种苗出现，则可结束观察，这样的实验结果是比较准确的(熊利民等，1992)。本实验的结果基本支持这个观点。由于热带地区有较多的种子，特别是森林树种的种子大多数是顽拗型种子，没有休眠期活动的种子占的比例较大，因此，每一时期取土样观察的结果虽然不能反映一年的土壤种子库状况，但是基本上能反映该时期的土壤种子库状况。

研究结果可说明下面一些问题。

(1) 不同植被类型下的土壤种子库在植物种类组成上有较大的区别。土地利用强度越强，木本植物种子越少，草本植物种子越多，演替后期的物种的种子仅在原始林和次生林中出现。较大的空间异质性说明在人类经常干扰压力下，植被植物组成趋向相同性，在人类干扰强度越大的弃荒地上，植被自然恢复需要的时间越长。结合现有植被组成现状或物种的比例和种子库的组成现状或物种的比例可以评价退化系统的质量或预测植被的发展动态。

(2) 刀耕火种，又称游耕农业。在海南一般刀耕火种 2～3 年便停耕，经 6～8 年后又轮一次。这种游耕农业不仅造成水土流失，而且土壤种子库在质和量方面也发生严重的退化，这是尚未引起人们注意的土地退化的生物学问题。

(3) 种子的垂直分布规律是，随着上层的加深，种子在数量上递减的速度较快；在水平分布方面，大多数物种的种子呈零星分布，仅几个优势种呈集群分布。

(二) 海南山地雨林土壤种子库特点——以霸王岭山地雨林为例

1. 案例的地理概况与具体研究方法

1) 地理概况

研究样地位于海南霸王岭自然保护区东二站东北方的山脊上，样地中心地理坐标为北纬 19°05′44″，东经 109°10′47″，海拔 980～990m，坡度 20°～30°，东北坡向，土壤为山地黄壤(图 11-6-1)。20 世纪 70 年代，在自然保护区未建立之前，此区域曾被作为林场采伐木材，植被受到一定程度的破坏。1980 年成为自然保护区后，此区域的植被开始恢复，目前其植被是以壳斗科为优势种的热带山地雨林，处于演替中期(吕晓波等，2012)。此区域属热带季风气候，干湿季明显，5～10 月为雨季，11 月至翌年 4 月为旱季，年平均气温 23.6℃，年平均降雨量 1500～2000mm(刘万德等，2009)。郁闭度 0.7 左右。其乔木层主要有红椎(*Castanopsis hystrix*)、越南白椎(*Castanopsis tonkinensis*)、鸭脚木(*Schefflera octophylla*)、黄杞(*Engelhardia roxburghiana*)等；灌木层主要有药用狗牙花(*Ervatamia officinalis*)、郎伞(*Ardisia elegans*)、罗伞(*Brassaiopsis glomerulata*)、岭罗麦(解油)(*Tarennoidea wallichii*)等；草本层主要有三羽新月蕨(*Pronephrium triphyllum*)、中华复叶耳蕨(*Arachniodes chinensis*)、圆裂短肠蕨(*Allantodia uraiensis*)等；层间植物主要有扁担藤(*Tetrastigma planicaule*)、大叶钩藤(*Uncaria macrophylla*)、单叶省藤(*Calamus simplicifolius*)、楠藤(*Mussaenda erosa*)等藤本植物(吕晓波等，2012)。

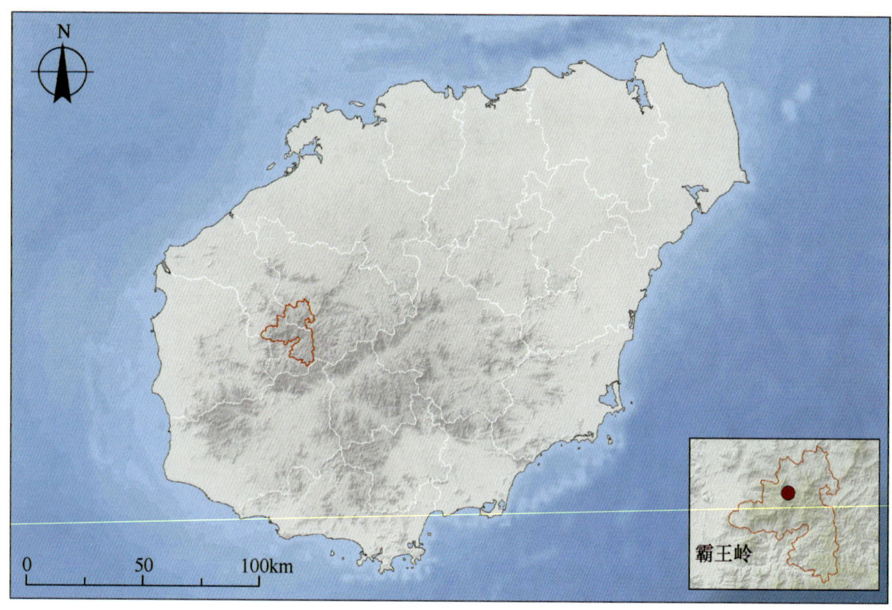

图 11-6-1 样地地理位置

Fig.11-6-1 Location diagram of Bawangling Mountain and study site

2)研究方法

(1)地上幼苗库调查

采用常规的样方调查法，调查了 15 个 20m×20m 的乔灌木样方，每个样方分成 4 个 10m×10m 的小区，在每个小区的一角设置一个 1m×1m 的小样方，记录其内的物种种类、株数或盖度。

(2)土壤种子库

采用常规的样线法采取土样和萌发法研究其种类组成。根据样地的地形及坡向，分别在样地的东北坡和东坡各取一条线，沿每条样线从下到上每间隔 10m 取样一次，共取 18 个样点，每个样点大小为 20cm×20cm，分 3 层取样(0～2cm、2～5cm、5～10cm)。将自制的木箱固定在保护站院内光照充足的地方，木箱底部打眼，将 2 份土样同层混合均匀后放在萌发箱中进行萌发，每一层次 9 个萌发箱，共 27 个萌发箱。记录并鉴定萌发数量及种类，使用纱网覆盖木箱防止其他种子在萌发期间进入土样中，适时浇水，直到 30 天内再无新的种类萌发时停止试验，将无法鉴定的幼苗带回实验室内继续生长。

(3)林下引入强光试验

在样地内选取面积 15m×15m 郁闭度较好的林地，自上而下分为 3 个样方，每一样方再分为 3 个 5m×5m 的小样方作为重复，共 9 个小样方，每一小样方内设置照光组和对照组两个样点。照光组用探照灯提供光照，样点中心光强 100 000lux 左右，样点内的平均光强 50 000lux 左右；对照组样点为林下自然光，平均光强为 500lux 左右。用 PVC 管和灯罩做防水处理，同时也能防止外来种子的散布，将高 10cm、直径 20cm 的 PVC 管圈放在每一样点的土壤上，以防雨水冲刷样点土壤。实验 8 个月后在对照组样点上加探照灯。观察记录各样点萌发种类及数量。试验从 2011 年 12 月 2 日开始，到 2012 年 12 月 28 日止。

(4)数据处理及统计分析方法

数据处理、统计分析及图表均用 Excel 2003 完成。

2. 结果

1)土壤种子库多样性及物种组成变化

通过萌发实验，土壤种子库中记录到 791 株小苗萌出，它们分属于 29 种维管植物种子，其中 1 种未知种，数量为 1 株，未长大就死亡，分析中没有办法计入其中，其余 28 种分属于 18 科 25 属，其中蕨类植物 2 科 2 属 2 种，单子叶植物 3 科 4 属 4 种，双子叶植物 13 科 19 属 22 种。28 种中有乔灌木 17 种，草本 7 种，藤本 4 种。土壤种子库的物种基本组成见表 11-6-5。地上植被中乔灌木的优势种刺栲(红锥，*Castanopsis hystrix*)、公孙锥(越南白椎，*Castanopsis tonkinensis*)、鸭脚木(*Schefflera heptaphylla*)和九节(*Psychotria asiatica*)等及草本优势种三羽新月蕨(*Pronephrium triphyllum*)、中华复叶耳蕨(*Arachniodes chinensis*)、圆裂短肠蕨(*Allantodia uraiensis*)等，在土壤种子库中未见其分布，其原因可能是，这些植物的种子能在森林环境中萌芽而没有保存在土壤种子库中，也可能是采集土样时，这些植物的种子还未成熟。土壤种子库种子平均密度为 78.47 粒/ m^2，其中密度在 100 粒/m^2 以上的有 5 种，密度最大的是粽叶芦(*Thysanolaena maxima*)，高达 1206 粒/m^2，其种子数量占到总种子数的 54.87%，其次密度较大的有多花野牡丹(*Melastoma affine*)、毛稔(*Melastoma sanguineum*)、山黄麻(*Trema orientalis*)和二花珍珠茅(*Scleria biflora*)，它们的种子密度分别为 214 粒/m^2、194 粒/m^2、164 粒/m^2 和 106 粒/ m^2。这 5 种植物是土壤种子库的优势物种，地上植被中未记录到这 5 种植物，但它们在调查区域附近的路边很常见，因此推测它们的种子应该是来自于周围植被，通过风力或动物等途径传播进入调查群落的土壤种子库中。

表 11-6-5 地上植被与土壤种子库组成比较

Tab.11-6-5 Comparison on species diversity of aboveground vegetation and soil seed banks

植物库/多样性	种数	个体数
地上木本库	183	1915
幼苗库	98	314
土壤种子库	28	791

2)土壤种子库的生态组成

对土壤种子库的组成种类及数量特征进行分析，具体信息见表 11-6-6。通过分析得出，土壤种子库记录到的物种中有先锋物种 12 种，占总种数的 43%，中期种 15 种，占总种数的 57%。种子相对数量 5%以上的 4 个种粽叶芦、多花野牡丹、毛稔、山黄麻均为先锋物种，这 4 个物种的种子数量占到了总种子数量的 80.91%。通过对土壤种子库的生态种组组成和各生态种组的种子数量的对比分析可以看出(图 11-6-2)，先锋种在乔木、灌木和草本种组中的优势明显，藤本种组则均为中期种。但中期种也多为阳性物种，如二花珍珠茅、短叶黍(*Panicum brevifolium*)、腺毛悬钩子(*Rubus sumatranus*)、锈毛莓(*Rubus reflexus*)、白花酸藤果(*Embelia ribes*)、楝叶吴茱萸(*Evodia meliaefolia*)、水锦树(*Wendlandia uvariifolia*)等均为调查区域内路边的常见种。

表 11-6-6 土壤种子库物种生态组成及数量分析

Tab.11-6-6 Species ecological composition and quantitative analysis of soil seed banks

种名	生活型	生态种组	种子数量/个	相对数量/%	种子密度/(粒/m^2)
粽叶芦 *Thysanolaena maxima*	H	P	434	54.87	1206
多花野牡丹 *Melastoma affine*	S	P	77	9.73	214
毛稔 *Melastoma sanguineum*	S	P	70	8.85	194
山黄麻 *Trema orientalis*	T	P	59	7.46	164
红背山麻杆 *Alchornea trewioides*	S	P	9	1.14	25
乌毛蕨 *Blechnum orientale*	H	P	9	1.14	25
白楸 *Mallotus paniculatus*	T	P	4	0.51	11
革命菜 *Crassocephalum crepidioides*	H	P	4	0.51	11
赤杨叶 *Alniphyllum fortunei*	T	P	2	0.25	6
山乌桕 *Sapium discolor*	T	P	1	0.13	3
三叉苦 *Euodia lepta*	T	P	1	0.13	3
中平树 *Macaranga denticulate*	T	P	1	0.13	3
二花珍珠茅 *Scleria biflora*	H	M	38	4.80	106
短叶黍 *Panicum brevifolium*	H	M	31	3.92	86
腺毛悬钩子 *Rubus sumatranus*	S	M	11	1.39	31
楝叶吴茱萸 *Evodia meliaefolia*	T	M	7	0.88	19
野芭蕉 *Musa wilsonii*	H	M	6	0.76	17
白花酸藤果 *Embelia ribes*	V	M	5	0.63	14
普通针毛蕨 *Macrothelypteris torressiana*	H	M	5	0.63	14
毛八角枫 *Alangium kurzii*	T	M	3	0.38	8

续表

种名	生活型	生态种组	种子数量/个	相对数量/%	种子密度/(粒/m^2)
黄毛榕 *Ficus esquiroliana*	T	M	3	0.38	8
十棱山矾 *Symplocos chunii*	T	M	2	0.25	6
水锦树 *Wendlandia uvariifolia*	T	M	2	0.25	6
锈毛莓 *Rubus reflexus*	V	M	2	0.25	6
乌蔹莓 *Cayratia japonica*	V	M	2	0.25	6
青藤公 *Ficus harmandii*	T	M	1	0.13	3
楠藤 *Mussaenda erosa*	V	M	1	0.13	3
杜茎山 *Maesa japonica*	S	M	1	0.13	3

T 乔木；S 灌木；V 藤本；H 草本；P 先锋种；M 中期种。

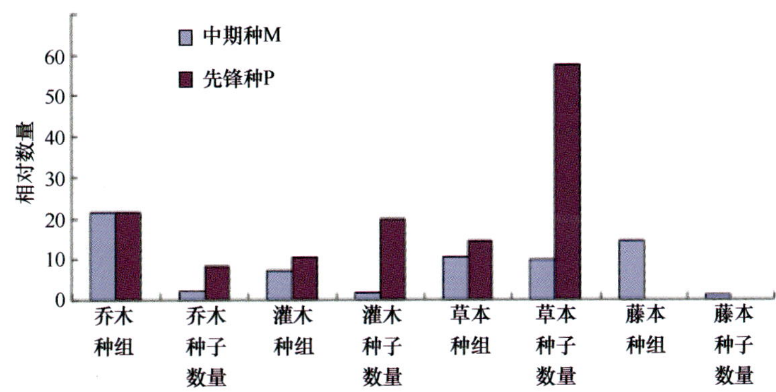

图 11-6-2　土壤种子库植物种组及种子相对数量

Fig.11-6-2　Relative quantity of plant species group and seeds in seed banks

3) 林下引入强光实验结果及幼苗库物种组成

在稳定的林下生境中人为引入强光，研究强光干扰下热带森林土壤种子库中种子是否萌发。实验过程中光照组 9 个样点都有小苗萌出，数量最多的样点记录到 15 株小苗，对照组 5 个样点有萌发，但萌发数量较少，共记录到 5 株小苗，由于后期小苗枯死，其种类未知。对照组样点加入强光后，大量小苗萌出，萌发最多的一个样点曾记录到 28 株小苗。但多数小苗在萌出后生长缓慢，长时间停留在两片子叶阶段，很难鉴定出种类，在受到干旱胁迫后有很多干枯死亡。结合土壤种子库萌发实验的鉴定经验，萌发的幼苗鉴定出 15 种(表 11-6-7)。其种类组成与土壤种子库萌发实验的物种组成特征相一致，均以阳性物种为主，只是林下引入强光实验的物种种类和数量均明显低于土壤种子库萌发实验，土壤种子库萌发实验中数量最多的粽叶芦在林下试验中未见其萌发，可能因为林下试验中人工引入光的光强不足以使粽叶芦种子萌发，需要更强的光干扰才能萌发。在样地内林下幼苗库中记录到 314 株幼苗(表 11-6-7)，分属于 98 种植物，先锋种仅有 2 种，其余 96 种均为中后期种，这些中后期种有不同程度的耐阴性，能够在郁闭的林下萌发生长。与林下幼苗库的物种相比，林下试验萌发的 15 种幼苗中有 6 种先锋种和 9 种中期种，中期种中除粉叶菝葜和烟斗柯外其余 7 种均为阳性中期种。

表 11-6-7 幼苗库主要种类与林下引入强光试验萌发种类的生态种组组成与数量特征

Tab.11-6-7 Species ecological composition and quantitative analysis of main species in seedling banks and germination species in photothermal experiment

幼苗库主要种类			林下引入强光试验萌发种类		
种名	生态种组	株数	种名	生态种组	株数
九节 *Psychotria rubra*	L	13	黄杞 *Engelhardtia roxburghiana*	M	1
黑桫椤 *Alsophila podophylla*	L	8	楝叶吴茱萸 *Evodia meliaefolia*	M	1
白沙黄檀 *Dalbergia peishaensis*	L	7	粉叶菝葜 *Smilax corbularia*	M	2
三角瓣花 *Prismatomeris tetrandra*	L	7	烟斗柯 *Lithocarpus corneus*	M	1
水翁 *Cleistocalyx conspersipunctatus*	L	6	水锦树 *Wendlandia uvariifolia*	M	1
海南暗罗 *Polyalthia laui*	L	6	锈毛莓 *Rubus reflexus*	M	2
海南染木 *Saprosma hainanense*	L	6	二花珍珠茅 *Scleria biflora*	M	2
海南山龙眼 *Helicia hainanensis*	L	6	野芭蕉 *Musa wilsonii*	M	2
红果黄檀 *Dalbergia tsoi*	L	6	乌蔹莓 *Cayratia japonica*	M	1
三脉马钱 *Strychnos cathayensis*	L	6	山黄麻 *Trema orientalis*	P	6
小果鹧鸪花 *Trichilia connaroides* var. *microcarpa*	L	6	三叉苦 *Euodia lepta*	P	2
金毛狗 *Cibotium barometz*	L	5	毛稔 *Melastoma sanguineum*	P	7
肖蒲桃 *Acmena acuminatissima*	L	5	多花野牡丹 *Melastoma affine*	P	2
臀形果 *Pygeum topengii*	M	33	革命菜 *Crassocephalum crepidioides*	P	1
柏拉木 *Blastus cochinchinensis*	M	11	乌毛蕨 *Blechnum orientale*	P	2
华润楠 *Machilus chinensis*	M	10			
华南胡椒 *Piper austrosinese*	M	7			
药用狗牙花 *Ervatamia officinalis*	M	7			
布拉栎 *Quercus blakei*	M	6			
禾串树 *Bridelia insulana*	M	5			
亮叶猴耳环 *Pithecellobium lucidum*	M	5			
鸭脚木 *Alstonia scholaris*	M	5			
黧蒴椎 *Castanopsis fissa*	P	1			
三叉苦 *Euodia lepta*	P	1			

注：P 为演替先锋种；M 为演替中间种；L 为演替后期种。

3. 特点与讨论

土壤种子库是地上植被的“生态记忆库”(Schaefer，2009)，其物种组成以地上植被的现存或以前的植物群落组成为基础，也会受到周围植被的影响(Fenner and Thompson，2005；Hahs and Mcdonnell，2013)。在热带雨林中，林木的种子大多能快速萌发，不具休眠性(Ng，1980)。所以，许多热带森林土壤种子库的研究显示热带森林土壤种子库的优势物种多为群落演替前期物种或林窗入侵种，这些物种与林上的种类有较大的差异(Hall and Swaine，1980；Bueno and Baruch，2011；Han et al.，2012)。海南热带山地雨林土壤种子库萌发实验的结果与这一观点相符，表明热带森林土壤种子库中的优势物种为演替前期先锋种。土壤种子库的物种组成与地上植被的现有群落组成差异较大。土壤种子库中的优势种为粽叶芦、多花野牡丹、毛稔、山黄麻和二花珍珠茅，它们均未分布在调查群落中，这五种植物的种子可能来自周围植被，它们可能通过风传播(如粽叶芦)或动物传播(如多花野牡丹和毛稔)进入到林内土壤中，也可能来自于演替早期植被。土壤种子库物种的生态组成分析显示先锋种个数占土壤种子库总种数的 43%，剩余的中期种大多也是演替早期的阳性植物，种子相对数量5%以上的4个种粽叶芦、多花野牡丹、毛稔、山黄麻均为先锋物种，这4个物种的种子数量占到了总种子数量的80.91%。通过以上分析可以说明热带森林土壤种子库中确实储备了大量的先锋植物种子。

热带森林土壤中存在大量休眠或称为待萌芽的先锋植物种子，光干扰能打破这些种子的格局。如果地上植被受到干扰，如火灾、林窗形成等，在充足的光环境中，土壤种子库中的先锋植物种子会迅速萌发生长，形成遮阴生境，缓冲干扰对森林内环境的影响，为中后期物种种子的萌发和幼苗的生长提供一个较为稳定的生境，加快次生演替，使地上植被尽快恢复系统稳定性(Zang et al.，2007；Eager et al.，2013)。在这一过程中，土壤种子库中储备的大量先锋植物种子对地上植被系统稳定性的早期恢复发挥了重要作用。土壤种子库中储备的大量先锋植物种子需要波动幅度较大的环境因子才能萌发，而演替中后期的热带森林具有较为稳定的内环境，从而阻止土壤种子库中先锋植物种子的萌发生长(Whitmore，1989)，这才使得先锋植物种子积累在土壤中。森林一旦受到干扰，其稳定的内环境则变得不再稳定，土壤种子库中的先锋植物种子大量萌发生长，缓冲因干扰而变得不稳定的环境，使热带森林尽快恢复其系统稳定性。

本案例采用森林林下引入强光的方法开展实验，避免了林下土壤被移出林外过程中受到的多种干扰。实验结果显示，光照组9个样点都有小苗萌出，数量最多的样点记录到15株小苗，9个小样地总苗数最多曾记录到77株；虽然对照组的5个样点有萌发，但萌发数量较少，共记录到5株小苗，后期对原先没有照光的对照组小样地换上光照后，大量小苗萌出，萌发最多的一个样点曾记录到28株小苗，总苗数最多曾记录到111株。萌发出的物种多为阳性植物，其中萌发数量最多的山黄麻和毛稔均为先锋植物。实验虽然简单，却说明了强光干扰可以使储备在土壤种子库中的阳性植物种子萌发。

(三)海南热带雨林林窗促进土壤种子库萌芽机制研究——以霸王岭山地雨林为例

1. 地理概况与具体研究方法

1)地理概况

见上一个案例。

2)研究方法

(1)野外林下的光温分离方法

卤素探照灯是白炽灯的一种，发出的光为连续光谱(Ojanen et al.，2010)，提供的光照接近日光，既有可见光也有热量，可以用来模拟林窗环境中的光温环境；节能灯为冷光源灯，发出的光为不连续光谱，提供的光中几乎没有热量，可以用来模拟林窗中的光环境；陶瓷加热灯是利用远红外光提供热量的灯，它不发出可见光，可以用来模拟林窗中的温度环境。用这三种不同的灯具在野外林下分别模拟林窗光温环境及林窗中的光因子环境和温单因子环境。

(2)野外光温分离实验

在林下选取15m×15m的样方作为研究区域，将样方分成9个5m×5m的小样方作为重复，每一小样方内设光照组(light group，LG组)、增温组(temperature group，TG

组)、光温组(photo-thermal group，PTG 组)及 1 个对照组(control group，CG 组)共 4 个样点，实验样地设计如图 11-6-3 所示。光照组用 85W 节能灯提供光照，增温组用陶瓷加热灯提供热源，光温组用 Sunca 牌 35W 的 H3 卤素探照灯提供光照和热源。在林下，用三根木桩将探照灯固定在离地面 1m 处，并用塑料袋将探照灯的上部包住以防止雨水损坏探照灯。节能灯和陶瓷加热灯均先固定在灯罩上，然后放到固定好的 PVC 管上，PVC 管用来聚光和聚热。将高 10cm、直径 20cm 的 PVC 管圈稳定在每一样点的土壤上，作为萌发实验区域。每天 8：00～16：00 开灯，开灯时间为 8h。2011 年 12 月 2 日开灯开始试验，2012 年 7 月 13 日结束实验。实验期间用 Em50 土壤温湿度记录仪(Decagon Devices，Pullman WA，USA)记录林下土壤表层的温湿度，记录间隔为 30min。用 LX-1010B 数字照度记(上海双旭电子有限公司)测定每一处理下的光照强度。

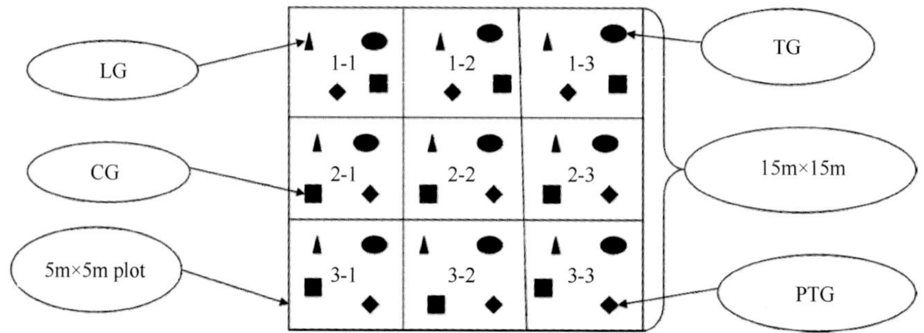

图 11-6-3　林下土壤种子库萌发实验的样地设计

Fig.11-6-3　The plot design diagram for soil seed bank germination experiment in forest

(3) 室内验证实验

A. 实验材料

粽叶芦(*Thysanolaena maxima*)，是禾本科多年生丛生草本，草本先锋种，一年两次花果期，春夏或秋季，海南各地常见，常见于山坡、路边灌丛和疏林中，颖果长圆形，长约 0.5mm，种子球形，直径约为 0.1mm。毛稔(*Melastoma sanguineum*)，是野牡丹科多年生灌木，属于灌木先锋种，花果期几乎全年，种子扁半圆形，长约 0.2mm，海南各地荒野常见。山黄麻(*Trema orientalis*)，榆科小乔木，是乔木先锋种，花期 7 月，种子球形，直径约 2mm，为山谷和路边常见植物。厚壳桂(*Cryptocarya chinensis*)，樟科高大乔木，属于演替后期种，果期 8～12 月，种子球形，直径 10mm 左右，熟时黑色，常见于山谷隐蔽的混交林中(表 11-6-8)(陈焕镛，1964～1978)。

表 11-6-8　实验所选物种的主要特征

Tab.11-6-8　Species used in the experiment

物种	科	生活型	生态型	种子形状及大小
粽叶芦 *Thysanolaena maxima*	禾本科	H	P	球形、直径约 0.1mm
毛稔 *Melastoma sanguineum*	野牡丹科	S	P	扁半圆形、长约 0.2mm
山黄麻 *Trema orientalis*	榆科	T	P	球形、直径约 2mm
厚壳桂 *Cryptocarya chinensis*	樟科	T	NP	球形、直径约 10mm

注：H 指草本；S 指灌木；T 指乔木；P 指先锋种；NP 指非先锋种。

B. 实验方法

实验仪器及设计：采用 2 台 PRX-250 型智能人工气候箱（宁波海曙赛福实验仪器厂）进行光温湿的分离试验。2 台人工气候箱均设置为 14h 光照、10h 黑暗，温度的设置 1 台设置为 30℃恒温，1 台设置为 20～30℃林窗变温。光照设置 6000lux（林窗光）、500lux 林下光和黑暗（0lux）3 个梯度，温度设置 20～30℃林窗变温，30℃恒温及 20～25℃林下变温三个梯度，湿度单因子实验中，粽叶芦和毛稔种子的湿度梯度设置为 15%、25%和 35%，山黄麻和厚壳桂种子的湿度梯度设置为 20%、30%和 40%，每个梯度 4 个重复。

种子的预处理：提前 1～2 个月在海南霸王岭采集种子，将种子带回实验室，放在黑暗处晾干备用。在实验开始前将每一物种的种子或果实放入蒸馏水中浸泡 72h，去掉果皮，浸泡的目的是使种子充分吸水，挑选利用饱满的种子。

用 0.2mm 的土壤筛筛制细沙，放入 80℃烘箱内烘 24h，除去细沙中的水分。将细沙放入玻璃培养皿内作为萌发基质，直径 12cm 的培养皿放入 80g 细沙，直径 9cm 的培养皿放入 50g 细沙，使细沙在培养皿内的厚度在 1cm 左右，将种子埋入沙土中，粽叶芦和毛稔每皿放 20 粒种子，山黄麻每皿放 10 粒种子，厚壳桂每皿放 8 粒种子。粽叶芦和毛稔种子为新种子，山黄麻和厚壳桂种子为在前期水培实验中处理过 55 天的种子（水培试验以蒸馏水做培养基质，实验设计相同，但由于山黄麻和厚壳桂始终未有种子萌发而停止改用沙土做培养基质）。光照组和温度组的含水量为 20%，光照组放在 20～30℃林窗变温环境中，温度组放在林窗光照环境中，湿度实验组放在林窗光和 30℃恒温条件下，用透明塑料薄膜和橡皮筋将培养皿封口以防止水分的过快流失。开始有萌发后隔天观察记录一次萌发情况，直到一周内无新种子萌发时结束实验。光照强度的测定用 LX-1010B 数字照度记（上海双旭电子有限公司）。

3）数据处理及分析

在野外实验温湿度数据中选取每月中数据记录个数完整的温度进行统计分析，找出每天温度的最高值、最低值、平均值以及变化幅度，分别计算不同月份的日最高温度值、日最低温度值、日平均温度值和温度的日变化幅度的平均值。幼苗种类鉴定由有经验的专家完成。以出现萌发所需要的时间、半数样点出现萌发所需要的时间、全部样点出现萌发所需要的时间、萌发的幼苗总数、样点的平均幼苗数、样点的最大萌发数量和最小数量以及幼苗种类共 8 种指标，比较林下土壤种子库萌发实验不同光热处理之间的土壤种子库萌发特征。

在室内验证实验中分别计算每一处理下的最终萌发率（final germination，FG）、萌发开始（germination start，GS）和平均萌发时间（mean time to germinate，MTG）（陈辉，2008），计算公式如下：

最终萌发率（FG）：FG＝ 萌发的种子数/总种子数×100%；

萌发开始（GS）：从实验开始到萌发出 FG 的 1/6 所用的天数；

平均萌发时间（MTG）：$MTG=\Sigma N_i \cdot D_i/\Sigma N_i$。

式中，N_i 表示第 i 天萌发的种子数；D_i 表示萌发的天数。

用 One-way ANOVAs 对林下土壤种子库萌发实验中的不同处理之间的萌芽数量进行差异性比较，用非参数检验对室内验证试验中各处理间的差异性进行检验。研究样地地理位置图用 ArcGIS 9.3 完成，柱状图、散点图用 SigmaPlot 12.0 和 Execl 2003 完成，方差分析和非参数检验用 SPSS19.0 完成。

2. 结果与分析

1)自然林下的光温分离实验

(1)不同光热处理下的光温湿特征

表 11-6-9 列出了林下土壤种子库萌发实验中不同光热处理下的光温湿特征，可以看出，PTG 的光照强度最高，平均光照强度为 954μmol/(m^2·s)，LG 的平均光照强度为 75μmol/(m^2·s)，与 PTG 相比处于较低水平，但与林下光照强度相比，处于较高的水平，是林下光强度的 20 倍左右(表 11-6-9)。以全光照 1800μmol/(m^2·s)计算，PTG 的光照强度为全光照的 50%左右，LG 为全光照的 4%左右，TG 为全光照的 0.07%左右，林下的光照强度为全光照的 0.34%左右。由于 PVC 管对林下光的遮挡，TG 中的光照强度低于林下光照强度。CG 与 LG 的温度特征一致，日最高温的平均值分别为 20.5℃和 20.8℃，温度的日变化幅度在 4℃以下；TG 与 PTG 的日最高温、温度的日变化幅度及日平均温度特征一致，而且均显著高于 CG 与 LG，PTG 和 TG 的日最高温的平均值分别为 31.6℃和 32.2℃，温度日变化幅度均在 7℃以上(图 11-6-4a～d)。

表 11-6-9　不同光处理土壤的温度与湿度

Tab.11-6-9　Soil temperature and soil moisture in different photo-thermal treatments

实验组	SM 最小	SM 最大	SM	*T* 最小/℃	*T* 最大/℃	*T*/℃	*L*/[μmol/(m^2· s)]
TG	3.3%	4.1%	3.6%	17.9	32.2	21.4	1.3
PTG	4.1%	5.3%	4.4%	17.8	31.6	21.0	954
LG	4.9%	5.7%	5.2%	17.9	20.8	19.2	75
CG	5.8%	6.7%	6.1%	17.7	20.5	19.0	6.2

注：SM. 土壤湿度；T. 温度；TG. 增温组；PTG. 光温组；LG. 光照组；CG. 对照组。

(2)光温分离实验中的林下土壤种子库萌芽

各处理组的萌发特征如表 11-6-10 所示，可以看出，PTG 出现萌发、半数样点出现萌发及所有样点出现萌发所需要的时间最短，而且萌发的幼苗数量和种类最多。PTG 在实验开始 142 天后 9 个样点全部出现萌发，萌出幼苗总数为 141 株，萌出的幼苗中共鉴定出 12 种，有 6 种先锋种［乌毛蕨(*Blechnum orientale*)、多花野牡丹(*Melastoma affine*)、三叉苦(*Evodia lepta*)、山黄麻(*Trema tomentosa*)、革命菜(*Crassocephalum crepidioides*)和毛稔(*Melastoma sanguineum*)］，6 种非先锋种［水锦(*Wendlandia uvariifolia*)、锈毛莓(*Rubus reflexus*)、黄杞(*Engelhardtia roxburghiana*)、烟斗柯(*Lithocarpus corneus*)、野芭蕉(*Musa wilsonii*)和二花珍珠茅(*Scleria biflora*)］。LG 出现萌发、半数样点出现萌发和所有样点出现萌发所需要的时间均较长，在实验开始 192 天后 9 个样点全部出现萌发，萌发的幼苗总数为 119 株，幼苗种类仅 6 种，其中楝叶吴茱萸(*Evodia glabrifolia*)、三叉苦(*Evodia lepta*)和毛稔(*Melastoma sanguineum*)为先锋

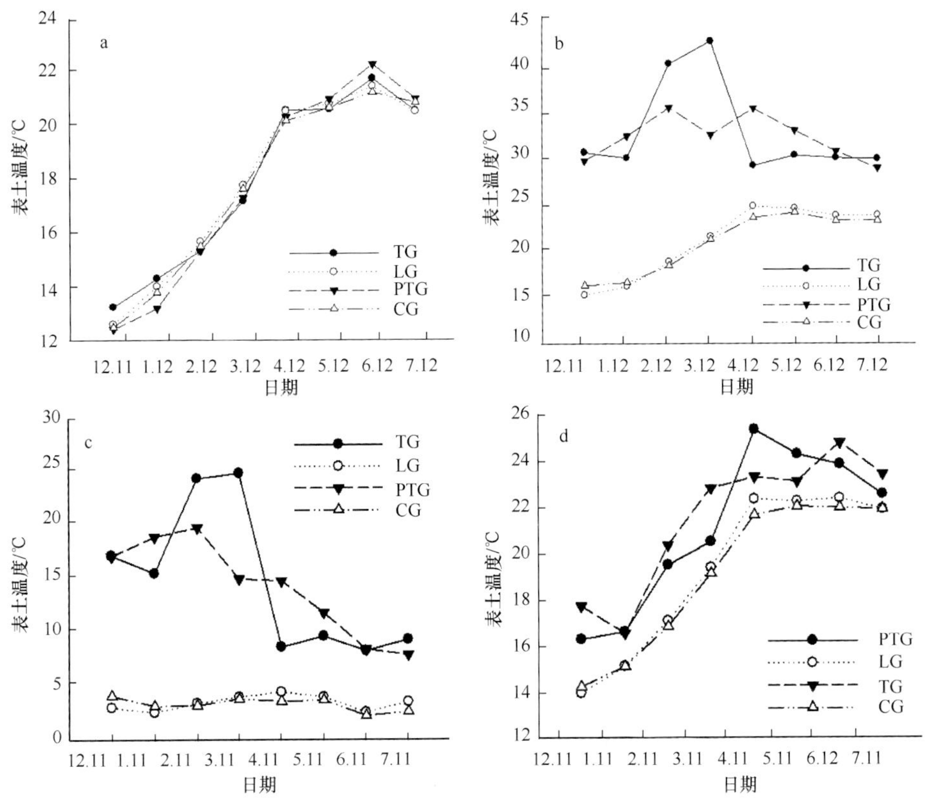

图 11-6-4　不同光处理土壤的温度

Fig.11-6-4　Soil temperature characteristics in microenvironment of soil seed banks with different photo-thermal treatment

种，粉背菝葜(*Smilax corbularia*)、锈毛莓(*Rubus reflexus*)和乌蔹莓(*Cayratia japonica*)为非先锋种。TG 和 CG 出现萌发和半数样点出现萌发所需要的时间更长，到实验结束时仍有 4 个样点未出现萌发，萌出的幼苗数量分别为 19 株和 13 株，萌发出的幼苗生长极为缓慢，有些幼苗在萌发出不久便死亡，因此未鉴定出幼苗的种类，但可以确定没有出现 PTG 和 LG 的萌发种类。

表 11-6-10　不同光热处理组的土壤种子库的萌发特征比较

Tab.11-6-10　Germination characteristics comparison of soil seed bank with different photothermal treatment

实验组	A/d	B/d	C/d	D/株	E/株	F/株	G/株
GW	20	38	60	141	15.7	22	7
G	31	50	180	119	13.2	21	10
W	50	180	—	19	2.1	4	0
C	170	—	—	23	2.6	5	0

注：A. 开始出现萌发的时间；B. 半数样点出现萌发的时间；C. 全部样点出现萌发的时间；D. 幼苗总数量；E. 幼苗的样点平均数量；F. 样点的最大幼苗数量；G. 样点的最小幼苗数量；—表示实验结束时仍未出现半数样点萌发或全部样点萌发。

对林下光热分离试验中 4 种不同的处理进行单因素方差分析，结果显示不同的光热处理方法对幼苗数量具有极显著影响($P≈0$)。多重比较的结果显示，PTG 与 TG、PTG 与 CG、LG 与 TG 及 LG 与 CG 之间的差异极显著($P≈0$、$P≈0$、$P≈0$、$P≈0$)，PTG 与 LG 及 TG 与 CG 之间无显著差异($P=0.174$、$P=0.707$)。图 11-6-5 和图 11-6-6 分别显示了光照强度和幼苗数与土壤温度的关系，可以看出，林窗光照强度林下温度条件下的 LG 萌出的幼苗数量显著高于 CG 萌出的幼苗数量，但与 PTG(林窗光温)相比，LG 的幼苗种类少了 6 种，说明林窗中的光因子可以启动土壤种子库中部分物种的种子萌芽，而且光温的综合作用能启动更多物种的种子萌芽。林下光照强度林窗温度的 TG 萌出的幼苗数与 CG 萌出的幼苗数无显著差异，似乎说明土壤温度单因子不能启动土壤种子库中的种子萌芽，但 TG 的平均土壤湿度最低，仅为 3.6%，其萌出的幼苗数量少可能与土壤湿度过低有关。

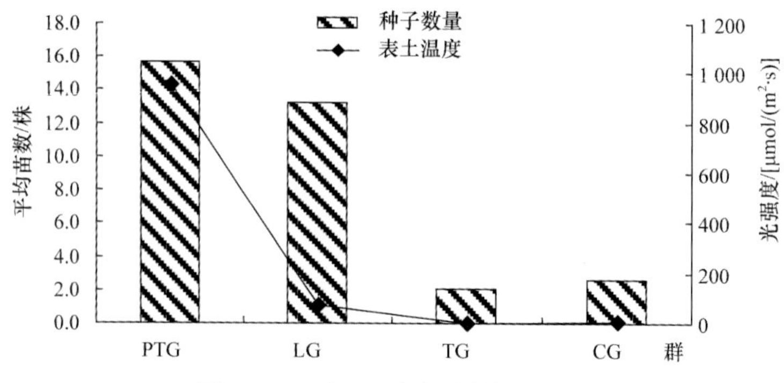

图 11-6-5　光照强度与幼苗树的关系

Fig.11-6-5　The relationship between light intensity and seedling number

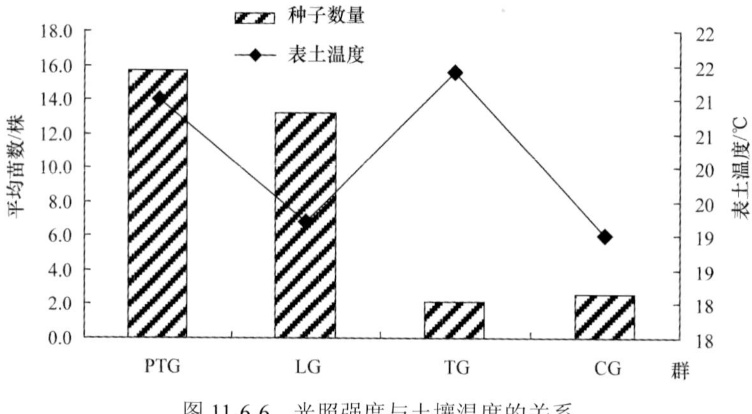

图 11-6-6　光照强度与土壤温度的关系

Fig.11-6-6　The relationship between light intensity and soil temperature

2)室内验证试验

室内验证试验的结果显示，粽叶芦、毛稔和山黄麻在黑暗条件下均没有萌发，在林下光和林窗光中均有萌发(图 11-6-7a～d)，但厚壳桂在 3 种光照条件下均有萌芽，黑暗条件下的萌芽率与林下光相同，均为28%。粽叶芦种子在3种光照强度下的最终萌发率(FG)、平均萌发时间(MTG)和开始萌发时间(GS)差异均极显著($P<0.01$、$P<0.01$、$P<0.01$)，林下光中的 GS 晚于林窗光，萌发速度也比林窗光慢(表 11-6-11)。毛稔的种子在 3 种光

照强度下的 FG 差异显著($P<0.05$)，MTG 和 GS 差异极显著($P<0.01$、$P<0.01$)，林下光中的 GS 略晚于林窗光，但萌发速度比在林窗光中慢得多(表 11-6-11)。山黄麻的种子在 3 种光照强度下的 FG、MTG 和 GS 差异均显著($P<0.05$、$P<0.05$、$P=0.01$)，林下光中的 GS 明显晚于林窗光，萌发速度也比在林窗光中慢得多(表 11-6-11)。综合以上结果可以看出光照强度对先锋种粽叶芦、毛稔和山黄麻的种子萌芽具有显著影响，在黑暗条件下，即使水分和温度适宜，它们的种子也不萌芽。

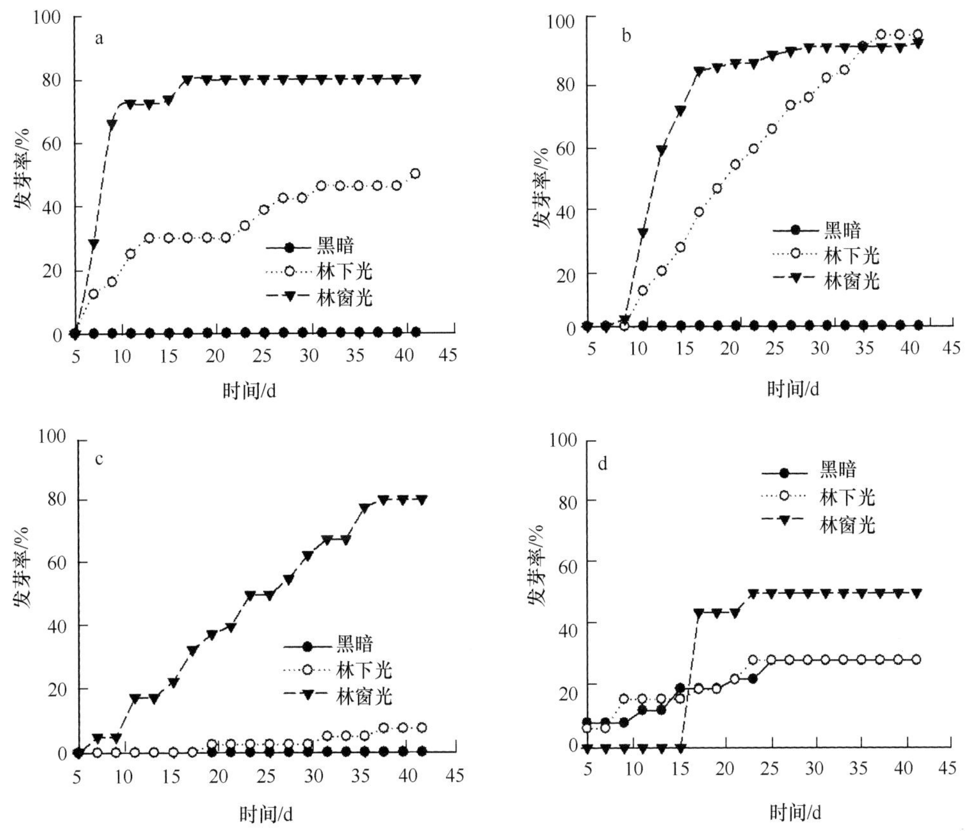

图 11-6-7　光强对 4 树种幼苗萌芽的影响

Fig.11-6-7　The effect of light intensity on seedling emerge of four species

表 11-6-11　不同物种在不同光照强度下的平均萌发时间和开始萌发时间

Tab.11-6-11　The mean time to germinate (MTG) and germination start (GS) of different ecological species in different light intensity

物种	MTG/d			GS/d		
	黑暗	林下光	林窗光	黑暗	林下光	林窗光
粽叶芦 *Thysanolaena maxima*	—	17.3[b]	9.2[b]	—	9[b]	7.5[b]
毛稔 *Melastoma sanguineum*	—	22[b]	14.5[c]	—	14[b]	11[c]
山黄麻 *Trema orientalis*	—	29[a]	21.8[b]	—	25[a]	15[b]
厚壳桂 *Cryptocarya chinensis*	15[a]	13.4[a]	17.8[a]	—	7.4[a]	17[b]

—表示此物种没有种子萌发。a：差异不显著，b：差异显著。

粽叶芦、毛稔和厚壳桂在 3 种温度下均有萌发，且最终萌发率相近，山黄麻仅在林窗变温环境中有萌发(图 11-6-8a～d)。粽叶芦在 3 种温度下的 FG 差异不显著(P=0.980)，但 MTG 和 GS 的差异显著(P＜0.05、P＜0.05)，林下变温中的萌发开始最晚，萌发速度最慢；毛稔在 3 种温度下的 FG 差异不显著(P=0.252)，但 MTG 和 GS 的差异显著(P＜0.05、P＜0.05)，林下变温中的萌发开始最晚，萌发速度最慢；山黄麻在 3 种温度下的 FG、MTG 和 GS 差异均极显著(P＜0.01、P＜0.01、P＜0.01)，仅在林窗变温中有种子萌芽，且萌发率为 93%(图 11-6-8c，表 11-6-11)。综上所述，在适宜的光照和水分条件下，温度条件对粽叶芦和毛稔种子的最终萌发率无显著影响，但明显影响种子开始萌发的时间和萌发速度；对山黄麻种子萌芽有显著影响，只有林窗变温中山黄麻种子才能很好地萌芽。

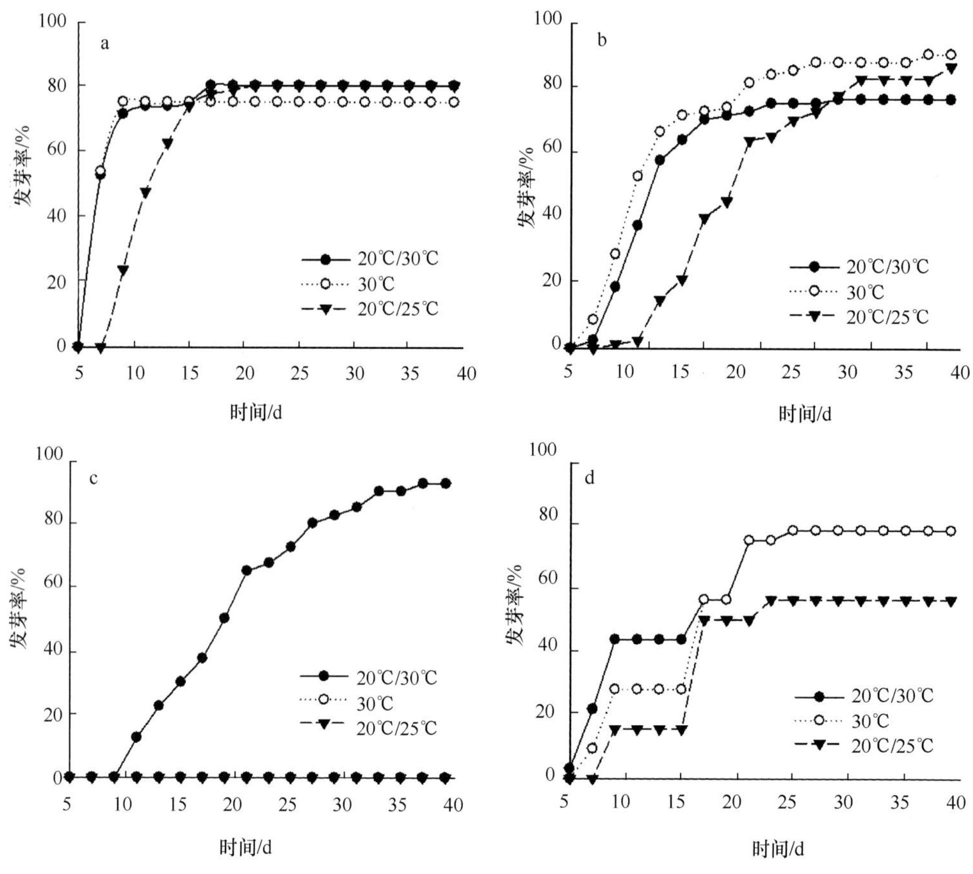

图 11-6-8 温度对 4 树种幼苗萌芽的影响

Fig.11-6-8 The effect of temprature on seedling emerge of four species

综上所述，光照强度对 3 种先锋种种子的萌芽有显著影响，温度对粽叶芦和毛稔种子的萌芽无显著影响，但能提高种子的萌芽速率，温度对山黄麻种子的萌芽有显著影响，山黄麻种子需要林窗光温条件才能很好地萌芽。因此，粽叶芦和毛稔的种子萌芽受林窗光因子的调控，山黄麻种子的萌芽受林窗光温两种因子的调控，而作为对照的后期种厚壳桂的种子萌芽则不受林窗光温因子的调控。

通过光温分离法研究林窗光单因子、温度单因子及光温两因子的综合作用对整个土壤种子库种子萌芽的影响，结果显示，林窗中的光单因子的确能启动土壤种子库中一部分物种的种子萌芽，光温两因子的综合作用能启动土壤种子库中更多物种的种子萌芽。结合室内验证实验来看，温度单因子不能启动土壤种子库中需光的种子萌芽。在热带雨林的土壤种子库中，仅需光单因子就能萌芽的物种数和需要光照与温度两因子的综合作用才能萌芽的物种数的比例为 2∶3。我们的实验是第一个案例，在其他不同地区，不同的森林，甚至不同的小样地的结果可能会不一样，在森林土壤的种子库中，是否存在共同的规律，还需要更多的研究案例来支撑。

本研究案例的野外实验与室内实验都证明，在黑暗或林下，即使温湿度适宜，土壤种子库中的大多数种子也不会萌芽；光照强度的升高将启动土壤种子库中部分物种的种子萌芽；光照强度和土壤温度的共同作用会启动土壤种子库中更多物种种子的萌芽，有利于森林的更新；温度单因子不能启动土壤种子库中的种子萌芽。也证实了林窗环境因子中，光单因子能启动土壤种子库中部分物种的种子萌芽，光照与温度两因子的综合作用启动了土壤种子库中更多物种的种子萌芽，在土壤种子库中未发现温度单因子可以启动种子萌芽的物种。

3. 特点与讨论

在热带雨林中，光是最重要的非生物资源之一，它可以调控种子的萌芽（Whitmore，1989；Swaine et al.，1988；Vázquez-Yanes and Orozco-Segovia，1994）。大量的实验室研究结果表明许多先锋植物种子只有在有光的条件下才能萌芽（于洋等，2007；Vázquez-Yanes et al.，1990；Snchez-coronado et al.，2007；Raich　et al.，1990）。Chazdon 和 Pearcy 在哥斯达黎加的研究表明（Chazdon et al.，1991），林下的光合有效辐射一般为全光照的 1%～2%，在 200m^2 的林窗中心为 9%，在 400m^2 的林窗中心则升为 20%～35%。以全光照 100 000lux 计算，本研究中 GW 组的光照强度为全光照的 50%左右，G 组的光照强度为全光照的 6%左右，W 组为全光照的 0.07%左右，林下的光照强度为全光照的 0.34%左右。G 组和 GW 组的光照强度分别达到林窗中心和林窗边缘的光照水平，明显比林下光照水平中萌发的幼苗多，表明光照强度的增加有利于土壤种子库的种子萌芽。但土壤种子库取上在控光的萌发实验中萌发数量最多的粽叶芦在林下试验中未见其萌发，可能因为林下试验中光照强度不足以使粽叶芦种子萌芽。

在热带雨林中土壤温度的日变化幅度较小，但当林窗出现后，因林窗大小、方向和季节不同，太阳光在全天的不同时间段内可以直射到森林地面上，在温暖的晴天，土壤温度可能会升高，而远远高于林冠覆盖的土壤温度（刘文杰等，2000；Ritter et al.，2005）。一些先锋物种的种子因温度的升高而萌发（Vázquez-Yanes and Orozco-Segovia，1982）。但从本研究中 W 组的结果来看，在光照强度低于林下水平的情况下，土壤温度的升高也不能启动土壤种子库种子的萌芽。但由于 W 组中温度上升的同时，其土壤湿度变得很低，因此 W 组中的幼苗数量很少也可能与土壤湿度过低有关。因此，土壤温度对土壤种子库种子萌芽的作用还有待于进一步研究。

关于热带雨林土壤湿度对土壤种子库种子萌芽影响的文献较少。从现有的文献来看，一般认为较高的土壤湿度有利于土壤种子库种子的萌芽。McLaren 和 McDonald(2003)的研究显示相对于浇水处理，遮阴环境更有利于种子的萌发；Warren(2013)的研究表明在忽略落叶层对种子萌芽的障碍作用后，土壤湿度能促进入侵草本植物 *Microstegium vimineum* 的萌芽。本研究的林下光热分离试验也显示幼苗萌发多的 GW 组和 G 组的土壤湿度均较高，土壤湿度最低的 W 组萌发的幼苗数量最少。室内土壤湿度控制实验也表明在较高的土壤湿度下萌发的幼苗更多。因此，在一定的范围内较高的土壤湿度有利于土壤种子库种子的萌芽。

在对林下光热分离试验中，对 4 种不同的处理进行单因素方差分析，结果显示不同的光热处理方法对幼苗数量具有极显著影响($P≈0$)。多重比较的结果显示，探照灯处理与陶瓷加热灯处理、探照灯处理与对照、节能灯处理与陶瓷加热灯处理及节能灯处理与对照之间的差异极显著($P≈0$)，探照灯处理与节能灯处理及陶瓷加热灯处理与对照之间无显著差异(P=0.174、P=0.707)。通过以上分析可以得出，在排除湿度影响的情况下，光照强度对热带山地雨林土壤种子库的种子萌芽的作用大于土壤温度的作用，或者说，光照强度是启动热带山地雨林林下土壤种子库的种子萌芽的关键环境因子。

在控光实验中，粽叶芦在黑暗条件下不萌芽，在林窗光下的萌发率高于在林下光环境中的萌发率；在控温实验中，粽叶芦的种子在 3 种温度条件下均有较高的萌发率，但在林下变温环境中萌发开始时间显著延迟，平均萌发时间也显著延长；在土壤湿度控制实验中，粽叶芦种子在 3 种土壤湿度中的萌芽无显著差异。这些结果表明在黑暗的条件下，温度或湿度均不能单独启动粽叶芦种子的萌芽，光才是林窗环境因子中启动粽叶芦种子萌芽的关键因子。毛稔种子的萌芽策略与粽叶芦一样，在黑暗条件下同样没有种子萌芽，在 3 种温度和土壤湿度下均有很高的萌发率，因此林窗环境因子中启动毛稔种子萌芽的也是光因子，但毛稔种子在林下光中的最终萌发率达 93%，远高于粽叶芦在林下光中的萌发率，说明毛稔种子启动萌发所需要的光强度比粽叶芦低得多。

Pearson 等(2002，2003)的研究认为小种子(＜2mg)的萌发更多的表现出光敏性，大种子的萌发则多为温控型。但同为光敏性种子，不同植物对光因子的要求也不太一样，Daws(2002)等研究的 4 种胡椒属(*Piper*)的先锋树种中，仅有 1 种需要高强度的光照达到最大萌发值，而其余 3 种仅需要中低强度的光照就能达到最大萌发值。本研究结果与上述研究结果一致，粽叶芦和毛稔种子均为小种子，其种子萌发表现出光敏性，粽叶芦需要高强度的光照才能达到最大萌发值，而毛稔在林下光条件中就能达到最大萌发值。

山黄麻种子在黑暗条件下也没有种子萌芽，在林下光条件下的萌芽率也很低，仅有 8%，远低于林窗光中的萌发率；在控温实验中，山黄麻仅在林窗变温条件下有种子萌芽；在土壤湿度控制实验中，40%土壤湿度下无种子萌芽，20%土壤湿度下的种子萌发率高于 30%土壤湿度下的萌发率。由此可以得出，林窗环境因子中的光照和温度共同启动了山黄麻种子的萌芽，过高的土壤湿度也会抑制山黄麻种子的萌芽。厚壳桂种子在 3 种光照强度和温度中均有萌芽，而且各光照组之间和各温度组之间萌发率、萌发开始时间和平均萌发时间差异均不显著；在土壤湿度控制实验中，厚壳桂种子在 40%土壤湿度下没有种子萌芽，在20%和30%土壤湿度下有种子萌芽，说明厚壳桂种子萌芽不受光温因子的调控，在黑暗、林下和林窗3种生境中均可萌芽，过高的土壤湿度会抑制厚壳桂种子的萌芽。

张乃航(1996)用变温和不同光质的光处理山黄麻种子，发现变温可以较好地促进其萌发，陈辉(2008)的研究也表明山黄麻种子为温控型种子，高温和高幅度的变温可以启动山黄麻种子的萌发。本研究的结果却认为山黄麻种子的萌芽受光温因子的共同调控，与上述研究有一定的差异，可能是由于种子来源及实验方法的差异导致。于洋等(2007a，2007b)、Yu(于洋)等(2008)对西双版纳8种非先锋树种种子的萌发特性进行了研究，结果表明8种非先锋树种的种子萌芽均不受光照的调控，在3.5%、10%和30% 3种光照水平下均可以萌发，绒毛番龙眼(*Pometia tomentosa*)、枝花木奶果(*Baccaurea ramiflora*)、五桠果叶木姜子(*Litsea dilleniifolia*)和滇南风吹楠(*Horsfieldia tetratepala*)在3种光照水平下的萌发率无显著差异，箭毒木(见血封喉，*Antiaris toxicaria*)和思茅木姜子(*Litsea pierrei* var. *szemaois*)在林窗中心以及30%光照的萌发率要显著低于林下和低光处理(10%和3.5%光照)，箭毒木和红锥(*Castanopsis hystrix*)、琴叶风吹楠和思茅木姜子在3.5%和10%光照水平下萌发得更好。闫兴富(2008)的研究也表明非先锋树种望天树(*Parashorea chinensis*)和绒毛番龙眼的种子萌芽不受光照的调控，裸地上强光照会推迟其种子萌发的进程并使种子萌发率降低。文彬等(2009)的研究表明非先锋树种坡垒(*Hopea hainanensis*)和多毛坡垒(*H. mollissima*)的种子萌芽也不受光照的调控，在黑暗和周期性光照条件下的种子萌芽无显著差异。本研究中热带雨林非先锋树种厚壳桂种子在黑暗、林下和林窗3种光照水平以及林下变温、林窗变温和30℃恒温3种温度条件下均可以萌芽，但在35%土壤湿度时无种子萌芽，表明其种子萌芽不受光温的调控，但受高土壤湿度的抑制。高土壤湿度对山黄麻和厚壳桂种子萌芽的抑制机制还不清楚，可能与缺氧有关。

综上所述可以得出以下结论。

(1)林窗环境中的光因子是启动草本先锋种粽叶芦和灌木先锋种毛稔种子萌芽的关键因子，温度和土壤湿度对它们的种子萌芽无显著影响。

(2)林窗环境中的光温两种因子共同启动了乔木先锋种山黄麻种子的萌芽，而且过高的土壤湿度也会抑制山黄麻种子的萌芽。

(3)非先锋种厚壳桂种子萌芽不受光温因子的调控，在黑暗、林下和林窗3种生境中均可萌芽，但过高的土壤湿度会抑制其种子的萌芽。

第七节　植被动态变化的生态环境响应

一、概述

在植被动态变化过程中，生态环境也发生着变化，两者相辅相成。生态环境主要包括土壤理化性质、生物多样性、水文和气候变化(降雨与气温)等方面，但在气温方面多是研究植被(森林)小气候环境的气温与植被的关系，植被与地区气温的关系似乎相对弱一些(Crocke，1955；Bormann，2000；杞金华等，2012)。它们之间的关系复杂多样，也是生态学家关注的热点问题。例如，在因过度开垦、水土流失、土壤肥力严重下降等原因而不得不放弃和丢荒的耕地上，植被的恢复与重建是目前全球热带地区的主要环境问题之一(王摇征等，2010；李婷等，2011；李钢等，2012)；又如，在退役矿区、尾矿区里，进行植被恢复也倍受人们关注，其恢复过程中土壤等多种生态环境发生着较大的变化(郭涛等，2007；潘德成等，2013)；不同的森林植被对区域水文水势的影响也受到学者的关注(Huber，2001；杞金华等，2012；邱治军，2013)，天然植被有强大的水土保持功能，如有人通过对阿根廷 Tucuman 省亚热带湿润山地的植被对水文和土壤侵蚀影响进行研究，发现森林毁坏使该地方在夏季的洪灾和土壤侵蚀显著增加，而冬天水量减少(Martin and Wayne，2000)。海南也面临着类似的问题(杨小波等，2002；郭涛等，2007)。这些问题都较为复杂，如弃荒耕地，由于弃荒年代不一，在弃荒坡耕地上，不同植被类型的发生、发展速度、土壤肥力和生物多样性的恢复具有一定的差异。同时，由于植被类型的空间差异性，土壤肥力与生物多样性也呈现出明显的空间变化特征。

二、研究方法

关于植被演变过程中的生态环境响应研究最好的方法是应用固定样地数据，沿着不同的时间序列开展比较研究，但在海南固定样地建设的时间还较短，也较难全面概括海南典型的次生植被生态系统类型，因此，较多的案例是采用空间代替时间系列开展比较研究工作。但是，由于植被动态变化过程中的生态环境响应的内容较多，相应的方法也多，各个方面的研究方法在案例中再具体表述。

三、研究案例

(一)次生植被变化与土壤化学性质的关系——以海南主要次生林、灌丛与草丛为例

1. 样地概况与研究方法

1)样地概况

海南的地理概况见第一卷第二章。植被变化情况可简述为远古时代的海南岛到处为热带森林所覆盖，公元前 111 年海南岛划入西汉王朝版图之前，全岛的森林覆盖率为 90%，20 世纪 30 年代还能在乐东黄流镇附近的丘陵地区采集到鸡毛松(*Podocarpus imbricartus* Bl.，梁葵 65550 号)、香楠(*Machilus odoratissima* Ness，梁葵 65458 号)和香桢楠(*M.fragrans* Kanch，梁葵 65457 号)等主要热带森林树种的标本。司徒尚纪概括地认为海南岛热带森林的演变大致可分为 4 个阶段：①汉唐时期，以开发沿海森林为主的时期；②宋代时期，森林资源开发从沿海向山区扩展的时期；③明清时期，全面开发和利用森林资源的时期；④近代变化时期，侵略者的掠夺、刀耕火种、林木砍伐和毁林种植热带作物等是近代森林面积减少的主要人为方式(司徒尚纪，1987)。

海南原始林的减少一直到20世纪90年代后(1994年)才得到减缓，到1998年后得到了有效的控制。表11-7-1为1995年、1998年前的海南岛热带森林面积变化的不完全统计数据(李意德，1995；海南省林业局提供，2000年内部资料)。侵略者的掠夺、刀耕火种、林木砍伐和毁林种植热带作物等人为干扰是造成海南近代森林面积减少的主要方式。

表11-7-1　海南岛热带原始森林面积变化(10 000hm　)

Tab.11-7-1　Change in the area of tropical virgin forest in Hainan Island(10 000hm　)

年份	1933	1950	1955	1979	1985	1990	1998*
原始森林面积	169.20	120.00	86.30	40.50	30.10	26.70	13.60
覆盖率/%	49.90	35.40	25.70	12.00	8.90	7.90	4.00
年均消减面积	—	2.89	3.60	2.80	2.68	2.50	
年均消减率/%	—	1.71	2.13	1.65	1.58	1.48	

*海南省林业局提供，1998年后，海南原始林得到较好的保护。

—：数据缺失

2)研究方法

研究样地位于海南岛北部(海口市西南部)、通什、琼中、万宁、三亚、儋州及尖峰岭。海南岛植物群落特征分析方法采用样方法及相关的定量分析方法(王伯荪和余世孝，1996)，土壤分析采用常规分析方法(中国土壤学会农业化学专业委员会，1983)。

2. 结果与分析

1)海南次生植被类型简述

海南岛的原始林和次生密林主要分布在中南部地区，东北部和南部也有小面积分布。次生林、灌丛、草丛和人工植被则遍及全岛的低山、丘陵、台地和平原。中部低山、丘陵上的次生林、灌丛、草丛多来自森林的逆向演替或弃荒地的植被演替；而周边台地、平原上的次生林、灌丛、草丛却多来自土地的高强度开发利用或退化弃荒地的植被演替。热带原始林生态系统一经开发和利用(不论是利用植物，还是利用其土地)，就会演变成不同层次的次生生态系统，次生生态系统的类型及其分布主要受人类活动、气候以及地形地貌的影响。主要的植被类型见第五章相关内容。

海南岛绝大多数的次生植被类型都来自热带原始森林，次生植被的组成成分不但定性和定量反映其与热带原始林的相互关系，而且也反映了该植被类型所处的演替位置，同时在一定程度上也是次生植被生态系统的土壤性质在植物学方面的表现。海南岛主要次生植被类型的植物组成特征见表11-7-2。

从表11-7-2中可以明显地看到自然植被在草丛→灌丛→次生疏林→次生密林的变化过程中，植被组成的各个指标都发生着由小到大的变化，且逐渐向原始的热带雨林方向发展。在6个指标中，以演替后期木本植物种数的变化最为显著。这一指标是反映群落成熟和稳定的重要指标之一，因为在成熟和稳定的热带雨林中，演替后期木本植物不但是群落的优势种，也是种类最多的类群。

表 11-7-2 海南岛主要次生植被类型的植物组成特征

Tab.11-7-2 Constitution characteristics of main regenerated vegetation in Hainan Island

类型	序号	优势种	样地位置	群落最小面积/m^2	覆盖度/%	植物种数(*N*)	木本种数(*N*)	演替后期树种(*N*)	多样性指数(DS-*W*)*
次生林	1	枫香、刺栲	中 部	3000	90	186	75	55	5.43
	2	鸭脚木、海南大风子	东北部	1100	90	152	58	22	5.21
	3	枫香、山乌桕	中 部	850	65	153	47	17	5.32
	4	枫香、木棉	中 部	900	75	142	67	25	5.36
	5	赤楠蒲桃、柳叶密花树	西 部	1000	75	83	36	19	3.84
	6	无翼坡垒、青皮	南 部	3500	90	156	126	78	5.13
	7	青皮、柳叶密花树	东南部	2000	70	120	74	56	4.80
	8	闽南栲、山乌桕	西南部	1000		81	44		4.62**
	9	闽南栲、尖峰栲	西南部	1000		97	57		4.08**
灌丛	12	枫香、黄牛木	中 部	900	75	86	51	18	4.81
	13	黄杞、中平树	中 部	1000	75	71	27	11	3.13
	14	厚皮、潺槁木姜	北 部	1100	80	105	47	18	4.41
	15	桃金娘、野牡丹	东北部	560	70	63	23	6	3.04
	16	黄牛木、柳叶密花树	北 部	780	70	92	37	9	4.36
	17	九节、膜叶嘉赐树	北 部	800	75	96	43	14	4.27
	18	鹊肾树、牛筋果	北 部	6000	70	79	20	8	3.42
	19	岗松、桃金娘	北 部	400	50	37	12	0	1.73
	20	桃金娘、野牡丹	北 部	400	55	41	14	0	1.89
	21	小花龙血树、细基丸	南 部	550	60	71	32	8	3.68
	22	黄牛木、九节	中 部	600	70	69	43	16	4.22
	23	白背桐、九节	东南部	650	60	83	46	11	4.05
草地	26	白茅	北 部	350	55	43	16	0	2.68
	27	芒、斑茅	北 部	400	60	47	18	0	2.71
	28	芒、斑茅	中 部	500	60	50	18	3	2.94
	29	芒萁、野牡丹	中 部	300	50	38	15	0	2.11
	31	纤毛鸭嘴草	中 部	300	70	46	12	1	2.36
	32	飞机草、胜红蓟	中 部	230	40	36	21	5	3.18
	33	水蔗草、茅根	中 部	200	60	32	12	1	2.58
	34	金茅、华三芒	西 部	50	20	19	3	0	0.81
	35	五节芒	西南部	120	50	34	7	0	1.70
	36	芒、白茅	东南部	400	70	41	16	1	2.84

*Ds-*W*=Shannon-Wiener 多样性指数；除草地外，物种多样性指数以木本植物种数计算。另外由于 10 号、11 号、24 号、25 号和 30 号群落没有分析全表中的 6 个指标，在此省略。**8 号、9 号引自蒋有绪等(1991)。枫香(*Liquidambar formosana*)、刺栲(*Castanopsis hystrix*)、鸭脚木(*Schefflera heptaphylla*)、海南大风子(*Hydnocarpus hainanensis*)、山乌桕(*Triadica cochinchinensis*)、木棉(*Bombax ceiba*)、赤楠蒲桃(*Syzygium buxifolium*)、柳叶密花树(*Myrsine linearis*)、无翼坡垒(*Hopea hainanensis*)、青皮(青梅)(*Vatica mangachapoi*)、闽南(黧蒴)栲(*Castanopsis fissa*)、尖峰栲(*Castanopsis jianfenglingensis*)、黄牛木(*Cratoxylum cochinchinense*)、黄杞(*Engelhardia roxburghiana*)、中平树(*Macaranga denticulata*)、厚皮(*Lannea coromandelica*)、潺槁木姜(*Litsea glutinosa*)、桃金娘(*Rhodomyrtus tomentosa*)、野牡丹(*Melastoma malabathricum*)、九节(*Psychotria asiatica*)、膜叶嘉赐树(*Casearia membranacea*)、鹊肾树(*Streblus asper*)、牛筋果(*Harrisonia perforata*)、岗松(*Baeckea frutescens*)、小花龙血树(*Dracaena cambodiana*)、细基丸(*Polyalthia cerasoides*)、白背叶(*Mallotus apelta*)、白茅(*Imperata cylindrica*)、芒(*Miscanthus sinensis*)、斑茅(*Saccharum arundinaceum*)、芒萁(*Dicranopteris pedata*)，纤毛鸭嘴草(*Ischaemum ciliare*)、飞机草(*Chromolaena odorata*)、胜红蓟(*Ageratum conyzoides*)、水蔗草(*Apluda mutica*)、茅根(*Perotis indica*)、金茅(*Eulalia speciosa*)、华三芒(*Aristida chinensis*)、五节芒(*Miscanthus floridulus*)。

"—"：没有记录数据。

2)海南次生植被土壤化学性质

海南岛不同植被类型土壤肥力状况总的来说是次生林>灌丛>草地。当然在自然植被中也不乏有肥力较弱的次生林地，肥力较高的灌丛、草地(表 11-7-3)。

表 11-7-3 海南岛不同植被类型铁铝土肥力状况

Tab.11-7-3 Status of soil fertility under different types of vegetation in Hainan Island

序号	土壤类型	取样深度/cm	有机质/(g/kg)	全氮/(g/kg)	全 P_2O_5/(g/kg)	全 K_2O/(g/kg)	碱解氮/(mg/kg)	速效 P_2O/(mg/kg)	速效钾/(mg/kg)	pH
1	铁铝土	0～20	25.6	1.14	0.29	1.2	120.1	6.4	92.0	5.3
		20～30	13.9	0.55	0.09	15.7	128.7	3.4	52.0	5.4
		30～40	10.9	0.41	0.01	17.9	53.6	1.0	52.0	5.3
2	铁铝土	0～21	35.5	1.92	0.51	30.4	183.0	5.0	224.0	5.4
		21～42	18.5	2.78	0.42	30.4	147.0	3.6	179.0	5.3
3	铁铝土	0～20	25.6	1.17	1.25	14.1	108.0	5.3	132.0	5.5
		20～40	20.1	0.87	0.82	12.0	98.6	4.1	106.0	5.5
4	铁铝土	0～20	37.3	2.03	0.62	16.8	106.1	3.1	75.0	5.3
		0～40	12.6	0.97	0.32	14.8	109.2	2.7	56.0	5.5
6	铁铝土	0～20	15.0	1.30	0.03	8.0	60.0	6.3	3.0	6.0
7	铁铝土	0～18	38.1	2.30	0.46	27.4	105.0	2.8	147.0	5.2
12	铁铝土	0～18	29.3	1.47	1.36	38.6	147.0	3.6	179.0	5.4
		18～40	17.8	1.29	1.09	34.7	—	7.0	139.0	5.2
14	铁铝土	0～20	39.8	0.31	1.01	1.6	162.6	0.1	75.0	5.9
		20～30	24.1	0.17	0.93	0.3	83.8	—	40.0	6.0
		30～40	21.4	0.29	0.80	0.1	75.8	—	40.0	6.0
15	铁铝土	0～30	34.3	1.54	0.68	55.1	150.0	6.4	203.0	6.6
16	铁铝土	0～20	18.7	0.27	0.86	1.1	65.9	0.5	22.5	6.1
		20～30	16.5	0.17	0.93	1.2	49.9	3.8	10.0	5.9
		30～40	16.8	0.23	0.95	1.6	86.2	2.5	12.5	6.8
17	铁铝土	0～20	36.6	0.33	0.80	0.6	72.7	0.1	150.0	6.0
		20～30	32.0	0.10	0.80	0.3	130.6	1.0	100.0	6.4
		30～40	14.1	0.21	0.51	0.4	32.7	0.2	50.0	6.3
18	铁铝土	0～20	—	—	—	—	91.8	0.1	5.0	6.1
		20～30	—	—	—	—	45.6	0.1	6.0	6.5
19	铁铝土	0～25	06.9	0.35	0.36	1.9	27.0	8.0	19.0	6.3
20	铁铝土	0～10	10.0	0.29	0.18	0.0	19.0	4.0	5.0	5.9
26	铁铝土	0～20	17.1	0.25	0.84	1.5	—	—	—	—
		20～30	17.1	0.23	0.86	0.9	—	—	—	—
28	铁铝土	0～20	40.4	1.44	0.62	30.1	129.0	3.3	199.0	4.8
		20～40	20.1	0.83	0.69	32.6	72.5	3.9	123.0	4.7
29	铁铝土	0～13	11.7	0.22	0.61		4.7	4.6	37.0	6.5
31	铁铝土	0～20	43.1	1.62	1.10	35.4	138.1	8.9	198.0	4.9
		20～30	27.1	1.06	1.12	37.3	94.7	9.0	154	4.9
32	铁铝土	0～20	36.9	1.28	0.75	16.8	179.6	1.7	115.0	4.9
		20～30	23.4	1.03	0.51	14.1	123.8	0.1	85.0	5.0
		30～40	18.2	0.74	0.60	13.4	109.6	0.1	65.0	5.2

注：由海南大学陈明智老师和中国科学院南京土壤研究所的孙波博士分析或提供。表中的序号为植被类型序号，与表 11-7-2 中的一致。另外 8 号、9 号、10 号、11 号、13 号、21 号、22 号、23 号、24 号、25 号、27 号、30 号、33 号、34 号、35 号和 36 号样地没有分析全表中的 8 个指标，在此省略。"—" 表示数据缺失。

不同次生植被生态系统的土壤肥力有如下特点。①K 和 P 的含量没有明显的规律性，这主要是因为母质不同的影响所致。②第一层土壤的有机质含量随植物群落结构的复杂化有明显上升，灌丛和草地的变化距程为 0.69%～4.31%，平均数为 2.33%。次生林的变化距程为 1.50%～3.98%，平均数为 3.08%。全氮含量也有相似的规律性。其中灌丛和草地的变化距程为 0.02%～0.16%，平均数为 0.07%；次生林和次生林的变化距程为 0.03%～0.23%，平均数为 0.15%。③pH 呈递减变化。其中，灌丛和草地的变化距程为 4.80%～6.60%，平均数为 5.80%，次生林和次生林的变化距程为 5.20%～6.00%，平均数为 5.50%，变化幅度较大。

3) 植被组成与土壤肥力的相关性分析

上述分析表明，在次生裸地上，植被从草地→灌丛→次生林→次生林的发展过程中，土壤肥力也不断得到提高。由于受到的干扰程度不同，形成次生裸地的土壤肥力和残留植被的组成(含土壤种子库)等也不相同。因此，生态系统在恢复演替过程中存在较大的时空异质性，植被组成与土壤肥力之间也表现出复杂的相互关系。这种复杂的关系主要体现在：①在次生植被类型中，植物组成特征之间的相关性较大，而在人工植被中植物组成特征之间的相关性变化较大，个别性状之间甚至呈负相关，如阳生植物种数与阴生植物种数等；②土壤中各要素含量之间的相关性变化大(见半矩阵 1、半矩阵 2)，而植物组成特征与土壤中各要素含量之间的相关性系数普遍偏小(表 11-7-4～表 11-7-6)。

表 11-7-4　半矩阵 1 次生植被的植物组成间的相关性系数矩阵

Tab.11-7-4　Semimatrix 1 Matrix of correlation coefficients between plants of the secondary vegetation

群落最小面积	1				
群落覆盖度	0.7187	1			
植物种数	0.7766	0.8227	1		
木本植物种数	0.9124	0.7601	0.8488	1	
演替后期木本植物种数	0.9701	0.6871	0.7874	0.9531	1
物种多样性	0.6537	0.7622	0.9245	0.8219	0.7118

表 11-7-5　半矩阵 2 土壤性状间的相关性系数矩阵

Tab.11-7-5　Semimatrix 2 Matrix of correlation coefficients between soil properties

有机质	1							
全氮	0.4360	1						
全磷	–0.1374	–0.1896	1					
全钾	–0.0872	–0.0378	–0.838	1				
碱解氮	0.3211	–0.5778	–0.0283	0.1904	1			
速效磷	0.0466	0.1097	–0.0577	0.5784	0.1903	1		
速效钾	0.7224	0.3898	–0.0731	–0.1829	0.1887	–0.0953	1	
pH	0.1891	0.0534	–0.2540	–0.1489	0.0349	0.2462	0.2232	1

因此，分析植被组成特征与土壤肥力的动态相关性，最佳的方法是在时间系列上开展研究，或者以特定区域的空间系列代替时间系列较好，但是在不特定区域的空间上研究这种动态变化是不尽如人意的。

表 11-7-6　植物组成特征与土壤各要素含量间的相关系数

Tab.11-7-6　Relation coefficients between characteristics of vegetation composition and concentration of every essential element

植被类型	土壤性质	土壤性质	植物种数	木本植物种数	演替后期木本植物种数	物种多样性
次生植被	物种多样性	0.577 64	0.500 37	0.567 88	0.454 66	0.582 77
	全氮	0.510 49	0.596 64	0.516 41	0.661 76	0.588 11
	全磷	0.463 80	0.530 09	0.435 89	0.661 76	–0.635 38
	全钾	0.328 15	0.378 20	0.408 91	0.261 25	0.090 45
	碱解氮	0.319 25	0.327 11	0.273 42	0.062 34	0.719 92
	速效磷	0.288 69	0.428 82	0.271 44	0.457 26	–0.543 17
	速效钾	0.147 62	0.269 17	0.213 24	–0.010 98	0.564 79
	pH	–0.615 21	–0.700 28	–0.637 58	–0.755 35	0.362 73

3. 特点与讨论

热带森林在人为的不同程度的干扰下，形成的次生植被类型极为多样，在所调查区域内多达 36 种植物群落类型，其中次生密林主要有 10 种类型，次生林有 4 种，灌丛有 11 种，草地有 11 种。显然在海南岛次生植被类型远多于此，有待学者深入全面地去揭示和了解。在森林发生变化的过程中，土壤化学性质也发生较大的变化(蒋有绪等，1991)，特别是有机质成分发生变化较为显著(杨小波等，2002；王摇征等，2010)。在研究的过程中明显地观察到，自然植被在草地→灌丛→次生林→次生林的变化过程中，群落最小面积、覆盖度、植物种数、木本植物种数、演替后期树种、多样性指数(DS-*W*)等均呈现由小到大的变化，群落逐渐向原始的热带雨林方向发展。在 6 个指标中，以演替后期木本植物种数的变化最为显著，这一指标是反映群落成熟和稳定性的重要指标之一。因为在成熟和稳定的热带雨林的组成中，演替后期木本植物不但是群落的优势种，也是种类最多的类群。

植被间各组成性状及植被与土壤的复杂关系主要体现在：①在次生植被类型里，植物组成特征之间的相关性较大，土壤各要素含量之间的相关性变化大；②植物组成特征与土壤各要素含量之间的相关性系数普遍偏小。

(二) 植被变化与生物多样性的相关性分析——以琼北地区弃荒坡耕地植物群落的植物多样性与生态环境特征的变化关系为例

1. 样地概况与研究方法

1)样地概况

琼北地区的弃荒坡耕地绝大多数是由于毁林和过度的开垦后，于 20 世纪 70 年代初陆续丢荒形成的，在海口市的西南部和澄迈县的北部均有分布，面积约 40km^2。研究样地均为 70 年代后弃荒的坡耕地，位于海口市西南部，地处北纬 20°02′，东经 110°15′。东西取向 3km，南北取向 1.5km，总面积 4.5km^2。过去 10 年的年平均温度为 23.6℃，平均年降雨量 1650mm（海南气象局资料）。地形为琼北羊山小丘陵地，有褶皱。土壤类型为玄武岩发育砖红壤和浅海沉积物发育砖红壤。该地区的植被特点、各植被类型间的植物组成与群落结构间的关系等已经开展过较为深入的研究（杨小波等，2000）。各种植被类型的代表植物群落如下。草丛主要有：①飞机草群丛（Association. *Eupatorium odoratum*），这一群丛主要分布在农耕闲地和弃荒 3 年左右的坡耕地里；②芒、白茅群丛（Association. *Miscathus sinensis*，*Imperata cylindrica*），这一群丛主要分布在弃荒 8～10 年的坡耕地里；草灌丛有：③黄牛木、柳叶密花树群丛（Association.*Cratoxylon conchinchinense*，*Rapanea linearis*），这一群丛主要分布在弃荒 8～10 年的坡耕地里；④桃金娘、银柴群丛（Association. *Rhodomyryus tomentosa*，*Aporosa dioica*），这一群丛主要分布在弃荒 15 年左右的坡耕地里；⑤嘉赐树、九节群丛（Association. *Casearia glomerata*，*Psychotria rubra*）等，这一群丛亦主要分布在弃荒 20 年左右的坡耕地里；⑥厚皮树、鹊肾树群丛（Association. *Lannea coromandelica*，*Streblus asper*），这一群丛主要分布于弃荒约 15 年之久的坡耕地里；次生林有：⑦厚皮、潺槁木姜子、黄牛木群丛（Association. *Lannea coromandelica*，*Litsea glutinosa*，*Cratoxylon conchinchinense*），这一群丛主要分布在弃荒约 20 年之久的坡耕地里（杨小波等，2000）。

2）研究方法

（1）植物生态学研究方法

运用样方法对样地各种植被类型（除湿生草丛外）进行基本特征调查（杨小波等，2000）。

α植物多样性指数计算方法：

利用 Simpson 指数和 Shannon-Wiener 指数（王伯荪等，1996）及其相应的指数分别测定物种多样性。

β植物多样性指数计算方法：

利用β_c、β_R、Cs 和 C_N 多样性指数测定不同植被类型间的物种多样性变化情况（高贤明等，1998）。

（2）土壤研究方法

土壤的取样方法是每个样地分 0～20cm、20～30cm 和 30～40cm 3 个土层分别随机取 11 个点的混合样；土壤有关的化学性质分析方法见参考文献（中国土壤学会农业化学专业委员会，1983）。

（3）植被与土壤的相关性分析方法

植被和土壤的相关分析采用多元线性回归分析方法（成子纯，1990），同时重点分析植物多样性与土壤肥力属性之间的关系。

2. 研究结果与分析

1）不同演替阶段的植物群落物种多样性

（1）α多样性

弃荒坡耕地退化生态系统的恢复过程中，随着植物群落发育、植物种类更替和植物种类的增加，特别是木本植物的增加等带来了植物群落内的组成成分和结构的变化。表

11-7-7 反映了琼北地区弃荒坡耕地不同演替阶段植物群落类型的物种多样性随着植物群落的进展的变化情况。结果表明了随着植物群落从草丛→灌丛→次生林进展，植物α多样性指数有较明显的升高。

表 11-7-7　弃荒坡耕地不同演替阶段植物群落类型物种α多样性

Tab.11-7-7　The plant α diversity of the different succession stages on abandoned field vegetation

植被类型	样地面积/m^2	多样性指数			
		木本植物种数/个	个体数/个	Simpson 指数	Shannon-Wiener 指数
①	500	5	19	2.443	1.628
②	500	12	56	5.534	2.830
③	500	17	131	7.091	3.307
④	500	29	322	8.500	3.919
⑤	500	38	503	11.687	4.299
⑥	500	43	537	13.983	4.551
⑦	500	42	499	13.190	4.433

(2) β多样性

β多样性的二元属性数据指标的测度是β多样性的一个非常重要的测度手段，其结果能反映植物群落沿某一环境梯度的植物组成的变化情况。从表 11-7-8 的数据可以看到，在弃荒坡耕地植被恢复过程中，各植物群落类型间的β多样性变化有一定的规律性。如果仅从二元属性数据测度看，演替阶段接近的植物群落间的相同种较多，β_C、β_R 多样性指数较小，如①-②、①-③、②-③、⑤-⑥、⑤-⑦、⑥-⑦等；相隔较远的植物群落类型的相同种较少，β_C、β_R 多样性指数较大，如①-④、①-⑤、①-⑥、①-⑦、②-⑦等；同时发现β_C、β_R 多样性指数变化较大的地方是在群落③和④之间，即草本植物群落与灌丛的过渡区。 这说明，随着植物群落发育的进展，植物种类更替明显，特别是生态过渡区是植物种类增加较快和更替最强烈的区域。同时，从群落的相似性指数的比较和数量测度的比较却发现，发育阶段接近的植物群落间的β多样性指数（C_S 和 C_N）较大，而且随着植物群落的进展，该指数在增大。说明由于人类对系统的干扰程度的不同，在弃荒坡耕地的植被恢复过程中，植物群落类型多样性较大，在本底情况较为一致的弃荒坡耕地上，发育相近的植物群落其组成和结构较为相似。在同一气候区内，植物群落的方向是一致的，且最终往地带性植被—热带低地雨林方向发展，与此同时，植物群落土壤性质亦发生着与植物群落物种多样性指数、群落覆盖度、木本植物种类和演替后期种等特征相关的变化，这是本案例研究的重点。

2）植物多样性指数与土壤肥力的相关性

表 11-7-9 的数据表明，坡耕地弃荒后土壤有机质和全氮的含量随着植被的演替和发展有所增加，土壤肥力得到一定程度的恢复。土壤表层（0～20cm）有机质的变化范围为 1.44%～3.98%，全氮的变化范围是 0.015%～0.033%。表现出在植被类型①到植被类型⑦的演替进展中，土壤肥力明显增加的变化规律。

表 11-7-8 弃荒坡耕地不同演替阶段植物群落间植物β多样性*

Tab.11-7-8 The β diversity of plant communities in different successionstages in the abandoned fields

植被类型对	多样性指数			
	β_C	β_R	C_S	C_N
①-②	27.00	47.01	0.3864	0.2954
①-③	25.50	44.43	0.3544	0.4051
①-④	59.00	107.52	0.2027	0.1486
①-⑤	57.50	105.28	0.2177	0.1633
①-⑥	62.00	114.72	0.1842	0.1711
①-⑦	62.50	113.24	0.2236	0.0869
②-③	31.50	76.98	0.4324	0.3243
②-④	47.50	83.58	0.4379	0.1889
②-⑤	53.00	93.28	0.3765	0.1676
②-⑥	52.50	92.33	0.4000	0.1630
②-⑦	62.00	109.83	0.3261	0.1969
③-④	51.00	89.74	0.4270	0.1637
③-⑤	44.50	79.16	0.5028	0.2000
③-⑥	50.00	88.22	0.4565	0.2286
③-⑦	49.50	87.82	0.4870	0.2391
④-⑤	43.50	83.88	0.6360	0.3598
④-⑥	42.00	82.01	0.6557	0.1639
④-⑦	46.50	88.87	0.6324	0.3229
⑤-⑥	31.50	70.30	0.7407	0.4280
⑤-⑦	35.00	74.57	0.7222	0.4206
⑥-⑦	43.50	85.80	0.6615	0.5214

*β_C 为 Cody 多样性指数 ；β_R 为 Routledge 指数 ；C_S 为 Sorenson 指数；C_N 为 Bray-Cutis 指数。

表 11-7-9 弃荒坡耕地植被类型土壤化学性状的随机取样测定值

Tab.11-7-9 The chemical properties of the soil in the abandoned field vegetation types

植被类型	取样层/cm	pH(水)	有机质/%	全氮/%	全磷/%	全钾/%
1	0～20	5.9	1.436	0.0154	0.032	0.158
	20～30	6.8	1.219	0.0148	0.031	0.135
	30～40	6.7	1.219	0.0234	0.032	0.122
3	0～20	6.1	1.707	0.0253	0.084	0.150
	20～30	6.1	1.707	0.0234	0.086	0.009
	30～40	5.7	1.653	0.0199	0.086	0.096
4	0～20	5.8	1.832	0.0263	0.076	0.144
	20～30	6.2	1.725	0.0233	0.062	0.105
5	0～20	6.3	1.869	0.0271	0.086	0.110
	20～30	6.2	1.653	0.0166	0.093	0.120
	30～40	6.0	1.680	0.0226	0.095	0.160
6	0～20	6.0	3.657	0.0333	0.080	0.060
	20～30	6.4	3.199	0.0096	0.080	0.030
	30～40	6.3	1.409	0.0211	0.051	0.039
7	0～20	5.9	3.982	0.0308	0.101	0.161
	20～30	6.0	2.411	0.0173	0.093	0.028
	30～40	6.0	2.140	0.0289	0.080	0.010

土壤肥力与植物群落类型间的β多样性指数的关系见图 11-7-1、图 11-7-2，从图 11-7-1、图 11-7-2 中发现 6 个群落间的β多样性指数变化较大的地方是在群落③和④之

间，即草本植物群落与灌丛的过渡区；而土壤肥力（有机质）变化较大的地方是在群落⑤与⑥之间，稍滞后一些。因此，随着植物群落的发生和发展，植物物种之间发生更替，群落间β多样性指数和土壤有机质含量及全氮含量等都发生有规律的变化，但全钾和全磷的变化缺少规律性。同时，植物群落间的相似性和土壤肥力都在增大，而且植物群落类型间的β多样性指数变化比土壤肥力变化超前，意味着植物群落类型的恢复和发展是土壤肥力恢复的前提条件。这一研究结果说明，在已经遭到破坏的弃荒坡耕地上，没有植被的恢复也就没有土壤肥力的恢复。

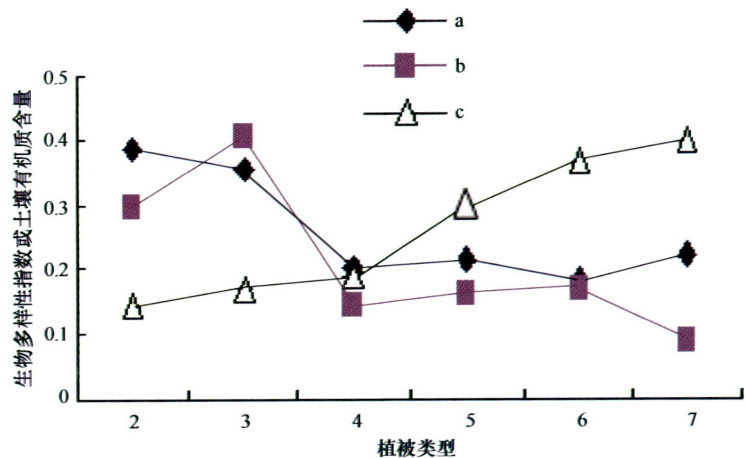

图 11-7-1　植被类型 1 与其他植被类型（2～7）间的β_C（a 线）和β_R（b 线）多样性指数与土壤有机质变化（%）（c 线）的关系

Fig.11-7-1　The relationship between indexes of β_C (a-line) β_R (b-line) diversity and the contents of the organic matter of soil (%) (c line) in the abandoned field Hainan Island

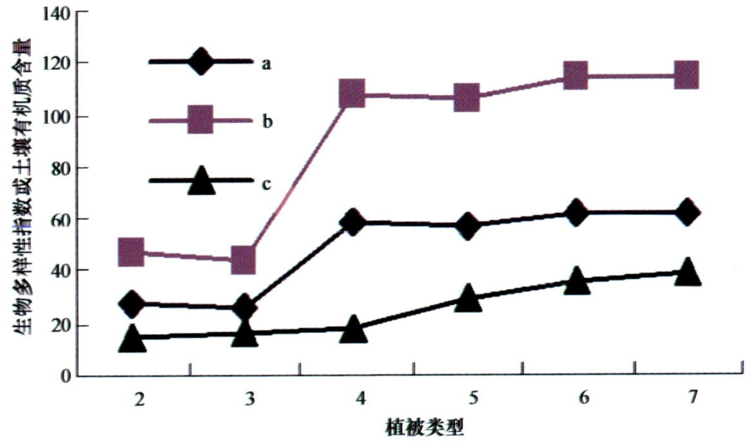

图 11-7-2　植被类型 1 与其他植被类型（2～7）间的 C_N（a 线）和 C_S（b 线）多样性指数与土壤有机质变化（‰）（c 线）的关系

Fig.11-7-2　The relationship between indexes of C_N (a-line) C_S (b-line) diversity and the contents of the organic matter of soil (‰) (c line) in the abandoned field Hainan Island

3）植被特征及物种数与土壤肥力多元相关分析

植被特征及物种数指标和土壤特征数据（表 11-7-9）的多元相关分析（相关系数见下面半矩阵）表明，在植被类型的发展过程中，不仅各个变化中的植物组成性状之间相关密切，群落覆盖度、植物种数、木本植物种数、演替后期植物种数和物种多样性指数每两个性状之间的相关系数均达 0.9221 以上，而且除了土壤全钾含量外，土壤中有机质含量、全氮含量和全磷含量亦均与植物各组成性状间达到显著相关水平。另外，在草丛→次生林的早期演替序列中，pH 没有一定的变化规律。

经多元逐步回归分析，土壤有机质含量、全氮含量与植物组成性状间的回归方程分别为：

$$Y_1=1.163\,682 + 0.129\,275\,2X_4 \quad R=0.8961;$$

$$Y_2 = 0.071\,86-0.001\,129X_1 + 0.000\,6633X_3 + 0.000\,863\,9\,X_4 \quad R = 0.99723。$$

可见，在演替进展过程中，有机质含量在与植物群落多个特征关系中，主要与演替后期植物种类的发展有关；全氮含量却略有不同，它与群落覆盖度、木本植物种数和演替后期植物种数等多个因素有关。因此，总体来说，土壤肥力的恢复与植被的组成性状、生物多样性的增加紧密相关。在退化生态系统的恢复初期阶段，它们之间的相互关系可看成是呈线性关系，但是随着演替的进展，这种关系会变得更加复杂，有待进一步研究。

热带弃荒坡耕地不同植被类型的植物组成特征与土壤肥力的相关系数半矩阵*：

群落覆盖度	1									
植物种数	0.9794	1								
木本植物种数	0.9716	0.9825	1							
0.9864	0.9864	0.9566	0.9471	1						
物种多样性指数	0.9513	0.9919	0.9830	0.9221	1					
有机质含量	0.8801	0.7877	0.8494	0.8951	0.7505	1				
全氮含量	0.8825	0.9121	0.9601	0.8779	0.9413	0.8115	1			
全磷含量	0.7692	0.8254	0.8042	0.8244	0.8539	0.6051	0.8599	1		
全钾含量	–0.4234	–0.4937	–0.5765	–0.2967	–0.5457	–0.3332	–0.5823	–0.1708	1	
pH	0.0346	0.2303	0.1448	–0.0217	0.3058	–0.3965	0.1658	0.3186	–0.3281	1

*X_1 为群落覆盖度；X_2 为植物种数；X_3 为木本植物种数；X_4 为演替后期植物种数；X_5 为物种多样性指数（JS-*W*）；Y_1 为有机质含量；Y_2 为全氮含量；Y_3 为全磷含量；Y_4 为全钾含量；Y_5 为 pH。

X_1 is coverage. X_2 is the number of plant species. X_3 is number of woody plant species. X_4 is the number of plant species at the successional stage. X_5 is index of bio-diversity (JS-*W*). Y_1 is content of organic matter of soil. Y_2 is content of nitrogen of soil. Y_3 is content of phosphorus of soil. Y_4 is content of potassium of soil. Y_5 is value of pH.

3. 特点与讨论

土壤是植物群落的主要环境因子之一，土壤的理化性质、土壤种子库的特性等影响着植被发生、发育和演替的速度，同时也因植被的演变而发生改变，土壤的性质与植物群落组成结构和植物多样性有着密切的关系，且多年来一直是生态学家研究的热点（杨小波等，1999；安树青，1997；王伯荪，1987b）。

在较多的情况下，随着演替的进展，土壤的厚度、碳酸钙的含量、有机质和全氮等在递增，但是有机质和全氮达到一定的时期又有所下降。特别是固氮演替先锋植物增加了土壤中的氮素含量，改善了土壤环境条件，为后来的植物定居创造了有利的条件，从而使先锋植物在竞争中失去了优势而让位于后来者，植物种类替代加速，从而促进植物群落生物种类多样化和结构复杂化，进而加速土壤中物质的分解率和生物归还率，促进土壤物质循环，土壤环境得到进一步的改善(Crocker，1955；Bormann，1990)。我们的研究结果亦表明在海南琼北地区的弃荒坡耕地上，植物群落性质与土壤性质存在这种关系。

除此之外，研究结果进一步表明了：①在弃荒坡耕地里的植被演替过程中，植物种数增加的速度较快，除藤本植物较特殊外，其他几种性状的植物都有所增加，且处在同一演替时期的植物群落中的草、灌、乔植物所占的比例都比较一致；②α多样性指数的增加、β多样性指数变化较强烈的阶段是草本植物群落与灌丛的过渡区，表明在弃荒坡耕地的植被恢复过程中，随着演替的进展，植物种类在不断地发生更替，而且从草本植物群落进入灌丛植物群落的生态过渡区是植物种类增加较快和更替最强烈的区域；③在植被恢复的同时，土壤肥力也得到恢复，但后者稍滞后一段时间，土壤恢复的速度较快的情况发生在灌丛植物群落阶段；④进一步的分析还表明，在多个植物群落性状因子中，土壤有机质含量主要与演替后期植物种类的发展和多样性有着密切的关系；全氮含量则与群落覆盖度、木本植物种数和演替后期植物种数的多样性等多个因素密切相关。

因此可以说，随着植物群落的发生和发展，植物物种之间发生更替，植物群落内α多样性指数、植物群落间β多样性指数和土壤肥力都发生有规律的变化(全钾和全磷的变化缺少规律性)，植物群落间的相似性和土壤肥力都在增大，而且生物多样性指数的变化(α多样性指数、β多样性指数)比土壤肥力变化超前。这意味着植被的恢复是土壤恢复的前提条件，在自然环境中，没有植被的恢复也就没有土壤肥力的恢复，特别是从草本植物群落进入灌丛植物群落阶段是一个较敏感的生态过渡区，具有重要的土壤与植被恢复生态学意义。但是必须指出，在退化生态系统恢复的初期阶段(从草本植物群落到次生林植物群落阶段)，它们之间的相互关系可看成是线性关系，但是随着植物群落的发展，这种关系会变得更加复杂，有待进一步研究。

(三)植被变化与地区水文、降雨等的相关性分析——以海南中南部地区为例

1. 样地概况与研究方法

1)样地概况

本案例主要在海南省琼中县、白沙县、东方市、三亚市及万宁的龙滚镇范围内开展调查研究工作。各市县非水系和水文及水资源特征的地理概况见相关章节。

(1)三亚市水系和水文及水资源特征

三亚市水系图见图 11-7-3(比例尺 1：20 万)，境内有中、小河流 12 条，集水面积 500km^2 以上的有宁远河、藤侨河；集水面积 100km^2 以上的有三亚水、大茅水和龙江河；集水面积在 100km^2 以下的有九曲水、六道水、烧旗水、文昌水、东沟溪、石沟溪和彭

茅水。宁远河为最大河流，全长 89.09km(境内 62.45km)，流域面积 1093km^2(境内 818km^2)，发源于保亭县好把钮山东南麓，沿途汇集叔爹溪、抱乱溪、红安溪、雅边溪、卡把溪、龙潭溪等 10 多条支流，流经崖城镇南至港门，流入郎芒河后入海。地表水资源多年平均下降深度 604mm，半径流系数 0.43，年径流总量 11.5 亿 m^3，丰水年的年径流量 18.2 亿 m^3，平水年年径流量 10.8 亿 m^3，枯水年年径流量 5.8 亿 m^3，集水面积 1905km^2，多年平均降雨量 1417mm。

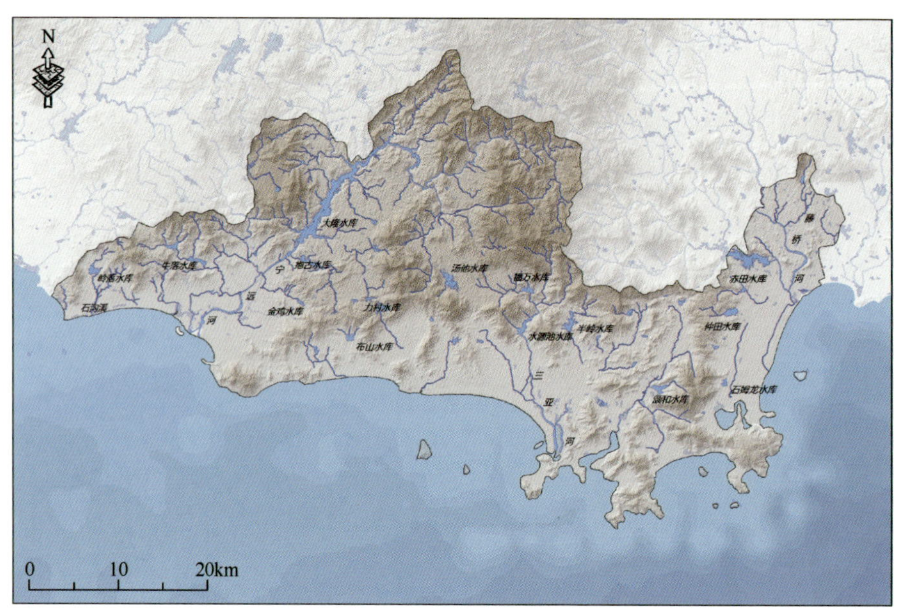

图 11-7-3　三亚市水系分布示意图

Fig.11-7-3　River system of Sanya city

(2) 琼中水系和水文及水资源特征

琼中县水系图见图 11-7-4(比例尺 1∶20 万)，境内有大小河溪共 241 条。海南岛三大河流南渡江、昌化江和万泉河均发源于该县境内，其主要河流有腰子河、大边河、乘坡河和什运河，分别发源于鹦哥岭、黎母山、五指山和吊罗山。河网密度系数为 1.32km/km^2。总集雨面积 2693.1km^2，平均径流量为 44.33 亿 m^3。年均产水量 41.5 亿 m^3，水能蕴藏量 10.8 万 kW，尚有 8.2 万 kW 待开发(琼中县政府，2006 年内部资料)。

(3) 白沙水系和水文及水资源特征

白沙县水系图见图 11-7-5(比例尺 1∶20 万)，主要河流有南开河、石碌河和珠碧江。南开河发源于境内青松乡南部南峰山，是南渡江上游河段，自西南向北贯穿东部，经牙叉镇注入松涛水库，全长 194km；珠碧江发源于中部南高岭，流经西北部进入儋州海头镇注入北部湾，境内全长 78km。全县地表水资源丰富，年地表径流 19.324 亿 m^3，枯水年地表径流 8.31 亿 m^3(白沙县地方志编纂委员会，1992)。

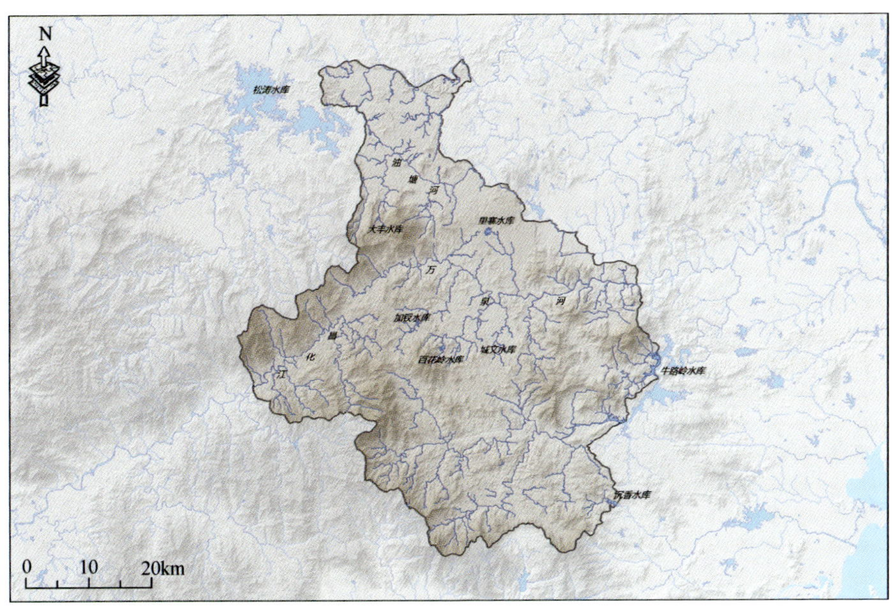

图 11-7-4 琼中县水系分布示意图
Fig.11-7-4 River system of Qiongzhong county

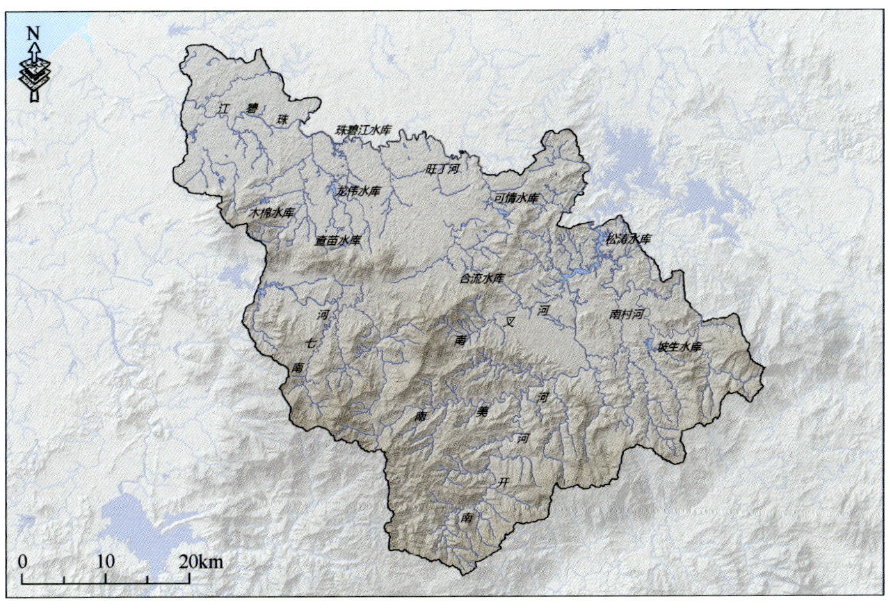

图 11-7-5 白沙县水系分布示意图
Fig.11-7-5 River system of Baisha county

(4) 东方市水系和水资源特征

东方市水系图见图 11-7-6(比例尺 1∶20 万)，境内主要河流有 8 条，即昌化江(长 230km)、南港河(长 26km)、感恩河(长 60km)、通天河(长 60km)、罗带河(长 47km)、北黎河(长 41km)，还有南尧河、东方河是昌化江在市境内的两大支流。淡水资源十分丰富，昌化江是过境最长的河流，境内流长 111km，集雨面积 5150km^2；全境海岸线长

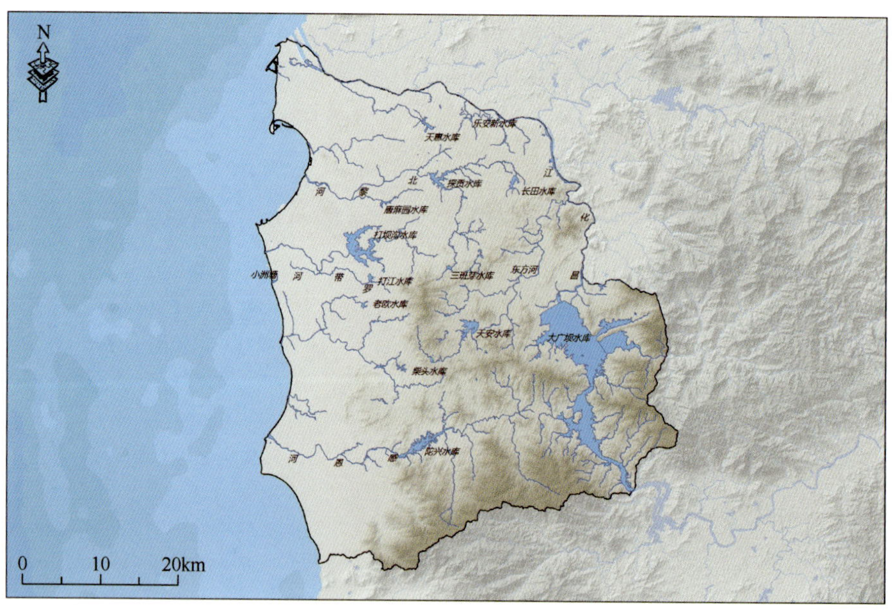

图 11-7-6 东方市水系分布示意图
Fig.11-7-6 River system of Dongfang county

84km，岸线蜿蜒曲折，形成八港七湾：八所港、英朝港、面前海港、马岭港、墩头港、新村港、感恩港、南港和大洛湾、面前海湾、墩头湾、鱼鳞洲湾、感城湾、利章湾、南港湾。

(5)万宁市水系和水资源特征

万宁市水系图见图 11-7-7(比例尺 1∶20 万)，境内主要有太阳河、龙滚河、龙头河和龙尾河等河流。最大的河流太阳河发源于琼中县的飞水岭，主流在东澳镇注入南海，

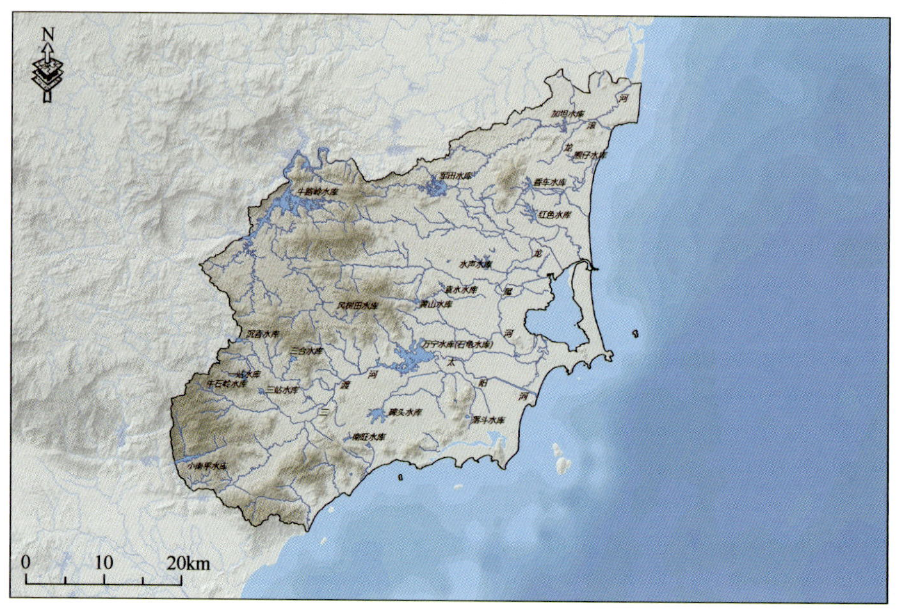

图 11-7-7 万宁市水系分布示意图
Fig.11-7-7 River system of Wanning county

太阳河在境内河道长 66.8km。龙滚河发源于境内的内罗岭，进入琼海市沙美注入南海。市东面临南海，海岸线长 109km。主要港湾有乌场港、港北港、东澳港、坡头港和南燕湾等。在和乐镇与北坡镇之间有一近于闭合的港湾被称为小海，水域面积 49km^2，是海南岛最大的海岸潟湖。

2) 研究方法

(1) 数据资料来源

水文数据资料由水务局提供，降雨量站点是万宁的龙滚，三亚的抱龙、抱前、颂和和黎万，东方的天安、中沙、陀兴、弯溪和大田，白沙的老村、元门、松涛水库、卫星和木棉，琼中的什坡、什旺、乘坡、中平、罗担、长征、乌石、番响和大丰；水文站点是白沙的福才、松涛水库，屯昌的大陆坡，昌化江的宝桥，万泉河的乘坡、嘉积和加报，宁远河的雅量站点；泥沙站点是南渡江的龙塘站点、昌化江宝桥站、万泉河的嘉积和加报站(以上各地名均为水文站点名称)。选取 1995 年、2000 年和 2005 年三个时间系列数据进行分析。

植被类型图样点的选取结合了雨量站点和水文站点分布位置、项目区水系分布，取样点区域处于各水系的上游并构成流域，在流域尺度上分析植被类型变化。根据海南省 1995 年和 2005 年两个年份植被类型分布图(比例尺 1∶50 000)，选取三亚的抱龙(面积 81.41km^2)、雅量(面积 53.21km^2)，东方的毫毛(面积 76.76km^2)，白沙的牙加(面积 71.27km^2)、南开(面积 268.97km^2)、元门(面积 80.20km^2)，琼中的黎母山(面积 105.60km^2)、乘坡(面积 112.10km^2)；2000 年雅量(面积 20.70km^2)、元门(面积 27.91km^2)和乘坡(面积 28.33km^2)植被类型图(比例尺 1∶10 000)。

植被数据由课题组于 2006.11～2007.6 多次深入项目区范围通过实地调查获得。

(2) 野外调查方法

根据琼中县、三亚市、东方市、白沙县和龙滚镇 Google Earth 卫片图(2005 年版)对流域植被进行区分，在路线调查基础上选择代表样地，各样地地理分布见图 11-7-8。所有样地分布在各植被类型的核心区域，每种类型样地四五个。不同植被类型样地所设面积为：山地雨林调查面积共 5500m^2，其中 2500m^2 是本次调查面积，3000m^2 为以前调查面积；沟谷雨林调查面积共 8600m^2，其中 3600m^2 为本次调查面积，5000m^2 为以前调查面积；季雨林调查面积共 1600m^2；灌丛调查面积共 2000m^2；草坡调查面积共 400m^2。在对样地详细踏查后，确定优势种、常见种和偶见种，记录乔木层、灌木层和草本层的主要植物物种名和个体数，以及周围环境参数，如坡度、坡向、土壤特征、凋落物盖度、群落各层次平均高度和盖度等。

(3) 数据分析方法

A. 植被数据分析方法

计算各物种重要值或多度(李博，2000)，并根据 Braun-Blanquet 的多度等级制确定物种多度等级。优势种在很大程度上决定着植物群落的分布格局，取多度等级在 2 以上的物种，用 Excel 软件将数据整理成 148×53 矩阵，矩阵物种指标用多度等级或重要值表示，导入 PC-ORD 软件后，对物种数据进行 Beals Smoothing 转换(Beals Smoothing Transformation)，进行聚类分析，群系命名主要依据法瑞学派与优势种相结合的方法来进行。参考《中国植被》(中国植被编辑委员会，1980)、《广东植被》(广东省植物研究所，1976)和《海南植物志》(第四卷)(广东省植物研究所，1977)，结合聚类分析结果对植被进行归类。

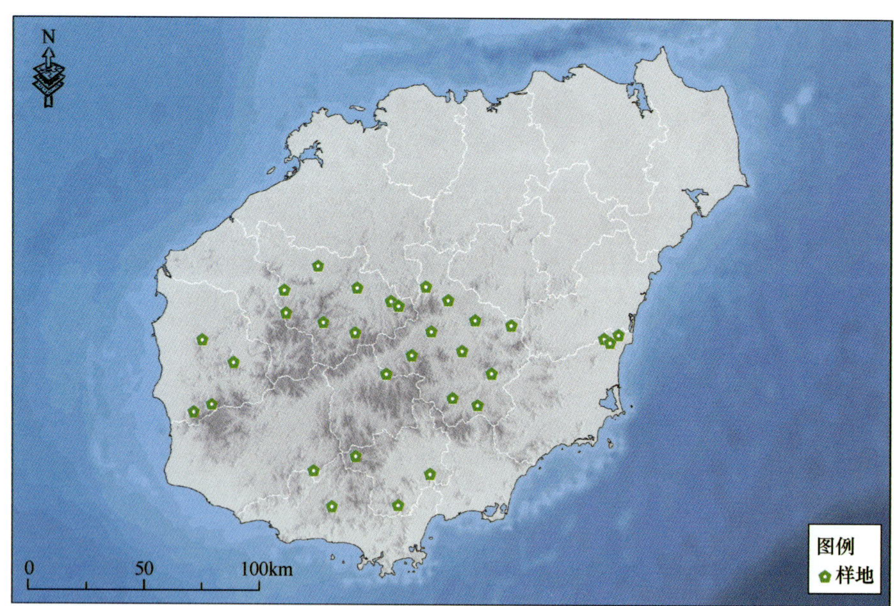

图 11-7-8　在海南岛中部开展植被调查的样地分布图
★表示样地位置
Fig.11-7-8　The distribution of plots for vegetation survey in the center of Hainan(★：plot)

B. 植被演变分析方法

根据项目区内植被调查资料，运用空间代替时间方法，结合植被演替理论分析各地区内植被演替规律。

C. 植被类型分析方法

借助于 Photoshop 7.0.1 和 Mapinfo 6.5 软件，在景观尺度和景观斑块尺度上确定斑块类型、斑块数目、斑块面积和平均斑块面积等基本参数。计算斑块密度指数，它是研究区内斑块个数与面积的比值，即 PD=$\sum n_i/A$，PD 为斑块密度指数。PD 值越大，表明破碎化程度越高(郭明等，2004)。

D. 水文要素分析方法

降雨、径流和输沙量年内分配采用不均匀系数 C_L 法，以降雨量为例，用大于年平均降雨量的累积值$\left(以\sum_{t=1}^{n}P_i计\right)$与超过年平均降雨量的天数乘年平均降雨量值(以 nP_o 计)之差与一年的总降雨量的比值。C_L 值越大，说明降水年内越集中，年内分配越不均匀。为了简化起见，用月平均值代替日平均值，计算公式为：$C_L=\left(\sum_{m=1}^{n}P_m-KP_o\right)/12P_o$　或

$C_L = \left(\sum_{m=1}^{m} Q_m - KQ_o\right)/12Q_o$，式中，$C_L$ 为降水不均匀系数；P_m、Q_m、S_m 为大于月均值的各月降水量、径流量和输沙量；P_o、Q_o 和 S_o 表示月平均降水量、径流量；K 表示月降水量(或径流量或输沙量 S_o)大于月平均降水量(或径流量或输沙量)的个数(巴桑赤烈等，2005；杨海坤和莫淑红，2006)。

在 Excell 软件统计分析 1995 年、2000 年和 2005 年水文要素各月分配情况、年际变化；求变差系数 Cv，根据其比较各水文要素年际差异。

E. 植被与水文关系分析方法

借助 SAS 软件分析各植被平均面积变化与雨量变化的相关关系。分析植被覆盖率和降雨量与径流量相关关系，通过逐步回归分析找出影响径流量的植被类型因子，根据通径系数比较回归方程中变量的作用大小。通过各植被的群落结构因子与径流量间的逐步回归和相关性分析，找出影响径流量的群落结构因素。

F. 土壤侵蚀量分析方法

根据土壤侵蚀量分析泥沙变化，采用美国通用土壤流失方程(universal soil loss equation，USLE)：

$$A = 0.247RKLSCP$$

式中，A 为平均土壤流失量［$kg/(m^2 \cdot a)$］；R 为降雨侵蚀因子；K 为土壤可侵蚀因子；L_l 为坡长因子；S 为坡度因子；C 为植被覆盖因子；P 为侵蚀控制因子。

R 的估算　采用周伏建和黄炎和等根据南方实测数据提出的 R 值计算式(周伏建和黄炎和，1995a，1995b)，该算式符合南方地理环境。

$$R = \sum_{i=1}^{12}(-1.5527 + 0.1792P_i)$$

式中，R 为年降雨侵蚀力指标；P_i 为月均降雨量。

C 值的估算　地表覆盖因子与土地利用类型、覆盖度密切相关。蔡崇法等通过坡面产沙量与植被覆盖度相关关系的研究(蔡崇法等，2000)，建立了 C 因子值与植被覆盖度 c 之间的回归方程。应用该方程对项目区内不同年份的地表覆盖因子进行估算。

$$C = 0.6508 - 0.3436\lg c$$

2. 结果与分析

1)植被类型变化分析

结合了雨量站点和水文站点分布位置、项目区水系分布，取样点区域处于各水系流域的上游，本案例在流域尺度上分析植被类型变化情况。根据 1995 年、2000 年和 2005 年各县市代表样点植被类型图比较分析，将景观划分为天然乔木林、天然灌丛、天然草丛、橡胶林、其他经济林和农作物等植被类型，根据前面章节植被类型数量分类结果可知，天然乔木林包括热带雨林、热带季雨林和热带针叶林植被型，天然灌丛包括银柴＋猪肚勒＋牛筋果群系等 7 个群系，天然草丛包括白毛臭草＋弓果黍＋白茅群系等 4 个群系，其他经济林指除橡胶林以外的人工林，如马占相思林、桉树林、果树林、杉木林、松树林等，农作物包括坡地作物和农田作物，前者有荔枝林、龙眼园、槟榔园、绿橙园、杧果园等，后者有水稻、木薯和甘蔗等。可以看出，中部(琼中)、中西部(白沙)、西部(东方)和南部(三亚)地区植被类型都有不同程度的变化，中部、中西部、西部和南部地区天然植被类型覆盖面积均有不同程度减小，人工植被类型覆盖面积增加，天然植被均遭到不同程度破坏，受人为因素影响大。

(1)三亚植被类型变化分析

三亚市植被类型变化分析，是以项目范围内抱龙(面积81.41km^2)、雅量(面积53.21km^2)为中心区域进行分析(表 11-7-10 和图 11-7-9)。2005 年与 1995 年比较(图 11-7-10～图 11-7-13)，新增加桉树林或相思林或其他用材林两种斑块类型，斑块数减少，平均斑块面积增大，说明景观破碎化程度降低。总体上天然植被的覆盖面积和覆盖率分别减少了 17.70km^2 和 13.15%，人工植被面积和覆盖率分别增加了 6.74km^2 和 5.0%。天然植被中乔木林、灌丛和灌草丛覆盖面积分别减少了 2.05km^2、11.31km^2 和 3.34km^2，覆盖面积分别减少了 2.26%、8.40%和 2.48%，其中乔木林转变为橡胶林、灌丛和其他农作物，灌丛转变为橡胶林和其他经济林等；人工植被类型中橡胶林和其他经济林面积分别增加了 8.34km^2 和 1.52km^2，覆盖率分别增加了 6.19%和 1.13%，农作物面积和覆盖率分别减小了 3.12km^2 和 2.32%，橡胶林主要由天然乔木林、水田和其他农作物转变而成，农作物转变成了橡胶林。结合植被调查结果可以看出，三亚市天然乔木林主要是季雨林或低地雨林，季雨林或低地雨林、灌丛和热带草丛在 1995～2005 年面积减小了 17.70km^2，经济林面积共增加了 9.86km^2，反映了人为因素对植被影响较大。

表 11-7-10　三亚市研究区域 1995 年和 2005 年基本植被景观元素比较

Tab.11-7-10　The compare of landscape elements of vegetations between 1995 and 2005 in the study areas of Sanya city

植被类型	1995 年				2000 年				2005 年			
	实际面积/km^2	覆盖率/%	斑块个数/个	平均斑块面积/km^2	实际面积/km^2	覆盖率/%	斑块个数/个	平均斑块面积/km^2	实际面积/km^2	覆盖率/%	斑块个数/个	平均斑块面积/km^2
天然乔木林	31.60	38.88	49	0.67					24.90	30.50	8	3.11
天然灌丛	4.97	6.10	66	0.08					3.48	4.28	21	0.17
草丛	2.54	3.12	80	0.03					0.74	0.91	7	0.11
橡胶林	26.70	32.78	41	0.68					35.10	43.20	13	2.70
其他经济林	0	0	0	0					1.52	1.87	3	0.51
农作物	14.10	17.28	96	0.16					12.10	14.90	99	0.12
雅量												
天然乔木林	17.20	32.40	24	0.72	12.10	59.80	8	1.52	22	41.30	13	1.69
天然灌丛	13.60	25.60	52	0.26	—	—	—	—	3.78	7.11	6	0.63
草丛	3.99	7.50	85	0.05	—	—	—	—	2.45	4.60	54	0.05
橡胶林	12	22.50	7	1.71	3.78	18.60	6	0.63	12.90	24.20	6	2.14
其他经济林	0	0	0	0	0.50	2.46	2	0.25	0	0	0	0
农作物	2.12	3.98	26	0.08	0.91	4.47	7	0.13	1.95	3.67	31	0.06

注：—表示没有信息。

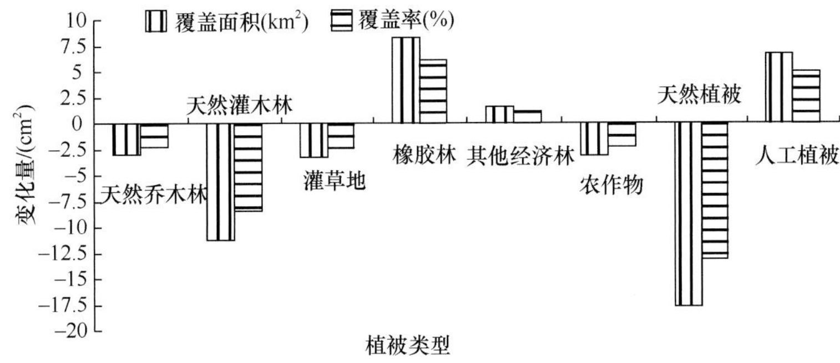

图 11-7-9　1995～2005 年三亚市植被覆盖面积和覆盖率变化

Fig.11-7-9　The change of vegetation cover area and coverage from 1995 to 2005 in Sanya city

三亚市以雅量为中心，西南部地区在 1995 年和 2005 年天然植被的覆盖面积和覆盖率分别减少了 6.64km^2 和 12.47%，人工植被面积和覆盖率分别增加了 0.71km^2 和 1.34%。天然植被中天然乔木林面积和覆盖率分别增加 4.74km^2 和 8.90%，其主要由天然灌丛、橡胶林转变而来，面积分别为 6.31km^2 和 2.50km^2；天然灌丛和天然灌草丛覆盖面积分别减少 9.83km^2 和 1.55km^2，覆盖率分别减小了 18.47%和 2.91%，这是由于封山育林，天然灌丛恢复成乔木林，此外还转变成橡胶林。人工植被中橡胶林面积和覆盖率分别增加 0.88km^2 和 1.65%，农作物覆盖面积减少 0.17km^2，覆盖率减小了 0.31%。从植被调查结果可以看出，该地区经济林以橡胶林为主，面积有小幅度增加，受退耕还林影响，大面积的灌丛向季雨林植被转变，植被逐渐好转，杧果园、槟榔园等作物面积小幅度减小。

以抱龙为中心，北部地区新增加斑块速生丰产用材林，覆盖面积分别为 0.71km^2 和 0.82km^2。天然植被的覆盖面积和覆盖率分别减少了 11.07km^2 和 12.37%，人工植被面积和覆盖率分别增加了 6.03km^2 和 9.86%。天然植被中乔木林、灌丛和草坡覆盖面积分别减少 6.78km^2、1.49km^2 和 1.80km^2，覆盖率分别减小了 8.33%、1.83%和 2.21%，乔木林的减小幅度最大，其主要转变成了橡胶林和天然灌丛，面积约为 4.70km^2 和 2km^2。人工植被中的农作物覆盖面积减少 1.96km^2，覆盖率减小了 2.40%，其主要转变为橡胶林，面积约为 2.10km^2；橡胶林和其他经济林面积分别增加了 8.45km^2 和 0.70km^2，覆盖率分别增加了 10.39%和 1.87%。在植被调查中发现，该地区是三亚市季雨林分布的主要区域，有半滨海森林、落叶季雨林等类型，还有部分低地雨林。结合以上数据，季雨林或低地雨林、热带灌丛和草坡均遭到破坏转而种植橡胶林等，在经济林中橡胶林发展速度快，而桉树林面积缓慢增加。

(2) 琼中植被类型变化分析

琼中植被类型变化分析，是对项目范围内以黎母山(面积 105.60km^2)、乘坡(面积 112.10km^2)和南流(面积 69.69km^2)为中心的区域进行分析(表 11-7-11 和图 11-7-14)。2005 年与 1995 年相比(图 11-7-15～图 11-7-20)，增加了桉树林或相思林类型，主要是桉树的种植；整体上天然植被覆盖面积减少 53.14km^2，覆盖率减少 19.48%；人工植被面积增加了 47.72km^2，覆盖率增加 17.49%。反映了近 10 年来天然植被遭人为干扰而进一步被破坏，大面积森林和草地被开垦种植桉树林或相思林和热带作物。天然植被类型

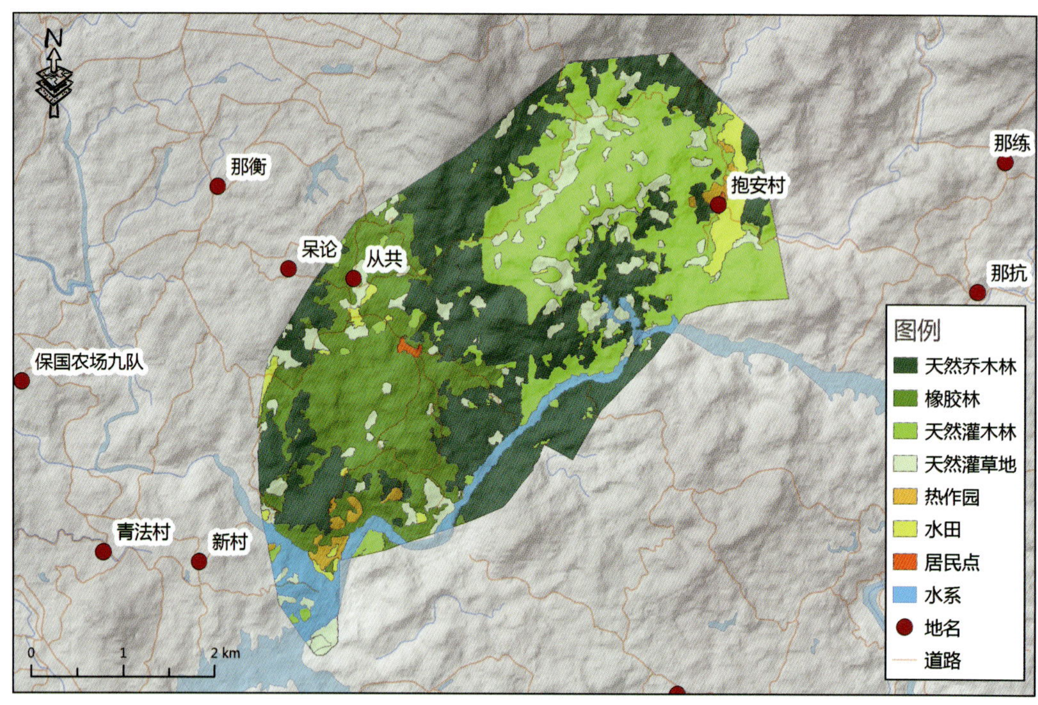

图 11-7-10　1995 年三亚市雅量地区植被类型分布图

Fig.11-7-10　The distribution of vegetation types in Yaliang of Sanya city in 1995

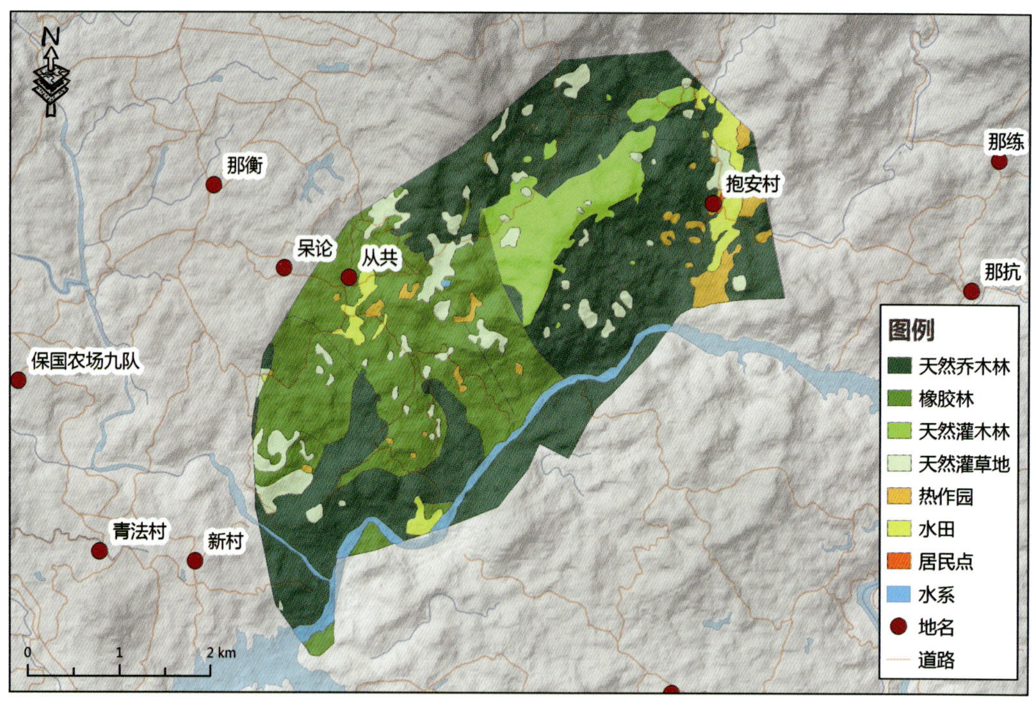

图 11-7-11　2005 年三亚市雅量地区植被类型分布图

Fig.11-7-11　The distribution of vegetation types in Yaliang of Sanya city in 2005

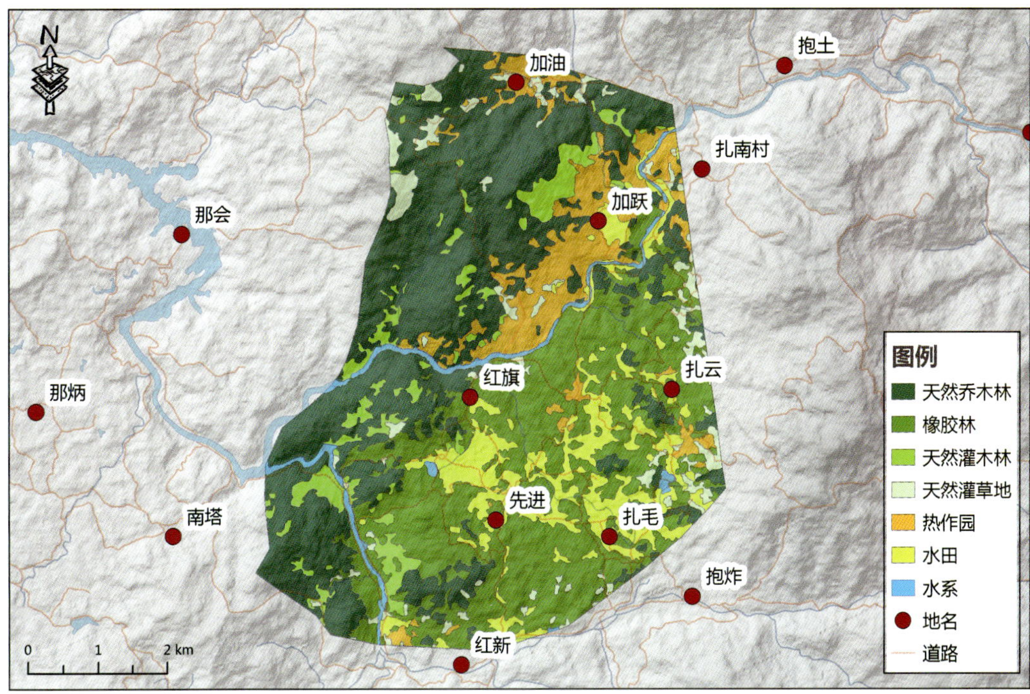

图 11-7-12　1995 年三亚市抱龙地区植被类型分布图

Fig.11-7-12　The distribution of vegetation types in Baolong of Sanya city in 1995

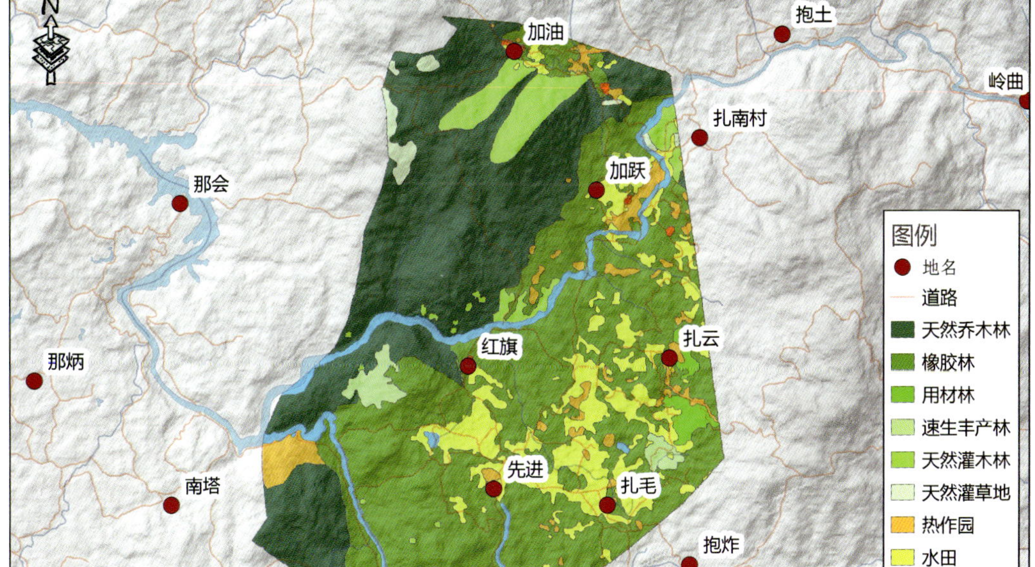

图 11-7-13　2005 年三亚市抱龙地区植被类型分布图

Fig.11-7-13　The distribution of vegetation types in Baolong of Sanya city in 2005

中天然乔木林的覆盖面积和覆盖率分别减小 12.62km^2 和 4.63%，天然灌丛的覆盖面积和覆盖率分别减小 8.28km^2 和 3.03%，天然草丛覆盖面积和覆盖率分别减少 32.24km^2 和 11.82%，草丛的变化最大；天然乔木林主要转变成灌丛、橡胶林和其他农作物，草丛则转变成橡胶林、灌丛和其他农作物。人工植被类型中橡胶林覆盖面积和覆盖率分别减小了 17.88km^2 和 6.55%，分别转变成天然乔木林、农作物和草丛；其他经济林和农作物的面积和覆盖率都有所增加，分别为 19.79km^2、7.25%和 45.81m^2、16.79%，农作物的增加幅度最大，主要由橡胶林、草丛和天然乔木林转变而成。

表 11-7-11　琼中县研究区域 1995 年和 2005 年基本植被景观元素比较

Tab.11-7-11　The compare of landscape elements of vegetations between 1995 and 2005 in the study areas of Qiongzhong

植被类型	1995 年				2000 年				2005 年			
	实际面积/km^2	覆盖率/%	斑块个数/个	平均斑块面积/km^2	实际面积/km^2	覆盖率/%	斑块个数/个	平均斑块面积/km^2	实际面积/km^2	覆盖率/%	斑块个数/个	平均斑块面积/km^2
天然乔木林	29.30	27.80	131	0.22					15.50	14.60	6	2.58
天然灌丛	11.20	10.70	148	0.08					5.15	4.88	17	0.30
草丛	18.50	17.50	158	0.12					4.62	4.38	35	0.13
橡胶林	31.60	29.90	69	0.46					34.40	32.60	37	0.93
其他经济林	0	0	0	0					8.83	8.36	64	0.14
农作物	6.22	5.89	86	0.07					29.30	27.70	189	0.15
乘坡												
天然乔木林	20.20	18	9	2.24	7.96	28.10	5	1.59	31.50	28.09	5	6.30
天然灌丛	19.90	17.80	55	0.36	2.86	10.10	15	0.19	13.20	12.40	15	0.93
草丛	6.87	6.12	68	0.10	—	—	—	—	0.31	0.28	5	0.06
橡胶林	33.50	29.90	27	1.24	0.75	2.63	5	0.15	14	12.48	27	0.52
其他经济林	0.69	0.61	4	0.17	6.89	24.30	12	0.57	7	7.13	24	0.33
农作物	12.60	11.20	75	0.17	4.11	14.50	12	0.34	23.50	20.96	62	0.38
南流												
天然乔木林	29.60	44.10	104	0.28					19.60	29.10	18	1.09
天然灌丛	12	17.80	167	0.07					16.50	24.50	20	0.82
草丛	12.80	19.10	152	0.08					0.96	1.43	17	0.06
橡胶林	2.06	3.07	7	0.29					0.88	1.31	1	0.88
其他经济林	0	0	0	0					4.69	6.98	21	0.22
农作物	4.49	6.68	69	0.07					16.30	24.30	127	0.13

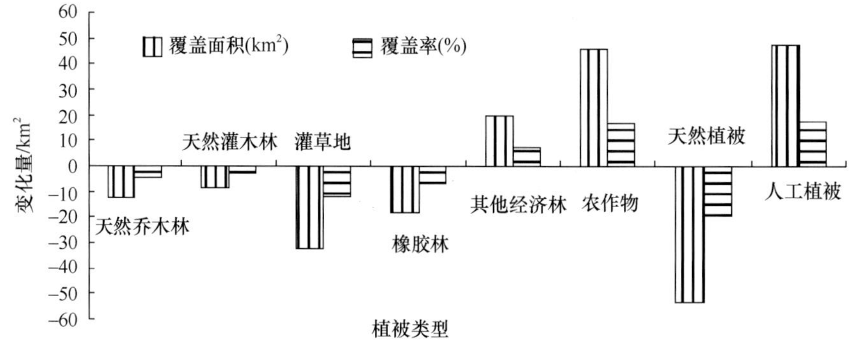

图 11-7-14　1995～2005 年琼中县植被覆盖面积和覆盖率变化

Fig.11-7-14　The change of vegetation cover area and coverage from 1995 to 2005 in Qiongzhong

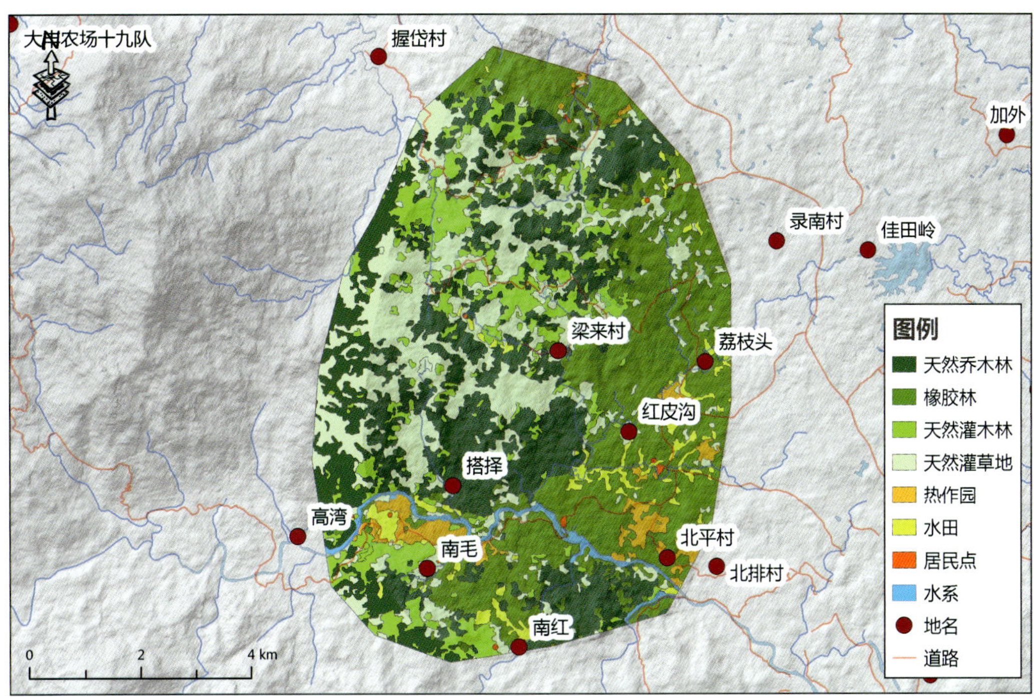

图 11-7-15　1995 年琼中县黎母山地区植被类型分布图

Fig.11-7-15　The distribution of vegetations in Limu of Qiongzhong in 1995

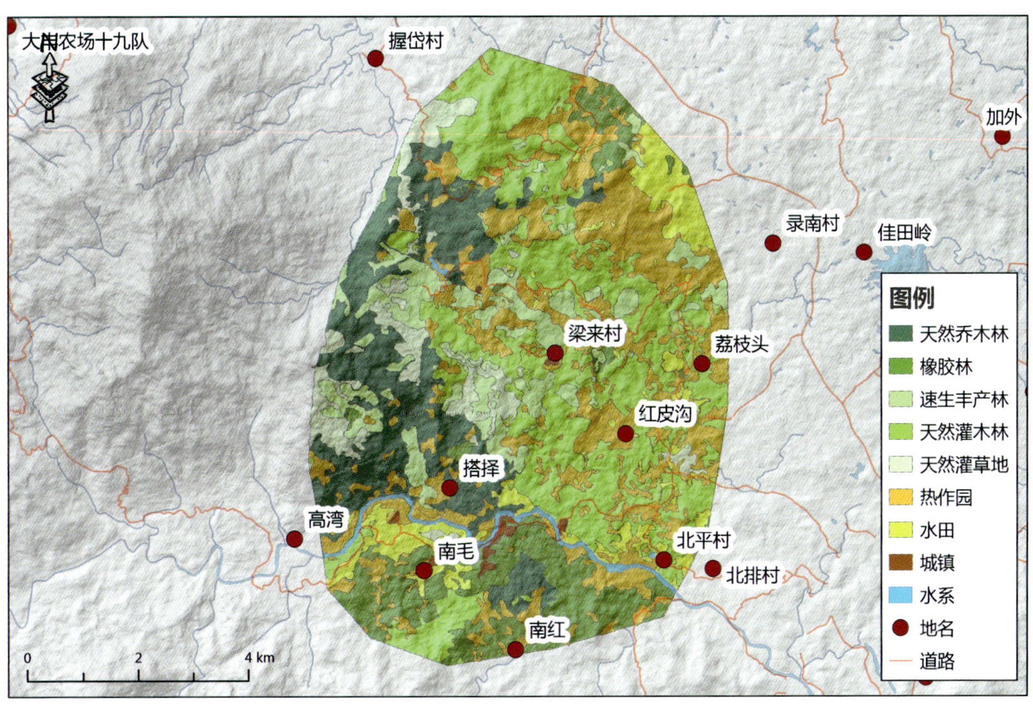

图 11-7-16　2005 年琼中县黎母山地区植被类型分布图

Fig.11-7-16　The distribution of vegetations in Limu of Qiongzhong in 2005

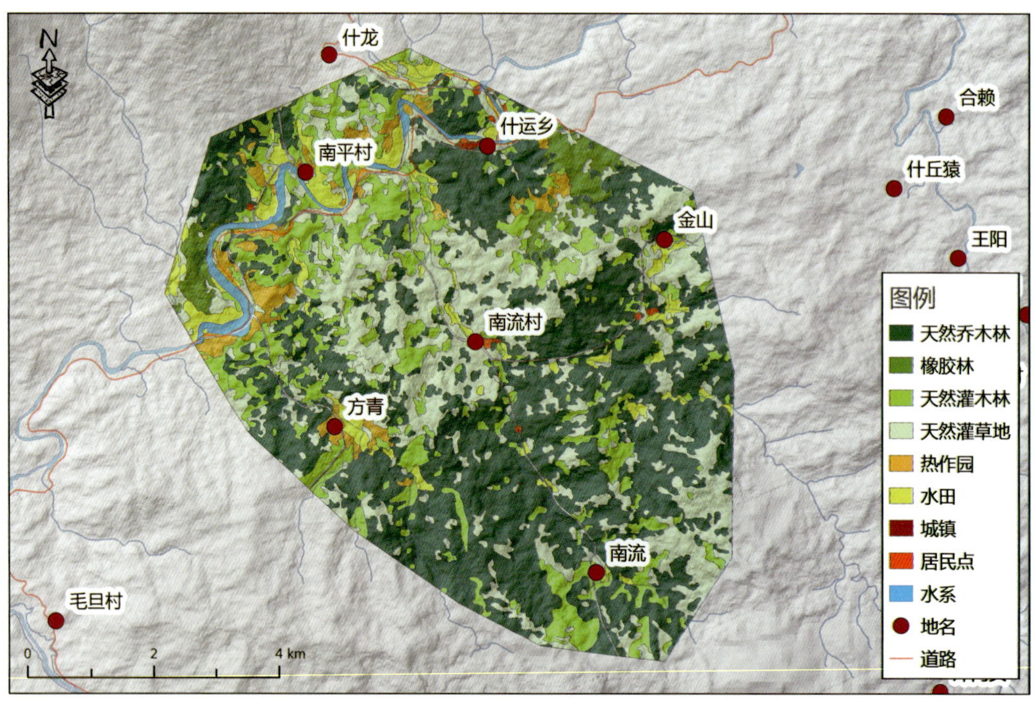

图 11-7-17　1995 年琼中县南流地区植被类型分布

Fig.11-7-17　The distribution of vegetations in Nanliu of Qiongzhong in 1995

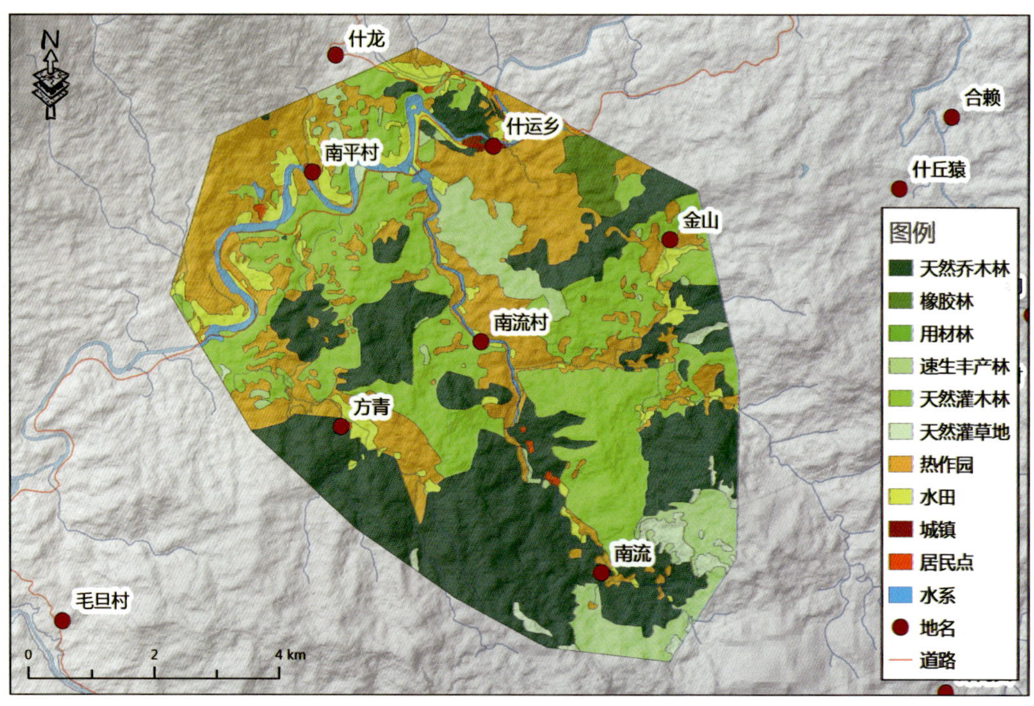

图 11-7-18　2005 年琼中县南流地区植被类型分布图

Fig.11-7-18　The distribution of vegetations in Nanliu of Qiongzhong in 2005

以黎母山为中心的西北地区新增加桉树林或相思林类型，面积 8.83km^2，斑块数增加的斑块类型是桉树林或相思林和其他农作物，其他斑块类型斑块数减少。1995～2005年天然植被覆盖面积和覆盖率分别减少了 33.78km^2 和 32%，人工植被覆盖面积和覆盖率分别增加了 34.72km^2 和 32.89%。原有的部分宜林荒地转变为人工植被用地，其中天然乔木林、天然灌丛和天然灌草丛面积分别减少 13.85km^2、6.09km^2 和 13.83km^2，覆盖率分别减少 13.12%、5.77%和 13.10%。天然乔木林主要转变成橡胶林和天然灌丛，面积分别约 7.16km^2 和 2.89km^2，另外一部分转变成其他农作物、桉树林或相思林；由于封山育林，一部分天然草丛转变为天然乔木林，面积为 2.21km^2，另一部分主要转变为其他农作物和桉树林或相思林，面积分别为 2.51km^2 和 2.25km^2。橡胶林、其他经济林和农作物面积分别增加 2.86km^2、8.83km^2 和 23.03km^2，覆盖率分别增加 2.71%、8.36%和 21.82%。农作物增加幅度最大，其主要由橡胶林、草坡、天然乔木林等转变而来。结合植被调查结果可以看出，黎母山天然乔木林主要是热带雨林，海拔在 700m 以下的热带雨林、热带灌丛和草坡覆盖面积都有所减小，热带雨林面积在 10 年间减小幅度最大；橡胶林、桉树林、绿橙和龙眼面积大大增加，共计 34.72km^2，桉树林发展速度快，绿橙、龙眼增加面积最大。

以乘坡为中心的南部地区新增加桉树林或相思林类型，面积 6.20km^2，除此以外，其他斑块数目均减少。天然植被面积和覆盖率分别减小 1.26km^2 和 1.12%，人工植被覆盖面积和覆盖率分别减小 1.30km^2 和 1.16%，其减小的面积一部分转变为水域，约

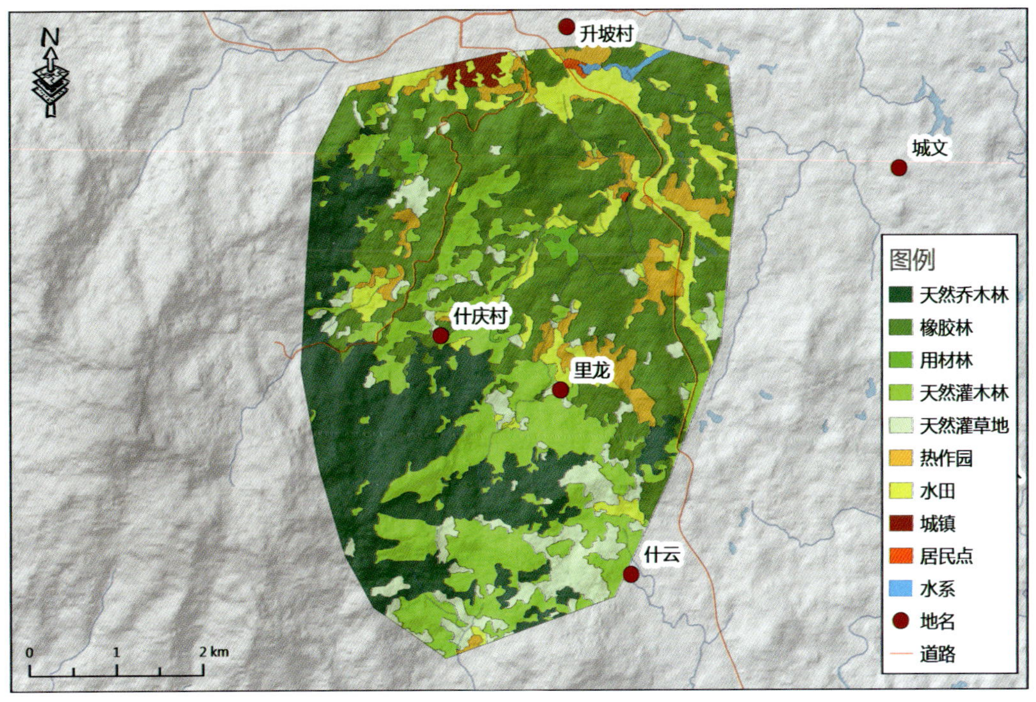

图 11-7-19　1995 年琼中县乘坡地区植被类型分布图

Fig.11-7-19　The distribution of vegetations in Chengpo of Qiongzhong in 1995

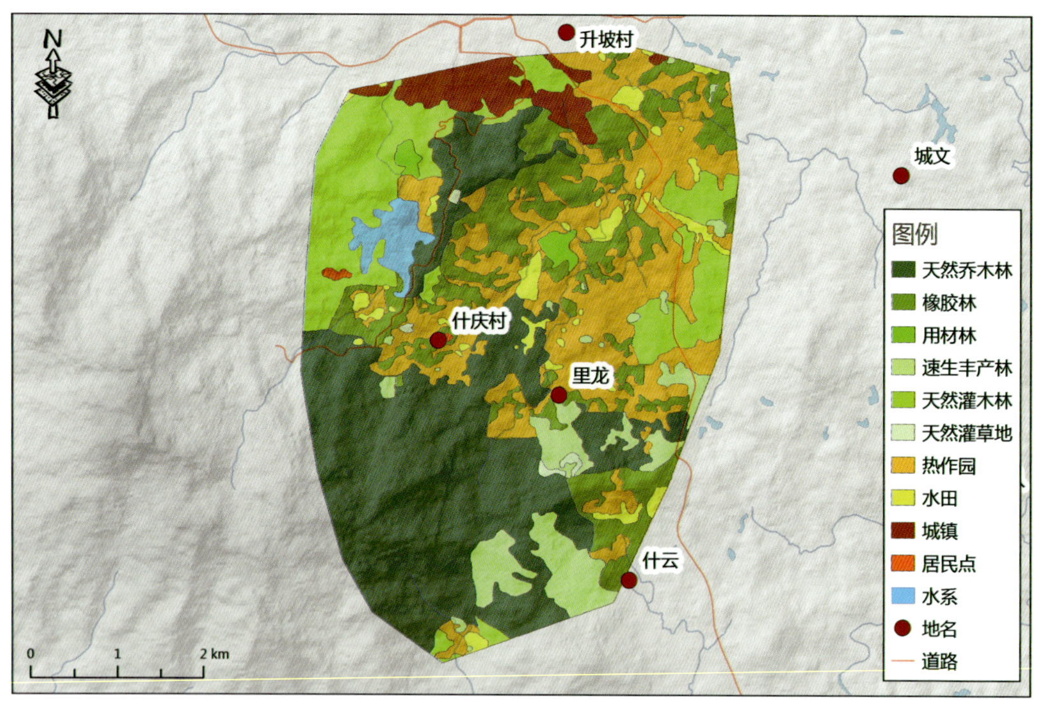

图 11-7-20 2005 年琼中县乘坡地区植被类型分布图

Fig.11-7-20 The distribution of vegetations in Chengpo of Qiongzhong in 2005

1.52km^2，其他转移到居民点和城镇用地。天然灌丛和草丛覆盖面积分别减少 6.01km^2、6.56km^2，覆盖率分别减少 5.36%和 5.85%，天然灌丛一部分转变成热带作物，面积约 1.69km^2；天然乔木林覆盖面积和覆盖率分别增加了 11.30km^2 和 10.08%，其所增加面积主要由天然灌丛和橡胶林转变而来，面积分别为 6.50km^2 和 4.30km^2，除此以外部分由其他农作物和草坡变化而来。橡胶林覆盖面积减少 19.54km^2，覆盖率减少 17.43%；其他经济林和农作物覆盖面积分别增加 7.31km^2 和 10.93km^2，覆盖率分别增加 6.52%和 9.75%，农作物所增加的部分主要由橡胶林和天然灌丛转变而来。结合植被调查结果不难发现，该地区植被变化呈现三个特点，①由于封山育林，灌丛和部分草坡恢复演替发展为次生热带雨林；②经济林类型发生转变，即橡胶林转变为桉树林；③较大面积灌丛和草坡仍在被开荒破坏，或种植槟榔和龙眼。

以南流为中心的西部地区在 1995～2005 年新增加速生林植被类型，面积约 4.69km^2；各斑块类型总斑块数由 499 个减少为 204 个，平均斑块面积由 0.16km^2 增加到 0.53km^2，说明该地区景观破碎程度降低。天然植被面积和覆盖率分别减少 17.41km^2 和 25.89%，人工植被覆盖面积和覆盖率分别增加 15.37km^2 和 22.86%。天然乔木林和草丛覆盖面积和覆盖率分别减少 10.05km^2 和 14.95%、11.86km^2 和 17.64%，天然乔木林由于人为砍伐和开荒主要转变为灌丛和其他农作物，面积约为 13.13km^2 和 3.60km^2，草丛主要转变成橡胶林、乔木林和灌丛，面积分别为 2.03km^2、2.10km^2 和 2.04km^2；天然灌丛覆盖面积和覆盖率分别增加 4.50km^2 和 6.70%。人工植被中橡胶林的覆盖面积和覆盖率分别减少 1.18km^2 和 1.76%，其他经济林和农作物覆盖面积和覆盖率分别增加 4.69km^2 和 6.98%、

11.86km^2 和 17.64%，农作物增幅最大，其主要由乔木林、草丛和橡胶林转变而来。可以看出，西部地区天然乔木林主要是以窄叶半枫荷、海南榄仁、刺桑为优势种的半滨海森林，该植被类型在 10 年间面积减小约 10.05km^2，且转变为低矮、植被质量较差的灌丛；较大面积的草坡被开垦种植槟榔、绿橙和龙眼等作物；桉树林逐渐取代橡胶林成为该地区主要的经济林。

(3) 白沙植被类型变化分析

白沙植被类型变化分析，是以项目范围内牙加(面积 71.27km^2)、南开(面积 67.24km^2)、元门(面积 80.20km^2)为中心的区域进行分析(表 11-7-12 和图 11-7-21～图 11-7-27)。2005 年与 1995 年比较，新增加桉树林或相思林和其他用材林两种斑块类

表 11-7-12 琼中县白沙研究区域 1995 年和 2005 年基本植被景观元素比较

Tab.11-7-12 The compare of landscape elements of vegetations between 1995 and 2005 in the study areas of Baisha

植被类型	1995 年				2000 年				2005 年			
	实际面积/km^2	覆盖率/%	斑块个数/个	平均斑块面积/km^2	实际面积/km^2	覆盖率/%	斑块个数/个	平均斑块面积/km^2	实际面积/km^2	覆盖率/%	斑块个数/个	平均斑块面积/km^2
天然乔木林	35.30	52.60	18	1.96					27.50	40.80	30	0.91
天然灌丛	4.46	6.63	90	0.05					1.68	2.50	42	0.04
草丛	10.90	16.20	44	0.25					2.82	4.2	61	0.05
橡胶林	0	0	0	0					11.30	16.80	24	0.47
其他经济林	0	0	0	0					5.94	8.84	23	0.26
农作物	3.27	4.87	34	0.02					5.47	8.14	75	0.07
牙加												
天然乔木林	29.80	41.80	15	1.99					14.50	20.40	20	0.73
天然灌丛	4.43	6.21	18	0.25					9.77	13.70	20	0.49
草丛	12.90	18.10	37	0.35					0.97	1.35	8	0.12
橡胶林	3.34	4.68	10	0.33					3.56	4.99	16	0.22
其他经济林	0	0	0	0					0	0	0	0
农作物	15.60	21.80	19	0.82					40	56.10	46	0.87
元门												
天然乔木林	52.20	65.10	33	1.58	20.20	72.30	12	1.68	47.10	58.70	21	2.24
天然灌丛	15.40	19.30	88	0.18	0.19	0.68	1	0.19	4.68	5.83	104	0.04
草丛	1.79	2.23	26	0.07	—	—	—	—	3.24	4.04	140	0.02
橡胶林	0	0	0	0	2.35	8.41	11	0.21	0.81	1.01	6	0.14
其他经济林	0	0	0	0	0.42	1.50	5	0.08	8.60	10.70	18	0.48
农作物	7.09	8.84	49	0.14	3.61	12.90	8	0.45	11	13.70	145	0.08

—：数据不详或缺数据

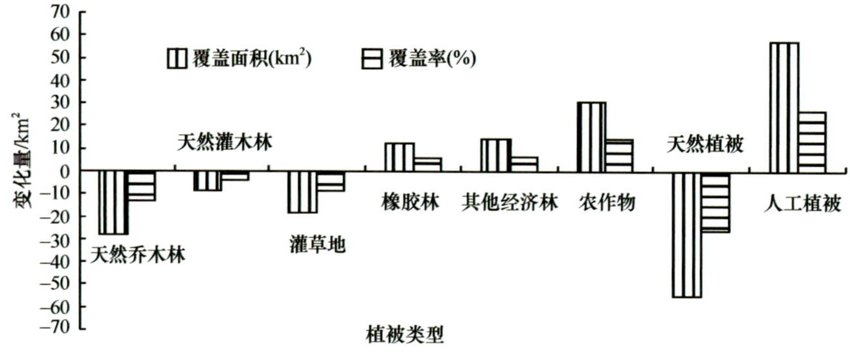

图 11-7-21 1995～2005 年白沙县植被覆盖面积和覆盖率变化
Fig.11-7-21 The change of vegetation cover area and coverage from 1995 to 2005 in Baisha

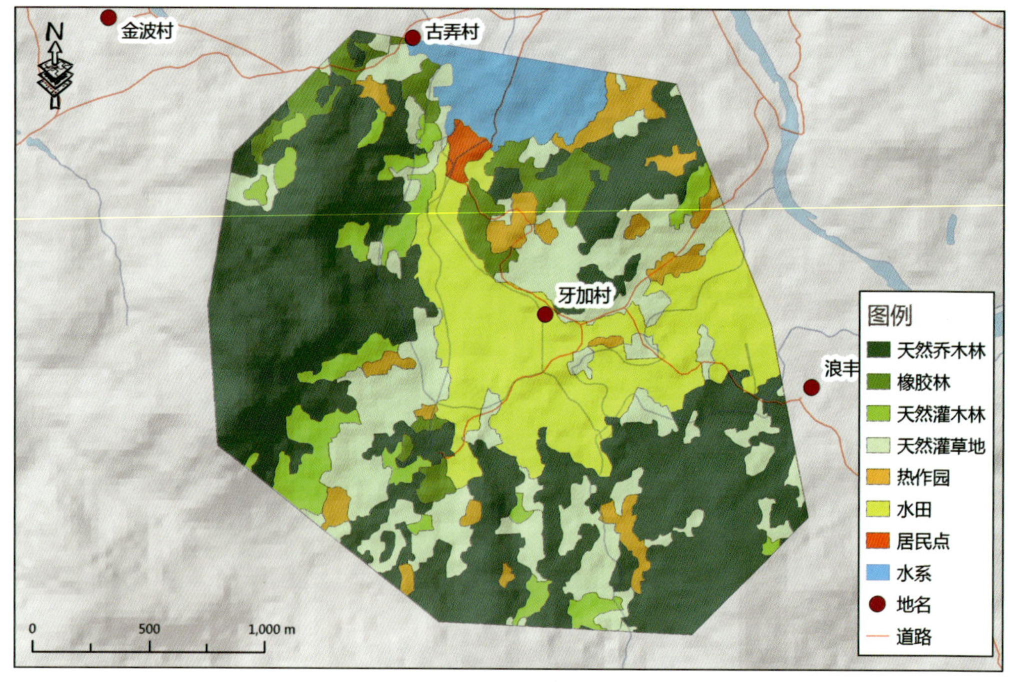

图 11-7-22 1995 年白沙县牙加地区植被类型分布图
Fig.11-7-22 The distribution of vegetations in Yajia of Baisha in 1995

型，研究地区的斑块数增加，平均斑块面积减小，说明植被破碎程度增加。从天然植被和人工植被比较来看，总体上在 10 年期间天然植被覆盖面积和覆盖率分别约减小 55.06km^2 和 25.89%，人工植被覆盖面积和覆盖率约分别增加 57.46km^2 和 27.02%，可见天然植被处于持续破坏状态。天然植被中乔木林面积和覆盖率分别减少了 25.60km^2 和 11.70%，灌丛面积和覆盖率分别减少了 8.04km^2 和 3.68%，草丛面积和覆盖率分别减少了 18.26km^2 和 8.35%，天然植被主要向经济林和农作物转变。人工植被类型覆盖面积和覆盖率均大幅度增加，其中橡胶林面积和覆盖率分别增加了 13.46km^2 和 6.15%，其他经济林面积和覆盖率分别增加了 15.12km^2 和 6.91%，农作物面积和覆盖率分别增加了 31.13km^2 和 14.23%，农作物的增幅最大。

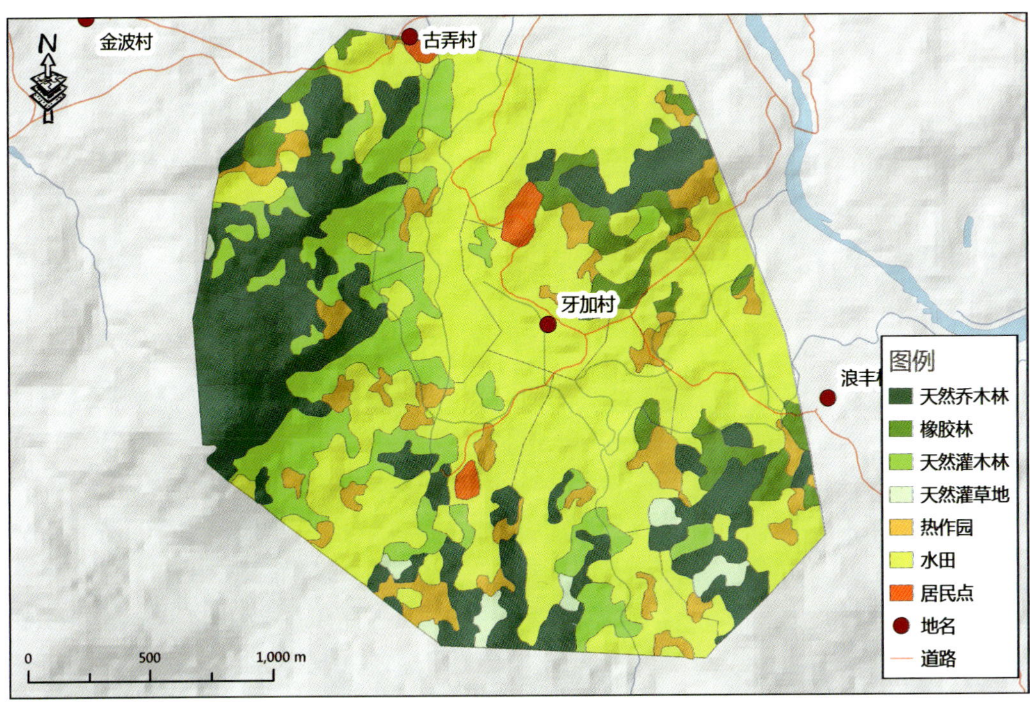

图 11-7-23　2005 年白沙县牙加地区植被类型分布图

Fig.11-7-23　The distribution of vegetations in Yajia of Baisha in 2005

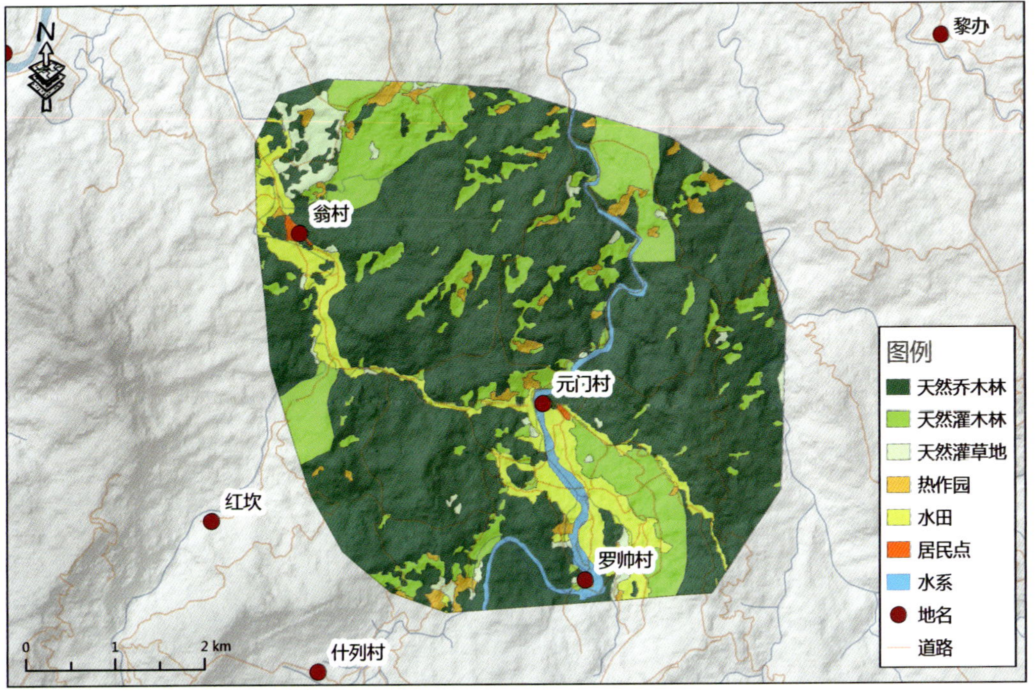

图 11-7-24　1995 年白沙县元门地区植被类型分布图

Fig.11-7-24　The distribution of vegetations in Yuanmen of Baisha in 1995

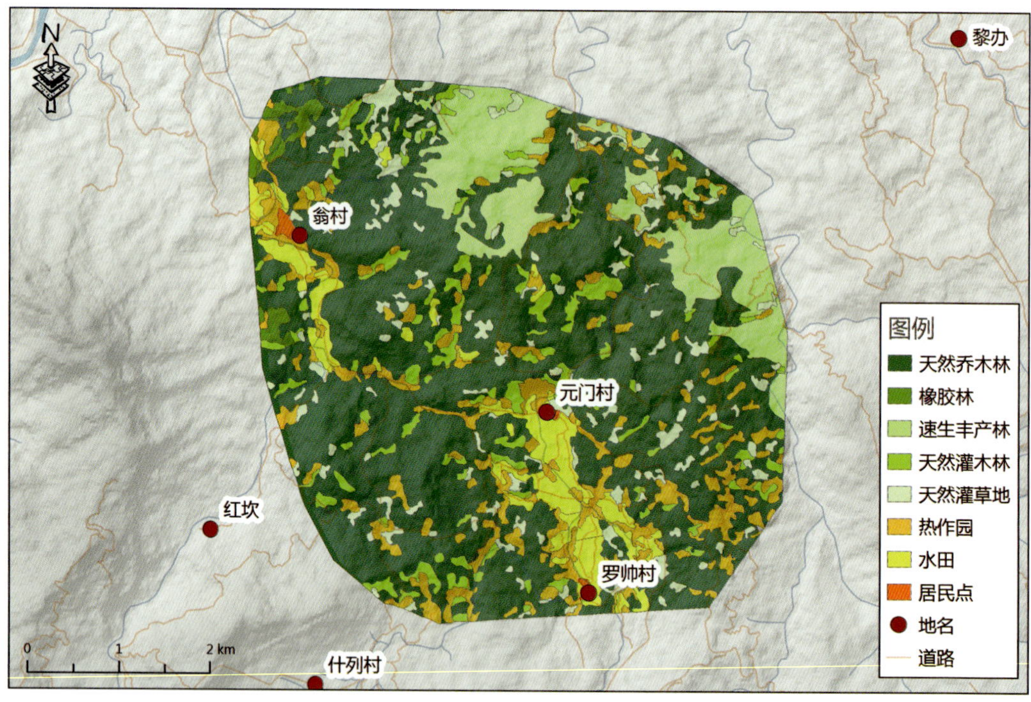

图 11-7-25　2005 年白沙县元门地区植被类型分布图

Fig.11-7-25　The distribution of vegetations in Yuanmen of Baisha in 2005

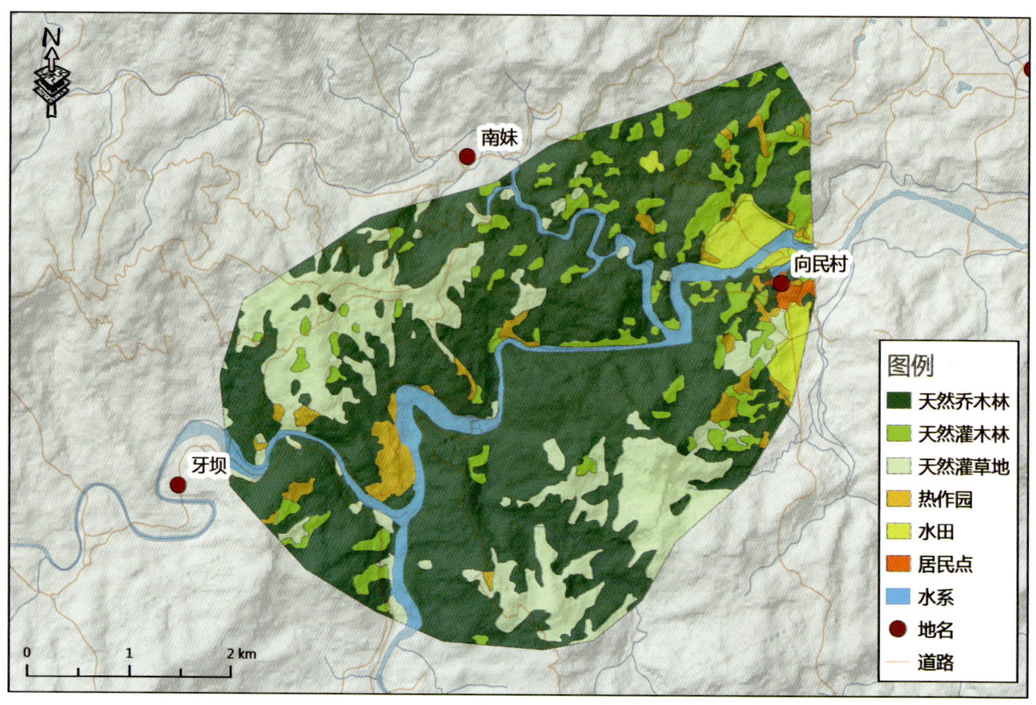

图 11-7-26　1995 年白沙县南开地区植被类型分布图

Fig.11-7-26　The distribution of vegetations in Nankai of Baisha in 1995

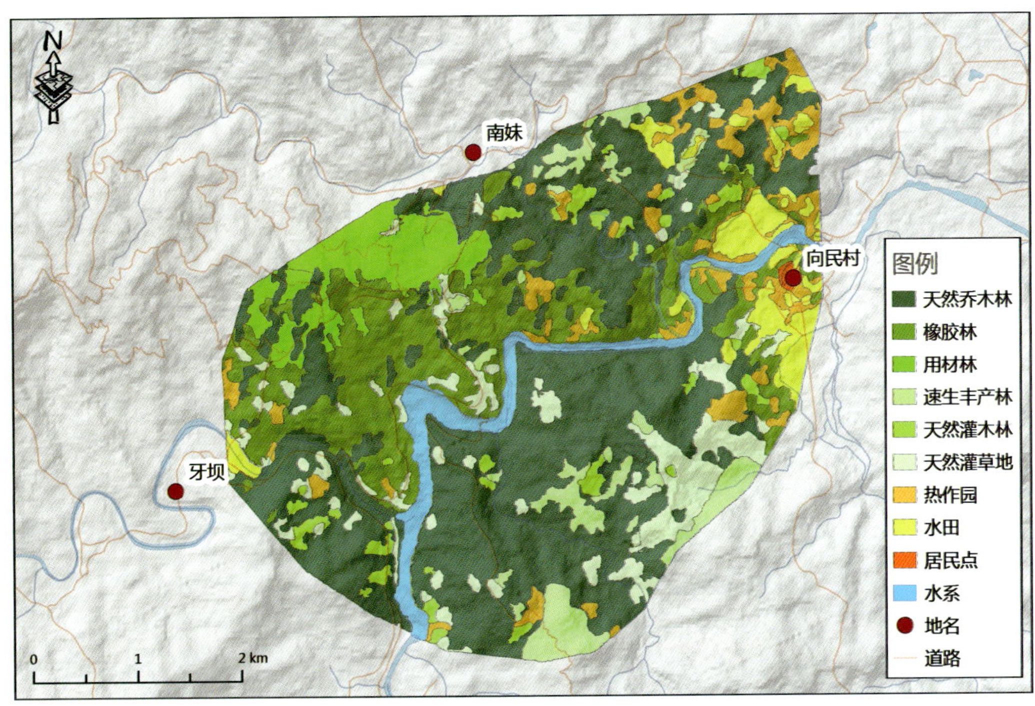

图 11-7-27　2005 年白沙县南开地区植被类型分布图

Fig.11-7-27　The distribution of vegetations in Nankai of Baisha in 2005

以牙加为中心的西部地区，除了天然草丛斑块数减少外，其他植被类型斑块数都增加，其中农作物增加幅度最大。天然植被的覆盖面积和覆盖率分别减少 21.89km^2 和 30.70%，人工植被面积和覆盖率分别增加 24.69km^2 和 34.63%，两者相比较增加的部分是由于水库用地转变成水田，面积约 3km^2。天然植被中乔木林和草丛覆盖面积分别减小 15.29km^2 和 11.93km^2，覆盖率分别减小了 21.45%和 16.74%；其中天然乔木林主要转变成天然灌丛、农作物，面积分别是 3.52km^2 和 6.73km^2，湿地草丛主要转变成水田，面积约为 8.06km^2，此外有橡胶林等类型；天然灌丛面积和覆盖率分别增加 5.34km^2 和 7.49%。在人工植被中，橡胶林和农作物面积分别增加 0.22km^2 和 24.47km^2，覆盖率分别增加 0.31%和 34.3%，农作物增幅最大，其主要由水域、橡胶林、天然乔木林和草丛等转变而来。白沙的西部地区天然乔木林主要是林相似半落叶季雨林的低地雨林，由于人为砍伐和开垦，该植被类型分布面积大大缩小，转变为质量差的热带灌丛，种植杧果和龙眼等人工植被；热带草坡被开垦种植橡胶、甘蔗、水稻等作物。

以南开为中心的南部地区新增加了桉树林或相思林、用材林和橡胶林三种植被类型，面积分别为 2.80km^2、3.14km^2 和 11.31km^2；天然乔木林、其他农作物、水田和天然草丛斑块数均增加，其他的都减小。天然植被的覆盖面积和覆盖率分别减少 18.73km^2 和 23.16%，人工植被面积和覆盖率分别增加 19.44km^2 和 32.28%，两者相比较所增加的面积由水域转变而成，面积约 1km^2。天然植被中乔木林、灌丛和草丛覆盖面积分别减小了约 7.90km^2、2.78km^2 和 8.05km^2，覆盖率分别减小了 12.90%、4.54%和 13.16%，天然草丛面积和覆盖率下降幅度最大；乔木主要转变为橡胶林和用材林，面积分别约 5km^2 和 1km^2，灌丛主要转变为橡胶林和乔木林，面积约为 1.30km^2 和 1.10km^2，草丛主要转变成了橡胶林、速生林和乔木林，面积分别约为 2.60km^2、0.70km^2 和 1.40km^2。人工植被类型覆盖面积和覆盖率都增加，其中橡胶林面积和覆盖率分别增加 11.31km^2 和 18.48%，其他经济林面积和覆盖率分别增加 5.94km^2 和 9.70%，农作物面积和覆盖率分别增加 2.20km^2 和 3.59%，橡胶林增幅最大。结合植被调查结果，该地区面积发生变化的乔木林是分布在海拔 700m 以下的热带雨林及其次生林，代表类群有枫香、鹅掌柴(鸭脚木)、黄牛木群落和海南栲、海南菜豆树、喙果黑面神群落及枫香单优群落，低地雨林被破坏后局部形成的林相似季雨林的厚皮树、美叶菜豆树、菲律宾合欢群落，较大面积次生热带雨林及其次生林被破坏转变为经济林，一些热带灌丛和草坡则被开荒种植经济林和甘蔗、水稻等作物。

以元门为中心的东南部地区新增加桉树林或相思林和橡胶林两种植被类型，面积分别为 8.60km^2 和 0.83km^2；斑块数增加的植被类型是天然灌丛、其他农作物和天然草丛。天然植被的覆盖面积和覆盖率分别减少 14.44km^2 和 18%，人工植被面积和覆盖率分别增加 13.33km^2 和 16.62%。天然植被中覆盖面积减小幅度较大的类型为乔木林和灌丛，其面积和覆盖率分别减小 5.10km^2、6.40%和 10.80km^2 和 13.40%，乔木林主要转变为橡胶林、其他农作物、草丛和桉树林、相思林等速生林，灌丛转变为橡胶林、乔木林、农作物。人工植被中其他经济林、农作物的面积和覆盖率均有较大幅度增加，其他经济林主要由灌丛和乔木林转变而来，面积分别为 1.10km^2 和 3.50km^2。结合植被调查结果，该地区面积减小的天然乔木林是以中平树、海南栲、破布叶群落为代表的次生热带雨林，次生热带雨林和灌丛转变为桉树林，甘蔗、水稻等作物种植面积有所增加。

(4) 东方植被类型变化分析

东方市植被变化也比较大，在此，仅以项目范围内亳毛地区(面积 76.76km^2)为中心的区域进行分析(表 11-7-13 和图 11-7-28～图 11-7-30)。2005 年与 1995 年相比，新出现桉树林或相思林植被类型，面积约 0.05km^2，缺少橡胶林类型。区域内斑块总数由 236 个减少到 39 个，平均斑块面积由 0.69km^2 增加到 1.84km^2，说明景观破碎度程度趋于减小。天然植被的覆盖面积和覆盖率分别减少 6.53km^2 和 8.52%，人工植被面积和覆盖率分别增加 10.23km^2 和 13.34%，从植被类型图可以看出，两者相比较所增加的面积主要是宜林荒地转变而成。天然植被中，乔木林、灌丛和草丛覆盖面积分别减小 5.4km^2、1.09km^2 和 0.06km^2，覆盖率分别减小 6.24%、1.26%和 0.29%，天然植被类型主要转变成为农作物类型；人工植被中其他经济林和农作物面积分别增加 0.05km^2 和 10.2km^2，覆盖率分别增加 0.06%和 15.76%。结合植被调查结果和以上数据看，该地区发生变化的天然乔木林是季雨林次生林，面积共约 6.11km^2 的次生季雨林、灌丛和草坡均在 10 年期间转变为香蕉园、杧果园和桉树林。

2) 植被变化过程中土壤化学性质变化分析

在大范围区域内，水分和热量是影响植被地带性分布的主要因素。但在同一地区，水热条件一致，且坡向、坡度、土壤类型等基本一致的情况下，土壤变化是对群落物种组成、结构及生物多样性有重要影响的环境因子。本案例仅以琼中为例分析说明这一问题。

表 11-7-13　东方市 1995 年和 2005 年基本植被景观元素比较

Tab.11-7-13　The compare of landscape elements of vegetations between 1995 and 2005 in the study areas of Dongfang city

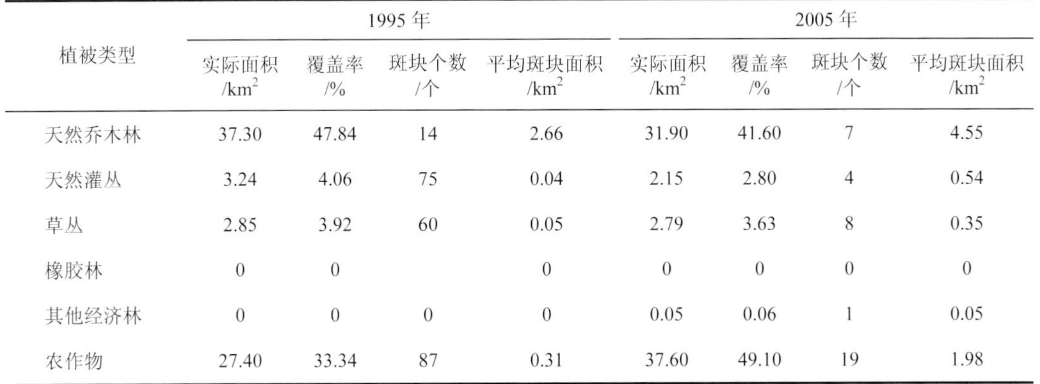

植被类型	1995 年				2005 年			
	实际面积/km^2	覆盖率/%	斑块个数/个	平均斑块面积/km^2	实际面积/km^2	覆盖率/%	斑块个数/个	平均斑块面积/km^2
天然乔木林	37.30	47.84	14	2.66	31.90	41.60	7	4.55
天然灌丛	3.24	4.06	75	0.04	2.15	2.80	4	0.54
草丛	2.85	3.92	60	0.05	2.79	3.63	8	0.35
橡胶林	0	0		0	0	0	0	0
其他经济林	0	0	0	0	0.05	0.06	1	0.05
农作物	27.40	33.34	87	0.31	37.60	49.10	19	1.98

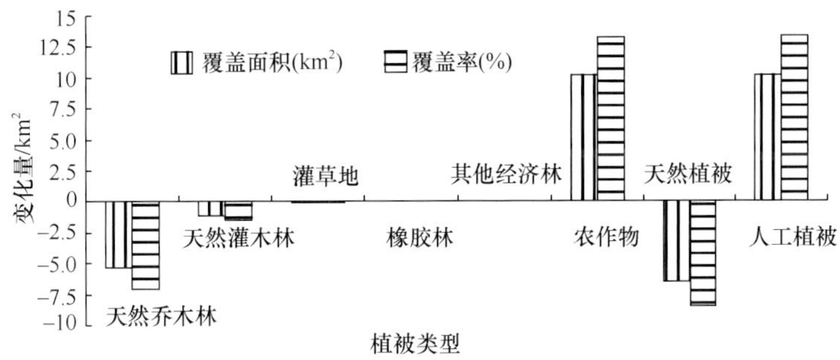

图 11-7-28　1995～2005 年东方市植被覆盖面积和覆盖率变化

Fig.11-7-28　The change of vegetation cover area and coverage from 1995 to 2005 in Dongfang

植被演替过程中不同阶段代表植被样地的土壤化学成分含量见图 11-7-31，分析土壤有机质含量变化，草丛阶段(植被 B)和灌丛阶段(植被 C、D)土壤有机质含量没有显著性差异；从灌丛阶段过渡到次生林阶段(植被 E、F)后，土壤有机质含量明显增加，与前两个阶段有极显著性差异；至原始林阶段(植被 G、H)有机质含量最大，且与次生林阶段有极显著性差异。总体上有机质含量随植被演替呈增大趋势。可能原因是植被演替过程中，群落物种增加，结构更加复杂，地面凋落物增加，土壤内微生物种类和数量增多，活动增强，分解枯枝落叶能力增强，从而使得土壤有机质含量增大。从草丛阶段到次生林阶段的全氮含量基本上没有显著性差异，在次生林阶段—顶极群落阶段间，全氮含量显著增大，且与前阶段有极显著性差异，总体上全氮含量随植被演替呈增大趋势。其变化趋势与有机质含量变化趋势相似，但在时间上滞后。全磷含量随植被演替呈减小趋势。其变化在草丛阶段与灌丛阶段间最明显，两个阶段间全磷含量有极显著性差异；从灌丛阶段至顶极群落阶段全磷含量基本没有差异。全钾含量随植被演替呈先增大后减小趋势。草丛阶段和灌丛阶段全钾含量变化不明显，从灌丛阶段到次生林阶段显著增大，进入原始林阶段后又显著减小。

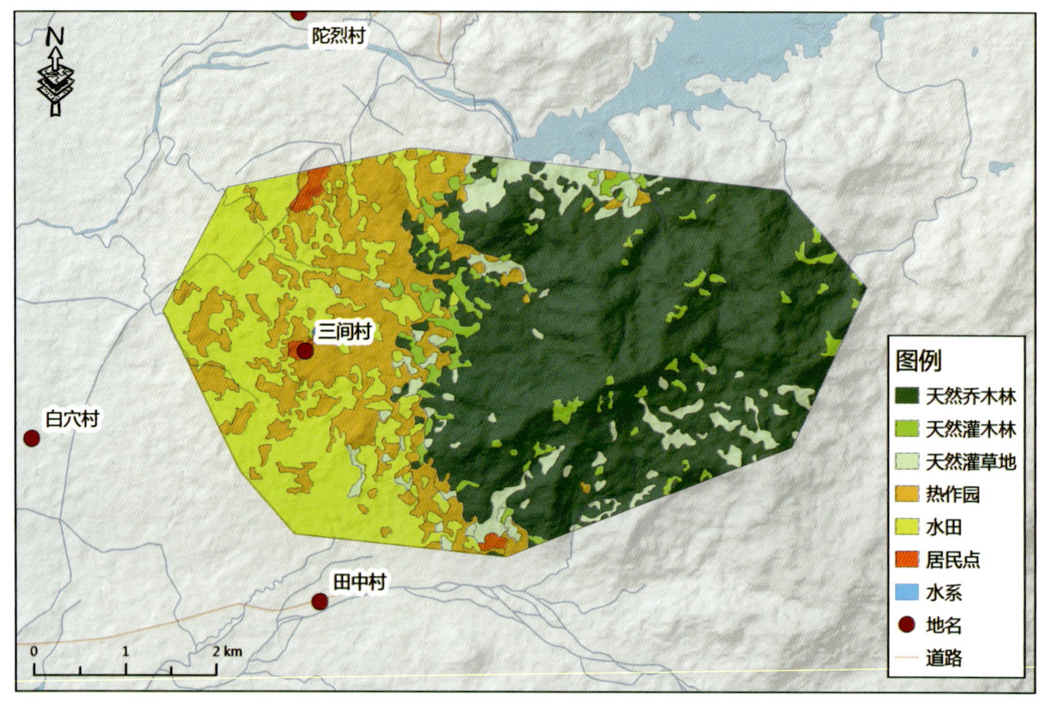

图 11-7-29 1995 年东方市亳毛地区植被类型分布图
Fig.11-7-29 The distribution of vegetations in Haomao of Dongfang in 1995

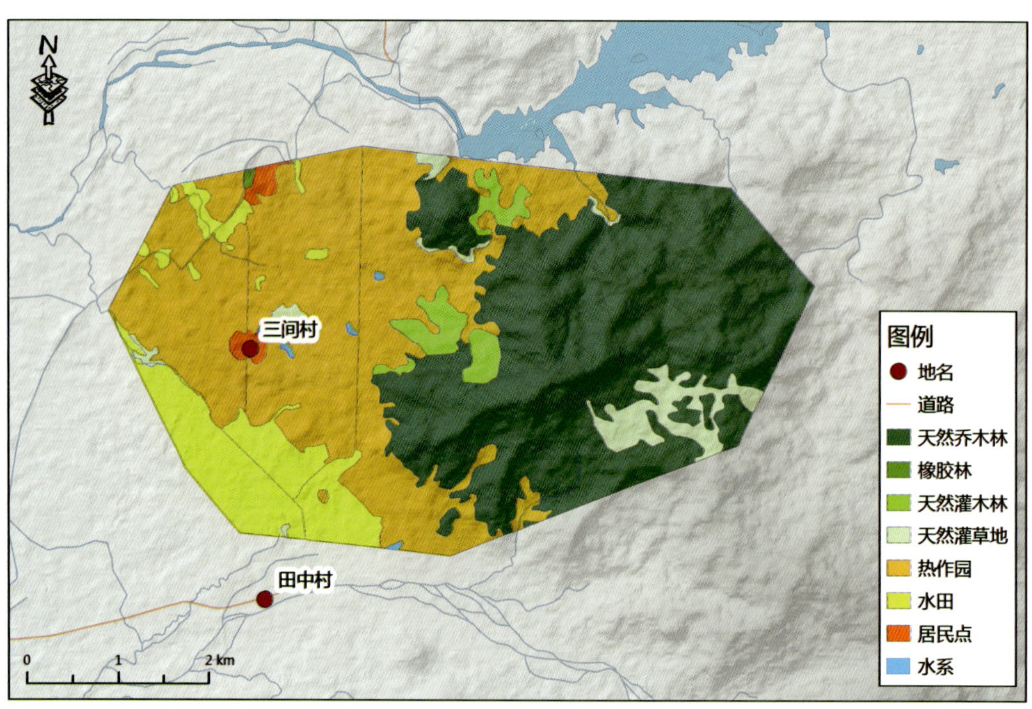

图 11-7-30 2005 年东方市亳毛地区植被类型分布图
Fig.11-7-30 The distribution of vegetations in Haomao of Dongfang in 2005

pH 随植被演替呈减小趋势，说明植被演替中土壤酸性逐渐增强。从图 11-7-31 可以看出，相邻两个阶段间土壤酸碱度有极显著差异，跨越阶段越长，差异越大。其可能原因是由于植物根系的分泌作用及土壤微生物新陈代谢生成一些酸性产物所致。土壤水分含量随植被演替呈增大趋势，且不同演替阶段间水分含量有显著或极显著差异。其原因是在陆生植被演替中，群落环境由旱生向中生性转变，一方面群落结构复杂化后，高大乔木树冠遮挡了阳光，地表水分蒸发减少；另一方面群落内部更加郁闭，使得地表温度降低而湿度增大。

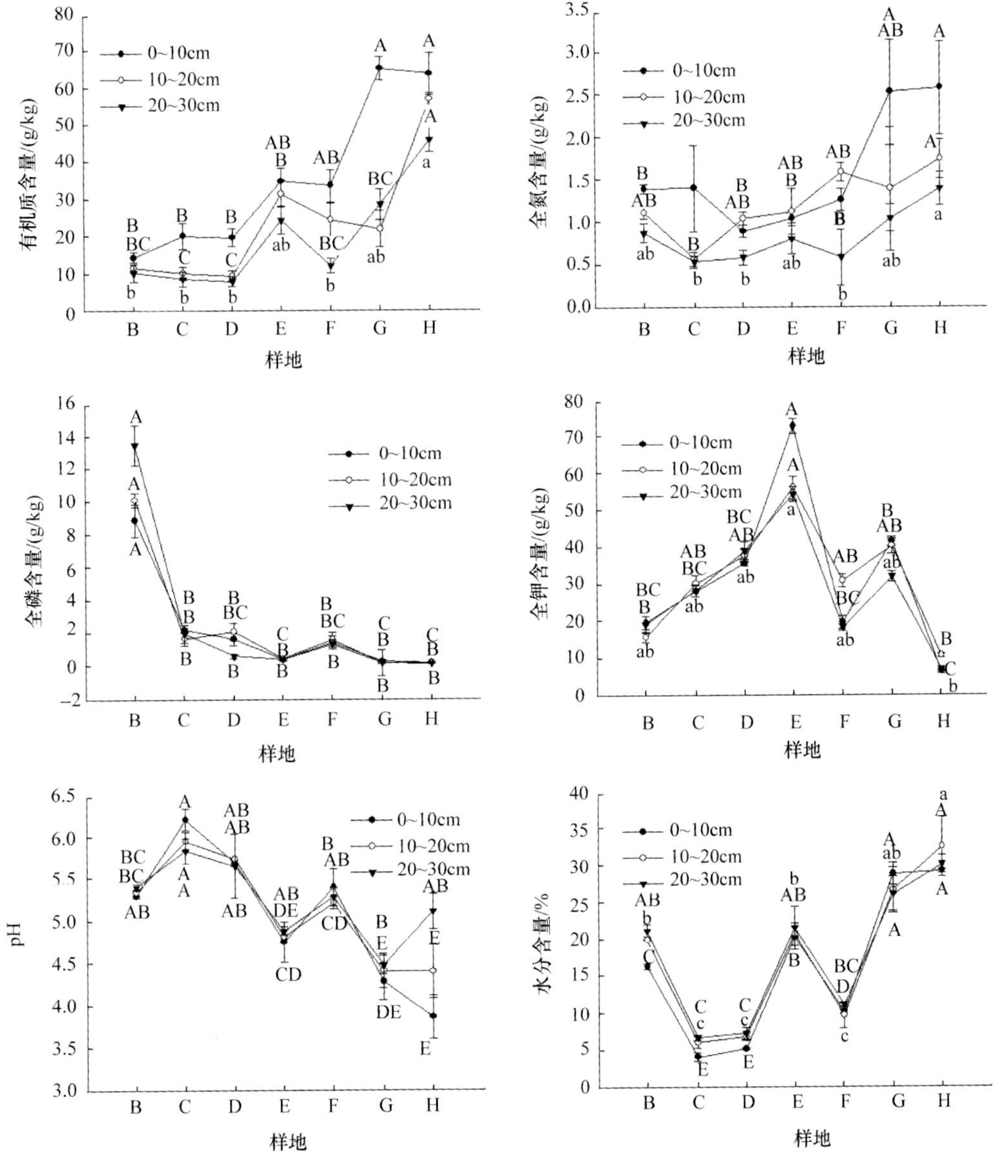

图 11-7-31　植被演替各样地土壤化学成分

Fig.11-7 31　Contents of soil in different plots of vegetation succession

图中数据表示土壤的化学成分含量；大写字母表示显著性 $P<0.01$；小写字母表示显著性 $P<0.05$

3)研究区域河流径流量变化分析

(1)径流量年内分配分析

分析径流量年内分配规律(图 11-7-32)，6～11 月地表径流量占全年径流总量的 74.31%，为全年的丰水期，12 月至翌年 5 月为枯水期，其径流量占全年径流总量的 25.69%，由于地表径流滞后于降雨，丰水期和枯水期时间比雨季时间退后一个月。全年径流量最大月份是 10 月，为 $5.30\times10^8m^3$，最小月份是 3 月，为 $4.80\times10^7m^3$。1995 年年径流总量为 $1.80\times10^9m^3$，年均径流量为 $1.50\times10^8m^3$，全年各月径流量不均匀系数为 0.35;全年径流量最大月份是 10 月，为 $5.60\times10^8m^3$，最小月份是 3 月，为 $4.60\times10^7m^3$。2000 年径流总量为 $2.20\times10^9m^3$，年均径流量为 $1.80\times10^8m^3$，全年各月径流量不均匀系数为 0.26；全年径流量最大月份是 10 月，为 $5.90\times10^8m^3$，最小月份是 3 月，为 $6.30\times10^7m^3$。2005 年年径流总量为 $1.79\times10^9m^3$，年均径流量为 $1.50\times10^8m^3$，全年各月径流量不均匀系数为 0.47；全年径流量最大月份是 9 月，为 $6.5\times10^8m^3$，最小月份是 1 月，为 $1.70\times10^7m^3$。从以上结果可以得出：各个年份丰水期和枯水期时间长短不一，2005 年各月径流分配最不均匀，2000 年各月径流分配最均匀，总体上 1995 年和 2005 年径流量持平，但都小于多年平均值，属枯水年，而 2000 年两个参数都大于平均值，为丰水年。

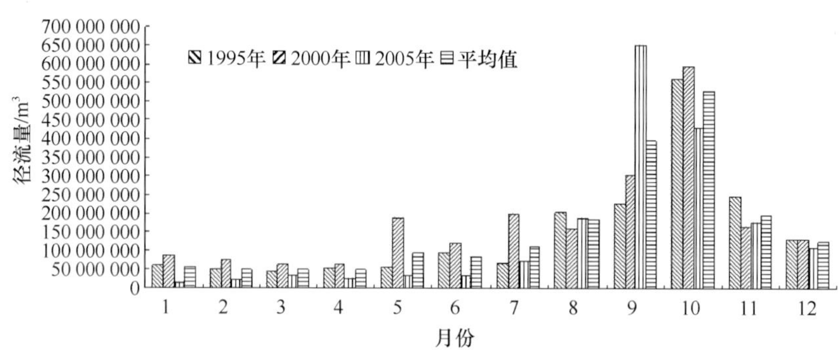

图 11-7-32 平均径流量年内分配情况

Fig.11-7-32 The annual distribution of average runoff

(2)流量变化总结分析

参考植被和景观类型数据，选择元门(南渡江)、乘坡(万泉河)和雅量(宁远河)等样点水文数据进行分析，发现其径流量变化规律与项目区内径流量变化规律基本一致。

分析径流量年内分配规律(图 11-7-33)，6～11 月径流量占全年径流总量的 84.10%，为全年的丰水期，12 月至翌年 5 月为枯水期，其径流量占全年径流总量的 15.90%。全年径流量最大月份是 10 月，为 $3.60\times10^8m^3$，最小月份是 3 月，为 $1.80\times10^7m^3$。

1995～2000 年径流量不均匀系数呈现减小趋势，2000～2005 年不均匀系数呈增大趋势，2005 年与 1995 年比较，不均匀系数总体变化不大，径流量年内分配情况总体相同。

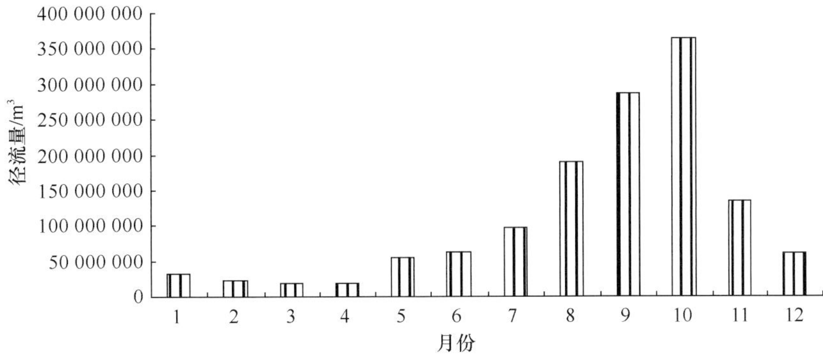

图 11-7-33　代表样点径流量年内分配

Fig.11-7-33　The annual distribution of runoff in study areas

分析元门、乘坡和雅量 3 个样点平均年径流量变化规律(图 11-7-34)，10 年间径流量先增大后减小，1995～2000 年年径流量增大，2000～2005 年年径流量减小，年径流量变化规律与项目区水文变化规律一致。

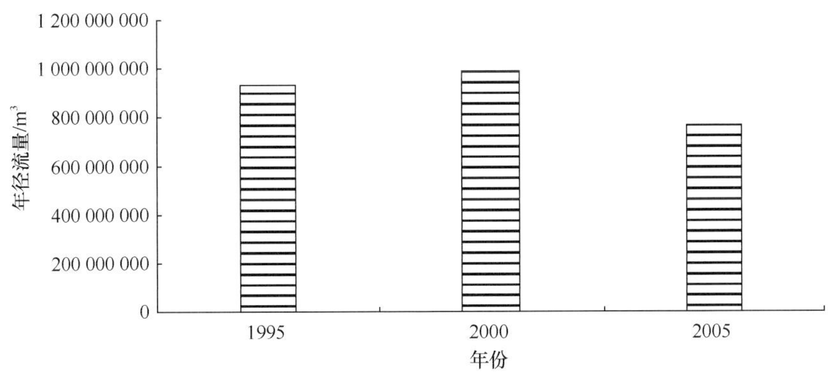

图 11-7-34　代表样点径流量年际变化

Fig.11-7-34　The interannual change of runoff in study areas

(3) 输沙量时空变分析

比较分析月均输沙量情况(图 11-7-35)可发现，6～11 月平均输沙量占年输沙总量的 96.18%，12 月至翌年 5 月输沙量占 3.82%，输沙量不均匀系数为 0.59，可见年内各月河流输沙量分配极不均匀。最高输沙量月份是 10 月，为 14 3361t，最低输沙量月份是 3 月，为 682.56t，极值比为 210.03。各年输沙量年内分配情况是：1995 年平均输沙量是 14 464.44t(图 11-7-35)，6～11 月输沙量占年输沙总量的 97.74%，12 月至翌年 5 月输沙量占 2.26%，输沙量不均匀系数为 0.60，最高输沙量月份是 10 月，为 106 013t，其次是 11 月，为 21 349.40t，最低输沙量月份是 3 月，为 596.16t，极值比为 177.83；2000 年平均输沙量是 33 286.68t，6～11 月输沙量占年输沙总量的 98.88%，12 月至翌年 5 月输沙量占 1.12%，输沙量不均匀系数为 0.62，最高输沙量月份是 10 月，为 267 408t，其次是 7 月，为 45 917.30t，最低输沙量月份是 1 月，为 535.68t，极值比为 499.19；2005 年平均输沙量是 33 089.54t，6～11 月输沙量占年输沙总量的 98.85%，12 月至翌年 5 月输沙

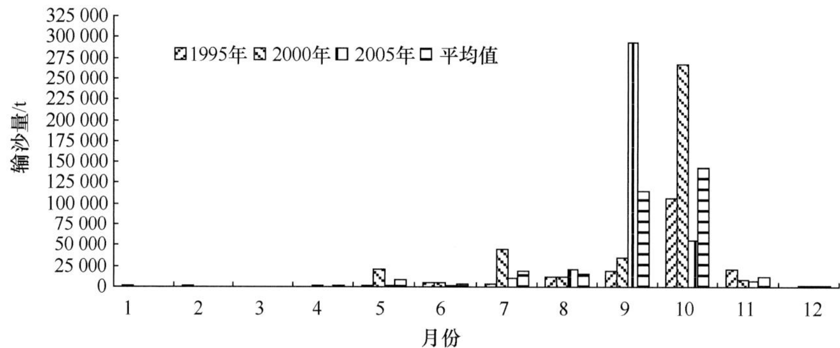

图 11-7-35　平均输沙量年内分配情况

Fig.11-7-35　The annual distribution of average sediment yields

量占 1.15%，输沙量不均匀系数为 0.714，最高输沙量月份是 9 月，为 292 853t，其次是 10 月，为 56 661.10t，最低输沙量月份是 2 月，为 768.96t，极值比为 380.84。

从以上分析可以看出，1995 年、2000 年和 2005 年三年间输沙量变化趋势总体相似，但年内分配越来越集中，最大输沙量月份一般为 10 月或 9 月，最低输沙量月份为 1～3 月。

4）降雨量、径流量和输沙量回归分析

（1）平均降雨量、径流量和输沙量回归分析

分析月均降雨量和月均径流量相关关系，其相关系数为 0.83（P=0.002），可见两者有极显著正相关关系，在 SAS 中进行其他曲线拟合发现回归方程为：

$$Y=3492.98X^2-818\,432X+1.20\times10^8 \quad (R^2=0.693)$$

式中，Y 为月均径流量；X 为月均降雨量；方程 F 检验有极显著差异（F=23.95，P=0.0004），其曲线图见图 11-7-36。

分析月均降雨量、月均径流量与输沙量关系，月均径流量与月均输沙量间偏回归系数为 0.914（P=0.0002），降雨量与输沙量间偏回归系数为–0.054（P=0.882），三者间二元回归方程为

$$Y=-2.40\times10^7-6324.01X_1+0.25X_2$$

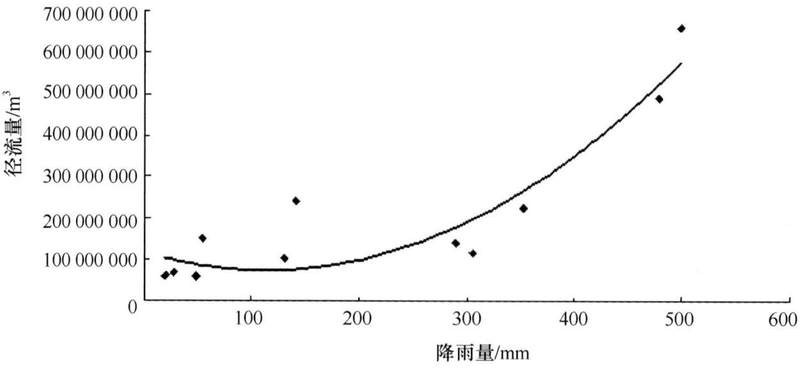

图 11-7-36　月均径流量与降雨量回归曲线图

Fig.11-7-36　The relationship between average monthly runoff and rainfull

式中，Y 为月均输沙量；X_1 为月均降雨量；X_2 为月均径流量；方程通过 F 检验有极显著差异(决定系数 R^2=0.9408，F=63.60，P<0.0001)。

(2) 南渡江流域降雨量、流量和泥沙含量回归分析

南渡江流域月均降雨量与月均流量相关系数为 0.691(P=0.013)，可见两者有显著正相关关系。拟合两者间回归方程为：

$$Y=13.50-0.02X+0.0001X^2 \quad R^2=0.593$$

式中，Y 为月均流量；X 为月均降雨量；方程 F 检验有极显著差异(F=6.54，P=0.018)，曲线图见图 11-7-37。

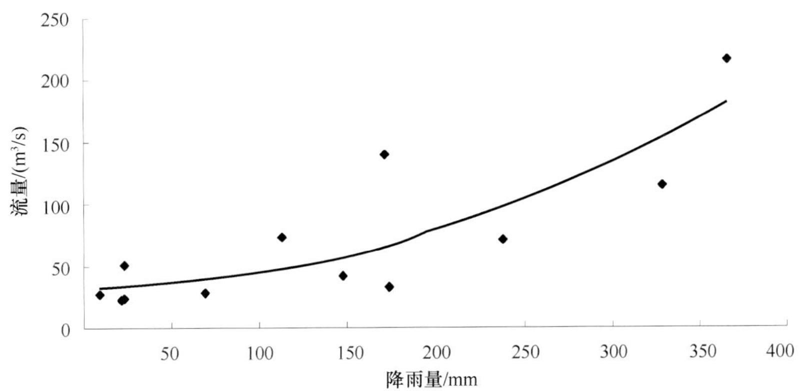

图 11-7-37　南渡江流域降雨量与流量回归曲线图

Fig.11-7-37　The relationship between average monthly runoff and rainfull in Nandu rivers

分析月均降雨量、月均流量与含沙量关系，三者间二元回归方程为：

$$Y=0.008+0.001X_1+6.20\times10^{-5}X_2$$

式中，Y 为月均含沙量；X_1 为月均流量；X_2 为月均降雨量；方程通过 F 检验有极显著差异(决定系数 R^2=0.739，F=12.75，P=0.0024)。

(3) 昌化江流域降雨量、流量和泥沙含量回归分析

昌化江流域月均降雨量与月均流量相关系数为 0.808(P=0.0015)，可见两者有显著正相关关系。拟合两者间回归方程为：

$$Y=32.02+0.01X+0.001X^2 \quad R^2=0.708$$

式中，Y 为月均流量；X 为月均降雨量；方程 F 检验有极显著差异(F=10.88，P=0.004)，曲线图如图 11-7-38 所示。

分析月均降雨量、月均流量与含沙量关系，三者间二元回归方程为：

$$Y=-0.02+0.0002X_1+0.0003X_2$$

式中，Y 为月均含沙量；X_1 为月均降雨量；X_2 为月均流量；方程通过 F 检验有极显著差异(决定系数 R^2=0.904，F=42.51，P<0.0001)。

(4) 万泉河流域降雨量、流量和泥沙含量回归分析

万泉河流域月均降雨量与月均流量相关系数为 0.757(P=0.004)，可见其他有显著正相关关系。拟合其他间回归方程为：

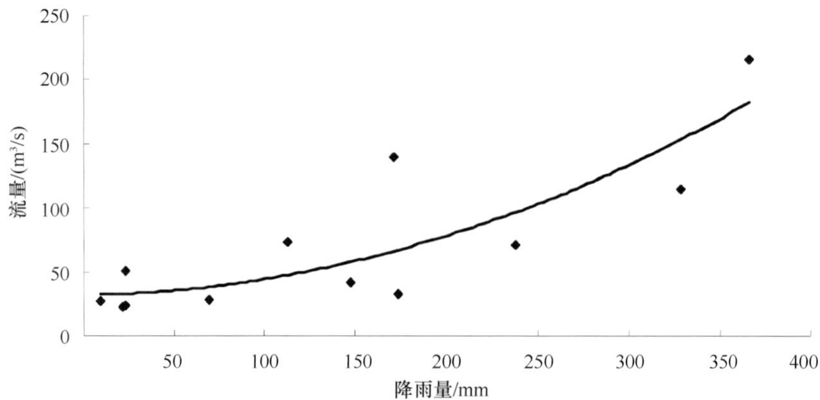

图 11-7-38　昌化江流域降雨量与流量回归曲线图

Fig.11-7-38　The relationship between average monthly runoff and rainfull in Changhua rivers

$$Y=29.21+0.16X+0.0003X^2 \quad R^2=0.583$$

式中，Y 为月均流量；X 为月均降雨量；方程 F 检验有极显著差异(F=6.29，P=0.0195)，曲线图如图 11-7-39 所示。

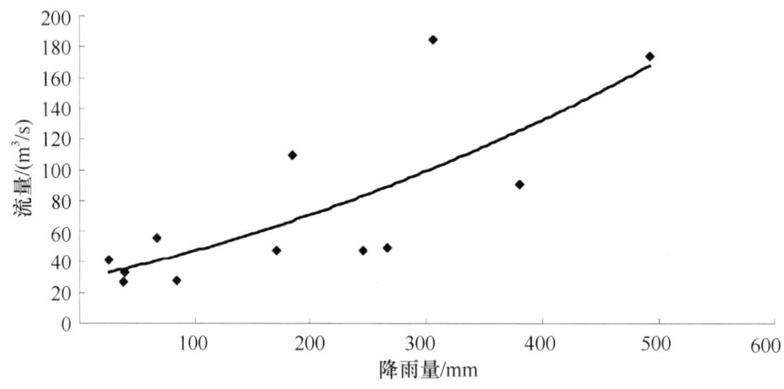

图 11-7-39　万泉河流域降雨量与流量回归曲线图

Fig.11-7-39　The relationship between average monthly runoff and rainfull in Wanquanhe rivers

分析月均降雨量、月均流量与含沙量关系，三者间二元回归方程为：

$$Y=-0.01+0.0001X_1+0.0003X_2$$

式中，Y 为月均含沙量；X_1 为月均降雨量；X_2 为月均流量；方程通过 F 检验有极显著差异(决定系数 R^2=0.950，F=85.13，$P<0.0001$)。

5)植被演变与水文特征关系分析

(1)植被演变与径流量关系分析

根据水务局提供的项目区范围内水文数据的站点位置及植被调查的样点，选择乘坡、元门和雅量 3 个样点的 1995 年、2000 年和 2005 年相关数据进行分析。乘坡、元门和雅量 3 个样点植被覆盖率见表 11-7-14，径流量见上一节“径流量年内分配分析”。

表 11-7-14　1995～2005 年各种植被覆盖率　（单位：%）

Tab.11-7-14　The coverage of difference vegetaions from 1995 to 2005

年份	样点	自然森林	热带灌丛	热带草地	橡胶林	桉树林	热带作物	天然植被	人工植被
1995	元门	65.08	19.25	2.23	0	0	8.84	86.56	8.84
	雅量	32.38	25.58	7.50	22.52	0	3.98	65.46	26.51
	乘坡	20.70	20.41	7.03	34.38	0.71	12.88	48.15	47.97
2000	元门	72.28	0.679	0	8.41	1.50	12.93	72.96	22.85
	雅量	59.80	0.299	0	18.60	2.46	4.47	60.10	25.53
	乘坡	28.08	10.11	0	2.63	24.30	14.52	38.19	41.46
2005	元门	58.69	5.829	4.04	1.01	10.72	13.73	68.56	25.46
	雅量	41.29	7.108	4.60	24.17	0	3.67	52.99	27.85
	乘坡	28.09	12.40	0.28	12.48	7.13	20.96	40.76	40.57

以天然植被和人工植被覆盖率、年均流量为变量进行相关性分析，年均流量与自然植被覆盖率呈显著负相关关系(r=–0.79，P=0.01)，与人工植被覆盖率呈极显著正相关关系(r=0.84，P=0.005)，即在天然植被和人工植被覆盖率都增加的情况下，天然植被有较好的涵养水源、减小径流作用。人工植被对径流量的影响本来也应是负相关的(相对裸地来说)，但是在同一个区域，通过减少自然植被来增加人工植被，使得人工植被的变化与径流量的变化呈正相关关系(相对自然植被)。尽管人工植被也有一定的涵养水源、保持水土等生态效益(王平等，1999)，但是如果减少自然植被，而增加人工植被面积，那么涵养水源量减少，径流量增加。这与很多学者研究结果一致，如兰华林等通过对比，认为人工林的减水减沙作用比天然林小(兰华林等，2000)。刘延惠等(2005)对贵州开阳喀斯特山地几种不同植被类的地表径流进行比较，结果表明，全年的地表径流量为：退耕还林新造林＞自然阔叶林；几种植被对径流的调节作用大小为：自然植被＞退耕还林新造林。其原因是自然植被对降雨的截留作用优于人工植被，自然森林土壤疏松，物理结构好，孔隙度高，具有较强的透水性，森林植被破坏后，凋落物减少，还会影响到土壤微生物的活动和土壤的孔隙度等物理结构，从而影响到土壤渗透性和蓄水、保水能力(石培礼和李文华，2001)。所以森林植被覆盖率增加可以降低河流径流量，而人工植被覆盖率增加将使河流径流量随之增大。

以自然森林、热带灌丛、热带草地、橡胶林、桉树林和热带作物覆盖率及年降雨量、年均流量为变量进行相关性分析和回归分析，自然森林和热带草坡覆盖率与径流量间为显著负相关关系，热带灌丛与径流量间是不显著负相关关系，而橡胶林、桉树林和热带作物覆盖率与径流量间为不显著正相关关系，年降雨量与径流量间为显著正相关关系。由此说明森林和热带草坡覆盖率对径流量强烈的负的影响，降雨量对其有强烈的正的影响，其他因素对径流量有一定影响，在此不明显，需作进一步分析研究。

根据其他地区不同森林植被变化或对比流域自然森林覆盖度对径流影响数据分析结果，可发现森林植被破坏引起森林覆盖度降低一般会导致径流量增加。

为了找出影响径流量的主要因子，以自然森林（X_1）、热带灌丛（X_2）、热带草丛（X_3）、橡胶林（X_4）、桉树林（X_5）和热带作物（X_6）覆盖率为自变量，年均流量为因变量作逐步回归分析，得到回归方程如下：

$$Y_1 = 83.53 – 64.69X_1 – 53X_3$$

式中，Y_1 为年均流量；X_1 为自然森林覆盖率；X_3 为热带草地覆盖率；方程通过 F 检验有极显著差异（F=15.34，P=0.004），由此说明森林和热带草坡是影响径流量的主要因子。灌木林（X_2）在分析中没有表现出它对径流量的影响作用，其原因有待于进一步研究。

为了比较自然森林和热带草地对径流量的影响大小，经计算得到 P_1 为–0.98，P_2 为–0.49，说明自然森林覆盖面积每减小一个标准差单位，径流量将增加 0.98 个标准差单位，而热带草坡覆盖率每减小一个标准差单位，径流量将增加 0.49 个标准差单位，由此说明自然森林对径流量的影响比热带草地大。

为了进一步验证上述结果的正确性，以自然森林（X_1）、热带灌林（X_2）、热带草地（X_3）、橡胶林（X_4）、桉树林（X_5）和热带作物（X_6）覆盖率及年降雨量（X_7）为自变量，年均流量为因变量作逐步回归分析，得到回归方程如下：

$$Y_2 = 53.88 – 52.27X_1 – 37.12X_3 + 0.10X_7$$

式中，Y_2 为年均流量；X_1 为自然森林覆盖面积；X_3 为热带草地覆盖面积；X_7 为年均降雨量；方程通过 F 检验有极显著性差异（F=21.90，P=0.003），由此说明自然森林和热带草坡覆盖率大小及年降雨量大小是影响径流量的主要因子。

当考虑降雨量因素时，比较自然森林和热带草地对径流量的影响大小，经计算得到 P_1 为–0.79，P_2 为–0.34，说明自然森林覆盖面积每减小一个标准差单位，径流量将增加 0.79 个标准差单位，而热带草坡覆盖率每减小一个标准差单位，径流量将增加 0.34 个标准差单位，也说明自然森林对径流量的影响比热带草地大。这与 1900 年在瑞士 Emmental 山区自然森林流域和草本流域对比实验结果一致，即自然森林减小地表径流作用比草地强（Hornbeck and Swank，1992）。

总结植被演变与径流量关系，径流量除了与降雨量密切相关外，其与植被覆盖率大小也密切相关，其中天然植被覆盖率对径流量有负的影响，而人工植被覆盖率对其有正的影响；在自然森林、灌丛、草地、橡胶林、桉树林和热带作物等植被中，影响径流量大小的主要因子是自然森林和草地覆盖率，其回归模型为 $Y = 83.53 – 64.69X_1 – 53X_2$（$X_1$ 为自然森林覆盖率；X_2 为草地覆盖率），自然森林对径流量的负影响比草地大；群落结构特征与径流量相关，群落的物种数、盖度、乔灌木的冠幅、冠层厚度和垂直结构与径流量都有负相关关系。

（2）植被演变与泥沙量关系分析

由于泥沙站点设置在项目区的下游，项目区内没有直接的河流泥沙量数据，在此仅作推理性间接分析。

从降雨量、径流量与泥沙量关系及植被演变与降雨量、径流量关系可以推知植被演变与泥沙量关系。由于天然植被覆盖率对径流量有显著负的影响，在减少自然植被来增加人工植被面积的情况下，人工植被覆盖率与径流量有极显著的正相关关系，而径流量对泥沙量有正的影响，所以可以推知天然植被覆盖率对泥沙有负的影响，而人工植被覆盖率对其有正的影响，即天然植被覆盖率越高，其减流减沙作用越强，反之亦反。天然植被的减沙作用通过其他案例得到证实，如张经纬等(1994)研究发现自然森林植被和草坡覆盖度与水土流失面积间存在明显反比关系，即自然森林植被覆盖面积越大，水土流失面积占土地面积的比例越小；刘卉芳等(2005)证明森林植被具有巨大的减沙作用，当降雨量为 60.40mm 时，无林流域的输沙模数是有林流域的 31.40 倍，森林植被的减沙效益达到了 96.81%(刘卉芳等，2005)。

很多实例证明了不同植被影响土壤侵蚀的效果不同，赵护兵等(2004)认为灌木作用最为明显，乔木次之，草本最差；乔木类型的年土壤侵蚀量和各乔木类型中草本盖度表现出相反的趋势，即草本盖度越高的乔木植被类型，年土壤侵蚀量越低，灌木植被类型和草本类型也表现出相同的趋势。天然草地、人工草地和 3 年撂荒地的年土壤侵蚀量以人工草地最大，3 年撂荒地次之，天然草地最小。对产沙量影响方面，群落不同结构特征的作用不同，一般为草本生物量＞草本盖度＞林分密度＞林分郁闭度(张晓明等，2005)。

(3) 植被、降雨变化与土壤侵蚀关系分析

土壤侵蚀是世界上主要生态破坏现象之一，水土流失造成土地退化，生物多样性降低。通过分析不同年份土壤侵蚀量的变化，在一定程度上可以反映河流泥沙水文变化规律。

土壤侵蚀量大小取决于降雨侵蚀因子 R、土壤可侵蚀因子 K、坡长因子 L、坡度因子 S、植被覆盖因子 C 和侵蚀控制因子 P。其中 R 值与月均降雨量大小有关，K 值与土壤质地类型有关，L 和 S 值与坡长、坡度大小有关，C 值取决于不同植被覆盖度大小，水田的 P 值为 0.15，其余土地利用方式基本上没有采取水土保持措施，因此取值为 1.00。虽然 K 值、L 值、S 值和 P 值随时间推移会发生变化，但在本项目中为了分析降雨量及植被覆盖度与土壤侵蚀量关系，故假定 1995～2005 年土壤可侵蚀因子、坡长因子、坡度因子和侵蚀控制因子不变情况下，此时土壤侵蚀量大小取决于降雨量侵蚀因子和植被覆盖因子。

根据本节的研究方法中的数据分析方法 R 值和 C 值估算公式计算项目区内不同年份的 R 值和 C 值(表 11-7-15 和表 11-7-16)。分析 R 值变化，在 1995～2005 年，三亚和琼中地区的降雨量侵蚀因子有减小趋势，而白沙和东方的降雨量侵蚀因子有增大趋势。分析 C 值变化，1995～2005 年，所有县市的天然植被类型植被覆盖因子都有增大趋势，而人工植被类型的植被覆盖因子有减小趋势。

表 11-7-15　不同年份 *R* 值

Tab.11-7-15　The *R*-vlue of different years

时间	三亚	琼中	白沙	东方
1995 年	309.34	466.23	258.18	199.21
2005 年	304.36	427.36	321.68	272.40

表 11-7-16 1995 年与 2005 年不同植被类型土壤侵蚀变化

Tab.11-7-16 The change of soil erosion in different vegetation types from 1995 to 2005

生态系统类型	琼中			三亚			白沙			东方		
	C_1	C_2	变化率/%	C_1	C_2	变化率/%	C_1	C_2	变化率/%	C_1	C_2	变化率/%
森林	0.15	0.17	7.70	0.11	0.12	6.67	0.05	0.09	122.80	0.07	0.09	81.43
灌木林	0.24	0.27	3.90	0.26	0.40	51.60	0.28	0.35	51.24	0.44	0.50	55.90
草地	0.26	0.54	90.87	0.42	0.52	23.74	0.28	0.47	110.40	0.46	0.46	37.73
橡胶林	0.17	0.22	16.17	0.15	0.12	−20.80	0.58	0.35	−24.70			—
其他经济林	0.86	0.35	−62.50		0.63	—		0.36	—		1.07	—
农作物	0.33	0.17	−53.30	0.27	0.30	9.26	0.28	0.16	−27.60	0.12	0.07	−18.30

注：C_1 表示 1995 年地表植被覆盖因子；C_2 表示 2005 年地表植被覆盖因子；变化率表示 2005 年土壤侵蚀量与 1995 年相比变化百分数；负号表示土壤侵蚀量减小，正号(省略)表示土壤侵蚀量增大。

分析土壤侵蚀量整体变化情况，2005 年与 1995 年相比较，琼中县土壤侵蚀量约增大了 3%，三亚市土壤侵蚀量约增大了 70%，白沙县土壤侵蚀量约增大了 323%，东方市土壤侵蚀量约增大了 157%。可见项目区范围内 1995～2005 年土壤侵蚀量整体上有增大趋势，琼中县增加量最小，三亚市次之，白沙县增加量最大。

3. 特点与讨论

从自然植被调查结果可以看出，项目区范围内的自然森林植被主要是热带雨林和少量的季雨林，季雨林包括半落叶季雨林和落叶季雨林等植被亚型，热带雨林包括低地雨林和山地雨林等植被亚型，这与王伯荪等的研究结果基本一致(王伯荪和张炜银，2002)。热带雨林分布在海南岛中部、中西部和东部，主要区域是黎母山、猴狝岭、霸王岭和五指山海拔 1400m 以下的山地和低地，其中海拔 700m 以下的区域大多是次生林，原始林主要分布于海拔 700m 以上的区域；季雨林是热带气候湿度梯度的一个植被类型，受制于湿度因子的经度水平地带性植被类型(王伯荪，1987)，在项目区内主要分布于海南岛的西部和西南部，其中琼中的西南部、白沙的西部和西南部地区由于靠近西部，旱季降雨量明显减少，自然森林表现出季雨林性质，但应为退化较为严重的低地雨林次生类型。目前海南的季雨林一般分布于海拔 700m 以下的区域，多数是次生森林。

孢粉学的材料证明，海南岛在远古时代就为热带自然森林所覆盖，111 年海南岛划入西汉王朝版图之前，全岛的自然森林覆盖率为 90%，但由于汉唐到明清时期外来移民对自然森林资源过度开发、日本军国主义者的掠夺、刀耕火种及毁林种植热带作物等系列的原因(司徒尚纪，1987；蒋有绪等，1991)，使得热带林面积大量减少，据统计，海南岛热带原始林 1933～1998 年的 65 年间，面积减少了 155.60 万 hm^2，原始林覆盖率由 49.90%下降到 4%(李意德，1995；杨小波，2003)。本次调查结果显示，项目区内 1995～2005 年天然植被覆盖面积和覆盖率总体上呈减小趋势，而人工植被覆盖面积和覆盖率呈增加趋势。从所选择的 9 个样点景观类型变化分析可以发现，琼中县黎母山(面积 105.60km^2)、乘坡(面积 112.10km^2)和南流(面积 69.69km^2)区域天然植被覆盖面积减少 53.14km^2，覆盖率减少 19.48%；人工植被面积增加 47.72km^2，覆盖率增加 17.49%；三亚市抱龙(面积 81.40km^2)和雅量(面积 53.20km^2)区域天然植被的覆盖面积和覆盖率分别减少 17.70km^2 和 13.15%，人工植被面积和覆盖率分别增加了 6.74km^2 和 5.0%；白沙县牙加(面积 71.27km^2)、元门(面积 80.20km^2)和南开(面积 67.24km^2)区域天然植被覆盖面积和覆盖率分别约减小 55.06km^2 和 25.89%，人工植被覆盖面积和覆盖率约分别增加 57.46km^2 和 27.02%；东方市毫毛(面积 76.76km^2)区域天然植被覆盖面积和覆盖率分别减少 6.53km^2 和 8.52%，人工植被面积和覆盖率分别增加 10.23km^2 和 13.34%。

植被演替是一个群落为另一个群落所取代的过程，其原因或机制基本上取决于环境条件的变化，植物体的传播和繁殖体的散布或生命的繁衍，植物间的相互作用，以及新的植物分类单位的产生等。项目区范围内植被演替主要是次生演替类型，一般经过草地、灌丛、次生林、密林、原始林等阶段。在人为干扰破坏下由原始林或密林退化为灌丛和草坡，甚至被开荒转变为人工植被；在实行“退耕还林”工程和“国家生态公益林”保护工程后，由于封山育林，部分人工植被、草地或灌丛通过自然演替形成次生林(杨小波和吴庆书，2000)。

国外一般认为物种多样性在植被演替中有两种变化模式：一种认为物种丰富度和多样性随演替的进行持续增大(Odum，1969)，这已经通过火山和冰川地的原生演替研究得到证实(Reiners et al.,1971)；另一种模式认为物种多样性的高峰期出现在演替的中期，这也在次生演替和原生演替中被观察到(Mattews，1992；金则新，2002；Wang Guodong，2002)。本项目研究结果发现热带地区植被演替过程中生物多样性变化规律是密林＞原始林＞次生林＞灌丛＞草地，即植物多样性最高阶段不是在群落演替的中期或后期，与前人的研究结果基本一致(谢晋阳和陈灵芝，1994；高贤明等，1999)。同时，根据本研究的结果，在季雨林和热带雨林自然演替过程中，群落物种数、乔木冠幅、乔木平均高度、冠层厚度、凋落物盖度是逐渐增大的，群落结构复杂性也逐渐增强，这与其以前的研究结果一致(杨小波，2003)。

根据本项目研究结果可知，降雨量始终与径流量呈正相关关系，但具体数量上大小又与下垫面自然森林植被类型有一定关系(耿运生和乔裕民，2003)。张经纬等分析降雨量与径流量关系后发现，径流量大小与下垫面有一定关系，浓密的树林极少产生地表径流，而次生林、人造林地仅产生少量径流，芒萁覆盖的地方能有效地减少径流量，但当芒萁覆盖率低于 50%时，径流量则增大(张经纬等，1994)。南渡江流域、昌化江流域及万泉河流域的降雨量与径流量关系方程可以分别表示为 $Y_1=13.50-0.02X_1+0.0001X_1^2$、$Y_2=32.02+0.01X_2+0.001X_2^2$ 和 $Y_3=29.22+0.16X_3+0.0003X_3^2$，假定降雨量相同时，则三个流域的径流量大小为 $Y_2＞Y_3＞Y_1$，也就是海南三大流域比较来看，昌化江流域水土流失最严重，万泉河次之，南渡江流域最小。

虽然也有学者认为随森林覆盖率的增加，年平均降雨量呈增加的趋势(严平等，2000)，这只是在热带以外地区的试验结果。热带、亚热带、温带等不同自然气候带，制约植被类型及流域水文过程的水热条件与下垫面状况有很大差异，因而不同地区森林水文效应是不同的(耿运生和乔裕民，2003)，根据其他地区的研究结论去推断热带地区是行不通的。本项目发现植被面积的变化与降雨量的变化没有显著的相关关系，说明植被覆盖率变化量对降雨变化量有一定影响，但天然植被覆盖率的变化与降雨大小的变化关系不显著。

降雨形成径流要经过自然森林林冠、落叶物和土壤的截留作用；林冠截留主要受包括自然森林类型、林分特征和降水特征等因素影响，林冠截留率随郁闭度和林分密度的增加而增加(刘向东等，1994)。昌化江流域径流量的变化量最大，这可能因为该流域主要位于海南岛西部地区，自然森林植被主要为季雨林，与热带雨林比较，其林冠郁闭度小、林木密度较小、叶面积系数相对较小有关；虽然万泉河流域和南渡江流域分布的自然森林主要为热带雨林，但前者径流量的变化量比后者大，这是因为后者自然森林覆盖率相对较大，特别是南渡江流域白沙境内自然森林覆盖率较大，自然森林覆盖率的提高能使年径流量减少的缘故。

本案例研究结果表明，天然植被覆盖率的增加能使地表径流量减少，人工植被明显不如自然植被有更好的滞留地表水的能力。天然植被良好的保持水土功能也被其他学者证实，如赵鸿雁等(1996)发现陕北黄龙山林区的天然山杨林及其采伐迹地(有保护良好的草灌层)与辟为农地相比，径流深分别降低 79.20%和 88.20%；多年平均侵蚀模数分别降低 99.80%和 99.80%。张经纬等(1994)研究证明随着自然森林和草坡植被覆盖度增大，水土流失量减小，其基本规律是自然森林植被覆盖度在 30%以下，水土流失面积比例大于 30%；自然森林植被覆盖度为 30%～50%时，水土流失面积比例为 10%～30%，自然森林植被覆盖度大于 50%时，水土流失面积比例小于 10%。热带雨林区自然森林破坏对径流系数影响较明显，据所得数据统计：海南岛自然森林覆盖度与河流径流具负相关关系，即自然森林覆盖度每降低 10%，河流径流系数可以增加 3%(石培礼和李文华，2001)。

第八节　植被动态与植物物种共存

一、概述

在人类土地集约化利用的现阶段，自然植物群落均质化、生物多样性丧失严重，自然群落生物种类的定居与分布、生存与维持、灭绝与保护成为全球关注的热点(Pimm et al.，2014；Martin et al.，2016)。除新物种进化外，植物种类定居、生长和种群发育是森林群落植物多样性形成的基础，随着植被动态变化，不同演替阶段的植被类型内，多种群共存及其有规律的变化是群落植物多样性维持的保障，温度和水分决定植物种类的地带性分布，热带雨林比常绿阔叶林植物种类丰富等现象尽管是植被生态学的常识，但这些常识的科学解释却仍然困扰着人们，特别是由于植物长期对环境条件适应的进化结果，导致群落内物种间的差异(Morlon et al.，2011)，使得问题更加复杂。全球热带雨林的植物种类丰富多样，仅样地记录的树木种类可达 11 371 种(Slik et al.，2015)，树木种类的多样性导致它们之间关系的复杂性，森林群落被干扰与更新的动态变化，群落内部植物组成、物种消亡与增补及群落组建等有关的植物多样性形成与维持机制及生态学功能仍然知之甚少(Stork et al.，2016；Valerie，2017)。

近 20 年来，生态学家正在努力解释不同森林演替动态变化及不同演替阶段的植物多样化的形成过程及其共存机制等科学问题(Hubbell，2001；McGill，2010)。长期以来，受高斯的竞争排除法则影响，生态位分化的思想在这一研究领域占据着主导地位（张大勇，2000），在一定的生境下会由于生态位重叠而发生对生存空间和资源的竞争，导致相似物种难以稳定共存，而逐步相互远离或消失。例如，在演替过程中几乎很少有早期演替物种种群还能够在演替中期或晚期生存（Huang et al.，2013），植物群落内部环境因森林演替而发生变化，会通过“筛选”障碍“阻隔”新的植物的进入，或“放行”可增补的种类进入群落内部，进而发育为后续的演替序列中的物种（Lundholm and Larson，2003；Kraft et al.，2015）。经生态位分化，占据相异生态位的物种可以共同存活下来，并生长发育；而占据相似生态位的物种则会发生竞争排除，直到生态位的相似程度达到一定程度，即物种极限相似性，竞争方可缓解（牛克昌等，2009；Brown et al.，2013）。

生态位理论可以解释演替中的物种竞争关系，但在解释热带雨林很高的物种多样性时遇到了困难，以 Hubbell（2001）为代表提出的群落中性漂变理论则假定，在同一营养级物种构成的群落中不同物种的不同个体在生态学上可看成是完全等同的，物种的定居与种群发育带有随机性，群落中的物种数取决于物种灭绝和物种迁入/新物种形成之间的动态平衡（Hubbell，2005，2006）。该理论认为，物种的随机分布、扩散限制和生活史的权衡，能使物种间适合度差异减小，从而使生活在森林生态系统中的物种在不需要生态位差异及种间竞争的情况下实现共存。自从该理论提出以来，以其简约性及预测性强，迅速赢得众多生态学家的青睐。目前，物种等价性假设、物种分布预测以及扩散限制成为群落中性理论的主要验证方向（Chave，2004；牛克昌等，2009）。

尽管生态位理论与中性理论的侧重点不同，但许多生态学家都认为这两种理论其实是相互包容互补的，它们从不同的侧面反映和描述了群落的内禀特征（Harte，2004），特别是生态位理论侧重于植被的动态变化过程及物种适应环境的生理生化和遗传的分化，而中性理论似乎更适合于顶极植物群落。与此同时，越来越多的学者开始研究随机的生态漂变过程和确定方向的生态位分化过程在群落组成、物种增补与消亡、存活与生长等多样性形成与维持中的相对贡献。因此，生态位理论与群落中性理论整合的一系列假说也被研究者们相继提出，如中性理论零模型假说（Harte，2004）、群落生态位-中性连续体假说（Gravel et al.，2006）及资源群假说（Hérault，2007）等具有一定的代表性。随着宏观调控监测技术的成熟和分子生态学方法的应用，生物多样性的形成及维持机制的研究方法向多元化发展，将有助于群落的物种谱系信息（Paine et al.，2012；Fritschie et al.，2014；Godoy et al.，2014）和空间分布格局（Rayburn et al.，2011）等方面的研究水平的提升（Paine et al.，2012；Rayburn et al.，2011）。

新物种形成是一个长期的进化过程，是森林植物群落物种形成的一种途径，也是进化生态学关注的热点，但生态学家也一样关心森林群落的环境因素对森林群落的构建与多种植物共存的机制的影响，具体表现为异质的环境因素对森林群落物种库的进入与灭绝的影响，也就是对森林群落的植物组成、消亡与增补、群落的组建的影响等（Bowker et al.，2010，2012；Brown et al.，2013；Pimm et al.，2014；Olsen et al.，2016）。这些环境要素主要包括土壤理化性质、土壤微生物、温度和水分。在环境条件不足时，必然要发生竞争，然后导致群落自然稀疏，进而生物多样性发生变化，因此，群落自然稀疏与物种共存关系密切。

目前研究植物多样性变化、多样性形成与维持机制对水分环境的响应是生态学关注的热点之一。随着α多样性指数和β多样性指数研究方法的广泛普及，较多学者热心开展植物多样性变化与土壤有机质、含水量等的关系研究（高贤明等，1998；杨小波等，2002；Legendre et al.，2009），特别是试图通过土壤含水量等对土壤种子库种子的萌芽、幼苗的生长等的影响研究，来揭示植物群落内部的植物增补与共存关系（Lundholm et al.，2003，2007；Khairil et al.，2014），另外，随着利用相对大范围的调查与遥感技术相结合的方法开展环境土壤湿度的研究技术日趋成熟（Cosh et al.，2004；Brocca et al.，2012；Hu et al.，2010），与之相应的研究大范围土壤湿度（含水量）梯度变化对植被分布、群落植物多样性的影响，或不同的植被类型对土壤水分的影响的案例增多，植被分布与植物多样性变化与水分环境的复杂关系得到一定程度的解释（刘鹄等，2008；王存国等，2010；Sarvade et al.，2016）。如果通过样地内的定点监测及地区大尺度的水分环境变化梯度对植物定居（或增补）与消亡、存活与生长等植物群落构建的影响研究有机结合，或许能得到更加理想的效果。

实际上，在众多的研究案例中都可以发现，气候环境和土壤性质对植物种类定居、存活与生长，植物群落内多物种共存产生的影响是显而易见的（Long et al.，2012；Khairil et al.，2014；Olsen et al.，2016）。特别是，生境过滤假说还认为某一类型的生境内只包含适合在该环境内生存的物种，环境决定着区域物种库中的哪些物种可以进入并留存在该环境中，影响着植物群落的植物组成的形成与共存（Kraft et al.，2015），我们的研究案例也证明了，在海南，土壤的含水量决定着森林林下物种库中可以进入并进一步萌芽生长的植物种类（Yang et al.，2016）。总之，森林群落，特别是错综复杂的热带森林群落，水分环境条件可能是影响土壤种子库的存活及幼苗的存活与生长的直接原因，或由于水分环境条件不同，导致土壤病原菌的不同，而影响土壤种子库的存活及幼苗的存活与生长等（Liang et al.，2016）。森林群落的构建与多种植物共存机制及其影响的因素也极为复杂，且在不同尺度空间作用的机制可能不一样。

我们认为森林群落植物组成、消亡与增补等构建方面的显著差异及群落内部多种植物共存机制的显著差异，是不同植物对水分环境响应机制不同的结果，且表现为在区域大尺度范围内，取决于受地区降雨量和干燥度影响的地区植物区系成分，或地区物种库；在样地等小尺度范围内却取决于幼苗的存活与生长、竞争与共存对森林内部土壤含水量和空气潮湿度的响应，且这种变化是一种渐变的过程，这一过程在近距离的同一山脉不同坡面的森林群落中得到反映。同一山脉不同坡面森林群落构建与多种植物共存的差异是植物区系成分（物种库）、幼苗的存活与生长、竞争与共存等对水分环境相互耦合作用及综合响应的结果。

海南岛陆域面积仅有 34 000km^2，却分布有丰富的植物种类，维管植物高达 6036 种，其中本地野生植物有4579种，且绝大多数种类分布在森林植物群落中（杨小波等，2015），海南尖峰岭热带雨林与典型热带雨林有较大差别，属于由热带雨林向亚热带/暖温带雨林过渡的类型（方精云等，2004），在植物区系组成特点上，也表现出热带亚洲热带雨林和亚热带常绿阔叶林过渡的性质。由于具有过渡的性质，决定了它在研究世界热带和亚热带雨林生态学中具有不可替代的地位（方精云和李意德等，2004）。因此，一直受国内外学者的关注，海南热带雨林生物多样性及其形成机制的研究在 20 年前也曾得到国家重点项目的资助，该项目重点依据化石、岛屿形成历史资料与现代森林植物的组成现状，从植物进化与植物区系组成角度研究海南岛热带雨林植物多样性的形成机制（蒋有绪等，2002），尽管尚未涉及样地监测及结合环境因素梯度，特别是水分梯度变化对海南东中部、西部森林植物多样性共存影响的机制研究，但该研究成果却为进一步研究水分环境等环境因素对海南热带森林群落构建与多种植物共存的机制打下了良好的基础。

因深受季风气候、海洋气候和地形的影响，海南岛东中部、西部的水分明显不同，与之呼应的是森林群落植物组成与结构等方面的显著差异。《海南植被志》借此机会把海南岛东中部、西部植被特点进行简单的概括，仅供读者参考。海南岛东中部、西部分布着植物种类差异较大的热带雨林和季雨林，季雨林主要分布在海南西南部，东方、乐东为主要分布区域，向北分布到昌江，向南到三亚西部，季雨林之外向东和北方向大面积区域主要分布有热带雨林和滨海森林（中国植被编辑委员会，1980）。热带雨林和季雨林分布的过渡区的干燥度为0.94～0.98，尖峰岭位于海南西南部，但由于地形滞留一定的空气水分与雨量，形成“红色”干燥中的相对湿润的“孤岛”（第一卷第四章图4-4-2），其山脉东面发育着较好的热带雨林，西面却发育有季雨林（蒋有绪等，1991）。就海南岛的热带雨林而言，其植物多样性都比较高，Shannon-Wiener指数多为4.70～6.28（欧芷阳和杨小波等，2007），但东中部热带雨林分布的海拔范围要宽得多，山地雨林可到达海拔1450m，西部多在海拔1100m以下，东中部和西部森林的植物种类组成的相似性也仅在60%左右（杨小波等，2011）。由于水分环境的不同，在中部的五指山的西南坡与东北坡的植物种类也有一定的差异（杨小波等，1994），在样地里，这种差异也普遍存在（许涵和李意德，2015）。因此，海南岛是一个从不同尺度开展森林植物群落构建与多种植物共存比较研究的好平台。

由于植被动态与物种共存的关系极为复杂，这种关系，就海南而言，可能存在中部山区森林和沿海森林的差异，也可能存在东部、西部森林的差异。但无论有多复杂，植被动态与物种共存的关系应向群落稳定方向变化。《海南植被志》仅以文昌铜鼓岭近距离空间的次生林、灌丛为例，重点分析群落内物种生物量、自然稀疏与群落物种多样性或多植物种类共存的关系，说明海南北部沿海次生林不同演替阶段的植物群落变化过程对物种共存的影响情况，以飨读者。

二、研究案例

群落自然稀疏与沿海森林不同演替阶段群落物种共存的关系——以铜鼓岭自然森林为例。

（一）地理概况与研究方法

1. 地理概况

铜鼓岭地理概况见第九章第一节。

2. 材料与方法

1）野外调查

选择铜鼓岭自然保护区两种不同演替阶段的热带滨海次生林群落——热带滨海雨

林（tropical caostal forest，TCF）和灌木林（shrubbery，SHR）。在 TCF（北纬 19°40′11.3″，东经 110°01′6.4″）和 SHR（北纬 19°38′26″，东经 111°01′59″）内，各设置 9 个 50m×50m 的固定样方，共 18 个，总面积 4.5hm^2，样方编号依次为 TCF1～TCF9 和 SHR1～SHR9。参照美国史密森热带森林科学研究中心（CTFS）监测样地的建设方法，以全站仪按相邻格子法将两种森林类型共 18 个 2500m^2 样方划分成 5m×5m 的子样方，共计 1800 个。调查每个小样方内所有胸径（*DBH*）≥1cm 的乔灌木及层间藤本植物，根据 *Flora of China*（中国科学院中国植物志编辑委员会，2013）和《海南植物图志》（杨小波等，2015）确定植物种名并测定其胸高直径（上坡距地面 1.3m 处）、绝对高度、每株植物个体样地内二维坐标等数据。

2）研究方法

（1）径级划分

由于相同环境条件下同一树种径级和龄级对环境的反应规律趋于一致（Frost and Rydin，2000），本研究以径级代替龄级来区分林龄。将 TCF 和 SHR 每个样地中所调查的物种数据信息划分成 7 个径级（龄级）区间，1 级：1cm≤*DBH*<5cm；2 级：5cm≤*DBH*<7.5cm；3 级：7.5cm≤*DBH*<10cm；4 级：10cm≤*DBH*<12.5cm；5 级：12.5cm≤*DBH*<15cm；6 级：15cm≤*DBH*<17.5cm；7 级：*DBH*≥17.5cm（龙成等，2015）。

（2）林分密度

TCF 和 SHR 中每块 5m×5m 的林分密度计算公式为：$N=n/A$，式中，N 为林分密度（株/m^2）；n 为个体数（株）；A 为样地面积（m^2）。

（3）稀疏模型

本研究采用 Yoda 等（1963）提出的林分自疏模型：$W=CN^{-\alpha}$，式中，W 为个体平均质量（kg）；N 为植株密度（株/m^2）；C、α 为常数。

（4）生物量估计

采用 Chave 等（2005）提出的地上生物量（above-ground biomass，AGB）计算模型：

$$AGB=\exp(-2.187+0.916\times\ln(\rho DBH^2H))=0.112\times(\rho DBH^2H)^{0.916} \quad (11\text{-}8\text{-}1)$$

$$AGB=\rho\times\exp(-0.667+1.784\ln DBH+0.207(\ln DBH)^2-0.0281(\ln DBH)^3) \quad (11\text{-}8\text{-}2)$$

式中，AGB 为地上生物量（kg）；ρ 为木材密度（g/cm^3）；DBH 为胸高直径（cm）；H 为树高（m）。

Chave 根据降水量、蒸发量以及海拔来区分森林类型，并提出适用于不同森林类型的地上生物量估计模型。式（11-8-1）和式（11-8-2）是干旱森林类型生物量估计模型，从海拔、年降水量及蒸发量考虑，均符合该区域内情况。Chave 还指出，式（11-8-1）是在植物种群 H 可利用情况下的生物量估计模型。因此，本研究为减少误差，尽量还原林分真实地上生物蓄积量，估计正常乔灌木的地上生物量，同时利用式（11-8-2）估计木质藤本和断头未死树木等无可直接利用 H 的植物种群和特殊个体的地上生物量。

（5）物种多样性

用 Shannon-Wiener 指数、Pielou（*E*）指数来估计物种多样性和物种均匀度。Shannon-Wiener（*H*）指数、Pielou（*E*）指数参阅第十章第一节。

3) 数据处理

本研究采用 Wilcoxon's rank tests、Pearson 相关系数、一元线性回归、曲线估计及偏相关分析对数据进行分析处理，并以 Origin Pro 8.0 完成图形绘制。所有统计分析均应用 IBM SPSS Statistic 19.0 软件完成。

(二) 研究结果

1. 森林群落林分稀疏与植物多样性变化的关系

1) 不同演替阶段的群落植物多样性变化

研究结果表明，在铜鼓岭地区的森林变化过程中，相比灌丛阶段，演替的森林阶段的物种丰富度、多样性、均匀度及物种周转率显著增大(表 11-8-1)，符合一般的自然规律。只不过在同一群落内，由于小环境的不同，其物种丰富度、多样性和均匀度均会有不同，但在较均匀的森林群落中，或在灌木丛群落中，同一群落的 9 个不同小样地的植物多样性和均匀度指数虽然变化不是很大，但在各不同群落中的不同小样地其植物多样性和均匀度指数仍然有一定的区别，这种差异在灌丛中要比在森林群落中显著一些(图 11-8-1)，影响植物多样性、均匀度的变化因素很多，有生境方面的，也有森林结构与组成方面的等，其中林分生物量变化及林分稀疏也许是很重要的因素。

表 11-8-1　热带滨海雨林(TCF)和灌木林(SHR)间物种丰富度、多样性和均匀度的比较

Tab.11-8-1　Comparison of species richness，diversity and evenness between TCF and SHR

比较内容	季雨林(SHR)	灌木林(TCF)	显著性	
			W	P
SR	73.778 ± 5.239^{b}	91.667 ± 7.921^{a}	45	<0.05
SD	3.231 ± 0.168^{b}	3.648 ± 0.101^{a}	45	<0.05
SE	0.752 ± 0.037^{b}	0.808 ± 0.031^{a}	44	<0.05

注：比较项的差异用 Wilcoxon's rank tests 比较。比较项及其缩写如下：物种丰富度(SR)、物种多样性(SD)和物种均匀度(SE)。不同字母(a，b)表示两者差异显著($P<0.05$)，相同字母(a，a)表示两者差异不显著($P>0.05$)。

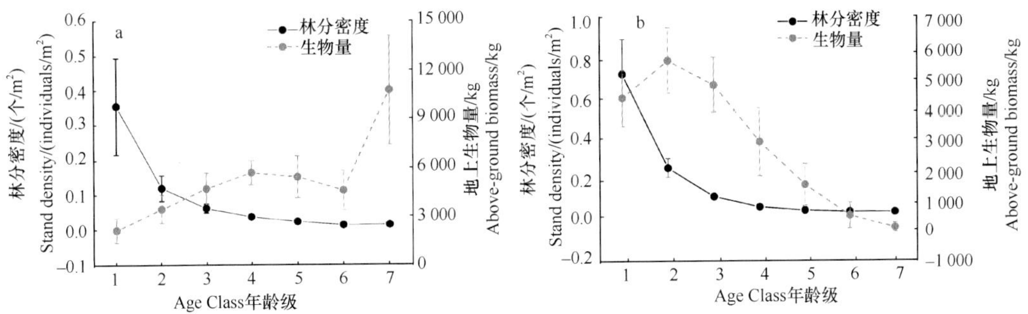

图 11-8-1　TCF 和 SHR 样地 1～9 中各龄级林分密度和地上生物量的变化

a. TCF；b. SHR

Fig.11-8-1　Change of stand density and above-ground biomass of each age class in plot 1～9 of TCF and SHR (Plot a indicated TCF；Plot b indicated SHR)

2)生物量变化与林分密度及它们与植物多样性变化的关系

数据分析结果表明，TCF 和 SHR 中各样地林分密度均随龄级的增大而减小，而地上生物量则呈现先增大后减小趋势，尤其在 TCF 中，下降后的生物量还有一个回升过程(图 11-8-1)。TCF 和 SHR 中林分密度的变化趋势基本一致。但两个群落在生物量的变化方面却差异较大。TCF 中各样地生物量在龄级 4 达到最大值，随后降低，在龄级 6 之后再度升高。然而，在 SHR 中，地上生物量的最大值则出现在龄级 2，随后逐渐降低，之后亦并无升高趋势。两个群落内的地上生物量存在异质性差异(图 11-8-1)，TCF 的地上生物量显著大于 SHR 的地上生物量(图 11-8-2a)。因此，随着森林群落演替的进程，生物量增加明显，林分密度减少明显。

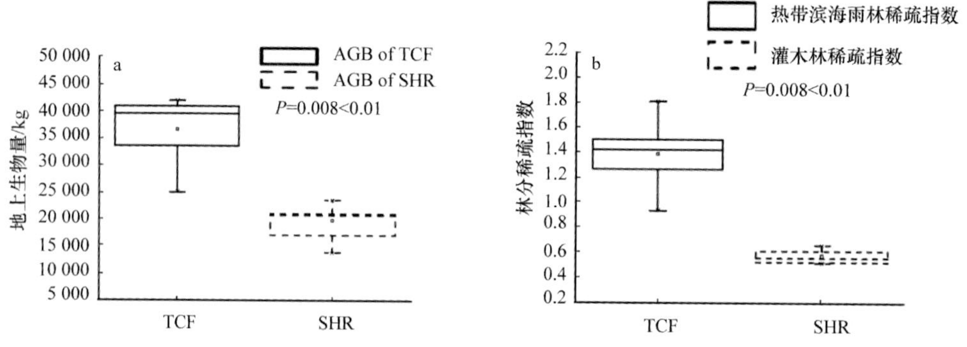

图 11-8-2 TCF 和 SHR 中地上生物量和林分稀疏指数比较

Fig.11-8-2 Comparison of above-ground biomass and stand thinning indexes between TCF and SHR

从表 11-8-1 和图 11-8-7 中可以看出，在铜鼓岭地区的 TCF 和 SHR 里，森林中的生物量比灌丛中的要高，森林中的稀疏强度也比灌丛中的大，同样森林中的物种多样性和均匀度也比灌丛中的高。但在大尺度同质(灌丛或森林)群落内部，却因小生境条件的不同，群落组成与结构有一定的差异，群落的生物量变化、稀疏强度及植物多样性的变化也有所不同。

2. 在同一群落中林分稀疏、地上生物量与植物多样性的关系

在 TCF 和 SHR 的各研究小样地中(样地 1～9)，林分密度与平均地上生物量的自然对数值呈显著线性关系，所有线性回归方程拟合良好并且具有统计学意义和群落内代表性(图 11-8-3、图 11-8-4)。这一结果表明，生物量的变化与稀疏强度关系基本符合 Yoda 定律。

根据 Yoda 林分稀疏模型的变形，$\ln W=\ln C-\alpha\ln N$(W 为生物量，N 为植物个体数)，可以得出两群落内各研究样地的林分稀疏指数 α。TCF 和 SHR 中各样地的林分稀疏指数均不相同，且 TCF 中的稀疏指数显著大于 SHR(图 11-8-2b)。

研究结果进一步表明，林分稀疏指数不仅因群落类型而异，更随群落内立地条件的变化而变化，在 TCF 和 SHR 群落中，9 个小样地的稀疏指数均有不同(图 11-8-2)。依据 18 个小样地数据，Pearson 相关性分析的结果表明，TCF 中地上生物量与物种多样性和物种均匀度无显著相关性，SHR 中地上生物量与物种多样性的关系亦如此，但 SHR

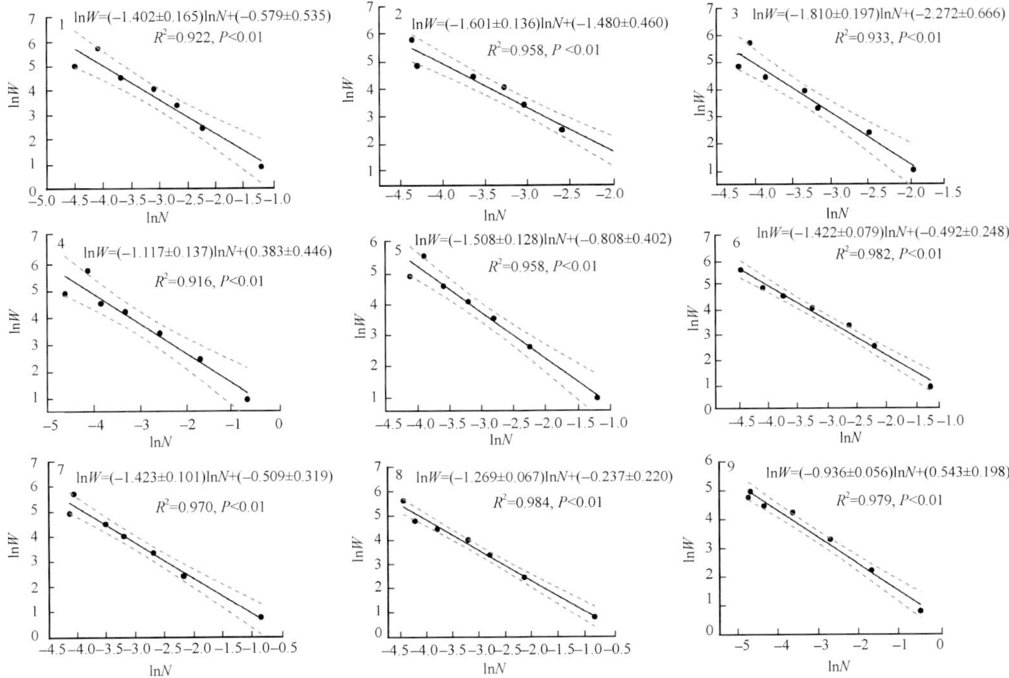

图 11-8-3　TCF 样地 1～9 中林分密度和平均地上生物量自然对数值

Fig.11-8-3　Natural logarithm value of stand density and average above-ground biomass in plot 1～9 of TCF

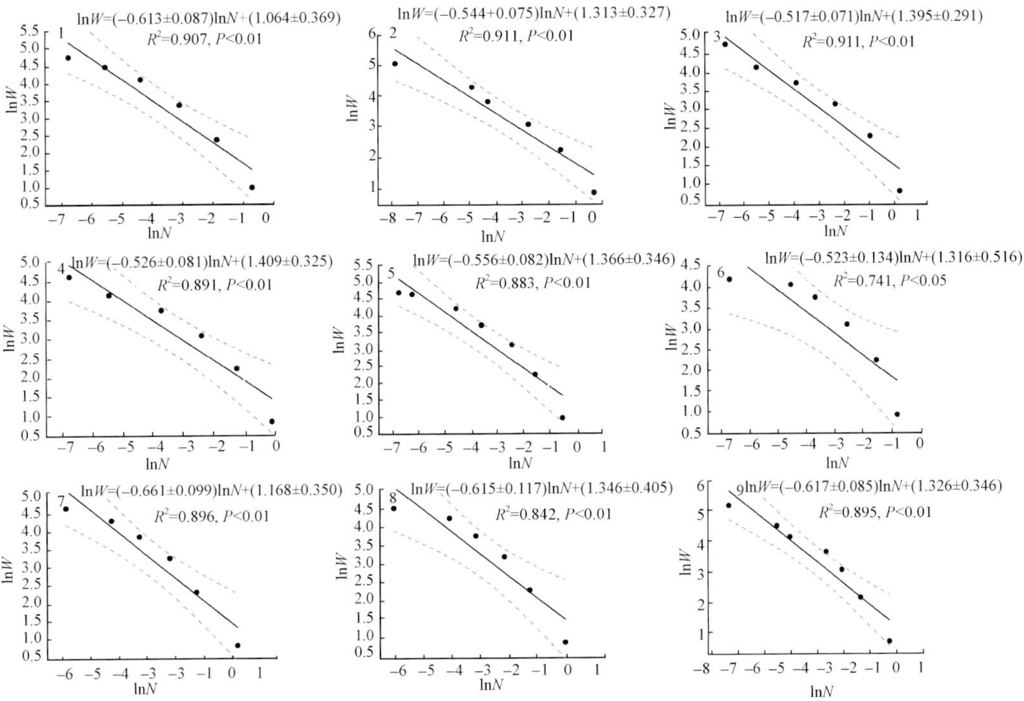

图 11-8-4　SHR 样地 1～9 中林分密度和平均地上生物量自然对数值

Fig.11-8-4　Natural logarithm value of stand density and average above-ground biomass in plot 1-9 of SHR

中地上生物量却与物种均匀度显著负相关(表 11-8-2)，且曲线最优拟合为反函数模型：y=0.615+(2626.503/x)(R^2=0.487，F=6.636，P=0.037<0.05)(图 11-8-5)。

表 11-8-2　TCF 和 SHR 中地上生物量和稀疏指数与物种多样性、均匀度的关系

Tab.11-8-2　Correlation of above-ground biomass and thinning and species diversity and evenness

项目	TCF		SHR	
	物种多样	物种均匀度	物种多样性	物种均匀度
地上生物量/kg	r=–0.294，P=0.443	r=–0.261，P=0.497	r=–0.563，P=0.115	r=–0.684*，P=0.042
稀疏指数	r=–0.003，P=0.995	r=0.395，P=0.293	r=–0.015，P=0.970	r=–0.089，P=0.819

注：r 表示 Pearson 相关指数，* 表示在 0.05 水平上显著。

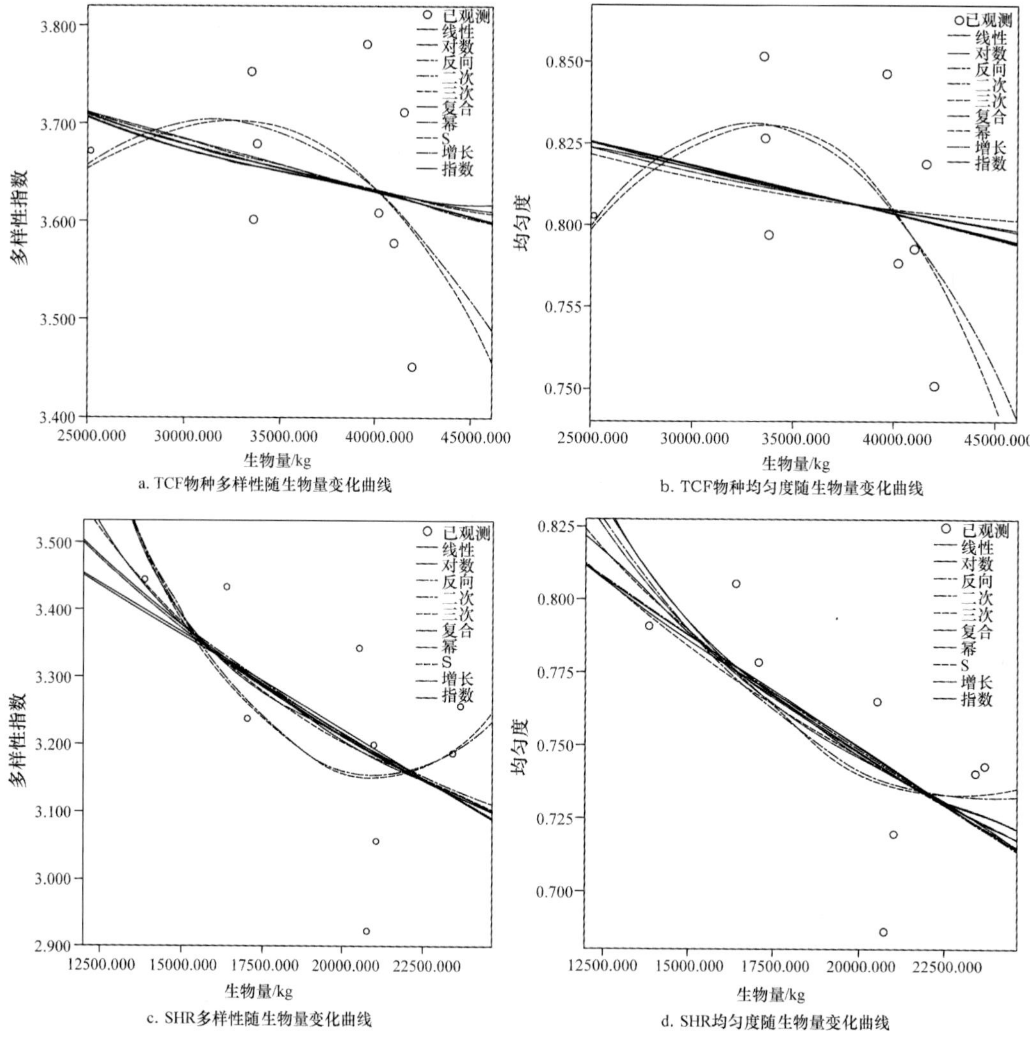

图 11-8-5　TCF 和 SHR 中物种多样性和均匀度随地上生物量的变化

Fig.11-8-5　Change of species diversity and evenness with above-ground biomass in TCF and SHR

在两个群落中，分别采用不同小样地的数据分析，结果发现，同样与生物量相关密切的稀疏强度或稀疏指数与物种多样性和均匀度均无显著相关性(表 11-8-1)，且无一模型可以提供良好拟合效果(图 11-8-6)，两群落中较高物种多样性维持在自然稀疏强度中等的小样地中，这一结果表明，无论是 TCF 还是 SHR，在同一群落内植物种类共存及丰富多样性、均匀度与群落稀疏的关系相当复杂(图 11-8-7)。本案例的结果显示，无论在森林中还是在灌丛中，在同一阶段的植物群落中，植物多样性指数较高的小样地其稀疏指数却中等偏高，如在 TCF 中，是出现在 1 号小样地中，SHR 也是出现在 1 号小样地中等(图 11-8-7)；但均匀度恰好相反，在 TCF 中，均匀度大的小样地，其稀疏强度也大，而在 SHR 里，均匀度大的小样地稀疏强度却相对较弱(图 11-8-7)。

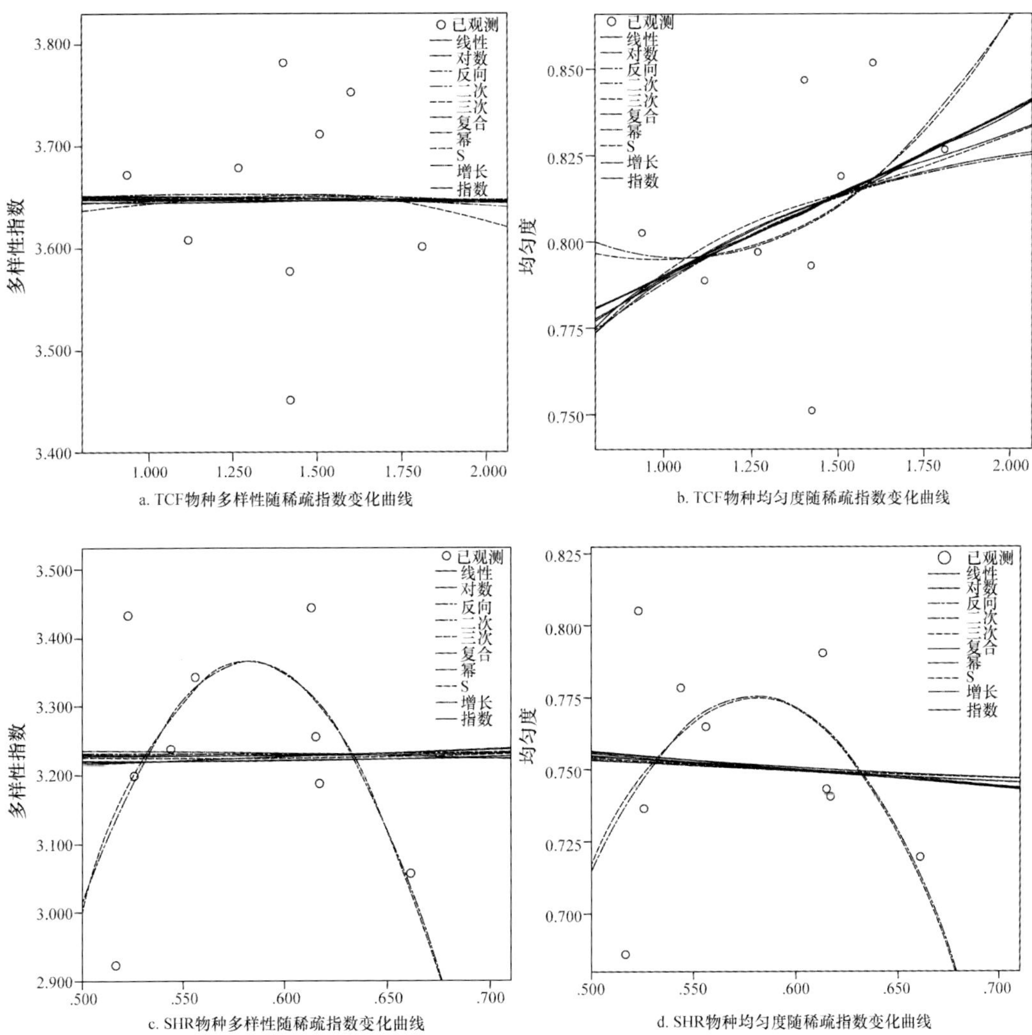

图 11-8-6　TCF 和 SHR 中物种多样性和均匀度随稀疏指数的变化

Fig.11-8-6　Change of species diversity and evenness with thinning index in TCF and SHR

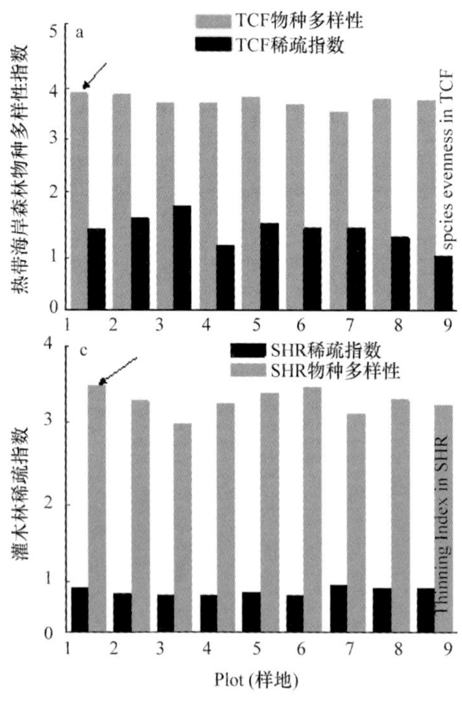

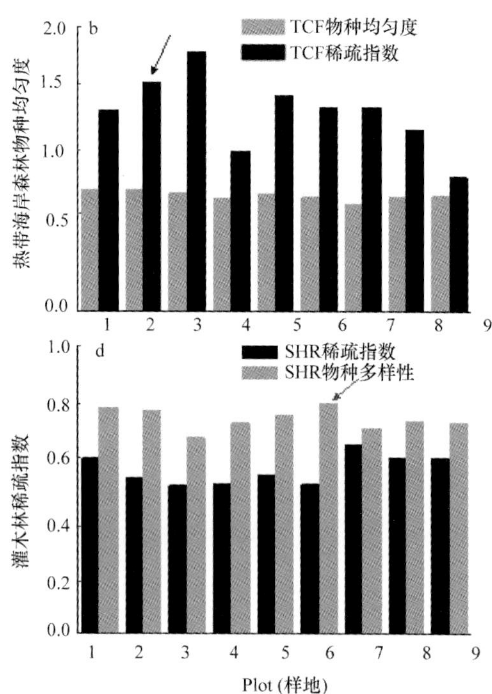

图 11-8-7　TCF 和 SHR 稀疏强度与物种多样性和均匀度的关系

黑色箭头表示高物种多样性指数都对应中等稀疏强度；蓝色箭头表示高物种均匀度对应较高的稀疏强度；红色箭头表示高物种均匀度对应较低的稀疏强度

Fig.11-8-7　Relationships of species diversity，evenness and thinning intensity in TCF and SHR (High species diversity corresponding medium thinning index was indicated by black arrow；high species evenness corresponding relative high thinning index was indicated by blue arrow；high species evenness corresponding relative low thinning index was indicated by red arrow)

(三)特点与讨论

通过 TCF 和 SHR 植物多样性、生物量及林分稀疏的比较研究，结果表明，在森林演替的过程中，植物群落从灌丛向森林发展的同时，或在两个群落中的不同小样地里，生物量和林分密度显著负相关，或与林分稀疏强度呈正相关。样地内的植株密度均随龄级增大而减小，生物量随林分龄级的增大而增大符合林分生长的一般规律(李俊清等，2006)。

在同一群落内，不同植物个体都表现出从龄级 1 到龄级 2 变化最为剧烈，而在龄级 2 之后变化趋于平缓，这反映出两群落内幼小龄级个体更新良好，在未来将保持稳定生长趋势并顺利进行演替。但林分的生物量变化却表现出 TCF 和 SHR 的不同，在 TCF 中，林分地上生物量在龄级 4 达到最大值，地上生物量与植株密度的最小值均出现在龄级 6，随后升高；但在 SHR 中，林分地上生物量最大值出现在龄级 2，随后一直降至最大龄级。虽然两群落内部地上生物量的变化趋势为先增后减，但这并不代表在生物量累积阶段没有生物量的损失，只是相对后期较大个体植株死亡带来的地上生物量剧减而言，前期小龄级植株个体的死亡对生物量的净累积影响较小(孙美欧等，2014)。

在 TCF 和 SHR 中，林分密度与平均地上生物量的自然对数值均呈线性变化

(图 11-8-3、图 11-8-4)。根据 Yoda 林分自然稀疏模型，两种演替阶段的群落内部均存在以林分自然稀疏调节群落密度的现象，并且稀疏指数随取样地的变化而变化，说明其与林分立地条件紧密相关，这一研究结果与 Zhang 等(2013)对林分自疏线的重新评估结果相似。此外，TCF 中的稀疏指数显著大于 SHR(图 11-8-2b)，说明 TCF 中地上生物量随植株密度的变化更为剧烈，这可能因为TCF中林分地上生物量显著大于SHR所致(图11-8-2a)。

TCF 和 SHR 高物种多样性的维持均依赖于中等稀疏强度，而高物种均匀度的维持则呈两极分化趋势(图 11-8-7)。这可能因为中等稀疏强度虽然可以使群落中优势物种的生长势头减缓，还不至于排除掉竞争能力相对较弱的亚优势种或伴生种，所以有利于保持群落整体上较高的物种多样性等级，该结论的原理类似于中度干扰假说(Roxburgh et al.，2004)，在稳定的群落中，进行中度干扰有利于多种植物共存。在演替发展的群落中，群落适中的自然稀疏可能一样有利于多物种共存。较高的物种均匀度表明群落中各种群的个体所占比例较为均匀，基本无单优物种存在(张金屯，2011)。在 TCF 中，群落中高强度自然稀疏现象，特别是优势种的自疏现象可能降低优势种群密度，从而提高群落物种均匀度。在 SHR 中，由于植株个体较小，可能仅需小强度的稀疏就能够达到类似的效果。但是，无论物种多样性还是均匀度随稀疏指数的变化均无法用二次方程拟合成功(图 11-8-5)，说明这一最高值并非抛物线的极值，它的出现具有偶然性，表明除生物竞争因素以外，非生物的环境条件筛选对物种多样性和均匀度也具有重要影响。

参 考 文 献

安树青. 1997. 土壤因子对次生森林群落演替的影响[J]. 生态学报, 17(1): 45-50.

安树青, 林向阳, 洪必恭. 1996. 宝华山主要植被类型土壤种子库初探[J]. 植物生态学报, 20(1): 41-50.

安树青, 王峥峰, 朱学雷, 等. 1997. 土壤因子对次生森林群落演替的影响[J]. 生态学报, 17: 45-50.

安树青, 洪必恭. 1997. 紫金山次生林林窗植被和环境的研究[J]. 应用生态学报, 8(3): 245-249.

敖光辉. 2005. 四川省荣县桫椤自然保护区桫椤群落研究[J]. 四川大学学报(自然科学版), 42(3): 592-598.

巴桑赤烈, 穆兴民, 王双银, 等. 2005. 延河流域主要水文要素时变过程分析[J]. 水土保持通报, 25(1): 11-14, 36.

毕晓丽, 洪伟, 吴承祯, 等. 2003. 珍稀植物群落多样性及稳定性分析[J]. 福建林学院学报, 4: 301-304.

蔡崇法, 丁树文, 史志华, 等. 2000. 应用 USLE 模型与地理信息系统 IDRISI 预测小流域土壤侵蚀量的研究[J]. 水土保持学报, 14(2): 19-24.

成子纯. 1990. 电算程序与应用(多元分析)[M]. 北京: 中国林业出版社: 159-173.

崔国发. 2004. 自然保护区学当前应该解决的几个科学问题[J]. 北京林业大学学报, 26(6): 102-105.

曹敏, 唐勇, 张建侯, 等. 1997. 西双版纳热带森林的土壤种子库储量及优势成分[J]. 云南植物研究, 19(2): 177-183.

陈步峰, 周光益, 曾庆波, 等. 1998. 热带山地雨林生态系统水文动态特征的研究[J]. 植物生态学报, 22(1): 68-75.

陈步峰, 林明献, 周光益, 等. 2000. 尖峰岭热带山地雨林生态系统的水文生态效应[J]. 生态学报, 20(3): 423-429

陈伟, 杨小波, 李时兴, 等. 2014. 海南中部山区植被演变阶段植物物种多样性与群落结构多样性变化规律[J]. 热带作物学报, 35(4): 784-790.
陈辉. 2008. 热带森林先锋树种种子萌发特性研究[D]. 云南: 西双版纳植物园.
陈辉, 曹敏. 2013. 光温协同影响光敏性先锋草本粽叶芦的种子萌发[J]. 云南大学学报(自然科学版), 35(S1): 108-112.
陈绍栓, 陈淑容. 2002. 杉木木荷混交林涵养水源功能和土壤肥力[J]. 土壤学报, 39(4): 599-603.
陈焕镛. 1964～1977. 海南植物志(Ⅰ-Ⅳ)[M]. 北京: 科学出版社.
陈焕强, 陈庆, 赵少思. 2010. 海南佳西自然保护区珍稀濒危植物初报[J]. 热带林业, 4: 49-51.
陈远征, 马祥庆, 冯丽贞, 等. 2006. 濒危植物沉水樟的生命表和谱分析[J]. 生态学报, 26(12): 4268-4272.
陈家宽, 雷光春, 王学雷. 2010. 长江中下游湿地自然保护区: 有效管理十佳案例分析[M]. 上海: 复旦大学出版社.
陈国科, 彭华. 2006. 不同人为干扰条件下毒药树种群数量特征的比较[J]. 植物生态学报, 30(3): 426-431.
党承林, 王崇云, 王宝荣, 等. 2002. 植物群落的演替与稳定性[J]. 生态学杂志, 2: 30-35.
丁忠江, 肖春旺, 吴云江, 等. 2000. 茂兰喀斯特山地华南五针松邻体干优强度研究[J]. 贵州师范大学学报(自然科学版), 02: 13-16.
董汉飞, 曾水泉. 1985. 海南岛生态环境质量分析与综合评价[M]. 广州: 中山大学出版社.
董鸣. 1986. 缙云山马尾松种群数量动态初步研究[J]. 植物生态学与地植物学学报, 10(4): 283-293.
段爱国, 张建国, 童书振, 等. 2004. 杉木人工林林分直径结构动态变化及其密度效应的研究[J]. 林业科学研究, 17(2): 178-184.
段小平, 陈卫军. 1992. 华南五针松种子休眠生理的初步研究[J]. 湖南林业科技, 3: 25-30.
杜道林, 刘玉成, 苏杰. 1996. 茂兰喀斯特山地广东松种群结构和动态初步研究[J]. 植物生态学报, 2: 159-166.
傅立国. 1992. (中国红皮书)稀有濒危植物[M]. 北京: 科学出版社.
方精云. 1992. 植物种群的自然稀疏法则[J]. 农村生态环境, 2: 7-12.
方精云, 李意德, 朱彪, 等. 2004. 海南岛尖峰岭山地雨林的群落结构、物种多样性以及在世界雨林中的地位[J]. 生物多样性, 12, 29-43.
方精云. 2004. 探索中国山地植物多样性的分布规律[J]. 生物多样性, 12(1): 1-4.
高润梅, 石晓东, 郭跃东. 2012. 山西文峪河上游河岸林群落稳定性评价[J]. 植物生态学报, 6: 491-503.
高贤明, 马克平, 黄建辉, 等. 1998. 北京东灵山地区植物群落多样性的研究XI. 山地草甸 β 多样性[J]. 生态学报, 18(1): 24-32.
符腾霆, 周运良, 赵瑞思. 2010. 海南佳西省级自然保护区动植物资源探讨[J]. 热带林业, 3: 14-16.
国家林业局. 2011. 全国极小种群野生植物拯救保护工程规划(2011-2015 年).
葛宝明, 鲍毅新, 郑祥. 2004. 生态学中关键种的研究综述[J]. 生态学杂志, (6): 102-106.
古炎坤, 肖绵韵, 林书宁. 1993. 广东乳阳山地广东松、长苞铁杉原生林的结构特征和动态分析[J]. 生态科学, 1: 125-132.
管志斌, 彭朝忠, 管松山. 2003. 见血封喉的生物学特性[J]. 南京林业大学学报(自然科学版), (5): 77-79.
郭涛, 杨小波, 廖香俊, 等. 2007. 海南昌江石碌铁矿尾矿库区植被调查[J]. 生态学报, 27(2) 755-762.
郭明, 马明国, 肖笃宁, 等. 2004. 基于遥感和 GIS 的干旱区绿洲景观破碎化分析——以金塔绿洲为例[J]. 中国沙漠, 24(2): 201-206.
广东省植物研究所(陈焕镛). 1976. 广东植被[M]. 北京: 科学出版社.
广东省植物研究所. 1977. 海南植物志(第四卷)[M]. 北京: 科学出版社.
韩博平. 1993. 生态网络分析的研究进展[J]. 生态学杂志, (6): 41-45.

胡玉佳. 1988. 海南岛天然青梅生长过程的研究[J]. 海南大学学报(自然科学版), 6(2): 47-57.
胡玉佳. 1991. 海南岛青梅种群结构的研究[J]. 中山大学学报(自然科学版) 30(2): 91-97.
胡玉佳. 1986. 海南岛青梅种群生物学研究简报[J]. 植物学通报, 4(1): 95-97.
海南省政府. 2014. 海南省自然保护区条例[N]. 海南日报, (007).
黄瑾, 杨小波(通讯作者), 龙文兴, 等. 2013. 海南单优龙脑香科植物群落特征[J]. 热带作物学报, 34(3): 578-583.
黄志伟, 彭敏, 陈桂琛, 等. 2001. 青海湖几种主要湿地植物的种群分布格局及动态[J]. 应用与环境生物学报, 7(2): 113-116.
黄俊泽, 李镇魁. 2004. 广东仁化高坪省级自然保护区野生维管植物资源状况及评价[J]. 广东林业科技, 2: 33-37.
黄儒珠, 王经源. 2003. 濒危植物刺桫椤 RAPD 反应体系的优化[J]. 福建师范大学学报(自然科学版), 19(2): 69-71.
黄世能, 张宏达, 王伯荪. 2000. 海南岛尖峰岭两类热带山地雨林次生群落在15年演替过程中的林木消长(英文)[J]. 植物生态学报, 24(6): 710-717.
黄全, 李意德, 郑德璋, 等. 1986. 海南岛尖峰岭地区热带植被生态系列的研究[J]. 植物生态学与地植物学学报, 10(2): 90-105.
黄运峰, 杨小波, 党金玲, 等. 2009. 海南霸王岭南亚松种群结构与分布格局[J]. 福建林业科技, 2: 1-5+22.
蒋有绪, 卢俊培, 等. 1991. 中国海南岛尖峰岭热带林生态系统[M]. 北京: 科学出版社.
蒋胜军, 曾霞, 王胜培, 等. 2002. 海南白桫椤孢子组织培养的研究[J]. 热带农业科学, 22(6): 9-12.
蒋有绪, 王伯荪, 臧润国, 等. 2002. 海南岛热带林生物多样性及其形成机制[M]. 北京: 科学出版社: 1-29.
金则新. 2002. 浙江天台山常绿阔叶林次生演替序列群落物种多样性[J]. 浙江林学院学报, 19(2): 133-137.
甘小莉, 郝玉培, 翟永洪, 等. 2014. 巴音河流域植被与水文动态变化研究[J]. 水土保持研究, 21(2): 323-326.
兰国玉, 陈伟, 周小飞. 2007. 海南霸王岭青梅林群落特征研究[J]. 西北植物学报, 27(9): 1861-1868.
兰国玉. 2007. 世界热带森林生态系统大样地定位研究进展[J]. 西北植物学报, 27(10): 2140-2145.
兰华林, 于一鸣, 张胜利. 2000. 无定河和黄甫川地区水土保持减水减沙效益的分析[J]. 水土保持研究, (7): 68-80.
高贤明, 万师强, 黄建辉, 等. 1999. 秦岭太白山植物群落基本类型及其物种多样性特征[J]. 植物生态学报, 23(增刊): 2227.
耿运生, 乔裕民. 2003. 森林植被对降水径流的影响[J]. 南水北调与水利科技, 1(5): 15-16.
李钢, 梁音, 曹龙熹. 2012. 次生马尾松林下植被恢复措施的水土保持效益[J]. 中国水土保持科学, 10(6): 25-31.
李剑雄. 2006. 广东英德石门台省级自然保护区野生维管植物资源调查[J]. 热带林业, 3: 49-51.
李俊清, 牛树奎. 2010. 森林生态学[M]. 北京: 高等教育出版社.
李意德. 1993. 海南岛热带山地雨林林分生物量估测方法比较分析[J]. 生态学报, 13(4): 313-320.
李意德. 1995. 海南岛热带森林的变迁及生物多样性的保护对策[J]. 林业科学研究, 8(4): 455-461.
李意德. 1997. 海南岛尖峰岭热带山地雨林的群落结构特征[J]. 热带亚热带植物学报, 5(1): 18-26.
李意德, 陈步峰, 周光益, 等. 2002. 中国海南岛热带森林及其生物多样性保护研究[M]. 北京: 中国林业出版社.
李意德, 方洪, 罗文, 等. 2006. 海南尖峰岭国家级保护区青皮林资源与乔木层群落学特征[J]. 林业科学, 42(1): l-6.
李先琨, 黄玉清, 苏宗明. 2000. 元宝山南方红豆杉种群分布格局及动态[J]. 应用生态学报, 11(2):

169-172.
李希娟, 宋启道, 陈秋波. 2008. 海南霸王岭林区青皮天然林资源与乔木层群落学特征[J]. 林业资源管理, (2): 85-89.
李俊清. 2010. 森林生态学[M]. 北京: 科学出版社.
李小双, 彭明春, 党承林. 2007. 植物自然更新研究进展[J]. 生态学杂志, 26(12): 2081-2088.
李婷, 赵世伟, 张扬, 等. 2011. 黄土区次生植被恢复对土壤有机碳官能团的影响[J]. 生态学报, (18): 5199-5206.
李新荣, 张志山, 黄磊, 等. 2013. 我国沙区人工植被系统生态-水文过程和互馈机理研究评述[J]. 科学通报, 58(5- 6): 397-410.
林泽钦, 杨小波, 陈玉凯, 等. 2016. 海南本地野生维管植物区系研究[J]. 热带作物学报, 2: 351-358.
吕锡芝. 2013. 北京山区森林植被对坡面水文过程的影响研究[D]. 北京林业大学博士研究生学位论文.
吕晓波, 杨立荣, 杨民, 等. 2012. 海南以壳斗科植物为优势的山地雨林主要乔木种群分布格局及动态研究[J]. 中国农学通报, (31): 84-90.
刘淑菊, 郝清玉. 2011. 石梅湾青皮林群落结构及天然更新特征[J]. 林业资源管理, (2): 54-59.
刘卉芳, 朱清科, 孙中锋, 等. 2005. 晋西黄土区森林植被对流域径流及产沙的影响[J]. 干旱区资源与环境, 19(5): 61-66.
刘海丰, 桑卫国, 薛达元. 2013. 暖温带森林优势种群的地形生境变异性[J]. 生态学杂志, 32(4): 795-801.
刘磊, 王合升, 王云鹏, 等. 2008. 海南鹦哥岭自然保护区 SWOT 分析[J]. 热带林业, 1: 9-11+8.
刘济明. 2001. 贵州茂兰喀斯特森林中华蚊母树群落种子库及其萌发特征[J]. 生态学报, 21(2): 197-203.
刘彤, 李云灵, 周志强, 等. 2007. 天然东北红豆杉(*Taxus cuspidata*)种内和种间竞争[J]. 生态学报, 27(3): 924-929.
刘万德. 2009. 海南岛热带季雨林群落生态学研究[D]. 中国林业科学研究院博士研究生学位论文.
刘文杰, 李庆军, 张光明, 等. 2000. 西双版纳望天树林林窗小气候特征研究[J]. 植物生态学报, 24(3): 356-361.
刘延惠, 张喜, 崔贵春, 等. 2005. 贵州开阳喀斯特山地几种不同植被类型的地表径流研究[J]. 贵州林业科技, 33(2): 8-10.
刘向东, 吴钦孝, 赵鸿雁. 1994. 森林植被垂直截留作用与水土保持[J]. 水土保持研究, 1(3): 8-13.
罗涛, 杨小波(通讯作者), 李东海, 等. 2009. 海口地区见血封喉种群数量特征及空间分布格局[J]. 福建林业科技, 36(3): 161-174.
龙成, 周威, 杨小波(通讯作者), 等. 2013. 海南大风子种群不同径级的稀疏规律[J]. 东北林业大学学报, 41(8): 86-90.
龙成, 杨小波(通讯作者), 龙文兴, 等. 2015. 基于物种多样性和空间格局的林分稀疏[J]. 生态学杂志, 34(2): 571 -581.
龙翠玲. 2006. 茂兰喀斯特森林林隙主要树种的高度生态位[J]. 贵州师范大学学报(自然科学版), 2: 36-39.
龙翠玲. 2008. 茂兰喀斯特森林林隙大小对树种更新的影响[J]. 南京林业大学学报(自然科学版), 2: 34-38.
龙文兴. 2011. 海南岛热带云雾林群落结构及组配机制研究[D]. 中国林业科学研究院博士研究生学位论文.
梁士楚, 李久林, 程仕泽. 2003. 贵州青岩油杉种群年龄结构和动态的研究[J]. 应用生态学报, 13(1): 21-26.
马建章. 1992. 自然保护区学[M]. 哈尔滨: 东北林业大学出版社.
马文辉, 何平, 袁小凤, 等. 2003. 缙云山华南黑桫椤种群的遗传多样性研究初探[J]. 西南师范大学学报(自然科学版), 28(3): 450-455.
莫新寿, 刘瑞强. 2004. 桫椤繁殖与移栽技术研究[J]. 广东林业科技, 20(1): 20-23.
莫锦华, 李意德, 许涵, 等. 2007. 海南尖峰岭国家级自然保护区部分珍稀濒危植物的分布、生态与保护研究[J]. 热带林业, 35(4): 22-24.
潘德成, 齐鹏春, 吴祥云. 2013. 半干旱地区煤矿次生裸地植被演替规律应用[J]. 辽宁工程技术大学学报(自然科学版), 32(4): 505-508.
彭闪江, 黄忠良, 彭少麟, 等. 2004. 植物天然更新过程中种子和幼苗死亡的影响因素[J]. 广西植物, 24(2): 113-121.
彭少麟, 王伯荪. 1983. 鼎湖山森林群落分析 I 物种多样性[J]. 生态科学, 2: 11-17.
缪绅裕, 王厚麟, 黄金玲, 等. 2010. 粤北 4 个保护区广东松群落特征比较[J]. 安徽农业科学, 5: 2659-2661+2677.
缪绅裕, 王伟彤, 曾阳金, 等. 2004. 广东石门台自然保护区广东松群落的基本特征[J]. 广西植物, 5: 390-395.
曲仲湘, 文振旺, 朱克贵. 1952. 南京灵谷寺森林现况的分析[J]. Journal of Integrative Plant Biology, 1(1): 18 - 49.
桑卫国, 陈灵芝, 马克平. 1999. 蒙古栎红松林演替模型 FOROAK 的研究[J]. 植物学报, (6): 99-109.
石培礼, 李文华. 2001. 森林植被变化对水文过程和径流的影响效应[J]. 自然资源学报, 19(5): 481-487.
杞金华, 章永江, 张一平, 等. 2012. 哀牢山常绿阔叶林水源涵养功能及其在应对西南干旱中的作用[J]. 生态学报, 32(6): 1692-1702.
邱治军. 2011. 海南尖峰岭热带山地雨林生态系统水文特征与演变规律[D]. 北京: 中国林业科学研究院.
沈燕, 罗江平, 王旭, 等. 2016. 湖南莽山华南五针松群落特征[J]. 中南林业科技大学学报, 2: 1-7+24.
司徒尚纪. 刀 1987. 耕火种在海南岛的历史演变刍议[J]. 热带地理, 7(3): 281-288.
宋于洋, 楚光明, 胡晓静. 2011. 古尔班通古特沙漠梭梭种群径级与龄级关系的研究[J]. 西北植物学报, 31(4): 0808-0814.
宋丁全, 姜志林, 郑作孟. 1999. 光皮桦种群自疏调节的初步研究[J]. 南京林业大学学报, 23(3): 33-36.
宋萍, 洪伟, 吴承祯, 等. 2005. 珍稀濒危植物桫椤种群结构与动态研究[J]. 应用生态学报, 16(3): 413-418.
苏应娟, 王艇, 郑博, 等. 2004. 根据 cpDNA trnL-F 非编码区序列变异分析黑桫椤海南和广东种群的遗传结构与系统地理[J]. 生态学报, 24(5): 914-919.
孙美欧, 贾炜伟, 李凤日, 等. 2014. 黑龙江省东部地区红松人工中幼龄林生物量研究[J]. 植物研究, 34(2): 232-237.
孙儒泳, 李庆芬, 等. 2002. 基础生态学[M]. 北京: 高等教育出版社.
尚进, 李旭光, 石胜友. 2003. 重庆涪陵磨盘沟桫椤群落主要种群间联结性研究[J]. 西南农业大学学报(自然科学版), 25(6): 471-474.
谭业华, 陈珍. 2006. 海南岛的青皮林[J]. 大自然, (4): 40-41.
田长城, 周守标, 蒋学龙. 2006. 黑长臂猿栖息地旱冬瓜和潺槁木姜子种群分布格局和动态[J]. 应用生态学报, 17(2): 167-170.
吴彦, 刘庆, 何海, 等. 2004. 亚高山针叶林人工恢复过程中物种多样性变化[J]. 应用生态学报, 15(8): 1301-1306.
吴伟, 张军丽. 2006. 龙脑香科植物海南青梅种群遗传多样性研究[D]. 广州: 中山大学.
文彬, 何惠英, 王如玲, 等. 2009. 濒危植物多毛坡垒种子萌发的生理生态特性[J]. 植物分类与资源学报, 31(1): 42-48.
汪永华, 瑚工佳, 翁应云. 2003. 海南岛青皮林自然保护区[J]. 植物杂志, (5): 8-9.
王俊, 白瑜. 2006. 土壤种子库研究的几个热点问题[J]. 生态环境, 15(6): 1372-1379.

王伯荪, 张炜银. 2002. 海南岛热带森林植被的类群及其特征. 广西植物, 22(2): 107-115.
王伯荪. 1987. 论季雨林的水平地带性[J]. 植物生态与地植物丛刊, 11(2): 67-69.
王伯荪, 余世孝, 彭少麟. 1995. 植物种群学[M]. 广州: 广东高等教育出版社.
王伯荪, 余世孝, 施苏华, 等. 2005. 海南岛热带林生物多样性及其物种进化[M]. 北京: 科学出版社.
王伯荪, 余世孝, 彭少麟, 等. 1996. 植物群落实验手册[M]. 广州: 广东教育出版社.
王伯荪. 1987. 植物群落学[M]. 北京: 高等教育出版社.
王锋刚, 曾晓东. 2015. 植物种群资源竞争与共存的理论模型研究[J]. 气候与环境研究, 20(2): 229-234.
王厚麟, 缪绅裕, 邓敏, 等. 2007. 广东乐昌杨东山—十二渡水保护区广东松群落的特征[J]. 生态科学, 02: 115-119.
王厚麟, 陈健辉, 缪绅裕, 等. 2008. 广东南岭自然保护区广东松群落特征的研究[J]. 广州大学学报(自然科学版), 01: 47-52.
王厚麟, 缪绅裕, 吴伟东, 等. 2008. 广东曲江罗坑自然保护区广东松群落特征[J]. 武汉植物学研究, 1: 53-58.
王献溥, 李信贤. 1989. 广西环江县石灰岩山地广东松林群落学特点的研究[J]. 植物研究, 03: 77-86.
王献溥, 崔国发. 2003. 自然保护区建设与管理[M]. 北京: 化学工业出版社.
王国宏. 2002. 再论生物多样性与生态系统的稳定性[J]. 生物多样性, (1): 126-134.
王贵, 赵骥民, 郝清玉. 2012. 石梅湾青皮林自然保护区景观破碎化研究[J]. 广东农业科学, 39(11): 171-174.
王蒙. 2012. 甘肃小陇山主要植物种群动态与空间分布格局研究[D]. 兰州: 西北师范大学.
王平, 闫成璞, 王玉玺. 1999. 人工林水文效应研究[J]. 黑龙江水利科技, (3): 5-7.
王仁卿, 藤原一绘, 尤海梅. 2002. 森林植被恢复的理论和实践: 用乡土树种重建当地森林——宫胁森林重建法介绍[J]. 植物生态学报, 26(增刊): 133-139 .
王摇征, 刘国彬, 许明祥. 2010. 黄土丘陵区植被恢复对深层土壤有机碳的影响[J]. 生态学报, (14): 3947-3952.
王震洪, 段昌群. 2003. 滇中几种人工林生态系统恢复效应研究[J]. 应用生态学报, 14(9): 1439-1445 .
吴志敏, 冯志坚, 李镇魁, 等. 1996. 广东省野生木本植物资源[J]. 华南农业大学学报, 2: 103-107.
许涵, 李意德, 骆土寿, 等. 2009. 尖峰岭热带山地雨林不同更新林的群落特征[J]. 林业科学, 45(1): 14-20.
许再富, 刘宏茂. 1995. 西双版纳傣族贝叶文化与植物多样性保护[J]. 生物多样性, (3): 174-179.
肖春旺. 2000. 邻体截光率对华南五针松构件生长影响[J]. 贵州师范大学学报(自然科学版), 2: 10-12.
肖文发. 2006. 林隙微生境及更新研究进展[J]. 林业科学, 42(5): 114-119.
邢福武, 李泽贤, 吴德邻. 1993. 海南岛南部甘什岭植物区系的初步研究[J]. 植物研究, 3(13): 227-242.
熊利民, 钟章成, 李旭光, 等. 1992. 亚热带常绿阔叶林不同演替阶段土壤种子库的初步研究. 植物生态学与地植物学学报, 16(3): 249-257.
于洋, 曹敏, 郑丽, 等. 2007a. 光对热带雨林冠层树种绒毛番龙眼种子萌发及其幼苗早期建立的影响[J]. 植物生态学报, 31(6): 1028-1036.
于洋, 曹敏, 盛才余, 等. 2007b. 西双版纳热带季节雨林四种珍稀濒危树种种子萌发对脱水和光的响应[J]. 生态学报, 27(35): 56-64.
闫桂琴, 赵桂仿, 胡正海, 等. 2001. 秦岭太白红杉种群结构与动态的研究[J]. 应用生态学报, 12(6): 824-828.
闫兴富. 2008. 望天树和绒毛番龙眼的种子萌发、幼苗生长及其生境选择特征[D]. 昆明: 西双版纳植物园.
闫兴富, 曹敏. 2007. 不同光照梯度的遮荫处理对绒毛番龙眼幼苗生长的影响[J]. 热带亚热带植物学报, 15(6): 465- 472.
闫兴富, 曹敏. 2008. 濒危树种望天树大量结实后幼苗的生长和存活[J]. 植物生态学报, 32(1): 55-64.
游水生. 2001. 不同人为干扰强度对米槠林乔木层组成和物种多样性的影响[J]. 林业科学, 37(sp1):

106-110.
严平, 韦朝岭, 王相文, 等. 2000. 森林覆盖率对区域降水的影响[J]. 经济林研究, 18(3): 8-10.
阳含熙, 潘愉德, 伍业钢. 1988. 长白山阔叶红松林马氏链模型[J]. 生态学报, 3: 211-219.
杨海坤, 莫淑红. 2006. 黑河流域主要水文要素变化特征分析[J]. 西北水力发电, 22(1): 28-31.
杨小波, 黄世满, 符史新, 等. 1995. 海南岛无翼坡垒种群结构与分布格局研究[J]. 海南大学学报(自然科学版), 13(4): 299-230.
杨小波, 文洪波, 吴庆书, 等. 2000. 海南中部山区次生林优势种枫香发育规律研究[J]. 海南大学学报(自然科学版), 18(1): 54-58.
杨小波, 林英, 梁淑群. 1994. 海南岛五指山的森林植被Ⅱ: 五指山森林植被的植物种群分析与森林结构分析[J]. 海南大学学报(自然科学版), 12: 311-323.
杨小波, 林英, 梁淑群. 1995. 海南岛五指山的森林植被Ⅲ: 五指山森林植被的分布与数值分类[J]. 海南大学学报(自然科学版), 13(1): 22-28.
杨小波. 2009. 城市植物多样性[M]. 北京: 中国农业出版社.
杨小波, 陈明智, 吴庆书. 1999. 热带地区不同土地利用系统土壤种子库的研究[J]. 土壤学报, 36(3): 327-333.
杨小波, 吴庆书. 2000. 海南岛热带地区弃荒农田次生植被恢复特点[J]. 植物生态学报, 24(4): 477-482.
杨小波. 2002. 南亚热带 4 个不同演替阶段树种苗木环境适应性研究[J]. 林业科学, 38(1): 56-60.
杨小波, 张桃林, 吴庆书. 2002. 海南琼北地区不同植被类型物种多样性与土壤肥力的关系[J]. 生态学报, 22(2): 190-196.
杨小波. 2003. 海南次生植被与其土壤性质的关系探讨. 土壤, 35(5): 429-434.
杨小波, 李东海, 陈玉凯, 等. 2015. 海南植物图志(1-14 卷)[M]. 北京: 科学出版社.
袁守良, 梁盛. 2002. 桫椤最适宜生长因子初探[J]. 贵州环保科技, 8(4): 46-48.
臧润国, 杨彦承, 蒋有绪. 2001. 海南岛霸王岭热带山地雨林群落结构及树种多样性特征的研究[J]. 植物生态学报, 25: 270–275.
臧润国, 徐化成. 1998. 林隙(GAP)干扰研究进展[J]. 林业科学, 34(1): 90-98.
臧润国, 杨林杨. 2003. 海南霸王岭热带山地雨林森林循环与群落特征研究[J]. 林业科学, (5): 1-9.
臧润国. 2002. 海南热带山地雨林森林循环不同阶段光、温环境的测定与分析[J]. 北京林业大学学报, 24(5/6): 125-130.
臧润国, 余世孝, 刘静艳, 等. 1999. 海南霸王岭热带山地雨林林隙更新规律的研究[J]. 生态学报, 19(2): 151-158.
张春雨, 赵秀海, 郑景明. 2006. 长白山阔叶红松林林隙与林下土壤性质对比研究[J]. 林业科学研究, 19(3): 347-352.
张金屯. 2011. 数量生态学[M]. 2 版. 北京: 科学出版社.
张经纬, 姚清尹, 李焕珊, 等. 1994. 华南坡地研究[M]. 北京: 科学出版社.
张文辉, 祖元刚, 刘国彬. 2002. 十种濒危植物的种群生态学特征及致危因素分析[J]. 生态学报, 22(9): 1512-1519.
张文辉, 王延平, 康永祥, 等. 2005. 太白山太白红杉种群空间分布格局研究[J]. 应用生态学报, 16(2): 207-212.
张文辉, 祖元刚, 刘国彬. 2002. 十种濒危植物的种群生态学特征及致危因素分析[J]. 生态学报, 22(9): 512-520.
张思玉. 2002. 福建永定县笔架山桫椤群落物种多样性研究[J]. 武汉植物学研究, 20(4): 275-279.
张镱锂, 胡忠俊, 祁威, 等. 2015. 基于 NPP 数据和样区对比法的青藏高原自然保护区保护成效分析[J]. 地理学报, 70(7): 1027-1040.
张宏达. 1963. 海南岛的青皮林[J]. 植物生态学与地植物学丛刊, 1(1): 141.
张立敏, 陈斌, 李正跃. 2010. 应用中性理论分析局域群落中的物种多样性及稳定性[J]. 生态学报, (6):

1556-1563.
张乃航. 1996. 光照效应对台湾赤杨、山黄麻及构树种子发芽的影响[J]. 台湾林业科学, 11: 195-199.
张晓明, 余新晓, 武思宏, 等. 2005. 黄土区森林植被对坡面径流和侵蚀产沙的影响[J]. 应用生态学报, 16(9): 1613-1617.
赵鸿雁, 吴钦孝. 1996. 黄土高原天然山杨林地产流产沙研究[J]. 水土保持研究, 3(4): 120-123.
赵护兵, 刘国彬, 曹清玉. 2004. 黄土丘陵区不同植被类型对水土流失的影响[J]. 水土保持研究, 11(2): 153-155, 134.
曾庆波, 丁美华. 1985. 海南岛尖峰岭热带植被类型垂直分布与水热状况[J]. 植物生态学与地植物学丛刊, 9: 297-305.
曾庆波, 周文龙. 1982 海南岛尖峰岭热带山地雨林及其采伐迹地水热状况的比较研究[J]. 植物生态学与地植物学丛刊, 6(1): 62-73.
曾阳金, 王厚麟, 陈健辉, 等. 2006. 广东石门台保护区木龙顶广东松群落生态学特征[J]. 广州大学学报(自然科学版), 4: 39-43.
周伏建, 黄炎和. 1995a. 福建省土壤流失预报研究[J]. 水土保持学报, 9(1): 25-30.
周伏建, 黄炎和. 1995b. 福建省降雨侵蚀力指标 R 值[J]. 水土保持学报, 9(1): 14-18.
周光益, 曾庆波, 黄全, 等. 1995. 热带山地雨林林冠对降雨的影响分析[J]. 植物生态学报, 19(3): 201-207.
周先叶, 李鸣光, 王伯荪, 等. 2000. 广东黑石顶自然保护区森林次生演替不同阶段土壤种子库的研究[J]. 植物生态学报, (2): 222-230.
周永斌, 殷有, 殷鸣放, 等. 2011. 白石砬子国家级自然保护区天然林的自然稀疏[J]. 生态学报, 31(21): 6469-6480.
周淑荣, 张大勇. 2006. 群落生态学的中性理论[J]. 植物生态学报, 30: 868-877.
周崇军. 2005. 赤水桫椤保护区桫椤种群特征[J]. 贵州师范大学学报(自然科学版), 23(2): 10-14.
郑道君, 李海文, 云勇, 等. 2010. 海南龙血树种群生境及自然更新能力调查[J]. 热带亚热带植物学报, 18(6): 627-632.
郑海水, 黎明, 汪炳根, 等. 2003. 西南桦造林密度与林木生长的关系[J]. 林业科学研究, 16(1): 81-86.
郑元润. 2000. 森林群落稳定性研究方法初探[J]. 林业科学, 36(5): 28-32.
钟章成, 曾波. 2001. 植物种群生态研究进展[J]. 西南师范大学学报(自然科学版), 26(2): 230-236.
中国土壤学会农业化学专业委员会. 1983. 土壤农业化学常规分析方法[M]. 北京: 科学出版社: 55-115.
中国植被编辑委员会. 1980. 中国植被[M]. 北京: 科学出版社.
中国科学院中国植物志编辑委员会. 2013. Flora of China. 电子书籍.
Aguiar M R, Paruelor J M, Sala O E, et al. 1996. Ecosystem response to changes in plant functional type's composition : an example from the Pat agonian steppe [J]. Journal of Vegetation Science, 7: 381-390.
Arunachalam A, Arunachalam K. 2000, Influence of gap size and soil properties on microbial biomass in a subtropical humid forest of north-east India [J]. Plant and Soil, 223(1): 187-195.
Barton A M, Fetcher N, Redhead S.1989. The relationship between treefall gap size and light flux in a Neotropical rain forest in Costa Rica [J]. Journal of Tropical Ecology, 5(4): 437-439.
Beckage B, Clark J S, Clinton B D, et al. 2000. A long-term study of tree seedling recruitment in southern Appalachian forests: the effects of canopy gaps and shrub understories [J]. Canadian Journal of Forest Research, 30(10): 1617-1631.
Bi H Q. 2004.Stochastic frontier analysis of a classic self- thinning experiment [J]. Austral Ecology, 29: 408-417.
BUENO A, BARUCH Z. 2011. Soil seed bank and the effect of needle litter layer on seedling emergence in a tropical pine plantation [J]. Revista de Biología Tropical, 59(2): 1071-1079.
Bohumil M, Petr Z, Václav M, et al. 2012. Can Soil Seed Banks Serve as Genetic Memory? A Study of Bormann, B. T. & R. C. Sidle. 1990. Changes in productivity and distribution of nutrients in

chronosequence at Glacier Bay, National Park, Alaska[J]. Journal of Ecology, 78: 561-578.

Brown S, Gillespie A J R, Lugo A E. 1989. Biomass estimation methods for tropical forest with application to forest inventory data [J]. Forest Science, 35(4): 881-902.

Canham C D, Denslow J S, Platt W J, et al. 1990. Light regimes beneath closed canopies and tree-fall gaps in temperate and tropical forests [J]. Canadian Journal of Forest Research, 20(5): 620-631.

Canham C D. 1988. An index for understory light levels in and around canopy gaps [J]. Ecology, 1634-1638.

Canham C D, Marks P L. 1985. The response of wood plants to disturbance: patterns of establishment and growth. *In*: Pickett S T A, White P. Theecology of natural disturbance and patch dynamics. London: Academic Press.

Chave J, Andalo C, Brown S, et al. 2005. Tree allometry and improved estimation of carbon stocks and balance in tropical forests [J]. Ecosystem Ecology, 145: 87-99.

Chazdon R L, Pearcy W. 1991. The importance of sunflecks for forest understory plants [J]. Bio Sci, 41(11): 760-766.

Chu C J, Maestre F T, Xiao S, et al. 2008. Balance between facilitation and resource competition determines biomass-density relationships in plant populations [J]. Ecology Letters, 11: 1-9.

Chu C J, Jacob W, Fernando T. Maestre, et al. 2010. Effects of positive interactions, size symmetry of competition and abiotic stress on self-thinning in simulated plant populations[J]. Annals of Botany, 106: 647-652.

Collins S L, Glenn S M, Gibson D J. 1995. Experiment analysis of intermediate disturbance and initial florist ic composi tion: decoupling cause and effect[J]. Ecology, 76(2): 486-492.

Comita L S, Hubbell S P. 2009. Local neighborhood and species' shade tolerance influence survival in a diverse seedling bank[J]. Ecology, 90: 328-334.

Crowther T W, Glick H B, Covey K R, et al. 2015.Mapping tree density at a global scale [J]. Nature, 525: 201-205.

Daïnou K, Bauduin A, Bourland N, et al. 2011. Soil seed bank characteristics in Cameroonian rainforests and implications for post-logging forest recovery [J]. Ecological Engineering, 37(10): 1499-1506.

Dai X F, Jia X, Zhang W P, et al. 2009. Plant height-crown radius and canopy coverage-density relationships determine aboveground biomass-density relationship in stressful environments[J]. Biology Letters, 5: 571-573.

Daws M I, Burslem D F R P, Crabtree L M, et al. 2002. Differences in seed germination responses may promote coexistence of four sympatric Piper species [J]. Functional Ecology, 16(2): 258-267.

D'Angela E, Facelli J M, Jacobo E. 1988. The role of the permanent soil seed bank in early stages of a post-agricultural succession in the Inland Pampa, Argentina [J]. Vegetatio, 74(1): 39-45.

Denslow J S. 1987. Tropical rainforest gaps and tree species diversity[J]. Annual Review of Ecology and Systematics, 18(4): 31-51.

Deng J M, Wang G X, Morris E C, et al. 2006. Plant mass-density relationship along a moisture gradient in north-west China [J]. Journal of Ecology, 94: 953-958.

Detzin S, Dean C, He F L, et al. 2006. Spatial patterns and competition of tree species in a Douglas-fir chronosequence on Vancouver Island [J]. Ecography, 29: 671-682.

DE LIMA R A F. 2005. Gap size measurement: the proposal of a new field method[J]. Forest Ecology and Management, 214(1): 413-419.

Egler F E. 1954. Vegetation science concept s I. Initial floristic composition, a factor in old-field vegetation development[J]. Plant Ecology, 4: 412-417.

ESQUE T C, YOUNG J A, TRACY C R. 2010. Short-term effects of experimental fires on a Mojave Desert seed bank [J]. Journal of Arid Environments, 74(10): 1302-1308.

Fenner M, Thompson K. 2005. The ecology of seeds [M]. Cambridge University Press.

Finegan B. 1996. Pattern process in neotropical secondary rainforest: the first 100 years of succession. Tends in Ecology and Evolution, 11: 191-124.

Frost I, Rydin H. 2000. Spatial pattern and size distribution of the animal-dispersed Quercus robur in two spruce-dominated forests. Écoscience, 7: 38-44.

Franklin J F. 1989. Gap characteristics and vegetation response in coniferous forests of the Pacific Northwest [J]. Ecology, 70(3): 543-545.

Gause G, A WITT. 1935. Behavior of mixed populations and the problem of natural selection [J]. American Naturealist, 69: 596-609.

Gioria M, Pyšek P, Moravcová L.2012. Soil seed banks in plant invasions: promoting species invasiveness and long-term impact on plant community dynamics [J]. Preslia, 84(2): 327-350.

Gorham E. 1979. Shoot height, weight and standing crop in relation to density in monos pecific plant stands[J]. Nature, 279: 148-150.

Godron M .1972.Some aspects of heterogeneity in grasslands of Cantal[J]. Statistical Ecology, 3: 397-341.

Grandpré L, Boucher D, Bergeron Y, et al. 2011. Effects of small canopy gaps on boreal mixedwood understory vegetation dynamics [J]. Community Ecology, 12(1): 67-77.

Grimm V, Wissel C. 1997. Babel or the ecological stability discussions: an inventory and analysis of terminology and a guide for avoiding confiision [J]. Oecologia, 109: 323-334.

Han A R, Sohng J E, Barile J R, et al. 2012. Comparison of Soil Seed Banks in Canopy Gap and Closed Canopy Areas between a Secondary Natural Forest and a Big Leaf Mahogany (*Swietenia macrophylla* King) Plantation in the Mt. Makiling Forest Reserve, Philippines. Journal of Environmental Science and Management, 47-59.

Hahs A K, Mcdonnell M J. 2013. Composition of the soil seed bank in remnant patches of grassy woodland along an urbanization gradient in Melbourne, Australia [J]. Plant Ecology, 214(10): 1247-1256.

Hall J B, Swaine M D. 1980. Seed stocks in Ghanaian forest soils [J]. Biotropica, 256-263.

Hall J S, Mckenna J, Ashton P M S, et al. 2004. Habitat characterizations underestimate the role of edaphic factors controlling the distribut ion of Entand rophragma. Ecology, 85(8): 2171-2183.

Hardesty B D, Parker V T. 2002. Community seed rain patterns and a comparison to adult community structure in a West Af rican tropical forest [J]. Plant Ecology, 164: 49-64.

Hornbeck J W, Swank W T. 1992. Watershed ecosystem analysis as a basis for multiple use management of eastern forest [J]. Ecol April, (2): 238-247.

Huber A, Iroume A. 2001.Variability of annual rainfall partitioning for different sites and forest covers in Chile [J]. Journal of Hydrology, (248): 78-92.

Janzen D H .1970. Herbivores and the number of tree species in tropical forests. The American Naturalist, 104: 501-528.

Kalisz S. 1991. Experimental determination of seed bank age structure in the winter annual Collinsia verna [J]. Ecology, 72: 575-585.

Kyereh B, Swaine M D, Thompson J. 1999. Effect of light on the germination of forest trees in Ghana [J]. Journal of Ecology, 87(5): 772-783.

Lee D W. 1987. The spectral distribution of radiation in two neotropical rainforests [J]. Biotropica, 19(2): 161-166.

Liang M, Liu X, Gilbert G S, et al. 2016. Adult trees cause density-dependent mortality in conspecific seedlings by regulating the frequency of pathogenic soil fungi [J]. Ecology Letters, 19(12): 1448-1456.

Looney P B, Gibson D J. 1995. The relationship between the soil seed bank and above-ground vegetation of a coastal barrier island [J]. Journal of Vegetation Science, 6(6): 825-836.

Manue C M. 2000. Ecology: Concepts and Application [M]. Beijing. Science Press.

Myers N. 2003. How are we doing?[J]. Conservation of biodiversity: The Environmentalist, 23(1): 9-15.

Marie C, Ingrid S, François M, et al. 2012. Significant differences and curvilinearity in the self-thinning relationships of 11 temperate tree species assessed from forest inventory data [J]. Annals of Forest Science, 69: 195-205.

Mattews J A. 1992. The ecology of recently-deglaciated terrain: A geoecological approach to glacier forelands and primary succession [M]. Cambridge, UK: Cambridge University Press.

Three Species with Contrasting Life History Strategies [J]. Plos one, 7(11): e49471.

Moles A T, Drake D R. 1999. Potential contributions of the seed rain and seed bank to regeneration of native forest under plantation pine in New Zealand [J]. New Zealand Journal of Botany, 37(1): 83-93.

Mclaren K P, Mcdonald M A. 2003. The effects of moisture and shade on seed germination and seedling survival in a tropical dry forest in Jamaica [J]. Forest Ecology and Management, 183(1): 61-75.

Nishii K, Nagata T, Wang C N, et al. 2012. Light as environmental regulator for germination and macrocotyledon development in Streptocarpus rexii [J]. South African Journal of Botany, 8(1): 50-60.

Ng F. 1980. Germination ecology of Malaysian woody plants [J]. Malaysian Forester, 43(4): 406-437.

Odum E P. 1969. The strategy of ecosystem development. Science, 164: 262-270.

Odum E P. 1982. Basic Ecology[M]. New York: CBS College Publishing: 401-407.

Ojanen M, Kärhä P, Ikonen E. 2010. Spectral irradiance model for tungsten halogen lamps in 340-850 nm wavelength range. Applied optics, 49(5): 880-886.

Orozco-Segovia A, Vasquez-Yanes C. 1989. Light effect on seed germination in Piper L [J]. Acta Oecologica Oecologia Plantarum, 10(2): 123-146.

Pereira-Diniz S G, Ranal M A. 2006. Germinable soil seed bank of a gallery forest in Brazilian Cerrado [J]. Plant Ecology, 183(2): 337-348.

Pearson T R H, Burslem D F R P, Mullins C E, et al. 2002. Germination ecology of neotropical pioneers: interacting effects of environmental conditions and seed size [J]. Ecology, 83(2): 798-807.

Pearson T R H, Mullins C E, Dalling J W. 2003. Functional significance of photoblastic germination in neotropical pioneer trees: a seed's eye view [J]. Functional Ecology, 17: 394-402.

Portsmuth A, Niinemets U. 2006. Interacting controls by light availability and nutrient supply on biomass allocation and growth of Betula pendula and B. pubescens seedlings [J]. Forest Ecology and Management, 227(1): 122-134.

Puerta-Piñero C, Muller-Landau H C, Calderón O, et al. 2013. Seed arrival in tropical forest tree fall gaps [J]. Ecology, 94(7): 1552-1562.

Phillips O L, Hall P, Gentry A H, et al. 1994. Dynamic and species richness of tropical rain forests[J]. Proceedings of the National Academy Sciences, 91: 2805-2809.

Pienkowski M W, Watkinson A R, Kerby G, et al. 1998. Soil seed bank of an upland calcareous grassland after 6 years of climate and mangement manipulations [J]. Journal of Applied Ecology, 35(4): 544-552.

Ren H, Zhang Q, Wang Z, et al. 2010. Conservation and possible reintroduction of an endangered plant based on an analysis of community ecology: a case study of Primulina tabacum Hance in China [J]. Plant Species Biology, 25(1): 43-50.

Raich J W, Khoon G W. 1990. Effects of canopy openings on tree seed germination in a Malaysian dipterocarp forest [J]. Journal of Tropical Ecology, 6(2): 203-217.

Reiners W A, Worley I A, Lawrence D B. 1971. Plant diversity in a chronosequence at Glacier Bay, Alaska[J]. Ecology, 52(1): 55-69.

Ritter E, Dalsgaard L, EinhornK S. 2005. Light, temperature and soil moisture regimes following gap formation in a semi-natural beech-dominated forest in Denmark [J]. Forest Ecology and Management, 206(1): 15-33.

Robert John, Jam esW. Dal ling, Kyle E H arm s, et al. 2007. Soilnu trients in fluence spatial distributions of tropical tree species[J]. Pans, 104(3): 864-869.

Romell E, Hallsby G, Karlsson A, et al. 2008. Artificial canopy gaps in a *Macaranga* spp. dominated secondary tropical rain forest—Effects on survival and above ground increment of four under-planted dipterocarp species [J]. Forest Ecology and Management, 255(5): 1452-1460.

Roxburgh S H, Shea K, Wilson J B. 2004.The intermediate disturbance hypothesis: patch dynamics and mechanisms of species coexistence[J]. Ecology, 85(2): 359-371.

Rugani T, Diaci J, Hladnik D. 2013. Gap Dynamics and Structure of Two Old-Growth Beech Forest Remnants in Slovenia [J]. PloS one, 8(1): e52641.

Saldarriaga J G, West D C, Tharp M L, et al. 1988. Long term chronosequence of forest succession in the upper Rio Negro of Colombia and Venezuela[J]. Journal of Ecology, 76(4): 938-958.

Schaefer V. 2009. Alien invasions, ecological restoration in cities and the loss of ecological memory [J]. Restoration Ecology, 17(2): 171-176.

Sea W B, Hanan N P. 2012. Self-thinning and tree competition in Savannas. Biotropica, 44: 189-196.

Silvertown J W, Doust J L. 1993. Introduction to Plant Population Ecology [M]. 3rd ed. New York: Longman Scientific & Technical.

Slik J. W. Ferry, Víctor Arroyo-Rodríguezb, Shin-Ichiro Aibac, et al. 2015. An estimate of the number of tropical tree species [J]. Proceedings of the National Academy of Sciences of the United States of America, 112(24): 7472-7477.

Snchez-coronado M E, Coates R, Castro-colina L, et al. 2007. Improving seed germination and seedling growth of Omphalea oleifera(Euphorbiaceae) for restoration projects in tropical rain forests [J]. Forest Ecology and Management, 243(1): 144-155.

Swaine M D, WhitmoreT C. 1988. On the definition of ecological species groups in tropical rain forests [J]. Vegetatio, 75(2): 81-86.

Thompson K, Bakker J P, Bekker R M. 1997. The soil seed banks of north west Europe: methodology, density and longevity [J]. Soil Seed Banks of North West Europe Methodology Density & Longevity.

Vázquez-Yanes C, Smith H. 1982. Phytochrome control of seed germination in the tropical rain forest pioneer trees Cecropia obtusifolia and Piper auritum and its ecological significance [J]. New Phytologist, 92(4): 477-485.

Vázquez-Yanes C, Orozco-Segovia A. 1982. Seed germination of a tropical rain forest pioneer tree(Heliocarpus donnell-smithii) in response to diurnal fluctuation of temperature [J]. Physiology Plant, 56: 295-298.

Vázquez-Yanes C, Orozco-Segovia A. 1987. Light gap detection by the photoblastic seeds of Cecropia obtusifolia and Piper auritum, two tropical rain forest trees [J]. Biologia Plantarum, 29(3): 234-236.

Vázquez-Yanes C, Orozco-Segovia A. 1990. Ecological significance of light controlled seed germination in two contrasting tropical habitats [J]. Oecologia, 83: 171-175.

Vázquez-Yanes C, Orozco-Segovia A. 1994. Signals for seeds to sense and respond to gaps [J]. New York: Ecophysiological Processes above and below Ground Academic Press: 209-236.

Vázquez-Yanes C, Orozco-Segovia A, Rincne, et al. 1990. Light beneath the litter ina tropical forest: effect on seed germination [J]. Ecology, 71(5): 1952-1958.

Valio I F M, Joly C A. 1979. Light Sensitivity of the Seeds on the Distribution of Cecropia glaziovi Snethlage(Moraceae) [J]. Zeitschrift für Pflanzenphysiologie, 91(4): 371-376.

Vinhad, Alves L F, Zaidan L B P, et al. 2011. The potential of the soil seed bank for the regeneration of a tropical urban forest dominated by bamboo [J]. Landscape and Urban Planning, 99(2): 178-185.

Warren II R J, Bahn V, Bradford M A. 2013. Decoupling litter barrier and soil moisture influences on the establishment of an invasive grass [J]. Plant and Soil, 367(1-2): 339-346.

Warr S J, Kent M, Thompson K. 1994. Seed bank composition and variability in five woodlands in south-west England [J]. Journal of Biogeography, 21(2): 151-168.

Wang Guohong. 2002.Plant traits soil chemical variables during a secondary vegetation succession in abandoned fields on the Loess Plateau[J]. Acta Botanica Sinica, 44(8): 990-998.

Wang G, Yuan J L. 2004. Competitive Regulation of Plant Allometry and a Generalized Model for the Plant Self-Thinning Process[J]. Bulletin of Mathematical Biology, 66: 1875-1885.

Watt A S. 1947. Pattern and process in the plant community [J]. Journal of Ecology, 35(1/2): 1-22.

Wen-ming B, Xue-mei B, Ling-hao L. 2004. Effects of Agriophyllum squarrosum seed banks on its colonization in a moving sand dune in Hunshandake Sand Land of China [J]. Journal of Arid

Environments, 59(1): 151-157.

White J. 1981. The allometric interpretation of self-thinning rule[J]. Journal of Theoretical Biology, 89: 475-500.

Whitmore T C. 1989. Changes over twenty-one years in the Kolombangara rain forests [J]. The Journal of Ecology, 77(4): 69-83.

Whitmore T C. 1983. Secondary succession from seed in tropical rain forests [J]. Forestry Abstracts, 44(7): 67-79.

Woolley J T, Stoller E W. 1978. Light penetration and light-induced seed germination in soil [J]. Plant Physiology, 61(4): 597-600.

Xue L, Hagihara A. 2012. Self-thinning lines of organs and aboveground parts based on allometric relationships in overcrowded Pinus densiflora stands. Ecological Research, 27: 15-21.

Xue L, Pan L, Zhang R, et al. 2011. Density effects on the growth of self-thinning Eucalyptus urophylla stands. Trees, 25: 1021-1031.

Yoda K, Kira T, Ogawa H, et al. 1963.Self thinning in overcrowded pure stand under cultivated and natural conditions[J]. Journal of Biology of Osaka City University, 14: 107-129.

Yukai Chen(陈玉凯), Xiaobo Yang(杨小波)*, Qi Yang(杨琦), et al. 2014. Factors Affecting the Distribution Pattern of Wild Plants with Extremely Small Populations in Hainan Island[J]. China, PLOS ONE, 9(5): e97751.

YU Y(于洋), BASKIN J M, BASKIN C C, et al. 2008. Ecology of seed germination of eight non-pioneer tree species from a tropical seasonal rain forest in southwest China [J]. Plant Ecology, 197: 1–16.

Zang R G, Ding Y, Zhang W Y. 2007. Seed dynamics in relation to gaps in a tropical montane rainforest of Hainan Island, South China: (II) seed bank [J]. Journal of Integrative Plant Biology, 49(11): 1565-1572.

Zhang J W, Oliver W W, Powers R F. 2013. Reevaluating the self-thinning boundary line for ponderosa pine (Pinus ponderosa) forests [J]. Canadian Journal of Forest Research, 43: 963-971.

第十二章　海南植被的种间关系及物种功能群

第一节　植物群落种间联结研究

一、植物群落种间联结研究的意义

群落内的各种植物并不是孤立地生存，物种之间存在着复杂的相互依存和协同进化关系，这些关系使群落达到一个相对稳定的状态，并表现为某种种间关系(李凌浩，1994)。种间联结(interspecific association)是指在空间分布上的不同物种之间的相互关联性，包含了空间分布以及物种之间的功能依赖关系，是群落结构和数量的重要特征之一(彭少麟等，1999；张志勇等，2003)。从空间分布和空间关联来研究群落，阐明种群的生态关系，了解物种间相互作用，以及不同物种在不同生境中定居的分异，是植被生态学的重要内容(张金屯，2004)。种间联结测定可帮助客观认识种群间的相互关系，不论在理论上还是实践上均有较大意义(史作民，2001)，也可以通过此研究来揭示不同物种在小生境中的空间分布(周先叶，2000)；种间联结反映物种受所处群落的影响，物种相互影响以及相互作用的关系(彭少麟等，1999)；对群落稳定性维持、珍稀濒危物种保护措施制定等工作有指导作用(林勇明等，2005)。李帅锋等(2012)在关于云南红豆杉(*Taxus yunnanensis*)群落研究中对其生态位与种间联结进行研究，其结果较有效地揭示了云南红豆杉与环境的关系，云南红豆杉与其他伴生种的关系，为当地的云南红豆杉药用林种植与管理提供了重要的参考理论依据。但样方数量和取样面积的大小会造成种间联结结果存在差异，这是该方法的不足(胡理乐等，2005)。种与种之间的关系基本上可分为3种情况，即正联结、负联结以及不联结。群落中不同植物之间的复杂关系，对群落结构的形成及群落的发展方向和过程都将发生重大影响。物种间的联结性与其生态位重叠之间也有较大的相关性，物种间的正联结在一定程度上体现了生态位的重叠性。物种间的负联结体现了物种间的排斥性，这是长期适应不同的微环境，利用不同资源空间的结果，也是生态位分离的反映。

二、植物群落种间联结研究的方法

完成最起码的群落最小面积取样，当然样方面积越大数据越可靠。整理原始样方调查数据，完成样地×物种的0、1二元数据矩阵，0表示物种在样地中未出现，1表示出现。依据上述原始数据矩阵，完成物种对2×2联列表(表12-1-1)，计算出a、b、c、d的值，a为两个种均出现的样方数，b、c分别为仅有种2或种1出现的样方数，d为两个种均没出现的样方数，样地总数$N=a+b+c+d$(王伯荪，1985；张文辉，1998)；由于取样为非连续性取样，因此 X^2 用 Yates 连续校正公式计算，以 X^2 检验测定成对种间联结的显著程度，当 $ad>bc$ 时种对间为正关联，$ad<bc$ 时种对间为负关联(Dice，1945；张金屯，2004)。

表 12-1-1　2×2 列联表

Tab.12-1-1　2×2 Contingency table

		种 B		
		出现的样方数	不出现的样方数	
种 A	出现的样方数	*a*	*b*	*a*+*b*
	不出现的样方数	*c*	*d*	*c*+*d*
		a+*c*	*b*+*d*	*a*+*b*+*c*+*d*

(一)种间 X^2 检验

种间 X^2 检验用如下公式：

$$X^2=\frac{N\left[\left|ad-bc\right|-\frac{1}{2}N\right]^2}{(a+b)(c+d)(a+c)(b+d)}$$

；通过 X^2 检验来确定种对联结的显著程度。2×2 列联表的自由度为 1，查阅《生物统计学》X^2 分布表，可知当 $P=0.05$ 时，$X^2=3.841$；当 $P=0.01$ 时，$X^2=6.635$；若 $X^2<3.841$，则接受种对间联结不显著；若 $3.841<X^2<6.635$，则种对间有显著关联；若 $X^2>6.635$，则种对间为极显著关联(余贝贝，2012)。

(二)种间联结系数(asscociation coefficient，AC)

若 $ad<bc$ 且 $d\geqslant a$，则 $AC=(ad-bc)/(a+b)(a+c)$

若 $ad<bc$ 且 $d<a$，则 $AC=(ad-bc)/(b+d)(d+c)$

若 $ad\geqslant bc$，则 $AC=(ad-bc)/(a+b)(b+d)$

计算公式同参考文献(Hurbert，1969；陈玉凯等，2011)，AC 的值域为[–1，1]，AC 值为 0，物种间完全独立。

(三)共同出现百分率(percentage of coocurences，PC)

通过 PC 值的计算可克服受 d 值影响造成的偏差，计算方法：$PC=a/(a+b+c)$，PC 的值域为[0，1]，其值越趋近于 1，则表明该物种对的正联结越紧密(王伯荪，1985)。

三、海南植物群落种间联结研究案例

(一)不同植被生态系统种间联结研究——以乐东县为例

1. 地理概况与具体的研究方法

1)地理概况

地理概况见第四章第四节。

2) 研究方法

种间联结多是在某一群落内完成，本案例尝试性地以一个县为研究区域，随机选择目的种，开展这些物种在不同植被类型中的联结性测定。乐东县是海南各植被类型较为齐全的县，含季雨林、热带雨林等多种类型。为了了解现阶段不同的植被类型植物种类间的联结性，本案例依据乐东县植物名录，选择 50 个目的种，在乐东境内设置：①佛罗镇—黄流镇—利国镇—九所镇、②尖峰镇—抱由镇—万冲镇、③千家镇—大安镇—志仲镇三条样带开展调查研究，然后以发现目的种为中心设样方，共调查 185 个 10m×10m 样方，总面积为 18 500m^2。

测定的方法采用常用的方法，通过对 X^2 统计量、联结系数、共同出现百分率进行分析。

2. 结果与分析

1) 目的种的分布频度

从表 12-1-2 中可以发现，目的种的分布频度最大的为九节和鸦胆子，频度为 0.378，最小的种为荔枝、榼藤、千斤拔、葛、单叶蔓荆、崖姜、谷精草、香附子、益母草和铺地蜈蚣等。由于乐东县的植被类型多样，加之人类活动强度大，原有的森林植被多被不同的植被所取代，因此，常见的九节和鸦胆子其频度都仅为 0.378，在 50 个目的种里，仅有 25 个种(占 50%)的频度大于 0.108，有 25 个种(占 50%)的频度小于 0.100(表 12-1-2)。这虽然与不同植物种类的生态特性有关，但很大程度上，可以说明物种在人类经常活动的区域里出现的机会在不断减少。很多种植物，人们可能要走很远才能发现其踪迹了。

2) 重点药用植物种间联结 X^2 检验

50 个种群形成 1225 个种对，X^2 值联结性显著度可根据对应 P 值判断(王伯荪，1985)。由乐东县 X^2 半矩阵(图 12-1-1)可见，50 个药用植物种群组成的 1225 个种对有 436 对表现为正关联，占总对数的 35.59%；有 789 对表现为负关联，占总对数的 64.41%；0 对无关联；正负关联比为 0.5526。在正联结中，极显著正联结($P<0.01$)的种对有 14 对，占总对数的 1.14%；显著正联结($P<0.05$)的种对有 21 对，占总对数的 1.71%；负联结中，显著负联结($P<0.05$)的种对有 1 对，占总对数的 0.08%。X^2 检验中极显著正关联种对有 14 对，分别为：2 号-3 号鸦胆子-余甘子、1 号-8 号九节-三椏苦、5 号-12 号飞扬草-龙眼、11 号-12 号叶下珠-龙眼、6 号-21 号粗叶榕-土沉香、17 号-23 号一点红-鸭跖草、30 号-31 号巴戟天-丁公藤、32 号-33 号朱砂根-阳春砂仁、31 号-35 号丁公藤-金毛狗蕨、26 号-40 号枫香树-榼藤、18 号-44 号橄榄-崖姜、21 号-50 号土沉香-铺地蜈蚣、6 号-30 号粗叶榕-巴戟天、8 号-31 号三椏苦-丁公藤。鸦胆子和余甘子均为阳性物种，耐干旱瘠薄，均出现在海拔 300m 以下的平原、丘陵区域。橄榄、土沉香、丁公藤、三椏苦、巴戟天、金毛狗蕨、崖姜和铺地蜈蚣这 8 种物种，全部出现在海拔 300m 以上的山地，因为这些物种喜温湿的环境，而山地生境降雨量较高，湿度大，相对来说可以获得较多的水分用于植物生长发育。

不同生长型物种间的极显著正联结，是由于乔木物种为灌木层、草本层物种创造了适宜的生境，最终在一定区域，容纳较多物种生存，物种多样性增加，群落关系稳定。枫香树和榼藤为喜光物种，多出现于光照充足的山地高海拔区域。九节、粗叶榕为耐阴

表 12-1-2　乐东县调查目的种的分布频度分析

Table 12-1-2　Analysis of frequency of objective plant species in Ledong

代码	物种名称	频度	生长型	代码	物种名称	频度	生长型
1	九节 *Psychotria asiatica*	0.378	灌木	26	枫香树 *Liquidambar formosana*	0.081	乔木
2	鸦胆子 *Brucea javanica*	0.378	乔木	27	构树 *Broussonetia papyrifera*	0.081	乔木
3	余甘子 *Phyllanthus emblica*	0.243	乔木	28	裸花紫珠 *Callicarpa nudiflora*	0.081	灌木
4	天门冬 *Asparagus cochinchinensis*	0.243	草本	29	山芝麻 *Helicteres angustifolia*	0.081	灌木
5	飞扬草 *Euphorbia hirta*	0.243	草本	30	巴戟天 *Morinda officinalis*	0.081	灌木
6	粗叶榕 *Ficus hirta*	0.216	灌木	31	丁公藤 *Erycibe obtusifolia*	0.081	藤本
7	青葙 *Celosia argentea*	0.216	草本	32	朱砂根 *Ardisia crenata*	0.081	灌木
8	三椏苦 *Melicope pteleifolia*	0.189	乔木	33	砂仁 *Amomum villosum*	0.081	草本
9	楝 *Melia azedarach*	0.189	乔木	34	扁豆 *Lablab purpureus*	0.081	草本
10	海金沙 *Lygodium japonicum*	0.189	草本	35	金毛狗蕨 *Cibotium barometz*	0.081	草本
11	叶下珠 *Phyllanthus urinaria*	0.189	草本	36	积雪草 *Centella asiatica*	0.081	草本
12	龙眼 *Dimocarpus longan*	0.162	乔木	37	马齿苋 *Portulaca oleracea*	0.081	草本
13	黄荆 *Vitex negundo*	0.162	灌木	38	降香黄檀 *Dalbergia odorifera*	0.054	乔木
14	草豆蔻 *Alpinia hainanensis*	0.162	草本	39	荔枝 *Litchi chinensis*	0.054	乔木
15	白茅 *Imperata cylindrica*	0.162	草本	40	榼藤 *Entada phaseoloides*	0.054	藤本
16	穿心莲 *Andrographis paniculata*	0.162	草本	41	千斤拔 *Flemingia prostrata*	0.054	灌木
17	一点红 *Emilia sonchifolia*	0.162	草本	42	葛 *Pueraria montana*	0.054	藤本
18	橄榄 *Canarium album*	0.135	乔木	43	单叶蔓荆 *Vitex rotundifolia*	0.054	灌木
19	木棉 *Bombax ceiba*	0.135	乔木	44	崖姜 *Aglaomorpha coronans*	0.054	草本
20	鳢肠 *Eclipta prostrata*	0.135	草本	45	谷精草 *Eriocaulon buergerianum*	0.054	草本
21	土沉香 *Aquilaria sinensis*	0.108	乔木	46	洋金花 *Datura metel*	0.054	草本
22	丁香罗勒 *Ocimum gratissimum* var. *suave*	0.108	灌木	47	苍耳 *Xanthium strumarium*	0.054	草本
23	鸭跖草 *Commelina communis*	0.108	草本	48	香附子 *Cyperus rotundus*	0.054	草本
24	毛相思子 *Abrus pulchellus* subsp. *mollis*	0.108	草本	49	益母草 *Leonurus japonicus*	0.054	草本
25	蜂巢草 *Leucas aspera*	0.108	草本	50	铺地蜈蚣 *Lycopodium cernuum*	0.054	草本

物种，分布广泛，多出现于灌木层中，依赖上层乔木制造的荫蔽环境进行生长。朱砂根、阳春砂仁则多分布于海拔 150～300m 的灌丛、丘陵区域，喜生于疏林阴湿条件中。鸦胆子、余甘子、飞扬草、叶下珠、龙眼、一点红和鸭跖草这 7 种物种，较多出现在低海拔平原、台地中。以上物种之间均表现极显著正联结，种对间的物种对生境的要求趋向一致，而显著负关联种对仅 1 对，2～6 鸦胆子-粗叶榕，这是由于两者的生物学特性有一定差异。鸦胆子喜阳光充足的平原、台地，而粗叶榕多出现在山地、灌丛的灌木层中，两物种的生态位均比较大，但较少出现于同一样地中，一定程度上体现为排斥和生态位的分离。上述 14 对极显著正联结种对中的物种，在 50 种重点药用植物名录中有 21 种，占所研究重点药用植物总数的 42%；而本次调查乐东县共记录到重点药用植物 94 种，极显著正联结物种数仅占该县重点药用植物总数的 22.34%，充分说明了在乐东县境内的国家第四次中药调查的重点药用植物多数分布较为分散。

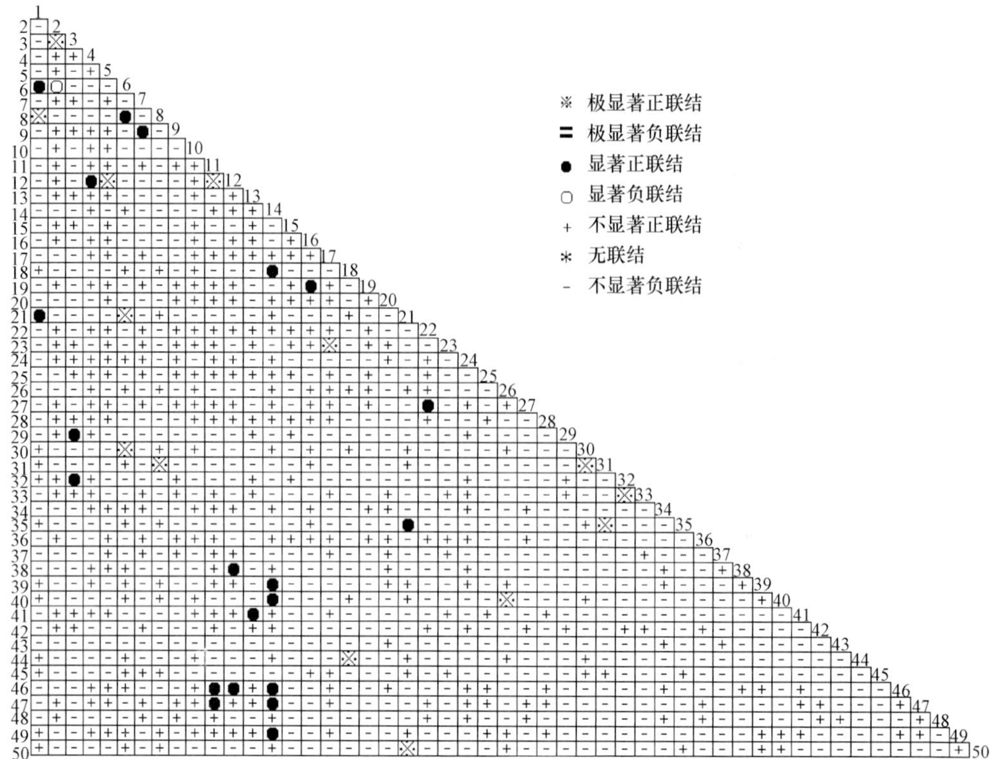

图 12-1-1 乐东县调查目的植物种类 X^2 联结半矩阵

Fig.12-1-1 Semi-matrix diagram of X^2 test of objective plant species in Ledong

种间显著的联结性，对进一步反映两物种间的特定关系，揭示这些种间关系的规律很有意义(周先叶等，2000)。本案例中有 21 对种对表现为显著正联结，分布于海拔 300m 以上的疏林、山地的种对有 7 对，为 1 号-6 号九节-粗叶榕、6 号-8 号粗叶榕-三椏苦、14 号-18 号草豆蔻-橄榄、1 号-21 号九节-土沉香、21 号-35 号土沉香-金毛狗蕨、14 号-39 号草豆蔻-荔枝、14 号-40 号草豆蔻-榼藤；多分布于海拔 300m 以下丘陵灌木丛以及平原台地中的种对有 14 对，即 7 号-9 号青葙-楝、4 号-12 号天门冬-龙眼、16 号-19 号穿心莲-木棉、22 号-27 号丁香罗勒-构树、3 号-29 号余甘子-山芝麻、3 号-32 号余甘子-朱砂根、12 号-38 号龙眼-降香黄檀、13 号-41 号黄荆-千斤拔、11 号-46 号叶下珠-洋金花、12 号-46 号龙眼-洋金花、14 号-46 号草豆蔻-洋金花、11 号-47 号叶下珠-苍耳、14 号-47 号草豆蔻-苍耳、14 号-49 号草豆蔻-益母草。灌木单叶蔓荆，多生于低海拔沿海地区的砂砾土等地，与其共同出现的物种有：扁豆、马齿苋和香附子，这些物种多为耐贫瘠、干旱的阳生性草本。乐东县西南部多为沿海沙滩，谭业华等提出在沿海地区发展滨海沙滩南药基地(谭业华，2007)，我们的研究成果也支持这一观点。针对某一地区进行药用植物规模种植时，选择合适的物种很关键，通过参考不同物种间的关联性，可以进行多方面衡量。

(1)种间联结系数 AC

乐东县联结系数 AC 半矩阵图(图 12-1-2)为 50 种植物种群种间联结系数 AC 的结果。在形成的 1225 个种对中，0.6≤AC 的种对有 55 对，占总种对数的 4.49%；

0.2≤AC<0.6 的种对有 275 对，占总种对数的 22.45%；0<AC<0.2 的种对有 108 对，占总种对数的 8.82%；三者合并，即 AC>0 的种对共有 438 对，占总种对数的 35.76%。AC=0 的种对有 0 对。–0.2≤AC<0 的种对有 19 对，占总种对数的 1.55%。–0.6≤AC<–0.2 的种对有 31 对，占总种对数的 2.53%；AC<0.6 的种对有 737 对，占总种对数的 60.16%。三者合并，即 AC<0 的种对共有 787 对，占总种对数的 64.24%。不同种群间种对间联结系数的大小不同，表明不同物种对所处环境资源的基本要求和生态系统组成结构特征的不同(李意德，2007)。

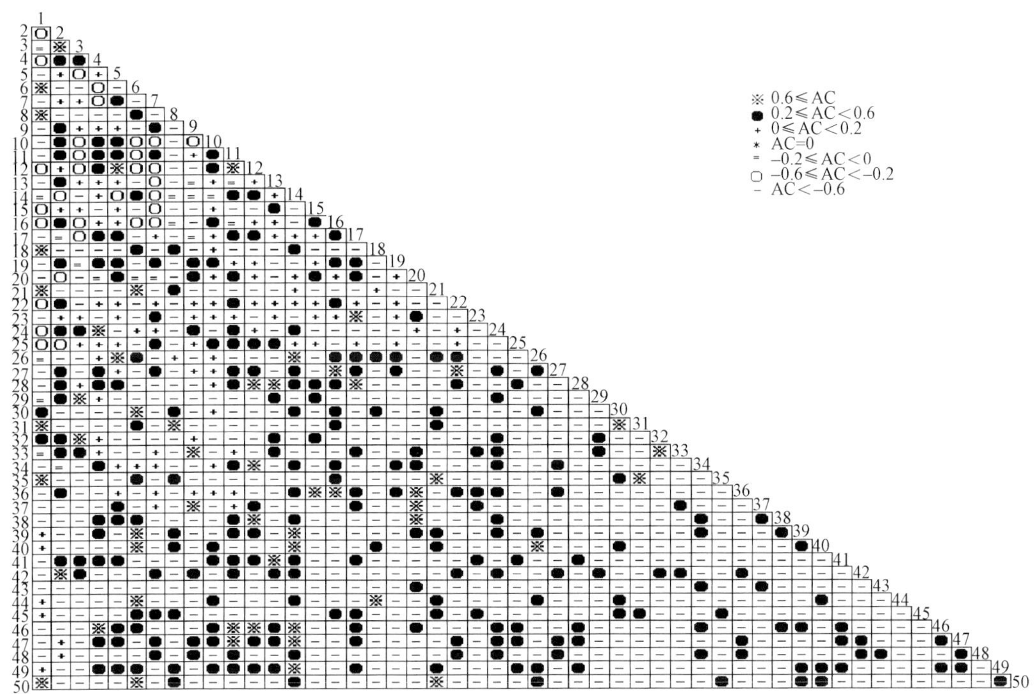

图 12-1-2　乐东县调查目的植物种类 AC 半矩阵图

Fig.12-1-2　Semi-matrix diagram of asscociation coefficient of objective plant species in Ledong(AC)

(2)共同出现百分率 PC

由共同出现百分率 PC 半矩阵(图 12-1-3)可知，共同出现百分率 PC 结果，40%<PC≤1 的 12 个种对，与上述 X^2 检验的 14 对极显著正联结中所含的 12 个种对完全一致。另外，共同出现百分率检验中：18 号-44 号橄榄-崖姜、6 号-30 号粗叶榕-巴戟天，这 2 个种对的 PC 值分别是：40%和 37.5%，十分接近 40%<PC≤1 区间；而这两个种对也均出现在 X^2 检验极显著正关联 14 个种对中，说明物种对环境要求相似，能体现出生态位的重叠性(马丹炜等，2004)。

(3)X^2 检验、联结系数 AC 和种间共同出现百分率 PC 结果比较

对乐东县重点药用植物 X^2 检验、联结系数 AC 和种间共同出现百分率 PC 结果比较(表 12-1-3)可见，X^2 检验中正联结种对有 436 对，占总对数的 35.59%；种间联结系数 AC 结果中，AC>0 的种对有 438 对，占总对数的 35.76%；共同出现百分率 PC 结果中，

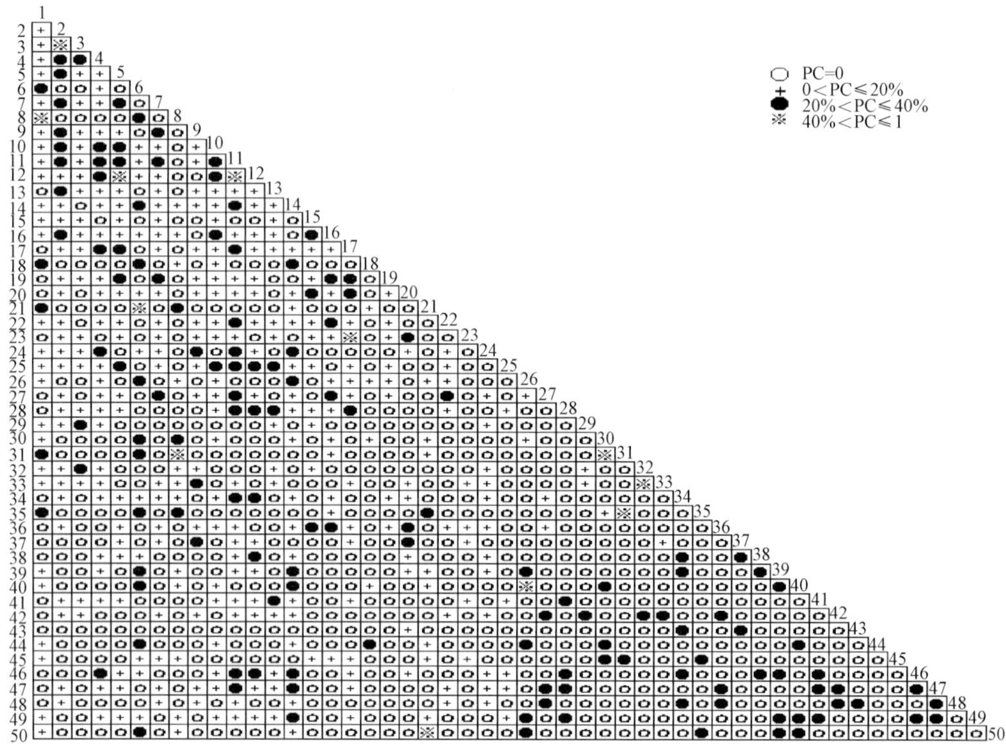

图 12-1-3 乐东县调查目的植物种类 PC 半矩阵图

Fig.12-1-3 Semi-matrix diagram of percentage co-occurrence of objective plant species in Ledong (PC)

表 12-1-3 X^2 检验、联结系数 AC 和种间共同出现百分率 PC 结果比较

Tab.12-1-3 Comparison among X^2 test, asscociation coefficient and percentage of co-occurrence of objective plant species in Ledong

	X^2 检验			种间联结系数 AC				共同出现百分率 PC		
	对数	百分比/%	总数		对数	百分比/%	总数		种对数	百分比/%
极显著正联结	14	1.14		0.6≤AC	55	4.49		40%<PC≤1	12	0.98
显著正联结	21	1.71	436 35.59%	0.2≤AC<0.6	275	22.45	438 35.76%	20%<PC≤40%	144	11.76
不显著正联结	401	32.74		0<AC<0.2	108	8.82		0<PC≤20%	340	27.76
无联结	0	0	0	AC=0	0	0	0	PC=0	729	59.50
不显著负联结	788	64.33	789	−0.2≤AC<0	19	1.55	787			
显著负联结	1	0.08	64.41%	−0.6<AC<−0.2	31	2.53	64.24%			
极显著负联结	0	0		AC<0.6	737	60.16				

PC>0 的种对有 496 对，占总对数的 40.49%。三者比例差别不大，说明 3 种方法对种间关联性的研究，结论较一致。

3. 特点与讨论

本案例一共调查了 37 个样地并分析物种频度，频度最大的九节和鸦胆子的频度均为 0.378，对出现频度较大的前 50 种植物种间关联进行分析，经 X^2 检验、联结系数 AC 和种间共同出现百分率 PC 值 3 种计算比较，研究结果基本一致，在 50 种种群组成的 1225 个种对中，约有 436 对频度值相对较大且表现为正关联，有 789 对表现为负关联，0 对无关联，正负关联比为 0.5526。仅有 35 个种对表现为显著或极显著正关联，有 1 个种对表现为显著负关联；大多数种对联结关系未达到显著水平，种对间相关性较弱。一般来说，随着植被群落演替的进展，种间关系将同步趋于正相关，以求得多物种间的稳定共存：植被原环境如果受到破坏，将出现相反的结果，表现为负相关(杨锋伟等，2007；钟彦龙等，2010)，以上结果说明该县的野生植物分布的原生环境已经受到一定程度的破坏。另外，由于植物分布较分散、人为干扰导致生境破碎化，物种共同出现于同一样地的机会比较少，导致了种间联结的松散性。

(二)热带沿海森林群落种间联结性研究——以文昌铜鼓岭为例

1. 地理概况与具体的研究方法

1)地理概况

地理概况见第七章第一节。

2)研究方法

(1)取样方法

本案例采用空间代替时间的方法(龚直文等，2011)，于 2011 年 6 月至 2012 年 3 月在铜鼓岭国家级自然保护区内，选取热带沿海森林和灌丛(简称灌木林)地区设置 2 个固定样地。热带沿海森林(简称群落Ⅱ)位于主峰东南迎海方向，灌木林样地(简称群落Ⅰ)位于主峰西南方 2km 远的小山峰背海方向。样地大小均为 160m×160m，总面积为 5.12hm^2。对样地内胸径≥1.5cm 的乔灌木进行每木调查，测量并记录其胸径以及样地内的相对坐标。

(2)数据统计

本案例在热带常绿沿海森林样地和灌木林样地各选取重要值排在前 15 位的主要种群(表 12-1-4、表 12-1-5)进行种间联结性的相关分析。根据种对间的 2×2 列联表，以 20m×20m 为单位样方，统计 2 个样地的 a、b、c、d、N 的值。a 为 2 个种(A 和 B)都出现的样方数，b 为只含有种 A 的样方数，c 为只含有种 B 的样方数，d 为 2 个种都不出现的样方数，N 为样方总数。联结性计算采用常用的方法。

2. 结果与分析

1)不同演替阶段群落优势种的总体联结性分析

根据群落优势种间的总体联结性分析结果(表 12-1-4、表 12-1-5)，在灌木林群落(群落Ⅰ)中，重要值排在前 15 的优势种间的平均方差比率 VR=2.19，大于 1，总体联结性表现为正联结；显著性 X^2 检验结果进一步揭示总体联结性达到显著水平[W=139.91＞$X^2$0.05(64)]；在热带沿海森林群落(群落Ⅱ)中，重要值排在前 15 的优势种间的平均方差比率 VR=4.10，大于 1，总体联结性表现为正联结；显著性 X^2 检验结果进一步揭示总体联结性达到显著水平[W=262.11＞$X^2$0.05(64)]。从群落Ⅰ和群落Ⅱ的总体分析结果来看，这2个不同演替阶段群落总体均为显著正联结。

表 12-1-4　灌木林群落 15 个主要种群的重要值

Tab.12-1-4　The importance value of the dominant 15 species of shrub forest in Tongguling

序号	种群	生活型	RD	RF	RS	IV
1	贡甲 *Maclurodendron oligophlebium*	乔木	14.30	62.40	25.59	34.10
2	海南大风子 *Hydnocarpus hainanensis*	乔木	15.08	63.28	11.90	30.09
3	柄果木 *Mischocarpus sundaicus*	乔木	8.83	60.35	5.71	24.96
4	猪肚木 *Canthium horridum*	灌木	4.08	36.04	1.52	13.88
5	粗脉紫金牛 *Ardisia crassinervosa*	灌木	5.21	31.54	1.76	12.84
6	琼刺榄 *Xantolis longispinosa*	灌木	3.03	25.49	2.58	10.37
7	紫玉盘 *Uvaria macrophylla*	灌木	2.40	21.00	0.46	7.95
8	膜叶嘉赐树 *Casearia membranacea*	乔木	1.15	19.34	0.71	7.07
9	广州槌果藤 *Capparis cantoniensis*	灌木	1.02	12.99	0.26	4.76
10	光滑黄皮 *Clausena lenis*	小乔木	0.50	11.43	0.21	4.05
11	伞花冬青 *Ilex godajam*	小乔木	0.64	8.89	1.76	3.76
12	羽叶金合欢 *Acacia pennata*	藤本	0.48	8.30	0.30	3.03
13	疏刺花椒 *Zanthoxylum nitidum* f. *fastuosum*	藤本	0.48	8.11	0.09	2.89
14	假赤楠 *Syzygium buxifolideum*	乔木	0.58	6.84	1.24	2.89
15	乌口树 *Tarenna attenuata*	小乔木	0.52	7.91	0.22	2.88

注：RD. 相对密度；RF. 相对频度；RS. 相对显著度；IV. 重要值，下同。

表 12-1-5　热带沿海森林群落 15 个主要种群的重要值

Tab.12-1-5　The importance value of the dominant 15 species of forest in Tongguling

序号	种群	生活型	RD	RF	RS	IV
1	鸭脚木 *Schefflera heptaphylla*	乔木	2.83	2.92	17.45	7.73
2	香蒲桃 *Syzygium odoratum*	小乔木	10.71	4.62	3.49	6.27
3	异株木犀榄 *Olea tsoongii*	乔木	6.86	3.68	7.43	5.99
4	贡甲 *Maclurodendron oligophlebium*	乔木	2.74	2.55	7.39	4.23
5	琼刺榄 *Xantolis longispinosa*	灌木	5.46	4.57	2.44	4.16
6	白茶 *Klodepas hainanense*	小乔木	6.39	4.40	1.32	4.04
7	滨木患 *Arytera littoralis*	乔木	3.36	4.19	1.68	3.08
8	假赤楠 *Syzygium buxifolideum*	乔木	1.94	2.04	5.15	3.04
9	海南大风子 *Hydnocarpus hainanensis*	乔木	4.18	3.30	1.25	2.91
10	赤楠蒲桃 *Syzygium buxifolium*	乔木	2.06	2.34	3.42	2.61
11	子凌蒲桃 *Syzygium championii*	乔木	2.09	2.46	3.24	2.60
12	粗毛野桐 *Hancea hookeriana*	小乔木	4.03	2.27	1.13	2.48
13	轮叶木姜子 *Litsea verticiilata*	灌木	2.85	2.90	0.56	2.10
14	假苹婆 *Sterculia lanceolata*	乔木	1.42	1.87	2.73	2.01
15	九节 *Psychotria asiatica*	灌木	2.27	2.95	0.59	1.94

2) 不同演替阶段群落主要种群种间联结的 X^2 检验

种间联结的 X^2 检验能比较准确地反映出种间联结的显著程度，提供判断种间联结显著性的定量指标。

在灌木林群落(群落Ⅰ)15 个优势种群组成的 105 个种对(图 12-1-4a)中，有 61 对表现出正关联，占总对数的 58.1%；44 对表现出负关联，只占总对数的 41.9%；0 对无关联。达到显著相关水平以上的均为正关联，其中显著相关的种对数为 11 对，占总对数的 10.48%；极显著正相关的种对数为 13 对，占总对数的 12.38%。在热带沿海森林群落(群落Ⅱ)15 个优势种群组成的 105 个种对(图 12-1-4b)中，有 100 对表现出正关联，占总对数的 95.24%；5 对表现出负关联，只占总对数的 4.76%；0 对无关联。达到显著相关水平以上的均为正关联，其中显著相关的种对数为 16 对，占总对数的 15.24%；极显著正相关的种对数为 39 对，占总对数的 37.14%。

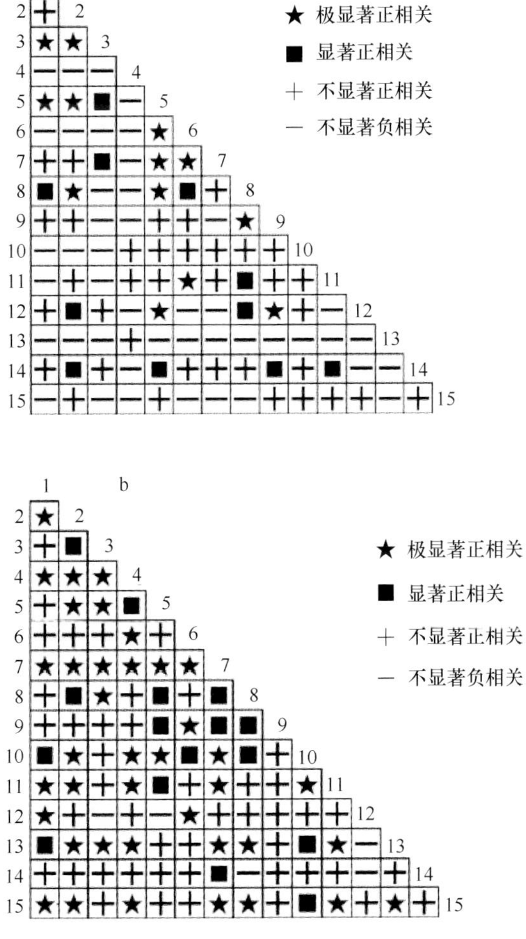

图 12-1-4　两个演替阶段群落主要种群种间 X^2 检验半矩阵图

a. 灌木林群落，种序号同表 12-1-4；b. 热带滨海雨林群落，种序号同表 12-1-5

Fig.12-1-4　Semi-matrix diagram of X^2 test of plant species in difference succession forest communities

群落Ⅰ和群落Ⅱ中均没有无关联的种对出现；表现出正关联的种对数均过半，体现出一定的正相关性，但群落Ⅱ中正关联的种对数远大于群落Ⅰ；群落Ⅰ 和群落Ⅱ中均只有正关联种对达到显著水平及以上，使各自群落体现出显著的正相关性，且群落Ⅱ中达到显著水平以上的种对数也明显大于群落Ⅰ。群落Ⅰ和群落Ⅱ种对间的联结性的 X^2 检验均与各自群落总体联结性的 X^2 检验结果一致，均为显著正相关。

3) 不同演替阶段群落主要种群种间联结系数(AC)和共同出现百分率(PC)的分析

种间联结的 X^2 检验方法较准确地反映出种间联结的显著程度，联结系数 AC 和共同出现百分率则是对种间联结性的进一步说明，能体现出 X^2 检验不显著种对联结性的大小。

AC 值用来测定种间的联结程度，值域为[–1，1]。AC 的值越接近于 1，表明 2 个物种共同出现和共同不出现的可能性越大；相反，AC 值接近于–1，表明 2 个物种单独出现的可能性越大。–1≤AC＜–0.6 种间为强负联结；–0.6≤AC＜–0.2 种间为弱负联结；–0.2≤AC≤0.2 种间为无联结；0.2＜AC≤0.6 种间为弱正联结；0.6＜AC≤1 种间为强正联结。联结系数(AC)半矩阵图的分析结果显示：群落Ⅰ(图 12-1-5a)中呈现强负联结的有 24 对，且 AC 值均为–1；弱负联结的有 9 对；无联结的有 28 对；弱正联结的有 21 对；强正联结的有 23 对。群落Ⅱ(图 12-1-5b)中呈现强负联结的有 0 对；弱负联结的有 2 对；无联结的有 30 对；弱正联结的有 49 对；强正联结的有 24 对。

共同出现百分率(PC)用来说明物种间的联结程度，可以避免联结系数(AC)受 *d* 值影响大而造成的偏差。0.8＜PC≤1 为强联结；0.6＜PC≤0.8 为次强联结；0.4＜PC≤0.6 为次弱联结；0.2＜PC≤0.4 为弱联结；0≤PC≤0.2 为无联结。群落Ⅰ中，共同出现百分率(PC)的结果显示(图 12-1-6a)：呈现强联结的种对数为 28 对；呈现次强联结的种对数为 39 对；次弱联结的种对数为 33 对；弱联结的种对数为 5 对；无联结的为 0 对。群落Ⅱ中，共同出现百分率(PC)的结果显示(图 12-1-6b)：呈现强联结的种对数为 82 对；呈现次强联结的种对数为 21 对；次弱联结的种对数为 2 对；弱联结和无联结的为 0 对。随着演替进行群落Ⅰ到群落Ⅱ种间联结强度逐渐加强，强联结对数也从 28 对(占总对数的 26.67%)增加为 82 对(占总对数的 78.1%)。

综合 AC 和 PC 的分析结果，群落Ⅰ到群落Ⅱ的演替过程中，群落物种间正联结比例从 41.90%增加到 69.52%；负联结比例从 31.43%减少到 1.9%；呈现强联结种对数也从 26.27%增加到了 78.1%，表明在演替后期种间相互促进的关系更加明显。

4) 不同演替阶段物种之间的联结性分析

对比群落Ⅰ和群落Ⅱ重要值表(表 12-1-4、表 12-1-5)，发现贡甲、海南大风子、琼刺榄和假赤楠在演替前期(群落Ⅰ)和演替后期(群落Ⅱ)共同存在于重要值前 15 的物种间，为群落演替过程中的过渡种；群落Ⅰ中随着演替逐渐由常见种演变为伴生种或偶见种(即重要值排序排到 15 以后)的种群为被淘汰种；群落Ⅱ中由伴生种和偶见种逐渐演变为常见种(即重要值排序大于等于 15)的种群为后期入侵种。

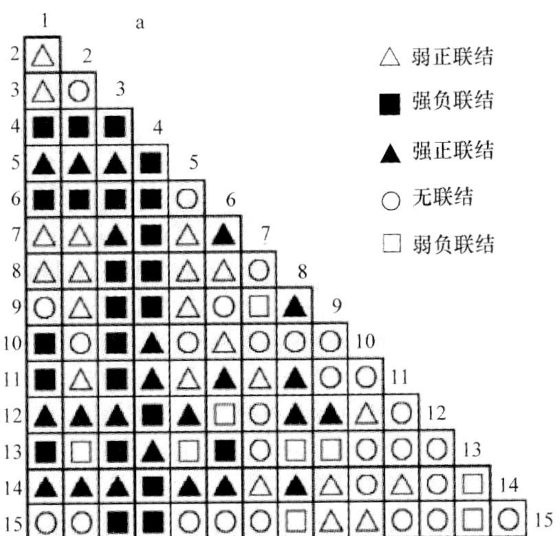

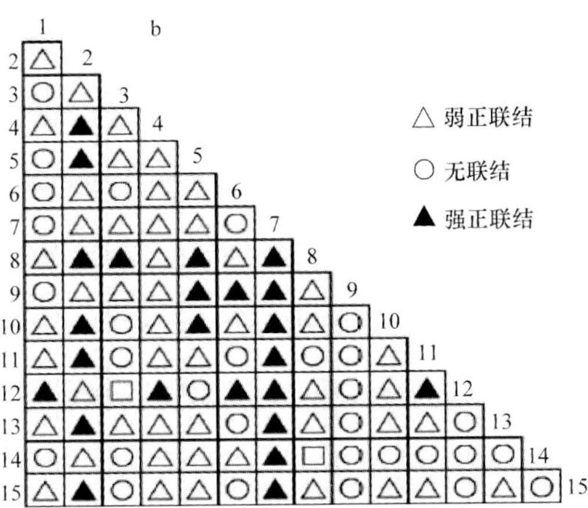

图 12-1-5　两个演替阶段群落主要种群种间联结系数半矩阵图

a. 灌木林群落，种序号同表 12-1-4；b. 热带滨海雨林群落，种序号同表 12-1-5

Fig. 12-1-5　Semi-matrix diagram of asscociation coefficient of plant species in difference succession forest communities (AC)

群落Ⅰ被淘汰种种间正联结、负联结和无联结比例分布均匀(表 12-1-6)，阳性树种柄果木、猪肚木、紫玉盘等与其他树种负联结较多，表现为竞争关系，粗脉紫金牛、膜叶嘉赐树和广州槌果藤等阴性树种与其他树种多表现为有利的正联结，但群落Ⅰ总体呈现显著正联结(表 12-1-7)。因为过渡种与被淘汰种间正联结种对(47.7%)大于负联结种对(27.3%)。演替前期过渡种间只有琼刺榄-贡甲、琼刺榄-海南大风子呈现负联结(图 12-1-6a)，演替后期过渡种间的负联结则转化为正联结(图 12-1-6b)。演替进行至群落Ⅱ时，过渡种与后期侵入种种间正联结比例达 75%，负联结比例仅为 2.3%，无联结比例为 22.7%；后期侵入种间正联结比例为 67.7%，负联结比例为 1.5%，无联结比例为 30.8%。后期侵入种通过演替对群落资源利用进行重新分配，使群落演替至稳定阶段。

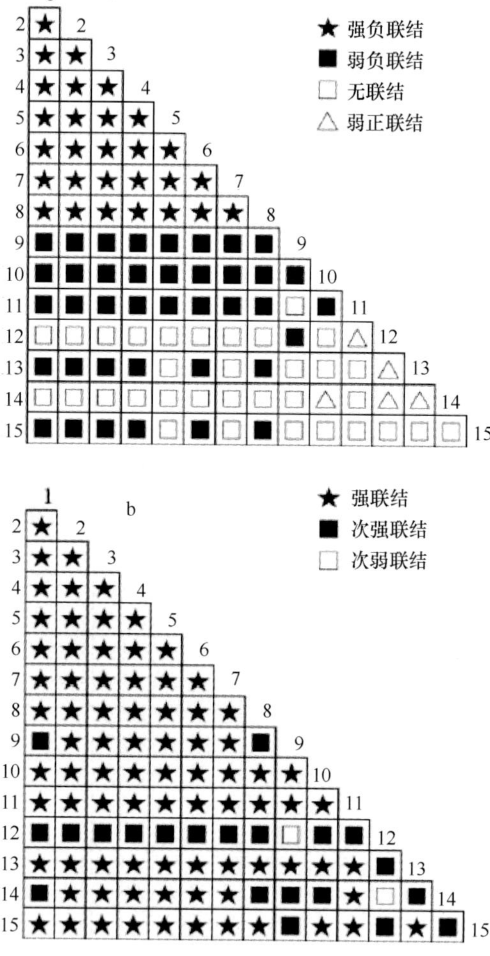

图 12-1-6　两个演替阶段群落优势种种间共同出现百分率半矩阵图

a. 沿海灌木群落，种序号同表 12-1-4；b. 沿海森林群落，种序号同表 12-1-5

Fig.12-1-6　Semi-matrix diagram of percentage co-occurrence of plant species in difference succession forest communities (PC)

表 12-1-6　在铜鼓岭沿海森林演替中被淘汰种、过渡种以及后期侵入种的种间联结

Table 12-1-6　The interspecific association of obsolete，later and transitional species of difference succession forest communities in Tongguling

种间联结类型	正联结		负联结		无联结	
	无联结	所占比例/%	无联结	所占比例/%	无联结	所占比例/%
I	19	34.5	19	34.5	17	31.0
II	21	47.7	12	27.3	11	25
III	4	66.7	2	33.3	0	0
IV	6	100	0	0	0	0
V	33	75	1	2.3	10	22.7
VI	44	67.7	1	1.5	20	30.8

表 12-1-7　铜鼓岭热带常绿沿海森林 2 个演替阶段群落总体联结性

Tab.12-1-7　The overall connectivity of difference succession forest communities in Tongguling

群落类型	VR	W	$X^2$0.95(64)	$X^2$0.05(64)	结果
群落 I	2.19	139.91	46.60	83.68	显著正相关
群落 II	4.10	262.11	46.60	83.68	显著正相关

注：$X^2$0.95(64)和 $X^2$0.05(64)查 X^2 分布的上侧临界值表得出（杜荣骞，2003）。

5)优势种植物种在不同尺度上的种间关联性分析

群落内的各种植物并不是孤立的存在，而是与生境中组成群落的其他物种相互依存或协同进化，使群落达到相对稳定的状态，最终表现为某种种间关系。森林群落为铜鼓岭沿海地区相对稳定的植物群落，该群落中的优势种在不同尺度上的种间关联性之间存在着复杂的关系。本案例对森林群落样地中的 5 种优势种开展进一步的植物种群两两间的关联性分析，发现种群间的关系随着尺度的不同发生变化，具体分析如下。

(1)赤楠蒲桃-贡甲，赤楠蒲桃与贡甲在 0～76m 尺度上正联结，77～80m 尺度上不联结。也就是说在 0～76m 尺度上赤楠蒲桃与贡甲两个种群之间有相互促进生长的作用，两个种群之间存在协同作用。随着尺度的增大，这种协同作用开始减弱，在 77～80m 尺度上两个种群间没有联结性。

(2)赤楠蒲桃-海南大风子，赤楠蒲桃与海南大风子两个种群间在整个样方范围内呈现出负联结性，也就是说这两个种群间存在竞争性，两个种群之间相互抑制生长。

(3)赤楠蒲桃-假苹婆，赤楠蒲桃与假苹婆在 0～70m 尺度上呈现出负联结性，在 70～80m 尺度上不联结，也就是说在 0～70m 尺度上这两个种群间存在竞争性，相互抑制生长，而随着尺度的增大这种竞争性有减弱的趋势。

(4)赤楠蒲桃-九节，赤楠蒲桃与九节在整个尺度上呈现出正联结性，也就是说在整个样方内，赤楠蒲桃与九节两个种群存在协同作用，相互促进生长。

(5)贡甲-海南大风子，贡甲与海南大风子在 0～73m 尺度上表现出正联结性，在 73～80m 尺度上不联结，也就是说贡甲与海南大风子这两个种群在样方内存在相互促进作用，这种促进作用随着尺度的增大有减弱的趋势。

(6)贡甲-假苹婆，贡甲与假苹婆在样方内存在三种不同的关系，有正联结的相互促进作用，也有负联结的相互拮抗作用和互不关联。从尺度上分析，小尺度上两个种群间正联结，随着尺度的增大负联结与不联结交替出现，最终趋于不联结。

(7)贡甲-九节，贡甲与九节这两个种群在整个尺度上表现出正联结性，也就是说在整个样方内这两个种群之间表现为积极的相互促进作用，相互促进生长。

(8)海南大风子-假苹婆，在样方内不同的尺度上这两个种群间表现三种不同的关系，在 0～13m 尺度上两个种群间表现为正联结，在 14～66m 尺度上不联结，随后在 67～76m 尺度上两个种群负联结，而在 77～80m 尺度上两个种群又表现出不联结。

(9)海南大风子-九节，海南大风子与九节这两个种群在 1～9m 尺度上以不联结为主，但在 0～3m 尺度上表现为负联结，4～9m 尺度上不联结，在 10～80m 尺度上两个种群间呈现出正联结性。

(10)九节-假苹婆，九节与假苹婆这两个种群在 1～64m 尺度上表现为负联结性，也就是说在 1～64m 尺度上这两个种群表现出相互竞争的关系，随着尺度的增大，这种竞争性趋于减弱，在 65～80m 尺度上，两个种群表现为不联结。

综上所述，在铜鼓岭沿海森林固定大样地中，贡甲、海南大风子、赤楠蒲桃、假苹婆、九节 5 种优势种植物群落两两之间表现出不同的关系。在整个样方内表现出单一的正联结性的有 3 种，2 对分别是赤楠蒲桃-九节、贡甲-九节；在整个样方内表现为单一的负联结性的有一种，为赤楠蒲桃-海南大风子；在样方内存在两种不同关系的有 4 种，分别是先正联结然后不联结的赤楠蒲桃-贡甲和贡甲-海南大风子，先负联结然后不联结的赤楠蒲桃-假苹婆和九节-假苹婆；在样方内三种关系同时存在的有 3 种，分别是贡甲-假苹婆、海南大风子-九节、海南大风子-假苹婆(表 12-1-8)。

表 12-1-8　沿海森林优势种种间联结性分析

Tab.12-1-8　The analysis of interspecific association of dominant species in costal forest, Tongguling

种—种	联结性	尺度
赤楠蒲桃—贡甲	正联结—不联结	0～76m(+)；77～80m(r)
赤楠蒲桃—海南大风子	负联结	0～80m(–)
赤楠蒲桃—假苹婆	负联结—不联结	0～70m(–)；71～80m
赤楠蒲桃—九节	正联结	0～80m(+)
贡甲—海南大风子	正联结—不联结	0～73m(+)；74～80m
贡甲—假苹婆	正联结—负联结—不联结	0～15m(+)；16～20m(r)；21～36m(–)；37～47m(r)；48～52m(–)；53～80m(r)
贡甲—九节	正联结	0～80m(+)
海南大风子—假苹婆	正联结—不联结—负联结—不联结	0～13m(+)；14～66m(r)；67～76m(–)；77～80m(r)
海南大风子—九节	负联结—不联结—正联结	1～3m(–)；4～8m(r)；9～80m(+)
九节—假苹婆	负联结—不联结	0～64m(–)；65～80m(r)

注：(+)正联结；(–)负联结；(r)不联结。

3. 特点与讨论

群落总体的种间联结性可以反映其稳定性。一般随着植被群落演替的进行，群落结构及其种类的配比组成将不断完善、趋于稳定，种间关系也将趋于正相关，使群落物种间能够稳定共存(杜道林等，1995)。

在不同的演替阶段中，群落的稳定性不同，其种间也表现出不同的联结关系。灌木林群落处在植被演替的前期，一般稳定性不高。但是，从铜鼓岭灌木林群落(群落Ⅰ)的总体相关性检验可知，该群落总体呈现出显著正联结关系；群落物种间的 X^2 检验也显示物种间正联结的种对数(占总种对数的 58.10%)要多于负联结的种对数(占总对数的 41.90%)，正联结种对中达到显著水平以上的占总对数的 22.81%；表明铜鼓岭灌木林群落在演替中得到了较好的恢复，已经开始向热带滨海雨林过渡演替。从铜鼓岭植被演替的前期研究中可以看出，早期铜鼓岭原生顶级植被遭破坏退化为林仔竹单优群落，保护区建立后才得以恢复演变为次生多优灌木林，恢复较好的地方已经具有部分热带滨海雨林的特征(车秀芬等，2006)。

本研究中热带滨海雨林群落演替的前期群落总体呈现出显著的正相关，龚直文等(2011)、王文进等(2007)等的研究结果均表明，群落演替的前期，群落总体联结性一般为不显著的负相关和正相关，因为群落Ⅰ的演替程度相对更接近于顶级群落。Tilman(1982，1988)的资源比率理论可以很好地解释这一结果，该理论认为，1个种在限制性资源比率为某一值时表现为强竞争者，当限制性资源比率改变时，因为种的竞争能力不同，组成群落的植物种也随之改变。群落Ⅰ中过渡种间的乔木树种贡甲和海南大风子已经演替为群落Ⅰ的最优种，使群落对于空间的利用从中下灌木层演替到了中上乔木层，乔木层树种的演替使得光照减少，变为灌木层中的限制性资源，猪肚木、紫玉盘等阳性物种逐渐演替为伴生种或偶见种。演替前期(群落Ⅰ)4个过渡种间只有琼刺榄-贡甲、琼刺榄-海南大风子之间呈现出负联结，因为从群落Ⅰ到群落Ⅱ的演替过程中，乔木树种逐渐占据更大的优势，上层空间郁闭度增大，导致下层灌木树种光照资源的流失，对其产生排斥的现象。随着群落演替的继续进行，群落Ⅰ中无法适应光照资源减少的树种将逐渐消失成为淘汰种，最后演替出少数低光照下仍具有较强竞争能力的树种(即琼刺榄、轮叶木姜子和九节)。

当群落演替至后期(群落Ⅱ)时，由于灌木树种的减少，灌木对于空间和光照资源的竞争得以缓解，群落Ⅱ中的灌木树种(琼刺榄、轮叶木姜子和九节)将不再与乔木树种形成负联结。因此，群落Ⅱ中过渡种间无负联结种对存在。此时，群落中的竞争应发生在乔木层，但群落Ⅱ乔木层中只有异株木犀榄-粗毛野桐之间呈现弱负联结关系，群落整体在演替中达到稳定阶段。群落在长期的协同进化中达到了更为密切的共存关系，种间总体联结性由负联结向正联结演替，这与龚直文等(2011)、邢福等(2001)、李刚等(2008)的结论一致。

总之，海南铜鼓岭热带沿海森林群落不同演替阶段种间联结分析结果表明，铜鼓岭保护区建立后，演替前期灌木林群落得到了较好的恢复，群落物种总体联结性已经呈现出显著的正联结，灌木林群落已经处于热带沿海森林过渡演替阶段。随着演替的进行，群落继续朝着有利于物种稳定共存的方向发展；物种间负联结比例随着演替的进行而下降，正联结比例相应地有所增加，同时物种间的联结强度也逐渐增强，群落总体也变得更为稳定。过渡种和后期侵入种之间负联结比例仅为2.30%，正联结比例为75%，且50%达到显著水平，表明后期侵入种和过渡种通过群落结构的变化分层合理分割空间、光照等资源而稳定共存。

(三)从植物种群间联结性探讨生态种组与功能群划分——以尖峰岭热带低地雨林乔木层数据为例

海南岛的热带低地雨林以青皮(*Vatica mangachapoi*)为优势种(胡玉佳等，1992；蒋有绪等，1991)，广布于海南岛各地(广东省植物研究所，1976)。具有较广泛的经济利用价值，材质坚硬，不仅是建筑用材之一，也是重要的工业良材。青皮林群落学和林学特征等方面的研究已有一些报道(胡玉佳等，1988；梁淑群等，1994a，1994b；符国瑷等，1995；方洪等，2004；杨小波等，2005；李意德等，2006；黄瑾等，2013)，也有学者对其植物区系(邢福武等，1993)和生物学特性(胡玉佳，1986)进行了研究，但对该森林植被类型的物种间关系及更进一步的群落生态种组的划分尚未开展研究，在植物功能群的研究方面更是空白。李意德等(2007)通过对海南岛尖峰岭以青皮为主的热带低地雨林乔木层种群间联结的研究，探讨其生态种组和功能群的划分。《海南植被志》引用该研究案例说明这一问题。

1. 地理概况与具体的研究方法

1)地理概况

尖峰岭国家级自然保护区的地理概况见第七章第一节。研究地位于尖峰岭国家级自然保护区内的三分区，该区地处保护区西北部的核心区，海拔 250～850m。主要森林植被类型为以青皮为优势的湿润低地热带雨林，分布在海拔 300～700m 的山体中部。由于海拔升高，降雨量比热带半落叶季雨林(海拔 300m 以下)有较大幅度的增加，空气相对湿度也相应增大，虽有短暂的旱季，但干旱程度相对较轻。群落外貌为全年常绿，几乎没有落叶树种(黄全等，1986；胡玉佳等，1992)。

2)研究方法

取样：采用典型取样法，从海拔约 250m 处的热带半落叶季雨林至海拔约 850m 的热带山地雨林，中间包括热带常绿季雨林，沿海拔梯度在林分结构完好的地段等间距设置 23 个样方，每个样方面积为 20m×30m，总调查面积为 1.38hm^2。对样地内胸径≥12cm 的所有乔木树种进行调查，记录种名、胸径、树高等林分因子。23 个样方的林分因子信息详见表 12-1-9(李意德等，2006，2007)。种间联结的测度采用常用的方法。

优势种群的聚类分析：为了进一步探索生态种组和功能群的划分，采用种群重要值对优势种进行聚类分析。种群重要值为样地中各种群的相对密度、相对优势度和相对频度之和(Cox，1979)，所有种群重要值之和为 300，但本案例采用相对重要值(即重要值除以 3)。

生态种组和物种功能群的划分：依据优势物种之间的联结关系和聚类分析结果，初步划分不同的生态种组，并以此为依据进行功能群划分探讨。数据处理：所有数据均在 Excel 2003(Microsoft Corporation)和 Statistica 6.0(StatSoft Inc.)等软件平台下进行分析和制图。

2. 结果分析

1)种群重要值

热带森林植物种类多，生物多样性高。为了能较为全面反映群落中优势种群和关键种群的地位和作用，根据样地调查数据，计算所调查样地的全部种群重要值，依据重要值大小排序，选取重要值在 2.0(即相对重要值 0.6667)以上的 32 个种群做种间联结性分析(表 12-1-10)。

表 12-1-9　青皮(青梅)林 23 个样方林分因子简表

Tab.12-1-9　Background of twenty-three sample plots in *Vatica mangachapoi* forest

样地号	株数	种数	最大胸径/cm	平均胸径/cm	蓄积量/m^3
1	40	25	95.6	26.4	24.2
2	16	15	85.4	30.6	14.2
3	32	25	97.1	34.3	37.0
4	31	27	41.8	23.7	12.7
5	45	29	91.0	28.8	33.2
6	40	28	59.1	26.3	21.5
7	59	35	143.3	36.3	82.8
8	55	30	41.8	20.1	15.2
9	40	25	39.5	22.5	14.5
10	34	22	98.7	34.0	37.9
11	42	27	111.5	33.6	46.3
12	26	18	54.1	23.2	10.3
13	44	27	70.7	25.4	22.3
14	37	20	73.9	28.6	25.0
15	28	9	36.3	17.9	5.8
16	32	22	81.8	31.0	27.2
17	18	15	68.8	27.8	11.5
18	37	24	73.0	33.7	36.6
19	37	21	92.0	40.4	59.4
20	27	15	54.2	26.6	15.4
21	43	25	99.4	31.8	40.8
22	41	28	84.4	33.2	40.1
23	51	24	32.8	20.7	14.6
平均	37	23	75.1	28.6	28.2

2)优势种群的联结

(1)主要种群的总体联结性

根据表 12-1-10 所列举的 32 个重要值排前的种群，计算种群间的总体联结性，结果表明：V_R=1.6324＞1，表明总体上种间存在一定的正联结，其显著性统计量 W 为 37.5455，以自由度查相应χ^2值，即$\chi^2_{0.05(23)}$=35.172，$\chi^2_{0.95(23)}$=13.091，W 值不落入$\chi^2_{0.05(23)}$与$\chi^2_{0.95(23)}$之间，且大于$\chi^2_{0.05(23)}$值，表明 32 个种群间总体上正联结达显著水平，说明群落中主要种群间具有互利共存的关系。

(2)主要种群间的联结

从图 12-1-7 可以看出：32 个种群构成的 496 个种对中，48 对具有强正联结性(0.6＜CA≤1.0)，占总种对数的 9.67%，弱正联结(0.2＜CA≤0.6)有 101 对，占 20.36%，无联结(–0.2＜CA≤0.2)有 145 对，占 29.23%，弱负联结(–0.6＜CA≤–0.2)有 53 对，占 10.69%，强负联结(–1.0＜CA≤–0.6) 有 149 对，占 30.04%，由此可见，具有正联结的种对占 30.03%。

表 12-1-10　主要种群的相对重要值

Tab.12-1-10　Important values of dominant populations

编号	植物名称	相对重要值
1	青皮 *Vatica mangachapoi*	5.6055
2	野生荔枝 *Litchi chinensis* var. *euspontanea*	2.7233
3	白茶 *Koilodepas hainanensis*	2.6509
4	橄榄 *Canarium album*	2.5430
5	细子龙 *Amesiodendron chinensis*	2.3455
6	大叶白颜 *Gironniera subaequalis*	2.2659
7	盘壳栎 *Cyclobanalopsis patelliformis*	2.1501
8	翻白叶 *Pterospermum heterophyllum*	2.0424
9	毛荔枝 *Nephelium topengii*	1.8147
10	大叶榕 *Ficus viries* var. *sublanceolata*	1.5665
11	青兰 *Xanthophyllum hainanense*	1.5376
12	粗毛野桐 *Mallotus hookerianus*	1.4558
13	红椤 *Aglaia dasyclada*	1.3639
14	毛果椆 *Lithocarpus pseudovestitus*	1.3348
15	闽粤栲 *Castanopsis fissa*	1.2995
16	灯架 *Alstonia rostrata*	1.2611
17	海南琼楠 *Beilschmiedia wangii*	1.2377
18	拟核果茶 *Parapytenaria multisepaia*	1.1387
19	水石梓 *Sarcosperma laurinum*	1.0924
20	碎叶蒲桃 *Syzygium buxifolium*	1.0905
21	乌才 *Diospyros eriantha*	0.9564
22	陆均松 *Dacrydium pierrei*	0.9408
23	子凌蒲桃 *Syzygium championii*	0.8677
24	海南黄檀 *Dalbergia hainanensis*	0.8249
25	五裂木 *Pentaphylax euryoides*	0.7928
26	中华厚壳桂 *Cryptocarya chinensis*	0.7864
27	紫荆(子京) *Madhuca hainanensis*	0.7741
28	大花五桠果 *Dillenia turbinata*	0.7671
29	枝花木奶果 *Baccaurea ramiflora*	0.7486
30	木荷 *Schima superba*	0.7334
31	红椆 *Lithocarpus fenzelianus*	0.7207
32	苦梓 *Michelia balansae*	0.6859

由于计算公式不同，共同出现百分率 PC 的计算结果与 CA 有很大的差异。由图 12-1-8 可见：PC 值在 80%以上的为强正联结，在 496 个种对中，没有一对达到强正联结水平，PC 值为 60%～80%的次强正联结也仅有 2 个种对，它们是青皮与粗毛野桐、野生荔枝和海南琼楠。PC 值为 40%～60%的次弱正联结有 30 个种对；PC 值为 20%～40%的弱正联结和 20%以下的无联结的种对分别有 137 对和 327 对。因此，热带林种群间联结性较弱，说明种群具有相对独立分布的特性(黄世能等，2000)。

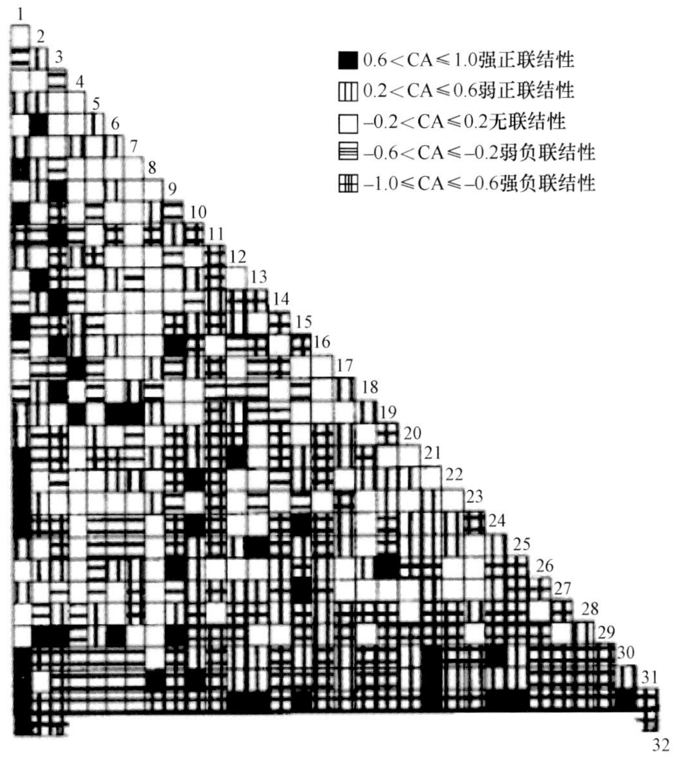

图 12-1-7　优势种群间联结系数 CA 半矩阵

Fig.12-1-7　Half matrix of the association coefficients (CA) among the dominant populations

编号 1～32 代表的种类见表 12-1-10，下同

点相关系数Φ的计算结果分级标准与 CA 相同。图 12-1-9 结果表明：具有强正联结(Φ>0.6)的种对有 7 对，占总种对数的 1.41%，弱正联结(Φ值 0.2～0.6)的 121 对，占 24.4%，无联结(Φ值–0.2～0.2)的 242 对，占 48.79%，弱负联结(Φ值–0.6～0.2)的 126 对，占 25.4%，强负联结(Φ值≤–0.6)的没有。具有强正联结的 7 个种对是：白茶与翻白叶、白茶与红椤、毛荔枝与大花五桠果、野生荔枝与海南琼楠、中华厚壳桂与子凌蒲桃、苦梓与五裂木、陆均松与闽粤栲。

Ochai 指数 Q_i 的计算结果分级标准与 PC 相同。图 12-1-10 结果表明：在 496 个种对中，没有一对达到强联结的水平，次强联结也仅有 31 个种对，占 6.25%。次弱联结有 106 个种对，占 21.37%；弱联结和无联结的种对分别有 155 对和 204 对，占 31.25% 和 41.13%。同样，Ochai 指数 Q_i 的计算结果也反映出了热带林种群间联结性较弱、种群具有相对独立分布的特性(黄世能等，2000)。

根据χ^2值查χ^2表，当 $P>0.05$ 时，即$\chi^2<3.841$，物种间无联结，为独立分布；当 $P<0.01$ 时，$\chi^2>6.635$，物种间联结极显著；当 $0.01\leq P\leq 0.05$ 时，$3.841\leq\chi^2\leq 6.635$，物种间联结显著。而种间的正负联结则由 2×2 联列表中物种 A 和物种 B 出现与否的具体情况而定(邓贤兰等；2003)。计算结果(图 12-1-11)表明：$\chi^2>6.635$，即物种

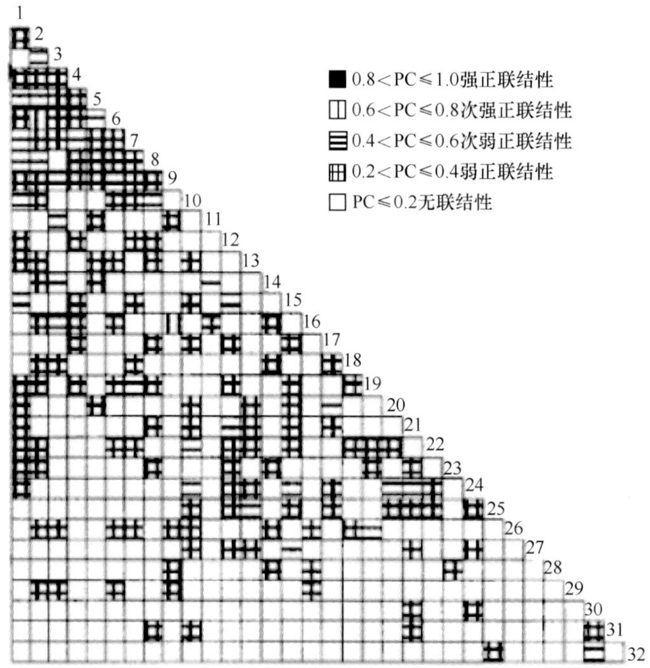

图 12-1-8　优势种群间共同出现百分率 PC 半矩阵

Fig.12-1-8　Half matrix of the percentage cooccurrence (PC) among the dominant populations

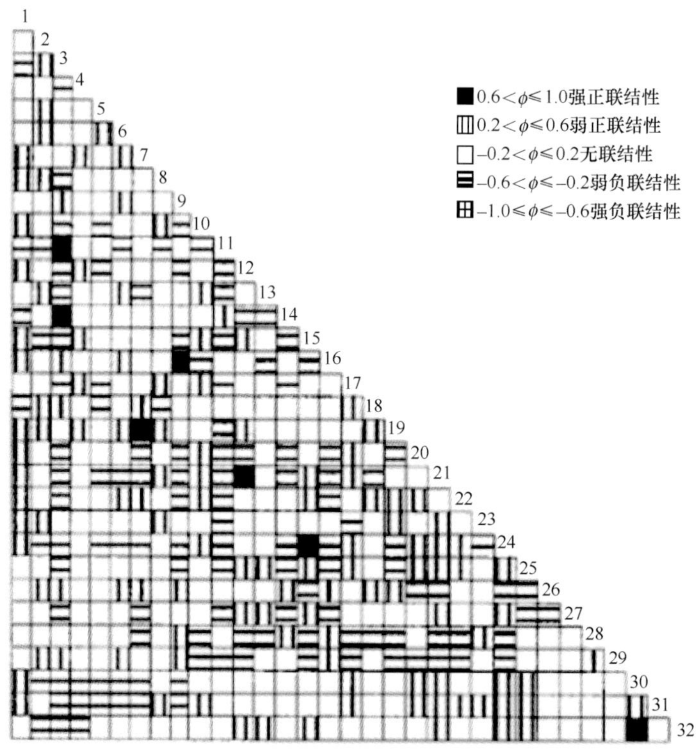

图 12-1-9　优势种群间点相关系数ϕ半矩阵

Fig.12-1-9　Half matrix of the point correlation coefficients (ϕ) among the dominant populations

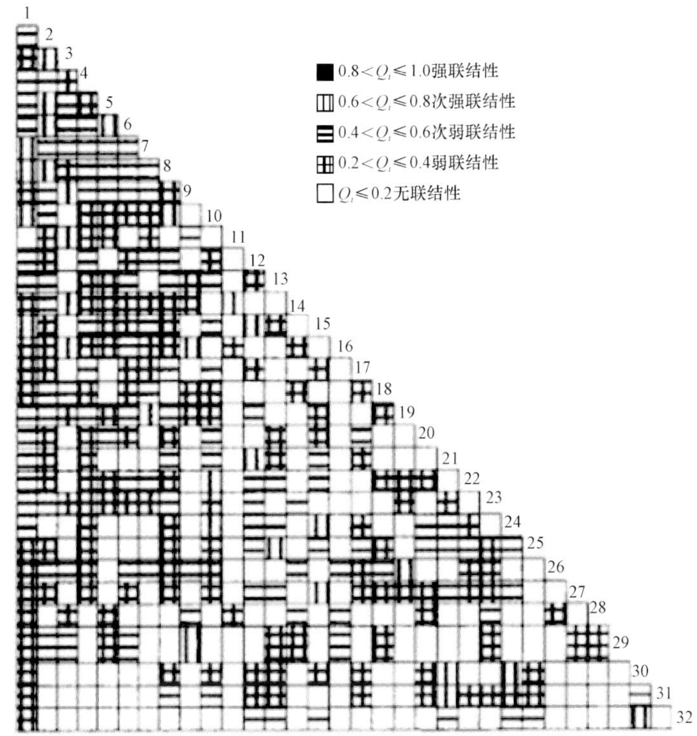

图 12-1-10 优势种群间 Ochai 指数 Q_i 半矩阵

Fig.12-1-10 Half matrix of the Ochai index (Q_i) amongthe dominant populations

间联结极显著的有 2 个种对，它们是野生荔枝与海南琼楠、毛荔枝与大花五椏果；而物种间联结显著的有大叶白颜与拟核果茶、青皮与粗毛野桐、白茶与野生荔枝、白茶与翻白叶、白茶与红椤、白茶与海南琼楠、拟核果茶与灯架、拟核果茶与五裂木、翻白叶与红椤、中华厚壳桂与苦梓、中华厚壳桂与子凌蒲桃、苦梓与五裂木、大花五椏果与大叶榕 13 个种对。大叶白颜与翻白叶、白茶与苦梓这 2 个种对虽然具有显著的联结关系，但为负联结；从这 4 个种的生物学特性来看，大叶白颜和苦梓是分布海拔较高的种，而翻白叶和白茶则分布海拔较低，且为耐热性较强的种类。

(3)优势种群的聚类与生态种组的划分

利用这 32 个种群的相对密度、相对频度和相对优势度之和(即种群重要值)进行聚类分析，可以更好地理解这 32 个种群对环境的适应性和相似程度。

聚类结果清晰地表示出 32 个主要种群可分为 4 个类型(图 12-1-12)，青皮作为热带低地雨林的主要种类，为独立种群，被单独列为一类，在尖峰岭西坡海拔 300～750m 处(李意德等，2006)生长(但在尖峰岭的东坡最低海拔可达 100m)，可在多种生境条件下生长，并且该种群更新情况良好(广东省植物研究所，1975)。因此，青皮可认为是尖峰岭热带低地雨林的“生态关键种组”和“建群种组”。

组 I 的种群有 9 个：野生荔枝、细子龙、红椤、水石梓、海南黄檀、枝花木奶果、海南琼楠、白茶和翻白叶，它们都是较为嗜热的种类，是热带低地雨林的次要种类(黄全等，1986；李意德等，2006)，但它们的分布并不像青皮那样广泛，只是在适宜的生境下才有较多的个体数量，同时在群落的层次结构中处于不同的地位，这些种群可称为低地雨林的“特征种群组”。

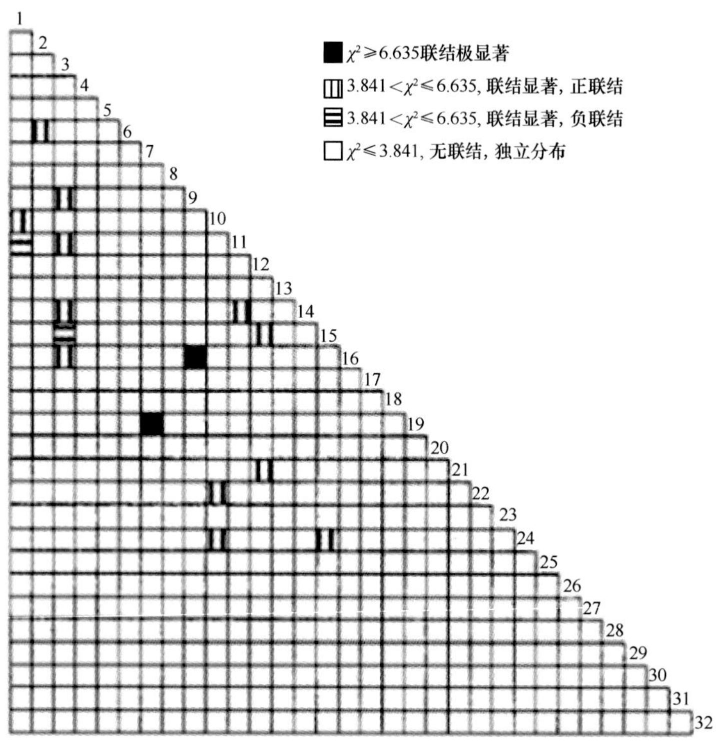

图 12-1-11　优势种群间联结的χ^2检验半矩阵

Fig.12-1-11　Half matrix of interspecific association χ^2 test among the dominant populations

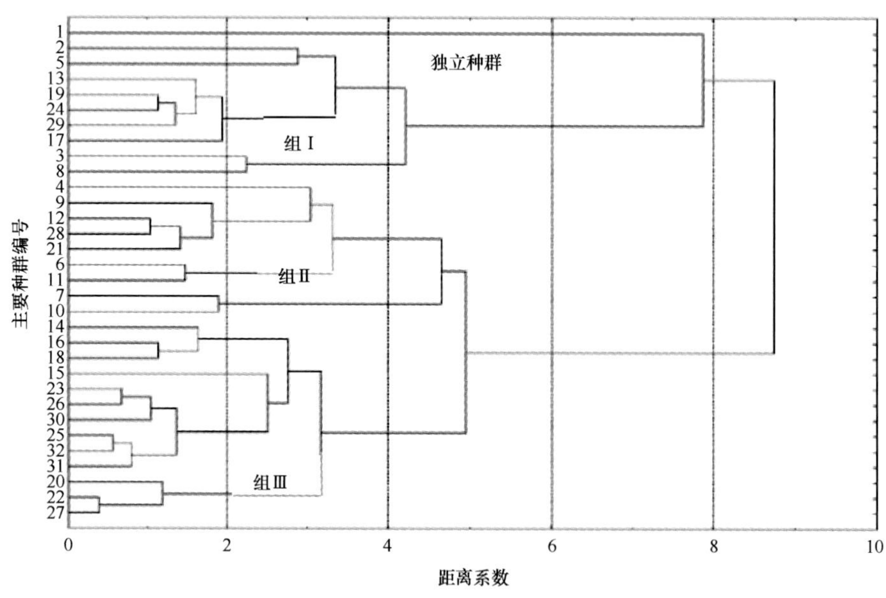

图 12-1-12　青皮林主要种群聚类图

Fig.12-1-12　Tree diagram of cluster analysis for 32 species

组Ⅱ的种群有 9 个：橄榄、毛荔枝、粗毛野桐、大花五桠果、乌才、大叶白颜、青兰、盘壳栎和大叶榕。这些种群一般在热带山地雨林中有一定地位(李意德，1997)，但由于它们分布范围较广，且多为群落的中下层种类，因此它们在热带低地雨林中仍有主要的地位和作用，可称这类种群为低地雨林和山地雨林的“共有种群组”。

组Ⅲ的种群有 12 个：毛果稠、灯架、拟核果茶、闽粤栲、子凌蒲桃、木荷、五裂木、苦梓、红稠、碎叶蒲桃、陆均松和子京，它们是热带山地雨林典型的伴生种类(黄全等，1986；李意德，1997；曾庆波等，1997；李意德等，2002)。本次调查中，其出现在海拔较高的地段，如海拔 650m 以上的样方中。相对于低地雨林而言，这些种群可称为“边缘种群组”。

尖峰岭热带低地雨林的“生态关键种组”、“特征种群组”、“共有种群组”和“边缘种群组”的分类结果，与前述种群间的联结分析结果基本吻合。

(4)物种功能群的划分

功能群侧重于说明物种对生态过程和功能的作用，可在对生态种组分析的基础上进行辨识，将一些生态过程和功能相似的种类归为同一功能群。上文分析结果表明：青皮由于在群落中具有较高的重要值而成为尖峰岭地区热带低地雨林的优势种，或称为生态关键种；其他种群在生态种组的基础上进行划分，依据物种间的联结特性及这些物种所处的海拔、微地形条件、在群落内的优势度和自身的生物学特性(如在林层垂直高度中所处的位置、嗜热程度等)等划分功能群，在此基础上尝试将 32 个主要物种划分为 4 个生态种组 10 个功能群(表 12-1-11)，供后续研究参考。

表 12-1-11　尖峰岭热带低地雨林(青皮林)功能群划分方案及辨识特征简表

Tab.12-1-11　Functional groups division and recognition characters of the tropical lowland rain forest in Jianfengling

生态种组	功能群	代表种群编号
生态关键种组	建群物种	1
	亚优势物种	2、5
特征种组	伴生物种	3、13、17、19
	嗜热物种	8、24、29
	霸王物种	7、10
共有种组	亚优势物种	4、6、11、28
	伴生物种	9、12、21
	伴生物种	14、16、18、20、23、26、30、31、32
边缘种组	特殊物种	22、25、27
	更新物种	15

各生态种组功能群辨识特征(或称为划分标准)如下：生态关键种组-建群物种在分布范围内占优势，种群结构正常，出现在林冠的各层次中；特征种组-亚优势物种在分布范围内占次优势，为上层乔木，但在不同的地形条件下其次优势地位有变化；特征种组-伴生物种的植株个体不一定是最大的，但一些种类的植株数量上有一定的优势，在林冠的上中下层均有，但以中层或下层为主；特征种组-嗜热物种在低地雨林的林窗或

林缘出现较多；共有种组-霸王物种在群落中个体数量少，但个体特大，多突出林冠上层，对群落的结构与功能有较大的影响；共有种组-亚优势物种的海拔分布范围较广，个体较大，处于林冠的中上层；共有种组-伴生物种的海拔分布范围较广，个体较小，处于林冠的中下层，一些种的种群数量较多；边缘种组-伴生物种分布在海拔600m以上处，个体较大，但种群较小，通常位于林冠的中上层；边缘种组-特殊物种一般多为分布在海拔700m以上的山脊或山顶的特殊种类；边缘种组-更新物种一般出现在海拔500m以上的林窗内。

3. 特点与讨论

1) 优势种群间联结

对于群体而言，32个种群间总体上的正联结性反映了群落具有较强的稳定性，一般而言，稳定性是随着群落的演替进程而逐步加强的，它既反映在群落的结构稳定上，也反映在其物种组成的稳定性方面，群落越向顶极方向演替，其稳定性就越强(王伯荪等，1986；邓贤兰等，2003)。因此，尖峰岭自然保护区核心区内的青皮林原生性较强，结构和组成较为稳定，群落处于演替的后期阶段或动态平衡阶段。

虽然青皮林主要物种间总体上呈现出正联结的特性，但对于各物种之间而言，由于热带森林的物种多样性非常高(李意德，1995；李意德等，2002)，组成群落的种类复杂，其物种间相遇的概率就很低，因此其种间联结性并不一定呈现出正联结的特性，而呈现出弱联结、零联结或负联结的可能性要大得多，这在一些热带林的种间联结性研究中已得到验证，表明热带森林的组成种群具有相对独立分布的特征(王峥峰等，1997；黄世能等，2000；戴小华等，2003；骆土寿等，2005)，本案例结果也支持这一结论。正联结(或联结性强)的物种对所占的比例很少，反映了调查对象为具有成熟结构的森林生态系统，因为随着群落的正向演替，物种间的联结越具有无联结的趋势。

本案例具有正联结的种对中，建群种青皮(*Schoepfia jasminodora*)只与海南黄檀(*Dalbergia peishaensis*)、白茶(*Koilodepas hainanense*)、粗毛野桐(*Hancea hookeriana*)、细子龙(*Amesiodendron chinense*)、盘壳栎少数几个种类具有一定的联结关系；而分布范围较广的大叶白颜与青兰、拟核果茶、苦梓(*Gmelina hainanensis*)、子凌蒲桃(*Syzygium championii*)、灯架、水石梓(*Sarcosperma laurinum*)、五列木(*Pentaphylax euryoides*)、陆均松(*Dacrydium pectinatumde*)、子京等多个种的联结性较强；白茶与野生荔枝(*Litchi chinensis*)、翻白叶(*Pterospermum heterophyllum*)、红椤(*Aglaia spectabilis*)、海南琼楠(*Beilschmiedia wangii*)、大叶榕(*Ficus glaberrima*)和海南黄檀(*Dalbergia peishaensis*)等种群的关系密切；细子龙则与粗毛野桐的联结性较强。同时，还可以看出，一个物种对另一个物种有较高的联结值，不代表另一个物种对该物种也有较高的联结值，这与物种的生态位特征研究结论一致(李意德，1993)。

2) 生态种组及功能群划分

种间联结性指标可作为划分生态种组的重要依据之一，因为联结系数的高低反映了物种对环境资源的基本要求和生态系统组成结构特征。对32个主要种群进行聚类分析，可分成四大类(即四大生态种组)：热带低地雨林的生态关键种青皮单独为一类，9 个低地雨林的特征种类，9 个热带低地雨林和山地雨林的共有种类，以及只在低地雨林与山地雨林的生态交错带出现的 13 个边缘种类。

根据物种的组成特征(物种间联结性、聚类分析)、生物学特性和分布特性等(广东省植物研究所，1975；周铁烽，2001)划分了功能群。目前，对优势种群不明显且种类繁多的热带森林进行符合实际情况的功能群划分还有一定的难度，还需要引入其他数量指标(如森林小气候、物种的生理生态特征等)。另外，本案例是根据热带低地雨林数据来划分功能群的，若以热带山地雨林数据为依据来划分，物种组成及其生物学特性又有不同，其结果应是另一种情况了。

第二节　海南植物群落功能性状研究

一、植物功能性状的理论基础

(一)植物功能性状的概念及类别

植物功能性状通常是指影响植物存活、生长、繁殖速率和最终适合度的生物特征(Ackerly，2003)，它能够响应生存环境变化并(或)对生态系统功能有一定影响(孟婷婷等，2007；龙文兴，2011a，2011b)。

功能性状的研究有效利用了植物的生理、形态和生活史等特征，反映个体、种群、群落和生态系统水平上的生物之间、生物与环境之间的相互作用，揭示生物对生态系统功能的影响(Poorter et al.，2008；Westoby and Wright，2006)，因而显著提高了(植被)群落生态学的研究水平，使群落生态学研究从定性描述及复杂模型向定量及简约转化(McGill et al.，2006)。植物群落和环境因子的相关性常常是动态的，某些性状受环境因子影响(罗璐等，2011)，同时对生态系统特征有作用(王平等，2010)，可以作为调解器(mediator)来预测环境变化对植物群落的影响(Suding and Goldstein，2008)。因此，通过功能性状研究植物对环境的适应性，能理解生态系统过程和指示环境改变后果，对预测植被分布及生态系统响应全球变化等有重要理论意义(Lavorel and Garnier，2002)。

(二)植物功能性状的关联

在环境影响下，植物的生态策略往往不是体现在单个功能性状上，而是在多个功能性状上都有表现，这些功能性状间往往存在关联(徐琨等，2012；Albert et al.，2010；Han et al.，2005)。这种关联可以表现在叶片、枝条、种子、枝条与叶片、种子与叶片等植物器官的性状之间。沿某一资源梯度分布的植物，可以通过关联性状对(组合)的动态变化适应所在环境，达到自身生存与繁衍的目的；这些性状组合可以反映植物适应环境的生态策略组合，也能作为我们预测物种分布和环境变化的依据。例如，叶片寿命长、比叶面积小和叶片组织密度大等是物种对贫瘠土壤适应的功能性状组合(Ordoñez et al.，2009)，反映了植物在营养缺乏时采取的保守物质利用策略；而叶片寿命长、植株高度小、比叶面积和叶片氮磷含量小等是物种对低温环境适应的功能性状组合，反映了物种在低温环境中的自我保护策略(Körner，2007；龙文兴等，2011a)。

早在 1998 年，Westoby 就已经定义过叶片-树高-种子(leaf-height-seed，LHS)这个重要的性状权衡维度(Westoby，1998)。他首先提出比叶面积、树高和种子大小是最能体现物种生存策略的重要性状，即植物的生存策略可由它们处于三者组成的三维空间内的位置来表达。这 3 个功能性状的权衡关系在草原和森林生态系统中都得到了证明(Golodets et al.，2009；Laughlin et al.，2010)。Wright 等(2007)对 7 个新热带森林中 2134 种木本植物的 7 种功能性状间的关系分析发现，种子大小、果实大小及树高间存在着正相关，叶片大小与果实大小正相关，与木材密度负相关。Westoby 等(2002)也定义了几个重要的权衡维度，如叶片单位面积质量与叶寿命、种子大小与重量及叶面积与树枝大小等性状间的权衡，而这些权衡维度在不同气候带、同一景观类型的不同区域间及同一区域内的共存物种间都有变化。

(三)植物功能性状的的分异

植物功能性状变化既与群落组织尺度有关，也与空间尺度有关。群落组织尺度包括个体、种内、种间及群落水平。种间功能性状变化既与遗传过程有关，也与环境筛有关(Cornwell and Ackerly，2009)。环境筛通常选择合适功能性状且能适应当地环境的物种。例如，Burns(2004)发现光照影响大树分布，从沼泽(bog)到森林光照逐渐减弱，形成物种按照 SLA 从高到低的梯度分布格局。近来比较研究发现种内功能性状变化也是功能性状变化的一个重要途径(Albert et al.，2010)，它比种间功能性状变化对环境更敏感，可能比种间功能性状变化对环境筛具有更强的指示作用(Paine et al.，2011)，因而在群落生态学中扮演着重要角色(Bolnich et al.，2011)。种内功能性状变化主要来源于表型可塑性和遗传多样性(Jung et al.，2010)。表型可塑性有助于植物调整其自身属性大小，使其适应较复杂的环境，增加物种沿环境梯度的分布范围。功能性状种内变化和种间变化机制常与物种更新生态位(Grubb，1977)或资源分化有关(Cornwell and Ackerly，2009；Jung et al.，2010)。与此有关的典型理论是限制相似性理论，认为因物种在有限资源环境中处于不同生态位，彼此的形态和生理性状就不同(Schamp et al.，2008)。近年来的研究表明，在群落水平上分析功能性状变化可以解释植物的适应性(Lebrija-Trejos et al.，2010)，群落水平分析将环境因子和功能性状置于同一系统中预测物种的适应性机制(Swenson and Weiser，2010)。

植物功能性状分异与研究尺度相关。比较不同尺度上功能性状的变化，找到最具有生态意义的尺度，有助于研究者解释生态格局和生态过程(McGill，2008)。例如，功能性状分异与群落组织水平和系统分类水平相关，体现了其尺度依赖的特点(Cavender-Bares et al.，2006；Messier et al.，2010)。同时，影响植物功能性状的环境筛与尺度相关。群落内影响植物高度大小的环境筛主要是光照，光照强度从冠层到地面逐级递减，高度越大的物种对光照的竞争优势越大(Schamp and Aarssen，2009)；本地群落间影响不同海拔植物高度大小的环境筛可能是空气和温度，温度限制了高海拔植物生长，导致其高度比低海拔的植物高度小；但在全球尺度上，影响植物高度大小的因素主要是最潮湿月份的降水量(Moles et al.，2009)。此外，在取样方法上，功能性状取样与尺度相关。最近有关植物功能性状的研究表明，植物功能性状的取样方法将会影响最终分析结果(Baraloto et al.，2010)。以前很多学者将注意力放在物种水平的功能性状取样，而最近发现树木个体之间的功能性状存在较大差异(Hulshof and Swenson，2010)，某些功能性状(如叶片特征)的种内差异甚至接近种间差异(Messier et al.，2010)，根据植物个体水平的功能性状来研究植物对环境变化的适应性，将是今后群落生态学研究的重要方向。

但是在海南的植被研究里，这方面的研究处于起步阶段，《海南植被志》仅以热带云雾林的一些相关研究说明之。

二、海南植物群落功能群研究案例

(一)植物功能性状的关联研究——以霸王岭云雾林为例

1. 研究案例的地理概况与具体的研究方法

1)地理概况

霸王岭的地理概况见第七章第一节。

2)研究方法

(1)样地建设

本案例在霸王岭自然保护区，样地位置如图 12-2-1 和表 12-2-1 所示。

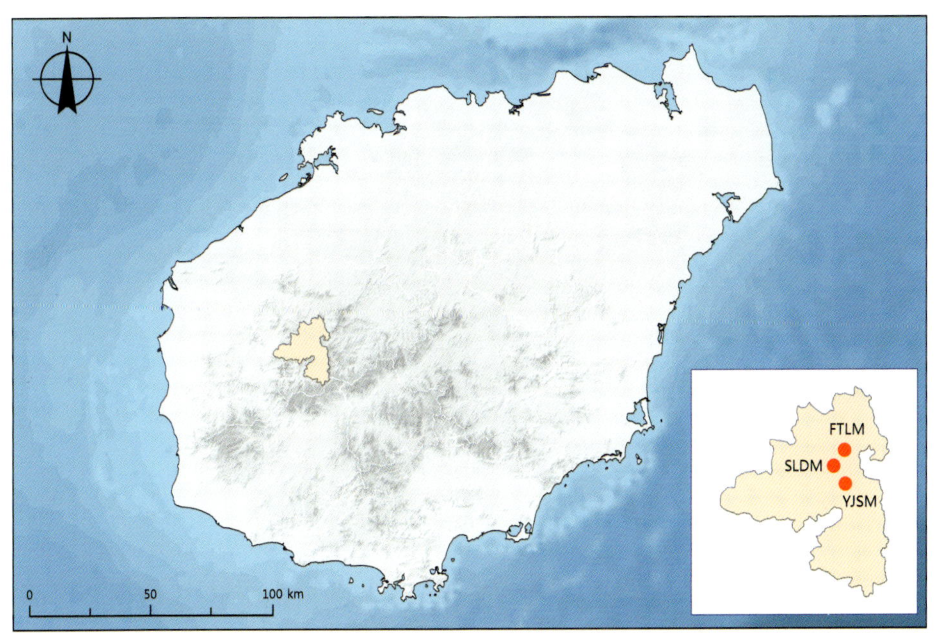

图 12-2-1　样地分布示意图
Fig.12-2-1　Maps of site distribution

表 12-2-1 霸王岭热带云雾林样地分布情况

Tab.12-2-1 The distribution of plots on tropical cloud forests in Bawang Ling

样地	样方数	纬度	经度	海拔/m
石峰	10	19° 05′11.4″N	109° 12′40.4″E	1373.90
松林顶	11	19° 05′03.1″N	109° 12′45.4″E	1340.57

2013 年 7～8 月，用全站仪(Leica TSP1200+，Heerbrugg，Switzerland)在石峰和松林顶热带云雾林中各设置 1 块样地(表 12-2-1)，两块样地分别设置 10 个、11 个 20m×20m 的样方，样方间距离 50m 以上，总面积 $0.84hm^2$。用邻格法将每个 $400m^2$ 样方划分为 16 个 5m×5m 小样方。共得到 64 个 10m×10m 小样方、336 个 5m×5m 小样方。

(2)物种调查

调查每个 5m×5m 样方内所有胸径(*DBH*)≥1cm 的乔灌木植株，测定其胸径和株高。记录每个个体的物种名，不能现场确定物种名的个体，采集标本带回室内请专家鉴定。共记录 9323 株木本植物个体，分属 40 科 70 属 109 种。

(3)功能性状的选取及测定

选取反映植物碳积累、光合作用速率及植物对环境的抗逆能力的功能性状，如冠层高度(plant height，*H*)、木材密度(wood density，WD)、叶面积(leaf area，LA)、比叶重(leaf mass per area，LMA)、叶片叶绿素含量(leaf chlorophyll content，Chl)和叶片厚度(leaf thickness，LTh)(植物各功能性状的简写全书一样，不再重复)。其中，植株高度能反映热带云雾林植物对低温及土层薄的环境的适应能力及对光、空间等资源的竞争能力。木材密度反映热带云雾林植物的生长速率和抵御病原体和外界的物理性质损害等的能力。叶面积、比叶重与植物体内光合速率及碳积累有关，反映植物对水胁迫的反应能力。叶绿素含量反映了热带云雾林植物光合作用能力的大小。叶片厚度反映了热带云雾林植物叶片机械强度，与植物对热带云雾林低温和风力大环境的反应有关(Pérez-Harguindeguy et al.，2013)。

测定样地内所有的 *DBH*≥5cm 乔灌木个体植株的功能性状(不含裸子植物)。测植株高度是采用测高仪测定树干基部到树冠的最短距离(m)。每个植物个体随机选取 2～3 片完全展开的当年成熟的受太阳光照的冠层叶片，用数显游标卡尺(SF2000，Guilin，China)测量叶片边缘与主脉间非叶脉处厚度即为叶片厚度(mm)；用便携式叶绿素仪(SPAD-502 Plus，Konica Minolta，Japan)测定叶绿素含量(Chl，SPAD)；用叶面积仪(LI-COR 3100C Area Meter，LI-COR，USA)测定叶面积。然后将测量后的叶片装入信封后放入烘箱 80℃烘 72h。用电子天平(AR2140，Ohaus，USA)称量干重。根据叶干重与叶面积比值计算比叶重(g/cm^2)。

从每个植株上截取 3 根 10cm 左右 2～3 年生的枝条，用小刀削去枝干表面的树皮，用量筒排水法测量枝干的体积。然后将枝条装入信封后放入烘箱 80℃烘 72h。用电子天平(AR2140，Ohaus，USA)称量枝干干重，根据枝条干重与体积的比值计算 WD(g/cm^3)。霸王岭热带森林树木枝条 WD 与茎干 WD 有很强的相关性(Bu et al.，2014)，因而能用植物枝条 WD 表示茎干 WD，同时也避免了对树木茎干取样时年轮钻对树木的伤害。

(4) 功能性状间的关联性分析数据处理方法

A. 个体、物种及群落水平的功能性状值计算

个体水平功能性状值为每个 20m×20m 样方中每个 *DBH*≥5cm 植物个体的叶片重复取样的平均值；物种水平功能性状值为每个 20m×20m 样方中每个物种所有个体的功能性状值平均值。群落水平的功能性状值为群落内所有物种功能性状多度加权后平均值（CWM）。我们用样方尺度的功能性状值表示群落水平功能性状变化。为了使数据具有正态性和方差齐性，所有功能性状数据进行自然对数转换。

B. 功能性状间关联分析

从种内水平、种间水平、群落水平及 5m×5m、10m×10m、20m×20m 样方大小分析 *H*、LMA、Chl、LTh、WD 两两间的关联。两种类型尺度共形成 9 种组合，每个尺度组合中有 10 对功能性状关联分析。

功能性状间的关联性分析

选择样本量大于等于 6 的功能性状。用第二类线性回归（type Ⅱ regression）来拟合两变量之间的关系，用 R^2 和 P 值的 t 测验来检验两个变量的相关性。在 R 语言中的“lmodel2”包中用标准主轴法（standardized major axis，SMA）来计算两个变量之间的斜率。运用 t 测验来检验斜率和 0 之间的差异，用 R 语言“SMATR”包中 sma 函数来检验斜率和 1 或–1 之间的差异。

功能性状间的关联与样方大小关系

在种内、种间及群落水平上分析功能性状间的关联与样方大小的关系。分别在三个群落组织水平上，统计每对功能性状在 5m×5m、10m×10m、20m×20m 样方的关联性变化规律，结果反映功能性状间的关联与样方大小的关系。

各随机抽取 1 个 5m×5m、10m×10m、20m×20m 样方组合成新的矩阵，用 sma 函数分析功能性状组合的回归斜率及截距在三个样方大小的差异性；当三个样方大小间的斜率、截距无显著差异时，计算三个样方大小上功能性状关联的共同斜率和截距。

功能性状间的关联与群落组织水平的关系

在 5m×5m、10m×10m、20m×20m 样方大小上，分析功能性状间的关联与群落组织水平的关系。分别在三个样方大小尺度上，统计每对功能性状在种内、种间及群落水平的关联性变化规律，结果反映功能性状间的关联与分类水平的关系。

各随机抽取 1 个种内水平、种间水平及群落水平的样方组合成新的矩阵，用 sma 函数分析功能性状组合的回归斜率及截距在三个植物分类水平的差异性；当三个分类水平间的斜率、截距无显著差异时，计算三个分类水平上功能性状关联的共同斜率和截距。所有数据分析在 R 3.1.1 软件进行。

(5) 热带云雾林功能性状分异规律数据分析方法

A. 功能性状在个体、种内、种间、群落尺度的分异

为了使数据正态化，在数据分析前对功能性状值进行 $\log_{10}$ 转换。运用 R 3.13 软件“lme”包中限制最大似然法（restricted maximum likelihood，REML），用广义线性模型和“varcomp”函数对个体、种内、种间、群落水平上植物功能性状的分异大小进行方差分解。群落之间的功能性状的差异，可能由于环境或物种组成不同所致。热带云雾林物种多样性较高，物种组成对功能性状分异的影响可能会大于环境。为了分析物种组成差异，计算不同样方（群落）之间胸径大于 5cm 的被子植物物种 Sorenson 相似性系数。计算公式为：$C_s=\frac{2j}{a+b}$。j 为两个群落共有物种数；a 和 b 分别为群落 A 和群落 B 的物种数。考虑到样方（群落）之间的物种组成可能差异较大，会影响功能性状分异的分析，在此基础上进一步移除种间尺度来分析方差分异模型，探究个体、种内、群落尺度上植物功能性状的分异规律。

B. 从种内、种间、群落尺度上，分析功能性状与土壤中养分的关系

以土壤有机质含量、土壤全磷含量、土壤有效磷含量、土壤全氮含量、土壤有效氮含量为自变量，以不同尺度下叶面积、叶干重、比叶重、叶绿素含量、叶厚度、木材密度为因变量，进行逐步线性回归分析。根据 AIC 值、模型决定系数及 P 值大小选择最优模型，选择影响物种多样性的关键土壤因子。数据整理用 Excel 2003，数据分析及作图用 R3.13 软件。

（6）土壤取样和养分的测定

在每个 5m×5m 样方的中心位置取土样。去掉土壤表层的枯枝落叶，挖 0.2m 深的土壤剖面，自上而下取 1kg 土样，混合均匀，标记后带到实验室处理。将野外取样回来的土壤，在太阳光不能直射的地方自然风干，并过筛，以测量土壤有机质含量、土壤全磷含量、土壤有效磷含量、土壤全氮含量、土壤有效氮含量。土壤测量方法参照中国土壤学会农业化学专业委员会 1983 年出版的《土壤农业化学常规分析方法》：有机质用高温外热重铬酸钾氧化-容量法测定；全磷测定是先用 $HClO_4$-H_2SO_4 消化法分解，然后用钼锑抗比色法测定；有效磷用酸性氟化铵浸提，然后用抗坏血酸还原比色法测定。全氮用凯氏定氮法，有效氮用碱解扩散法测定（中国土壤学会农业化学专业委员会，1983）。

2. 结果分析

热带云雾林森林环境空气温度低、风力大、紫外线辐射强烈、土壤磷含量较低（龙文兴等，2011）；与低海拔热带森林比较，热带云雾林群落高度较小、植株密度较大，树干常弯曲（Bubb et al.，2004），叶片比叶面积较小（Long et al.，2011a，2011b；Long et al.，2015），类似于旱生生境中的旱生形态（Williams-Linera，2002）。竞争作用、促进作用、环境筛等往往与热带云雾林群落内物种共存有关（Long et al.，2011c，2013），且具有尺度依赖性（Long et al.，2014）。因而，通过多个生态过程共同选择作用而共存的热带云雾林植物可能有特殊的适应环境方式。

（1）种内功能性状间的关联及其与样方大小的关系

在 5m×5m 样方尺度内，蚊母树的 LMA-LTh、H-LMA 和 LMA-Chl 显著正关联；回归斜率：1.13±1.19、0.72±1.72、0.93±2.12，这 3 对功能性状的回归斜率与 1 比较有显著差异。其他功能性状组合关联性不显著。

在 10m×10m 样方尺度内，蚊母树、碎叶蒲桃的种内 H-LMA 显著正关联；mean slope：0.88±1.23、0.88±1.46）；蚊母树种内 H-LTh、LMA-Chl、Chl-WD 显著正关联（mean slope：0.61±1.73、1.11±1.18、0.81±1.75）；蚊母树和黄杞种内 LMA-LTh 显著正关联，

碎叶蒲桃种内 LMA-LTh 近似显著正关联(mean slope：0.95±1.22、1.04±1.23、1.00±2.12)；蚊母树和碎叶蒲桃种内 Chl-LTh 显著正关联(mean slope：0.59±1.08、0.59±0.72)。上述功能性状组合间的回归斜率与 1 均有显著差异。其他功能性状对间关联性不显著。

在 20m×20m 样方尺度内，蚊母树和毛棉杜鹃花的种内 *H*-LMA 显著正关联(附表 11-1；mean slope：0.98±0.97、1.02±0.60)；蚊母树、黄杞、毛棉杜鹃和碎叶蒲桃种内 *H*-LTh 显著正关联(附表 11-1，mean slope：1.28±1.11、1.22±1.46、1.59±0.92、1.37±1.91)；蚊母树、光叶山矾的种内 LMA-Chl 显著正关联(mean slope：1.5±0.47、2.27±0.72)；蚊母树、黄杞、厚皮香八角、毛棉杜鹃、光叶山矾的种内 LMA-LTh 显著正关联(mean slope：1.35±0.478、1.2±1.551、1.2±1.094、1.66±0.59、1.4±1.293)；蚊母树、厚皮香八角、光叶山矾、丛花山矾种内 Chl-LTh 显著正关联(mean slope：0.62±0.75、1.14±0.29、0.83±0.33、0.68±0.67)；蚊母树种内 Chl-WD 显著正关联(mean slope：1.02±1.44)。上述功能性状组合间的回归斜率与 1 有显著差异。其他功能性状对间关联性不显著。

种内 *H*-LMA、LMA-Chl 和 LMA-LTh 都在 5m×5m、10m×10m 和 20m×20m 样方内显著正关联(图 12-2-2a～c)，且回归斜率在三个样方大小间无显著差异。3 个功能性状对组合回归的共同斜率是 1.36±0.12、1.39±0.23、1.27±0.15，共同截距是 7.35±0.73、–9.43±0.82、–2.77±0.14。说明这 3 个功能性状组合间的种内关联性不随样方尺度变化而变化，无空间尺度依赖。

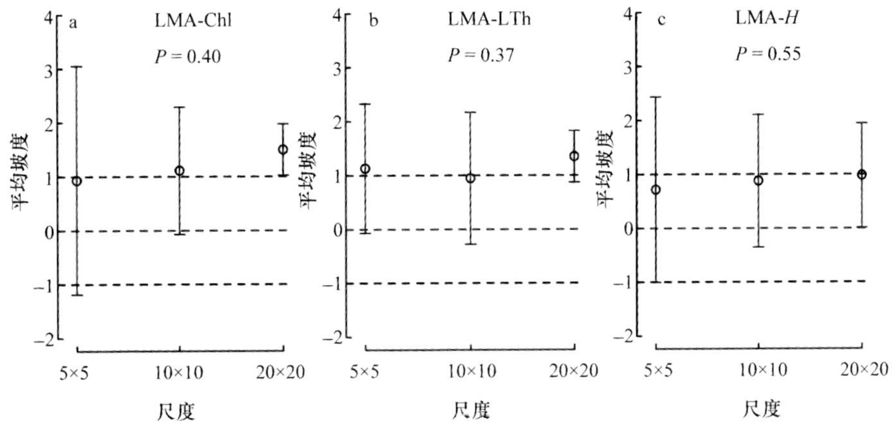

图 12-2-2　种内功能性状关联随三个样方尺度大小变化图

Fig.12-2-2　Changes in mean within-species standardized major axis slopes across the three plot sizes

数据分析之前将功能性状进行自然对数转换。并用 Kruskal-Wallis 秩和检验不同样方尺度间斜率的差异。虚线分别表示斜率为 1、0、–1

Note：Each trait was $\log_e$ transformed before analysis. *P* values showed the differences of SMA slopes across the three plot sizes, using a Kruskal-Wallis test. The dashed horizontal lines indicated slope = 1，0 and –1 respectively.

(2)种间功能性状关联及其与样方大小的关系

5m×5m 样方内，种间的 *H*-LMA、*H*-LTh、LMA-Chl、LMA-LTh、LMA-WD、Chl-LTh、Chl-WD、LTh-WD 显著正关联，其中 *H*-LMA、*H*-LTh、LMA-Chl、LMA-LTh、LMA-WD、Chl-WD、LTh-WD 回归斜率与 1 有显著差异，Chl-LTh 回归斜率与 1 无显著差异(图

12-2-3，a1、a3、a5、a6、a7、a8、a9、a10；mean slope：0.42±0.61、0.19±0.97、1.92±1.78、1.38±0.83、1.20±1.84、0.57±0.49、0.40±1.00、0.70±1.52），种间的 *H*-Chl、*H*-WD 关联性不显著（图 12-2-3a2、图 12-2-3a4）。

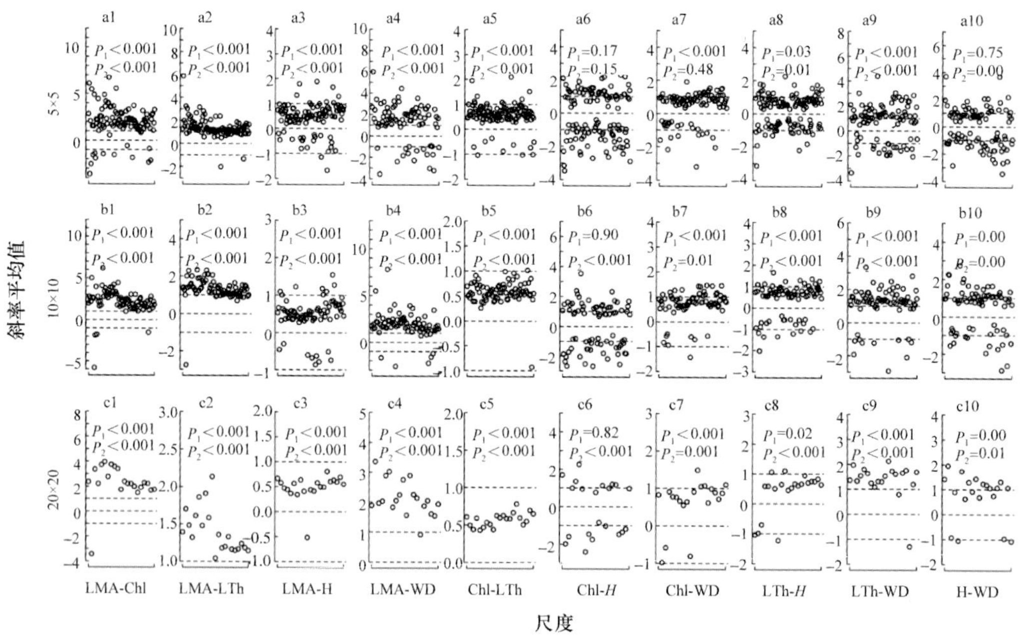

图 12-2-3 种间功能性状在三个尺度中回归分析的 slope 散点图及斜率与 1 的差异性检验

Fig.12-2-3 Mean among-species standardized major axis（SMA）slopes for the ten trait pairs within three plot sizes

数据分析之前，将数据进行自然对数转化。P_1 是用 *t* 测验检验斜率与 0 的差异。P_2 表示用 R 语言中 sma 函数分析 SMA 斜率与 1 的差异。分别用 a1～a10 表示 5m×5m 尺度，b1～b10 表示 10m×10m 尺度，c1～c10 表示 20m×20m 尺度。给出斜率与 0 差异 *t* 测验概率 P_1 值；用 sma 分析斜率与 1 的差异的概率值 P_2。虚线分别表示斜率为 1、0、-1

Each trait was $\log_e$ transformed before analysis. The P_1 showed the p-values testing difference between SMA slopes for each trait pair and 0，using a Student t-test. P_2 indicated p-values testing differences between SMA slopes for each trait pair and 1，using a sma function in R environments. a1－a10，b1－b10 and c1－c10 indicated distributions of SMA slopes within 5m×5m，10m×10m and 20m×20m plot sizes，respectively. The dashed horizontal lines indicated slope = 1，0 and -1 respectively.

10m×10m 样方内，种间 *H*-LMA、*H*-LTh、*H*-WD、LMA-Chl、LMA-LTh、LMA-WD、Chl-LTh、Chl-WD、LTh-WD 显著正关联，且回归斜率与 1 有显著差异（图 12-2-3b1、b3～b10；mean slope：0.47±0.47、0.35±0.81、0.44±1.23、2.21±1.54、1.33±0.6、1.87±1.45、0.58±0.23、0.71±0.6、1.07±1.16）。种间 *H*-Chl 关联性不显著（图 12-2-3b2）。

20m×20m 样方内，种间的 *H*-LMA、*H*-LTh、*H*-WD、LMA-Chl、LMA-LTh、LMA-WD、Chl-LTh、Chl-WD、LTh-WD 显著正关联，且回归斜率与 1 有显著差异（图 12-2-3c1、c3～c10；mean slope：0.49±0.26、0.38±0.71、0.73±0.94、2.28±1.51、1.41±0.29、2.14±0.59、0.57±0.09、0.62±0.65、1.37±0.70）。种间的 *H*-Chl 关联性不显著（图 12-2-3c2）。

种间的 *H*-LMA、*H*-LTh、LMA-Chl、LMA-LTh、Chl-LTh、Chl-WD 都在 5m×5m、10m×10m 及 20m×20m 样方大小上呈一致的正关联（图 12-2-4），且回归斜率在三个样方大小间无显著差异。6 个功能性状对组合回归的共同斜率是 0.50±0.10、0.74±0.44、

2.17±0.38、1.28±0.17、0.57±0.08、0.99±0.11，共同截距是 3.93±0.44、2.81±0.60、–12.94±1.46、–2.81±0.20、4.75±0.12、4.54±0.05。说明上述功能性状组合间的关联性无空间尺度依赖；LMA-WD 和 LTh-WD 在三个样方大小下都显著正关联，但回归斜率在三个样方尺度间有显著差异。

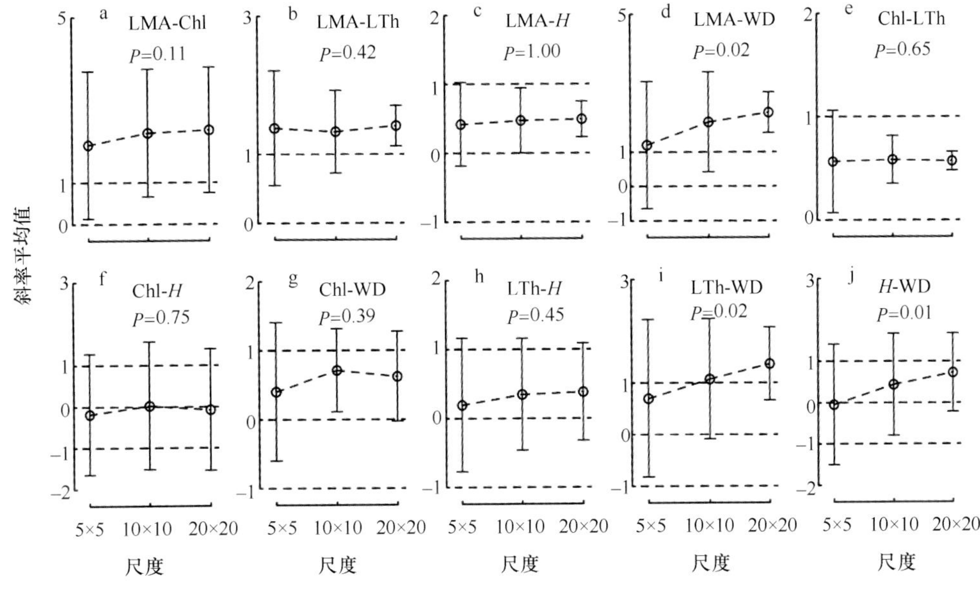

图 12-2-4　种间功能性状关联随样方大小变化的散点图

Fig.12-2-4　Changes in mean among-species standardized major axis (SMA) slopes for the studied ten trait pairs across the three plot sizes

数据分析之前，将数据进行自然对数转换。*P* 值表示用 Kruskal-Wallis 秩和检验不同样方尺度间斜率的差异。虚线分别表示斜率为 1、0 和–1

Each trait was $\log_e$ transformed before analysis. *P* values showed the differences of SMA slopes across the three plot sizes, using a Kruskal-Wallis test. The dashed horizontal lines indicated slope = 1, 0 and –1 respectively

种间的 *H*-LMA、*H*-LTh、LMA-Chl、LMA-LTh、Chl-LTh、Chl-WD 都在 5m×5m、10m×10m 及 20m×20m 样方大小上呈一致的正关联(图 12-2-4)，且回归斜率在三个样方大小间无显著差异。6 个功能性状对组合回归的共同斜率是 0.50±0.10、0.74±0.44、2.17±0.38、1.28±0.17、0.57±0.08、0.99±0.11，共同截距是 3.93±0.44、2.81±0.60、–12.94±1.46、–2.81±0.20、4.75±0.12、4.54±0.05。说明上述功能性状组合间的关联性无空间尺度依赖；LMA-WD 和 LTh-WD 在三个样方大小下都显著正关联，但回归斜率在三个样方尺度间有显著差异。

(3) 功能性状间的关联性与群落组织尺度的关系

5m×5m 样方内，*H*-LMA、LMA-Chl 和 LMA-LTh 在种内、种间及群落水平上都显著正关联，回归斜率在三个群落组织水平间无显著差异。10m×10m 样方内，LMA-Chl、LMA-LTh、Chl-LTh 和 Chl-WD 在种内、种间及群落水平上都显著正关联，Chl-LTh 和 Chl-WD 回归斜率在三个群落组织水平间无显著差异，而 LMA-Chl 和 LMA-LTh 回归斜率在三个群落组织水平间有显著差异($P<0.001$、P=0.04)；20m×20m 样方内，LMA-Chl、

LMA-LTh、Chl-LTh 和 Chl-WD 在种内、种间及群落水平上都显著正关联，LMA-LTh、Chl-LTh 和 Chl-WD 回归斜率在三个群落组织水平间无显著差异，而 LMA-Chl 回归斜率在三个群落组织水平间有显著差异($P = 0.04$)。

3. 特点与讨论

LMA-Chl 和 LMA-LTh 在 3 个样方尺度(图 12-2-2)及 3 个群落组织尺度都显著正关联，回归斜率无显著差异，说明上述 2 个功能性状关联无尺度依赖。热带云雾林植物 LMA-LTh 协同策略使植物适应环境胁迫。LMA 与 SLA 呈倒数关系(Pérez-Harguindeguy et al.，2013)，热带云雾林植物 SLA 显著比低海拔植物小(Long et al.，2011b，2011c)，因而 LMA 比低海拔植物高。热带云雾林存在低温、土壤低磷胁迫(Long et al.，2011c)，植物 LMA 与温度及土壤磷关系密切(Poorter et al.，2009)，一方面植物限制细胞扩张而增加单位体积细胞壁物质含量(如叶片密度增大)及细胞层数(叶片厚度增加)(Atkin et al.，2006)，另一方面采取保守的资源利用策略(Villar et al.，2006)，使单位面积叶片积累较多含碳化合物(Poorter et al.，2009；Pérez-Harguindeguy et al.，2013)，叶片组织密度增加，叶片保水能力增强。LMA 也可以被分解为叶片密度和叶片厚度的乘积(Witkowski and Lamont，1991)，LMA 大的物种有较厚的叶片或组织密度。LTh 与叶肉细胞层数有关，热带云雾林 LTh 较高，有利于叶片储水；叶片厚度增大也能减轻紫外线辐射对叶肉细胞的伤害，所以 LTh 较高反映了植物对环境胁迫的适应策略。LMA-Chl 协同作用反映了热带云雾林植物通过提高光合作用效率而快速生长的策略。植物叶片叶绿素含量增加有助于增强叶片对光的吸收能力，为暗反应合成提供还原性物质和 ATP，因而使单位面积叶片合成的含碳化合物增加。

LMA-Chl 和 LMA-LTh 回归的斜率都与 1 有显著差异性，说明这两对功能性状组合间存在一致的异速生长关系。随样方尺度增大，森林微环境异质性(如空气温度、光照、坡度、土壤营养等)增强，LMA、Chl 和 LTh 的可塑性可能一致(Bonser et al.，2010)，因而保持不变的数量关系。可能的原因是这两个功能性状对的协同策略主要受遗传因素影响(Hughes et al.，2008)。控制这两对功能性状组合的基因有较强的保守性(Grady et al.，2013；Vasseur et al.，2012)，基因间协同作用的结果使它们在不同的尺度上仍保持不变的协同关系。LMA-LTh 和 LMA-Chl 在种内、种间及群落水平上一致的尺度关系，可能与两个原因有关：第一，控制这两对性状的基因有很强的保守性，功能性状组合的关联不受物种周转、物种多度及环境因子影响(Castro-Díez，2012；Reich et al.，2009；Xiang et al.，2013)；第二，虽然受物种周转、多度及环境因子影响，但两对功能性状变化方向和幅度大小一致(Domínguez et al.，2012)。

在本案例选择的 5 个功能性状中，LMA 也与 H 及 WD 有显著的正关联，LTh、Chl 也分别与 H 及 WD 呈正关联。受测定的功能性状类型的限制，本案例无法证明热带云雾林植物其他功能性状与 LMA、Chl、LTh 的关联性。但本案例中 LMA 与 LTh、Chl 在空间尺度及群落组织尺度不变的权衡关系，以及 LMA、Chl、LTh 与其他功能性状间的关联性都说明了这三个功能性状可能是与热带云雾林植物应对环境胁迫生存和快速生长有关的核心性状。LMA 已被证明是全球范围叶片的关键经济谱(Wright et al.，

2004)，本案例结果证明 LMA 在空间尺度及群落组织尺度上也是关键的功能性状。

除了 LMA-LTh 及 LMA-Chl，其他 8 个功能性状组合随样方尺度及群落组织尺度的变化而变化，证明了功能性状权衡的尺度依赖性。但这些功能性状间的关联同样反映了热带云雾林植物的抗逆性和快速生长的策略权衡。例如，LMA 与 WD 正关联，反映了植物增大了茎杆和叶片中碳的积累，使茎杆和叶片细胞壁木质化程度增大、碳密度增加；从而使叶片和茎杆的细胞壁厚度增大，细胞壁硬度支持能力增强，使植物抵御低温、强紫外线及大风的侵袭。WD 被证明是木本植物关键的功能性状(Chave et al.，2009)，本案例研究结果证明 WD 与高海拔低温生境中植物的抗逆性策略有关。LTh 与 H 呈正关联，说明冠层越高的植物叶片厚度越大。由于高度越大植物接受光照越强烈，蒸腾作用较强，较厚的冠层叶片有利于植物平衡光合作用收益、呼吸作用及蒸腾作用关系(Pérez-Harguindeguy et al.，2013)。

在尺度依赖的功能性状组合中，有趣的是，有 7 对功能性状在种间水平的三个样方尺度上都表现出关联性；种内水平只有 LMA-H 在三个样方尺度关联，且 7 个功能性状组合在 5m×5m 样方内无关联性。可能原因是：这些功能性状分异受环境条件影响较强烈，较小样方尺度上的环境异质性较小，种内不同个体的功能性状可塑性不同。群落水平只有 Chl-LTh、Chl-WD、LTh-WD 在三个样方尺度关联，5 个功能性状组合在较大样方尺度上无关联性。可能原因是：不同样方的物种周转速率及物种的优势度差异大，环境筛选择作用下多度加权的功能性状在不同样方中变化大小有差异(Castro-Díez，2012；Cornwell and Ackerly，2009)。一方面，本案例结果表明了种间水平上各个功能性状平均值的关联性比多度加权后功能性状值关联性明显，是反映热带云雾林植物功能性状关联性的有效尺度。这与全球范围叶片经济性状谱性状、叶片机械属性性状及木材性状一样，种间水平上植物均表现出明显的功能性状关联性(Chave et al.，2009；Onoda et al.，2011；Wright et al.，2004)。但是我们研究的表明，物种功能性状平均值间的关联性不如多度加权后平均值强。另外，研究结果表明有 8 对功能性状强烈地表现出种内及群落尺度依赖性，说明受环境、遗传、物种多度等因素综合影响，在空间尺度及种内、群落水平上，功能性状间没有普遍的比例关系。因而，以后的功能性状关联研究，有必要从不同空间尺度及群落组织尺度考虑，全面而详细了解植物生态策略权衡(Castro-Díez，2012)。

(二)植物功能性状的关联与分异规律研究——以霸王岭云雾林为例

功能性状的分异研究是群落生态学的热点话题(Messier et al.，2010)。物种功能性状的差异表征了它们的生理过程、对环境的适应策略等的不同(Garnier et al.，2004)，基于功能性状的群落学研究方法以易于观测且能够表征物种对环境的适应策略、生理过程等的性状为基础，能够将物种的适应策略与群落构建和生态系统过程等有机结合起来(McGill et al.，2006；Westoby and Wright，2006)，从而为研究生物多样性维持机制(Kraft et al.，2008)、生物入侵和碳循环等生态学热点问题提供了一条新思路(Cornwell et al.，2008；习新强，2011)。功能性状的分异存在于单一植株个体、种内、种间和群落等不同水平。例如，Jin 等(2013)在森林类型、群落尺度对叶片氮含量、叶片磷含量做的分异比较研究，发现功能性状的分异集中在森林类型尺度上。而 Messier 等(2010)在不同研究地、群落、种间、种内尺度对比叶重和叶干物质含量的分异做了比较研究，认为群落尺度的叶片功能性状将作为叶片性状的过滤器。随环境梯度的变化，群落功能性状值和种间功能性状值都在不断地变化。大量的功能性状分异研究集中在种间和群落水平，为数不多的研究在种内水平。在全球范围内，由于生态系统的不同，功能性状存在显著的差异(Villar and Merino，2001)。但 Wright 等(2004)依据全球 175 个地点的 2548 种植物所建立的全球叶片经济型谱，发现维管植物叶片在化学成分、结构及生理过程等特性之间存在着紧密的联系，尽管某些性状与气候因子间存在显著的相关关系，但从全球整体格局来看，气候对性状的调节作用并不十分明显。在区域尺度上，环境与功能性状之间的关系表现得更为明显(Díaz et al.，1998)，北极地区，植物叶片性状对土壤养分含量响应明显(Dormann and Woodin，2002)。Wright 等(2005)发现气候因子大约能够解释植物叶性状分异的 18%；而如果将研究尺度缩小，生境或微地形变量或许能够解释大尺度研究中所无法解释的环境过滤效应(Kraft et al.，2008)。本案例以霸王岭热带云雾林植物功能性状作为研究对象，在个体、种内、种间、群落尺度上，分析叶面积、叶干重、比叶重、叶绿素含量、叶厚度和木材密度的分异规律；研究土壤因子在不同尺度上如何影响植物功能性状。

1. 研究案例的地理概况与具体研究方法

1)地理概况

霸王岭的地理概况见第七章第一节。

2)研究方法

(1)数据收集方法

见上一个案例。

(2)数据分析方法

A. 功能性状在个体、种内、种间、群落尺度的分异

为了使数据正态化，我们在数据分析前对功能性状值进行 $\log_{10}$ 转换。运用 R 3.13 软件“lme”包中限制最大似然法，用广义线性模型和“varcomp”函数对个体、种内、种间、群落水平上植物功能性状的分异大小进行方差分解。

群落之间的功能性状的差异，可能由于环境或物种组成不同所致。热带云雾林物种多样性较高，物种组成对功能性状分异的影响可能会大于环境。为了分析物种组成差异，计算不同样方(群落)之间胸径大于 5cm 的被子植物物种 Sorenson 相似性系数。计算公式为：$C_s = \dfrac{2j}{a+b}$。j 为两个群落共有物种数；a 和 b 分别为群落 A 和群落 B 的物种数。

考虑到样方(群落)之间的物种组成可能差异较大，会影响功能性状分异的分析，在这个基础上进一步移除种间尺度来分析方差分异模型，来探究个体、种内、群落尺度上植物功能性状的分异规律。

B. 从种内、种间、群落尺度上，分析功能性状与土壤中养分的关系

以土壤有机质含量、土壤全磷含量、土壤有效磷含量、土壤全氮含量、土壤有效氮含量为自变量，以不同尺度下叶面积、叶干重、比叶重、叶绿素含量、叶厚度、木材密度为因变量，进行逐步线性回归分析。根据 AIC 值、模型决定系数及 *P* 值大小选择最优模型，选择影响物种多样性的关键土壤因子。

数据整理用 Excel 2003，数据分析及作图用 R 3.1.3 软件。

2. 研究结果

1) 功能性状在个体、种内、种间、群落尺度上的分异

叶面积、叶干重、比叶重的分异规律较为相似，解释方差大小皆表现为种间(0.57～0.72＞种内(0.21～0.30)＞个体(0.06～0.09)＞群落(0.0～0.01)；叶厚度的解释方差为种间(0.58)＞种内(0.26)＞个体(0.06)≈群落(0.06)；叶绿素含量解释方差为种间(0.34)≈种内(0.35)＞个体(0.23)＞群落(0.03)；茎干密度的解释方差为个体(0.47)＞种间(0.43)＞种内(0.09)＞群落(0.00)。总体来看，6 种不同的功能性状值在群落尺度的解释方差最小。特别是叶面积、叶干重、木材密度在群落尺度上几乎不具有解释方差；比叶重(0.01)、叶绿素含量(0.03)、叶厚度(0.07)在群落尺度的解释方差也较小(图 12-2-5)。功能性状在群落水平的解释方差小，并且各样方群落的功能性状的密度函数图形和所有群落功能性状的密度函数图形有很好的吻合性(图 12-2-6)，说明这几对功能性状在群落水平上保守性强。叶面积(0.72)、叶干重(0.71)、比叶重(0.57)、叶厚度(0.58)、叶绿素(0.35)在种间尺度的分异较大；木材密度在个体尺度分异最大(0.47)。21 个 20m×20m 群落中，平均物种丰富度为 25.80±6.00，最大值为 34，最小值为 13；群落胸径大于 5cm 被子植物平均植株密度为(130.10±26.00)株/400m^2，最大值为 171 株/400m^2，最小值为 91 株/400m^2(表 12-2-2)。移除种间尺度后，功能性状的方差分布结果基本上与移除前相同。不同的是，种间尺度模型移除后，原来来源于种间尺度的方差分量大部分被增加到了种内尺度。小部分增加到了群落尺度(图 12-2-7)。

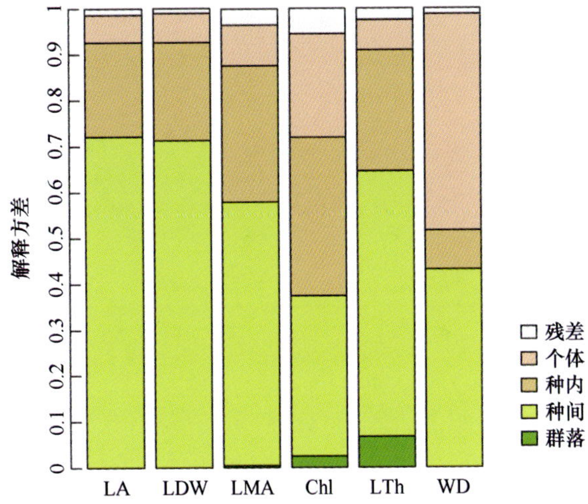

图 12-2-5　功能性状的 4 种组织尺度的巢式方差分解

Fig.12-2-5　Six functional traits variance partitioning across four nested organizational scales

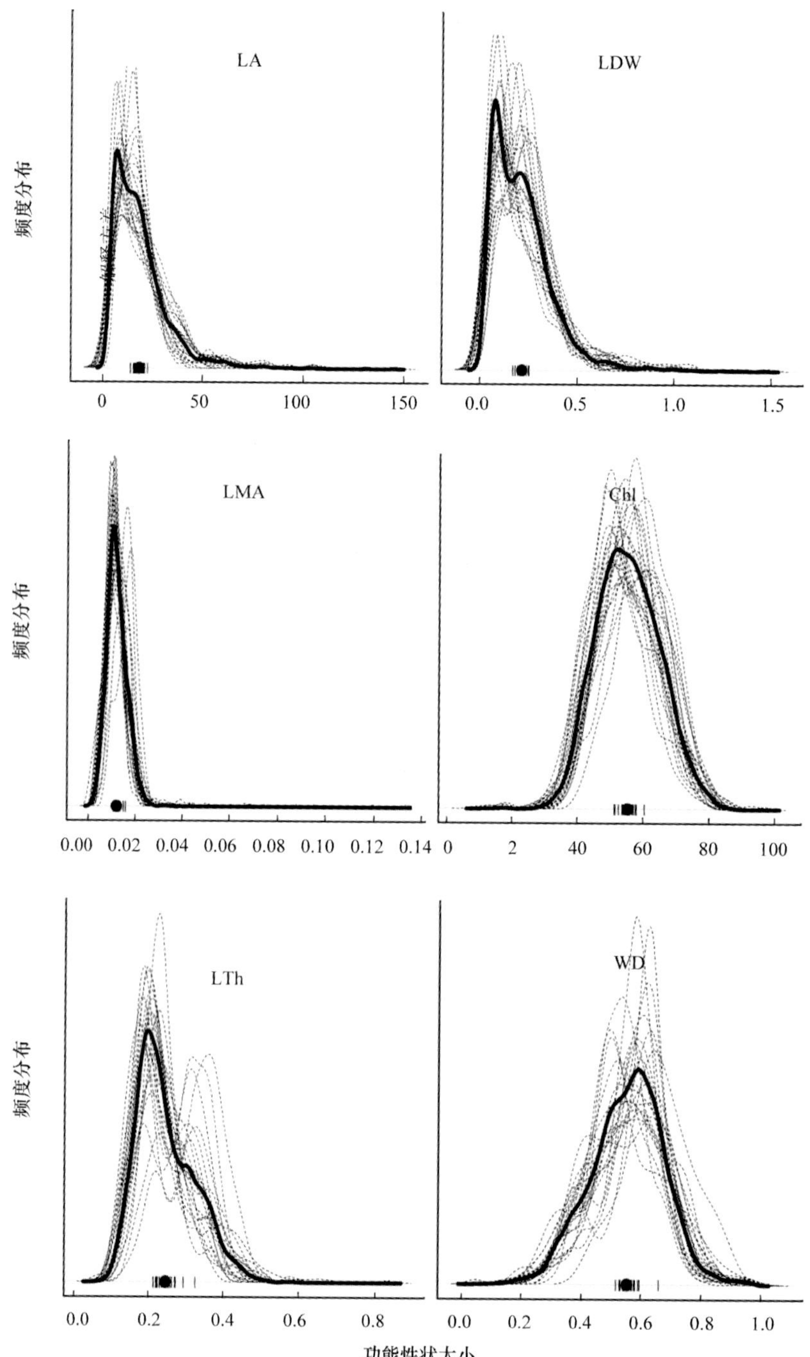

图 12-2-6　功能性状密度分布图

Fig.12-2-6　Density distribution of functional traits

实线表示所有群落的功能性状值密度曲线，虚线表示各群落功能性状密度曲线。“|”表示群落功能性状平均值，“●”表示所有群落的功能性状平均值

The solid lines represent the functional traits density curve of all communities. Dashed lines represent the functional traits density curve of each community. All communities mean values are shown by a bullet point “●” on the abscissa and each community mean values by a tick mark (|)

表 12-2-2　霸王岭样地中群落物种组成

Tab.12-2-2　Species compositions of the communities in Bawangling plots

群落	物种数/个	株数/个	群落	物种数/个	株数/个
P01	25	121	P12	25	156
P02	29	117	P13	32	171
P03	31	128	P14	33	153
P04	34	148	P15	33	169
P05	13	92	P16	16	114
P06	23	117	P17	21	120
P07	28	106	P18	19	91
P08	26	124	P19	21	115
P09	29	154	P20	24	152
P10	20	93	P21	27	120
P11	33	171	—	—	—

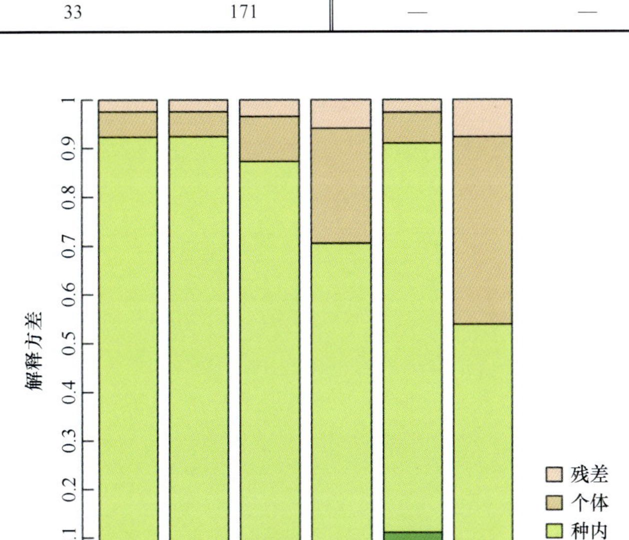

图 12-2-7　功能性状在三种组织尺度中巢式方差分解

Fig.12-2-7　Function traits variance partitioning across three nested organizational scales

2）个体、种内、种间、群落尺度下功能性状与土壤关系

土壤有机质含量为(10.73±4.37)%，土壤全磷含量为(0.16±0.06) g/kg，土壤有效磷含量为(16.91±10.94) mg/kg，土壤全氮含量为(2.23±0.75) g/kg，土壤有效氮含量为(156.41±58.71) mg/kg。不同群落之间的土壤成分存在差异。功能性状分异与有机质、氮磷都有关系。LA 在种内尺度上与土壤有机质含量相关，在种间、群落尺度上不相关；LDW 在种内尺度与土壤有机质和全氮含量相关，而在种间尺度上与有效磷、全氮相关，群落尺度上与土壤有机质含量相关；LMA 在种内尺度上与有机质、全磷、全氮、有效氮相关，而在种间尺度上不相关，群落尺度上与全氮相关；Chl 在种内尺度上与土壤中所测的 5 个因子都相关，而种间尺度上与有机质含量、全磷、有效磷相关，群落尺度上

与有机质含量、全磷、有效磷、全氮相关；LTh 在种内尺度上与有机质、全氮、有效氮相关，在种间尺度上与有机质、有效磷、有效氮相关，在群落尺度上与有效磷、全氮相关；WD 在种内尺度上与有效磷、全氮、有效氮相关，而在种间尺度上与有机质、全磷、有效磷有关。在种间尺度，土壤因子与叶面积和比叶重根据 AIC 和残差判断不具有拟合方程。在群落尺度上，土壤因子与叶面积和木材密度根据 AIC 和残差判断不具有拟合方程(表 12-2-3)。线性回归模型中，影响种内功能性状变化的土壤养分个数比种间、群落尺度多，影响种间功能性状变化的土壤养分个数比群落尺度多(表 12-2-4)。

表 12-2-3　功能性状与土壤养分逐步回归分析

Tab.12-2-3　Stepwise regression analysis between function traits and soil factors

功能性状类型	空间尺度	拟合方程	R^2	F	F 自由度	总自由度	P
LA	种内	$Y=2.64+0.57X_1$	<0.01	2.9	1	2186	0.09
	种间	—	—	—	—	—	—
	群落	—	—	—	—	—	—
LDW	种内	$Y=-1.8+2.73X_1-0.18X_4$	0.02	16.24	2	2096	<0.001
	种间	$Y=-1.6+0.04X_3-0.34X_4$	<0.01	2.1	2	481	0.12
	群落	$Y=-1.71+1.7X_1$	0.31	8.49	1	19	0.01
LMA	种内	$Y=-4.38+1.92X_1-0.69X_2-0.08X_4+0.03X_5$	0.03	18.07	4	2094	<0.001
	种间	—	—	—	—	—	—
	群落	$Y=-5.36+0.65X_4$	0.59	27.81	1	19	<0.001
Chl	种内	$Y=4.11+0.56X_1-0.15X_2-0.01X_3-0.03X_4+0.02X_5$	0.02	9.84	5	2182	<0.001
	种间	$Y=4.14+1.15X_1-0.47X_2-0.01X_3$	0.03	4.8	3	496	0.00
	群落	$Y=3.99+0.87X_1-0.74X_2-0.01X_3+0.23X_4$	0.51	4.23	4	16	0.02
LTh	种内	$Y=-1.42+1.21X_1-0.11X_4+0.02X_5$	0.04	29.8	3	2184	<0.001
	种间	$Y=-1.57+0.98X_1+0.02X_3-0.05X_5$	0.02	3.51	3	496	0.02
	群落	$Y=-2.22+0.02X_3+0.44X_4$	0.54	10.39	2	18	0.00
WD	种内	$Y=-0.44-0.01X_3-0.04X_4+0.01X_5$	0.01	6.99	3	1975	<0.001
	种间	$Y=-0.28+0.51X_1-0.42X_2-0.02X_3$	0.04	6.38	3	454	<0.001
	群落	—	—	—	—	—	—

注：X_1、X_2、X_3、X_4、X_5 分别表示土壤有机质含量、土壤全磷含量、土壤有效磷含量、土壤全氮含量、土壤有效氮含量。Y 分别表示种内、种间、群落尺度下 LA、LDW、LMA、Chl、LTh、WD。

表 12-2-4　回归模型中影响不同群落组织尺度功能性状的土壤因子个数

Tab.12-2-4　The soil factors impacting on each function trait at different organizational scales

尺度	LA	LDW	LMA	Chl	LTh	WD
种内	1	2	4	5	3	3
种间	0	2	0	3	3	3
群落	0	1	1	4	2	0

3. 特点与讨论

在个体、种内、种间尺度水平上，叶片功能性状和木材密度的解释方差较大，而在群落尺度上相对较小；叶绿素和叶厚度在群落尺度的解释方差较其他功能性状值大。功能性状的分异方差可塑性较强（Valladares et al., 2000），在种间分异方差相对较多（Wright et al.，2004）。但是本案例发现功能性状的分异在种内的解释方差所占的比例也比较大，与 Messier 等（2010）对 LMA，LDMC 两个功能性状研究所得种内方差分异的比例一致。

在本案例中，叶面积、叶干重、比叶重、木材密度在群落里的解释方差几乎为零，而叶绿素含量和叶厚度性状的解释方差也较小。从图 12-2-6 可看出，在移除群落之间物种差异的影响后，群落尺度下的解释方差虽有少量增加，但相对于种内尺度仍然较小。由图 12-2-7 可看出，各群落之间不仅功能性状平均值相对一样，并且功能性状值的分布也很相似。因而可以解释为什么功能性状值在群落尺度的解释方差较小。与此同时我们可以看出群落之间的功能性状值的差异不会随着物种的变化及一些个别个体值的增加而发生较大的改变。这与 Messier 等（2010）研究 LMA 和 LDMC 的含量在群落水平的方差分解百分比很小的研究结果照应。

功能性状分异与土壤有机质、氮磷都有关系。土壤有机质是土壤的重要组成部分，土壤的许多属性都直接或间接地与土壤有机质有关。土壤有机质分为腐殖质和非腐殖质两大类。占土壤有机质大多数的腐殖质，对植物的营养有重要的作用，腐殖质被微生物分解以后，是植物营养的重要碳源（CO_2）和氮源（NH_4^+ 或 NO_3^-）。土壤养分高，植物就能快速的生长，而叶面积、比叶重（比叶面积的倒数）、叶绿素含量直接关系到植物光照的采集和生长速率（Ordoñez et al.，2009；Poorter et al.，2006；Wright et al.，2010）。例如，物种具有低的比叶重也就是具有高的比叶面积，那么就具有比较低的叶片结构投资和相对较高的光合和呼吸速率，反之亦然（Sterck et al.，2006；Wright and Westoby，2002）。因此在高土壤养分中会发现植物具有低的比叶重，反之土壤供应较低的养分，则会发现比叶重大的植物。

土壤氮元素 99%以上是以腐殖质形态存在的，因此腐殖质对氮素的保存或有效氮的提供是十分重要的。氮是植物体内氨基酸、酰胺、蛋白质、核酸、核苷酸、辅酶等的组成元素，除此以外，叶绿素、某些植物激素、维生素和生物碱等也含有氮。磷有相当部分也是以有机态磷存在的。磷在植物体内一部分以磷酸根形式存在于糖磷酸、核酸、核苷酸、辅酶、磷脂、植酸等中，另外一部分在 ATP 的反应中起关键性作用，磷还在糖类代谢和蛋白质代谢、脂肪代谢中起关键性作用，磷缺少，蛋白质合成受阻，新的细胞质和细胞核形成较少，影响细胞分裂，导致生长缓慢、叶小、分枝少、植株矮小。叶色暗绿，可能是细胞生长慢，叶绿素含量相对较高，氮磷直接或间接影响植物的生长。

功能性状种内变化和种间变化机制常与物种更新生态位（Grubb，1977）或资源分化有关（Cornwell and Ackerly，2009；Jung et al.，2010）。种内功能性状变化也是研究功能性状变化的一个重要途径（Albert et al.，2010）。但功能性状对环境因子的响应强度与机制可能在不同尺度上表现不一样，本案例研究发现，在不同的组织尺度上，对功能性状起决定性的土壤因子的响应是不同的。

附表 11-1 种内功能性状组合一元线性回归斜率值变化

Appendix Tab.11-1 The slope of functional trait pairs with linear regressions at intraspecific scale

功能性状组合	物种名	拉丁名缩写	尺度	Mean(±SD)	*t*/*P*	LR/*P*
H-LMA	碟斗青冈	*Cyc_dis*	20	−0.34±1.22	−0.68/0.53	5.03/0.54
H-LMA	蚊母树	*Dis_rac*	5	0.72±1.72	1.96/0.06	51.9/0.00
H-LMA	蚊母树	*Dis_rac*	10	0.88±1.23	4.11/0.00	74.42/0.00
H-LMA	蚊母树	*Dis_rac*	20	0.98±0.97	4.05/0.00	64.67/0.00
H-LMA	黄杞	*Eng_spi*	10	0.01±1.84	0.02/0.99	12.52/0.13
H-LMA	黄杞	*Eng_spi*	20	0.22±1.23	0.67/0.52	20.92/0.10
H-LMA	厚皮香八角	*Ill_ter*	20	0.37±1.17	0.78/0.47	4.53/0.61
H-LMA	毛棉杜鹃	*Rho_mou*	20	1.02±0.60	4.13/0.01	13.68/0.03
H-LMA	光叶山矾	*Sym_lan*	20	0.4±0.95	1.02/0.35	16.11/0.01
H-LMA	碎叶蒲桃	*Syz_bux*	10	0.88±1.46	2.56/0.02	43.4/0.00
H-LMA	碎叶蒲桃	*Syz_bux*	20	0.44±1.58	1.22/0.24	64.28/0.00
H-Chl	碟斗青冈	*Cyc_dis*	20	−0.7±1.58	−1.09/0.33	7.62/0.26
H-Chl	蚊母树	*Dis_rac*	5	0.32±2.34	0.63/0.53	62.62/0.00
H-Chl	蚊母树	*Dis_rac*	10	0.26±2.07	0.72/0.47	119.35/0.00
H-Chl	蚊母树	*Dis_rac*	20	0.37±1.96	0.78/0.45	117.59/0.00
H-Chl	黄杞	*Eng_spi*	10	−0.45±1.93	−0.66/0.53	15.36/0.05
H-Chl	黄杞	*Eng_spi*	20	−0.56±2.12	−1.02/0.32	66.45/0.00
H-Chl	厚皮香八角	*Ill_ter*	20	0.46±1.52	0.73/0.50	10.99/0.09
H-Chl	毛棉杜鹃	*Rho_mou*	20	−0.36±1.70	−0.53/0.62	7.43/0.28
H-Chl	光叶山矾	*Sym_lan*	20	0.39±2.02	0.48/0.66	18.3/0.01
H-Chl	丛花山矾	*Sym_poi*	20	−0.17±1.21	−0.34/0.75	5.85/0.44
H-Chl	碎叶蒲桃	*Syz_bux*	10	0.75±4.13	0.84/0.41	65.83/0.00
H-Chl	碎叶蒲桃	*Syz_bux*	20	0.49±2.77	0.78/0.45	149.62/0.00
H-LTh	碟斗青冈	*Cyc_dis*	20	−0.04±1.16	−0.08/0.94	12.18/0.06
H-LTh	蚊母树	*Dis_rac*	5	0.59±1.76	1.58/0.13	47.33/0.00
H-LTh	蚊母树	*Dis_rac*	10	0.61±1.74	2.01/0.05	112.29/0.00
H-LTh	蚊母树	*Dis_rac*	20	1.28±1.11	4.76/0.00	105.52/0.00
H-LTh	黄杞	*Eng_spi*	10	0.65±1.52	1.21/0.26	9.58/0.30
H-LTh	黄杞	*Eng_spi*	20	1.22±1.46	3.23/0.01	53.46/0.00
H-LTh	厚皮香八角	*Ill_ter*	20	0.67±1.60	1.03/0.35	14.25/0.03
H-LTh	毛棉杜鹃	*Rho_mou*	20	1.59±0.92	4.24/0.01	15.99/0.01
H-LTh	光叶山矾	*Sym_lan*	20	0.47±1.57	0.73/0.50	12.07/0.06
H-LTh	丛花山矾	*Sym_poi*	20	0.62±0.73	2.09/0.09	5.52/0.48
H-LTh	碎叶蒲桃	*Syz_bux*	10	0.52±2.62	0.91/0.37	54.96/0.00
H-LTh	碎叶蒲桃	*Syz_bux*	20	1.37±1.91	3.13/0.01	100.48/0.00
H-WD	碟斗青冈	*Cyc_dis*	20	1.63±3.24	1.23/0.27	29.59/0.00
H-WD	蚊母树	*Dis_rac*	5	0.21±3.23	0.28/0.78	87.21/0.00
H-WD	蚊母树	*Dis_rac*	10	0.86±3.20	1.52/0.13	234.38/0.00
H-WD	蚊母树	*Dis_rac*	20	−0.48±3.13	−0.59/0.56	263.72/0.00

续表

功能性状组合	物种名	拉丁名缩写	尺度	Mean(±SD)	*t*/*P*	LR/*P*
H-WD	黄杞	*Eng_spi*	10	0.56±1.68	0.94/0.38	22.02/0.01
H-WD	黄杞	*Eng_spi*	20	0.15±1.99	0.29/0.77	45.36/0.00
H-WD	丛花山矾	*Sym_poi*	20	0.19±1.31	0.35/0.74	6.97/0.32
H-WD	碎叶蒲桃	*Syz_bux*	10	−0.67±3.50	−0.74/0.47	67.75/0.00
H-WD	碎叶蒲桃	*Syz_bux*	20	0.87±2.79	1.33/0.20	148.57/0.00
LMA-Chl	碟斗青冈	*Cyc_dis*	20	1.3±1.34	2.37/0.06	16.63/0.01
LMA-Chl	蚊母树	*Dis_rac*	5	0.93±2.12	2.06/0.05	68.15/0.00
LMA-Chl	蚊母树	*Dis_rac*	10	1.11±1.18	5.41/0.00	68.18/0.00
LMA-Chl	蚊母树	*Dis_rac*	20	1.5±0.47	12.60/0.00	81.73/0.00
LMA-Chl	黄杞	*Eng_spi*	10	0.37±1.48	0.70/0.50	10.03/0.26
LMA-Chl	黄杞	*Eng_spi*	20	0.5±2.11	0.88/0.39	41.6/0.00
LMA-Chl	厚皮香八角	*Ill_ter*	20	0.99±0.99	2.45/0.06	11.33/0.08
LMA-Chl	毛棉杜鹃	*Rho_mou*	20	0.8±1.73	1.14/0.31	17.43/0.01
LMA-Chl	光叶山矾	*Sym_lan*	20	2.27±0.72	7.75/0.00	32.55/0.00
LMA-Chl	碎叶蒲桃	*Syz_bux*	10	0.06±4.13	0.06/0.95	66.97/0.00
LMA-Chl	碎叶蒲桃	*Syz_bux*	20	0.74±2.53	1.28/0.22	176.38/0.00
LMA-LTh	碟斗青冈	*Cyc_dis*	20	0.7±0.77	2.22/0.08	12.31/0.06
LMA-LTh	蚊母树	*Dis_rac*	5	1.13±1.20	4.43/0.00	39.37/0.01
LMA-LTh	蚊母树	*Dis_rac*	10	0.95±1.22	4.45/0.00	64.05/0.00
LMA-LTh	蚊母树	*Dis_rac*	20	1.35±0.48	11.27/0.00	62.84/0.00
LMA-LTh	黄杞	*Eng_spi*	10	1.04±1.23	2.40/0.05	14.76/0.06
LMA-LTh	黄杞	*Eng_spi*	20	1.2±1.55	2.90/0.01	44.03/0.00
LMA-LTh	厚皮香八角	*Ill_ter*	20	1.2±1.09	2.69/0.04	18.28/0.01
LMA-LTh	毛棉杜鹃	*Rho_mou*	20	1.66±0.59	6.87/0.00	13.94/0.03
LMA-LTh	光叶山矾	*Sym_lan*	20	1.4±1.29	2.66/0.04	26.24/0.00
LMA-LTh	碎叶蒲桃	*Syz_bux*	10	1±2.12	2.01/0.06	69.36/0.00
LMA-LTh	碎叶蒲桃	*Syz_bux*	20	0.8±1.90	1.83/0.08	114.07/0.00
LMA-WD	蚊母树	*Dis_rac*	5	0.56±3.43	0.72/0.48	68.78/0.00
LMA-WD	蚊母树	*Dis_rac*	10	0.75±2.79	1.52/0.14	153.07/0.00
LMA-WD	蚊母树	*Dis_rac*	20	0.84±2.60	1.25/0.23	198.56/0.00
LMA-WD	黄杞	*Eng_spi*	10	−0.09±1.53	−0.17/0.87	14.83/0.06
LMA-WD	黄杞	*Eng_spi*	20	0.8±2.05	1.46/0.17	32.48/0.00
LMA-WD	碎叶蒲桃	*Syz_bux*	10	1.22±3.86	1.14/0.28	49.94/0.00
LMA-WD	碎叶蒲桃	*Syz_bux*	20	0.82±3.04	1.14/0.27	176.03/0.00
Chl-LTh	碟斗青冈	*Cyc_dis*	20	0.35±0.60	1.43/0.21	17.85/0.01
Chl-LTh	蚊母树	*Dis_rac*	5	0.24±0.94	1.18/0.25	29.07/0.14
Chl-LTh	蚊母树	*Dis_rac*	10	0.59±1.08	3.14/0.00	48.53/0.04
Chl-LTh	蚊母树	*Dis_rac*	20	0.62±0.75	3.41/0.00	33.22/0.01
Chl-LTh	黄杞	*Eng_spi*	10	0.29±1.35	0.61/0.56	7.73/0.46
Chl-LTh	黄杞	*Eng_spi*	20	0.23±1.15	0.78/0.45	18.98/0.21
Chl-LTh	厚皮香八角	*Ill_ter*	20	1.14±0.29	9.63/0.00	4.12/0.66

续表

功能性状组合	物种名	拉丁名缩写	尺度	Mean(±SD)	t/P	LR/P
Chl-LTh	毛棉杜鹃	*Rho_mou*	20	0.74±0.94	1.92/0.11	9.68/0.14
Chl-LTh	光叶山矾	*Sym_lan*	20	0.83±0.33	6.25/0.00	12.29/0.05
Chl-LTh	丛花山矾	*Sym_poi*	20	0.68±0.68	2.44/0.06	5.11/0.53
Chl-LTh	碎叶蒲桃	*Syz_bux*	10	0.59±0.73	3.69/0.00	33.84/0.04
Chl-LTh	碎叶蒲桃	*Syz_bux*	20	0.27±0.80	1.48/0.16	40.33/0.00
Chl-WD	蚊母树	*Dis_rac*	5	0.52±1.46	1.56/0.14	17.93/0.53
Chl-WD	蚊母树	*Dis_rac*	10	0.81±1.76	2.60/0.01	85.04/0.00
Chl-WD	蚊母树	*Dis_rac*	20	1.02±1.45	2.72/0.02	70.55/0.00
Chl-WD	黄杞	*Eng_spi*	10	–0.25±1.18	–0.61/0.56	8.19/0.41
Chl-WD	黄杞	*Eng_spi*	20	–0.08±1.02	–0.31/0.76	22.19/0.07
Chl-WD	碎叶蒲桃	*Syz_bux*	10	–0.48±1.15	–1.63/0.13	16.47/0.35
Chl-WD	碎叶蒲桃	*Syz_bux*	20	–0.15±1.16	–0.53/0.60	36.25/0.01
LTh-WD	蚊母树	*Dis_rac*	5	–0.06±2.15	–0.12/0.91	38.84/0.01
LTh-WD	蚊母树	*Dis_rac*	10	–0.27±2.14	–0.72/0.47	96.34/0.00
LTh-WD	蚊母树	*Dis_rac*	20	0.67±1.91	1.37/0.19	106.42/0.00
LTh-WD	黄杞	*Eng_spi*	10	–0.05±1.09	–0.13/0.90	5.35/0.72
LTh-WD	黄杞	*Eng_spi*	20	0.4±0.97	1.54/0.15	15.24/0.36
LTh-WD	碎叶蒲桃	*Syz_bux*	10	–0.74±1.89	–1.51/0.15	43.81/0.00
LTh-WD	碎叶蒲桃	*Syz_bux*	20	–0.68±1.45	–2.00/0.06	65.64/0.00

注：回归分析的植物个体数大于或等于 6，*t* 测验的样本数大于等于 6。*H*. 植株高度(plant height)，树干基部到树冠的最短距离(m)；LA. 叶面积(leaf area)，叶面积仪所测叶片面积的大小(cm^2)；LDW. 叶干重(leaf draw weight)，80℃烘 72h 后叶片的重量(g)；LMA. 比叶重(leaf mass per area)，叶干重与叶面积比值(g/cm^2)；Chl. 叶片叶绿素含量(leaf chlorophyll content)，用便携式叶绿素仪(SPAD-502 Plus，Konica Minolta，Japan)测定叶绿素含量；LTh. 叶片厚度(leaf thickness)，叶片非叶脉处的厚度(mm)；WD. 木材密度(wood density)，本案例采用测量枝条密度来代替木材密度(g/cm^3)。

参考文献

安树青, 王峥峰, 朱学雷, 等. 1997. 土壤因子对次生森林群落演替的影响[J]. 生态学报, 01: 47-52.

车秀芬, 杨小波, 岳平, 等. 2006. 铜鼓岭国家级自然保护区植物多样性[J]. 生物多样性, 14(4): 292-299.

陈永富, 杨彦臣, 张怀清, 等. 2000. 海南岛热带天然山地雨林立地质量评价研究[J]. 林业科学研究, 13(2): 134-140.

陈玉凯, 杨小波, 李东海, 等. 2011. 海南霸王岭海南油杉群落优势种群的种间联结性研究[J]. 植物科学学报, 29(3): 278-287.

戴小华, 余世孝, 练琚瑜. 2003. 海南岛霸王岭热带雨林的种间分离[J]. 植物生态学报, 27(3): 380-387.

邓贤兰, 刘玉成, 吴杨. 2003. 井冈山自然保护区栲属群落优势种群的种间联结关系研究[J]. 植物生态学报, 27(4): 531-536.

杜道林, 刘玉成, 等. 1995. 缙石山亚热带栲树林优势种群间联结性研究[J]. 植物生态学报, 19(2): 149-157.

杜荣骞. 1999. 生物统计学[M]. 北京: 高等教育出版社.

方洪, 李意德, 罗文, 等. 2004. 尖峰岭国家级自然保护区青皮林资源及其垂直分布特征[J]. 热带林业,

32(4): 43-46.
符国瑷, 冯绍信. 1995. 海南五指山森林的垂直分布及其特征[J]. 广西植物, 1995(1): 57-69.
龚直文, 亢新刚, 顾丽, 等. 2011. 长白山云冷杉针阔混交林两个演替阶段乔木的种间联结性[J]. 北京林业大学学报, 33(5): 28-33.
广东省植物研究所(徐燕千). 1976. 广东植被[M]. 北京: 科学出版社.
广东省植物研究所. 1975. 海南植物志: 第 4 卷. 北京: 科学出版社.
胡理乐, 闫伯前, 刘琪, 等. 2005. 南方丘陵人工林林下植物种间关系分析[J]. 应用生态学报, 16(11): 2019-2024.
胡玉佳, 丁小球. 2000. 海南岛霸王岭热带天然林植物物种多样性研究[J]. 生物多样性, 8(4): 370-377.
胡玉佳, 李玉杏. 1992. 海南岛热带雨林[M]. 广州: 广东高等教育出版社.
胡玉佳, 王寿松. 1988. 海南岛热带雨林优势种——青梅种群增长的矩阵模型[J]. 生态学报, 8(2): 104-110.
胡玉佳. 1986. 海南岛青梅种群生物学研究简报[J]. 植物学通报, 4(1～2): 95-97.
黄瑾, 杨小波, 龙文兴, 等. 2013. 海南单优龙脑香科植物群落特征[J]. 热带作物学报, 3: 578-583.
黄全, 李意德, 郑德璋, 等. 1986. 海南岛尖峰岭地区热带植被生态系列的研究[J]. 植物生态学与地植物学学报, 10(2): 90-105.
黄世能, 李意德, 骆土寿, 等. 2000. 海南岛尖峰岭次生热带山地雨林树种间的联结动态[J]. 植物生态学报, 24(5): 569-574.
蒋有绪, 卢俊培. 1991. 中国海南岛尖峰岭热带林生态系统[M]. 北京: 科学出版社.
李刚, 朱志红, 王孝安, 等. 2008. 子午岭乔木群落演替过程中种间联结性分析[J]. 东北林业大学学报, 36(11): 25-28.
李凌浩, 史世斌. 1994. 长芒草草原群落种间关联与种群联合格局的初步研究[J]. 生态学杂志, 13(3): 62-67.
李帅锋, 刘万德, 苏建荣, 等. 2012. 滇西北云南红豆杉群落物种生态位与种间联结[J]. 植物科学学报, 30(6): 568-576.
李意德. 1993. 海南岛尖峰岭热带山地雨林主要种群生态位特征研究[J]. 林业科学研究, 7(1): 78-85.
李意德. 1995. 海南岛热带森林的变迁及生物多样性的保护对策[J]. 林业科学研究, 8(4): 455-461.
李意德. 1997. 海南岛尖峰岭热带山地雨林的群落结构特征[J]. 热带亚热带植物学报, 5(1): 18-26.
李意德, 陈步峰, 周光益, 等. 2002. 中国海南岛热带森林及其生物多样性保护研究[M]. 北京: 中国林业出版社.
李意德, 方洪, 罗文, 等. 2006. 海南尖峰岭国家级保护区青皮林资源与乔木层群落学特征[J].林业科学, 42(1): 1-6.
李意德, 许涵, 陈德祥, 等. 2007. 从植物种群间联结性探讨生态种组与功能群划分——以尖峰岭热带低地雨林乔木层数据为例[J]. 林业科学, 43(4): 9-16.
梁淑群, 林英, 杨小波, 等. 1994a. 海南万宁礼纪青梅林(续)[J]. 海南大学学报(自然科学版)12(1): 14-19.
梁淑群, 林英, 杨小波, 等. 1994b. 海南万宁礼纪青梅林(续完)[J]. 海南大学学报(自然科学版), 12(2): 129-135.
林勇明, 吴承祯, 洪伟, 等. 2005. 长苞铁杉林乔木层优势种群种间关联及尺度效应研究[J]. 广西植物, 6 期.
龙文兴, 丁易, 臧润国, 等. 2011a. 海南岛霸王岭热带云雾林雨季的环境特征[J]. 植物生态学报, 2: 137-146.
龙文兴, 臧润国, 丁易. 2011b. 海南岛霸王岭热带山地常绿林和热带山顶矮林群落特征[J]. 生物多样性, 5: 558-566.
龙文兴. 2011c. 海南岛热带云雾林群落结构及组配机制研究[D]. 中国林业科学研究院.

罗璐, 申国珍, 谢宗强, 等. 2011. 神农架海拔梯度上4种典型森林的乔木叶片功能性状特征[J]. 生态学报, 31: 6420-6428.

骆土寿, 李意德, 陈德祥, 等. 2005. 海南岛鸡毛松人工林群落种间联结性研究[J]. 生态学杂志, 24(6): 591-594.

马丹炜, 王跃华, 王道模, 等. 2004. 青城山森林植被常见种群种间联结性的研究[J]. 四川大学学报(自然科学版), 41(1): 169-173.

孟婷婷, 倪健, 王国宏. 2007. 植物功能性状与环境和生态系统功能[J]. 植物生态学报, 31: 150-165.

彭少麟. 1996. 南亚热带森林动态[M]. 北京: 科学出版社.

彭少麟, 周厚诚, 郭少聪, 等. 1999. 鼎湖山地带性植被种间联结变化研究[J]. 植物学报, 41(11): 1239-1244.

史作民, 刘世荣, 程瑞梅, 蒋有绪. 2001. 宝天曼落叶阔叶林种间联结性研究[J]. 林业科学, 02 期.

孙澜, 苏智先, 严贤春, 等. 2008. 金城山植物群落优势种群的种间关系[J]. 应用与环境生物学报, 14(3): 314-318.

谭业华, 陈珍. 2007. 海南西北自然区中药资源及南药生产发展对策[J]. 广东农业科学, 2007(11): 26-29.

陶建平, 藏润国. 2004. 海南霸王岭热带山地雨林林隙幼苗库动态规律研究[J]. 林业科学, 40(3): 33-38.

王伯荪, 彭少麟, 郭泺, 等. 2007. 海南岛热带森林景观类型多样性[J]. 生态科学, 27(5): 1690-1695.

王伯荪, 彭少麟. 1983. 鼎湖山森林群落分析——II 物种联结性[J]. 中山大学学报(自然科学版), 1983(4): 29-37.

王伯荪, 彭少麟. 1985. 南亚热带常绿阔叶林种间联结测定技术研究: 种间联结测式的探讨与修正[J]. 植物生态学与地植物学丛刊, 9(4): 274-285.

王伯荪, 余世孝, 彭少麟, 等. 1996. 植物群落学实验手册[M]. 广州: 广东高等教育出版社.

王文进, 张明, 刘福德, 等. 2007. 海南岛吊罗山热带山地雨林两个演替阶段的种间联结性[J]. 生物多样性, 15(3): 257-263.

王铮峰, 安树青, Campell D G, 等. 1997. 热带山地雨林种间联结的测定[J]. 内蒙古大学学报(自然科学版)23(3): 400-406.

习新强, 赵玉杰, 刘玉国, 等. 2011. 黔中喀斯特山区植物功能性状的变异与关联[J]. 植物生态学报, 35(10): 1000-1008.

谢春平, 伊贤贵, 王贤荣. 2009. 武夷山野生早樱群落灌木种群生态位研究[J]. 林业科技, 34(1): 19-23.

邢福, 郭继勋. 2001. 糙隐子草草原 3 个放牧演替阶段的种间联结对比分析[J]. 植物生态学报, 25(6): 693-698.

邢福, 刘卫国, 王成伟. 2001. 中国草地有毒植物研究进展[J]. 中国草地学报, 23(5): 000056-61.

邢福武, 李泽贤, 吴德邻. 1993. 海南岛南部甘什岭植物区系的初步研究[J]. 植物研究, 13(3): 227-242.

邢莎莎, 杨小波, 罗文启, 等. 2015. 海南乐东县药用植物的种间联结性[J]. 西部林业科学, 44(5): 96-113.

熊梦辉, 龙文兴, 杨小波, 等. 2015. 热带云雾林植物物种多样性与环境关系研究[J]. 浙江林业科技, 35(4): 19-23.

徐琨, 李芳兰, 苟水燕, 等. 2012. 岷江干旱河谷 25 种植物一年生植株根系功能性状及相互关系[J]. 生态学报, 32: 215-225.

杨锋伟, 余新晓, 王树森, 等. 2007. 华北土石山区天然植被种间联结和生态位研究[J]. 中国水土保持科学, 5(1): 60-67.

杨小波, 吴庆书, 李跃烈, 等. 2005. 海南北部地区热带雨林的组成特征[J]. 林业科学, 41(3): 19-24.

曾庆波, 李意德, 陈步峰, 等. 1997. 热带森林生态系统研究与管理[M]. 北京: 中国林业出版社.

张家城, 陈力, 蒋有绪, 等. 1999. 演替顶极阶段森林群落优势树种分布的变动趋势研究[J]. 植物生态学报, 23(3): 256-268.

张金屯. 2004. 数量生态学[M]. 北京: 科学出版社.
张文辉, 祖元刚. 1998. 川西北地区裂叶沙参与泡沙参所在群落种间联结性对照研究[J]. 东北林业大学学报, 第5期.
张先平, 王孟本, 佘波, 等. 2006. 庞泉沟国家自然保护区森林群落的数量分类和排序[J]. 生态学报, 26(2): 754-760.
张志勇, 陶德定, 李德铢. 2003. 五针白皮松在群落演替过程的种间联结性分析[J]. 生物多样性, 11(2): 125-131.
赵则海, 祖元刚, 杨逢建, 等. 2003. 东灵山辽东栎林木本植物种间联结取样技术的研究[J]. 植物生态学报, 27(3): 396-403.
中国土壤学会农业化学专业委员会. 1983. 土壤农业化学常规分析方法[M]. 北京: 科学出版社.
钟彦龙, 王银山, 徐敏, 等. 2010. 艾比湖湿地植物种间关系研究[J]. 干旱区资源与环境, 5(24): 153-157.
周铁烽. 2001. 中国热带主要经济树木栽培技术[M]. 北京: 中国林业出版社.
周先叶, 王伯荪, 李鸣光, 昝启杰. 2000. 广东黑石顶自然保护区森林次生演替过程中群落的种间联结性分析[J]. Vol.24(3): 332-339.
周先叶, 王伯荪. 2000. 广东黑石顶自然保护区森林次生演替过程中种群的种间分析[J]. 植物生态学报, 24(3): 332-339.
朱圣潮. 2006. 中华水韭松阳居群结构与种间联结性研究[J]. 生物多样性, 14(3): 258-264.
Ackerly D D, Cornwell W K. 2007. A trait-based approach to community assembly: partitioning of species trait values into within- and among-community components[J]. Ecology Letters, 10: 135-145.
Ackerly D D. 2003. Community assembly, niche conservatism, and adaptive evolution in changing environments. Int J Plant Sci, 164: S165-84.
Albert C H, Thuiller W, Yoccoz N G, et al. 2010. A multi-trait approach reveal the structure and the relative importance of intra- vs. interspecific variability in plant traits[J]. Functional Ecology, 24: 1129-1201.
Atkin O K, Loveys B R, Atkinson L J, et al. 2006. Phenotypic plasticity and growth temperature: understanding interspecific variability[J]. Journal of Experimental Botany, 57(2): 267-281.
Baraloto C, Paine C E T, Patiño S, et al. 2010. Functional trait variation and sampling strategies in species-rich plant communities[J]. Functional Ecology, 24: 208-216.
Bolnich D I, Amarasekare P, Araújo MS, et al. 2011. Why intraspecific trait variation matters in community ecology[J]. Trends Ecology Evolution, 26: 183-192.
Bonser S P, Ladd B, Monro K, et al. 2010. The adaptive value of functional and life-history traits across fertility treatments in an annual plant[J]. Annals of Botany, 106: 979-988.
Bu W S, Zang R G, Ding Y. 2014. Field observed relationships between biodiversity and ecosystem functioning during secondary succession in a tropical lowland rainforest[J]. Acta Oecologica, 55(2): 1-7.
Bubb P, May I, Miles L, et al. 2004. Cloud Forest Agenda[M]. Cambridge, UK: UNEP-World Conservation Monitoring Centre.
Burns K C. 2004. Patterns in specific leaf area and the structure of a temperature heath community. Diversity and Distribution, 10: 105-112.
Castro-Díez P. 2012. Functional traits analyses: scaling-up from species to community level[J]. Plant Soil, 357: 9-12.
Cavender-Bares J, Keen A, Miles B. 2006. Phylogenetic structure of Floridian plant communities depends on taxonomic and spatial scale[J]. Ecology, 87: S109-S122.
Chave J, Coomes D, Jansen S, et al. 2009. Towards a worldwide wood economics spectrum[J]. Ecology Letters, 12: 351-366.
Cornwell W K, Ackerly D D. 2009. Community assembly and shifts in plant trait distributions across an environmental gradient in coastal California[J]. Ecological Monographs, 79: 109-126.

Cornwell W K, Cornelissen J H C, Amatangelo K, et al. 2008. Plant species traits are the predominant control on litter decomposition rates within biomes worldwide[J]. Ecology Letters, 11: 1065-1071.

Cox G W. 1979. 普通生态学实验手册. 蒋有绪译. 北京: 科学出版社.

Díaz S, Cabido M, Casanoves F. 1998. Plant functional traits and environmental filters at a regional scale[J]. Journal of Vegetation Science, 9: 113-122.

Dice L R. 1945. Measures of the amount of ecological association between species. Ecology, 26: 297-302.

Domínguez M T, Aponte C, Pérez-Ramos IM, et al. 2012. Relationships between leaf morphological traits, nutrient concentrations and isotopic signatures for Mediterranean woody plant species and communities[J]. Plant Soil, 357: 407-424 .

Dormann C F, Woodin S J. 2002. Climate change in the Arctic: using plant functional types in a meta-analysis of field ex-periments[J]. Functional Ecology, 16: 4-17.

Garnier E, Cortez J, Billès G, et al. 2004. Plant functional markers capture ecosystem properties during secondary succession[J]. Ecology, 85: 2630-2637.

Golodets C, Sternberg M, Kigel J. 2009. A community-level test of the leaf-height-seed ecology strategy scheme in relation to grazing conditions[J]. Journal of Vegetation Science, 20: 392-402.

Grady K C, Laughlin D C, Ferrier S M, et al. 2013. Conservative leaf economic traits correlate with fast growth of genotypes of a foundation riparian species near the thermal maximum extent of its geographic range[J]. Functional Ecology, 27: 428-438.

Greig-Smith P. 1983. Quantitative Plant Ecology. Oxford: Blackwell: 54-104.

Grubb PJ. 1977. The maintenance of species-richness in plant communities: the importance of the regeneration niche[J]. Biological Reviews, 52: 107-145.

Han W, Fang J, Guo D, et al. 2005. Leaf nitrogen and phosphorus stoichiometry across 753 terrestrial plant species in China[J]. New Phytologist, 168: 377-385.

Hughes A R, Inouye B D, Johnson M T J, et al. 2008. Ecological consequences of genetic diversity[J]. Ecology Letters, 11: 609-623.

Hulshof C M, Swenson N G. 2010. Variation in leaf functional trait values within and across individuals and species: An example from a Costa Rican dry forest[J]. Functional Ecology, 24: 217-223.

Jin D M, Cao X C, Ma K P. 2013. Leaf functional traits vary with the height of plant species in forest communities[J]. Journal of Plant Ecology, 10: 1-9.

Jung V, Violle C, Mondy C, et al. 2010. Intraspecific variability and trait-based community assembly[J]. Journal of Ecology, 98: 1134-1140.

Körner C. 2007. The use of 'altitude' in ecological research[J]. Trends in Ecology and Evolution, 22: 569-574.

Kraft N J B, Valencia R, Ackerly D D. 2008. Functional traits and niche-based tree community assembly in an Amazonian forest[J]. Science, 322: 580-582.

Laughlin D C, Leppert J J, Moore M M, et al. 2010. A multi-trait test of the leaf-height-seed plant strategy scheme with 133 species from a pine forest flora[J]. Functional Ecology, 24: 493-501.

Lavorel S, Gamier E. 2002. Preaieting change in community composition and ecosystem functioning from plant traits: revisiting the Holy Grail[J]. Functional Ecology, 16: 545-556.

Lavorel S, Garnier E. 2002. Predicting changes in community composition and ecosystem functioning from plant traits: Revisiting the Holy Grail[J]. Functional Ecology, 16(5): 545-556.

Lebrija-Trejos E, Pérez-García E A, Meave J A, et al. 2010. Functional traits and environmental filtering driving community assembly in a species-rich tropical system[J]. Ecology, 91: 386-398.

Long W X, Zang R G, Ding Y. 2011. Air temperature and soil phosphorous availability correlate with trait differences between two types of tropical cloud forests[J]. Flora, 206: 896-903.

Long W X, Schamp S B, Zang R G, et al. 2015. Community assembly in a tropical cloud forest related to specific leaf area and maXimum species height[J]. Journal of Vegetation Science, 26: 513-523.

Long W X, Zang R G, Ding Y, et al. 2013. Effects of competition and facilitation on species assembly in two types of tropical cloud forest[J]. PLoS one, 8, (4): e60252.

Long W X, Zang R G, Schamp S B, et al. 2011. Within- and among-species variation in specific leaf area drive community assembly in a tropical cloud forest[J]. Oecologia, 167: 1103-1113.

Long Y, Jin X, Yang X, et al. 2014. Reconstruction of historical arable land use patterns using constrained cellular automata: A case study of Jiangsu, China[J]. Applied Geography, 52(4): 67-77.

Marrrs R H, Le Duc M G. 2000. Factors controlling vegetation change in long-term experiments designed to restore heathland in Breckland, UK[J]. Applied Vegetation Science, 3: 135-146.

Mcgill B J. 2008. Exploring predictions of abundance from body mass using hierarchical comparative approaches[J]. American Naturalist, 172(1): 88.

McGill B J, Enquist B J, Weiher E, et al. 2006. Rebuilding community ecology from functional traits[J]. Trends in Ecology and Evolution, 21: 178-185.

Messier J, McGill B J, Lechowicz M J. 2010. How do traits vary across ecological scales? A case for trait-based ecology[J]. Ecology Letters, 13: 838-848.

Moles A T, Warton D I, Warman L, et al. 2009. Global patterns in plant height[J]. Journal of Ecology, 97: 923-932.

Onoda Y, Westoby M, Adler P B, et al. 2011. Global patterns of leaf mechanical properties[J]. Ecology Letters, 14: 301-312.

Ordoñez J C, Bodegom P M, van Witte J P M, et al. 2009. A global study of relationships between leaf traits, climate and soil measures of nutrient fertility[J]. Global Ecology and Biogeography, 18: 137-149.

Paine CET, Baraloto C, Chave J, et al. 2011. Functional traits of individual trees reveal ecological constraints on community assembly in tropical rain forests[J]. Oikos, 120: 720-727.

Pérez-Harguindeguy N, Díaz S, Garnier E, et al. 2013. New handbook for standardised measurement of plant functional traits worldwide[J]. Australian Journal of Botany, 61: 167-234.

Pielou E C. 1988. 数学生态学[M]. 卢泽愚译.北京: 科学出版社.

Poorter H, Niinemets Ü, Poorter L, et al. 2009. Causes and consequences of variation in leaf mass per area (LMA): a meta-analysis[J]. New Phytologist, 182: 565-588.

Poorter L, Bongers L, Bongers F. 2006. Architecture of 54 moist-forest tree species: Traits, trade-offs, and functional groups[J]. Ecology, 87: 1289-1301.

Poorter L, Markesteijn L. 2008. Seedling traits determine drought tolerance of tropical tree species[J]. Biotropica, 40: 321-331.

Reich P B, Oleksyn J, Wright I J. 2009. Leaf phosphorus influences the photosynthesis-nitrogen relation: a cross-biome analysis of 314 species[J]. Oecologia, 160: 207-212.

Schamp B S, Chau J, Aarssen L W. 2008. Dispersion of traits related to competitive ability in an old-field plant community[J]. Journal of Ecology, 96: 204-212.

Schamp B S, Aarssen L W. 2009. The assembly of forest communities according to maximum species height along resource and disturbance gradients[J]. Oikos, 118: 564-572.

Schluter D A. 1984. Variance test for detecting species associations , with some example applications. Ecology, 65(3): 998-1005.

Sterck F J, Poorter L, Schieving F. 2006. Leaf traits determine the growth-survival trade-off across rain forest tree species[J]. American Naturalist, 67: 758-765.

Suding K N, Goldstein L J. 2008. Testing the Holy Grail framework: using functional traits to predict ecosystem change[J]. New Phytologist, 180: 559-562.

Swenson N G, Weiser M D. 2010. Plant geography upon the basis of functional traits: an example from eastern North American trees[J]. Ecology, 91: 2234-2241.

Tilman D. 1982. Resource Competition and Community Structure[M]. Princeton: Princeton University Press: 1-296.

Tilman D. 1988. Plant Strategies and the Dynamics and Structure of Plant Communities[M]. Princeton: Princeton University Press: 1-360.

Valladares F, Wright S J, Lasso E, et al. 2000. Plastic phenotypic response to light of 16 congeneric shrubs from a Panamanian rainforest[J]. Ecology, 81: 1925-1936.

Vasseur F, Violle C, Enquist B, et al. 2012. A common genetic basis to the origin of the leaf economics spectrum and metabolic scaling allometry[J]. Ecology Letters, 15: 1149-1157.

Villar R, Merino J. 2001. Comparison of leaf construction costs in woody species with differing leaf life-spans in con-trasting ecosystems[J]. New Phytologist, 151: 213-226.

Villar R, Robleto J R, Jong Y D, et al. 2006. Differences in construction costs and chemical composition between deciduous and evergreen woody species are small as compared to differences among families[J]. Plant Cell & Environment, 29(8): 1629.

Westoby M, Falster DS, Moles AT, et al. 2002. Plant ecological strategies: Some leading dimensions of variation between species[J]. Annu Rev Ecol Syst, 33: 125-159.

Westoby M, Wright IJ. 2006. Land-plant ecology on the basis of functional traits[J]. Trends Ecol Evol, 21: 261-268.

Westoby M. 1998. A leaf-height-seed (LHS) plant ecology strategy scheme[J]. Plant & Soil, 199(2): 213-227.

Williams-Linera G. 2002. Tree species richness complementarily, disturbance and fragmentation in a Mexican tropical montane cloud forest. Biodiversity and Conservation, 11, 1825-1843.

Witkowski ETF, Lamont BB. 1991. Leaf specific mass confounds leaf density and thickness[J]. Oecologia, 88: 486-493.

Wright I J, Reich P B, Westoby M, et al. 2004. The worldwide leaf economics spectrum[J]. Nature, 428(6985): 821.

Wright I J, Reich P B, Cornelissen J H C, et al. 2005. Modulation of leaf economic traits and trait relationships by climate. Global Ecology and Biogeography, 14, 411-421.

Wright IJ, Ackerly DD, Bongers F, et al. 2007. Relationships among ecologically important dimensions of plant trait variation in seven Neotropical forests[J]. Ann Bot, 99: 1003-1015.

Xiang SX, Reich PB, Sun SC, et al. 2013. Contrasting leaf trait scaling relationship in tropical and temperate wet forest species[J]. Functional Ecology, 27: 522-534.

第十三章　海南植被的生产力与碳储量

第一节　生物量与生产力研究

一、植物生物量与生产力概念

植物群落（植被，下简称群落）的生物量和生产力是植物群落生态学的重要组成部分。植物群落中的绿色植物通过光合作用从无机物质制造有机化合物，这是植物群落的最重要的功能（人类称之为功能），实际上是植物群落自身生存、生长和发育的一个自然现象。在光合作用过程中，一段时间内由植物生产的有机物质的总量称为总初级生产力，通常以 g/(m^2·a) 表示。植物为了维持生存要进行呼吸作用，呼吸作用要消耗一部分光合作用生成的有机物质，剩余的部分才用于积累（生长）；一段时间内植物在呼吸之后余下的有机物质的数量，称为净初级生产力。净初级生产量随时间的推移会逐渐积累，日益增多，到任一观测时间为止积累下来的数量就是植物群落的生物量。植物群落生物量是指某一时刻单位面积内实存生活的有机物质（干重）总量，通常用 kg/m^2 或 t/hm^2 表示，有时也用 Mg/hm^2（每公顷百万克）表示。

植物群落生物量与生产力的关系，可简单理解为该植物群落时间 t+1 的生物量减去时间 t 的生物量等于该时间段的净生产力。因此，《海南植被志》仅重点介绍植物群落生物量的研究方法与成果。

实际上，植物群落中各种群的生物量很难测定，特别是地下器官的挖掘和分离工作非常艰巨，而且难以准确。出于经济利用和科研目的的需要，常对林木和草丛的地上部分生物量进行调查统计，据此可以判断样地内各种群生物量在总生物量中所占的比例，相对来说，草丛生物量较容易获取地上和地下生物量（陈章和，1986）。森林生物量到目前为止还没有找到一种更好的方法能准确测出，热带森林生物量及其分布的准确估测是相当缺乏的（Schroeder et al.，1997），并且很多影响生物量准确测定的多因素是未知的（Houghton et al.，2005；Saatchi et al.，2007）。但为了研究生物量与环境的关系，在海南，目前还是经常采用一些经验的公式进行计算（周威等，2013；郝清玉等，2013；龙成等，2015）。森林生物量在时间上和空间上变化很大，如生物量随森林的演替阶段而变化，森林生物量通常随林龄的增加而增加，在成熟林时接近一个稳定值（Whitmore et al.，1984；Hoshizaki et al.，2004）；森林生物量随不同地区、不同群落类型、不同生境条件等的变化而变化，同时，生物量也随湿度和温度等环境梯度及干扰等的变化而变化，或随其他生态环境条件的变化而变化（Houghton et al.，2005；张志东等，2009；郝清玉等，2013）。

森林生物量估算方法可分为直接法和间接法。直接法需要采伐大量的测试树木，具有成本高、破坏性大的特点，但精度较高，如皆伐法和平均木法等；间接法是利用一些易测量的指标(胸径、树高、冠幅等)通过回归模型来估算生物量，如生物量模型估计法、材积转换法等。间接法回归模型参数的拟合需要建立在直接方法的基础上，但可以推广应用到其他林分，因此生物量模型估计法是目前比较常用的方法(李意德，1993；Houghton et al.，2001；胥辉和张会儒，2002；Segura et al.，2005)。林木生物量模型是以模拟林分内树木各分量(干、枝、叶、皮、根等)干物质重量为基础的一类模型。它是通过样本观测值建立树木各分量干重与树木其他因子之间的一个或一组数学表达式。而该表达式反映和表征了树木各分量干重与其他因子之间的内在关系，从而达到用易测因子的调查结果，来估计不易测因子的目的。

森林生物量的研究最早开始于 1876 年，但在 20 世纪 50 年代才在世界范围内得到重视(Malhi et al.，1998)，随后的国际生物学(IBP)和人与生物圈(MAB)计划使得有关生物量的研究迅速增加(Gurney et al.，2002)。相关的研究在组成和结构相对简单的温带和北方森林中进行得较多，也测定得较为精确(Pajtík et al.，2008)。但与上述森林类型相比，热带林由于其组成种类丰富、群落结构复杂和环境异质性大等特点，使得生物量研究的开展难度非常大，测定的精度也相对较低。同时，在把个别样地结果外推到整个区域时也存在一定问题。例如，在巴西亚马孙流域生物量估测时，其生物量变化范围较大(Houghton et al.，2001)，并且可靠性也较差(Clark et al.，2001)。此外，热带区域生物量在样地内及时间上的变化也是未知的(Brown et al.，1995)，热带林中可靠的、充分的及有代表性的林分生物量数据也是有限的(Zheng et al.，2006)。同时，热带林中大多数生物量的估测是对未受干扰的热带雨林进行的，而对自然及人为干扰的林分估测较少(Houghton et al.，2005)，导致许多热带森林的生物量还是未知的(Saatchi et al.，2007)。因此，加强热带林中生物量的估测显得十分必要(刘万德等，2009；郝清玉等，2013)。

二、常用的研究方法

(一)草丛植物群落生物量研究方法

在海南以陈章和(1986)开展的草丛生物量研究较为经典，到目前为止，似乎没有更先进的方法。以群丛(群落)为单位，一般采用每一群丛收割 3～5 个样方，用镰刀和剪刀尽量割近地面，矮草群丛的样方大小为 0.5m×0.5m 或 1m×lm；中草群丛为 1m×lm 或 1m×2m；类芦群丛和甜根子草群丛为 2m×2m；斑茅、芒、棕叶芦等高大草群丛则选有代表性的 4 丛，取总平均值，再计算 100m^2 内的丛数，从中估算。样地尽可能为自然状态。地下现存量的测定，挖出面积 20cm×20cm，矮草群丛挖深为 15cm，高草群丛挖至 60cm 深，中草群丛挖至 45cm 深的土柱若干个，在水中洗出根系，挑去非根物质，晾干后，称鲜重后烘干称干重。

(二)森林、灌丛植物群落生物量研究方法

目前普遍使用的生物量概念是指活的有机体采收后的干重，不包括枯枝落叶层。

但研究碳储量却包括整个植物群落中所有的有机碳，枯枝落叶层是非常重要的组成部分。

森林植物地上部分生物量测定多应用收获法。收获法可以大致分为 3 类：皆伐法、平均木法和异速生长法。皆伐法是将一定单位面积上的林木逐个伐倒后，测定林木各部分的干质量，将各部分质量合计，即为林木生物量。皆伐法精度高，但伐倒单位面积的全部树木，需要消耗大量人力和物力，对森林破坏较大，不适宜进行保护性森林植物生物量研究。平均木法是根据每木调查，计算出全部立木的平均胸径，筛选样地中最具有代表性的数株标准木，计算其生物量，然后估算出样地植物的生物量，该方法适用于具有小或中等离散度的正态分布的林分(较为常用)，但测树因子和样方选取对估算结果都有较大影响，因而精度不高。异速生长法是在样地每木调查的基础上，按照径级大小选取标准木，根据林木生物量与测树因子间的相关关系，建立林木生物量与测树因子的异速生长模型。异速生长法相对简单方便，精度相对高一些，目前森林植物生物量的研究多利用这种方法。

概括起来，森林群落地上生物量包括乔木层生物量、林下植被生物量。林下植被生物量采用样方收获法测定，即在样地中机械布设 5～10 个 1～2m^2 的样方，将其中的草灌木(地上、地下)全部收获称重、并烘干测干重率。以样方的平均值推算全林的林下植被生物量。乔木层生物量的测定比较复杂，方法也比较多，比较常用的是收获法中的等断面积径级法，即根据一定标准选择一组标准木，伐倒后测定其生物量，然后以样本组生物量实测数据构建回归方程，以回归方程推算乔木生物量(异速生长法)。

作为海南主要植被类型的热带雨林、季雨林群落，其生物量的研究起步较晚，较早开展海南森林群落生物量研究的应为董汉飞(1985)。他根据一定标准选择一组标准木，伐倒后测定其生物量，然后以样本组生物量实测数据构建了海南树木的回归方程：

$$B=0.000\ 033\ 96D^2H$$

式中，B 为某一种群的某一个体的生物量；D 为该树木的胸径；H 为该树木的高度。

随后阳云等(1988)、廖宝文等(1990，1991)、黄全等(1991)、胡玉佳(1992)、李意德(1993)、刘万德和臧润国(2009)、张志东等(2009)、周威等(2013)、郝清玉等(2013)、龙成和杨小波(2015)等陆续开展海南自然森林生物量的研究工作。

三、研究案例

(一)海南不同草丛类型生物量实测研究——以海南不同地区 19 个代表草丛群落为例

陈章和(1986)在海南开展了经典的草丛生物量的研究工作。尽管这个案例已经过去了 30 多年，但它具有很强的代表性，基本上反映了海南一些草丛在生物量方面的数量关系。《海南植被志》选择这一案例说明海南草丛植被生物量的生态学问题。

1. 案例的地理概况与研究方法

1)地理概况

海南的地理概况见第二章。

2)研究方法

本案例的研究方法已经在以上生物量的“常用研究方法”中具体介绍。

2. 研究结果分析

1)不同草丛类型的植物现存量

本案例用收割样方法，测定了海南草丛的现存量。矮草(群落高<1m)草丛地上现存量(干重)为 0.18～0.42kg/m^2，地下现存量约为 0.24kg/m^2；中草(群落高 1.0～1.5m)草丛地上现存量为 0.4 6～0.90kg/m^2，地下现存量约为 0.49kg/m^2；高草(群落高 1.5～4.5m)草丛地上现存量为 0.81～1.40kg/m^2，地下现存量约为 0.49kg/m^2。经研究表明，地上现存量是地下现存量的 1～2 倍，这和温带草原大部分现存量［55%～86%、84%(草甸草原)、91%(针茅草原)］在地下部分显著不同。这是由于温带草原有寒冷的冬季及较长的干旱期。温度和干旱是影响地上与地下植物生物量比值的重要因子，低温和干旱倾向有利于地下生物量的积累。海南草丛尽管有明显旱季，但不存在温带草原那样严酷的气候条件，现存量的高低，在岛内并不呈现地带性，在同一地方或相近的地方，现存量相差可以很大。这说明在海南气候条件不是影响现存量高低的主要因子。地下生物量绝大部分(74%～81%)位于 15cm 以内土层中。可见这层土壤对草丛植物的生长十分重要。水土流失对草本群落生长的影响要比对木本群落影响更为显著。因此，保护土壤，是草丛保护的重要内容。当然，高草草丛根系分布较深些，主要集中于 30cm 内土壤中。

2)影响草丛生物量的生态环境因子

对多个环境因子的主分量分析表明，对第一主分量负荷量最大的为速效钾，其余依次为速效氮、全氮、全磷、有机质、吸湿水、全钾。这说明，第一主分量主要反映了土壤的肥力状况；对前三个主分量，也基本以这些因子的负荷量较大，说明整个排序结果也主要是由土壤肥力因子所影响，其中尤以速效钾、速效氮的影响为大。测定结果认为，在土壤肥力因子中以速效钾的作用最为显著。海南高温多雨，肥料分解快，又易于淋失，速效钾活动性大，更易于淋失。在覆盖度低时，水土保持性差的草丛一般缺钾元素。因此，施肥时应注意施钾肥，在一般农田，也应注意这个问题。当然，这是数学计算的结果，不能作为最终的根据，还需要在生产实践中作进一步验证。

3. 特点与讨论

本案例尽管过去了 30 年，但却是唯一用收割法测定了海南不同草丛代表群落的现存量，并以此为基础开展生物量与环境因素的相关性研究。结合海南各草丛的植物群落形态特征，在测定其生物量时，划分为矮草、中草和高草三大类型也是科学合理的(陈章和，1987；郑坚端，1992)。本案例测定的结果：矮草(群落高<1m)草丛地上现存量(干重)为 0.18～0.42kg/m^2，地下现存量约为 0.24kg/m^2；中草(群落高 0.5～1.5m)草丛地上现存量为 0.46～0.90kg/m^2，地下现存量约为 0.49kg/m^2；高草(群落高 1.5～4.5m)草丛地上现存量为 0.81～1.40kg/m^2，地下现存量约为 0.49kg/m^2，可作为海南研究草丛生物量的参考值，同时要特别关注草丛的覆盖率、高度与密度。

(二)沿海灌丛(灌木林)生物量研究——以文昌铜鼓岭为例

1. 案例的地理概况与具体的研究方法

1)地理概况

文昌铜鼓岭的地理概况第七章第一节。

2)研究方法

在文昌铜鼓岭国家级自然保护区里，分布的灌丛植物群落发育良好，群落平均高度为 3.3m。在文昌沿海基岩海岸灌丛分布区域，建立 160m×160m 的固定样地，并采用每木调查法进行调查。记录各样地号，对样地内所有离地面 1.3m 处，胸径≥1.5cm 的小乔木、灌木和木质藤本进行详细调查记录，记录内容包括：乔木、灌木记录物种名、胸径、高度、枝下高、冠幅、坐标；木质藤本记录物种名、胸径、坐标。考虑到样地为自然保护区，用直接测量法测量生物量会破坏生态环境。因此，利用生物量模型测算法进行测算。本案例采用 Chave 等(2005)提出的森林类型的地上生物量计算模型：

$$\text{AGB(above ground biomass)}=\exp(-2.187+0.916\times\ln(\rho D^2H))$$
$$=0.112\times(\rho D^2H)^{0.916}$$

式中，D、H、AGB 和ρ分别为胸径、树高、地上生物量和木材密度。较以往的大多数生物量模型仅以胸径和树高作为变量，计算中增加了木材密度，数据来自世界农林研究中心网站。

由于木本植物种群生命周期长，通常的方法是以空间差异代替时间变化，即用不同大小等级的种群的密度-生物量变化来代替群落发育过程中密度-生物量的变化动态。将野外数据按不同的大小等级进行分级，然后判定每一等级的密度-生物量关系。本案例根据径级划分为不同林龄。将此次调查的胸径数据划分为 7 个径级。Ⅰ级：D<4.5cm，Ⅱ级：4.5cm≤D<7.5cm，Ⅲ级：7.5cm≤D<10.5cm，Ⅳ级：10.5cm≤D<13.5cm，Ⅴ级：13.5cm≤D<16.5cm，Ⅵ级：16.5cm≤D<19.5cm，Ⅶ：19.5cm≤D。

3)数据处理软件

数据处理软件主要是 Excel 和 SASS。

2. 结果与分析

1)群落的年龄结构与各径级的林分密度变化趋势

年龄组成或称年龄结构是指群落内各个体的年龄分布的状况，也就是各个年龄级的个体数在整个种群个体总数中所占的百分比。将表 13-1-1 中径级和个体数所占百分比作图，如图 13-1-1 所示，将表 13-1-1 径级和林分密度数据作图得图 13-1-2；由图 13-1-1 和表 13-1-1 可知，胸径小于 4.5cm 的幼年个体占有最大百分数，老年个体数最少，且Ⅰ级、Ⅱ级到Ⅲ级、Ⅳ级、Ⅴ级、Ⅵ级、Ⅶ级的个体数和密度迅速下降。幼年、中年个体除了补充死去的老年个体还有剩余，该群落的数量呈上升趋势，为增长型。作为增长型的森林群落，种内和种间竞争是非常激烈的，植物种内竞争的结果将出现自疏现象，种间竞争的结果可能导致他疏现象的发生。图 13-1-2 中林分密度随着径级降低，具有明显的竞争效应。

表 13-1-1 各径级个体株数、密度、生物量和平均生物量统计表

Tab.13-1-1 The statistics of the number, density and above ground biomass of trees in shrub forests

径级/cm	*N*/株	面积/m^2	密度 *N*/(株/m^2)	生物量/g	平均生物量/g
D<4.5	15 237	25 600	0.595 2	231 104 09.64	1 516.73
4.5≤*D*<7.5	5 602	25 600	0.218 8	317 957 88.96	5 275.79
7.5≤*D*<10.5	2 037	25 600	0.079 6	264 869 58.36	13 002.93
10.5≤*D*<13.5	665	25 600	0.026 0	153 778 82.39	23 124.64
13.5≤*D*<16.5	223	25 600	0.008 7	819 491 2.65	36 748.49
16.5≤*D*<19.5	50	25 600	0.002 0	261 170 2.08	52 234.04
19.5≤*D*	9	25 600	0.000 4	108 737 9.30	120 819.92
总计	23 823			108 665 033.40	

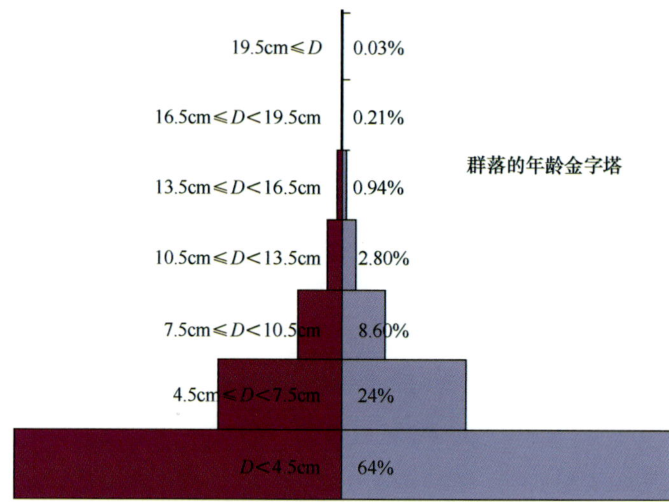

图 13-1-1 群落树木的年龄结构图

Fig.13-1-1 The age structure of trees in shrub forest

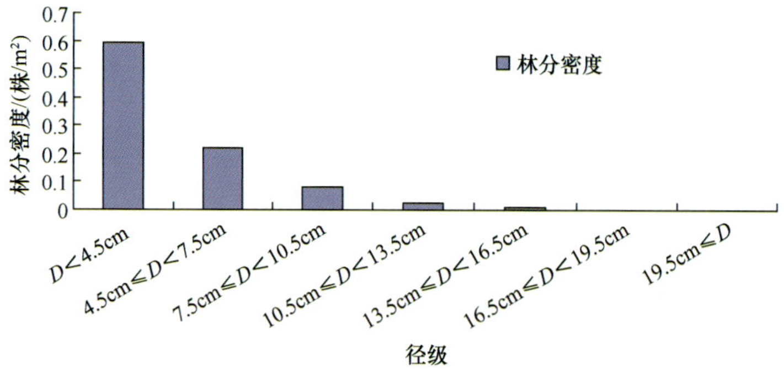

图 13-1-2 各径级的林分密度

Fig.13-1-2 The stand density of tress in in shrub forest

2) 群落各径级地上生物量与林分密度动态关系

图 13-1-3a 是将表 13-1-1 中径级和生物量数据作图，从图上可知该固定样地的生物量的整体趋势是随着径级增加呈现减少。这一趋势，基本与图 13-1-2 中的林分密度随径级方向减少一致。说明群落地上生物量的减少主要是由密度因素造成的。但是图 13-1-3a 也出现了一个不一致的点，就是从 I 级到 II 级的地上生物量是增加的，这是因为虽然 II 级个体数并不比 I 级个体数多，但是 I 级都是小树，因而生物量会小于 II 级。

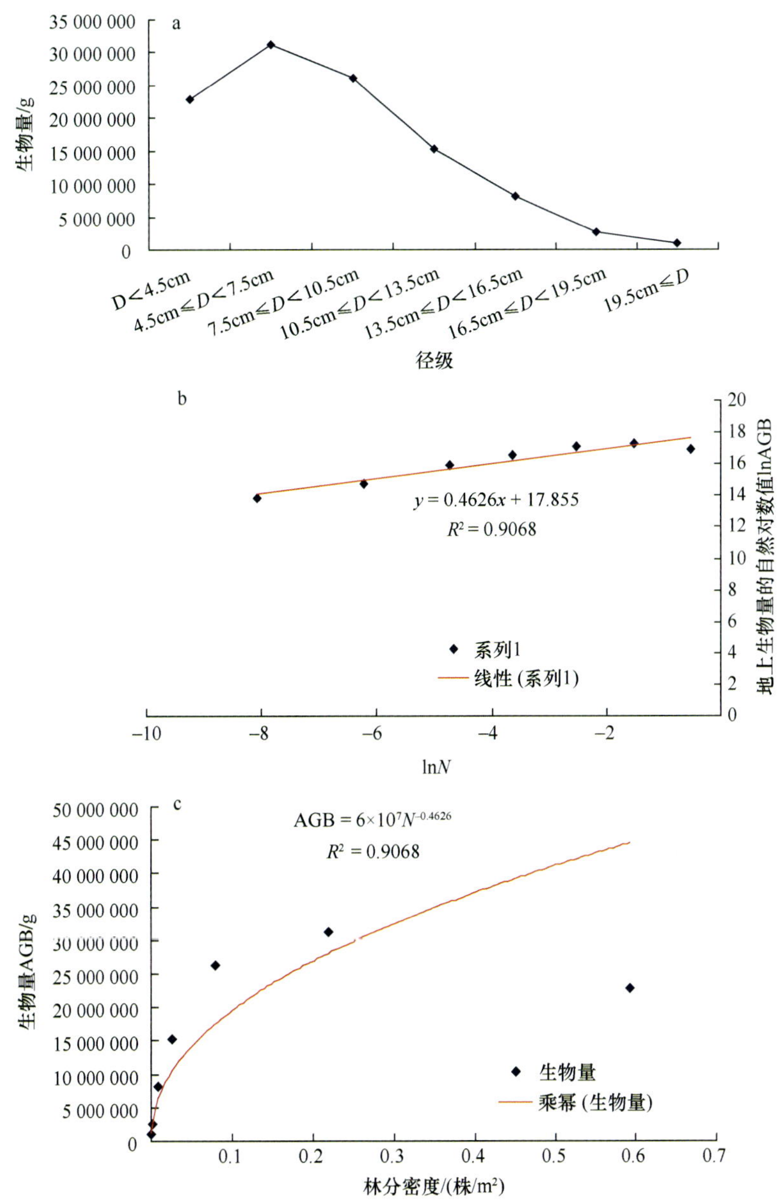

图 13-1-3 群落各径级生物量与林分密度的动态关系

Fig.13-1-3 The relationship between the stand density and average aboveground biomass for the seven size class

图 13-1-3b 和图 13-1-3c 说明群落各径级生物量与林分密度具有极显著相关关系，相关系数 R^2=0.9068。群落各径级生物量随着密度增加呈幂函数增加，幂函数方程为：

$$AGB=6\times10^7N^{-0.4626}$$

$$或\ \ln AGB=0.4626\ln N+17.855$$

该模型能较好地说明群落各径级生物量与林分密度的关系；在较小的密度范围内，随林分密度的增加，群落地上总生物量增加较快，但当达到一定值时，地上生物量变化缓慢，趋于恒定值。

3. 特点与讨论

灌丛生物量变化也较大，不同高度、不同林分密度及不同的胸径级，其生物量大小都不一样，本案例在样地(2.56hm^2)内所记录的总地上生物量为 108.7t，约为 4.2kg/m^2，如果考虑到小于 1.5cm 胸径的植物地上生物量，估算总生物量为 4.5～5.0kg/m^2。本案例植物群落发育较好，群落高度相对较高，群落平均高度为 3.3m，且有小量的乔木分布，生物量比相对较矮的灌丛的生物量要大，如香港桃金娘灌丛地上部分生物量为 1.6kg/m^2(管东生，1998)，贵阳市地区的皱叶荚蒾灌丛的地上部分生物量也约为 1.6 kg/m^2(宁晨等，2015)。又如，海南分布的红树林多为灌木型，除海桑属植物外，乔木型的红树林也多为小矮型。例如，分布在文昌的平均年龄为 20 年的木榄林总生物量为 91.9t/hm^2(9.19kg/m^2)(廖宝文等，1991)；灌木类型的榄李群落总生物量干重为 14.3t/hm^2(1.4kg/m^2)，角果木群落总生物量干重为 11.6t/hm^2(1.2kg/m^2)，白骨壤群落总生物量干重为 9.6t/hm^2(0.96kg/m^2)(廖宝文等，1991)。灌木型的红树林生物量较低，可能是生长较稀疏的缘故。

(三)热带森林群落地上部分生物量的研究——以尖峰岭为例

早在 30 多年前，阳云等(1988)在尖峰岭林区采用伐木法，开展较为经典的森林地上部分生物量的研究，《海南植被志》选择这一研究案例简单说明海南热带雨林次生林生物量研究的早期方法和研究结果，供读者参考。

1. 案例的地理概况与具体的研究方法

1)地理概况

尖峰岭的地理概况见第七章第一节。

2)研究方法

研究案例的森林的基本特征见表 13-1-2。调查发现该森林为热带雨林(过去称为常绿季雨林，现统一称为热带雨林)受干扰后热化，部分落叶树种进入，形成半落叶的森林外貌，热带雨林代表树种青皮有一定数量的Ⅰ级小树、Ⅱ级小树，小量Ⅲ级立木，表现为恢复种群，但整个群落Ⅴ级立木较少，总体上表现为一定的次生性。

根据地形踏查情况，在两个具有代表性的坡面(东北坡与西北坡)分别设置了两块标准地，编号分别为Ⅰ与Ⅱ。群落结构调查面积各为 1000m^2，共 2000m^2。各分为 10 个 10m×l0m 的样方分别调查、记录各类因子。生物量调查是在样地Ⅰ与Ⅱ中根据群落调

表 13-1-2　群落中重要值前 10 位的种顺序排列

Tab.13-1-2　The importance vule of dominant plant species in forest

序号	样地 I(西北坡)		样地 II（东北坡）	
	重要值	种名	重要值	种名
1	27.4	大叶鼠刺 *Itea macrophylla*	25.41	姜磨桐 *Lithocarpus silvicolarum*
2	20.97	水锦树 *Wendlandia uvariifolia*	23.56	大沙叶 *Aporosa chinensis*
3	19.76	翻白叶 *Pterospermum heterophyllum*	18.86	短齿叶柃 *Eurya loguaiana*
4	19.01	短齿叶柃 *Eurya loquaiana*	18.80	木荷 *Schima superba*
5	16.61	狭叶泡花 *Meliosma angustifolia*	16.52	海南黄檀 *Dalbergia hainanensis*
6	14.31	黄桐 *Endospermum chinense*	16.08	厚皮 *Lannea grandis*
7	13.80	越南灰木 *Symplocos cochinchinensis*	15.41	海南杨桐 *Adinandra hainanensis*
8	12.70	小叶胭脂 *Artocarpus styracifolius*	13.14	长叶山竹子 *Garciniaoblongifolia*
9	12.61	阔叶八角枫 *Alangium faberi* var. *platyphyllum*	11.4	青皮 *Vatica mangachapoi*
10	9.57	肥荚红豆 *Ormosia fordiana*	11.31	翻白叶 *Pterosperum heterophyllum*
	Σ=166.74		Σ=170.22	

查的结果分别选择一块较典型的样方，即平均树高、平均胸径、平均密度这三个因子最接近整个标准地的平均值，在此样方中作的 5 个 2m×2m 小样方内，分别对各种草本、藤本、幼树的生物量进行测定，然后对样方中胸径(D)＞7.5cm 的乔木全部标记，从小到大逐株伐倒，以测量其生物量。方法是：首先将所有砍下的带叶枝称取总枝鲜重，然后取树冠上、中、下三个部分标准枝各一枝称重，摘去叶，再称鲜重。

计算标准枝叶重、枝叶比、总枝重、总叶重。

从标准枝上各取枝叶 400～500g，105℃下烘干后计算枝、叶的干湿比。另取叶 20～50 片准确称重，测量面积，以计算叶面积指数。

树干部分，锯成若干段称取鲜重，按区分段在上、中、下各取一圆盘称取鲜重，然后在 105℃下烘干，计算干湿比，以推算树干的干重。

2. 结果与分析

在热带林中，植物种类丰富，每一个种都以特定的生活型为代表构成整个群落生物量的一小部分。所以，根据调查的结果，我们把样方中各种不同的植物的枝、叶、树干作为基础，以树高、胸径为主要参数来计算生物量。

1)植物地上部分生物量与胸径(D)、树高(H)的关系

热带林地上部分的生物量占据了总生物量的大部分，不同地区森林所处的环境条件不一样，特别是土壤的厚度不一样，地上与地下的生物量比例有一定的差异。经过调查测定结果的分析，发现植物地上部分的生物量与胸径、树高存在着一种曲线回归式：

$$Y = 4.696\,446\mathrm{e}^{(0.082\,080H + 0.110\,112\,D)}$$

$$r = 0.83 \qquad r_0 = 0.37$$

或：

$$Y = 0.034\,080H^{1.178\,440}D^{1.8200\,34}$$

$$r = 0.89 \quad r_0 = 0.37$$

式中，Y为地上部分生物量；H为树高；D为胸径。D变幅为7.7～38cm，H变幅为5～20m。所以，只要测得D、H值，就可以大致估算出植物地上部分的生物量。

从上式可知，热带雨林的生物量与胸径及树高的变化是十分复杂的，因为在这样一种复杂的天然群落中，植物的生长、发育受到了不断变化着的环境因子强烈的影响，因此，就不可能像人工群落那样有着比较固定的生长模式。这一测定结果也只能理解为当时的变化过程，即大致按$Y = ae^{(b^{H_1}+b^{D_2})}$或$Y = aH^{b_1}D^{b_2}$的数学模型而变化，并有$b_2 \approx 2b_1$。

2)群落地上部分生物量的分配

变化是植物群落最根本的属性。各种植物在有限面积上对光、水、营养及生存空间的竞争，就是这种变化的表现。树干、枝、叶的生长及发育过程、自然整枝过程，也就是生物量分配的过程(表13-1-3)。

表13-1-3 尖峰岭热带雨林地上部分生物量分配表

Tab.13-1-3 The biomass partitioning of above ground biomass in forest in Jianfengling

样地	I		II	
产量	重量/(t/hm^2)	占比例/%	重量/(t/hm^2)	占比例/%
乔木干重	118.02	84.18	96.91	87
乔木枝重	17.65	11.86	9.74	8.75
乔木叶重	5.53	3.94	4.73	4.25
乔木总重	140.21	100	111.38	100
灌木及草本	33.27		184.96	
总计	173.47		196.35	

从表13-1-3可见，群落中乔木层生物量占的比重最大，约占整个群落地上部分生物量的70%，灌木及草本只占30%左右，这充分说明了乔木在整个群落中起着决定性的优势作用，乔木层是影响群落生态环境质量、经济质量的主要组成部分。

(四)低海拔热带林的生物量变化规律——以霸王岭为例

在热带低地雨林、季雨林及其过渡类型的生物量比较研究中，刘万德和臧润国(2009)在霸王岭的研究应是目前经典的例子。《海南植被志》简单介绍这一案例的研究结果，以飨读者。

在海南岛霸王岭林区低海拔热带林中，热带低地雨林(409Mg/hm^2)、热带季雨林(205Mg/hm^2)和转化季雨林(176Mg/hm^2)平均生物量均高于全球平均生物量(109Mg/hm^2)(Houghton et al.，2005)。在中国，海南岛霸王岭林区热带低地雨林生物量与海南岛黎母山热带山地雨林(444Mg/hm^2)(李意德等，1993)相接近，同时也处于云南西双版纳热带季节性雨林生物量变化范围之内(362～692Mg/hm^2)(冯志立等，1988；Zheng et al.，2006)，但却低于海南岛尖峰岭热带山地雨林(585Mg/hm^2)的生物量。与其他世界热带地区相比，海南岛霸王岭林区热带低地雨林生物量处在马来群岛的热带低地雨林生物量变化范围之内(212～655Mg/hm^2)(Hoshizaki et al.，

2004)。

在世界其他地区热带季雨林中，泰国热带季雨林的地上生物量为268Mg/hm^2(Ogaw et al.，1965)，高于海南岛霸王岭林区热带季雨林生物量的平均值；柬埔寨热带落叶林生物量(189Mg/hm^2)低于海南岛热带季雨林，但热带半落叶林生物量(244Mg/hm^2)却高于海南岛热带季雨林(Top et al.，2004)，全球多数热带干旱林生物量(Murphy et al.，1986；Bullock et al.，1995)也明显低于海南岛热带季雨林生物量，但中国云南西双版纳石灰岩季雨林地上生物量(乔木、灌木为235Mg/hm^2)(戚剑飞和唐建维，2008)却高于海南岛热带季雨林。可以看出，海南岛霸王岭林区低海拔热带林中不同群落类型生物量基本处于世界热带林生物量变化范围之内，但与具体地区具体群落类型之间存在一定差异，其原因可能与群落本身特征、立地条件和气候特征等有关。

(五)海南不同海拔森林生物量变化规律——以鹦哥岭为例

海南最高峰五指山及第二高山鹦哥岭是研究海南不同海拔森林生态特征变化规律最好的区域(杨小波等，2011；郝清玉等，2013)，随着海南森林植被生态的研究进展，研究发现海南山区森林植被类型随着海拔的变化发生着较有规律的变化，随着海拔从低向高变化，分别分布有低地雨林、山地雨林、云雾林(高山矮林)和灌丛(参阅第五章的相关植被类型的植物组成)，但沿着海拔的变化开展不同森林类型的生物量的比较研究，探索其变化规律的案例还很少，综观文献，《海南植被志》认为郝清玉等(2013)完成的“鹦哥岭山地雨林不同海拔区森林群落的生物量研究”是目前这方面研究很好的案例，在此，引入该研究案例来说明这一问题。

1. 地理概况与具体的研究方法

1)地理概况

研究地位于海南省琼中县鹦哥岭自然保护区核心区内，地理坐标为北纬18º59′50.35″～19º3′49.80″，东经109º21′28.74″～109º32′53.53″。鹦哥岭年平均气温为20～24℃，年平均降雨量达1800～2700mm。植被类型属于热带雨林(低地雨林和山地雨林)。土壤为发育在花岗岩基质上的热带山地黄壤。调查样地分别设置在3个不同海拔区，海拔分别为 1063m(山地雨林)、899m(山地雨林或低地雨林和山地雨林过渡类型)和473m(低地雨林)。高海拔区于20世纪80年代曾发生过群众盗伐和商业采伐；中海拔区于七八十年代曾发生过群众盗伐；低海拔区于60～80年代曾发生过群众盗伐；采伐方式均为择伐。由于盗伐持续的时间较长，加之商业性采伐，故研究区的择伐强度均较高。中海拔、高海拔区的土层深度小于1m，土壤中混有砾石，低海拔区土层厚度则大于1m。样地调查统计结果表明，不同海拔区的林分密度、平均胸径存在显著差异。低海拔区的林分密度最高，为1694ind/hm^2，平均胸径最小，仅为11.06cm；中海拔区的林分密度最低，为1586ind/hm^2，平均胸径为11.96cm；高海拔区的林分密度中等，为1670ind/hm^2，平均胸径最大，为13.43cm。青冈属(*Cyclobalanopsis*)和木姜子属(*Litsea*)植物以及梨果柯(*Lithocarpus howii*)为3个海拔区的广布优势种、属，其他优势种及其组成随海拔的变化差异较大，其中高海拔区的优势种主要有线枝蒲桃(*Syzygium araiocladum*)、红鳞蒲桃(*S. hancei*)和柯属(*Lithocarpus*)、木姜子属植物；中海拔区有五列木(*Pentaphylax euryoides*)、荷木(*Schima superba*)和杜英属(*Elaeocarpus*)植物等；低海拔区有梨果柯、黄牛木(*Cratoxylum cochinchinense*)和木姜子属植物等。林下植被主要由乔木的幼苗和幼树构成，但灌丛盖度及灌木组成随海拔的不同变化较大，高海拔区灌丛盖度较小，为 54.44%，灌木优势种为青篱竹(*Pseudosasa amabilis*)，中海拔、低海拔区灌丛盖度相近，分别为 79.30%和 72.25%，灌木优势种分别为桫椤属(*Cyathea*)植物和九节(*Psychotria rubra*)。不同海拔区林下草本稀少，最大盖度仅为 4.46%。

2)研究方法

(1)调查方法

森林生物量采用典型抽样调查方法。样地设置在鹦哥岭核心区不同海拔的热带山地雨林内，其中高海拔、中海拔和低海拔区各设置 50 个样方，每个样方面积为 10m×10m。对样方内的树木进行挂牌编号，记录树木种类、株数并测量胸径(*DBH*)≥5cm 树木的树高和冠幅。林下植被(灌木和乔木幼苗、幼树)和草本植物的调查采用小样方抽样法，小样方面积为 2m×2m，小样方随机设置在样方的一个角上，记录灌丛盖度、种类和高度。高海拔、中海拔和低海拔区的灌草层调查的小样方数分别为 9 个、14 个和 20 个；凋落物调查也采用小样方法，小样方面积为 1m×1m，小样方数量为 9 个。样方分布在样地的不同方位上，收集小样方内的凋落物，称量鲜重，并取 150～300g 鲜重带回实验室烘干称重，计算凋落物的现存量。利用 Excel 软件进行数据统计分析。

(2)生物量模型回归参数的选择

森林生物量测定方法主要有皆伐法、材积转换法、生物量模型估计法和平均木法等(Brown et al.，1989)，其中皆伐法需对森林进行破坏性的测定，但结果真实可靠，是其他研究方法的基础。但由于国家实行天然林保护工程，海南岛全面实行禁伐，因此本案例利用海南岛其他林区生物量回归模型对鹦哥岭林区的生物量进行估测。生物量回归模型法是利用林木易于测定的因子，如胸径(*D*)、树高(*H*)等，来推算难于测定的林木生物量(*W*)，其中幂函数模型 $W= a(D^2H)b$ 应用最为普遍(黄全等，1991)。生物量回归模型中的回归参数 *a* 和 *b* 是通过一定数量的皆伐样本进行线性回归获得。海南岛热带雨林生物量回归模型主要有黎母山热带山地雨林模型(黄全等，1991)(Ⅰ)、尖峰岭热带山地雨林模型(热带雨林和更新林)(Ⅱ)、尖峰岭热带季雨林模型(Ⅲ)及海南岛热带山地雨林模型——黎母山热带山地雨林和尖峰岭热带山地雨林的混合模型(李意德等，1993)(Ⅳ)(表 13-1-4)。黎母山热带山地雨林的林分起源于热带雨林，特大径木生物量高达 60%以上，优势种有陆均松(*Dacrydium pierrei*)、尖峰桢楠(*Machilus monticola*)、青蓝(*Xanthophyllum hainanense*)、盘壳栎(*Quercuspatelliformis*)、厚壳桂(*Cryptocarya chinensis*)、线枝蒲桃、亨氏蒲桃(*Syzygium henryi*)，属于演替顶极群落。尖峰岭热带雨林的优势种为壳斗科(Fagaceae)、梧桐科(Sterculiaceae)、樟科(Lauraceae)、山榄科(Sapotaceae)和桃金娘科(Myrtaceae)植物，特大径木的生物量达 43.45%，属于演替顶极群落。尖峰岭更新林的林分起源于皆伐天然更新林，优势种为壳斗科、榆科(Ulmaceae)、樟科植物，缺乏特大径木，属于演替中期群落。尖峰岭热带季雨林的优势种为大叶鼠刺(*Itea macrophylla*)、水锦树(*Wendlandia uvariifolia*)、翻白叶(*Pterospermum heterophyllum*)、短齿叶柃(*Eurya loquaiana*)、大沙叶(*Aporosa chinensis*)。鹦哥岭热带山地雨林起源于择伐天然更新林，优势种有线枝蒲桃、五列木、梨果柯和柯属、杜英属、木姜子属植物，特大径木的生物量达 22.34%，属于中期-顶极的过渡类型。生物量回归模型参数的选择采用尽可能使研究样地与模型参数估计的样地相接近的原则。考虑到鹦哥岭与黎母山距离较近，均位于琼中县境内，且同属于山地雨林，与尖峰岭相距较远，因此应首选模型Ⅰ的回归参数用于鹦哥岭山地雨林生物量的估测。但是，黎母山热带山地雨林模型Ⅰ的起测径级为 5.5cm，特大径木的生物量高达 60%以上，属于演替顶极群落，这些特征与鹦哥岭山地雨林差异性较大，因此不适合采用此模型。海南岛热带山地雨林模型Ⅳ是将黎母山山地雨林和尖峰岭山地雨林的皆伐样本进行合并得到的，起测径级为 5cm，中、小径木样本数量增加，特大径木比例减少，这些特点与鹦哥岭山地雨林的特征更加接近，因此本研究主要选择模型Ⅳ进行生物量估测，同时与模型Ⅰ、Ⅱ、Ⅲ进行对比分析。生物量回归模型的样地生境和林分类型见表 13-1-5。生物量模型Ⅳ属于非兼容性模型，即各器官生物量估测值的总和与总生物量的估测值存在一定的误差，因此需要对各器官生物量的估测值进行校正。但考虑到地上部分单株生物量(*W*)和树干生物量(*W*t)的相关系数(*r*)较高，分别为 0.97 和 0.96，而树皮生物量(*W*bk)、树枝生物量(*W*br)、树叶生物量(*W*l)的相关系数(*r*)相对较低，分别为 0.89、0.81 和 0.80(李意德等，1993)，因此本案例只对 *W*bk、*W*br 和 *W*l 进行校正。校正方法采用生物量加权平均法，即各器官生物量变化量=误差量×$Wi/\sum_{i=bk}^{i=1} Wi$，式中 Wi 为各器官生物量，i 取 bk、br、l。另外，乔木层优势种是根据各树种生物量的大小筛选出来的，若生物量占总生物量的 1%左右均确定为优势种，每块样地共选出 8 种优势种。

表 13-1-4 海南岛热带雨林生物量回归模型中的参数

Tab.13-1-4 Parameters in biomass regression models for tropical rainforest in Hainan Island

生物量	模型							
	Ⅰ		Ⅱ		Ⅲ		Ⅳ	
	a	b	a	b	a	b	a	b
W	0.045 691	0.960 662	0.040 213	0.972 680	0.113 121	0.840 652	0.042 086	0.970 315
*W*t	0.031 134	0.961 226	0.022 816	0.99 2674	0.097 049	0.827 354	0.022 178	1.005 174
*W*bk	0.005 354	0.908 143	0.006 338	0.902 418			0.004 412	0.943 871
*W*br	0.003 990	1.037 314	0.00 5915	0.999 046	0.006 702	0.959 917	0.011 633	0.892 514
*W*l	0.005 765	0.761 225	0.005 979	0.804 661	0.018 616	0.658 202	0.007 247	0.750 386

注：Ⅰ. 黎母山热带山地雨林；Ⅱ. 尖峰岭热带山地雨林(热带雨林和更新林)；Ⅲ. 尖峰岭热带季雨林；Ⅳ. 海南岛热带山地雨林；*W*. 地上部分单株生物量；*W*t. 树干生物量；*W*bk. 树皮生物量；*W*br. 树枝生物量；*W*l. 树叶生物量。下表同。

(3)径级划分标准

根据树木的胸径大小划分为 4 个径级(郝清玉等，2011)，即小径木：5～19.9cm；中径木：20～35.9cm；大径木：36～47.9cm；特大径木：≥48cm。

表 13-1-5 海南热带山地雨林的生境特点
Tab.13-1-5 Habitat characteristics of Hainan tropic montane rainforests

地点	林型	气温/℃	降雨量/mm	海拔/m	皆伐样地面积/m²	皆伐径级/cm	密度/(ind/hm²)
黎母山		20.5	3727	680～700	1500	>5.5	1126.67
尖峰岭	热带雨林	19.7～24.5	1600～3000	850～900	300	>5	2133
尖峰岭	更新林	19.7～24.5	1600～3000	850～900	206.67	>5	1839
尖峰岭	季雨林	4.5	1634.3	400～500	20	>7.5	—
鹦哥岭		20-24	1800～2700	473～1063	—	>5	1650

2. 结果和分析

1)海拔对群落生物量的影响

不同海拔的森林群落生物量有较大的差异。结果表明：凋落物生物量和枯立木生物量均随海拔的升高而增加；高海拔区地上部分总生物量高达 218.6t/hm²，而低海拔区的总生物量仅为 121.6t/hm²，高海拔区比中海拔、低海拔区的总生物量分别高 85.81%和 79.71%；乔木层地上部分生物量是地上部分总生物量的主体，约占 94.22%，凋落物次之，约占 2.88%，枯倒木的比例很小，仅占 2.9%；与高海拔区相比，低海拔区乔木层地上部分的生物量比例较高，为 96.84%，但枯倒木生物量的比例较低，仅为 0.62%(表 13-1-6)。

2）乔木层各器官生物量的分配

根据生物量模型Ⅳ，非兼容校正模型和样地资料统计出鹦哥岭热带山地雨林不同海拔乔木层各器官的生物量，结果表明：在乔木层生物量中，以树干生物量最多，平均仅占 772.63%，树枝次之，平均占 15.35%，树皮为第三位，平均占 9.23%，树叶生物量最小，平均仅占 2.79%；海拔对乔木层各器官生物量得分配有一定的影响，与中、低海拔区相比，高海拔区的树干生物量比例较高，其他 3 个器官生物量的比例较低，但中、低海拔间的各器官生物量比例无明显差异（表 13-1-7）。

表 13-1-6 鹦哥岭热带山地雨林不同海拔地上部分的生物量 (单位：kg/hm²)
Tab.13-1-6 Biomass(kg/hm²) of above-ground at different altitude in Yinggeling tropical montane forest

海拔	乔木	枯立木	倒木	凋落物	总和
高	197 634.5	782 3.3	799 2.5	513 5.6	218 595.9
占比例/%	90.42	3.58	3.66	2.35	100
中	112 243.0	978.3	0	441 6.4	117 637.8
%	95.41	0.83	0	3.75	100
低	117 795.5	553.2	206.9	307 8.4	121 634.0
%	96.84	0.45	0.17	2.53	100
平均	142 557.7	311 8.3	273 3.1	421 0.1	152 619.2
%	94.22	1.62	1.28	2.88	100

注：枯立木生物量不包含树叶生物量；倒木不包含树枝和树叶生物量；总生物量不包含灌木和草本生物量。

表 13-1-7 乔木各器官生物量及分配 (单位：kg/hm²)

Tab.13-1-7 Biomass (kg/hm²) and allocation in different organs of trees

海拔区	*W*	*W*t	*W*bk	*W*br	*W*l	Σ*Wi*	误差
高海拔	197 634.5	146 619.9	160 37.9	259 26.6	439 6.3	192 980.7	465 3.8
校正值/%	—	—	176 47.8	285 29.2	483 7.6		
	100	74.19	8.93	14.44	2.45		
中海拔	112 243.0	803 60.5	934 2.5	158 07.7	297 7.5	108 488.2	375 4.8
校正值/%	—	—	105 89.6	179 17.9	337 5.0		
	100	71.6	9.43	15.96	3.01		
低海拔	117 795.5	849 39.6	975 5.9	163 65.8	303 2.7	114 093.9	370 1.6
校正值/%	—	—	109 94.6	184 43.6	341 7.7		
	100	72.11	9.33	15.66	2.9		
平均比例/%	100	72.63	9.23	15.35	2.79		

Σ*Wi* = *W*t + *W*bk + *W*br + *W*l；误差量 =(*W* − Σ*Wi*)。

3) 乔木层优势种的生物量

优势种及其各器官生物量的分配结果表明：不同海拔优势种组成有较大的差异性，随着海拔的升高，优势种的总生物量逐渐递减，分别为 81.60%、78.85%和 66.01%(表 13-1-8)。

4) 各径级生物量及其分配

根据生物量模型Ⅳ和样地资料统计出鹦哥岭热带山地雨林不同海拔各径级树木的株数和生物量，结果表明：随海拔的升高，20cm 以下的小径木比例逐渐减少，从低海拔区的 92.21%递减到高海拔区的 84.07%，20～35.9cm 中径木的比例则逐步增大，从低海拔区的 4.84%增加到高海拔区的 13.05%，高海拔区 48cm 以上特大径木的数量和比例高于中海拔、低海拔区的。各径级树木生物量随海拔的变化与株数比例相类似，即随海拔的升高，小径木生物量所占比例逐渐减少，中径木的比例则逐渐增加。在各种径级中，生物量变化较为平缓，但株数的变化很大，特别是小径木的数量急剧增加，平均占总株数的 88.48%；大径木和特大径木的比例不足 3%，生物量却高达 37%，相反小径木的生物量仅为 35.89%(表 13-1-9)。

5) 鹦哥岭雨林与其他雨林生物量的比较

海南岛各种热带雨林生物量的统计结果表明，热带雨林乔木层的生物量较高，为 492.5～625.4t/hm²，其中特大径木的生物量比例高达 43.45%～60%，尖峰岭季雨林的生物量最低，仅为 125.8t/hm²，而鹦哥岭择伐更新林的生物量稍高于尖峰岭季雨林，为 142.6t/hm²，远低于尖峰岭皆伐天然更新林(30 年)的 256.5t/hm²；鹦哥岭山地雨林的生物量也远低于马来西亚热带湿润雨林(391.0t/hm²)(Brown et al.，1989)、巴西热带雨林(264.0t/hm²)(Keller et al.，2001)、柬埔寨热带湿润雨林(295.0t/hm²)(Brown，1997)以及西双版纳象明热带山地雨林(302.1t/hm²)(郑征等，2006)。此外，鹦哥岭的凋落物生物量和特大径木生物量比例也远低于原始森林(表 13-1-10)。

表 13-1-8　乔木层优势种生物量及各器官生物量的分配　　(单位：kg/hm²)

Tab.13-1-8　The biomass of dominant species in tree layer and biomass allocation for each organ (kg/hm²)

海拔区	优势种	密度/(ind/hm²)	占比例/%	*W*	*W*t	*W*bk	*W*br	*W*l	Σ*Wi*
高	青冈属 *Cyclotbalanopsis*	66	36.74	72 607.0	57 408.1	5 607.2	8 210.8	1 042.6	72 268.7
	柯属 *Lithocarpus*	238	9.13	18 046.3	12 654.8	1 524.1	2 644.6	523.2	17 346.6
	线枝蒲桃 *Syzygium araiocladu*	250	6.95	13 729.5	9 569.9	1 165.1	2 042.3	417.6	13 195.0
	红鳞蒲桃 *Syzygium hancei*	164	1.08	8 072.2	5 620.1	685.7	1 204.9	248.7	7 759.4
	木姜子属 *Litsea*	162	3.26	6 433.9	4 424.0	551.7	986.6	213.1	6 175.4
	短翅黄杞 *Engelhardtia colebroodenne*	16	3.15	6 234.2	4 681.1	499.9	784.3	117.6	6 082.8
	含笑属 *Michelia*	16	1.63	3 229.1	2 327.6	267.0	444.4	78.0	3 117.0
	降真香 *Acronychia pedunculata*	24	1.07	2 106.6	1 500.9	175.8	298.6	56.0	2 031.3
合计			66.01	130 458.8	98 186.4	10 476.6	16 616.5	2 696.7	127 976.1
中	青冈属 *Cyclobalanopsis*	82	35.27	39 585.6	29 606.7	3 183.7	5 024.4	764.0	38 578.7
	五列木 *Pentaphylax euryoides*	592	23.20	26.45.4	18 194.6	2 208.2	3 870.6	800.3	25 073.9
	荷木 *Schima superba*	92	4.92	5 518.6	3 897.2	464.1	800.7	158.5	5 320.5
	杜英属 *Elaeocarpus*	124	4.87	5 470.9	3 765.6	468.7	836.3	179.1	5 249.6
	梨果柯 *Lithocarpus howii*	84	3.97	4 455.1	3 067.6	381.4	679.3	143.9	4 272.3
	短翅黄杞 *Engelhardtia colebroodenne*	52	3.05	3 421.6	2 375.3	291.1	512.4	105.1	3 283.9
	潺槁木姜 *Litsea glutinosa*	88	2.42	2 720.7	1 847.4	235.5	428.7	97.0	2 608.5
	尖峰桢楠 *Machilus monticola*	60	1.14	1 283.0	881.5	110.2	198.5	44.7	1 235.0
合计			78.85	88 500.8	63 635.9	7 342.9	12 350.9	2 292.7	85 622.4
低	乌墨 *Syzygium cumini*	68	38.06	44 833.3	33 670.6	3 593.3	5 628.3	833.6	43 725.8
	梨果柯 *Lithocarpus howii*	686	27.13	31 959.0	22 103.1	2 728.1	4 835.7	1 018.1	30 684.9
	枫香 *Liquidambar formosana*	10	8.04	9 473.6	7 409.7	736.7	1 090.3	140.0	9 376.7
	木姜子属 *Litsea*	112	2.39	2 820.1	1 925.9	243.3	440.8	99.9	2 709.9
	无患子科 Sapindaceae	48	1.81	2 135.9	1 488.1	181.4	318.7	66.1	2 054.3
	楝科 Meliaceae	18	1.62	1 913.8	1 358.3	160.2	273.0	51.4	1 842.8
	黄牛木 *Cratoxylum cochinchinense*	96	1.55	1 822.7	1 218.1	159.7	298.0	72.5	1 748.3
	杜英属 *Elaeocarpus*	10	0.99	1 167.7	821.3	98.4	169.6	32.7	1 122.0
合计			81.60	96 126.0	69 995.1	7 901.0	13 054.4	2 314.2	93 264.6

6) 不同生物量模型对群落生物量的影响

对生物量模型Ⅰ～Ⅳ的结果进行了比较分析，结果表明：乔木层生物量从高到低的顺序依次为尖峰岭与黎母山混合模型(Ⅳ，142.6t/hm²)、黎母山热带雨林模型(Ⅰ，141.4t/hm²)、尖峰岭热带山地雨林(热带雨林和更新林)模型(Ⅱ，139.2t/hm²)、尖峰岭季雨林模型(Ⅲ，101.6t/hm²)，可见模型Ⅰ、Ⅱ、Ⅲ计算的生物量比本研究采用的模型

表 13-1-9　各径级树木的生物量分配

Tab.13-1-9　Biomass allocation in different diameter class

径级		海拔区						平均/%
		高	占比例/%	中	占比例/%	低 Low	占比例/%	
小	密度/(ind/hm²)	1404	84.07	1414	89.16	1562	92.21	88.48
	生物量/(kg/hm²)	54 349.57	27.50	44 493.05	39.64	47 737.8	40.53	35.89
中	密度/(ind/hm²)	218	13.05	130	8.20	82	4.84	8.58
	生物量/(kg/hm²)	60 902.85	30.82	31 690.85	28.23	23 174.2	19.67	26.24
大	密度/(ind/hm²)	24	1.44	32	2.02	38	2.24	1.90
	生物量/(kg/hm²)	14 710.87	7.44	20 913.37	18.63	25 850.71	21.95	16.01
特大	密度/(ind/hm²)	24	1.44	10	0.63	12	0.71	0.93
	生物量/(kg/hm²)	67 671.17	34.24	15 145.77	13.49	21 032.79	17.86	21.86
总和	密度/(ind/hm²)	1670	100	1586	100	1694	100	100
	生物量(kg/hm²)	197 634.46	100	112 243.04	100	117 795.5	100	100

表 13-1-10　海南岛热带雨林生物量比较

Tab.13-1-10　Biomass of tropical rain forest in Hainan Island

地点	乔木层/(t/hm²)	下木层/(t/hm²)	凋落物/(t/hm²)	特大径木的比例/%
黎母山热带雨林	492.5	13.9	—	＞60
尖峰岭热带雨林	625.4	12.6	6.0	43.45
尖峰岭更新林	256.5	10.2	6.0	0.00
尖峰岭季雨林	125.8	59.1	—	—
鹦哥岭更新林	142.6	—	4.2	21.86

—表示无数据。

Ⅳ分别降低了 0.78%、2.33%和 28.76%。乔木各器官生物量中只有树干生物量模型的变化顺序与乔木层生物量的变化顺序一致，即Ⅳ＞Ⅰ＞Ⅱ＞Ⅲ，树皮生物量(*W*bk)模型的顺序为Ⅳ＞Ⅱ＞Ⅰ，树枝生物量(*W*br)模型的顺序为Ⅱ＞Ⅰ＞Ⅳ＞Ⅲ，树叶生物量(*W*l)模型的顺序为Ⅱ＞Ⅲ＞Ⅳ＞Ⅰ；模型Ⅱ计算的树枝和树叶生物量明显高于其他模型，模型Ⅳ计算的树干生物量明显高于其他模型，模型Ⅰ计算的各器官生物量较为均衡(表 13-1-11)。

表 13-1-11　不同模型计算的乔木层生物量　　　(单位：kg/hm²)

Tab.13-1-11　Biomass(kg/hm²) of tree layer calculated by different models

模型	*W*	*W*t	*W*bk	*W*br	*W*l	Σ*Wi*	与Ⅳ相比Ⅳ/%
Ⅰ	141 445.2	96 884.4	10 255.5	25 318.9	3 025.3	135 484.0	–0.78
Ⅱ	139 231.5	95 151.1	11 537.0	26 182.3	4 585.6	137 456.0	–2.33
Ⅲ*	101 563.5	77 751.2	—	17 094.2	3 659.8	98 505.2	–28.76
Ⅳ	142 557.7	103 973.4	11 712.1	19 366.7	3 468.8	138 520.9	

*：*W*t 包含 *W*bk，模型参见表 13-1-4。

3. 特点与讨论

鹦哥岭山地雨林在20世纪80年代曾进行过商业性择伐或群众盗伐，经过30多年的自然恢复，生物量在不断增加，但乔木层地上生物量仅为112.2～197.6t/hm^2，远低于岛内及其他地区热带雨林的生物量(250～300t/hm^2) (Brown et al.，1989；李意德等，1993；Keller et al.，2001；Brown et al.，1997；郑征等，2006)。鹦哥岭热带雨林生物量较低的主要原因是林分中大径木或特大径木的数量较少。研究结果表明热带雨林生物量的大小主要取决于大径木(*DBH*≥45cm)或特大径木(*DBH*≥60cm)的数量，一般占约1%的大径木或特大径木，其生物量却占乔木层地上总生物量的25%～32%(Clark et al.，1996；Chen et al.，2010)。鹦哥岭不同海拔特大径木(*DBH*≥48cm)株数的平均比例不足1%，但乔木层地上生物量的比例却高达22%。这表明无论是择伐经营林还是原始天然林，大径木或特大径木均是构成热带雨林生物量的主体。另外，随海拔的升高，凋落物和枯立木生物量呈逐渐增加的趋势；小径木的生物量比例逐渐递减，中径木及特大径木的比例则逐渐增加，这些结果表明不同海拔的山地雨林处于不同的演替阶段。其中，低海拔区小径木数量较多，大径木和枯立木较少，说明林分自疏现象不严重，林分尚处于演替的初期阶段；相反，在高海拔区，小径木减少，中径木、特大径木及枯立木的生物量增多，说明林分自疏现象开始加剧，林分已达到森林演替的中期阶段，但达到演替顶极阶段还需要一些时间，因此生物量远低于岛内其他原始热带雨林。

鹦哥岭山地雨林乔木层生物量占地上生物量的94.22%，其中，树干生物量占乔木层各器官生物量的72.63%，其结果表明乔木及乔木的树干部分是热带雨林生物量的主体。本研究乔木树干生物量比例与西双版纳热带山地雨林的树干生物量比例(郑征等，2006)相当(去除不可比较部分，经归一化处理)，分别为80.02%和76.34%，但树枝生物量所占比例有明显的差异，分别为16.91%和21.63%。这可能是不同热带雨林树种组成及树木的形态特征存在差异性所致。

鹦哥岭山地雨林不同海拔区的优势种组成(生物量)存在明显差异，但是青冈属(*Cyclobalanopsis*)和木姜子属(*Litsea*)植物分布较广。高海拔区呈单优势种，其中青冈属植物的生物量显著高于其他优势种，占36.74%；中海拔区呈双优势种，其中青冈属植物和五列木(*Pentaphylax euryoides*)的生物量分别占35.27%和23.20%；低海拔区也呈双优势种，其中乌墨(*Syzygium cumini*)和梨果柯(*Lithocarpus howii*)的生物量最大，分别占38.06%和27.13%。这表明鹦哥岭热带山地雨林处于自然演替的初期和中期阶段，单优或双优群落明显。由于群落调查期间植物无花无果，一些植物难以鉴定到种，一定程度上影响了各树种生物量的分配结果。

选用不同模型估测的生物量有一定的差别，但模型Ⅳ和模型Ⅰ估测的生物量差异较小，仅为–0.78%。通过对不同模型估测的生物量进行对比分析，可知林分类型是影响生物量估测精度的重要指标，山地雨林和季雨林模型估测的生物量差异明显，两种模型相差近30%；同一种林分类型(山地雨林)，尽管密度、起源、演替系列和特大径木比例等差异较大，但不同模型计算出的生物量差异较小，误差小于3%；另外不同模型之间的差异还表现在各器官生物量的分配上，模型Ⅱ估测的树冠生物量比例较高，模型Ⅳ估测的树干生物量比例较高。因此，当林分树冠发达时应优先选择模型Ⅱ，树冠不发达时应优先选择模型Ⅳ。

由于乔木层是构成地面生物量的主体，因此乔木的数量(密度)、形态、各径级比例，特别是大径木和特大径木比例对生物量的影响极大。而群落的演替阶段又影响各径级比例和树木形态，若能按不同森林的演替阶段(初期、中期、顶极)，分径级(小、中、大和特大径木)建立生物量模型，将会显著提高热带雨林生物量估测的精度。

第二节 植物群落凋落物

一、概述

(一)凋落物

凋落物(litterfall)，也称为枯落物或有机碎屑，酒井正治(1986)等日本学者称之为枯枝落叶(廖军，2000)，是指落到地表的新鲜落叶、小枝、茎、花、果以及树皮(阿姆森等，1984)。对于森林系统来说，凋落物就是它本身系统的一部分。通常，我们将森林生态系统中，直径大于2.5cm的落枝、枯立木、倒木称为粗木质残体(coarse woody debris，CWD)(郝占庆等，1989)；而将直径小于2.5cm的落枝、落叶、落皮、繁殖器官，动物代谢产物及残骸，林下枯死的树根与草本植物归作森林凋落物(forest litter)，但林下枯根及枯草常常因为研究困难而被忽略不计(廖军，2000)。

1869年，Krutzsch首次对森林凋落物进行了研究，之后E.Ebermayer在其重要著作《森林凋落物产量及其化学组成》中阐述了森林凋落物在养分循环中的重要性，由此引起了各国研究者的广泛重视。不过，直到20世纪50年代，森林凋落物才得到全面而系统的研究，其研究内容主要集中在凋落物的量和分解速率上(房焕英等，2013；王健健等，2013；潘冬荣等，2013；宋飘等，2014；葛晓改等，2014；宋影等，2014；刘文丹等，2014；梁国华等，2014；陶立超等，2014)。

森林凋落量是指单位时间单位面积的森林中，所有森林凋落物的总量。凋落物凋落量的研究一般包括凋落物产量(凋落量)和凋落物蓄积量(现存量)两个方面，一般我们所提到的凋落量指凋落物产量。凋落量反映了凋落物的生产力水平，包括年凋落物量、季节凋落量、月凋落物量三个指标，凋落量的这些研究体现出了凋落量在时间上的变化(刘强等，2010)。

自20世纪60年代以来，世界各国研究者对凋落物的量进行了大量研究(Bray et al.，1964；Rodin et al.，1967；王凤友，1989；彭少麟等，2002)。中外学者先后对世界范围内森林凋落量的研究结果作了综述性报道。迄今为止，世界各主要植被类型的凋落物量及现存量的大致范围已被确定，其中热带阔叶落叶林和常绿林的凋落量最高(Vogt et al.，1986)。不同地带森林凋落物年凋落量的差异主要表现为气候区的差别。Bray和Gorham对世界森林凋落物的量按不同气候带进行了研究，得知热带森林的年凋落物量最高(约11t/hm^2)，暖温带次之(约5.5t/hm^2)，再次为寒温带(为3.5t/hm^2)；极地带的森林凋落物产量最低，平均仅 1.0t/hm^2（Bray et al.，1964）。刘春江等研究发现，亚欧大陆森林年均凋落量约为 6.53Pg（1Pg = 10^{15}g）（Chun-jiang et al.，2003）。有学者对马来西亚沙捞越 4 种热带雨林和婆罗洲 3 块热带雨林的凋落量做了研究，发现最大凋落量分别为 12t/（hm^2·a）和 11.13t/（hm^2·a）（Proctor et al.，1983；Kitayama et al.，2002）。

我国对森林凋落量的研究起步较晚，由于缺乏长时间的监测研究，其研究进展较为缓慢。我国主要森林生态系统的年凋落量为 1.6～12.55t/hm^2（吴承祯等，2000）。目前发现，我国凋落量最大的群落是海南河港红树林，其年凋落量高达 12.55t/hm^2（林鹏等，1990）；仅次于它的是西双版纳孟仑地区的热带雨季雨林，其年凋落量为 12.5t/hm^2（郑征等，2005）；凋落量最小的群落为长白山岳桦林（刘颖等，2009）。

凋落物中各器官组分的凋落量具有明显的差异，诸多研究表明，凋落叶占森林凋落物的最大比例（廖军，2000；骆宗诗等，2007；方江平等，2013；范春楠等，2014）。诸多试验表明，森林凋落物的季节动态模式主要为单峰型、双峰型和不规则型三大类（王凤友，1989）。

不同森林类型间凋落物总量的季节动态有较大差异。研究发现，大多数常绿森林凋落量季节动态为双峰型，而多数阔叶落叶林凋落量的季节动态为单峰型（原作强等，2010）。武夷山 4 种天然林分的研究中，除阔叶林凋落物的季节动态为单峰外，马尾松林、杉木林、毛竹林均呈双峰型（刘勇生，2008）；茂兰卡斯特的常绿树种的凋落量都较为稳定（魏鲁明等，2009）；肖坑常绿阔叶林季节动态是明显的双峰型（王陆军，2010）；有些人工林还具有三个明显的高峰（任永红等，1999）。

在研究凋落物量的基础上，人们开始探索影响凋落物量的因素。森林凋落量的影响因子分为内在因子和外在因子，其中内因即树种本身的生物学特性（如林分年龄、林分密度、林分组成等）；外因即外界环境（如纬度、海拔、气候、人为因子等）。林波等（2004）等对森林凋落量与降水量、气温及生长季节长度等之间的关系进行研究，发现影响森林凋落量的主导气候因子是年平均温度，且纬度、海拔等地形因子都是通过对光、温、水等气候因子的再分配来间接影响森林的凋落量的。

气候对森林凋落物的影响主要是通过水、热等因子制约地带性优势种而表现出来的。Meentemeyer 等在建立世界凋落量模型时，气候因素被作为决定性因素（Meentemeyer et al.，1982）。薛立等研究了日本常绿阔叶林、海南岛和西双版纳的阔叶林的年凋落总量，也发现气候对森林凋落量的显著影响（薛立等，2001）。而气候因子对凋落量的影响程度，众多的研究结果并不一致（张新平等，2008；温远光等，1990；张乔民等，2003）。

Bray 和 Gorham（1964）发现凋落量随着纬度的增加而减少。之后王凤友（1989）又建立了回归关系完善了这一观点。李雪峰等（2005）与王斌（2009）等发现同一林型的凋落量随纬度增加而减少。凌华等（2009）研究表明纬度与凋落量呈极显著负相关，而经度与凋落量的相关性不显著。

程伯容等（1987）研究表明，森林凋落量随着海拔的增高而逐渐减少。刘蕾等（2012）研究发现，神农架 4 种典型森林的年凋落量随着海拔的增加呈现出先上升后降低的趋势。凋落量随海拔升高逐渐减少主要是由温度降低造成的，温度的降低影响了植物的光合作用，从而导致了植物的生产力降低，凋落量也降低（Vitousek et al.，1994；Raich et al.，

1997；Kitayama et al.，2002)。

不同类型森林的林分组成不同，其凋落物的数量与组成也存在较大差异(潘开文等，2004；李雪峰等，2005)。官丽莉等(2004)发现鼎湖山亚热带常绿阔叶林的年凋落量随着林分年龄的增长呈下降趋势，但是此研究对象仅为单一森林类型。张家武等(1993)、姚瑞玲等(2006)对马尾松林凋落物量进行研究，得出凋落量与林分密度呈正相关的结论，而凌华等(2009)在成熟林相关分析中得出了相反结论。凌华等(2009)发现，林龄与凋落量的相关性不显著，这是因为不同森林类型的树种差异很大，区别于单一森林类型的研究。

人为干扰会对凋落物产生影响。林分被砍伐后，森林凋落量会急剧下降；通过人工施肥后，森林凋落量也会改变。Miller 等(1996)对林分实行了不同水平的氮肥处理，发现凋落量与氮肥施加量正相关。而吕妍等(2013)发现对木荷林增施氮磷肥降低了凋落物年生产量。这是因为增施氮磷肥会影响植物叶片和枝条等生产量，从而间接地影响凋落量(李德军等，2005)。

关于凋落物量的研究多在群落水平上展开，少有具体到树种的研究，而树种组成也是影响凋落物凋落量的一个重要因素。Facelli 和 Pickett(1991)研究发现，树种组成对凋落量大小有相当重要的影响。诸多树种的凋落叶研究结果(张东来等，2008；张磊等，2011；原作强等，2010)显示，不同森林类型的不同树种，其凋落量季节差异性较大。百山祖常绿阔叶林样地中，9 个优势种按凋落高峰出现的时间不同，可分为仅在秋冬季节出现的落叶树，仅在夏季出现的常绿树，仅在夏季和秋冬季节出现的常绿树三大类(胡灵芝等，2011)；对古田山常绿阔叶林的研究发现，常绿树种(甜槠等)一般有两个高峰，而落叶树种(映山红等)和针叶树种(马尾松)一般只有一个高峰(张磊等，2011)；肖坑常绿阔叶林的 4 种优势种中，甜槠的叶凋落量属不规则多峰型，苦槠叶凋落量季节动态属于单峰型，青冈和石栎的叶凋落量变化属于双峰型(王陆军，2010)；范春楠等(2014)在磨盘山天然次生林中研究得出，不同树种的凋落量有较大差异，在凋落节律上有不同。诸多研究表明(梁宏温等，1993；侯庸等，1998；Kavvadias et al.，2001；莫江明等，2001)，在同一气候区的不同森林类型中，树种的生物学特性是导致凋落量产生差异的最直接原因。

(二)凋落物分解

凋落物分解是森林生态系统内物质循环和能量转换的主要途径，通过分解逐步把养分归还给土壤，因而分解过程和速率对森林土壤肥力有重要影响(郭剑芬等，2006)。森林凋落物分解越来越引起生态学、微生物学、林学等学者的重视(查同刚等，2012；葛晓敏等，2013；张芸香等，2011；吕瑞恒等、2012)，凋落物分解是一个物理作用和生物化学作用相结合的过程，一般由淋溶作用、自然粉碎作用、代谢作用共同完成。凋落物分解具有较明显的时间模式，分解速率有较快和较慢两个阶段(Edmonds et al.，1995；邱尔发等，2005；李瑛云等，2013)，分解初期分解较快主要是受到水溶性物质和碳水化合物的快速淋溶的影响，到了分解后期，随着木质素等难分解物质的积累，分解受到一定程度的抑制，使分解速率减慢。总体来说，凋落物分解残留量与分解时间呈指数关系(任来阳等，2013；郭绪虎等，2013；郭金平等，2009)。

凋落物分解过程中，养分元素发生迁移的主要模式有(郭剑芬等，2006)：①淋溶→富集→释放；②富集→释放；③直接释放。但是并不是全部的凋落物都遵循这一规律，不同森林类型的凋落物养分释放模式会有所不同，如针叶以及木质凋落物的淋溶阶段不明显。凋落物分解过程中，N 和 P 元素一般在凋落物分解中首先富集，这是因为微生物对 N 进行固持作用；C 和 K 浓度在凋落物分解过程中表现为直接下降，而最初大幅度的下降可能是淋溶造成的；Ca 和 Mg 很难被微生物利用，所以在分解初期会先富集；K 极易被淋溶，在分解过程中浓度不断下降，这些都可以从诸多学者的研究中得到验证(肖慈英等，2002；代静玉等，2004；王瑾等，2001)。另外，不同质地的凋落物混合在一起会促进分解，其原因可能有以下几类：①养分含量高的凋落物为养分含量低的凋落物分解过程中的有机体提供所需养分；②不同质地凋落物混在一起为分解者提供更为有利的微环境；③相对单独分解中的凋落物而言，混合凋落物水分吸附特征得到改善，从而改善了混合凋落物的湿度环境；④混合分解过程中，不同质地的凋落物之间形成“菌丝桥”，养分可以通过该“菌丝桥”从质地较好的凋落物一边迁移到质地较差的凋落物一边，从而改善质地较差凋落物的营养状况，加速其分解速率。

近年来，人为干扰严重影响到了森林生态系统的进展演替，甚至造成退化，退化森林生态系统的恢复与演替已逐渐成为生态学研究的热点之一。过去的研究多集中于演替生理生态机制、植被演替与干扰的关系等方面，而将凋落物分解同群落恢复演替相结合的研究并不多见。森林植被不同演替阶段的土壤状况及优势种对土壤养分的需求都有差异，演替初期的森林土壤养分贫瘠，只适合对土壤条件要求较低的先锋种生长，随着凋落物的凋落、积累、分解，带动养分循环，土壤肥力逐渐提高，演替后期的物种开始逐渐侵入并生长。生长在贫瘠土壤上的先锋种凋落物的 C/N 值较高，导致分解速率缓慢；生长在较肥沃土壤上的演替后期种的 N、P 含量偏高，导致分解速率较快。凋落物分解的快慢影响着土壤养分供应能力的大小以及生态系统的生产力，进而影响到植被的恢复演替进程。

二、研究方法

(一)凋落物的研究方法

1. 凋落物的调查方法

1)凋落物的收集

选择研究样地，设置若干个凋落物收集器，可自制凋落物收集器，一般大小为 1m×1m，孔径为 0.03mm 的尼龙网袋，四个角分别用 PVC 管支撑并固定，网底距地面约 0.5m。

收集时间一般为一年，每隔约 70 天收集 1 次收集器内的凋落物，根据具体天气情况每次取样时间可能会前后波动 1～5 天。收集时，按枝、叶、繁殖器官分别收集于封口袋内，并在封口袋表面标记采集时间、地点、编号、采集类型，拿回实验室备用。

2) 凋落物处理

将每次取回的林冠层凋落物于 80℃的烘箱内烘干，按枝、叶、繁殖器官、其他杂物分类称重；再将凋落叶按不同树种进行分类并称重，从而分析凋落叶树种的组成。

2. 凋落分解研究方法

1) 凋落物收集、放置与收回

一般是收集当年新鲜凋落叶，主要采集将要凋落的老叶和刚凋落不久的叶片，带回实验室放置于 60℃烘干机中烘干，装入分解袋中，每袋 10g，分解袋为网目 1mm 的尼龙网袋，规格为 15cm×15cm。然后将分解袋分别放置于样地中，并覆盖一些凋落物，使其尽可能接近自然状态。每隔 3 个月收取一次分解袋，每类凋落叶每次收取 3 个重复。带回实验室，仔细去除杂物，烘干至恒重，称重并计算残留率。用封口袋保存好样品留作养分分析。

2) 养分分析测定方法

各种养分分析测定的方法分别是：C 采用硫酸—重铬酸钾—外热法；N 采用硫酸—双氧水消煮—连续流动分析法；P 采用硫酸—双氧水消煮—连续流动分析法；K 采用硫酸—双氧水消煮—火焰光度法；Ca 采用干灰化—原子吸收分光光度法；Mg 采用干灰化—原子吸收分光光度法等等。

3) 凋落物储量测定方法

凋落物层储量的观测一般用半径为 13.65cm、高为 10cm 的铁皮圆圈取样，取样时用力将圆圈按下，切割凋落物层，然后将圆圈内的凋落物全部拣起装入样袋，带回室内分组、烘干、称重(吴仲民等，1994)。

(二) 土壤 C 含量的测定

在样地内挖取若干土剖面，按 10cm 为一层取土壤样品(依据不同森林选择取土层深度)，带回实验室用燃烧法进行 C 含量分析，根据土壤含 C 量，用容重法计算土壤 C 素库总量(李意德等，1998)。

用燃烧法测定植物和凋落物 C 含量，植物生产 1 单位重量的干物质需同化的 CO_2 量为：树干 2.1230、树皮 1.6727、树枝 1.6807、树叶 1.6807、树根 1.9763，按生物量的分配比例加权平均后，树干系数为 1.9470，树皮系数为 2.0346，凋落物的系数为 1.8759(李意德等，1998)。

三、研究案例

(一) 海南不同森林类型凋落物特征比较分析——以铜鼓岭、霸王岭和五指山为例

1. 地理概况与研究方法

1) 地理概况

文昌的铜鼓岭、霸王岭和五指山的地理概况见第七章第一节。

2)研究方法

(1)固定样地的建设及植被调查

在文昌市铜鼓岭主峰的沿海热带森林和灌丛(以下简称：灌木林)内分别建一个160m×160m的固定样地，将每个样地细分为64个20m×20m的小样方，将这两个固定样地作为主要研究对象；在霸王岭高山云雾林、霸王岭南亚松林、五指山山地雨林分别建立一个40m×40m的固定样地作为对照样地，每个样地细分为4个20m×20m的小样方，5个固定样地分别代表5种不同的森林类型，其样地概况见表13-2-1。样地地理位置见图13-2-1。

表 13-2-1　样地概况

Tab.13-2-1　The background of plots

森林类型	样地面积/hm^2	海拔/m	坡向	坡度/(°)	岩石裸露度/%
A	2.56	39～108	北	7～45	21
B	2.56	228～314	南	4～36	40
C	0.04	1354～1356	西南	24～26	2.5
D	0.04	697～713	东北	8～20	1
E	0.04	1063～1073	东南	35～45	0

注：A、B、C、D、E 分别代表灌木林(铜鼓岭)、森林(铜鼓岭)、高山云雾林(霸王岭)、南亚松林(霸王岭)、山地雨林(五指山)，下同。

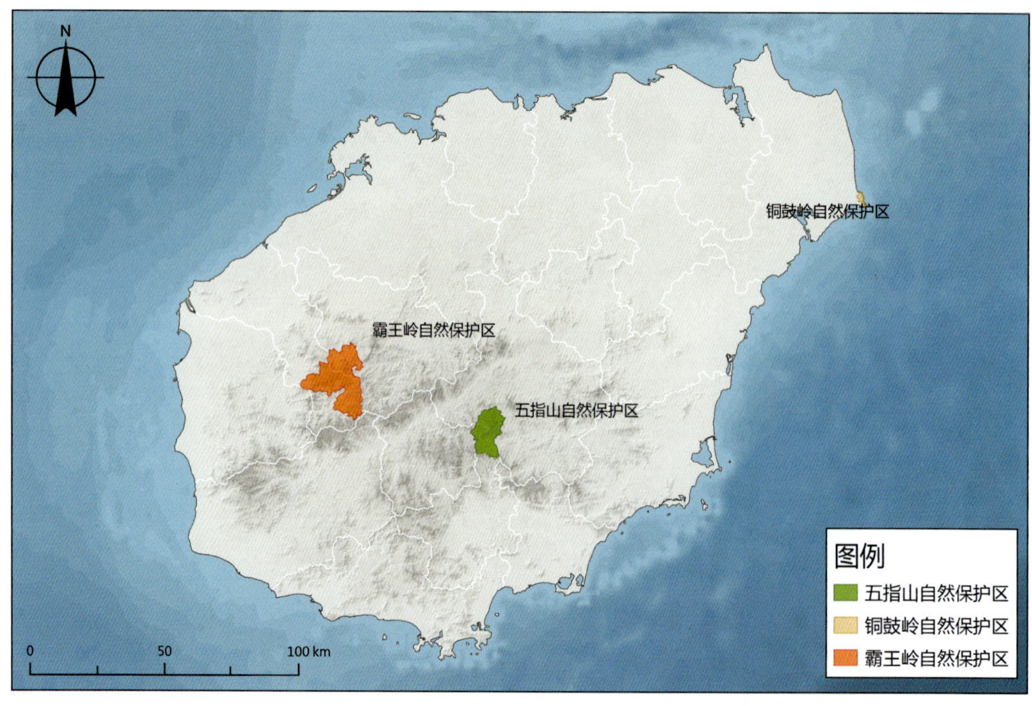

图 13-2-1　研究区地理位置

Fig.13-2-1　The situation of plots

对样方内胸径≥1.5cm 的所有林木进行每木调查，记录其名称、胸径、树高、坐标等信息，录入数据库便于后期处理。

(2)凋落物调查方法

A. 凋落物收集器设置

在铜鼓岭灌木林样地和森林样地中分别均匀放置 25 个凋落物收集器(图 13-2-2)，在霸王岭高山云雾林、霸王岭南亚松林和五指山山地雨林三个固定样地中采用“十字交叉法”分别放置 5 个凋落物收集器(图 13-2-3)。其中，凋落物收集器大小为 1m×1m，孔径为 0.03mm，收集器四个角用高度为 75cm 的 PVC 管支撑固定，网底距地面约 0.5m(图 13-2-4)。

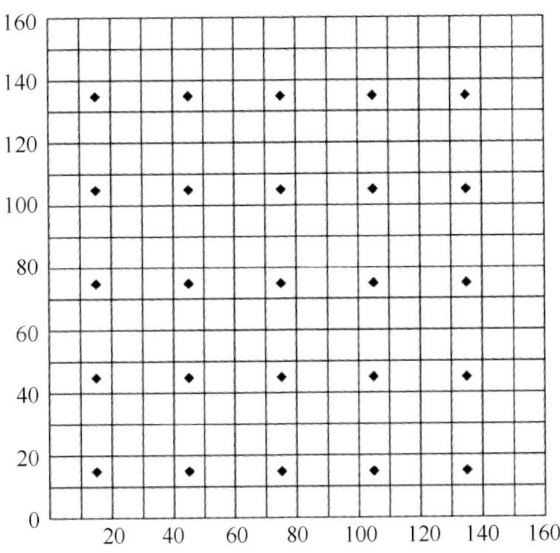

图 13-2-2　铜鼓岭样地凋落物收集器布设

Fig.13-2-2　Location of litter traps in Tongguling

每个◆代表一个凋落物收集器

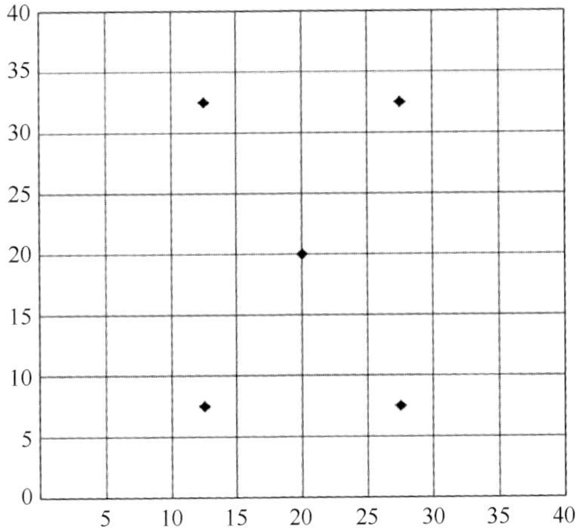

图 13-2-3　对照样地凋落物收集器布设

Fig.13-2-3　Location of litter traps in control plots

图 13-2-4　凋落物收集器
Fig.13-2-4　Litter traps

B. 凋落物收集及处理

凋落物收集采用常规方法。

(3)环境因子的测定

本案例将环境因子分为以下三类：气候因子、林分特征和地形因子，三者均在凋落物收集器所在的 20m×20m 小样方内进行测量。①气候因子：本次采用的气候因子为月平均温度和月平均降雨量。气候数据采用 GIS 软件从世界气候数据库中提取(Hijmans et al.，2005)，计算每次取样时间段内的平均气温(℃)和总降雨量(mm)。②林分特征：计算凋落物收集器所在的 20m×20m 小样方内的林分密度、总断面积、叶面积指数 3 个指标，用 Excel 2003 统计计算林分密度和总断面积；根据半球面影像法，用鱼眼镜头拍摄群落冠层照片，再利用 Gap Light Analyzer 软件分析开阔度和叶面积指数。③地形因子：每个样方内记录坡向、坡度、岩石裸露度 3 个指标。其中，坡向、坡度分别采用罗盘、坡度仪进行实测，岩石裸露度以岩石裸露出地表的石头面积占样方面积的比例进行估算。

(4)数据计算与分析

A. 凋落物特征计算与分析

将不同森林类型凋落物按年凋落量和不同器官组分(凋落叶、凋落枝、凋落的繁殖器官、其他杂物)进行统计，并计算不同组分占凋落物总量的比例；由于其他器官较难辨认，在此，仅将凋落叶按树种进行分类，将树种的叶凋落量占凋落叶总量的比例从大到小进行排序，进而确定叶凋落物优势种和主要树种。

B. 凋落物特征的季节动态分析

按不同季节将凋落物总量、各器官组分的凋落量、各群落凋落物优势种和主要树种的叶凋落量分别进行统计，分析它们的季节动态。

C. 林分特征相关因子计算

林分密度

林分密度指单位面积上的林木株数。

$$N = n / S$$

式中，N 为林分密度(株/m^2)；n 为个体数(株)；S 为小样方面积(m^2)。

总断面积

单位面积胸高断面积之和。

$$G = \sum_{1}^{n} \pi d^2 / 4S$$

式中，G 为总断面积(cm^2)；d 为每木胸径(cm)；S 为小样方面积(m^2)；n 为个体数(株)。

叶面积指数

单位土地面积上总叶面积的一半，它是叶覆盖量的无量纲度量，采用半球面影像法测得(王希群等，2005)。

坡向转化方式

将坡向划分为 8 个区间：其中 0º～22.5º与 337.5º～360º为北坡，22.5º～67.5º为东北坡，67.5º～112.5º为东坡，112.5º～157.5º为东南坡，157.5º～202.5º为南坡，202.5º～247.5º为西南坡，247.5º～292.5º为西坡，292.5º～337.5º为西北坡。再将坡向按照经验公式建立隶属函数换算成编码(刘创民等，1996)，阳坡为 0.3，半阳坡为 0.5，半阴坡为 0.8，阴坡为 1.0。

凋落叶的组成树种对凋落叶组成的影响

统计凋落物优势种和主要树种的叶凋落量，其组成树种在大样地内的株数、总断面积、总树冠面积，采用 SPSS19.0 软件作相关分析和回归分析。

群落物种重要值计算及优势种的确定

群落物种重要值计算按常规的方法。

凋落物优势种和主要树种与群落优势种和主要伴生种相似性的计算

群落相似性一般是将群落中特征相似的群落资料归并在一起，由样地间物种种类的共同性程度来说明的。现参照群落物种相似性的计算方法分析凋落物优势种和主要树种与群落优势种和主要伴生种的相似性程度。Jaccard 相似系数是最简单且应用最广的指数之一，它在群落调查中只考虑了某个物种的存在(记为 1)或不存在(记为 0)，而忽略其个体数目。其计算公式为(曲仲湘，1983)：

$$\mathrm{IS_j} = \frac{c}{a+b-c} \times 100$$

式中，$\mathrm{IS_j}$ 为 Jaccard 相似性系数；a 为样方内凋落物优势种和主要树种种数；b 为样方内群落优势种和主要伴生种种数；c 为样方内两者的共有种数。

(5) 软件应用

采用 SPSS19.0 软件中的 Pearson 双变量相关分析，曲线回归和多元逐步回归。利用 SigmaPlot 12.0 软件作图。

2. 结果与分析

1)不同森林类型凋落物特征

(1)不同森林类型凋落物总量及其器官组成

从2012年12月至2013年12月对灌木林、森林、高山云雾林、南亚松林、山地雨林进行一年的定位研究，结果显示：5种不同森林类型的凋落物总量及其器官组成有所不同(表13-2-2)。其中，凋落物的年凋落量大小依次为沿海灌木林(6.227t/hm^2)＞沿海森林(5.636t/hm^2)＞南亚松林(5.403t/hm^2)＞高山云雾林(5.306t/hm^2)＞山地雨林(3.752t/hm^2)。可见沿海灌木林和森林的年凋落量比其他非沿海森林类型大。除山地雨林相对较小外，其他几个林型差异不显著。

表13-2-2 不同森林类型年凋落量及其器官组成

Tab.13-2-2 Litter production and composition proportation in different forest types

森林类型	凋落叶		凋落枝		凋落的繁殖器官		其他		总量/(t/hm^2)
	凋落量/(t/hm^2)	百分比/%	凋落量/(t/hm^2)	百分比/%	凋落量/(t/hm^2)	百分比/%	凋落量/(t/hm^2)	百分比/%	
A	3.794	60.93	1.140	18.31	1.070	17.18	0.223	3.58	6.227
B	3.841	68.16	1.089	19.31	0.442	7.84	0.264	4.68	5.636
C	3.013	56.79	1.614	30.42	0.548	10.32	0.131	2.47	5.306
D	3.904	72.26	1.175	21.74	0.318	5.89	0.006	0.11	5.403
E	2.417	64.42	0.951	25.34	0.209	5.58	0.175	4.66	3.752

虽然山地雨林与其他林型的凋落物总量及其器官组成的年凋落量悬殊，但不同器官组成占凋落物总量的比例表现出高度一致性，均为凋落叶＞凋落枝＞凋落的繁殖器官＞其他(图13-2-5)。其中，凋落叶在凋落物中表现出绝对优势，所占比例为56.79%～72.26%。在五种森林类型中，南亚松林叶凋落量比例最高，为72.26%；沿海森林次之，占68.16%；山地雨林叶凋落量的比例为64.42%；灌木林叶凋落量的比例比沿海森林和山地雨林稍小，占60.93%；高山云雾林的比例最低，为56.79%。南亚松虽为常绿树种，但其针叶在每个季节仍较大量脱落，其凋落总量大；而南亚松林群落结构和物种组成较为单一，南亚松针叶的大量脱落致使凋落叶所占的比例相当大。

由此可见，在同一林型凋落物的不同器官组成中，凋落叶均是凋落物的主要贡献者，说明凋落叶在物质循环中的作用比其他器官更大，可通过凋落叶大致反映凋落物的凋落情况。

(2)沿海森林与灌丛凋落叶的树种组成

将铜鼓岭灌木林和森林的凋落叶按树种进行分类，并统计每个树种的叶凋落量，结果显示，在灌木林样地的25个凋落物收集器中共收集到60个树种的凋落叶，占样地内胸径≥1.5cm树种的46.5%；森林样地25个凋落物收集器中共收集到78个树种的凋落叶，占43.8%。

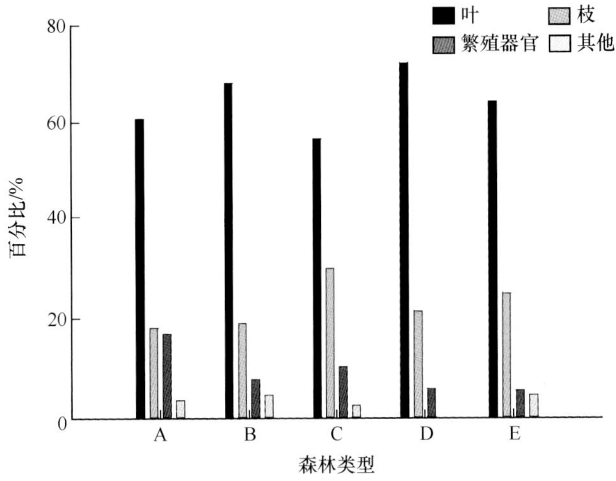

图 13-2-5　不同森林类型凋落物各组分所占比例
Fig.13-2-5　The proportion of each component of litter in different forest types

现将每个树种的叶凋落量占凋落叶总量的比例从大到小排序，灌木林取前 15 个树种(表 13-2-3)，其中包括 4 个落叶树种和 11 个常绿树种，贡甲的叶凋落量最大($1.267t/hm^2$)，占凋落叶总量的 36.15%；林仔竹的叶凋落量次之($0.345t/hm^2$)，占凋落叶总量的 9.85%；橄树的叶凋落量第三($0.335t/hm^2$)，占凋落叶总量的 9.56%；其他树种的比例均在 3.5%以下。所以，称贡甲、林仔竹、橄树三个优势度较高的树种为灌木林的凋落物优势种，其他为凋落物主要树种。这 15 个树种的叶凋落量共 $2.725t/hm^2$，占凋落叶总量的 77.72%，可见凋落物优势种和凋落物主要树种对凋落叶的贡献很大。

表 13-2-3　灌木林凋落物优势种和主要树种

Tab.13-2-3　The dominant species and major species of litter in the shrubbery

编号	树种	叶凋落量/(t/hm^2)	占凋落叶总量的比例/%
1	贡甲 *Maclurodendron oligophlebium*	1.267	36.15
2	林仔竹 *Oligostachyum nuspiculum*	0.345	9.85
3	橄树 *Aporosa yunnanensis*	0.335	9.56
4	猪肚木 *Canthium horridum*	0.118	3.37
5	紫玉盘 *Uvaria macrophylla*	0.118	3.36
6	白树 *Suregnda glomernlat*	0.093	2.65
7	无患子 *Sapindus saponaria*	0.073	2.08
8	阴香 *Cinnamomum burmanni*	0.058	1.65
9	柄果木 *Mischocarpus sundaicus*	0.055	1.56
10	滨木患 *Arytera littoralis*	0.050	1.42
11	琼刺榄 *Xantolis longispinosa*	0.046	1.31
12	破布叶 *Microcos paniculata*	0.044	1.25
13	伞序臭黄荆 *Premna serratifolia*	0.043	1.24
14	瓜馥木 *Fissistigma oldhamii*	0.042	1.20
15	潺槁木姜 *Litsea glutinosa*	0.038	1.07
	总计	2.725	77.72

注：占凋落叶总量的比例＜1.07%的还有 45 个种，在此不予列出。

森林凋落物优势种和凋落物主要树种取前 17 个树种(表 13-2-4)，其中包括 3 个落叶树种和 14 个常绿树种，方枝蒲桃的叶凋落量最大(0.714t/hm^2)，占凋落叶总量的 19.01%；肖蒲桃的叶凋落量次之(0.301t/hm^2)，占凋落叶总量的 8.02%；贡甲的叶凋落量第三(0.267t/hm^2)，占凋落叶总量的 7.10%。这 17 个树种的叶凋落量共 2.699t/hm^2，占凋落叶总量的 71.84%，可见凋落物优势种和凋落物主要树种是凋落叶的主要组成部分，说明森林凋落量与凋落叶的树种组成密切相关。比较发现，不同林型不同树种的凋落物凋落量存在差异，灌木林 3 种凋落物优势种占凋落叶总量的 55.56%，而森林占 34.13%。可见灌木林凋落物优势种比森林凋落物优势种的叶凋落量更大，优势度更加明显。

表 13-2-4　沿海森林凋落物优势种和主要树种

Tab.13-2-4　The dominant species and major species of litter in coastal forest

编号	树种	叶凋落量/(t/hm^2)	占凋落叶总量的比例/%
1	方枝蒲桃 *Syzygium tephrodes*	0.714	19.01
2	肖蒲桃 *Syzygium acuminatissimum*	0.301	8.02
3	贡甲 *Maclurodendron oligophlebium*	0.267	7.10
4	大花五桠果 *Dillenia turbinata*	0.188	5.00
5	猪肚木 *Canthium horridum*	0.186	4.96
6	黄果厚壳桂 *Cryptocarya concinna*	0.135	3.60
7	阴香 *Cinnamomum burmanni*	0.130	3.46
8	琼刺榄 *Xantolis longispinosa*	0.109	2.90
9	橄树 *Aporosa yunnanensis*	0.105	2.81
10	赤楠蒲桃 *Syzygium buxifolium*	0.094	2.51
11	丛花山矾 *Symplocos poilanei*	0.094	2.50
12	山杜英 *Elaeocaepus sylvestris*	0.081	2.14
13	烟斗柯 *Lithocarpus corneus*	0.076	2.03
14	鸭脚木 *Schefflera heptaphylla*	0.060	1.59
15	白茶 *Koilodepas hainanense*	0.056	1.50
16	禾串树 *Bridelia balansae*	0.051	1.37
17	滨木患 *Arytera littoralis*	0.051	1.34
	总计	2.699	71.84

注：占凋落叶总量的比例＜1.34%的还有 51 个种，在此不予列出。

(3) 叶凋落量与其树种组成的关系研究

A. 叶凋落量与其树种组成的相关性

凋落叶的组成树种不同，其凋落量必定存在差异。现将凋落物优势种和凋落物主要树种的叶凋落量和其在整个样地内的株数、总断面积、树冠面积联系在一起，探讨凋落物优势种和凋落物主要树种叶凋落量与群落组成树种的关系。

灌木林凋落物优势种和凋落物主要树种共有 15 种，现对其中 12 种进行分析(其中，林仔竹因不便统计株数而排除；紫玉盘和瓜馥木为藤本，因无法统计其树冠面积而排

表 13-2-5 灌木林凋落物优势种和主要树种的林分特征

Tab.13-2-5 The stand characteristics of dominant species and major species of litter in the shrubbery

编号	树种	叶凋落量/(t/hm^2)	株数/株	总断面积/m^2	树冠面积/m^2
1	贡甲 *Maclurodendron oligophlebium*	1.267	3859	14.56	11 761.39
2	橄树 *Aporosa yunnanensis*	0.335	911	2.74	2 173.68
3	猪肚木 *Canthium horridum*	0.118	1099	0.86	1 011.35
4	白树 *Suregnda glomernlat*	0.093	244	0.37	243.98
5	无患子 *Sapindus saponaria*	0.073	374	1.73	1 562.84
6	阴香 *Cinnamomum burmanni*	0.058	68	0.16	160.79
7	柄果木 *Mischocarpus sundaicus*	0.055	2358	3.23	3 356.71
8	滨木患 *Arytera littoralis*	0.050	666	0.86	890.04
9	琼刺榄 *Xantolis longispinosa*	0.046	820	1.47	1 261.52
10	破布叶 *Microcos paniculata*	0.044	278	0.31	351.53
11	伞序臭黄荆 *Premna serratifolia*	0.043	149	0.84	556.66
12	瓜馥木 *Fissistigma oldhamii*	0.038	384	0.91	770.96
	总计	0.952	11 210	28.04	24 101.45

除)。将这12种树种的叶凋落量与其组成树种的林分特征指标(表 13-2-5)作相关性分析，结果显示(表 13-2-6)：凋落物优势种和主要树种的叶凋落量与其组成树种的株数在$\alpha_{0.01}$水平上极显著正相关(R=0.826，n=12)，与总断面积在$\alpha_{0.01}$水平上极显著正相关(R=0.970，n=12)，与树冠面积在$\alpha_{0.01}$水平上极显著正相关(R=0.955，n=12)。由此可见，组成灌木林凋落物优势种和主要树种的株数、总断面积、树冠面积对叶凋落量都有一定影响。

表 13-2-6 灌木林凋落物优势种和主要树种与其叶凋落量的相关性

Tab.13-2-6 The relation between litter dominant species and main species，leaf litter in the shrub

	叶凋落量	株数	总断面积	树冠面积
叶凋落量	1			
株数	0.826**	1		
总断面积	0.970**	0.911**	1	
树冠面积	0.955**	0.936**	0.997**	1

以各树种的叶凋落量为因变量，三个林分因子为自变量，进一步作多元逐步回归，得到方程：

$$z = 0.018 + 0.299x + 0.001y\text{，}\quad R^2 = 0.965$$

式中，z为凋落物优势种和主要树种的叶凋落量(t/hm^2)；x为凋落物优势种和主要树种的总断面积(m^2)；y为凋落物优势种和主要树种的树冠面积(m^2)。实际上表现为凋落物总量与树的大小呈正相关。

沿海森林凋落物优势种和凋落物主要树种共有 17 种。其叶凋落量与其组成树种林分特征指标(表 13-2-7)的相关性结果(表 13-2-8)：凋落物优势种和凋落物主要树种的叶凋落量仅与其组成树种的株数在$\alpha_{0.01}$水平上极显著正相关(R=0.607，n=17)，即沿海森林凋落物优势种和主要树种的叶凋落量随着树种株数的增加而增加。结果与灌木林差异较大，充分说明凋落叶的树种组成对叶凋落量有显著影响。以各树种的叶凋落量为因变量，株数为自变量，作曲线回归，得到方程：

$$y = 0.080 + 0.001x - 9.436\times10^{-7}x^2 + 4.400\times10^{-10}x^3,\quad R^2 = 0.816$$

式中，y为凋落物优势种和主要树种的叶凋落量(t/hm^2)；x为凋落物优势种和主要树种的株数(株)。

表 13-2-7 沿海森林凋落物优势种和主要树种的林分特征

Tab.13-2-7 The stand characteristics of litter dominant species and major species in coastal forest

编号	树种	叶凋落量/(t/hm^2)	株数/株	总断面积/m^2	树冠面积/m^2
1	方枝蒲桃 *Syzygium tephrodes*	0.714	1953	2.81	3 135.18
2	肖蒲桃 *Syzygium acuminatissimum*	0.301	284	2.28	1 433.18
3	贡甲 *Maclurodendron oligophlebium*	0.267	512	6.07	3 954.14
4	大花五桠果 *Dillenia turbinata*	0.188	244	1.23	1 041.58
5	猪肚木 *Canthium horridum*	0.186	31	0.01	23.88
6	黄果厚壳桂 *Cryptocarya concinna*	0.135	143	0.80	578.37
7	阴香 *Cinnamomum burmanni*	0.130	138	0.66	547.20
8	琼刺榄 *Xantolis longispinosa*	0.109	1028	2.05	2 667.93
9	橄树 *Aporosa yunnanensis*	0.105	173	1.39	921.81
10	赤楠蒲桃 *Syzygium buxifolium*	0.094	391	2.94	2 275.30
11	丛花山矾 *Symplocos poilanei*	0.094	111	1.30	772.19
12	山杜英 *Elaeocaepus sylvestris*	0.081	53	1.29	681.50
13	烟斗柯 *Lithocarpus corneus*	0.076	195	0.99	758.47
14	鸭脚木 *Schefflera heptaphylla*	0.060	535	14.24	5 413.92
15	白茶 *Koilodepas hainanense*	0.056	1253	1.14	1 894.63
16	禾串树 *Bridelia balansae*	0.051	95	0.82	531.14
17	滨木患 *Arytera littoralis*	0.051	650	1.41	1 650.07
	总计	2.699	7789	41.43	28 280.49

表 13-2-8 沿海森林凋落物优势种和主要树种与其叶凋落量的相关性

Tab.13-2-8 The relation between litter dominant species and main species，leaf litter in coastal forest

	叶凋落量	株数	总断面积	树冠面积
叶凋落量	1			
株数	0.607**	1		
总断面积	0.016	0.171	1	
树冠面积	0.248	0.546*	0.882**	1

B. 森林群落树种组成与凋落叶树种组成的相互关系

国内外关于不同森林类型凋落物量的研究有很多，但大都集中在凋落物总量及其器官组成的研究上。由于凋落物很难分类，很少深入到凋落叶的树种组成，更少有将森林群落树种组成与凋落叶树种组成联系在一起。下面将以沿海灌木林和森林为研究对象，分析其群落树种组成对凋落叶树种组成的影响。

计算铜鼓岭灌木林和森林群落各种群的重要值，并按重要值从大到小的顺序排序。灌木林凋落物优势种和凋落物主要树种共 15 种(表 13-2-3)，在此重要值排名也取前 15 的树种(表 13-2-9)，其中贡甲、海南大风子、柄果木的重要值远大于其他树种，可视为群落优势种，其他 12 种为主要伴生种。

表 13-2-9　灌木林优势种和主要伴生种的主要特征值

Tab.13-2-9　The characteristics of dominant and the main associated species in the shrubbery

编号	树种	个体数 (*N*)	相对密度 (RD)/%	相对频度 (RF)/%	相对显著度 (RP)/%	重要值 (IV)/%
1	贡甲 *Maclurodendron oligophlebium*	3865	14.30	62.40	25.59	34.10
2	海南大风子 *Hydnocarpus hainanensis*	4075	15.08	63.28	11.90	30.09
3	柄果木 *Mischocarpus sundaicus*	2386	8.83	60.35	5.71	24.96
4	猪肚木 *Canthium horridum*	1104	4.08	36.04	1.52	13.88
5	粗脉紫金牛 *Ardisia crassinervosa*	1408	5.21	31.54	1.76	12.84
6	琼刺榄 *Xantolis longispinosa*	819	3.03	25.49	2.58	10.37
7	紫玉盘 *Uvaria macrophylla*	649	2.40	21.00	0.46	7.95
8	膜叶嘉赐树 *Casearia membranacea*	312	1.15	19.34	0.71	7.07
9	广州山柑 *Capparis cantoniensis*	275	1.02	12.99	0.26	4.76
10	光滑黄皮 *Clausena lenis*	135	0.50	11.43	0.21	4.05
11	伞花冬青 *Ilex godajam*	174	0.64	8.89	1.76	3.76
12	羽叶金合欢 *Acacia pennata*	130	0.48	8.30	0.30	3.03
13	疏刺花椒 *Zanthoxylum nitidum*	129	0.48	8.11	0.09	2.89
14	假赤楠 *Syzygium buxifolioideum*	158	0.58	6.84	1.24	2.89
15	假桂乌口树 *Tarenna attenuata*	140	0.52	7.91	0.22	2.88

注：重要值<2.88 的还有 114 种，在此没有列出。

将表 13-2-3 与表 13-2-9 中物种进行比较，发现凋落叶优势度排序与群落优势度排序中，有贡甲、猪肚木、紫玉盘、柄果木、琼刺榄 5 种共有种，且贡甲、猪肚木在凋落叶树种组成和群落树种组成中的排名一致；但经计算，发现灌木林群落的优势度排序与凋落叶的优势度排序的 Jaccard 相似性系数为 20%，两者的相似性不高。显然，灌木林群落的树种组成的优势程度对凋落叶树种组成的优势程度有一定影响，但影响不是很大。

沿海森林凋落物优势种和凋落物主要树种有 17 种(表 13-2-10)，那么群落优势种和主要伴生种也取 17 种进行研究。在森林 17 种群落优势种和主要伴生种(表 13-2-11)中，鸭脚木、方枝蒲桃、异株木樨榄为群落优势种，其他 14 种为主要伴生种。

表 13-2-10　沿海森林凋落物优势种和主要树种

Tab.13-2-10　The dominant species and major species of litter in coastal forest

编号	树种	叶凋落量/(t/hm^2)	占凋落叶总量的比例/%
1	方枝蒲桃 *Syzygium tephrodes*	0.714	19.01
2	肖蒲桃 *Syzygium acuminatissimum*	0.301	8.02
3	贡甲 *Maclurodendron oligophlebium*	0.267	7.10
4	大花五桠果 *Dillenia turbinata*	0.188	5.00
5	猪肚木 *Canthium horridum*	0.186	4.96
6	黄果厚壳桂 *Cryptocarya concinna*	0.135	3.60
7	阴香 *Cinnamomum burmanni*	0.130	3.46
8	琼刺榄 *Xantolis longispinosa*	0.109	2.90
9	橄树 *Aporosa yunnanensis*	0.105	2.81
10	赤楠蒲桃 *Syzygium buxifolium*	0.094	2.51
11	丛花山矾 *Symplocos poilanei*	0.094	2.50
12	山杜英 *Elaeocaepus sylvestris*	0.081	2.14
13	烟斗柯 *Lithocarpus corneus*	0.076	2.03
14	鸭脚木 *Schefflera heptaphylla*	0.060	1.59
15	白茶 *Koilodepas hainanense*	0.056	1.50
16	禾串树 *Bridelia balansae*	0.051	1.37
17	滨木患 *Arytera littoralis*	0.051	1.34
	总计	2.699	71.84

注：占凋落叶总量的比例<1.34%的还有 51 个种，在此不予列出。

将表 13-2-10 与表 13-2-11 中物种进行比较，发现在森林凋落叶优势度排序与群落优势度排序中，两者有方枝蒲桃、贡甲、琼刺榄、赤楠蒲桃、鸭脚木、白茶、滨木患 7 个共有种。用群落相似性系数的方法计算，得出森林凋落叶优势度排序与群落优势度排序的 Jaccard 相似性系数为 25.93%，两者的相似性不高，说明在森林中，群落树种组成对凋落叶树种组成的影响不大。

因此，这一研究案例似乎说明了，在热带多雨地区，森林组成多样、优势种不明显的森林群落中，凋落物优势种与群落活植物的优势种不吻合，凋落物总量不是由群落优势种决定的，可能是由一些落叶树种来决定，或其他因素决定。本案例较为特殊，调查区域常风大，同时受台风的影响，植物的抗风性大小对其凋落物量的影响很大。如果都是常绿树种，可以从其凋落物大小初步判断其抗风性大小，这对沿海造防护林有一定的参考价值。

(4) 不同森林类型凋落物特征的季节动态

森林凋落物的季节动态模式多表现出单峰型、双峰型和不规则型（王凤友，1989）。影响森林凋落物数量和质量的主要因素有森林类型、气候因子、纬度、海拔和树种本身的生物学特性等。

凋落物数量的季节波动一般是由外界气候因子的变化引起的。因此，我们利用 GIS

表 13-2-11　沿海森林群落优势种和主要伴生种的主要特征值

Tab.13-2-11　The characteristics of the dominant and the main associated species in coastal forest

编号	树种	个体数 (*N*)	相对密度 (RD/%)	相对频度 (RF/%)	相对显著度 (RP/%)	重要值 (IV/%)
1	鸭脚木 *Schefflera heptaphylla*	557	2.83	2.92	17.45	7.74
2	方枝蒲桃 *Syzygium tephrodes*	2105	10.71	4.62	3.49	6.27
3	异株木樨榄 *Olea tsoongii*	1350	6.87	3.68	7.43	5.99
4	贡甲 *Maclurodendron oligophlebium*	538	2.74	2.55	7.39	4.23
5	琼刺榄 *Xantolis longispinosa*	1074	5.46	4.57	2.44	4.16
6	白茶 *Koilodepas hainanense*	1255	6.39	4.40	1.32	4.04
7	滨木患 *Arytera littoralis*	660	3.36	4.19	1.68	3.07
8	假赤楠 *Syzygium buxifolioideum*	381	1.94	2.04	5.15	3.04
9	海南大风子 *Hydnocarpus hainanensis*	821	4.18	3.30	1.25	2.91
10	赤楠蒲桃 *Syzygium buxifolium*	404	2.06	2.34	3.42	2.61
11	子凌蒲桃 *Syzygium championii*	411	2.09	2.46	3.24	2.60
12	粗毛野桐 *Hancea hookeriana*	793	4.03	2.27	1.13	2.48
13	轮叶木姜子 *Litsea verticiilata*	560	2.85	2.90	0.56	2.10
14	假苹婆 *Sterculia lanceolata*	281	1.43	1.87	2.73	2.01
15	九节 *Psychotria asiatica*	446	2.27	2.95	0.59	1.94
16	黄椿木姜子 *Litsea variabilis*	340	1.73	2.27	1.72	1.91
17	拱网核果木 *Drypetes arcuatinervia*	381	1.94	2.31	1.08	1.78

注：重要值<1.78 的还有 144 种，在此没有列出。

软件从世界气候数据库中提取了海南岛 5 种森林类型的温度和降雨量。不同季节的平均温度(℃)和总降水量(mm)分别见表 13-2-12 和表 13-2-13，发现五种森林类型不同季节的降雨量均以秋季最高，夏季次之；温度以夏季最高，秋季稍低。海南岛每年 8～10 月为台风高发季节，除沿海灌丛和沿海森林外，其他为非沿海森林类型，受风的影响程度不同。

表 13-2-12　不同森林类型不同季节的平均温度

Tab.13-2-12　Average temperatures of different seasons in different forest types

森林类型	冬/℃	春/℃	夏/℃	秋/℃	冬/℃	年平均气温/℃
A	18.7	25.0	28.2	27.4	22.2	24.2
B	18.2	24.5	27.8	26.9	21.7	23.7
C	13.7	19.2	22.0	21.0	16.4	18.3
D	16.7	22.4	25.3	24.1	19.3	21.4
E	15.7	21.1	23.5	22.5	18.1	20.1

A. 不同森林类型凋落物总量的季节动态

沿海灌丛和沿海森林凋落物总量的季节动态呈现出明显的季节变化规律(图 13-2-6)，为双峰型，且春季和秋季为凋落高峰期，夏季和冬季的凋落量差别不大。春季峰值的出现与植物的物候期有关，秋季则与雨季和台风有关。

表 13-2-13　不同森林类型不同季节的总降雨量

Tab.13-2-13　Total rainfall of different seasons in different forest types

森林类型	冬/mm	春/mm	夏/mm	秋/mm	冬/mm	总降雨量/mm
A	89	265	573	725	355	1893
B	89	272	590	736	350	1925
C	51	214	595	795	280	1832
D	43	174	503	709	267	1595
E	51	220	596	807	318	1875

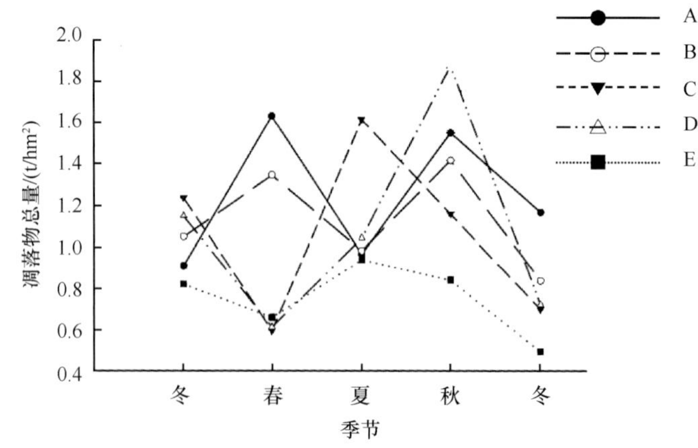

图 13-2-6　不同森林类型凋落物总量的季节动态

Fig.13-2-6　The seasonal dynamics of total litter in different forest types

其他森林类型凋落物无明显的凋落节律。随着季节的变化，高山云雾林、南亚松林、山地雨林的凋落物总量先减小后增大再减小，但三者的凋落高峰期和变化幅度不尽相同。说明不同森林类型的凋落物总量季节动态不同。

B. 不同森林类型叶凋落量的季节动态

叶是凋落物的主要组成部分，沿海灌丛叶凋落量的季节动态（图 13-2-7）与凋落物总量的季节动态一致，仍为双峰型，但叶凋落量的最大值出现在秋季，高达 0.999t/hm^2，这是雨季降水和台风共同作用的结果；沿海森林叶凋落量不再是明显的双峰型，除秋季落叶较多（0.982t/hm^2）外，其他季节变化不大，叶凋落量在秋季的显著增加可能是受台风的影响；而叶凋落量在其他三个对照样地中并无明显的变化规律，其季节动态模式可划分为不规则型。

C. 不同森林类型枝凋落量的季节动态

图 13-2-8 显示，沿海灌丛和沿海森林枝凋落量的季节动态表现出高度一致性，均在春季有较大的凋落量，其他季节凋落量都较小，且没有明显的差异，属单峰型。而其他森林类型枝凋落量的季节动态变化不同：高山云雾林的枝在夏季凋落较多，南亚松林在秋季出现凋落高峰；山地雨林凋落物的量先缓慢增加再基本保持不变后减小。这些规律并不十分明显，其季节动态模式属不规则型。

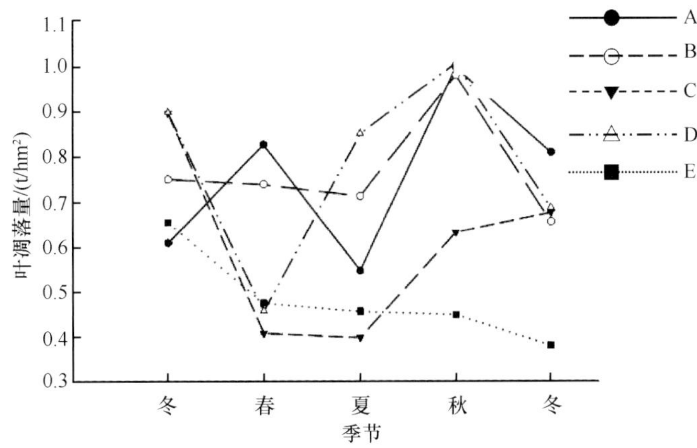

图 13-2-7 不同森林类型叶凋落量的季节动态

Fig.13-2-7 The seasonal dynamics of leaf litter in different forest types

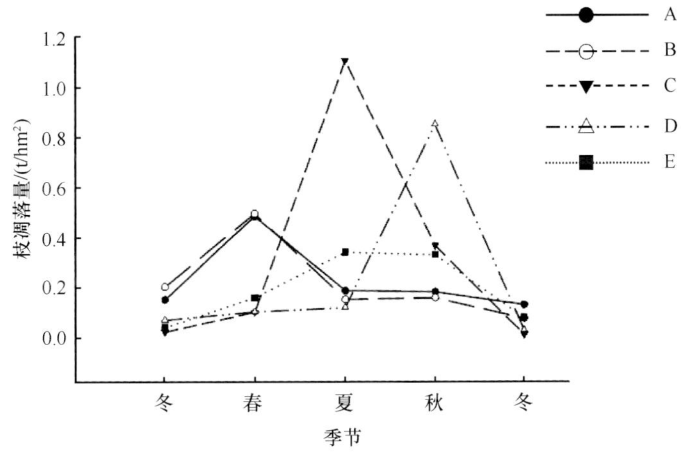

图 13-2-8 不同森林类型枝凋落量的季节动态

Fig.13-2-8 The seasonal dynamics of branch litter in different forest types

D. 不同森林类型繁殖器官凋落量的季节动态

沿海灌丛和沿海森林繁殖器官凋落量(图 13-2-9)的季节动态与叶凋落量的季节动态较为相似。其中，沿海灌丛呈双峰型，凋落高峰在春季($0.267t/hm^2$)和秋季($0.336t/hm^2$)；沿海森林仅在秋季出现一个峰值，且不太明显；其他 3 种森林类型的繁殖器官均在冬季凋落较多。春季是大多数植物的花期，此时凋落的繁殖器官以花为主；而秋季繁殖器官的大量凋落可能是落果较多，也可能是受降雨量和台风的影响。

E. 铜鼓岭凋落物优势种和主要树种叶凋落量的季节动态

森林凋落物的凋落节律主要依赖于林分组成树种的生物学特性和气候条件，通常，热带地区的旱季和雨季对森林凋落量的节律变化有明显影响。

在沿海灌丛 15 种凋落物优势种和主要树种中，大多数树种由于受到台风影响，在秋冬季节都出现一个凋落高峰，但不同树种叶凋落量的季节动态存在差异。在此据其叶凋落量的季节动态将其划分为 4 种类型。①仅在秋冬季节出现凋落高峰的落叶树种，包

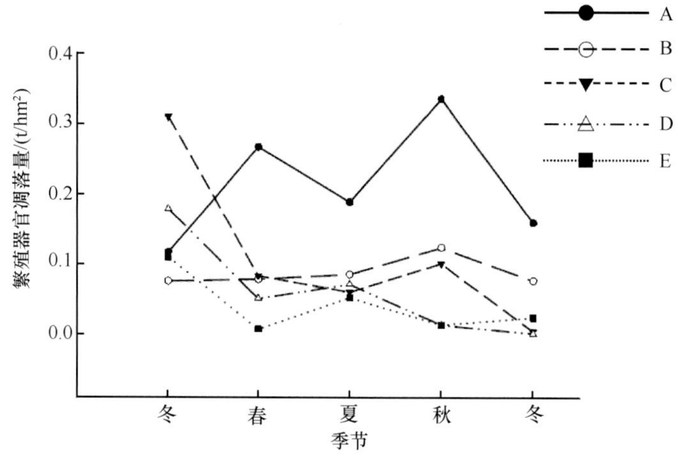

图 13-2-9　不同森林类型繁殖器官凋落量的季节动态

Fig.13-2-9　The seasonal dynamics of fruit litter in different forest types

括橄树、猪肚木、无患子、琼刺榄。这些落叶树种在秋冬季节出现明显的凋落高峰，其他季节的凋落量极少，这与其生物学特性有关，也一定程度上受到台风和雨季的影响。②仅在春季出现凋落高峰的常绿树种，如伞序臭黄荆，它在一年中各个季节均有一定量落叶，但在春季的凋落量相对较多。③仅在秋季或冬季出现一个凋落高峰的常绿树种，包括林仔竹、白树、破布叶、潺槁木姜。这些树种的凋落量几乎全部集中在秋季或冬季，这可能是台风影响的结果。④在春季和秋季都出现凋落高峰的常绿树种，包括贡甲、紫玉盘、阴香、柄果木、滨木患、瓜馥木。这些常绿树种在春季由于换叶形成一个凋落高峰，在秋冬季节也有大量落叶。

贡甲作为凋落叶的重要组成部分，与凋落叶总量的季节动态一致，其叶凋落量的季节动态(图 13-2-10)呈现出明显的双峰，在春季($0.279t/hm^2$)和秋季($0.342t/hm^2$)的凋落较多，达全年凋落量的 49%。

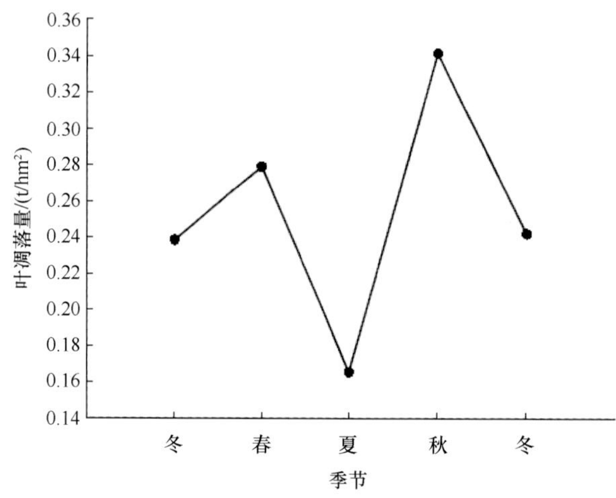

图 13-2-10　贡甲叶凋落量的季节动态

Fig.13-2-10　The seasonal dynamics of *Aeronychia oligophlebia* leaf litter

林仔竹的叶凋落量季节动态(图 13-2-11)属单峰型，峰值出现在秋季($0.107t/hm^2$)，仅秋季的凋落量就高达全年凋落量的 30%。

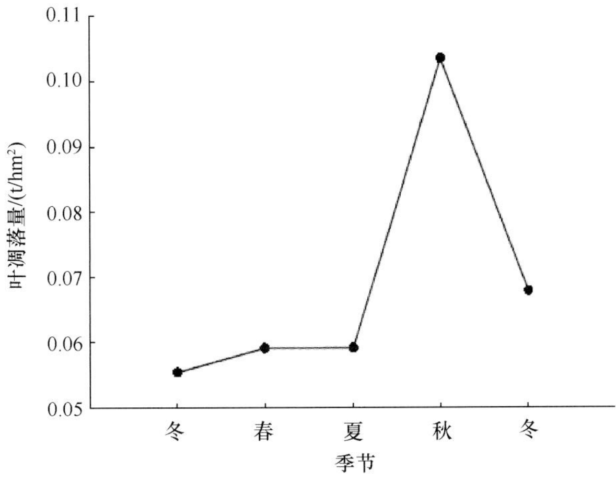

图 13-2-11　林仔竹叶凋落量的季节动态

Fig.13-2-11　The seasonal dynamics of *Oligostachyum nuspiculum* leaf litter

橄树为落叶乔木(图 13-2-12)，其叶在秋冬季节凋落量较大，占全年凋落量的 58.39%。其他凋落物主要树种叶凋落量的季节动态如图 13-2-13 所示。

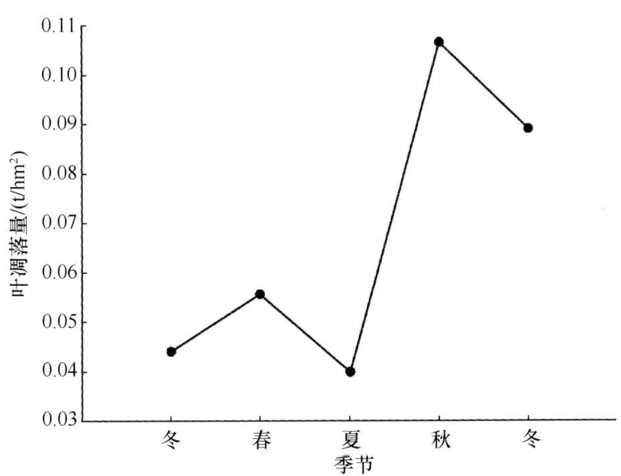

图 13-2-12　橄树叶凋落量的季节动态

Fig.13-2-12　The seasonal dynamics of Aporosa yunnanensis leaf litter

沿海森林 17 种凋落物优势种和主要树种也可以分为 4 种类型。①仅在秋冬季节出现凋落高峰的落叶树种，包括猪肚木、琼刺榄，橄树。这些落叶树种的凋落高峰几乎全部集中在秋冬季节，这和其生物学特性有关，也一定程度上受到台风和雨季的影响。②仅在春季出现凋落高峰的常绿树种，如鸭脚木，它在春季出现大量落叶，其他季节的凋落量很少。③仅在秋季或冬季出现一个凋落高峰的常绿树种，包括大花五椏果、黄果厚壳桂、丛花山矾、山杜英、烟斗柯、白茶、禾串树。这些树种的叶在秋季或者冬季大量

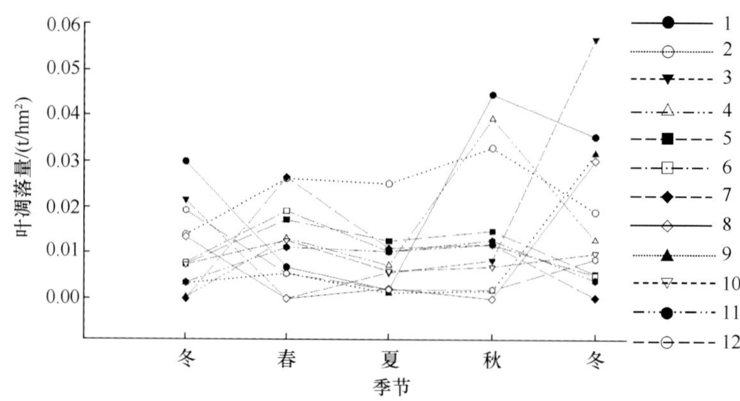

图 13-2-13 凋落物主要树种的叶凋落量的季节动态

Fig.13-2-13 The seasonal dynamics of leaf litter of the main tree species

1. 猪肚木(*Canthium horridum*)；2. 紫玉盘(*Uvaria macrophylla*)；3. 白树(*Suregnda glomernlat*)；4. 无患子(*Sapindus saponaria*)；5. 阴香(*Cinnamomum burmanni*)；6. 柄果木(*Mischocarpus sundaicus*)；7. 滨木患(*Arytera littoralis*)；8. 琼刺榄(*Xantolis longispinosa*)；9. 破布叶(*Microcos paniculata*)；10. 伞序臭黄荆(*Premna serratifolia*)；11. 瓜馥木(*Fissistigma oldhamii*)；12. 潺槁木姜(*Litsea glutinosa*)

凋落，其他季节较少，这可能是台风影响的结果。④在春季和秋季都出现凋落高峰的常绿树种，包括方枝蒲桃、肖蒲桃、贡甲、阴香、赤楠蒲桃、滨木患。方枝蒲桃作为沿海森林凋落物优势种，占叶凋落总量的 19.01%。它是常绿树种，其叶凋落量的季节动态(图 13-2-14)呈现出明显的双峰，其春季和秋季的叶凋落量之和占全年凋落量的 47.64%。

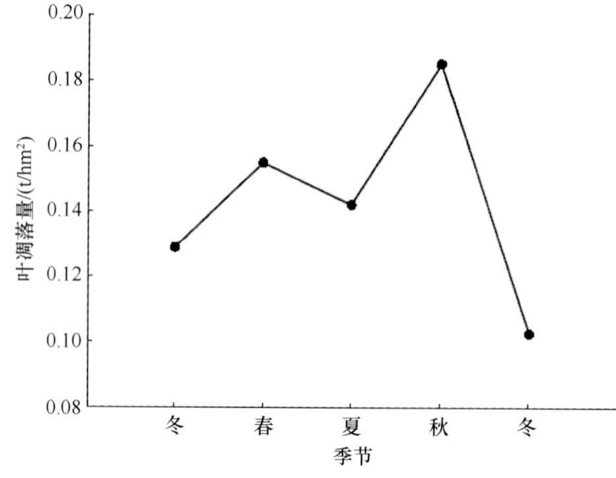

图 13-2-14 方枝蒲桃叶凋落量的季节动态

Fig.13-2-14 The seasonal dynamics of *Syzygium tephrode* leaf litter

肖蒲桃(图 13-2-15)也是常绿树种，其叶凋落高峰为春季($0.081t/hm^2$)和秋季($0.074t/hm^2$)，占其凋落叶总量的 51.25%。贡甲(图 13-2-16)作为沿海灌丛和沿海森林共同的群落优势种，同时也是共同的凋落物优势种，其叶凋落量的季节动态在两林型中也表现出一致性，均在春季($0.058t/hm^2$)和秋季($0.105t/hm^2$)达到凋落高峰，且秋季的凋落量更大。其他凋落物主要树种的叶凋落量的季节动态如图 13-2-17 所示。

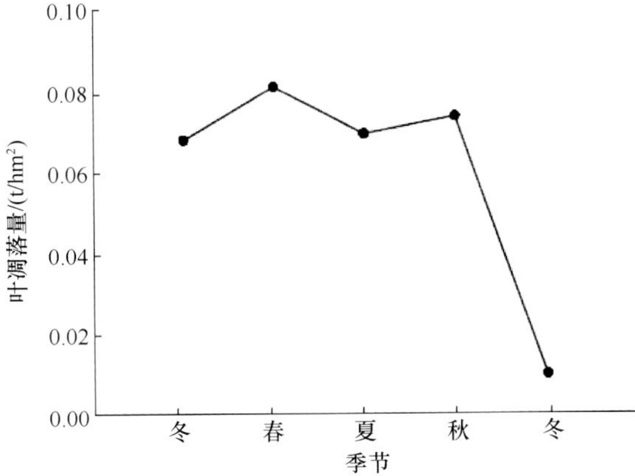

图 13-2-15 肖蒲桃叶凋落量的季节动态

Fig.13-2-15 The seasonal dynamics of *Syzygium acuminatissima* leaf litter

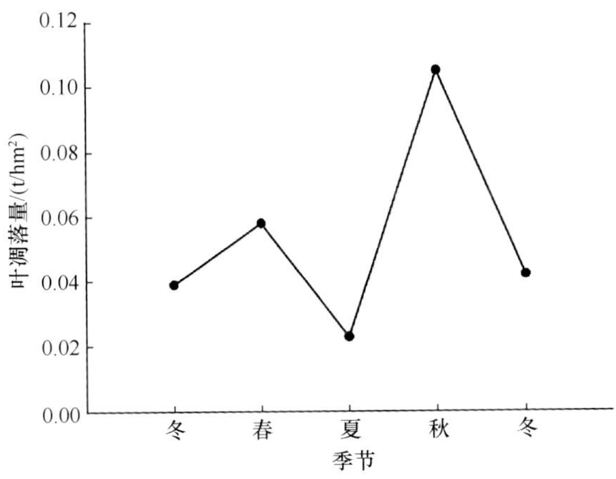

图 13-2-16 贡甲叶凋落量的季节动态

Fig.13-2-16 The seasonal dynamics of *Aeronychia oligophlebia* leaf litter

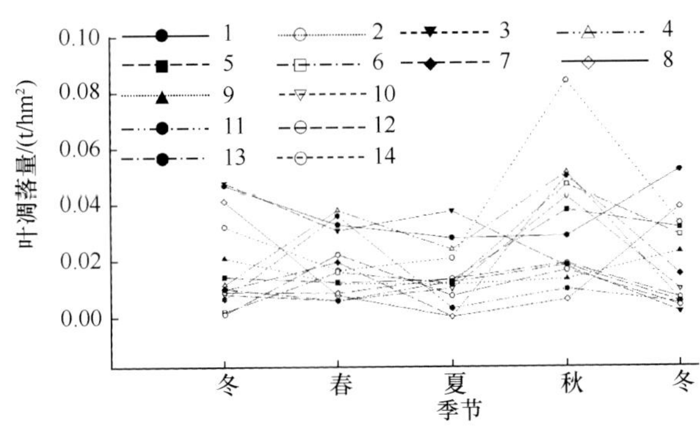

图 13-2-17 凋落物主要树种叶凋落量的季节动态

Fig.13-2-17 The seasonal dynamics of leaf litter of the main tree species

1. 大花五桠果(*Dillenia turbinate*); 2. 猪肚木 *Canthium horridum*; 3. 黄果厚壳桂 *Cryptocarya concinna*; 4. 阴香 *Cinnamomum burmanni*; 5. 琼刺榄 *Xantolis longispinosa*; 6. 橄树 *Aporosa yunnanensis*; 7. 赤楠蒲桃 *Syzygium buxifolium*; 8. 丛花山矾 *Symplocos poilanei*; 9. 山杜英 *Elaeocaepus sylvestris*; 10. 烟斗柯 *Lithocarpus corneus*; 11. 鹅掌柴(鸭脚木) *Schefflera heptaphylla*; 12. 白茶 *Koilodepas hainanense*; 13. 禾串树 *Bridelia balansae*; 14. 滨木患 *Arytera littoralis*

2) 地形因子对凋落物特征的影响

取灌木林和森林每个凋落物收集器所在的小样方内的坡向、坡度、岩石裸露度三个地形因子,采用相关分析法研究在 160m×160m 样地中微地形对凋落物总量、叶凋落量、枝凋落量、繁殖器官凋落量的影响。两种森林类型地形因子(表 13-2-14)概况:在灌木林中,坡向基本都为阴坡,坡度变化范围为 7°～43°,不同地点岩石裸露度范围为 1%～40%;在森林中,大部分坡向为阳坡,坡度的变化范围为 5°～35°,岩石裸露度的变化范围很大,为 0～90%。

表 13-2-14　铜鼓岭两种森林类型的地形因子

Tab.13-2-14　The terrain factor of two kinds of forest types in Tongguling

灌木林				森林			
编号	坡向	坡度/(°)	岩石裸露度/%	编号	坡向	坡度/(°)	岩石裸露度/%
A1	1	11	3	B1	0.5	8	0
A2	1	7	7	B2	0.3	24	10
A3	1	32	1	B3	0.3	22	40
A4	1	43	1	B4	0.3	26	80
A5	1	41	21	B5	0.3	23	40
A6	1	12	3	B6	0.3	18	1
A7	1	12	10	B7	0.3	16	15
A8	1	23	5	B8	0.3	10	1
A9	1	10	25	B9	0.8	18	10
A10	1	14	5	B10	0.3	20	30
A11	1	35	10	B11	0.8	16	50
A12	1	24	40	B12	0.3	22	80
A13	1	19	25	B13	0.3	22	25
A14	1	31	5	B14	0.3	22	15
A15	0.5	36	40	B15	0.3	26	20
A16	1	14	30	B16	0.3	31	35
A17	1	28	25	B17	1	18	70
A18	1	31	20	B18	0.3	5	65
A19	1	12	5	B19	0.3	35	50
A20	1	12	25	B20	0.3	35	60
A21	1	8	6	B21	0.3	26	35
A22	1	14	8	B22	0.3	10	90
A23	1	23	10	B23	0.3	25	70
A24	1	32	35	B24	0.3	26	10
A25	1	10	25	B25	0.3	30	50

相关性分析结果显示(表 13-2-15、表 13-2-16):灌木林和沿海森林的凋落物总量及其器官组成与地形因子之间均无显著相关性。由此可知,在铜鼓岭同一森林类型中,凋落物总量及其器官组成与微地形没有明显关系。

表 13-2-15　灌木林凋落物总量及其器官组成与地形因子的相关性

Tab.13-2-15　The relationship between total litter，its composition and the terrain factor in the shrubbery

	坡向	坡度	岩石裸露度
凋落物总量	0.284	0.228	–0.177
叶凋落量	–0.004	0.198	0.045
枝凋落量	0.281	–0.263	–0.236
繁殖器官凋落量	0.228	0.227	–0.143

表 13-2-16　森林凋落物总量及其器官组成与地形因子的相关性

Tab.13-2-16　The relationship between total litter，its composition and the terrain factor in forest

	坡向	坡度	岩石裸露度
凋落物总量	0.184	–0.113	–0.099
叶凋落量	0.346	–0.151	–0.086
枝凋落量	–0.149	0.054	–0.015
繁殖器官凋落量	–0.219	0.050	–0.154

3. 特点与讨论

森林凋落物的凋落物量直接反映了森林生态系统的初级生产力水平，是森林生态系统物质循环及能量循环的重要组成部分，其年凋落量因地理位置和森林类型的不同而存在一定差异(李雪峰等，2005；王斌等，2009；徐旺明等，2013)。

研究结果表明，沿海地区的森林与非沿海地区的森林的凋落量也有一定的差异。海南铜鼓岭沿海森林的年凋落量(灌木林为 6.227t/hm^2，森林为 5.636t/hm^2)比其他三个对照样地的年凋落量大，但与哀牢山常绿阔叶林(6.7t/hm^2)的年凋落量(于明坚，1996)较为接近；霸王岭南亚松林(5.403t/hm^2)和霸王岭高山云雾林(5.306t/hm^2)的年凋落量较为接近，但比五指山山地雨林年凋落量(3.752t/hm^2)大很多；五指山山地雨林与滇中次生常绿阔叶林(3.51t/hm^2)的年凋落量(Liu et al.，2004)较为接近。

铜鼓岭灌木林是原生的沿海森林遭到破坏后出现的次生灌丛，现有向森林演替的趋势(周威等，2013；钟义，1991)，而灌木林的年凋落量(6.227t/hm^2)比森林(5.636t/hm^2)的年凋落量大，说明在铜鼓岭自然保护区内，凋落物年凋落量随着演替进程呈现出降低的趋势。这与王敏英的研究结果一致，她研究了海南中部丘陵的 4 种植物群落年凋落物量，发现次生群落从灌丛向次生林演替的过程中，年凋落量也有降低的趋势(王敏英，2008)。

森林凋落物的器官组成可分为凋落叶、凋落枝、凋落的繁殖器官、其他杂物，一般凋落叶的比例最大，火炬松林的凋落叶甚至达到凋落物总量的 100%(俞元春等，1992)。廖军等研究发现，大多数森林凋落物的器官组成占凋落物总量的比例均为：叶＞枝皮＞花果＞杂物(廖军，2000)。在本案例中，5 种不同森林类型凋落叶的比例均占绝对优势，说明凋落叶与凋落物总量的关系最为密切，也体现了凋落叶在森林生态系统的凋落物归还中的重要作用。

但不同森林类型，叶凋落量的具体数量和比例不同。其中叶凋落量以南亚松林最大，为 3.904t/hm^2，占 72.26%；沿海森林叶凋落量为 3.841t/hm^2，占 68.16%；沿海森林比灌木林小，其叶凋落量为 3.794t/hm^2，占 60.93%；高山云雾林(3.013t/hm^2)和山地雨林的叶凋落量(2.417t/hm^2)最小，分别占 56.79%和 64.42%。

凋落叶组成树种对叶凋落量有影响，结果显示：在灌木林中，凋落物优势种和主要树种的叶凋落量与其组成树种的株数在 $\alpha_{0.01}$ 水平上极显著正相关(R=0.826，n=12)，与总断面积在 $\alpha_{0.01}$ 水平上极显著正相关(R=0.970，n=12)，与树冠面积在 $\alpha_{0.01}$ 水平上极显著正相关(R=0.955，n=12)；沿海森林凋落物优势种和主要树种的叶凋落量与其组成树种的株数在 $\alpha_{0.01}$ 水平上极显著相关(R=0.607，n=17)。结果说明，凋落叶的树种组成对叶凋落量有较大影响。

国内外关于不同森林类型凋落物的量有较多研究，但大都集中在凋落物的总量及其器官组成的研究上，或研究森林优势种的凋落物的组成(陈金耀，1998；原作强等，2010；王陆军，2010；张磊等，2011)，深入到凋落叶种类组成的较少(王樟华，2013.5)，这是由于在热带地区，森林群落种类组成多样复杂，优势种不明显，凋落叶较难辩认，开展这方面的研究工作较为困难。

本案例的凋落叶按树种全部进行分类，灌木林共收集到 60 个树种的凋落叶，沿海森林共收集到 78 个树种的凋落叶，并按其总重量进行排序，灌木林的凋落物优势种为贡甲、林仔竹、橄树，它们的凋落叶总量占 55.56%，分别是 36.15%、9.85%、9.56%；森林的凋落物优势种是方枝蒲桃、肖蒲桃和贡甲，它们的凋落叶总量占 34.13%，分别是 19.01%、8.02%、7.10%。可见灌木林的优势种比森林的优势种的量更大，优势度更加明显。但在灌木林中，森林群落的优势度排序与凋落叶的优势度排序的 Jaccard 相似性系数仅 20%，而森林也只有 30.76%。表明在热带沿海地区森林优势种其凋落物不能代表凋落叶的真实情况，如果只通过研究森林优势种的凋落物来推测凋落叶对森林群落物质循环的影响，可能会出现误差。

王凤友(1989)认为，森林凋落物的季节动态模式多表现出单峰型、双峰型和不规则型，其凋落高峰受到气候因素、树种组成和森林类型的影响。而多数森林，特别是常绿森林，其月凋落量的季节动态模式是双峰型，本案例也符合这个变化规律：灌木林和沿海森林凋落物总量，灌木林的叶凋落量、繁殖器官凋落量的季节变化规律均呈现出双峰型。

灌木林和沿海森林凋落物总量的季节动态为双峰型，且两者的凋落高峰都在春季和秋季，春季峰值的出现与植物的物候期有关，秋季则为雨季和台风高发季节，而此时高温多雨的气候对凋落物的分解以及营养元素的循环非常有利。

凋落叶作为森林凋落物的主要贡献者，其凋落量的季节动态与总凋落量的季节动态存在一定的相似性。灌木林叶凋落量的季节动态为双峰型，而沿海森林为单峰型。灌木林的落叶树种占到整个群落树种的 15%(周威，2013)，春季的落叶高峰属生理性脱落，秋季的落叶高峰则受台风和降雨的影响；而沿海森林是常绿林，全年不会出现明显的凋落高峰，秋季落叶高峰也是受台风和降雨的影响。

不同森林类型，凋落物的季节动态模式不同。高山云雾林、南亚松林、山地雨林的凋落物总量及其器官组成没有明显的凋落节律，可能是由于取样面积较小，凋落物收集面积小，偶然误差较大，所以这三个对照样地的凋落量及其特征只能作为参考。

在灌木林和沿海森林的凋落物优势种及主要树种中，大多数树种叶凋落量的季节动态都与凋落物总量的季节动态规律一致，这体现出了树种组成在叶凋落量上的重要贡献。不同树种凋落叶的季节动态存在差异：在灌木林中，贡甲和橄树为双峰型，林仔竹为单峰型；在沿海森林中，方枝蒲桃属双峰型，肖蒲桃为不明显的双峰，贡甲的叶凋落量随季节的变化先减小后增大。

林分特征对凋落物特征影响的分析结果显示：灌木林凋落物特征与林分特征之间无显著相关性，而沿海森林凋落物总量与林分密度正相关（$R=0.477$）。张家武等(1993)发现马尾松林凋落量与林分密度正相关，黄承才等(2006)发现林分密度是影响杉木林凋落量的重要因素，而凌华等(2009)发现成熟林中，凋落量与林分密度极显著负相关。这说明，林分特征是影响森林凋落物特征的因素之一，但不同森林类型受林分特征的影响程度不同。

地形因子(坡向、坡度、岩石裸露度)和凋落物特征的相关性分析结果显示：灌木林和沿海森林的凋落物特征与地形因子间无显著相关性，本结果仅说明在 160m×160m 样方内两种不同森林类型的凋落物特征与微地形的关系不大，因此，在今后的研究中，我们应该扩大样地面积，在大范围内讨论地形对凋落物特征值的影响。

(二)沿海森林凋落物分解规律研究——以文昌铜鼓岭为例

1. 案例的地理概况与具体研究方法

1)地理概况

文昌铜鼓岭地理概况见第七章第一节。

2)研究材料与方法

(1)材料来源与实验设计

于 2012 年 12 月分别在文昌沿海森林和灌木林收集当年新鲜凋落叶，主要采集将要凋落的老叶和刚凋落不久的叶片，带回实验室放置于 60℃烘干机中烘干，装入分解袋中，每袋 10g，分解袋为网目 1mm 的尼龙网袋，规格为 15cm×15cm。

从森林样地中收集的凋落叶分为 3 组：①GJ-a：贡甲(10g)；②HD-a：海南大风子(10g)；③HH-a：混合凋落叶(10g)，包含贡甲(2g)、海南大风子(2g)、赤楠蒲桃(*Syzygium buxifolium*)(1g)、九节(*Psychotria asiatica*)(1g)、黄椿木姜(*Litsea variabilis*)(1g)、滨木患(*Arytera littoralis*)(1g)、肖蒲桃(*Syzygium acuminatissimum*)(1g)、黄果厚壳桂(*Cryptocarya concinna*)(1g)。

从灌木林样地中收集的凋落叶分为 3 组：①GJ-b：贡甲(10g)；②HD-b：海南大风子(10g)；③HH-a：混合凋落叶(10g)，包含贡甲(2g)、海南大风子(2g)、柞木(*Xylosma congesta*)(1g)、伞花冬青(*Ilex godajam*)(1g)、橄树(*Aporosa yunnanensis*)(1g)、无患子(*Sapindus saponaria*)(1g)、柄果木(*Mischocarpus sundaicus*)(1g)、黄牛木(*Cratoxylum *cochinchinense*)(1g)。

于 2013 年 1 月将分解袋分别放置于热带常绿森林和灌木林中，并覆盖一些凋落物，使其尽可能接近自然状态。每隔 3 个月收取一次分解袋，每类凋落叶每次收取 3 个重复。带回实验室，仔细去除杂物，烘干至恒重，称重并计算残留率。用封口袋保存好样品留作养分分析。

(2)养分分析测定方法

养分分析测定采用常规的方法。

(3)数据处理

A. 残留率：$y=\frac{x_t}{x_0}\times 100\%$

Olson 指数衰减模型(陈金玲，2010)：$y=\frac{x_t}{x_0}=e^{-kt}$

式中，y 为凋落叶干重残留率(%)；x_t 为分解 t 时间后凋落叶的干重残留量；x_0 为凋落叶的初始干重；k 为分解系数［g/(g·a)］。

B. 凋落物分解 50%与分解 95%所需要的时间：$t_{0.5}=\frac{\ln 0.5}{-k}$，$t_{0.95}=\frac{\ln 0.05}{-k}$

式中；$t_{0.5}$ 为凋落物分解 50%时所需年限(年)；$t_{0.95}$ 为分解 95%时所需年限(年)。

C. 养分净释放率(沈龙海等，1996)：$y_1=\frac{(a_{t-1}-a_t)}{a_0}\times 100\%$

式中，y_1 为养分净释放率；a_0 为凋落物初始养分残留量(mg)；a_{t-1} 为凋落物分解 t–1 季度时养分残留量(mg)；a_t 为分解第 t 季度时的凋落物养分残留量(mg)。

所有数据用 Excel 和 SPSS 软件进行统计分析，用 SigmaPlot 12.0 作图。

2. 结果与分析

1)不同演替阶段森林凋落叶分解残留率比较研究

6 类凋落叶经过了 1 年的分解，干重残留率均随分解时间的推移而逐渐减小(图 13-2-18)，在森林中，6 类凋落叶残留率为 3.7%～13.4%，而在灌木林中，6 类凋落叶残留率为 12.4%～21.7%，由此可见，一年内森林凋落叶分解速率大于灌木林。

比较各处理之间的干重残留率：森林中，HH-b(13.4%)＞HH-a(12.5%)＞GJ-b(6.3%)＞HD-b(5.2%)＞GJ-a(4.6%)＞HD-a(3.7%)；灌木林中，HH-b(21.7%)＞HH-a(19.8%)＞GJ-a(17.6%)＞HH-a(16.1%)＞GJ-b(15.4%)＞HD-b(12.4%)。由此可见，整个分解过程中，混合凋落叶的残留率都大于单个优势种残留率。

2)不同演替阶段森林凋落叶分解速率比较研究

根据 Olson 指数衰减模型，拟合出 6 类凋落叶分别在森林和灌木林中分解的指数回归方程(表 13-2-17)，决定系数(R^2＞0.9)都较高，与实验数据拟合效果良好。经过比较发现，放置于森林的凋落叶分解速率为 2.073～3.322，放置于灌木林的凋落叶分解速率为 1.616～2.042，森林凋落叶分解速率明显大于灌木林。

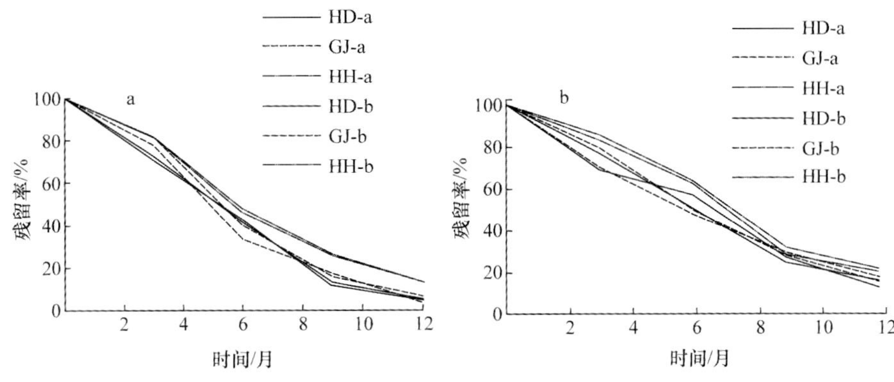

图 13-2-18 凋落叶残留率动态

Fig.13-2-18 Dynamics of remaining rate of leaf litter

a. 热带常绿森林；b. 灌木林，下同。HD-a. 海南大风子凋落叶(森林)；GJ-a. 贡甲凋落叶(森林)；HH-a. 混合凋落叶(森林)；HD-b. 海南大风子凋落叶(灌木林)；GJ-b. 贡甲凋落叶(灌木林)；HH-b. 混合凋落叶(灌木林)

表 13-2-17 凋落叶分解残留率随时间的指数回归方程参数

Tab.13-2-17 Parameters of exponential regression equation of leaf litter remaining rate

	处理	回归方程	分解系数	决定系数	$T_{0.5}$/a	$T_{0.95}$/a
热带滨海雨林	HD-a	y=14.253e$^{-3.322t}$	3.322	0.918	0.21	0.90
	GJ-a	y =13.432e$^{-3.071t}$	3.071	0.935	0.23	0.98
	HH-a	y =12.075e$^{-2.112t}$	2.112	0.953	0.33	1.42
	HD-b	y =13.238e$^{-3.012t}$	3.012	0.936	0.22	0.97
	GJ-b	y =13.336e$^{-2.865t}$	2.865	0.945	0.24	1.05
	HH-b	y =11.806e$^{-2.073t}$	2.073	0.966	0.33	1.45
灌木林	HD-a	y =11.333e$^{-1.925t}$	1.925	0.967	0.36	1.56
	GJ-a	y =10.611e$^{-1.740t}$	1.740	0.991	0.40	1.72
	HH-a	y =11.662e$^{-1.724t}$	1.724	0.930	0.39	1.74
	HD-b	y =11.692e$^{-2.042t}$	2.042	0.922	0.34	1.47
	GJ-b	y =11.530e$^{-1.927t}$	1.927	0.970	0.36	1.55
	HH-b	y =11.668e$^{-1.616t}$	1.616	0.936	0.43	1.85

注：HD-a. 海南大风子凋落叶(森林)；GJ-a. 贡甲凋落叶(森林)；HH-a. 混合凋落叶(森林)；HD-b. 海南大风子凋落叶(灌木林)；GJ-b. 贡甲凋落叶(灌木林)；HH-b. 混合凋落叶(灌木林)。

相比各凋落叶处理的分解速率，发现混合凋落叶分解速率明显小于单个优势种凋落叶分解速率：在森林中，6 类凋落叶分解系数 k 为 HD-a＞HD-b＞GJ-a＞GJ-b＞HH-a＞HH-b；在灌木林中，6 类凋落叶分解系数 k 为 HD-b＞GJ-b＞HD-a＞GJ-a＞HH-a＞HH-b。

3) 不同演替阶段森林凋落叶分解不同阶段养分元素残留量变化研究

凋落物的养分是森林土壤肥力的重要来源之一，这些养分源源不断地提供给森林植物，以满足其生长发育的需要，同时促进森林生态系统中营养元素的循环，因此分析凋落物中营养元素动态变化规律具有重要的意义。

(1) C 残留量动态变化

两个林地凋落叶中 C 残留量变化曲线如图 13-2-19 所示，C 元素残留量变化曲线与凋落叶干重残留率变化曲线较相似，整个分解过程中凋落叶 C 元素残留量的变化规律为“直接释放”。

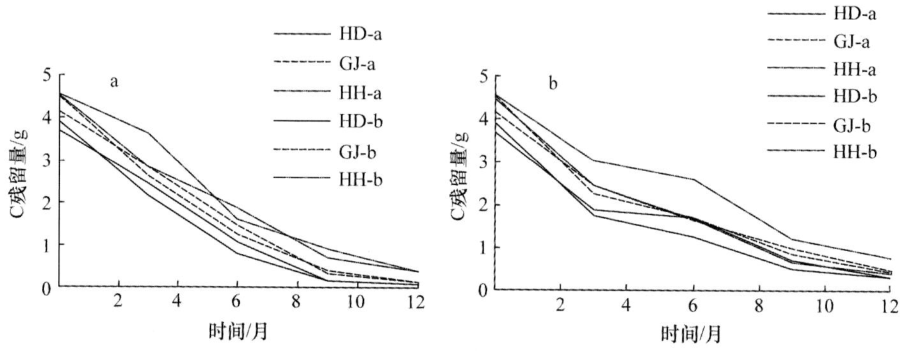

图 13-2-19 凋落叶分解不同阶段 C 残留量动态变化

Fig.13-2-19 Dynamic change of leaf litter C remaining rate in different stages of decomposition

a. 热带常绿森林；b. 灌木林。HD-a. 海南大风子凋落叶(森林)；GJ-a. 贡甲凋落叶(森林)；HH-a. 混合凋落叶(森林)；HD-b. 海南大风子凋落叶(灌木林)；GJ-b. 贡甲凋落叶(灌木林)；HH-b. 混合凋落叶(灌木林)

(2) N 残留量动态变化

两个林地凋落叶中 N 残留量变化曲线如图 13-2-20 所示，凋落叶 N 元素残留量在分解前期经历了一个明显的上升阶段，分解中后期呈下降趋势，因此，N 元素残留量的变化规律为“富集→释放”。

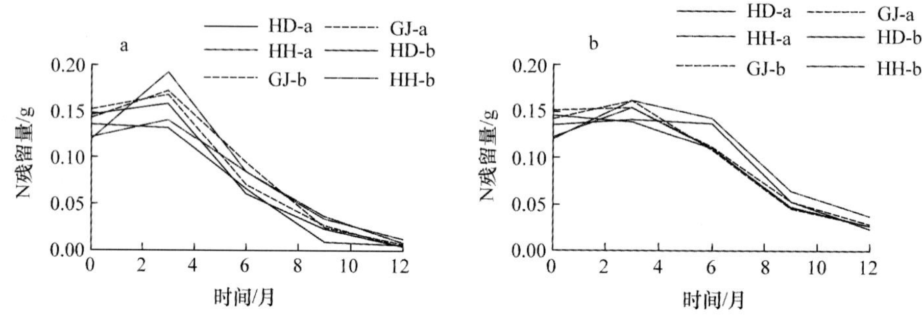

图 13-2-20 凋落叶分解不同阶段 N 残留量动态变化

Fig.13-2-20 Dynamic change of leaf litter N remaining rate in different stages of decomposition

a. 热带常绿森林；b. 灌木林。HD-a. 海南大风子凋落叶(森林)；GJ-a. 贡甲凋落叶(森林)；HH-a. 混合凋落叶(森林)；HD-b. 海南大风子凋落叶(灌木林)；GJ-b. 贡甲凋落叶(灌木林)；HH-b. 混合凋落叶(灌木林)

(3) P 残留量动态变化

两个林地凋落叶中 P 元素残留量变化曲线如图 13-2-21 所示，P 元素残留量总体呈“直接释放”的规律。

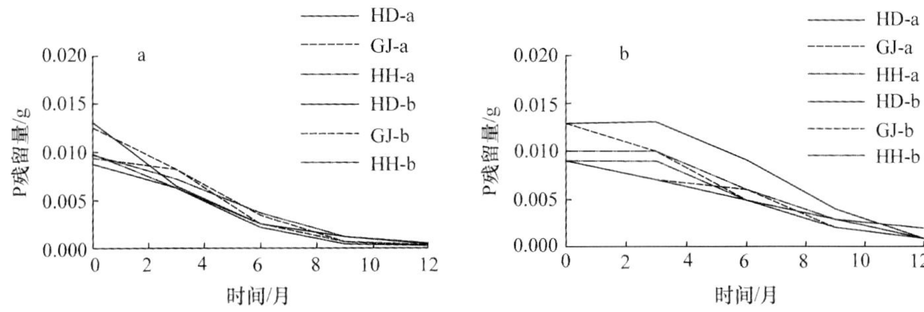

图 13-2-21　凋落叶分解不同阶段 P 残留量动态变化

Fig.13-2-21　Dynamic change of leaf litter P remaining rate in different stages of decomposition

a. 热带常绿森林；b. 灌木林。HD-a. 海南大风子凋落叶（森林）；GJ-a. 贡甲凋落叶（森林）；HH-a. 混合凋落叶（森林）；HD-b. 海南大风子凋落叶（灌木林）；GJ-b. 贡甲凋落叶（灌木林）；HH-b. 混合凋落叶（灌木林）

（4）K 残留量动态变化

两个林地凋落叶中 K 元素残留量变化曲线如图 13-2-22 所示，K 元素在分解初期发生急剧下降，几乎降到了最低值，随后缓慢下降，说明 K 元素极易被淋溶。因此，K 元素的残留量变化规律为“直接释放”。

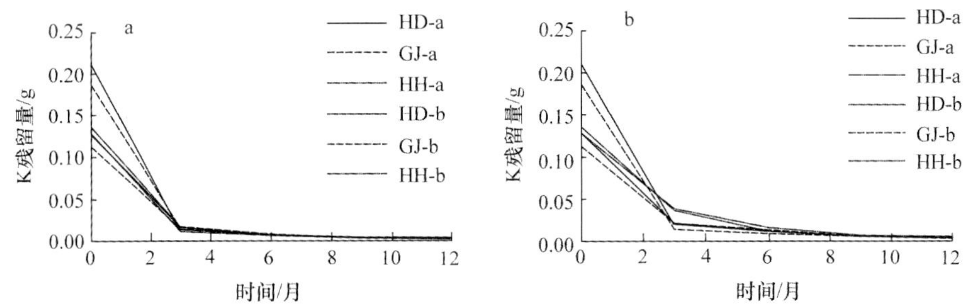

图 13-2-22　凋落叶分解不同阶段 K 残留量动态变化

Fig.13-2-22　Dynamic change of leaf litter K remaining rate in different stages of decomposition

a. 热带常绿森林；b. 灌木林。HD-a. 海南大风子凋落叶（森林）；GJ-a. 贡甲凋落叶（森林）；HH-a. 混合凋落叶（森林）；HD-b. 海南大风子凋落叶（灌木林）；GJ-b. 贡甲凋落叶（灌木林）；HH-b. 混合凋落叶（灌木林）

（5）Ca 残留量动态变化

两个林地凋落叶中 Ca 元素残留量变化曲线如图 13-2-23 所示，两个林地 Ca 元素残留量变化规律有所不同：森林凋落叶 Ca 元素残留量呈现“直接释放”的规律，而灌木林呈现出”“富集→释放”的规律。

（6）Mg 残留量动态变化

两个林地凋落叶中 Mg 元素残留量变化曲线如图 13-2-24 所示，由于 Mg 元素很难被微生物利用，流动性差，且不易从外界补充，Mg 元素残留量的变化规律为“直接释放”。

4）不同演替阶段森林凋落叶养分初始质量分数与分解速率相关性分析

凋落叶的分解速率与凋落叶初始养分元素组成有密切的关系。6 类凋落叶各元素的初始质量分数（C、N、P、K、Ca、Mg、C/N 值）及相关性分析结果如表 13-2-18、表 13-2-19 所示，在森林中，分解系数 k 与初始 N 质量分数呈显著正相关（$P<0.05$），和初始 C/N

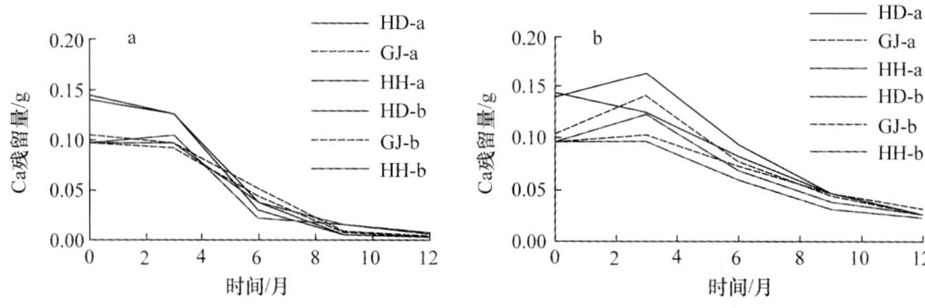

图 13-2-23 凋落叶分解不同阶段 Ca 残留量动态变化

Fig.13-2-23 Dynamic change of leaf litter Ca remaining rate in different stages of decomposition

a. 热带常绿森林；b. 灌木林。HD-a. 海南大风子凋落叶（森林）；GJ-a. 贡甲凋落叶（森林）；HH-a. 混合凋落叶（森林）；HD-b. 海南大风子凋落叶（灌木林）；GJ-b. 贡甲凋落叶（灌木林）；HH-b. 混合凋落叶（灌木林）

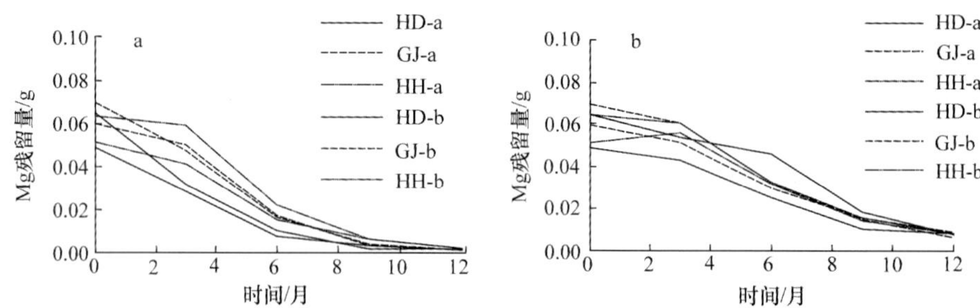

图 13-2-24 凋落叶分解不同阶段 Mg 残留量动态变化

Fig.13-2-24 Dynamic change of leaf litter Mg remaining rate in different stages of decomposition

a. 热带常绿森林；b. 灌木林。HD-a. 海南大风子凋落叶（森林）；GJ-a. 贡甲凋落叶（森林）；HH-a. 混合凋落叶（森林）；HD-b. 海南大风子凋落叶（灌木林）；GJ-b. 贡甲凋落叶（灌木林）；HH-b. 混合凋落叶（灌木林）

值呈极显著负相关（$P<0.01$），与初始 C、P、K、Ca、Mg 初始质量分数相关性不显著。在灌木林中，分解系数 k 与初始 C 质量分数和 C/N 值呈显著负相关（$P<0.05$），与其他元素初始质量分数相关性不显著。

表 13-2-18 凋落叶初始质量分数

Tab.13-2-18 The parameters of initial substrate quality of leaf litter

凋落叶类型	C/(mg/g)	N/(mg/g)	P/(mg/g)	K/(mg/g)	Ca/(mg/g)	Mg/(mg/g)	C/N
HD-a	390.1±11.5cd	14.63±0.21ab	0.88±0.032b	12.82±0.148d	14.48±0.155a	4.91±0.201c	26.60±0.57b
GJ-a	448.9±8.3b	15.25±0.19a	0.95±0.036b	18.63±0.151b	9.73±0.274c	6.04±0.190b	29.45±0.73b
HH-a	446.1±6.8b	12.16±0.4c	0.96±0.066b	12.62±0.045d	9.68±0.220c	6.39±0.132b	36.77±1.35a
HD-b	369.5±11.9d	13.63±0.29b	1.31±0.114a	21.02±0.136a	14.09±0.121a	6.51±0.101b	27.10±0.78b
GJ-b	417.3±7.1bc	14.3±0.24ab	1.25±0.106a	11.24±0.057e	10.61±0.370b	7.02±0.108a	29.22±1.63b
HH-b	455.3±5.9a	12.11±0.5c	0.98±0.124b	13.50±0.112c	9.79±0.213c	5.16±0.206c	37.69±1.94a

注：HD-a. 海南大风子凋落叶（森林）；GJ-a. 贡甲凋落叶（森林）；HH-a. 混合凋落叶（森林）；HD-b. 海南大风子凋落叶（灌木林）；GJ-b. 贡甲凋落叶（灌木林）；HH-b. 混合凋落叶（灌木林）。

表 13-2-19　凋落叶初始质量参数与分解速率的相关性(n=6)

Tab.13-2-19　Correlation coefficients between the parameters of initial litter quality and decomposition rate constants

样地	C	N	P	K	Ca	Mg	C/N
森林	–0.771	0.886*	–0.486	0.257	0.543	–0.257	–0.943**
sig	0.329	0.019	0.329	0.623	0.266	0.623	0.005
灌木林	–0.886*	0.2	–0.486	–0.029	0.6	0.6	–0.829*
sig	0.019	0.704	0.329	0.957	0.208	0.208	0.042

**为 P<0.01，*为 P<0.05。

结果表明，在森林中，Olson 指数模型模拟出来的分解系数 k 值越大，初始 N 质量分数应越大，初始 C/N 值应越小；在灌木林中，k 值越大，C 初始质量分数和 C/N 值应越小。

3. 特点与讨论

通过本案例发现，铜鼓岭保护区内森林凋落叶分解中期失重率几乎与分解前期持平，而后期分解缓慢，这与张东来等(2008)研究结果一致，这种现象主要是由两个方面的因素造成的。①自身化学成分影响：在分解初期失重率很大是由于凋落叶中大量可溶性有机物的淋溶以及易分解化合物(碳水化合物)的分解，导致凋落叶重量出现一个直线下降的过程，而后期失重率变小变慢则是因为凋落物内不易分解的单宁和纤维素等物质大量积累。②环境因素：铜鼓岭保护区 5～10 月为雨季和台风季，而且气温也比其他月份高，高温多雨导致微生物大量繁殖、分解者活动旺盛，极大程度地促进了凋落叶的分解，所以凋落叶分解中期的失重率赶上了分解初期，而分解后期正好处于 10 月下旬至 1 月，这段时间是该保护区的旱季，且气温开始下降，不利于微生物的生长与活动，所以失重率变小。

通过本案例发现，铜鼓岭保护区森林凋落叶分解速率为 1.616～3.322，相比其他研究地区的分解系数 k：鼎湖山 0.288～1.398(张德强等，2000)，鹤山 0.422～1.108(周存宇等，1995)，尖峰岭 0.422～1.578(刘强等，2005)，福建 1.16～3.54(林开敏等，2001)，长白山 0.25～0.47(刘颖等，2009)，小兴安岭 0.139～0.283(陈金玲等，2010)，铜鼓岭地区分解系数处于高水平，这主要是由铜鼓岭地区地理位置和气候条件所决定的：铜鼓岭热带常绿森林和灌木林位于沿海基岩海岸上，常年湿度大，林内湿度经常在 88%～95%，而且又处于热带地区，高温持续时间长，最冷月(1 月)平均气温达到 18℃。这些因素都适合微生物和土壤小动物生存和生长，从而导致凋落物分解速率异常快。

6 类凋落叶分别在两个林地中经过 1 年的分解，森林凋落叶残留率明显低于灌木林，分解速率明显大于灌木林。这是由于演替不同阶段分解者的组成、数量和活性的不同而造成差异。土壤动物通过对土壤结构、凋落物的破碎和微生物群落组成的影响而强烈作用于分解过程，土壤微生物通过分泌各类降解酶对凋落物的分解有着很大的影响(彭少麟等，2002)，有研究表明，土壤动物群落随植物群落的演替而发生明显的变化，演替初期的土壤动物群落类群数和个体数都是最低的，随着植物群落演替的进行，土壤动物类群数和个体数逐渐增加，在演替顶级阶段达到最高(易兰等，2005)。由于演替初期群落的结构简单，生物多样性低，土壤肥力较差，土壤动物和微生物的种类单一，数量贫乏，活性也较低，不利于凋落物的分解；演替后期群落的结构趋于复杂，生物多样性增加，土壤养分状况得到改善，尤其是 N、P 含量大大增加，提高了土壤生物的种类、数量和活性，因而促进了凋落物的分解(宋新章等，2009)。因此，本案例中灌木林属于演替初期群落，结构简单，生物多样性低(车秀芬等，2006)，不利于凋落物的分解，而热带常绿森林属于演替成熟群落，生物多样性高，土壤肥力较好(吴彦等，2001)，因而促进凋落物分解。这种促进作用能加快森林生态系统的养分循环，改善土壤状况，为后期种的侵入和生长提供条件，进而对植物群落的演替产生一定的促进作用，加快了植被的恢复演替进程。另外，森林林内湿度大于灌木林，这一因素也能导致微生物及其他分解者活动旺盛而促进分解。

在研究区的两个林地中，C、P、K、Mg 的残留量都是随着分解的进行而逐渐降低，与干物质消失曲线具有相似性，与赵谷风等(2006)的研究结果类似。也有研究显示，P 在分解初期会呈现出净富集(王希华等，2004)，但在本案例中，P 整个过程中都呈现净释放，这可能是由于该研究区分解速率较快，凋落叶干重残留量下降很快造成的。N 残留量在分解初期经历了一个上升阶段，众多学者的研究结果表明，N 含量的增加是十分普遍的，与微生物固 N、降水及菌根的吸收等作用有密切关系。两个林地凋落叶中 Ca 残留量变化规律有所不同，森林中为“直接释放”，而在灌木林中为“富集-释放”，目前关于 Ca 释放规律，学者们的研究结果各不相同，还有待于今后进一步研究。

第三节　植物群落碳储量

一、概述

陆地生态系统是重要的碳库之一，在全球碳循环中起着举足轻重的作用。其碳储量为 2850Pg($1Pg = 10^{15}g$)，约是大气碳库的 4 倍，其中土壤碳库为 2300Pg，生物量碳库为 560Pg(Lal，1999)。陆地生态系统既可以是 CO_2 的源，也可以是 CO_2 的汇。陆地与大气之间碳的净通量主要取决于两个独立的过程：一是土地利用和其他人类活动引起的地表变化；二是自然干扰，包括大气 CO_2 浓度的升高、氮沉降和气候变化等(Campbell et al.，2000)。在植被生态系统中，植物群落碳储量是指在群落中所有的有机碳，在植物方面也包括了植物生物量(生物现存量)、凋落物量及土壤中的其他的有机碳，在植被生态系统中，无论是活体的，还是非活体的碳都是森林植被碳储量的重要组成部分(Likens et al.，1977)。而在各类植物生态系统中，森林生态系统是最大的陆地碳库，在全球碳循环中起着至关重要的作用，其相对较小的变化将会对全球碳循环产生显著的影响。全球森林面积为 $3.44\times10^9hm^2$(FAO，1997)，地上部碳储量为 360～480Pg，地下部为 790～930Pg，分别占陆地生态系统地上部、地下部(土壤、枯落物、根)和土壤碳储量的 82%～86%、40%和 70%～73%。在森林生态系统碳的分布格局中，低纬度森林占 37%，中纬度森林占 14%，高纬度森林占 49%。在 20 世纪 90 年代，低纬度地区由于森林的砍伐，释放碳(1.6±0.4)Pg/a，中高纬度地区由于森林的恢复而汇集碳(0.7±0.2)Pg/a，整个陆地森林生态系统向大气释放碳(0.9±0.4)Pg/a(Dixon et al.，1994；Potter et al.，1993)。

热带雨林仅占全球陆地面积的 7%～10%，植被面积的 13%，但由于通过光合和呼吸作用吸收和释放了大量的碳，在全球碳循环中起着非常重要的作用。尽管对于热带森林到底是碳源、碳汇抑或是中性的问题，目前仍然存在争论(Melillo et al.，1993；Malhi et al.，2000；Lewis，2000)。由于净初级生产力的下降(Waring et al.，1985)，通常认为热带雨林，特别是老龄林(old-growth forest)对于碳的固定与释放是基本平衡的(Kira et al.，1967)，但这种结论与目前的一些实测结果并不一致。近期研究表明，亚马孙老龄林的碳汇速率为(0.62±0.23)MgC/(hm^2·a)，每年可以吸收 0.5～3.0Pg C(Grace et al.，2002；Baker et al.，2004；Phillips et al.，2008)；非洲热带雨林的碳汇速率约为 0.63 MgC/(hm^2·a)(Lewis，2009)。目前，越来越多的证据表明热带老龄林可以加速生长，增加生物量(Malhi et al.，2006)。 然而，对于热带森林生物量的变化及其与环境因子的关系了解得仍不透彻，难以准确量化(Lewis et al.，2004)。热带森林生态系统碳平衡状况仍然是全球碳收支中一个最大的不确定性因素(Houghton et al.，2005)。这种不确定性部分来源于无法准确估计森林砍伐、自然干扰导致的碳的释放以及未扰动热带森林对碳的吸存。因此，需要更多的研究案例来论证。

在海南尖峰岭地区，在 1983 年就建立了两块森林生态系统固定样地，陈德祥等(Chen et al.，2010)利用这两块固定样地清查的数据(P8302，P9201)，对尖峰岭热带山地雨林生物量和碳源汇大小进行估算，并探讨该森林碳源汇大小与环境因子的关系。结果表明，基于林分生物量、主要树种各组分碳含量而估算的碳密度，P8302 样地为(223.95±45.92)～(254.85±48.86)MgC/hm^2，平均为(243.35±47.64)MgC/hm^2；而 P9201 样地为(201.43±29.38)～(229.16±39.2)MgC/hm^2，平均为(214.17±32.42)MgC/hm^2。林分碳源汇的年际变化较大，多年平均碳汇为(0.56±0.22)MgC/(hm^2·a)，与非洲和美洲热带森林的碳汇量［(0.62±0.23)MgC/(hm^2·a)］相近，表明尖峰岭的原始热带雨林具有一定的碳汇能力。而且发现，碳源汇的大小与暴雨次数和干旱月份次数呈现二次曲线的变化趋势，暴雨次数和干旱月份次数是尖峰岭热带山地雨林碳源汇大小的两个关键影响因子。

二、研究方法

传统的碳储量研究的方法一般包括生物量法、(森林)木材蓄积量法、生物量清单法等。生物量法是目前应用最为广泛的方法，其优点就是直接、明确、技术简单，具体的方法在以上章节已经详细介绍。蓄积量法是以森林蓄积量数据为基础的碳估算方法。其原理是根据对森林主要树种抽样实测，计算出森林中主要树种的平均容重(t/m^3)，根据森林的总蓄积量求出生物量，再根据生物量与碳量的转换系数求森林的固碳量。生物量清单法，就是将生态学调查资料和森林普查资料结合起来进行。首先计算出各森林生态系统类型乔木层的碳储存密度(Pc，MgC/hm^2)。Pc= $V\times D\times R\times Cc$ 式中，V 是某一森林类型的单位面积森林蓄积量，D 是树干密度，R 是树干生物量占乔木层生物量的比例，

Cc 是植物中碳含量（常采用 0.45）（Levine et al.，1995），然后再根据乔木层生物量与总生物量的比值，估算出各森林类型的单位面积总生物质碳储量（李意德等，1992，1993，1998；赵林等，2008）。

在测定土壤中碳储量时，可采用现代的碳储量的研究方法进行，现代的碳储量的研究方法主要有涡旋相关法和涡度协方差法。涡旋相关法是以微气象学为基础的一种方法。这一方法首先是应用于测量水汽通量，20 世纪 80 年代已经拓展到 CO_2 通量研究中。涡旋相关技术仅仅需要在一个参考高度上对 CO_2 浓度以及风速风向进行监测。其原理是依据大气中物质的垂直交换往往是通过空气的涡旋状流动来进行的，这种涡旋带动空气中不同物质包括 CO_2 向上或者向下通过某一参考面，两者之差就是所研究的生态系统固定或放出 CO_2 的量。这一思想产生得较早，然而由于需要的仪器设备昂贵，使得这一技术直到 80 年代才拓展到 CO_2 通量研究中。

以微气象学为基础的还有涡度协方差法，此方法是最为直接的可连续测定的方法，尽管还存在着一些不足之处，该方法仍然作为现今碳通量研究的一个标准方法获得了广泛应用。采用此方法需要对能量、水分、CO_2 进行分别测定。其中能量（风）的测定由三维超声波风速仪来完成，水分与 CO_2 浓度则由闭路式红外气体分析仪来完成。CO_2 通量即林分的净生态系统交换量由 10Hz 的 CO_2/H_2O 浓度与垂直风速的原始数据经过协方差计算而来，平均时间长为 0.5h（Dean et al.，1984；Valentini et al.，2000；王文杰等，2003，Chen et al.，2010）。

三、研究案例

（一）沿海森林土壤碳储量研究——以文昌龙楼镇典型森林为例

1. 地理概况与研究方法

1）地理概况

研究区设在文昌市龙楼镇卫星发射场缓冲区，北纬 19º43′，东经 110º57′。该地区气候属热带海洋性季风气候，雨量充足，气候温和，为湿润气候区。土壤类型为滨海沉积物砂壤土，pH 为 5.0～6.6。该研究区地势低平，为平原阶地，海拔均为 45～50m。根据土壤和植被情况，选择研究区内具有典型和代表性的 5 种主要森林类型：木麻黄纯林（人工林）、相思纯林（人工林）、椰子纯林（异龄林）、次生林（自然村落附近的风水林，保护完整）和人促更新次生林（早期是人工林，但经过几十年后，人工林仅剩下很少量分布在林内的单株，整个林分均系在原人工林基础上自然发育而来，保存完整）作为调查对象，每种林地调查面积为 $1hm^2$。

2）研究材料与方法

（1）材料来源与实验设计

在研究区域内进行实地勘察，依据文昌滨海台地森林分布特征选定 5 种典型森林类型，结合立地条件及种植面积大小，确定每种森林类型样地大小为 $1hm^2$，样地基本概况参见表 13-3-1。在各样地内设置 3 个面积为 20m×20m 的标准样方作为重复，每个标准样地按照地形分布随机取 3 个剖面，按 0～10cm、10～20cm、20～40cm、40～60cm、60～100cm 将土壤剖面分 5 层，按层将同一采样点 3 个剖面的土样混合均匀，带回实验室作为分析材料，共计 75 份土样。取回的部分新鲜土样在实验室拣去石砾、植物根系和大于 2mm 的碎屑，在室内通风条件下风干后过 0.149mm 土壤筛，存于密闭自封袋中，用于土壤有机碳、全氮、轻组有机碳及 pH 的测定。另外，剩下的过 2mm 土壤筛的新鲜土壤样品存于 4℃冰箱中，用于土壤有机活性碳的测定。

表 13-3-1　试验地的基本特征及其土壤(0～100cm)理化性质

Tab.13-3-1　Mail characteristic and soil(0～100cm) properties of experiment site

森林类型	林地基本概况			土壤基本理化性质				
	坐标	土壤类型	林分密度/%	pH	容重/(g/kg)	全氮/(g/kg)	P_2O_5/%	K_2O/%
SF	*X*：0494936 *Y*：2185199	沙壤土	85～90	4.97	0.91	0.41	0.02	0
HE	*X*：0495685 *Y*：2182846	沙壤土	65～75	5.03	0.88	0.34	0.03	0
CG	*X*：6495730 *Y*：2171030	沙壤土	80～85	6.44	0.93	0.89	0.04	0.13
CE	*X*：0497465 *Y*：2183647	沙壤土	50～55	5.40	0.86	0.13	0.02	0.02
AF	*X*：0497465 *Y*：2183647	沙壤土	55～60	5.32	0.87	0.27	0.02	0.02

注：SF. 次生林(secondary forest)；HE. 人促更新次生林(secondary forest by artificial promoting regeneration)；CG. 椰子林(*Coconut* Grove)；CE. 木麻黄纯林(*Casuarina* forest)；AF. 相思纯林(*Mangium* forest)。

(2)养分分析测定方法

A. 土壤 DOC、DON 的测定

于 2013 年 11 月中旬和 2014 年 7 月中旬两次取样。采用 Cuetin(2006)方法，用热水浸提。操作过程为：准确分层，称取 10g 过 2mm 筛的鲜土样置于 50ml 离心管中，加入 40ml 去离子水，250 次/1min 振荡 1h 后，放入 80℃恒温水浴箱静置 16h，之后离心(3000r/min)10min，然后取上清液过 0.45μm 滤膜，即为热水浸提的有机质分析样，3 次重复。浸提液中的有机碳和总氮浓度用总有机碳分析仪 TOC-VCPH(加 TN 单元)测定。

B. 轻组有机碳(LFOC)的测定

具体操作流程如下：称取风干土样(过 2mm 土壤筛)10g 置于 100ml 离心管，加入 50ml 密度为 1.7g/cm^3 的 NaCl 溶液，并手摇至溶液与样品充分混合为止，再在往复振荡机(250 次/1min)上振荡 60min，3000r/min 离心 10min，进行微孔滤膜抽滤。接着在剩余的重组残留物中加入 NaCl 溶液 30ml，重复操作上述过程 2 次，共 3 次重复。最后用 $CaCl_2$(浓度 0.01mol/L)溶液 75ml 及去离子水(100～150ml)冲洗微孔滤膜上的轻组，并用去离子水将轻组冲洗至预先称重过的烧杯中，在 65℃下烘干后，采用四位数天平称重。每个土样重复 3 次，每个土样的所有轻组样品混合后用玛瑙研钵磨碎并过 100μm 土壤筛，用 Elementar Vario EL Ⅲ元素分析仪测定轻组的 C 含量，并计算 LFOC 含量、轻组的 C/N 值以及 LFOC/SOC。

C. 土壤易氧化有机碳(EOC)的测定

采用 333mmol/L $KMnO_4$ 氧化-比色法。称取过 0.25mm 土壤筛的含有 15mg 碳的土壤样品置于 100ml 塑料瓶内（控制在 25℃条件下），加入 25ml 高锰酸钾溶液（浓度为 333mmol/L），密封瓶口，以 25r/min 振荡 1h，4000r/min 离心 5min，然后吸取上清液用去离子水稀释 250 倍，之后在 565nm 波长处进行比色；同时配制标准系列浓度的 $KMnO_4$ 溶液并进行比色，然后绘制标准曲线。最后利用标准曲线查出回归方程，根据高锰酸钾的消耗量求出碳含量。

D. 枯枝落叶层、凋落物

枯枝落叶层现存量。采用样方收获法进行估算，即在每个样方内随机设立 3 个 1m×1m 小样方，按分解程度将枯枝落叶层分成半分解层和未分解层，装进档案袋带回实验室测定各组分凋落物干重及碳含量。

年凋落物量。采用塑料网布收集法，在每个试验样地内按随机加布局控制的原则，布设 7 个凋落物收集框，框子口径为 0.6m 的半圆形，框子离地面 0.5m。每月中旬左右定期对小区内的凋落物进行收集，在 60℃下烘干至恒重，然后称重，估算月凋落物量。

3）数据处理

SAS 9.0 统计分析软件是本研究采用的主要分析工具。不同森林类型土壤剖面上土壤有机碳及土壤活性有机碳的差异采用 Duncans 法进行多重比较分析，并用 Excel 生成表格和图形。

2. 结果与分析

1）不同森林类型枯枝落叶层现存量和碳储量

各个森林类型凋落物现存量调查结果见表 13-3-2，不同森林类型之间凋落物现存量存在一定差别，林下凋落物现存量大小依次为木麻黄纯林（13.54t/hm^2）＞相思纯林（10.70t/hm^2）＞椰子林（4.53t/hm^2）＞次生林（1.76t/hm^2）＞人促更新次生林（1.53t/hm^2）。从枯落物重量组成来看，结果显示，5 种森林类型枯落物各层次现存量所占比例大不相同，基本上是半分解层大于未分解层，未分解层现存量占凋落物层总量的比例以次生林和人促更新次生林最大，最高达 39%，木麻黄林最小为 20%；而半分解层现存量占凋落物总量比例刚好相反。

表 13-3-2　5 种不同森林类型枯枝落叶层现存量及碳储量

Tab.13-3-2　Forest floor biomass and carbon storage in 5 different forest types

森林类型	碳储量/(t/hm^2)					现存量/(t/hm^2)				
	未分解层	百分比/%	半分解层	百分比/%	总计	未分解层	百分比/%	半分解层	百分比/%	总计
SF	0.27	42	0.38	58	0.65	0.68	39	1.08	61	1.76
HE	0.24	40	0.36	60	0.60	0.59	39	0.94	61	1.53
CG	0.41	27	1.10	73	1.51	1.10	24	3.43	76	4.53
CE	1.25	21	4.79	79	6.04	2.65	20	10.89	80	13.54
MG	1.80	40	2.65	60	4.45	4.08	38	6.62	62	10.70

注：SF. 次生林（secondary forest）；HE. 人促更新次生林（secondary forest by artificial promoting regeneration）；CG. 椰子林（*Coconut* Grove）；CE. 木麻黄纯林（*Casuarina* forest）；MG. 相思林（*Mangium* forest）。

凋落物养分归还是土壤肥力的重要来源，也是土壤C量的主要来源。通过测定，由表 13-3-1 可知，5 种森林类型凋落物层总碳储量从低到高分别为人促更新次生林（0.60t/hm^2）＜次生林（0.65t/hm^2）＜椰子林（1.51t/hm^2）＜相思纯林（4.45t/hm^2）＜木麻黄纯林（6.04t/hm^2）。不同森林凋落物各亚层C储量表现出相同规律，即半分解层＞未分解层，凋落物碳主要储存在半分解层。

2）不同森林类型月凋落物的变化模式

图 13-3-1 是 3 种森林类型月凋落物量动态变化特征，可以看出椰子林林地凋落物量全年处于一个较高水平，而人促更新次生林和次生林两种样地的凋落物总量不存在较大的月变化。椰子林、次生林和人促更新次生林月凋落物在 2013 年 10 月至 2014 年 1 月之间出现下降，在 2014 年 2 月出现一个高峰，高峰期椰子林、次生林和人促更新次生林的凋落物量依次为 1.11t/hm^2、0.19t/hm^2 和 0.18t/hm^2；相比 2 月、3 月凋落物量出现大幅度下降，分别降低至 0.76t/hm^2、0.07t/hm^2 和 0.06t/hm^2，但 3～5 月随着树木的不断生长，凋落物量呈现缓慢增加的趋势，可能与春季气温持续增高，降雨增多，大量萌发新叶并旺盛生长，从而加速衰老叶子的脱落有关；而 10 月的凋落物量高于前后两月，很大程度上受海南文昌地区 9 月、10 月热雷雨天气、热带风暴和台风活动频繁影响，以致大量非生理性脱落。3 种森林类型月凋落物量动态变化具有共同点，一次落叶高峰之后凋落物就会进入一个较低水平，而混杂林与次生林林下月凋落量大小基本一致，原因是由于两种林分组成兼有木麻黄、打铁树和苦楝，其枯枝落叶的凋落节律具有这三种林木的特点。

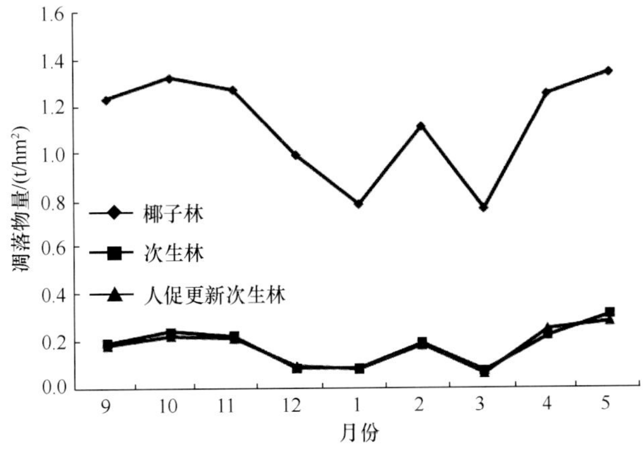

图 13-3-1 椰子林、人促更新次生林和次生林凋落物月动态

Fig.13-3-1 Monthly litter fall production in human erythropoietin update secondary, coconut grove and secondary forest

3）不同森林类型土壤 SOC 剖面分布特征

森林土壤有机碳是一个复杂的有机复合体，是植物所需养分和土壤微生物生命活动的能量来源，也是衡量土壤肥力的重要指标。不同森林类型土壤有机碳含量随土层增加而减少，说明土壤有机碳的分布具有比较明显的表聚现象（图 13-3-2）。这主要是由于地表凋落物的积累及分解为土壤表层提供了丰富的有机碳源且林下植被对土壤有机碳蓄积有重要影响。另外，不同森林类型各自剖面上下土层间变幅存在明显差异，由上至下

相邻土层之间的有机碳含量差异越来越不明显，这可能是由于不同森林类型土壤有机碳分解转化存在差异造成的，人促更新次生林、次生林和椰子林乔木层发达，郁闭度较高，林下温度较木麻黄、相思林低，因而土壤表层有机质分解速率较慢，相思纯林尽管郁闭度高，但林下灌木草本层稀疏，受降雨淋溶强度大。综合以上说明，不同森林类型所形成的特有的林下植被条件及小气候环境对土壤有机碳含量产生了影响，可以通过土壤有机碳含量大小来评估森林类型对土壤肥力的贡献力度。

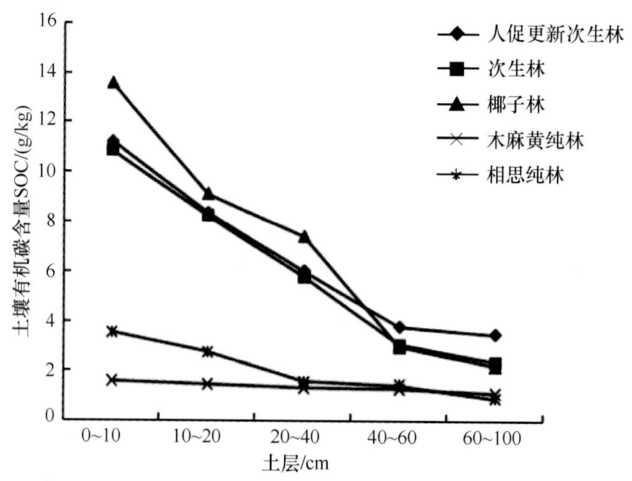

图 13-3-2 不同森林类型土壤有机碳含量垂直分布特征

Fig.13-3-2 Vertical distribution of soil SOC in different forest types

4) 不同森林类型土壤 EOC 含量剖面分布特征

不同森林类型土壤易氧化有机碳含量在土壤剖面分布的特征一致，由上至下逐层递减，但不同森林类型间降幅存在差异。各个森林类型的 0～10cm 土层的有机碳含量占土壤剖面的 23.29%～41.52%。整体上表现为次生林、人促更新次生林和椰子林的土壤易氧化有机碳含量在土壤剖面上的变化曲线基本一致，0～60cm 土层内呈现直线下降，至 60cm 以后趋于平缓，且以上森林类型各自剖面上下土层之间土壤易氧化有机碳含量差异显著(人促更新次生林 40～60cm 与 60～100cm 土层含量差异不显著除外)；相比之下，木麻黄纯林和相思纯林的土壤易氧化有机碳含量随土层深度增加波动较弱，特别是在 40～100cm 内各土层含量相差不大，不存在显著差异，但 0～10cm、10～20cm 和 20～40cm 两两土层之间差异显著。通过比较发现，椰子林土壤剖面的易氧化有机碳含量变化幅度最大，从 0～10cm 土层的 9.05g/kg 减小为 40～60cm 土层的 1.61g/kg(图 13-3-3)。

5) 不同森林类型土壤 LFOC 含量剖面分布特征

土壤轻组有机碳作为活性碳库中最活跃的成分之一，对土地利用变化的响应比较敏感，能够指示土壤肥力。图 13-3-4 为不同森林类型土壤轻组有机碳含量在土壤剖面的分布图。图 13-3-4 显示，不同森林类型土壤轻组有机碳含量均随土壤深度的增加而降低，与土壤有机碳含量变化规律一致。次生林 60～100cm 土层比 0～10cm 土层下降了 64.3%，人促更新次生林 60～100cm 土层比 0～10cm 土层下降了 57.5%，椰子林 60～100cm 土

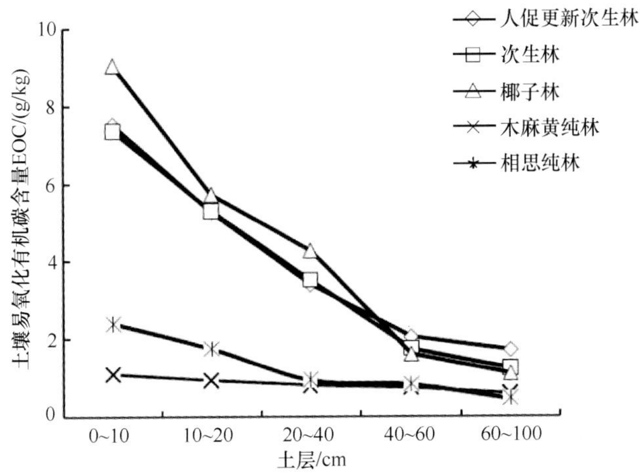

图 13-3-3　不同森林类型土壤易氧化有机碳在土壤剖面的分布特征

Fig.13-3-3　Vertical distribution of EOC in different forests

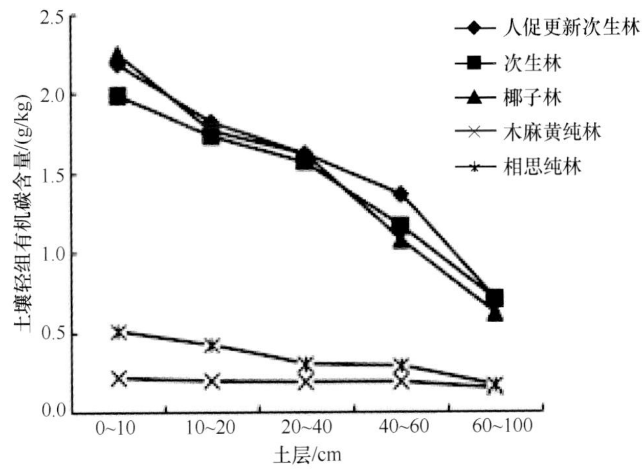

图 13-3-4　不同森林类型土壤轻组有机碳含量在土壤剖面的分布

Fig.13-3-4　Vertical distribution of LFOC concentration in different forests

层比 0～10cm 土层下降了 72.6%，木麻黄 60～100cm 土层比 0～10cm 土层下降了 22.7%，相思林 60～100cm 土层比 0～10cm 土层下降了 66.7%，深层土壤轻组有机碳含量显著低于表层土壤有机碳含量。从整个 1m 深剖面垂直分布来看，次生林、人促更新次生林和椰子林各对应土层轻组有机碳含量分布曲线均在木麻黄纯林和相思纯林之上，呈紧密交叉直线下降现象，说明不同森林类型各土层间下降幅度大小不一致。不同森林类型上、下土层间的差异性较大，这与热带海洋性季风气候地区气温高、降雨频繁及林下植被组成不同有关。

6) 不同森林类型土壤 DOC 含量剖面分布特征

土壤可溶性有机碳是土壤中能被微生物直接利用的碳源，是衡量土壤肥力和经营变化的重要指标。

次生林、人促更新次生林和椰子林土壤可溶性有机碳含量剖面特征基本一致

（图 13-3-5），均随土层深度加深而逐渐降低。就雨季而言，次生林、人促更新次生林和椰子林土壤可溶性有机碳含量随土层加深变幅较一致，且各个森林类型各自剖面上下土层间差异显著性一致，除 20～40cm 与 40～100cm 土层差异不显著外，其余各土层间差异显著。在旱季，各个森林类型各自剖面上下土层间降幅大小存在明显差异，出现交叉下降曲线；3 种森林类型 0～10cm 土层可溶性有机碳含量均显著高于其余土层，其中在 10～20cm 土层可溶性有机碳含量下降幅度一致且较为明显，与 0～10cm 土层相比，次生林、人促更新次生林和椰子林 10～20cm 土层分别下降了 25.9%、22.1%和 13.2%。与次生林和人促更新次生林相比，椰子林随土层加深变化波动较大，在 40～60cm 土层出现大幅度下降，较上层含量下降了 31.8%。综上说明，土壤可溶性有机碳含量一定程度上取决于土壤有机碳含量，但雨季各森林类型之间土壤可溶性有机碳剖面分布格局变动较大，可能与降雨淋溶强度大且气温高有关。

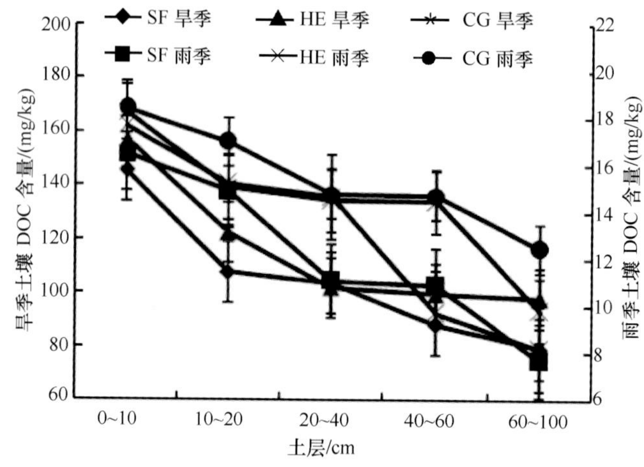

图 13-3-5　不同森林类型土壤可溶性有机碳剖面特征

Fig.13-3-5　Vertical distribution of DOC in different forests

3. 特点与讨论

通过本案例发现，文昌滨海台地 5 种森林类型林下凋落物现存量及碳储量存在一定差异，但变化规律基本一致，说明不同森林类型林下凋落物的分解强度不一，与路翔（2012）和郑路等（2012）对不同森林类型凋落物研究结果一致。林地凋落物现存量是一个动态值，它受制于气候、地形、土壤、林分特征、生物区系及经营活动等因素。一般情况下，凋落物在分解过程中遵循碳循环模式，进而转化为更稳定的存在方式。本研究中各个森林类型凋落物现存量与林分密度之间不成正比，与张家武等（1993）对马尾松不同林分密度与凋落物关系呈正相关的研究结果存在差异。这与文昌地区常年有台风影响，森林落叶落果多有关。枯枝落叶层现存量取决于森林凋落物归还量与其分解动态平衡的共同结果。本研究中对人促更新次生林、次生林和椰子林月凋落物进行了测定，虽受“威马逊”超强台风影响导致样地破坏严重，未能进行一年的监测，但就测定结果来看，3 种林地月凋落物总量均大于枯枝落叶层现存量，与杨玉盛等（2004）研究结果一致，说明该试验地森林凋落物分解速率比较高。因此，林下植被丰富度及主要树种组成对于林地凋落物养分归还具有重要的影响，且不同森林类型间凋落物的数量和质量以及对土壤养分的归还对土壤有机质动态具有重要意义。而对复合型次生林和人工林的合理管理和利用将成为文昌生态公益林可持续经营的重要措施之一。

在滨海台地 5 种森林类型的土壤有机碳在土壤剖面由表层至深层逐级递减，这与以前的研究结果相符合(韩营营等，2015；方圆，2012)。各个森林类型各自剖面不同土层间有机碳含量存在显著差异，差异性在于地表聚积了大量凋落物，同时每年归还至土壤的养分浓度及植物根系分布由上至下呈逐层降低规律，因此对上下土层有机碳的贡献率不相同。因此，营造适宜的森林类型对滨海台地森林经营可持续发展具有重要意义，同时也为提高滨海台地森林土壤碳汇功能提供理论依据。

易氧化有机碳(EOC)是有机碳中稳定性相对较差的碳，其含量的高低对土壤供肥性具有决定性作用，能有效指示土壤有机碳的早期变化(范川等，2014)。研究显示，木麻黄纯林和相思纯林较低的易氧化有机碳含量意味着其土壤有机质处于积累状态，但其易氧化有机碳分配比例相对较高，意味着土壤有机质较不稳定。通过进一步研究土壤易氧化有机碳与土壤有机碳的相关关系，结果显示，次生林、人促更新次生林、椰子林、相思纯林和木麻黄纯林的 EOC 与 SOC 的相关系数分别为 0.976**、0.981**、0.989**、0.791**、0.983**($P<0.01$)，说明土壤有机碳储存量对土壤易氧化有机碳含量积累起着重要影响作用，说明滨海台地森林土壤 EOC 含量易受温度、降水强度及植被类型等多种因素影响。应进一步加长监测时间，揭示滨海台地不同森林类型土壤易氧化有机碳含量季节动态变化及响应机制。

土壤中轻组部分主要源于部分分解阶段的植物、动物和微生物残体。森林结构对土壤轻组有机质的影响，主要取决于地上凋落物数量和质量的区别及其对土壤微生物活性的影响程度。新近凋落分解及土壤矿质结合较差的植物残体是土壤轻组有机碳重要组成部分(杨刚等，2008)。研究中，各个森林类型 0～100cm 土层轻组有机碳平均含量分别为 1.59g/kg(人促更新次生林)＞1.47g/kg(椰子林)＞1.44g/kg(次生林)，木麻黄纯林与相思纯林较低，各土层含量值在 1g/kg 之下，这可能是由于次生林、人促更新次生林和椰子林受人为干扰较小，林分郁闭度和植被覆盖度较高及林下凋落物含量丰富，因此轻组有机碳含量自然较高。研究中，椰子林、次生林和人促更新次生林上下各土层间差异显著，而木麻黄纯林与相思纯林 0～20cm 土层土壤 LFOC 显著高于其余土壤层，说明植被类型和人为干扰会改变土壤轻组有机碳的分布格局。这主要是因为木麻黄纯林与相思林属于常绿树种，林下灌木少，地表凋落物组成单一且分解困难，所以归还到地表的有机碳较少。土壤剖面由上至下，凋落物以及根系分泌物降低，微生物对有机体的分解力度大。所以有机碳与轻组碳主要富集在表层土壤中，随土层加深变化幅度也趋于平缓。曾宏达等(2010)的研究亦表明，LFOC 对土地覆被变化的响应较 SOC 敏感，以表层(0～20cm)土壤 LFOC 受到土地利用/覆地变化的影响最大。说明滨海台地土壤轻组有机碳主要来源于地表凋落物及根系，受雨水冲刷致使上层轻组有机碳不断向土层深处累积。通过土壤轻组有机碳含量的测定能更好响应地表凋落物摄入及转化对土壤质量的影响。应进一步加长监测时间，揭示滨海台地不同森林类型土壤易氧化有机碳含量季节动态变化及响应机制。

滨海台地各个森林类型土壤可溶性有机碳含量在 1m 深剖面随土层增加呈递减趋势，这主要是因为深层土壤活性有机碳含量受土壤吸附强度大，使 DOC 含量不断减小（李秀彬，1996；张晓勉等，2012）。熊丽等（2014）研究发现，DOC 在土壤剖面各土层间受土壤吸附作用存在差异，随土层加深呈逐层减弱趋势，某种程度上也说明，DOC 的吸附行为取决于本身的化学性质。王连峰等（2002）研究得出，土壤可溶性有机碳含量在土壤剖面呈现先减小后增大的结论。基于不同的森林类型群落结构不同，各林地的地表凋落物（种类、数量、分解程度、分解产物）、土壤容重、土壤 pH 等理化性质变化也不一致，这也是不同森林类型土壤中可溶性有机碳积累程度存在差异的原因。本研究中，椰子林、次生林和人促更新次生林的林龄、土地利用历史、土壤质地和气候条件均一致，因此，3 种森林类型之间土壤特性的差异主要源于树种的影响（Smolander et al.，2002）。本研究中 3 种森林类型土壤可溶性有机碳含量季节动态基本一致，旱季可溶性有机碳含量显著高于雨季。雨季水热条件充足，大大增加微生物对可溶性有机碳的消耗量及加强矿化作用（王清奎等，2009）；另外，雨季降雨量及降水强度的增加易造成表土可溶性有机碳的淋溶，可溶性有机碳迁移模式与降水不断向土壤输送途径一致（Kaiser et al.，2001；Michalzik et al.，2001）。本研究中，可溶性有机碳含量呈“旱高雨低”型，且含量差异显著，与刘荣杰等（2013）和王连峰等（2002）的研究结论基本一致。Kawahigashi 等（2003）研究认为，土壤可溶性有机碳含量夏季和春季较高，冬季较低；也有研究报道土壤可溶性有机碳含量无季节变化（Dosskey et al.，1997；Nambu et al.，1999）。总之，土壤可溶性有机碳含量变化受多种因素共同影响，季节动态变化模式多样。

以上研究案例由余雪梅、陈小花提供（陈小花，2015），特此表示感谢。

（二）热带山地雨林生物量及碳库动态研究——以尖峰岭热带山地雨林为例

陈德祥等（2010）发表了一篇关于海南山地雨林生物量及碳库动态研究方面较为经典的论文，《海南植被志》给予全文介绍，以飨读者。

1. 地理概况与研究方法

1）地理概况

研究样地设在海南岛尖峰岭国家级自然保护区内的热带山地雨林中。尖峰岭地跨海南省的乐东和东方两县，地理坐标为北纬 18º23′～18º50′，东经 108º36′～109º05′，总面积为 470km^2，其中山地雨林的面积近 150km^2，为该地区发育最为完善、结构最为复杂的类型。由于尖峰岭地处热带北缘，使得其热带雨林特征明显但又有别于亚洲典型的热带雨林，主要表现为龙脑香科（Dipterocarpaceae）的种类少（李意德，1997）。

气候类型属热带季风气候，水热资源丰富。据海拔 820m 气象站 1980～2006 年的统计数据，热带山地雨林区域年总辐射量为 5517.4MJ/m^2，年平均气温 19.8℃，最低月平均气温 14.8℃，≥10℃的年平均积温 7204℃，平均相对湿度 88%，年平均降水量 2449mm，干湿季明显，80%～90%的雨量集中在 5～10 月的雨季，雨季的特点是常受副热带高压系统的影响，槽脊活动、台风、辐合带活动持续时间长，季风雨、台风雨、热雷雨、地形雨入侵频繁，形成降雨量的集中分配季节，其中台风雨量占 50%～70%。土壤类型为砖黄壤。

2）研究方法

（1）植物清查样地

森林清查数据始于 1983 年（样地号 P8302，大小 100m×30m），1992 年新增设置了一个样地（样地号 P9201，大小 100m×100m），两个样地直线距离约 1000m（表 13-3-3）。虽然不同年份样地的设立稍有差别，但样地选择基本遵循以下原则：①尽量保证地形、群落类型、土壤类型和母岩一致；②避免人为干扰，但又方便调查人员抵达；③能够保证进行长期的调查，不会出现中断。样地基本为南北（S/N）和东西（E/W）走向。样地位于尖峰岭五分区热带雨林中，P8302 样地有常受台风干扰影响的痕迹（台风后常发现有树木倒伏），而 P9201 样地受台风的影响不明显。采用相邻格子样方法，将样地分割成若干个 10m×10m 的小样方，然后对每个样方内树木进行每木调查，记录种名、坐标、株数、树高、胸径（*DBH*，1.3m 处）、冠幅等，并挂上标签。胸径起测标准 1983 年为 *DBH*≥7.5cm，1992 年为 *DBH*≥5.0cm，2000 年以后为 *DBH*≥1.0cm。对于板根植物，若 1.3m 处为板根，则在高于板根最上端 50cm 处测定胸径，同时记录测定点高度。对于藤本植物，若在 0～2.5m 高处只要任何一点直径大于 10cm，则将该个体记录在案，其直径进行 3 点测定：①沿干长 1.3m 处；②离地面高 1.3m 处；③沿干长 0～2.5m 最大直径处。同时，还需记录藤本植物是否已延伸至样地外。样地调查时间：P8302 样地为 1983 年、1989 年、1991 年、1995 年、1998 年、1999 年和 2003 年；P9201 样地为 1992 年、1993 年、1995 年、1998 年、2003 年和 2005 年。

表 13-3-3 样地信息

Tab.13-3-3 The background of the plots

样地号	森林类型	海拔/m	经度(E)	纬度(N)	坡向	坡度/(°)	土壤类型	土壤有机碳含量/%
P9201	山地雨林	893	108° 53′23″	18° 43′47″	无	2	黄壤	2.40
P8302	山地雨林	867	108° 53′37″	18° 43′44″	N11E	8	黄壤	1.10

（2）森林生物量估算

利用样地清查数据估算林木［包括大的棕榈科（Palmae）及藤本植物，下同）生物量。由于热带林树种繁多，1.0hm^2 固定样地数据显示 *DBH*≥1.0cm 的树种约为 250 种，因此无法像温带等其他地区一样采用单种的异速生长方程利用胸径、树高等来估算林木生物量，必须利用多树种的混合回归模型来将样地清查数据转换成生物量。混合模型的建立可基于代表性样地皆伐所获得的生物量数据进行回归，也可利用一定数量单株生物量与胸径、树高等测树因子建立回归模型（Waring，1985）。有研究表明，相对于前者，后者在转换成林分水平时能更好地降低其不确定性（Brown，1997；Clark，2000）。本研究中单株个体的生物量计算采用标准木法，将选择的标准木齐地伐倒后，采用 2m 区分段“分层切割法”测定标准木的干、皮、枝、叶鲜重，地下部分采用全挖法处理，分别测定根头、粗根（直径≥5cm）、中根（1.0cm≤直径＜5.0cm）、细根（0.2cm≤直径＜1.0cm）和须根（直径＜0.2cm）鲜重。取样（干、皮、枝在每层中分别抽取一定重量的样品，叶为全株混合后取样）烘干至恒重，计算出各器官干物质质量。共选择 70 个主要树种共计

280 株个体(3cm＜DBH＜100cm，平均 18.9cm)进行取样。在 1.0hm^2 固定样地中，这 70 个树种的胸高断面积比(取样个体胸高断面积总和占样地所有个体胸高断面积总和的百分比)高达 90%。再运用“相对生长原则”建立样木器官生物量(干、枝、叶、根)与测树因子项(D^2H)的混合回归模型(曾庆波等，1997)，最后推算所有个体不同器官的生物量：

树干：$W\text{t}=0.022\,816(D^2H)^{0.992\,674}$，

树皮：$W\text{bk}=0.006\,338(D^2H)^{0.902\,418}$，

树枝：$W\text{br}=0.005\,915(D^2H)^{0.999\,046}$，

树叶：$W\text{l}=0.005\,997(D^2H)^{0.804\,661}$，

树根：$W\text{r}=0.003\,612(D^2H)^{1.115\,27}$。

由于在历次样地清查中，起测胸径并不一致，因此，为了便于比较，选择样地中 DBH≥7.5cm 的个体来计算和分析生物量密度、碳密度及碳密度变化。本研究的碳密度指单位面积的生物量碳含量，由生物量与平均含碳量相乘得到；碳密度变化指两个时期碳密度的差值，用于表述生物量碳源汇的大小。

(3)林分平均碳含量计算

林分平均碳含量(区分干、根、枝、叶不同器官)采用胸高断面积加权平均计算。样品的采集、制备与含量分析详见行业标准 LY/T-1211、LY/T-1267 和陆地生物群落调查观测与分析(董鸣，1997)。最后利用碳含量分析结果将森林生物量换算成森林碳储量。

$$C_{\text{avg}}=\frac{\sum_{i=1}^{n}\sum_{j=1}^{m}(S_j\times C_i)}{\sum_{i=1}^{n}\sum_{j=1}^{m}S_j}$$

式中，C_{avg}为胸高断面积加权平均碳含量；i 为调查样方内物种数；j 为第 i 种的个体数；S_j 为第 i 种第 j 个体的胸高断面积；C_i 为第 i 种各器官碳含量。根据上式及 200 个树种碳含量的实测值可计算得出尖峰岭热带山地雨林各器官碳含量为：干 51.08%、根 50.54%、叶 50.38%、枝 49.40%，取样树种碳含量详见表 13-3-6。

(4)气象数据的获取

气象资料来自海南尖峰岭国家级森林生态系统定位站气象观测场 1980～2005 年的地面常规气象资料。气象观测场位于北纬 18º44′25″，东经 18º51′30″，海拔 820m。观测场按国家地面气象站标准设计：南北和东西边长 35m×25m，均质草皮地面，四周距离天然林保持 20m 以上。

(5)气象因子与碳源汇大小相关关系分析

为分析碳源汇大小与环境因子(特别是水分因子)间的相关关系，选择研究期间的暴雨次数(暴雨划分采用国家气象局降水强度等级划分标准，本研究选用 12h 雨量＞100mm 的大暴雨等级)，以及干旱月份数与碳源汇大小进行相关分析，干旱月份采用干旱指数(aridity or dryness index，Φ)评价，干旱指数定义为降雨与蒸散(potential evapotranspiration，PET)的比值，与气候区相关，当各月的Φ＞0.75、Φ0.5～0.75、Φ0.2～0.5、Φ＜0.2 时分别对应于湿润、半湿润、半干旱和干旱月份(Oldeman，1982)。本研究选择 0.2＜Φ＜0.5 的半干旱月份数进行分析。

2. 结果与分析

1）生物量径级分布

尖峰岭热带山地雨林是该地区发育最为完善的地带性森林类型。为了解不同径级生物量和个体数的分布情况，综合 P8302 和 P9201 样地的数据进行分析，结果显示，*DBH*≥1.0cm 的个体株数平均为(4780±208)株/hm^2，植物种数约为 250 种/hm^2(图 13-3-6 和图 11-3-7)。但生物量和株数的分布趋势并不一致，株数呈金字塔型分布，随径级增大，

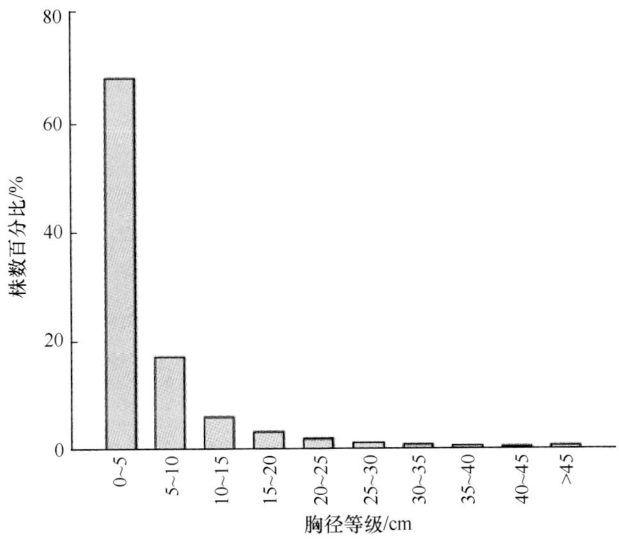

图 13-3-6 尖峰岭热带山地雨林不同径级株数分布

Fig.13-3-6 The number of different size class trees of montane rain forest in Jianfengling

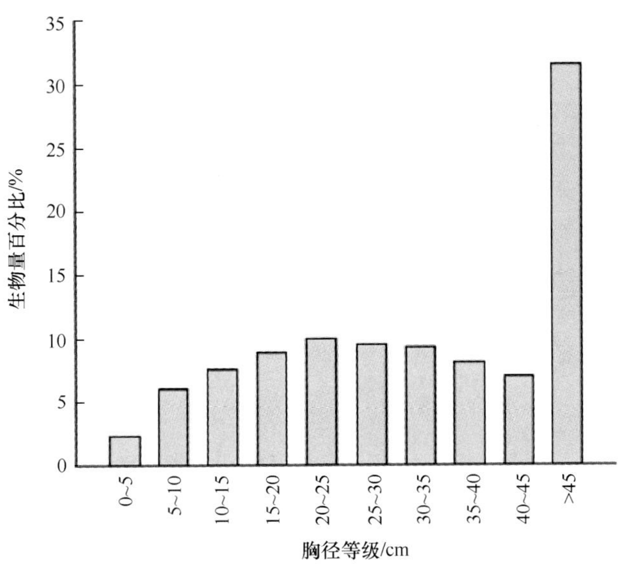

图 13-3-7 尖峰岭热带山地雨林不同径级生物量分布

Fig.13 3 7 The biomass of different size class trees of montane rain forest in Jianfengling

数量逐渐减少；而生物量则随径级增大，其所占比例逐渐增加。例如，*DBH*≤5cm 个体数量最多，占 68%，但生物量只占 2%，而 *DBH*>10cm 的个体数量虽然只占 15%，但生物量却占总和的 90%以上，尤其是数量不到 1%的大径级个体(*DBH*≥45cm)，生物量所占比例更是高达 32%。充分反映了在热带森林中大径级个体对生物量密度和碳密度的贡献占据绝对的主导作用，该结果与其他热带地区的研究结果相似(Kirby，2007)。

2)生物量和碳密度的动态变化

不同时期森林生物量变化的测定是评估其碳源汇大小的重要手段，若未扰动热带雨林是一个净的碳汇(Andreae et al.，2002)，那么在观测时期内测定的森林生物量是否也增加? 1983～2005 年近 25 年间历次样地清查数据估算显示，尖峰岭热带森林的生物量密度在(397.05±57.92)MgC/hm^2 和(502.35±96.32)MgC/hm^2 范围间变动，平均为(453.13 ± 80.06)MgC/hm^2；碳密度在(201.43 ± 29.38)MgC/hm^2 和(254.85 ± 48.86)MgC/hm^2 范围间变动，平均为(230.84±40.61)MgC/hm^2(表 13-3-4)。生物量和碳密度随时间的动态变化在不同样地差异明显，P9201 样地的生物量和碳密度都随时间呈线性增加趋势；而 P8302 样地的生物量和碳密度则与时间呈现出二次曲线的变化趋势，即随时间的增加生物量和碳密度先增加后减少，在近 22 年的调查期间内，生物量和碳密度的最高值出现在 1998 年，而最低值则出现在 1983 年(图 13-3-8、图 13-3-9)。生物量和碳密度在不同样地间的这种差异，可能与台风干扰有关，因为 P9201 样地基本没有受台风明显影响的痕迹，很少发现有大树倒伏；而 P8302 样地则受台风影响明显，经常在台风过后发现样地内有大树倒木，从而导致由样地调查估算得出的生物量和碳密度呈现出明显的差异。

表 13-3-4 不同期间尖峰岭热带山地雨林生物量、碳密度及年变化量

Tab.13-3-4 The biomass，carbon density and their annual variation of tropical mountain rain forest in different years，Jianfengling

样地	调查年份	生物量密度 /(Mg/hm^2)	生物量碳密度 /(Mg/hm^2)	碳年度年变化率 /［MgC(hm^2·a)］	平均 /［MgC(hm^2·a)］
	1992	397.05±57.92	201.43±29.38		
	1993	405.47±57.27	205.70±29.05	2.85±0.27	
	1995	416.68±57.79	211.39±29.32	2.84±0.19	
	1998	426.56±61.28	216.40±31.09	2.01±0.71	
	2003	435.50±71.90	220.93±36.48	0.91±0.18	
	2005	451.71±77.26	229.16±39.20	3.29±1.09	
201(1.0/hm^2)	1983	441.44±90.52	223.95±45.92		0.56±0.22
	1989	481.49±95.10	244.27±48.25	3.39±0.76	
	1991	493.88±96.89	250.55±49.15	3.14±0.89	
	1995	488.68±94.20	247.92±47.79	-0.66±0.17	
	1998	502.35±96.32	254.85±48.86	2.31±0.71	
	1999	489.20±96.57	248.18±48.99	-6.67±1.25	
	2003	460.74±87.73	233.74±44.51	-7.22±2.21	

注：95%置信区间(x±2SE)，SE 由 10m×10m 的小样方生物量估算。

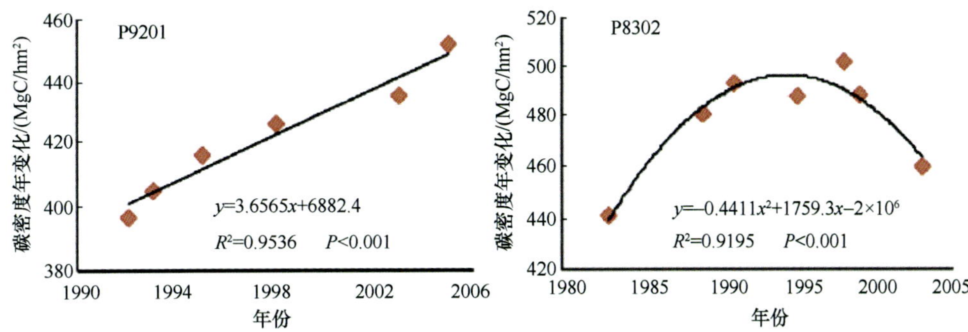

图 13-3-8 P8302 和 P9201 样地地上部分生物量密度时间动态变化

Fig.13-3-8 The temporal dynamic change of above ground biomass density of plots of P8302 and P9201

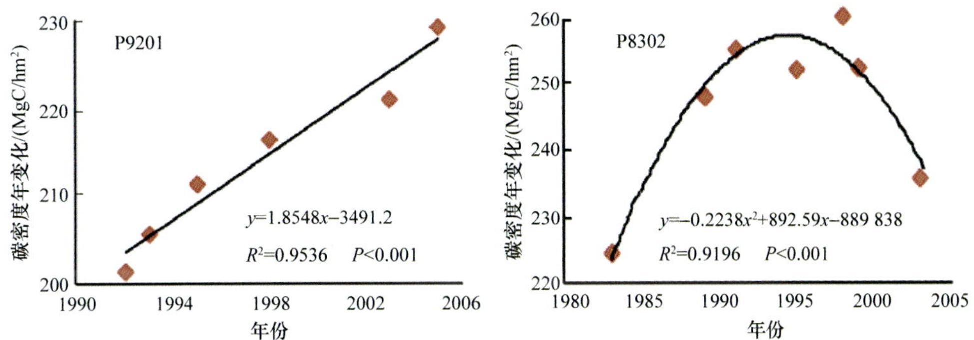

图 13-3-9 P8302 和 P9201 样地碳密度时间动态变化

Fig.13-3-9 The temporal dynamic change of carbon density of plots of P8302 and P9201

3) 碳密度年变化量的动态变化

碳密度年变化量反映了各年份生物量碳储量的增加或减少，可以表征该森林年际尺度碳源汇的大小。表 13-3-4 和图 13-3-10 显示，P9201 样地的碳密度年变化量均为正值，在 (0.91±0.18) MgC/(hm^2·a) 和 (3.29±1.09) MgC/(hm^2·a) 之间变动，表明该林分各年份均为碳汇；而 P8302 样地的碳密度年变化量则呈现明显的下降趋势($P<0.01$)，在(−7.22±2.21) MgC/(hm^2·a) 和 (3.39±0.76) MgC/(hm^2·a) 之间变动，反映了该林分在某些年份是明

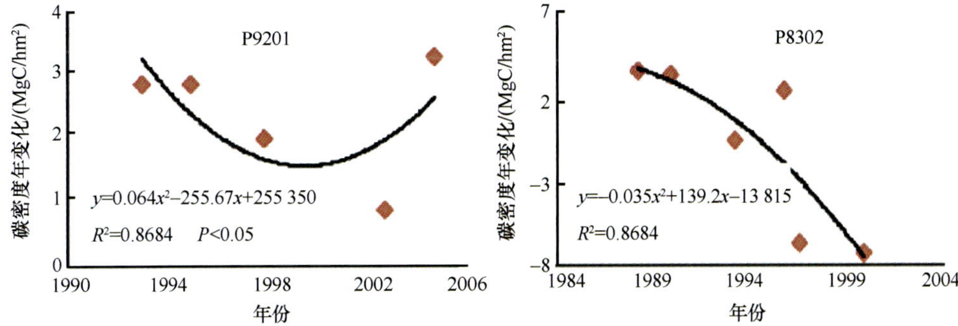

图 13-3-10 P8302 和 P9201 样地碳密度年变化量的动态变化

Fig.13-3-10 The annual variation of carbon density of plots of P8302 and P9201

显的碳汇(变化量为正值)，而某些年份则是明显的碳源(变化量为负值)。但综合两个样地来计算，尖峰岭热带森林仍然具备一定的净碳汇能力，单位面积碳汇速率平均为(0.56±0.22)MgC/(hm^2·a)，较低于南美洲新热带地区(neotropical)的平均碳汇速率(0.71±0.34)MgC/(hm^2·a)(Phillips，1991)和整个热带非洲平均碳汇速率 0.63MgC/(hm^2·a)(95%置信区间 0.22～0.94)(Lewis et al.，2009)。

3. 特点与讨论

1)尖峰岭热带森林碳源汇的控制因子

(1)降雨输入与水分耗散的影响

虽然目前已有一些研究证明热带老龄林仍然可能是个碳汇(Malhi et al.，2000；Grace，2002；Baker et al.，2004；Lewis et al.，2009；Phillips，2009)，然而对其碳汇能力控制因子的了解仍不清楚(Lewis et al.，2004)。由于无法准确估计未扰动热带森林对碳的吸存(Tian et al.，2000)，使得热带森林生态系统碳平衡状况仍然是全球碳收支中一个最大的不确定性因素(Brown，1993；Melillo，1995)。因此对热带森林碳源汇大小的准确估计及其控制因子的了解将有助于人们正确认识热带森林生态系统碳平衡状况。图 13-3-8 和图 13-3-9 显示，P8302 和 P9201 样地的生物量和碳密度呈现出明显的差异，这种变化趋势可能是受到很多因子共同作用的结果，但极端气候造成环境因子的改变及其对生态系统的干扰可能是其中最为重要的影响因子。陆地生态系统模型 (terrestrial ecosystem model，TEM)模拟表明，降雨是影响陆地生态系统净初级生产力(net primary productivity，NPP)的主要气候驱动因子，降雨量与 NPP 呈显著的正相关(Lewis，2004)。因此，为了探寻水分条件与碳源汇大小的关系，选择近 22 年来尖峰岭地区的暴雨次数与两个样地估算的碳源汇大小进行了相关分析(图 13-3-11、图 13-3-12)，结果发现暴雨次数与林分碳源汇大小呈明显的二次曲线关系，是碳源汇大小的显著影响因子(图 13-3-11，$P<0.05$)。随暴雨次数的增加，热带森林的碳汇能力也将逐步增加，而当暴雨次数进一步增加时，暴雨将降低热带森林的碳汇能力。暴雨次数与林分碳源汇大小的相关关系可能是因为，尖峰岭地区存在明显的旱季、雨季，且 80%以上的降水集中在雨季，50%～70%是由台风暴雨带来的，因此，暴雨的次数就基本决定了年度降雨的多少。随着降雨的增加，林木生长所需的蒸腾耗水能得到较好的保障，即使到了旱季也不易出现干旱胁迫，较好的促进林木生长，保证生物量的增加，使得碳汇能力随降雨的增加呈现增加的趋势。当暴雨降雨超过年平均降雨量(2600mm)时，随暴雨次数的增加碳汇能力则呈显著降低的趋势(图 13-3-11)，此时可能由于过量的降雨抑制了林木的生长。Schuur(2003)在研究了近 100 个热带森林降雨与 NPP 的关系后发现，当降雨超过年平均雨量 2445mm 时(与本研究地区平均降雨相近)，随降雨增加 NPP 呈下降趋势，降雨对 NPP 的这种负效应可能是由于降雨的增加导致了辐射输入的减少、土壤营养元素淋溶效应的增加或者土壤中氧气的减少而产生的一种间接效应。此外，过量的降雨还将使得土壤孔隙被水分填充，导致氧气无法快速扩散，使得根系和微生物分解速率降低，从而导致 NPP(Schuur，2001)降低。干旱月份次数与林分碳源汇大小也呈二次曲线关系(图 13-3-12)，随干旱月份数的增加，由于异氧呼吸受到抑制，短期来看能够提高 NEP(Saleska et al.，2003)，因此热带森林的碳汇能力将增加(图 13-3-11)，而当干旱次数进一步增加，则将减弱热带森林的碳汇能力，甚至使其转换为排放碳的源。干旱月份数与碳源汇大小的这种相关关系可能是因为，光作为 NPP 模型的重要驱动因子，当热带地区降雨增加时，由于同时伴随着较多云量的出现，因此降雨的增加会导致光合有效辐射的减少(Schuur，2003)，而随着干旱月份数的增加，说明存在较充足的辐射等光热资源来满足植物的光合作用，在不存在干旱胁迫的状况下，林木可以更好地生长，碳汇能力增加，而当干旱状况持续并加剧时，由于旱季降雨较少，蒸散尤其是旱季期间的蒸散若过于强烈(即当 $0.2<\Phi<0.5$，与半干旱地区指数相同时)，必然导致土壤水分不能得到及时有效的补充，因此容易产生干旱胁迫，抑制林木的生长，使得碳汇能力随干旱月份的增加而降低(图 13-3-12)。因此，可以认为，暴雨次数和干旱月份数可能会影响到土壤水分状况，从而成为碳源汇大小的控制因子。另外，土壤水分的变化会通过影响氮(N)的可获得性从而使净生态系统生产力发生变化(Raich et al.，1991；Saleska et al.，2003)。Singh 和 Sing(2004)发现，当土壤水分减少时，将造成土壤 N 的可获得性降低 12%～44%。因为 N 被认为是植物生长的一个最为常见的限制性因子(Breymeyer，2009)，能有效加速钙、镁、磷等营养元素的循环和利用(Boisvenue，2006)，从而促进林木的生长(Verburg，2005)，目前也有很多研究表明，N 的增加能够导致固碳能力的增加(Adams et al.，2005；Hagedorn et al.，2005)。有研究报道，生态系统碳储量变化对降雨的输入和旱季的水分

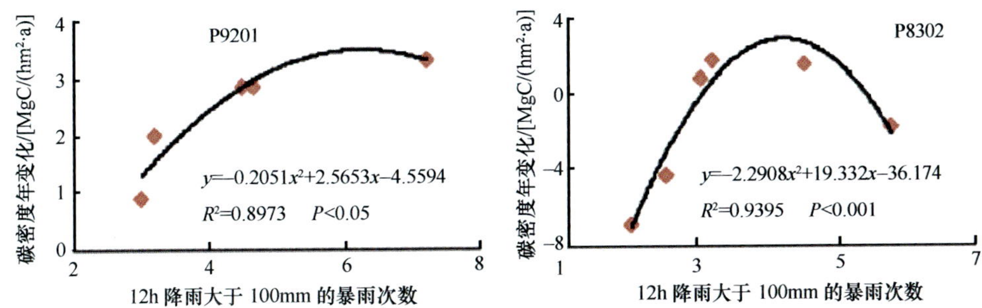

图 13-3-11　P8302 和 P9201 样地碳密度年变化量与大暴雨次数的相关关系

Fig.13-3-11　The relationship between annual variation of canbon density and heavy rain events a year in plots of P8302 and P9201

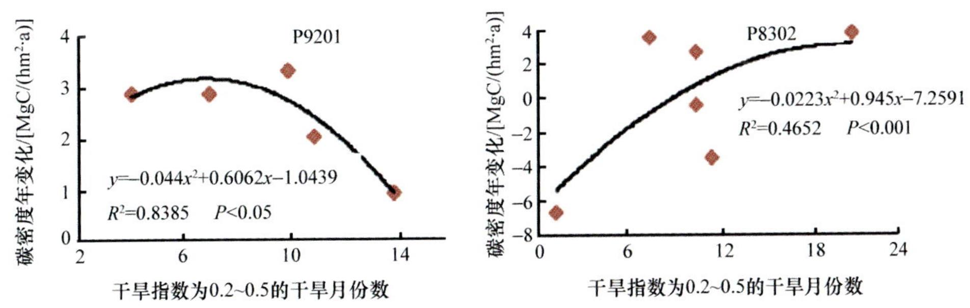

图 13-3-12　P8302 和 P9201 样地碳密度年变化量与干旱月份数的相关关系

Fig.13-3-12　The relationship between annual variation of canbon density and drought months a year in plots of P8302 and P9201

耗散非常敏感(Brando et al.，2008)。不管是在热带稀树草原(Miranda et al.，1997)，还是热带常绿阔叶林(Malhi et al.，1998)都会出现由于旱季水分的减少导致光合作用下降，使得生态系统碳储量降低。Brando 等(2008)曾利用模拟降雨减少来研究干旱对亚马孙盆地热带雨林的影响，结果显示当降雨输入减少 35%～41%时，地上部分净生产力(ANPP)在研究的第二年降低了 13%，其余年份 ANPP 降低幅度更是高达 62%。而且在热带雨林中，林木与凋落物对干旱的响应存在明显的差异(Brando et al.，2008)。虽然干旱对热带雨林的结构与功能具有重要影响，干旱将造成林木无法正常繁殖、干和根生长减缓、凋落物分解下降，以及改变营养元素循环，甚至造成个体死亡(Nepstad et al.，2002)。但是，当干旱不至于造成土壤水分亏缺时，由于云量的减少和 PAR 的增加，热带雨林的 NPP 将增加(Oberbauer et al.，2000)。若干旱造成了生理胁迫(如气孔关闭等)，或者导致林地土壤贫瘠化而使林木死亡率增加，则将使 NPP 下降(Raich，1989；Tian et al.，1998)。本研究的结果也显示一定限度暴雨次数的增加和干旱月份的减少能显著增加碳汇能力。因此，了解降雨的年间变化动态和降雨分布格局及其与碳源汇大小的关系对于估算整个尖峰岭，甚至是更大尺度地区的碳储量非常重要。

(2)干扰事件对热带森林碳源汇的影响

温室效应除了使气温升高外，还将使异常气候发生的频率增加(Denny et al.，2009)。尖峰岭林区的气候异常发生频率则是自 20 世纪 90 年代后明显增加。尖峰岭热带森林碳源汇能力的时间动态变化，可能是由于全球性的气候异常变化及尖峰岭地区特殊的地理位置和气候条件决定的。因为尖峰岭临近海边，受热带季风气候影响明显，且极易遭受台风的影响，台风带来的强降雨和大风将对树木的生长造成严重的影响，导致大量树木倒伏，尤其是处在冠层顶部的大树更易被大风吹倒。而计算生物量现存量时，并未将倒木计入。大树倒后形成的林窗，由于其光热资源充足，将使下层林木快速生长，导致生物量及其碳密度年际变化差异较大。尤其是 P8302 样地计算的碳密度分别在 1995 年、1999 年、2003 年明显下降，在 1991～1995 年、1999～2003 年海南共登陆台风分别为 16 次和 8 次，而其中伴随强风并对尖峰岭有直接影响的台风分别为 6 次和 5 次。台风除了带来高强度的降雨外，还给森林带来巨大的物理损伤，对森林生态系统造成严重的干扰。这期间，台风分别造成 1995 年、1999 年 和 2003 年 3 次调查时样地倒木分别为 8 株(*DBH* 平均为 33.1cm，最大 48.5cm)、1 株(胸径 65.9cm)、9 株(*DBH* 平均为 37.7cm，最大 104.4cm)，使得生物量和碳密度明显减少。而在 1998 年由于同时受“厄尔尼诺”和“拉尼娜”现象影响，林木生长更是受到了明显的影响，表现出生物量密度和碳储量的明显下降。

2)尖峰岭热带森林碳源汇与世界其他热带森林比较

虽然在热带地区已经有较多的森林开展了样地的清查工作，但是仍然还有一些地区缺乏这样的工作，或者工作不完善(Houghton，2005)。即使已经开展这项工作的很多热带地区，由样地扩展至整个地区的生物量估算时仍然存在较多的问题。Houghton(1991)曾经用 7 种不同的方法对巴西亚马孙地区森林生物量进行估算，结果显示不同方法测算的生物量不但差异较大，而且生物量最高和最低的地区也不一致。虽然热带地区森林资源清查工作存在较大差异，但是，联合国粮食及农业组织(Food and Agriculture

Organization，FAO）仍然对热带地区国家层面的森林生物量进行了 3 次估算（分别为 1980 年、1990 年、2000 年）（FAO，1993，1995，2001；FAO/UNEP，1981），结果显示热带亚洲是唯一一个生物量碳密度连续减少的地区，减少的幅度近 50%，到 2000 年生物量碳密度仅为 70MgC/hm^2，而拉丁美洲则呈逐年增加的趋势。热带地区森林生物量碳密度减少的根本原因主要是由于森林的砍伐导致一部分热带雨林变成了次生林或者是转换成其他农耕地（Houghton，2005）。但尖峰岭热带林固定样地调查数据则显示，虽然为老龄林，但从 20 世纪 80 年代开始其碳密度整体仍然呈现增加的趋势（表 13-3-4），这其中部分应归功于海南岛较早实施了天然林禁伐计划，使过去常见于热带地区的“刀耕火种”人为破坏热带天然林的干扰方式已基本消失，良好的热带原始森林能够得以较好的保存下来，避免了大面积的砍伐、毁坏，林木能够得到较好的生长，使其生物量和碳密度保持增加的趋势。但是 FAO 估算的热带地区国家层面的生物量和碳密度结果与其他的一些研究结果差异较大（Achard et al.，2004；Houghton，2003）。由于不同国家、不同地区森林类型存在差异，且样地数量、大小也不一致，因此，生物量和碳密度的这种直接比较就显得意义不大，碳汇大小的比较似乎更能说明问题。而本研究中尖峰岭地区的碳汇大小从 1983～2005 年，年平均为（0.56±0.22）MgC/（hm^2·a），与其他非洲和美洲热带地区的估测结果相近。例如，夏威夷热带森林碳汇大小平均为 0.60MgC/（hm^2·a）（Clark，2001），亚马孙老龄林为（0.62±0.23）MgC/（hm^2·a）（Grace，2002；Baker et al.，2004），非洲热带森林为 0.63MgC/（hm^2·a）（Malhi et al.，2006），但要低于东南亚热带森林［2.0～19.1MgC/（hm^2·a）（Aiba et al.，2005）］。因此，与非洲、美洲的热带地区，甚至是亚洲的其他热带国家相比，中国海南岛尖峰岭热带雨林老龄林的碳汇大小虽然略微偏低，但仍然是属于碳汇能力较高的森林类型。同时，通过与其他热带地区地上部分生物量实测值的比较（表 13-3-5），尖峰岭热带雨林的地上部分生物量平均为（453.13±80.06）Mg/hm^2，

表 13-3-5 不同地区热带森林地上部分生物量（AGB）比较

Tab.13-3-5 The comparision of above ground biomass of tropical forests in difference regions

参考文献	地区或样地	地上部分生物量/（Mg/hm^2）	样地大小/hm^2	面积/hm^2
Clark	哥斯达黎加，La Seiva	186.1	0.01	11.7
DeWalt，Chave	巴西，Amazonas	269.2±45.5	0.05	0.3
Chave 等	巴拿马，Barro Colorado	281±20	0.25	50
Kauffman 等	巴西，Rondonia	337±36		
Hughes 等	巴西，Rondonia	311		1.5
Guild 等	巴西，Rondonia	399±45		1.5
Saldrriaga 等	委内瑞拉，Amazonas	234±22	0.03	0.36
Chave 等	法属圭亚那，St Elie	345±27	1	1
Cummings 等	巴西，Rondonia	312.8±6.7	0.79	6.32
Malhi 等	玻利维亚，BosqueChimanes	252.24～263.11	1	1
Ferreira，Prance	巴西，Central Amazonian	380.81～444.62	1	1
Pitman 等	厄瓜多尔，Capiron	326.69～345.17	1	1
Nebel 等	秘鲁，Jeanro Tahuampa	275.02～279.64	1	1
	文莱	320±26		

续表

参考文献	地区或样地	地上部分生物量/(Mg/hm²)	样地大小/hm²	面积/hm²
Brown 等	柬埔寨	306±73		
	印度尼西亚	324±78		
	马来西亚，Peninsular	212±42		
	马来西亚，Sabah/Sarawak	338±44		
	缅甸	240±60		
	菲律宾	220±35		
	泰国	188±58		
	越南	264±61		
Hoshizaki 等	马来西亚，Pasoh Forest Reserve	403～431	6	6
本研究	中国，海南	453.13±80.06	1	1

表 13-3-6　树种碳含量分析结果

Tab.13-3-6　The contents of carbon of difference trees in tropical mountan rain forest in Jianfengling

树种		胸径/cm	碳含量/%			
中文名	拉丁名		干	根	叶	枝
暗罗	*Polyalthia suberosa*	7.3	49.6	49.25	45.53	49.95
白背槭	*Acer laurinum*	2.2	49.11	50.36	50.25	50.72
白格	*Albizia procera*	12.9	52.29	52.82	49.88	49.32
白榄	*Canarium album*	3.0	47.34	50.17	50.41	43.52
白木香	*Aquilaria sinensis*	3.5	51.92	51.41	47.35	49.79
柏拉木	*Blastus cochinchinensis*	2.1	51.53	44.61	44.28	48.91
槟榔青	*Spondias pinnata*	4.8	49.11	41.66	45.83	48.46
博兰	*Trigonostemon fragilis*	3.3	47.69	48.47	41.18	50.38
布渣叶	*Microcos paniculata*	8.8	49.47	48.2	48.15	60.47
赤才	*Lepisanthes rubiginosa*	6.1	50.19	48.9	52.41	51.67
赤楠蒲桃	*Syzygium buxifolium*	2.1	52.17	49.32	51.03	51.91
刺桑	*Streblus ilicifolius*	3.3	49.67	47.58	37.06	44.78
刺桐	*Erythrina variegata*	13.1	51.69	47.2	51.05	47.97
丛花山矾	*Symplocos poilanei*	7.6	49.91	54.11	45.38	51.32
粗糠柴	*Mallotus philippinensis*	11.5	42.97	47.88	47.7	47.88
粗脉樟	*Cinnamomum validinerve*	2.5	54.04	58.82	47.71	53.78
粗叶木	*Lasianthus chinensis*	1.7	49.18	47.82	43.64	42.59
大青	*Clerodendrum cyrtophyllum*	2.1	51.5	45.42	45.38	50.59
大叶白颜	*Gironniera subaequalis*	2.6	54.24	48.56	42.99	43.01
大叶鱼骨	*Canthium simile*	2.0	53.77	49.51	48.27	51.35
灯架	*Alstonia rostrata*	1.7	50.48	51.21	51.1	51.61
吊鳞苦梓	*Michelia mediocris*	30.2	50.76	54.34	51.89	48.55
吊罗栎	*Cyclobalanopsis tiaoloshanica*	7.3	47.8	50.97	50.64	52.86
丁公藤	*Erycibe obtusifolia*	1.9	51.05	48.9	44.12	47.86
东方琼楠	*Beilschmiedia tungfangensis*	3.0	53.99	55.1	51.6	48.5

续表

树种		胸径/cm	碳含量/%			
中文名	拉丁名		干	根	叶	枝
短药蒲桃	*Syzygium globiflorum*	3.0	49.11	48.64	48.68	48.28
对叶榕	*Ficus hispida*	5.6	49.27	47.99	36.28	44.35
多花山竹子	*Garcinia multiflora*	2.5	47.68	48.68	42.92	50.13
多花五月茶	*Antidesma maclurei*	2.9	52.47	47.27	49.81	51.55
多香木	*Polyosma cambodiana*	1.6	53.54	45	47.93	49.3
翻白叶	*Pterospermum heterophyllum*	3.3	51	52.07	38.99	45.37
饭甑栎	*Cyclobalanopsis fleuryi*	5.9	52.49	49.56	49.22	45.74
方枝蒲桃	*Syzygium tephrodes*	2.3	51.01	48.69	45.96	50.53
高地山香圆	*Turpinia montana*	2.0	55.78	49.66	43.39	49.09
高枝杜英	*Elaeocaepus dubius*	13.0	47.97	53.09	47.5	48.44
割舌罗	*Alangium salviifolium*	5.4	45.21	53.09	44.4	50.58
贡甲	*Maclurodendron oligophlebium*	2.1	51.46	50.32	48.81	52.86
谷木	*Memecylon ligustrifolium*	4.8	52.85	50.79	50.45	51.13
瓜馥木	*Fissistigma oldhamii*	8.0	50.25	51.26	46.14	45.57
广东山胡椒	*Lindera kwangtungensis*	18.1	53.85	49.62	54.31	57.01
海岛冬青	*Ilex goshiensis*	5.2	48.66	52.11	52.21	52.48
海南巴豆	*Croton laui*	7.5	50.81	52.67	48.74	47.03
海南大头茶	*Polyspora hainanensis*	1.9	32.79	51.76	50.5	48.95
海南罗伞	*Ardisia quinquegona*	1.7	50.63	52.26	49.08	50.24
海南木莲	*Manglietia fordiana* var.*hainanensis*	4.0	54.13	49.04	47.62	49.88
海南蒲桃	*Syzygium hainanense*	11.1	51.93	47.85	47.48	49.96
海南水团花	*Pertusadina metcalfii*	1.9	48.7	54.67	51.73	51.42
海南杨桐	*Adinandra hainanensis*	2.0	51	49.79	52.6	50.63
韩氏蒲桃	*Syzygium hancei*	10.5	46.61	49.2	51.83	52.21
黑格	*Albizzia odoratissima*	8.5	50.96	50.63	48.98	49.36
红翅槭	*Acer fabri*	17.6	47.26	52.73	50.13	45.86
红椆	*Lithocarpus fenzelianus*	2.5	54	49.34	47.01	51.74
红椎	*Castanopsis hystrix*	60.0	54.87	53.32	49.06	
猴耳环	*Archidendron clypearia*	2.5	48.64	50.27	45.67	51.29
厚边木犀	*Osmanthus marginatus*	8.1	53.99	51.47	56.06	53.08
厚皮树	*Lannea coromandelica*	8.2	46.1	44.89	53.46	49.3
厚皮香	*Ternstroemia gymnanthera*	2.3	52.99	49.87	50.6	52.49
华润楠	*Machilus chinensis*	13.0	52.96	49.1	56.89	52.9
黄果榕	*Ficus vasculosa*	1.8	48.03	46.73	44.2	46.99
黄牛木	*Cratoxylum cochinchinense*	3.6	51.06	50.34	48.03	50.47
黄杞	*Engelhardia roxburghiana*	2.8	53.07	48.67	50.71	46.53
黄桐	*Endospermum chinense*	2.7	49.84	53.85	41.48	53.65
黄叶树	*Xanthophyllum hainanensis*	1.7	51.24	51.03	51.17	53.51
黄樟	*Cinnamomum parthenoxylon*	1.7	53.8	50.52	53.98	47.87

续表

树种		胸径/cm	碳含量/%			
中文名	拉丁名		干	根	叶	枝
喙果皂帽花	*Dasymaschalon rostratum*	3.1	49.77	51.95	49.38	48.03
鸡毛松	*Dacrycarpus imbricatus* var. *patulus*	2.5	53.13	56.04	48.6	53.39
假苹婆	*Sterculia lanceolata*	3.0	50.76	47.9	45.82	47.96
剑叶灰木	*Symplocos lancifolia*	1.5	49.91	48.45	61.34	48.62
金莲木	*Ochna integerrima*	3.0	52.26	45.35	54.02	50.63
九节	*Psychotria asiatica*	1.5	50.18	52.31	50.63	51.01
郎伞木	*Ardisia crispa*	2.5	47.5	50.97	49.3	47.91
雷公栎	*Cyclobalanopsis hui*	8.0	50.79	53.13	50.05	48.39
离瓣木樨	*Osmanthus didymopetalus*	3.5	52.89	45.78	55.59	52.55
黎蒴	*Castanopsis fissa*	16.4	49.64	53.76	51.77	50.91
荔枝叶红豆	*Ormosia semicastrata*	2.2	49.92	52.75	55.88	53.35
两广梭罗	*Reevesia thyrsoidea*	3.6	50.56	51.53	49.71	58.1
两叶黄杞	*Engelhardia unijuga*	7.1	52.04	49.28	54.94	50.22
亮叶猴耳环	*Archidendron lucidum*	2.1	49.71	45.15	50.6	53.78
亮叶栎	*Cyclobalanopsis phanera*	4.0	52.44	52.41	49.53	52.29
岭南山竹子	*Garcinia oblongifolia*	1.6	48.99	49.06	48.05	48.08
陆均松	*Dacrydium pectinatum*	4.2	54.52	54.9	53.46	51.38
卵叶新木姜	*Neolitsea ovatifolia*	2.1	51.93	51.47	45.73	52.99
卵叶樟	*Cinnamomum rigidissimum*	4.1	53.95	55.04	52.15	50.84
轮叶戟	*Lasiococca comberi* var. *pseudoverticillata*	3.7	47.37	49.1	52.2	50.47
买麻藤	*Gnetum montanum*	2.5	50.39	50.05	50.06	50.05
毛冬青	*Ilex pubescens*	3.1	45.51	48.65	56.56	51.91
毛萼乌口树	*Tarenna lancilimba*	2.0	57.5	50.15	52.1	47.63
毛萼紫薇	*Lagerstroemia balansae*	3.3	50.61	48.79	48.13	48.42
毛果椆	*Lithocarpus pseudovestitus*	1.7	48.27	47.15	50.86	45.2
毛荔枝	*Nephelium topengii*	5.6	48.85	51.72	51.54	50.75
米花木	*Decaspermum montanum*	2.1	60.2	49.44	52.18	49.97
母生	*Homalium ceylanicum*	10.0	53.12	52.39	49.88	51.66
木胆	*Platea parvifolia*	14.5	50.56	50.23	52.64	50.36
木荷	*Schima superba*	2.2	47.83	50.37	49.68	50.04
木棉	*Bombax ceiba*	8.3	46.72	45.98	47.98	42.84
拟赤杨	*Alniphyllum fortunei*	3.0	55.45	48.11	50.08	49.91
盘壳栎	*Cyclobalanopsis patelliformis*	45.3	52.92	51.57	54.37	49.54
平滑琼楠	*Beilschmiedia laevis*	1.7	48.44	46.32	48.16	52.52
秦氏桂	*Cryptocarya chingii*	2.5	46.31	51.87	52.81	49.5
青梅	*Vatica mangachapoi*	2.6	50.27	49.88	52.32	51.33

高于非洲和美洲热带森林地上部分生物量的平均值(307.30～313.04Mg/hm^2)，也要高于亚洲其他国家或地区热带森林地上部分生物量的平均值(188～403Mg/hm^2)。这些结果说明，虽然中国海南岛地处热带北缘，在树种组成和结构上和典型热带森林存在较大差异，但其仍然具有较高的生物量和碳密度，同时也属于碳汇能力较高的热带森林类型。

参考文献

阿姆森, 伯群, 重光, 等. 1984. 森林土壤: 性质和作用[M]. 北京: 科学出版社.

卜广发, 杨小波, 龙文兴, 等. 2013. 海南铜鼓岭国家自然保护区药用植物调查研究[J]. 广东农业科学, 40(10): 17-20.

卜广发. 2013. 海南铜鼓岭药用植物资源及其分布规律研究[D]. 海口: 海南大学.

车秀芬, 杨小波, 岳平, 等. 2006. 铜鼓岭国家级自然保护区植物多样性[J]. 生物多样性, 14(4): 292-299.

车秀芬, 岳平, 杨小波, 等. 2007. 铜鼓岭自然保护区热带常绿季雨矮林的群落结构特征[J]. 福建林业科技, 34(3): 87-91.

陈德祥, 李意德, HepingLiu, 等. 2010. 尖峰岭热带山地雨林生物量及碳库动态[J]. 中国科学: 生命科学, 2010(7): 596-609.

陈金玲, 金光泽, 赵凤霞. 2010. 小兴安岭典型阔叶红松林不同演替阶段凋落物分解及养分变化[J]. 应用生态学报, 21(9): 2209-2216.

陈金耀. 1998. 天然杉木混交林及主要伴生树种凋落物动态变化[J]. 福建林学院学报, 18(3): 255-259.

陈小花. 2015. 海南文昌滨海台地不同森林土壤碳储存特征研究[D]. 海口: 海南大学.

陈章和. 1986. 海南草地的生物量研究[J]. 华南师范大学学报(自然科学版), 1: 93-101.

陈章和. 1987. 海南草地的类型[J]. 植物生态学与地植物学学报, 11(1): 32-41.

程伯容, 丁桂芳, 许广山, 等. 1987. 长白山红松阔叶林的生物养分循环[J]. 土壤学报, 24(2): 160-169.

代静玉, 秦淑平, 周江敏. 2004. 水杉凋落物分解过程中溶解性有机质的分组组成变化[J]. 生态环境学报, 13(2): 207-210.

董汉飞, 曾水泉. 1985. 海南岛生态环境质量分析与综合评价[M]. 广州: 中山大学出版社.

董鸣. 1997. 陆地生物群落调查观测与分析[M]. 北京: 中国标准出版社.

范川, 李贤伟, 李平, 等. 2014. 川中丘陵区柏木低效林不同改造模式土壤有机碳特征[J]. 土壤通报, 6: 1437-1444.

范春楠, 郭忠玲, 郑金萍, 等. 2014. 磨盘山天然次生林凋落物数量及动态研究[J]. 生态学报, 3: 1-2.

方江平, 巴青翁母. 2013. 西藏原始林芝云杉林凋落物养分归还规律[J]. 自然资源学报. 28(7): 1139-1145.

方江平, 巴青翁姆. 2013. 西藏原始林芝云杉林凋落物养分归还规律[J]. 自然资源学报, 2013(7): 1139-1145.

方圆. 2012. 海南省土壤有机碳时空变异[D]. 海口: 海南大学.

房焕英, 刘文飞, 吴建平, 等. 2013. 杉木人工林凋落量及气候因子敏感性分析[J]. 福建林学院学报, 3: 273-278.

冯志立, 郑征, 张建侯, 等. 1998. 西双版纳热带湿性季节雨林生物量及其分配规律研究[J]. 植物生态学报, 22(6): 481-488.

葛晓改, 肖文发, 曾立雄, 等. 2014. 三峡库区马尾松林土壤-凋落物层酶活性对凋落物分解的影响[J]. 生态学报, 9.

葛晓敏, 吴麟, 唐罗忠. 2013. 森林凋落物分解与酶的相互关系研究进展[J]. 世界林业研究, 26(1): 43-47.

官丽莉, 周国逸, 张德强, 等. 2004. 鼎湖山南亚热带常绿阔叶林凋落物量 20 年动态研究[J]. 植物生态学报, 28(4): 449-456.
管东生. 1998. 香港桃金娘群落植物的养分分配、季节动态和生物循环[J]. 生态学报, 18(4): 386-391.
广东省植物研究所. 1976. 广东植被[M]. 北京: 科学出版社: 98-105.
郭剑芬, 杨玉盛, 陈光水, 等. 2006. 森林凋落物分解研究进展[J]. 林业科学, 42(4): 93-100.
郭金(晋)平, 丁颖秀, 张芸香. 2009. 关帝山华北落叶松林凋落物分解过程及其养分动态[J]. 生态学报, 29(10): 5684-5695.
郭绪虎, 肖德荣, 田昆, 等. 2013. 滇西北高原纳帕海湿地湖滨带优势植物生物量及其凋落物分解[J]. 生态学报, 33(5): 1425-1432.
韩营营, 黄唯, 孙涛, 等. 2015. 不同林龄白桦天然次生林土壤碳通量和有机碳储量[J]. 生态学报, 35(5): 1460-1469.
郝清玉, 刘强, 王士泉, 等. 2013. 鹦哥岭山地雨林不同海拔区森林群落的生物量研究[J]. 热带亚热带植物学报, 21(6): 529-537.
郝清玉. 2011. 阔叶混交林群落结构及择伐经营策略[M]. 北京: 中国林业出版社.
郝占庆. 1989. 木质物残体在森林生态系统中的功能评述[J]. 生态学进展, 6(3): 179-183.
侯庸. 1998. 黑石顶自然保护我南亚热带常绿阔叶林的凋落物[J]. 生态科学, 17(2): 14-18.
胡灵芝, 陈德良, 朱慧玲, 等. 2011.百山祖常绿阔叶林凋落物凋落节律及组成[J]. 浙江大学学报(农业与生命科学版), 37(5): 533-539.
胡玉佳, 李玉杏. 1992. 海南岛热带雨林[M]. 广州: 广东高等教育出版社.
黄承才, 张骏, 江波, 等. 2006. 浙江省杉木生态公益林凋落物及其与植物多样性的关系[J]. 林业科学, 42(6): 7-12.
黄清麟, 陈永富, 杨秀森. 2002. 海南霸王岭林区南亚松天然林乔木层结构特征研究[J]. 林业科学研究, 6: 741-745.
黄全, 李意德, 赖巨章, 等. 1991. 黎母山热带山地雨林生物量研究[J]. 植物生态学与地植物学学报, 15(3): 197-206.
姜志林. 1992. 下蜀森林生态系统定位研究论文集. 北京: 中国林业出版社.
李德军, 莫江明, 方运霆, 等. 2005. 模拟氮沉降对南亚热带两种乔木幼苗生物量及其分配的影响[J]. 植物生态学报, 29(4): 543-549.
李秀彬. 1996. 全球环境变化研究的核心领域——土地利用/土地覆被变化的国际研究动向[J]. 地理学报, 51(6): 553-557.
李雪峰, 韩士杰, 李玉文, 等. 2005. 东北地区主要森林生态系统凋落量的比较[J]. 应用生态学报, 6(5): 783-788.
李意德. 1993. 海南岛热带山地雨林林分生物量估测方法比较分析[J]. 生态学报, 13(4): 313-320.
李意德. 1997. 海南岛尖峰岭热带山地雨林的群落结构特征[J]. 热带亚热带植物学报, 5(1): 18-26.
李意德, 曾庆波, 吴仲民, 等. 1992. 尖峰岭热带山地雨林生物量的初步研究[J]. 植物生态学报, 16(4): 293-300.
李意德, 曾庆波, 吴仲民, 等. 1998. 我国热带天然林植被 C 贮存量的估算[J]. 林业科学研究, 11(2): 156-162.
李意德, 张振才. 1992. 尖峰岭热带山地雨林生物量的初步研究[J]. 植物生态学与地植物学学报, 16(4): 293-300.
李瑛云, 陈海波, 张艳波. 2013. 小兴安岭阔叶红松林生态系统凋落物分解速率的研究[J]. 林业科技, 38(2): 19-22.
梁国华, 李荣华, 丘清燕, 等. 2014. 南亚热带两种优势树种叶凋落物分解对模拟酸雨的响应[J]. 生态学报, 34(20): 5728-5735.
梁宏温. 1993. 广西宜山县不同林型人工林凋落物与土壤肥力的研究[J]. 生态学报, 13(3): 235-242.

廖宝文, 郑德璋, 郑松发. 1990. 海桑林生物量的研究[J]. 林业科学研究, 3(1): 47-54.
廖宝文, 郑德璋. 1991a. 木榄林生物量和生产力的研究[J]. 林业科学研究, 1991(1): 22-29.
廖宝文, 郑德璋. 1991b. 木榄生长过程的分析[J]. 广东林业科技, 3: 28-30.
廖军. 2000. 森林凋落量研究概述[J]. 江西林业科技, 1: 31-34.
林波, 刘庆, 吴彦, 等. 2004. 森林凋落物研究进展[J]. 生态学杂志, 23(1): 60-64.
林开敏, 洪伟, 俞新妥, 等. 2001. 杉木与伴生植物凋落物混合分解的相互作用研究[J]. 应用生态学报, 12(3): 321-325.
林鹏, 卢昌义, 王恭礼, 等. 1990. 海南岛河港海莲红树林凋落物动态的研究[J]. 植物生态学与地植物学报, 14(1): 69-73.
凌华, 陈光水, 陈志勤, 等. 2009. 中国森林凋落量的影响因素[J]. 亚热带资源与环境学报, 4(4): 66-71.
刘创民, 李昌哲, 史敏华, 等. 1996. 多元统计分析在森林土壤肥力类型分辨中的应用[J]. 生态学报, 16(4): 444-447.
刘蕾, 申国珍, 陈芳清, 等. 2012. 神农架海拔梯度上 4 种典型森林凋落物现存量及其养分循环动态[J]. 生态学报, 32(7): 2142-2149.
刘强, 彭少麟, 毕华, 等. 2005. 热带亚热带森林凋落物交互分解的养分动态[J]. 北京林业大学学报, 27(1): 24-32.
刘强, 彭少麟. 2010. 植物凋落物生态学[M]. 北京: 科学出版社.
刘强, 王超, 杨智杰, 等. 2011. 福建建瓯万木林柑橘与锥栗凋落物数量、组成及动态[J]. 亚热带资源与环境学报, 4: 29-34.
刘荣杰, 李正才, 王斌, 等. 2013. 浙西北丘陵地区次生林与杉木林土壤水溶性有机碳季节动态[J]. 生态学杂志, 6: 1385-1390.
刘万德, 臧润国, 丁易. 2009. 海南岛 3 种低海拔热带林的生物量变化规律[J]. 自然资源学报, 4(7): 1212–1222.
刘文丹, 陶建平, 张腾达, 等. 2014. 中亚热带木本植物各器官凋落物分解特性[J]. 生态学报, 17.
刘颖, 韩士杰, 林鹿, 等. 2009. 长白山四种森林凋类型凋落物动态特征[J]. 生态学杂志, 28(1): 7-11.
刘勇生. 2008. 武夷山风景名胜区不同类型天然林凋落物特征比较研究[D]. 福州: 福建农林大学.
龙成, 杨小波, 龙文兴, 等. 2015. 基于物种多样性和空间格局的林分稀疏[J]. 生态学杂志, 34(2): 571-581.
龙成, 周威, 杨小波, 等. 2013. 海南大风子种群不同径级的稀疏规律[J]. 东北林业大学学报, (8): 86-90.
龙成. 2013. 热带常绿季雨矮林优势种群和主要伴生种群结构、动态、空间分布格局及种间联结性研究[D]. 海口: 海南大学.
路翔. 2012. 中亚热带 4 种森林凋落物及土壤碳氮贮量与分布特征[D]. 长沙: 中南林业科技大学.
吕瑞恒, 李国雷, 刘勇, 等. 2012. 不同立地条件下华北落叶松叶凋落物的分解特性[J]. 林业科学, 48(2): 31-37.
吕妍, 郑泽梅, 美丽班·马木提, 等. 2013. 增施氮磷肥对木荷林凋落物生产量及其养分的影响[J]. 应用生态学报, 24(11): 3027-3034.
骆宗诗, 向成华, 慕长龙, 等. 2007. 绵阳官司河流域主要森林类型凋落物含量及动态变化[J]. 生态学报, 27(5): 1772-1781.
莫江明, 孔国辉, Sandra Brown, 等. 2001. 鼎湖山马尾松林凋落物及其对人类干扰的响应研究[J]. 植物生态学报, 25(6): 656-664.
宁晨, 闫文德, 宁晓波, 等. 2015. 贵阳市区灌木林生态系统生物量及碳储量[J]. 生态学报, 35(8): 2555-2563.
潘冬荣, 柳小妮, 申国珍, 等. 2013. 神农架不同海拔典型森林凋落物的分解特征[J]. 应用生态学报, 12: 3361-3366.

潘开文, 何静, 吴宁, 等. 2004. 森林凋落物对林地微生境的影响[J]. 应用生态学报, 15(1): 153-158.
彭少麟, 刘强. 2002. 森林凋落物动态及其对全球变暖的响应[J]. 生态学报, 22(9): 1534-1544.
戚剑飞, 唐建维. 2008. 西双版纳石灰石季雨林的生物量及其分配规律[J]. 生态学杂志, 27(2): 167-177.
邱尔发, 陈卓梅, 郑郁善, 等. 2005. 麻竹山地笋用林凋落物发生、分解及养分归还动态[J]. 应用生态学报, 16(5): 811-814.
曲仲湘. 1983. 植物生态学(第二版)[M]. 北京: 高等教育出版社.
任来阳, 于澎涛, 刘霞, 等. 2013. 重庆酸雨区马尾松与木荷的叶凋落物分解特征[J]. 生态环境学报, (2): 246-250.
任泳红, 曹敏, 唐建维, 等. 1999. 西双版纳季节着林与橡胶多层林调落物动态的比较研究[J]. 植物生态学报, 3(5): 418-425.
沈龙海, 丁宝永, 沈国妨, 等. 1996. 樟子松人工林下针阔叶凋落物分解动态[J]. 林业科学, 5: 393-401.
宋飘, 张乃莉, 马克平, 等. 2014. 全球气候变暖对凋落物分解的影响[J]. 生态学报, 34(6): 1327-1339.
宋新章, 江洪, 余树全. 2009. 中亚热带森林群落不同演替阶段优势种凋落物分解试验[J]. 应用生态学报, 20(3): 537-542.
宋影, 辜夕容, 严海元, 等. 2014. 中亚热带马尾松林凋落物分解过程中的微生物与酶活性动态[J]. 环境科学, 3: 1151-1158.
陶立超, 孟晓清, 孙翀, 等. 2014. 北京油松人工林凋落物及粗死木质残体贮量研究[J]. 福建林学院学报, 1: 26-32.
王斌, 杨校生. 2009. 不同气候区 4 种典型地带性植被凋落物比较研究[J]. 长江流域生态建设与区域科学发展研讨会优秀论文集.
王斌, 杨校生. 2009. 不同气候区 4 种典型地带性植被凋落物比较研究[J]. 世界林业研究, 22(9): 44-48.
王伯荪, 余世孝, 彭少麟. 1996. 植物群落学实验手册[M]. 广州: 广东高等教育出版社.
王伯荪. 1987. 植物群落学[M]. 北京: 高等教育出版社.
王凤友. 1989. 森林凋落量研究综述[J]. 生态学进展, 6(2): 82-89.
王健健, 王永吉, 来利明, 等. 2013. 我国中东部不同气候带成熟林凋落物生产和分解及其与环境因子的关系[J]. 生态学报, 15: 4818-4825.
王瑾, 黄建辉. 2001. 暖温带地区主要树种叶片凋落物分解过程中主要元素释放的比较[J]. 植物生态学报, 25(3): 375-380.
王连峰, 潘根兴, 石盛莉, 等. 2002. 酸沉降影响下庐山森林生态系统土壤溶液溶解有机碳分布[J]. 植物营养与肥料学报, 1: 29-34.
王陆军. 2010. 安徽肖坑常绿阔叶林优势种凋落物量及养分季节动态的研究[D]. 合肥: 安徽农业大学, 5.
王敏英. 2008. 海南岛中部丘陵地区 4 种植物群落凋落物动态及土壤碳氮含量的变化[D]. 海口: 海南师范大学.
王平, 盛连喜, 燕红, 等. 2010. 植物功能性状与湿地生态系统土壤碳汇功能[J]. 生态学报, 30: 6990-7000.
王清奎, 范冰, 徐广标, 等. 2009. 亚热带地区阔叶林与杉木林土壤活性有机质比较[J]. 应用生态学报, 20(7): 1536-1542.
王文杰, 于景华, 毛子军, 等. 2003. 森林生态系统 CO_2 通量的研究方法及研究进展[J]. 生态学杂志, 22(5): 102-107.
王希华, 黄建军, 闫思荣. 2004. 天童国家森林公园常见植物凋落叶分解的研究[J]. 植物生态学报, 28(4): 457-467.
王希群, 马履一, 贾忠奎, 等. 2005. 叶面积指数的研究和应用进展[J]. 生态学杂志, 24(5): 537-541.

王樟华. 2013. 浙江天童常绿阔叶林凋落物量的时空分布特征[D]. 上海: 华东师范大学.
魏鲁明, 余登利, 陈正仁, 等. 2009. 茂兰喀斯特森林凋落物量的动态研究[J]. 南京林业大学学报(自然科学版), 33(3): 31-34.
温远光, 韦盛章, 秦武明. 1990. 杉木人工林凋落物动态及其与气候因素的相关分析[J]. 生态学报, 10(4): 367-372.
吴承祯, 洪伟, 姜志林, 等. 2000. 我国森林凋落物研究进展[J]. 江西农业大学学报, 3: 405-410.
吴彦, 刘庆, 乔永康, 等. 2001. 亚高山针叶林不同恢复阶段群落物种多样性变化及其对土壤理化性质的影响. 植物生态学报, 25(6): 648-655.
吴毅, 刘文耀, 沈有信, 等. 2007. 滇石林地质公园喀斯特山地天然林和人工林凋落物与死地被物的动态特征[J]. 山地学报, 25(3): 317-325.
吴仲民, 卢俊培, 杜志鹄. 1994. 海南岛尖峰岭热带山地雨林及其更新群落的凋落物量与贮量[J]. 植物生态学报, 18(4): 306-313.
肖慈英, 黄青春. 2002. 松、栎纯林及混交林凋落物分解特性研究[J]. 土壤学报, 39(5): 763-767.
熊丽, 杨玉盛, 王巧珍, 等. 2014. 可溶性有机碳在米槠天然林土壤中的淋溶特征[J]. 亚热带资源与环境学报, 9(1): 46-52.
胥辉, 张会儒. 2002. 林木生物量模型研究[M]. 昆明: 云南科技出版社.
徐旺明, 闫文德, 李洁冰, 等. 2013. 亚热带 4 种森林凋落物量及其动态特征[J]. 生态学报, 33(23): 7570-7575.
薛立, 何跃君, 屈明, 等. 2005. 华南典型人工林凋落物的持水特性[J]. 植物生态学报, 29(3): 415-421.
薛立, 薛达. 2001. 名古屋风景林凋落物和凋落叶养分含量季节动态的研究[J]. 植物生态学报, 25(3): 359-365.
阳云, 李意德, 曾庆波, 等. 1988. 海南岛尖峰岭热带季雨林群落结构及其地上部分生物量的研究[J]. 海南大学学报(自然科学版), 6(4): 26-32.
杨刚, 何寻阳, 王克林, 等. 2008. 不同植被类型对土壤微生物量碳氮及土壤呼吸的影响[J]. 土壤通报, 1: 189-191.
杨小波. 2013. 海南植物名录[M]. 北京: 科学出版社.
杨小波, 林英, 梁淑群. 1994. 海南岛五指山的森林植被 I 五指山的森林植被类型[J]. 海南大学学报(自然科学版), 12(3): 220-236.
杨小波, 吴庆书, 李东海. 2011. 海南岛陆域国家级森林生态系统自然保护区森林植被研究[M]. 北京: 科学出版社.
杨玉盛, 郭剑芬, 林鹏, 等. 2004. 格氏栲天然林与人工林凋落叶分解过程中养分动态(英文)[J]. 生态学报, 2: 201-208.
姚瑞玲, 丁贵杰, 王胤, 等. 2006. 不同密度马尾松人工林凋落物及养分归还量的年变化特征[J]. 南京林业大学学报(自然科学版), 30(5): 83-86.
易兰, 由文辉, 宋永昌, 等. 2005. 天童常绿阔叶林五个演替阶段凋落物中的土壤动物群落[J]. 生态学报, 25(3): 466-473.
于明坚. 1996. 浙江建德青冈常绿阔叶林凋落量研究[J]. 植物生态学报, 20(2): 144-150.
俞元春, 阮宏华, 费世民, 等. 1992. 苏南丘陵森林凋落物量及养分归还量[C]//姜志林. 下蜀森林生态系统定位研究论文集. 北京: 中国林业出版社: 992.
原作强, 李步杭, 白雪娇, 等. 2010. 长白山阔叶红松林凋落物组成及其季节动态[J]. 应用生态学报, 21(9): 2171-2178.
臧润国, 蒋有绪, 杨彦承. 2001. 海南岛霸王岭热带山地雨林林隙更新生态位的研究[J]. 林业科学研究, 14(1): 17-22.
曾宏达, 杜紫贤, 杨玉盛, 等. 2010. 城市沿江土地覆被变化对土壤有机碳和轻组有机碳的影响[J]. 应用生态学报, 3: 701-706.
曾庆波, 李意德, 陈步峰, 等. 1997. 热带林生态系统研究与管理[M]. 北京: 中国林业出版社.
查同刚, 张志强, 孙阁. 2012. 凋落物分解主场效应及其土壤生物驱动[J]. 生态学报, 32(24): 7991-8000.
张彩凤, 吴庆书, 杨小波, 等. 2009. 铜鼓岭野生园林植物资源及应用评价[J]. 福建林业科技, 36(2): 167-173.
张德强, 叶万辉, 余清发, 等. 2000. 鼎湖山演替系列中代表性森林凋落物研究[J]. 生态学报, 20(6): 938-9441.
张东来, 毛子军, 朱胜英, 等. 2008. 黑龙江省帽儿山林区 6 种主要林分类型凋落物研究[J]. 植物研究, 28(1): 104-108.
张宏达. 2001. 海南植物区系的多样性[J]. 生态科学, 20(1-2): 1-9.
张家武, 廖利平, 李锦芳, 等. 1993. 马尾松火力楠混交林凋落物动态及其对土壤养分的影响[J]. 应用生态学报, 4(4): 359-363.
张磊, 王晓荷, 米湘成, 等. 2011. 古田山常绿阔叶林凋落量时间动态及冰雪灾害的影响[J]. 生物多样性, 19(2): 206-214.
张乔民, 陈永福. 2003. 海南三亚河红树凋落物产量与季节变化研究[J]. 生态学报, 23(10): 1977-1983.
张晓勉, 高智慧, 高洪娣, 等. 2012. 基岩质海岸防护林主要林分类型土壤抗冲性研究[J]. 浙江林业科技, 32(5): 1-4.
张新平, 王襄平, 朱彪, 等. 2008. 我国东北主要森林类型的凋落物产量及其影响因素[J]. 植物生态学报, 32(5): 1031-1040.
张芸香, 张晋明, 郭晋平. 2011. 文峪河上游河岸林凋落物及其分解过程研究[J]. 林业科学研究, 24(5): 634-640.
张志东, 臧润国. 2009. 基于植被指数的海南岛霸王岭热带森林地上生物量空间分布模拟[J]. 植物生态学报, 33(5): 833-841.
赵谷风, 蔡延奔, 罗媛媛, 等. 2006. 青冈常绿阔叶林凋落物分解过程中营养元素动态[J]. 生态学报, 26(10): 3286-3295.
赵林, 殷鸣放, 陈晓非, 等. 2008. 森林碳汇研究的计量方法及研究现状综述[J]. 西北林学院学报, 23(1): 59-63.
郑坚端. 1992. 海南岛文昌县滨海沙土草地植被的研究[J]. 植物生态学与地植物学学报, 16(2): 174-186.
郑路, 卢立华. 2012. 我国森林地表凋落物现存量及养分特征[J]. 西北林学院学报, 27(1): 63-69.
郑征, 李佑荣, 刘宏茂, 等. 2005. 西双版纳不同海拔热带雨林凋落量变化研究[J]. 植物生态学报, 29(6): 884-893.
郑征, 刘宏茂, 冯志立. 2006. 西双版纳热带山地雨林生物量研究[J]. 生态学杂志, 25(4): 347-353.
中国植被编辑委员会. 1980. 中国植被[M]. 北京: 科学出版社: 247-249.
钟义. 1991. 海南岛铜鼓岭自然保护区的植被与植物资源[J]. 海南大学学报(自然科学版), 9(1): 1-10.
周存宇, 蚁伟民, 傅声雷. 1995. 不同树种的叶凋落物分解和养分释放研究[J]. 生态学报, 15(增刊A辑): 132-140.
周威, 龙成, 杨小波(通讯作者), 等. 2013. 海南铜鼓岭灌木林稀疏规律[J]. 生态学报, 33(20): 6569-6576.
周威. 2003. 海南文昌铜鼓岭植物群落物种多样性及稀疏规律研究[D]. 海南大学.
Achard F, Eva H D, Mayaux P, et al. 2004. Improved estimates of net carbon emissions from land cover change in the tropics for the 1990s[J]. Global Biogeochem Cy, 18: 1-11.
Adams A B, Harrison R B, Sletten R S, et al. 2005. Nitrogen fertilization impacts on carbon sequestration and flux in managed coastal Douglas-fir stands of the Pacific Northwest. For Ecol Manag, 220: 313-325.

Aiba S, Takyu M, Kitayama K. 2005. Dynamics, productivity and species richness of tropical rainforests along elevational and edaphic gradients on Mount Kinabalu, Borneo. Ecol Res, 20: 279-286.

Andreae M O, Artaxo P, Brandao C, et al. 2002. Biogeochemical cycling of carbon, water, energy, trace gases, and aerosols in Amazonia: the LBA-EUSTACH experiments. J Geophys Res-Atmos, 107: 8066, doi: 10. 1029/2001JD00052.

Baker T R, Phillips O L, Malhi Y, et al. 2004. Increasing biomass in Amazonian forest plots. Philos T Roy Soc B, 359: 353-365.

Boisvenue C, Running S W. 2006. Impacts of climate change on natural forest productivity: Evidence since the middle of the 20th century. Glob Change Biol, 12: 862-882.

Brando P, Nepstad D, Davidson E, et al. 2008. Drought effects on litterfall, wood production and belowground carbon cycling in an Amazon forest: results of a throughfall reduction experiment. Phil Trans R Soc B, 363: 1839-1848.

Bray J R, Gorham E. 1964. Litter Production in Forests of the World[J]. Advanc.ecol.res.lond, 2(08): 101-157.

Breymeyer A I, Hall D O, Melillo J M, et al. 1997. Global Change: Effects on Coniferous Forests and Grasslands(Scope No 56). New York: John Wiley & Sons Ltd.

Brown F, MartinelliL A, Thomas W W, et al. 1995. Uncertainty in the biomass of Amazonian forests: An example from Rondônia, Brazil. Forest Ecology and Management, 75: 175-189.

Brown S A, Hall C A S, Knabe W, et al. 1993. Tropical forests: their past, present, and potential future role in the terrestrial carbon budget. Water Air Soil Poll, 70: 71-94

Brown S, Gillespie A J R, Lugo A E. 1989. Biomass estimation methods for tropical forests with applications to forest inventory data [J]. For Sci, 35(4): 881-902.

Brown S, Iverson L R, Prasad A, et al. 1993. Geographical distributions of carbon in biomass and soils of tropical Asian forests. Geocarto Int, 4: 45-59.

Brown S. 1997. Estimating Biomass and Biomass Change of Tropical Forests: a Primer. (FAO Forestry Paper No. 134) [M]. Rome: Forest Resources Assessment Publication.

Bullock S H, Mooney H A, Medina E. 1995. Seasonally Dry Tropical Forests [M]. Cambridge: Cambridge University Pres.

Campbell C A , Zentner R P , Liang B C, et al. 2000. Organic C accumulation in soil over 30 years in semiarid southwestern Saskatchewan-Effect of crop rotations and fertilizers. Can J SoilSci, 80: 179-192.

Chave J, Andalo C, Brown S, et al. 2005. Tree allometry and improved estimation of carbon stocks and balance in tropical forests. Ecosystem Ecology, 145(1): 87-99.

Chave J, Condit R, Lao S, et al. 2003. Hubbell. Spatial and temporal variation of biomass in a tropical forest: results from a large census in Panamá. J Ecol, 91: 240-252.

Chave J, Riera B, Dubois M A. 2001. Estimation of biomass in a neotropical forest in French Guiana: spatial and temporal variability. J Trop Ecol, 17: 79-96.

Chen D X, Li Y D, Liu H P, et al. 2010. Biomass and carbon dynamics of a tropical mountain rain forest in China [J]. Sci China Life Sci, 53(7): 798-810.

Chun-jiang L, Ilvesniemi H, Berg B, et al. 2003. Aboveground litterfall in Eurasian forests[J]. Journal of Forestry Research, 14(1): 27-34.

Clark D A, Brown S, Kick lighter D W. 2001. Net primary production in tropical forests: An evaluation and synthesis of existing field data[J]. Ecological Applications, 11(2): 371-384.

Clark D A, Brown S, Kicklighter D, et al. 2001. Measuring net primary production in forests: concepts and field methods. Ecol Appl, 11: 356-370.

Clark D B, Clark D A. 1996. Abundance, growth and mortality of very large trees in neotropical lowland rain forest [J]. For Ecol Manage, 80(2): 235-244.

Clark D B, Clark D A. 2000. Landscape-scale variation in forest structure and biomass in a tropical rain forest. For Ecol Manag, 137: 185-198.

Cummings D L, Kauffman J B, Perry D L, et al. 2002. Aboveground biomass and structure of rainforests in the Southwestern Brazilian Amazon. For Ecol Manag, 163: 293-307.

Dean E. Anderson, Shashi B. Verma, Norman J. Rosenberg. 1984. Eddy correlation measurements of CO_2, latent heat, and sensible heat fluxes over a crop surface [J]. Boundary-Layer Meteorology, 29, (3): 263-272.

Denny M W, Hunt L J, Miller L P, et al. 2009. On the prediction of extreme ecological events. Ecol Monogr, 79: 397-421.

DeWalt S J, Chave J. 2004. Structure and biomass of four lowland neotropical forests. Biotropica, 36: 7-19.

Dixon R K, Brown S, Houghon R A, et al. 1994. Carbon pools and flux of global forest ecosystems. Science , 263: 185-190.

Dosskey M G, Pertsch P M. 1997. Transport of dissolved organic matter through a sandy forest soil[J]. Soil Sci Soc Am J, 61: 920-927.

Ebermayer E. 1876. 森林凋落物产量及其化学组成. Berlin: Julius Springer.

Edmonds R L, Thomas T B. 1995. Decomposition and nutrient release from green needles of western hemlo. [J]. Canadian Journal of Forest Research, 25(7): 1049-1057.

Facelli J M, Pickett S T A. 1991. Plant litter: its dynamics and effects on plant community structure[J]. The Botanical Review, 57(1): 1-32.

FAO. 1993. Forest Resources Assessment 1990. Tropical Countries. FAO Forestry Paper, 112.

FAO. 1995. Forest Resources Assessment 1990. Global Synthesis. FAO Forestry Paper, 124.

FAO. 1997. State of the World's Forests. Forest and Agriculture Organization of the United Nations Rome, Italy.

FAO. 2001. Global Forest Resources Assessment 2000, Main Report. FAO Forestry Paper, 140.

FAO/UNEP. 1981. Tropical Forest Resources Assessment Project.

Ferreira L V, Prance G T. 1998. Species richness and floristic composition four hectares in the Jau' National Park in upland forests in Central Amazonia. Biodivers Conserv, 7: 1349-1364.

Grace J, Malhi Y. 2002. Global change: carbon dioxide goes with the flow. Nature, 416: 594-595.

Guild L S, Kauffman J B, Ellingson L J, et al. 1998. Dynamics associated with total aboveground biomass, C, nutrient pools and biomass burning of primary forest and pasture in Rondonia during SCAR-B. J Geophys Res, 103: 3209-3210.

Gurney K R, Law R M, Denning A S, et al. 2002. Towards robust regional estimates of CO_2 sources and sinks using atmospheric transport models[J]. Nature, 415(6872): 626-630.

Hagedorn F, Maurer S, Bucher J B, et al. 2005. Immobilization, stabilization and remobilization of nitrogen in forest soils at elevated CO_2: a 15N and 13C tracer study. Glob Change Biol, 11: 1816-1827.

Hijmans R J, Cameron S E, Parra J L, et al. 2005. Very high resolution interpolated climate surfaces for global land areas[J]. International Journal of Climatology, 25(15): 1965-1978.

Hoshizaki K, Niiyama K, Kimura K, et al. 2004. Temporal and spatial variation of forest biomass in relation to stand dynamics in a mature, lowland tropical rainforest, Malaysia. Ecol Res, 19: 357-363.

Houghton R A, Lawrence K T, Hackler J L, et al. 2001. The spatiald is tribution of forest biomass in the Brazilian Amazon: Acom parison of estim ates[J]. Global Change Biology, 7(7): 731-746.

Houghton R A. 1991. Tropical deforestation and atmospheric carbon dioxide. Climatic Change, 19: 99-118.

Houghton R A. 2003. Revised estimates of the annual net flux of carbon to the atmosphere from changes in land use and land management 1850-2000. Tellus, 55B: 378-390.

Houghton R A. 2005. Aboveground forest biomass and the global carbon balance[J]. Global Change Biology, 11(6): 945-958.

Hughes R F, Kauiffman J B, Cummings D L. 2002. Dynamics of aboveground and soil carbon and nitrogen stocks and cycling of available nitrogen along a land-use gradient in Rondonia, Brazil. Ecosystems, 5: 244-259.

Kaiser K, Guggenberger Q, Haumaier L, et al. 2001. Seasonal variations in the chemical composition of dissolved organic matter in organic forest floor layer leachates of old-growth Scotspine(*Pinus sylvestris*

L) and Europeanbeech (*Fagus sylvatica* L) stands in no rtheastem Bavaria, Gennany[J]. Biogeochemistry, 2 (55): 103-143.

Kauffman J B, Cummings D L, Ward D E, et al. 1995. Fire in the Brazilian Amazon: 1. Biomass, nutrient pools, and losses in slashed primary forests. Oecologia, 104: 397-408.

Kavvadias V A, Alifragis D, Tsiontsis A, et al. 2001. Litterfall, litter accumulation and litter decomposition rates in four forest ecosystems in northern Greece[J]. Forest Ecology and Management, 144 (1): 113-127.

Kawahigashi M, Hiroaki Sumida, Kazuhiko Yamamoto. 2003. Seasonal changes in organic compounds in soil solutions obtained from volcanic as soil under different land uses. Geoderma, 113: 381-396.

Keller M, Palace M, Hurtt G. 2001. Biomass estimation in the Tapajos National Forest, Brazil: Examination of sampling and allometric uncertainties [J]. For Ecol Manage, 154 (3): 371-382.

Kira T, Shidei T. 1967. Primary production and turnover of organic matter in different forest ecosystems of the western pacific. Jpn J Ecol, 17: 70-87.

Kirby K R, Potvin C. 2007. Variation in carbon storage among tree species: implications for the management of a small-scale carbon sink project. For Ecol Manag, 246: 208-221.

Kitayama K, Aiba S I. 2002. Ecosystem structure and productivity of tropical rain forests along altitudinal gradients with contrasting soil phosphorus pools on Mount Kinabalu, Borneo[J]. Journal of Ecology, 90 (1): 37-51.

Lal R. 1999. Soil management and restoration for C sequestration to mitigate the accelerated greenhouse effect. Prog Environ Sci, 1: 307-326.

Levine J S, Cofer W R, Cahoon D R, et al. 1995. Biomass Burning: A Driver for Global Change [J]. Environmental Science and Technology, 29 (3): 120A-125A.

Lewis S L, Lopez-Gonzalez G, Sonke B, et al. 2009. Increasing carbon storage in intact African tropical forest. Nature, 457: 1003-1007.

Lewis S L, Phillips O L, Baker T R, et al. 2004. Concerted changes in tropical forest structure and dynamics: evidence from 50 South American long-term plots. Philos T Roy Soc B, 359: 421-436.

Lewis S L. 2000. Tropical forests and the changing earth system. Phil Trans R Soc Lond B, 261: 195-210.

Likens G E, Bormann F H, Pierce R S, et al. 1977. Biogeochemistry of a Forested Ecosystem. Berlin[M]. New York: Springer-Verlag: 121-134.

Liu X, Duan C Q. 2004. Research on characteristics of secondary semi-humid evergreen broad-leaved forest in Sanaehang area [J]. Journal of Yunnan Environmental Science, 23 (1): 53-56.

Malhi Y R, Wood D, Baker T, et al. 2006. The regional variation of aboveground live biomass in old-growth Amazonian forests. Glob Change Biol, 12: 1107-1138.

Malhi Y, Grace J. 2000. Tropical forests and atmospheric carbon dioxide. Trends Ecol Evol, 15: 332-337.

Malhi Y, Nobre A D, Grace J, et al. 1998. Carbon dioxide transfer over a Central Amazonian rain forest. J Geophys Res, 103: 31593-31612.

Meentemeyer V, Box E O, Thompson R. 1982. World patterns and amounts of terrestrial plant litter production[J]. BioScience, 32 (2): 125-128.

Melillo J M, McGuire A D, Kicklighter D W, et al. 1993. Global climate change and terrestrial net primary production. Nature, 363: 234-240.

Melillo J M, Prentice I C, Farquhar G D, et al. 1996. Terrestrial biotic responses to environmental change and feedbacks to climate. *In*: Houghton J T, Meira Filho L G, Callander B A, et al, Climate change 1995: the science of climate change. New York: Cambridge University Press: 444-481.

Michalzik B, Kalbitz K, Park J H, et al 2001. Fluxes and concent rations of dissolved organic carbon and nitrogen-a synthesis for temperate forests[J]. Biogeochemistry, 2 (52): 173-205.

Miller J D, Cooper J M, Miller H G. 1996. Amounts and nutrient weights in litterfall, and their annual cycles, from a series of fertilizer experiments on pole-stage Sitka spruce[J]. Forestry, 69 (4): 289-302.

Miranda A C, Miranda H S, Lloyd J. 1997. Fluxes of carbon, water and energy over Brazilian cerrado: an analysis using eddy covariance and stable isotopes. Plant Cell Environ, 20: 315-328.

Murphy P G, Lugo A E. 1986. Structure and biomass of a subtropical dry forest in Puerto Rico[J]. Biotropic, 18(2): 89-96.

Nambu K, Yonebayashi K. 1999. Role of dissolved organic matter in translocation of nutrient cations from organic layer materials in coniferous and broad leaf forests[J]. Soil Science & Plant Nutrition, 45(2): 307-319.

Nebel G, Kvist L P, Vanclay J K, et al. 2001. Structure and floristic composition of flood plain forests in the Peruvian Amazon. I Overstorey. For Ecol Manag, 150: 27-57.

Nepstad D C, Moutinho P, Dias-Filho M B. 2002. The effects of partial throughfall exclusion on canopy processes, aboveground production, and biogeochemistry of an Amazon forest. J Geophys Res, 107, NO. D20, 8085, doi: 10.1029/2001JD000360.

Oberbauer S F, Loescher H, Clark D B. 2000. Effects of climate factors on daytime carbon exchange from an old-growth forest in Costa Rica. Selbyana, 21: 66-73.

Ogawa H, Yoda K, Ogino K, et al. 1965. Comparative ecological studies on three main types of forest vegetation in Thailand.II. Plant biomass[J]. Nature and Life in South east Asia, 4(1): 49-81.

Oldeman L R, Frére M. 1982. A study of the Agroclimatology of the humid tropics of South-East Asia. WMO Technical Note No. 179, Geneva.

Pajtík Jozef, Konôpka Bohdan, Lukac Martin. 2008. Biomass functions and expansion factors in young Norway spruce (*Picea abies* (L.) Karst) trees on Forest Ecology and Management, 256(5): 1096-1103.

Phillips O L, Aragao L E, Lewis S L, et al. 2009. Drought sensitivity of the Amazon rainforest. Science, 323: 1344-1347.

Phillips O L, Lewis S L, Baker T R, et al. 2008. The changing Amazon forest. Philos T Roy Soc B, 363: 1819-1827.

Pitman N C A, Terborgh J W, Silman M R, et al. 2001. Dominance and distribution of tree species in upper Amazonian terra firme forests. Ecology, 82: 2101-2117.

Potter C S, Randerson J T, Field C B, et al. 1993. Terrestrial ecosystem production: A process model based on global satellite and surface data. Global Biogeochem Cyc, 7: 811-841.

Proctor J, Anderson J M, Fogden S C L, et al. 1983. Ecological studies in four contrasting lowland rain forests in Gunung Mulu National Park, Sarawak: II. Litterfall, litter standing crop and preliminary observations on herbivory[J]. The Journal of Ecology: 261-283.

Raich J W, Nadelhoffer K J. 1989. Belowground carbon allocation in forest ecosystems: global trends. Ecology, 70: 1346-1354.

Raich J W, Rastetter E B, Melillo J M, et al. 1991. Potential net primary productivity in South America: application of a global model. Ecol Appl, 1: 399-429.

Raich J W, Russell A E, Vitousek P M. 1997. Primary productivity and ecosystem development along an elevational gradient on Mauna Loa, Hawai'i [J]. Ecology, 78(3): 707-721.

Rodin L E, Bazilevich N I. 1967. Production and mineral cycling in terrestrial vegetation[M]. Edinburgh: Oliver and Boyd: 288.

Saatchi S S, Houghton R A, Dos Santos A lvala R C, et al. 2007. Distribution of aboveground live biomass in the Amazon basin[J]. Global Change Biology, 13(4): 816-837.

Saldarriaga J G, West D C, Tharp M L, et al. 1988. Long-term chronosequence of forest succession in the upper Rio Negro of Colombia and Venezuela. J Ecol, 76: 938-958.

Saleska S R, Miller S D, Matross D M, et al. 2003. Carbon in Amazon forests: unexpected seasonal fluxes and disturbance-induced losses. Science, 302: 1554-1557.

Schroeder P, Brown S, Mo J, et al. 1997. Biomass estimation for temperate broad leaf forests of the United States using inventory data[J]. Forest Science, 43(3): 424-434.

Schuur E A G. 2001. The effect of water on decomposition dynamics. Ecosystems, 4: 259-273.

Schuur E A G. 2003. Productivity and global climate revisited: the sensitivity of tropical forest growth to precipitation. Ecology, 84: 1165-1170.

Segura M, Kanninen M. 2005. Allometric models for tree volume and total aboveground biomass in a tropical humid forest in Costa Rica[J]. Biotropica, 37(1): 2-8.

Singh B, Sing G. 2004. Influence of soil water regime on nutrient mobility and uptake by Dalbergia sissoo seedlings. Trop Ecol, 45: 337-340.

Smolander A, Kitunen V. 2002. Soil microbial activities and characteristics of dissolved organic C and N in relation to tree species[J]. Soil Biology and Biochemistry, 34: 651-660.

Tian H, Melillo J M, Kicklighte D W, et al. 2000. Climatic and biotic controls on annual carbon storage in Amazonian ecosystems. Global Ecol Biogeogr, 9: 315-335.

Tian H, Melillo J M, Kicklighter D W, et al. 1998. Effect of interannual climate variability on carbon storage in undisturbed Amazonian ecosystems. Nature, 396: 664-667.

Top N, Mizour N, Kai S. 2004. Estimating forest biomass increment based on permanent sample plots in relation to woodfuel consumption: a case study in Kampong Thom Province, Cambodia[J]. Journal of Forest Research, 9(2): 117-123.

Valentini R, Matteucci G, Dolman A J. 2000. Respiration as the main determinant of carbon in European forests [J]. Nature, 404: 861-865.

Verburg P S J. 2005. Soil solution and soil N response to climate change in two boreal forest ecosystems. Biol Fert Soils, 41: 257-261.

Vitousek P M, Turner D R, Parton W J, et al. 1994. Litter decomposition on the Mauna Loa environmental matrix, Hawai'i: patterns, mechanisms, and models[J]. Ecology: 418-429.

Vogt K A, Grier C C, Vogt D J. 1986. Production, turnover, and nutrient dynamics of above-and belowground detritus of world forests[J]. Advances in Ecological Research, 15(3): 3-377.

Waring R H, Schlesinger W H. 1985. Forest ecosystems. Concepts and management[J]. Clinical & Experimental Allergy, 75.

Whitmore T C, Burnham C P. 1984. Tropical rain forests of the Far East[M]// Tropical rain forests of the Far East. Oxford: Clarendon Press, (1): 80.

Whitmore T C. 1984. Tropical Rain Forests of the Far East. 2nd ed[M]. Oxford: Clarendon Press: 94-128.

Zheng Z, Feng Z, Cao M, et al. 2006. Forest Structure and Biomass of a Tropical Seasonal Rain Forest in Xishuangbanna, Southwest China[J]. Biotropica, 38(3): 318-327.

第十四章　生物与非生物因素对海南植被的影响及其防范与保护

第一节　入侵植物对植被的影响及防范

外来物种入侵已成为严重危害陆地及海洋环境的生态问题，被认为是一种生物污染而被广泛关注和研究(Weis et al.，2003)。深入了解外来物种的入侵机制，并进行有效的预测、预防和管理是减少入侵生物危害的最有效手段(Byers et al.，2002)，而从区域尺度上分析入侵物种的分布特征并探索其形成原因是认识生物入侵问题的重要基础(Erik et al.，2004)。

针对入侵植物的分布问题，Losdale(1999)研究了全球入侵植物的分布特征，并发现温带地区的耕地、城镇和生物多样性热点地区更易遭受外来植物的入侵，而荒漠、稀树草原等生态系统的可入侵空间较小；Barney 等(2008)研究了两种不同入侵历史的外来植物在北美洲的分布和扩散格局，发现其入侵范围均随着时间的推移而扩大；此外，还有不少学者运用气候模拟技术对入侵植物的潜在分布区进行了预测(Erik et al.，2004；Ibáñez，et al.，2009；Crossman et al.，2011)；而国内的研究多集中在入侵植物多样性的区域分异及其影响因素等方面，如吴晓雯等(2006)研究了入侵植物在我国的分布格局，发现其物种数从南到北逐渐减少，而物种密度由东南海岸向内陆递减的分布特征，并推测中国的东南部地区将更容易遭受外来植物入侵；王苏铭等(2012)研究了入侵植物在北京地区的分布特征；张帅等(2010)研究了入侵植物在我国 74 个地理单元的分布情况，发现入侵植物的分布具有明显的区域分化现象，而降水与温度是影响其空间分布格局的主要因素。

有关入侵植物影响生态系统功能的报道有很多，并多关注其负面效应(Williamson et al.，2001；Byers et al.，2002；Simberloff et al.，2003)，认为植物入侵导致本地群落中生物多样性的下降(李冰和李玉瑛，2009)。例如，丁晖等(2007)研究发现，入侵森林林隙中的紫茎泽兰(*Ageratina adenophora*)使群落中本地植物的物种丰富度显著下降；Fox 等在澳大利亚西部一个草地生态系统中的研究表明群落中的外来物种比例与本地植物种数呈负相关关系(Stohlgren et al.，1999)；Tilman 等(1997)在美国 Bethel 市一个草地生态系统中的实验也得出了一致的结论。因此一般认为，外来植物成功入侵后将抑制群落中本地植物的多样性。但也有研究发现：入侵植物对群落植物多样性的影响与入侵种及本地植物的生活型有关(Hejda et al.，2009)；植物入侵的生态效应与入侵地的演替阶段有关。例如，豆科植物入侵生态环境恶劣的尾矿区后，能有效地改善土壤肥力，为演替中期过渡种的定居和发育创造良好的条件，并促进物种多样性的增加(Gozlan et al.，2009)；李安定等(2013)研究发现，喜旱莲子草(空心莲子草)(*Alternanthera philoxeroides*)

在入侵的早期阶段能改变群落生境条件，进而促进其他物种的生存与定居，并增加物种的多样性，而只有当其种群盖度持续增加后，才可能会威胁其他物种的生存；Hejda 等(2009)研究发现，入侵植物的盖度是决定群落物种丰富度和均匀度的主要因子，入侵植物对物种多样性的影响与本地植物优势种的盖度、高度有密切关系。因此，植物入侵的生态效应受生态系统类型、群落演替阶段的影响；不同功能群植物对植物入侵的响应也有差异。目前有关海南岛入侵植物的研究主要集中在以下两个方面：一是区域性入侵植物种类调查或群落组成调查(单家林，2003；秦新生等，2008)；二是入侵植物生理生态的研究(Huang et al.，2013；黄乔乔等，2013)。这些研究有效地整合了特定区域内外来植物种类组成的信息，并在入侵生态学方面做了一定的探索，但还没有在海南全岛范围内开展主要入侵植物的分布特征及其入侵强度的研究，有关入侵植物在不同生态系统中的入侵特征及对本地植物多样性影响的研究都还缺乏。《海南植被志》选择农业部指定的恶性入侵植物为对象，在海南岛全岛范围内开展其分布特征及其对当地植物的影响研究，并比较了 6 种主要入侵植物在 7 种生态系统中的入侵强度，以期进一步了解海南岛入侵植物的分布现状，并为外来植物的防控、生物多样性保护与生态安全的管理提供理论依据。

一、入侵海南的植物种类

环保部 2008 年发布的《中国履行生物多样性公约第四次报告》统计，目前中国已记录的外来入侵物种多达 400 多种(农业部的相关数据：529 种)，其中 58.8%的物种入侵时间在 1950 年后。世界自然保护联盟公布的 100 种恶性外来入侵物种中，已经有 51 种入侵中国。近 10 年来新入侵我国的恶性外来物种有 24 种，常年大面积发生危害的物种 120 多种，外来生物入侵形势越来越严峻。

入侵海南的植物种类有多少？单家林(2003)报道了海南岛野生或半野生的外来植物有 153 种，隶属 45 科 120 属。大于 5 种的科有蝶形花科(Papilionaceae)(18 种)、菊科(Asteraceae)(15 种)、禾本科(Poaceae)(13 种)、苋科(Amaranthaceae)(11 种)、大戟科(Euphorbiaceae)(10 种)、苏木科(Caesalpiniaceae)(9 种)、含羞草科(Mimosaceae)(7 种)、唇形科(Labiatae)(6 种)、马鞭草科(Verbenaceae)(7 种)、茄科(Solanaceae)(5 种)，共 10 科 101 种，占总种数的 66.01%，也正是这些科的种类对本地的环境适应性强、具有较强的入侵性。在 153 种中，灌木与草本分别为 33 种和 95 种，它们占了总种数的 83.66%，是外来种的主体，也是危害农田、果园、胶林的主要杂草；而外来种中乔木甚少，往往不构成危害。安锋(2007)认为造成危害的入侵植物有 91 种，范志伟(2008)发表了海南入侵杂草名录，海南目前有外来入侵杂草 35 科、104 属、141 种(包括变种/亚种)，其中豆科种类最多，有 19 属 31 种，其次是菊科，有 16 属 19 种，其他种类较多的科依次为禾本科 12 属 17 种，苋科 5 属 12 种，大戟科 5 属 10 种，茄科 5 属 7 种，唇形科 2 属 4 种。在 141 种入侵杂草中，水生植物 2 种(即凤眼蓝和大藻)，水陆生植物 1 种(即喜旱莲子草)，陆生植物 138 种。彭宗波等(2013)调查发现，目前海南受外来植物入侵影响较重，外来入侵植物共约 160 种，隶属于 38 个科。《海南植物图志》(杨小波等，2015)在总结前人的研究工作基础上，认为对海南生态环境有一定影响的入侵植物为 57 种。被较多学者认可的入侵植物见表 14-1-1。

表 14-1-1 已知的海南省主要外来入侵植物一览表

Tab.14-1-1 The alien invasive plant species in Hainan Island

种名	科	原产地	海南省分布
仙人掌 *Opuntia dillenii*	仙人掌科	热带美洲	海南多个市县
无瓣海桑 *Sonneratia apetala*	海桑科	印度、缅甸和斯里兰卡	海南东岸红树林分布区
刺花莲子草 *Alternanthera pungens*	苋科	中美洲	昌江海边或矿地
空心莲子草 *Alternanthera philoxeroides*	苋科	中美洲	海南多个市县
刺苋 *Amaranthus spinosus*	苋科	热带美洲	海南多个市县
皱果苋 *Amaranthus viridis*	苋科	热带美洲	保亭县、三亚市、澄迈县、昌江县等
猩猩草 *Euphorbia cyathophora*	大戟科	巴西	海南多个市县
蓖麻 *Ricinus communis*	大戟科	非洲东北部	海南多个市县
银合欢 *Leucaena leucocephala*	含羞草科	美洲热带	海南多个市县
光荚含羞草 *Mimosa bimucronata*	含羞草科	原产美洲	海南多个市县
无刺含羞草 *Mimosa diplotricha*	含羞草科	原产爪哇	海南多个市县
含羞草 *Mimosa pudica*	含羞草科	美洲热带地区	海南多个市县
飞机草 *Chromolaena odorata*	菊科	南美洲	海南多个市县
假臭草 *Praxelis clematidea*	菊科	南美洲	海南多个市县
羽芒菊 *Tridax procumbens*	菊科	美洲热带地区	海南多个市县
三叶鬼针草 *Bidens pilosa*	菊科	热带美洲	海南多个市县
苏门白酒草 *Erigeron sumatrensis*	菊科	南美洲	海南多个市县
藿香蓟(胜红蓟) *Ageratum conyzoides*	菊科	中南美洲	海南多个市县
地胆草 *Elephantopus scaber*	菊科	广泛分布于美洲、非洲、亚洲的热带地区	海南多个市县
南美蟛蜞菊 *Sphagneticola trilobata*	菊科	热带美洲	海南多个市县
刺苞果 *Acanthospermum australe*	菊科	南美洲	东方市等
微甘菊 *Mikania micrantha*	菊科	原产中美洲	海南多个市县
加拿大蓬(小蓬草) *Erigeron canadensis*	菊科		海南多个市县
野茼蒿 *Crassocephalum crepidioides*	菊科	热带非洲	海口市、三亚市等
银胶菊 *Parthenium hysterophorus*	菊科	美洲热带	海南多个市县
裸柱菊 *Soliva anthemifolia*	菊科	大洋洲	海口市等
金腰箭 *Synedrella nodiflora*	菊科	热带美洲	海南多个市县
阔叶丰花草 *Spermacoce alata*	茜草科	南美洲热带地区	海南多个市县
五爪金龙 *Ipomoea cairica*	旋花科	美洲	海南多个市县
蕹菜 *Ipomoea aquatica*	旋花科	原产中国，海南岛外	海南多个市县
刺芹 *Eryngium foetidum*	伞形科	热带美洲	海南多个市县
马缨丹 *Lantana camara*	马鞭草科	热带美洲	海南多个市县
假马鞭草(假败酱) *Stachytarpheta jamaicensis*	马鞭草科	中南美洲	海南多个市县
吊球草 *Hyptis rhomboidea*	唇形科	热带美洲	海南多个市县
凤眼蓝 *Eichhornia crassipes*	雨久花科	巴西东北部	海南多个市县
大藻 *Pistia stratiotes*	天南星科	巴西	海南多个市县
地毯草 *Axonopus compressus*	禾本科	热带美洲	海南多个市县
蒺藜草 *Cenchrus echinatus*	禾本科	热带美洲	乐东县、东方市、三亚市、万宁市等
大黍 *Panicum maximum*	禾本科	热带东非	海南多个市县
铺地黍 *Panicum repens*	禾本科	巴西	海南多个市县
红毛草 *Melinis repens*	禾本科	南非	海南多个市县
假高粱 *Sorghum halepense*	禾本科	地中海地区	三亚市、陵水黎族自治县等

总之，不同的学者依据其对入侵植物的理解，给出不同的答案。特别是多为阳性的入侵草本植物，能在一个地方生存多久，需要进一步证实。

目前在我国对农业生态系统产生较大危害的外来入侵植物主要有凤眼蓝(*Eichhornia crassipes*)、紫茎泽兰(*Ageratina adenophora*)、飞机草(*Chromolaena odorata*)、假臭草(*Praxelis clematidea*)、豚草(*Ambrosia artemisiifolia*)、加拿大一支黄花(*Solidago canadensis*)、马缨丹(*Lantana camara*)、银胶菊(*Parthenium hysterophorus*)、微甘菊(*Mikania micrantha*)、假高粱(*Pseudosorghum fasciculare*)、苏门白酒草(*Conyza sumatrensis*)、喜旱莲子草(*Alternanthera philoxeroides*)、毒麦(*Lolium temulentum*)、互花米草(*Spartina alterniflora*)、刺萼龙葵(*Solanum rostratum*)、少花蒺藜草(*Cenchrus pauciflorus*)、刺果藤(*Sicyos angulatus*)、南美蟛蜞菊(*Sphagneticola trilobata*)、黄顶菊(*Flaveria bidentis*)、锯齿大戟(*Euphorbia dentata*)、含羞草(*Mimosa pudica*)、毒莴苣(*Lactuca serriola*)。经过开展全岛性调查研究后，在上述的恶性入侵植物中，《海南植被志》认为目前在海南分布且对农业生态系统产生较大危害的有凤眼蓝、飞机草、假臭草、含羞草、银胶菊、微甘菊 、南美蟛蜞菊、假高粱、苏门白酒草、喜旱莲子草、马缨丹，其他植物在海南尚未发现野生分布植株。但在引用来观赏的植物中，有加拿大一支黄花，有关部门要高度警惕。

无瓣海桑(*Sonneratia apetala*)对红树林的入侵似乎成为事实，但其入侵的空间和时间的有限性仍然需要进一步开展研究。例如，由于逸为野生的无瓣海桑的细苗恰好遇到大潮期，其较多的幼苗可能被淹死，种群发育受限，无法形成入侵等。但由于红树林能生长发育的空间也有限，这些有限的空间如果过多地被无瓣海桑占领，显然对当地的红树林生长与发育不利。但如果作为先峰树种，先改良环境，有利于当地植物的生长，如有利于当地的桐花树(*Aegiceras corniculatum*)、秋茄树(*Kandelia obovata*)、海桑(*Sonneratia caseolaris*)、海莲(*Bruguiera sexangula*)等植物幼苗的生长，然后暂时被当地的红树林树种替代，有可能对红树林的恢复有促进作用(Xin et al.，2013)。因此，在面积不大的红树林分布区里，要科学利用无瓣海桑，有效控制无瓣海桑的扩散。

另外，光荚含羞草(*Mimosa bimucronata*)在海南有入侵迹象，但因传播能力有限，入侵也有限。还有一些其他蝶形花科和禾本科的外来引种植物，有逃逸为野生，并有成为入侵植物的倾向，有关部门要引起重视。实际上，表征上有一定危害的还有本地种，如金钟藤(*Merremia boisiana*)对次生林林缘的侵占，(三叶)鱼藤(*Derris trifoliata*)对其他红树林树种生长空间的占领等都应关注。入侵植物对海南植被造成最大影响的主要有凤眼蓝对水生湿地植被的影响，喜旱莲子草对湿地、半湿地植被的影响及飞机草、假臭草等对次生草丛植被的影响等。

二、海南的入侵植物分布特征

研究案例：海南的入侵植物分布特征——以农业部指定的 20 种恶性入侵植物为例。

1. 案例的地理概况与研究方法

1)地理概况

海南的地理概况见第四章。

2)研究方法与研究对象

(1)研究方法

海南岛虽然气候条件宜人、生物资源丰富，但生态环境脆弱，是许多外来入侵物种的“天然温室”。本案例对海南入侵植物分布特征的调查采用路线法与样方调查相结合的方法，随机抽样调查了海南岛 18 个市县的各个不同生态系统。调查样方随机布设于农田、村落、种植园、林缘、弃耕地、草地、天然次生林等不同生态系统，随机布设了 351 个样地(图 14-1-1)。在样地周边可视范围内，发现目的种种群后，以该种群为中心，设置一个 2m×2m 的样方，然后随机取一方向，沿该方向每隔 10m 设一个样方，共设 5 个 2m×2m 的样方(1 套样方)，然后沿垂直于第 1 套样方的方向设置第 2 套样方，两套样方共 10 个样方，设计 $40m^2$(1 个样地)。记录样地中的土壤类型及植被特征，统计样方内的植物种类。采用目测估值法计算群落中植物群落的盖度，计算方法为：盖度=草本植物的植株投影面积/样方面积。

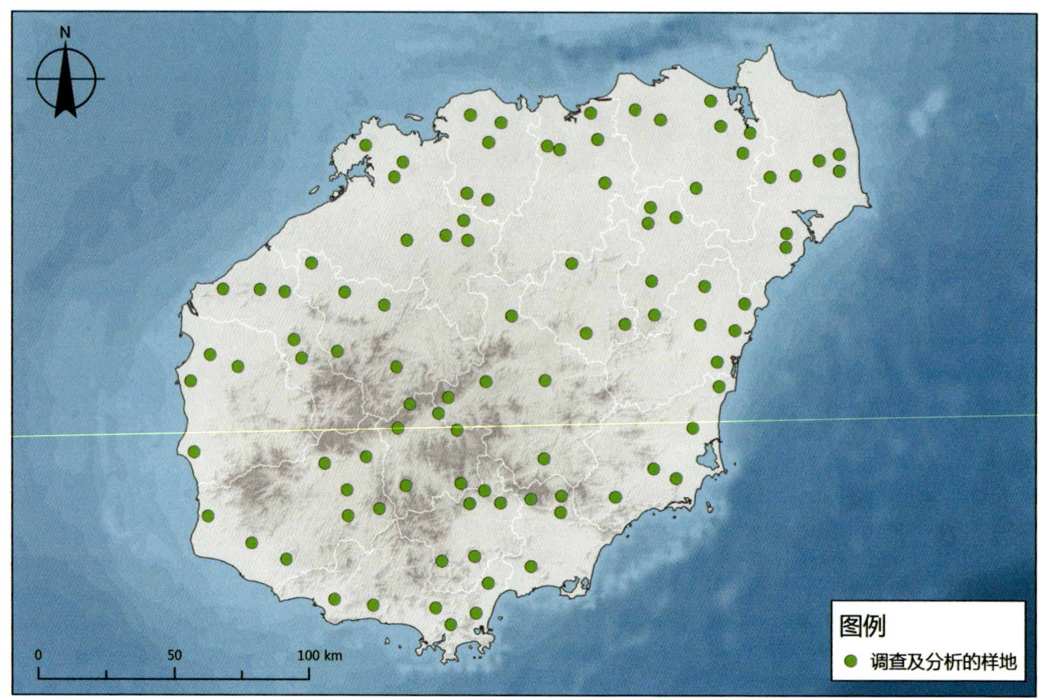

图 14-1-1 调查的样地在全岛的分布图

Fig.14-1-1 The distributions of plots in Hainan Island

经野外记录整理，样地所处的生态系统类型可分为处于农田、村落、种植园和草地生态系统、林缘、天然次生林生态系统。为避免季节性收割对本地植物变化的影响，在数据分析时，选取的种植园生态系统以胡椒园、茶树园、桉树林、橡胶园等轮作周期长的种植园为主。天然次生林主要为热带雨林或季雨林的次生林，以下简称次生林，两种次生林类型分布的树种主要有高山榕(*Ficus altissima*)、蓝树(*Wrightia laevis*)、郎伞木(*Ardisia elegans*)、九节(*Psychotria rubra*)、牛矢果(*Osmanthus matsumuranus*)、银珠(*Peltophorum tonkinense*)、山麻秆(*Alchornea davidii*)、银柴(*Aporosa dioica*)、榼藤(*Entada phaseoloides*)、相思子(*Abrus precatorius*)、海南假砂仁(*Amomum chinense*)等。

选择农田、村落、种植园、林缘、弃耕地、草地、次生林 7 种人为干扰程度有差异和不同演替特征的生境类型作为研究对象，结合调查中各生态系统类型的入侵程度和深入研究的可行性，分别在农田、村落、种植园、林缘、弃耕地、草地、次生林中选取 14 个、14 个、20 个、11 个、17 个、11 个、10 个共 97 个样地的信息用于数据统计分析(图 14-1-1)，分析的样地共含 970 个样方，总面积为 3904m^2。以 1 套样方中入侵样方所占比例作为入侵频率，用来比较不同生态系统中入侵植物的入侵频率，这样，每个样地有 2 个重复。目前，有关植物盖度等级的划分多出现在植被覆盖度估算的研究中(盖永芹等，2009；李锦荣等，2010)，而对样方中种群盖度等级的划分没有统一的标准，因此，在划分盖度等级时，本案例根据评估标准及分布范围，把入侵植物的种群盖度分为一级(1%～20%)、二级(21%～40%)、三级(41%～60%)、四级(≥61%)共 4 个等级。运用 Excel 2003 和 SPSS 17.0 软件进行数据统计分析，用 Systat SigmaPlot 10.0 软件绘图。由于调查数据中入侵频率和盖度两项指标是服从二项分布的百分数的数据资料，并且含有小于 30%或大于 70%的数值，因此，数据分析前对其进行反正弦转换(Sokal and Rohlf，1995)。

(2)研究对象

根据农业部 2012 年对海南省恶性入侵植物的调查要求，确定以下 20 种为调查的目的种：飞机草、假臭草、含羞草、银胶菊、微甘菊、凤眼蓝、假高粱、三裂叶蟛蜞菊(*Wedelia trilobata*)、苏门白酒草、喜旱莲子草、马缨丹、黄顶菊(*Flaveria bidentis*)、刺萼龙葵(*Solanum rostratum*)、野莴苣(*Lactuca serriola*)、加拿大一枝黄花(*Solidago canadensis*)、刺果瓜(*Sicyos angulatus*)、紫茎泽兰、豚草(*Ambrosia artemisiifolia*)、少花蒺藜草(*Cenchrus pauciflorus*)、齿裂大戟(*Euphorbia dentata*)。

2. 结果与分析

1)不同生态系统中入侵植物的种类组成

在农业部指定的 20 种恶性入侵植物中，海南岛分布有 11 种，占总数的 55.0%；包括飞机草、假臭草、含羞草、银胶菊、微甘菊、三裂叶蟛蜞菊、假高粱、苏门白酒草、喜旱莲子草、马缨丹、凤眼蓝。从表 14-1-2 可以看出，除天然次生林外，其余 6 种生态系统中都有入侵植物分布，其中弃耕地、村落、农田中所含的入侵种数最多，均有 10 种，草地和种植园生态系统中有 7 种，而林缘中分布最少，有 6 种(表 14-1-2)。飞机草(*Chromolaena odorata*)、假臭草(*Praxelis clematidea*)、含羞草(*Mimosa pudica*)、马缨丹(*Lantana camara*)、南美蟛蜞菊、苏门白酒草(*Erigeron sumatrensis*)的入侵生境广泛，在除天然次生林外的其他 6 种生境下均有分布；银胶菊(*Parthenium hysterophorus*)主要分布在村落、弃耕地中；而假高粱(*Sorghum halepense*)常入侵到弃耕地、农田、村落生态系统中；凤眼蓝主要分布于村落及农田边的河道中。

表 14-1-2 不同生态系统中入侵植物的种类组成

Tab.14-1-2 Composition of invasive plant species in different types of ecosystems

生态系统	入侵植物种类	总数/种
农田	空心莲子草(*Alternanthera philoxeroides*)、飞机草(*Chromolaena odorata*)、苏门白酒草(*Erigeron sumatrensis*)、凤眼蓝(*Eichhornia crassipes*)、马缨丹(*Lantana camara*)、含羞草(*Mimosa pudica*)、假臭草(*Praxelis clematidea*)、假高粱(*Sorghum halepense*)、银胶菊(*Parthenium hysterophorus*)、南美蟛蜞菊(*Sphagneticola trilobata*)	10
弃耕地	空心莲子草、飞机草、苏门白酒草、马缨丹、微甘菊(*Mikania micrantha*)、含羞草、假臭草、假高粱、银胶菊、南美蟛蜞菊	10
种植园	飞机草、苏门白酒草、马缨丹、微甘菊、含羞草、假臭草、南美蟛蜞菊	7
林缘	飞机草、苏门白酒草、马缨丹、含羞草、假臭草、南美蟛蜞菊	6
村落	空心莲子草、飞机草、苏门白酒草、凤眼蓝、马缨丹、含羞草、假臭草、假高粱、银胶菊、南美蟛蜞菊	10
草地	空心莲子草、飞机草、苏门白酒草、马缨丹、含羞草、假臭草、南美蟛蜞菊	7
天然次生林	—	0

注:“—”表示无。

2)海南入侵植物的水平分布格局

海南恶性入侵植物市县分布情况如图 14-1-2 所示,其中分布种数最多的 4 个市县为海口市、临高县、儋州市和乐东县,均有 11 种,其次是琼海市、文昌市、澄迈县和昌江县,均有 10 种,而琼中市和白沙县分布种数最少,只有 8 种,其余 8 个市县均有 9 种(表 14-1-3,图 14-1-2)。海南的东北部是入侵植物分布比较集中的区域,单个市县分布有入侵植物 9~11 种;其次是西南部的昌江市和乐东县,分别有 10 和 11 种,而中部地区分布较少,其余市县均分布有 9 种。入侵植物在海南的分布特征表现为分布广泛,区域间种数相差不大,但整体表现为东北部、西南部地区种类最多,东南部次之,而中部种类相对较少。表 14-1-3 中,记录的数据仅为所设置的样地周边可视范围内调查到的数据,不代表某个市县境内分布的入侵植物种类种数,但在某个市县境内,如果在所设置的样地可视范围内没有该物种,仅能说明该植物在这个市县的分布频率相对低一些。

海南广布的恶性入侵植物为假臭草、飞机草、含羞草、苏门白酒草、马缨丹、南美蟛蜞菊,这 6 种入侵植物在抽查的每个市县均有分布,入侵频率高;而其他 5 种入侵植物在不同区域的分布情况存在差异,如银胶菊在西南部和北部地区的入侵频率高,而在中部地区的五指山市、琼中县等地区的入侵频率较低;凤眼蓝则主要分布在北部和东部市县,而在西南部的昌江、东方和乐东的入侵频率相对低一些;微甘菊与假高粱在全岛的分布较广泛,但目前入侵的强度较小,应该加强防范。

当然入侵植物的种类仅是它们有可能影响当地农业生态系统或水体生态系统,入侵植物种类多并不代表入侵植物对当地相关生态系统影响的程度,但是入侵植物繁殖很快,生长也很快,只要有它们的生长空间,它们就可能迅速占领该空间。但入侵植物对其所占领的空间,能持续占领多久,不同的生态环境,不同的人类活动强度及不同的物种,都可能不一样。例如,假臭草、飞机草、含羞草、苏门白酒草、马缨丹等阳性植物,如果在自然环境中,其他植物发展起来后,可能消失;又如,南美蟛蜞菊具有一定的耐

表 14-1-3 海南省各市县入侵植物的分布

Tab.14-1-3 Checklist of invasive plant species of the surveyed city/county in Haina

市县	调查到的入侵种	总数
海口	C.o、P.c、M.p、P.h、M.m 、W.t、S.h、C.s、A. p、L.c、E.c	11
文昌	C.o、P.c、M.p、P.h、M.m 、W.t、C.s、A. p、L.c、E.c	10
琼海	C.o、P.c、M.p、P.h、M.m 、W.t、S.h、C.s、A. p、L.c	10
万宁	C.o、P.c、M.p、P.h、W.t、S.h、C.s、A. p、L.c	9
陵水	C.o、P.c、M.p、P.h、W.t、S.h、C.s、A. p、L.c	9
保亭	C.o、P.c、M.p、P.h、W.t、S.h、C.s、A. p、L.c	9
三亚	C.o、P.c、M.p、W.t、S.h、C.s、A. p、L.c、E.c	9
乐东	C.o、P.c、M.p、P.h、M.m 、W.t、S.h、C.s、A. p、L.c、E.c	11
东方	C.o、P.c、M.p、P.h、M.m 、W.t、SC.s、A. p、L.c	9
昌江	C.o、P.c、M.p、P.h、M.m 、W.t、C.s、A. p、L.c、E.c	10
白沙	C.o、P.c、M.p、P.h、W.t、C.s、A. p、L.c	8
澄迈	C.o、P.c、M.p、P.h、M.m 、W.t、S.h、C.s、A. p、L.c	10
临高	C.o、P.c、M.p、P.h、M.m 、W.t、S.h、C.s、A. p、L.c、E.c	11
五指山	C.o、P.c、M.p、P.h、M.m 、W.t、C.s、L.c、E.c	9
琼中	C.o、P.c、M.p、W.t、S.h、C.s、A. p、L.c	8
定安	C.o、P.c、M.p、P.h、M.m 、W.t、C.s、A. p、L.c	9
屯昌	C.o、P.c、M.p、P.h、M.m 、W.t、C.s、A. p、L.c	9
儋州	C.o、P.c、M.p、P.h、M.m 、W.t、S.h、C.s、A. p、L.c、E.c	11

注：C.o. 飞机草(*Chromolaena odorata*)；P.c. 假臭草(*Praxelis clematidea*)；M.p. 含羞草(*Mimosa pudica*)；P.h. 银胶菊(*Parthenium hysterophorus*)；M.m. 微甘菊(*Mikania micrantha*)；W.t. 南美蟛蜞菊(*Wedelia trilobata*)；S.h. 假高粱(*Sorghum halepense*)；C.s. 苏门白酒草(*Conyza sumatrensis*)；A.p. 莲子草(*Alternanthera philoxeroides*)；L.c. 马缨丹(*Lantana camara*)；E.c. 凤眼蓝(*Eichhornia crassipes*)。

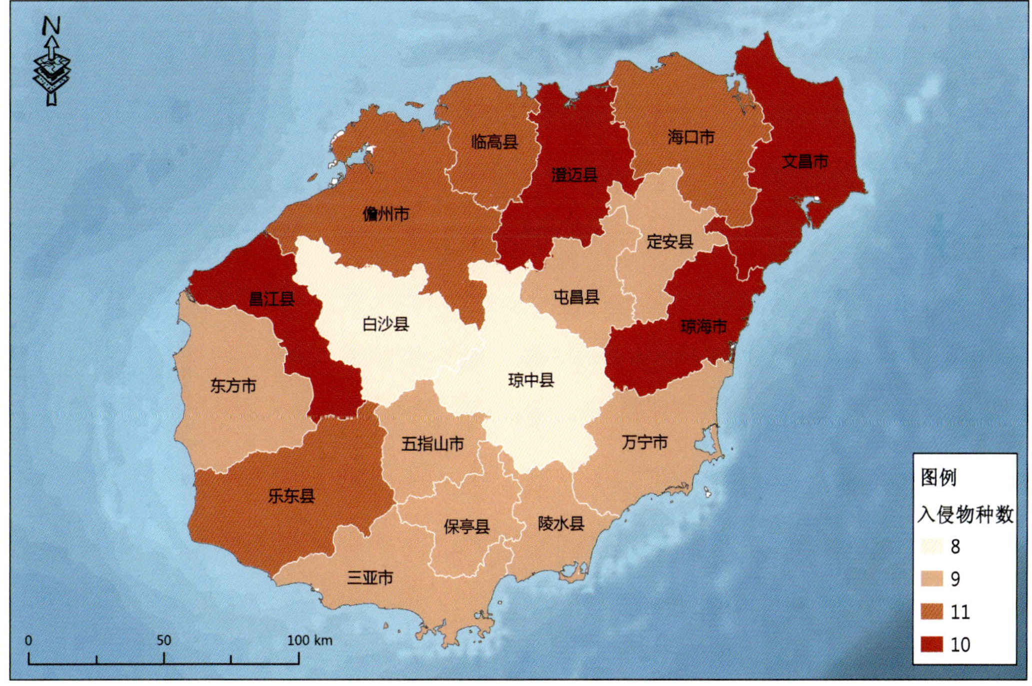

图 14-1-2 海南入侵植物在各市县分布的数量梯度图

Fig.14-1-2 The number of invasive plant species in difference regions of Hainan Island

阴性，有时可入侵到一些稀疏的人工林中，而且持续时间较长；再如，凤眼蓝等水生入侵植物，没有树木能遮挡阳光，自然的力量很难迫使其退出入侵的水体生态系统。

3)主要入侵植物的分布与生境的关系

(1)主要入侵植物的入侵频率与分布生境的关系

比较 11 种入侵植物在 6 种生境下的入侵频率后发现：单以入侵频率作为指标时，6 种生态系统的整体入侵强度没有显著差异($P>0.05$)；但种植园、农田和弃耕地中累计入侵频率高，可入侵空间较大，而在林缘生态系统中，累计入侵频率最低，可入侵空间小，体现出林缘生境对入侵植物的制约性(表 14-1-4)。分析单一入侵植物在不同生态系统中的入侵频率表明：苏门白酒草、马缨丹在 6 种生境中的入侵频率没有显著差异性($P>0.05$)，表明这 2 种入侵植物的生态适应性广泛，而假臭草、含羞草及南美蟛蜞菊均有最适入侵生境。例如，假臭草在种植园和弃耕地中的入侵频率较高，分别为 0.946 和 0.709，显著大于其他 4 种生境下的入侵频率($P<0.01$)；含羞草在农田生境中的入侵频率为 0.592，显著高于其他 5 种生境中的入侵频率($P<0.05$)；南美蟛蜞菊在种植园下的入侵频率也显著高于其他 5 种生境下的发生频率($P<0.01$)；而微甘菊、假高粱、银胶菊在其入侵的生境中，其入侵频率也没有显著差异性；与陆生恶性入侵植物相比，凤眼蓝和喜旱莲子草的入侵生境相对局限，主要分布于农田等具有湿生环境特征的生态系统中，体现出入侵生境的局限性。

表 14-1-4 不同生态系统中入侵植物的入侵频率比较

Tab.14-1-4 Comparison of frequencies of plant invasion among different types of ecosystems (mean ± SE)*

入侵植物	入侵频率					
	弃耕地	种植园	村落	林缘	农田	草地
假臭草	0.709 ± 0.519^{a}	0.946 ± 0.472^{a}	0.485 ± 0.298^{b}	0.556 ± 0.529^{bc}	0.790 ± 0.451^{bc}	0.685 ± 0.218^{b}
含羞草	0.502 ± 0.407^{a}	0.331 ± 0.357^{a}	0.274 ± 0.351^{ab}	0.204 ± 0.430^{a}	0.592 ± 0.455^{c}	0.474 ± 0.250^{ab}
飞机草	0.749 ± 0.493^{a}	0.701 ± 0.465^{a}	0.628 ± 0.326^{a}	0.556 ± 0.529^{a}	0.733 ± 0.459^{a}	0.771 ± 0.226^{a}
苏门白酒草	0.273 ± 0.431^{a}	0.339 ± 0.443^{a}	0.291 ± 0.394^{a}	0.186 ± 0.347^{a}	0.355 ± 0.527^{a}	0.191 ± 0.094^{a}
假高粱	0.118 ± 0.223^{a}	—	0.112 ± 0.185^{a}	—	0.051 ± 0.125^{a}	—
马缨丹	0.118 ± 0.311^{a}	0.025 ± 0.092^{a}	0.112 ± 0.185^{a}	0.099 ± 0.188^{a}	0.051 ± 0.125^{a}	0.092 ± 0.137^{a}
喜旱莲子草	0.126 ± 0.211^{a}	0.022 ± 0.115^{a}	0.032 ± 0.105^{a}	—	0.091 ± 0.114^{a}	0.052 ± 0.137^{a}
南美蟛蜞菊	0.126 ± 0.391^{a}	0.226 ± 0.173^{b}	0.029 ± 0.140^{a}	0.050 ± 0.169^{a}	0.179 ± 0.397^{a}	0.129 ± 0.140^{a}
银胶菊	0.085 ± 0.121^{a}	0.015 ± 0.002^{a}	0.112 ± 0.105^{a}	—	0.051 ± 0.125^{a}	0.092 ± 0.037^{a}
凤眼蓝	—	—	0.025 ± 0.140^{a}	—	0.012 ± 0.021^{a}	—
微甘菊	0.130 ± 0.125^{a}	0.085 ± 0.003^{a}	0.112 ± 0.115^{a}	—	0.075 ± 0.121^{a}	—
累计入侵频率	2.936	2.675	2.212	1.601	2.930	2.486

注：不同小写字母表示差异显著($P<0.05$). “—”表示没出现。

*表中植物种类学名同表 14-1-3。

(2)主要入侵植物的入侵强度与生态系统类型的关系

南美蟛蜞菊可视为较可恶的入侵植物种类，不仅具有一定的耐阴性，而且覆盖率很高，因此在调查中，可发现其覆盖率≥61%的样方超过 50%。其他 5 种恶性入侵植物的种群盖度变化范围大，入侵植物的种群盖度均集中分布在 1%～20%。例如，飞机草的覆盖率多数为 1%～20%，占样方数的 66%；含羞草的覆盖率在 1%～20%，占样方数的 80%；假臭草的覆盖率在 1%～20%，占样方数的 66%；苏门白酒草的覆盖率在 1%～20%，占样方数的 91%；马缨丹的覆盖率在 1%～20%，占样方数的 60%(表 14-1-5)。进一步分析种群盖度与入侵频率之间的关系表明：苏门白酒草的入侵频率与种群盖度无相关性；而假臭草在弃耕地，含羞草在农田，南美蟛蜞菊在种植园(林)生态系统中，其种群盖度与入侵频率呈正相关，表明这 3 种入侵植物有偏好的入侵生境，特别是南美蟛蜞菊特别喜欢入侵人工种植园和人工林，如在文昌的东郊可看到该植物入侵木麻黄林，频率较大，而且覆盖率很高，有的地方几乎全部覆盖整个林下，其他植物很难生存；飞机草在除种植园外的生态系统中，其种群盖度与入侵频率均呈显著或极显著的负相关(P<0.05)；在林缘生态系统中，入侵植物的入侵频率都随着盖度等级的增加而显著降低，表明在林缘生态系统中，多数入侵植物的居群密度小，林缘生境对植物入侵存在制约作用。因此，在防范入侵植物对本地植物多样性的影响时，特别是对种植园(林)的林下植物的影响时，要特别防范南美蟛蜞菊。另外，藤本植物要特别防范本地植物金钟藤和入侵植物微甘菊。

表 14-1-5　不同生态系统中主要入侵植物种群盖度及分布特征

Tab.14-1-5　Population coverage and distribution patterns of invasive plants in different ecosystems

入侵种	盖度等级	占入侵样方比例	入侵植物盖度等级与入侵频率的相关性					
			草地	林缘	弃耕地	村落	农田	种植园
飞机草	1%～20%	66%						
	21%～40%	20%	–0.79*	–0.91**	–0.78*	–0.73*	–0.86**	–0.60
	41%～60%	9%	(0.04)	(<0.01)	(0.02)	(0.04)	(<0.01)	(0.44)
	≥61%	5%						
含羞草	1%～20%	80%						
	21%～40%	7%	–0.78*	–0.66*	–0.63	–0.71*	0.68*	–0.56
	41%～60%	13%	(0.03)	(0.01)	(0.23)	(0.04)	(0.02)	(0.05)
	≥61%	—						
假臭草	1%～20%	66%						
	21%～40%	19%	–0.79*	–0.73*	0.14*	–0.62	–0.70*	–0.89
	41%～60%	5%	(0.01)	(0.03)	(0.05)	(0.36)	(0.04)	(0.12)
	≥61%	10%						
苏门白酒草	1%～20%	91%						
	21%～40%	9%	–0.48	–0.68	–0.72	0.66	–0.60	0.68
	41%～60%	—	(0.18)	(0.63)	(0.43)	(0.05)	(0.71)	(0.61)
	≥61%	—						
马缨丹	1%～20%	60%						
	21%～40%	24%	–0.60	–0.89	–0.61**	–0.54*	–0.56	–0.67
	41%～60%	11%	(0.05)	(0.06)	(0.002)	(0.03)	(0.08)	(0.18)
	≥61%	5%						
南美蟛蜞菊	1%～20%	36%						
	21%～40%	7%	–0.60*	0.40	0.23	0.24	0.35	0.90**
	41%～60%	7%	(0.05)	(0.11)	(0.54)	(0.61)	(0.33)	(0.002)
	≥61%	50%						

*表示差异显著(P<0.01)；**表示差异极显著(P<0.01)；“－”表示没出现。

4)海南入侵植物对本地植物的影响

(1)入侵植物物种丰富度与本地植物物种丰富度的关系

针对 6 种生态系统类型，研究单个样方中入侵植物种数变化对本地植物平均种数的影响，并按生活型把本地植物分成乔木、灌木、草本、藤本 4 种类型，分别研究 4 种类型植物对入侵植物种数变化的响应，结果表明，在弃耕地、种植园、林缘 3 种生态系统中，群落中本地植物的平均种数与入侵植物种数变化无明显相关性(图 14-1-3C～F)，而在农田生态系统中，两者呈先增加后减少的变化趋势(图 14-1-3A)，当样方中入侵植物

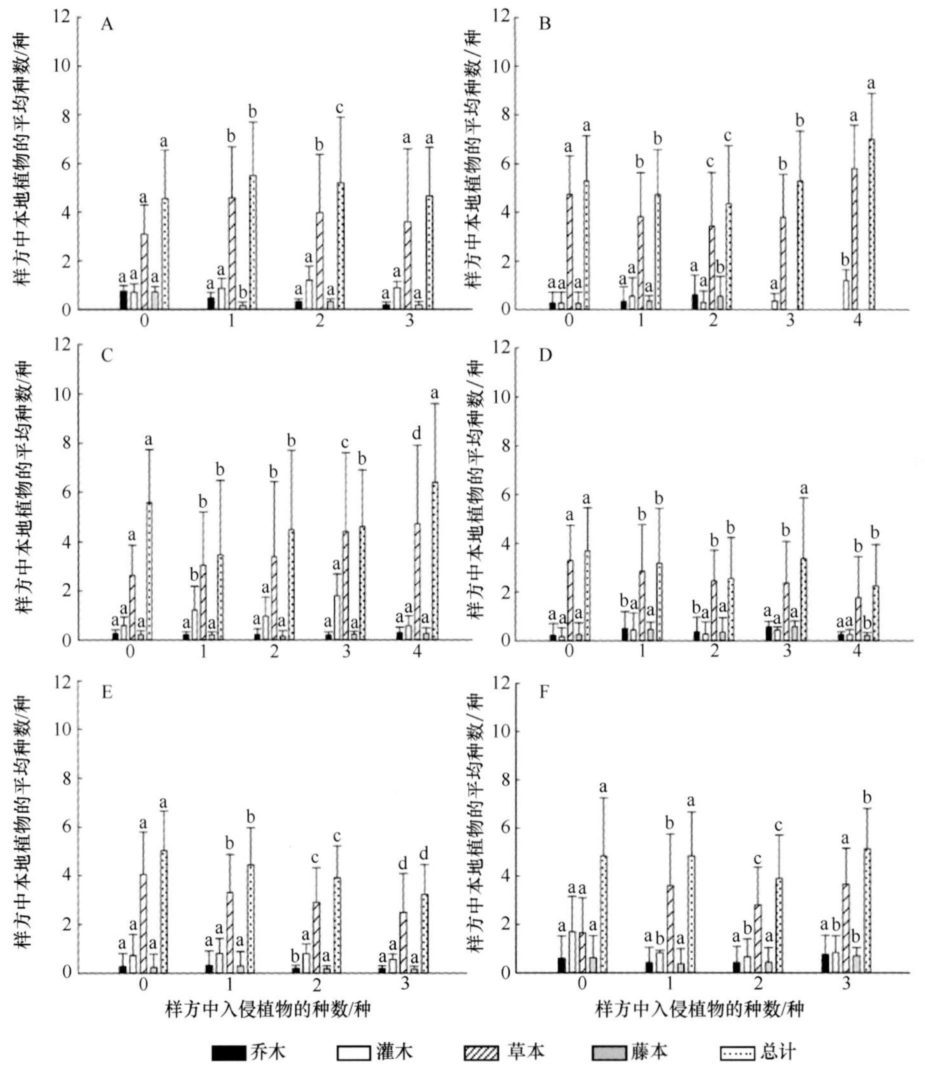

图 14-1-3 不同生态系统中不同生活型入侵植物种数与本地植物(平均值±标准偏差)平均种数变化关系

不同小写字母表示差异显著(P<0.05)。A. 农田；B. 草地；C. 弃耕地；D. 种植园；E. 村落；F. 林缘

Fig.14-1-3 The relationship between the number of invasive plant species and the average number of native plant species by life forms per plot in different types of ecosystems(mean ± SE). A. Farmland; B. Grassland; C. Abandoned land; D. Plantation; E. Village; F. Forest edge. Different lowercase letters within a given life form indicate significant differences(P<0.05)

种数为 1 种时，本地植物平均种数最多；而在草地生态系统中，两者表现出先减少后增加的变化趋势，其中当入侵植物种数为 2 时，本地植物平均种数最少(图 14-1-3B)；在村落生态系统中，本地植物平均种数随着入侵植物种数的增加而显著下降，两者呈负相关关系(图 14-1-3E)。

农田生态系统中，表现出先增加后减少的趋势(图 14-1-3A)，而在草地生态系统中，表现出先减少后增加的趋势(图 14-1-3B)；在弃耕地生态系统中，虽然当入侵植物种数为 1 和 2 时的两类群落中草本植物的平均种数无显著差异，但其整体变化趋势为随着入侵植物种数的增加而增加(图 14-1-3C)，而在村落中，两者呈负相关关系(图 14-1-3E)。

(2) 入侵植物居群盖度与本地植物丰富度的关系

以调查的单个样地为对象，统计 10 个样方中所有入侵植物的盖度总值与本地植物物种数，并分析不同生态系统中两者之间的相关性，结果表明：在种植园、农田和村落 3 种生态系统中，两者之间无相关性($P>0.05$)(图 14-1-4 a～c)，入侵植物盖度总值与本地植物的物种丰富度没有显著相关性；而在林缘($n=12$，$P=0.031$，$R^2=0.387$)和弃耕地($n=18$，$P=0.045$，$R^2=0.251$)生态系统中，两者呈显著负相关关系($P<0.05$)，本地植物的物种丰富度将随着入侵植物盖度总值的增大而减少(图 14-1-4e、图 14-1-4f)，高盖度的入侵植物居群将抑制本地植物的多样性；但在草地($n=11$，$P=0.014$，$R^2=0.449$)生态系统中，在单个样方平均盖度在 3.6%～49.1%范围时，入侵植物的盖度总值与本地植物种数却呈正相关关系($P<0.05$)，即本地植物的物种丰富度将随着入侵植物盖度总值的增加而增加，表现在特定入侵阶段，增加入侵植物的居群盖度有助于促进本地植物的多样性(图 14-1-4d)。

三、入侵植物分布与生态环境的关系

(一) 海南琼西北平原区入侵植物居群动态变化特征

1. 调查研究方法

于 2013 年 12 月起，在西北部临高、澄迈、儋州三个市县的平原、滨海沙地、弃耕地、草地和林缘等生境中随机布设调查样方，调查主要以 10 种在海南广布的入侵植物飞机草(*Chromolaena odorata*)、假臭草(*Praxelis clematidea*)、含羞草(*Mimosa pudica*)、苏门白酒草(*Conyza sumatrensis*)、南美蟛蜞菊(*Wedelia trilobata*)、马缨丹(*Lantana camara*)、三叶鬼针草(*Bidens pilosa*)、巴西含羞草(*Mimosa diplotricha*)、红毛草(*Melinis repens*)、银胶菊(*Parthenium hysterophorus*)为目的种。样方中若有其他入侵植物也统计调查。发现目的种后，用 4 根长 2.0m，直径为 1.5cm 粗的水管围成一个 2m×2m 的样方，其中第一条边朝正北方向，然后将其余三边围合，并分别在西南角和东北角上打上一个 30.0cm 长的塑料管桩，用以复查的时候对样方定点，同时在样方的西南角上记录样方的地理坐标。调查数据包括样方中入侵植物的种数、株数、高度、盖度、伴生种并拍摄样方的照片。三个市县调查共设置了 75 个 2m×2m 的样方。2014 年和 2015 年 12 月分别再次找到调查的样方进行复查，以研究入侵植物周年的变化情况。

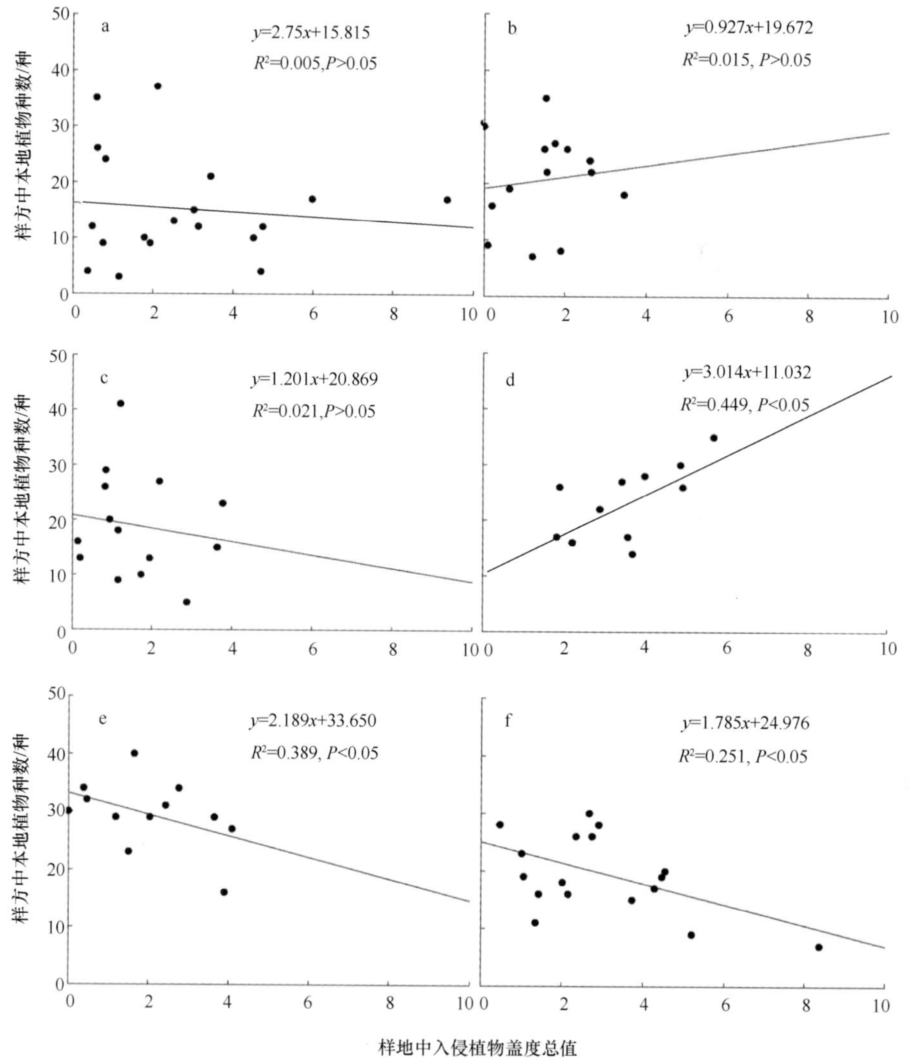

图 14-1-4　6 种生态系统中样地中入侵植物居群盖度总值与本地植物种数关系
a. 种植园；b. 村落；c. 农田；d. 草地；e. 林缘；f. 弃耕地

Fig.14-1-4　The relationship between the total coverage of invasive plants and the number of native plant species sampled from quadrats of six ecosystems. a. Plantation；b. Village；c. Farmland；d. Grassland；e. Forest edge；f. Abandoned land

2. 结果与分析

1）入侵植物入侵的频率及变化

从入侵植物一年后样方变化来看（表 14-1-6），土地利用方式的变化，如建房，以及将弃耕地改为种植园等，是入侵植物居群减少的主要因素，占样方减少总数的 75.9%，因植物不能适应群落环境而被淘汰的样方数（竞争减少）占减少样方总数的 24.1%。如调查中发现的假臭草、含羞草以及南美蟛蜞菊，在第二次调查时，均在原来的居群中消失，特别是假臭草，第二次调查时的入侵样方减少了 38.9%，其原因可能是由于伴生植物的生长改变了群落环境，而假臭草居群不能适应环境而被淘汰。第二次调查中发现 4 个样方有新的入侵植物进入，其中被假臭草入侵的居群有 3 个，被飞机草新入侵的居群仅有 1 个，说明草本入侵植物表现出更高的死亡率和新迁入率，而马缨丹等灌木类入侵植物其居群年变化量较小，入侵居群表现更为稳定。

表 14-1-6　入侵植物样方调查的年变化情况

Tab.14-1-6　Annual change in number of the invaded plots by invasive plants

物种	第一次样方数/个	占总样比例/%	土地变化减少样方/个	竞争减少样方数/个	合计减少样方/个	新入侵样方/个	第二次样方数/个
飞机草 *Chromolaena odorata*	64	85.3	22	2	24	1	41
假臭草 *Praxelis clematidea*	19	25.3	11	7	18	3	4
含羞草 *Mimosa pudica*	26	34.7	8	4	12	0	14
马缨丹 *Lantana camara*	14	18.7	6	3	9	0	5
苏门白酒草 *Conyza sumatrensis*	4	5.3	2	1	3	0	1
南美蟛蜞菊 *Wedelia trilobata*	11	14.7	6	1	7	0	4
三叶鬼针草 *Bidens pilosa*	9	12.0	4	0	4	0	5
巴西含羞草 *Mimosa diplotricha*	6	8.0	3	1	4	0	2
红毛草 *Melinis repens*	1	1.3	0	0	0	0	1
银胶菊 *Parthenium hysterophorus*	1	1.3	0	1	1	0	0

2)入侵植物的居群数量特征的变化

第一年调查结果显示：在设置的 75 个样方中，飞机草的入侵频率最高，占调查样方的 85.3%，其次为含羞草，占调查样方的 34.7%，而银胶菊和红毛草的分布范围和入侵的频率比较低(表 14-1-4)。分析入侵植物的居群密度表明：假臭草的居群平均密度最高，为 18.5 株/m^2，显著高于其他入侵植物，其次为苏门白酒草和飞机草，分别为 3.25 株/m^2 和 2.54 株/m^2，而马缨丹和巴西含羞草的居群平均密度较低，分别为 0.48 株/m^2 和 0.4 株/m^2(表 14-1-7)。

表 14-1-7　10 种入侵植物的入侵群落的周年变化

Tab.14-1-6　Annual changes of structure of the invaded communities with respect to 10 invasive plants

物种	第一次调查平均密度/(株/m^2)	第二次调查平均密度/(株/m^2)	变化百分比/%	第一次调查平均查盖度/%	第二次调查平均盖度/%	变化百分比/%	第一次调查平均高度/m	第二次调查平均高度/m	变化百分比/%
1	2.5±2.9	1.3±1.00	49.6*	38.4±24.6	28.2±27.9	−26.6*	124.0+39.4	131.2+35.2	5.6
2	18.5±20.1	28.2±12.6	52.4	15.0±22.0	6.8±4.9	−54.4	38.6±15.3	25.75±5.0	−33.2
3	1.5±2.4	2.4±3.1	64.8	16.2±20.4	7.7±12.0	−52.6	37.5±14.5	53.2±30.6	41.7*
4	0.5±0.3	0.4±0.2	−8.3	27.3±25.5	10.1±19.2	−63.0	117.5±41.1	136.9±36	16.5
5	3.3± 3.4	2.2	33.8	12.8	8.0	37.5	98.0±26.6	50.0	−49.0
6	—	—	—	52.3±39.2	62.5±39.6	19.5	44.5±16.5	51.0±18.9	14.7
7	2.3	9.3	300**	33.0±30.0	59.0±21.0	78.8	61.1±31.7	50.2±14.0	−17.8
8	0.4	0.25	−15	21.2	5.0	−76.2	60.5±55.1	102.0	68.6
9	4.0	0	−100	60.0	0	−100	90	80	−11.1
10	4.2	0	−100	20	0	−100	40.0	0	−100

注：1. 飞机草；2. 假臭草；3. 含羞草；4. 马缨丹；5. 苏门白酒草；6. 南美蟛蜞菊；7. 三叶鬼针草；8. 巴西含羞草；9. 红毛草；10. 银胶菊。

*表示 $P<0.05$；**表示 $P<0.01$，—表示没统计。

第二年调查结果显示：飞机草、马缨丹和巴西含羞草的居群平均密度都呈减小趋势，其中飞机草的居群平均密度显著减少了 49.6%($P<0.05$)，而马缨丹的居群平均密度减少了 48.3%($P>0.05$)；巴西含羞草的居群平均密度也由 0.4 株/m^2 减少到 0.25 株/m^2，减少了 15.0%。而三叶鬼针草的居群平均密度经过一年后，显著增加了 300%($P<0.001$)，入侵居群呈增长趋势。入侵植物的居群平均盖度分析表明：飞机草、假臭草、含羞草、马缨丹以及巴西含羞草都呈减小趋势，但是相比于第 1 年，仅飞机草居群的平均盖度下降具有显著差异性，其他 4 种植物的平均盖度下降不显著；苏门白酒草、三叶鬼针草和南美蟛蜞菊 3 种入侵植物的居群盖度均呈上升的趋势，分别比第 1 年调查时增加了 37.5%、19.5%和 78.8%，入侵居群表现出增长的趋势。除假臭草、苏门白酒草和三叶鬼针草的居群高度呈减小趋势外，其余植物均表现出增加的趋势。

结果还表明：不同的入侵植物对环境变化的响应不一样，如马缨丹被其他植物替代的概率相对较小一些，减少的样方，占减少样方总数的 21.4%，其种群平均密度、平均盖度和平均高度均没有显著的变化，表现出较为稳定的特征。而飞机草的种群密度和盖度都分别显著减少了 49.6%和 26.6%，入侵居群表现为衰退趋势。这可能与群落中其他伴生植物对其产生的竞争或抑制有关。而小型的草本入侵植物，如三叶鬼针草、苏门白酒草、含羞草的入侵频率和居群特征都表现出较大的变化，这可能与草本入侵植物的生活周期短、种群更新快有关。

(二)海南热带雨林林区入侵植物的分布及其与环境的关系

1. 调查研究地点与方法

1)调查研究地点

调查研究地点为海南霸王岭林区。

2)入侵路缘的调查研究方法

由于热带雨林区沿公路平行方向上的可达性较高，随机设置 2m×50m 调查样方共 20 个。分别调查样带中入侵植物的种数、个体数或丛数，针对小型草本入侵植物，运用估算法测定其株数。样地环境因子采集包括群落的郁闭度、坡向、坡度、土壤类型。样地主要设置在霸王岭东二保护站到东六及东四保护站约 19km 长的公路干线中及上山的小路或者废弃的采伐道。调查样地涉及的植被类型主要有种植园、南亚松林、热带低地雨林、热带山地雨林等。调查样地中分布的伴生植物有海南榄仁(*Terminalia hainanensis*)、银珠(*Peltophorum tonkinense*)、黄杞(*Engelhardtia roxburghiana*)、黄桐(*Endospermum chinense*)、楝叶吴茱萸(*Tetradium glabrifolium*)、光叶巴豆(*Croton laevigatus*)等。

3)热带雨林区入侵植物土壤种子库的调查方法

由于热带雨林区沿垂直公路方向上受地形的影响大，调查的可达性较小，因此设置 2m×20m 调查样带。具体方法为：每隔 1～2km 在公路边设置一个取样样地，每个样地再设置三条样线，每条样线沿垂直公路往森林方向深入 20m，设置一个 2m×20m 的样带，并再划分为 0～5m、5～10m、10～15m、15～20 m 的 4 个样方(图 14-1-5)，分别记录副样方中入侵植物的种类和数量，针对个别入侵植物，如果超过 20m 还有分布，则再观察

20～25m 范围的入侵情况。调查的同时分别在距公路 0m、5m、10m、15m 和 20m 处挖取一个 20cm×20cm×10cm 的土样，取土样时除去表面凋落物，每条样线取 5 个土样，每个样地共取 15(3×5)个土样。

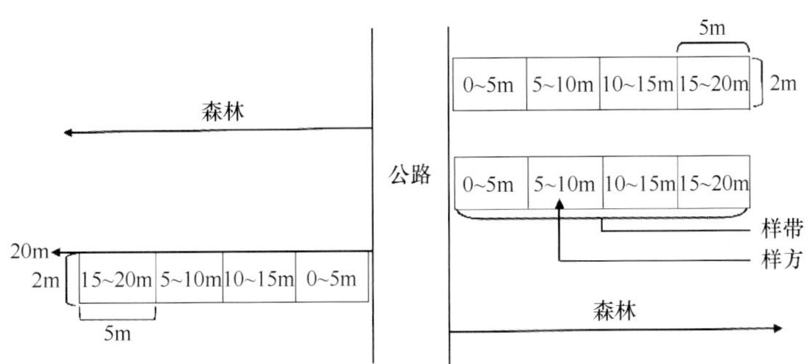

图 14-1-5　热带雨林区入侵植物的土壤种子库取样示意图

Fig.14-1-5　Schematic diagram of field investigation and soil sampling of invasive plant seed pool in tropical rain forest

从霸王岭保护区山脚的橡胶林开始到东六保护站约 26km 的路程中，共设置了 39 条样线，取了 195 个土样。取回的土样经筛选去除凋落物和石块后置于 30cm×40cm×10cm 规格的萌发筐中，并于 2014 年 4 月 11 日放在海南大学园艺园林学院本科生教学实践基地的塑料大棚中培养，每天早晚各浇一次水，直到连续一周不再萌发为止，记录和统计每个土样中种子的萌发情况，鉴定出来的树种及时拔掉，实验共持续观测 60 天。

2. 结果与分析

1) 入侵植物的分布

(1) 入侵植物沿平行公路方向的分布

在沿平行公路方向上共调查到 14 种入侵植物(表 14-1-8)，属于 8 科、14 属，其中 46.7%为菊科植物。从生活型分析，草本植物占 86.7%，木本植物占 13.3%。在随机调查的 20 个 2m×50m 的样方中，17 个样方中分布有入侵植物，入侵频率达 0.85，其中分布入侵植物最多的样方中含 10 种，体现出入侵植物在热带雨林区分布的广泛性，并且种类也较多。14 种入侵植物中，飞机草(*Chromolaena odorata*)的分布范围最大，入侵频率为 0.75，其次为假臭草，入侵频率为 0.35，而藿香蓟(*Ageratum conyzoides*)的入侵频率为 0.3。小蓬草(加拿大蓬，*Erigeron canadensis*)、蓖麻(*Ricinus communis*)、土荆芥(*Chenopodium ambrosioides*)、菊芹(*Erechtites valerianifolius*)、含羞草(*Mimosa pudica*)、光荚含羞草(*Mimosa bimucronata*)等入侵频率都很小，都只在一个样方中出现，入侵频率为 0.05，其余入侵植物的入侵频率为 0.1～0.25。

分析入侵植物居群的平均密度发现：居群密度最大的是刺苋蓃，为 1.16 株/m^2，其次为假臭草，其居群密度为 0.55 株/m^2，飞机草的居群密度为 0.28 株/m^2，而藿香蓟的为 0.18 株/m^2，其余入侵植物的平均密度介于 0.01～0.16 株/m^2，表明入侵植物的居群密度都不大，无法形成单优群落，其居群发展受到林缘环境的制约。结合入侵频率和危害现状发现：飞机草是热带雨林林缘地段主要的入侵植物，常分布于林缘向阳处，并有部分

表 14-1-8 热带雨林外来入侵植物沿公路入侵植物分布情况

Tab.14-1-8 The distribution of invasive plants along tropical rain forest roadsides

入侵植物	所属科	生活型	入侵频率	平均密度/(株/m^2)	入侵生境	分布坡向
飞机草 *Chromolaena odorata*	菊科	草本	0.75	0.28 ± 0.4	林缘、疏林下	东南，西南，西，东，
假臭草 *Praxelis clematidea*	菊科	草本	0.35	0.55 ± 0.7	林缘	东南，东，西
马缨丹 *Lantana camara*	马鞭草科	灌木	0.20	0.08 ± 0.1	林缘、疏林	西，东
藿香蓟 *Ageratum conyzoides*	菊科	草本	0.30	0.18 ± 0.3	林缘	西南，东南，西
革命菜 *Crassocephalum crepidioides*	菊科	草本	0.25	0.02	林缘	东南，西
三叶鬼针草 *Bidens pilosa*	菊科	草本	0.15	0.16 ± 0.5	旷野	东南
刺芫荽 *Eryngium foetidum*	伞形科	草本	0.10	1.60 ± 0.9	林缘、沟渠	东南
小蓬草 *Erigeron canadensis*	菊科	草本	0.05	0.03	林缘	西南
蓖麻 *Ricinus communis*	大戟科	草本	0.05	0.02	旷野	东南
土荆芥 *Chenopodium ambrosioides*	藜科	草本	0.05	0.01	林缘	东南
菊芹 *Erechtites valerianifolius*	菊科	草本	0.05	0.01	林缘	东南
美洲合萌 *Aeschynomene americana*	苏木科	草本	0.05	0.03	旷野	东南
含羞草 *Mimosa pudica*	含羞草科	草本	0.05	0.2	林缘	东南
光荚含羞草 *Mimosa bimucronata*	含羞草科	草本	0.05	0.01	林缘	西南

居群扩散到南亚松林的林隙中，其入侵的小生境与林内光照有密切关系，表现为依赖于光斑的随机性入侵特征，具有一定的入侵潜能；而马缨丹多分布于具有高光照环境的林缘或空旷弃耕地中；假臭草和藿香蓟常分布于林区公路旁，藿香蓟还具有一定的耐阴性，这 3 种植物也是热带雨林地区常见的入侵植物，但危害程度较轻。而三叶鬼针草、蓖麻等植物，只分布在新开垦的裸地上，需要很强的光照条件，而不能在林隙中存活；小蓬草、土荆芥、菊芹、含羞草等，由于植株矮小，它们在林缘入侵不仅受到光照条件的影响，群落中较高大的伴生植物还会对其发展产生制约作用，因此这类植物在热带雨林区的入侵潜力小。

(2)入侵植物的分布与环境因素的关系分析

研究环境因子对入侵植物分布的影响表明：样地中群落郁闭度与入侵植物种数呈显著负相关($P<0.05$)(表 14-1-9)，即高的群落郁闭度将减少入侵植物的种数，而群落郁闭度与群落中的光照条件有密切关系，说明光照条件对于入侵植物的种类组成具有显著影响。道路等级对入侵植物的种数有显著影响，在高通行量的公路中，入侵植物的种类显著高于低通行量道路中入侵植物的种类($P<0.01$)，说明高人流量将促进入侵植物的分布，干扰是植物传播的主要因素之一。坡向因子对入侵植物种数的影响达到了显著水平($P<0.05$)。如在调查的 20 个样方中，35%的入侵样地分布于东南坡，10%的入侵样地分布在南坡，而有 10%的入侵样地分布于西南坡，东南坡向的入侵样地占 55%，而没有入侵植物分布的样地多位于西坡和北坡，说明入侵植物更容易入侵到东南坡向和西南坡向的干扰生境中。

表 14-1-9 环境因子对入侵植物沿热带雨林区公路边分布的影响

Tab.14-1-9 Effects of environmental factors on the distribution of invasive plants along tropical rain forest roadsides

变量	Pearson 相关性[显著性(双侧)]						
	海拔	坡向	坡度	土壤类型	群落郁闭度	道路等级	植被类型
入侵种数	−0.03，(0.46)	0.48*，(0.02)	−0.07，(0.85)	0.23，(0.18)	−4.98*，(0.03)	5.23**，(0.01)	0.23，(0.21)
入侵种密度	−0.01，(0.55)	0.67，(0.51)	0.07，(0.58)	0.33，(0.33)	−1.21，(0.11)	3.43，(0.07)	0.32，(0.32)

*表示差异显著($P<0.05$)；**表示差异极显著($P<0.01$)。

(3)入侵植物沿垂直公路方向上的分布

在调查的39个样带中，有30个样带内分布有入侵植物，入侵频率为0.77；在被入侵的样带中，含3种(≥3种)入侵植物以上的样带有9个，占30%；而含1～2种入侵植物的样带有21个，占70%，说明多数被入侵的样带中，入侵植物种数都不多(表14-1-10)。说明在林缘垂直方向上的植物入侵强度更低。但不同地段的林缘的郁闭度不一样，入侵程度也不一样，被入侵的情况是：高海拔的山地雨林＜高海拔的南亚松林＜稍低海拔的山地雨林＜低地雨林＜橡胶林。与入侵与郁闭度关系的分析结果是一致的。当然在同一样带内，不同的林缘深度，也会表现不同的结果。

表14-1-10　热带雨林林缘区和橡胶林内调查样地基本信息概述及入侵植物的分布

Tab.14-1-10　A summary of invasive plants distribution in tropical rain forest edges and under the rubber tree forests

样地号	植被类型	海拔/m	样方郁闭度/%	入侵样带数/条	入侵的植物	每样线中入侵植物的种数/种*		
1	山地雨林	1045	90	0	—	0	0	0
2	山地雨林	1037	93	1	Bp	0	0	1
3	山地雨林	969	85	2	Lc，Co，Pc	2	2	3
4	南亚松林	854	55	2	Pc，Co，Bp，Mr	0	0	0
5	南亚松林	806	73	1	Co	0	1	0
6	山地雨林	673	75	2	Pc，Co	0	1	2
7	山地雨林	619	65	2	Co，Mb，Lc，Pc	4	3	1
8	低地雨林	577	95	3	Pc，Co，Bp	3	4	0
9	低地雨林	518	70	3	Pc，Co	1	2	1
10	低地雨林	407	65	3	Pc，Co	2	2	3
11	低地雨林	346	30	3	Pc，Co，Tp Mp，Md	4	2	3
12	橡胶林	265	45	3	Pc，Co	1	2	2
13	橡胶林	175	45	3	Pc，Co	2	1	2

注：Co. 飞机草(*Chromolaena odorata*)；Pc. 假臭草(*Praxelis clematidea*)；Mp. 含羞草(*Mimosa pudica*)；Md. 巴西含羞草(*Mimosa diplotricha*)；Mb. 光荚含羞草(*Mimosa bimucronata*)；Bp. 三叶鬼针草(*Bidens pilosa*)；Mr. 红毛草(*Melinis repens*)；Lc. 马缨丹(*Lantana camara*)；Tp. 羽芒菊(*Tridax procumbens*)。

A. 入侵植物分布与路(林缘)的距离关系

为了更好地说明，入侵植物入侵强度与林缘深度的关系，霸王岭保护区内的公路与森林紧连，根据距公路的距离，进一步把每个样带划分成0～5m、6～10m、11～15m、16～20m、20～25m的5个样方，并统计样方中入侵植物的物种数和个体数(表14-1-11)，结果表明：入侵植物居群呈聚集分布的特点，80%的入侵植物个体都分布在距路肩0～5m的范围内。但植物入侵林缘的宽度与植被类型有关。例如，在山地雨林中，入侵植物只分布在0～5m的范围内，但在季雨林、南亚松林等群落中，入侵植物可以进入到林缘10m处，而在橡胶园等种植园中，入侵植物可以入侵到林内25m处，说明在垂直方向上，入侵植物主要分布在林缘0～5m的区域，且其分布特征主要受入侵生境光环境的影响。分析入侵植物居群的平均密度表明：4种高频率入侵植物的最大居群密度都出现在

0～5m 的样方内，且显著高于其余 4 个样方中的密度，入侵植物居群密度随距公路距离的增加呈减少趋势；但超过 5m 后没有显著差异性(图 14-1-6)。假臭草的居群密度最大，为 2.4 株/m^2，其次是三叶鬼针草，为 1.0 株/m^2，飞机草的密度为 0.7 株/m^2，马缨丹的密度为 0.4 株/m^2。从分布范围上分析，飞机草 0～25m 的范围内均有入侵居群，具有最强的扩散能力；假臭草的入侵范围为 10～15m，且主要分布在橡胶园种植园中；而马缨丹和三叶鬼针草的扩散能力比较局限，都仅分布在 0～5m 的范围内。

表 14-1-11　入侵植物沿热带雨林林缘区和橡胶林内的分布特点

Tab.14-1-11　Number of individuals of invasive plants across six distances from the forest edges in tropical forests and under rubber forests in tropical rain forest edges

样地号	坡向	森林类型	每样方中的入侵植物个体数						入侵种数
			0～5m	6～10m	11～15m	16～20m	21～25m	＞26m	
1	北	山地雨林	—	—	—	—	—	—	0
2	东南	山地雨林	3	—	—	—	—	—	2
3	东南	山地雨林	8	—	—	—	—	—	3
4	西北	南亚松林	142	—	—	—	—	—	4
5	东北	南亚松林	6	1	—	—	—	—	1
6	北	山地雨林	35	—	—	—	—	—	2
7	东	热带雨林	30	—	—	—	—	—	4
8	无	热带雨林	74	—	—	—	—	—	3
9	西	热带雨林	165	—	—	—	—	—	2
10	西南	低地雨林	83	—	—	—	—	—	2
11	东南	低地雨林	92	9	2	—	—	—	5
12	西	橡胶林	41	27	17	11	10	—	2
13	北	橡胶林	6	44	29	35	18	—	2

“—”表示没发现。

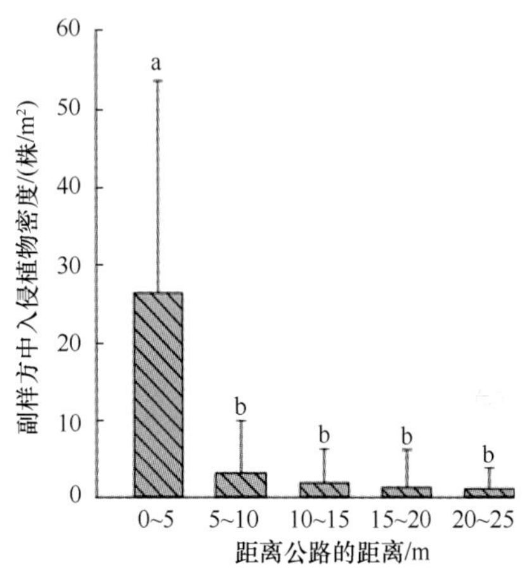

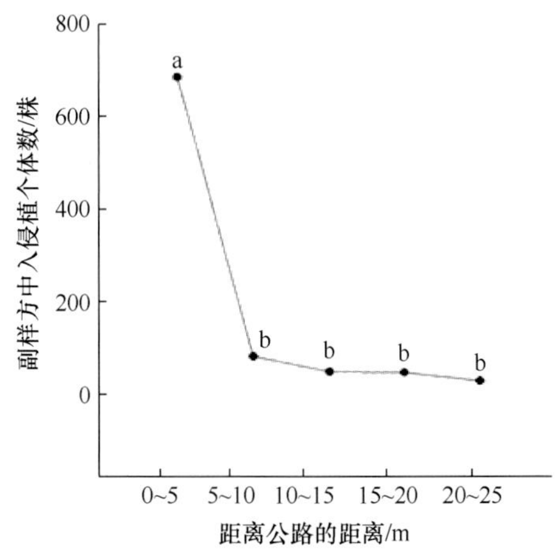

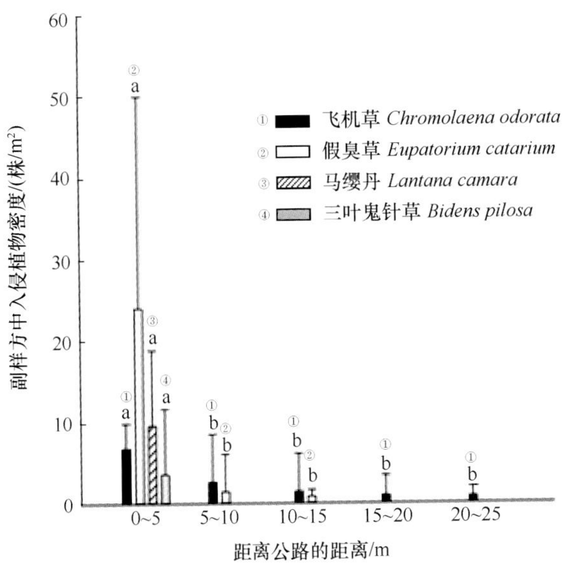

图 14-1-6 距离公路不同距离入侵植物的分布特征

不同小写字母表示差异显著($P<0.05$)

Fig.14-1-6 Density of invasive plants across distance gradient along roadsides. Different lowercase letters with each plant life form indicate significant differences($P<0.05$)

B. 入侵植物与综合生态环境的关系分析

以群落郁闭度、海拔、样方距公路的距离作为环境变量，研究其对入侵植物分布的影响。结果表明：海拔和样地群落郁闭度对入侵植物种数的影响分别达到了显著($P<0.05$)和极显著的水平($P<0.01$)。其中入侵植物种数与海拔、样地郁闭度都呈负相关关系，随着海拔的升高或样地郁闭度的增加，入侵植物种数呈下降趋势。入侵植物集中分布在 200～600m 的海拔范围内，而在海拔超过 1000m 的样地内，仅分布有少数入侵植物(图 14-1-7a)。样方中入侵植物的个体数与样地群落郁闭度呈显著负相关关系，随着样地群落郁闭度的增加，入侵植物的个体数呈减少趋势(图 14-1-7c、图 14-1-7d)。样方中入侵植物个体数与样方距公路的距离呈显著负相关关系($P<0.01$)，入侵植物主要分布在 0～5m 的林缘范围内，其个体数将随着距公路距离的增加而显著减小(图 14-1-7b)。

2) 土壤种子库入侵植物分布特征

(1) 入侵植物的组成

入侵植物的种子在热带雨林中的分布情况如何？《海南植被志》开展了这方面的研究。实验共取了热带雨林林下 195 个土壤样品，温室萌发结果表明：种子库中共萌发 57 138 株幼苗。鉴定出来的植物种类有 72 种，隶属于 33 科，而有 7 种植物的幼苗只能鉴定到科，3 种植物的幼苗只能鉴定到属，7 种植物的幼苗在未鉴定出来前死亡，种子库中共约 89 种植物，其中入侵植物共有 12 种，隶属于 5 科 11 属，占所有植物总数的 13.5%；在萌发出的 57 138 株幼苗中，本地植物幼苗总数有 55 601 株，占 99.3%，12 种入侵植物幼苗共有 1545 株，占全部萌发幼苗数的 2.7%。

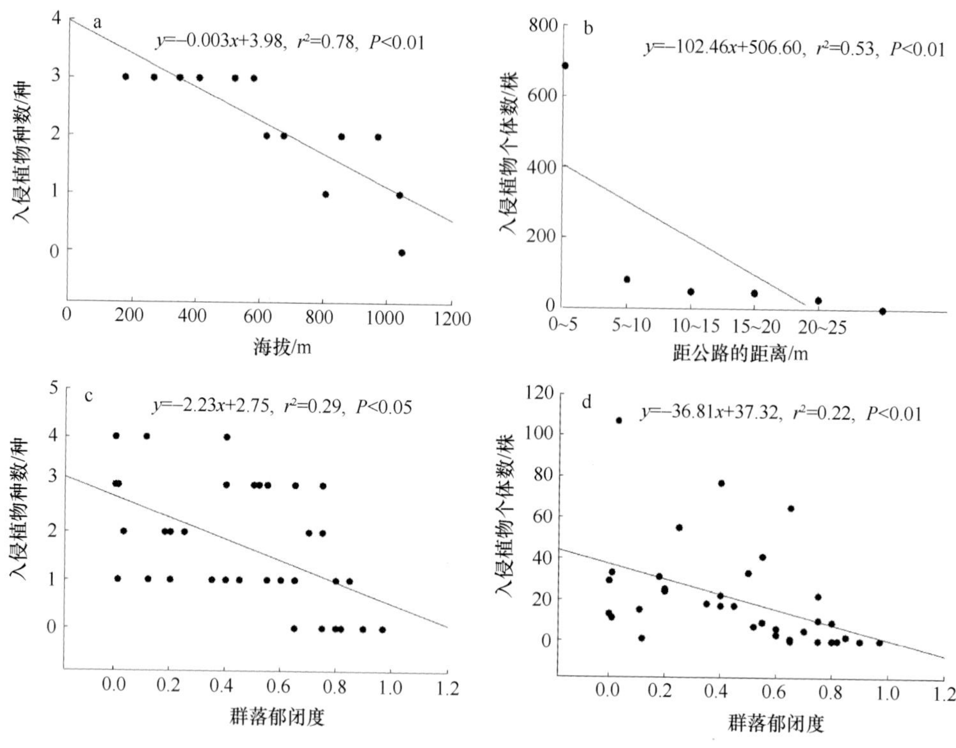

图 14-1-7 入侵植物物种数或个体数与环境因子的关系

a. 与海拔关系；b. 与距公路距离关系；c、d. 与群落郁闭度关系

Fig.14-1-7 Relationship between the number of species or individual of invasive plants and environmental factors

(2) 入侵植物在土壤种子库中的出现频率分析

植物在土壤中出现的频率一定程度上可反映其入侵范围的大小。在萌发出的 12 种入侵植物中，革命菜(*Crassocephalum crepidioides*)的出现频率最高，为 0.185；其次为假臭草(*Praxelis clematidea*)和飞机草(*Chromolaena odorata*)，出现频率分别为 0.159 和 0.149，而巴西含羞草(*Mimosa diplotricha*)、马缨丹(*Lantana camara*)、红毛草(*Melinis repens*)、羽芒菊(*Tridax procumbens*)和三叶鬼针草(*Bidens pilosa*)的出现频率最低，均只在 3 个样方中出现，出现频率为 0.015，其余入侵植物的出现频率为 0.021～0.138(表 14-1-12)。

(3) 入侵植物土壤种子库密度的比较分析

在萌发的 12 种入侵植物中，出苗数较多的 6 种为藿香蓟、假臭草、阔叶丰花草(*Spermacoce alata*)、飞机草、革命菜和巴西含羞草，其出苗数分别为 542 株、511 株、143 株、117 株、79 株和 20 株，总计 1412 株，占出苗总数的 2.5%。而在 6 种出现频率较高的入侵植物中，有 4 种为菊科植物，这与林缘群落中入侵植物的组成特点相似，说明菊科植物是热带雨林林缘中主要的入侵植物，这可能与菊科植物有相对较好的传播机制有关，也和其生物学特性和生态学特征有关。

分析入侵植物土壤种子库密度发现：土壤种子库密度变动于 25～7000 粒/m^2，变异很大，且不同入侵植物间存在差异。例如，假臭草的土壤种子库密度变化范围为 25～7000 粒/m^2，最高密度达 7000 粒/m^2；飞机草的土壤种子库密度变化范围为 25～2900 粒/m^2，

表 14-1-12 热带雨林土壤种子库中入侵植物的物种组成与分布

Tab.14-1-12 Species composition and distribution of invasive plants in the soil seed bank of tropical rain forest edge

入侵植物	分布频率	密度变化范围 /(粒/m^2)	平均密度 /(粒/m^2)	最大扩散距离 /m	萌苗数 /株	占总数比例 /%
假臭草 *Praxelis clematidea*	0.159	25～7000	192.5±267.0	20	511	0.89
飞机草 *Chromolaena odorata*	0.149	25～2900	104.5±139.0	20	117	0.20
革命菜 *Crassocephalum crepidioides*	0.185	25～300	54.9±59.7	20	79	0.14
藿香蓟 *Ageratum conyzoides*	0.138	25～2625	501.9±697.0	20	542	0.95
马缨丹 *Lantana camara*	0.021	25	25.0	10	4	0.01
含羞草 *Mimosa pudica*	0.036	25～125	67.9±37.4	15	19	0.03
巴西含羞草 *Mimosa diplotricha*	0.015	25～275	166.5±128.0	10	20	0.04
羽芒菊 *Tridax procumbens*	0.015	25	25.0	10	3	0.01
三叶鬼针草 *Bidens pilosa*	0.015	25～75	41.6±28.8	15	5	0.01
红毛草 *Melinis repens*	0.015	225～1375	783.3±575.0	0	94	0.16
阔叶丰花草 *Spermacoce alata*	0.041	25～1400	387.5±483.8	20	143	0.25
假败酱 *Stachytarpheta jamaicensis*	0.010	25～175	100.0±106.1	15	8	0.01

最高密度为 2900 粒/m^2。在 12 种入侵植物中，土壤种子库密度最大的是红毛草，为 783.3 粒/m^2，其次是藿香蓟，为 501.9 粒/m^2，而阔叶丰花草的土壤种子库密度为 387.5 粒/m^2，假臭草和巴西含羞草种子库密度分别为 192.5 粒/m^2 和 166.5 粒/m^2，而马缨丹和羽芒菊的种子库密度最低，均为25.0粒/m^2。其余入侵植物的种子库密度变动于41.6～104.5粒/m^2。

(4) 入侵植物土壤种子库沿垂直公路方向的分布特征

分别统计 6 种高频率入侵植物假臭草、藿香蓟、阔叶丰花草、飞机草、革命菜、含羞草在距离公路 0m、5m、10m、15m、20m 处取样点中土壤种子库的平均密度随公路距离变化的情况，结果显示：6 种入侵植物的土壤种子密度都随距公路距离的增加呈减少趋势(图 14-1-8)，如飞机草在 0m 处的密度为 215.0 粒/m^2，而其余 4 个取样点的密度变动于 50.0～114.3 粒/m^2，显著低于在 0m 处的密度($P<0.05$)(图 14-1-8A)；藿香蓟在 0m 处的密度为 29.7 粒/m^2，也显著高于其他取样点的密度(图 14-1-8B)($P<0.05$)，假臭草和含羞草的种子在 0m 处的平均密度分别是 297.1 粒/m^2 和 75 粒/m^2，均显著高于其他取样点($P<0.05$)(图 14-1-8C、图 14-1-8F)，而阔叶丰花草和革命菜的土壤种子库密度虽然在各取样点的差异不显著，但都在距公路 0m 具有最大值。

(5) 入侵植物土壤种子库的分布与环境因子的关系

运用实验测量和文献查阅的方法，统计了入侵植物的部分生物学特征和被引入的时间长度并选定3个入侵程度指标，以进一步分析入侵植物生物学特性和入侵特征的联系，并明确影响入侵植物在土壤种子库中分布的主要因子，结果表明：入侵植物的花序的结实量和种子千粒重对其入侵有显著影响，其中千粒重与其最远传播距离呈负相关，而花序的结实量与其最远传播距离呈正相关($P<0.05$)，与土壤种子库密度呈极显著正相关($P<0.01$)(表 14-1-13)。而土壤种子库中入侵植物的出现频率与群落郁闭度呈负相关($P<0.05$)。入侵植物入侵海南的时间长度与其入侵频率没有相关性，一些入侵时间短的植物，如假臭草在土壤中反而有更大的出现频率(表 14-1-14)，表明入侵植物在土壤种子库中的分布特征主要受入侵生境条件和自身的生物学特征的影响。

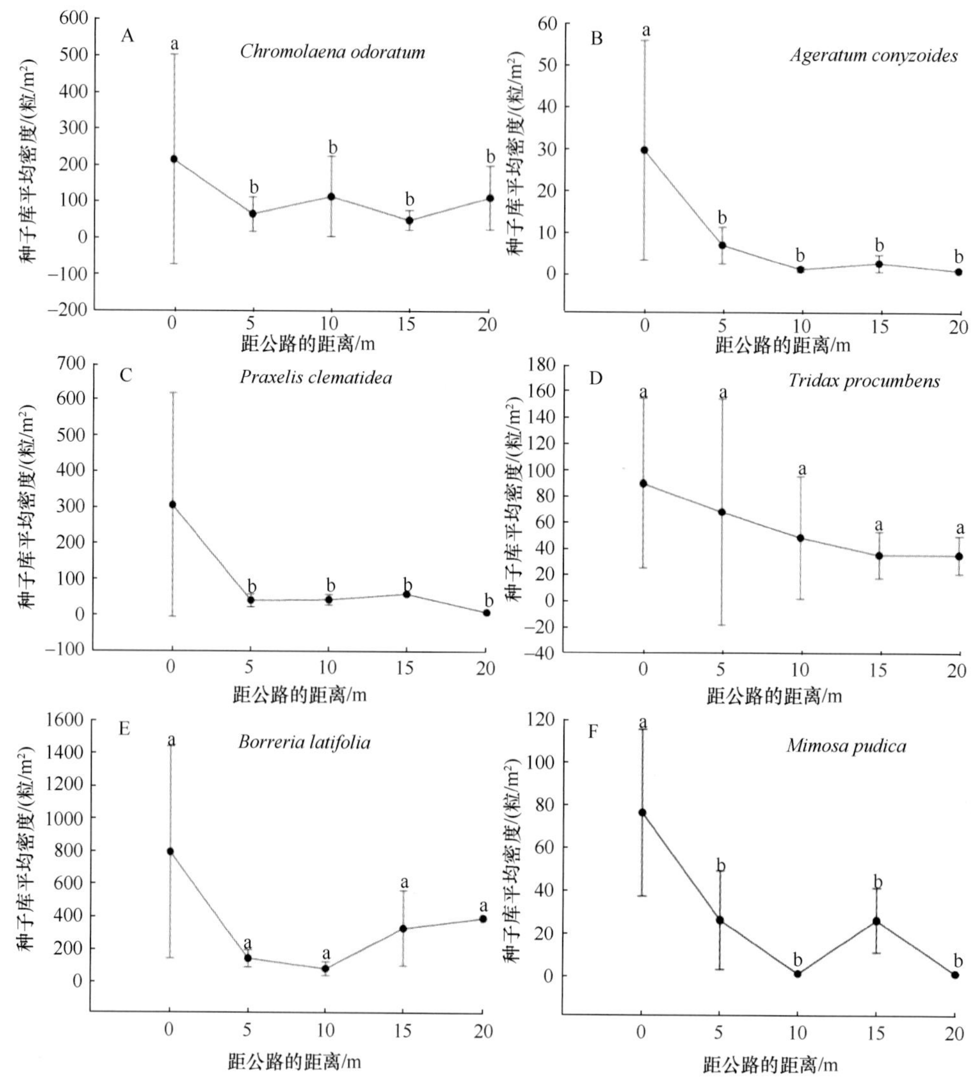

图 14-1-8　入侵植物种子密度与公路距离的关系($P<0.05$)

Fig.14-1-8　Average number of invasive plant seeds per square meter across distances from the roadsides ($P<0.05$)

3)入侵植物在森林林窗不同位置的萌发特性

(1)入侵植物在森林林窗不同位置的萌发动态

分析 4 种入侵植物在林窗不同位置的萌发动态表明，萌发最快的是巴西含羞草，播种第 2 天即开始萌发(图 14-1-9a)，播种 10 天后停止萌发；在林窗中心、边缘和林下三种环境中，累计萌发数分别为 31 株、21 株和 27 株，不同位置的萌芽数为林窗中心＞林下＞林窗边缘；而假臭草的种子在播种第 5 天后开始萌发，播种 15 天后停止萌发(图 14-1-9b)，其在林窗中心、边缘和林下的累计萌发数分别为 209 株、133 株和 37 株，不同位置的萌芽数为林窗中心＞林窗边缘＞林下。

飞机草的种子在播种 6 天后，位于林窗中心位置的小区开始有种子萌发，林窗边缘位置仅一个小区在播种 11 天开始有萌发，而林下的所有小区均不出现萌发(图 14-1-9c)，林窗中心和边缘的萌发数分别为 120 株和 23 株，试验小区在播种 25 天后停止萌发。马缨丹的种子在播种 20 天后开始萌发，并仅在一个样地中的林窗中心和边缘位置有少量萌发，在林窗中心和边缘分别萌发有 2 株和 1 株(图 14-1-9d)，而在林下的小区中，全部播种小区未萌发。

表 14-1-13 入侵植物的生物学特征、入侵历史及在热带雨林公路两旁的分布

Tab.14-1-13 Biological characteristics，invasion history of invasive species and their distributions along roadsides in tropical rain forest

入侵种	分布的海拔范围/m	最远距离/m	单花序结实数/粒	千粒重/g	平均株高/cm	入侵海南的大概时间*	入侵中国大概的时间**
含羞草 *Mimosa pudica*	518-346	15.0	15.0	6.39	75.0	1960 年	1770 年
飞机草 *Chromolaena odorata*	175-1045	20.0	52.0	0.19	167.0	1970 年	1930 年
假臭草 *Praxelis clematidea*	346-969	20.0	41.6	0.28	130.0	2000 年	1990 年
巴西含羞草 *Mimosa diplotricha*	346-518	10.0	80.0	6.40	150.0	1960 年	1950 年
马缨丹 *Lantana camara*	619-1045	10.0	21.0	12.00	200.0	1960 年	明末
红毛草 *Melinis repens*	346-889	0.0	312.6	0.63	100.0	2000 年	1950 年
羽芒菊 *Tridax procumbens*	619-1045	10.0	74.6	0.70	35.0	1940 年	1940 年
革命菜 *Crassocephalum crepidioides*	175-1045	20 .0	66.0	0.39	120.0	1960 年	1930 年
三叶鬼针草 *Bidens pilosa*	619-1045	15 .0	56.7	1.46	100.0	1960 年	740 年
藿香蓟 *Ageratum conyzoides*	175-1045	20 .0	76.8	0.10	100.0	1960 年	1900 年
阔叶丰花草 *Spermacoce alata*	265-346	20.0	—	—	40.0	—	1930 年

"—"表示没有测量；*参考陈焕镛，1964～1977，假臭草和红毛草除外；**参考万方浩等，2012。

表 14-1-14 不同环境因子与入侵植物在土壤种子库中分布的关系

Tab.14-1-14 The relationship between biological characteristic，invasion history and their distribution patterns in the soil seed bank in tropical rain forest edges

	Pearson 相关性［显著性(双侧)］						
	千粒重	海拔	入侵海南的时间	结实量	株高	地上入侵频率	郁闭度
最长传播的距离	–8.85*，(0.03)	–0.23，(0.17)	0.06，(0.65)	0.05*，(0.03)	0.02，(0.70)	0.05，(0.53)	0.31，(0.34)
种子密度	–20.89，(0.34)	–2.31，(0.07)	–8.37，(0.07)	2.60**，(0.01)	–1.06，(0.50)	0.35，(0.31)	–0.55，(0.32)
入侵频率	–183.83，(0.88)	0.01，(0.99)	0.01，(0.53)	0.00，(0.60)	0.00，(0.47)	–0.00，(0.95)	–9.81*，(0.03)

*表示差异显著($P<0.01$)；**表示差异极显著($P<0.01$)。

(2) 入侵植物在森林林窗不同位置的萌发率比较

分析入侵植物在森林林窗不同位置的平均萌发数表明：飞机草在林窗中心的萌发数最多，每样方萌发数为 6.0 株，林窗边缘每样方萌发数为 0.6 株，而在林下样方中均不萌发；林窗中心的萌发数显著高于林窗边缘和林下(图 14-1-10)($P<0.01$)；假臭草在林窗中心每样方的萌发数为 13.0 株，在林窗边缘为 5.0 株，而在林下为 1.5 株，林窗中心

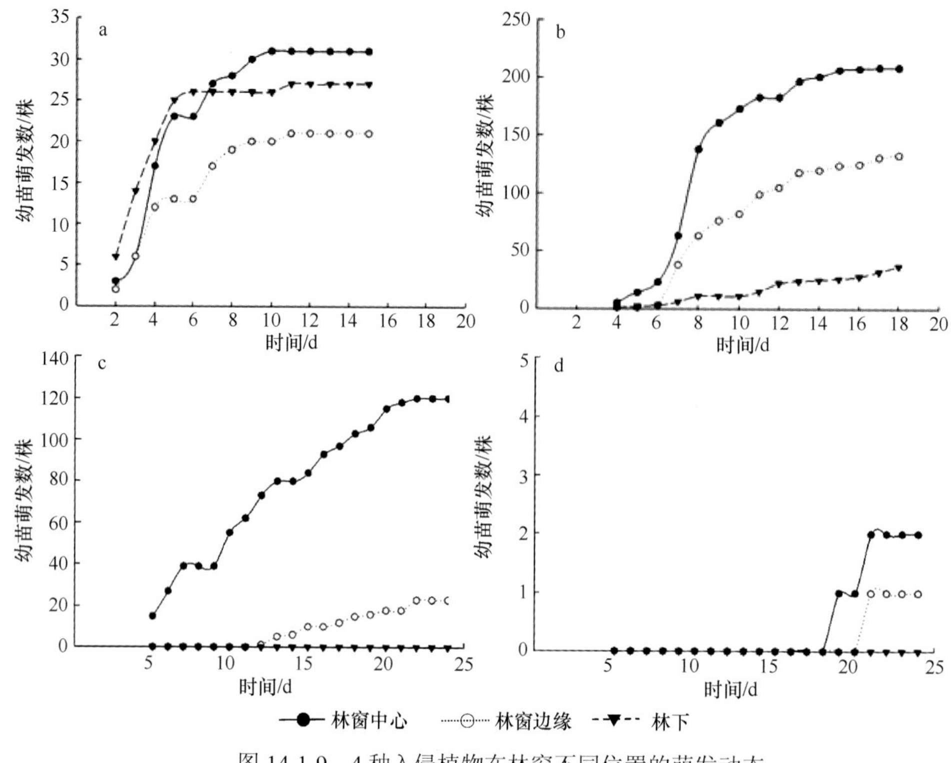

图 14-1-9　4 种入侵植物在林窗不同位置的萌发动态

a. 巴西含羞草；b. 假臭草；c. 飞机草；d. 马樱丹

Fig.14-1-9　Germination dynamics of different plant species in different locations of the forest gap

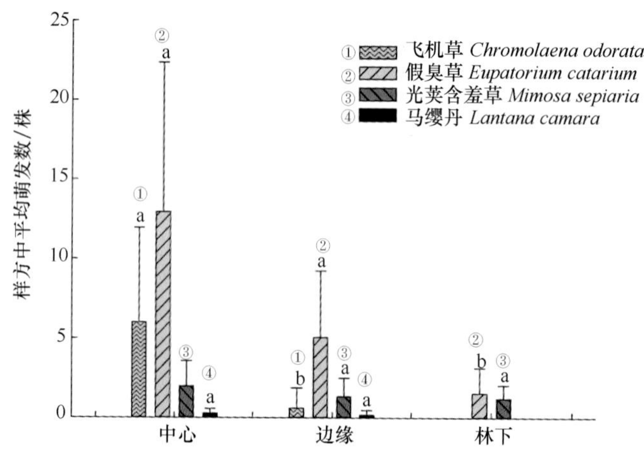

图 14-1-10　4 种入侵植物在林窗 3 种不同部位的萌发数比较($P<0.05$)

Fig.14-1-10　Comparsion of mean germinants per plot of 4 invasive species in 3 different positions in the forest gaps($P<0.05$)

的萌发数也要显著大于其余两个位置的萌发数($P<0.01$)，但林窗边缘和林下位置的萌发数没有显著的差异。而巴西含羞草在林窗中心、林窗边缘和林下的萌发数分别为 2.0 株、1.3 株和 1.2 株，但彼此间没有显著差异($P>0.05$)。马缨丹的萌发数最少，仅仅在林窗中心位置和林窗边缘有少数萌发，而在林下均不萌发。

入侵植物在林窗不同位置的萌发试验表明：飞机草在林窗中心的萌发率为 16.3%，萌发速率为 0.41%；在林窗边缘的萌发率为 3.1%，萌发速率为 0.01%，而在林下不能萌发，林窗中心的萌发率和萌发速率均显著高于林窗边缘和林下($P<0.05$)；假臭草在林窗中心的萌发率最高，为 27.8%，在林窗边缘的萌发率为 17.7%，而林下小区的萌芽率为 4.9%；林窗 3 个位置的萌发率和萌发速率均为林窗中心＞林窗边缘＞林下，且彼此间有显著差异性($P<0.05$)；巴西含羞草在林窗中心，林窗边缘和林下的萌发率分别为 3.9%，2.8%和 3.6%，3 个位置的萌发率为林窗中心＞林下＞林窗边缘，但不同位置间的萌发率和萌发速率没有显著差异性($P>0.05$)；在研究的 4 种入侵植物中，马缨丹的萌发率最低，并且只在林窗边缘和中心有极少量的萌发，萌发率分别为 0.4%和 0.1%，而在林下均不能萌发(表 14-1-15)。

表 14-1-15　4 种入侵植物在林窗 3 个不同位置中的萌发特性

Tab.14-1-15　Seed germination characteristics of 4 invasive species in 3 different locations of forest gap

入侵植物	林窗中心		林窗边缘		林下	
	萌发率/%	萌发速率/%	萌发率/%	萌发速率/%	萌发率/%	萌发速率/%
飞机草	16.3 ± 0.15**a**	0.41 ± 0.15**a**	3.1 ± 0.05b	0.01 ± 0.01**b**	0	0
假臭草	27.8 ± 0.17**a**	1.10 ± 0.25**a**	17.7 ± 0.13b	0.58 ± 0.05**b**	4.9 ± 0.03c	0.12 ± 0.05**b**
巴西含羞草	3.9 ± 0.23**a**	0.01 ± 0.05**a**	2.8 ± 0.02**a**	0.02 ± 0.01**a**	3.6 ± 0.03**a**	2.1 ± 0.15**a**
马缨丹	0.4 ± 0.01	0	0	0	0	0

注：$P<0.05$。

4) 森林中入侵植物的动态变化特征

入侵植物幼苗在林窗中的动态变化如图 14-1-11 所示，结果表明：除马缨丹萌发较缓慢外，其余 3 种入侵植物的萌发苗总数都在播种 15 天后达到最大值。但入侵植物的幼苗数量都随时间的增加而减少，表现出对林窗环境的不适应性。其中巴西含羞草的幼苗死亡速率最快，播种 30 天后，林窗中 3 个部位的幼苗已全部死亡(图 14-1-11a)；飞机草的幼苗在播种 26 天后，仅林窗中心位置剩有 24 株幼苗，占萌发幼苗总数的 17%(图 14-1-11b)；假臭草的幼苗在播种 20 天后，林下的幼苗已全部死亡，林窗中心的幼苗数为 87 株，而林缘处的幼苗数为 8 株，分别占萌发幼苗总数的 29.4%和 2.7% (图 14-1-11c)。马缨丹基本不萌发，但在播种试验开始的第 21 天左右，开始有 2 株萌发，而后一段时间内保持不变。由于写论文的时候我只分析了有观察的 30 天内的变化，因此最后还是 2 株(图 14-1-11d)。而播种 3 个月后，巴西含羞草和马缨丹的幼苗全部死亡，而假臭草和飞机草的幼苗仅在林窗中心剩有 24 株和 4 株，分别占萌发幼苗总数的 8.1%和 3.6%，占播种数的 1.1%和 0.2%。

试验还发现，光照不足可能是导致入侵植物幼苗死亡的主要因素，但降雨和凋落物降落带来的机械损伤也是幼苗死亡的重要原因，可占幼苗死亡数的 65%，而生物因素，如昆虫取食对巴西含羞草幼苗的致死率为 25%。因此，入侵植物在林窗中受生物和非生物因素的影响很大，只有保证足够的繁殖体数量才可能在林窗中进一步发展。

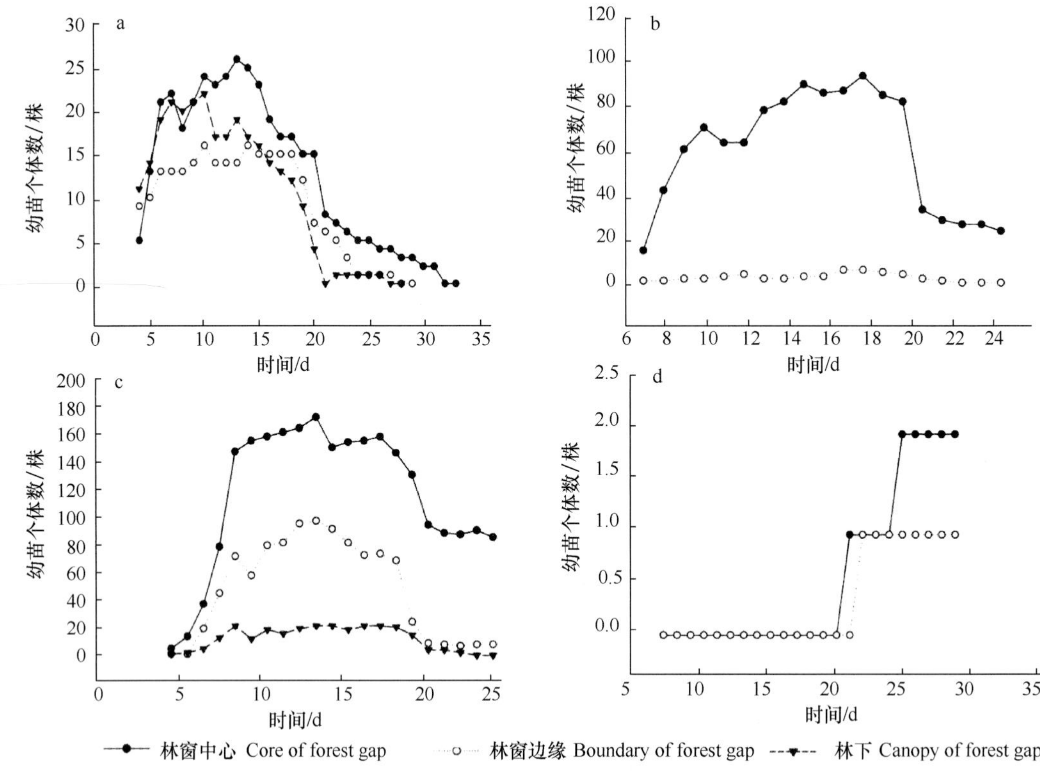

图 14-1-11 入侵植物幼苗在林中的发展动态

Fig.14-1-11 Population dynamics of invasive plant seedlings different locations of in the forest gap

5）森林凋落物对入侵植物的影响

（1）凋落物覆盖对入侵植物种子萌发的影响

森林凋落物覆盖试验显示：飞机草、马缨丹在凋落物覆盖后均不能萌发；而巴西含羞草和假臭草在凋落物覆盖后仍能萌发，但与对照组相比，其萌发时间将推迟。如巴西含羞草在播种 6 天后开始萌发，比对照组迟了 4 天，假臭草在播种第 9 天后开始萌发，比对照组迟了 5 天。凋落物覆盖下巴西含羞草的累计萌发率约为 0.7%，并保持相对恒定的萌发速率（图 14-1-12），而假臭草的累计萌发率约为 1.6%。但在播种第 15 天时去除覆盖物后，两种入侵植物的累计萌发率都呈上升趋势，其中假臭草的萌发率上升到 4.5%以上，而巴西含羞草的萌发率上升至 1.2%～4.6%，但飞机草和马缨丹的种子仍没有萌发。在试验中还发现巴西含羞草能穿过凋落物层，而假臭草的幼苗难以穿过凋落物层，其幼苗呈黄化状并逐渐死亡，被取食的比例也增大，说明凋落物覆盖虽然不能完全阻止入侵植物种子的萌发，但将显著降低其萌发速率和萌发率，并提高死亡率，体现出凋落物入侵植物的阻碍作用。

（2）凋落物提取液培养下入侵植物种子的萌发动态

实验结果表明：森林凋落物提取液对假臭草种子萌发的影响与凋落物浓度有关。从萌发的时间来看，假臭草种子在对照组和低浓度（0.005gDW/ml）、中等浓度（0.025g DW/ml）处理下的萌发快，均在播种第 3 天后开始萌发（图 14-1-13），而高浓度处理

(0.05gDW/ml)下的萌发最慢，播种第 6 天后才开始萌发，说明高浓度凋落物提取液将延迟假臭草种子萌发的启动时间。

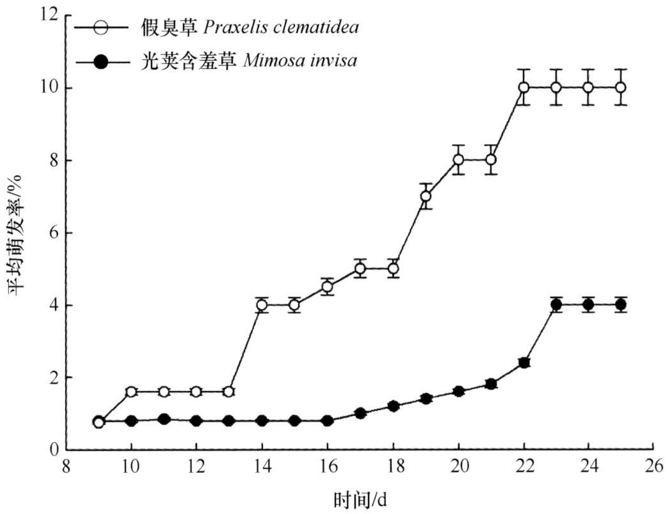

图 14-1-12　森林凋落物覆盖处理下入侵植物萌发动态

Fig.14-1-12　Germination dynamic of invasive seeds with the treatment of cover of forest litter

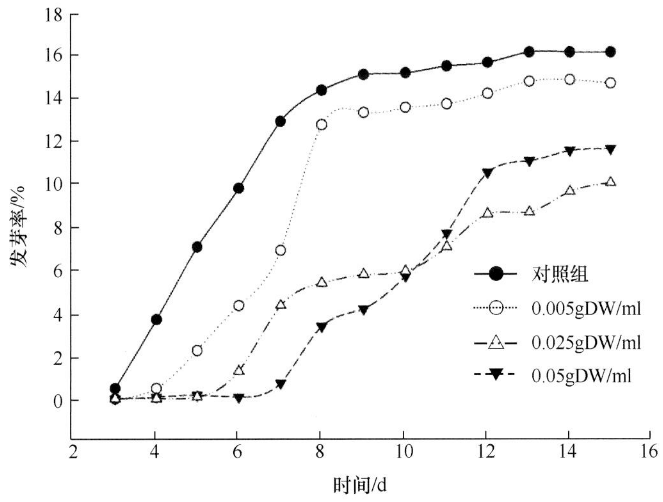

图 14-1-13　不同森林凋落物提取液处理下假臭草种子萌发的动态变化

Fig.14-1-13　Germination dynamics of seeds of *P. clematidea* treated with different concentration of forest litter aqueous extracts

由累计萌发率可以发现，假臭草种子的萌发率整体表现出随着浓度的增加而减小，但在培养第 10 天后，高浓度处理下(0.05gDW/ml)的萌发速率要高于中等浓度处理下的萌芽率，其原因可能是随着时间推移，凋落物提取液的浓度发生了变化。

(3)凋落物提取液对入侵植物种子萌发及幼苗生长的影响

从最终的平均萌发率来看，不同浓度凋落物提取液均降低了假臭草的萌发率，但只有中、高浓度处理下的萌发率显著低于对照组（$P<0.05$），而低浓度处理与对照组的萌发率没有显著差异性（$P>0.05$），说明高浓度的提取液对假臭草萌发具有抑制作用，并随着浓度的增高而增强（表 14-1-16）。但凋落物提取液会显著降低假臭草种子的萌发速率，并随着浓度的增加而增强。

表 14-1-16　不同凋落物提取液浓度对假臭草种子萌发和幼苗生长的影响

Table 14-1-16　Effects of forest litter aqueous extracts on germination characteristics and seeding growth of *P. clematidea*

	CK	0.005g DW/ml	0.025g DW/ml	0.05g DW/ml
萌发率/%	80.4±5.2**a**	73.2±5.2**a**	58.0±12**b**	50.0±16**bc**
萌发速率/%	17.83 ±1.12**a**	13.42 ±1.44**b**	7.70±2.50**c**	7.56±1.90**d**
胚根长度/mm	24.32± 0.94**bc**	34.88±1.21**a**	26.10±0.75**b**	21.56±0.86**c**
胚轴长度/mm	4.85±0.12**a**	4.60±0.13**a**	6.70±0.15**b**	7.73±0.40**c**

注：不同小写字母表示差异显著（$P<0.05$）。

分析凋落物提取液对假臭草幼苗生长的影响表明：与对照组相比，低浓度处理下幼苗的胚根平均长度显著高于其他处理组，而中浓度、高浓度处理与对照组没有显著差异性，3 种不同浓度的凋落物提取液均不会抑制植物胚根的生长，而一定浓度的提取液，有助于促进假臭草胚根的生长，这可能与凋落物中营养物质的存在促进了胚根的生长有关。分析假臭草胚轴的生长表明：中浓度、高浓度的提取液将显著促进胚轴的生长，但是低浓度处理与对照组没有显著差异。

第二节　自然灾害对自然植被的影响及防范

在海南，发生的自然灾害有很多种，但主要是台风及干旱对植被产生的影响较大，其中台风为第一灾害。台风灾害是人类面临的主要自然灾害之一，是一种中心气压极低的涡旋，具有强大的气压梯度和旋转力，一般认为台风致灾因子有强风、暴雨，以及包括风暴潮、海浪等在内的次生海洋效应。台风灾害过程中的大风和降水是致灾的主要因子（顾明等，2009；李英等，2005）。

特别是台风与全球气候变化有较紧密的联系，近年来，许多沿海受台风影响的地区与国家的学者开展台风对植被的影响研究，主要关注台风对植被的直接或间接的机械影响、台风对植被生态系统水文特征的影响，进而分析这些影响对植被群落组成、结构和功能的影响以及碳、氮循环的影响（周光益等，1996；Bengtsson，2001；仝川和杨玉盛，2007）。《生态学杂志》1998 年专门出了一辑有关台风对海南热带森林影响的论文，从台风影响下的台风暴雨再分配规律（周光益等，1998a）、森林群落机械损伤（李意德等，1998）、水文功能规律（陈步峰等，1998）、凋落物特征（吴仲民等，1998）和土壤流失量（周光益等，1998b）等方面进行了详细分析。2008 年 *Austral Ecology* 也刊发了台风对澳大利亚森林影响的论文专集（Bellingham，2008）。刘少军等（2010）以 2005 年登陆海南岛的超强台风“达维”为例，分析台风对海南植被的影响，结果表明：海南岛植被的变化在台风达维登陆后，在登陆路径周围的植被由于受到严重破坏，使整个海南岛的平均指数保持上升趋势。其主要原因为：台风过程中产生的极大风速对一定范围内的植被必然产生极大的破坏，同时台风有其积极作用的一面，给影响区域带来丰沛的降水，能促进植被生长(吴胜安等，2007)。王敏英等(2007)也针对海南中部丘陵受达维台风影响下 4 种植物群落凋落物动态进行了分析。但台风对自然植被产生的影响有多大？在组成与结构方面，许涵等(2008)也是以 2005 年登陆海南岛的超强台风“达维”为例，分析台风对尖峰岭山地雨林的组成与结构的影响。《海南植被志》选择这一研究案例说明这一问题。

研究案例：台风对海南山地雨林群落的影响——以“达维”台风对尖峰岭山地雨林的影响为例

(一)案例的地理概况与研究方法

1. 地理概况

尖峰岭的地理概况见第九章第一节。

2. 台风情况介绍

对海南岛有影响的台风(包括热带风暴)，平均每年有 8.0 个，其中强台风每年平均 2.7 个，所以海南岛称为台风频繁影响之地。5～12 月都有可能受台风影响，长达 7 个月，盛期 8 月、9 月(蒋有绪和卢俊培，1991)。2005 年第 18 号强台风“达维”9 月 26 日凌晨在海南登陆，登陆时中心风力达到 55m/s。26 日上午到达尖峰岭，风速迅速加强到 12 级，在 17 时左右进入北部湾。“达维”是继 1973 年 9 月登陆海南的“7314 号强台风”之后 30 多年来最强的一个台风，实属历史罕见，台风过程的降雨量超过了 1000mm。“达维”造成海南省直接经济损失达 116.47 亿元(石海莹等，2006)。经历“达维”台风后，尖峰岭的天然次生林固定样地 0502 的树木严重受损，许多植株连根拔起，倒伏的大树、断枝和落叶又压倒其他植株，导致大量的间接性树木受损、断枝和落叶。林分郁闭度由 75%下降至 35%，部分小样方几乎全透光。

3. 研究方法

以往研究表明，尖峰岭热带山地雨林次生林的最小取样面积应大于 1200m^2(黄全等，1986)。2005 年 6 月初按相邻样方格子法设置固定样地 2600m^2，并划分为 10m×10m 的小样方 26 个；记录样地内所有胸径 DBH≥1.0cm 植株的种名、胸径、树高等林分因子。经历 9 月底的“达维”台风后，于 10 月底对固定样地风害情况进行调查；详细记录样地内树木受损状况(Walker et al.，1991；李意德等，1998)，除去未明显受损植株(normal trees，NOR)外，共分成 3 类统计：被压木(wind-bended trees，WBE；被压、斜倒但仍存活)、风折木(wind-broken trees，WBR；断枝或断顶)、风倒木(wind-blown trees，WBL；死亡、倒木或复查时未见)，记录其植株数量，同时记录受台风影响产生的林窗大小等因子。

分析时将胸径分成3个径级分析：下木层1.0cm≤*DBH*<2.5cm，幼树层2.5cm≤*DBH*<7.5cm，乔木层*DBH*≥7.5cm。计算的群落组成和结构及物种多样性指标包括：胸高断面积 BA=(π×DBH^2)/4；相对重要值 IV=(相对胸高断面积 RBA+相对多度 RA+相对频度 RF)/3；Shannon-Wiener 多样性指数 *H'*；Simpson 多样性指数 SP；Pielou 均匀度指数 *J*(王伯荪等，1996)。木材密度的确定及方差分析：查阅广东木材识别和利用(广东省林业局，1975)等资料记录的海南主要树种的木材密度值，未有记录的种类采用同属或近缘属植物木材密度的平均值代替，对台风后风倒木和未明显受损植株的木材密度差异进行方差分析。

生物量*W*和碳储量*C*的估算：样地内所有植株生物量的估算依据李意德(1993)在海南岛尖峰岭热带山地雨林的生物量实测调查，对70余个树种的生物量拟合模型而得到的回归方程：树干生物量 $W=0.022\,816(DBH^2H)^{0.992\,674}$(*DBH*为胸径，*H*为树高，下同)；树皮生物量 $W=0.006\,338(DBH^2H)^{0.902\,418}$；树枝生物量 $W=0.005\,915(DBH^2H)^{0.999\,046}$；树叶生物量 $W=0.005\,997(DBH^2H)^{0.804\,661}$；树根生物量 $W=0.003\,612(DBH^2H)^{1.115\,270}$。碳储量的估算采用以下方程(李意德等，1998a)：碳储量*C*=总生物量×转换系数；主要树木各器官的生物量*W*与碳储量*C*的转换系数，依据对尖峰岭150多个树种600多个样品的碳储量测定结果计算而得到的平均值；树皮的转换系数采用树干转换系数为近似值。

(二)结果分析

1. 台风前后各样方胸高断面积、总株数变化

台风前2600m^{2}固定样地共有胸径≥1.0cm的植株1966株，台风后514株植株明显受损，占总株数的26.1%(图14-2-1)。这些受损植株可以分成3种类型：①被压木，共有207株，占总株数10.7%；②风折木，共有101株，占总株数5.1%；③风倒木，共有206株，占总株数10.5%；风倒木总胸高断面积14 127.7cm^2，占台风前总胸高断面积的13.2%。除风倒木复查时已死亡外，其余包括风折木和被压木共1760株仍存活。因为风倒木对群落组成和结构等的影响最大，下文侧重对台风前后的风倒木情况进行对比分析。

图14-2-2和图14-2-3结果显示，台风后26个样方的胸高断面积及植株数目明显减少，但在26个样方间的受损比例分布不均匀。胸高断面积BA减少超过50.0%以上的有2个样方，其中1个样方甚至达到69.6%，该样方内的胸径较大的植株大部分都风倒死亡；还有2个样方的风倒木胸高断面积减少了35.8%和38.5%。大部分样方风倒木株数占台风前总株数比例为6.8%～27.9%，最多达到46.4%。不论是胸高断面积还是植株数目的减少，均会导致物种的死亡，使群落的组成和结构发生显著改变，形成较大的林窗或林下空地，显著降低了群落郁闭度。

2. 台风前后各胸径级植株数目变化

森林群落乔木层的胸径分布是反映群落结构稳定状态的重要指标(方精云等，2004)，台风会导致各胸径级植株数目的变化，从而影响到群落的稳定状态。图14-2-4结果显示，台风后胸径级*DBH*≥50cm的风倒木的株数占台风前该径级株数的比例最大

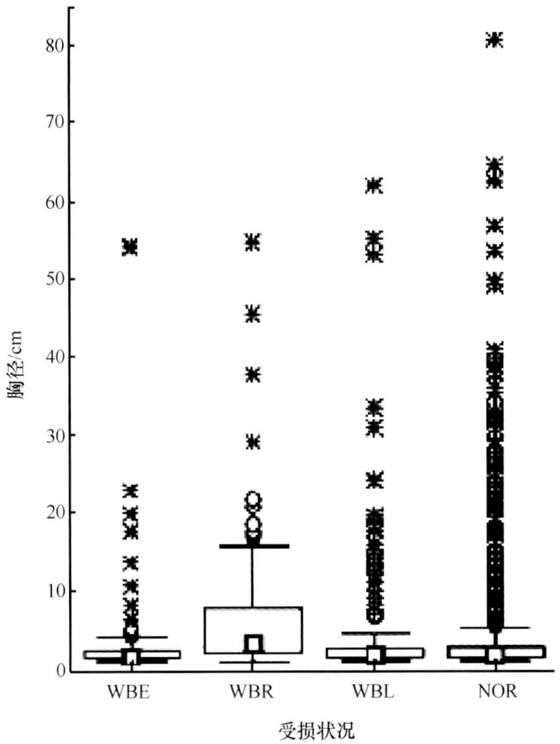

图 14-2-1　“达维”台风后受损的 3 类型树木和未明显受损植株的胸径分布

Fig.14-2-1　DBH distribution of three types of the damaged trees and the normal trees after Typhoon Damrey

WBE：被压木 Wind-bended trees；WBR：风折木 Wind-broken trees；WBL：风倒木 Wind-blown trees；NOR：未明显受损植株 Normal trees

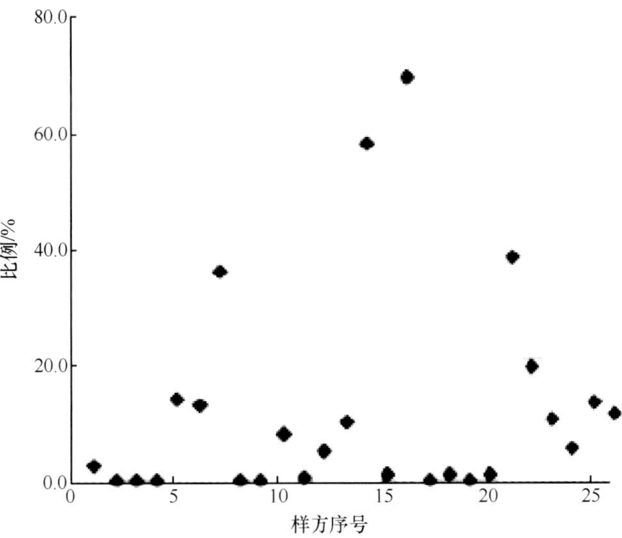

图 14-2-2　26 个样方风倒木胸高断面积占“达维”台风前总胸高断面积比例

Fig.14-2-2　Ratio of the wind-blown individual BA to the total individual BA before Typhoon Damrey in the twenty-six plots

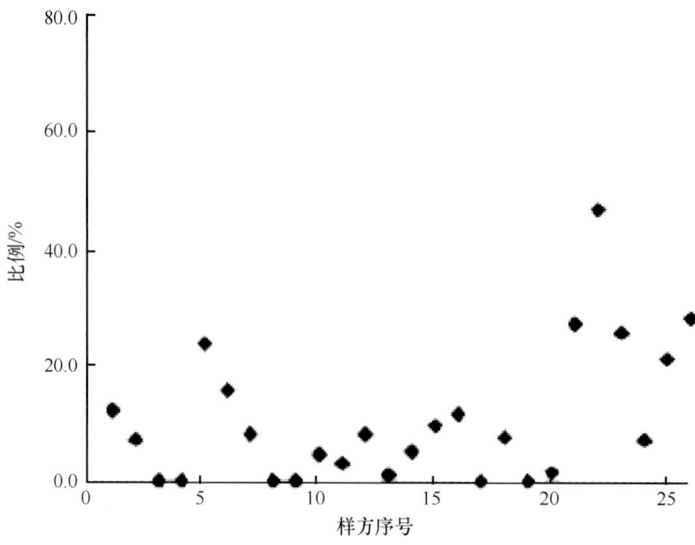

图 14-2-3　26 个样方风倒木株数占台风前总株数比例

Fig.14-2-3　Ratio of the wind-blown individual number to the total individual number before Typhoon Damrey in the twenty-six plots

(27.3%)；其次为 7.5～20cm 胸径级范围，比例为 13.0%～14.7%。大径级、中径级的乔木在台风后损失越多，胸径面积损失比例越大，这部分以直接伤害为主。图 14-2-5 结果显示，各胸径级风倒木株数占风倒木总株数的比例以胸径级 1.0～2.5cm(下木层)最大(69.9%)，其他 7 个胸径级(幼树层和乔木层)均较少；虽然下木层植株个体数量上受损最严重，但其胸径面积损失比例较小，这部分以间接伤害为主。

3. 风倒木产生的影响因子及群落组成变化分析

虽然有研究表明，树高是植物受台风影响损害程度的一个重要因素，并易于对林冠层的植株造成损害(Zimmerman and Covich，2007)，但并不是所有受台风影响的群落都遵循这一规律。表 14-2-1 方差分析结果显示，台风后风倒木与未明显受损树木的胸径面积、树高和木材密度均无显著差异。因此和风倒木较相关的影响因子可能是植物种类的差异，下文将从样地的种类组成特征变化进行详细分析。表 14-2-2 结果显示，受台风影响共有 59 个种类产生风倒木。但不同种类减少的胸高断面积和植株数目有所不同，其中，胸高断面积减少最多的是越南白锥(*Castanopsis tonkinensis*) (4602.8cm^2)，个体数减少最多的是九节(*Psychotria rubra*) (47 株)。以下分成 3 个林层的对台风前后主要组成种类的胸径面积、株数和重要值变化进行分析。

乔木层受台风直接性损害的影响比较明显，台风后乔木层相对重要值最大的 5 个种次序发生变化(表 14-2-3)，闽粤栲(*Castanopsis fissa*) (7.37)取代越南白锥(7.31)排在第一，红锥(*Castanopsis hystrix*) (5.59)和毛荔枝(*Nephelium topengii*) (5.16)均大于 5.0，且红锥超过鸭脚木(*Schefflera heptaphylla*) (5.38)。因为台风后造成越南白锥、闽粤栲和鸭脚木的大径级植株死亡，胸高断面积和植株数目显著减少；而另外两者没有死亡植株、仅有断枝或小径级的植株死亡。从而使前 3 种优势种的相对重要值下降，次优势种红锥

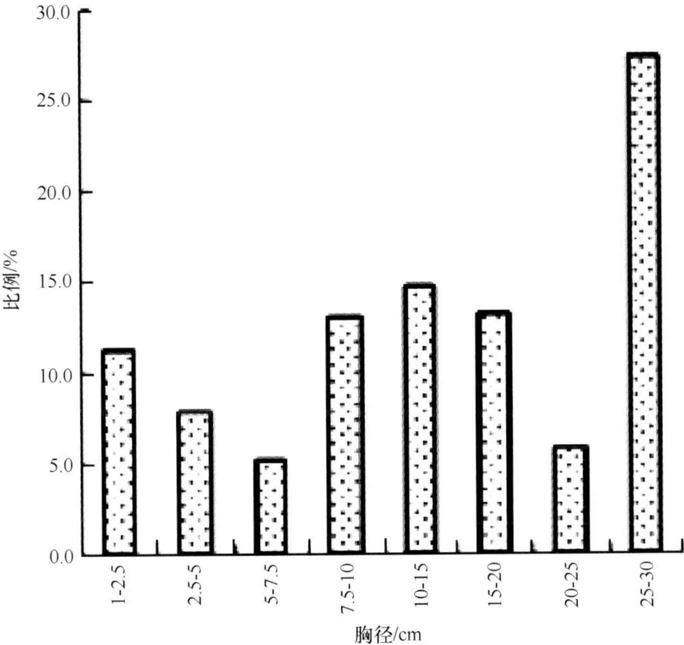

图 14-2-4　台风后各胸径级风倒木株数占台风前该径级株数的比例

Fig.14-2-4　Ratio of the wind-blown individual number to the total individual number before Typhoon Damrey in different DBH classes

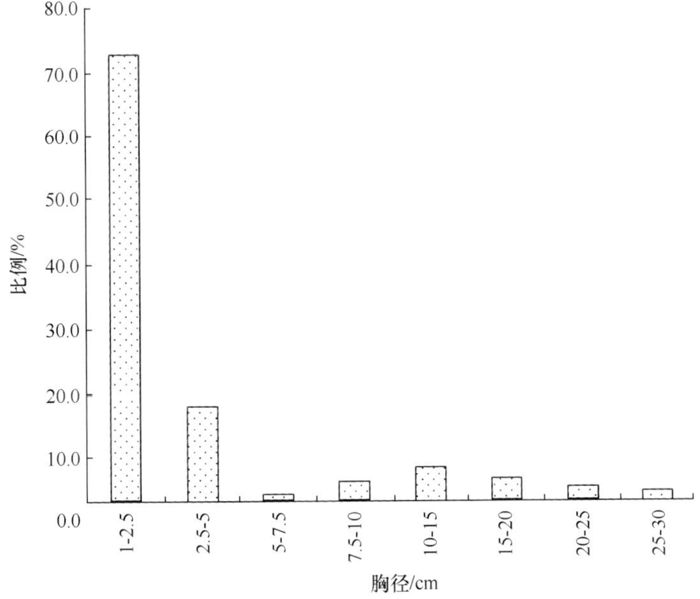

图 14-2-5　各胸径级风倒木株数占风倒木总株数的比例

Fig.14-2-5　Ratio of the wind-blown individual number to the total wind-blown individual number in different DBH classes

表 14-2-1 台风后风倒木与未明显受损树木的方差分析

Tab.14-2-1 ANOVA analysis between the wind-blown trees and the normal trees after Typhoon Damrey

	胸径面积	树高	木材密度
P	0.6577	0.7162	0.0740

如果 $P<0.05$，表示有显著差异。

表 14-2-2 台风后所有风倒木胸高断面积(cm²)、株数减少数目及其百分比

Tab.14-2-2 Decreased account and ratio of BA (cm²) and individuals of all wind-blown trees after Typhoon Damrey

种名	BA(BA%)	N(N%)	种名	BA(BA%)	N(N%)
越南白锥 *Castanopsis tonkinensis*	4602.8(24.0)	3(25.0)	黄杞 *Engelhardia roxburghiana*	153.9(95.8)	1(25.0)
闽粤栲(黧蒴栲) *Castanopsis fissa*	3019.1(19.8)	1(3.4)	剑(光)叶灰木 *Symplocos lancifolia*	140.4(24.7)	2(8.3)
鸭脚木 *Schefflera heptaphylla*	1334.4(22.9)	3(15.0)	平滑(红枝)琼楠 *Beilschmiedia laevis*	126.1(53.8)	4(36.4)
毛果椆 *Lithocarpus pseudovestitus*	1048.5(99.8)	3(75.0)	钝叶桂 *Cinnamomum bejolghota*	121.1(50.8)	2(25.0)
广东山胡椒 *Lindera kwangtungensis*	792.6(48.5)	8(21.1)	中华厚壳桂 *Cryptocarya chinensis*	98.3(10.5)	2(5.0)
海岛冬青 *Ilex goshiensis*	463.8(83.5)	1(14.3)	柏拉木 *Blastus cochinchinensis*	83.6(5.6)	38(15.0)
台湾枇杷 *Eriobotrya deflexa*	460.0(13.0)	1(9.1)	多香木 *Polyosma cambodiana*	70.3(66.9)	2(14.3)
毛荔枝(海南韶子) *Nephelium topengii*	305.9(7.0)	6(12.5)	未定种 *Uncertain species*	55.4(34.0)	1(50.0)
柄果石栎 *Lithocarpus longipedicellatus*	252.8(10.8)	2(16.7)	水石梓 *Sarcosperma laurinum*	51.2(9.5)	5(26.3)
榉叶算盘子 *Glochidion sphaerogynum*	203.6(97.1)	1(33.3)	粗脉樟(桂) *Cinnamomum validenerve* (*C. validinerve*)	50.3(97.8)	1(50.0)
九节 *Psychotria rubra*	188.0(9.7)	47(10.7)	大叶白颜 *Gironniera subaequalis*	41.2(2.0)	17(13.5)
轮叶木姜子 *Litsea verticillata*	170.0(63.2)	2(28.6)	山橘 *Fortunella hindsii*	21.9(47.4)	2(25.0)
狭叶泡花树 *Meliosma angustifolia*	153.9(11.7)	1(3.8)	其他 34 种 Other 34 species	118.9(1.8)	15(11.6)

BA(BA%)：风倒木胸高断面积(cm²)(风倒木胸高断面积占该种总胸高断面积的比例) BA(cm²)：风倒木株数(风倒木株数占该种总株数的比例。

和毛荔枝相对重要值增加，与前 3 种并列为共同优势种。另外，乔木层一些种类在台风前仅有少数个体，台风后存活的个体数更少，导致这些种类的优势度及竞争力均显著下降，相对重要值明显降低，成为伴生种，如海岛冬青(*Ilex goshiensis*)在乔木层原有 2 株，死亡 1 株(BA%=83.5%)。更严重的情况是一些种类的大径级植株全部死亡，即从乔木层消失，仅剩余幼树层或下木层的少量植株存在，如毛果椆(*Lithocarpus pseudovestitus*)乔木层 3 株全部死亡，仅剩余下木层 1 株小树(*DBH*=1.5cm)；榉叶算盘子(*Glochidion sphaerogynum*)乔木层死亡 1 株，剩余下木层 2 株小树(*DBH*=1.6cm/2.3cm)；黄杞(*Engelhardia roxburghiana*)乔木层死亡 1 株，剩余下木层 3 株小树(*DBH*=1.3cm/1.6cm/2.1cm)。幼树层和下木层位于林分中下层，受台风直接性损害较小，多为间接性损害。台风后这两层各种类的重要值大小次序无明显变化；部分优势种的个体数减少较多，但是这些种均具有较大个体基数，因而风倒木植株数目占台风前该种总株数比例反而较小。例如，个体数减少最多的是九节 47 株(幼树层 13 株/下木层 34 株)、柏拉木

(*Blastus cochinchinensis*) 38 株（幼树层 3 株/下木层 35 株）和大叶白颜（*Gironniera subaequalis*）17 株（幼树层 2 株/下木层 15 株），占台风前各自总株数比例分别为：9.7%（幼树层 2.7%/下木层 7.0%）、5.6%（幼树层 0.4%/下木层 5.2%）和 2.0%（幼树层 0.2%/下木层 1.8%）。这 3 个种类在 3 个林层中均有出现，以下木层最多，幼树层次之；但死亡植株仅在下木层和幼树层出现。

表 14-2-3　台风前后乔木层、幼树层和下木层相对重要值变化

Tab.14-2-3　Relative important values of the three layers before and after Typhoon Damrey

乔木层		幼树层		下木层	
种名	IV-A/IV-B	种名	IV-A/IV-B	种名	IV-A/IV-B
闽粤栲	7.37/7.70	九节	21.80/22.14	九节	17.66/17.61
越南白锥	7.31/8.46	大叶白颜	7.59/7.48	柏拉木	12.38/12.84
红锥	5.59/4.86	柏拉木	6.37/6.45	大叶白颜	5.39/5.58
鸭脚木	5.38/5.86	中华厚壳桂	5.39/5.03	粗叶木	4.19/4.08
毛荔枝	5.16/4.89	剑叶灰木	3.21/2.99	鸡屎树	1.85/1.91

注：IV-A/IV-B：台风后的相对重要值/台风前的相对重要值；红锥（*Castanopsis hystrix*），粗叶木（*Lasianthus chinensis*），鸡屎树（*Lasianthus hirsutus*），其他见表 14-2-2，或正文中的植物种类学名。

台风同样也会导致幼树层和下木层小面积范围内的一些种类的个体数目显著减少或消失。例如，广东山胡椒（*Lindera kwangtungensis*）幼树层原有 9 个个体，风后死亡 3 株（*DBH*=3.8cm/4.6cm/7.2cm），相对重要值从 2.66 下降到 1.74；粗脉樟（*Cinnamomum validenerve*）在幼树层胸径 8.0cm 的个体死亡后，仅剩下木层中胸径 1.2cm 的个体存在。

从表 14-2-4 看出，台风后，一些种、属甚至科从 3 个林层中消失：有 5 个种类粗脉樟、多香木（*Polyosma cambodiana*）、黄杞、榉叶算盘子、毛果椆和相应的 2 个科（鼠刺科、胡桃科）从乔木层中消失；有 1 个种类［轮叶木姜子（*Litsea verticillata*）］和相应的 1 个属（樟科木姜子属）从幼树层消失；有 4 个种类［冬青一种 *Ilex* sp.、绒毛山胡椒（*Lindera nacusua*）、水同榕（*Ficus fistulosa*）、乌材柿（*Diospyros eriantha*）］和相应的 1 个属（樟科山胡椒属）和 1 个科（柿树科）从下木层消失。总株数以乔木层减少百分比最大（12.1%），其次为下木层（11.0%）和幼树层（7.6%）。多样性指数是预测从群落中随机排出一定个体的种的平均不定度，当种的数目增加或已存在物种的个体分布越来越均匀时，不定度增加，相反亦然（王伯荪等，1996）。从表 14-2-4 看出，台风导致 3 个林层的物种多样性和均匀度发生变化：乔木层多样性和均匀度降低，幼树层和下木层多样性和均匀度稍微升高。因为乔木层受台风影响较为明显，物种数降低，有 5 个种类消失；加上部分样方的大径级植株死亡，导致物种多样性指数 SP、*H'*和均匀度指数 *J* 降低。而幼树层和下木层台风后高密度种群的株数减少较多，如九节（幼树层减少株数 13 株/原有总株数 133 株、下木层减少株数 34 株/原有总株数 303 株）、柏拉木（3 株/32 株、35 株/219 株）和大叶白颜（2 株/13 株、15 株/79 株），等同于提高了群落的均匀度；虽然物种数目两层分别减少了 1 个和 4 个，物种多样性指数 SP 和 *H'*却表现为稍微升高。

表 14-2-4　台风前后科、属、种数目、物种多样性和均匀度指数变化

Tab.14-2-4　Number of families，genera and species，floristic diversity and evenness index before and after Typhoon Damrey

径级 DBH	状况	科数	属数	种数	总株数	多样性指数		均匀度指数 J
						SP	H′	
乔木层	台风前	33	53	78	247	42.021	3.925	90.222
	台风后	31	52	73	217	40.130	3.816	90.033
幼树层	台风前	34	59	85	422	8.589	3.240	72.932
	台风后	34	58	84	390	8.942	3.266	73.801
下木层	台风前	44	79	129	1297	10.836	3.459	71.177
	台风后	43	77	125	1154	11.288	3.479	72.442

4. 台风产生的生物量和碳储量归还估算

表 14-2-5 结果显示，台风后风倒木生物量归还达 5.12×10^4kg/hm^2，台风前总生物量 4.91×10^5kg/hm^2，风倒木生物量归还占台风前总生物量的 10.42%。经换算后，风倒木碳储量归还达 2.74×10^4kg/hm^2，台风前碳总储量 2.63×10^5kg/hm^2，风倒木碳储量归还占台风前总碳储量的 10.42%。其中，以地上部分的树干和地下部分树根的生物量和碳储量归还占据了绝大多数的比例。吴仲民等(1994，1998)研究认为热带山地雨林原始林的非正常凋落物量年平均可达 2.39×10^3kg/hm^2(占年平均凋落物总量的 33%)，天然更新林的非正常凋落物量年平均为 3.94×10^3kg/hm^2(占年平均凋落物总量的 52%)。而在日本因台风导致的凋落物量可达到年均凋落物量的 30%(Xu X N et al.，2004)。本次台风后样地内的非正常凋落物量即风倒木总生物量为 5.12×10^4kg/hm^2，而且该数值并未将其他 2 种类型明显受损植株(被压木和风折木)和未明显受损植株产生的大量断枝和落叶的生物量考虑进来，已经远超过天然更新林的非正常凋落物量的年平均值。因此，在海南岛这个台风频发地区，台风导致的大量的生物量归还及其转化后的碳储量归还将是构成热带山地雨林养分循环的一个非常重要的组成部分。

表 14-2-5　台风前后生物量及碳储量变化(10^3kg/hm^2)

Tab.14-2-5　Biomass and carbon storage values before and after Typhoon Damrey

项目	风倒木生物量	台风前总生物量	生物量与碳含量转换系数	风倒木碳储量	台风前碳总储量
树干	25.65	242.50	0.5549	14.23	134.56
树皮	2.84	26.11	0.5549	1.58	14.49
树枝	7.10	67.30	0.4653	3.30	31.31
树叶	1.02	9.19	0.4580	0.47	4.21
树根	14.53	145.83	0.5390	7.83	78.60
总计	51.15	490.92	—	27.42	263.17

(三)特点与讨论

1. 台风对群落组成和结构、物种多样性及林内环境的影响

外部干扰(如风暴、火灾、砍伐等)能在短期内产生大规模干扰效应，打破自然生

态系统的顺行演替进程(陈顶利和傅伯杰，2000)，或对生态演替过程产生再调节(Pickett and White，1985；Lugo，2008)。干扰发生后，森林中光照、温度(Lin et al.，2003b)、养分(Lin et al.，2003a；Ostertag et al.，2003)和水分(Ueda and Shibata，2005)等环境条件发生变化，引起有效资源及森林景观的空间异质性(Turton，2008)，驱动各树种的更新过程(梁建萍等，2002)。干扰对森林常常具有两面性：①使森林演替发生倒退；②促进了森林系统的演替，使一些本该淘汰的树种加速退化，促进新的树种发育(陈顶利和傅伯杰，2000)。台风是一个强烈的外部干扰因素，具有不可预见性和复杂性。它是复杂的自然干扰因素的一个重要组分，相对于其他因素，如林内植株个体间竞争，属于强烈且是瞬时的干扰，能在短时间内迅速产生，对整体森林结构的改变是不可逆的，并且这种改变是长期的和大规模的(Imbert and Portecop，2008)。台风经过的线路两旁的森林受破坏较严重，带来大面积的结构损伤(Everham，1995；Catterall et al.，2008)，主要是高断枝率；但常见的台风影响造成植株死亡率不高，仅在 1%左右。本次台风造成该样地内风折木和被压木占台风前总株数比例之和为 15.7%，占受损植株总株数的 59.9%；但造成的死亡率较高，风倒木植株占台风前总株数的比例高达 10.5%。虽然台风后风倒木与未明显受损树木的胸径面积、树高和木材密度的方差分析均无显著差异，但台风产生的瞬时效应能在风后迅速表现出来，最明显的表现是改变物种组成，使顶极或先锋树种受损害或死亡(Everham，1995；Ennos，1997；李意德等，1998b)，产生大量风倒木。本次受台风影响的上层优势植物种类包括越南白锥、闽粤栲、鸭脚木和毛果椆等，这些种类损失株数少，但在群落中均占有较大的胸高断面积比例和生态位，死亡后对周围生境及群落组成和结构影响较大，所处的小环境易发生较大的波动。例如，样地周边有几株较大的越南白锥倒向样地中，压倒较多的样地植物；另外一些前期阳性更新种类，如闽粤栲等也风倒死亡。在倒伏的大树周围，基本是全光透，形成大林窗，郁闭度仅有 35%左右，甚至更低，而原先郁闭度能达到 75%以上。在大林窗或林下空地的位置，林冠疏开，透光性增强(Lin et al.，2003b)，导致林内生长环境的显著改变(Gardiner and Quine，2000；唐旭利和周国逸，2005)；形成的林隙也为更新个体提供了生长机会(Walker et al.，1991；Ennos，1997；臧润国等，1999)。但在中国台湾的 Fushan 试验场也有研究表明台风后林隙并不一定对林下植物的更新有非常重要的促进作用(Lin et al.，2003b)。台风带来的雨水和温度的改变也会带来新树种的侵入(Laurance and Curran，2008)，促进土壤种子库中休眠种子的萌发更新等，或导致一些幼苗或种子被冲刷走。也就是说台风一方面改变了群落的组成和结构，另一方面，也对一些植物的种群大小产生影响，通常表现为短时间内种群个体数量的迅速减少(Shilton et al.，2008)。除死亡的风倒木外，不可忽视的是风折木和被压木的大量存在(Walker et al.，1991；Everham，1995)。这是由于大型植株风倒后压断较多的中型、小型植株，或掉落的枝叶覆盖在其他植株上面产生，形成间接性损害，该情况在受台风影响的森林中经常出现(Everham，1995；李意德等，1998b)。风折木和被压木的生长在台风后均受到较严重的抑制，特别是被压木在自然条件下不易重新直立起来。为了适应风灾后的自然恢复更新，于是产生大量萌条，该情况在台风、火灾等自然灾害过后的更新林受损植株上经常可以见到(Ennos，1997；Marrinan，

2005)。例如，热带山地雨林中的中华厚壳桂(*Cryptocarya chinensis*)、粗叶木(*Lasianthus chinensis*)等种类在野外调查时均发现有多达 10～20 个萌条。这些萌条是无性更新个体，有较强的根系支持和来自母株的营养储备，能很快在干扰后形成的生长空间里迅速生长，因而在台风后群落恢复初期比来自同树种的种子更新有更迅速或更强的生长竞争优势(梁建萍等，2002)。台风后，物种组成及种群的空间分布格局发生变化，导致物种多样性的变化。从本样地的观测结果来看，在短期内，样地乔木层的物种多样性下降，幼树层和草本层上升，但实际上这 3 个层次的物种丰富度均表现为不同程度的降低。而长期的观测表明，群落恢复后物种的多样性会升高(Tanner and Bellingham，2006)。本研究观测的时间较短，未来将以固定样地为基础，长期监测群落的演替方向及台风后不同植物种类的长期适应性反应。

2. 台风对森林群落内生物量归还和碳循环等过程的影响

台风改变了森林群落内枯枝落叶层和土壤养分在时间和空间上的分配。首先，台风带来的大量降雨产生的地表径流冲刷走了森林内部原有的枯枝落叶和土壤，使植株分布在土壤表面的根系暴露(周光益等，1998c)；同时台风也导致大量植株死亡或机械损伤(李意德等，1998b)，产生大量的“非正常凋落物”，如枯死木和枯枝落叶等；这些非正常凋落物在台风后积聚在林内或林下土壤中，在短期内不容易消失，完全分解理论上需要 2～6 年；而且山地雨林较半落叶季雨林分解慢，积累多(蒋有绪和卢俊培，1991)。在中国台湾的 Fushan 试验林中，因台风产生的凋落物的养分损失占了地上生物量的很大一部分。例如，N、P、K 的比例分别达到 19%～41%、15%～40%和 5%～12%(Lin et al.，2003a)。而且有研究表明，受台风影响的森林的年凋落物量比同类型未受影响植被的正常年份偏低，在台风过后 3 个月才能逐步增加。这是一个树种逐步恢复的过程，需要树叶重新长出来后凋落物量才有可能增加；从而影响到台风后几个月林地碳等养分的持续输入(Sato，2004；王敏英等，2007)。这些凋落物在台风后将逐步通过土壤微生物和腐食性小动物等的分解作用归还到土壤、水体和大气中；显著影响到森林的碳循环、土壤的养分供应及土壤微生物和腐食性小动物的生境(唐旭利和周国逸，2005)。台风产生的粗死木和枯枝落叶构成了海南热带森林碳循环过程中碳库的重要来源之一(吴仲民等，1994，1998；周光益等，1998b；Mcnulty，2002)。按保守的估计，不计算台风导致整个样地内风折木和被压木产生的大量枯枝、落叶和未明显受损植株产生的少量落叶，整个样地内风倒木的碳储量归还占到台风前整个样地所有植株碳储量的 10.42%。那么，至少有约 2.74×10^4kg/hm^2 的碳在短时间内发生了归还；有学者对美国的森林研究也表明，一次台风可转化相当于总碳量 10%的回归(Mcnulty，2002)，与本研究相接近，即台风后森林的碳储量迅速归还(Laurance and Curran，2008)。这种快速归还导致碳循环过程明显加快，使碳储量在森林环境内不同空间得到重新分配。但有研究表明这种短期内碳的迅速流失仅有 15%回归到森林中，剩下的大部分被分解后释放最终回到大气中(Mcnulty，2002)。那么，台风在短期内虽然增加了生产力，但从长期来看实际上减少了总生物量，并且需要较长的恢复时间。因此，经历台风后海南岛尖峰岭的热带山地雨林严重受损，其固碳能力恢复程度及其所需要的恢复时间仍未明确，需要进一步的长期固定监测。展望未来，长期监测已经成为研究台风影响的一个重要趋势（Xu X C et al.，2004；Turton，2008），在本研究的基础上，进一步针对台风影响下森林群落的养分动态变化，乔木层及林下种苗的更新动态进行长期监测，将有助于揭示全球气候变化条件下台风影响的热带山地雨林的森林生态系统的生态学过程。

第三节　人类活动对植被的影响及保护

一、概述

虽然说，地表植被变化是人类活动和气候等自然因素共同作用的结果，但实际上，除了特大的自然灾害外，影响原有植被变化的主要原因还是人类活动，特别是人类对土地利用方式的改变对自然植被影响最大。分布有自然植被的林地（含湿地）一旦改为其他用地性质，森林等自然植被可能很快就会消失，或被建筑物替代，或被人工植被替代。这里要特别说明，原有植被遭到破坏后，再重新种上园林绿化植物，最多仅在生物量方面可能会恢复，生物多样性的修复似乎是不可能的，破坏原有植被，再来谈生物多样性保护，似乎没有意义。例如，砍伐热带雨林，种植橡胶林，然后再来谈如何在橡胶林林下保护生物多样性似乎没有意义，而应重点关注如何确保橡胶林可持续高产，提高单位土地的产值，少砍伐热带雨林。另外，没有规划的随意性或掠夺性的破坏同样造成自然植被的变化。

李意德（1995）概括了前人的研究结果，孢粉学的材料证明，海南岛在远古时代就为热带森林所覆盖，公元前 111 年海南岛划入西汉王朝版图之前，全岛的森林覆盖率为90%；甚至到 20 世纪 30 年代还能在乐东黄流镇附近的丘陵低山地区采集到鸡毛松［*Podocarpus imbricartus*（*Dacrycarpus imbricatus* var. *patulus*），梁葵 65550 号］、香祯楠（*M.fragrans*，梁葵 65457 号）等热带森林主要树种的标本（黄全，1991）。海南岛森林的变迁，与岛上人口的增长、生产技术的进步和对土地的开发利用程度等有着不可分割的联系。据司徒尚纪（1987）的研究，海南岛热带森林的历史变迁大致可分为三个阶段。①汉、唐时期，热带森林的开发主要在沿海地区。在汉代，汉人大举南迁海南岛，并带来了先进的生产工具，开荒耕种，开始了对原始森林的干扰；唐朝把环岛列入了开发范围，这样更加剧了对热带森林的破坏。在这一时期，海南岛的手工业和修造业有了较大的发展，对木材特别是珍贵用材的需求剧增，从而导致了沿海热带森林的消失。②宋代时期，南来的移民日益增多，对土地的要求更甚，人们不得不从沿海地区向中部山区扩展，森林面积也越来越缩小，加之当时五指山区的土著民族已经使用了金属工具，另外商业贸易的兴旺发达，海上交通繁荣，对珍贵木材和藤条、南药等的需求量增大，这样更加快了对热带林的干扰破坏，同时沿海的红树林也作为利用对象而遭到了砍伐。③明、清时期，为海南岛全面深入开发土地利用的时期，森林已成为主要的开发对象，除木材采伐、采藤、南药外，沉香的开采对热带林的破坏也是相当严重的；明代造船业的发展，对珍贵用材的需求量大增；另外战争对热带林的毁坏也是这个时期的主要原因之一，其时山区的热带森林已遭到了不同程度的干扰破坏。海南岛热带森林的近代变化始于日本侵华时代，海南岛沦陷后，日本军国主义者对海南岛热带林资源进行疯狂的掠夺，当时日本有四家大公司集中在崖县(现三亚市)、陵水、感恩(现东方县感城镇)、昌江等县大面积采伐热带原始森林，据不完全统计，在日军侵华前的1933 年海南岛热带原始林覆盖率为 50%，但到抗日战争结束时，森林覆盖率已下降至 35%。

中华人民共和国成立后，热带森林的变化主要由以下几个方面而引起。

(1) 人口的剧增和社会经济的发展刺激了对林产品和林副产品的大量需要，不科学地利用导致了对热带林无休止的干扰和破坏。特别是直到 20 世纪末才叫停的“刀耕火种”对自然植被影响较大。刀耕火种，又称游耕农业，是世界热带地区广泛使用的原始耕作方式。在海南岛游耕方式原只是当地少数民族盛行，但随着人口的剧增，外来人员也加入了游耕的行列。在尖峰岭游耕的海拔已升至 500～600m，在霸王岭和通什番阳等地，游耕的高度更甚，达海拔 800m 以上，有的地方已垦至山顶。

(2) 毁林种植热带作物。中华人民共和国成立后广东省人民政府从海南岛总面积中划给农垦部门发展橡胶等热带作物用地 8 万 hm^2，其中包括有林地 43.4 万 hm^2，占当时天然林的 50.3%，在有林地上已垦植橡胶 36 万 hm^2，这些林地原大都是以龙脑香科植物青皮等为主要树种的热带低地雨林。

(3) 工业生产的发展，对木材的需求量比历史上任何一个时期都大，如造船厂、胶合板材厂等。另外海南岛解放后成立的 11 个森工企业存在着不合理的采伐方式，比较适合海南岛热带林的“采育择伐”方式，由于需要有高素质的林业技术人员和采伐工人及实现这一技术的科学管理方法，在实施这一采伐方式的过程中，多形成了变样的采育择伐，多采而少育，从而导致森林更新不良。海南岛 20 世纪末前的热带林的近代变迁可从表 14-3-1 反映出来。

表 14-3-1 海南岛热带森林的近代变迁 (单位：万 hm^2)

Tab.14-3-1 The transformation of forests in Hainan Island

年份	1933	1950	1955	1979	1985	1990	备注
森林面积	169.2	120.0	86.3	40.5	30.1	26.7	
覆盖率/%	49.9	35.4	25.7	12.0	8.9	7.9	
年均消减面积	—	2.89	3.60	2.80	2.68	2.50	以 1993 年为基数
年均消减率/%	—	1.71	2.13	1.65	1.58	1.45	同上

资料来源：李意德，1995。

从表 14-3-1 可以看出，海南岛热带天然林自 1933～1990 年的 57 年间，面积减少了142.5 万 hm^2，每年砍伐的百分率为 1.48%，年毁林面积为 2.5 万 hm^2，高于世界热带地区的年平均毁林率(0.6%)，其中最严重的是 1950～1979 年的 29 年，年平均毁林率高达1.62%，年毁林面积达 2.74 万 hm^2；1980 年以后由于当地政府部门采取了积极的保护措施，加之现存的天然林多分布在较偏远的地区，毁林率才有所下降，但仍为世界热带地区平均毁林率的 2 倍多，因此海南岛热带森林的保护工作仍相当艰巨。

(4) 进入 20 世纪后，湿地植被受到人类活动的影响较大，尤其是城市周边的湿地有所锐减并受到一定程度的污染，湿地植被所受到的影响更加显著。现以卢刚等(2014，内部资料)完成的海口市羊山地区湿地变化情况为例。根据 2009 年 7 月 1 日谷歌地图卫星照片显示测算，所调查的 15 处湿地的水域总面积约为 7.45km^2。对照近期的卫星影像和现场调查获得的信息，现存水域面积比 2009 年有所减少，主要是因为城市建设占用了部分湿地。羊山的湿地类型非常丰富，涵括了淡水泉、溪流、洪泛区、沼泽、湖泊、水稻田、池塘、水库等类型。在 15 处重点调查湿地中，人工湿地 3 处，天然湿地 7 处，其余 5 处为混合型湿地。羊山湿地水质普遍较好，尤以泉水附近的湿地水质清澈透亮，如博片村和玉龙泉。但有些泉水型湿地的总溶解固体(TDS)值很高。羊山湿地水生植物的覆盖度颇高。沉水和浮叶植物需要生长在比较洁净的水体中，它们往往是水质良好的指标。沉水植物和浮叶植物对环境非常敏感，有的物种会在特定的时段里爆发性出现。羊山湿地周边多为茂密的树林和灌丛，森林与湿地共同构成水陆结合的立体生态系统，在海南其他地方并不多见，潜藏着很高的生态与景观价值。羊山湿地面临着被填埋、排干、采石、工农业和生活污染、外来生物入侵等种种威胁。养鸭污染和外来入侵生物造成的威胁尤其普遍。规模化的养鸭对湿地的破坏很大，鸭子不但会啃食多种水生生物，游动时还会影响水生植物的生长，喂鸭饲料及鸭粪也会造成水体富营养化。另外，调查期间观察到一些湿地由于城市建设、开发房地产或旅游项目，已经完全消失。

因此，除了制止掠夺性的破坏、控制城镇的扩张外，世界各国为了保住一定面积的自然植被类型，特别是森林植被类型，制定了很多相关的保护法律法规，采取了很多措施来保护自然植被，如建立国家公园、自然保护区、自然森林公园、自然湿地公园等就是最常见的方法与手段。一些农村的村规与习俗对自然植被也有一定的保护，在海南，目前还可以看到很多农村周围保存有较好的“风水林”或“护村林”，对农村周边的自然森林起到了保护作用。但从目前的现状来看，立法并建立自然保护区及保护好停止砍伐后的林场自然森林植被等是保护自然植被及生物多样性的有效手段，在这些保护区内，分布有海南代表性的植被类型，多种海南特有动植物或中国特有动植物，多种国家级、省级及其他规定的保护动植物种类资源。另外，建立国家森林或湿地公园有可能缓解保护与开发的矛盾，划定生态红线并立法保护将有利于促进保护工作的进行。图 14-3-1 为海南自然保护区及天保林场分布图。

在海南已经建立起来的国家级自然保护区中，除了三亚珊瑚礁国家级自然保护区与红树林植被及陆域植被的保护关系不大外，其余的对自然植被的保护都起到了关键性的作用，这些保护区有大田国家级自然保护区、东寨港国家级自然保护区、霸王岭国家级自然保护区、大洲岛国家级海洋生态自然保护区、尖峰岭国家级自然保护区、五指山国家级自然保护区、铜鼓岭自然保护区、吊罗山国家级自然保护区和鹦哥岭国家级自然保护区，共 9 个。

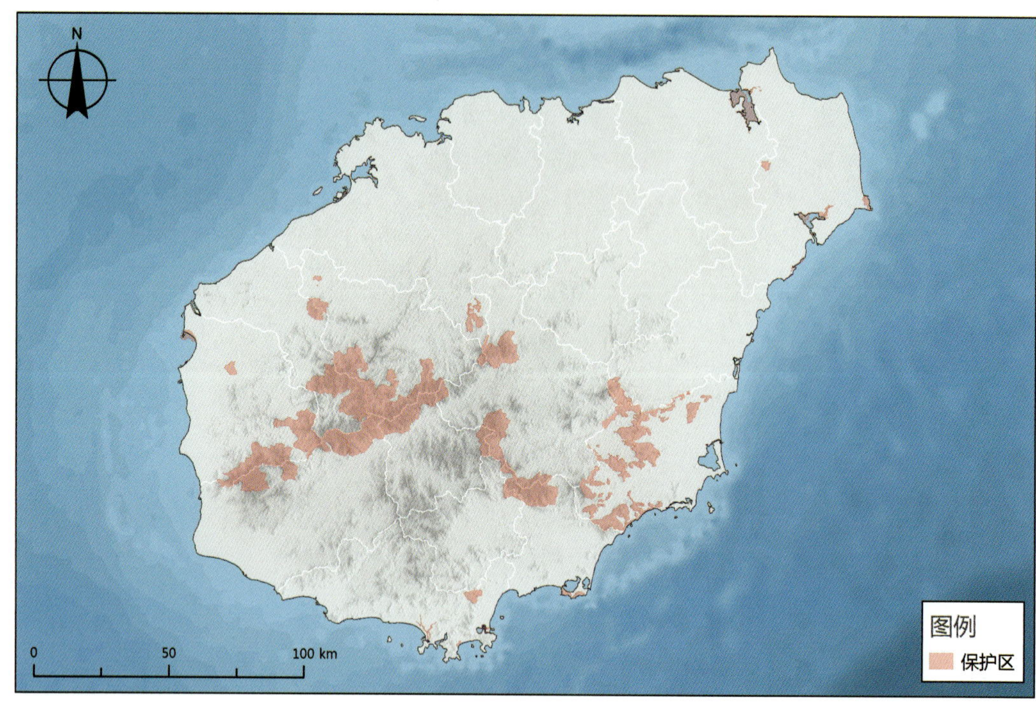

图 14-3-1 海南岛自然保护区及林场分布图
Fig.14-3-1 The distributions of nature reserve and forest farm in Hainan Island

大田国家级自然保护区。该保护区位于东方市大田，地处东经 108°47′～108°49′，北纬 19°05′～19°17′，面积约 1314hm^2。保护的主要对象为海南坡鹿。该保护区 1976 年建立，1986 年批准为国家级自然保护区。代表性植被类型为季雨林及其次生草灌丛、草丛。

东寨港国家级自然保护区。该保护区位于海南省东北部，处于海口市和文昌市的交界处，地理坐标为东经 110°32′～110°37′，北纬 19°51′～20°1′，属湿地类型的自然保护区。1605 年，发生琼州大地震，沉没了 72 个村庄，陆陷成海，形成了东寨港，发育了红树林生态系统。1980 年 1 月经广东省人民政府批准成立海南东寨港自然保护区。1986 年 7 月经国务院批准晋升为国家级自然保护区，是我国建立的第一个红树林类型的湿地自然保护区，1992 年被列入国际重要湿地名录。保护区总面积 3337.6hm^2，核心区面积 1635hm^2，缓冲区面积 1167.1hm^2，实验区面积 535.5hm^2，其中红树林面积 1578.2hm^2，滩涂面积 1759.4hm^2。代表性植被类型有红树林、半红树林。

霸王岭国家级自然保护区。该保护区位于海南岛西南部山区，北纬 18°57′～19°11′，东经 109°03′～109°17′。1980 年经广东省人民政府批准建立自然保护区，1988 年经国务院批准晋升为国家级自然保护区。保护区总面积 29 980hm^2，其中核心区面积为 10 540hm^2，缓冲区面积为 8910hm^2，实验区面积为 10 530hm^2。属森林生态系统类型的自然保护区，主要保护对象是海南长臂猿（*Nomascus hainanus*）及其栖息地——热带雨林生态系统。该保护区的代表性植被类型主要有热带雨林（低地雨林、山地雨林）、高山云雾林及热带针叶林（南亚松林）。

大洲岛国家级海洋生态自然保护区。该保护区位于海南岛东部沿海，在万宁县境内，即东经 110°27′～110°31′，北纬 18°38.8′～18°41.4′范围内，面积 70km²。1983 年万宁县建立了县级自然保护区。1989 年，经过全面论证，国家海洋局提出建立海岛海域生态系统自然保护区。1990 年正式确定为国家级海洋自然保护区。主要保护对象为爪哇金丝燕(*Aerodramus fuciphagus*)、海岛海洋生态系统。大洲岛是目前确定的金丝燕在我国唯一的长年栖息地，岛岸为花岗岩构造，经海水长年剥蚀而成形状各异的陡峭的岩洞，金丝燕就栖息在这些岩洞中。代表性植被为热带海岛丛林、海岛低地热带雨林。

尖峰岭国家级自然保护区。该保护区位于海南岛西南部，地跨乐东和东方两县市，地理坐标为东经 108°44′～109°02′，北纬 18°23′～18°52′，属森林生态系统类型自然保护区。尖峰岭热带森林自然保护区始建于 1960 年，是海南省第一个自然保护区，2002 年 8 月 1 日晋升为国家级自然保护区，保护对象为热带原始林生态系统。保护区总面积 20 170hm²，核心区面积 9932hm²，缓冲区面积 8357hm²，试验区面积 1881hm²。该保护区的代表性植被类型主要有热带雨林(低地雨林、山地雨林)、高山云雾林及季雨林。

五指山国家级自然保护区。该保护区位于海南岛中部，以五指山顶峰为中心的广大山区，地理坐标为东经 109°32′03″～109°43′19″，北纬 18°48′59″～18°59′07″，属于森林生态系统自然保护区，1985 年 11 月经广东省人民政府批准建立省级保护区，2003 年由国务院批准晋升为国家级自然保护区，该区主要保护对象是热带雨林生物多样性，保护区总面积 13 436hm²，核心区面积为 7290hm²，缓冲区面积为 3895hm²，实验区面积为 2251hm²，该保护区的代表性植被类型主要有热带雨林(低地雨林、山地雨林)和高山云雾林。

铜鼓岭国家级自然保护区。该保护区位于海南省文昌市龙楼镇。铜鼓岭自然保护区的地理坐标为东经 110°58′30″～111°03′00″，北纬 19°36′54″～19°41′21″。2007 年 8 月 1 日正式挂牌，1983 年 6 月经原文昌县(现文昌市)政府批准其为县级自然保护区。1988 年，海南建省办特区后，海南省人民政府将铜鼓岭自然保护区列为省级重点自然保护区。2003 年，国务院办公厅批准为国家级自然保护区。保护区的总面积为 44km²，其中陆地面积 13.33km²，海域面积 30.67km²。其中核心区包括铜鼓岭陆域主峰热带滨海低地雨林集中分布区、蛟螺头海蚀地貌集中分布区和淇水湾海域珊瑚礁资源集中分布区。代表性植被类型主要有滨海低地雨林(过去曾定义为低山季雨矮林)、滨海灌丛。

吊罗山国家级自然保护区。吊罗山国家级自然保护区位于海南东南部，北纬 18°43′～18°58′，东经 109°43′～110°03′。地跨五指山、保亭、琼中、万宁、陵水 5 个市县，1984 年成立省级保护区，2008 年 1 月晋升为国家级自然保护区。保护区总面积 18 389hm²，核心区面积为 7841hm²，缓冲区面积为 8457hm²，实验区面积为 2091hm²，代表性植被类型为热带雨林(低地雨林、山地雨林)、高山云雾林。

鹦哥岭国家级自然保护区。该保护区于 2004 年 7 月经海南省人民政府批准成立(2004 年 56 号文)，位于海南省中南部，总面积 50 464km²，保护对象为热带雨林及其生态系统，属于森林和野生动物类型自然保护区。2014 年 12 月 23 日，批准为国家级自然保护区。海南鹦哥岭国家级自然保护区位于海南省中南部，南北宽约 33km，东西长约 39km，跨白沙县、五指山市、乐东县、琼中县 4 市县，即东经 109°11′29″～109°34′15″，北纬 18°49′13″～19°08′37″，保护区总面积 50 464hm²，核心区面积为 18 250hm²，缓冲区面积为 12 200hm²，实验区面积为 20 014hm²，地势中高周低，海拔范围为 200～1812m。鹦哥岭地区是华南地区面积最大且连片的以热带雨林为主体的天然林分布区，海南鹦哥岭国家级自然保护区的保护对象是保护热带雨林及其生态系统。该保护区代表性植被类型有热带雨林(低地雨林和山地雨林)、高山云雾林。在高山云雾林中，以广东松(*Pinus kwangtungensis*)林较为有特色。

分布有特色或较具代表性植被的省级自然保护区主要有如下几个。

甘什岭省级自然保护区。该保护区建立于1985年。保护区位于三亚市东北面，保护区总面积有2103.4hm^2，地理坐标为东经109°37′43.34″～109°41′37.03″，北纬18°21′18.98″～18°23′59.37″。主要保护海南特有珍贵树种无翼坡垒(*Hopea reticulata*)，俗称铁棱(国家二级保护)。代表植被：低地雨林，但组成与结构特殊。具体内容参阅植被类型的相关章节。

礼纪青皮林省级自然保护区。该保护区位于万宁市，面积948.9hm^2。该保护区建立于1980年，主要是保护这一独特的滨海丛林——海岸单优青梅(青皮，*Vatica mangachapoi*)林。

清澜红树林省级自然保护区。该保护区位于文昌县境内，海南岛东北侧，该保护区中心位置地理坐标为北纬199°34′，东经110°45′，包括了文昌境内的红树林分布区域。于1981年建立省级红树林保护区，保护区总面积2948hm^2，其中红树林面积1223.3hm^2。为我国红树植物天然分布种类最多的保护区。

黎母山省级自然保护区。该保护区位于海南中部琼中、白沙境内，东经109°39′05″～109°48′31″，北纬19°07′22″～19°14′03″，南北宽9.7km，东西长15.5km，原总面积12 889hm^2，保护区于2004年7月由海南省人民政府批准建立，主要保护对象是热带雨林生态系统，2011年11月进行了调整，调整后，黎母山自然保护区总面积为11 701hm^2。代表性植被类型为热带雨林(山地雨林、低地雨林)和高山云雾林。

猴猕岭省级自然保护区。该保护区位于东方市境内，与昌江、乐东交界。该保护区位于东经108°57′15″～109°07′21″，北纬18°48′33″～18°58′17″，东西长约18km，南北长约17km，土地总面积为12 215.33hm^2。保护区于2004年7月23日由海南省人民政府批准建立，保护级别为省级，是一个以森林生态系统类型为主要保护对象的自然保护区。猴猕岭是海南第三大岭，其主峰海拔1655m，岩层以喀斯特地貌石灰岩为主，是目前海南石灰岩喀斯特地貌唯一的森林生态系统保护区，与较多的保护区一样主要分布有热带雨林(低地雨林和山地雨林)、高山云雾林，另外还分布有小部分的季雨林。

佳西省级自然保护区。该保护区位于海南岛的西南部，乐东县境内，地理坐标为北纬18°50′～18°55′，东经109°07′～109°15′，总面积约8326.7hm^2。保护区于1981年建立(海南行政区)，现为省级自然保护区。代表性植被类型有热带雨林(低地雨林和山地雨林)和热带针叶林［广东松(*Pinus kwangtungensis*)林］。

文昌、琼海麒麟菜省级保护区。该保护区是1983年经广东省人民政府批准建立的，由原广东省海南行政区在文昌、琼海两个市级麒麟菜自然保护区合并而成，保护区面积9000hm^2(文昌：6500hm^2，琼海2500hm^2)，保护对象为是麒麟菜(*Eucheuma muricatum*)、江蓠菜(*Gracilaria* sp.)、拟石花菜(*Gellidiela acerosa*)及珊瑚礁生态系统。保护区位于琼海市、文昌市交界三更峙至琼海市潭门镇草塘村7m等深线水域。麒麟菜是珍贵的热带海洋藻类，生长在海底珊瑚礁上，有海底庄稼之称，麒麟菜含胶量在30%左右，是提取卡拉胶的工业用海藻，也是是制造琼脂的原料。

南林、尖岭、六连、上溪、茄新、会山、番加等省级自然保护区。南林、尖岭、六连、上溪、茄新自然保护区位于万宁，会山保护区位于琼海、琼中，番加保护区位于儋州市境内。这些保护区的面积分别为：南林有 5775.3hm^2，尖岭有 10 933.7hm^2，六连有 2745.5hm^2，上溪有 11 662.2hm^2，茄薪有 7588hm^2，会山有 4464.2hm^2，番加有 3100hm^2，这些保护区主要的保护对象是热带低地雨林，个别有小面积的山地雨林，如会山自然保护区。这些保护区虽然在植被类型及代表性植物方面，特色不是很明显，但对保护海南低地雨林生物多样性及涵养水源等有重要作用。

南湾省级自然保护区。该保护区位于陵水县新村镇南湾半岛，东经 109°22′～110°03′，北纬 18°22′～18°25′，总面积 1026.67hm^2。南湾省级自然保护区始建于 1965 年，1976 年晋升为省级自然保护区，是以保护海南猕猴为主要对象的动植物类型保护区。代表性植被类型为滨海次生性低地热带雨林。

邦溪省级自然保护区。该保护区位于白沙黎族自治县邦溪镇。保护区建立于 1976 年，为省级自然保护区。保护区总面积为 357.8hm^2。邦溪地区是海南坡鹿的原生地，坡鹿(*Cervus eldii*)是世界珍稀动物，是我国一类保护动物，是我国 17 种鹿类中最珍贵的一种，全世界只有海南才有坡鹿，故称海南坡鹿。该地区年平均温度 24℃，年平均降雨量 1400mm 左右。为海南低地雨林向季雨林过渡的区域边缘，代表性植被类型为偏干旱的低地雨林退化后形成的次生草丛、灌丛。

东方黑脸琵鹭省级自然保护区。该保护区位于东方市四更镇境内，总面积 1429hm^2，主要保护对象为黑脸琵鹭，属野生动物类型保护区。黑脸琵鹭是濒危珍禽，全球仅余 2000 余只。四更镇面前海滩也成为除了台湾曾文溪、香港米埔之外，在中国发现的黑脸琵鹭又一重要越冬地。代表性植被类型为红树林，而且很特殊，到目前为止，在东方境内的红树林仅由一个树种——白骨壤组成。这是一种特殊的自然景观，希望人类不要在东方引入其他红树林树种，破坏这一自然景观。

另外，在一些市县级保护区中，还有一些保护区很有特色，如三亚境内六道综合生态自然保护区和近邻的大东海火岭自然保护区，这两个保护区位于海南低地雨林与季雨林的过渡区，分布有低地雨林和季雨林的代表性植物及较多的海南特有植物。特别是疣粒野生稻种群、海南龙血树种群、野生龙眼种群及海南苏铁种群都发育较好；三亚河红树林的代表性植物为(正)红树；位于三亚市林旺镇铁炉港红树林保护区却分布有榄李、红榄李、木果楝、海莲、木榄等种群，其中红榄李极为珍贵；昌化岭自然保护区位于昌江县境内，该保护区代表植被类型为季雨林，海南龙血树种群为优势种群之一，很有特色；澄迈花场湾沿岸红树林自然保护区、临高彩桥红树林自然保护区、儋州新英湾红树林自然保护区等海南西北部红树林保护区，它们的红树林植物群落，无论在组成还是结构都与东部的红树林植物群落有一定的差异，秋茄(*Kandelia obovata*)等种群发育较好。

2019 年 4 月，海南设立热带雨林国家公园体制试点区，建设热带雨林国家公园。海南热带雨林国家公园主体位于海南岛中部山区，东起吊罗山国家森林公园，西至尖峰岭国家级自然保护区，南自保亭县毛感乡，北至黎母山省级自然保护区，总面积 4400 余平方千米，约占海南岛陆域面积的 1/7。海南热带雨林国家公园包括五指山、鹦哥岭、尖峰岭、霸王岭、吊罗山 5 个国家级自然保护区和佳西等 3 个省级自然保护区，黎母山等4个国家森林公园、阿陀岭等6个省级森林公园及相关的国有林场。范围涉及五指山、琼中、白沙、昌江、东方、乐东、保亭、陵水、万宁9个市县。主要保护对象为热带雨林生态系统及其生物多样性，在保护热带雨林生态系统的同时，达到保持海南中部山区水土，涵养水源，确保海南岛生态安全。

人类活动对自然植被的影响，可分为三个层次：第一层次为不可恢复的影响，如城市建设、永久性水库建设、永久性旅游景点建设等；第二层次为理论上可恢复的影响，如自然植被被人工植被取代，临时建设用地或临时人工水体(养殖池塘)等；第三层次为人工栽培植物对自然植被的侵食。近代最典型的案例主要有：①海口湾红树林生态系统被万绿园取代，琼海东屿岛原农村植被被永久性景点植被取代等(案例一)，都是不可逆的；②橡胶林、槟榔园所取代的大面积低地自然林，红树林被养殖塘取代(案例二)等，这些是可逆的，只要退耕或退塘还林，便可达到恢复自然植被的目的；③农村周边植被不断被栽培植物侵食，所消失的植被类型是多样的，如文昌昌洒农村植被类型很有特色，但农业开发对其产生的影响可能会很深刻(案例三)。众所周知，建立自然保护区是对自然植被最好的保护途径，《海南植被志》以昌江县自然保护区对濒危植物种群的保护效果为例定量说明建立保护区对自然植物种群发育的有效保护(案例四)。

二、研究案例

(一)案例一：被景点植被替代的原农村植被——以琼海市博鳌东屿岛原植被资源研究为例

海南岛东部地区的农村周边半自然植被与村庄的保护密切相关，因此，这一地区农村的半自然植被类型、植物种类较为丰富。但由于自然环境、农村发展速度、农民日常生活习俗等不同，农村植被资源的保留程度仍有较大的差别，即农村半自然植被类型、种类及分布规律等有一定的差异，因此开展农村半自然植被资源的调查研究，对未来的农村生态环境建设、农村的半自然植被和生物多样性保护等都具有重要的意义。但是在农村城镇化或旅游景区化的过程中，很多农村植被很快消失。例如，在滨海地区，现在看到的是以滨海生态景观植被为主的人工植被类型，主要由常见的景区绿化植物组成(见第五章)。如果没有历史记录，后人是很难想象之前是由什么样的植被类型及主要植物组成的。以下是琼海东屿岛(博鳌亚洲论坛年会的永久性会址)在论坛建设起来之前的植物群落类型与组成(调查时间2001年，发表时间为2002年。杨小波，2002)。

1. 研究地区与研究方法

1)研究区概况

(1)样地的地理位置及地形地貌

琼海市博鳌镇东屿岛位于海南岛东海岸、万泉河入海口处，为博鳌亚洲论坛会址所在地，属江心沙洲漫滩及海成阶地，近圆形，总体地形为中心高四周低，岛上标高为1.0～3.5m，地势平缓。该岛植被资源极为丰富的区域为北部，地理坐标为东经110°33′50″～110°34′33″，北纬19°08′41″～19°09′08″，面积约0.4km^2。

(2)土壤

东屿岛土壤类型为冲积潮砂土，14个样品(混合样，取样深度50cm)的测试结果表明，土壤中有机质、全氮、钾、磷等含量低，变化较大。有机质平均质量含量为0.414%，区间值为0.141%～0.732%；全氮平均质量含量为44.4mg/kg，区间值为18.1～129.4mg/kg；钾质量含量平均值为24.17mg/kg，区间值为14.5～62.2mg/kg；全磷质量含量平均值为0.188%，区间值为0.046%～0.4%；可溶盐含量较高，平均含量为0.0485%，区间值为0.024%～0.12%。仅有一个土样pH为6.82，略具酸性，其余土样均为偏碱性，pH最高为8.24。

2)研究方法

采取了常见的路线调查与样方法开展调查工作。

2. 结果与分析

1)植被类型及其分布

依据野外调查及室内分析，该区域半自然植被类型可划分为以下7个群落：①沙滩匍匐藤蔓丛植物群落；②海岛草丛植物群落；③海岛灌丛植物群落；④红树林群落；⑤半红树林群落；⑥果园、竹园植物群落；⑦海岛丛林植物群落。这7个植物群落的分布具有一定的规律。前5个群落分布在该岛的最外缘或弃荒的农田及田间小岛上，后两个群系却分布在房屋周边或村落的外围及靠近村庄的田间小岛上。

2)植物群落的基本特征

(1)沙滩匍匐藤蔓丛植物群落

该群落的主要组成植物是厚藤(*Ipomoea pes-caprae*)，较为简单。

(2)海岛草丛、灌丛植物群落

海岛草丛及灌丛群落主要由露兜(*Pandanus tectorius*)、海杧果(*Cerbera manghas*)、假泽兰(*Mikania cordata*)、地毯草(*Axonopus compressus*)、铺地黍(*Panicum repens*)、苦郎树(*Clerodendrum inerme*)、鹊肾树(*Streblus asper*)、水蔗草(*Apluda mutica*)等构成。露兜、海杧果、假泽兰小群落主要分布在旱田与池塘之间，覆盖度为60%～70%；地毯草、铺地黍、露兜小群落多数由弃荒农田发育而成，覆盖度为60%～70%；苦郎树、鹊肾树、水蔗草小群落多分布在田间小岛上，覆盖度可达75%以上。该群落是本区域的主要植被类型之一，优势灌丛植物种为露兜树、苦郎、鹊肾树，优势草本植物有厚藤、地毯草、铺地黍、水蔗草、飞机草(*Chromolaena odorata*)、香附子(*Cyperus rotundus*)等，平均400m^{2}的样方中有植物42种，常见的乔木植物有：海杧果、木麻黄(*Casuarina equisetifolia*)、黄槿(*Hibiscus tiliaceus*)、水黄皮(*Pongamia pinnata*)、暗罗(*Polyalthia suberosa*)、潺槁木姜(*Litsea glutinosa*)等；常见的灌木有：细叶裸实(*Gymnosporia diversifolia*)、酒饼簕(*Atalantia buxifolia*)、黑面神(*Breynia fruticosa*)、马缨丹(*Lantana camara*)等；常见的草本及藤本植物有：加拿大蓬(*Erigeron canadensis*)、鸡屎藤(*Paederia foetida*)、牛筋藤(*Malaisia scandens*)、白皮素馨(*Jasminum rehderianum*)、狼尾草(*Pennisetum alopecuroides*)、糙叶丰花草(*Spermacoce hispida*)等；另外，榄仁树(*Terminalia catappa*)、苦楝(*Melia azedarach*)、琼崖海棠(红厚壳)(*Calophyllum inophyllum*)、椰子(*Cocos nucifera*)等也有零星分布。

(3)红树林、半红树林群落

该群落由水黄皮、海杧果、黄槿小群落和海漆(*Excoecaria agallocha*)、水黄皮、海杧果小群落构成,主要分布在岛西北和东北部水沟周边,海漆可分布到有水浸没的地方,该群落部分靠近村落分布。群落覆盖度为60%～75%。群落优势种为水黄皮、海杧果、黄槿、海漆等,平均400m^{2}的样方中有植物46种,常见植物有:露兜、琼崖海棠、暗罗、苦郎、尖叶豆腐柴(*Premna chevalieri*)等16种,此外,卤蕨(*Acrostichum aureum*)、老鼠簕(*Acanthus ilicifolius*)、海桑(*Sonneratia caseolaris*)等红树及半红树林植物也有零星分布。

(4)果园、竹园等作物群落

这一植被群落是农村植被的主要类型之一,由于管理粗放,在群落组成与结构等方面与旱田里的果园、竹园有显著的不同,主要表现为植物种类丰富和结构复杂。除优势植物椰子树、槟榔树、粉单竹(*Bambusa chungii*)等外,平均400m^2 的样方中有植物52种,整个群系中常见的植物有杨桃(*Averrhoa carambola*)、短穗鱼尾葵(*Caryota mitis*)、黄皮(*Clausena lansium*)、黄槿、对叶榕(*Ficus hispida*)、土坛树(*Alangium salviifolium*)、龙眼(*Dimocarpus longan*)、假柿木姜(*Litsea monopetala*)等20 多种;群落结构可分为3层:乔木、灌木、草本各一层植物。

(5)海岛丛林群落

由于受海岸和河岸环境条件及村落人文活动的影响,在调查区域的村落及其周边分布有岛上较有特色的海岛丛林,它由琼崖海棠、白桐(*Claoxylon indicum*)、鹊肾树小群落,黄槿、海杧果、粉单竹小群落和山楝、鹊肾树、短穗鱼尾葵小群落构成,是岛上村落植被的主要植被类型之一。琼崖海棠、白桐、鹊肾树小群落和黄槿、海杧果、粉单竹小群落分布在村落里及村落周边,群落覆盖度变化范围大,为20%～75%。优势植物为琼崖海、白桐、鹊肾树、黄槿、海杧果、粉单竹,植物种类丰富,平均400m^{2}的样方中有植物57 种,整个植物群落的植物有朴树(*Celtis sinensis*)、倒吊笔(*Wrightia pubescens*)、椰子、槟榔(*Areca cathecu*)、番石榴(*Psidium cattleyanum*)、潺槁木姜、黄皮、木麻黄(可单独或小片分布)、台湾相思(可单独或小片分布)、对叶榕等80多种植物。山楝、鹊肾树、短穗鱼尾葵小群落分布范围较窄,仅分布在下坡村的东北部,地理位置为北纬19°08′49″,东经110°34′17″,面积约1800m^2。该群落覆盖度达85%～90%,群落组成成分丰富,结构复杂,是岛上调查区域内保留最好的植被。在200m^{2}的样方中,植物种类达35种,在整个群落中,植物种类达92种,其中,优势植物为山楝(*Aphanamixis polystachya*)、鹊肾树、暗罗和短穗鱼尾葵,常见植物有贡甲(*Maclurodendron oligophlebium*)、朴树、米仔兰(*Aglaia odorata*)、假蒟(*Piper sarmentosum*)、露兜、龙眼等20多种,零星分布的有椰子、岭南山竹子(*Garcinia oblongifolia*)、九节(*Psychotria asiatica*)、簕欓花椒(*Zanthoxylum avicennae*)、土蜜树(*Bridelia tomentosa*)、海杧果等。群落结构可划分成两层乔木、一层灌木和一层草本植物。

3)植物群落组成及其结构特征分析

虽然调查区域内的植被由7个不同类型的植物群落组成,多样复杂,但群落组成及其分布规律等方面仍表现出较强的热带强风区海岸沙地和岛屿植物的群落特征。

(1)组成成分分析

在调查区域内，分布有高等植物403 种，隶属85 科267 属。其中红树林、半红树林植物或滨海沙滩分布的植物有海桑、海漆、海杧果、卤蕨、老鼠簕、水黄皮、黄槿、苦郎、露兜、厚藤、海刀豆等。除海桑等红树林树种外，仅发现4 种海南特有种植物(海南天料木、白皮素馨、甲竹、石竹仔)，没有发现其他珍稀濒危保护植物。群落组成成分由岛外缘向岛中心逐渐复杂，多由中小常绿乔木构成，高度较矮，外貌常绿，表现出较强的热带强风区海岸沙地和岛屿植物的群落组成及分布特征。

(2)主要植物分布频度及密度分析

A. 植物分布频度

植物分布频度是表示某一种群的个体在群落中或一个地区水平分布的均匀程度，它表示个体与空间部位的关系，是一个种群出现的样地的百分数，一般把频度划分成5 个等级，即1%～20%为A 级，21%～40%为B 级，41%～60%为C 级，61%～80%为D级，81%～100%为E 级。在31 个样方(共9030m^2)里，发现样方中261 种植物的分布频度可归列为：E 级别=0 种＜D 级=4 种＜C 级=6 种＜B 级=34 种＜A 级=217 种，A 级分布的种数占样方内总种数的83.1%，其比例特大，从而认为该地区绝大多数的植物种类分布范围较窄，各植物种类对生境的要求比较严格，并非岛屿上的植物就能分布在岛上任一地方。频度为20%以上的植物种类有44 种，频度小于20%的有39 种(表14-3-2)。

表14-3-2　琼海市博鳌东屿岛常见植物分布频度

Tab.14-3-2　The distribution frequency of plant in Dongyu island of Qionghai

种名	频度/%	种名	频度/%	种名	频度/%	种名	频度/%
黄槿	67.7	海南茄	35.5	九里香	22.6	甜竹	9.7
露兜树	61.3	粉单竹	35.5	短穗鱼尾葵	22.6	海南天料木	6.5
白桐树	48.4	黄皮	29.0	刺籽鱼木	19.4	洒金榕(变叶木)	6.5
龙眼	41.9	番木瓜	25.8	朴树	19.4	簕欓花椒	6.5
山楝	38.7	牛筋藤	25.8	桔	19.4	米仔兰	6.5
鸡屎藤	38.7	飞机草	25.8	杧果	19.4	九节	6.5
毛两面针	35.5	粪箕笃	22.6	倒吊笔	19.4	基及树	6.5
槟榔	35.5	马缨丹	22.6	乌桕	16.1	乌墨	3.2
小葡萄	29.0	竹节草	22.6	滑桃树	16.1	榄仁树	3.2
杨桃	25.8	鹊肾树	64.5	荔枝	16.1	竹节树	3.2
斜叶榕	25.8	番石榴	54.8	土坛树	16.1	岭南山竹子	3.2
倒地铃	25.8	对叶榕	41.9	了哥王	12.9	石栗	3.2
木麻黄	22.6	火炭母	38.7	刺柊	12.9	海漆	3.2
宿苞厚壳树	22.6	海杧果	38.7	波罗蜜	12.9	刺桐	3.2
地毯草	22.6	暗罗	35.5	细叶裸实	12.9	高山榕	3.2
琼崖海棠	64.5	苦郎	35.5	贡甲	12.9	米仔兰	3.2
水黄皮	58.1	潺槁木姜	32.3	圆滑番荔枝	9.7	人心果	3.2

续表

种名	频度/%	种名	频度/%	种名	频度/%	种名	频度/%
海芋	45.2	狗牙根	29.0	假柿木姜子	9.7	小粒咖啡	3.2
假蒌	38.7	梵天花	25.8	五月茶	9.7	中粒咖啡	3.2
苦楝	38.7	柚子	25.8	榕树	9.7	赪桐	3.2
椰子	38.7	假泽兰	25.8	甲竹	9.7		

注：毛两面针(*Zanthoxylum nitidum*)、小葡萄(*Vitis balansaeana*)、斜叶榕(*Ficus tinctoria* subsp. *gibbosa*)、高山榕(*F. altissima*)、榕树(*F. microcarpa*)、倒地铃(*Cardiospermun halicacabum*)、宿苞厚壳树(*Ehretia asperula*)、海芋(*Alocasia odora*)、海南茄(*Solanum procumbens*)、粉单竹(*Bambusa chungii*)、番木瓜(*Carica papaya*)、粪箕笃(*Stephania longa*)、火炭母(*Polygonum chinense*)、狗牙根(*Cynodon dactylon*)、梵天花(*Urena procumbens*)、柚子(*Citrus grandis*)、九里香(*Murraya exotica*)、刺籽鱼木(*Crateva magna*)、橘(*Citrus madurensis*)、杧果(*Mangifera indica*)、乌桕(*Triadica sebifera*)、滑桃树(*Trevia nudiflora*)、荔枝(*Litchi chinensis*)、土坛树(*Alangium salviifolium*)、了哥王(*Wikstroemia indica*)、刺柊(*Scolopia chinensis*)、波罗蜜(*Artocarpus heterophyllus*)、圆滑番荔枝(*Annona glabra*)、五月茶(*Antidesma bunius*)、甲竹(*Bambusa remotiflora*)、甜竹(*Dendrocalamus latiflorus*)、海南天料木(*Homalium stenophyllum*)、洒金榕(*Codiaeum variegatum*)、基及树(*Carmona microphylla*)、乌墨(*Syzygium cumini*)、竹节树(*Carallia brachiata*)、石栗(*Aleurites moluccana*)、刺桐(*Erythrina variegata*)、人心果(*Manilkara zapota*)、小粒咖啡(*Coffea arabica*)、中粒咖啡(*Coffea canephora*)、赪桐(*Clerodendrum japonicum*)。其他的植物种类学名见正文。

B. 植物分布密度

植物种群分布密度是指植物种群在单位面积内的个体数，通常是以单位面积内种群的个体数目来表示。本调查仅对有较大观赏价值的木本植物种类的种群密度进行统计，其密度用平均每 100m^2 多少个个体(丛)来表示。在所调查样方中(4400m^2)密度较大的主要观赏植物有 34 种，见表 14-3-3。

表 14-3-3 琼海市博鳌东屿岛植物的分布密度

Tab.14-3-3 The density of plant populations in Dongyu island of Qionghai

种名	密度	种名	密度	种名	密度
白桐	0.068	苦郎	0.206	鹊肾树	0.841
刺仔鱼木	0.045	黄槿	0.864	红厚壳	0.273
水黄皮	0.455	对叶榕	0.023	山楝	0.205
苦楝	0.318	海杧果	0.118	椰子	0.114
暗罗	0.364	槟榔	0.455	粉单竹	0.455
潺槁木姜	0.205	斜叶榕	0.045	木麻黄	0.750
九里香	0.023	短穗鱼尾葵	0.705	了哥王	0.591
滑桃树	0.023	簕欓花椒	0.114	朴树	0.068
刺柊	0.159	贡甲	0.025	基及树	0.023
乌桕	0.002	甜竹	0.045	海南天料木	0.023
龙眼	0.018	米仔兰	0.018	九节	0.068
五月茶	0.045				

注：植物学名同表 14-3-2 或正文。

4）植物群落组成成分分布与土壤的关系

从本次调查区域内的植物群落组成成分分析结果与土壤化学性质分析结果之间的关系来看，可认为岛上植被的变化与土壤有机质的变化相关密切。从岛外围到中心的变化序列中(不含红树林)，植被类型从草丛向灌丛或半红树林向海岛丛林和村庄植被发展。在这一生态序列上，可用各个阶段的代表植物表示为：厚藤、香附草(草丛或藤蔓丛)，海杧果、黄槿、水黄皮、苦郎、露兜树(灌丛)，海棠(红厚壳)果、木麻黄、细叶裸实、酒饼簕、黑面神(海岛丛林)，朴树、倒吊笔、大蕉、橘子、椰子、槟榔、番石榴、潺槁木姜、黄皮等(村庄植被)。土壤类型亦从流动沙土→半流动沙土→固定沙土→粉质黏土或黏土方向发展，土壤有机质增加明显，pH 有从碱性向中性变化的趋势，但土壤从流动沙土→半流动沙土→固定沙土→粉质黏土或黏土发展的过程中，改良明显(表 14-3-4)。

表 14-3-4 琼海市博鳌东屿岛不同植被类型的土壤化学性质

Tab.14-3-4 Soil chemical properties of different vegetation types in Dongyu island of Qionghai

植被类型	土壤化学性质					
	有机质/%	全磷/%	NH_4^+/(mg/kg)	NO_3^-/(mg/kg)	K^+/(mg/kg)	pH
草地	0.141	0.30	22	2.5	27.9	8.03
草地	0.167	0.24	15	3.1	26.3	8.24
灌丛草地	0.719	0.10	17	4.2	17.5	7.04
农田作物	0.432	0.10	35	29.6	19.6	7.68
海岛丛林	0.569	0.38	30	7.6	19.6	7.22

3. 特点与讨论

东屿岛是博鳌亚洲论坛会址所在地，其环境绿化和美化是极为重要的，如处理得当，不仅对生物多样性保护有重要意义，而且还能表现出地方特色的人文景观，因此，选择和保留适合本地区生长的，冠形优美并能反映该地区特色的植物作为园林配置植物，对该地区的植被景观(园林)建设是很重要的。下面就原植被保留及树种选择(不含植物配置)提出 5 点建议。①尽量保留原有的植物群落。经调查分析认为，在调查区域内植物群落类型中，海岛丛林中的山楝、鹊肾树、短穗鱼尾葵群落最具有保留的价值，如有可能，应尽量把这一群落保留下来。②岛上植物资源丰富，其优势植物之一的露兜树分布范围较广，有一定的特色，不仅是很好的防风护沙植物，而且极容易移植，因此，可保留下来作为园林绿化植物种类。③恢复小面积的红树林、半红树林群落。尽管红树林仅剩下小面积的残次林，但由于红树林、半红树林是岛上的特色植被，如海桑、海杧果、海漆、黄槿、水黄皮等，特别是有较多的古老的海杧果树，特色突出。因此，希望将来的园林绿化建设者能恢复小面积的红树林、半红树林群落，其地点可选择在该岛的东北部，但这是否为最佳的地点还有待全岛植被现状调查完成后方可提出。此外，还可以引入多种红树林植物，以丰富本地区红树林的种类。④引进海岸沙生植物。在现有分布沙生草地和灌丛草地的地段，可以适当引入一些在沙地生长良好、冠形优美的海岸沙生植物，如草海桐、柄果木、滨木患等。⑤引进棕榈科植物及其他海南特色植物。在现有的村落植被、水田作物分布范围内，可以直接种植棕榈科植物及其他植物，而在草地或灌丛草地分布的范围内，最好通过改良土壤后才种植棕榈科植物及其他海南特色植物，如种植能在滨海环境生长的青梅等海南保护植物，但要注意强风对植物生长的影响，最好多引种一些抗风强和耐碱性的植物。另外，值得注意的是，由于岛上环境变化大，植物分布范围较窄，因此，岛外缘分布的植物较难在岛中心地带生长，而岛中心分布的植物要移植到岛外缘，须注意土壤改良和风害(说明：现在的植被几乎为很普通的景观绿化植物，与上述描写的有较大的差异)。

(二)案例二：遭受人类破坏的红树林

据钟义等(1991)1987年的调查的结果显示，在文昌龙楼铜鼓岭山脚下的宝陵河河口分布有种类相对丰富的红树林群落，主要有桐花树(*Aegiceras corniculatum*)、角果木(*Ceriops tagal*)群落，红树(*Rhizophora apiculata*)、海莲(*Bruguiera sexangula*)群落，海桑(*Sonneratia caseolaris*)群落，半红树林植物组成也相对丰富，主要有海杧果(*Cerbera manghas*)群落，其外缘还分布有较多的红树植物，常见的有海漆(*Excoecaria agallocha*)、榄李(*Lumnitzera racemosa*)、白骨壤(*Avicennia marina*)、老鼠簕(*Acanthus ilicifolius*)、卤蕨(*Acrostichum aureum*)等。但目前宝陵河河口仅分布有少量的红树林小片丛，尚可见到角果木和榄李的少量植株，其他红树林却遭到了严重的破坏。大面积的红树林和半红树林已经被水产养殖基地取代，目前仅在养殖场中镶嵌分布小面积的红树林和养殖场边有构成半红树林的海杧果、黄槿等树种的个体或小群体分布(图14-3-2)。虽然分布于该区东南角的湿生草地仍保留较好，但是由于沿海养殖和旅游活动管理不规范，沿海沙滩上分布的沙生植被近10年亦遭到一定程度的破坏，主要表现为分布面积在减少和连接程度减弱。实际上，海南分布有红树林的区域，有很多地方都类似宝陵河河口分布的状况(图14-3-3)。这类破坏是可恢复的，只要退塘还林，便可恢复红树林。

图14-3-2　文昌境内宝陵河河口的红树林与养殖池塘
Fig.14-3-2　The mangrove forests and cultivation ponds in Baoling river mouth of Wenchang

图 14-3-3　文昌(左)和儋州(右)境内的红树林与养殖池塘

Fig.14-3-3　The mangrove forests and cultivation ponds in Wenchang (left) and Danzhou (right)

(三)案例三：栽培植物对农村植被的影响——以文昌昌洒农村植被特点及农业开发对其产生的影响为例

实际上农村自然植被是构成农业生态系统的重要组成部分，也是农业生物多样性中遗传多样性的主要来源，也是农业栽培品种改良的直接和潜在的重要基因来源。因此，农村自然植被保存面积大小和多样性水平的高低情况可直接反映该地区农业生物多样性水平的潜力高低程度。现以文昌洒昌农村植被特点及农业开发对其产生的影响为例分析农业经济发展对农村自然、半自然植被的影响。

1. 研究区概况、研究方法、研究对象

1)研究区概况

昌洒镇位于文昌市东部，面积 197km^2，海岸线长 11.7km，地域广阔平坦，年平均温度 23.9℃，多年在 23.4～24.4℃，最低极温 0.3～6.6℃，出现在 1 月。年平均＞10℃积温为 8474.3℃，年平均日照 1953.8h。雨季主要集中在 5～10 月的汛期，雨量占全年的 80%。热带滨海特殊的气候、沙土条件和社会发展状况，对现有植被影响深刻。特别是近年昌洒地区开垦沙草地，发展瓜菜产业和椰子产业，对分布在昌洒地区特殊的薄果草、岗松群落等沙地植被影响很大。如何协调发展与环境保护的关系，有待深入研究。目前该地区的植被有由人工防护林、用材林和农田作物构成的人工植被和由村边残留下来的护村林半自然植被、滨海沙滩植被和沙地植被构成的自然植被组成。

2)研究方法

(1)植被调查方法

植被调查采用路线调查与标准样方法调查相结合，每一样地总面积为：森林 600m^2，

灌丛 200m^2，草地 100m^2，每一个样方大小为：森林 100m^2，灌丛 25m^2，草地 2m^2，记录的指标有：植物种类、个体高度、胸径、树冠(王伯荪等，1996)。

(2)植物群落分析的方法

采用植物群落分析的方法确定植被的类型及其特征(陈焕镛，1964～1977)。

(3)植物种类分析方法

采用植物种类分析依据《海南植物志》、《海南及广东沿海岛屿植物名录》和《中国种子植物属分布类型》(吴德邻等，1994；吴征镒，1991)。

3)研究对象

本次研究的对象为昌洒地区沿海农村及其周边的植被。

2. 研究结果与分析

1)植被类型与特征

野外调查研究结果表明昌洒地区的滨海沙滩植被与农村植被的类型有：①鬣刺(*Spinifex ittoreus*)、厚藤(*Ipomoea pes-caprae*)群落；②柳叶密花树(*Myrsine linearis*)、柄果木(*Mischocarpus sundaicus*)群落；③薄果草(*Leptocarpus disjunctus*)、岗松(*Baeckea frutescens*)群落；④文昌椎(*Castanopsis tonkinensis*)、香蒲桃(*Syzygium odoratum*)群落；⑤人工林。其中前三者为滨海沙滩植被，第四为农村周边护村林，属自然、半自然植被，后者为人工林。各植被类型的基本特征见表 14-3-5。

表 14-3-5 海南文昌昌洒农村植被类型特征比较分析

Tab. 14-3-5 A comparison of the characteristics of vegetation types in rural areas of WenChang

植被类型	优势种	植物种数*	群落覆盖率**	生物量或木材蓄积量
沙滩草地植被	鬣刺、厚藤	15	25%	0.11kg(fw)/m^2
沙滩灌丛植被	柳叶密花树、柄果木	38	50%	4.80 kg(fw)/m^2
沙地草地植被	薄果草、岗松	27	75%	0.58kg(fw)/m^2
农村周边植被丛林	文昌椎、香蒲桃	71	85%	54.5m^3/hm^2
木麻黄林	木麻黄	36	80%	72.7m^3/hm^2
木麻黄、桉树林	木麻黄、桉树	32	80%	43.05m^3/hm^2
加勒比松林	加勒比松	41	78%	72.3m^3/hm^2

*草地面积为 10m^2，灌丛面积为 200m^2，丛林面积为 600m^2，木麻黄林等其他人工林面积均为 600m^2；**为整个群落的平均数；表中植物种类学名见正文。

(1)滨海沙滩植被

本类型的鬣刺、厚藤群落，柳叶密花树、柄果木群落分布于该地区的外缘，除因人工木麻黄海防林的间断外，均有分布。前者的主要伴生种类有：单叶蔓荆子(*Vitex rotindifolia*)、露兜(*Pandanus austrosinensis*)、蔓茎栓果菊(*Launaea sarmentosa*)等常见的热带滨海沙滩植物，群落覆盖度 20%～35%，后者主要伴生植物有：桃金娘(*Rhodomyrtus tomentosa*)、紫玉盘(*Uvaria macrophylla*)、海南栲(*Castanopsis hainanensis*)、香花蒲桃、细叶谷木(*Memecylon scutellatum*)、贡甲(*Maclurodendron oligophlebium*)、竹叶木姜(*Litsea pseudoelongata*)、假鹰爪(*Desmos chinensis*)、避霜花(*Pisonia aculeata*)等热带滨海沙生灌丛植物，群落覆盖度 40%～60%。

(2) 沙地植被

薄果草、岗松群落镶嵌分布在该地区的内缘，以薄果草、岗松等为优势植物构成的草本群落。该群落是发育在特殊土壤条件下的原始群落，为海南极为特殊的植被类型。土壤最大的特点是，表土砂质和贫瘠，厚约 50cm，往下为坚硬、透性差的沙土，厚约 60cm，再往下为棕褐色不透性的泥炭层，隔开地下水上升及地表水下渗，从而造成雨季地表积水，旱季地表水干涸，地下水难以上升，因而又很干旱。薄果草、岗松等优势植物构成的草本群落高 50～60cm，覆盖度 50%～95%，植物种类组成简单特殊，既有耐旱的种类，又有耐湿的种类。在 10 个 $1m^2$ 样方内，植物有 27 种，地上生物量为 0.25～1kg(fw)/m^2。上层植物主要由薄果草和岗松组成，也常见有穗赤箭莎、野牡丹、硬叶葱草和猪笼草等；近地面植物常见有蜈蚣草(*Eremochloa ciliaris*)、谷精草(*Eriocaulon australe*)、飘拂草(*Actinoschoenus thouarsii*)和锦地罗(*Drosera burmanni*)等。植物根系以 15cm 内最多，但薄果草根往下分布至 60～70cm。

(3) 农村周边植被

该地区的半自然植被分布在自然村的外围，形成自然村的防护林。群落外貌深绿色，林冠稠密，稍有波状起伏；群落宽 30～60m，高 10～18m，覆盖度 85%～90%。群落的层次结构复杂，立木层两层，第一层为 10～18m 高，第二层为 3～10m 高，灌木层一层为 1～3m 高，草本层一层为 0.3～1m 高。群落组成成分比较复杂，具 4 个自然的防护林，调查面积约 1000m^2，有 28 科 36 属 71 种。立木的优势种为文昌市特有的壳斗科(Fagaceae)的文昌椎和桃金娘科的香蒲桃，常见的乔木种类有：鸭脚木、海棠果、龙眼等；灌木种类常见的有：竹叶木姜(*Litsea pseudoelongata*)、细叶谷木(*Memecylon scutellatum*)、贡甲(*Maclurodendron oligophlebium*)等；草本植物常见的有飞机草(*Chromolaena odorata*)、草豆蔻(*Alpinia hainanensis*)等。因此，从群落的外貌、结构和组成特点可以确定这些自然村的防护林为常绿季雨林的残留群落，既存有自然群落的特征，又表现出人类活动的痕迹。

(4) 人工林

该地区的人工林由沿海岸线分布的木麻黄防护林，防护林内缘由大面积分布的木麻黄(*Casuarina equisetifolia*)、窿缘桉用材林和加勒比松用材林构成。

A. 木麻黄防护林

该地区沿海岸线分布的木麻黄防护林有 0.5～3km 宽，24km 长。除外缘的林木由于长年受海风的影响，个体均较矮小外，总的来说，木麻黄防护林群落发育良好，覆盖度为 75%～85%。平均株行距为 3m×3m，林木胸径为 4～18cm，平均胸径为 12cm，树高为 4～16m，平均树高为 11m，地上木材蓄积量平均 72.7m^3/hm^2。在防护林内常见的植物有：刺葵、飞龙掌血、海南崖爬藤(*Tetrastigma papillatum*)、坡柳(*Dodonaea viscosa*)、飞机草和海滩牵牛(*Ipomoea imperati*)、老鼠拉冬瓜等 30 多种。

B. 木麻黄、窿缘桉用材林

本类型为该地区主要的人工用材林，镶嵌分布在多个山坡上。窿缘桉发育良好，但木麻黄发育稍比海岸线防护林差。覆盖度为 50%～85%。株行距为 2.5m×2.5m～4m×4m，林木胸径为 4～28cm，平均胸径为 10cm，树高为 4～20m，平均树高 11m，地上木材蓄积量为 24.2～61.9m^3/hm^2。

C. 加勒比松用材林

自 1975 年起，该地区就开始引种种植加勒比松用材林。主要在新居村、白土村和抱才村等的坡地上，林木发育良好。覆盖度为 70%～85%。株行距为 2m×2m～4m×4m，林木胸径为 6～20cm，平均胸径为 14cm，树高为 6～11m，平均树高为 8m，地上木材蓄积量为 40.6～104.0m^3/hm^2。林缘植物种类较为丰富，常见的有：马松子（*Melochia corchorifolia*）、蛇波子、银柴（*Aporosa dioica*）、飞机草（*Chromolaena odorata*）、叶下珠（*Phyllanthus urinaria*）、黑面神（*Breynia fruticosa*）等多种植物。

2）植物组成分析

经过野外调查与室内分类鉴定分析和统计，该地区有维管植物 321 种，隶属 102 科 220 属。其中蕨类植物有 6 科 7 属 9 种；裸子植物有 1 科 1 属 1 种；被子植物有 95 科 211 属 311 种。其中海南特有植物 8 种，它们是：海南光叶藤蕨（*Stenochlaena palustris*）、海南栲、文昌椎、乐会润楠（*Machilus lohuiensis*）、海南青牛胆（*Tinospora hainanensis*）、方枝蒲桃（*Syzygium tephrodes*）、海南崖爬藤（*Tetrastigma papillatum*）、硬叶谷精草（*Eriocaulon sclerophyllum*）。

3）开发建设对植被的影响分析及处理措施

开发区内分布有较好的沙生薄果草、岗松群落。该草坡热量充足，但土壤条件比较差，土壤含盐量高，表土砂质和贫瘠，厚约 50cm，往下为坚硬、透性差的沙土，厚约 60cm，再往下为棕褐色不透性的泥炭层，隔开地下水上升及地表水下渗，从而造成雨季地表积水，旱季地表水干涸，地下水难以上升，因而又很干旱，同时风力强劲。因此，一般的植物难以生长，现有的主要草类质量较差，不适宜放牧，所以这些草坡地多年都没有被利用。开发项目拟立足于结合椰子生长的特点，利用现代科学技术，对该草坡进行土壤的改造，发展椰子产业，是一件难得的好事，应给予支持。但是项目的开发建设对环境也有一定的不良影响，在开发建设中要引起注意。

（1）项目开发对生物多样性的影响及处理措施

以薄果草、岗松等优势植物构成的咸沙地草本群落是海南东部特殊气候和土壤条件下形成的特殊的稳定植被类型，分布着一些特殊的植物种类，如猪笼草（*Nepenthes mirabilis*）、硬叶葱草（*Xyris complanata*）、多种谷精草（*Eriocaulon buergerianum*）等。这些植物在海南只在这样的环境里种群发育较好。因此，一旦生境条件改变，这些植物种群发育将受到影响，有从该地区消失的危险。在此建议，项目开发者规划出一定面积的薄果草、岗松等优势植物构成的咸沙地草本群落保护小区，在开发种植椰子的同时，对保护小区进行原状保护。同时在开发过程中，要做好自然村半自然防护林的保护工作。在岛东部自然村半自然防护林中分布的植物种类较为丰富，应引起环境资源管理部门的注意，并把对它们的保护工作看成是海南生物多样性保护工作的重要内容之一，立项开展全面的研究，利用农村的习俗力量做好生物多样性的保护工作。

（2）项目开发对周边环境的影响及处理措施

为了防止农业经营大量使用的农药和化学肥料对周边环境的影响，在此建议，多使用农家肥，这不仅有利于改良草坡地有机质含量较少的状态，而且有得以减少过量的化肥对坡下其他农田的污染；同时在开发过程中，注意对密灌丛及附近自然村半自然林的保护工作，保护好虫害天敌的生存环境，从而提高自然生态系统、半自然生态系统对椰林生态系统的补偿能力。另外在椰林开发种植的时期，一定要注意做好水土的保持工作，因为一旦草被被铲除，土壤裸露，在强阳光下，沙质土中水分极容易被蒸发掉，或强暴雨也极容易冲走沙土，强风也容易刮走沙土，土地侵蚀将会很严重，同时影响坡下农田的农业生产。因此，一定要做好开发项目区外围的防护林建设工作。

(四)案例四：自然保护区对植物种群的保护效果——以昌江县自然保护区对濒危植物种群的保护效果为例

建立自然保护区是保护典型生态系统和生物多样性及珍稀濒危物种资源的基本途径(Myers，2003)。多年的实践证明，自然保护区是保护生物多样性的最佳手段，也是建设生态与环境、维护区域生态安全的有效措施(马建章，1992；王献溥等，2003；崔国发，2004；陈家宽等，2010；张镱锂等，2015)。

青梅(*Vatica mangachapoi*)，属龙脑香科(Dipterocarpaceae)青皮属，是我国稀有濒危植物。青梅是海南低地雨林的优势种群。在森林中拥有很强的适应性和更新能力，它能在瘦瘠干燥的石山上继续更新，甚至在海岸沙滩上扎根成林，具有很强的经济价值和科研价值。但近些年来，由于生境破坏，青梅面积越来越小，植株数量急剧下降。目前，青梅已列为国家二级保护物种，并开展了迁地保护和原地保护(谭业华等，2009)。

在海南，已经有很多学者对青梅开展了许多方面的研究工作(兰国玉等，2007；刘淑菊等，2011；李希娟等，2008；李意德等，2006；胡玉佳，1988，1991；张宏达，1963)。这些研究工作，基本上揭示了青梅种群在森林中发育的规律，为进一步开展探索保护区对青梅等一些濒危物种种群的保护打下了良好的基础。在研究种群的特征中，目前多从种群分布格局、种群结构等多方面开展研究工作。

那么，自然保护区对青梅等一些濒危物种种群的保护效果如何，我们在海南昌江县开展相关调查研究工作，企图达到说明建立自然保护区、保护热带雨林的连续性和足够大的面积，对保护濒危物种种群的重要性。

1. 研究地区与研究方法

1)研究区概况

昌江县及霸王岭自然保护区的地理概况见第九章第一节。

2)研究方法

(1)野外调查

选取具有代表性的地段(物种所处的植物群落或生境)设置20m×20m的样方。昌江县青梅所占样方共为16个(非自然保护区域和自然保护区域各8个)，样方总面积共6400m^2。根据设置的样地进行样方调查，对样方内的目的物种进行每木调查，记录样方中所调查目的物种种类、株数、树高、胸径及幼树数量，记录每个样方的地理坐标、植被类型、海拔等(表14-3-6)。

表 14-3-6　昌江县青梅调查的样方分布

Tab.14-3-6　The sample distribution of *Vatica mangachapoi*

乡镇	名称	所在保护区级别	调查方法	纬度	经度	海拔/m
七叉镇	七差岭		样方	19°07′63.81″	109°06′15.16″	680
七叉镇	七差岭		样方	19°07′71.38″	109°06′16.92″	726
七叉镇（红峰）	乌烈林场		样方	19°10′35.43″	109°00′03.36″	162
七叉镇（红峰）	乌烈林场		样方	19°10′38.38″	109°59′53.70″	113
七叉镇（红峰）	乌烈林场		样方	19°10′39.69″	109°59′49.50″	111
七叉镇（红峰）	乌烈林场		样方	19°10′41.33″	109°59′46.52″	100
七叉镇（红峰）	乌烈林场		样方	19°10′41.77″	109°00′03.57″	153
七叉镇（红峰）	乌烈林场		样方	19°09′08.81″	109°03′38.36″	434
保护区	霸王岭	国家	样方	19°07′09.58″	109°08′06.48″	582
保护区	霸王岭	国家	样方	19°03′06.90″	109°11′25.40″	627
保护区	霸王岭	国家	样方	19°04′19.31″	109°07′25.20″	745
保护区	霸王岭	国家	样方	19°04′51.34″	109°07′23.02″	594
保护区	霸王岭	国家	样方	19°04′51.76″	109°07′19.30″	623
保护区	霸王岭	国家	样方	19°04′52.10″	109°07′18.00″	628
保护区	霸王岭	国家	样方	19°04′49.19″	109°07′15.69″	690
保护区	霸王岭	国家	样方	19°04′55.24″	109°07′03.79″	793

（2）数据分析法

A. 青梅种群空间分布格局动态分析法

利用种群样方数据，采用以下 8 项指数对青梅种群空间分布格局进行分析（罗文等，2010；王峥峰等，1998；杨怀等，2013）（表 14-3-7）。

表 14-3-7　分布格局指数

Tab.14-3-7　The index of distribution pattern

指数类型	说明
方差/均值比率法（C）	若 C=1，种群分布为随机分布；若 C>1，种群趋于聚集分布；若 C<1，种群趋于均匀分布
负二项式参数（K）	K 值与种群密度无关，用于判别种群中植株的聚集程度。K>0 时，种群为集群分布，且 K 值越接近于 0，则聚集度越大；如果 K 值趋于无穷大，种群接近泊松分布，即随机分布；K<0 时，为均匀分布
Green 指数（GI）	当 GI=0 时，种群为随机分布；当 GI>0 时，种群为聚集分布；当 GI<0 时，种群为均匀分布
Cassie 指标（CA）	当 CA=0 时，种群为随机分布；当 CA>0 时，种群为集群分布；当 CA<0 时，种群为均匀分布
Morisita 分散指数（I_δ）	当 I_δ=1 时，种群为随机分布；当 I_δ>1 时，种群为聚集分布；当 I_δ<1 时，种群趋于均匀分布
从生指数（I）	当 I=0 时，种群为随机分布；当 I>0 时，种群为聚集分布；当 I<0 时，种群为均匀分布
PAI（聚块性指标）	当 PAI<1 时，种群为均匀分布；当 PAI>1 时，种群为聚集分布；当 PAI=1 时，种群为随机分布
Lloyd 的 m（平均拥挤度指数）	当 m*=1 时，种群为随机分布；当 m*>1 时，种群为聚集分布；当 m*<1 时，种群为均匀分布

其中，几种指数的检验方法如下（许涵等，2007；张金屯，2004；上官铁梁等，1988）：方差/均值比率法（C）。对 c 偏离 Poisson 分布的显著性可进行 t 检验。

χ^2 检验，也称为(实测值－预期值) χ^2 检验。

F 检验。

Meore 检验，也叫作 Φ 检验。

B. 青梅种群特征分析法

径级划分

划分龄级是研究种群生命表、生存分析、存活曲线等的关键(何亚平等，2008)。因热带树木的立木径级与年龄具有较好的相关关系(付永川等，1999)，所以以立木级代替年龄进行分析(杜道林等，2009；曲仲湘和文振旺，1955)。由于青梅为保护植物，把青梅种群个体按曲仲湘等(1952)〖标准作如下处理：胸径＜2.5cm，按其树高(H)划分为＜33cm 的为Ⅰ级幼苗阶段，≥33cm 的为Ⅱ级幼树阶段；胸径≥2.5cm 以上，按其胸径大小分级：2.5cm≤D＜7.5cm 为Ⅲ级小树阶段，7.5cm≤D＜22.5cm 为Ⅳ级中龄树阶段，22.5cm≤D＜40.5cm 为Ⅴ级老龄树阶段，D≥40.5cm 为Ⅵ级老龄树阶段〗。以种群各大小级的个体数百分比作为横坐标，种群的大小级作为纵坐标，绘制昌江县青梅种群的径级结构柱状图。

编制静态生命表和绘制存活曲线

生命表概括一群个体接近同时出生到生活史结束的命运，是判定种群趋势的重要指标，可反映种群现实状况，种群与环境的竞争关系(陈远征等，2006)。把胸径作为度量树龄的指标，将青梅种群年龄结构划分为 6 个径级。统计各径级物种植株数目，依据野外调查各径级存活数(N_x)，计算出标准存活数(L_x)、死亡数(D_x)、死亡率、平均存活数(L_x)、从第 x 径级起超过 x 径级的个体总数(T_x)、生命期望(E_x)等编制种群生命表(陈国科和彭华，2006)。各参数计算方式如下：

$$L_x = \left(N_x + N_{X+1}\right)/2\text{；}\ D_x = N_x - N_{x+1}\text{；}\ Q_x = D_x/N_x\text{；}\ T = \sum L_x\text{；}\ E_x = T_x/N_x\text{；}$$

$$S_x = N_{x+1}/N_x\text{；}\ K_x = \mathrm{Ln}\left(L_x/L_{x+1}\right)\text{。}$$

以各生命表的大小级为横坐标、$\lg L_x$ 为纵坐标，绘制青梅种群的存活曲线。Deevey 将个体存活概率随相对年龄的变化分为 3 个基本模式，即Ⅰ型、Ⅱ型和Ⅲ型。Ⅰ型：凸形曲线，显示年轻个体存活率较高；Ⅱ型：对角线，显示各年龄阶段死亡率相等；Ⅲ型：凹形曲线，表明幼年期死亡率很高。

2. 结果与分析

1)青梅种群空间分布格局

对于青梅种群的空间分布格局和集群程度进行分析(表 14-3-8、表 14-3-9)。

表 14-3-8　青梅种群空间分布格局

Tab.14-3-8　Distribution pattern of *Vatica mangachapoi* population

生境	均值	方差	$S^2/\bar{x}$	t 值	负二项参数(k)	格林指数(GI)	Cassie 指标(CA)	扩散型指数(I_δ)	丛生指标(I)	平均拥挤度(m^*)	聚块性指数(m^*/m)
非自然保护区	2.8125	12.2958	4.3718	6.5295	0.8341	0.2248	1.1989	2.5374	3.3718	6.1843	2.1989
自然保护区	2.1250	5.8393	2.7479	3.2700	1.2157	0.2497	0.8225	1.7647	1.7479	3.8729	1.8225

表 14-3-9 青梅种群空间分布格局结果

Tab.14-3-9 Statistic of distribution pattern results of *Vatica mangachapoi* population

生境	方差均值比率法 $S^2/\bar{x}$			(实测值-预期值) χ^2 检验		Morisita 指数			Meore (ϕ) 检验		
		t 值	Pa	X_i^2	Pa	I_δ	F	Pa	ϕ	R	Pa
非自然保护区	4.3718	6.5295	c	20.6286	c	2.5374	5.5097	c	12.00	31.11	c
自然保护区	2.7479	3.2700	c	103.3777	c	1.7647	2.7479	c	2.50	100	c

从表 14-3-2 中对于空间分布格局进行分析的 8 项指数可以得出，非自然保护区域青梅种群的空间分布格局为集群分布(表 14-3-8)，并且通过方差均值比率法、χ^2 检验、Morisita 指数检验和 Meore 检验(表 14-3-9)。同理，自然保护区域青梅种群的空间分布格局也为集群分布。结果表明：非自然保护区和自然保护区的青梅种群均为集群分布。

2) 青梅种群特征分析

(1) 青梅径级结构分析

种群的年龄结构是指不同年龄个体数量在种群内的分布状况，这不仅是种群年龄个体分配情况的反映，也是对种群数量动态和发展趋势的反映，同时也反映了种群与环境间的相互关系及其在群落中的作用和地位(黄志伟等，2001)。分析种群的年龄结构不仅能够揭示种群结构的现状和更新策略，还能有效地探索种群动态(闫桂琴，2001)。

从青梅种群的径级结构图(图 14-3-4)上看，非自然保护区域青梅种群中径级Ⅱ、径级Ⅲ、径级Ⅳ、径级Ⅴ和径级Ⅵ个体数分别为 1 株、5 株、8 株、1 株和 1 株，占 6.25%、31.25%、50%、6.25%和 6.25%，径级Ⅰ个体数缺失；自然保护区域青梅种群中径级Ⅰ、径级Ⅲ、径级Ⅳ、径级Ⅴ和径级Ⅵ个体数分别为 9 株、4 株、2 株、1 株和 1 株，占 52.94%、23.53%、11.76%、5.88%和 5.88%，径级Ⅱ个体数缺失。由图 14-3-4 可以看出，非自然保护区域青梅种群的幼年个体严重缺失，种群几乎没有更新资源，更新存在障碍，种群呈现衰退趋势，这表明，青梅种群为衰退型种群；自然保护区域青梅种群幼年个体较多，幼苗(龄级Ⅰ)数量大于成年个体，种群有大量的幼年个体，青梅种群属于增长型。

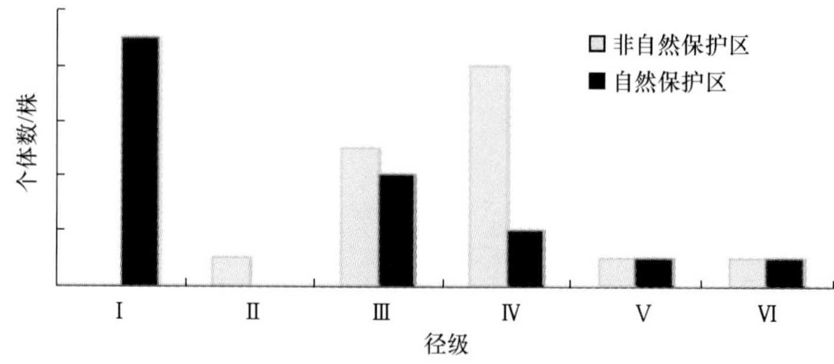

图 14-3-4 青梅种群径级结构

Fig.14-3-4 Histogram of DBH classes of *Vatica mangachapoi* population

(2) 青梅静态生命表分析

种群统计是研究种群动态的众多方法之一，它的核心是生命表(王蒙，2012)，因此根据生命表近一步比较分析自然保护区内外青梅的种群特征差异。生命表概括一群个体接近同时出生到生活史结束的命运，是判定种群趋势的重要指标，可反映种群现实状况、种群与环境的竞争关系(张文辉等，2002)。对青梅静态生命表(表 14-3-10)进行分析，结果表明：非自然保护区域中，由于第Ⅰ级个体数缺失，导致出现死亡率为负的现象，从龄级Ⅳ开始死亡率变为正数；种群至第Ⅳ级死亡率高达 88%，成为青梅种群死亡率高峰；Ⅴ级至Ⅵ级，死亡率为 0，证明青梅种群在这个过渡阶段发育稳定；Ⅳ级至Ⅴ级的存活数大大减少，出现死亡率大于存活率的现象，种群呈衰落状态；由生命期望值分析，Ⅱ级最高，说明该种群的龄级Ⅳ的个体具有较强的生命力，然后逐级递减，虽然在Ⅴ级处有所增加，但不明显，所以这一阶段，为青梅种群的生理衰退期，生命力逐渐下降。自然保护区域中，由于第Ⅱ级个体数缺失，导致出现死亡率为负的现象，种群至第III级和第Ⅳ级死亡率相同，为 50%，成为青梅种群死亡率高峰；Ⅴ级至Ⅵ级，死亡率为 0，证明青梅种群在这个过渡阶段发育稳定；Ⅰ级至Ⅱ级的存活数大大减少到 0，出现死亡率大于存活率的现象，种群呈衰落状态；从Ⅰ级至Ⅳ级，死亡率由负数突然增加至最大，因此出现Ⅳ级存活数最多的现象；由生命期望值分析，III级至Ⅴ级相同，说明该种群的龄级III至龄级Ⅴ的个体具有稳定较强的生命力，然后递减，所以龄级Ⅴ至龄级Ⅵ这一阶段，为青梅种群的生理衰退期，生命力逐渐下降。

表 14-3-10　青梅静态生命表

Tab.14-3-10　The static life table of *Vatica mangachapoi* population

生境	龄级	存活数(N_x)	存活数标准化(L_x)	$\lg L_x$	D_x	Q_x	T_x	E_x	K_x	S_x
非自然保护区	Ⅰ	0	0.50	—	—	—	16	—	—	—
	Ⅱ	1	3.00	0.48	—	—	16	16.00	—	5.00
	III	5	6.50	0.81	—	—	15	3.00	0.37	1.60
	Ⅳ	8	4.50	0.65	7	0.88	10	1.25	1.50	0.13
	Ⅴ	1	1.00	0.00	0	0.00	2	2.00	0.69	1.00
	Ⅵ	1	0.50	—	1	1.00	1	1.00	0.00	0.00
自然保护区	Ⅰ	9	4.50	0.65	9	1.00	17	1.89	0.81	0.00
	Ⅱ	0	2.00	0.30	—	—	8	—	—	—
	III	4	3.00	0.48	2	0.50	8	2.00	0.69	0.50
	Ⅳ	2	1.50	0.18	1	0.50	4	2.00	0.41	0.50
	Ⅴ	1	1.00	0.00	0	0.00	2	2.00	0.69	1.00
	Ⅵ	1	0.50	—	1	1.00	1	1.00	0.00	0.00

(3)存活曲线、死亡率曲线及消失率曲线

种群存活曲线、死亡率曲线、消失率曲线可反映种群各龄级存活率和消失率变化趋势，通过这 3 种曲线(图 14-3-5)的分析，可更加深入了解青梅种群动态的本质及其内在规律。

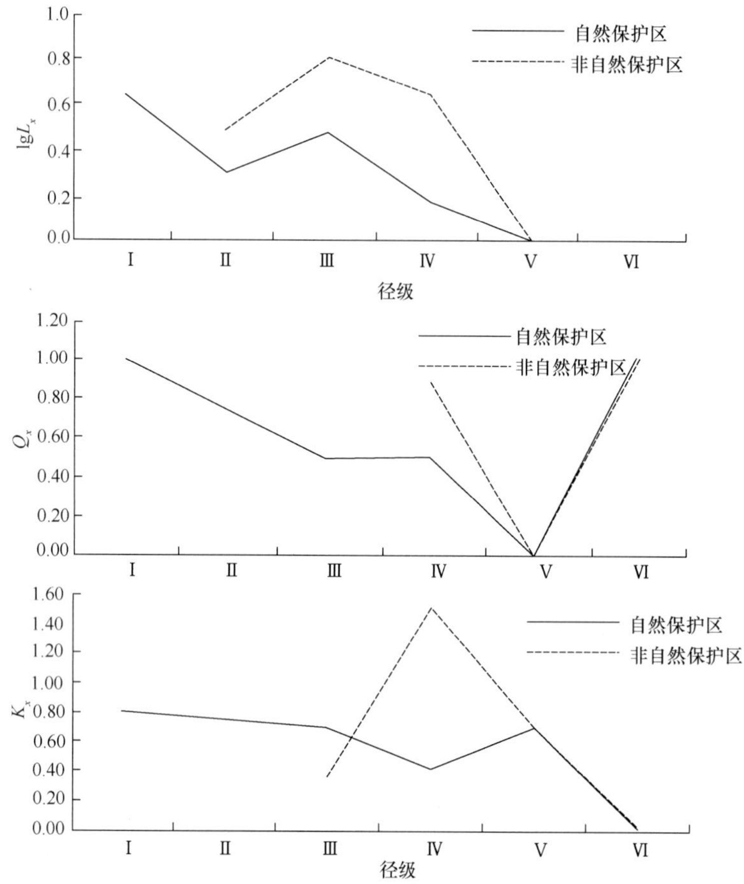

图 14-3-5 青梅种群存活($\lg L_x$)曲线、死亡率(Q_x)曲线及消失率(K_x)曲线

Fig.14-3-5 Survival curve ($\lg L_x$), mortality rate (Q_x) and hazard rate (K_x) of *Vatica mangachapoi* population

由图 14-3-5 看出，昌江地区非自然保护区域青梅的存活曲线从整体上看接近 Deevey Ⅰ型，曲线呈凸型；由于Ⅴ级个体数量为 0 而出现断点，中树、大树个体数量较多，说明了其种群更新的能力较差；Ⅱ级到Ⅲ级存活率呈上升趋势，并在第Ⅲ级存活率达到最高值，说明现有生境仅适合成年青梅生长；由于人为破坏和现有生境的改变使青梅种群从Ⅲ级到Ⅴ级存活率逐渐下降，并在Ⅴ级降为 0；该种群死亡率曲线呈“Ⅴ”型，消失率曲线呈倒“Ⅴ”型，消失率曲线第Ⅳ级出现峰值，这种消失高峰出现的现象是由于青梅种群接近生理衰老形成的。而自然保护区域青梅的存活曲线开始时呈 DeeveyⅢ型，说明在龄级Ⅰ到龄级Ⅱ这一阶段，死亡率较高，表明青梅种群林下实生苗较多，能良好地完成自我更新，而在龄级Ⅱ到龄级Ⅲ这一阶段，死亡率逐渐降低；随着龄级的增加，青梅种群的存活曲线呈 Deevey Ⅰ型，龄级Ⅲ的存活率较高，说明龄级Ⅲ为该种群的生理寿命，在达到该种群的生理寿命后，死亡率开始增大，至龄级Ⅴ达到最小值。

3. 特点与讨论

1)青梅种群空间分布格局

种群分布格局的形成，一方面取决于自身的特性，另一方面与群落环境相关，群落环境包括生物因子和非生物因子。种群分布格局是该种群生物学特性和生境条件相互作用的结果。各种指数显示表明，无论是非自然保护区域还是自然保护区域，青梅种群均为集群分布，与许多珍稀、保护植物种群空间分布格局基本一致(张文辉等，2002；莫锦华等，2007)。结果表明：青梅种群的集群分布主要与物种的生物学特性有关，但是，物种生境的不同对于种群的分布也会产生一定的影响。

对比两种不同生长环境，非自然保护区方差/均值 4.3718，Morisita 指数 2.5374，平均拥挤度(m^*)指数 6.1843；而自然保护区方差/均值 2.7479，Morisita 指数 1.7647，平均拥挤度(m^*)指数 3.8729，在水湿条件较差的非自然保护区域内，青梅种群的集聚程度较强。从青梅自身特性分析，光照能强烈抑制青梅幼苗的生长，荫蔽下的青梅幼苗比在全光照下生长迅速。因此，青梅幼苗的这一特性决定了种群的聚集分布。但是，青梅种子轻，具翅，可随风传播，在种群繁殖过程中，又由于青梅种子属于非干燥性(顽拗型)种子，不能暴晒，种子含水量过低会失去发芽能力，青梅种子和幼龄种群表现脆弱，生命力受外界条件影响较大(王贵等，2012)，萌发后形成的幼苗需要一定程度的遮阴条件，森林被破坏后，其环境相对干燥，特别是林缘和林外的环境，不利于青梅幼苗的生长，从而限制了青梅种群的分布范围，活下来的植株表现更加集中。森林植被破坏严重的非自然保护区无法提供适宜的林下遮阴条件供青梅种子萌发。

2)青梅种群特征

青梅是亚洲热带雨林的典型树种之一，也是海南岛热带雨林的优势种之一。物种本身的遗传特性和适应外界的环境压力(生境和干扰机制)共同决定该采取何种更新对策(李小双等，2007)。研究结果表明：非自然保护区域青梅种群结构表现为衰退型，野外调查过程未发现Ⅰ级幼苗，Ⅱ级幼树个体数量较少，Ⅲ级小树和Ⅳ级中龄树个体数量比较丰富，而Ⅴ级、Ⅵ级老龄树个体数量则比较少。幼苗的严重缺失不仅与青梅种群自身的更新机制有关，更重要的是生存环境的破坏(彭闪江等，2004)。由于非自然保护区没有得到应有的保护，当地居民毁林种植经济作物，这些林地原来大多数是以龙脑香青梅为主的热带山地雨林(吴伟和张军丽，2006)，因此破坏了青梅种群的生存环境。在青梅林发育的早期，如果受到人为因素的较大干扰或破坏，便很难重新建立。

而自然保护区域青梅种群结构表现为增长型，Ⅰ级幼苗个体数量较多，保证了青梅种群自身良好的更新。自然保护区域青梅林中大树较少，而幼苗较多，随着青梅林群落的发展，以及种内竞争和自疏作用，必然使得青梅的个体数量减少，进入主林层的其他物种必然增多，利于群落向着多样性高的方向发展。

从这一点的对比分析看出，非自然保护区域和自然保护区域两种不同的生境，青梅种群受外界环境影响严重。青梅种子的生命力受外界条件影响较大，种子寿命短，不宜久存，对环境的适应能力比较脆弱(胡玉佳，1986)。由于缺乏幼苗的补充，随着演替的不断进行，青梅的个体不断死亡，数量不断减少，最终会被比其更新能力强的物种所代替。由此可知，群落的发展与幼苗的不断补充有很大关系，为了保证青梅种群等濒危物种的天然更新，有必要建立自然保护区。

非自然保护区域青梅种群存活曲线接近 Deevey Ⅰ型，青梅种群由于第Ⅰ级个体数缺失，出现死亡率为负的现象，种群至第Ⅳ级死亡率高达 88%，表明Ⅳ级到Ⅴ级这一过渡阶段，青梅数量急剧减少，Ⅳ级种群数量达到最大，结果表明，随着个体数量增大，对于光照、水分、营养等资源的竞争愈发激烈，种内个体竞争加剧，导致死亡率较高。由生命期望值分析，Ⅱ级种群生命值最高，且明显高于其他各级，这是由于种群Ⅰ级个体的缺失，导致Ⅱ级个体种内竞争压力减小。自然保护区域青梅种群存活曲线开始时接近DeeveyⅢ型，现存的Ⅱ级幼树的个体数缺失是导致死亡率为负的主要原因，Ⅲ级和Ⅳ级个体死亡率最高。然而，青梅耐瘠薄、喜湿耐旱、喜光耐阴、抗风、抗逆性较强(汪永华等，2003)，使青梅种群在Ⅲ级、Ⅳ级和Ⅴ级时生命期望值较高且保持不变，说明这一阶段，种群竞争小，生存压力也随之减小，个体基本上都能生存。而幼龄期个体生命期望值较高也表明年轻种群平均生存年较长，也就是说平均生存能力较强。这一对比结果说明，青梅种群在保护状况相对良好的自然保护区内得到了较稳定的生长条件，幼苗存活数多，保证了青梅种群的增长。

本案例分析结果表明，青梅的数量正急剧减少，已被列为濒危植物，在保护濒危和稀少树种时，除了重点保护中树、大树之外，同时加强幼树的保护，从而达到保护整个森林生态系统的目的。近 10 年来，人们普遍认为人类活动导致生境丧失是对生物多样性的最大威胁，人为干扰很可能是造成青梅种群致濒的原因。天然青梅林在维持生态系统平衡、维护生态环境以及科学研究方面具有极为重要的意义，天然青梅林的减少和破坏将伴随大量物种的消失与灭绝，对生物多样性将是灾难性的(郑道君等，2010；宋萍等，2005)。

结合本研究的成果，保护区对濒危物种种群的保护取得了较为明显的保护成效，通过相关保护措施的展开和工作的实质性落实，从而大大减少了保护区内濒危植物种群受到的负面人为干扰因素的影响，使得濒危植物种群获得了利于自身生存、生长与发育的环境条件。因此，建议建立保护区，完善保护机制，加强对于濒危植物种群的保护管理，进而为保护和恢复它们的生境条件提供一个良好的基础。

参考文献

安锋，阚丽艳，谢贵水，等. 2007. 海南外来植物入侵的现状与对策[J]. 西北林学院学报，22(5)：198-206.

蔡大鑫，刘少军，田光辉，等. 2010. 海南岛旅游气候资源分析[J]. 现代农业科技，(16)：19-24.

陈步峰，周光益，曾庆波，等. 1998. 台风暴对热带山地雨林生态系统水文功能的影响[J]. 生态学杂志，17(Suppl.)，63-67.

陈国科，彭华. 2006. 不同人为干扰条件下毒药树种群数量特征的比较[J]. 植物生态学报，30(3)：426-431.

陈焕镛. 1964～1977. 海南植物志(Ⅰ～Ⅳ)[M]. 北京：科学出版社.

陈家宽，雷光春，王学雷. 2010. 长江中下游湿地自然保护区：有效管理十佳案例分析[M]. 上海：复旦大学出版社.

陈利顶，傅伯杰. 2000. 干扰的类型、特征及其生态学意义[J]. 生态学报，20(4)：581-586.

陈远征，马祥庆，冯丽贞，等. 2006. 濒危植物沉水樟的生命表和谱分析[J]. 生态学报，26(12)：4268-4272.

崔国发. 2004. 自然保护区学当前应该解决的几个科学问题[J]. 北京林业大学学报，26(6)：102-105.

丁晖, 徐海根, 刘志磊. 2007. 外来入侵植物紫茎泽兰对植物多样性的影响[J]. 生态与农村环境学报, 23(2): 29-32, 75.
杜道林, 戴志聪, 祁珊珊, 等. 2009. 珍稀濒危植物海南粗榧幼苗天然更新动态研究[C]. 见: 董鸣, 维尔格. 生态学文集. 重庆: 西南大学出版社.
范志伟, 沈奕德, 刘丽珍. 2008. 海南外来入侵杂草名录[J]. 热带作物学报, 29(6): 781-792.
方精云, 李意德, 朱彪, 等. 2004. 海南岛尖峰岭山地雨林的群落结构、物种多样性以及在世界雨林中的地位[J]. 生物多样性, 1(1): 29-43.
付永川, 向志强, 郭力华, 等. 1999. 环境因子对海南粗榧幼苗种群构件结构的生态效应[J]. 海南大学学报(自然科学版), 17(1): 64-69.
盖永芹, 李晓兵, 张立, 等. 2009. 土地利用/覆被变化与植被盖度的遥感监测——以北京市密云县为例[J]. 资源科学, 31: 523-529.
顾明, 赵明伟, 全涌. 2009. 结构台风灾害风险评估研究进展[J]. 同济大学学报(自然科学版), 37(5): 569-575.
广东省林业局. 1975. 广东木材识别与利用[J]. 广州: 广东科技出版社: 1-78.
何亚平, 费世民, 蒋俊明, 等. 2008. 不同龄级划分方法对种群存活分析的影响——以水灾迹地油松和华山松种群生存分析为例[J]. 植物生态学报, 32(2): 448-456.
胡玉佳. 1986. 海南岛青梅种群生物学研究简报[J]. 植物学通报, 4(1): 95-97.
胡玉佳. 1988. 海南岛天然青梅生长过程的研究[J]. 海南大学学报(自然科学版), 6(2): 47-57.
胡玉佳. 1991. 海南岛青梅种群结构的研究[J]. 中山大学学报(自然科学版), 30(2): 91-97.
黄乔乔, 沈奕德, 范志伟, 等. 2013. 五指山不同林型土壤对金钟藤幼苗生长的影响[J]. 生态环境学报, 22: 95-99.
黄全. 1991. 海南岛热带森林的现状及其生态经济问题. 海南林业科技, (1): 1-6.
黄全, 李意德, 郑德璋, 等. 1986. 海南岛尖峰岭地区热带植被生态系列的研究[J]. 植物生态学报, 10(2): 90-105.
黄志伟, 彭敏, 陈桂琛, 等. 2001. 青海湖几种主要湿地植物的种群分布格局及动态[J]. 应用与环境生物学报, 7(2): 113-116.
蒋有绪,卢俊培. 1991. 中国海南岛尖峰岭热带林生态系统[M]. 北京: 科学出版社.
兰国玉, 陈伟, 周小飞. 2007. 海南霸王岭青梅林群落特征研究[J]. 西北植物学报, 27(9): 1861-1868.
李安定, 谢元贵, 张建利, 等. 2013. 异质生境空心莲子草植物群落组成及物种多样性研究[J]. 生态环境学报, 22: 1322-1328.
李冰, 李玉瑛. 2009. 生物入侵中入侵种与土著种的相互作用[J]. 四川环境, 28: 64-67.
李锦荣, 孙保平, 凌侠, 等. 2010. 退耕还林工程前后土地利用与植被盖度动态变化研究——以安塞县为例[J]. 内蒙古农业大学学报, 31: 130-135.
李希娟, 宋启道, 陈秋波. 2008. 海南霸王岭林区青皮天然林资源与乔木层群落学特征[J]. 林业资源管理, (2): 85-89.
李小双, 彭明春, 党承林. 2007. 植物自然更新研究进展[J]. 生态学杂志, 26(12): 2081-2088.
李意德. 1993. 海南岛热带山地雨林林分生物量估测方法比较分析[J]. 生态学报, 13(4): 25-32.
李意德. 1995. 海南岛热带森林的变迁及生物多样性的保护对策[J]. 林业科学研究, 1995(4): 455-461.
李意德, 周光益, 林明献, 等. 1998. 台风对海南热带山地雨林的机械损害[J]. 生态学杂志, 17(Suppl.): 9-14.
李意德, 方洪, 罗文, 等. 2006. 海南尖峰岭国家级保护区青皮林资源与乔木层群落学特征[J]. 林业科学, 42(1): l-6.
李英, 陈联寿, 王继志. 2005. 热带气旋登陆维持和迅速消亡的诊断研究[J]. 大气科学, 29(3): 482-485.
李振宇, 解焱. 2002. 中国外来入侵种[M]. 北京: 中国林业出版社.

梁建萍, 王爱民, 梁胜发. 2002. 干扰与森林更新[J]. 林业科学研究, 15(4): 490-498.
刘海丰, 桑卫国, 薛达元. 2013. 暖温带森林优势种群的地形生境变异性[J]. 生态学杂志, 32(4): 795-801.
刘建, 李钧敏, 余华, 等. 2010. 植物功能性状与外来植物入侵[J]. 生物多样性, 18: 569-576.
刘少军, 张京红, 蔡大鑫, 等. 2010. 第27届中国气象学会年会现代农业气象防灾减灾与粮食安全分会场论文集.
刘淑菊, 郝清玉. 2011. 石梅湾青皮林群落结构及天然更新特征[J]. 林业资源管理, (2): 54-59.
罗文, 许涵, 李意德, 等. 2010. 海南岛尖峰岭卵叶樟种群结构与分布格局动态研究[J]. 林业科学研究, 23(5): 787-790.
马建章. 1992. 自然保护区学[M]. 哈尔滨: 东北林业大学出版社.
莫锦华, 李意德, 许涵, 等. 2007. 海南尖峰岭国家级自然保护区部分珍稀濒危植物的分布、生态与保护研究[J]. 热带林业, 35(4): 22-24.
彭闪江, 黄忠良, 彭少麟, 等. 2004. 植物天然更新过程中种子和幼苗死亡的影响因素[J]. 广西植物, 24(2): 113-121.
彭宗波, 蒋英, 蒋菊生. 2013. 海南岛外来植物入侵风险评价指标体系[J]. 生态学杂志, 32: 2029-2034.
秦新生, 张荣京, 陈红锋, 等. 2008. 海南岛石灰岩地区的外来植物[J]. 生态学杂志, 27.
曲仲湘, 文振旺, 朱克贵. 1952. 南京灵谷寺森林现况的分析[J]. Journal of Integrative Plant Biology, 1(1): 18-49.
曲仲湘, 文振旺. 1955. 南京棲霞山林木現况的觀察[J]. 复旦学报: 自然科学, (1): 126-147.
单家林. 2003. 海南岛外来植物群落初探[J]. 热带农业科学, 23(3): 1-4.
上官铁梁, 张峰. 1988. 山西绵山植被优势种群的分布格局与种间联结的研究[J]. 武汉植物学研究, 6(4): 357-364.
石海莹, 李文欢, 黄厚衡. 2006. 0518号台风"达维"(Damrey)特征分析[J]. 海洋预报, 23(4): 59-64.
司徒尚纪. 1987. 海南岛历史上土地开发的研究. 海口: 海南人民出版社.
宋萍, 洪伟, 吴承祯, 等. 2005. 珍稀濒危植物桫椤种群结构与动态研究[J]. 应用生态学报, 16(3): 413-418.
谭业华, 陈珍. 2006. 海南岛的青皮林[J]. 大自然, (4): 40-41.
唐少霞, 赵志忠, 毕华, 等. 2008. 海南岛气候资源特征及其开发利用[J]. 海南师范大学学报(自然科学版), 21: 343-346.
唐旭利, 周国逸. 2005. 南亚热带典型森林演替类型粗死木质残体贮量及其对碳循环的潜在影响[J]. 植物生态学报, 29(4): 559-568.
仝川, 杨玉盛.2007, 飓风和台风对沿海地区森林生态系统的影响[J]. 生态学报, 27(12): 2337-5344.
汪永华, 瑚玉佳, 翁应云. 2003. 海南岛青皮林自然保护区[J]. 植物杂志, (5): 8-9.
王伯荪, 余世孝. 1996. 植物群落学实验手册[M]. 广州: 广东高等教育出版社.
王贵, 赵骥民, 郝清玉. 2012. 石梅湾青皮林自然保护区景观破碎化研究[J]. 广东农业科学, 39(11): 171-174.
王丽丽. 2013. 新农村建设对伴人植物多样性的影响——以临汾市尧都区为例[D]. 临汾: 山西师范大学.
王蒙. 2012. 甘肃小陇山主要植物种群动态与空间分布格局研究[D]. 兰州: 西北师范大学.
王敏英, 刘强, 高静. 2007. 海南岛中部丘陵地区受台风侵袭影响的4种植物群落凋落物动态[J]. 海南大学学报, 20: 156-160.
王苏铭, 张楠, 于琳倩, 等. 2012. 北京地区外来入侵植物分布特征及其影响因素[J]. 生态学报, 32: 4619-4628.
王献溥, 崔国发. 2003. 自然保护区建设与管理[M]. 北京: 化学工业出版社.

王献溥. 2003. 保护区如何利用丰富的生物多样性为人民造福[C]//生物多样性保护与扶贫研讨会. 会议论文集: 101-103.
王峥峰, 安树青, 朱学雷, 等. 1998. 热带森林乔木种群分布格局及其研究方法的比较[J]. 应用生态学报, 9(6): 575-580.
吴德邻. 1994. 海南及广东沿海岛屿植物名录[M]. 北京: 科学出版社.
吴胜安, 郭冬艳, 杨金虎. 2007. 海南热带气旋降水的气候特征[J]. 气象科学, 27(3): 307-311.
吴伟, 张军丽. 2006. 龙脑香科植物海南青梅种群遗传多样性研究[D]. 广州: 中山大学.
吴晓雯, 罗晶, 陈家宽, 等. 2006. 中国外来入侵植物的分布格局及其与环境因子和人类活动的关系[J]. 植物生态学报, 30: 576-584.
吴征镒. 1991. 中国种子植物属的分布区类型[J]. 云南植物研究, (增刊Ⅳ): 1-139.
吴仲民, 卢俊培, 杜志鹄. 1994. 海南岛尖峰岭热带山地雨林及其更新群落的凋落物量与贮量[J]. 植物生态学报, 18(4): 306-313.
许涵, 李意德, 骆土寿, 等. 2008. 达维台风对海南尖峰岭热带山地雨林群落的影响[J]. 植物生态学报, 32(6): 1323-1334.
许涵, 庄雪影, 黄久香, 等. 2007. 广东省南昆山观光木种群结构及分布格局[J]. 华南农业大学学报, 28(2): 73-77.
闫桂琴, 赵桂仿, 胡正海, 等. 2001. 秦岭太白红杉种群结构与动态的研究[J]. 应用生态学报, 12(6): 824-828.
闫桂琴. 2001. 太白红杉种群生态及遗传结构研究[D]. 西安: 西北大学.
杨怀, 李意德, 许涵. 2013. 海南特有种东方琼楠种群结构特征[J]. 生态学杂志, 32(6): 1451-1457.
杨小波, 陈玉凯, 李东海, 等. 2013. 海南植物名录[M]. 北京: 科学出版社.
杨小波, 李东海, 陈玉凯, 等. 2015. 海南植物图志[M]. 北京: 科学出版社.
杨小波, 吴庆书, 苏恩川. 2002. 琼海市博鳌东屿岛植被资源研究[J]. 海南大学学报(自然科学版), 20(2): 125-129.
臧润国. 1999. 林隙动态与森林生物多样性[M]. 北京: 中国林业出版社.
张宏达. 1963. 海南岛的青皮林[J]. 植物生态学与地植物学丛刊, 1(1): 141.
张金屯, 孟东平. 2004. 芦芽山华北落叶松林不同龄级立木的点格局分析[J]. 生态学报, 24(1): 35-40.
张金屯. 2011. 数量生态学[M]. 北京: 科学出版社.
张帅, 郭水良, 管铭, 等. 2010. 我国入侵植物多样性的区域分异及其影响因素——以 74 个地区数据为基础[J]. 生态学报, 30: 4241-4256.
张文辉, 祖元刚, 刘国彬. 2002. 十种濒危植物的种群生态学特征及致危因素分析[J]. 生态学报, 22(9): 1512-1520.
张镱锂, 胡忠俊, 祁威, 等. 2015. 基于 NPP 数据和样区对比法的青藏高原自然保护区保护成效分析[J]. 地理学报, 70(7): 1027-1040.
郑道君, 李海文, 云勇, 等. 2010. 海南龙血树种群生境及自然更新能力调查[J]. 热带亚热带植物学报, 18(6): 627-632.
钟军弟, 徐意媚, 曾富华, 等. 2014. 不同生境下假臭草生长特征分析[J]. 广西植物, 34: 68-73.
钟义, 杨小波, 符气浩, 等. 1991. 海南岛铜鼓岭自然保护区的植被与植物资源[J]. 海南大学学报(自然科学版), (01)
周光益, 陈步峰, 曾庆波, 等. 1996. 台风和强热带风暴对尖峰岭热带山地雨林生态系统的水文影响研究[J]. 生态学报, 16(5): 555-558.
周光益, 陈步峰, 李意德, 等. 1998a. 台风对热带山地雨林生态系统降水的调配研究[J]. 生态学杂志, 17(Suppl.): 31-36.
周光益, 吴仲民, 陈步峰, 等. 1998b. 尖峰岭森林土壤与旷地土壤在不同的降雨量条件下土壤流失比较分析[J]. 生态学杂志, 17(Suppl.): 42-47.

Barney J N, Whitlow T H, Lembo A J Jr. 2008. Revealing historic invasion patterns and potential invasion sites for two non-native plant species[J]. PLoS ONE, 3(2), e1635, doi: 10.1371/journal.pone.0001635.

Baruch Z, Goldstein G. 1999. Leaf construction cost, nutrient concentration, and net CO_2 assimilation of native and invasive species in Hawaii. Oecologia, 121: 183-192.

Bellingham P J. 2008. Cyclone effects on Australian rain forests: an overview. Austral Ecology, 33: 580-584.

Bengtsson L. 2001. Weather enhanced: hurricane threats. Science, 293: 440-441.

Byers J E, Reichard S, Randall J M, et al. 2002. Directing research to reduce the impacts of nonindigenous species [J]. Conservation Biology, 16(3): 630-640.

Byers J E. 2002. Physical habitat attribute mediates biotic resistant to non-indigenous species invasion. Oecologia, 130: 146-156.

Catterall C P, Mckenna S, Kanowski J, et al. 2008. Do cyclones and foest fragmentation have synergistic effects? A before-after study of rainforest vegetation structure at multiple sites. Austral Ecology, 33: 471-484.

Crossman N D, Bryan B A, Cooke D A. 2011. An invasive plant and climate change threat index for weed risk management: Integrating habitat distribution pattern and dispersal process. Ecological Indicators, 11: 183-198.

Daehler C C. 2003. Performance's comparisons of co-occurring native and alien invasive plants: Implications for conservation and restoration. Annual Review of Ecology andSystematics, 34: 183-211.

Durand L Z, Goldstein G. 2001. Photosynthesis, photo inhibitioninhibition, and nitrogen use efficiency in native and invasive tree ferns in Hawaii. Oecologia, 126: 345-354.

Ennos AR. 1997. Wind as an ecological factor. Trends in Ecology and Evolution, 12: 108-111.

Erik W. 2004. Constraints in range predictions of invasive plant species due to non-equilibrium distribution patterns: Purple loosestrife (Lythrum salicaria) in North America. Ecological Modelling, 179: 551-567.

Everham EM III. 1995. A comparison of methods for quantifying catastrophic wind damage to forest. In: Coutts MP, Grace J eds. Wind and Trees. Cambridge: Cambridge University Press : 340-357.

Fridley J D, Stachowicz J J, Naeem S, et al. 2007. The invasion paradox: reconciling pattern and process inspecies invasions. Ecology, 88: 3-17.

Gardiner B A, Quine C P. 2000. Management of forests to reduce the risk of abiotic damage—a revies with particular reference to the effects of strong winds. Forest Ecology and Management, 135: 261-277.

Gozlan R E, Newton A C, Hulme P E, et al. 2009. Biological Invasions: Benefits versus Risks [with Response][J]. Science, 324(5930): 1015-1016.

Gozlan R E, Newton A C. 2009. Biological invasions: Benefits versus risks. Science, 324: 1015-1016.

Hejda M, Pyšek P, Jarošík V. 2009. Impact of invasive plants on the species richness, diversity and composition of invaded communities. Journal of Ecology, 97: 393-403.

Hobbs R J, Huenneke L F. 1992. Disturbance, diversity, and invasion: Implications for conservation. Conservation Biology, 6: 324-337.

Hobbs R J. 1991. Disturbance—A precursor to weed invasion in native vegetation. Plant Protection Quarterly, 6: 99-104.

Honnay O, Verheyen K, Hermy M. 2002. Permeability of ancient forest edges for weedy plant species invasion. Forest Ecology and Management, 161: 109-122.

Huang Q Q, Shen Y D, Li X X, et al. 2013. Native expanding Merremia boisiana is not more allelopathic than its non-expanding congener M. vitifolia in the expanded range in Hainan. American Journal of Plant Sciences, 4: 774-779.

Huston M A. 1997. Hidden treatments in ecological experiments: Re-evaluating the ecosystem function of biodiversity. Oecologia, 110: 449-460.

Ibáñez I, Silander Jr JA, Wilson AM, et al. 2009. Multivariate forecasts of potential distributionsof invasive plant species. Ecological Applications, 19: 359-375.

Imbert D, Portecop J. 2008. Hurricane disturbance and forest resillience: assessing structural vs. functional changes in a Caribbean dry forest. Forest Ecology and Management, 255: 3494-3501.

Laurance W F, Curran T J. 2008. Impacts of wind disturbance on fragmented tropical forests: a review and synthesis. Austral Ecology, 33: 399-408.

Liancourt P, Viard-Crétat F, Michalet R. 2009. Contrasting community responses to fertilization and the role of the competitive ability of dominant species. Journal of Vegetation Science, 20: 138-147.

Lin K C, Harmburg S P, Tang S L, et al. 2003a. Typhoon effects on litterfall in a subtropical forest. Canadian Journal of Forestry Research, 33: 2184-2192.

Lin T C, Hamburg S P, Hsia Y J, et al. 2003b. Influence of typhoon disturbances on the understory light regime and stand dynamics of a subtropical rain forest in norhteastern Taiwan. Journal of Forest Research, 8: 139-145.

Losdale W M. 1999. Global patterns of plant invasions and the concept of invasibility. Ecology, 80: 1522-1536.

Lugo AE. 2008. Visible and invisible effects of hurricanes on foest ecosystems: an international review. Austral Ecology, 33: 368-398.

Marrinan M J, Edwards W, Landsberg J. 2005. Resprouting of saplings following a tropical rainforest fire in North-East Queensland. Austral Ecology, 30: 817-826.

Myers N. 2003. How are we doing?[J]. Conservation of biodiversity: The Environmentalist, 23(1): 9-15.

Newsome A E, Noble IR. 1986. Ecological and physiological characters of invading species. *In*: Groves R H, Burdon J J. Ecology of Biological Invasions. Cambridge, UK: Cambridge University Press: 1-20.

Ostertag R, Scatena F N, Silver WL. 2003. Forest floor decomposition following hurricane litter inputs in several Puerto Rican forests. Ecosystems, 6: 261-273.

Parendes L A, Jones J A. 2000. Role of light availability and dispersal in exotic plant invasion along roads and streams in the H. J. Andrews experimental forest, Oregon. Conservation Biology, 14: 64-75, 1861-1868.

Rejmánek M, Richardson D M. 1996. What attributes make some plant species more invasive? Ecology, 77: 1655-1661.

Sato T. 2004. Litterfall dynamics after a typhoon disturbance in a Castanopsis cuspidata coppice, southwestern Japan. Annals of Forest Science, 61: 431-438.

Shea K, Chesson P. 2002. Community ecology theory as a framework for biological invasions. Trends in Ecology & Evolution, 17: 170-176.

Simberloff D, Relva M A, Nuñez M A. 2003. Introduced species and management of a Nothofagus/Austrocedrus forest. Environmental Management, 31: 263-275.

Sokal R R, Rohlf F J. 1995. Biometry. 3rd ed. New York: Freeman: 23-28.

Stachowicz J J, Tilman D. 2005. Species invasions and the relationships between species diversity, community saturation, and ecosystem functioning. *In*: Sax D F, Stachowicz J J, Gaines S D. Species Invasions: Insights into Ecology, Evolution, and Biogeography. Berlin: Sinauer Associates.

Stohlgren T J, Binkley D, Chong G W, et al. 1999. Exotic plant species invade hot spots of native plant diversity. Ecological Monographs, 69: 25-46.

Tanner E V J, Bellingham P J. 2006. Less diverse forest is more resistant to hurricane disturbance: evidence from montane rain forests in Jamaica. Journal of Ecology, 94: 1003-1010.

Tilam D. 1997. Community invisibility, recruitment limitation and grassland biodiversity [J]. Ecology, 78: 81-92.

Turton SM. 2008. Landscape-scale impacts of Cyclone Larry on the forests of Northeast Australia, including comparisons with previous cyclones impacting the region between 1858 and 2006. Austral Ecology, 33: 409-416.

Ueda M, Shibata E. 2005. Water status of hinoki cypress, Chamaecyparis obtusa, attacked by secondary woodboring insects after typhoon strike. Journal of Forest Research, 10: 243-246.

Walker L R, Brokaw N V L, Lodge D J, et al. 1991. Ecosystem, plant, and animal responses to hurricanes in the Caribbean. Biotropica, 23: 313-521.

Wang B S（王伯荪）, Yu S X（余世孝）, Peng S L（彭少麟）, Li M G（李鸣光）. 1996. Experimental Manual for Plant Community（ 植物群落学实验手册）[J]. Guangdong: Guangzhou Higher Education Press: 13-103.（in Chinese with English abstract）.

Weber E, Sun S G, Li B. 2008. Invasive alien plants in China: Diversity and ecological insights. Biological Invasions, 10: 1411-1429.

Weis J S, Weis P. 2003. Is the invasion of the common reed, Phragmites australis, into tidal marshes of the eastern US an ecological disaster? [J] Marine Pollution Bulletin, 46(7): 816-820.

Welk E. 2004. Constraints in range predictions of invasive plant species due to non-equilibrium distribution patterns: Purple loosestrife（Lythrum salicaria）, in North America[J]. Ecological Modelling, 179(4): 551-567.

Williamson M. 2001. Can the impact of invasive species be predicted? *In*: Groves R H, Panetta F D, Virtue J G. Weed Risk Assessment. Australia: CSIRO. Canberra: 20-33.

Wu Z M（吴仲民）, Du Z H（杜志鹄）, Lin M X（林明献）, 等. 1998. Effect of tropical cyclone and typhoon on the litterfall of the tropical mountain rain forests in Hainan Island. [J]. Chinese Journal of Ecology(生态学杂志), 17(Suppl.): 26-30.

Xin K, Zhou Q, Arndt S K, et al. 2013. Invasive capacity of the mangrove Sonneratia apetala in Hainan Island, China [J]. Journal of Tropical Forest Science, 25(1): 70-78.

Xu X C, Zheng Y, Liu L J. 2004. Comparatively analysis and seasonal characteristics of loading typhoons in Hainan. Journal of Guangxi Meteorology, 25(3): 14-27.（in Chinese with English abstract）

Xu X N, Hirata E, Enoki T, et al. 2004. Leaf litter decomposition and nutrient dynamics in a subtropical forest after typhoon disturbance. Plant Ecology, 173, 161-170.

Zhou G Y（周光益）, Wu Z M（吴仲民）, Chen B F（陈步峰）et al. 1998c. Comparison of soil losses of forested land bare land under different precipitation condition in Hainan's Jianfengling, China[J]. Chinese Journal of Ecology（生态学杂志）, 17(Suppl.), 42-47.（in Chinese with English abstract）.

Zimmerman JK, Covich AP. 2007. Damage and recovery of Riparian Sierra Palms after Hurricane Georges: influence of topography and biotic characteristics. Biotropica, 39: 43-49.